BKI Baukosten 2026 Altbau

Statistische Kostenkennwerte für Positionen

BKI Baukosten 2026 Altbau:
Statistische Kostenkennwerte für Positionen

BKI Baukosteninformationszentrum (Hrsg.)
Stuttgart: BKI, 2026

Mitarbeit:
Hannes Spielbauer (Geschäftsführer)
Brigitte Lechler (Geschäftsführerin)
Produktmanagement: Michael Blank, Patrick Jeske, Virginia Lammet, Wolfgang Mandl, Thomas Schmid
Jeannette Sturm

Fachautoren:
Patrick Jeske
Wolfgang Mandl
Thomas Schmid
Hans-Jürgen Schneider
Andreas Wagner

Layout, Satz:
Marvin Bisceglie
Hans-Peter Freund
Thomas Fütterer

Fachliche Begleitung:
Beirat Baukosteninformationszentrum
Stephan Weber (Vorsitzender)
Markus Lehrmann (stellv. Vorsitzender)
Prof. Dr. Bert Bielefeld
Markus Fehrs
Andrea Geister-Herbolzheimer
Prof. Dr. Wolfdietrich Kalusche
David Meuer
Elise Pischetsrieder
Markus Weise

Anschrift:
Seelbergstraße 4, 70372 Stuttgart
Kundenbetreuung: (0711) 954 854-0
Baukosten-Hotline: (0711) 954 854-41
Telefax: (0711) 954 854-54
info@bki.de, www.bki.de

Vorwort

Für eine detaillierte Kostenplanung im Altbau greifen Architektur- und Planungsbüros auf Baupreise und Positionsdaten zurück. Nur auf Basis eines Mengengerüstes zu den Altbau-Leistungen mit aktuellen Baupreisen lassen sich genaue Kostenpläne in Form von bepreisten Leistungsverzeichnissen erstellen. Diesen Kostenermittlungen kommt zudem seitens der Bauherr*innen und Auftraggeber*innen eine entscheidende Bedeutung zu. Zudem gelten im Altbau durch die besonderen Rahmenbedingungen zusätzliche Einflüsse auf die Baukosten, z.B. Denkmalschutz-Anforderungen, beengter Bauraum und Kleinmengen.

Wertvolle Erfahrungswerte für Altbau-Positionen und -Baupreise liegen in Form von abgerechneten Bauleistungen (Abrechnungs-LVs) oder Kostenfeststellungen in den Architekturbüros vor. Oft fehlt jedoch die Zeit, diese qualifiziert zu dokumentieren, um sie für Folgeprojekte zu verwenden. Diese Dienstleistung erbringt das BKI mit der Bereitstellung aktueller Baukosten-Fachinformationen.

Die aktuelle Fassung der DIN 276 wird in dieser Fachbuch-/eBook-Reihe berücksichtigt. In dieser Veröffentlichung sind über 2.500 Positionen entsprechend dem aktuellen Stand der Technik aus dem Bereich Altbau mit aktuell recherchierten Baupreisen mit marktüblicher Preisspanne enthalten. Der vorliegende Band „BKI Baukosten Altbau Positionen" erscheint jährlich und beinhaltet für 51 Altbau-Leistungsbereiche von Fachverbänden geprüfte Ausschreibungstexte für die VOB/C-konforme Ausschreibung. Die Leistungsbereiche umfassen typische Altbau-Leistungen aus den Bereichen Rohbau, Ausbau, Gebäudetechnik, Freianlagen, Instandsetzung/Abbrucharbeiten und zusätzlich Positionsverweise zu Leistungen für Barrierefreies Bauen, Brandschutz und Innenraum. Der Band Positionen ist sehr gut geeignet für die nach HOAI 2021 geforderten „bepreisten Leistungsverzeichnisse".

Alle Kostenangaben wurden auf den Bundesdurchschnitt normiert, mit den integrierten BKI-Regionalfaktoren können die Anwender*innen diese Werte an den jeweiligen Stadt- bzw. Landkreis anpassen.

Die Fachbuch-/eBook-Reihe BKI Baukosten Altbau 2026 (Statistische Kostenkennwerte) besteht aus den zwei Teilen:
BKI Baukosten Gebäude Altbau 2026
BKI Baukosten Positionen Altbau 2026

Der Dank des BKI gilt allen Architekt*innen, die Daten und Unterlagen zur Verfügung stellen. Sie profitieren von der Dokumentationsarbeit des BKI und unterstützen nebenbei den eigenen Berufsstand. Die in Buchform veröffentlichten Projekte bilden eine fundierte und anschauliche Dokumentation gebauter Architektur, die sich zur Kostenermittlung von Folgeobjekten und zu Akquisitionszwecken hervorragend eignet.

Zur Pflege der Baukostendatenbanken sucht BKI weitere Altbau-Objekte aus allen Bundesländern. Bewerbungsbögen zur Objekt-Veröffentlichung werden im Internet unter www.bki.de/projekt-veroeffentlichung zur Verfügung gestellt. Auch die Bereitstellung von Leistungsverzeichnissen mit Positionen und Vergabepreisen ist möglich, weitere Informationen dazu finden Sie unter www.bki.de/lv-daten. BKI berät Sie gerne auch persönlich über alle Möglichkeiten, Objektdaten zu veröffentlichen. Für die Lieferung von Daten erhalten Sie eine Vergütung und weitere Vorteile.

Besonderer Dank gilt abschließend auch dem BKI-Beirat, der mit seinem Expert*innenwissen aus der Architektenpraxis, den Architekten- und Ingenieurkammern, Normausschüssen und Universitäten zum Gelingen der BKI-Fachinformationen beiträgt.

Wir wünschen allen Anwender*innen des Fachbuchs/eBooks viel Erfolg in allen Phasen der Kostenplanung und vor allem eine große Übereinstimmung zwischen geplanten und realisierten Baukosten im Sinne zufriedener Bauherr*innen. Anregungen und Kritik zur Verbesserung unserer BKI-Veröffentlichungen sind uns jederzeit willkommen.

Hannes Spielbauer - Geschäftsführer
Brigitte Lechler - Geschäftsführerin

Baukosteninformationszentrum
Deutscher Architektenkammern GmbH
Stuttgart, im August 2026

Inhalt — Seite

Benutzerhinweise

Kostenkennwerte für die Positionen der Leistungsbereiche (LB)

Bei der Prüfung der von BKI erstellten Mustertexte haben folgende Fachverbände mitgewirkt:

Bauwirtschaft Baden-Württemberg e.V.

Bauwirtschaft Baden-Württemberg e.V.
Geschäftsstelle: 70178 Stuttgart; Hohenzollernstraße 25;
www.bauwirtschaft-bw.de

Die Bauwirtschaft Baden-Württemberg e.V. ist ein gemeinsamer Verband von Baugewerbe und Bauindustrie in Baden-Württemberg mit rund 1.500 Mitgliedsbetrieben und etwa 40.000 Beschäftigten, die hauptsächlich in den Sparten Hochbau, Tief- und Straßenbau sowie Ausbau tätig sind. Der Verband vertritt die Interessen seiner Mitglieder gegenüber Politik, Verwaltung und Öffentlichkeit. Er setzt sich auf Landes- und Gemeindeebene für die notwendigen Rahmenbedingungen des Bauens ein und engagiert sich für eine bedarfsgerechte Investitionspolitik. Außerdem ist die Bauwirtschaft Baden-Württemberg Mitglied bei den Spitzenverbänden der Bauwirtschaft in Berlin. Dadurch hat unser Verband auch bundesweit Einfluss auf wichtige Entscheidungen in der Wirtschafts- und Tarifpolitik. Enge Vernetzungen gibt es zudem mit zahlreichen Partnerverbänden im In- und Ausland, etwa in der Schweiz und Frankreich.

Bundesverband Metall
Vereinigung Deutscher Metallhandwerke
45143 Essen; Altendorfer Str. 97-101
www.metallhandwerk.de

Rund 40.000 kleine und mittlere Unternehmen, 28.000 Lehrlinge, 500.000 Mitarbeiter und fast 60 Milliarden € Umsatz: Das ist Metallhandwerk in Deutschland. Nicht nur zahlenmäßig und als Arbeitgeber ist das Metallhandwerk unverzichtbar. Metallhandwerk steht für die ganze Vielfalt metallverarbeitender Unternehmen, die unser Industrieland braucht: Maschinenbau, Werkzeugbau, Metall- und Stahlkonstruktionen im Hoch- und Tiefbau, Klimaschutz und Mobilität, öffentliche Infrastruktur und modernes Wohnen. Metallbetriebe – vom Bronzegießer über den Metalldesigner bis zum Hightech-Unternehmen – finden wir überall, wo produziert, gebaut und gewohnt wird. Als Künstler und Konstrukteur, von der Planung bis zur Ausführung oder vernetzt mit Partnerbetrieben lösen Metallhandwerker die kleinen und großen Probleme ihrer Kunden. Exportweltmeister Deutschland? Nicht ohne das Metallhandwerk. Der Bundesverband Metall vertritt die berufsständischen Interessen seiner Landesverbände sowie deren Innungen mit den darin freiwillig organisierten Mitgliedsbetrieben.

Zentralverband des Deutschen Dachdeckerhandwerks
50968 Köln; Fritz-Reuter-Straße 1
www.dachdecker.de

Der Zentralverband des Deutschen Dachdeckerhandwerks e.V. ist der Arbeitgeberverband des Dachdeckerhandwerks in Deutschland. Er repräsentiert 16 Landesverbände mit 200 Innungen und ca. 7.055 Innungsbetrieben. Der Verband vertritt die Interessen des Dachdeckerhandwerks gegenüber Politik, Verwaltung und Öffentlichkeit und steht seinen Mitgliedern mit zahlreichen Beratungsleistungen zur Seite. Der Zentralverband ist Verfasser der Fachregeln des Deutschen Dachdeckerhandwerks, den anerkannten Regeln der Technik. Über die Spitzenverbände des Handwerks hat der ZVDH außerdem Einfluss auf wichtige Entscheidungen in der Wirtschafts- und Tarifpolitik.

BUNDESINNUNG
GERÜSTBAU

Bundesinnung für das Gerüstbauer-Handwerk
51107 Köln; Rösrather Straße 645
www.geruestbauhandwerk.de

Bundesinnung und Bundesverband Gerüstbau sind die Fachorganisationen des Gerüstbauerhandwerks mit drei Schwerpunktbereichen:
– Als Standesorganisation verbessern sie die Rahmenbedingungen für das Gerüstbauerhandwerk. Ergebnisse: 1978 Verordnung zum Geprüften Gerüstbau-Kolonnenführer, 1988 Aufnahme der DIN 18451 in Teil C der VOB, 1991 Ausbildungsberuf Gerüstbauer/Gerüstbauerin, 1998 Meisterberuf (Vollhandwerk), ab 2006 eigenes Fachregelwerk.
– Als Arbeitgebervertretung schließen sie Tarifverträge ab.
– Als Serviceorganisationen unterstützen Bundesverband und Bundesinnung jeden einzelnen Mitgliedsbetrieb in all seinen betrieblichen Belangen. Für Betriebsinhaber und Mitarbeiter werden Seminare vom Vertragsrecht bis zur Technik angeboten. Regelmäßige Verbandsmitteilungen informieren über rechtliche; fachliche und sonstige Neuerungen. Rahmenvereinbarungen verhelfen zu Preisvorteilen z.B. beim Kraftfahrzeugkauf und bieten exklusiv Berufskleidung.

Der Stuckateur
Ausbau & Fassade

Fachverband der Stuckateure für Ausbau und Fassade Baden-Württemberg
71277 Rutesheim; Siemensstraße 6-8
www.stuck-verband.de

Der Fachverband der Stuckateure für Ausbau und Fassade (SAF) ist Wirtschafts- und Arbeitsgeberverband der Stuckateure in Baden-Württemberg und vertritt auf Landes- und Kreisebene die Interessen der Mitgliedsinnungen und deren insgesamt über 1.000 Mitglieder gegenüber Öffentlichkeit, Verwaltung und Politik. Der SAF leitet als Bildungsdienstleister das Kompetenzzentrum für Ausbau und Fassade in Verbindung mit dem Bundesverband. Der SAF verfasst die Branchenregeln für die Arbeitsfelder Wärmedämmung, Innen- und Außenputz, Trockenbau, Schimmelsanierung, Restaurierung und Stuck z.B. mit den Richtlinien zu den Themen Sockel-, Fensteranschlüsse oder auch Luftdichtheit und berät seine Mitglieder in vielfältiger Weise. Architekten und Ausschreibende erhalten telefonische Auskünfte z.B. über die Branchenregelungen, Standards sowie Aufmaß und Abrechnungsbestimmungen.

HOLZBAU
DEUTSCHLAND
INSTITUT

Holzbau Deutschland- Institut e.V.
Kronenstraße 55-58
10117 Berlin
www.institut-holzbau.de

Das Holzbau Deutschland Institut agiert seit 1990 als Organisation des Zimmerer- und Holzbaugewerbes mit dem Fokus auf die Praxis im Holzbau. Zur Entwicklung von Innovationen im Holzbau bringt das Holzbau Deutschland Institut als Schnittstelle zwischen Wissenschaft und Praxis die Kompetenzen aus allen relevanten Baudisziplinen zielorientiert ein, um Holzbauunternehmen und Planende mit dem nötigen Know-how für kommende Aufgaben zu unterstützen. Die Kernaufgaben sind die Durchführung und Koordinierung praxisrelevanter Forschung und Entwicklung in Zusammenarbeit mit nationalen und internationalen Partnern im Bauwesen, die technische Interessenvertretung im Normungswesen sowie der Wissenstransfer an die relevanten Zielgruppen.

Landesinnung des Gebäudereiniger-Handwerks Baden-Württemberg
Fachverband Gebäudedienste Baden-Württemberg e.V.
Zettachring 8A
70567 Stuttgart
www.gebaeudereiniger-bw.de; info@gebaeudereiniger-bw.de

Die Landesinnung des Gebäudereiniger-Handwerks ist Ansprechpartner für Tarif- und Vergabefragen (Mustertexte etc.) und vermittelt ö.b.u.v. Sachverständige. Auf der Homepage filtert der Service "Suche Betrieb für..." spezialisierte Betriebe für die gewünschte/n Leistung/en.
Der Qualitätsverbund Gebäudedienste bescheinigt innungsgeprüfte Fachkompetenz: Seit das Gebäudereiniger-Handwerk zulassungsfrei ist, erleichtert das „QV-Zertifikat" das Auffinden qualifizierter Meisterbetriebe und garantiert die Meistereigenschaft, eine Eingangsschulung zum nachhaltigen Wirtschaften und die kontinuierliche Weiterbildung! Bundesweit sind ca. 890 qv-zertifizierte Betriebe registriert: www.qv-gebaeudedienste.de
Im Fachforum bei www.qv-gebaeudedienste.de sind die Teilnehmer der Wissensplattform für Fachfragen zu Gebäudereinigung/-diensten/-management vernetzt. Durch das automatische Informationssystem sind sie stets auf neuestem fachlichen Stand.
Die Fachakademie für Gebäudemanagement und Dienstleistungen organisiert neutrale Vergabeseminare und Weiterbildungen. Die innungsakkreditierten FA-Zertifikate sind weithin anerkannt: Zertifiziert werden: Gepr. Vorarbeiter (FA), Gepr. Objektleiter (FA), Gepr. Service-Manager (FA), Fachwirt Gebäudemanagement (FA). www.fachakademie.de

Zentralverband Sanitär Heizung Klima (ZVSHK)
Rathausallee 6
53757 St. Augustin

Der Zentralverband Sanitär Heizung Klima vertritt als Arbeitsgeber- und Wirtschaftsverband nach dem Gesetz zur Ordnung des Handwerks (HwO) 50.000 Unternehmen des Bauhandwerks mit rund 271.000 Beschäftigten und 37.000 Lehrverhältnissen. Dabei stützt er sich auf 17 Landesorganisationen mit 389 Innungen, in denen rund 3.000 Unternehmer ehrenamtlich tätig sind. Er ist damit der größte nationale Verband in der EU für die Planung, den Bau und die Unterhaltung gebäudetechnischer Anlagen. Als Rationalisierungsverband schließt er die Förderung, Prüfung und Durchführung von Normungs-, Typisierungs- und Spezialvorhaben ein. Insoweit ist er anhörungspflichtig und beim Deutschen Bundestag akkreditiert.

Deutsche Gesellschaft DGGL
für Gartenkunst und Landschaftskultur e.V.

Deutsche Gesellschaft für Garten- und Landschaftskultur
Landesverband Hamburg / Schleswig-Holstein e.V.
DGGL
Brüderstr. 22
20355 Hamburg
www.DGGL.org

Die Deutsche Gesellschaft für Gartenkunst und Landschaftskultur e.V. (DGGL) ist ein gemeinnütziger Verein der in allen Bundesländern aktiv ist, die Bundesgeschäftsstelle ist in Berlin.
Die DGGL wurde 1887 in Dresden gegründet, um die Belange der Freiraum- und Landschaftsgestaltung gegenüber Politik und Öffentlichkeit zu vertreten, die fachliche Weiterentwicklung von Ausbildung und Beruf zu fördern sowie die Planungs- und Ausführungstechniken und Methoden zu verbessern.
Die DGGL steht allen an der Freiraumentwicklung und an der Erhaltung von (historischen) Freiräumen interessierten Menschen offen, namentlich sind dieses Garten- und Landschaftsarchitekten, Ingenieure und Gutachter, öffentliche Grünverwaltungen, Garten- und Landschaftsbaubetriebe, Baumschulen und Gärtnereien, Produzenten von Baustoffen und Ausstattungen sowie Laien.
Gemeinsam mit Partnerorganisationen in an grenzenden Ländern ist die DGGL auch auf europäischer Ebene tätig.

DA
DEUTSCHER ABBRUCHVERBAND

Deutscher Abbruchverband e.V. (DA)
Oberländer Ufer 180-182
50968 Köln-Marienburg
www.deutscher-abbruchverband.de

Der Deutsche Abbruchverband e.V. (DA) ist seit 60 Jahren der Wirtschafts- und Arbeitgeberverband der Abbruchbranche. Der DA vertritt bundesweit mehr als 500 qualifizierte Fachbetriebe. Allein die Mitgliedsbetriebe des Deutschen Abbruchverbandes kommen auf ein geschätztes Abbruchvolumen von ungefähr 2 Mrd. € per anno. Die Gesamtbranche bewältigt ca. 250 Millionen Tonnen Baustellenabfälle pro Jahr. Der DA vertritt die Interessen der Abbruchbranche gegenüber Politik, Verwaltung und Öffentlichkeit.
Die Entwicklung der Abbruchbranche von einem eher gering geschätzten Gewerbe zu einem hochtechnisierten Industriezweig wurde vom DA maßgeblich mitgestaltet.
Im Jahre 2003 wurde ein 3-jähriger gewerblicher Ausbildungsberuf für den Abbruch geschaffen, der „Bauwerksmechaniker für Abbruch und Betontrenntechnik", 2004 wurde das RAL-Gütezeichen Abbrucharbeiten etabliert, um besonders qualifizierte Abbruchbetriebe auch nach außen kennzeichnen zu können. Ein weiterer Meilenstein der Verbandsarbeit war die Aufnahme des Abbruchgewerks als technische Norm ATV DIN 18459 in die VOB/C im Jahre 2006.
Der DA ist Veranstalter der alljährlichen „Fachtagung Abbruch" in Berlin, Europas größter Fachtagung zu diesem Thema.

Deutscher Holz- und Bautenschutzverband e.V.
Goethestraße 37
50858 Köln
www.dhbv.de

Der Deutsche Holz- und Bautenschutzverband e.V. - DHBV - ist ein Zusammenschluss qualifizierter Fachleute, die in der Bauwerkserhaltung, der Denkmalpflege und im Neubau tätig sind.
Der Verband wurde im Jahr 1950 gegründet und vertritt seitdem bundesweit die im Holz- und Bautenschutz tätigen Berufsgruppen.
Der DHBV ist Mitglied in den Zentralverbänden des Deutschen Baugewerbes (ZDB) und des Deutschen Handwerks (ZDH) und ist in zahlreichen Normungsausschüssen und Gremien (DIN, WTA, GAEB) die Stimme der Branche.
Die Kernaufgaben des DHBV sind die Ausbildung des beruflichen Nachwuchses, die Weiterbildung von Fachkräften sowie die Qualifizierung seiner Mitglieder. Wichtige Ergebnisse der Arbeit des DHBV sind die Ausbildung „Handwerkskammergeprüfte(r) Holz- und Bautenschutztechniker/in (2000), der zweijährige Ausbildungsberuf „Fachkraft für Holz- und Bautenschutzarbeiten", der dreijährige „Ausbildungsberuf Holz- und Bautenschützer/in" (beide 2007) und der Meister für Holz- und Bautenschutz (2011).
Als Bundesverband repräsentiert der DHBV 10 Landesverbände. Deren Mitglieder bietet er praktische Unterstützung, fachliche Beratung und verbessert dadurch nachhaltig die Qualität in der Bauausführung. Durch die Verleihung von Qualitätszertifikaten, Präsentation geprüfter Fachfirmen und Sachverständige im Internet und Vermittlung von DHBV Fachfirmen und Sachverständigen unterstützt der Verband zudem Bauherren bei der Suche nach geprüfter Fachkompetenz.

Bundesverband Farbe Gestaltung Bautenschutz
Bundesinnungsverband des deutschen Maler- und Lackiererhandwerks
60486 Frankfurt a.M.; Solmstr. 4
www.farbe.de

Der Bundesverband Farbe Gestaltung Bautenschutz vertritt als Arbeitgeber -, Wirtschafts- und Technischer Verband die Interessen des Maler-Lackiererhandwerks. Er stützt sich auf ein beachtliches Fundament: Rund 41.881 kleinere und mittlere Betriebe mit 196.500 Beschäftigten, davon 22.287 Lehrlinge arbeiten in der Branche. Zur Wahrnehmung der berufsständischen Interessen sind dem Verband 17 Landesverbände sowie deren 360 Innungen mit den darin freiwillig organisierten Mitgliedsbetrieben angeschlossen. Das Leistungsangebot des modernen Handwerksberufes Maler und Lackierer umfasst u. a. Tätigkeiten wie: Oberflächenbehandlung von mineralischen Untergründen, Metall, Holz und Kunststoffen mit Beschichtungsstoffen, WDVS-Arbeiten, Betonflächeninstandsetzung, Trockenbau, Innenraumgestaltung, Korrosionsschutz- und Brandschutzbeschichtungen. Der Bundesverband betreut u. a. den Bundesausschuss Farbe und Sachwertschutz, dem Herausgeber der Technischen Richtlinien für Maler- und Lackiererarbeiten.

FACHVERBAND FLIESEN UND NATURSTEIN
im Zentralverband des Deutschen Baugewerbes

Fachverband Fliesen und Naturstein im Zentralverband des Deutschen Baugewerbes
Kronenstr. 55-58
10117 Berlin
www.fachverband-fliesen.de

Der Fachverband Fliesen und Naturstein (FFN) ist eine von 10 Fachgruppen im Zentralverband des Deutschen Baugewerbes (ZDB). Der FFN vertritt die Interessen der Mitgliedsunternehmen – mit fachlicher Expertise, in allen berufsständischen Fragen. Er setzt sich für die passenden wirtschaftlichen, sozialen wie auch rechtlichen Rahmenbedingungen ein. Die Experten des Fachverbandes wirken bei der Aufstellung fachlicher Regeln, der Erstellung von Merkblättern und der Herausgabe technischer Normen mit. Sie beantworten fachtechnische Fragen und erstellen fachtechnische Gutachten. Der FFN fördert die fachtechnische Forschung und Lehre sowie die Berufsausbildung und Fortbildung wie auch die Umschulung. Der Fachverband unterstützt seine Mitglieder in allen relevanten juristischen Angelegenheiten: Beratung in arbeitsrechtlichen Streitigkeiten, Hilfe bei vertragsrechtlichen Fragestellungen, steuerrechtliche Beratung sowie Unternehmensnachfolge. Der FFN bezieht seine Mitgliedsbetriebe in die fachspezifische und zielgerichtete Öffentlichkeits- und Medienarbeit ein. Er organisiert regelmäßig Fachausstellungen, fachtechnische Wettbewerbe und Branchentagungen. Für die Mitgliedsbetriebe steht der Fachverband im engen Austausch mit herstellenden Industrieunternehmen.

Die Mitwirkung der Fachverbände beinhaltet ausschließlich die fachliche Prüfung der Mustertexte. Die veröffentlichten Positionspreise werden nicht von den Fachverbänden geprüft. Grundlage der Positionspreise ist die BKI-Baukostendatenbank.

BKI bedankt sich bei den Fachverbänden für die erfolgreiche Zusammenarbeit. Das Prüfen der Mustertexte stellt einen wertvollen Beitrag zur Verbesserung der fachlichen Kommunikation beim Bauablauf zwischen planenden und ausführenden Berufen dar.

Einführung

Dieses Fachbuch wendet sich an Architekt*innen, Ingenieur*innen, Sachverständige und sonstige Fachleute, die mit Kostenermittlungen von Hochbaumaßnahmen befasst sind. Es enthält statistische Kostenkennwerte für „Positionen", geordnet nach den Leistungsbereichen nach STLB. Der neue Leistungsbereich 089 im STLB wurde aus dem bisherigen Leistungsbereich 000 ausgegliedert. Aufgrund des engen thematischen Zusammenhangs ist er in den BKI Positionen unmittelbar nach dem Leistungsbereich 000 eingeordnet. Neben den Mittelwerten sind auch Von-Bis-Werte und Minimal-Maximal-Werte angegeben. Bei den Von-Bis-Werten handelt es sich um mit der Standardabweichung berechnete Bandbreiten, wobei Werte über dem Mittelwert und Werte unter dem Mittelwert getrennt betrachtet werden. Der Mittelwert muss deshalb nicht zwingend in der Mitte der Bandbreite liegen.

Durch Übernahme der BKI Regionalfaktoren in die Datenbanken wurde es möglich, die Objekte und damit auch deren Positionspreise auch hinsichtlich des Bauortes zu bewerten. Für statistische Auswertungen rechnet BKI so, als ob das Objekt nicht am Bauort, sondern in einer mit dem Bundesdurchschnitt identischen Region gebaut worden wäre.

Die regional bedingten Kosteneinflussfaktoren sind somit aus den hier veröffentlichten Positionspreisen herausgerechnet. Das soll aber nicht darüber hinwegtäuschen, dass Positionspreise vielfältigen Einflussfaktoren unterliegen, von denen die regionalen meist nicht die bestimmenden sind.

Alle Kennwerte basieren auf der Analyse vergebener und abgerechneter Bauleistungen.
In Teilbereichen, z.B. bei den Leistungen zur nachträglichen Dämmung, sind die Daten auch auf Basis einzelner statistisch belegten Positionen plausibel hergeleitet worden.

Dieses Fachbuch erscheint jährlich neu, so dass der Benutzer stets aktuelle Kostenkennwerte zur Hand hat.

Benutzerhinweise

1. Definitionen
Als Positionen werden in dieser Veröffentlichung Leistungsbeschreibungen für Bauleistungen mit den zugehörigen Texten, Mengen, Preisen, sowie Ausführungsdauer und sonstigen Angaben bezeichnet. Positionstexte sind ausführliche Leistungsbeschreibungen von Bauleistungen (Langtexte) oder Kurzfassungen davon (Kurztexte). Einheitspreise sind die Preise für Bauleistungen pro definierter Einheit, Gesamtpreise sind die Preise für die Gesamtmenge einer einzelnen Bauleistung. BKI dokumentiert und veröffentlicht ausschließlich Preise abgerechneter Bauleistungen, die insofern endgültig und keinen weiteren Veränderungen durch Verhandlungen, Preisanpassungen etc. unterworfen sind.

2. Kostenstand und Mehrwertsteuer
Kostenstand aller Kennwerte ist das 2. Quartal 2026. Alle Kostenkennwerte werden in brutto und netto angegeben. Die Angabe aller Kostenkennwerte dieser Veröffentlichung erfolgt in Euro. Die vorliegenden Kostenkennwerte sind Orientierungswerte. Sie können nicht als Richtwerte im Sinne einer verpflichtenden Obergrenze angewendet werden.

3. Datengrundlage - Haftung
Grundlage der Daten sind statistische Analysen abgerechneter Bauvorhaben. Vereinzelt wurden Preise aus vergebenen Leistungsverzeichnissen zur Preisbildung verwendet.
Insbesondere Varianten vergleichbarer Positionen mit Dimensionsänderungen sind auf Basis statistisch belegten Positionen plausibel hergeleitet. Die Daten wurden mit größtmöglicher Sorgfalt vom BKI bzw. seinen Dokumentationsstellen erhoben und zusammengestellt. Für die Richtigkeit, Aktualität und Vollständigkeit dieser Daten, Analysen und Tabellen übernehmen jedoch weder die Herausgeber noch BKI eine Haftung, ebenso nicht für Druckfehler und fehlerhafte Angaben. Die Benutzung dieses Fachbuchs und die Umsetzung der darin erhaltenen Informationen erfolgen auf eigenes Risiko.
Angesichts der vielfältigen Kosteneinflussfaktoren müssen Anwender*innen die genannten Orientierungswerte eigenverantwortlich prüfen und entsprechend dem jeweiligen Verwendungszweck anpassen.

4. Anwendungsbereiche
Die Kostenkennwerte sind als Orientierungswerte konzipiert; sie können bei Kostenberechnungen und Kostenanschlägen angewendet werden. Die formalen Mindestanforderungen hinsichtlich der Darstellung der Ergebnisse einer Kostenermittlung sind in DIN 276:2018-12 unter Ziffer 3 Grundsätze der Kostenplanung festgelegt.

Die Anwendung des Positions-Verfahrens bei Kostenermittlungen setzt voraus, dass genügend Planungsinformationen vorhanden sind, um Qualitäten und Mengen von Positionen ermitteln zu können.

5. Geltungsbereiche
Die genannten Kostenkennwerte spiegeln in etwa das durchschnittliche Baukostenniveau in Deutschland wider. Die Geltungsbereiche der Tabellenwerte sind fließend. Die „von-/ bis-Werte" markieren weder nach oben noch nach unten absolute Grenzwerte. Auch die Minimal-Maximal-Werte sind nur als Minimum und Maximum der in der Stichprobe enthaltenen Werte zu verstehen. Das schließt nicht aus, dass diese Werte in der Praxis unter- oder überschritten werden können.

6. Preise
Die Preise wurden mit der Standardabweichung ermittelt, ein statistisches Verfahren, das aus dem kompletten Spektrum der Preisbeispiele einen wahrscheinlichen Mittelbereich errechnet. Um dem Umstand Rechnung zu tragen, dass Abweichungen vom Mittelwert nach oben bei Baupreisen wahrscheinlicher sind als nach unten, wurde die Standardabweichung für Preise oberhalb des Mittelwertes getrennt von denen unterhalb des Mittelwertes ermittelt. Das Verfahren findet auch in anderen BKI Publikationen Anwendung und ist im Fachbuch „BKI Baukosten Gebäude, Statistische Kostenkennwerte (Teil 1)" näher beschrieben.

7. Kosteneinflüsse
In den Streubereichen (von-/bis-Werte) der Kostenkennwerte spiegeln sich die vielfältigen Kosteneinflüsse aus Nutzung, Markt, Gebäudegeometrie, Ausführungsstandard, Projektgröße etc. wider. Die Orientierungswerte können daher nicht schematisch übernommen werden, sondern müssen entsprechend den spezifischen Planungsbedingungen überprüft und ggf. angepasst werden. Mögliche Einflüsse, die eine Anpassung der Orientierungswerte erforderlich machen, können sein:
- besondere Nutzungsanforderungen,
- Standortbedingungen (Erschließung, Immission, Topographie, Bodenbeschaffenheit),
- Bauwerksgeometrie (Grundrissform, Geschosszahlen, Geschosshöhen, Dachform, Dachaufbauten),
- Bauwerksqualität (gestalterische, funktionale und konstruktive Besonderheiten),
- Quantität (Positionsmengen),
- Baumarkt (Zeit, regionaler Baumarkt, Vergabeart).

8. Mustertexte
BKI hat für entsprechende Leistungsbereiche produktneutrale, vorformulierte Leistungstexte für die Ausschreibung verfasst. Die Mustertexte wurden auf der Grundlage der zahlreichen Positionstexte der BKI Baudatenbanken verfasst. Die Fachautoren haben die relevanten Textteile zusammengetragen und einen einheitlichen praxistauglichen Ausschreibungstext daraus gebildet. Viele Mustertexte wurden darüber hinaus von Fachverbänden der Bauberufe geprüft. Die prüfenden Fachverbände werden in den Fußzeilen der entsprechenden Seiten und zusammenfassend auf Seite 6-11 genannt.

Durch die Zusammenarbeit mit den Fachverbänden ist es gelungen, auch für ausführende Firmen eindeutig formulierte Positionsmustertexte herauszugeben. Einheitliche und praxistaugliche Positionsmustertexte in Verbindung mit Kostenangaben aus fertig gestellten Projekten sind für alle am Bau Beteiligten eine sinnvolle Unterstützung bei der täglichen Arbeit.

Den kooperierenden Fachverbänden gilt unser Dank. Sie unterstützen durch diese Zusammenarbeit die Kommunikation im Baubereich zwischen planenden und ausführenden Berufen.

9. Ausführungsdauer
In dieser Veröffentlichung ist die Angabe der Ausführungsdauer pro Leistungsposition. Diese wurde aus Literatur recherchiert und dann über unsere Baupreisdokumentation fachkundig angepasst. Die Ausführungsdauer ist somit kein Wert welcher sich aus konkreter Dokumenta-

tion ergibt, sondern einer der über Plausibilität ermittelt wurde. Er soll eine Orientierung für die Dauer der Arbeitsleistung auf der Baustelle und in Verrechnung mit Ausführungsmengen die Grundlage für die Terminplanung schaffen.

10. Regionalisierung der Daten
Grundlage der BKI Regionalfaktoren sind Daten aus der amtlichen Bautätigkeitsstatistik der statistischen Landesämter, eigene Berechnungen auch unter Verwendung von Schwerpunktpositionen und regionale Umfragen.

Zusätzlich wurden vom BKI Verfahren entwickelt, um die Eingangsdaten auf Plausibilität prüfen und ggf. anpassen zu können. Auf der Grundlage dieser Berechnungen hat BKI einen bundesdeutschen Mittelwert gebildet. Anhand des Mittelwertes lassen sich die einzelnen Land- und Stadtkreise prozentual einordnen. Diese Prozentwerte wurden die Grundlage der BKI Deutschlandkarte mit „Regionalfaktoren für Deutschland".

Für die größeren Inseln Deutschlands wurden separate Regionalfaktoren ermittelt. Dazu wurde der zugehörige Landkreis in Festland und Inseln unterteilt. Alle Inseln eines Landkreises erhalten durch dieses Verfahren den gleichen Regionalfaktor. Der Regionalfaktor des Festlandes enthält keine Inseln mehr und ist daher gegenüber früheren Ausgaben verringert.

Die Kosten der Objekte der BKI Datenbanken wurden auf den Bundesdurchschnitt umgerechnet. Für den*die Anwender*in bedeutet die Umrechnung der Daten auf den Bundesdurchschnitt, dass einzelne Kostenkennwerte oder das Ergebnis einer Kostenermittlung mit dem Regionalfaktor des Standorts des geplanten Objekts multipliziert werden können. Die BKI Stadt-/Landkreisfaktoren befinden sich im Anhang des Buchs.

11. Urheberrechte
Alle Objektinformationen sind urheberrechtlich geschützt. Dies gilt auch für die daraus abgeleiteten Auswertungen (Statistiken). Die Urheberrechte liegen bei den jeweiligen Büros, Personen bzw. beim BKI. Es ist ausschließlich eine Anwendung der Daten im Rahmen der praktischen Kostenplanung im Hochbau zugelassen. Die Nutzung der Objektinformationen für einen anderen als den Vertragszweck ist nicht zulässig. Dies gilt auch für die daraus abgeleiteten Auswertungen (Statistiken). Eine Vervielfältigung des Werks oder von Teilen daraus außer für den Vertragszweck ist nur mit ausdrücklicher Genehmigung des Herausgebers gestattet. Auch eine Übersetzung oder Bearbeitung, insbesondere eine Übertragung des Werks oder Teilen daraus in elektronische Systeme, ist nur mit ausdrücklicher Genehmigung des Herausgebers gestattet.

Neue BKI Altbau-Dokumentationen 2025-2026

1300-0270 Verwaltungsgebäude (75 AP)
Modernisierungen; Büro- und Verwaltungsgebäude
ZRS Architekten GvA mbH
Berlin

1300-0301 Bürogebäude, Dachsanierung
Modernisierungen; Büro- und Verwaltungsgebäude
Architekturbüro Maurer
München

1300-0303 Bürogebäude, TG, Brandschutz
Modernisierungen; Büro- und Verwaltungsgebäude
Architekturbüro Maurer
München

1300-0312 Büro (7 AP)
Umbauten; Büro- und Verwaltungsgebäude
freiraum4plus
Wiesbaden

1300-0322 Wohn-/Geschäftshaus, Fassade
Modernisierungen; Büro- und Verwaltungsgebäude
werkArchitektur Yvonne Werk
Berlin

1300-0324 Gründerzentrum (20 AP)
Umbauten; Büro- und Verwaltungsgebäude
Liebnerstadtfeld Architekten
Magdeburg

Fotopräsentation der Objekte

1300-0329 Bürogebäude (8 AP)
Modernisierungen; Büro- und Verwaltungsgebäude
esfandiary möller architekten PartG mbB
Lüneburg

1300-0336 Bürogebäude (34 AP)
Erweiterungen; Büro- und Verwaltungsgebäude
PAPPERT + WEICHYNIK Architekten PartG mbB
Bielefeld

1300-0339 Bürogebäude (40 AP)
Erweiterungen; Büro- und Verwaltungsgebäude
Brüggemann + Jeßnitz Architekten Part GmbB
Winsen (Aller)

2200-0072 Labor (10 AP)
Erweiterungen; Gebäude anderer Art
Eneff Architekten I Partnerschaft von Architekten
München

3200-0032 Palliativstation (12 Betten)
Erweiterungen; Gebäude anderer Art
Planungsring Mumm + Partner GbR
Treia

3200-0034 Krankenhaus
Erweiterungen; Gebäude anderer Art
Felix+Jonas Architekten GmbH
München

4100-0254 Grundschule (3 Klassen)
Erweiterungen; Schulen
QUITTMANNARCHITEKTEN
Unna

4100-0256 Grundschule (120 Schüler)
Erweiterungen; Schulen
meuer - planen beraten Architekten GmbH
München

4100-0268 Gymnasium (9 Klassen, 206 Schüler)
Erweiterungen; Schulen
Hinck Architekten
Stade

4200-0037 Fachakademie, Berufsfachschule
Umbauten; Schulen
PH2 Architektur + Stadtplanung
Eschlkam

4400-0404 Kindergarten (40 Kinder)
Erweiterungen; Kindergärten
Butzlaff Tewes Architekten + Ingenieure
Brande-Hörnerkirchen

4400-0405 Kindertagesstätte (62 Kinder)
Erweiterungen; Kindergärten
Keul und Müller Architekten Part GmbB
Aßlar

4400-0421 Kindertagesstätte (50 Kinder)
Erweiterungen; Kindergärten
köhler + otto architekten PartGmbB
Bad Wünnenberg

4400-0429 Kindertagesstätte (40 Kinder)
Erweiterungen; Kindergärten
Hochbauamt Heidelberg und AAg Architekten GmbH
Heidelberg

4400-0439 Kindertagesstätte (65 Kinder)
Erweiterungen; Kindergärten
Kern Architekten PartGmbB
Mindelheim

6100-1493 Dachgeschoss (2 WE)
Umbauten; Ein- und Zweifamilienhäuser
KAPALAARCHITEKTUR Carsten Kapala
Herne

6100-1536 Mehrfamilienhaus (12 WE)
Modernisierungen; Wohngeb. n. 1945: mit Tragkonstruktion
Ingenieurbüro Gerdom
Bad Essen

6100-1545 Einfamilienhaus
Umbauten; Ein- und Zweifamilienhäuser
TILIA-Innovation GmbH, Dipl.-Ing. Christian Schulz
Leipzig

Fotopräsentation der Objekte

6100-1609 Dachgeschosswohnung, Turmzimmer
Umbauten; Wohnungen
werkArchitektur Yvonne Werk
Berlin

6100-1623 Dachgeschosswohnung
Umbauten; Wohnungen
werkArchitektur Yvonne Werk
Berlin

6100-1713 Einfamilienhaus
Modernisierungen; Ein- und Zweifamilienhäuser nach 1945
Innenarchitekturinsel Dipl. Ing. Innenarchitektin
Yvonne Habermann, Prien am Chiemsee

6100-1731 Einfamilienhaus
Erweiterungen; Wohngebäude: Anbau
nagy-architektur
Köln

6100-1733 Mehrfamilienhaus (11 WE)
Instandsetzungen; Wohngebäude
Ahola Architekten Halle
Halle

6100-1746 Einfamilienhaus, Aufstockung
Erweiterungen; Wohngebäude: Aufstockung
Gütig Architektur
Bornholm-Hersel

6100-1753 Mehrfamilienhaus (8 WE)
Instandsetzungen; Wohngebäude
⌂ Ahola Architekten
Braunschweig

6100-1760 Mehrfamilienhaus (4 WE)
Instandsetzungen; Wohngebäude
⌂ ding.fest dessau architektur & energieberatung
Dessau-Roßlau

6200-0133 Pflegeheim (22 Betten)
Umbauten; Gebäude anderer Art
⌂ DIETRICH I UNTERTRIFALLER GmbH, Bregenz und
werkgruppe drei I Staiger Weltin I PartGmbB, Konstanz

7200-0096 Geschäftshaus, Foyer
Umbauten; Gewerbegebäude
⌂ Katrin Reinhold Dipl.-Innenarchitektin
Leipzig

9100-0173 Bibliothek, Lernzentrum
Umbauten; Gebäude anderer Art
⌂ grüningerarchitekten I BDA, Darmstadt und
Innenarchitektinnen Simone Ferrari, Claudia Witte

9100-0204 Stadtbücherei (120 Plätze)
Modernisierungen; Gebäude anderer Art
⌂ a5 Planung GmbH
Bad Nauheim

9100-0213 Stadtbücherei
Modernisierungen; Gebäude anderer Art
UKW Innenarchitekten PartGmbB
Krefeld

9100-0215 Stiftsgebäude, Gemeindesaal, Büros
Umbauten; Gemeindezentren
Bieling Architekten AG
Kassel

9100-0222 Ausstellungsgebäude
Erweiterungen; Gebäude anderer Art
Andreas Heller Architects & Designers
Hamburg

9100-0228 Kammermusiksaal (80 Sitzplätze)
Erweiterungen; Gebäude anderer Art
mamuth I Dipl.Ing. Timm Helbach I freier Architekt
dwb BDA, Mainz

9100-0230 Kreisarchiv
Erweiterungen; Gebäude anderer Art
Dr.-Ing. Formazin & Partner GbR
Ahrensfelde

9100-0237 Dorfsaal
Erweiterungen; Gebäude anderer Art
NC ARCHITEKTEN Nicolaus-Chatterjee PartGmbB
Wachtberg

9700-0032 Friedhofskapelle
Instandsetzungen; Sakralbauten
Dohse und Partner Architekten mbB
Hamburg

9700-0038 Kolumbarium
Umbauten; Gebäude anderer Art
B-WERK ARCHITEKTEN BDA
Spelle

Erläuterungen

(1) (2)

LB 308
Wasserhaltungs-arbeiten

308

Wasserhaltungsarbeiten — **Preise €**

Nr.	Positionen	Einheit	►	▷	ø brutto € / ø netto €	◁	◄
1	Pumpensumpf, Betonfertigteil	St	1.205	1.628	**1.849**	2.017	2.339
			1.013	1.368	**1.554**	1.695	1.966
2	Tauchpumpe, Fördermenge bis 10m³/h	St	551	664	**737**	818	1.086
			463	558	**619**	687	913
3	Betrieb, Pumpe bis 10m³/h	h	13	16	**17**	18	21
			11	13	**14**	15	17
4	Tauchpumpe, Fördermenge bis 20m³/h	St	715	1.014	**1.069**	1.137	1.365
			601	852	**898**	955	1.147

382

(3) **T1** Bekämpfung Hausschwamm/Nassfäulepilze — Titel für Pos. **1-24**

Nr.	Positionen	Einheit	►	▷	ø brutto € / ø netto €	◁	◄
1	Bekleidung entfernen/entsorgen	m²	–	30	**37**	49	–
			–	25	**31**	41	–
2	Dielenbelag aufnehmen/entsorgen	m²	–	28	**34**	46	–
			–	24	**29**	39	–
3	Schüttung, Stakung/Einschub, entfernen/entsorgen	m²	–	56	**68**	87	–
			–	47	**57**	73	–
4	Leichte Trennwände entfernen/entsorgen	m²	–	39	**48**	63	–
			–	33	**40**	53	–

(4)

Kosten:
Stand 2. Quartal 2026
Bundesdurchschnitt

Nr. **Kurztext** / Langtext — Kostengruppe
► ▷ **ø netto €** ◁ ◄ [Einheit] Ausf.-Dauer Positionsnummer

(5) **1 Pumpensumpf, Betonfertigteil** — KG **313**

Pumpensumpf aus Betonfertigteilringen herstellen, während der gesamten Bauzeit vorhalten und wieder entfernen, inkl. erforderlichem Aushub, seitlicher Lagerung und Wiederverfüllung.
(6) Lage: innerhalb der Baugrube
Tiefe: bis 3,00m
Durchmesser: DN1.000
Lichter Sohlenquerschnitt: bis 1,00m²
Boden: Homogenbereich ....., mit einer Bodengruppe, Bodengruppe: ..... DIN 18196
- Steinanteil: bis .....% Massenanteil DIN EN ISO 14688-1
- Konsistenz DIN EN ISO 14688-1: .....
- Lagerungsdichte: .....

Aushubprofilprofil: .....
Vorhaltedauer: .....

1.013€ 1.368€ **1.554€** 1.695€ 1.966€ [St] ⏱ 2,40h/St 308.000.015

(7) (8) (9)

Nr. **Kurztext** / Langtext — Kostengruppe
► ▷ **ø netto €** ◁ ◄ [Einheit] Ausf.-Dauer Positionsnummer

(10) **A 1 Dränleitung, PVC-U** — Beschreibung für Pos. **2-4**

Dränleitung aus PVC-Stangenrohren für Gebäudedränage mit Doppelsteckmuffen.
Dränrohr: PVC-U
Wassereintrittsfläche: mind. 80cm²/m
Einbauort: **Arbeitsraum / Graben / Baugrube**

(11) © **BKI** Baukosteninformationszentrum; Erläuterungen zu den Tabellen siehe Seite 26 — Kostenstand: 2. Quartal 2026, Bundesdurchschnitt
Mustertexte geprüft: Bauwirtschaft Baden-Württemberg e.V.

Erläuterung nebenstehender Tabelle

Alle Kostenkennwerte werden mit und ohne Mehrwertsteuer dargestellt. Kostenstand: 2.Quartal 2026.
Kosten und Kostenkennwerte wurden umgerechnet auf den Bundesdurchschnitt.

(1)

Leistungsbereichs-Titel

(2)

Datentabelle mit Angabe:
- der Bauleistungen als Kurztext
- der Einheit
- Minimal-Wert, Von-Wert, Mittel-Wert, Bis-Wert und Maximal-Wert

Angaben jeweils mit MwSt. (1. Zeile) und ohne MwSt. (2. Zeile).
Gerundete Werte bis 10€ Nettosumme.
Die Ordnungsziffer verweist auf den zugehörigen Langtext.

(3)

Hier werden fachlich zusammengehörige Leistungspositionen zu übersichtlichen Gruppen zusammengefasst und der Leistungsbereich dadurch klar gegliedert.

(4)

Kostengruppen nach DIN 276:2018-12. Die Angaben sind bei der Anwendung zu prüfen, da diese teilweise auf Positionsebene nicht zweifelsfrei zugeordnet werden können.

(5)

Ordnungsziffer für den Bezug zur Datentabelle.

(6)

Mustertexte als produktneutraler Positionstext für die Ausschreibung. Die durch Fettdruck hervorgehobenen bzw. mit Punktierung gekennzeichneten Textpassagen müssen in der Ausschreibung ausgewählt bzw. eingetragen werden um eindeutig kalkulierbar zu sein.

(7)

Abrechnungseinheit der Leistungspositionen

(8)

Ausführungsdauer der Leistung pro Stunde für die Terminplanung

(9)

Positionsnummer als ID-Kennung für das Auffinden des Datensatzes in elektronischen Medien

(10)

Mit A bezifferte Positionen sind Beschreibungen für die entsprechende Folgeposition.

(11)

Name des prüfenden Fachverbandes, Anschriften siehe Seite 6-11

Positionsverweise Barrierefreies Bauen

Kosten:
Stand 2.Quartal 2026
Bundesdurchschnitt

► min
▷ von
ø Mittel
◁ bis
◄ max

Barrierefreies Bauen — **Preise €**

Nr.	Positionen	Einheit	►	▷	ø brutto € / ø netto €	◁	◄
1	Öffnung überdecken, Ziegelsturz	m	59	68	**75**	77	89
	LB 312, Pos. 100, Seite 133		50	57	**63**	65	75
2	Öffnung überdecken; KS-Sturz, 17,5cm	m	51	68	**75**	89	116
	LB 312, Pos. 101, Seite 133		43	57	**63**	75	97
3	Öffnung überdecken, Betonsturz, 24cm	m	64	75	**117**	124	174
	LB 312, Pos. 102, Seite 134		54	63	**98**	104	147
4	Außenbelag, Betonwerksteinplatten	m²	120	150	**165**	180	208
	LB 314, Pos. 27, Seite 168		101	126	**138**	151	175
5	Außenbelag, Naturwerksteinpflaster	m²	168	211	**243**	258	285
	LB 314, Pos. 28, Seite 169		141	178	**204**	216	240
6	Außenbelag, Pflasterstreifen	m	67	78	**80**	83	92
	LB 314, Pos. 29, Seite 169		56	66	**68**	70	77
7	Treppe, Blockstufe, Naturwerkstein	m	234	303	**337**	387	509
	LB 314, Pos. 32, Seite 170		197	255	**283**	325	428
8	Treppe, Blockstufe, Betonwerkstein	m	228	274	**301**	323	368
	LB 314, Pos. 33, Seite 170		191	230	**253**	272	309
9	Treppe, Winkelstufe, Naturwerkstein, 1,00m	St	275	304	**318**	331	364
	LB 314, Pos. 34, Seite 170		231	256	**267**	278	306
10	Treppenbelag, Naturwerkstein, Tritt-/Setzstufe	m	189	220	**248**	254	313
	LB 314, Pos. 35, Seite 170		159	185	**208**	213	263
11	Aufmerksamkeitsstreifen, Stufenkante	m	–	97	**107**	135	–
	LB 314, Pos. 36, Seite 171		–	81	**90**	114	–
12	Innenbelag, Naturwerkstein, Granit	m²	143	263	**346**	374	452
	LB 314, Pos. 39, Seite 172		120	221	**291**	314	380
13	Innenbelag, Naturwerkstein, Kalkstein	m²	145	264	**311**	416	672
	LB 314, Pos. 40, Seite 172		122	222	**261**	349	565
14	Oberfläche, laserstrukturiert, Mehrpreis	m²	–	62	**78**	98	–
	LB 314, Pos. 43, Seite 173		–	52	**65**	82	–
15	Verbundabdichtung, streichbar, Wand	m²	16	26	**31**	37	53
	LB 324, Pos. 11, Seite 335		14	22	**26**	31	45
16	Verbundabdichtung, Boden	m²	12	22	**29**	31	39
	LB 324, Pos. 12, Seite 335		10	19	**24**	26	33
17	Bodenbelag, Fliesen 20x20	m²	90	111	**120**	134	165
	LB 324, Pos. 15, Seite 336		76	93	**101**	113	139
18	Bodenbelag, Fliesen 30x30	m²	81	100	**110**	120	147
	LB 324, Pos. 16, Seite 336		68	84	**92**	100	124
19	Bodenfliesen, 30x60	m²	94	109	**118**	136	156
	LB 324, Pos. 17, Seite 336		79	92	**100**	114	131
20	Bodenbelag, Fliesen 60x60	m²	106	153	**167**	192	240
	LB 324, Pos. 18, Seite 337		89	128	**140**	161	202
21	Wandbelag, Fliesen 15x15	m²	90	107	**114**	122	142
	LB 324, Pos. 20, Seite 337		76	90	**96**	103	119
22	Wandbelag, Fliesen 30x30	m²	93	114	**122**	140	171
	LB 324, Pos. 21, Seite 338		78	96	**102**	118	144
23	Wandbelag, Fliesen 30x60	m²	96	121	**135**	148	179
	LB 324, Pos. 22, Seite 338		81	102	**114**	124	151
24	Holz-Türelement, S200C5, einflüglig, 1.000x2.000/2.125	St	1.319	1.538	**1.852**	1.889	2.861
	LB 327, Pos. 8, Seite 375		1.108	1.293	**1.557**	1.587	2.404

 Kostenstand: 2.Quartal 2026, Bundesdurchschnitt

Erläuterung nebenstehender Tabelle

Alle Kostenkennwerte werden mit und ohne Mehrwertsteuer dargestellt. Kostenstand: 1.Quartal 2026. Kosten und Kostenkennwerte umgerechnet auf den Bundesdurchschnitt.

---

①

Titel: Positionsverweise Barrierefreies Bauen / Brandschutz / Innenraum

②

Datentabelle mit Angabe des Kurztextes, der Einheit, des Minimal-von-Mittel-bis-Maximalwertes. Alle Werte sind gerundet und jeweils in zwei Zeilen angegeben:
- 1. Zeile brutto mit MwSt.
- 2. Zeile netto ohne MwSt.

③

Kurztext der Position

④

Leistungsbereichsnummer nach STLB-Bau, Positionsnummer und die Buchseite, welche auf den Langtext der Position verweist

⑤

Abrechnungseinheit der Leistungsposition

Häufig gestellte Fragen

Fragen zur Flächenberechnung (DIN 277):

1. Wie wird die BGF berechnet?	Die Brutto-Grundfläche ist die Summe der Grundflächen aller Grundrissebenen. Nicht dazu gehören die Grundflächen von nicht nutzbaren Dachflächen (Kriechböden) und von konstruktiv bedingten Hohlräumen (z. B. über abgehängter Decke). (DIN 277:2021-08) Bei den Gebäudearten Dachausbau und Aufstockung nur bezogen auf die Grundrissebene des Dachs.
2. Gehört der Keller bzw. eine Tiefgarage mit zur BGF?	Ja, im Gegensatz zur Geschossfläche nach § 20 Baunutzungsverordnung (BauNVo) gehört auch der Keller bzw. die Tiefgarage zur BGF.
3. Wie werden Luftgeschosse (z. B. Züblinhaus) nach DIN 277 berechnet?	Die Rauminhalte der Luftgeschosse zählen zum Regelfall der Raumumschließung (R) BRI (R). Die Grundflächen der untersten Ebene der Luftgeschosse und Stege, Treppen, Galerien etc. innerhalb der Luftgeschosse zählen zur Brutto-Grundfläche BGF (R). Vorsicht ist vor allem bei Kostenermittlungen mit Kostenkennwerten des Brutto-Rauminhalts geboten.
4. Welchen Flächen ist die Garage zuzurechnen?	Die Stellplatzflächen von Garagen werden zur Nutzungsfläche gezählt, die Fahrbahn ist Verkehrsfläche.
5. Wird die Diele oder ein Flur zur Nutzungsfläche gezählt?	Normalerweise nicht, da eine Diele oder ein Flur zur Verkehrsfläche gezählt wird. Wenn die Diele aber als Wohnraum genutzt werden kann, z. B. als Essplatz, wird sie zur Nutzungsfläche gezählt.
6. Zählt eine nicht umschlossene oder nicht überdeckte Terrasse einer Sporthalle, die als Eingang und Fluchtweg dient, zur Nutzungsfläche?	Die Terrasse ist nicht Bestandteil der Grundflächen des Bauwerks nach DIN 277. Sie bildet daher keine BGF und damit auch keine Nutzungsfläche. Die Funktion als Eingang oder Fluchtweg ändert daran nichts.

7. Zählt eine Außentreppe zum Keller zur BGF?

Wenn die Treppe allseitig umschlossen ist, z.B. mit einem Geländer, ist sie als Verkehrsfläche zu werten. Nach DIN 277:2021-08 gilt: Grundflächen und Rauminhalte sind nach ihrer Zugehörigkeit zu den folgenden Bereichen getrennt zu ermitteln: Regelfall der Raumumschließung (R): Räume und Grundflächen, die Nutzungen der Netto-Raumfläche entsprechend Tabelle 1 aufweisen und die bei allen Begrenzungsflächen des Raums (Boden, Decke, Wand) vollständig umschlossen sind. Dazu gehören nicht nur Innenräume, die von der Witterung geschützt sind, sondern auch solche allseitig umschlossenen Räume, die über Öffnungen mit dem Außenklima verbunden sind; Sonderfall der Raumumschließung (S): Räume und Grundflächen, die Nutzungen der Netto-Raumfläche entsprechend Tabelle 1 aufweisen und mit dem Bauwerk konstruktiv verbunden sind, jedoch nicht bei allen Begrenzungsflächen des Raums (Boden, Decke, Wand) vollständig umschlossen sind (z.B. Loggien, Balkone, Terrassen auf Flachdächern, unterbaute Innenhöfe, Eingangsbereiche, Außentreppen). Die Außentreppe stellt also demnach einen Sonderfall der Raumumschließung (S) dar. Wenn die Treppe allerdings über einen Tiefgarten ins UG führt, wird sie zu den Außenanlagen gezählt. Sie bildet dann keine BGF. Die Kosten für den Tiefgarten mit Treppe sind bei den Außenanlagen zu erfassen.

8. Ist eine Abstellkammer mit Heizung eine Technikfläche?

Es kommt auf die überwiegende Nutzung an. Wenn über 50% der Kammer zum Abstellen genutzt werden können, wird sie als Abstellraum gezählt. Es kann also Gebäude ohne Technikfläche geben.

9. Ist die NUF gleich der Wohnfläche?

Nein, die DIN 277 kennt den Begriff Wohnfläche nicht. Zur Nutzungsfläche gehören grundsätzlich keine Verkehrsflächen, während bei der Wohnfläche zumindest die Verkehrsflächen innerhalb der Wohnung hinzugerechnet werden. Die Abweichungen sind dadurch meistens nicht unerheblich.

Fragen zur Wohnflächenberechnung (WoFIV):

10. Wie wird die Wohnfläche (NE: Wohnfläche) bei Wohngebäuden bei BKI berechnet?

Die Berechnung der bei BKI auf der Startseite der Wohngebäude angegebenen "NE: Wohnfläche" erfolgt nach der Wohnflächenberechnung WoFlV.

11. Wird ein Hobbyraum im Keller zur Wohnfläche gezählt?	Wenn der Hobbyraum nicht innerhalb der Wohnung liegt, wird er nicht zur Wohnfläche gezählt. Beim Einfamilienhaus gilt: Das ganze Haus stellt die Wohnung dar. Der Hobbyraum liegt also innerhalb der Wohnung und wird mitgezählt, wenn er die Qualitäten eines Aufenthaltsraums nach LBO aufweist.
12. Wird eine Diele oder ein Flur zur Wohnfläche gezählt?	Wenn die Diele oder der Flur in der Wohnung liegt ja, ansonsten nicht.
13. In welchem Umfang sind Balkone oder Terrassen bei der Wohnfläche zu rechnen?	Balkone und Terrassen werden von BKI zu einem Viertel zur Wohnfläche gerechnet. Die Anrechnung zur Hälfte wird nicht verwendet, da sie in der WoFlV als Ausnahme definiert ist.
14. Zählt eine Empore/Galerie im Zimmer als eigene Wohnfläche oder Nutzungsfläche?	Wenn es sich um ein unlösbar mit dem Baukörper verbundenes Bauteil handelt, zählt die Empore mit. Anders beim nachträglich eingebauten Hochbett, das zählt zum Mobiliar. Für die verbleibende Höhe über der Empore ist die 1 bis 2m Regel nach WoFlV anzuwenden: „Die Grundflächen von Räumen und Raumteilen mit einer lichten Höhe von mindestens zwei Metern sind vollständig, von Räumen und Raumteilen mit einer lichten Höhe von mindestens einem Meter und weniger als zwei Metern sind zur Hälfte anzurechnen."

Fragen zur Kostengruppenzuordnung (DIN 276):

15. Wo werden Abbruchkosten zugeordnet?	Abbruchkosten ganzer Gebäude im Sinne von „Bebaubarkeit des Grundstücks herstellen" werden der KG 212 Abbruchmaßnahmen zugeordnet. Abbruchkosten einzelner Bauteile, insbesondere bei Sanierungen werden den jeweiligen Kostengruppen der 2. oder 3. Ebene (Wände, Decken, Dächer) zugeordnet. Wo diese Aufteilung nicht möglich ist, werden die Abbruchkosten der KG 394 Abbruchmaßnahmen zugeordnet, weil z. B. die Abbruchkosten verschiedenster Bauteile pauschal abgerechnet wurden. Analog gilt dies auch für die Kostengruppen 400 und 500.

16. Wo muss ich die Kosten des Aushubs für Abwasser- oder Wasserleitungen zuordnen?	Diese Kosten werden wie auch alle anderen Rohrgraben- und Schachtaushubskosten der KG 311 zugeordnet, sofern der Aushub unterhalb des Gebäudes anfällt. Die Kosten für Rohrgraben- und Schachtaushub zwischen Gebäudeaußenkante und Grundstücksgrenze gehören in die KG 511. Die Kosten des Rohrgraben- und Schachtaushubs innerhalb von Erschließungsflächen werden der KG 220 ff. oder KG 230 ff. zugeordnet.
17. Wie werden Eigenleistungen bewertet?	Nach DIN 276:2018-12, gilt: 4.2.11 Die Werte von unentgeltlich eingebrachten Gütern und Leistungen (z.B. Materialien, Eigenleistungen) sind den betreffenden Kostengruppen zuzurechnen, aber gesondert auszuweisen. Dafür sind die aktuellen Marktwerte dieser Güter und Leistungen zu ermitteln und einzusetzen. Nach HOAI §4 (2) gilt: Als anrechenbare Kosten nach Absatz 2 gelten ortsübliche Preise, wenn der Auftraggeber: • selbst Lieferungen oder Leistungen übernimmt • von bauausführenden Unternehmern oder von Lieferanten sonst nicht übliche Vergünstigungen erhält • Lieferungen oder Leistungen in Gegenrechnung ausführt oder • vorhandene oder vorbeschaffte Baustoffe oder Bauteile einbauen lässt.
Fragen zu Kosteneinflussfaktoren:	
18. Welchen Einfluss hat die Konjunktur auf die Baukosten?	Der Einfluss der Konjunktur auf die Baukosten wird häufig überschätzt. Er ist meist geringer als der anderer Kosteneinflussfaktoren. BKI Untersuchungen haben ergeben, dass die Baukosten bei mittlerer Konjunktur manchmal höher sind als bei hoher Konjunktur.

19. Gibt es beim BKI Regionalfaktoren?

Der Anhang dieser Ausgabe enthält eine Liste der Regionalfaktoren aller deutschen Land- und Stadtkreise, sowie für die Nord- und Ostsee-Inseln. Die Faktoren wurden auf Grundlage von Daten aus den statistischen Landesämtern gebildet, die wiederum aus den Angaben der Antragsteller von Bauanträgen entstammen. Die Regionalfaktoren werden von BKI zusätzlich als farbiges Poster im DIN A1 Format angeboten.

Die Faktoren geben Aufschluss darüber, inwiefern die Baukosten in einer bestimmten Region Deutschlands teurer oder günstiger liegen als im Bundesdurchschnitt. Sie können dazu verwendet werden, die BKI Baukosten an das besondere Baupreisniveau einer Region anzupassen.

Die Angaben wurden durch Untersuchungen des BKI weitgehend verifiziert. Dennoch können Abweichungen zu den angegebenen Werten entstehen. In Grenznähe zu einem Land-Stadtkreis mit anderen Baupreisfaktoren sollte dessen Baupreisniveau mit berücksichtigt werden, da die Übergänge zwischen den Land-Stadtkreisen fließend sind. Die Besonderheiten des Einzelfalls können ebenfalls zu Abweichungen führen. Siehe auch Benutzerhinweise, 10. Regionalisierung der Daten (Seite 14).

20. Standardzuordnung

Einige Gebäudearten werden vom BKI nach ihrem Standard in „einfach", „mittel" und „hoch" unterteilt. Diese Unterteilung wurde immer dann vorgenommen, wenn der Standard als ein wesentlicher Kostenfaktor festgestellt wurde. Grundsätzlich gilt, dass immer mehrere Kosteneinflussfaktoren auf die Kosten und damit auf die Kostenkennwerte einwirken. Einige dieser vielen Faktoren seien hier aufgelistet:

- Zeitpunkt der Ausschreibung
- Art der Ausschreibung
- Regionale Konjunktur
- Gebäudegröße
- Lage der Baustelle, Erreichbarkeit

usw.

Wenn bei einem Gebäude große Mengen an Bauteilen hoher Qualität die übrigen Kosteneinflussfaktoren überlagern, dann wird von einem „hohen Standard" gesprochen.

Für Gebäudearten mit Standardunterteilung gibt es in „BKI Baukosten Gebäude, Statistische Kostenkennwerte" zu Beginn der jeweiligen Gebäudeart ein Arbeitsblatt zur Standardeinordnung.

21. Wie gehe ich mit der aktuellen Baukostenentwicklung um?	Zur Bewertung aktueller Baukostenentwicklungen führen wir zusätzlich Befragungen zu regionalen Baukosten-Niveaus nach Leistungsbereichen durch. Die Ergebnisse stellen wir den Anwender*innen der BKI-Fachbuchreihe zur Verfügung, unter www.bki.de/baukostenentwicklungen. Damit können die Risiken kurzfristiger Materialpreis- und Lohnkosten-Veränderungen verbessert prognostiziert werden, wie sie die normkonforme Kostenplanung nach DIN 276 verlangt.

Fragen zur Handhabung der von BKI herausgegebenen Bücher:

22. Ist die MwSt. in den Kostenkennwerten enthalten?	Bei allen Kostenkennwerten in „BKI Baukosten" ist die gültige MwSt. enthalten (zum Zeitpunkt der Herausgabe 19%). In „BKI Baukosten Positionen Neubau, Statistische Kostenkennwerte" und „BKI Baukosten Positionen Altbau, Statistische Kostenkennwerte" werden die Kostenkennwerte, wie bei Positionspreisen üblich, zusätzlich ohne MwSt. dargestellt. Kostenstand und MwSt. wird auf jeder Seite als Fußzeile angegeben.
23. Hat das Baujahr der Objekte einen Einfluss auf die angegebenen Kosten?	Nein, alle Kosten wurden über den Baupreisindex auf einen einheitlichen zum Zeitpunkt der Herausgabe aktuellen Kostenstand umgerechnet. Der Kostenstand wird auf jeder Seite als Fußzeile angegeben. Allenfalls sind Korrekturen zwischen dem Kostenstand zum Zeitpunkt der Herausgabe und dem aktuellen Kostenstand durchzuführen.
24. Wo finde ich weitere Informationen zu den einzelnen Objekten einer Gebäudeart?	Alle Objekte einer Gebäudeart sind einzeln mit Kurzbeschreibung, Angabe der BGF und anderer wichtiger Kostenfaktoren aufgeführt. Die Objektdokumentationen sind veröffentlicht in den Fachbüchern „Objektdaten" und können als PDF-Datei unter ihrer Objektnummer bei BKI bestellt werden, Telefon: 0711 954 854-41.
25. Was mache ich, wenn ich keine passende Gebäudeart finde?	In aller Regel findet man verwandte Gebäudearten, deren Kostenkennwerte der 2. Ebene (Grobelemente) wegen ähnlicher Konstruktionsart übernommen werden können.

26. Wo findet man Kostenkennwerte für Abbruch?

Im Fachbuch „BKI Baukosten Gebäude Altbau - Statistische Kostenkennwerte" gibt es Elementarten zu Abbruch und Demontagearbeiten.
Im Fachbuch „BKI Baukosten Positionen Altbau - Statistische Kostenkennwerte" gibt es Mustertexte für Teilleistungen zu „LB 384 - Abbruch-, Rückbau- und Schadstoffsanierungsarbeiten".
Im Fachbuch „BKI Baupreise kompakt Altbau" gibt es Positionspreise und Kurztexte zu „LB 384 - Abbruch-, Rückbau- und Schadstoffsanierungsarbeiten".
Die Mustertexte für Teilleistungen zu „LB 384 - Abbruch-, Rückbau- und Schadstoffsanierungsarbeiten" und deren Positionspreise sind auch auf der DVD BKI Positionen und im BKI Kostenplaner enthalten.

27. Warum ist die Summe der Kostenkennwerte in der Kostengruppen (KG) 310-390 nicht gleich dem Kostenkennwert der KG 300, aber bei der KG 400 ist eine Summenbildung möglich?

In den Kostengruppen 310-390 ändern sich die Einheiten (310 Baugrube/Erdbau gemessen in m^3, 320 Gründung, Unterbau gemessen in m^2); eine Addition der Kostenkennwerte ist nicht möglich. In den Kostengruppen 410-490 ist die Bezugsgröße immer BGF, dadurch ist eine Addition prinzipiell möglich.

28. Manchmal stimmt die Summe der Kostenkennwerte der 2. Ebene der Kostengruppe 400 trotzdem nicht mit dem Kostenkennwert der 1. Ebene überein; warum nicht?

Die Anzahl der Objekte, die auf der 1. Ebene dokumentiert werden, kann von der Anzahl der Objekte der 2. Ebene abweichen. Dann weichen auch die Kostenkennwerte voneinander ab, da es sich um unterschiedliche Stichproben handelt. Es fallen auch nicht bei allen Objekten Kosten in jeder Kostengruppe an (Beispiel KG 461 Aufzugsanlagen).

29. Nutzungskosten, Lebenszykluskosten

Seit 2010 bringt BKI in Zusammenarbeit mit dem Institut für Bauökonomie der Universität Stuttgart ein Fachbuch mit Nutzungskosten ausgewählter Objekte heraus. Die Reihe wird kontinuierlich erweitert. Das Fachbuch Nutzungskosten Gebäude 2020/2021 fasst einzelne Objekte zu statistischen Auswertungen zusammen.

30. Lohn- und Materialkosten

BKI dokumentiert Baukosten nicht getrennt nach Lohn- und Materialanteil.

31. Gibt es Angaben zu Kostenflächenarten?

Nein, BKI hält die Grobelementmethode für geeigneter. Solange Grobelementmengen nicht vorliegen, besteht die Möglichkeit der Ableitung der Grobelementmengen aus den Verhältniszahlen von Vergleichsobjekten (siehe Planungskennwerte und Baukostensimulation).

32. Sind die im Fachbuch „BKI Baukosten Gebäude Altbau" angegebenen Mengenwerte Mengen nach DIN 276, oder die tatsächlich jeweils bearbeiteten Mengen?	Die im Fachbuch „BKI Baukosten Gebäude Altbau" angegebenen Mengenwerte sind anders als im Fachbuch „BKI Baukosten Gebäude Neubau" nicht Mengen nach DIN 276, sondern die abgerechneten Mengen, die bei den jeweiligen Objekten gemäß der Maßnahme nach der jeweiligen Kostengruppe tatsächlich bearbeitet wurden.

Fragen zu weiteren BKI Produkten:

33. Sind die Inhalte von „BKI Baukosten Gebäude (Teil 1), Statistische Kostenkennwerte" und „BKI Baukosten Bauelemente (Teil 2), Statistische Kostenkennwerte" auch im Kostenplaner enthalten?	Ja, im BKI Kostenplaner Statistik sind alle Objekte mit den Kosten bis zur 3. Ebene nach DIN 276 enthalten. Im BKI Kostenplaner Statistik plus sind zudem die vom BKI gebildeten Ausführungsklassen und Elementarten enthalten. Darüber hinaus ermöglicht der BKI Kostenplaner den Zugriff auf alle Einzeldokumentationen von tausenden Objekten.
34. Worin unterscheiden sich die Fachbuchreihen „BKI Baukosten" und „BKI Objektdaten"	In der Fachbuchreihe BKI Objektdaten erscheinen abgerechnete Einzelobjekte eines bestimmten Teilbereichs des Bauens (A=Altbau, N=Neubau, E=Energieeffizientes Bauen, IR=Innenräume, F=Freianlagen). In der Fachbuchreihe BKI Baukosten erscheinen hingegen statistische Kostenkennwerte von Gebäudearten, die aus den Einzelobjekten gebildet werden. Die Kostenplanung mit Einzelobjekten oder mit statistischen Kostenkennwerten haben spezifische Vor- und Nachteile: Planung mit Objektdaten (BKI Objektdaten): • Vorteil: Wenn es gelingt ein vergleichbares Einzelobjekt oder passende Bauausführungen zu finden ist die Genauigkeit besser als mit statistischen Kostenkennwerten. Die Unsicherheit, die der Streubereich (von-bis-Werte) mit sich bringt, entfällt. • Nachteil: Passende Vergleichsobjekte oder Bauausführungen zu finden kann mühsam oder erfolglos sein. Planung mit statistischen Kostenkennwerten (BKI Baukosten): • Vorteil: Über die BKI Gebäudearten ist man recht schnell am Ziel, aufwändiges Suchen entfällt. • Nachteil: Genauere Prüfung, ob die Mittelwerte übernommen werden können oder noch nach oben oder unten angepasst werden müssen, ist unerlässlich.

35. In welchen Produkten dokumentiert BKI Positionspreise?

Preise für Positionen mit statistischer Auswertung werden in „BKI Baukosten Positionen, Statistische Kostenkennwerte Neubau (Teil 3) und Altbau (Teil 5)" und „BKI Baupreise kompakt Neu- und Altbau" herausgegeben.
In Software-Form sind Preise mit den vorformulierten BKI-Mustertexten in der Software „BKI Kostenplaner - Statistik plus [Positionen]" und „BKI Positionen" enthalten.
Ausgewählte Positionspreise enthalten die Fachbücher „Konstruktionsdetails K1 bis K4", „Objektdaten Gebäudetechnik G1 bis G7" sowie die BKI „Objektdaten Freianlagen" und „Objektdaten Innenräume".
Im Sonderband Objektdaten S2 - Barrierefreies Bauen erscheint eine Auswahl von besonderen Positionen zum Barrierefreien Bauen.

36. Worin unterscheiden sich die Bände N1 bis N22 (A1 bis A13)

Die Bücher unterscheiden sich lediglich durch die Auswahl der dokumentierten Einzelobjekte. Der Aufbau der Bände ist gleich. In der BKI Fachbuchreihe Objektdaten erscheinen in unregelmäßigen Abständen Folgebände mit neu dokumentierten Einzelobjekten. Speziell bei den Altbaubänden A1 bis A13 ist es nützlich, alle Bände zu besitzen, da es im Bereich Altbau notwendig ist, mit passenden Vergleichsobjekten zu planen. Je mehr Vergleichsobjekte vorhanden sind, desto höher ist die „Trefferquote". Bände der Fachbuchreihe Objektdaten sollten deshalb langfristig aufbewahrt werden.

BKI plant für zukünftige Ausgaben des vorliegenden Fachbuchs zusätzlich sogenannte Aufwandsdaten zu erfassen. Sofern ausreichend Daten akquiriert werden können, erfolgt die Publikation dieser Daten wie im Folgenden beschrieben:

37. Was ist mit Aufwandsdaten gemeint?	Aufwandsdaten stellen den Zeitaufwand für Produktivleistungen eines Architekturauftrags dar. Als Produktivleistungen gelten: • Beratung bzgl. Planung und die Ausführung des Bauvorhabens • Erstellung von Zeichnungen, Berechnungen und Beschreibungen • Koordination und Integration der Beiträge fachlich Beteiligter • Erstellung von Genehmigungsunterlagen • Vorbereitung und Mitwirken bei der Vergabe • Objektüberwachung und Mitwirken bei der Abnahme u.v.m. Produktivleistungen werden nicht nur von Mitarbeiter*innen, sondern auch von Inhaber*innen/Partner*innen und Dritten erbracht und den Personalaufwendungen zugeordnet. In den BKI-Objektdokumentationen werden – soweit vom Objektplaner angegeben – die Aufwandsdaten für Produktivleistungen der Leistungsphasen 1 bis 8 dargestellt. Die Angabe des Zeitaufwands erfolgt in Arbeitstagen (1 AT = 8 Stunden).

Diese Liste wird laufend erweitert und im Internet unter www.bki.de/faq-kostenplanung.html veröffentlicht.

Abkürzungsverzeichnis

Einheiten	
µm	Mikrometer
m	Meter
m^2	Quadratmeter
m^3	Kubikmeter
cm	Zentimeter
cm^2	Quadratzentimeter
cm^3	Kubikzentimeter
dm	Dezimeter
dm^2	Quadratdezimeter
dm^3	Kubikdezimeter
d	Tage
dB	Dezibel
DPr	Proctordichte
h	Stunde
Hz	Hertz
kg	Kilogramm
kN	Kilonewton
kW	Kilowatt
kWel	elektrische Leistung in Kilowatt
kWth	thermische Leistung in Kilowatt
kWp	Kilowatt peak
l	Liter
min	Minute
mm	Millimeter
mm^2	Quadratmillimeter
mm^3	Kubikmillimeter
MN	Meganewton
N	Newton
psch	Pauschal
s	Sekunde
St	Stück
t	Tonnen
W	Watt
°	Grad
%	Prozent
n.A.	nach Aufwand (Preis ist Projektbezogen)

Kombinierte Einheiten	
h/[Einheit]	Stunde pro [Einheit] = Ausführungsdauer
mh	Meter pro Stunde
md	Meter pro Tag
mWo	Meter pro Woche
mMt	Meter pro Monat
ma	Meter pro Jahr
m^2d	Quadratmeter pro Tag
m^2Wo	Quadratmeter pro Woche
m^2Mt	Quadratmeter pro Monat
m^3d	Kubikmeter pro Tag
m^3Wo	Kubikmeter pro Woche
m^3Mt	Kubikmeter pro Monat
Sth	Stück pro Stunde
Std	Stück pro Tag

Kombinierte Einheiten (Fortsetzung)	
StWo	Stück pro Woche
StMt	Stück pro Monat
td	Tonne pro Tag
tWo	Tonne pro Woche
tMt	Tonne pro Monat

Mengenangaben	
A	Fläche
B	Breite
D	Durchmesser
d	Dicke
H	Höhe
k	k-Wert
L	Länge
lw	lichte Weite
T	Tiefe
U	u-Wert
V	Volumen
Wichte	Gewichtskraft pro Volumen kN/m^3

Rechenzeichen	
<	kleiner
>	größer
<=	kleiner gleich
>=	größer gleich
-	bis

Abkürzungen	
AK	Außenkante
AN / AG	Auftragnehmer / Auftraggeber
AP	Arbeitsplätze
ATV	allg. techn. Vertragsbedingungen
BB	BB-Schloss=Buntbartschloss
BSH	Brettschichtholz
CaSi	Calciumsilikat
CG	Schaumglas
Cu	Kupfer
DD	DD-Lack=Polyurethan-Lack
DN	Durchmesser, Nennweite (DN80)
DF	Dünnformat
DK	Dreh-/Kipp(-flügel)
DHH	Doppelhaushälfte
e	Achsabstand
UG/EG/ OG/DG	Unter-/Erd-/Ober-/Dachgeschoss
ELW	Einliegerwohnung
EPS	expandierter Polystyrolschaum
ESG	Einscheiben-Sicherheitsglas
FFB	Fertigfußboden
F90-A	Feuerwiderstandsklasse 90min
GFK	Glasfaserverstärkter Kunststoff
GK / GKB	Gipskarton /Gipskarton-Bauplatten
GKF	Gipskarton-Feuerschutz
GKI	Gipskarton - imprägniert

Abkürzungsverzeichnis

GKL	Güteklasse
GK1	Geotechnische Kategorie 1 DIN 4020
Gl	Glieder (Heizkörper)
Gl24h	Festigkeitsklasse
HLz / LHLz	Hochlochziegel / Leichthochlochziegel
HDF	hochdichte Faserplatte
HT-Rohr	Hochtemperaturrohr
i.L.	im Lichten
inkl.	inklusive
i.M.	im Mittel
KG	Kellergeschoss
KG	Kunststoff Grundleitung
Kfz	Kraftfahrzeug
Kita	Kindertagesstätte
KMz	Klinkermaureziegel
KS	Kalksandstein
KSK	kaltselbstklebend
KSL	Kalksandstein-Lochstein
KSV	Kalksandstein-Vollstein
KSVm	Kalksandstein-Vormauerwerk
KVH	Konstruktionsvollholz
LAR	Leitungsanlagen-Richtlinie
LED	Leuchtdiode
LK	Lastklasse
LM	Leichtmetall / Leichtmörtel
LZR	Luftzwischenraum (Isolierglas)
MDS	mineralische Dichtschlämme
MF	Mineralfaser
MG	Mörtelgruppe
MLAR	Master-Leitungsanlagen-Richtlinie
MW	Mauerwerk / Mineralwolle / Maulweite (Zargen)
Mz	Mauerziegel
NF	Normalformat / Nut und Feder
niro	nichtrostend
NM	Normalmauermörtel
NH	Nadelholz
NUF	Nutzungsfläche
OK	Oberkante
OS	Oberflächenschutzschicht
OSB	Oriented Strand Board, Spanplatte
PC	Polycarbonat
PE/PE-HD	Polyethylen / Polyethylen, hohe Dichte
PES	Polyester
PIR	Polyisocyanurat
PMMA	Polymethylmetacrylat
PP	Polypropylen
PS	Polystyrol
PU / PUR	Polyurethan
PVC	Polyvinylchlorid
PVC-U	Polyvinylchlorid-Hart
PV	Polyestervlies
PYE	Elastomerbitumen
PYP	Plastomerbitumen
PZ	Profilzylinder
RCL	Recycling
RD	rauchdicht
R	Radius
RRM	Rohbaurichtmaß
RS	Rauchschutz (Türen)
RW	Regenwasser
RWA	Rauch-Wärme-Abzug
SFK	Steindruckfestigkeitsklasse
SML	Gusseisen-Abwasserrohr
Stb	Stahlbeton
StD	Stammdurchmesser
STP	Stellplatz
Stg	Steigung
TG	Tiefgarage
T-RS	Rauchschutztür
TSD	Trittschalldämmung
T30	Tür mit Feuerwiderstand 30min
UK	Unterkante oder Unterkonstruktion
VK	Vorderkante
VMz	Vormauerziegel
VSG	Verbund-Sicherheitsglas
V2A / V4A	Edelstahl
WD-Putz	Wärmedämmputzsystem
WDVS	Wärmedämmverbundsystem
WE	Wohneinheit
WF	Holzweichfaser
WK	Einbruch-Widerstandsklasse
WLG	Wärmeleitgruppe
WLS	Wärmeleitstufe
WU	wasserundurchlässig (Beton)
XPS	extrudierter Polystyrol
Z	Zuschnitt
ZTV	zusätzl. techn. Vertragsbedingungen

Abkürzungen Pflanzqualitäten

Str	Strauch
Sol	Solitär
He	Heckenpflanze
Bu	Busch
H	Hochstamm
vStr	verpflanzter Strauch
v	verpflanzt
xv	x-mal verpflanzt (1, 2 usw.)
oB	ohne Ballen
mB	mit Ballen
mDb	mit Drahtballen
P (0,5-1,0)	mit Topf (Topfgröße)
C	mit Container
Tr	Triebe
StU	Stammumfang
Sth	Stammhöhe

Gliederung in Leistungsbereiche nach STLB-Bau

Als Beispiel für eine ausführungsorientierte Ergänzung der Kostengliederung werden im Folgenden die Leistungsbereiche des Standardleistungsbuches für das Bauwesen in einer Übersicht dargestellt.

000 Baustelleneinrichtungen, Sicherheitseinrichtungen
001 Gerüstarbeiten
002 Erdarbeiten
003 Landschaftsbauarbeiten
004 Landschaftsbauarbeiten, Pflanzen
005 Brunnenbauarbeiten und Aufschlussbohrungen
006 Spezialtiefbauarbeiten
007 Untertagebauarbeiten
008 Wasserhaltungsarbeiten
009 Entwässerungskanalarbeiten
010 Drän- und Versickerungsarbeiten
011 Abscheider- und Kleinkläranlagen
012 Mauerarbeiten
013 Betonarbeiten
014 Natur-, Betonwerksteinarbeiten
016 Zimmer- und Holzbauarbeiten
017 Stahlbauarbeiten
018 Abdichtungsarbeiten
019 Kampfmittelräumarbeiten
020 Dachdeckungsarbeiten
021 Dachabdichtungsarbeiten
022 Klempnerarbeiten
023 Putz- und Stuckarbeiten, Wärmedämmsysteme
024 Fliesen- und Plattenarbeiten
025 Estricharbeiten
026 Fenster, Außentüren
027 Tischlerarbeiten
028 Parkettarbeiten, Holzpflasterarbeiten
029 Beschlagarbeiten
030 Rollladenarbeiten
031 Metallbauarbeiten
032 Verglasungsarbeiten
033 Baureinigungsarbeiten
034 Maler- und Lackierarbeiten - Beschichtungen
035 Korrosionsschutzarbeiten an Stahlbauten
036 Bodenbelagsarbeiten
037 Tapezierarbeiten
038 Vorgehängte hinterlüftete Fassaden
039 Trockenbauarbeiten
040 Wärmeversorgungsanlagen - Betriebseinrichtungen
041 Wärmeversorgungsanlagen - Leitungen, Armaturen, Heizflächen
042 Gas- und Wasseranlagen - Leitungen, Armaturen
043 Druckrohrleitungen für Gas, Wasser und Abwasser
044 Abwasseranlagen - Leitungen, Abläufe, Armaturen
045 Gas-, Wasser- und Entwässerungsanlagen - Ausstattung, Elemente, Fertigbäder
046 Gas-, Wasser- und Entwässerungsanlagen - Betriebseinrichtungen
047 Dämm- und Brandschutzarbeiten an technischen Anlagen
049 Feuerlöschanlagen, Feuerlöschgeräte
050 Blitzschutz- / Erdungsanlagen, Überspannungsschutz
051 Kabelleitungstiefbauarbeiten
052 Mittelspannungsanlagen
053 Niederspannungsanlagen - Kabel / Leitungen, Verlegesysteme, Installationsgeräte
054 Niederspannungsanlagen - Verteilersysteme und Einbaugeräte
055 Sicherheits- und Ersatzstromversorgungsanlagen
057 Gebäudesystemtechnik
058 Leuchten und Lampen
059 Sicherheitsbeleuchtungsanlagen
060 Such-, Signal-, Zeitdienst-, Antennen-, elektroakustische Anlagen, Medientechnik
061 Kommunikations- und Übertragungsnetze
062 Kommunikationsanlagen
063 Gefahrenmeldeanlagen
064 Zutrittskontroll-, Zeiterfassungssysteme
069 Aufzüge
070 Gebäudeautomation
075 Raumlufttechnische Anlagen
078 Kälteanlagen für raumlufttechnische Anlagen
080 Straßen, Wege, Plätze
081 Betonerhaltungsarbeiten
082 Bekämpfender Holzschutz
084 Abbruch-, Rückbau- und Schadstoffsanierungsarbeiten
085 Rohrvortriebsarbeiten
087 Abfallentsorgung, Verwertung und Beseitigung
089 Verkehrssicherungsarbeiten
090 Baulogistik
091 Stundenlohnarbeiten
096 Bauarbeiten an Bahnübergängen
097 Bauarbeiten an Gleisen und Weichen
098 Witterungsschutzmaßnahmen

Die BKI-Gliederung des vorliegenden Fachbuchs orientiert sich am Standardleistungsbuch für das Bauwesen. Die Nummern der Leistungsbereiche werden jedoch beim Altbau mit 3xx gekennzeichnet.

A Rohbau

Kosten:
Stand 2. Quartal 2026
Bundesdurchschnitt

Nr.	Positionen	Einheit	▶	▷	ø brutto € / ø netto €	◁	◀
1	Bauzaun, Höhe 2,00m	m	15	19	**20**	22	28
			13	16	**17**	19	23
2	Tür, Bauzaun	St	119	182	**195**	213	250
			100	153	**164**	179	210
3	Bauzaun umsetzen	m	7	10	**11**	13	16
			6	8	**9**	11	14
4	Baumschutz, Brettermantel, bis 30cm	St	46	69	**81**	88	109
			39	58	**68**	74	91
5	Bauwasseranschluss, 3 Zapfstellen	St	407	698	**805**	1.018	1.402
			342	586	**676**	855	1.179
6	Bauwasseranschluss heranführen	m	25	42	**50**	59	80
			21	35	**42**	49	67
7	Baustromanschluss	St	953	1.121	**1.210**	1.419	1.734
			801	942	**1.017**	1.192	1.457
8	Baustrom, Zuleitung	m	12	18	**20**	23	29
			10	15	**17**	20	25
9	Baustromverteiler	St	357	612	**712**	850	1.203
			300	514	**598**	714	1.011
10	WC-Kabine	St	249	373	**418**	501	656
			210	314	**351**	421	551
11	Autokran	h	222	294	**317**	345	392
			186	247	**267**	290	329
12	Baustellenaufzug, bis 800kg Nutzlast	St	2.591	3.226	**3.379**	3.683	4.209
			2.177	2.711	**2.840**	3.095	3.537
13	Bautreppe, zweiläufig	St	651	942	**1.100**	1.300	1.672
			547	792	**924**	1.092	1.405
14	Seitenschutz, Treppe	m	21	29	**33**	37	43
			18	25	**28**	31	36
15	Absturzsicherung, Seitenschutz	m	24	33	**37**	41	50
			20	28	**31**	34	42
16	Bautür, Stahlblech	St	178	251	**282**	332	442
			150	211	**237**	279	371
17	Schutzabdeckung, Boden, Holzplatten	m²	16	24	**27**	30	37
			13	20	**23**	25	31
18	Schutzwand, Folienbespannung	m²	28	38	**41**	49	63
			23	32	**35**	41	53
19	Schutzwand, Holz beplankt	m²	64	77	**84**	90	106
			53	65	**70**	76	89
20	Witterungsschutz, Fensteröffnung	m²	18	23	**26**	30	38
			15	19	**22**	25	32
21	Schutzabdeckung, Bauplane	m²	8	11	**12**	13	16
			7	9	**10**	11	13
22	Bauschuttcontainer, gemischter Bauschutt	St	580	763	**842**	948	1.337
			487	641	**707**	796	1.124
23	Bauschuttcontainer, Holzabfälle	St	348	450	**504**	541	602
			293	378	**424**	454	506
24	Bauschuttcontainer, sortierter Bauschutt	St	405	511	**578**	757	937
			340	429	**486**	636	787

▶ min
▷ von
ø Mittel
◁ bis
◀ max

Nr.	Positionen	Einheit	►	▷	ø brutto € / ø netto €	◁	◄
25	Deponiegebühr, gemischter Bauschutt	m^3	90	102	**110**	118	139
			76	86	**92**	99	117
26	Schuttabwurfschacht, bis 8,00m	St	238	432	**463**	503	827
			200	363	**389**	423	695
27	Schuttabwurfschacht, bis 12,00m	m	23	31	**34**	45	56
			19	26	**29**	37	47

Nr. **Kurztext** / Langtext — Kostengruppe

► ▷ **ø netto €** ◁ ◄ [Einheit] Ausf.-Dauer Positionsnummer

1 Bauzaun, Höhe 2,00m — KG **391**

Bauzaun, als Schutzzaun auf unbefestigtem waagrechtem Untergrund, aufstellen, vorhalten und beseitigen. Türen und Tore werden gesondert vergütet.
Bauart: .....
Zaunhöhe: 2,00m
Vorhaltedauer: 4 Wochen

13€ 16€ **17€** 19€ 23€ [m] ⏱ 0,18h/m 300.000.076

2 Tür, Bauzaun — KG **391**

Behelfsmäßige Tür im Bauzaun abschließbar, einbauen, vorhalten und beseitigen.
Ausführung: .....
Bodenabstand: 20cm
Türhöhe: 2,30m
Öffnungsbreite: 1,20m
Vorhaltedauer: ..... Wochen

100€ 153€ **164€** 179€ 210€ [St] ⏱ 1,00h/St 300.000.078

3 Bauzaun umsetzen — KG **391**

Bauzaun inkl. Tore und Türen umsetzen.
Bauart: .....
Türen/Tore: .....St
Umsetzweg: bis .....m

6€ 8€ **9€** 11€ 14€ [m] ⏱ 0,10h/m 300.000.077

4 Baumschutz, Brettermantel, bis 30cm — KG **211**

Gefährdete Bäume über Gelände gegen mechanische Schäden schützen, während der gesamten Bauzeit.
Stammdurchmesser: bis 30cm, in 1-1,5m Höhe
Material: Brettermantel inkl. Polsterung
Höhe: 2,00m

39€ 58€ **68€** 74€ 91€ [St] ⏱ 0,90h/St 300.000.104

Nr.	Kurztext / Langtext						Kostengruppe
▶	▷	ø netto €	◁	◀	[Einheit]	Ausf.-Dauer	Positionsnummer

5 Bauwasseranschluss, 3 Zapfstellen KG **391**

Bauwasseranschluss herstellen für die Verwendung von Dritten, inkl. Beantragung beim zuständigen Versorgungsunternehmen. Abbau auf Anweisung durch die Bauleitung. Die Abrechnung an die beteiligten Firmen erfolgt über Zwischenzähler.
Zapfstellen: 3St
Vorhaltedauer: ..... Wochen

▶	▷	ø	◁	◀	[Einheit]	Ausf.-Dauer	Positionsnummer
342€	586€	**676€**	855€	1.179€	[St]	⏱ 2,40h/St	300.000.080

6 Bauwasseranschluss heranführen KG **391**

Provisorische Anschlussleitung für Bauwasser, vom öffentlichen Anschlusspunkt lt. Baustelleneinrichtungsplan bis zum bauseitigen Bauwasserverteiler heranführen, inkl. notwendiger Erdarbeiten und Abdeckung der Leitung im öffentlichen Bereich. Leistung bestehend aus Herstellung der Leitung, Vorhalten und Beseitigung; Vergütung einer evtl. erforderlichen Begleitheizung nach gesonderter Position.
Öffentlicher Bereich: **Fußgänger / Kraftverkehr / ohne Anforderung**
Leitungsgröße: DN32
Boden: Homogenbereich 1, mit einer Bodengruppe, Bodengruppe: ..... DIN 18196
- Steinanteil: bis .....% Massenanteil DIN EN ISO 14688-1
- Konsistenz DIN EN ISO 14688-1: .....
- Lagerungsdichte: .....

Vorhaltedauer: .....Wochen

▶	▷	ø	◁	◀	[Einheit]	Ausf.-Dauer	Positionsnummer
21€	35€	**42€**	49€	67€	[m]	⏱ 2,20h/m	300.000.081

7 Baustromanschluss KG **391**

Baustrom-Hauptanschluss herstellen, vor- und unterhalten, Anfangszählerstand mit der Bauleitung feststellen und schriftlich protokollieren, vor Abbau den Zähler-Endstand festhalten.
Ausstattung: Zwischenzähler, Schuko- und Drehstromsteckdosen in ausreichender Anzahl, FI-Schutzschalter und Sicherungen
Zuleitung: bis 50m
Vorhaltedauer: .....Wochen

▶	▷	ø	◁	◀	[Einheit]	Ausf.-Dauer	Positionsnummer
801€	942€	**1.017€**	1.192€	1.457€	[St]	⏱ 5,00h/St	300.000.082

8 Baustrom, Zuleitung KG **391**

Zuleitung zum Baustrom-Hauptanschluss, mit gummigeschützter Anschlussleitung, herstellen, vor- und unterhalten, auf Anordnung der Bauleitung abbauen.
Leistung: .....A (Ampere)
Zuleitung: bis 50m
Vorhaltedauer: .....Wochen

▶	▷	ø	◁	◀	[Einheit]	Ausf.-Dauer	Positionsnummer
10€	15€	**17€**	20€	25€	[m]	⏱ 0,10h/m	300.000.083

Kosten:
Stand 2.Quartal 2026
Bundesdurchschnitt

▶ min
▷ von
ø Mittel
◁ bis
◀ max

9 Baustromverteiler KG **391**

Baustromverteiler für Baubetrieb liefern, aufstellen und vorhalten.
Nutzung: einschl. anderer AN
Aufstellort: .....
Gehäuse: .....
Schutzklasse: .....
Schutzart: .....
Umgebungsbedingungen: .....
Bemessung: .....
Ausstattung: .....
Vorhaltedauer: ..... Wochen

300€ | 514€ | **598€** | 714€ | 1.011€ | [St] | ⏱ 7,00h/St | 300.000.084

10 WC-Kabine KG **391**

WC-Kabine liefern, vorhalten, wöchentlich reinigen. Toiletteneinheit für alle Gewerke mit je 1 WC-Sitz, inkl. aller Verbrauchsmaterialien etc.
Vorhaltedauer: ..... Wochen

210€ | 314€ | **351€** | 421€ | 551€ | [St] | ⏱ 2,00h/St | 300.000.085

11 Autokran KG **391**

Autokran bereitstellen, betreiben und abbauen. Abrechnung nach festgestellten Betriebsstunden. Leistung inkl. An- und Abfahrt, sowie Betriebspersonal.
Hakenhöhe/Hubhöhe: .....
Traglast: max. .....
Ausladung: max. .....

186€ | 247€ | **267€** | 290€ | 329€ | [h] | ⏱ 1,00h/h | 300.000.086

12 Baustellenaufzug, bis 800kg Nutzlast KG **391**

Baustellenaufzug für Personen und Material, bis 800kg Nutzlast, liefern, aufstellen und wieder räumen.
Förderhöhe: bis ca. 16,00m
Traglast: bis 800kg
Befestigung: .....
Haltestellen: ..... St
Fahrkorbfläche: ca. 2,00m²
Bemessungsstrom: .....
Vorhaltedauer: ..... Wochen

2.177€ | 2.711€ | **2.840€** | 3.095€ | 3.537€ | [St] | ⏱ 14,00h/St | 300.000.087

Nr.	Kurztext / Langtext						Kostengruppe
▶	▷	ø netto €	◁	◀	[Einheit]	Ausf.-Dauer	Positionsnummer

13 Bautreppe, zweiläufig KG **391**

Bautreppe gemäß DGUV Regel 101-002 herstellen, vorhalten und wieder demontieren, zweiläufig, über mehrere Geschosse, mit Podesten.
Konstruktion: .....
Nutzung: **für den Bauverkehr / für öffentliche Nutzung**
Geschosse: max. 2
Geschosshöhe: bis 3,00m
Treppenbreite: mind. 0,90m
Steigungen: .....
Geländer: zweiseitig an Treppe und dreiseitig an Podesten
Vorhaltedauer: ..... Wochen

547€	792€	**924€**	1.092€	1.405€	[St]	⏱ 6,20h/St	300.000.088

Kosten:
Stand 2. Quartal 2026
Bundesdurchschnitt

14 Seitenschutz, Treppe KG **391**

Behelfsmäßiger Seitenschutz nach DGUV Regel 101-002, bestehend aus Geländer- und Zwischenholm, einschl. Vorhaltung und Rückbau, montiert an freiliegenden Treppenläufen und -podesten zur Absturzsicherung. Die Konstruktion ist so auszuführen, dass die im Bereich der Schutzeinrichtung tätigen Gewerke nicht behindert werden.
Vorhaltedauer: ..... Wochen

18€	25€	**28€**	31€	36€	[m]	⏱ 0,10h/m	300.000.089

15 Absturzsicherung, Seitenschutz KG **391**

Behelfsmäßiger Seitenschutz nach DGVU Information 201-023, einschl. Vorhaltung und Rückbau, montiert an freiliegenden Treppenläufen und -podesten zur Absturzsicherung. Die Konstruktion ist so auszuführen, dass die im Bereich der Schutzeinrichtung tätigen Gewerke nicht behindert werden.
Vorhaltedauer: ..... Wochen

20€	28€	**31€**	34€	42€	[m]	⏱ 0,10h/m	300.000.074

16 Bautür, Stahlblech KG **391**

Bautür an bauseitigen Öffnungen, montieren und wieder demontieren, bestehend aus Stahlblechkonstruktion, abschließbar mit Schloss und Drückergarnitur und vorgerüstet für bauseitige Profilzylinder.
Abmessung: 1,26 x 2,26m
Vorhaltedauer: ..... Wochen

150€	211€	**237€**	279€	371€	[St]	⏱ 0,50h/St	300.000.090

17 Schutzabdeckung, Boden, Holzplatten KG **397**

Böden vollflächig abdecken, mehrlagig, unterseitig mit Lage zur Verhinderung von Kondenswasser, oberseitig mit Lage aus Holzplatten mit Nut-Feder-Verbindung. Während der Vorhaltedauer verrutschsicher befestigen und nach Aufforderung durch die Bauleitung wieder entfernen.
Vorhaltedauer: ..... Wochen

13€	20€	**23€**	25€	31€	[m²]	⏱ 0,16h/m²	300.000.091

▶ min
▷ von
ø Mittel
◁ bis
◀ max

Nr.	**Kurztext** / Langtext					Kostengruppe
▶	▷	**ø netto €**	◁	◀	[Einheit]	Ausf.-Dauer	Positionsnummer

18 Schutzwand, Folienbespannung KG **397**

Staubschutzwand als Folienschutzwand im Gebäude, einschl. Vorhalten und wieder Beseitigen, diverse Raumhöhen, bestehend aus Trag- und Unterkonstruktion aus Holz, Bespannung mit verstärkter Gitterfolie, Anschlüsse an umfassende Massivbauteile zusätzlich abgeklebt.
Geschosshöhe: ..... (max. ..... m)
Einzelgröße: mind. ..... m^2
Foliendicke: mind. 0,5 mm
Vorhaltedauer: ..... Wochen

23€ | 32€ | **35€** | 41€ | 53€ | [m²] | ⏱ 0,30 h/m² | 300.000.092

19 Schutzwand, Holz beplankt KG **397**

Bauschutzwand im Gebäude, als Einbruch-, Staub- und Sichtschutz, einschl. Vorhalten und wieder Beseitigen, für diverse Raumhöhen, bestehend aus Holzkonstruktion beidseitig beplankt mit Holzwerkstoffplatten, Anschlüsse an umfassende Bauteile zusätzlich abgeklebt.
Geschosshöhe: ..... (max. ..... m)
Plattendicke: mind. 15 mm
Vorhaltedauer: ..... Wochen

53€ | 65€ | **70€** | 76€ | 89€ | [m²] | ⏱ 0,80 h/m² | 300.000.093

20 Witterungsschutz, Fensteröffnung KG **397**

Öffnungen in Fassade behelfsmäßig schließen, als Witterungsschutz, mittels Holzunterkonstruktion mit PE-Folienbespannung. Die Konstruktion ist auf Anweisung der Bauleitung kurz vor Einbau der Fassaden-/Fensterelemente wieder zu demontieren und zu entsorgen.
Foliendicke: 0,5 mm
Vorhaltedauer: ..... Wochen

15€ | 19€ | **22€** | 25€ | 32€ | [m²] | ⏱ 0,35 h/m² | 300.000.094

21 Schutzabdeckung, Bauplane KG **397**

Schutzplanen als Wetterschutz für Bauteile, Schutzgerüste, offene Dächer u. dgl.; nach Bedarf sturmsicher anbringen. Aufmaß nach Fläche abgedeckter Bauteilfläche.
Planendicke: ..... mm
Vorhaltedauer: ..... Wochen

7€ | 9€ | **10€** | 11€ | 13€ | [m²] | ⏱ 0,10 h/m² | 300.000.095

22 Bauschuttcontainer, gemischter Bauschutt KG **391**

Bauschuttcontainer (bzw. Absetzmulde) für gemischten Bauschutt, aufstellen, vorhalten und abfahren, entsprechend den Vorschriften für Bauschutt- und Abfallbeseitigung. Abrechnung des Sortierschutts, nach Vorlage der Wiegescheine bzw. Rechnungen.
Bau- und Abbruchabfälle aus: .....
Abfallschlüssel nach AVV: .....
Material: **schadstoffbelastet / nicht schadstoffbelastet**
Zuordnung Abfall: .....
Fahrtweg zur Deponie: ca. ..... km
Volumen: 7,00 m^3

487€ | 641€ | **707€** | 796€ | 1.124€ | [St] | – | 300.000.096

300
389
301
302
306
308
309
310
312
313
314
316
317
318
320
321
322

Nr.	Kurztext / Langtext						Kostengruppe
▶	▷	ø netto €	◁	◀	[Einheit]	Ausf.-Dauer	Positionsnummer

23 Bauschuttcontainer, Holzabfälle KG **391**

Bauschuttcontainer (bzw. Absetzmulde) für Holzabfälle, aufstellen, vorhalten und abfahren. Sortiermulde entspr. Vorschriften für Bauschutt- und Abfallbeseitigung. Abrechnung des Sortierschutts, nach Vorlage der Wiegescheine bzw. Rechnungen.
Volumen: 7,00m³

▶	▷	ø	◁	◀	Einheit	Ausf.-Dauer	Positionsnummer
293€	378€	**424€**	454€	506€	[St]	–	300.000.097

24 Bauschuttcontainer, sortierter Bauschutt KG **391**

Bauschuttcontainer (bzw. Absetzmulde) für sortierten Bauschutt, aufstellen, vorhalten und abfahren, entsprechend den Vorschriften für Bauschutt- und Abfallbeseitigung. Abrechnung des Sortierschutts, nach Vorlage der Wiegescheine bzw. Rechnungen.
Bau- und Abbruchabfälle aus: Beton, Ziegel, Fliesen und Keramik Abfallschlüssel nach AVV: 170101 Beton, 170102 Ziegel, 170107 Gemische
Material: nicht schadstoffbelastet
Zuordnung Abfall: .....
Fahrtweg zur Deponie: ca. .....km
Volumen: 7,00m³

▶	▷	ø	◁	◀	Einheit	Ausf.-Dauer	Positionsnummer
340€	429€	**486€**	636€	787€	[St]	–	300.000.098

Kosten:
Stand 2. Quartal 2026
Bundesdurchschnitt

25 Deponiegebühr, gemischter Bauschutt KG **391**

Deponiegebühren für Entsorgung durch AN, Abrechnung nach Wiegekarte. Entsorgung des Materials auf einer Deponie nach Wahl des Auftragnehmers.
Bau- und Abbruchabfälle aus: AVV .....
Material: **schadstoffbelastet / nicht schadstoffbelastet**
Zuordnung Abfall: .....

▶	▷	ø	◁	◀	Einheit	Ausf.-Dauer	Positionsnummer
76€	86€	**92€**	99€	117€	[m³]	–	300.000.099

26 Schuttabwurfschacht, bis 8,00m KG **391**

Schuttabwurfschacht, staubdicht über Schuttcontainer montieren und wieder demontieren. Abrechnung je Stück Schuttrohr-Anlage.
Durchmesser: ca. 60cm
Einbauort: außerhalb des Gebäudes
Höhe der Anlage: 4,00 bis 8,00m
Vorhaltedauer: ..... Wochen

▶	▷	ø	◁	◀	Einheit	Ausf.-Dauer	Positionsnummer
200€	363€	**389€**	423€	695€	[St]	⏱ 4,00h/St	300.000.102

27 Schuttabwurfschacht, bis 12,00m KG **391**

Schuttabwurfschacht, staubdicht über Schuttcontainer montieren und wieder demontieren. Abrechnung je Höhenmeter erstellter Schuttrohr-Anlage.
Durchmesser: ca. 60cm
Höhe: über 8m bis 12m
Einbauort: außerhalb des Gebäudes
Vorhaltedauer: ..... Wochen

▶	▷	ø	◁	◀	Einheit	Ausf.-Dauer	Positionsnummer
19€	26€	**29€**	37€	47€	[m]	⏱ 0,40h/m	300.000.101

▶ min
▷ von
ø Mittel
◁ bis
◀ max

Nr.	Positionen	Einheit	►	▷	ø brutto € / ø netto €	◁	◄
1	Behelfsmäßige Straße, Baustraße, Natursteinmaterial, Liefermaterial	m²	20	24	**27**	27	32
			17	21	**23**	23	27
2	Hilfsüberfahrt, Baustellenverkehr	m²	32	50	**58**	61	83
			27	42	**48**	51	70
3	Hilfsüberfahrt, Stahlplatte	St	146	186	**213**	225	250
			123	156	**179**	189	210
4	Verkehrseinrichtung, Verkehrszeichen	St	28	48	**49**	59	87
			23	40	**41**	50	73
5	Verkehrsregelung, Lichtsignalanlage	psch	773	1.569	**1.712**	2.288	3.374
			649	1.318	**1.439**	1.922	2.835
6	Verkehrssicherung, Baustelle	m	33	56	**60**	80	109
			28	47	**50**	67	92

389

Kosten:
Stand 2. Quartal 2026
Bundesdurchschnitt

Nr. **Kurztext** / Langtext — Kostengruppe
► ▷ **ø netto €** ◁ ◄ [Einheit] Ausf.-Dauer Positionsnummer

1 Behelfsmäßige Straße, Baustraße, Natursteinmaterial, Liefermaterial — KG **591**

Baustraße aus Natursteinmaterial höhen- und fluchtgerecht gem. Absteckplan herstellen. Planum profilgerecht herstellen und verdichten Ev = 45 % einschl. Verdichtungsnachweis, geliefertes Material einbauen und verdichten einschl. Nachweis DPr 100 %. Kein Recyclingmaterial.
Frostschutzschicht: Mineralgemisch aus Hartgestein
Körnung: 0/32
Schichtdicke: 20 cm
Tragschicht: Kies-Schotter

17 € 21 € **23 €** 23 € 27 € [m²] ⏱ 0,12 h/m² 389.000.008

2 Hilfsüberfahrt, Baustellenverkehr — KG **391**

Überfahrt zur Baustelle für Baustellenverkehr mit niveaugleichem Schutz der Randsteinkante. Überfahrt herstellen, vorhalten und restlos entfernen.
Ausführung: über **Gehweg / Gräben**
Verkehrslast: ..... kN/m²
Randsteinkante: .....
Abmessungen: .....
Breite: ..... m
Gehwegbreite: ..... m
Vorhaltedauer: ..... Wochen

27 € 42 € **48 €** 51 € 70 € [m²] ⏱ 0,20 h/m² 389.000.007

► min
▷ von
ø Mittel
◁ bis
◄ max

Nr.	Kurztext / Langtext						Kostengruppe
▶	▷	**ø netto €**	◁	◀	[Einheit]	Ausf.-Dauer	Positionsnummer

3 Hilfsüberfahrt, Stahlplatte KG **391**

Überfahrt zur Baustelle über Aushubbereiche mit Stahlplatten für Baustellenverkehr. Überfahrt herstellen, vorhalten und entfernen.
Ausführung: über Gräben
Verkehrslast: ..... kN/m²
Grabenbreite: 2,50 m
Spannweite: bis ..... m
Vorhaltedauer: ..... Wochen

123€	156€	**179€**	189€	210€	[St]	⏱ 0,20 h/St	389.000.005

4 Verkehrseinrichtung, Verkehrszeichen KG **391**

Verkehrseinrichtung mit Verkehrsschildern herstellen, vorhalten, betreiben und wieder demontieren, Markierungen rot-weiß und reflektierend, gemäß Verkehrszeichenplan oder nach Absprache mit Tiefbauamt, sämtliche Schilder verkehrssicher fixiert.
Eignung: **Straßenverkehr / Fußgängerverkehr**
Anzahl der Schilder: .....
weitere Anforderungen: .....
Vorhaltedauer: ..... Wochen

23€	40€	**41€**	50€	73€	[St]	⏱ 0,22 h/St	389.000.001

5 Verkehrsregelung, Lichtsignalanlage KG **391**

Verkehrsregelung gemäß STVO mit funkgesteuerter, automatischer Signallichtanlage, einschl. aller für den Betrieb notwendigen Komponenten, der Vorhalte- und Betriebskosten, sowie dem Versetzen der Anlage.
Anzahl funkgesteuerter Signallichtanlagen im 24/7-Betrieb: 2
Stromversorgung: netzunabhängig - Batterie
Abstand der Anlagen: ..... m
Vorhaltedauer: ..... Wochen

649€	1.318€	**1.439€**	1.922€	2.835€	[psch]	⏱ 2,20 h/psch	389.000.004

6 Verkehrssicherung, Baustelle KG **391**

Baustelle Verkehrssicherungseinrichtung, gemäß beiliegendem Verkehrssicherungsplan, lt. Vorschriften der Straßenverkehrsordnung kennzeichnen und sichern, über die gesamte Bauzeit Tag und Nacht vorhalten und nach Fertigstellung abbauen. Leistung inkl. Sicherstellung der Funktionstüchtigkeit der Verkehrssicherung auch bei Nacht. Für die Ausführung werden vom AG Übersichtszeichnungen zur Verfügung gestellt. Abrechnungseinheit Ist die angrenzende Länge zum öffentlichen Raum.
Vorhaltedauer/Bauzeit: ..... Wochen

28€	47€	**50€**	67€	92€	[m]	⏱ 0,20 h/m	389.000.006

301

Kosten:
Stand 2. Quartal 2026
Bundesdurchschnitt

▶ min
▷ von
ø Mittel
◁ bis
◀ max

Nr.	Positionen	Einheit	▶	▷	ø brutto € / ø netto €	◁	◀
1	Fassadengerüst erstellen, LK3, W06	m²	5	7	**8**	9	10
			4	6	**7**	7	9
2	Fassadengerüst erstellen, LK3, W09	m²	6	8	**9**	10	12
			5	7	**8**	9	10
3	Fassadengerüst erstellen, LK4, W09	m²	8	10	**12**	13	16
			7	9	**10**	11	13
4	Fassadengerüst erstellen, LK5, W09	m²	8	11	**12**	14	16
			7	9	**10**	12	14
5	Fassadengerüst abbauen, LK3, W06	m²	3	4	**5**	5	6
			3	3	**4**	4	5
6	Fassadengerüst abbauen, LK3, W09	m²	4	5	**5**	6	7
			3	4	**4**	5	6
7	Fassadengerüst abbauen, LK4, W09	m²	4	6	**6**	7	8
			4	5	**5**	6	7
8	Fassadengerüst abbauen, LK5, W09	m²	5	6	**7**	8	9
			4	5	**6**	7	8
9	Fassadengerüst, Gebrauchsüberlassung, LK3, W06	m²Wo	0,3	0,4	**0,4**	0,5	0,6
			0,3	0,3	**0,4**	0,4	0,5
10	Fassadengerüst, Gebrauchsüberlassung, LK4, W09	m²Wo	0,5	0,7	**0,7**	0,8	1,0
			0,4	0,5	**0,6**	0,7	0,8
11	Fassadengerüst, Gebrauchsüberlassung, LK5, W09	m²Wo	0,6	0,7	**0,8**	0,9	1,1
			0,5	0,6	**0,7**	0,8	0,9
12	Gerüst umsetzen, LK3, W06	m²	11	16	**17**	20	26
			9	13	**14**	17	22
13	Standfläche herstellen Hilfsgründung	m	11	17	**19**	20	26
			9	15	**16**	17	22
14	Abstützung, freistehendes Gerüst aufbauen	m²	6	9	**10**	11	13
			5	8	**9**	9	11
15	Standgerüst erstellen, innen LK3	m²	6	8	**9**	10	12
			5	7	**7**	8	10
16	Standgerüst abbauen, innen LK3	m²	5	6	**7**	8	10
			4	5	**6**	7	8
17	Standgerüst, Gebrauchsüberlassung	m²Wo	0,3	0,4	**0,4**	0,5	0,6
			0,3	0,3	**0,4**	0,4	0,5
18	Raumgerüst erstellen, LK3	m³	7	8	**9**	11	12
			6	7	**8**	9	10
19	Raumgerüst abbauen, LK3	m³	5	6	**6**	7	9
			4	5	**5**	6	7
20	Raumgerüst, Gebrauchsüberlassung	m³Wo	0,6	1,1	**1,2**	1,4	2,0
			0,5	0,9	**1,0**	1,1	1,7
21	Absetzpodest erstellen, LK4	St	225	282	**313**	357	419
			189	237	**263**	300	352
22	Absetzpodest abbauen, LK4	St	120	150	**167**	190	224
			101	126	**140**	160	188
23	Fahrgerüst erstellen, LK3	St	235	293	**322**	371	435
			198	247	**271**	312	366
24	Fahrgerüst entfernen, LK3	St	122	152	**169**	194	226
			102	128	**142**	163	190

Nr.	Positionen	Einheit	▶	▷	ø brutto € / ø netto €	◁	◀
25	Fahrgerüst, Gebrauchsüberlassung	StWo	33	42	**46**	52	61
			28	35	**38**	44	51
26	Gerüstverbreiterung erstellen, bis 30cm	m	5	6	**7**	9	10
			4	5	**6**	7	9
27	Gerüstverbreiterung erstellen, bis 70cm	m	8	10	**11**	14	16
			7	8	**9**	11	13
28	Gerüstverbreiterung abbauen, bis 30cm	m	3	4	**4**	5	6
			3	3	**4**	4	5
29	Gerüstverbreiterung abbauen, bis 70cm	m	5	6	**7**	8	10
			4	5	**6**	7	8
30	Gebrauchsüberlassung Gerüstverbreiterung	mWo	0,4	0,7	**0,9**	1,2	2,2
			0,3	0,6	**0,8**	1,0	1,8
31	Gerüstverbreiterung, Seitenschutz	m	–	7	**7**	8	–
			–	6	**6**	7	–
32	Dachfanggerüst als Erweiterung erstellen, Arbeitsgerüst	m	7	9	**10**	11	13
			6	8	**8**	10	11
33	Dachfanggerüst als Erweiterung abbauen, Arbeitsgerüst	m	4	5	**6**	7	8
			3	5	**5**	6	7
34	Dachfanggerüst, Gebrauchsüberlassung	mWo	0,4	0,7	**0,8**	1,1	1,6
			0,4	0,6	**0,7**	0,9	1,4
35	Treppenturm als Zugang zum Gerüst erstellen	St	2.035	2.543	**2.826**	3.222	3.787
			1.710	2.137	**2.375**	2.707	3.182
36	Treppenturm als Zugang zum Gerüst abbauen	St	746	933	**1.037**	1.182	1.389
			627	784	**871**	993	1.167
37	Treppenturm als Zugang zum Gerüst Gebrauchsüberlassung	StWo	165	206	**229**	261	307
			139	173	**193**	220	258
38	Überbrückung erstellen, Gerüst	m	27	40	**48**	55	69
			23	34	**40**	46	58
39	Überbrückung, Gebrauchsüberlassung	mWo	0,5	1,4	**1,6**	1,9	3,8
			0,5	1,2	**1,3**	1,6	3,2
40	Seitenschutz, Arbeitsgerüst	m	5	8	**9**	13	18
			4	6	**8**	11	15
41	Materialaufzug, bis 300kg	St	2.006	2.236	**2.289**	2.360	2.591
			1.685	1.879	**1.923**	1.984	2.177
42	Materialaufzug, bis 500kg	St	–	2.975	**3.067**	3.925	–
			–	2.500	**2.577**	3.299	–
43	Verankerungselemente/Sondergerüstanker	St	47	52	**57**	61	66
			39	44	**48**	51	56
44	Gerüstplane, Wetterschutzplane	m²	5	6	**6**	7	8
			4	5	**5**	6	7
45	Gerüstbekleidung, Staubschutznetz/Schutzgewebe	m²	4	4	**5**	5	7
			3	4	**4**	5	6
46	Auffangnetz	m²	10	14	**15**	16	20
			8	11	**13**	13	17
47	Auffangnetz, Gebrauchsüberlassung	m²Wo	0,1	0,2	**0,2**	0,3	0,4
			0,1	0,2	**0,2**	0,3	0,4

Kosten:
Stand 2. Quartal 2026
Bundesdurchschnitt

Gerüstarbeiten — Preise €

Nr.	Positionen	Einheit	►	▷	ø brutto € / ø netto €	◁	◄
48	Stundensatz, Facharbeiter/-in	h	82	96	**97**	102	116
			69	81	**82**	86	97
49	Stundensatz, Helfer/-in	h	59	75	**79**	81	101
			50	63	**66**	68	85

Nr.	**Kurztext** / Langtext						Kostengruppe
►	▷	**ø netto €**	◁	◄	[Einheit]	Ausf.-Dauer	Positionsnummer

A 1 Fassadengerüst erstellen — Beschreibung für Pos. **1-4**

Längenorientiertes Standgerüst als Arbeitsgerüst nach DIN EN 12811-1 erstellen, aus vorgefertigten Bauteilen, als Fassadengerüst nach DIN EN 12810, mit durchlaufenden Gerüstlagen und Verankerung am Gebäude, auf tragfähiger Standfläche, Nutzung aller Gerüstlagen.

1 Fassadengerüst erstellen, LK3, W06 — KG **392**

Wie Ausführungsbeschreibung A 1
Einsatz für: .....
Lastklasse: 3 (2,0 kN/m²)
Breitenklasse: W06 (Mindestbelagsbreite 0,60 m)
Verankerungsgrund: .....
Höhenklasse: H1
Standfläche: **eben / geneigt .....**°
Abstand Belag zum Bauwerk: .....
Gebäudeabmessung/Aufbauhöhe: .....

►	▷	ø	◁	◄	[Einheit]	Ausf.-Dauer	Positionsnummer
4€	6€	**7€**	7€	9€	[m²]	⏱ 0,10 h/m²	301.000.065

2 Fassadengerüst erstellen, LK3, W09 — KG **392**

Wie Ausführungsbeschreibung A 1
Einsatz für: .....
Lastklasse: 3 (2,0 kN/m²)
Breitenklasse: W09 (Mindestbelagsbreite 0,90 m)
Verankerungsgrund: .....
Höhenklasse: H1
Standfläche: **eben / geneigt .....**°
Abstand Belag zum Bauwerk: .....
Gebäudeabmessung/Aufbauhöhe: .....

►	▷	ø	◁	◄	[Einheit]	Ausf.-Dauer	Positionsnummer
5€	7€	**8€**	9€	10€	[m²]	⏱ 0,08 h/m²	301.000.066

► min
▷ von
ø Mittel
◁ bis
◄ max

3 Fassadengerüst erstellen, LK4, W09 KG **392**

Wie Ausführungsbeschreibung A 1
Einsatz für: .....
Lastklasse: 4 (3,0 kN/m²)
Breitenklasse: W09 (Mindestbelagsbreite 0,90 m)
Verankerungsgrund: .....
Höhenklasse: H1
Standfläche: **eben / geneigt .....** °
Abstand Belag zum Bauwerk: .....
Gebäudeabmessung/Aufbauhöhe: .....

▶	▷	ø netto €	◁	◀	[Einheit]	Ausf.-Dauer	Positionsnummer
7€	9€	**10€**	11€	13€	[m²]	⏱ 0,09 h/m²	301.000.067

4 Fassadengerüst erstellen, LK5, W09 KG **392**

Wie Ausführungsbeschreibung A 1
Einsatz für: .....
Lastklasse: 5 (4,5 kN/m²)
Breitenklasse: W09 (Mindestbelagsbreite 0,90 m)
Höhenklasse: H1
Verankerungsgrund: .....
Standfläche: **eben / geneigt .....** °
Abstand Belag zum Bauwerk: .....
Gebäudeabmessung/Aufbauhöhe: .....

▶	▷	ø netto €	◁	◀	[Einheit]	Ausf.-Dauer	Positionsnummer
7€	9€	**10€**	12€	14€	[m²]	⏱ 0,09 h/m²	301.000.068

A 2 Fassadengerüst abbauen Beschreibung für Pos. **5-8**

Längenorientiertes Standgerüst als Arbeitsgerüst nach DIN EN 12811-1 abbauen, aus vorgefertigten Bauteilen, als Fassadengerüst nach DIN EN 12810, mit durchlaufenden Gerüstlagen und Verankerung am Gebäude, auf tragfähiger Standfläche, Nutzung aller Gerüstlagen.

5 Fassadengerüst abbauen, LK3, W06 KG **392**

Wie Ausführungsbeschreibung A 2
Einsatz für: .....
Lastklasse: 3 (2,0 kN/m²)
Breitenklasse: W06 (Mindestbelagsbreite 0,60 m)
Höhenklasse: H1
Verankerungsgrund: .....
Standfläche: **eben / geneigt .....** °
Abstand Belag zum Bauwerk: .....
Gebäudeabmessung/Aufbauhöhe: .....

▶	▷	ø netto €	◁	◀	[Einheit]	Ausf.-Dauer	Positionsnummer
3€	3€	**4€**	4€	5€	[m²]	⏱ 0,05 h/m²	301.000.057

Nr.	Kurztext / Langtext						Kostengruppe
▶	▷	ø netto €	◁	◀	[Einheit]	Ausf.-Dauer	Positionsnummer

Kosten:
Stand 2. Quartal 2026
Bundesdurchschnitt

6 Fassadengerüst abbauen, LK3, W09 KG **392**

Wie Ausführungsbeschreibung A 2
Einsatz für: .....
Lastklasse: 3 (2,0 kN/m²)
Breitenklasse: W09 (Mindestbelagsbreite 0,90 m)
Höhenklasse: H1
Verankerungsgrund: .....
Standfläche: **eben / geneigt .....** °
Abstand Belag zum Bauwerk: .....
Gebäudeabmessung/Aufbauhöhe: .....

▶	▷	ø	◁	◀	Einheit	Ausf.-Dauer	Positionsnummer
3€	4€	**4€**	5€	6€	[m²]	⏱ 0,06 h/m²	301.000.058

7 Fassadengerüst abbauen, LK4, W09 KG **392**

Wie Ausführungsbeschreibung A 2
Einsatz für: .....
Lastklasse: 4 (3,0 kN/m²)
Breitenklasse: W09 (Mindestbelagsbreite 0,90 m)
Verankerungsgrund: .....
Höhenklasse: H1
Standfläche: **eben / geneigt .....** °
Abstand Belag zum Bauwerk: .....
Gebäudeabmessung/Aufbauhöhe: .....

▶	▷	ø	◁	◀	Einheit	Ausf.-Dauer	Positionsnummer
4€	5€	**5€**	6€	7€	[m²]	⏱ 0,06 h/m²	301.000.059

8 Fassadengerüst abbauen, LK5, W09 KG **392**

Wie Ausführungsbeschreibung A 2
Einsatz für: .....
Lastklasse: 5 (4,5 kN/m²)
Breitenklasse: W09 (Mindestbelagsbreite 0,90 m)
Höhenklasse: H1
Verankerungsgrund: .....
Standfläche: **eben / geneigt .....** °
Abstand Belag zum Bauwerk: .....
Gebäudeabmessung/Aufbauhöhe: .....

▶	▷	ø	◁	◀	Einheit	Ausf.-Dauer	Positionsnummer
4€	5€	**6€**	7€	8€	[m²]	⏱ 0,06 h/m²	301.000.060

A 3 Fassadengerüst, Gebrauchsüberlassung Beschreibung für Pos. **9-11**

Gebrauchsüberlassung des längenorientierten Standgerüsts als Arbeitsgerüst nach DIN EN 12811-1, aus vorgefertigten Bauteilen, als Fassadengerüst nach DIN EN 12810, mit durchlaufenden Gerüstlagen und Verankerung am Gebäude, auf tragfähiger Standfläche, Nutzung aller Gerüstlagen.

9 Fassadengerüst, Gebrauchsüberlassung, LK3, W06 KG **392**

Wie Ausführungsbeschreibung A 3
Lastklasse: 3 (2,0 kN/m²)
Breitenklasse: W06 (Mindestbelagsbreite 0,60 m)
Höhenklasse: H1

▶	▷	ø	◁	◀	Einheit	Ausf.-Dauer	Positionsnummer
0,3€	0,3€	**0,4€**	0,4€	0,5€	[m²Wo]	–	301.000.061

▶ min
▷ von
ø Mittel
◁ bis
◀ max

Nr.	Kurztext / Langtext						Kostengruppe
▶	▷	**ø netto €**	◁	◀	[Einheit]	Ausf.-Dauer	Positionsnummer

10 Fassadengerüst, Gebrauchsüberlassung, LK4, W09 KG **392**

Wie Ausführungsbeschreibung A 3
Lastklasse: 4 (3,0 kN/m²)
Breitenklasse: W09 (Mindestbelagsbreite 0,90 m)
Höhenklasse: H1

0,4€ | 0,5€ | **0,6€** | 0,7€ | 0,8€ | [m²Wo] | – | 301.000.063

11 Fassadengerüst, Gebrauchsüberlassung, LK5, W09 KG **392**

Wie Ausführungsbeschreibung A 3
Lastklasse: 4 (3,0 kN/m²)
Breitenklasse: W09 (Mindestbelagsbreite 0,90 m)
Höhenklasse: H1

0,5€ | 0,6€ | **0,7€** | 0,8€ | 0,9€ | [m²Wo] | – | 301.000.064

12 Gerüst umsetzen, LK3, W06 KG **392**

Arbeitsgerüst umsetzen, längenorientiertes Standgerüst aus vorgefertigten Bauteilen.
Umsetzarbeit: **im Ganzen / in ..... Abschnitten**
Transportweg: bis 50 m
Beschreibung Gerüst: **abgetreppt / durchlaufend**
Lastklasse: 3 (2,0 kN/m²)
Breitenklasse: W06 (Mindestbelagbreite 0,60 m)
Höhenklasse: H1
Verankerung: am Gebäude
Verankerungsgrund: .....
Abstand Belag zum Bauwerk: .....
Standfläche: **eben / geneigt .....°**
Gebäudeabmessung/Aufbauhöhe: .....

9€ | 13€ | **14€** | 17€ | 22€ | [m²] | ⏱ 0,16 h/m² | 301.000.032

13 Standfläche herstellen Hilfsgründung KG **392**

Unterbau für beschriebenes Gerüst, zur Herstellung einer belastbaren Standfläche.
Standfläche: .....
Neigung: eben
Gerüstbreite: .....

9€ | 15€ | **16€** | 17€ | 22€ | [m] | ⏱ 0,05 h/m | 301.000.042

14 Abstützung, freistehendes Gerüst aufbauen KG **392**

Herstellung der Standsicherheit ohne Verankerung am Bauwerk, Ausführung mit Abstützung oder Stützgerüst, gemäß statischer Berechnung, Freiraum für Abstützung oder Stützgerüste umlaufend vorhanden, Standfläche waagrecht auf Gelände über Lastverteiler belastbar. Der Tragfähigkeits- und Standsicherheitsnachweis wird gesondert vergütet.
Gerüstart: .....
Last- und Breitenklasse: .....
Grundeinsatzzeit: 4 Wochen
Stütze: **Abstützung / Stützgerüst**
Hinweis: Die Leistung ist nach neuer ATV DIN 18451 Gerüstarbeiten ohne Grundeinsatzzeit und getrennt in Aufbau, Gebrauchsüberlassung und Demontage auszuschreiben.

5€ | 8€ | **9€** | 9€ | 11€ | [m²] | ⏱ 0,07 h/m² | 301.000.054

300
389
301
302
306
308
309
310
312
313
314
316
317
318
320
321
322

Nr.	Kurztext / Langtext						Kostengruppe
▶	▷	ø netto €	◁	◀	[Einheit]	Ausf.-Dauer	Positionsnummer

15 **Standgerüst erstellen, innen LK3** KG **392**

Arbeitsgerüst erstellen, als längenorientiertes Standgerüst aus vorgefertigten Bauteilen, im Innenraum, auf tragfähiger, Standfläche, Arbeitsfläche durchlaufend, mit Seitenschutz.
Einsatz für: .....
Lastklasse: 3 (2,0 kN/m²)
Breitenklasse: .....
Höhenklasse: H1
Anzahl der Gerüstlagen: .....
Verankerung: am Gebäude
Verankerungsgrund: .....
Abstand Belag zum Bauwerk: .....
Standfläche: **eben / geneigt .....**°
Gebäudeabmessung/Aufbauhöhe: .....
Angeb. System: .....

▶	▷	ø	◁	◀	Einheit	Ausf.-Dauer	Positionsnummer
5€	7€	**7€**	8€	10€	[m²]	⏱ 0,11 h/m²	301.000.069

16 **Standgerüst abbauen, innen LK3** KG **392**

Arbeitsgerüst abbauen. Längenorientiertes Standgerüst aus vorgefertigten Bauteilen im Innenraum, Arbeitsfläche durchlaufend, mit Seitenschutz.
Einsatz für: .....
Lastklasse: 3 (2,0 kN/m²)
Breitenklasse: .....
Höhenklasse: H1
Anzahl der Gerüstlagen: .....
Verankerung: am Gebäude
Standfläche: **eben / geneigt .....**°
Gebäudeabmessung/Aufbauhöhe: .....
Angeb. System: .....

▶	▷	ø	◁	◀	Einheit	Ausf.-Dauer	Positionsnummer
4€	5€	**6€**	7€	8€	[m²]	⏱ 0,07 h/m²	301.000.070

17 **Standgerüst, Gebrauchsüberlassung** KG **392**

Gebrauchsüberlassung des Standgerüsts, längenorientiert, mit Seitenschutz.
Lastklasse: 3
Breitenklasse: .....
Höhenklasse: H1

▶	▷	ø	◁	◀	Einheit	Ausf.-Dauer	Positionsnummer
0,3€	0,3€	**0,4€**	0,4€	0,5€	[m²Wo]	–	301.000.073

Kosten:
Stand 2. Quartal 2026
Bundesdurchschnitt

▶ min
▷ von
ø Mittel
◁ bis
◀ max

18 **Raumgerüst erstellen, LK3** KG **392**

Arbeitsgerüst erstellen als flächenorientiertes Standgerüst, aus vorgefertigten Bauteilen, auf tragfähiger Standfläche, mit einer Arbeitslage durchlaufend, mit Seitenschutz.
Einsatzort: **innerhalb / außerhalb** des Gebäudes
Lastklasse: 3 (2,0 kN/m²)
Höhenklasse: H1
Anzahl der Gerüstlagen: .....
Seitenschutz: **einseitig / zweiseitig / umlaufend**
Verankerung: am Gebäude
Verankerungsgrund: .....
Abstand Belag zum Bauwerk: .....
Standfläche: **eben / geneigt .....°**
Grundfläche/Aufbauhöhe: .....
Angeb. System: .....

6€ 7€ **8€** 9€ 10€ [m³] ⏱ 0,08 h/m³ 301.000.074

19 **Raumgerüst abbauen, LK3** KG **392**

Arbeitsgerüst abbauen. Flächenorientiertes Standgerüst aus vorgefertigten Bauteilen, mit einer Arbeitslage durchlaufend, mit Seitenschutz.
Einsatzort: **innerhalb / außerhalb** des Gebäudes
Lastklasse: 3 (2,0 kN/m²)
Höhenklasse: H1
Anzahl der Gerüstlagen: .....
Seitenschutz: **einseitig / zweiseitig / umlaufend**
Verankerung: am Gebäude
Standfläche: **eben / geneigt .....°**
Grundfläche/Aufbauhöhe: .....
Angeb. System: .....
Hinweis: Die Leistung ist nach neuer ATV DIN 18451 Gerüstarbeiten ohne Grundeinsatzzeit und getrennt in Aufbau, Gebrauchsüberlassung und Demontage auszuschreiben.

4€ 5€ **5€** 6€ 7€ [m³] ⏱ 0,05 h/m³ 301.000.075

20 **Raumgerüst, Gebrauchsüberlassung** KG **392**

Gebrauchsüberlassung Raumgerüst, LK3, H1, wie beschrieben.
Anzahl Gerüstlagen .....

0,5€ 0,9€ **1,0€** 1,1€ 1,7€ [m³Wo] – 301.000.048

Nr.	Kurztext / Langtext						Kostengruppe
►	▷	ø netto €	◁	◀	[Einheit]	Ausf.-Dauer	Positionsnummer

21 Absetzpodest erstellen, LK4 KG **392**

Absetzpodest als Arbeitsgerüst erstellen, als flächenorientiertes Standgerüst aus vorgefertigten Bauteilen, auf tragfähiger Standfläche, mit einer durchlaufenden Arbeitslage, sowie mit Seitenschutz.
Einsatzort: **innerhalb / außerhalb** des Gebäudes
Nutzung: **.....-arbeiten / zum befördern / lagern** von Stoffen und Bauteilen
Lastklasse: 4 (3,0 kN/m²)
Höhenklasse: H1
Anzahl der Gerüstlagen: .....
Seitenschutz: **einseitig** / **zweiseitig** / **umlaufend**
Verankerung: am Gebäude
Verankerungsgrund: .....
Abstand Belag zum Bauwerk: .....
Standfläche: **eben / geneigt .....** °
Grundfläche/Aufbauhöhe: .....
Angeb. System: .....

►	▷	ø	◁	◀	[Einheit]	Ausf.-Dauer	Positionsnummer
189€	237€	**263€**	300€	352€	[St]	–	301.000.071

22 Absetzpodest abbauen, LK4 KG **392**

Absetzpodest Arbeitsgerüst abbauen, flächenorientiertes Standgerüst aus vorgefertigten Bauteilen, mit einer durchlaufenden Arbeitslage, sowie mit Seitenschutz.
Einsatzort: **innerhalb / außerhalb** des Gebäudes
Nutzung: **.....-arbeiten / zum befördern / lagern** von Stoffen und Bauteilen
Lastklasse: 4 (3,0 kN/m²)
Höhenklasse: H1
Anzahl der Gerüstlagen: .....
Seitenschutz: **einseitig** / **zweiseitig** / **umlaufend**
Verankerung: am Gebäude
Verankerungsgrund: .....
Abstand Belag zum Bauwerk: .....
Standfläche: **eben / geneigt .....** °
Grundfläche/Aufbauhöhe: .....
Angeb. System: .....

►	▷	ø	◁	◀	[Einheit]	Ausf.-Dauer	Positionsnummer
101€	126€	**140€**	160€	188€	[St]	–	301.000.072

23 Fahrgerüst erstellen, LK3 KG **392**

Fahrbares Gerüst nach DIN 4420-3 aufstellen, als Arbeitsgerüst mit einer Arbeitslage, Seitenschutz und Zugang, Standflächen eben.
Lastklasse: 3 (2,0 kN/m²)
Abmessung: .....
Aufbauhöhe: ..... (geeignet für Arbeitshöhe bis .....m)
Aufstellort: .....

►	▷	ø	◁	◀	[Einheit]	Ausf.-Dauer	Positionsnummer
198€	247€	**271€**	312€	366€	[St]	⏱ 1,50 h/St	301.000.076

Kosten:
Stand 2. Quartal 2026
Bundesdurchschnitt

► min
▷ von
ø Mittel
◁ bis
◀ max

Nr.	Kurztext / Langtext						Kostengruppe
▶	▷	ø netto €	◁	◀	[Einheit]	Ausf.-Dauer	Positionsnummer

24 Fahrgerüst entfernen, LK3 KG **392**

Fahrbares Gerüst nach DIN 4420-3 entfernen. Arbeitsgerüst mit einer Arbeitslage, Seitenschutz und Zugang.
Lastklasse: 3 (2,0 kN/m²)
Abmessung: .....
Aufbauhöhe: ..... (geeignet für Arbeitshöhe bis ..... m)
Aufstellort: .....

▶	▷	ø netto €	◁	◀	[Einheit]	Ausf.-Dauer	Positionsnummer
102€	128€	**142€**	163€	190€	[St]	⏱ 0,70h/St	301.000.077

25 Fahrgerüst, Gebrauchsüberlassung KG **392**

Gebrauchsüberlassung Fahrgerüst, wie beschrieben.
Lastklasse: 3
Abmessungen: .....
Aufbauhöhe: .....

▶	▷	ø netto €	◁	◀	[Einheit]	Ausf.-Dauer	Positionsnummer
28€	35€	**38€**	44€	51€	[StWo]	–	301.000.078

A 4 Gerüstverbreiterung erstellen Beschreibung für Pos. **26-27**

Gerüstverbreiterung des Arbeitsgerüsts erstellen, mit Systemteilen, einschl. der notwendigen Beläge, Seitenschutz, notwendigen Absteifungen, Zugängen und Sicherungen sowie Verstärkung der Anker.
Gerüstart/Lastklasse: .....
Einbauhöhe: .....
Verbreiterung: .....seitig

26 Gerüstverbreiterung erstellen, bis 30cm KG **392**

Wie Ausführungsbeschreibung A 4
Verbreiterung: bis 0,30 m

▶	▷	ø netto €	◁	◀	[Einheit]	Ausf.-Dauer	Positionsnummer
4€	5€	**6€**	7€	9€	[m]	⏱ 0,09h/m	301.000.079

27 Gerüstverbreiterung erstellen, bis 70cm KG **392**

Wie Ausführungsbeschreibung A 4
Verbreiterung: über 0,30 bis 0,70 m

▶	▷	ø netto €	◁	◀	[Einheit]	Ausf.-Dauer	Positionsnummer
7€	8€	**9€**	11€	13€	[m]	⏱ 0,09h/m	301.000.080

A 5 Gerüstverbreiterung abbauen Beschreibung für Pos. **28-29**

Gerüstverbreiterung des Arbeitsgerüsts abbauen. Verbreiterung aus Systemteilen und mit notwendigen Belägen sowie Seitenschutz, notwendigen Absteifungen, Zugängen und Sicherungen.
Gerüstart/Lastklasse: .....
Einbauhöhe: .....

28 Gerüstverbreiterung abbauen, bis 30cm KG **392**

Wie Ausführungsbeschreibung A 5
Verbreiterung: bis 0,30 m

▶	▷	ø netto €	◁	◀	[Einheit]	Ausf.-Dauer	Positionsnummer
3€	3€	**4€**	4€	5€	[m]	⏱ 0,03h/m	301.000.086

Nr.	Kurztext / Langtext						Kostengruppe
▶	▷	**ø netto €**	◁	◀	[Einheit]	Ausf.-Dauer	Positionsnummer

29 Gerüstverbreiterung abbauen, bis 70cm — KG **392**

Wie Ausführungsbeschreibung A 5
Verbreiterung: über 0,30 bis 0,70m

▶	▷	ø	◁	◀	Einheit	Ausf.-Dauer	Positionsnummer
4€	5€	**6€**	7€	8€	[m]	⏱ 0,04h/m	301.000.087

30 Gebrauchsüberlassung Gerüstverbreiterung — KG **392**

Gebrauchsüberlassung der Gerüstverbreiterung.
Auskragung: .....
Gerüstart/Lastklasse: .....

▶	▷	ø	◁	◀	Einheit	Ausf.-Dauer	Positionsnummer
0,3€	0,6€	**0,8€**	1,0€	1,8€	[mWo]	–	301.000.010

Kosten:
Stand 2. Quartal 2026
Bundesdurchschnitt

31 Gerüstverbreiterung, Seitenschutz — KG **392**

Seitenschutz Gerüstverbreiterung aus Systemteilen, Einbau bei einem Abstand von mehr als 0,30m zwischen Belag und Bauwerk.
Einbau: **wandseitig / .....**
Grundeinsatzzeit: 4 Wochen
Ausführung: **Geländer mit Zwischenholm und Bordbrett / ohne Bordbrett**
Lagenanzahl: .....

▶	▷	ø	◁	◀	Einheit	Ausf.-Dauer	Positionsnummer
–	6€	**6€**	7€	–	[m]	⏱ 0,05h/m	301.000.088

32 Dachfanggerüst als Erweiterung erstellen, Arbeitsgerüst — KG **392**

Erweiterung des Fassadengerüsts zum Dachfanggerüst DIN 4420-1 erstellen, durch Ausbau der obersten Gerüstlage mit Systemteilen.
Dachüberstand Breite: .....
Schutzwand aus: **Geflecht / Schutznetz**
Gerüstart/Lastklasse: .....

▶	▷	ø	◁	◀	Einheit	Ausf.-Dauer	Positionsnummer
6€	8€	**8€**	10€	11€	[m]	⏱ 0,12h/m	301.000.081

33 Dachfanggerüst als Erweiterung abbauen, Arbeitsgerüst — KG **392**

Erweiterung des Fassadengerüsts zum Dachfanggerüst DIN 4420-1 abbauen. Konstruktion aus Systemteilen.
Dachüberstand Breite: .....
Schutzwand aus: **Geflecht / Schutznetz**
Gerüstart/Lastklasse: .....

▶	▷	ø	◁	◀	Einheit	Ausf.-Dauer	Positionsnummer
3€	5€	**5€**	6€	7€	[m]	⏱ 0,05h/m	301.000.082

34 Dachfanggerüst, Gebrauchsüberlassung — KG **392**

Gebrauchsüberlassung des Dachfanggerüsts.
Verbreiterung
Gerüstart/Lastklasse: .....

▶	▷	ø	◁	◀	Einheit	Ausf.-Dauer	Positionsnummer
0,4€	0,6€	**0,7€**	0,9€	1,4€	[mWo]	–	301.000.021

▶ min
▷ von
ø Mittel
◁ bis
◀ max

Nr.	Kurztext / Langtext						Kostengruppe
▶	▷	ø netto €	◁	◀	[Einheit]	Ausf.-Dauer	Positionsnummer

35 Treppenturm als Zugang zum Gerüst erstellen KG **392**

Treppenturm als Zugang zum Gerüst erstellen, inkl. Anbau und Verankerung am Gerüst, mit Zwischenpodesten im vertikalen Raster von 2,00 m, einschl. Innen- und Außengeländern.
Gerüstart: .....
Steigmaß: .....
Aufbauhöhe: .....
Treppe: einläufig
Laufbreite: über 0,50 bis 0,75 m

1.710 €	2.137 €	**2.375 €**	2.707 €	3.182 €	[St]	⏱ 9,00 h/St	301.000.083

36 Treppenturm als Zugang zum Gerüst abbauen KG **392**

Treppenturm als Zugang zum Gerüst abbauen. Treppenturm am Gerüst angebaut und verankert, mit Zwischenpodesten im vertikalen Raster von 2,00 m und Innen- sowie Außengeländern.
Gerüstart/Lastklasse: Klasse **A / B**
Steigmaß: .....
Aufbauhöhe: .....
Treppe: einläufig
Laufbreite: über 500 bis 750 mm

627 €	784 €	**871 €**	993 €	1.167 €	[St]	⏱ 3,00 h/St	301.000.084

37 Treppenturm als Zugang zum Gerüst Gebrauchsüberlassung KG **392**

Gebrauchsüberlassung des Treppenturms.
Ausführung: .....
Gerüstart/Lastklasse: .....

139 €	173 €	**193 €**	220 €	258 €	[StWo]	–	301.000.085

38 Überbrückung erstellen, Gerüst KG **392**

Überbrückung in Gerüst, einschl. Gerüstbelag und Seitenschutz.
Grundeinsatzzeit: 4 Wochen
Gerüstart/Lastklasse: .....
Überbrückter Zwischenraum: .....
Höhe über Standfläche: .....
Einbauort: über **Eingang / Durchfahrt**

23 €	34 €	**40 €**	46 €	58 €	[m]	⏱ 0,50 h/m	301.000.015

39 Überbrückung, Gebrauchsüberlassung KG **392**

Gebrauchsüberlassung der Gerüstüberbrückung.
Ausführung: .....
Lastklasse: .....

0,5 €	1,2 €	**1,3 €**	1,6 €	3,2 €	[mWo]	–	301.000.016

300
389
301
302
306
308
309
310
312
313
314
316
317
318
320
321
322

Nr.	Kurztext / Langtext						Kostengruppe
▶	▷	**ø netto €**	◁	◀	[Einheit]	Ausf.-Dauer	Positionsnummer

40 Seitenschutz, Arbeitsgerüst KG **392**

Zusätzlicher Seitenschutz im Arbeitsgerüst, aus Systemteilen, Einbau bei einem Abstand von mehr als 0,30m zwischen Belag und Bauwerk.
Einbau: **wandseitig / .....**
Grundeinsatzzeit: 4 Wochen
Ausführung: **Geländer mit Zwischenholm und Bordbrett / ohne Bordbrett**
Lagenanzahl: .....

▶	▷	ø	◁	◀	Einheit	Ausf.-Dauer	Positionsnummer
4€	6€	**8€**	11€	15€	[m]	⏱ 0,05h/m	301.000.055

41 Materialaufzug, bis 300kg KG **391**

Materialaufzug aufstellen, gebrauchsüberlassen und entfernen.
Grundeinsatzzeit: 4 Wochen
Nutzlast: ..... (bis 300kg)
Entladestellen: .....m
Förderhöhe: .....
Stromanschluss: .....

▶	▷	ø	◁	◀	Einheit	Ausf.-Dauer	Positionsnummer
1.685€	1.879€	**1.923€**	1.984€	2.177€	[St]	⏱ 12,00h/St	301.000.056

42 Materialaufzug, bis 500kg KG **391**

Materialaufzug aufstellen, gebrauchsüberlassen und entfernen.
Grundeinsatzzeit: 4 Wochen
Nutzlast: ..... (bis 500kg)
Entladestellen: .....m
Förderhöhe: .....
Stromanschluss: .....

▶	▷	ø	◁	◀	Einheit	Ausf.-Dauer	Positionsnummer
–	2.500€	**2.577€**	3.299€	–	[St]	⏱ 12,00h/St	301.000.018

43 Verankerungselemente/Sondergerüstanker KG **392**

Ein- und Ausbau von besonderen Verankerungselementen/Sondergerüstankern zur Verankerung des Gerüsts bei WDVS-Fassaden.
Verankerungsgrund: **einschaliges Mauerwerk (Vollstein) / .....**
Grundeinsatzzeit: ..... Wochen

▶	▷	ø	◁	◀	Einheit	Ausf.-Dauer	Positionsnummer
39€	44€	**48€**	51€	56€	[St]	⏱ 0,10h/St	301.000.027

44 Gerüstplane, Wetterschutzplane KG **392**

Bekleidung von Gerüsten mit Plane aus wetterfester, UV-stabilisierter, gitterverstärkter PE-Folie, als vollflächige Gerüstbekleidung, montieren, gebrauchsüberlassen, sowie wieder demontieren.
Grundeinsatzzeit: 4 Wochen
Nutzung: .....
Reißkraft: .....
Hinweis: Zu beachten ist, dass die ggf. notwendige zusätzliche statische Berechnung für das bekleidete Gerüst, zu den besondere Leistung gehört.

▶	▷	ø	◁	◀	Einheit	Ausf.-Dauer	Positionsnummer
4€	5€	**5€**	6€	7€	[m²]	⏱ 0,08h/m²	301.000.050

Kosten:
Stand 2. Quartal 2026
Bundesdurchschnitt

▶ min
▷ von
ø Mittel
◁ bis
◀ max

45 Gerüstbekleidung, Staubschutznetz/Schutzgewebe KG **392**

Bekleidung von Gerüsten als vollflächige Gerüstbekleidung montieren, gebrauchsüberlassen, sowie wieder demontieren.
Grundeinsatzzeit: 4 Wochen
Bekleidung: **Staubschutznetz / Schutzgewebe**
Funktion: .....

3€	4€	**4€**	5€	6€	[m²]	⏱ 0,04h/m²	301.000.017

46 Auffangnetz KG **392**

Schutznetz als Auffangnetz, für horizontalen Gebrauch, montieren, gebrauchsüberlassen, sowie wieder demontieren.
Grundeinsatzzeit: 4 Wochen
Befestigung: .....
Spannweite: .....
Einbauhöhe: .....
Bruchlast: 30kN
Maschenweite: ca. 100 x 100mm
Klasse: A2
Hinweis: Die Leistung ist nach neuer ATV DIN 18451 Gerüstarbeiten ohne Grundeinsatzzeit und getrennt in Aufbau, Gebrauchsüberlassung und Demontage auszuschreiben.

8€	11€	**13€**	13€	17€	[m²]	⏱ 0,10h/m²	301.000.001

47 Auffangnetz, Gebrauchsüberlassung KG **392**

Gebrauchsüberlassung des Auffangnetzes.
Ausführung: .....

0,1€	0,2€	**0,2€**	0,3€	0,4€	[m²Wo]	–	301.000.051

48 Stundensatz, Facharbeiter/-in

Stundenlohnarbeiten für Vorarbeiter/-in, Gesellin/Geselle, Facharbeiter/-in und Gleichgestellte, sowie ähnliche Fachkräfte. Der Verrechnungssatz für die jeweilige Arbeitskraft umfasst sämtliche Aufwendungen wie Lohn- und Gehaltskosten, Lohn- und Gehaltsnebenkosten, lohngebundene und lohnabhängige Kosten, sonstige Sozialkosten, Gemeinkosten, Wagnis und Gewinn. Leistung nach besonderer Anordnung der Bauüberwachung. Anmeldung und Nachweis gemäß VOB/B.

69€	81€	**82€**	86€	97€	[h]	⏱ 1,00h/h	301.000.052

49 Stundensatz, Helfer/-in

Stundenlohnarbeiten für Werker/-in, Helfer/-in und Gleichgestellte. Der Verrechnungssatz für die jeweilige Arbeitskraft umfasst sämtliche Aufwendungen wie Lohn- und Gehaltskosten, Lohn- und Gehaltsnebenkosten, lohngebundene und lohnabhängige Kosten, sonstige Sozialkosten, Gemeinkosten, Wagnis und Gewinn. Leistung nach besonderer Anordnung der Bauüberwachung. Anmeldung und Nachweis gemäß VOB/B.

50€	63€	**66€**	68€	85€	[h]	⏱ 1,00h/h	301.000.053

302

Kosten:
Stand 2. Quartal 2026
Bundesdurchschnitt

▶ min
▷ von
ø Mittel
◁ bis
◀ max

Nr.	Positionen	Einheit	▶	▷	ø brutto € / ø netto €	◁	◀
1	Büsche, Kleingehölze roden	m²	11	14	**15**	17	20
			9	12	**13**	14	17
2	Wurzelstock roden, bis 50cm	St	64	100	**115**	135	174
			54	84	**97**	114	146
3	Oberboden abtragen, entsorgen, 30cm	m³	27	34	**36**	39	46
			23	29	**30**	33	38
4	Oberboden abtragen, lagern, 30cm	m²	7	9	**11**	11	13
			6	8	**9**	10	11
5	Aushub Schlitzgraben/Suchgraben	m³	104	146	**165**	188	232
			88	123	**139**	158	195
6	Aufbruch, Asphaltdecke, entsorgen	m²	21	28	**28**	32	39
			17	24	**24**	27	33
7	Betonplatten ausbauen, lagern	m²	14	16	**17**	18	21
			12	14	**15**	15	17
8	Baugrubenaushub, bis 3,50m, lagern, GK1	m³	17	22	**25**	30	38
			14	19	**21**	25	32
9	Baugrubenaushub, bis 3,50m, entsorgen, GK1	m³	47	60	**67**	82	92
			40	50	**56**	69	78
10	Baugrubenaushub, Fels, bis 3,00m, lagern, GK1	m³	39	68	**73**	87	112
			33	57	**62**	73	94
11	Fundamentaushub, bis 1,75m, lagern, GK1	m³	42	53	**68**	71	75
			36	45	**57**	60	63
12	Fundamentaushub, bis 1,75m, entsorgen, GK1	m³	56	67	**75**	84	100
			47	57	**63**	71	84
13	Streifenfundamentaushub, bis 1,25m, entsorgen, GK1	m³	57	61	**67**	86	93
			48	51	**57**	73	78
14	Kabelgraben ausheben, bis 1,25m, lagern, GK1	m³	35	37	**44**	47	57
			29	31	**37**	39	48
15	Kabelgraben ausheben, bis 1,25m, entsorgen, GK1	m³	39	47	**52**	57	66
			33	40	**43**	48	55
16	Fundament-/Grabenaushub, Handaushub, bis 1,25m	m³	123	155	**174**	182	204
			104	130	**146**	153	172
17	Bodenaustausch, Liefermaterial	m³	55	71	**77**	88	110
			46	59	**65**	74	93
18	Tragschicht unter Bodenplatte, Kies	m³	63	86	**95**	103	117
			53	72	**80**	86	99
19	Sichern von Leitungen/Kabeln	m	36	50	**55**	57	63
			30	42	**46**	48	53
20	Planum, Baugrube	m²	1	2	**3**	4	5
			1	2	**2**	3	4
21	Planum, Wege/Fahrstraßen, verdichten	m²	2	3	**4**	4	5
			2	2	**3**	3	4
22	Lastplattendruckversuch, Baugrube	St	288	377	**407**	478	607
			242	317	**342**	402	510
23	Trennlage, Bodenplatte, Folie	m²	2	3	**4**	5	6
			2	3	**3**	4	5
24	Leitungen/Fundamente verfüllen, Lagermaterial	m³	52	59	**61**	62	73
			44	50	**51**	52	61

Nr.	Positionen	Einheit	▶	▷	ø brutto € / ø netto €	◁	◀
25	Leitungen/Fundamente verfüllen, Liefermaterial	m3	51	67	**74**	79	104
			43	56	**62**	67	87
26	Arbeitsräume verfüllen, verdichten	m3	50	60	**63**	73	91
			42	50	**53**	62	76
27	Aushub lagernd, entsorgen	m3	41	54	**59**	62	70
			34	45	**50**	53	59
28	Baugrube sichern, Folienabdeckung	m2	3	4	**5**	6	7
			3	4	**4**	5	6
29	Kabelschutzrohr	m	7	9	**11**	13	17
			6	8	**9**	11	14
30	Zugdraht für Kabelschutzrohr	m	2	2	**2**	2	3
			2	2	**2**	2	2
31	Warnband, Leitungsgräben	m	1	2	**2**	2	3
			0,9	1,4	**1,7**	2,0	2,6
32	Stundensatz, Facharbeiter/-in	h	81	91	**98**	101	109
			68	77	**82**	85	91
33	Stundensatz, Helfer/-in	h	73	80	**84**	85	90
			62	67	**71**	71	76

Nr. **Kurztext** / Langtext — Kostengruppe

▶ ▷ **ø netto €** ◁ ◀ [Einheit] Ausf.-Dauer Positionsnummer

1 Büsche, Kleingehölze roden KG **214**

Büsche und Kleingehölze roden, Holzteile häckseln und innerhalb des Baugeländes verteilen. Abrechnung nach bewachsener Fläche.
Bewuchs: Büsche und kleinwüchsige Bäume
Abmessung: Breite bis 1,00m, Höhe bis ca. 1,50m
Standort Pflanzen: direkte Zufahrt, ungehindertes Fällen möglich
Gelände: **eben / leicht geneigt / steil**

9€ 12€ **13€** 14€ 17€ [m2] ⏱ 0,08h/m2 302.001.083

2 Wurzelstock roden, bis 50cm KG **214**

Wurzelstöcke gefällter Bäume roden, Material wird Eigentum des Auftragnehmers und ist zu beseitigen.
Stammdurchmesser: bis 50cm (an Schnittstelle)

54€ 84€ **97€** 114€ 146€ [St] ⏱ 1,00h/St 302.001.096

Nr.	Kurztext / Langtext						Kostengruppe
►	▷	ø netto €	◁	◀	[Einheit]	Ausf.-Dauer	Positionsnummer

3 Oberboden abtragen, entsorgen, 30cm KG **214**

Oberboden, profilgerecht lösen, fördern und laden, mit Lkw des AN zur Verwertungsanlage abfahren.
Bodenzuordnung lt.: **Aufstellung / Bericht / gemeinsamer Feststellung**
Bodengruppen: ..... DIN 18196
Bodengruppe: ..... DIN 18915
Gesamtabtragstiefe i.M.: 30cm
Aushub: nicht schadstoffbelastet
Zuordnung: BM0
Verwertungsanlage (Bezeichnung/Ort): .....
Förderweg: bis .....km
Verwertungsgebühren werden vom AN übernommen.
Mengenermittlung nach Aufmaß an der Entnahmestelle.

►	▷	ø	◁	◀	Einheit	Ausf.-Dauer	Positionsnummer
23€	29€	**30€**	33€	38€	[m³]	⏱ 0,20h/m³	302.001.098

Kosten:
Stand 2. Quartal 2026
Bundesdurchschnitt

4 Oberboden abtragen, lagern, 30cm KG **311**

Oberboden, profilgerecht abtragen, laden, fördern und Bodengruppen getrennt lagern, nicht belastet.
Bodenzuordnung lt. **Aufstellung / Bericht / gemeinsamer Feststellung**
Bodengruppen: ..... DIN 18196
Bodengruppe: ..... DIN 18915
Gesamtabtragstiefe: bis 30cm
Zuordnung: BM0
Förderweg: bis .....km
Mengenermittlung nach Aufmaß an der Entnahmestelle.

►	▷	ø	◁	◀	Einheit	Ausf.-Dauer	Positionsnummer
6€	8€	**9€**	10€	11€	[m²]	⏱ 0,06h/m²	302.000.010

5 Aushub Schlitzgraben/Suchgraben KG **311**

Boden für Suchgraben ausheben, zur Freilegung von Kabeln und Rohrleitungen, Handaushub ist einzukalkulieren, Aushub seitlich lagern, wieder verfüllen und verdichten. Laden und Abfuhr von überschüssigem Boden nach getrennter Position.
Aushubtiefe: bis 1,25m
Sohlenbreite: bis 0,80m
Sohlenlänge: bis 4,00m
Bodeneigenschaften und Kennwerte: .....
Baumaßnahmen der Geotechnischen Kategorie 1 DIN 4020
Homogenbereich: 1
Homogenbereich 1 oben: .....m
Homogenbereich 1 unten: .....m
Anzahl der Bodengruppen: .....St
Bodengruppen DIN 18196: .....
Konsistenz DIN EN ISO 14688-1

►	▷	ø	◁	◀	Einheit	Ausf.-Dauer	Positionsnummer
88€	123€	**139€**	158€	195€	[m³]	⏱ 1,20h/m³	302.000.007

► min
▷ von
ø Mittel
◁ bis
◀ max

Nr.	**Kurztext** / Langtext						Kostengruppe
▶	▷	**ø netto €**	◁	◀	[Einheit]	Ausf.-Dauer	Positionsnummer

6 Aufbruch, Asphaltdecke, entsorgen KG **212**

Asphaltdecke streifenförmig aufbrechen, anfallenden Schutt laden, abfahren und entsorgen; Entsorgungsgebühr wird gesondert vergütet. Leistung inkl. exakter Schneidearbeiten des Belags. Geräteeinsatz möglich.
Wichte Abbruchstoff: .....
Belagdicke: bis 15cm
Streifenbreite ca. 70-100cm
Abfall: nicht gefährlich
Zuordnung Abfall: .....
Abfallschlüssel nach AVV: 170302 Bitumengemische

17€	24€	**24€**	27€	33€	[m²]	⏱ 0,20h/m²	302.000.008

7 Betonplatten ausbauen, lagern KG **212**

Betonplatten, Gehwegplatten im Sandbett ausbauen, Platten reinigen, laden, fördern und zur Wiederverwendung bauseitig lagern.
Format: bis 50 x 50cm
Belagsdicke: 8cm
Förderweg: bis 50m

12€	14€	**15€**	15€	17€	[m²]	⏱ 0,17h/m²	302.001.112

8 Baugrubenaushub, bis 3,50m, lagern, GK1 KG **311**

Boden der Baugrube profilgerecht lösen, fördern und auf der Baustelle lagern. Verbau in gesonderter Position.
Gesamtbreite: .....m
Gesamtlänge: .....m
Gesamtabtragstiefe: bis 3,50m
Förderweg: .....m
Baumaßnahmen der Geotechnischen Kategorie 1 DIN 4020
Homogenbereich: 1
Homogenbereich 1 oberer Horizont: .....m
Homogenbereich 1 unterer Horizont: .....m
Anzahl der Bodengruppen: .....St
Bodengruppen DIN 18196: .....
Massenanteile der Steine DIN EN ISO 14688-1: über .....% bis .....%
Massenanteile der Blöcke DIN EN ISO 14688-1: über .....% bis .....%
Konsistenz DIN EN ISO 14688-1: .....
Lagerungsdichte: .....
Homogenbereiche lt.: .....
Aushub: nicht schadstoffbelastet, BM0
Mengenermittlung nach Aufmaß an der Entnahmestelle.

14€	19€	**21€**	25€	32€	[m³]	⏱ 0,12h/m³	302.001.099

Nr.	Kurztext / Langtext						Kostengruppe
▶	▷	ø netto €	◁	◀	[Einheit]	Ausf.-Dauer	Positionsnummer

Kosten:
Stand 2. Quartal 2026
Bundesdurchschnitt

9 Baugrubenaushub, bis 3,50m, entsorgen, GK1 KG **311**

Boden der Baugrube profilgerecht ausheben. Verbau in gesonderter Position.
Gesamtbreite: .....m
Gesamtlänge: .....m
Baumaßnahmen der Geotechnischen Kategorie 1 DIN 4020
Homogenbereich: 1
Homogenbereich 1 oberer Horizont: .....m
Homogenbereich 1 unterer Horizont: .....m
Anzahl der Bodengruppen: .....St
Bodengruppen DIN 18196: .....
Massenanteile der Steine DIN EN ISO 14688-1: über .....% bis .....%
Massenanteile der Blöcke DIN EN ISO 14688-1: über .....% bis .....%
Konsistenz DIN EN ISO 14688-1: .....
Lagerungsdichte: .....
Homogenbereiche lt.: .....
Leistungsumfang: lösen, fördern, mit Lkw des AN zur zugelassenen Lagerstelle abfahren, dort lagenweise einarbeiten
Gesamtabtragstiefe: bis 3,50m
Aushub: nicht schadstoffbelastet, BM0
Zuordnung Abfall: .....
Lagerstätte (Bezeichnung/Ort) .....
Förderweg: bis .....km
Mengenermittlung nach Aufmaß an der Entnahmestelle.

▶	▷	ø	◁	◀	Einheit	Ausf.-Dauer	Positionsnummer
40€	50€	**56€**	69€	78€	[m³]	⏱ 0,14h/m³	302.001.100

10 Baugrubenaushub, Fels, bis 3,00m, lagern, GK1 KG **311**

Felsigen Boden der Baugrube ausheben. Verbau in gesonderter Position.
Gesamtbreite: .....m
Gesamtlänge: .....m
Baumaßnahmen der Geotechnischen Kategorie 1 DIN 4020
Homogenbereich: 1
Homogenbereich 1 oberer Horizont: .....m
Homogenbereich 1 unterer Horizont: .....m
Anzahl Gesteinsarten: .....
Gesteinsarten: .....
Veränderlichkeit DIN EN ISO 14689-1: .....
Geologische Struktur DIN EN ISO 14689-1: .....
Abstand Trennflächen DIN EN ISO 14689-1: .....
Trennflächen, Gesteinskörperform: .....
Fallrichtung Trennflächen: .....°
Fallwinkel Trennflächen: .....°
Homogenbereiche lt.: .....
Leistungsumfang: lösen, fördern, auf der Baustelle lagern
Abrechnung: nach dem gelösten Boden, auch außerhalb des Profils
Aushubtiefe: bis 3,00m
Zuordnung: .....
Mengenermittlung nach Aufmaß an der Entnahmestelle.

▶	▷	ø	◁	◀	Einheit	Ausf.-Dauer	Positionsnummer
33€	57€	**62€**	73€	94€	[m³]	⏱ 0,45h/m³	302.001.101

▶ min
▷ von
ø Mittel
◁ bis
◀ max

11 Fundamentaushub, bis 1,75m, lagern, GK1 KG **322**

Aushub Einzel- und Streifenfundament, Boden maschinell lösen, laden, fördern und auf Baustelle lagern, für Wiedereinbau; Fundamentsohle durch Handschachtung planieren. Verbau in gesonderter Position.
Gesamtbreite: .....m
Gesamtlänge: .....m
Gesamtabtragstiefe: bis 1,75m
Förderweg: .....m
Baumaßnahmen der Geotechnischen Kategorie 1 DIN 4020
Homogenbereich: 1
Homogenbereich 1 oberer Horizont: .....m
Homogenbereich 1 unterer Horizont: .....m
Anzahl der Bodengruppen: .....St
Bodengruppen DIN 18196: .....
Massenanteile der Steine DIN EN ISO 14688-1: über .....% bis .....%
Massenanteile der Blöcke DIN EN ISO 14688-1: über .....% bis .....%
Konsistenz DIN EN ISO 14688-1: .....
Lagerungsdichte: .....
Homogenbereiche lt.: .....
Mengenermittlung nach Aufmaß an der Entnahmestelle.

36€ 45€ **57€** 60€ 63€ [m³] ⏱ 0,44h/m³ 302.001.102

12 Fundamentaushub, bis 1,75m, entsorgen, GK1 KG **322**

Aushub Einzel- und Streifenfundament, lösen, fördern, laden und mit Lkw des AN zur Verwertungsanlage abfahren. Verbau in gesonderter Position.
Gesamtbreite: .....m
Gesamtlänge: .....m
Gesamtabtragstiefe: bis 1,75m
Förderweg: .....m
Baumaßnahmen der Geotechnischen Kategorie 1 DIN 4020
Homogenbereich: 1
Homogenbereich 1 oberer Horizont: .....m
Homogenbereich 1 unterer Horizont: .....m
Anzahl der Bodengruppen: .....St
Bodengruppen DIN 18196: .....
Massenanteile der Steine DIN EN ISO 14688-1: über .....% bis .....%
Massenanteile der Blöcke DIN EN ISO 14688-1: über .....% bis .....%
Konsistenz DIN EN ISO 14688-1: .....
Lagerungsdichte: .....
Homogenbereiche lt.: .....
Zuordnung: .....

47€ 57€ **63€** 71€ 84€ [m³] ⏱ 0,42h/m³ 302.001.103

Nr.	Kurztext / Langtext						Kostengruppe
▶	▷	ø netto €	◁	◀	[Einheit]	Ausf.-Dauer	Positionsnummer

13 **Streifenfundamentaushub, bis 1,25m, entsorgen, GK1** KG **322**

Boden für Streifenfundament, lösen, fördern, laden und mit Lkw des AN zur Verwertungsanlage abfahren.
Gesamtbreite: ..... m
Gesamtlänge: ..... m
Gesamtabtragstiefe: bis 1,25m
Förderweg: ..... m
Baumaßnahmen der Geotechnischen Kategorie 1 DIN 4020
Homogenbereich: 1
Homogenbereich 1 oberer Horizont: ..... m
Homogenbereich 1 unterer Horizont: ..... m
Anzahl der Bodengruppen: ..... St
Bodengruppen DIN 18196: .....
Massenanteile der Steine DIN EN ISO 14688-1: über ..... % bis ..... %
Massenanteile der Blöcke DIN EN ISO 14688-1: über ..... % bis ..... %
Konsistenz DIN EN ISO 14688-1: .....
Lagerungsdichte: .....
Homogenbereiche lt.: .....

48€	51€	**57€**	73€	78€	[m³]	⏱ 0,35h/m³	302.001.107

14 **Kabelgraben ausheben, bis 1,25m, lagern, GK1** KG **311**

Boden für, Kabelgraben profilgerecht lösen, Aushub seitlich lagern, Gefälle gemäß Entwässerungsplanung.
Gesamtabtragstiefe: bis 1,25m
Sohlenbreite: bis 50cm
Förderweg: ..... m
Baumaßnahmen der Geotechnischen Kategorie 1 DIN 4020
Homogenbereich: 1
Homogenbereich 1 oberer Horizont: ..... m
Homogenbereich 1 unterer Horizont: ..... m
Anzahl der Bodengruppen: ..... St
Bodengruppen DIN 18196: .....
Massenanteile der Steine DIN EN ISO 14688-1: über ..... % bis ..... %
Massenanteile der Blöcke DIN EN ISO 14688-1: über ..... % bis ..... %
Konsistenz DIN EN ISO 14688-1: .....
Lagerungsdichte: .....
Homogenbereiche lt.: .....
Mengenermittlung nach Aufmaß an der Entnahmestelle.

29€	31€	**37€**	39€	48€	[m³]	⏱ 0,32h/m³	302.001.108

Kosten:
Stand 2. Quartal 2026
Bundesdurchschnitt

▶ min
▷ von
ø Mittel
◁ bis
◀ max

15 Kabelgraben ausheben, bis 1,25m, entsorgen, GK1 KG **311**

Boden für Kabelgraben profilgerecht lösen, Aushub ist zu entsorgen.
Gesamtabtragstiefe: bis 1,25 m
Sohlenbreite: bis 50 cm
Förderweg: ..... m
Baumaßnahmen der Geotechnischen Kategorie 1 DIN 4020
Homogenbereich: 1
Homogenbereich 1 oben: ..... m
Homogenbereich 1 unten: ..... m
Anzahl der Bodengruppen: ..... St
Bodengruppen DIN 18196: .....
Massenanteile der Steine DIN EN ISO 14688-1: über ..... % bis ..... %
Massenanteile der Blöcke DIN EN ISO 14688-1: über ..... % bis ..... %
Konsistenz DIN EN ISO 14688-1: .....
Lagerungsdichte: .....
Homogenbereiche lt.: .....

33€	40€	**43€**	48€	55€	[m³]	⏱ 0,32 h/m³	302.001.109

16 Fundament-/Grabenaushub, Handaushub, bis 1,25m KG **322**

Handaushub von Gräben/Fundamente, Aushubmaterial seitlich lagern, der Feinabtrag ist gemäß Entwässerungs-/Fundamentplänen auszuführen, einschl. aller Nebenarbeiten.
Baumaßnahmen der Geotechnischen Kategorie 1 DIN 4020
Homogenbereich: 1
Homogenbereich 1 oben: 0 m
Homogenbereich 1 unten: 1,25 m
Anzahl der Bodengruppen: ..... St
Bodengruppen DIN 18196: .....
Massenanteile der Steine DIN EN ISO 14688-1: über ..... % bis ..... %
Massenanteile der Blöcke DIN EN ISO 14688-1: über ..... % bis ..... %
Konsistenz DIN EN ISO 14688-1: .....
Lagerungsdichte: .....
Gesamtabtragstiefe: bis 1,25 m
Aushubprofil: .....
Aushubbreite: .....
Förderweg: 50 m
Mengenermittlung nach Aufmaß an der Entnahmestelle.

104€	130€	**146€**	153€	172€	[m³]	⏱ 1,60 h/m³	302.000.017

17 Bodenaustausch, Liefermaterial KG **321**

Bodenaustausch von nicht tragfähigem Boden im Aushubbereich:
- Aushub und Entsorgung des nicht brauchbaren Bodenmaterials, Deponiegebühren werden vom AN übernommen
- Lieferung und Einbau von tragfähigem, gut verdichtbarem Ersatzmaterial, inkl. Verdichtung in Lagen bis 30 cm

Neuboden: z.B. kornabgestufter Kiessand (Bodengruppe GW/GU) - natürliche Gesteinskörnung
Verdichtung: 103 % Proctordichte
Aushubtiefe: .....
Austauschfläche: .....
Geländeprofil: .....

46€	59€	**65€**	74€	93€	[m³]	⏱ 0,25 h/m³	302.000.022

Nr.	Kurztext / Langtext						Kostengruppe
▶	▷	ø netto €	◁	◀	[Einheit]	Ausf.-Dauer	Positionsnummer

Kosten:
Stand 2. Quartal 2026
Bundesdurchschnitt

18 Tragschicht unter Bodenplatte, Kies KG **325**

Tragschicht, kapillarbrechend, unter Bodenplatte oder Fundament, schichtweise einbringen und verdichten.
Material: Kies
Schichtdicke i.M.: .....
Körnung: .....
Sieblinie: .....
Art Gesteinskörnung: .....
Körnung: .....
Sieblinie: .....
Infiltrationsbeiwert: .....
Verdichtung: 103% Proctordichte
Abweichung von Sollhöhe: +/-2cm

▶	▷	ø	◁	◀	Einheit	Ausf.-Dauer	Positionsnummer
53€	72€	**80€**	86€	99€	[m³]	⏱ 0,30h/m³	302.001.090

19 Sichern von Leitungen/Kabeln KG **551**

Kabelbündel aus Elektrokabel/Entwässerungsleitung aus Steinzeugrohr/....., sichern und spannungsfrei unterstützen.
Kabel-/Leitungsdurchmesser: .....mm
Einzellängen: über 5 bis 10m
Höhenlage der Kabel-/Leitungsachse unter Gelände: bis 1,25m

▶	▷	ø	◁	◀	Einheit	Ausf.-Dauer	Positionsnummer
30€	42€	**46€**	48€	53€	[m]	⏱ 0,25h/m	302.001.097

20 Planum, Baugrube KG **311**

Planum in Baugrube herstellen.
Abweichung von Sollhöhe: +/-2cm

▶	▷	ø	◁	◀	Einheit	Ausf.-Dauer	Positionsnummer
1€	2€	**2€**	3€	4€	[m²]	⏱ 0,02h/m²	302.000.021

21 Planum, Wege/Fahrstraßen, verdichten KG **530**

Planum von Verkehrsflächen herstellen, einschl. Verdichten; Planum als einwandfreie Trassierung für den Belagsunterbau in den erforderlichen Gefällen nach Regelschnitten, Abrechnung nach Belagsfläche.
Abweichung von Sollhöhe: +/-2cm
Verformungsmodul: mind. 45MN/m²

▶	▷	ø	◁	◀	Einheit	Ausf.-Dauer	Positionsnummer
2€	2€	**3€**	3€	4€	[m²]	⏱ 0,02h/m²	302.000.035

22 Lastplattendruckversuch, Baugrube KG **319**

Statischer Lastplattendruckversuch DIN 18134, Nachweis der geforderten Verdichtung des Bodens. Durchführung und Auswertung sowie Gerätestellung erfolgt durch ein neutrales Prüflabor nach Wahl des Auftragnehmers. Abrechnung je Versuch, inkl. aller Geräte, Honorare und Nebenkosten.

▶	▷	ø	◁	◀	Einheit	Ausf.-Dauer	Positionsnummer
242€	317€	**342€**	402€	510€	[St]	⏱ 2,20h/St	302.000.027

23 Trennlage, Bodenplatte, Folie KG **329**

PE-Folie, in zwei Lagen, Überlappung 25cm, unter Bodenplatte.
Folien-Dicke: 0,4mm

▶	▷	ø	◁	◀	Einheit	Ausf.-Dauer	Positionsnummer
2€	3€	**3€**	4€	5€	[m²]	⏱ 0,03h/m²	302.000.030

▶ min
▷ von
ø Mittel
◁ bis
◀ max

24 Leitungen/Fundamente verfüllen, Lagermaterial KG **311**

Verfüllen von Fundamenten und Leitungen, schichtweise, inkl. Verdichten.
Einbaumaterial: gelagerter Boden
Verdichtungsgrad DPr: mind. 97 %
Einbauort: .....
Einbauhöhe: .....m
Förderweg: bis 50m

▶	▷	ø netto €	◁	◀	[Einheit]	Ausf.-Dauer	Positionsnummer
44€	50€	**51€**	52€	61€	[m³]	⏱ 0,25h/m³	302.000.023

25 Leitungen/Fundamente verfüllen, Liefermaterial KG **311**

Verfüllen von Fundamenten und Leitungen, schichtweise, inkl. Verdichten.
Einbaumaterial: Lieferboden
Verdichtungsgrad DPr: mind. 97 %
Einbauort: .....
Einbauhöhe: .....m

▶	▷	ø netto €	◁	◀	[Einheit]	Ausf.-Dauer	Positionsnummer
43€	56€	**62€**	67€	87€	[m³]	⏱ 0,28h/m³	302.000.026

26 Arbeitsräume verfüllen, verdichten KG **311**

Verfüllen von Arbeitsräumen, mit anzulieferndem Bodenmaterial, schichtweise einbauen und verdichten.
Bodengruppe: **GU (Kies-Schluff-Gemisch) / .....** gemäß Einzelbeschreibung
Verdichtungsgrad DPr: mind. 97 %
Einbauhöhe: .....m

▶	▷	ø netto €	◁	◀	[Einheit]	Ausf.-Dauer	Positionsnummer
42€	50€	**53€**	62€	76€	[m³]	⏱ 0,30h/m³	302.000.024

27 Aushub lagernd, entsorgen KG **311**

Überschüssigen Aushub, bauseits gelagert, laden, abfahren und auf zugelassenen Lagerstätte nach Wahl des Auftragnehmers entsorgen.
Bodengruppen: ..... DIN 18196
Aushub: nicht schadstoffbelastet
Zuordnung Abfall: .....
Verwertungsanlage (Bezeichnung/Ort/Fahrweg): .....
Entsorgungsgebühren werden vom AN übernommen
Abrechnung: **nach Verdrängung / auf Nachweisrapport / Wiegescheine der Deponie**

▶	▷	ø netto €	◁	◀	[Einheit]	Ausf.-Dauer	Positionsnummer
34€	45€	**50€**	53€	59€	[m³]	⏱ 0,05h/m³	302.000.018

28 Baugrube sichern, Folienabdeckung KG **312**

Baugrubenwände (Böschungen) mit Planen abdecken, Planen gegen Witterung sichern und bis zum Auffüllen des Arbeitsraums bzw. Abschluss der Verbauarbeiten unterhalten und nach Aufforderung Folie aufnehmen und entsorgen, inkl. Entsorgungsgebühr.
Vorhaltedauer: .....

▶	▷	ø netto €	◁	◀	[Einheit]	Ausf.-Dauer	Positionsnummer
3€	4€	**4€**	5€	6€	[m²]	⏱ 0,05h/m²	302.000.042

Nr.	Kurztext / Langtext						Kostengruppe
▶	▷	ø netto €	◁	◀	[Einheit]	Ausf.-Dauer	Positionsnummer

29 Kabelschutzrohr KG **444**

Kabelschutzrohr, in Graben, verbunden mit Doppelsteckmuffen.
Werkstoff: PVC
Rohrgröße: DN100
Verlegung in: Erdreich
Ausführung: .....
Muffen: .....
Überdeckung: .....m
Angeb. Fabrikat: .....

6€	8€	**9€**	11€	14€	[m]	⏱ 0,22h/m	302.001.087

30 Zugdraht für Kabelschutzrohr KG **444**

Zugdraht in verlegtes Kabelschutzrohr einlegen.
Kabelschutzrohr: .....

2€	2€	**2€**	2€	2€	[m]	⏱ 0,02h/m	302.001.088

31 Warnband, Leitungsgräben KG **444**

Trassen-Warnband aus Verbundfolie, alterungs- und kältebeständig, farbecht und mit dauerhaft lesbarer Beschriftung, im Zuge der Grabenverfüllung ca. 40cm über Leitung verlegen.
Farbe: .....
Art der Leitung: .....

0,9€	1,4€	**1,7€**	2,0€	2,6€	[m]	⏱ 0,03h/m	302.000.051

32 Stundensatz, Facharbeiter/-in

Stundenlohnarbeiten für Facharbeiter/-in, Spezialfacharbeiter/-in, Vorarbeiter/-in und jeweils Gleichgestellte. Der Verrechnungssatz für die jeweilige Arbeitskraft umfasst sämtliche Aufwendungen wie Lohn- und Gehaltskosten, lohn- und gehaltsgebundene Kosten, Lohn- und Gehaltsnebenkosten.

68€	77€	**82€**	85€	91€	[h]	⏱ 1,00h/h	302.001.110

33 Stundensatz, Helfer/-in

Stundenlohnarbeiten für Werker/-in, Fachwerker/-in und jeweils Gleichgestellte. Der Verrechnungssatz für die jeweilige Arbeitskraft umfasst sämtliche Aufwendungen wie Lohn- und Gehaltskosten, lohn- und gehaltsgebundene Kosten, Lohn- und Gehaltsnebenkosten.

62€	67€	**71€**	71€	76€	[h]	⏱ 1,00h/h	302.001.111

Kosten:
Stand 2. Quartal 2026
Bundesdurchschnitt

▶ min
▷ von
ø Mittel
◁ bis
◀ max

306

Kosten:
Stand 2. Quartal 2026
Bundesdurchschnitt

Spezialtiefbauarbeiten — Preise €

Nr.	Positionen	Einheit	▶	▷	ø brutto € / ø netto €	◁	◀
1	Graben-Normverbau, senkrecht, bis 3,0m	m²	36	51	**55**	62	76
			30	43	**46**	52	64
2	Verbau, Rohrgräben	m²	13	18	**20**	25	32
			11	15	**17**	21	27
3	Verbau Leitungsgräben, Tiefe bis 4,0, Breite bis 1,0m	m²	23	39	**40**	58	81
			19	32	**34**	49	68
4	Bohrloch herstellen	m	125	149	**160**	203	248
			105	125	**134**	170	208
5	Verbauträger, Stahlprofile	t	–	1.868	**2.418**	3.252	–
			–	1.570	**2.032**	2.733	–
6	Bohrloch verfüllen	m	–	23	**24**	28	–
			–	20	**20**	23	–
7	Verbauausfachung, Holzbohlen	m²	134	159	**174**	175	220
			113	133	**146**	147	185
8	Verbauausfachung Spritzbeton	m²	32	42	**46**	54	64
			27	36	**39**	45	54
9	Verpressanker, Trägerbohlwand	m	–	161	**215**	276	–
			–	136	**181**	232	–
10	Verbauträger-/Bohrköpfe kappen	St	140	185	**191**	220	265
			118	156	**161**	185	222
11	Verbau, Spundwand, Stahlprofile	m²	208	317	**369**	380	451
			175	266	**310**	319	379
12	Verbau, Trägerbohlwand, rückverankert	m²	406	483	**514**	562	633
			341	406	**432**	472	532
13	Spundwand, Rückverankerung	m	203	343	**346**	446	586
			171	288	**291**	375	492
14	Stundensatz, Facharbeiter/-in	h	76	88	**91**	97	107
			64	74	**77**	82	90

Nr.	**Kurztext** / Langtext						Kostengruppe
▶	▷	**ø netto €**	◁	◀	[Einheit]	Ausf.-Dauer	Positionsnummer

1 Graben-Normverbau, senkrecht, bis 3,0m — KG **312**

Senkrechter Normverbau für Graben herstellen, vorhalten und wieder entfernen.
Anzahl Bodengruppen: eine Bodengruppe
Bodengruppe 1: GU DIN 18196 (Kies-Schluff-Gemisch)
Vorhaltezeit: ..... Wochen
Höhe: bis 3,0m
Sohlbreite: bis 1,5m

▶	▷	ø netto €	◁	◀	[Einheit]	Ausf.-Dauer	Positionsnummer
30€	43€	**46€**	52€	64€	[m²]	⏱ 0,25h/m²	306.000.001

▶ min
▷ von
ø Mittel
◁ bis
◀ max

Nr.	Kurztext / Langtext						Kostengruppe
▶	▷	**ø netto €**	◁	◀	[Einheit]	Ausf.-Dauer	Positionsnummer

2 Verbau, Rohrgräben KG **411**

Verbau für Rohrgraben, einschl. vorhalten und wieder entfernen, als Teilverbau.
Graben: Kanalgraben
Grabentiefe: bis 1,75 m
Lichte Grabenbreite: 0,80 m
Verbauhöhe: bis -1,25 m
Anzahl Bodengruppen: eine Bodengruppe
Bodengruppe DIN 18196: .....
Vorhaltezeit: ..... Wochen

11€	15€	**17€**	21€	27€	[m²]	⏱ 0,14 h/m²	306.000.002

3 Verbau Leitungsgräben, Tiefe bis 4,0, Breite bis 1,0m KG **411**

Verbau für Gräben herstellen, vorhalten und wieder entfernen.
Graben: Leitungsgraben DIN 4124
Tiefe Gräben: über 1,75 bis 4,00 m
Breite Graben: bis 1,00 m
Form Graben: senkrechte Wände
Lichte Breite zwischen Verbaubekleidung: über 0,70 bis 1,0 m
Anzahl Bodengruppen: eine Bodengruppe
Bodengruppe DIN 18196: .....
Vorhaltezeit: ..... Wochen

19€	32€	**34€**	49€	68€	[m²]	⏱ 0,18 h/m²	306.000.003

4 Bohrloch herstellen KG **312**

Bohrlochherstellung, für Einstellen der Verbauträger.
Bodenzuordnung lt.: **Aufstellung / Bericht / Einzelbeschreibung**
Bohrloch-Durchmesser: ..... cm
Bohrlängen: ..... m
Bohrabstand: ..... m
Bohrgut: seitlich lagern
Anzahl Bodengruppen: eine Bodengruppe
Bodengruppe DIN 18196: .....

105€	125€	**134€**	170€	208€	[m]	⏱ 0,12 h/m	306.000.004

5 Verbauträger, Stahlprofile KG **312**

Verbauträger, als verlorener Träger.
Bodenzuordnung lt.: **Aufstellung / Bericht / Einzelbeschreibung**
Stahlprofile: **Doppel-U-Profil ..... / HEB ..... / HEA .....**
Material: Stahl nach DIN EN 10025, Güte: S235JR (+AR .....)

–	1.570€	**2.032€**	2.733€	–	[t]	–	306.000.005

6 Bohrloch verfüllen KG **312**

Bohrlochverfüllung
Material: **hydraulisch gebundener Siebschutt / .....**

–	20€	**20€**	23€	–	[m]	⏱ 0,05 h/m	306.000.006

Kosten:
Stand 2. Quartal 2026
Bundesdurchschnitt

Nr.	Kurztext / Langtext						Kostengruppe
►	▷	ø netto €	◁	◄	[Einheit]	Ausf.-Dauer	Positionsnummer

7 Verbauausfachung, Holzbohlen KG **312**

Holzausfachung des Verbaus liefern, einbauen und vorhalten. Ausfachung kraftschlüssig verkeilen und verlatten, Hilfsstoffe sind mit einzurechnen. Leistung inkl. komplettem Rückbau der Ausfachung und Aushub der für Holzbohlen.
Verbauort: **Graben / Baugrube**
Verbauart: Trägerbohlenwand
Ausfachung: Nadelholzbohlen, Abmessung nach statischer und konstruktiver Vorgabe
Holzdicke: ca. .....cm
Holzlänge bis: .....m
Vorhaltezeit: bis zum Verfüllen der Baugrube (siehe Terminplan)

113€	133€	**146€**	147€	185€	[m2]	⏱ 0,35 h/m2	306.000.007

8 Verbauausfachung Spritzbeton KG **312**

Spritzbeton als Ausfachung des Verbaus, bewehrter Spritzbeton, liefern und im Zuge der Aushubarbeiten, zwischen den Verbauträgern einbauen und vorhalten, Bewehrung nach gesonderter Position. Inkl. Aushub für das einbringen der Bohlen.
Betongüte: Spritzbeton C.....
Dicke: bis .....cm

27€	36€	**39€**	45€	54€	[m2]	⏱ 0,10 h/m2	306.000.008

9 Verpressanker, Trägerbohlwand KG **312**

Verpressanker (Temporäranker) mit Nachverpresseinrichtungen, gemäß DIN 4125, DIN EN 1537 und den Zulassungsbescheiden bohren, einbauen, ggf. mehrmalig verpressen und vorspannen, inkl. Verrohrung und Verpressmörtel, freie Ankerlänge mit geeignetem Material setzungsfrei verfüllen, nach Fertigstellung des Untergeschosses Anker auf Anordnung der Bauleitung entspannen.
Bodenzuordnung lt.: **Aufstellung / Bericht / Einzelbeschreibung**
Einbaubereich: Trägerbohlwand, Bereich der Gurtungs-Konstruktion
Neigung: nach Plan
Gebrauchslast: bis .....kN
Ankerlänge nach Plan: ca. .....m
Ankerköpfe: **zurückbauen / verloren**
Bohrdurchmesser: .....mm

–	136€	**181€**	232€	–	[m]	⏱ 0,42 h/m	306.000.009

10 Verbauträger-/Bohrköpfe kappen KG **312**

Ramm-/Verdrängungs-Pfahlkopf auf Sollhöhe **abbrennen / abstemmen**, anfallende Stoffe aufnehmen, fördern und im Behälter des AG sammeln.
Material: **Stahl / Gusseisen / Beton**
Durchmesser: über ..... - .....mm
Abtragsdicke: bis 0,5m
Zulässige Toleranz: +/-2cm

118€	156€	**161€**	185€	222€	[St]	⏱ 0,55 h/St	306.000.010

► min
▷ von
ø Mittel
◁ bis
◄ max

Nr.	Kurztext / Langtext						Kostengruppe
▶	▷	ø netto €	◁	◀	[Einheit]	Ausf.-Dauer	Positionsnummer

11 Verbau, Spundwand, Stahlprofile KG **312**

Baugrubenverbau aus Spundwandprofilen aus Stahl. Einbau in hindernisfreien Boden durch alle Bodenschichten.
Bodenzuordnung lt.: **Aufstellung / Bericht / Einzelbeschreibung**
Verbautiefe: über 3 bis 6 m
Einbringgenauigkeit: max. 1 %, lotrecht
Gesamteindringtiefe: bis 2 m
Spundwandprofil: .....
Widerstandsmoment Wx: über 400 bis 500 cm^2/m
Vorhaltedauer: .....
Abdichtung Schlösser: **ja / nein**
Ausführung: gemäß Statik und Zeichnung
Boden: nach Gutachten

175€ 266€ **310€** 319€ 379€ [m^2] ⏱ 1,20 h/m^2 306.000.011

12 Verbau, Trägerbohlwand, rückverankert KG **312**

Baugrundverbau als Trägerbohlwand bohren, herstellen (Genauigkeit 1 % Abweichung von der Lotrechten), vorhalten und zurückbauen. Bemessung, Bodenaufbau und Bodengruppen gemäß anliegender Verbau-Berechnung und Baugrundgutachten.
Folgende Einzelleistungen:

- Bohrungen im notwendigen Durchmesser, auf die statisch erforderliche Tiefe, Gesamtlänge Bohrungen: ..... m, Einbindetiefe je Verbau-Stahlträgern: ..... m, Bohrgut seitlich lagern
- Verbau-Stahlträgern aus Stahlprofile: **Doppel-U-Profil ..... / HEB ..... / HEA .....**, Material: Stahl nach DIN EN 10025, Güte: ....., Einzellänge bis l=..... m, Abstand b= ..... m
- Trägereinbindung mit Beton C ..... und Bohrlochverfüllung aus .....
- Verbau-Ausfachung: Nadelholzbohlen, d= ..... cm, Abmessung nach statisch und konstruktiver Vorgabe
- Vergurtungskonstruktion zum Übertragen der Ankerkräfte auf die Verbauwand, inkl. aller Materiallieferungen wie Konsolen, Längsträger, Ankerkopfunterkonstruktionen usw., in den statisch erforderl. Dimensionen; Material: Stahl nach DIN EN 10025, Güte: S235JR (+AR .....)
- Rückverankerung der Bohlwand, Ausführung gemäß anliegender Verbau-Berechnung
- Anker lösen und Vergurtungskonstruktion ausbauen
- Ausfachung zurückbauen.

Gesamtlänge Stahlträger: ..... m
Höhe verbaute Ansichtsfläche: h= ..... m
Abrechnung Trägerbohlwand: Ansichtsfläche (UK vorgegebene Baugrubensohle bis OK Verbau)
Vorhaltezeit: ..... Monate

341€ 406€ **432€** 472€ 532€ [m^2] ⏱ 2,20 h/m^2 306.000.012

13 Spundwand, Rückverankerung KG **312**

Spundwand, Rückverankerung des Spundwandverbaus gemäß Verbaustatik herstellen. Anker, inkl. Herstellung der Bohrung in Boden und verpressen der Bohrung.
Bodenzuordnung lt.: **Aufstellung / Bericht / Einzelbeschreibung**
Länge: bis ..... m
Durchmesser Verpresskörper: ..... mm

171€ 288€ **291€** 375€ 492€ [m] ⏱ 2,00 h/m 306.000.013

14 Stundensatz, Facharbeiter/-in

Stundenlohnarbeiten für Kolonnenführer/-in, Facharbeiter/-in und Gleichgestellte (z.B. Spezialbaufacharbeiter/-in, Gesellin/Geselle, Maschinenführer/-in, Fahrer/-in). Der Verrechnungssatz für die jeweilige Arbeitskraft umfasst sämtliche Aufwendungen wie Lohn- und Gehaltskosten, lohn- und gehaltsgebundene Kosten, Lohn- und Gehaltsnebenkosten.

64€ 74€ **77€** 82€ 90€ [h] ⏱ 1,00 h/h 306.000.014

Nr.	Positionen	Einheit	▶	▷	ø brutto € / ø netto €	◁	◀
1	Pumpensumpf, Betonfertigteil	St	1.205	1.628	**1.849**	2.017	2.339
			1.013	1.368	**1.554**	1.695	1.966
2	Tauchpumpe, Fördermenge bis 10m³/h	St	551	664	**737**	818	1.086
			463	558	**619**	687	913
3	Betrieb, Pumpe bis 10m³/h	h	13	16	**17**	18	21
			11	13	**14**	15	17
4	Tauchpumpe, Fördermenge bis 20m³/h	St	715	1.014	**1.069**	1.137	1.365
			601	852	**898**	955	1.147
5	Betrieb, Pumpe Fördermenge bis 20m³/h	h	12	14	**15**	17	19
			10	12	**13**	14	16
6	Grundwasserabsenkung, Brunnen	St	2.175	3.030	**3.477**	4.328	5.898
			1.828	2.546	**2.922**	3.637	4.956
7	Druckrohrleitung, DN100	m	42	73	**90**	91	131
			36	62	**76**	76	110
8	Saugleitungen, DN100	m	24	29	**30**	33	38
			20	25	**25**	28	32
9	Stromerzeuger, 10-30kW	St	2.575	3.353	**3.998**	4.673	5.832
			2.163	2.818	**3.360**	3.927	4.901
10	Absetzbecken, Wasserhaltung	St	2.143	2.695	**3.592**	4.093	4.717
			1.801	2.265	**3.018**	3.439	3.964
11	Messeinrichtung, Wassermenge	St	414	663	**817**	961	1.168
			348	557	**687**	807	981
12	Wasserhaltung, Betrieb 10-20l/s	h	26	32	**33**	37	42
			22	27	**28**	31	36
13	Stundensatz, Facharbeiter/-in	h	90	92	**98**	105	114
			76	78	**82**	89	96

308

Kosten:
Stand 2. Quartal 2026
Bundesdurchschnitt

Nr. **Kurztext** / Langtext — Kostengruppe
▶ ▷ **ø netto €** ◁ ◀ [Einheit] Ausf.-Dauer Positionsnummer

1 Pumpensumpf, Betonfertigteil KG **313**

Pumpensumpf aus Betonfertigteilringen herstellen, während der gesamten Bauzeit vorhalten und wieder entfernen, inkl. erforderlichem Aushub, seitlicher Lagerung und Wiederverfüllung.
Lage: innerhalb der Baugrube
Tiefe: bis 3,00m
Durchmesser: DN1.000
Lichter Sohlenquerschnitt: bis 1,00m²
Boden: Homogenbereich ....., mit einer Bodengruppe, Bodengruppe: ..... DIN 18196
- Steinanteil: bis .....% Massenanteil DIN EN ISO 14688-1
- Konsistenz DIN EN ISO 14688-1: .....
- Lagerungsdichte: .....

Aushubprofilprofil: .....
Vorhaltedauer: .....

1.013€ 1.368€ **1.554€** 1.695€ 1.966€ [St] ⏱ 2,40h/St 308.000.015

▶ min
▷ von
ø Mittel
◁ bis
◀ max

2 Tauchpumpe, Fördermenge bis 10m³/h KG **313**

Tauchpumpe mit Schwimmer an Druckrohrleitung anschließen, einbauen, vorhalten, betreiben und entfernen.
Fördermenge: 10 m³/h
Förderhöhe: bis 5,00 m
Einbauort: Pumpensumpf in Baugrube
Vorhaltedauer: ..... Wochen

463€ | 558€ | **619€** | 687€ | 913€ | [St] | ⏱ 2,00 h/St | 308.000.016

3 Betrieb, Pumpe bis 10m³/h KG **313**

Tauchpumpe mit Schwimmer an Druckrohrleitung anschließen, einbauen, vorhalten, betreiben und entfernen.
Fördermenge: 10 m³/h
Förderhöhe: bis 5,00 m
Einbauort: Pumpensumpf in Baugrube
Vorhaltedauer: ..... Wochen

11€ | 13€ | **14€** | 15€ | 17€ | [h] | ⏱ 1,00 h/h | 308.000.017

4 Tauchpumpe, Fördermenge bis 20m³/h KG **313**

Tauchpumpe mit Schwimmer an Druckrohrleitung anschließen, einbauen, vorhalten, betreiben und entfernen.
Fördermenge: 20 m³/h
Förderhöhe: bis 10,0 m
Einbauort: Pumpensumpf in Baugrube
Vorhaltedauer: ..... Wochen

601€ | 852€ | **898€** | 955€ | 1.147€ | [St] | ⏱ 2,00 h/St | 308.000.018

5 Betrieb, Pumpe Fördermenge bis 20m³/h KG **313**

Saugpumpe betreiben, elektrischer Antrieb.
Förderhöhe: bis 10,0 m
Fördermenge: bis 20 m³/h

10€ | 12€ | **13€** | 14€ | 16€ | [h] | ⏱ 1,00 h/h | 308.000.019

6 Grundwasserabsenkung, Brunnen KG **313**

Absenkung des Grundwasserspiegels, mittels Bohrungen samt Brunneneinbauten:
- Abteufen der verrohrten Brunnenbohrung, einschl. Ziehen der Bohrrohre, das Bohrgut ist abzutransportieren
- anfallendes Bohrwasser ableiten und klären; Klarspülen der verrohrten Bohrlöcher
- Filterrohre mit Schlitzbrückenlochung und stufenloser Verbindung
- Filterkiespackung als Ummantelung und Sohlschichtung entsprechend dem vorhandenen Boden
- inkl. Grundvorhaltung; weitere Vorhaltung nach getrennter Position
- nach Vorhaltung gesamte Anlage wieder abbauen, inkl. Verfüllen der Bohrlöcher

Boden/Homogenbereich/Geländeprofil: siehe anliegendes Bodengutachten
Bohrlochlänge: ..... m
Bohrlochdurchmesser: ..... mm
Vorhaltedauer: ..... Wochen

1.828€ | 2.546€ | **2.922€** | 3.637€ | 4.956€ | [St] | ⏱ 12,00 h/St | 308.000.020

Nr.	Kurztext / Langtext						Kostengruppe
▶	▷	ø netto €	◁	◀	[Einheit]	Ausf.-Dauer	Positionsnummer

7 Druckrohrleitung, DN100 KG **311**

Druckrohrleitung betriebsfertig herstellen, vorhalten und wieder entfernen, inkl. Anschlüsse und Armaturen. Formstücke in extra Position
Vorhaltedauer: ..... Wochen
Nenngröße: DN100

36€	62€	**76€**	76€	110€	[m]	⏱ 0,35h/m	308.000.021

8 Saugleitungen, DN100 KG **313**

Saugschläuche betriebsfertig herstellen, vorhalten und wieder entfernen, inkl. aller notwendigen Formstücke, Anschlüsse und Armaturen.
Vorhaltedauer: ..... Wochen
Nenngröße: DN 100

20€	25€	**25€**	28€	32€	[m]	⏱ 0,12h/m	308.000.022

Kosten:
Stand 2. Quartal 2026
Bundesdurchschnitt

9 Stromerzeuger, 10-30kW KG **313**

Stromaggregat für Betrieb von Wasserpumpen aufstellen, anschließen und abbauen; Betrieb nach gesonderter Abrechnung.
Leistung: 10-30kVA

2.163€	2.818€	**3.360€**	3.927€	4.901€	[St]	⏱ 15,00h/St	308.000.023

10 Absetzbecken, Wasserhaltung KG **313**

Absetzbecken für Reinigung von abgepumptem Grund- und Tagwassers, aufbauen und wieder abbauen; inkl. Messeinrichtung und Feststellen des geförderten Wassers. Beseitigung abgesetztes Material nach gesonderter Leistung.
Volumen: 5m³
Durchflussmenge: .....l/s

1.801€	2.265€	**3.018€**	3.439€	3.964€	[St]	⏱ 12,00h/St	308.000.024

11 Messeinrichtung, Wassermenge KG **313**

Messeinrichtung einbauen, vorhalten und ausbauen. Protokollierung des abgepumpten Wassers als gesonderte Leistung.
Einbauort: nach Absetzmulde und vor Einleitung ins öffentliche Entwässerungsnetz
Vorhaltedauer: ..... Wochen

348€	557€	**687€**	807€	981€	[St]	–	308.000.025

12 Wasserhaltung, Betrieb 10-20l/s KG **313**

Wasserhaltung/Grundwasserabsenkung betreiben, inkl. Betriebs- und Energiekosten.
Durchflussmenge: 10-20l/s

22€	27€	**28€**	31€	36€	[h]	⏱ 1,00h/h	308.000.026

▶ min
▷ von
ø Mittel
◁ bis
◀ max

13 Stundensatz, Facharbeiter/-in KG **313**

Stundenlohnarbeiten der Wasserhaltungsarbeiten, Vorarbeiter/-in, Facharbeiter/-in und Gleichgestellte (z.B. Spezialbaufacharbeiter/-in, Gesellin/Geselle, Maschinenführer/-in, Fahrer/-in). Der Verrechnungssatz für die jeweilige Arbeitskraft umfasst sämtliche Aufwendungen wie Lohn- und Gehaltskosten, lohn- und gehaltsgebundene Kosten, Lohn- und Gehaltsnebenkosten.

76€	78€	**82€**	89€	96€	[h]	⏱ 1,00h/h	308.000.027

309

Kosten:
Stand 2.Quartal 2026
Bundesdurchschnitt

▶ min
▷ von
ø Mittel
◁ bis
◀ max

Nr.	Positionen	Einheit	▶	▷	ø brutto € / ø netto €	◁	◀
1	Asphalt schneiden	m	17	20	**21**	22	25
			15	17	**17**	18	21
2	Asphaltbelag abbrechen	m²	27	35	**37**	42	52
			23	29	**31**	35	44
3	Abwasserleitung abbrechen, bis DN150	m	13	17	**20**	21	24
			11	15	**17**	18	21
4	Gussrohrleitung abbrechen, bis DN100	m	17	27	**30**	36	51
			14	23	**25**	30	43
5	Verbau, Rohrgraben	m²	10	18	**20**	22	29
			8	15	**17**	19	24
6	Handaushub, Rohrgraben	m³	75	85	**91**	100	121
			63	72	**77**	84	102
7	Aushub, Suchgraben	m	59	71	**77**	87	104
			50	60	**64**	73	87
8	Boden entsorgen	m³	43	61	**73**	84	109
			36	51	**62**	70	92
9	Rohrgrabenaushub, GK1, bis 1,00m, lagern	m³	55	61	**64**	69	80
			46	52	**54**	58	67
10	Rohrbettung Sand 0/8mm, Liefermaterial	m³	57	74	**81**	87	107
			48	62	**68**	73	90
11	Rohrumhüllung, Kies 0/32mm, Liefermaterial	m³	56	77	**87**	96	136
			47	65	**73**	81	114
12	Grabenverfüllung, Liefermaterial	m³	66	76	**82**	86	93
			56	64	**69**	72	78
13	Anschluss, Abwasser, Kanalnetz	St	341	477	**534**	565	692
			286	401	**449**	475	582
14	Abwasserkanal, Steinzeugrohre, DN100	m	50	61	**65**	70	82
			42	51	**55**	59	69
15	Abwasserkanal, Steinzeugrohre, DN150	m	57	71	**77**	82	93
			48	59	**64**	69	78
16	Abwasserkanal, Steinzeugrohre, DN200	m	94	103	**109**	110	114
			79	87	**91**	92	96
17	Formstück, Steinzeugrohr, DN100, Bogen	St	42	49	**50**	53	58
			35	41	**42**	45	48
18	Formstück, Steinzeugrohr, DN150, Bogen	St	51	62	**69**	77	94
			43	52	**58**	65	79
19	Formstück, Steinzeugrohr, DN200, Bogen	St	94	114	**122**	128	146
			79	95	**102**	108	122
20	Formstück, Steinzeugrohr, DN100, Abzweig	St	65	75	**82**	85	94
			54	63	**69**	71	79
21	Formstück, Steinzeugrohr, DN150, Abzweig	St	64	84	**92**	101	117
			54	71	**77**	85	98
22	Formstück, Steinzeugrohr, DN200, Abzweig	St	94	109	**119**	125	135
			79	91	**100**	105	114
23	Übergangsstück, Steinzeug, DN125/150	St	63	71	**73**	80	89
			53	59	**61**	67	75
24	Übergangsstück, Steinzeug, DN150/200	St	76	98	**111**	116	132
			64	82	**94**	97	111

Nr.	Positionen	Einheit	►	▷	ø brutto € / ø netto €	◁	◄
25	Abwasserkanal, Steinzeug, DN100, inkl. Bettung	m	71	83	**86**	90	102
			60	70	**72**	76	86
26	Abwasserkanal, Steinzeug, DN150/200, inkl. Bettung	m	100	112	**118**	127	142
			84	94	**99**	107	119
27	Abwasserkanal, PVC-U, DN/OD100/125, inkl. Bettung	m	37	45	**49**	55	67
			31	38	**41**	46	57
28	Abwasserkanal, PVC-U, DN/OD150/200, inkl. Bettung	m	53	66	**72**	93	130
			45	55	**60**	79	109
29	Abwasserkanal, PVC-U, DN/OD100	m	24	33	**38**	47	68
			20	28	**32**	39	57
30	Abwasserkanal, PVC-U, DN/OD125	m	28	36	**39**	46	61
			24	30	**32**	39	52
31	Abwasserkanal, PVC-U, DN/OD150	m	34	43	**47**	60	81
			29	36	**39**	50	68
32	Abwasserkanal, PVC-U, DN/OD200	m	35	55	**63**	79	112
			29	46	**53**	67	94
33	Formstück, PVC-U, Abzweig, DN/OD100	St	14	23	**27**	32	41
			11	19	**23**	27	35
34	Formstück, PVC-U, DN/OD150	St	16	28	**32**	40	60
			13	23	**27**	33	50
35	Formstück, PVC-U, DN/OD100, Bogen	St	13	18	**20**	23	31
			11	15	**17**	19	26
36	Formstück, PVC-U, DN/OD125, Bogen	St	16	21	**24**	29	40
			14	18	**20**	24	34
37	Formstück, PVC-U, DN/OD150, Bogen	St	19	24	**26**	34	51
			16	20	**22**	29	43
38	Formstück, PVC-U, DN/OD200, Bogen	St	26	37	**41**	46	60
			21	31	**35**	39	51
39	Übergang, PVC-U auf Steinzeug/Beton	St	40	56	**63**	73	89
			34	47	**53**	61	74
40	Übergang, PE/PVC/Steinzeug auf Guss	St	47	58	**64**	74	85
			39	49	**54**	62	72
41	Abwasserleitung, SML-Rohre, DN100	m	55	73	**82**	101	142
			46	62	**69**	85	119
42	Abwasserleitung, SML-Rohre, DN125	m	57	90	**98**	118	148
			48	76	**83**	99	124
43	Abwasserleitung, SML-Rohre, DN150	m	67	109	**112**	126	154
			56	91	**94**	106	130
44	Formstück, SML, Bogen	St	36	45	**48**	55	67
			30	38	**41**	46	56
45	Formstück, SML, Abzweig	St	36	48	**52**	57	65
			31	40	**44**	48	55
46	Abwasserleitung, PP-Rohr, DN/OD100/125	m	33	40	**44**	51	63
			27	34	**37**	43	53
47	Abwasserleitung, HD-PE-Rohre, DN/OD125/150	m	35	42	**46**	48	52
			30	35	**38**	40	44
48	Abwasserleitung, HD-PE-Rohre, DN/OD150/200	m	36	52	**55**	65	77
			31	43	**46**	54	65

Entwässerungskanalarbeiten — Preise €

Nr.	Positionen	Einheit	▶	▷	ø brutto € / ø netto €	◁	◀
49	Dichtheitsprüfung, Grundleitung	m	12	15	**16**	18	24
			10	12	**13**	15	20
50	Straßenablauf, Polymerbeton	St	506	597	**650**	685	793
			425	502	**546**	575	667
51	Rohrdurchführung, Faserzementrohr	St	459	699	**776**	922	1.222
			386	588	**652**	775	1.027
52	Dichtsatz, Rohrdurchführung	St	349	576	**714**	796	1.051
			293	484	**600**	669	883
53	Bodenablauf, Gusseisen	St	439	573	**633**	765	1.041
			369	482	**532**	643	875
54	Reinigungsrohr, Putzstück, bis DN150	St	171	204	**221**	249	297
			144	171	**186**	210	250
55	Absperreinrichtung, Kanal, Gusseisen	St	520	681	**714**	878	1.192
			437	572	**600**	738	1.002
56	Rückstaudoppelverschluss, DN125, PVC-U	St	384	535	**673**	745	864
			322	450	**566**	626	726
57	Rückstaudoppelverschluss, DN150, PVC	St	536	655	**688**	776	895
			450	551	**578**	652	753
58	Schachtsohle, Kontrollschacht, Beton	St	587	784	**889**	936	1.047
			493	659	**747**	787	880
59	Schachtring, DN1.000, Kontrollschacht, 25cm	St	175	209	**219**	244	301
			147	176	**184**	205	253
60	Schachtringe, DN1.000, Kontrollschacht, 50cm	St	134	249	**286**	314	397
			113	209	**241**	264	333
61	Konus, Kontrollschacht	St	174	261	**295**	343	443
			147	219	**248**	288	372
62	Anschluss, Schacht, Steinzeug-/PVC-Kanal	St	232	311	**340**	472	687
			195	261	**286**	397	577
63	Schachtdeckel	St	305	403	**444**	567	795
			256	338	**373**	476	668
64	Schachtdeckel, Klasse C250	St	300	357	**386**	430	498
			252	300	**324**	361	419
65	Schachtdeckel, Klasse D400	St	341	484	**544**	613	732
			286	407	**457**	515	615
66	Schachtabdeckung anpassen	St	173	223	**243**	250	285
			145	188	**204**	210	240
67	Kontrollschacht komplett, 3,00m	St	1.476	1.950	**2.194**	2.496	3.248
			1.241	1.639	**1.844**	2.097	2.729
68	Entwässerungsrinne, Beton, DN100	m	244	303	**328**	388	519
			205	255	**276**	326	437
69	Entwässerungsrinne, Klasse A15/B125, Beton, DN100	m	179	220	**236**	273	341
			150	185	**198**	229	286
70	Entwässerungsrinne, Beton, Klasse C250, DN100	m	199	269	**300**	328	393
			167	226	**252**	276	330
71	Entwässerungsrinne, Beton, Klasse D400, Beton	m	233	343	**377**	470	766
			196	288	**317**	395	644
72	Entwässerungsrinne, Abdeckung Guss, D400	m	130	162	**172**	178	199
			110	136	**144**	150	167

Kosten:
Stand 2. Quartal 2026
Bundesdurchschnitt

▶ min
▷ von
ø Mittel
◁ bis
◀ max

Nr.	Positionen	Einheit	►	▷	ø brutto € ø netto €	◁	◄
73	Kanalreinigung, Hochdruckspülgerät	m	6	10	**11**	13	17
			5	8	**9**	11	15
74	Kanalprüfung, Kamera	m	6	9	**10**	11	14
			5	7	**8**	9	12
75	Stundensatz, Facharbeiter/-in	h	83	90	**92**	98	106
			70	75	**78**	82	89
76	Stundensatz, Helfer/-in	h	64	75	**80**	82	89
			54	63	**67**	69	75

Nr. **Kurztext** / Langtext — Kostengruppe

► ▷ **ø netto €** ◁ ◄ [Einheit] Ausf.-Dauer Positionsnummer

1 Asphalt schneiden KG **221**

Befestigte Asphalt-Flächen streifenförmig schneiden.
Belagsstärke: ca. 150mm

15€ 17€ **17€** 18€ 21€ [m] ⏱ 0,16h/m 309.000.002

2 Asphaltbelag abbrechen KG **221**

Bituminös befestigte Flächen streifenförmig aufbrechen, anfallendes Material laden, abfahren und entsorgen, inkl. Deponiegebühren.
Belagsstärke: bis 15cm
Streifenbreite: ca. 70-100cm
Abfallschlüssel AVV: 170302
Deponie: nach Wahl des AN

23€ 29€ **31€** 35€ 44€ [m²] ⏱ 0,40h/m² 309.000.003

3 Abwasserleitung abbrechen, bis DN150 KG **594**

Abbruch von **Kunststoff- / Keramikrohrleitungen**, über DN100 bis DN150 einschl. Befestigungen, lösen, laden, fördern und auf der Baustelle lagern sammeln in Container, vorbereitet zur Abfuhr auf Deponie. Abbruch von Hand oder mit Gerät, abgebrochene Stoffe aufnehmen und im Behälter des AN lagern, Schuttrutsche wird bauseits gestellt. Leistung inkl. Transport und Deponiekosten. Die Entsorgung sämtlicher Abfälle hat unter Erfüllung der abfallrechtlichen Deklarations-, Nachweis- und Dokumentationspflicht zu erfolgen.
Abfallschlüssel nach AVV: 170107 Keramik
Abfallschlüssel nach AVV: 170203 Kunststoff
Ausbauort: .....-geschoss
Förderweg: bis 50m
Hinweis: Die Regelungen der VOB, Teil C insbesondere der DIN 18299 und der DIN 18459 sind bei der Leistungsbeschreibung zu beachten.

11€ 15€ **17€** 18€ 21€ [m] ⏱ 0,18h/m 309.001.084

300 389 301 302 306 308 **309** 310 312 313 314 316 317 318 320 321 322

Nr.	Kurztext / Langtext						Kostengruppe
►	▷	ø netto €	◁	◀	[Einheit]	Ausf.-Dauer	Positionsnummer

4 Gussrohrleitung abbrechen, bis DN100 KG **594**

Abbruch Gussrohrleitung bis DN100, inkl. Befestigung und Formstücke, lösen, laden, fördern und im Behälter des AN lagern, vorbereitet zur Abfuhr. Abbruch von Hand oder mit geeignetem Gerät. Leistung inkl. Transport und Deponiekosten. Die Entsorgung sämtlicher Abfälle hat unter Erfüllung der abfallrechtlichen Deklarations-, Nachweis- und Dokumentationspflicht zu erfolgen.
Ausbauort: .....-geschoss
Abfallschlüssel nach AVV: .....
Förderweg: bis 50m
Hinweis: Die Regelungen der VOB, Teil C insbesondere der DIN 18299 und der DIN 18459 sind bei der Leistungsbeschreibung zu beachten.

14€ | 23€ | **25€** | 30€ | 43€ | [m] | ⏱ 0,18h/m | 309.001.085

5 Verbau, Rohrgraben KG **551**

Verbau für Rohrgraben herstellen, vorhalten und wieder entfernen.
Grabentiefe: bis 3,50m
Lichte Breite: .....m
Vorhaltezeit: .....Wochen

8€ | 15€ | **17€** | 19€ | 24€ | [m²] | ⏱ 0,20h/m² | 309.000.005

6 Handaushub, Rohrgraben KG **551**

Handaushub von Rohrgräben/Fundamenten/Vertiefungen, Aushubmaterial seitlich lagern, Feinabtrag profilgerecht gemäß Entwässerungs- oder Fundamentplänen, einschl. aller Nebenarbeiten.
Aushubtiefe: bis 1,25m
Lichte Breite: .....m
Boden: Homogenbereich 1, mit einer Bodengruppe, Bodengruppe: ..... DIN 18196
- Steinanteil: bis .....% Massenanteil DIN EN ISO 14688-1
- Konsistenz DIN EN ISO 14688-1: .....
- Lagerungsdichte: .....

Bauteil: .....

63€ | 72€ | **77€** | 84€ | 102€ | [m³] | ⏱ 1,20h/m³ | 309.000.006

7 Aushub, Suchgraben KG **551**

Boden für Suchgraben ausheben, zur Freilegung von Kabeln und Rohrleitungen, einschl. Verbau, Handaushub ist einzukalkulieren; Aushub seitlich lagern, wieder verfüllen und verdichten. Laden und Abfuhr von überschüssigem Boden nach getrennter Position.
Aushubtiefe: bis 1,75m
Sohlenbreite: bis 0,80m
Sohlenlänge: bis 4,00m
Boden: Homogenbereich 1, mit einer Bodengruppe, Bodengruppe: ..... DIN 18196
- Steinanteil: bis .....% Massenanteil DIN EN ISO 14688-1
- Konsistenz DIN EN ISO 14688-1: .....
- Lagerungsdichte: .....

50€ | 60€ | **64€** | 73€ | 87€ | [m] | ⏱ 0,80h/m | 309.001.086

Kosten:
Stand 2.Quartal 2026
Bundesdurchschnitt

► min
▷ von
ø Mittel
◁ bis
◀ max

Nr.	Kurztext / Langtext						Kostengruppe
▶	▷	ø netto €	◁	◀	[Einheit]	Ausf.-Dauer	Positionsnummer

8 Boden entsorgen KG **551**

Überschüssigen, seitlich gelagerten Boden laden, abfahren und entsorgen, inkl. Deponiegebühren.
Abrechnung: Wiegescheine (to/m³)
Bodengruppen: ..... DIN 18196
Zuordnung Aushub: BM0

36€	51€	**62€**	70€	92€	[m³]	⏱ 0,15h/m³	309.000.008

9 Rohrgrabenaushub, GK1, bis 1,00m, lagern KG **311**

Boden für Rohrgraben- und Schachtaushub profilgerecht lösen, laden, fördern und lagern, Gefälle gemäß Entwässerungsplanung.
Gesamtabtragstiefe: bis 1,00m
Sohlenbreite: .....
Förderweg: .....m
Baumaßnahmen der Geotechnischen Kategorie 1 DIN 4020
Homogenbereich: 1
Homogenbereich 1 oberer Horizont: .....m
Homogenbereich 1 unterer Horizont: .....m
Anzahl der Bodengruppen: .....St
Bodengruppen DIN 18196: .....
Massenanteile der Steine DIN EN ISO 14688-1: über ..... % bis ..... %
Massenanteile der Blöcke DIN EN ISO 14688-1: über ..... % bis ..... %
Konsistenz DIN EN ISO 14688-1: .....
Lagerungsdichte: .....
Homogenbereiche lt.: .....
Mengenermittlung nach Aufmaß an der Entnahmestelle
Förderweg: .....

46€	52€	**54€**	58€	67€	[m³]	⏱ 0,32h/m³	302.000.069

10 Rohrbettung Sand 0/8mm, Liefermaterial KG **551**

Bettungsschicht in Rohrgraben liefern, profilgerecht einbauen und verdichten, Einbettung Rohrleitungen gem. DIN EN 1610.
Bettungsmaterial: Sand 0/2mm, natürliche Gesteinskörnung
Dicke Rohrbettung:
- unten: mind. 15cm
- oben: gem. beiliegender stat. Berechnung

Verdichtungsgrad DPr: mind. 97%

48€	62€	**68€**	73€	90€	[m³]	⏱ 0,30h/m³	309.000.010

11 Rohrumhüllung, Kies 0/32mm, Liefermaterial KG **551**

Arbeitsräume in Rohrgraben profilgerecht einbauen und verdichten.
Füllmaterial: Kies 0/32mm
Verdichtungsgrad DPr: mind. 97%
Einbauhöhe: bis 1,00m

47€	65€	**73€**	81€	114€	[m³]	⏱ 0,30h/m³	309.000.011

300
389
301
302
306
308
309
310
312
313
314
316
317
318
320
321
322

Nr.	Kurztext / Langtext						Kostengruppe
▶	▷	ø netto €	◁	◀	[Einheit]	Ausf.-Dauer	Positionsnummer

12 Grabenverfüllung, Liefermaterial KG **551**

Verfüllen von Gräben oder Arbeitsräumen von Rohrleitungen, mit Liefermaterial.
Einbaumaterial: Boden
Verdichtungsgrad DPr: mind. 97 %
Einbauhöhe: .....

56€	64€	**69€**	72€	78€	[m³]	⏱ 0,30 h/m³	309.000.012

13 Anschluss, Abwasser, Kanalnetz KG **551**

Abwasseranschluss an den vorhandenen Anschlusskanal, mit erforderlichen Dichtungs- und Anschlussmaterialien, einschl. Anschlussöffnung herstellen. Freilegen Kanal, Erd- und Verfüllarbeiten in gesonderter Position.
Kanalnennweite: DN150
Anschluss: DN.....
Kanallage/Tiefe: .....

286€	401€	**449€**	475€	582€	[St]	⏱ 2,40 h/St	309.000.013

Kosten:
Stand 2. Quartal 2026
Bundesdurchschnitt

A 1 Abwasserkanal, Steinzeugrohre Beschreibung für Pos. **14-16**

Abwasserkanal Steinzeugrohre, Rohrverbindung mit Steckmuffe nach Verbindungssystem F, in vorhandenen Graben mit Verbau und Aussteifungen; Rohrbettung, Form- und Verbindungsstücke werden gesondert vergütet.
Scheiteldruckkraft: FN 34
Grabentiefe: bis 4,00 m

14 Abwasserkanal, Steinzeugrohre, DN100 KG **551**

Wie Ausführungsbeschreibung A 1
Nennweite: DN100

42€	51€	**55€**	59€	69€	[m]	⏱ 0,30 h/m	309.000.015

15 Abwasserkanal, Steinzeugrohre, DN150 KG **551**

Wie Ausführungsbeschreibung A 1
Nennweite: DN150

48€	59€	**64€**	69€	78€	[m]	⏱ 0,40 h/m	309.000.016

16 Abwasserkanal, Steinzeugrohre, DN200 KG **551**

Wie Ausführungsbeschreibung A 1
Nennweite: DN200

79€	87€	**91€**	92€	96€	[m]	⏱ 0,50 h/m	309.000.017

A 2 Formstück, Steinzeugrohr, Bogen Beschreibung für Pos. **17-19**

Form- und Verbindungssystem F für Steinzeugrohre der Abwasserleitungen.
Formteil: Bogen mit Steckmuffe

17 Formstück, Steinzeugrohr, DN100, Bogen KG **551**

Wie Ausführungsbeschreibung A 2
Nennweite: DN100
Bogenwinkel: 45°

35€	41€	**42€**	45€	48€	[St]	⏱ 0,30 h/St	309.000.066

▶ min
▷ von
ø Mittel
◁ bis
◀ max

Nr.	Kurztext / Langtext						Kostengruppe
▶	▷	ø netto €	◁	◀	[Einheit]	Ausf.-Dauer	Positionsnummer

18 Formstück, Steinzeugrohr, DN150, Bogen KG **551**

Wie Ausführungsbeschreibung A 2
Nennweite: DN150
Bogenwinkel: 45°

43€	52€	**58€**	65€	79€	[St]	⏱ 0,40h/St	309.000.068

19 Formstück, Steinzeugrohr, DN200, Bogen KG **551**

Wie Ausführungsbeschreibung A 2
Nennweite: DN200
Bogenwinkel: 45°

79€	95€	**102€**	108€	122€	[St]	⏱ 0,50h/St	309.000.069

A 3 Formstück, Steinzeugrohr, Abzweige Beschreibung für Pos. **20-22**

Form- und Verbindungssystem F für Steinzeugrohre der Abwasserleitungen.
Formteil: Abzweig mit Steckmuffe

20 Formstück, Steinzeugrohr, DN100, Abzweig KG **551**

Wie Ausführungsbeschreibung A 3
Nennweite: DN100

54€	63€	**69€**	71€	79€	[St]	⏱ 0,30h/St	309.000.070

21 Formstück, Steinzeugrohr, DN150, Abzweig KG **551**

Wie Ausführungsbeschreibung A 3
Nennweite: DN150

54€	71€	**77€**	85€	98€	[St]	⏱ 0,35h/St	309.000.072

22 Formstück, Steinzeugrohr, DN200, Abzweig KG **551**

Wie Ausführungsbeschreibung A 3
Nennweite: DN200

79€	91€	**100€**	105€	114€	[St]	⏱ 0,40h/St	309.000.073

23 Übergangsstück, Steinzeug, DN125/150 KG **551**

Übergangsstück für Steinzeugrohre von Abwasserleitungen, mit Steckmuffe, Verbindungssystem F.
Übergang: DN125 nach DN150

53€	59€	**61€**	67€	75€	[St]	⏱ 0,25h/St	309.000.021

24 Übergangsstück, Steinzeug, DN150/200 KG **551**

Übergangsstück für Steinzeugrohre von Abwasserleitungen, mit Steckmuffe, Verbindungssystem F.
Übergang: DN150 nach DN200
Angeb. Fabrikat: .....

64€	82€	**94€**	97€	111€	[St]	⏱ 0,30h/St	309.000.022

300
389
301
302
306
308
309
310
312
313
314
316
317
318
320
321
322

Nr.	Kurztext / Langtext						Kostengruppe
▶	▷	ø netto €	◁	◀	[Einheit]	Ausf.-Dauer	Positionsnummer

25 Abwasserkanal, Steinzeug, DN100, inkl. Bettung KG **551**

Abwasserkanal aus Steinzeugrohren, Rohrverbindung mit Steckmuffe, auf vorhandener Sohle, inkl. Bettung Typ 1, untere Rohrbettung aus gebrochenen Stoffen, oberer Rohrbettung aus Sand.
Bettungsschicht unten: mind. 15cm
Nenngröße: DN100
Scheiteldruckkraft: **FN34 / FN28**
Rohrverbinder: **Typ F / E / .....**
Grabentiefe: 1,00 bis 1,25m

60€ | 70€ | **72€** | 76€ | 86€ | [m] | ⏱ 0,30h/m | 309.000.074

26 Abwasserkanal, Steinzeug, DN150/200, inkl. Bettung KG **551**

Abwasserkanal aus Steinzeugrohren, Rohrverbindung mit Steckmuffe, auf vorhandener Sohle, inkl. Bettung Typ 1, untere Rohrbettung aus gebrochenen Stoffen, oberer Rohrbettung aus Sand.
Bettungsschicht unten: mind. 15cm
Nenngröße: **DN150 / DN200**
Scheiteldruckkraft: **FN34 / FN28**
Rohrverbinder: **Typ F / E / .....**
Grabentiefe: 1,00 bis 1,25m

84€ | 94€ | **99€** | 107€ | 119€ | [m] | ⏱ 0,35h/m | 309.000.075

27 Abwasserkanal, PVC-U, DN/OD100/125, inkl. Bettung KG **551**

Abwasserleitung aus PVC-U-Rohren, 100% recycelbar, mit Mehrlippendichtung, Rohrverbindung mit Steckmuffe, einschl. Schweiß- oder Klebe- sowie Dichtungsmaterial, auf vorhandener Sohle, inkl. unterer Rohrbettung aus gebrochenen Stoffen und oberer Rohrbettung aus Sand.
Nennweite: **DN/OD100 / DN/OD125**
Steifigkeitsklasse: SN 8kN/m²
Bettungsschicht unten: mind. 15cm
Grabentiefe: 1,00 bis 1,25m

31€ | 38€ | **41€** | 46€ | 57€ | [m] | ⏱ 0,25h/m | 309.000.052

28 Abwasserkanal, PVC-U, DN/OD150/200, inkl. Bettung KG **551**

Abwasserleitung aus PVC-U-Rohren, 100% recycelbar, mit Mehrlippendichtung, Rohrverbindung mit Steckmuffe, einschl. Schweiß- oder Klebe- sowie Dichtungsmaterial, auf vorhandener Sohle, inkl. unterer Rohrbettung aus gebrochenen Stoffen und oberer Rohrbettung aus Sand.
Nennweite: **DN/OD150 / DN/OD200**
Steifigkeitsklasse: SN 8kN/m²
Bettungsschicht unten: mind. 15cm
Grabentiefe: 1,00 bis 1,25m

45€ | 55€ | **60€** | 79€ | 109€ | [m] | ⏱ 0,30h/m | 309.000.076

Kosten:
Stand 2.Quartal 2026
Bundesdurchschnitt

▶ min
▷ von
ø Mittel
◁ bis
◀ max

Nr.	Kurztext / Langtext						Kostengruppe
▶	▷	ø netto €	◁	◀	[Einheit]	Ausf.-Dauer	Positionsnummer

A 4 Abwasserkanal, PVC-U, Tiefe bis 2m — Beschreibung für Pos. **29-32**

Abwasserleitung aus PVC-U-Rohren, 100% recycelbar, mit Mehrlippendichtung, Rohrverbindung mit Steckmuffe, einschl. Schweiß- oder Klebe- sowie Dichtungsmaterial, in vorhandenem Graben auf bauseitig eingebrachtem Sand oder Feinkies verlegen.
Steifigkeitsklasse: SN 8kN/m²
Grabentiefe: bis 2,00m

29 Abwasserkanal, PVC-U, DN/OD100 — KG **551**

Wie Ausführungsbeschreibung A 4
Nennweite: DN/OD100

▶	▷	ø netto €	◁	◀	[Einheit]	Ausf.-Dauer	Positionsnummer
20€	28€	**32€**	39€	57€	[m]	⏱ 0,25h/m	309.000.024

30 Abwasserkanal, PVC-U, DN/OD125 — KG **551**

Wie Ausführungsbeschreibung A 4
Nennweite: DN/OD125

▶	▷	ø netto €	◁	◀	[Einheit]	Ausf.-Dauer	Positionsnummer
24€	30€	**32€**	39€	52€	[m]	⏱ 0,27h/m	309.000.064

31 Abwasserkanal, PVC-U, DN/OD150 — KG **551**

Wie Ausführungsbeschreibung A 4
Nennweite: DN/OD150

▶	▷	ø netto €	◁	◀	[Einheit]	Ausf.-Dauer	Positionsnummer
29€	36€	**39€**	50€	68€	[m]	⏱ 0,30h/m	309.000.025

32 Abwasserkanal, PVC-U, DN/OD200 — KG **551**

Wie Ausführungsbeschreibung A 4
Nennweite: DN/OD200

▶	▷	ø netto €	◁	◀	[Einheit]	Ausf.-Dauer	Positionsnummer
29€	46€	**53€**	67€	94€	[m]	⏱ 0,35h/m	309.000.065

33 Formstück, PVC-U, Abzweig, DN/OD100 — KG **551**

Form- und Verbindungsstück von PVC-U-Rohren der Abwasserleitungen, mit Steckmuffe.
Formteil: .....
Nennweite: DN/OD100

▶	▷	ø netto €	◁	◀	[Einheit]	Ausf.-Dauer	Positionsnummer
11€	19€	**23€**	27€	35€	[St]	⏱ 0,20h/St	309.000.026

34 Formstück, PVC-U, DN/OD150 — KG **551**

Form- und Verbindungsstücke von PVC-U-Rohren der Abwasserleitungen, mit Steckmuffe.
Formteil: .....
Nennweite: DN/OD150

▶	▷	ø netto €	◁	◀	[Einheit]	Ausf.-Dauer	Positionsnummer
13€	23€	**27€**	33€	50€	[St]	⏱ 0,22h/St	309.000.027

Nr.	Kurztext / Langtext						Kostengruppe
▶	▷	ø netto €	◁	◀	[Einheit]	Ausf.-Dauer	Positionsnummer

A 5 Formstück, PVC-U, Bogen — Beschreibung für Pos. **35-38**

Form- und Verbindungsstücke von PVC-U-Rohren der Abwasserleitungen, mit Steckmuffe.
Formteil: Bogen KGB

35 Formstück, PVC-U, DN/OD100, Bogen — KG **551**

Wie Ausführungsbeschreibung A 5
Nennweite: DN/OD100
Bogenwinkel: 45°

▶	▷	ø	◁	◀	Einheit	Ausf.-Dauer	Positionsnummer
11€	15€	**17€**	19€	26€	[St]	⏱ 0,20h/St	309.000.077

36 Formstück, PVC-U, DN/OD125, Bogen — KG **551**

Wie Ausführungsbeschreibung A 5
Nennweite: DN/OD125
Bogenwinkel: 45°

▶	▷	ø	◁	◀	Einheit	Ausf.-Dauer	Positionsnummer
14€	18€	**20€**	24€	34€	[St]	⏱ 0,23h/St	309.000.078

37 Formstück, PVC-U, DN/OD150, Bogen — KG **551**

Wie Ausführungsbeschreibung A 5
Nennweite: DN/OD150
Bogenwinkel: 45°

▶	▷	ø	◁	◀	Einheit	Ausf.-Dauer	Positionsnummer
16€	20€	**22€**	29€	43€	[St]	⏱ 0,26h/St	309.000.079

38 Formstück, PVC-U, DN/OD200, Bogen — KG **551**

Wie Ausführungsbeschreibung A 5
Nennweite: DN/OD200
Bogenwinkel: 45°

▶	▷	ø	◁	◀	Einheit	Ausf.-Dauer	Positionsnummer
21€	31€	**35€**	39€	51€	[St]	⏱ 0,30h/St	309.000.080

39 Übergang, PVC-U auf Steinzeug/Beton — KG **551**

Übergangsstücke von PVC-U-Rohren der Abwasserleitungen auf Steinzeug- oder Betonrohre.
Nennweite: DN/ID..... nach DN/OD.....
Anschlussrohre: .....

▶	▷	ø	◁	◀	Einheit	Ausf.-Dauer	Positionsnummer
34€	47€	**53€**	61€	74€	[St]	⏱ 0,30h/St	309.000.028

40 Übergang, PE/PVC/Steinzeug auf Guss — KG **551**

Übergangsstück von Abwasserleitungen auf Gussrohre.
Übergang von: .....
Nennweite: DN/ID100 nach DN/OD100

▶	▷	ø	◁	◀	Einheit	Ausf.-Dauer	Positionsnummer
39€	49€	**54€**	62€	72€	[St]	⏱ 0,30h/St	309.000.029

Kosten:
Stand 2. Quartal 2026
Bundesdurchschnitt

▶ min
▷ von
ø Mittel
◁ bis
◀ max

A 6 Abwasserleitung, SML-Rohre Beschreibung für Pos. **41-43**

Entwässerungskanalleitung aus muffenlosen Rohren aus duktilem Gusseisen (SML), inkl. Pass-, Form- und Verbindungsstücken, innen mit Teer-Epoxidharzbeschichtung, außen grundiert; Verbindung mit Gummimanschette und Spannhülse aus nichtrostendem Stahl. Auflager in nichtbindigem Boden, in vorhandenem Graben mit Verbau und Aussteifungen.
Baulänge: 6,00 m
Rohrauskleidung: Mörtel M10
Rohraußenschutz: mit Zementmörtelumhüllung
Auflagerwinkel: 90°
Grabentiefe: bis 1,75 m

41 Abwasserleitung, SML-Rohre, DN100 KG **551**

Wie Ausführungsbeschreibung A 6
Nennweite: DN100

46€	62€	**69€**	85€	119€	[m]	⏱ 0,32 h/m	309.000.030

42 Abwasserleitung, SML-Rohre, DN125 KG **551**

Wie Ausführungsbeschreibung A 6
Nennweite: DN125

48€	76€	**83€**	99€	124€	[m]	⏱ 0,42 h/m	309.000.081

43 Abwasserleitung, SML-Rohre, DN150 KG **551**

Wie Ausführungsbeschreibung A 6
Nennweite: DN150

56€	91€	**94€**	106€	130€	[m]	⏱ 0,50 h/m	309.000.031

44 Formstück, SML, Bogen KG **551**

Form- und Verbindungsstücke von SML-Rohren der Abwasserleitungen.
Formteil: Bogen
Bogenwinkel: 45°
Nennweite: .....

30€	38€	**41€**	46€	56€	[St]	⏱ 0,20 h/St	309.000.032

45 Formstück, SML, Abzweig KG **551**

Abzweig von SML-Rohren der Abwasserleitungen.
Nennweite: .....

31€	40€	**44€**	48€	55€	[St]	⏱ 0,25 h/St	309.000.084

46 Abwasserleitung, PP-Rohr, DN/OD100/125 KG **551**

Abwasserleitung aus PP-Rohren, mit Mehrlippendichtung, Rohrverbindung mit Steckmuffe, inkl. Schweiß- oder Klebe- sowie Dichtungsmaterial, in vorhandenem Graben auf bauseitig eingebrachtem Sand oder Feinkies; Form- und Verbindungsstücke werden gesondert vergütet.
Nennweite: DN/OD**100 / 125**
Grabentiefe: bis 2,00 m

27€	34€	**37€**	43€	53€	[m]	⏱ 0,23 h/m	309.000.062

300
389
301
302
306
308
309
310
312
313
314
316
317
318
320
321
322

Nr.	Kurztext / Langtext						Kostengruppe
▶	▷	ø netto €	◁	◀	[Einheit]	Ausf.-Dauer	Positionsnummer

47 Abwasserleitung, HD-PE-Rohre, DN/OD125/150 KG **551**

Abwasserleitung aus HD-PE-Rohren, mit Mehrlippendichtung, Rohrverbindung mit Steckmuffe, einschl. Schweiß- oder Klebe- sowie Dichtungsmaterial, in vorhandenem Graben auf bauseitig eingebrachtem Sand oder Feinkies; Form- und Verbindungsstücke werden gesondert vergütet.
Nennweite: DN/OD**125 / 150**
Grabentiefe: bis 2,00m

30€ 35€ **38€** 40€ 44€ [m] ⏱ 0,25h/m 309.000.049

48 Abwasserleitung, HD-PE-Rohre, DN/OD150/200 KG **551**

Abwasserleitung aus HD-PE-Rohren, mit Mehrlippendichtung, Rohrverbindung mit Steckmuffe, einschl. Schweiß- oder Klebe- sowie Dichtungsmaterial, in vorhandenem Graben auf bauseitig eingebrachtem Sand oder Feinkies; Form- und Verbindungsstücke werden gesondert vergütet.
Nennweite: DN/OD**150 / 200**
Grabentiefe: bis 2,00m

31€ 43€ **46€** 54€ 65€ [m] ⏱ 0,35h/m 309.000.085

Kosten:
Stand 2.Quartal 2026
Bundesdurchschnitt

49 Dichtheitsprüfung, Grundleitung KG **551**

Dichtheitsprüfung von neu verlegten Grundleitungen, einschl. aller notwendigen Gerätschaften, Aufstellung eines Protokolls der Prüfung, sowie schadlose Entfernung aller Gerätschaften nach der Prüfung; Dokumentation der Prüfung per Prüfprotokoll.
Nennweite Grundleitungen: DN.....
Prüfung mittels: **Wasser / Luft**

10€ 12€ **13€** 15€ 20€ [m] ⏱ 6,00h/m 309.000.063

50 Straßenablauf, Polymerbeton KG **551**

Straßenablauf als Einlaufkastenkombination, mit Wasserspiegelgefälle, bestehend aus:
- Oberteil aus Polymerbeton P, anthrazitschwarz
- Abdeckrost und Kantenschutz aus GFK
- Unterteil aus Polymerbeton P, mit Schlammeimer aus Kunststoff nach DIN 4052

Nennweite: DN100
Abmessungen (L x B): 50 x 15cm
Belastungsklasse: .....
Bettungsdicke: .....cm

425€ 502€ **546€** 575€ 667€ [St] ⏱ 0,30h/St 309.000.036

51 Rohrdurchführung, Faserzementrohr KG **411**

Außenwand-Durchführung als Futterrohr aus Faserzement, gegen drückendes Wasser, für Medienrohr, mit Los- und Festflansch einseitig zum Einklemmen der Abdichtung.
Wandaufbau: Beton
Wanddicke: **25 / 30**cm
Baulänge: über 200 bis 300mm
Nennweite: DN.....
Angeb. Fabrikat: .....

386€ 588€ **652€** 775€ 1.027€ [St] ⏱ 1,00h/St 309.000.034

▶ min
▷ von
ø Mittel
◁ bis
◀ max

Nr.	Kurztext / Langtext						Kostengruppe
▶	▷	**ø netto €**	◁	◀	[Einheit]	Ausf.-Dauer	Positionsnummer

52 Dichtsatz, Rohrdurchführung KG **411**

Abdichten des Ringraums durch Dichtring aus Elastomeren (EPDM).
Werkstoff: Stahl verzinkt
Bauteil: .....

293€	484€	**600€**	669€	883€	[St]	⏱ 0,35h/St	309.000.035

53 Bodenablauf, Gusseisen KG **311**

Bodenablauf mit Rückstauverschluss, mit handverriegelbarem Notverschluss, für fäkalienfreies Abwasser, dreh- und höhenverstellbar, mit Schlammeimer, Geruchsverschluss und Gitterrost.
Material Gehäuse: Gusseisen
Abflussleistung: 1,6l/s
Rohranschluss: DN/ID100
Durchmesser: 110mm
Aufsatzstück: 197 x 197mm
Höhe: .....mm
Länge: .....mm
Material Rost: nichtrostender Stahl - Werkstoff 1.4301 - Klasse K3

369€	482€	**532€**	643€	875€	[St]	⏱ 0,30h/St	309.000.037

54 Reinigungsrohr, Putzstück, bis DN150 KG **551**

Putzstück für Steinzeugleitungen, aus Guss, in Kontrollschacht, inkl. Eindichten und Betonbettung mit Zementglattstrich.
Nennweite: bis DN150

144€	171€	**186€**	210€	250€	[St]	⏱ 0,30h/St	309.000.023

55 Absperreinrichtung, Kanal, Gusseisen KG **551**

Absperreinrichtung aus Gusseisen für Grundleitungsrohr, manuell nutzbar, einschl. Einbau aller Komponenten.
Nennweite: DN100

437€	572€	**600€**	738€	1.002€	[St]	⏱ 0,70h/St	309.000.058

56 Rückstaudoppelverschluss, DN125, PVC-U KG **551**

Rückstau-Doppelverschluss für fäkalienfreies Abwasser, mit automatischen Rückstauklappen und Handbetätigung, mit Reinigungsöffnung, für den Einsatz in horizontaler, abwasserführender Leitung, einschl. Anschluss.
Werkstoff: PVC-U
Nennweite: DN125
Einsatzbereich: Typ .....

322€	450€	**566€**	626€	726€	[St]	⏱ 0,60h/St	309.000.060

57 Rückstaudoppelverschluss, DN150, PVC KG **551**

Rückstau-Doppelverschluss für fäkalienfreies Abwasser, mit automatischen Rückstauklappen und Handbetätigung, mit Reinigungsöffnung, für den Einsatz in horizontaler, abwasserführender Leitung, einschl. Anschluss.
Werkstoff: PVC-U
Nennweite: DN150
Einsatzbereich: Typ .....
Angeb. Fabrikat: .....

450€	551€	**578€**	652€	753€	[St]	⏱ 1,50h/St	309.000.088

Nr.	Kurztext / Langtext						Kostengruppe
▶	▷	ø netto €	◁	◀	[Einheit]	Ausf.-Dauer	Positionsnummer

58 Schachtsohle, Kontrollschacht, Beton KG **551**

Schachtunterteile für Kontrollschächte und Durchlaufschächte, aus Beton mit hohem Wassereindringwiderstand:

- Erstellen eines Schachtfutters, Schachtsohle geglättet
- Sohle und Sohlgerinne mit Steinzeughalbschalen ohne Muffe auskleiden, in Mörtel M 10 mit Trasszusatz
- Verfugen beim Herstellen der Auskleidung
- einschl. aller erforderlichen Baustoffe, sowie Schalung
- Ecken und Kanten abrunden und glätten

Nennweite: DN1.000
Anschlüsse: DN.....

493€ | 659€ | **747€** | 787€ | 880€ | [St] | ⏱ 1,80h/St | 309.000.039

Kosten:
Stand 2.Quartal 2026
Bundesdurchschnitt

59 Schachtring, DN1.000, Kontrollschacht, 25cm KG **551**

Schachtring als Betonfertigteil, mit Steigeisen.
Schachttyp: .....
Bauhöhe: 25cm
Nennweite: DN1.000
Form: E, mit beidseitigem Steg
Steigmaß: 250mm

147€ | 176€ | **184€** | 205€ | 253€ | [St] | ⏱ 0,60h/St | 309.000.040

60 Schachtringe, DN1.000, Kontrollschacht, 50cm KG **551**

Schachtring als Betonfertigteil, mit Steigeisen.
Schachttyp: .....
Bauhöhe: 50cm
Nennweite: DN1.000
Form: E, mit beidseitigem Steg
Steigmaß: 250mm

113€ | 209€ | **241€** | 264€ | 333€ | [St] | ⏱ 0,70h/St | 309.000.041

61 Konus, Kontrollschacht KG **551**

Schachthals (Konus) für Kontrollschacht, als Betonfertigteil mit verstärkter Wand, für Gleitringdichtung, inkl. Steigeisen.
Wanddicke: 120mm
Nennweite: DN1.000/625

147€ | 219€ | **248€** | 288€ | 372€ | [St] | ⏱ 1,90h/St | 309.000.042

62 Anschluss, Schacht, Steinzeug-/PVC-Kanal KG **551**

Anschluss der Abwasserkanalleitung an Abwasser-Sammelschacht aus Beton.
Kanalleitung: .....
Nennweite: DN.....

195€ | 261€ | **286€** | 397€ | 577€ | [St] | ⏱ 1,95h/St | 309.000.033

▶ min
▷ von
ø Mittel
◁ bis
◀ max

63 **Schachtdeckel** KG **551**

Schachtabdeckung mit rundem Rahmen, höhengerecht in Mörtel M 10 versetzen.
Deckel: mit Lüftungsöffnungen
Klasse: .....
Form: DN500

256€ 338€ **373€** 476€ 668€ [St] ⏱ 0,20h/St 309.000.043

64 **Schachtdeckel, Klasse C250** KG **551**

Schachtabdeckung mit rundem Rahmen, Deckel aus Gusseisen mit Lüftungsöffnungen und Betonfüllung, mit dämpfender Einlage, verschließbar, mit Schmutzfänger F, höhengerecht in Mörtel M10 versetzen.
Belastungsklasse: C250
Form: DN600

252€ 300€ **324€** 361€ 419€ [St] ⏱ 0,25h/St 309.000.044

65 **Schachtdeckel, Klasse D400** KG **551**

Schachtabdeckung mit rundem Rahmen, Deckel aus Gusseisen mit Lüftungsöffnungen und Betonfüllung, mit dämpfender Einlage, verschließbar, mit Schmutzfänger F, höhengerecht in Mörtel M10 versetzen.
Belastungsklasse: D400
Form: DN600

286€ 407€ **457€** 515€ 615€ [St] ⏱ 0,35h/St 309.000.045

66 **Schachtabdeckung anpassen** KG **551**

Bestehende Schachtabdeckung von Revisions- und Kontrollschächten an neue Höhe anpassen.
Anpassungshöhe: bis 0,50m

145€ 188€ **204€** 210€ 240€ [St] ⏱ 2,40h/St 309.000.046

67 **Kontrollschacht komplett, 3,00m** KG **551**

Kontrollschacht als komplette Leistung, rund, aus Fertigteilen, ohne Deckel:

- Schachtbettung aus Ortbeton
- Schachtunterteil für Kontrollschacht und Durchlaufschacht, aus Beton mit hohem Wassereindringwiderstand, mind. 25cm hoch (über Rohrscheitel)
- Auftritt in Höhe des Rohrscheitels
- Schachtoberteil aus Betonfertigteilen, bestehend aus Schachtringen, Schachthals und Auflagerring
- Bauteilverbindung als Kompressionsdichtung mit Dichtringen aus Elastomeren, Dichtringe werkseitig fest eingebaut
- Außenwände beschichtet mit: ....., für Wassereinwirkungsklasse: .....
  Anschlüsse mit Muffe, für gelenkige Anbindung Zu- und Abläufe DN/ID.....
- Schachtkörper mit Steigeisen
- Schachtsohle mit Gerinne gerade, Auskleidung Gerinne und Auftritt mit Halbschalen und Klinkerriemchen

Schachttyp: .....
Beton: Festigkeitsklasse C20/25
Bodenplatte Dicke: mind. 20cm
Wanddicke: .....
Steigmaß Steigeisen: 333mm
Schachttiefe: .....m

1.241€ 1.639€ **1.844€** 2.097€ 2.729€ [St] ⏱ 12,00h/St 309.000.047

300 389 301 302 306 308 **309** 310 312 313 314 316 317 318 320 321 322

Nr.	Kurztext / Langtext						Kostengruppe
►	▷	ø netto €	◁	◄	[Einheit]	Ausf.-Dauer	Positionsnummer

68 Entwässerungsrinne, Beton, DN100 — KG **551**

Entwässerungsrinne für Regenwasser als Kastenrinne, mit Kantenschutz aus verzinktem Stahl sowie End- und Anfangsteil, inkl. Abgang und Abdeckung mit schraublos arretiertem Stegrost aus verzinktem Stahl, verlegt auf bauseitiges Betonauflager, mit seitlicher Verfüllung.
Rinne: Beton
Nennweite: DN100
Klasse: .....
Verfüllung: .....
Rinnensohle: mit Eigengefälle
Abgang: .....
Schlitzweite Rost: 8 bis 18mm

205€ | 255€ | **276€** | 326€ | 437€ | [m] | ⏱ 0,50h/m | 309.000.048

69 Entwässerungsrinne, Klasse A15/B125, Beton, DN100 — KG **551**

Entwässerungsrinne für Regenwasser als Kastenrinne, mit Kantenschutz aus verzinktem Stahl sowie End- und Anfangsteil, inkl. Abgang und Abdeckung mit schraublos arretiertem Stegrost aus verzinktem Stahl; verlegt auf bauseitiges Betonauflager, mit seitlicher Verfüllung.
Rinne: Beton
Nennweite: DN100
Klasse: **A15 / B125**
Verfüllung: .....
Rinnensohle: mit Eigengefälle
Abgang: .....
Schlitzweite Rost: 8 bis 18mm

150€ | 185€ | **198€** | 229€ | 286€ | [m] | ⏱ 0,50h/m | 309.000.050

70 Entwässerungsrinne, Beton, Klasse C250, DN100 — KG **551**

Entwässerungsrinne für Regenwasser als Kastenrinne, mit Kantenschutz aus verzinktem Stahl sowie End- und Anfangsteil, inkl. Abgang und Abdeckung mit schraublos arretiertem Stegrost aus verzinktem Stahl; verlegt auf bauseitiges Betonauflager, mit seitlicher Verfüllung.
Rinne: Beton
Nennweite: DN100
Klasse: C250
Verfüllung: .....
Rinnensohle: mit Eigengefälle
Abgang: .....
Schlitzweite Rost: 8 bis 18mm

167€ | 226€ | **252€** | 276€ | 330€ | [m] | ⏱ 0,50h/m | 309.000.053

Kosten:
Stand 2. Quartal 2026
Bundesdurchschnitt

► min
▷ von
ø Mittel
◁ bis
◄ max

Nr.	**Kurztext** / Langtext						Kostengruppe
▶	▷	**ø netto €**	◁	◀	[Einheit]	Ausf.-Dauer	Positionsnummer

71 Entwässerungsrinne, Beton, Klasse D400, Beton KG **551**

Entwässerungsrinne für Regenwasser als Kastenrinne, mit Kantenschutz aus verzinktem Stahl sowie End- und Anfangsteil, inkl. Abgang und Abdeckung mit schraublos arretiertem Stegrost aus verzinktem Stahl; verlegt auf bauseitiges Betonauflager, mit seitlicher Verfüllung.
Rinne: Beton
Rinnengröße: .....
Klasse: D400
Verfüllung: .....
Rinnensohle: mit Eigengefälle
Abgang: .....
Schlitzweite Rost: 8 bis 18mm

196€ | 288€ | **317€** | 395€ | 644€ | [m] | ⏱ 0,60h/m | 309.000.054

72 Entwässerungsrinne, Abdeckung Guss, D400 KG **551**

Abdeckung für Entwässerungsrinne, schraublos arretiert. Passend zu System.
Material: Gusseisen
Nennweite: .....
Klasse: D400
Ausführung: Stegrost

110€ | 136€ | **144€** | 150€ | 167€ | [m] | ⏱ 0,18h/m | 309.000.051

73 Kanalreinigung, Hochdruckspülgerät KG **551**

Hindernis in Abwasser-Grundleitung beseitigen und Grundleitung zwischen zwei Prüfpunkten mit Hochdruckspülgerät durchspülen, einschl. aller erforderlichen Gerätschaften, Aufstellung eines Protokolls über Beseitigung und Spülung, sowie schadloses Entfernen der Gerätschaften nach der Prüfung.

5€ | 8€ | **9€** | 11€ | 15€ | [m] | ⏱ 0,10h/m | 309.000.057

74 Kanalprüfung, Kamera KG **551**

Kameraprüfung der neu verlegten Grundleitungen, mit Video-Aufzeichnung, inkl. Dokumentieren und Einmessen der Beschädigungen (Muffenversätze, Durchwurzelung, Einmündungen, Verstopfungen, Risse, Brüche, u.dgl.) der Grundleitungen und Aufstellen eines Video- und Prüfprotokolls, sowie Übergeben der Unterlagen in einfacher Ausführung. Leistung einschl. aller erforderlichen Gerätschaften, Aufstellung eines Prüfprotokolls, sowie schadloses Entfernen der Gerätschaften nach der Prüfung.
Nennweite der Grundleitungen: **bis DN/OD200 / über DN/OD200 bis .....**

5€ | 7€ | **8€** | 9€ | 12€ | [m] | ⏱ 0,10h/m | 309.000.059

75 Stundensatz, Facharbeiter/-in

Stundenlohnarbeiten für Facharbeiter/-in, Spezialfacharbeiter/-in, Vorarbeiter/-in und jeweils Gleichgestellte. Der Verrechnungssatz für die jeweilige Arbeitskraft umfasst sämtliche Aufwendungen wie Lohn- und Gehaltskosten, lohn- und gehaltsgebundene Kosten, Lohn- und Gehaltsnebenkosten.

70€ | 75€ | **78€** | 82€ | 89€ | [h] | ⏱ 1,00h/h | 309.000.089

76 Stundensatz, Helfer/-in

Stundenlohnarbeiten für Werker/-in, Fachwerker/-in und jeweils Gleichgestellte. Der Verrechnungssatz für die jeweilige Arbeitskraft umfasst sämtliche Aufwendungen wie Lohn- und Gehaltskosten, lohn- und gehaltsgebundene Kosten, Lohn- und Gehaltsnebenkosten.

54€ | 63€ | **67€** | 69€ | 75€ | [h] | ⏱ 1,00h/h | 309.000.090

310

Kosten:
Stand 2. Quartal 2026
Bundesdurchschnitt

Nr.	Positionen	Einheit	►	▷	ø brutto € / ø netto €	◁	◄
1	Handaushub Drängraben	m³	97	116	**126**	133	149
			81	97	**106**	111	125
2	Dränleitung, PVC-U, DN100	m	12	18	**26**	28	31
			10	15	**22**	23	26
3	Dränleitung, PVC-U, DN125	m	16	24	**29**	36	43
			14	20	**25**	30	36
4	Dränleitung, PVC-U, DN160	m	21	28	**35**	44	47
			17	23	**30**	37	40
5	Formstück, Dränleitung, Bogen	St	28	35	**38**	41	49
			23	29	**32**	35	41
6	Formstück, Dränleitung, Abzweig	St	27	36	**40**	43	50
			23	30	**34**	36	42
7	Formstück, Dränleitung, Verschlussstück	St	9	14	**17**	23	32
			8	12	**14**	20	27
8	Anschluss, Dränleitung/Schacht herstellen	St	273	379	**426**	522	732
			229	319	**358**	439	615
9	Spülschacht PP, DN315	St	319	403	**431**	531	739
			268	338	**362**	446	621
10	Schachtaufsetzrohr, PP, DN315	St	118	168	**201**	236	293
			99	141	**169**	199	246
11	Sickerpackung, Kiessand, Leitungen	m³	72	84	**90**	103	130
			60	71	**76**	86	109
12	Sickerpackung, Kies, Leitungen	m³	63	83	**88**	99	120
			53	69	**74**	83	101
13	Filterschicht, Geotextil, Leitungen	m	8	11	**11**	14	15
			7	9	**10**	11	13
14	Filter-/Dränageschicht, Noppenbahn, Vlies, Wand	m²	20	31	**32**	35	43
			17	26	**27**	30	36
15	Sickerschicht, Polystyrol-Platte, vlieskaschiert, Wand	m²	23	27	**29**	31	35
			19	22	**24**	26	30

Nr. **Kurztext** / Langtext — Kostengruppe
► ▷ **ø netto €** ◁ ◄ [Einheit] Ausf.-Dauer Positionsnummer

► min
▷ von
ø Mittel
◁ bis
◄ max

1 Handaushub Drängraben KG **326**

Handaushub Boden für Drängraben, Boden laden, fördern und seitlich lagern, Material anschließend wieder verfüllen und verdichten.
Aushubtiefe: bis 0,40 m
Breite: bis 0,50 m
Boden: Homogenbereich 1, mit einer Bodengruppe, Bodengruppe: ..... DIN 18196

- Steinanteil: bis .....% Massenanteil DIN EN ISO 14688-1
- Konsistenz DIN EN ISO 14688-1: .....
- Lagerungsdichte: .....

81€ 97€ **106€** 111€ 125€ [m³] ⏱ 1,40 h/m³ 310.000.030

Nr.	Kurztext / Langtext						Kostengruppe
▶	▷	**ø netto €**	◁	◀	[Einheit]	Ausf.-Dauer	Positionsnummer

A 1 Dränleitung, PVC-U — Beschreibung für Pos. **2-4**

Dränleitung aus PVC-Stangenrohren für Gebäudedränage mit Doppelsteckmuffen.
Dränrohr: PVC-U
Wassereintrittsfläche: mind. 80 cm^2/m
Einbauort: **Arbeitsraum / Graben / Baugrube**

2 Dränleitung, PVC-U, DN100 — KG **326**

Wie Ausführungsbeschreibung A 1
Nenngröße: DN100

10€	15€	**22€**	23€	26€	[m]	⏱ 0,10 h/m	310.000.035

3 Dränleitung, PVC-U, DN125 — KG **326**

Wie Ausführungsbeschreibung A 1
Nennweite: DN125

14€	20€	**25€**	30€	36€	[m]	⏱ 0,11 h/m	310.000.036

4 Dränleitung, PVC-U, DN160 — KG **326**

Wie Ausführungsbeschreibung A 1
Nennweite: DN160

17€	23€	**30€**	37€	40€	[m]	⏱ 0,12 h/m	310.000.037

5 Formstück, Dränleitung, Bogen — KG **326**

Form- und Verbindungsstücke für Dränageleitung, aus PVC-U Stangendränrohren, mit Steckmuffe.
Formteil: Bogen, ...°
Nennweite: DN.....
Rohrtyp: .....

23€	29€	**32€**	35€	41€	[St]	⏱ 0,20 h/St	310.000.038

6 Formstück, Dränleitung, Abzweig — KG **326**

Form- und Verbindungsstücke für Dränageleitung, aus PVC-U Stangendränrohren, mit Steckmuffe.
Formteil: Abzweig
Nennweite: bis DN125
Winkel: .....°
Rohrtyp: .....

23€	30€	**34€**	36€	42€	[St]	⏱ 0,20 h/St	310.000.039

7 Formstück, Dränleitung, Verschlussstück — KG **326**

Form- und Verbindungsstücke für Dränageleitung, aus PVC-U Stangendränrohren.
Formteil: Verschlussstück
Nennweite: bis DN160
Rohrtyp: .....

8€	12€	**14€**	20€	27€	[St]	⏱ 0,14 h/St	310.000.040

Nr.	Kurztext / Langtext						Kostengruppe
▶	▷	ø netto €	◁	◀	[Einheit]	Ausf.-Dauer	Positionsnummer

8 Anschluss, Dränleitung/Schacht herstellen KG **326**

Anschluss von Dränleitung aus PVC-U an vorhandenen Sickerschacht aus Betonringen herstellen, einschl. aller erforderlichen Dichtungs- und Anschlussmaterialien. Aushub- und Verfüllarbeiten in gesonderter Position.
Nennweite: DN.....
Schachtgröße: DN1500

229€	319€	**358€**	439€	615€	[St]	⏱ 1,50h/St	310.000.019

9 Spülschacht PP, DN315 KG **326**

Spül- und Kontrollschacht aus Polypropylen, aufgehend, für Dränage, mit 3 Anschlüssen für Dränleitung, 1 PP-Abdeckung mit Arretierung, 1 Blindstopfen, sowie mit Sandfang
Einbauort: **an Richtungswechsel / Tiefpunkt der Dränage-Ringleitung**
Nutzhöhe: ca. 0,80m
Spülschachtgröße: DN315
Anschlüsse: **DN100 / DN..... / DN200**
Blindstopfen: **DN100 / DN..... / DN200**

268€	338€	**362€**	446€	621€	[St]	⏱ 0,30h/St	310.000.011

10 Schachtaufsetzrohr, PP, DN315 KG **326**

Schachtaufsetzrohr oder Schachtverlängerung aus Polypropylen, zur Verlängerung des Kontrollschachts DN315.
Aufstockhöhe: .....m

99€	141€	**169€**	199€	246€	[St]	⏱ 0,30h/St	310.000.012

11 Sickerpackung, Kiessand, Leitungen KG **326**

Sickerpackung aus Kiessand für Ummantelung der Dränleitung, zwischen Fundamenten, inkl. Verdichten.
Nennweite: DN.....
Sieblinie: .....
Vergütung: **nach m^3 / Lieferschein**

60€	71€	**76€**	86€	109€	[m^3]	⏱ 0,30h/m^3	310.000.005

12 Sickerpackung, Kies, Leitungen KG **326**

Sickerpackung für Ummantelung der Dränleitung.
Abmessung (H x B): ..... x .....m
Körnung: 8/16 nach DIN 4095
Material: Kies aus natürlicher Gesteinskörnung
Grabenbreite: .....

53€	69€	**74€**	83€	101€	[m^3]	⏱ 0,30h/m^3	310.000.033

13 Filterschicht, Geotextil, Leitungen KG **326**

Filterschicht aus Geotextil für Dränleitungen.
Leitung: DN.....
Grabenbreite: .....

7€	9€	**10€**	11€	13€	[m]	⏱ 0,02h/m	310.000.034

Kosten:
Stand 2. Quartal 2026
Bundesdurchschnitt

▶ min
▷ von
ø Mittel
◁ bis
◀ max

Nr.	Kurztext / Langtext						Kostengruppe
▶	▷	ø netto €	◁	◀	[Einheit]	Ausf.-Dauer	Positionsnummer

14 Filter-/Dränageschicht, Noppenbahn, Vlies, Wand KG **335**

Dränage-, Schutz- und Filterschicht aus Kunststoffnoppenbahn mit Vlies und Gleitfolie, auf Bauwerksabdichtung.
Einbauort: erdberührte Wand
Arbeitshöhe: bis .....m

17€	26€	**27€**	30€	36€	[m2]	⏱ 0,12h/m2	310.000.041

15 Sickerschicht, Polystyrol-Platte, vlieskaschiert, Wand KG **335**

Sickerschicht vor Außenwand, aus druckstabilen Polystyrol-Platten, profiliert, mit Vlieskaschierung, Einbau dicht gestoßen, punktförmig auf senkrechte Bauwerksabdichtung kleben, Einstand in Kiesfilterschicht mind. 30cm.
Plattenmaterial: EPS
Nennwert Wärmeleitfähigkeit: 0,034W/(m·K)
Dränleistung: <0,3 l/(s x m)
Kante: umlaufend Stufenfalz
Anwendung: PW und Dränge DIN 4095
Für Einbauhöhe: **bis 4,00**m **/ über 4,00**m
Plattendicke: **50 / 60 / 80 /** .....mm

19€	22€	**24€**	26€	30€	[m2]	⏱ 0,10h/m2	310.000.042

300
389
301
302
306
308
309
310
312
313
314
316
317
318
320
321
322

312

Kosten:
Stand 2. Quartal 2026
Bundesdurchschnitt

► min
▷ von
ø Mittel
◁ bis
◄ max

Nr.	Positionen	Einheit	►	▷	ø brutto € / ø netto €	◁	◄
1	Fundamentmauerwerk abbrechen, entsorgen	m³	266	299	**365**	445	470
			224	251	**306**	374	395
2	Streifenfundamente abbrechen, entsorgen	m	79	91	**109**	133	143
			66	76	**92**	112	120
3	Kellerboden abbrechen, Ziegel	m²	38	47	**55**	68	79
			32	39	**46**	57	66
4	Verblendmauerwerk, abbrechen	m²	76	92	**99**	120	126
			63	78	**84**	101	106
5	Außenmauerwerk abbrechen, Ziegel 36,5cm	m³	186	344	**366**	421	425
			156	289	**308**	354	357
6	Ziegelpflaster abbrechen, Außenbereich	m²	33	41	**45**	55	58
			27	35	**38**	46	49
7	Innenwand abbrechen, Gipswandbauplatte, 10cm	m²	57	66	**76**	93	100
			48	56	**64**	78	84
8	Innenmauerwerk abbrechen, Porenbeton, 17,5cm	m²	38	68	**80**	98	107
			32	57	**68**	82	90
9	Innenmauerwerk abbrechen, 11,5cm	m²	38	49	**60**	74	89
			32	42	**51**	62	75
10	Innenmauerwerk abbrechen, 24cm	m²	45	78	**89**	110	112
			38	66	**75**	93	94
11	Fachwerksausfachung abbrechen, Mauerwerk	m²	47	66	**69**	89	114
			39	55	**58**	75	96
12	Deckengewölbe abbrechen, Steine entsorgen	m²	85	98	**103**	131	137
			71	83	**87**	110	116
13	Sandfüllung ausbauen, Gewölbedecke	m²	23	30	**35**	45	47
			20	25	**30**	38	39
14	Decke abbrechen, Kappendecke	m²	114	144	**152**	190	202
			96	121	**128**	160	170
15	Decke abbrechen, Ziegelhohlkörper	m²	78	100	**106**	131	142
			65	84	**89**	110	120
16	Decke abbrechen, Stb-Hohldielen	m²	83	102	**113**	138	146
			69	86	**95**	116	123
17	Ziegelboden reinigen, Besen	m²	19	25	**27**	33	35
			16	21	**22**	28	30
18	Ziegelfassade reinigen, Wasser	m²	5	10	**12**	14	18
			4	8	**10**	12	15
19	Klinkerfassade reinigen, absäuern	m²	17	21	**24**	29	32
			14	18	**20**	24	27
20	Klinkermauerwerk reinigen, Dampfstrahlen	m²	17	32	**37**	46	50
			14	27	**31**	38	42
21	Verblendmauerwerk reinigen, Rotationsverfahren	m²	11	16	**19**	22	24
			9	14	**16**	19	20
22	Verblendmauerwerk imprägnieren	m²	9	14	**17**	20	25
			8	12	**14**	17	21
23	Verblendmauerwerk hydrophobieren	m²	13	19	**22**	28	42
			11	16	**19**	23	35
24	Mauerwerk hydrophobieren, außen	m²	18	26	**31**	38	39
			15	22	**26**	32	33

Nr.	Positionen	Einheit	►	▷	ø brutto € / ø netto €	◁	◄
25	Mauerwerk vorbehandeln, Steinverfestiger	m2	17	26	**30**	38	39
			14	22	**25**	32	33
26	Algenbeseitigung, Mauerwerk	m2	20	22	**25**	31	34
			16	18	**21**	26	28
27	Graffiti-Schutz, Mauerwerk	m2	31	50	**60**	76	89
			26	42	**50**	64	75
28	Kellerfußboden, Rollschicht überarbeiten	m2	52	61	**72**	89	95
			44	51	**60**	75	80
29	Kellerfußboden, Klinkerbelag überarbeiten	m2	38	47	**53**	66	68
			32	39	**45**	55	57
30	Mauerwerksfugen erneuern, außen	m2	34	44	**56**	71	97
			28	37	**47**	59	82
31	Außenmauerwerk ausbessern, bis 25cm	m2	118	148	**170**	210	221
			99	125	**143**	176	186
32	Außenmauerwerk ausbessern, bis 50cm	m2	205	263	**292**	354	368
			172	221	**246**	297	309
33	Außenmauerwerk, Fehlstellen reparieren	m2	220	267	**315**	390	415
			185	225	**264**	328	349
34	Schlitz herstellen, Mauerwerk, 5x3cm	m	8	15	**18**	22	25
			6	13	**15**	19	21
35	Schlitz herstellen, Mauerwerk, 10x5cm	m	10	19	**22**	26	29
			8	16	**18**	22	25
36	Schlitz herstellen, Mauerwerk, 30x10cm	m	20	42	**52**	58	68
			17	35	**43**	49	57
37	Schlitz herstellen, Mauerwerk, 30x15cm	m	25	65	**75**	88	93
			21	55	**63**	74	78
38	Schlitz schließen, Mauerwerk, 5x3cm	m	9	12	**15**	17	23
			8	11	**12**	15	19
39	Schlitz schließen, Mauerwerk, 10x5cm	m	12	18	**21**	25	34
			10	15	**18**	21	28
40	Schlitz schließen, Mauerwerk, 30x10cm	m	17	26	**32**	39	60
			14	22	**27**	33	51
41	Schlitz schließen, gedämmt, Mauerwerk, 10x5cm	m	19	28	**34**	40	43
			16	23	**28**	34	36
42	Schlitz schließen, gedämmt, Mauerwerk, 30x15cm	m	40	53	**60**	73	85
			34	45	**51**	61	71
43	Putzträger, Schlitz, Metall verzinkt	m2	42	58	**67**	82	92
			35	49	**57**	69	78
44	Sturzauflager stemmen, bis 15cm	St	55	71	**78**	97	103
			46	59	**65**	82	87
45	Sturzauflager stemmen, bis 30cm	St	88	105	**119**	151	162
			74	88	**100**	127	136
46	Fensteröffnung ausbrechen, bis 40cm	m2	148	178	**209**	255	268
			125	149	**176**	214	225
47	Fensteröffnung ausbrechen, bis 60cm	m2	181	238	**270**	335	354
			152	200	**227**	282	298
48	Türöffnung ausbrechen, Mauerwerk bis 15cm	m2	79	110	**123**	152	209
			66	93	**103**	128	175

300
389
301
302
306
308
309
310
312
313
314
316
317
318
320
321
322

Nr.	Positionen	Einheit	►	▷	ø brutto € ø netto €	◁	◀
49	Türöffnung ausbrechen, Mauerwerk bis 30cm	m^2	99	167	**201**	248	286
			83	140	**169**	208	240
50	Türöffnung ausbrechen, Mauerwerk bis 60cm	m^2	205	253	**301**	367	389
			172	213	**253**	309	327
51	Fensteröffnung schließen, AW bis 30cm	m^2	171	204	**237**	292	306
			144	171	**199**	245	257
52	Fensteröffnung schließen, AW bis 60cm	m^2	234	290	**330**	395	448
			197	244	**277**	332	377
53	Türöffnung schließen, IW bis 15cm	m^2	100	134	**151**	163	188
			84	112	**127**	137	158
54	Türöffnung schließen, IW bis 30cm	m^2	163	205	**219**	296	376
			137	172	**184**	249	316
55	Wanddurchbruch, bis 100cm², 20cm	St	22	34	**41**	50	64
			19	29	**34**	42	54
56	Wanddurchbruch, bis 500cm², 20cm	St	35	50	**61**	73	76
			30	42	**51**	62	64
57	Wanddurchbruch, bis 1.000cm², 20cm	St	42	68	**82**	99	109
			36	57	**69**	83	92
58	Wanddurchbruch, bis 2.500cm², 20cm	St	45	88	**108**	131	146
			38	74	**90**	110	123
59	Wanddurchbruch, bis 100cm², 40cm	St	39	52	**60**	114	129
			33	44	**51**	96	108
60	Wanddurchbruch, bis 500cm², 40cm	St	49	69	**83**	100	151
			41	58	**69**	84	127
61	Wanddurchbruch, bis 1.000cm², 40cm	St	54	94	**112**	137	182
			45	79	**94**	115	153
62	Wanddurchbruch, bis 2.500cm², 40cm	St	95	132	**160**	189	217
			80	111	**135**	159	182
63	Wanddurchbruch schließen, bis 100cm², 20cm	St	25	38	**46**	57	63
			21	32	**39**	48	53
64	Wanddurchbruch schließen, bis 500cm², 20cm	St	41	51	**59**	72	87
			34	43	**50**	61	73
65	Wanddurchbruch schließen, bis 1.000cm², 20cm	St	55	84	**87**	107	151
			46	71	**73**	90	127
66	Wanddurchbruch schließen, bis 2.500cm², 20cm	St	73	105	**117**	142	163
			61	88	**99**	119	137
67	Wanddurchbruch schließen, bis 100cm², 40cm	St	40	64	**75**	91	108
			33	53	**63**	77	91
68	Wanddurchbruch schließen, bis 500cm², 40cm	St	55	88	**104**	127	133
			46	74	**87**	106	112
69	Wanddurchbruch schließen, bis 1.000cm², 40cm	St	74	101	**119**	145	171
			62	85	**100**	122	144
70	Wanddurchbruch schließen, bis 2.500cm², 40cm	St	88	127	**152**	185	196
			74	107	**127**	155	164
71	Deckendurchbruch, bis 100cm², 20cm	St	45	69	**72**	87	100
			38	58	**60**	73	84
72	Deckendurchbruch, bis 500cm², 20cm	St	50	77	**87**	109	120
			42	65	**73**	91	101

Kosten:
Stand 2. Quartal 2026
Bundesdurchschnitt

► min
▷ von
ø Mittel
◁ bis
◀ max

Nr.	Positionen	Einheit	►	▷	ø brutto € / ø netto €	◁	◄
73	Deckendurchbruch, bis 1.000cm², 20cm	St	57	86	**98**	115	123
			48	72	**82**	97	104
74	Deckendurchbruch, bis 500cm², 30cm	St	59	82	**99**	120	124
			50	69	**83**	101	104
75	Deckendurchbruch schließen, bis 100cm², 20cm	St	32	43	**49**	61	65
			27	36	**42**	51	55
76	Deckendurchbruch schließen, bis 500cm², 20cm	St	61	78	**89**	105	107
			51	66	**75**	88	90
77	Deckendurchbruch schließen, bis 1.000cm², 20cm	St	93	110	**130**	158	162
			79	93	**109**	133	136
78	Deckendurchbruch schließen, bis 500cm², 30cm	St	76	108	**125**	152	158
			64	91	**105**	127	133
79	Baustelleneinrichtung, Bohren/Sägen	psch	–	223	**259**	314	–
			–	187	**218**	264	–
80	Bohreinrichtung umsetzen	psch	–	95	**109**	134	–
			–	80	**91**	113	–
81	Mauerwerk schneiden, Wand, Mz bis 36cm	m	48	66	**74**	91	97
			41	55	**63**	76	81
82	Mauerwerk schneiden, Wand, KS bis 17,5cm	m	37	53	**64**	78	80
			31	45	**54**	65	67
83	Mauerwerk schneiden, Wand, KS bis 24cm	m	83	102	**116**	141	153
			70	86	**97**	119	129
84	Kernbohrung, Mauerwerk, 10-50mm	m	145	200	**238**	288	304
			122	168	**200**	242	256
85	Kernbohrung, Mauerwerk, 55-80mm	m	181	233	**287**	348	365
			152	196	**242**	292	307
86	Kernbohrung, Mauerwerk, 85-110mm	m	186	249	**301**	370	388
			157	210	**253**	311	326
87	Kernbohrung, Mauerwerk, 115-130mm	m	220	292	**361**	429	444
			185	245	**303**	361	373
88	Kernbohrung, Mauerwerk, 130-150mm	m	238	322	**383**	460	468
			200	271	**322**	387	393
89	Kernbohrung, Mauerwerk, 150-200mm	m	323	387	**455**	550	591
			271	325	**382**	462	497
90	Innenwand, HLz 11,5cm, nichttragend	m²	80	93	**99**	108	125
			67	78	**83**	91	105
91	Innenwand, KS 11,5cm, nichttragend	m²	94	107	**112**	117	129
			79	90	**94**	98	108
92	Innenwand, KS 17,5cm, tragend	m²	104	126	**137**	147	175
			87	106	**115**	123	147
93	Innenwand, KS 24cm, tragend	m²	119	151	**165**	183	233
			100	127	**139**	154	196
94	Innenwand, PP 11,5cm, nichttragend	m²	83	102	**108**	120	144
			70	86	**91**	101	121
95	Innenwand, PP 24cm, tragend	m²	106	129	**143**	145	162
			89	108	**120**	122	136
96	Ausmauerung, Fachwerk 11,5cm	m²	118	157	**174**	209	270
			99	132	**146**	175	226

Mauerarbeiten **Preise €**

Nr.	Positionen	Einheit	►	▷	ø brutto € / ø netto €	◁	◄
97	Außenwand, HLz 36,5cm, tragend	m²	176	199	**214**	227	259
			148	168	**179**	191	218
98	Außenwand, KS L-R 17,5cm, tragend	m²	110	125	**133**	146	165
			92	105	**112**	122	139
99	Außenwand, KS L-R 24cm, tragend	m²	130	149	**153**	167	189
			109	125	**129**	140	159
100	Öffnung überdecken, Ziegelsturz	m	59	68	**75**	77	89
			50	57	**63**	65	75
101	Öffnung überdecken; KS-Sturz, 17,5cm	m	51	68	**75**	89	116
			43	57	**63**	75	97
102	Öffnung überdecken, Betonsturz, 24cm	m	64	75	**117**	124	174
			54	63	**98**	104	147
103	Stundensatz, Facharbeiter/-in	h	85	93	**98**	103	114
			71	78	**82**	86	96
104	Stundensatz, Helfer/-in	h	70	81	**87**	89	94
			59	68	**73**	75	79

Kosten:
Stand 2. Quartal 2026
Bundesdurchschnitt

Nr. **Kurztext** / Langtext — Kostengruppe
► ▷ **ø netto €** ◁ ◄ [Einheit] Ausf.-Dauer Positionsnummer

1 Fundamentmauerwerk abbrechen, entsorgen — KG **394**

Fundamentmauerwerk aus Mauerziegeln mit Mörtel abbrechen und Bauschutt entsorgen.
Mauerwerk: .....
Abmessungen: .....
Ziegelart: .....

224€ 251€ **306€** 374€ 395€ [m³] ⏱ 1,80 h/m³ 312.000.133

2 Streifenfundamente abbrechen, entsorgen — KG **394**

Streifenfundamente aus Mauerwerk und Mörtel abbrechen und Bauschutt entsorgen.
Mauerwerk: .....
Mörtel: .....
Fundamentdicke: .....
Fundamenthöhe: .....

66€ 76€ **92€** 112€ 120€ [m] ⏱ 0,90 h/m 312.000.134

3 Kellerboden abbrechen, Ziegel — KG **394**

Kellerboden aus Ziegelsteinen abbrechen und Bauschutt entsorgen.
Ziegelsteine: .....
Dicke: .....
Bettung: .....

32€ 39€ **46€** 57€ 66€ [m²] ⏱ 0,35 h/m² 312.000.135

► min
▷ von
ø Mittel
◁ bis
◄ max

4 Verblendmauerwerk, abbrechen KG **394**

Verblendmauerwerk aus Mauerwerkssteinen abbrechen und Bauschutt entsorgen.
Mauerwerk: .....
Dicke: .....
Verankerung: .....
Höhe über Standfläche bis: .....

63€	78€	**84€**	101€	106€	[m2]	⏱ 0,85h/m2	312.000.136

5 Außenmauerwerk abbrechen, Ziegel 36,5cm KG **394**

Außenwand aus verputztem Ziegelmauerwerk abbrechen und Bauschutt entsorgen.
Wanddicke: 36,5cm, mit beidseitigem Putz
Format: .....
Verfugung: .....
Höhe über Standfläche bis: .....

156€	289€	**308€**	354€	357€	[m3]	⏱ 2,15h/m3	312.000.137

6 Ziegelpflaster abbrechen, Außenbereich KG **394**

Ziegelpflaster im Außenbereich abbrechen und Bauschutt entsorgen.
Einbauort: .....
Verlegeart: .....
Bettung: .....

27€	35€	**38€**	46€	49€	[m2]	⏱ 0,30h/m2	312.000.138

7 Innenwand abbrechen, Gipswandbauplatte, 10cm KG **394**

Innenwand aus Gipsdiele, abbrechen und Bauschutt entsorgen.
Wanddicke: 10cm
Wandhöhe: .....

48€	56€	**64€**	78€	84€	[m2]	⏱ 0,25h/m2	312.000.139

8 Innenmauerwerk abbrechen, Porenbeton, 17,5cm KG **394**

Innenwand aus Porenbeton abbrechen und Bauschutt entsorgen.
Wanddicke: bis 17,5cm
Wandhöhe: .....

32€	57€	**68€**	82€	90€	[m2]	⏱ 0,50h/m2	312.000.140

9 Innenmauerwerk abbrechen, 11,5cm KG **394**

Innenwand aus beidseitig verputztem Mauerwerk abbrechen und Bauschutt entsorgen.
Mauerwerk: 11,5cm
Mauerwerk aus: .....
Wandhöhe: .....

32€	42€	**51€**	62€	75€	[m2]	⏱ 0,50h/m2	312.000.141

Nr.	Kurztext / Langtext						Kostengruppe
▶	▷	ø netto €	◁	◀	[Einheit]	Ausf.-Dauer	Positionsnummer

10 Innenmauerwerk abbrechen, 24cm — KG **394**

Innenwand aus beidseitig verputztem Mauerwerk abbrechen und Bauschutt entsorgen. Leistung einschl. örtlicher Abfangung mit Stütze und Träger.
Wanddicke: bis 24cm
Mauerwerk aus: .....
Wandhöhe: .....

▶	▷	ø	◁	◀	Einheit	Ausf.-Dauer	Positionsnummer
38€	66€	**75€**	93€	94€	[m²]	⏱ 0,50h/m²	312.000.142

11 Fachwerksausfachung abbrechen, Mauerwerk — KG **394**

Fachwerkausfachung aus Mauerwerk abbrechen, Fachwerkbalken reinigen und Bauschutt entsorgen.
Abbruchort: .....
Wanddicke: .....
Bekleidung: .....
Fachwerkausfachung aus: .....
Wandhöhe: .....

▶	▷	ø	◁	◀	Einheit	Ausf.-Dauer	Positionsnummer
39€	55€	**58€**	75€	96€	[m²]	⏱ 0,55h/m²	312.000.144

12 Deckengewölbe abbrechen, Steine entsorgen — KG **394**

Deckengewölbe aus Steinen abbrechen und Steine und Bauschutt entsorgen.
Konstruktionsart: .....
Deckenstärke: bis 0,25m
Steine: .....
Raumhöhe: .....
Spannweite: .....
Lagerweg: .....

▶	▷	ø	◁	◀	Einheit	Ausf.-Dauer	Positionsnummer
71€	83€	**87€**	110€	116€	[m²]	⏱ 1,70h/m²	312.000.251

13 Sandfüllung ausbauen, Gewölbedecke — KG **394**

Sandfüllung über Gewölbedecke ausbauen und Bauschutt entsorgen.
Schichtdicke: i.M. 8cm

▶	▷	ø	◁	◀	Einheit	Ausf.-Dauer	Positionsnummer
20€	25€	**30€**	38€	39€	[m²]	⏱ 0,20h/m²	312.000.146

14 Decke abbrechen, Kappendecke — KG **394**

Preußische Kappendecke abbrechen und Bauschutt entsorgen.
Deckenstärke: bis 0,25m
Steine: .....
Raumhöhe: .....
Spannweite: .....

▶	▷	ø	◁	◀	Einheit	Ausf.-Dauer	Positionsnummer
96€	121€	**128€**	160€	170€	[m²]	⏱ 1,70h/m²	312.000.147

15 Decke abbrechen, Ziegelhohlkörper — KG **394**

Ziegelhohlkörperdecke einschl. Aufbeton abbrechen und Bauschutt entsorgen.
Deckenstärke: 21cm

▶	▷	ø	◁	◀	Einheit	Ausf.-Dauer	Positionsnummer
65€	84€	**89€**	110€	120€	[m²]	⏱ 0,70h/m²	312.000.148

Kosten:
Stand 2. Quartal 2026
Bundesdurchschnitt

▶ min
▷ von
ø Mittel
◁ bis
◀ max

16 Decke abbrechen, Stb-Hohldielen KG **394**

Stahlbeton-Hohldielen-Decke einschl. Aufbeton abbrechen und Bauschutt entsorgen.
Deckenstärke: 15cm
Raumhöhe: .....
Spannweite: .....

69€	86€	**95€**	116€	123€	[m²]	⏱ 0,70h/m²	312.000.149

17 Ziegelboden reinigen, Besen KG **395**

Bodenflächen aus Ziegelsteinen mit Stahlbesen reinigen und Entsorgung der Reinigungsrückstände.
Fugenausbildung: .....
Höhe über Standfläche bis: .....

16€	21€	**22€**	28€	30€	[m²]	⏱ 0,25h/m²	312.000.151

18 Ziegelfassade reinigen, Wasser KG **395**

Fassade aus gebrannten Ziegeln mit Wasser ohne Zusätze reinigen.
Höhe über Standfläche bis: .....

4€	8€	**10€**	12€	15€	[m²]	⏱ 0,08h/m²	312.000.152

19 Klinkerfassade reinigen, absäuern KG **395**

Klinkerfassade absäuern und abschließend nachwaschen.
Höhe über Standfläche bis: .....

14€	18€	**20€**	24€	27€	[m²]	⏱ 0,20h/m²	312.000.153

20 Klinkermauerwerk reinigen, Dampfstrahlen KG **395**

Klinkermauerwerk durch Dampfstrahlen reinigen, einschl. Entsorgung des Reinigungs- und Restmaterials.
Höhe über Standfläche bis: .....
Hinweis: Das Sammeln von Reinigungs- und Restmaterial, Behandeln oder Trennen sowie Einleitung oder die Entsorgung von Sonderabfall ist gesondert auszuschreiben. Lokale Vorgaben sind vor der Ausschreibung abzuklären.

14€	27€	**31€**	38€	42€	[m²]	⏱ 0,15h/m²	312.000.154

21 Verblendmauerwerk reinigen, Rotationsverfahren KG **395**

Verblendmauerwerk durch Wirbelrotationsverfahren reinigen, einschl. der Reinigungs- und Reststoffe entsorgen.
Höhe über Standfläche bis: .....
Hinweis: Das Sammeln von Reinigungs- und Restmaterial, Behandeln oder Trennen sowie Einleitung oder die Entsorgung von Sonderabfall ist gesondert auszuschreiben. Lokale Vorgaben sind vor der Ausschreibung abzuklären.

9€	14€	**16€**	19€	20€	[m²]	⏱ 0,12h/m²	312.000.156

22 Verblendmauerwerk imprägnieren KG **395**

Verblendmauerwerk im Sprühverfahren zur Reduzierung der Wasseraufnahme imprägnieren.
Auftragsmenge: .....l/m²
Format: .....
Verfugung: .....
Höhe über Standfläche bis: .....
Angeb. Fabrikat: .....

8€	12€	**14€**	17€	21€	[m²]	⏱ 0,10h/m²	312.000.159

300
389
301
302
306
308
309
310
312
313
314
316
317
318
320
321
322

Nr.	Kurztext / Langtext						Kostengruppe
▶	▷	ø netto €	◁	◀	[Einheit]	Ausf.-Dauer	Positionsnummer

23 Verblendmauerwerk hydrophobieren KG **395**

Hydrophobierung von Verblendmauerwerk mit Verfugung als Oberflächenschutz.
Auftragsmenge: .....l/m²
Format: .....
Verfugung: .....
Höhe über Standfläche bis: .....
Angeb. Fabrikat: .....

▶	▷	ø	◁	◀	[Einheit]	Ausf.-Dauer	Positionsnummer
11€	16€	**19€**	23€	35€	[m²]	⏱ 0,15h/m²	312.000.160

24 Mauerwerk hydrophobieren, außen KG **395**

Hydrophobierung von Außenmauerwerk mit Verfugung als Oberflächenschutz.
Auftragsmenge: .....l/m²
Format: .....
Verfugung: .....
Höhe über Standfläche bis: .....
Angeb. Fabrikat: .....

▶	▷	ø	◁	◀	[Einheit]	Ausf.-Dauer	Positionsnummer
15€	22€	**26€**	32€	33€	[m²]	⏱ 0,15h/m²	312.000.161

25 Mauerwerk vorbehandeln, Steinverfestiger KG **395**

Mauerwerk mit Steinverfestiger, ohne hydrophobierende Zusätze, vorbehandeln.
Auftragsmenge: .....g/m²
Höhe über Standfläche bis: .....
Angeb. Fabrikat: .....

▶	▷	ø	◁	◀	[Einheit]	Ausf.-Dauer	Positionsnummer
14€	22€	**25€**	32€	33€	[m²]	⏱ 0,15h/m²	312.000.162

26 Algenbeseitigung, Mauerwerk KG **395**

Schimmel- und Algenbehandlung durch chemische Behandlung und abbürsten, einschl. nachreinigen.
Verbrauch: .....l/m²
Höhe über Standfläche bis: .....
Angeb. Fabrikat: .....

▶	▷	ø	◁	◀	[Einheit]	Ausf.-Dauer	Positionsnummer
16€	18€	**21€**	26€	28€	[m²]	⏱ 0,18h/m²	312.000.163

27 Graffiti-Schutz, Mauerwerk KG **395**

Graffiti-Schutz auf Mauerwerk in mehreren Arbeitsgängen.
Mauerwerksart: .....
Beschichtungsart: **temporär / permanent**
Beschichtungssystem: .....
Verbrauchsmengen: .....
Höhe über Standfläche bis: .....
Angeb. Fabrikat: .....

▶	▷	ø	◁	◀	[Einheit]	Ausf.-Dauer	Positionsnummer
26€	42€	**50€**	64€	75€	[m²]	⏱ 0,18h/m²	312.000.164

Kosten:
Stand 2. Quartal 2026
Bundesdurchschnitt

▶ min
▷ von
ø Mittel
◁ bis
◀ max

28 Kellerfußboden, Rollschicht überarbeiten KG **395**

Kellerfußboden aus Ziegelsteinen als Rollschicht ausbauen, reinigen, lagern und wieder einbauen. Die Unebenheiten in der Bettung sind auszugleichen und die Fugen zu verfüllen.
Ziegelformat (B x L x H): ..... x ..... x .....
Bettung: .....
Lagerweg: .....

▶	▷	ø netto €	◁	◀	[Einheit]	Ausf.-Dauer	Positionsnummer
44€	51€	**60€**	75€	80€	[m²]	⏱ 0,50h/m²	312.000.165

29 Kellerfußboden, Klinkerbelag überarbeiten KG **395**

Kellerfußboden aus Klinkern ausbauen, reinigen, seitlich lagern und wieder einbauen. Unebenheiten der Bettung ausgleichen und Fugen verfüllen.
Ziegelformat (B x L x H): ..... x ..... x .....
Bettung: .....
Lagerweg: .....

▶	▷	ø netto €	◁	◀	[Einheit]	Ausf.-Dauer	Positionsnummer
32€	39€	**45€**	55€	57€	[m²]	⏱ 0,50h/m²	312.000.166

30 Mauerwerksfugen erneuern, außen KG **395**

Außenmauerwerksfugen in Teilbereichen erneuern und Bauschutt entsorgen. Lose Teile entfernen, Fugen reinigen und verfüllen sowie Flächen reinigen.
Mauerwerksart: .....
Fugenmörtel: .....
Höhe über Gelände bis: .....
Flächenanteil: ..... %

▶	▷	ø netto €	◁	◀	[Einheit]	Ausf.-Dauer	Positionsnummer
28€	37€	**47€**	59€	82€	[m²]	⏱ 0,45h/m²	312.000.168

31 Außenmauerwerk ausbessern, bis 25cm KG **395**

Außenmauerwerk aus Ziegel durch Austausch einzelner Steine ausbessern. Die neuen Ziegel passend zum bestehenden Mauerwerk. Leistung einschl. Vorspritzen der ausgebesserten Fläche mit Zementmörtel.
Wanddicke: bis 25cm
Höhe über Standfläche bis: .....
Fehlstellenanteil: .....

▶	▷	ø netto €	◁	◀	[Einheit]	Ausf.-Dauer	Positionsnummer
99€	125€	**143€**	176€	186€	[m²]	⏱ 1,20h/m²	312.000.169

32 Außenmauerwerk ausbessern, bis 50cm KG **395**

Außenmauerwerk aus Ziegel durch Austausch einzelner Steine ausbessern. Die neuen Ziegel passend zum bestehenden Mauerwerk. Leistung einschl. Vorspritzen der ausgebesserten Fläche mit Zementmörtel.
Wanddicke: bis 50cm
Höhe über Standfläche bis: .....
Fehlstellenanteil: .....

▶	▷	ø netto €	◁	◀	[Einheit]	Ausf.-Dauer	Positionsnummer
172€	221€	**246€**	297€	309€	[m²]	⏱ 1,20h/m²	312.000.170

Nr.	Kurztext / Langtext						Kostengruppe
▶	▷	ø netto €	◁	◀	[Einheit]	Ausf.-Dauer	Positionsnummer

33 Außenmauerwerk, Fehlstellen reparieren KG **395**

Ausbrüche und Fehlstellen in Mauerwerk aus Mauerziegeln mit Trasskalkmörtel vermauern und verfugen.
Ausbruchtief: bis 30cm
Mauerziegel: Mz 12-2,0
Fugenausbildung: .....
Fehlstellenanteil: ..... %
Einbauort: .....

▶	▷	ø	◁	◀	Einheit	Ausf.-Dauer	Positionsnummer
185€	225€	**264€**	328€	349€	[m²]	⏱ 3,00h/m²	312.000.172

A 1 Schlitz herstellen, Mauerwerk Beschreibung für Pos. **34-37**

Schlitz in verputztem Mauerwerk nachträglich herstellen und Bauschutt entsorgen.
Druckfestigkeitsklasse: bis Mz 12N/mm²
Wanddicke: .....
Lage: .....

Kosten:
Stand 2. Quartal 2026
Bundesdurchschnitt

34 Schlitz herstellen, Mauerwerk, 5x3cm KG **394**

Wie Ausführungsbeschreibung A 1
Breite: bis 5cm
Tiefe: bis 3cm

▶	▷	ø	◁	◀	Einheit	Ausf.-Dauer	Positionsnummer
6€	13€	**15€**	19€	21€	[m]	⏱ 0,15h/m	312.000.173

35 Schlitz herstellen, Mauerwerk, 10x5cm KG **394**

Wie Ausführungsbeschreibung A 1
Breite: bis 10cm
Tiefe: bis 5cm

▶	▷	ø	◁	◀	Einheit	Ausf.-Dauer	Positionsnummer
8€	16€	**18€**	22€	25€	[m]	⏱ 0,15h/m	312.000.174

36 Schlitz herstellen, Mauerwerk, 30x10cm KG **394**

Wie Ausführungsbeschreibung A 1
Breite: bis 30cm
Tiefe: bis 10cm

▶	▷	ø	◁	◀	Einheit	Ausf.-Dauer	Positionsnummer
17€	35€	**43€**	49€	57€	[m]	⏱ 0,20h/m	312.000.175

37 Schlitz herstellen, Mauerwerk, 30x15cm KG **394**

Wie Ausführungsbeschreibung A 1
Breite: bis 30cm
Tiefe: bis 15cm

▶	▷	ø	◁	◀	Einheit	Ausf.-Dauer	Positionsnummer
21€	55€	**63€**	74€	78€	[m]	⏱ 0,20h/m	312.000.176

▶ min
▷ von
ø Mittel
◁ bis
◀ max

A 2 Schlitz schließen, Mauerwerk — Beschreibung für Pos. **38-42**

Schlitz in verputztem Mauerwerk schließen und Wandfläche mit bündigem Anschluss verputzen. Der Bauschutt ist zu entsorgen und die Oberfläche ist an den Putzbestand anzugleichen.
Lage: .....
Bestandsputz: .....

38 Schlitz schließen, Mauerwerk, 5x3cm — KG **395**

Wie Ausführungsbeschreibung A 2
Breite: bis 5cm
Tiefe: bis 3cm

8€	11€	**12€**	15€	19€	[m]	⏱ 0,08h/m	312.000.177

39 Schlitz schließen, Mauerwerk, 10x5cm — KG **395**

Wie Ausführungsbeschreibung A 2
Breite: bis 10cm
Tiefe: bis 5cm

10€	15€	**18€**	21€	28€	[m]	⏱ 0,08h/m	312.000.178

40 Schlitz schließen, Mauerwerk, 30x10cm — KG **395**

Wie Ausführungsbeschreibung A 2
Breite: bis 30cm
Tiefe: bis 10cm

14€	22€	**27€**	33€	51€	[m]	⏱ 0,08h/m	312.000.179

41 Schlitz schließen, gedämmt, Mauerwerk, 10x5cm — KG **395**

Wie Ausführungsbeschreibung A 2
Dämmung: .....
Breite: bis 10cm
Tiefe: bis 5cm

16€	23€	**28€**	34€	36€	[m]	⏱ 0,08h/m	312.000.180

42 Schlitz schließen, gedämmt, Mauerwerk, 30x15cm — KG **395**

Wie Ausführungsbeschreibung A 2
Dämmung: .....
Breite: bis 30cm
Tiefe: bis 15cm

34€	45€	**51€**	61€	71€	[m]	⏱ 0,08h/m	312.000.181

43 Putzträger, Schlitz, Metall verzinkt — KG **395**

Putzträger über Schlitz in Mauerwerk aus verzinktem Rippenstreckmetall.
Breite: .....
Lage: .....

35€	49€	**57€**	69€	78€	[m²]	⏱ 0,15h/m²	312.000.182

Nr.	Kurztext / Langtext						Kostengruppe
▶	▷	ø netto €	◁	◀	[Einheit]	Ausf.-Dauer	Positionsnummer

A 3 Sturzauflager stemmen — Beschreibung für Pos. **44-45**

Sturzauflager für Träger oder Sturz stemmen, Auflagerflächen mit Mörtel abgleichen und Bauschutt entsorgen.
Wand: Mauerwerk, ...

44 Sturzauflager stemmen, bis 15cm — KG **395**

Wie Ausführungsbeschreibung A 3
Auflagerlänge: bis 24cm
Auflagerhöhe: bis 22cm
Wanddicke: bis 15cm
Abstützung: .....
Sicherung: .....
Hinweis: Abstütz- und Sicherungsmaßnahmen sind gesondert auszuschreiben.

▶	▷	ø	◁	◀	Einheit	Ausf.-Dauer	Positionsnummer
46€	59€	**65€**	82€	87€	[St]	0,45h/St	312.000.183

45 Sturzauflager stemmen, bis 30cm — KG **395**

Wie Ausführungsbeschreibung A 3
Auflagerlänge: bis 24cm
Auflagerhöhe: bis 22cm
Wanddicke: bis 30cm
Abstützung: .....
Sicherung: .....
Hinweis: Abstütz- und Sicherungsmaßnahmen sind gesondert auszuschreiben.

▶	▷	ø	◁	◀	Einheit	Ausf.-Dauer	Positionsnummer
74€	88€	**100€**	127€	136€	[St]	0,55h/St	312.000.184

46 Fensteröffnung ausbrechen, bis 40cm — KG **394**

Fensteröffnung im Ziegelaußenmauerwerk ausbrechen Bauschutt entsorgen. Leistung einschl. Einschneiden des vorhandenen Wandputzes vor Abbruch.
Größe: bis 1,0m²
Wanddicke: bis 40cm
Abstützung: .....
Sicherung: .....
Hinweis: Abstütz- und Sicherungsmaßnahmen sind gesondert auszuschreiben.

▶	▷	ø	◁	◀	Einheit	Ausf.-Dauer	Positionsnummer
125€	149€	**176€**	214€	225€	[m²]	2,00h/m²	312.000.186

47 Fensteröffnung ausbrechen, bis 60cm — KG **394**

Fensteröffnung im Ziegelaußenmauerwerk ausbrechen Bauschutt entsorgen. Leistung einschl. Einschneiden des vorhandenen Wandputzes vor Abbruch.
Größe: bis 1,5m²
Wanddicke: bis 60cm
Abstützung: .....
Sicherung: .....
Hinweis: Abstütz- und Sicherungsmaßnahmen sind gesondert auszuschreiben.

▶	▷	ø	◁	◀	Einheit	Ausf.-Dauer	Positionsnummer
152€	200€	**227€**	282€	298€	[m²]	2,00h/m²	312.000.187

Kosten:
Stand 2.Quartal 2026
Bundesdurchschnitt

▶ min
▷ von
ø Mittel
◁ bis
◀ max

48 Türöffnung ausbrechen, Mauerwerk bis 15cm KG **394**

Türöffnung in Wänden aus Ziegelmauerwerk, beidseitig geputzt, ausbrechen und Bauschutt entsorgen. Leistung einschl. Einschneiden des vorhandenen Wandputzes vor Abbruch.
Durchbruchsgröße: bis 2,5 m^2
Wanddicke: bis 15 cm
Abstützung: .....
Sicherung: .....
Hinweis: Abstütz- und Sicherungsmaßnahmen sind gesondert auszuschreiben.

66€ 93€ **103€** 128€ 175€ [m^2] ⏱ 0,85 h/m^2 312.000.188

49 Türöffnung ausbrechen, Mauerwerk bis 30cm KG **394**

Türöffnung in Wänden aus Ziegelmauerwerk, beidseitig geputzt, ausbrechen und Bauschutt entsorgen. Leistung einschl. Einschneiden des vorhandenen Wandputzes vor Abbruch.
Durchbruchsgröße: bis 2,5 m^2
Wanddicke: bis 30 cm
Abstützung: .....
Sicherung: .....
Hinweis: Abstütz- und Sicherungsmaßnahmen sind gesondert auszuschreiben.

83€ 140€ **169€** 208€ 240€ [m^2] ⏱ 0,85 h/m^2 312.000.189

50 Türöffnung ausbrechen, Mauerwerk bis 60cm KG **394**

Türöffnung in Wänden aus Ziegelmauerwerk, beidseitig geputzt, ausbrechen und Bauschutt entsorgen. Leistung einschl. Einschneiden des vorhandenen Wandputzes vor Abbruch.
Durchbruchsgröße: bis 2,5 m^2
Wanddicke: bis 60 cm
Abstützung: .....
Sicherung: .....
Hinweis: Abstütz- und Sicherungsmaßnahmen sind gesondert auszuschreiben.

172€ 213€ **253€** 309€ 327€ [m^2] ⏱ 1,50 h/m^2 312.000.190

51 Fensteröffnung schließen, AW bis 30cm KG **395**

Fensteröffnung mit Mauerziegeln schließen, inkl. Verzahnung mit dem vorhandenen Mauerwerk.
Steinart: .....
Wärmedurchgangskoeffizient: .....
Format: .....
Mörtelklasse: .....
Größe: bis 1,0 m^2
Wanddicke: bis 30 cm

144€ 171€ **199€** 245€ 257€ [m^2] ⏱ 2,30 h/m^2 312.000.191

Nr.	Kurztext / Langtext						Kostengruppe
▶	▷	ø netto €	◁	◀	[Einheit]	Ausf.-Dauer	Positionsnummer

52 Fensteröffnung schließen, AW bis 60cm KG **395**

Fensteröffnung mit Mauerziegeln schließen, inkl. Verzahnung mit dem vorhandenen Mauerwerk.
Steinart: .....
Wärmedurchgangskoeffizient: .....
Format: .....
Mörtelklasse: .....
Größe: bis 1,0 m^2
Wanddicke: bis 60cm

197€	244€	**277€**	332€	377€	[m^2]	⏱ 2,50 h/m^2	312.000.192

53 Türöffnung schließen, IW bis 15cm KG **395**

Türöffnung in Innenwand mit Hochlochziegeln schließen, inkl. Verzahnung mit dem vorhandenen Mauerwerk.
Steinart: .....
Format: .....
Mörtelklasse: .....
Größe: bis 1,00 x 2,10m
Wanddicke: bis 15cm

84€	112€	**127€**	137€	158€	[m^2]	⏱ 1,00 h/m^2	312.000.193

54 Türöffnung schließen, IW bis 30cm KG **395**

Türöffnung in Innenwand mit Hochlochziegeln schließen, inkl. Verzahnung mit dem vorhandenen Mauerwerk.
Steinart: .....
Format: .....
Mörtelklasse: .....
Größe: bis 1,00 x 2,10m
Wanddicke: bis 30cm

137€	172€	**184€**	249€	316€	[m^2]	⏱ 1,00 h/m^2	312.000.194

A 4 Wanddurchbruch, Dicke 20cm Beschreibung für Pos. **55-58**

Wanddurchbruch im Mauerwerk nachträglich herstellen und Bauschutt entsorgen. Vorhandenen Putz vorher durch Einschneiden trennen.
Druckfestigkeitsklasse: Mauerziegel bis 12 N/mm^2
Wanddicke: bis 20cm

55 Wanddurchbruch, bis 100cm², 20cm KG **394**

Wie Ausführungsbeschreibung A 4
Lochquerschnitt: bis 100 cm^2

19€	29€	**34€**	42€	54€	[St]	⏱ 0,35 h/St	312.000.195

56 Wanddurchbruch, bis 500cm², 20cm KG **394**

Wie Ausführungsbeschreibung A 4
Lochquerschnitt: 100 bis 500 cm^2

30€	42€	**51€**	62€	64€	[St]	⏱ 0,50 h/St	312.000.196

Kosten:
Stand 2. Quartal 2026
Bundesdurchschnitt

▶ min
▷ von
ø Mittel
◁ bis
◀ max

Nr.	Kurztext / Langtext						Kostengruppe
▶	▷	ø netto €	◁	◀	[Einheit]	Ausf.-Dauer	Positionsnummer

57 Wanddurchbruch, bis 1.000cm², 20cm KG **394**

Wie Ausführungsbeschreibung A 4
Lochquerschnitt: 500 bis 1.000 cm²

36€	57€	**69€**	83€	92€	[St]	⏱ 0,75 h/St	312.000.197

58 Wanddurchbruch, bis 2.500cm², 20cm KG **394**

Wie Ausführungsbeschreibung A 4
Lochquerschnitt: 1.000 bis 2.500 cm²

38€	74€	**90€**	110€	123€	[St]	⏱ 0,90 h/St	312.000.198

A 5 Wanddurchbruch, Dicke 40cm Beschreibung für Pos. **59-62**

Wanddurchbruch im Mauerwerk nachträglich herstellen und Bauschutt entsorgen. Vorhandenen Putz vorher durch Einschneiden trennen.
Druckfestigkeitsklasse: Mauerziegel bis 12 N/mm²
Wanddicke: bis 40 cm

59 Wanddurchbruch, bis 100cm², 40cm KG **394**

Wie Ausführungsbeschreibung A 5
Lochquerschnitt: bis 100 cm²

33€	44€	**51€**	96€	108€	[St]	⏱ 0,50 h/St	312.000.199

60 Wanddurchbruch, bis 500cm², 40cm KG **394**

Wie Ausführungsbeschreibung A 5
Lochquerschnitt: 100 bis 500 cm²

41€	58€	**69€**	84€	127€	[St]	⏱ 0,75 h/St	312.000.200

61 Wanddurchbruch, bis 1.000cm², 40cm KG **394**

Wie Ausführungsbeschreibung A 5
Lochquerschnitt: 500 bis 1.000 cm²

45€	79€	**94€**	115€	153€	[St]	⏱ 1,10 h/St	312.000.201

62 Wanddurchbruch, bis 2.500cm², 40cm KG **394**

Wie Ausführungsbeschreibung A 5
Lochquerschnitt: 1.000 bis 2.500 cm²

80€	111€	**135€**	159€	182€	[St]	⏱ 1,40 h/St	312.000.202

Nr.	Kurztext / Langtext						Kostengruppe
►	▷	ø netto €	◁	◄	[Einheit]	Ausf.-Dauer	Positionsnummer

A 6 Wanddurchbruch schließen, Dicke 20cm — Beschreibung für Pos. **63-66**

Wanddurchbruch im Mauerwerk mit Mörtel und Steinmaterial schließen. Flächen bündig mit dem Mauerwerk abgleichen und Bauschutt entsorgen.
Wanddicke: bis 20cm
Ziegelart: .....

63 Wanddurchbruch schließen, bis 100cm², 20cm — KG **395**

Wie Ausführungsbeschreibung A 6
Lochquerschnitt: bis 100cm²

►	▷	ø	◁	◄	Einheit	Ausf.-Dauer	Positionsnummer
21€	32€	**39€**	48€	53€	[St]	⏱ 0,25h/St	312.000.203

64 Wanddurchbruch schließen, bis 500cm², 20cm — KG **395**

Wie Ausführungsbeschreibung A 6
Lochquerschnitt: 100 bis 500cm²

►	▷	ø	◁	◄	Einheit	Ausf.-Dauer	Positionsnummer
34€	43€	**50€**	61€	73€	[St]	⏱ 0,50h/St	312.000.204

65 Wanddurchbruch schließen, bis 1.000cm², 20cm — KG **395**

Wie Ausführungsbeschreibung A 6
Lochquerschnitt: 500 bis 1.000cm²

►	▷	ø	◁	◄	Einheit	Ausf.-Dauer	Positionsnummer
46€	71€	**73€**	90€	127€	[St]	⏱ 0,75h/St	312.000.205

66 Wanddurchbruch schließen, bis 2.500cm², 20cm — KG **395**

Wie Ausführungsbeschreibung A 6
Lochquerschnitt: 1.000 bis 2.500cm²

►	▷	ø	◁	◄	Einheit	Ausf.-Dauer	Positionsnummer
61€	88€	**99€**	119€	137€	[St]	⏱ 1,00h/St	312.000.206

A 7 Wanddurchbruch schließen, Dicke 40cm — Beschreibung für Pos. **67-70**

Wanddurchbruch im Mauerwerk mit Mörtel und Steinmaterial schließen. Flächen bündig mit dem Mauerwerk abgleichen und Bauschutt entsorgen.
Wanddicke: bis 40cm
Ziegelart: .....

67 Wanddurchbruch schließen, bis 100cm², 40cm — KG **395**

Wie Ausführungsbeschreibung A 7
Lochquerschnitt: bis 100cm²

►	▷	ø	◁	◄	Einheit	Ausf.-Dauer	Positionsnummer
33€	53€	**63€**	77€	91€	[St]	⏱ 0,30h/St	312.000.207

68 Wanddurchbruch schließen, bis 500cm², 40cm — KG **395**

Wie Ausführungsbeschreibung A 7
Lochquerschnitt: 100 bis 500cm²

►	▷	ø	◁	◄	Einheit	Ausf.-Dauer	Positionsnummer
46€	74€	**87€**	106€	112€	[St]	⏱ 0,70h/St	312.000.208

Kosten:
Stand 2. Quartal 2026
Bundesdurchschnitt

► min
▷ von
ø Mittel
◁ bis
◄ max

Nr.	Kurztext / Langtext						Kostengruppe
▶	▷	ø netto €	◁	◀	[Einheit]	Ausf.-Dauer	Positionsnummer

69 **Wanddurchbruch schließen, bis 1.000cm², 40cm** KG **395**

Wie Ausführungsbeschreibung A 7
Lochquerschnitt: 500 bis 1.000 cm²

62€ | 85€ | **100€** | 122€ | 144€ | [St] | ⏱ 0,90 h/St | 312.000.209

70 **Wanddurchbruch schließen, bis 2.500cm², 40cm** KG **395**

Wie Ausführungsbeschreibung A 7
Lochquerschnitt: 1.000 bis 2.500 cm²

74€ | 107€ | **127€** | 155€ | 164€ | [St] | ⏱ 1,20 h/St | 312.000.210

A 8 **Deckendurchbruch, Dicke 20cm** Beschreibung für Pos. **71-73**

Deckendurchbruch in Ziegeldecke nachträglich im statisch nicht tragenden Bereich herstellen und Bauschutt entsorgen.
Deckenmaterial: Ziegelhohlkörper
Deckendicke: bis 20 cm

71 **Deckendurchbruch, bis 100cm², 20cm** KG **394**

Wie Ausführungsbeschreibung A 8
Lochquerschnitt: bis 100 cm²

38€ | 58€ | **60€** | 73€ | 84€ | [St] | ⏱ 0,45 h/St | 312.000.211

72 **Deckendurchbruch, bis 500cm², 20cm** KG **394**

Wie Ausführungsbeschreibung A 8
Lochquerschnitt: 100 bis 500 cm²

42€ | 65€ | **73€** | 91€ | 101€ | [St] | ⏱ 0,60 h/St | 312.000.212

73 **Deckendurchbruch, bis 1.000cm², 20cm** KG **394**

Wie Ausführungsbeschreibung A 8
Lochquerschnitt: 500 bis 1.000 cm²

48€ | 72€ | **82€** | 97€ | 104€ | [St] | ⏱ 0,90 h/St | 312.000.213

74 **Deckendurchbruch, bis 500cm², 30cm** KG **394**

Deckendurchbruch in Ziegeldecke nachträglich im statisch nicht tragenden Bereich herstellen und Bauschutt entsorgen.
Deckenmaterial: Ziegelhohlkörper
Lochquerschnitt: 100 bis 500 cm²
Deckendicke: bis 30 cm

50€ | 69€ | **83€** | 101€ | 104€ | [St] | ⏱ 0,75 h/St | 312.000.214

300
389
301
302
306
308
309
310
312
313
314
316
317
318
320
321
322

Nr.	Kurztext / Langtext						Kostengruppe
►	▷	ø netto €	◁	◀	[Einheit]	Ausf.-Dauer	Positionsnummer

A 9 Deckendurchbruch schließen, Dicke 20cm — Beschreibung für Pos. **75-77**

Deckendurchbruch in Ziegeldecke mit Mörtel und Schalung schließen.
Lochquerschnitt: bis 100cm²
Deckendicke: bis 20cm

75 Deckendurchbruch schließen, bis 100cm², 20cm — KG **395**

Wie Ausführungsbeschreibung A 9
Lochquerschnitt: bis 100cm²

27€	36€	**42€**	51€	55€	[St]	⏱ 0,35h/St	312.000.215

76 Deckendurchbruch schließen, bis 500cm², 20cm — KG **395**

Wie Ausführungsbeschreibung A 9
Lochquerschnitt: 100 bis 500cm²

51€	66€	**75€**	88€	90€	[St]	⏱ 0,60h/St	312.000.216

77 Deckendurchbruch schließen, bis 1.000cm², 20cm — KG **395**

Wie Ausführungsbeschreibung A 9
Lochquerschnitt: 500 bis 1.000cm²

79€	93€	**109€**	133€	136€	[St]	⏱ 0,90h/St	312.000.217

78 Deckendurchbruch schließen, bis 500cm², 30cm — KG **395**

Deckendurchbruch in Ziegeldecke mit Mörtel und Schalung schließen.
Lochquerschnitt: 100 bis 500cm²
Deckendicke: bis 30cm

64€	91€	**105€**	127€	133€	[St]	⏱ 0,80h/St	312.000.218

79 Baustelleneinrichtung, Bohren/Sägen — KG **391**

Baustelle für Bohr- und Sägearbeiten einrichten, vorhalten und abschließend wieder räumen.
Vorhaltezeit: .....

–	187€	**218€**	264€	–	[psch]	⏱ 1,50h/psch	312.000.219

80 Bohreinrichtung umsetzen — KG **391**

Bohreinrichtung geschossweise umsetzen.

–	80€	**91€**	113€	–	[psch]	⏱ 1,25h/psch	312.000.220

81 Mauerwerk schneiden, Wand, Mz bis 36cm — KG **394**

Mauerwerksschnitte in Ziegelwänden herstellen und Bauschutt entsorgen.
Ausführung: einseitig
Schnitttiefe: bis 36,0cm

41€	55€	**63€**	76€	81€	[m]	⏱ 1,30h/m	312.000.221

Kosten:
Stand 2.Quartal 2026
Bundesdurchschnitt

► min
▷ von
ø Mittel
◁ bis
◀ max

82 **Mauerwerk schneiden, Wand, KS bis 17,5cm** KG **394**

Mauerwerkschnitt in Innenwänden aus Kalksandstein mit Bekleidungen einschl. Entsorgung des Bauschutts.
Baustoff: Kalksandstein, bis 20-1,8
Bekleidung: .....
Ausführung: zweiseitig
Durchbruchsgröße: .....
Wanddicke/Schnitttiefe: bis 17,5 cm
Überschneidungen an den Ecken **zulässig / nicht zulässig** (siehe ATV DIN 18459, Abs. 0.2.14)

31€ 45€ **54€** 65€ 67€ [m] ⏱ 0,85 h/m 312.000.222

83 **Mauerwerk schneiden, Wand, KS bis 24cm** KG **394**

Mauerwerkschnitt in Innenwänden aus Kalksandstein mit Bekleidungen einschl. Entsorgung des Bauschutts.
Baustoff: Kalksandstein, bis 20-1,8
Bekleidung: .....
Ausführung: zweiseitig
Durchbruchsgröße: .....
Wanddicke/Schnitttiefe: bis 24,0 cm
Überschneidungen an den Ecken **zulässig / nicht zulässig** (siehe ATV DIN 18459, Abs. 0.2.14)

70€ 86€ **97€** 119€ 129€ [m] ⏱ 1,00 h/m 312.000.223

A 10 **Kernbohrung, Mauerwerk** Beschreibung für Pos. **84-89**

Kernbohrung mit Diamantbohrkronen in Ziegelwand herstellen und Bauschutt entsorgen.
Bohrrichtung: .....

84 **Kernbohrung, Mauerwerk, 10-50mm** KG **394**

Wie Ausführungsbeschreibung A 10
Durchmesser: 10-50 mm

122€ 168€ **200€** 242€ 256€ [m] ⏱ 0,90 h/m 312.000.224

85 **Kernbohrung, Mauerwerk, 55-80mm** KG **394**

Wie Ausführungsbeschreibung A 10
Durchmesser: 55-80 mm

152€ 196€ **242€** 292€ 307€ [m] ⏱ 1,40 h/m 312.000.225

86 **Kernbohrung, Mauerwerk, 85-110mm** KG **394**

Wie Ausführungsbeschreibung A 10
Durchmesser: 85-110 mm

157€ 210€ **253€** 311€ 326€ [m] ⏱ 2,00 h/m 312.000.226

87 **Kernbohrung, Mauerwerk, 115-130mm** KG **394**

Wie Ausführungsbeschreibung A 10
Durchmesser: 115-130 mm

185€ 245€ **303€** 361€ 373€ [m] ⏱ 2,40 h/m 312.000.227

Nr.	Kurztext / Langtext						Kostengruppe
▶	▷	ø netto €	◁	◀	[Einheit]	Ausf.-Dauer	Positionsnummer

88 Kernbohrung, Mauerwerk, 130-150mm KG **394**

Wie Ausführungsbeschreibung A 10
Durchmesser: 130-150mm

▶	▷	ø netto €	◁	◀	[Einheit]	Ausf.-Dauer	Positionsnummer
200€	271€	**322€**	387€	393€	[m]	⏱ 2,80h/m	312.000.228

89 Kernbohrung, Mauerwerk, 150-200mm KG **394**

Wie Ausführungsbeschreibung A 10
Durchmesser: 150-200mm

▶	▷	ø netto €	◁	◀	[Einheit]	Ausf.-Dauer	Positionsnummer
271€	325€	**382€**	462€	497€	[m]	⏱ 3,30h/m	312.000.229

90 Innenwand, HLz 11,5cm, nichttragend KG **342**

Mauerwerk der nichttragenden Innenwand nach Normenreihe DIN EN 1996 aus Mauerziegel mit Stoßfugenvermörtelung, späteren Putzauftrag.
Einbauort: in allen Geschossen
Wandhöhe: bis .....m
Wanddicke: 11,5cm
Wandfunktion: nichttragend
Steinart: HLz
Festigkeitsklasse: .....
Rohdichteklasse: .....
Format: .....
Normalmauermörtel Mörtelklasse M 10

▶	▷	ø netto €	◁	◀	[Einheit]	Ausf.-Dauer	Positionsnummer
67€	78€	**83€**	91€	105€	[m^2]	⏱ 0,40h/m^2	312.000.241

91 Innenwand, KS 11,5cm, nichttragend KG **342**

Mauerwerk der Innenwand nach Normenreihe DIN EN 1996, aus Kalksandstein für Putzauftrag mit Nut und Feder, ohne Stoßfugenvermörtelung.
Einbauort: in allen Geschossen
Wandhöhe: bis .....m
Wanddicke: 11,50cm
Wandfunktion: nichttragend
Steinart: .....
Festigkeitsklasse: .....
Rohdichteklasse: .....
Format: .....
Mörtelklasse: 2,5

▶	▷	ø netto €	◁	◀	[Einheit]	Ausf.-Dauer	Positionsnummer
79€	90€	**94€**	98€	108€	[m^2]	⏱ 0,40h/m^2	312.000.242

Kosten:
Stand 2. Quartal 2026
Bundesdurchschnitt

▶ min
▷ von
ø Mittel
◁ bis
◀ max

92 **Innenwand, KS 17,5cm, tragend** KG **341**

Mauerwerk der Innenwand nach Normenreihe DIN EN 1996 aus Kalksandstein für Putzauftrag mit Nut und Feder, ohne Stoßfugenvermörtelung.
Einbauort: in allen Geschossen
Wandhöhe: bis .....m
Wanddicke: 17,5cm
Wandhöhe: bis .....m
Steinart: .....
Festigkeitsklasse: .....
Rohdichteklasse: .....
Format: .....
Normalmauermörtel Mörtelklasse M 2,5

87€ 106€ **115€** 123€ 147€ [m²] ⏱ 0,30h/m² 312.000.243

93 **Innenwand, KS 24cm, tragend** KG **341**

Mauerwerk der Innenwand, aus Kalksandstein für Putzauftrag mit Nut und Feder, ohne Stoßfugenvermörtelung.
Einbauort: in allen Geschossen
Wanddicke: 24,0cm
Wandhöhe: bis .....m
Wandfunktion: tragend
Steinart: .....
Festigkeitsklasse: .....
Rohdichteklasse: .....
Format: .....
Normalmauermörtel Mörtelklasse M 2,5

100€ 127€ **139€** 154€ 196€ [m²] ⏱ 0,37h/m² 312.000.244

94 **Innenwand, PP 11,5cm, nichttragend** KG **342**

Mauerwerk der nichttragenden Innenwand nach Normenreihe DIN EN 1996 aus Porenbeton-Planelementen mit Dünnbettmörtel, für Dünnputzauftrag.
Einbauort: in allen Geschossen
Wandhöhe: bis .....m
Wanddicke: 11,5cm
Wandfunktion: .....
Steinart: .....
Stoßfugen: .....
Festigkeitsklasse: .....
Rohdichteklasse: .....
Format: .....

70€ 86€ **91€** 101€ 121€ [m²] ⏱ 0,30h/m² 312.000.245

Nr.	Kurztext / Langtext						Kostengruppe
▶	▷	ø netto €	◁	◀	[Einheit]	Ausf.-Dauer	Positionsnummer

95 Innenwand, PP 24cm, tragend KG **341**

Mauerwerk der nichttragenden Innenwand nach Normenreihe DIN EN 1996 aus Porenbeton-Planelementen mit Dünnbettmörtel, für Dünnputzauftrag.
Einbauort: in allen Geschossen
Wandhöhe: bis .....m
Wanddicke: 24,0cm
Wandfunktion: .....
Steinart: .....
Stoßfugen: .....
Festigkeitsklasse: .....
Rohdichteklasse: .....
Format: .....

▶	▷	ø	◁	◀	Einheit	Ausf.-Dauer	Positionsnummer
89€	108€	**120€**	122€	136€	[m²]	⏱ 0,35h/m²	312.000.246

Kosten:
Stand 2.Quartal 2026
Bundesdurchschnitt

96 Ausmauerung, Fachwerk 11,5cm KG **342**

Mauerwerk als Ausmauerung von Holzfachwerk, aus Hochlochziegeln, mit Stoßfugenvermörtelung, inkl. Maueranker und Anschließen an Gebälk (in jeder 4. Lagerfuge).
Einbauort: in allen Geschossen
Arbeitshöhe: bis .....m
Wanddicke: 11,5cm
Steinart: HLz
Festigkeitsklasse: .....
Rohdichteklasse: .....
Format: .....
Normalmauermörtel Mörtelklasse M 10
Nennwert der Wärmeleitfähigkeit: .....W/(m·K)
Bemessungswert der Wärmeleitfähigkeit: .....W/(m·K)
Verband: .....
Fugenausbildung: .....
Feldbreite: 600 bis 800mm

▶	▷	ø	◁	◀	Einheit	Ausf.-Dauer	Positionsnummer
99€	132€	**146€**	175€	226€	[m²]	⏱ 0,85h/m²	312.000.247

97 Außenwand, HLz 36,5cm, tragend KG **331**

Außenwand als Mauerwerk aus Hochlochziegel mit Nut und Feder für Putzauftrag mit Dünnbettmörtel und ohne Stoßfugenvermörtelung.
Wanddicke: 36,5cm
Stein: HLz 8/0,8
Format: 12DF
Mörtelklasse: Dünnbettmörtel M 10
Wärmeleitrechenwert: 0,18W/(m·K)
Einbauort: .....
Arbeitshöhe: .....m

▶	▷	ø	◁	◀	Einheit	Ausf.-Dauer	Positionsnummer
148€	168€	**179€**	191€	218€	[m²]	⏱ 0,90h/m²	312.000.248

▶ min
▷ von
ø Mittel
◁ bis
◀ max

98 Außenwand, KS L-R 17,5cm, tragend KG **331**

Mauerwerk der tragenden Außenwand aus Kalksandstein KS L-R, für zweischaliges, hinterlüftetes Mauerwerk, für einseitigen Putzauftrag, ohne Stoßfugenvermörtelung, Steine mit Nut und Feder. Drahtanker in gesonderter Position.
Wandfunktion: **Hintermauerung / Tragschale**
Wanddicke: 17,5cm
Steinart: KS L-R
Festigkeitsklasse: 12 N/mm²
Rohdichteklasse: 1,6 kg/dm³
Format: 12 DF (373 x 175 x 248 mm)
Mörtelklasse: Dünnbettmörtel M 10
Einbauort: in allen Geschossen
Arbeitshöhe: ..... m

92€	105€	**112€**	122€	139€	[m²]	⏱ 0,50 h/m²	312.000.236

99 Außenwand, KS L-R 24cm, tragend KG **331**

Mauerwerk der tragenden Außenwand aus Kalksandstein KS L-R, für zweischaliges, hinterlüftetes Mauerwerk, für einseitigen Putzauftrag, ohne Stoßfugenvermörtelung, Steine mit Nut und Feder. Drahtanker in gesonderter Position.
Wandfunktion: **Hintermauerung / Tragschale**
Wanddicke: 24,0cm
Steinart: KS L-R
Festigkeitsklasse: 12 N/mm²
Rohdichteklasse: 1,8 kg/dm³
Format: 4 DF (240 x 240 x 248 mm)
Mörtelklasse: Dünnbettmörtel M 10
Einbauort: in allen Geschossen
Arbeitshöhe: ..... m

109€	125€	**129€**	140€	159€	[m²]	⏱ 0,60 h/m²	312.000.237

100 Öffnung überdecken, Ziegelsturz KG **342**

Öffnung in Ziegelmauerwerk mit Ziegelflachstürzen überdecken, 2 Stürze nebeneinander, gemäß Statik.
Sturzquerschnitt: Dicke 115 mm, Höhe 113 mm
Lichte Öffnungsweite: .....

50€	57€	**63€**	65€	75€	[m]	⏱ 0,25 h/m	312.000.238

101 Öffnung überdecken; KS-Sturz, 17,5cm KG **341**

Öffnung mit Kalksandsteinsturz überdecken, tragend, gemäß Statik.
Wanddicke: 17,5cm
Sturzquerschnitt: .....
Lichte Öffnungsweite: .....

43€	57€	**63€**	75€	97€	[m]	⏱ 0,30 h/m	312.000.239

300 389 301 302 306 308 309 310 312 313 314 316 317 318 320 321 322

Nr.	Kurztext / Langtext						Kostengruppe
▶	▷	ø netto €	◁	◀	[Einheit]	Ausf.-Dauer	Positionsnummer

102 Öffnung überdecken, Betonsturz, 24cm KG **341**

Fertigteilsturz aus Stahlbeton, bewehrt, über Öffnung in Mauerwerkswand, gemäß Statik.
Wanddicke: .....
Sturzquerschnitt: Dicke 240mm, Höhe 238mm
Lichte Öffnungsweite: .....
Oberfläche: für bauseitiges Verputzen
Kanten: scharfkantig

54€	63€	**98€**	104€	147€	[m]	⏱ 0,35h/m	312.000.240

103 Stundensatz, Facharbeiter/-in

Stundenlohnarbeiten für Facharbeiter/-in, Spezialfacharbeiter/-in, Vorarbeiter/-in und jeweils Gleichgestellte. Der Verrechnungssatz für die jeweilige Arbeitskraft umfasst sämtliche Aufwendungen wie Lohn- und Gehaltskosten, lohn- und gehaltsgebundene Kosten, Lohn- und Gehaltsnebenkosten.

71€	78€	**82€**	86€	96€	[h]	⏱ 1,00h/h	312.000.249

104 Stundensatz, Helfer/-in

Stundenlohnarbeiten für Werker/-in, Fachwerker/-in und jeweils Gleichgestellte. Der Verrechnungssatz für die jeweilige Arbeitskraft umfasst sämtliche Aufwendungen wie Lohn- und Gehaltskosten, lohn- und gehaltsgebundene Kosten, Lohn- und Gehaltsnebenkosten.

59€	68€	**73€**	75€	79€	[h]	⏱ 1,00h/h	312.000.250

Kosten:
Stand 2. Quartal 2026
Bundesdurchschnitt

▶ min
▷ von
ø Mittel
◁ bis
◀ max

313

Kosten:
Stand 2. Quartal 2026
Bundesdurchschnitt

▶ min
▷ von
ø Mittel
◁ bis
◀ max

Nr.	Positionen	Einheit	▶	▷	ø brutto € / ø netto €	◁	◀
1	Fundament abbrechen, Stahlbeton	m³	163	251	**326**	375	414
			137	211	**274**	315	348
2	Bodenplatte abbrechen, Beton	m³	159	221	**294**	353	409
			134	186	**247**	297	344
3	Bodenplatte abbrechen, Stahlbeton	m³	230	294	**328**	345	397
			193	247	**276**	290	333
4	Außentreppenstufen abbrechen, Beton	St	270	335	**356**	413	452
			227	281	**299**	347	380
5	Kelleraußenwände abbrechen, Beton	m³	319	384	**431**	492	530
			268	323	**362**	413	446
6	Kelleraußenwände abbrechen, Stahlbeton	m³	369	455	**479**	579	608
			310	382	**402**	487	511
7	Außenwände abbrechen, Stahlbeton	m³	372	446	**496**	560	615
			312	375	**416**	471	516
8	Innenwände abbrechen, Stahlbeton bis 15cm	m³	297	382	**406**	475	508
			249	321	**342**	400	427
9	Innenwände abbrechen, Stahlbeton bis 25cm	m³	370	444	**493**	562	611
			311	373	**414**	472	514
10	Stahlbetonstützen abbrechen	m³	461	555	**631**	719	782
			387	467	**530**	604	657
11	Geschossdecke abbrechen, Stahlbeton bis 25cm, m³	m³	351	436	**479**	570	632
			295	366	**402**	479	531
12	Stahlbetontreppe abbrechen	St	940	1.184	**1.287**	1.493	1.609
			790	995	**1.082**	1.255	1.352
13	Wandschlitze, Beton, 10x5cm	m	72	90	**96**	117	121
			60	76	**80**	98	101
14	Wanddurchbrüche, Stb, 20x20cm, 24cm	St	127	153	**171**	195	213
			107	128	**144**	164	179
15	Deckendurchbruch, Stb, herstellen 30x10, 20cm	St	73	89	**99**	114	125
			61	75	**83**	96	105
16	Deckendurchbruch, Stb, herstellen 20x20, 20cm	St	77	94	**107**	123	133
			65	79	**90**	103	112
17	Deckendurchbruch, Stb, herstellen 50x20, 20cm	St	122	149	**165**	190	209
			103	125	**139**	160	175
18	Deckendurchbruch, Stb, schließen 30x10, 20cm	St	37	44	**49**	57	68
			31	37	**41**	48	57
19	Deckendurchbruch, Stb, schließen 20x20, 20cm	St	38	46	**52**	60	68
			32	39	**44**	51	57
20	Deckendurchbruch, Stb, schließen 50x20, 20cm	St	63	76	**86**	99	113
			53	64	**72**	83	95
21	Deckendurchbruch, Stb, schließen 50x50, 24cm	St	103	122	**139**	158	176
			86	102	**116**	133	148
22	Kernbohrung, Stb, Durchmesser 10-50mm	m	194	233	**259**	303	319
			163	196	**218**	255	268
23	Kernbohrung, Stb, Durchmesser 55-80mm	m	233	280	**314**	358	387
			195	235	**264**	301	325
24	Kernbohrung, Stb, Durchmesser 115-130mm	m	261	319	**358**	412	437
			220	268	**301**	346	367

Nr.	Positionen	Einheit	►	▷	ø brutto € / ø netto €	◁	◄
25	Kernbohrung, Stb, Durchmesser 140-160mm	m	300	348	**401**	469	505
			252	293	**337**	394	424
26	Kernbohrung, Stb, Durchmesser 170-180mm	m	326	394	**453**	512	557
			274	331	**381**	430	468
27	Kernbohrung, Stb, Durchmesser 200-220mm	m	377	454	**516**	594	635
			317	382	**434**	499	534
28	Kernbohrung, Stb, Durchmesser 230-250mm	m	435	533	**580**	672	719
			365	448	**487**	565	604
29	Kernbohrung, Stb, Durchmesser 280-300mm	m	471	568	**646**	736	794
			396	478	**543**	619	668
30	Kernbohrung, schräg, Mehrpreis	St	35	42	**47**	54	59
			29	35	**40**	46	49
31	Kernbohrung, Stahlschnitte	cm^2	7	8	**9**	10	12
			6	7	**8**	9	10
32	Betonschneidearbeiten, bis 43cm	m	204	245	**275**	319	347
			171	206	**231**	268	292
33	Betonschneidearbeiten, bis 90cm	m	404	512	**569**	672	717
			340	431	**478**	564	603
34	Unterzug C20/25, Stb, 20x40cm	m	48	59	**66**	76	87
			40	50	**55**	64	73
35	Überzug C20/25, Stb, 24x40cm	m	58	68	**76**	87	101
			48	57	**64**	73	85
36	Kniestock C20/25, Stb, 24x35cm	m	65	77	**84**	99	113
			55	65	**70**	84	95
37	Ringanker C20/25, Stb, 24x24cm	m	67	78	**87**	100	117
			56	65	**73**	84	98
38	Deckendämmung, Mehrschichtplatte, HWL+MW 50	m^2	80	94	**103**	120	129
			67	79	**87**	101	108
39	Deckendämmung, Mehrschichtplatte, HWL+MW 100	m^2	102	119	**136**	154	172
			86	100	**114**	129	144
40	Deckendämmung, XPS 60, geklebt	m^2	43	49	**55**	63	72
			36	42	**46**	53	60
41	Deckendämmung, XPS 100, geklebt	m^2	51	58	**66**	75	86
			43	49	**55**	63	73
42	Deckendämmung, XPS 140, geklebt	m^2	47	53	**61**	68	79
			39	44	**51**	57	66
43	Deckendämmung, XPS 180, geklebt	m^2	59	67	**77**	86	100
			50	56	**64**	72	84
44	Deckendämmung, XPS 200, geklebt	m^2	66	74	**85**	95	111
			55	62	**71**	80	93
45	Deckendämmung, Verbundplatte GF+PIR 50	m^2	100	114	**127**	146	160
			84	96	**106**	122	134
46	Deckendämmung, Verbundplatte GF+PIR 70	m^2	111	128	**140**	161	175
			93	107	**118**	135	147
47	Deckendämmung, Verbundplatte GF+PIR 90	m^2	136	151	**174**	195	214
			114	127	**146**	164	180
48	Deckendämmung, PIR 60, Vlies	m^2	69	78	**88**	101	105
			58	66	**74**	85	89

Nr.	Positionen	Einheit	►	▷	ø brutto € / ø netto €	◁	◄
49	Deckendämmung, PIR 100, Vlies	m²	75	85	**97**	111	117
			63	72	**81**	93	98
50	Dachbodendämmung, MW 035, 100mm	m²	26	29	**33**	37	45
			22	24	**28**	31	38
51	Dachbodendämmung, MW 035, 200mm	m²	49	55	**61**	72	81
			41	47	**52**	60	68
52	Dachbodendämmung, MW 035, 100mm, kaschiert	m²	59	68	**75**	87	98
			50	57	**63**	73	82
53	Dachbodendämmung, MW 035, 200mm, kaschiert	m²	105	119	**128**	154	165
			88	100	**108**	129	139
54	Dachbodendämmung, WF 045, 80mm	m²	52	59	**67**	77	87
			44	50	**56**	65	73
55	Dachbodendämmung, EPS 040, 180mm	m²	40	45	**51**	58	66
			34	38	**42**	49	56
56	Dachbodendämmung, PUR 024, 80mm, kaschiert	m²	74	85	**96**	109	125
			62	71	**81**	91	105
57	Dachbodendämmung, MW 040, 180mm, Spanplatte	m²	107	122	**137**	156	178
			90	103	**115**	131	150
58	Dachbodendämmung, EPS 040, 80mm, Spanplatte	m²	70	79	**89**	101	116
			59	66	**75**	85	98
59	Dachbodendämmung, EPS 035, 100mm, Spanplatte	m²	78	89	**100**	113	131
			65	75	**84**	95	110
60	Dachbodendämmung, EPS 032, 200mm, Spanplatte	m²	94	107	**121**	137	150
			79	90	**102**	115	126
61	Dachbodendämmung, EPS 032, 240mm, Spanplatte	m²	106	120	**134**	155	168
			89	101	**113**	130	141
62	Dachbodendämmung, EPS 032, 260mm, Spanplatte	m²	112	128	**143**	166	181
			94	107	**121**	140	152
63	Dachbodendämmung, PUR 024, 80mm, Spanplatte	m²	107	123	**135**	158	169
			90	103	**114**	133	142
64	Dachbodendämmung, EPS 032,160mm, OSB-Platte	m²	92	102	**112**	131	145
			77	86	**94**	110	121
65	Dachbodendämmung, WF 045, 100mm, OSB-Platte	m²	79	89	**102**	115	131
			66	75	**86**	96	110
66	Balkonflächen untersuchen	m²	6	7	**8**	9	10
			5	6	**7**	7	9
67	Fugendichtmasse entfernen	m	16	20	**23**	25	30
			14	17	**19**	21	25
68	Fugenbänder, komprimiert, entfernen	m	7	8	**9**	11	12
			6	7	**8**	9	10
69	Betonflächen reinigen	m²	1	2	**2**	2	3
			1	2	**2**	2	2
70	Fugenflanken säubern	m	5	6	**7**	8	10
			4	5	**6**	7	8
71	Fugen aufschneiden	m	17	20	**23**	26	31
			14	17	**20**	22	26
72	Fugen, Kanten als Fase	m	7	8	**9**	10	12
			6	7	**8**	9	10

Kosten:
Stand 2. Quartal 2026
Bundesdurchschnitt

► min
▷ von
ø Mittel
◁ bis
◄ max

Nr.	Positionen	Einheit	►	▷	ø brutto € / ø netto €	◁	◄
73	Fugenflanken spachteln	m	19	23	**25**	29	34
			16	19	**21**	24	28
74	Fugenrand spachteln	m	8	9	**11**	12	14
			6	8	**9**	10	12
75	Fugenflanken, Korrosionsschutz	m	2	3	**3**	3	4
			2	2	**3**	3	4
76	Fugen, elast. Abdichtung, verkleinern	m	10	12	**14**	16	19
			9	10	**12**	13	16
77	Fugen, verkleinern	m	40	48	**54**	62	73
			34	40	**45**	52	61
78	Fugenflanken vorbereiten	m	5	6	**7**	8	9
			4	5	**6**	7	8
79	Fugenflanken vorstreichen	m	5	6	**7**	8	9
			4	5	**6**	6	8
80	Fugen hinterfüllen	m	5	6	**7**	7	9
			4	5	**6**	6	8
81	Fugen, Folie einlegen	m	2	2	**3**	3	4
			2	2	**2**	3	3
82	Fugenabdichtung, elastisch PUR, 20x10, 1K	m	15	19	**21**	23	28
			13	16	**17**	20	23
83	Fugenabdichtung, elastisch PUR, 20x10, 2K	m	17	22	**24**	28	33
			14	18	**20**	23	27
84	Fugenabdichtung, elastisch PUR, 35x15, 2K	m	24	28	**32**	37	43
			20	24	**27**	31	36
85	Fugenabdichtung, Komprimierband, 20mm	m	35	43	**47**	55	64
			30	36	**39**	46	54
86	Fugenabdichtung abdecken, Alu, 30x50mm	m	46	56	**64**	72	83
			39	47	**54**	60	70
87	Fugenabdichtung abdecken, Alu, 40x70mm	m	49	59	**68**	76	88
			41	50	**57**	64	74
88	Unterfangung, Fundament	m³	434	680	**780**	893	1.093
			364	572	**655**	750	918
89	Schalung, Fundament, verloren	m²	64	81	**89**	99	124
			53	68	**75**	83	105
90	Schalung, Fundament, rau	m²	50	71	**79**	89	113
			42	59	**67**	75	95
91	Fundament, Ortbeton, bewehrt	m³	263	317	**343**	387	507
			221	267	**289**	326	426
92	Fundament, Ortbeton, unbewehrt	m³	230	276	**293**	321	398
			194	232	**246**	269	335
93	Trennlage, PE-Folie	m²	2	4	**5**	6	9
			2	3	**4**	5	8
94	Bodenplatte, Stahlbeton C25/30, bis 35cm	m³	233	299	**329**	366	445
			196	251	**277**	307	374
95	Wand, Stahlbeton C25/30, bis 30cm, Schalung	m²	248	262	**270**	279	294
			209	220	**227**	234	247
96	Decke, Beton C25/30, bis 24cm, Schalung	m²	129	154	**170**	189	231
			109	130	**143**	159	194

Nr.	Positionen	Einheit	►	▷	ø brutto € / ø netto €	◁	◄
97	Decke, Ortbeton, C25/30, bis 35cm, SB2	m^3	226	270	**288**	305	352
			190	227	**242**	256	296
98	Betonstahlmatten, B500A/B500B	t	2.299	3.208	**3.664**	4.004	4.947
			1.932	2.696	**3.079**	3.365	4.157
99	Betonstabstahl, B500B	t	2.719	3.384	**3.964**	4.620	6.034
			2.285	2.844	**3.331**	3.882	5.071
100	Kleineisenteile, Baustahl S235JR	kg	6	12	**15**	17	24
			5	10	**12**	15	21
101	Stundensatz, Facharbeiter/-in	h	88	94	**98**	99	102
			74	79	**82**	83	86

Kosten:
Stand 2. Quartal 2026
Bundesdurchschnitt

Nr. **Kurztext** / Langtext — Kostengruppe
► ▷ **ø netto €** ◁ ◄ [Einheit] Ausf.-Dauer Positionsnummer

1 Fundament abbrechen, Stahlbeton KG **394**

Fundamente aus Stahlbeton innerhalb von Gebäuden abbrechen und entsorgen. Abbruch in verschiedenen Abmessungen.
Abmessungen: .....
Hinweis: Abstütz- und Sicherungsmaßnahmen sind gesondert auszuschreiben.

137€ 211€ **274€** 315€ 348€ [m^3] ⏱ 2,80 h/m^3 313.000.163

2 Bodenplatte abbrechen, Beton KG **394**

Bodenplatte aus Beton, unbewehrt, abbrechen und entsorgen.
Bauteildicke: .....

134€ 186€ **247€** 297€ 344€ [m^3] ⏱ 2,60 h/m^3 313.000.164

3 Bodenplatte abbrechen, Stahlbeton KG **394**

Bodenplatte aus Stahlbeton, abbrechen und entsorgen.
Bauteildicke: .....

193€ 247€ **276€** 290€ 333€ [m^3] ⏱ 3,00 h/m^3 313.000.165

4 Außentreppenstufen abbrechen, Beton KG **594**

Außentreppenstufen aus Beton einschl. Unterbau abbrechen und Bauschutt entsorgen.
Treppenbreite: bis 2,0m
Stufenabmessung: .....
Stufenanzahl: .....

227€ 281€ **299€** 347€ 380€ [St] ⏱ 4,00 h/St 313.000.166

► min
▷ von
ø Mittel
◁ bis
◄ max

5 Kelleraußenwände abbrechen, Beton KG **394**

Kelleraußenwände aus unbewehrtem Beton, in verschiedenen Dicken abbrechen und Bauschutt entsorgen.
Wanddicke 1: ..... cm
Fläche: ca. ..... m²
Wanddicke 2: ..... cm
Fläche: ca. ..... m²
Hinweis: Abstütz- und Sicherungsmaßnahmen sind gesondert auszuschreiben.

268€ 323€ **362€** 413€ 446€ [m³] ⏱ 4,00 h/m³ 313.000.167

6 Kelleraußenwände abbrechen, Stahlbeton KG **394**

Kelleraußenwände aus Stahlbeton, in verschiedenen Dicken abbrechen, Bauschutt entsorgen.
Wanddicke 1: ..... cm
Fläche: ca. ..... m²
Wanddicke 2: ..... cm
Fläche: ca. ..... m²
Hinweis: Abstütz- und Sicherungsmaßnahmen sind gesondert auszuschreiben.

310€ 382€ **402€** 487€ 511€ [m³] ⏱ 4,50 h/m³ 313.000.168

7 Außenwände abbrechen, Stahlbeton KG **394**

Außenwände aus Stahlbeton, abbrechen und Bauschutt entsorgen.
Wanddicke: ..... cm
Höhe über Gelände: ..... m
Hinweis: Abstütz- und Sicherungsmaßnahmen sind gesondert auszuschreiben.

312€ 375€ **416€** 471€ 516€ [m³] ⏱ 4,20 h/m³ 313.000.170

8 Innenwände abbrechen, Stahlbeton bis 15cm KG **394**

Innenwände aus Stahlbeton, nicht tragend, abbrechen und Bauschutt entsorgen.
Wanddicke: bis 15 cm
Hinweis: Abstütz- und Sicherungsmaßnahmen sind gesondert auszuschreiben.

249€ 321€ **342€** 400€ 427€ [m³] ⏱ 4,80 h/m³ 313.000.171

9 Innenwände abbrechen, Stahlbeton bis 25cm KG **394**

Innenwände aus Stahlbeton, tragend, abbrechen und Bauschutt entsorgen.
Wanddicke: 16 bis 25 cm
Hinweis: Abstütz- und Sicherungsmaßnahmen sind gesondert auszuschreiben.

311€ 373€ **414€** 472€ 514€ [m³] ⏱ 4,60 h/m³ 313.000.172

10 Stahlbetonstützen abbrechen KG **394**

Stahlbetonstützen verschiedener Querschnitte abbrechen und Bauschutt entsorgen.
Abbruchort: .....
Querschnitte: .....
Hinweis: Abstütz- und Sicherungsmaßnahmen sind gesondert auszuschreiben.

387€ 467€ **530€** 604€ 657€ [m³] ⏱ 5,80 h/m³ 313.000.174

Nr.	Kurztext / Langtext							Kostengruppe
▶	▷	ø netto €	◁	◀	[Einheit]	Ausf.-Dauer		Positionsnummer

11 Geschossdecke abbrechen, Stahlbeton bis 25cm, m³ — KG **394**

Geschossdecken aus Stahlbeton abbrechen und Bauschutt entsorgen.
Deckendicke: bis 25cm
Abbruchort: .....
Hinweis: Abstütz- und Sicherungsmaßnahmen sind gesondert auszuschreiben.

▶	▷	ø netto €	◁	◀	[Einheit]	Ausf.-Dauer	Positionsnummer
295€	366€	**402€**	479€	531€	[m³]	3,80h/m³	313.000.175

12 Stahlbetontreppe abbrechen — KG **394**

Stahlbetontreppen, eingeschossig, je Geschoss 1 bis 2 Läufe, ohne Podestabbruch, abbrechen und Bauschutt entsorgen.
Stufenanzahl: .....St
Steigungsverhältnis: 27/18cm
Läufe: **1 / 2**St, mit Stahlbeton-Podest
Podest (L x B): ..... x .....m
Dicke: ca. .....m
Laufbreite: .....m
Abbruchort: .....
Hinweis: Abstütz- und Sicherungsmaßnahmen sind gesondert auszuschreiben.

▶	▷	ø netto €	◁	◀	[Einheit]	Ausf.-Dauer	Positionsnummer
790€	995€	**1.082€**	1.255€	1.352€	[St]	12,00h/St	313.000.178

13 Wandschlitze, Beton, 10x5cm — KG **395**

Wandschlitze in unbewehrtem Beton herstellen, verschiedene Längen, nach Leitungsverlegung mit Mörtel schließen. Leistung mit Entsorgung des Bauschutts.
Schlitzgröße: bis 10 x 5cm

▶	▷	ø netto €	◁	◀	[Einheit]	Ausf.-Dauer	Positionsnummer
60€	76€	**80€**	98€	101€	[m]	0,40h/m	313.000.179

14 Wanddurchbrüche, Stb, 20x20cm, 24cm — KG **395**

Wanddurchbrüche in Stahlbeton herstellen, nach Leitungsverlegung mit Mörtel verschließen. Leistung mit Entsorgung des Bauschutts.
Öffnung: 20 x 20cm
Wanddicke: bis 24cm

▶	▷	ø netto €	◁	◀	[Einheit]	Ausf.-Dauer	Positionsnummer
107€	128€	**144€**	164€	179€	[St]	1,20h/St	313.000.180

A 1 Deckendurchbruch, Stb, herstellen — Beschreibung für Pos. **15-17**

Deckendurchbruch in Stahlbetondecke nachträglich herstellen und Bauschutt entsorgen.
Deckendicke: bis 20cm
Hinweis: Abstütz- und Sicherungsmaßnahmen sind gesondert auszuschreiben.

15 Deckendurchbruch, Stb, herstellen 30x10, 20cm — KG **395**

Wie Ausführungsbeschreibung A 1
Größe: bis 30 x 10cm

▶	▷	ø netto €	◁	◀	[Einheit]	Ausf.-Dauer	Positionsnummer
61€	75€	**83€**	96€	105€	[St]	0,90h/St	313.000.181

16 Deckendurchbruch, Stb, herstellen 20x20, 20cm — KG **395**

Wie Ausführungsbeschreibung A 1
Größe: bis 20 x 20cm

▶	▷	ø netto €	◁	◀	[Einheit]	Ausf.-Dauer	Positionsnummer
65€	79€	**90€**	103€	112€	[St]	0,90h/St	313.000.182

Kosten:
Stand 2.Quartal 2026
Bundesdurchschnitt

▶ min
▷ von
ø Mittel
◁ bis
◀ max

17 Deckendurchbruch, Stb, herstellen 50x20, 20cm KG **395**

Wie Ausführungsbeschreibung A 1
Größe: bis 50 x 20cm

▶	▷	ø netto €	◁	◀	[Einheit]	Ausf.-Dauer	Positionsnummer
103€	125€	**139€**	160€	175€	[St]	⏱ 1,50h/St	313.000.183

A 2 Deckendurchbruch, Stb, schließen Beschreibung für Pos. **18-21**

Deckendurchbruch in Stahlbetondecke nach Leitungsverlegung mit Beton schließen.Leistung einschl. der erforderlichen Schalung und Angleichen der Oberflächen und Ränder.
Deckendicke: bis 20cm

18 Deckendurchbruch, Stb, schließen 30x10, 20cm KG **395**

Wie Ausführungsbeschreibung A 2
Größe: bis 30 x 10cm

▶	▷	ø netto €	◁	◀	[Einheit]	Ausf.-Dauer	Positionsnummer
31€	37€	**41€**	48€	57€	[St]	⏱ 0,25h/St	313.000.184

19 Deckendurchbruch, Stb, schließen 20x20, 20cm KG **395**

Wie Ausführungsbeschreibung A 2
Größe: bis 20 x 20cm

▶	▷	ø netto €	◁	◀	[Einheit]	Ausf.-Dauer	Positionsnummer
32€	39€	**44€**	51€	57€	[St]	⏱ 0,25h/St	313.000.185

20 Deckendurchbruch, Stb, schließen 50x20, 20cm KG **395**

Wie Ausführungsbeschreibung A 2
Größe: bis 50 x 20cm

▶	▷	ø netto €	◁	◀	[Einheit]	Ausf.-Dauer	Positionsnummer
53€	64€	**72€**	83€	95€	[St]	⏱ 0,50h/St	313.000.186

21 Deckendurchbruch, Stb, schließen 50x50, 24cm KG **395**

Wie Ausführungsbeschreibung A 2
Größe: bis 50 x 50cm

▶	▷	ø netto €	◁	◀	[Einheit]	Ausf.-Dauer	Positionsnummer
86€	102€	**116€**	133€	148€	[St]	⏱ 0,70h/St	313.000.187

A 3 Kernbohrung, Stahlbeton Beschreibung für Pos. **22-29**

Kernbohrung in Stahlbetonbauteilen inkl. Bauschuttentsorgung.
Bauteil: .....
Lage: .....

22 Kernbohrung, Stb, Durchmesser 10-50mm KG **399**

Wie Ausführungsbeschreibung A 3
Durchmesser: 10-50mm
Länge der Bohrung: .....

▶	▷	ø netto €	◁	◀	[Einheit]	Ausf.-Dauer	Positionsnummer
163€	196€	**218€**	255€	268€	[m]	⏱ 1,70h/m	313.000.188

Nr.	Kurztext / Langtext						Kostengruppe
▶	▷	ø netto €	◁	◀	[Einheit]	Ausf.-Dauer	Positionsnummer

23 Kernbohrung, Stb, Durchmesser 55-80mm KG **399**

Wie Ausführungsbeschreibung A 3
Durchmesser: 55-80mm
Länge der Bohrung: .....

195€	235€	**264€**	301€	325€	[m]	⏱ 2,10h/m	313.000.189

24 Kernbohrung, Stb, Durchmesser 115-130mm KG **399**

Wie Ausführungsbeschreibung A 3
Durchmesser: 115-130mm
Länge der Bohrung: .....

220€	268€	**301€**	346€	367€	[m]	⏱ 2,50h/m	313.000.190

Kosten:
Stand 2. Quartal 2026
Bundesdurchschnitt

25 Kernbohrung, Stb, Durchmesser 140-160mm KG **399**

Wie Ausführungsbeschreibung A 3
Durchmesser: 140-160mm
Länge der Bohrung: .....

252€	293€	**337€**	394€	424€	[m]	⏱ 2,90h/m	313.000.191

26 Kernbohrung, Stb, Durchmesser 170-180mm KG **399**

Wie Ausführungsbeschreibung A 3
Durchmesser: 170-180mm
Länge der Bohrung: .....

274€	331€	**381€**	430€	468€	[m]	⏱ 3,30h/m	313.000.192

27 Kernbohrung, Stb, Durchmesser 200-220mm KG **399**

Wie Ausführungsbeschreibung A 3
Durchmesser: 200-220mm
Länge der Bohrung: .....

317€	382€	**434€**	499€	534€	[m]	⏱ 3,70h/m	313.000.193

28 Kernbohrung, Stb, Durchmesser 230-250mm KG **399**

Wie Ausführungsbeschreibung A 3
Durchmesser: 230-250mm
Länge der Bohrung: .....

365€	448€	**487€**	565€	604€	[m]	⏱ 4,20h/m	313.000.194

▶ min
▷ von
ø Mittel
◁ bis
◀ max

29 Kernbohrung, Stb, Durchmesser 280-300mm KG **399**

Wie Ausführungsbeschreibung A 3
Durchmesser: 280-300mm
Länge der Bohrung: .....

396€	478€	**543€**	619€	668€	[m]	⏱ 4,70h/m	313.000.195

30 Kernbohrung, schräg, Mehrpreis KG **399**

Mehrpreis für Kernbohrungen in schräger Richtung.

29€	35€	**40€**	46€	49€	[St]	⏱ 0,20h/St	313.000.196

Nr.	Kurztext / Langtext						Kostengruppe
▶	▷	ø netto €	◁	◀	[Einheit]	Ausf.-Dauer	Positionsnummer

31 Kernbohrung, Stahlschnitte KG **399**

Betonstahl durchschneiden, Einzelquerschnittsfläche, nomineller Stabquerschnitt, größer als 2 cm² je Schnittfläche.

6€	7€	**8€**	9€	10€	[cm²]	0,07 h/cm²	313.000.198

32 Betonschneidearbeiten, bis 43cm KG **399**

Betonschnitte in Stahlbetonbauteilen.
Ausführung: einseitig
Schnitttiefe: bis 43 cm
Bauteil: .....
Lage: .....

171€	206€	**231€**	268€	292€	[m]	1,70 h/m	313.000.199

33 Betonschneidearbeiten, bis 90cm KG **399**

Betonschnitte in Stahlbetonbauteilen.
Ausführung: einseitig
Schnitttiefe: bis 90 cm
Bauteil: .....
Lage: .....

340€	431€	**478€**	564€	603€	[m]	4,20 h/m	313.000.200

34 Unterzug C20/25, Stb, 20x40cm KG **395**

Unterzug aus Stahlbeton im Innenbereich von Gebäuden nachträglich herstellen, auf vorhandene Auflager. Schalung und Bewehrung in gesonderter Position.
Beton: C20/25
Querschnitt: 20 x 40 cm
Einbauort: .....

40€	50€	**55€**	64€	73€	[m]	0,20 h/m	313.000.204

35 Überzug C20/25, Stb, 24x40cm KG **395**

Überzug aus Stahlbeton im Innenbereich von Gebäuden nachträglich herstellen, auf vorhandene Auflager. Schalung und Bewehrung in gesonderter Position.
Beton: C20/25
Querschnitt: bis 24 x 40 cm
Einbauort: .....

48€	57€	**64€**	73€	85€	[m]	0,25 h/m	313.000.205

36 Kniestock C20/25, Stb, 24x35cm KG **395**

Kniestock aus Stahlbeton im Innenbereich von Gebäuden nachträglich herstellen, als Widerlager für den Dachstuhl, inkl. Verankerung und Abschrägung der Oberseite. Schalung und Bewehrung in gesonderter Position.
Beton: C20/25
Querschnitt: bis 24 x 35 cm
Einbauort: .....

55€	65€	**70€**	84€	95€	[m]	0,30 h/m	313.000.206

300 389 301 302 306 308 309 310 312 **313** 314 316 317 318 320 321 322

Nr.	Kurztext / Langtext						Kostengruppe
▶	▷	ø netto €	◁	◀	[Einheit]	Ausf.-Dauer	Positionsnummer

37 Ringanker C20/25, Stb, 24x24cm KG **395**

Ringanker aus Stahlbeton, nachträglich einbauen. Schalung und Bewehrung in gesonderter Position.
Beton: C20/25
Querschnitt: 24 x 24cm
Einbauort: .....

▶	▷	ø	◁	◀	Einheit	Ausf.-Dauer	Positionsnummer
56€	65€	**73€**	84€	98€	[m]	⏱ 0,25h/m	313.000.207

A 4 Deckendämmung, Mehrschichtplatte, HWL+MW Beschreibung für Pos. **38-39**

Deckendämmung von Stahlbetondecken, nachträglich auf Unterseite, dreischichtige Mehrschichtplatten. Platten aus magnesitgebundenen Holzwolle-Leichtbauplatten mit Mineralwollkern.
Befestigung: Schrauben und Dübel
Anzahl: 6St/m²
Nennwert der Wärmeleitfähigkeit: .....
Bemessungswert der Wärmeleitfähigkeit: 0,035W/(m·K)
Ausführung Kante: .....
Brandverhalten: Klasse A2
Angeb. Fabrikat: .....

Kosten:
Stand 2.Quartal 2026
Bundesdurchschnitt

38 Deckendämmung, Mehrschichtplatte, HWL+MW 50 KG **354**

Wie Ausführungsbeschreibung A 4
Plattendicke: 50mm

▶	▷	ø	◁	◀	Einheit	Ausf.-Dauer	Positionsnummer
67€	79€	**87€**	101€	108€	[m²]	⏱ 0,40h/m²	313.000.208

39 Deckendämmung, Mehrschichtplatte, HWL+MW 100 KG **354**

Wie Ausführungsbeschreibung A 4
Plattendicke: 100mm

▶	▷	ø	◁	◀	Einheit	Ausf.-Dauer	Positionsnummer
86€	100€	**114€**	129€	144€	[m²]	⏱ 0,45h/m²	313.000.209

A 5 Deckendämmung, XPS, geklebt Beschreibung für Pos. **40-44**

Deckendämmung von Stahlbetondecken, nachträglich auf Unterseite geklebt, mit extrudierten Polystyrol-Hartschaumplatten.
Unterkonstruktion: .....
Dämmstoff: XPS
Nennwert der Wärmeleitfähigkeit: .....
Bemessungswert der Wärmeleitfähigkeit: 0,035W/(m·K)

▶ min
▷ von
ø Mittel
◁ bis
◀ max

40 Deckendämmung, XPS 60, geklebt KG **354**

Wie Ausführungsbeschreibung A 5
Plattendicke: 60mm

▶	▷	ø	◁	◀	Einheit	Ausf.-Dauer	Positionsnummer
36€	42€	**46€**	53€	60€	[m²]	⏱ 0,35h/m²	313.000.210

41 Deckendämmung, XPS 100, geklebt KG **354**

Wie Ausführungsbeschreibung A 5
Plattendicke: 100mm

▶	▷	ø	◁	◀	Einheit	Ausf.-Dauer	Positionsnummer
43€	49€	**55€**	63€	73€	[m²]	⏱ 0,35h/m²	313.000.211

42 Deckendämmung, XPS 140, geklebt KG **354**

Wie Ausführungsbeschreibung A 5
Plattendicke: 140mm

39€	44€	**51€**	57€	66€	[m²]	⏱ 0,35h/m²	313.000.212

43 Deckendämmung, XPS 180, geklebt KG **354**

Wie Ausführungsbeschreibung A 5
Plattendicke: 180mm

50€	56€	**64€**	72€	84€	[m²]	⏱ 0,35h/m²	313.000.213

44 Deckendämmung, XPS 200, geklebt KG **354**

Wie Ausführungsbeschreibung A 5
Plattendicke: 200mm

55€	62€	**71€**	80€	93€	[m²]	⏱ 0,35h/m²	313.000.214

A 6 Deckendämmung, Verbundplatte GF+PIR Beschreibung für Pos. **45-47**

Deckendämmung von Stahlbetondecken, nachträglich auf Unterseite geklebt, Mehrschichtplatten mit Kern aus Polyurethan und Gipsfaserplattenbekleidung.
Befestigung: Schrauben und Dübel
Anzahl: ..... St/m²
Beplankung: Gipsfaserplatte Typ .....
Dicke: .....
Dämmkern: PIR
Nennwert der Wärmeleitfähigkeit: .....
Bemessungswert der Wärmeleitfähigkeit: 0,022W/(m·K)
Ausführung Kante: umlaufend Nut und Feder

45 Deckendämmung, Verbundplatte GF+PIR 50 KG **354**

Wie Ausführungsbeschreibung A 6
Dicke: 50mm

84€	96€	**106€**	122€	134€	[m²]	⏱ 0,45h/m²	313.000.215

46 Deckendämmung, Verbundplatte GF+PIR 70 KG **354**

Wie Ausführungsbeschreibung A 6
Dicke: 70mm

93€	107€	**118€**	135€	147€	[m²]	⏱ 0,45h/m²	313.000.216

47 Deckendämmung, Verbundplatte GF+PIR 90 KG **354**

Wie Ausführungsbeschreibung A 6
Dicke: 90mm

114€	127€	**146€**	164€	180€	[m²]	⏱ 0,45h/m²	313.000.217

Nr.	Kurztext / Langtext						Kostengruppe
▶	▷	ø netto €	◁	◀	[Einheit]	Ausf.-Dauer	Positionsnummer

48 Deckendämmung, PIR 60, Vlies KG **354**

Deckendämmung von Stahlbetondecken, nachträglich auf Unterseite geklebt und punktuell befestigt mit Kralle in Nut, aus Polyurethanplatten mit Vliesoberfläche, Platten mit Nut und Feder.
Dämmstoff: PIR
Dicke: 60mm
Nennwert der Wärmeleitfähigkeit: .....W/(m·K)
Bemessungswert der Wärmeleitfähigkeit: 0,025W/(m·K)
Anzahl Krallen: St/m2

58€	66€	**74€**	85€	89€	[m2]	⏱ 0,45h/m2	313.000.218

49 Deckendämmung, PIR 100, Vlies KG **354**

Deckendämmung von Stahlbetondecken, nachträglich auf Unterseite geklebt und punktuell befestigt mit Kralle in Nut, aus Polyurethanplatten mit Vliesoberfläche, Platten mit Nut und Feder.
Dämmstoff: PIR
Dicke: 100mm
Nennwert der Wärmeleitfähigkeit: .....W/(m·K)
Bemessungswert der Wärmeleitfähigkeit: 0,025W/(m·K)
Anzahl Krallen: St/m2
Angeb. Fabrikat: .....

63€	72€	**81€**	93€	98€	[m2]	⏱ 0,45h/m2	313.000.219

50 Dachbodendämmung, MW 035, 100mm KG **363**

Dachbodendämmung aus Mineralfaserplatten, als nachträgliche Dämmung auf Massivdecke.
Untergrund: Stahlbetondecke
Dämmstoff: Mineralwolle MW
Anwendungsgebiet: DEO
Druckbelastbarkeit: .....
Nennwert der Wärmeleitfähigkeit: 0,035W/(m·K)
Bemessungswert der Wärmeleitfähigkeit: .....W/(m·K)
Brandverhalten: .....
Dämmschichtdicke: 100mm
Ausführung Stoß: .....

22€	24€	**28€**	31€	38€	[m2]	⏱ 0,15h/m2	313.000.232

51 Dachbodendämmung, MW 035, 200mm KG **363**

Dachbodendämmung aus Mineralfaserplatten, als nachträgliche Dämmung auf Massivdecke.
Untergrund: Stahlbetondecke
Dämmstoff: Mineralwolle MW
Anwendungsgebiet: DEO
Druckbelastbarkeit: .....
Nennwert der Wärmeleitfähigkeit: 0,035W/(m·K)
Bemessungswert der Wärmeleitfähigkeit: .....
Brandverhalten: .....
Dämmschichtdicke: 200mm
Ausführung Stoß: .....

41€	47€	**52€**	60€	68€	[m2]	⏱ 0,15h/m2	313.000.233

Kosten:
Stand 2.Quartal 2026
Bundesdurchschnitt

▶ min
▷ von
ø Mittel
◁ bis
◀ max

52 Dachbodendämmung, MW 035, 100mm, kaschiert KG **363**

Dachbodendämmung aus Mineralwolle mit kaschierter Oberfläche aus fadenverstärktem Glasvlies, als Unterlage für begehbare Platten, zur nachträglichen Dämmung auf Massivdecke.
Untergrund: Stahlbetondecke
Dämmstoff: Mineralwolle MW
Anwendungsgebiet: DEO
Druckbelastbarkeit: .....
Nennwert der Wärmeleitfähigkeit: 0,035W/(m·K)
Bemessungswert der Wärmeleitfähigkeit: .....
Brandverhalten: .....
Dämmschichtdicke: 100mm
Ausführung Stoß: .....

50€ 57€ **63€** 73€ 82€ [m²] ⏱ 0,15h/m² 313.000.234

53 Dachbodendämmung, MW 035, 200mm, kaschiert KG **363**

Dachbodendämmung aus Mineralwolle mit kaschierter Oberfläche aus fadenverstärktem Glasvlies, als Unterlage für begehbare Platten, zur nachträglichen Dämmung auf Massivdecke.
Untergrund: Stahlbetondecke
Dämmstoff: Mineralwolle MW
Anwendungsgebiet: DEO
Druckbelastbarkeit: .....
Nennwert der Wärmeleitfähigkeit: 0,035W/(m·K)
Bemessungswert der Wärmeleitfähigkeit: .....
Brandverhalten: .....
Dämmschichtdicke: 200mm
Verlegung: zweilagig, versetzt

88€ 100€ **108€** 129€ 139€ [m²] ⏱ 0,15h/m² 313.000.235

54 Dachbodendämmung, WF 045, 80mm KG **363**

Dachbodendämmung aus Holzweichfaserelementen, als nachträgliche Dämmung auf Massivdecke.
Untergrund: Stahlbetondecke
Dämmstoff: WF
Anwendungsgebiet: DEO
Druckbelastbarkeit: .....
Nennwert der Wärmeleitfähigkeit: 0,045W/(m·K)
Bemessungswert der Wärmeleitfähigkeit: .....
Brandverhalten: .....
Dämmschichtdicke: 80mm
Ausführung Stoß: .....

44€ 50€ **56€** 65€ 73€ [m²] ⏱ 0,15h/m² 313.000.236

Nr.	Kurztext / Langtext						Kostengruppe
▶	▷	ø netto €	◁	◀	[Einheit]	Ausf.-Dauer	Positionsnummer

Kosten:
Stand 2. Quartal 2026
Bundesdurchschnitt

55 Dachbodendämmung, EPS 040, 180mm KG **363**

Dachbodendämmung aus Polystyrol-Hartschaum, als nachträgliche Dämmung auf Massivdecke.
Untergrund: Stahlbetondecke
Dämmstoff: EPS
Anwendungsgebiet: DEO
Druckbelastbarkeit: .....
Nennwert der Wärmeleitfähigkeit: 0,040W/(m·K)
Bemessungswert der Wärmeleitfähigkeit: .....
Brandverhalten: .....
Dämmschichtdicke: 180mm
Ausführung Stoß: .....

34€	38€	**42€**	49€	56€	[m²]	⏱ 0,12h/m²	313.000.237

56 Dachbodendämmung, PUR 024, 80mm, kaschiert KG **363**

Dachbodendämmung aus Polyurethan-Hartschaum kaschiert mit Aluminiumfolie, als nachträgliche Dämmung auf Massivdecke.
Untergrund: Stahlbetondecke
Dämmstoff: PUR, Nut und Feder
Anwendungsgebiet: DEO
Druckbelastbarkeit: .....
Nennwert der Wärmeleitfähigkeit: 0,024W/(m·K)
Bemessungswert der Wärmeleitfähigkeit: .....
Brandverhalten: .....
Anzahl der Lagen: einlagig
Anwendung: DZ
Dämmschichtdicke: 80mm

62€	71€	**81€**	91€	105€	[m²]	⏱ 0,15h/m²	313.000.238

57 Dachbodendämmung, MW 040, 180mm, Spanplatte KG **363**

Dachbodendämmung mit begehbaren Verbundelementen aus Mineralwolle und Spanplatten, an Stößen verleimt, als nachträgliche Dämmung auf Massivdecke.
Decke: Stahlbetondecke
Dämmstoff: Mineralwolle MW
Anwendungsgebiet: DEO
Druckfestigkeit: .....
Nennwert der Wärmeleitfähigkeit: 0,040W/(m·K)
Bemessungswert der Wärmeleitfähigkeit: .....
Anzahl der Lagen: einlagig
Dämmschichtdicke: 180mm
Beplankung: Holz-Spanplatte P3
Verwendung: innen
Feuchtbereich, Emission: E1
Dicke: 19mm
Ausführung Stoß: .....
Elementdicke: 200mm

90€	103€	**115€**	131€	150€	[m²]	⏱ 0,20h/m²	313.000.239

▶ min
▷ von
ø Mittel
◁ bis
◀ max

58 Dachbodendämmung, EPS 040, 80mm, Spanplatte KG **363**

Dachbodendämmung mit Verbundelementen aus Polystyrol-Hartschaum und Spanplatte, als nachträgliche Dämmung auf Massivdecke.
Untergrund: Stahlbetondecke
Material: EPS, Nut und Feder
Anwendungsgebiet: DEO
Druckfestigkeit: .....
Nennwert der Wärmeleitfähigkeit: 0,040 W/(m·K)
Bemessungswert der Wärmeleitfähigkeit: .....
Dämmschichtdicke: 80 mm
Beplankung: Holz-Spanplatte P3
Verwendung: innen
Feuchtbereich, Emission: E1
Dicke: 19 mm
Ausführung Stoß: Nut und Feder
Gesamtaufbau: 99 mm

59€ 66€ **75€** 85€ 98€ [m2] ⏱ 0,15 h/m2 313.000.240

59 Dachbodendämmung, EPS 035, 100mm, Spanplatte KG **363**

Dachbodendämmung mit Verbundelementen aus Polystyrol-Hartschaum mit Spanplatte, als nachträgliche Dämmung auf Massivdecke.
Untergrund: Stahlbetondecke
Anwendungsgebiet: DEO
Druckbelastbarkeit: .....
Material: EPS, Nut und Feder
Nennwert der Wärmeleitfähigkeit: 0,035 W/(m·K)
Bemessungswert der Wärmeleitfähigkeit: .....
Brandverhalten: Klasse B1
Anzahl der Lagen: einlagig
Dämmschichtdicke: 100 mm
Emission Spanplatte: E1
Dicke: 19 mm
Elementdicke: 119 mm

65€ 75€ **84€** 95€ 110€ [m2] ⏱ 0,15 h/m2 313.000.241

Nr.	Kurztext / Langtext						Kostengruppe
►	▷	ø netto €	◁	◀	[Einheit]	Ausf.-Dauer	Positionsnummer

A 7 Dachbodendämmung, EPS 032, Spanplatte — Beschreibung für Pos. **60-62**

Dachbodendämmung mit Verbundelementen aus Polystyrol-Hartschaum mit Spanplatte, als nachträgliche Dämmung auf Massivdecke.
Untergrund: Stahlbetondecke
Anwendungsgebiet: DEO
Druckbelastbarkeit: .....
Material: EPS, Nut und Feder
Wärmeleitstufe: 0,032W/(m·K)
Brandverhalten: .....
Emission Spanplatte: E1
Plattenformat: .....

Kosten:
Stand 2. Quartal 2026
Bundesdurchschnitt

60 Dachbodendämmung, EPS 032, 200mm, Spanplatte — KG **363**

Wie Ausführungsbeschreibung A 7
Dämmschichtdicke: 200mm
Dicke Spanplatte: 19mm
Gesamtaufbau: 219mm

►	▷	ø	◁	◀	Einheit	Ausf.-Dauer	Positionsnummer
79€	90€	**102€**	115€	126€	[m²]	0,20h/m²	313.000.242

61 Dachbodendämmung, EPS 032, 240mm, Spanplatte — KG **363**

Wie Ausführungsbeschreibung A 7
Dämmschichtdicke: 240mm
Dicke Spanplatte: 19mm
Gesamtaufbau: 259mm

►	▷	ø	◁	◀	Einheit	Ausf.-Dauer	Positionsnummer
89€	101€	**113€**	130€	141€	[m²]	0,22h/m²	313.000.243

62 Dachbodendämmung, EPS 032, 260mm, Spanplatte — KG **363**

Wie Ausführungsbeschreibung A 7
Dämmschichtdicke: 260mm
Dicke Spanplatte: 21mm
Elementdicke: 281mm

►	▷	ø	◁	◀	Einheit	Ausf.-Dauer	Positionsnummer
94€	107€	**121€**	140€	152€	[m²]	0,22h/m²	313.000.244

► min
▷ von
ø Mittel
◁ bis
◀ max

63 **Dachbodendämmung, PUR 024, 80mm, Spanplatte** KG **363**

Dachbodendämmung mit Verbundelementen aus Polyurethanhartschaum mit verleimter Holzspanplatte und integrierter Dampfsperre, als nachträgliche Dämmung auf Massivdecke.
Untergrund: Stahlbetondecke
Anwendungsgebiet: DEO
Druckbelastbarkeit: .....
Dämmstoff: PUR, Nut und Feder
Wärmeleitstufe: 0,024 W/(m·K)
Brandverhalten: .....
Anzahl der Lagen: einlagig
Dämmschichtdicke: 80 mm
Spanplatte: V100 E1
Dicke: 16 mm
Elementdicke: 96 mm

▶	▷	ø netto €	◁	◀	[Einheit]	Ausf.-Dauer	Positionsnummer
90€	103€	**114€**	133€	142€	[m2]	⏱ 0,17 h/m2	313.000.245

64 **Dachbodendämmung, EPS 032,160mm, OSB-Platte** KG **363**

Dachbodendämmung mit Verbundelementen aus Polyurethanhartschaum mit OSB-Platte, als nachträgliche Dämmung auf Massivdecke.
Untergrund: Stahlbetondecke
Anwendungsgebiet: DEO
Druckbelastbarkeit: .....
Material: EPS, Nut und Feder
Wärmeleitstufe: 0,032 W/(m·K)
Brandverhalten: .....
Dämmschichtdicke: 160 mm
Emission Spanplatte: E1
Dicke: 15 mm
Gesamtaufbau: 175 mm
Plattenformat: .....
Angeb. Fabrikat: .....

▶	▷	ø netto €	◁	◀	[Einheit]	Ausf.-Dauer	Positionsnummer
77€	86€	**94€**	110€	121€	[m2]	⏱ 0,20 h/m2	313.000.246

65 **Dachbodendämmung, WF 045, 100mm, OSB-Platte** KG **363**

Dachbodendämmung mit Verbundelementen aus Holzweichfaser mit OSB-Holzwerkstoffplatte, als nachträgliche Dämmung auf Massivdecke.
Untergrund: Stahlbetondecke
Anwendungsgebiet: DEO
Druckbelastbarkeit: .....
Dämmstoff: WF
Nennwert der Wärmeleitfähigkeit: 0,040 W/(m·K)
Bemessungswert der Wärmeleitfähigkeit: .....
Brandverhalten: .....
Dämmschichtdicke: 100 mm
Dicke OSB: 15 mm
Elementdicke: 115 mm

▶	▷	ø netto €	◁	◀	[Einheit]	Ausf.-Dauer	Positionsnummer
66€	75€	**86€**	96€	110€	[m2]	⏱ 0,17 h/m2	313.000.247

Nr.	Kurztext / Langtext						Kostengruppe
▶	▷	ø netto €	◁	◀	[Einheit]	Ausf.-Dauer	Positionsnummer

66 Balkonflächen untersuchen KG **395**

Balkonflächen durch Abklopfen nach Schad- und Hohlstellen untersuchen und Schadstellen markieren.

5€ | 6€ | **7€** | 7€ | 9€ | [m²] | 0,07 h/m² | 313.000.274

67 Fugendichtmasse entfernen KG **395**

Fugendichtmasse in Betonbauteilfuge einschl. Hinterfüllung entfernen und Fugen reinigen sowie Baurestmassen und Schutt entsorgen.
Fugenbreite: bis 35 mm
Bauteil: .....
Material: .....

14€ | 17€ | **19€** | 21€ | 25€ | [m] | 0,15 h/m | 313.000.248

68 Fugenbänder, komprimiert, entfernen KG **395**

Fugenbänder in Betonbauteilfuge, vorkomprimiert, entfernen und entsorgen.
Fugenbreite: bis 20 mm
Bauteil: .....
Material: .....

6€ | 7€ | **8€** | 9€ | 10€ | [m] | 0,05 h/m | 313.000.249

69 Betonflächen reinigen KG **395**

Betonflächen von grobem Schmutz für Verfugung reinigen, inkl. Entsorgung des anfallenden Bauschutts.
Bauteil: .....
Verschmutzung: .....

1€ | 2€ | **2€** | 2€ | 2€ | [m²] | 0,01 h/m² | 313.000.250

70 Fugenflanken säubern KG **395**

Fugenflanken zur restlosen Entfernung der vorherigen Füllmasse mit Trennschleifer und Lösungsmittel bearbeiten.
Bauteil: .....
Art des alten Dichtstoffes: .....
Fugenbreite: .....
Fugentiefe: .....

4€ | 5€ | **6€** | 7€ | 8€ | [m] | 0,03 h/m | 313.000.251

71 Fugen aufschneiden KG **395**

Fugenquerschnitt zum Abdichten mit Dichtungsmassen aufschneiden.
Material: .....
Bauteil: .....
Schnittbreite: 10 mm pro Seite
Schnitttiefe: .....

14€ | 17€ | **20€** | 22€ | 26€ | [m] | 0,18 h/m | 313.000.252

72 Fugen, Kanten als Fase KG **395**

Kantenausbildung der Fugen als Fase beidseitig mit mind. 10 mm Schenkellänge.
Bauteil: .....
Untergrund: Beton

6€ | 7€ | **8€** | 9€ | 10€ | [m] | 0,07 h/m | 313.000.253

Kosten:
Stand 2. Quartal 2026
Bundesdurchschnitt

▶ min
▷ von
ø Mittel
◁ bis
◀ max

73 Fugenflanken spachteln KG **395**

Fugenflanken säubern und beidseitig mit kunststoffmodifiziertem Zementmörtel spachteln und glätten.
Fugentiefe: bis 12 cm
Untergrund: .....
Spachtelung Dicke bis: ..... cm

▶	▷	ø netto €	◁	◀	[Einheit]	Ausf.-Dauer	Positionsnummer
16€	19€	**21€**	24€	28€	[m]	⏱ 0,12 h/m	313.000.254

74 Fugenrand spachteln KG **395**

Fugenrand säubern und beidseitig mit kunststoffmodifiziertem Zementmörtel spachteln und glätten.
Breite: bis 10 cm
Untergrund: .....
Spachtelung Dicke bis: ..... cm

▶	▷	ø netto €	◁	◀	[Einheit]	Ausf.-Dauer	Positionsnummer
6€	8€	**9€**	10€	12€	[m]	⏱ 0,05 h/m	313.000.255

75 Fugenflanken, Korrosionsschutz KG **395**

Beschichtung der Fugenflanken zum Korrosionsschutz der Bewehrung.
Bauteil: .....
Beschichtung: .....
Tiefe am Bauteilrand: 20-30 mm

▶	▷	ø netto €	◁	◀	[Einheit]	Ausf.-Dauer	Positionsnummer
2€	2€	**3€**	3€	4€	[m]	⏱ 0,02 h/m	313.000.256

76 Fugen, elast. Abdichtung, verkleinern KG **395**

Fugenflanken mit Reparaturmörtel auf den erforderlichen Querschnitt für elastische Dichtungsmassen reprofilieren. Leistung einschl. Schalung.
Altes Fugenmaß: .....
Neues Fugenmaß: .....
Reparaturmörtel: .....
Bauteil: .....
Reprofilierungsdicke bis: ..... cm

▶	▷	ø netto €	◁	◀	[Einheit]	Ausf.-Dauer	Positionsnummer
9€	10€	**12€**	13€	16€	[m]	⏱ 0,13 h/m	313.000.257

77 Fugen, verkleinern KG **395**

Fugenflanken mit Reparaturmörtel auf erforderlichen Querschnitt für elastische Dichtungsmassen in Teilflächen reprofilieren. Leistung einschl. Schalung.
Altes Fugenmaß: .....
Neues Fugenmaß: .....
Reparaturmörtel: .....
Bauteil: .....
Reprofilierungsdicke bis: ..... cm

▶	▷	ø netto €	◁	◀	[Einheit]	Ausf.-Dauer	Positionsnummer
34€	40€	**45€**	52€	61€	[m]	⏱ 0,23 h/m	313.000.258

Nr.	Kurztext / Langtext						Kostengruppe
▶	▷	ø netto €	◁	◀	[Einheit]	Ausf.-Dauer	Positionsnummer

78 Fugenflanken vorbereiten KG **395**

Fugenflanken restlos von Verunreinigungen, Anstrichen, Versiegelungen bzw. Imprägnierungen befreien, inkl. Prüfung des Untergrunds auf ausreichende Festigkeit.
Bauteil: .....
Bearbeitungsart: .....

4€	5€	**6€**	7€	8€	[m]	⏱ 0,06h/m	313.000.259

79 Fugenflanken vorstreichen KG **395**

Voranstrich der Fugenflanken für Fugenabdichtung.
Bauteil: .....
Untergrund: Beton
Abdichtung: .....
Fabrikat: .....

4€	5€	**6€**	6€	8€	[m]	⏱ 0,04h/m	313.000.260

80 Fugen hinterfüllen KG **395**

Fugen mit rundem, geschlossenzelligem Schaumstoff hinterfüllen.
Bauteil: .....
Fugenbreite: bis 35mm

4€	5€	**6€**	6€	8€	[m]	⏱ 0,04h/m	313.000.261

81 Fugen, Folie einlegen KG **395**

Polyethylenfolie zur Verhinderung der Dreipunktehaftung, einlegen.
Bauteil: .....
Fugenbreite: .....

2€	2€	**2€**	3€	3€	[m]	⏱ 0,02h/m	313.000.262

A 8 Fugenabdichtung, elastisch PUR Beschreibung für Pos. **82-84**

Fugenabdichtung mit elastischen Dichtstoffen inkl. Abglätten.
Bauteil: .....
Fugenart: .....
Farbe: .....

82 Fugenabdichtung, elastisch PUR, 20x10, 1K KG **395**

Wie Ausführungsbeschreibung A 8
Dichtstoff: PUR, einkomponentig
Querschnitt: bis 20 x 10mm

13€	16€	**17€**	20€	23€	[m]	⏱ 0,08h/m	313.000.263

83 Fugenabdichtung, elastisch PUR, 20x10, 2K KG **395**

Wie Ausführungsbeschreibung A 8
Dichtstoff: PUR, zweikomponentig
Querschnitt: bis 20 x 10mm

14€	18€	**20€**	23€	27€	[m]	⏱ 0,09h/m	313.000.265

Kosten:
Stand 2. Quartal 2026
Bundesdurchschnitt

▶ min
▷ von
ø Mittel
◁ bis
◀ max

84 Fugenabdichtung, elastisch PUR, 35x15, 2K KG **395**

Wie Ausführungsbeschreibung A 8
Dichtstoff: PUR, zweikomponentig
Querschnitt: bis 35 x 15 mm

20€	24€	**27€**	31€	36€	[m]	⏱ 0,13 h/m	313.000.266

85 Fugenabdichtung, Komprimierband, 20mm KG **395**

Fugenabdichtung mit vorkomprimierten Bändern zwischen Betonbauteilen.
Raumgewicht: .....
Fugenbreite: bis 20 mm
Bauteil: .....
Fugenart: .....

30€	36€	**39€**	46€	54€	[m]	⏱ 0,10 h/m	313.000.267

86 Fugenabdichtung abdecken, Alu, 30x50mm KG **395**

Fugenabdeckung aus Aluminiumhohlprofil zum Schutz vor Beschädigung, inkl. Unterkonstruktion mit Haltern.
Fugenbreite: 30 mm
Breite Abdeckung: 50 mm
Oberfläche: eloxiert
Farbe: .....
Bauteil: .....

39€	47€	**54€**	60€	70€	[m]	⏱ 0,40 h/m	313.000.268

87 Fugenabdichtung abdecken, Alu, 40x70mm KG **395**

Fugenabdeckung aus Aluminiumhohlprofil zum Schutz vor Beschädigung, inkl. Unterkonstruktion mit Haltern.
Fugenbreite: 40 mm
Breite Abdeckung: 70 mm
Oberfläche: eloxiert
Farbe: .....
Bauteil: .....

41€	50€	**57€**	64€	74€	[m]	⏱ 0,40 h/m	313.000.269

88 Unterfangung, Fundament KG **393**

Unterfangung von Fundamenten aus Stahlbeton, nach DIN 4123 abschnittsweise, inkl. Mehraufwand beim Erdaushub durch das Anlegen von Stichgräben oder Schächten (Menge ist beim Baugrubenaushub erfasst), einschl. Arbeitsraumsicherung und Schalung, Bewehrung in gesonderter Position.
Festigkeitsklasse: C16/20
Expositionsklasse: XC2/XF1
Zuschlagstoff: natürliche Gesteinskörnung
Unterfangungsdicke: bis 0,50 m
Unterfangungshöhe: bis 1,50 m
Breite Stichgräben: ca.1,25 m
Hinweis: Nach der VOB müssen Beton, Schalung und Bewehrung getrennt ausgeschrieben werden.

364€	572€	**655€**	750€	918€	[m³]	⏱ 6,60 h/m³	313.000.276

300
389
301
302
306
308
309
310
312
313
314
316
317
318
320
321
322

Nr.	Kurztext / Langtext						Kostengruppe
▶	▷	ø netto €	◁	◀	[Einheit]	Ausf.-Dauer	Positionsnummer

89 Schalung, Fundament, verloren KG **322**

Schalung, rau, für Einzel- und Streifenfundamente, Fundamentplatten und sonstige Abschalungen im Gründungsbereich, als verlorene Schalung. Ausführung nach Wahl des AN.
Bauteil: .....
Gewählte Schalung: .....

53€	68€	**75€**	83€	105€	[m²]	⏱ 0,60h/m²	313.000.277

90 Schalung, Fundament, rau KG **322**

Schalung, rau, für Einzel- und Streifenfundamente, Fundamentplatten und sonstige Abschalungen im Gründungsbereich, Ausführung nach Wahl des AN.
Bauteil: .....
Gewählte Schalung: .....

42€	59€	**67€**	75€	95€	[m²]	⏱ 0,60h/m²	313.000.278

Kosten:
Stand 2. Quartal 2026
Bundesdurchschnitt

91 Fundament, Ortbeton, bewehrt KG **322**

Bewehrtes Fundament aus Ortbeton, unter GOK, auf Sauberkeitsschicht bzw. Unterbeton betoniert, Schalung und Bewehrung in gesonderten Positionen.
Festigkeitsklasse: C25/30
Expositionsklasse: XC2/XA1
Feuchtigkeitsklasse: WF
Zuschlagstoff: natürliche Gesteinskörnung
Fundamentabmessung: .....
Tiefe: bis 1,00m
Hinweis: Nach der VOB müssen Beton, Schalung und Bewehrung getrennt ausgeschrieben werden.

221€	267€	**289€**	326€	426€	[m³]	⏱ 0,80h/m³	313.000.279

92 Fundament, Ortbeton, unbewehrt KG **322**

Unbewehrtes Fundament aus Ortbeton, unter GOK, ohne Anforderung an Frostsicherheit, als Auffüllbeton bei Abtreppungen, Unterbeton, Tiefengründungen, Vertiefungen etc., Schalung in gesonderter Position.
Festigkeitsklasse: C8/10
Expositionsklasse: X0
Feuchtigkeitsklasse: WF
Zuschlagstoff: natürliche Gesteinskörnung

194€	232€	**246€**	269€	335€	[m³]	⏱ 0,75h/m³	313.000.280

▶ min
▷ von
ø Mittel
◁ bis
◀ max

93 Trennlage, PE-Folie KG **325**

Trennlage aus PE-Folie, Stoßüberlappung ca. 15cm, Stöße gegen Verschieben sichern.
Foliendicke: 0,2mm
Untergrund: .....
Angeb. Fabrikat: .....

2€	3€	**4€**	5€	8€	[m²]	⏱ 0,02h/m²	313.000.282

94 Bodenplatte, Stahlbeton C25/30, bis 35cm KG **322**

Bodenplatte bewehrt, Ortbeton, unter GOK, ohne Frost, schwacher chem. Angriff; Schalung und Bewehrung in gesonderter Position.
Festigkeitsklasse: C25/30
Expositionsklasse: XC2/XA1
Feuchtigkeitsklasse: WF
Zuschlagstoff: natürliche Gesteinskörnung
Plattendicke: .....cm
Untergrund: waagrecht
Oberfläche: waagrecht

196€	251€	**277€**	307€	374€	[m³]	⏱ 0,80h/m³	313.000.283

95 Wand, Stahlbeton C25/30, bis 30cm, Schalung KG **331**

Außenwand aus Stahlbeton, aus Ortbeton inkl. Schalung, Betonfläche nicht sichtbar bleibend; Bewehrung in gesonderter Position.
Festigkeitsklasse: C25/30
Expositionsklasse: XC4/XF1
Feuchtigkeitsklasse: WF
Zuschlagstoff: natürliche Gesteinskörnung
Wanddicke: 25-30cm
Wandhöhe: bis 3,00m
Oberfläche: ohne Anforderung
Hinweis: Nach VOB, Teil C müssen Beton, Schalung und Bewehrung getrennt ausgeschrieben werden.

209€	220€	**227€**	234€	247€	[m²]	⏱ 0,85h/m²	313.000.284

96 Decke, Beton C25/30, bis 24cm, Schalung KG **351**

Decke aus Stahlbeton, Ortbeton inkl. Schalung. Bewehrung in gesonderten Positionen.
Festigkeitsklasse: C25/30
Expositionsklasse: XC1
Zuschlagstoff: natürliche Gesteinskörnung
Betonoberfläche: .....
Deckenaufsicht: ohne Gefälle
Deckenstärke: 18-24cm
Hinweis: Nach VOB, Teil C müssen Beton, Schalung und Bewehrung getrennt ausgeschrieben werden.

109€	130€	**143€**	159€	194€	[m²]	⏱ 0,80h/m²	313.000.285

97 Decke, Ortbeton, C25/30, bis 35cm, SB2 KG **351**

Decke aus Stahlbeton, mit Ortbeton, Bauteil in trockner Umgebung, ohne Frostangriff, Betonflächen oben waagrecht, geschalte Oberfläche in Sichtbeton, mit normalen Anforderungen. Schalung und Bewehrung in gesonderter Position.
Festigkeitsklasse: C25/30
Expositionsklassen: XC1
Feuchtigkeitsklasse: W0
Zuschlagstoff: natürliche Gesteinskörnung
Deckenaufsicht: ohne Gefälle
Oberfläche: Sichtbeton Klasse SB2
Dicke: bis 35cm

190€	227€	**242€**	256€	296€	[m³]	⏱ 0,80h/m³	313.000.294

300
389
301
302
306
308
309
310
312
313
314
316
317
318
320
321
322

Nr.	Kurztext / Langtext						Kostengruppe
▶	▷	ø netto €	◁	◀	[Einheit]	Ausf.-Dauer	Positionsnummer

98 **Betonstahlmatten, B500A/B500B** KG **351**

Bewehrung aus Betonstahlmatten, in unterschiedlichen Mattenabmessungen, einschl. Zwischenlagerung auf der Baustelle, Zuschnitt nach Schneideskizzen und Schneiden von Aussparungen.
Bauteil: .....
Betonstahl: **B500A / B500B**
Lieferform: **Lagermatte / Listenmatte**

1.932€	2.696€	**3.079€**	3.365€	4.157€	[t]	⏱ 0,02h/t	313.000.292

99 **Betonstabstahl, B500B** KG **351**

Bewehrung aus Betonstabstahl, in unterschiedlichen Durchmessern, gem. Bewehrungsplänen, Biege- und Stahllisten der Tragwerksplanung, einschl. aller erforderlichen Anpassungsarbeiten.
Bauteil: .....
Betonstabstahl: BSt B500B

2.285€	2.844€	**3.331€**	3.882€	5.071€	[t]	⏱ 0,03h/t	313.000.291

Kosten:
Stand 2. Quartal 2026
Bundesdurchschnitt

100 **Kleineisenteile, Baustahl S235JR** KG **351**

Kleineisenteile, inkl. Montage, Einzelteile bis 30kg, gemäß beiliegender Stahlliste, einschl. Rostschutzgrundierung und Verschweißung.
Baustahl: S 235 JR
Bauteil: .....
Abmessungen: .....

5€	10€	**12€**	15€	21€	[kg]	⏱ 0,03h/kg	313.000.288

101 **Stundensatz, Facharbeiter/-in**

Stundenlohnarbeiten für Facharbeiter/-in, Spezialfacharbeiter/-in, Vorarbeiter/-in und jeweils Gleichgestellte. Der Verrechnungssatz für die jeweilige Arbeitskraft umfasst sämtliche Aufwendungen wie Lohn- und Gehaltskosten, lohn- und gehaltsgebundene Kosten, Lohn- und Gehaltsnebenkosten.

74€	79€	**82€**	83€	86€	[h]	⏱ 1,00h/h	313.000.289

▶ min
▷ von
ø Mittel
◁ bis
◀ max

300
389
301
302
306
308
309
310
312
313
314
316
317
318
320
321
322

314

Kosten:
Stand 2. Quartal 2026
Bundesdurchschnitt

▶ min
▷ von
ø Mittel
◁ bis
◀ max

Nr.	Positionen	Einheit	▶	▷	ø brutto € / ø netto €	◁	◀
1	Natursteinbelag abbrechen, Mörtelbett	m²	22	36	**39**	48	68
			18	30	**33**	40	57
2	Natursteinbelag abbrechen, Unterbeton	m²	45	67	**76**	95	101
			38	57	**64**	79	85
3	Natursteinbelag aufnehmen, lagern	m²	53	64	**73**	91	97
			45	54	**61**	76	81
4	Naturstein-Treppenbelag abbrechen	m	45	55	**61**	77	81
			38	46	**52**	64	68
5	Trittstufe abbrechen, Naturstein	St	104	128	**143**	174	183
			87	108	**120**	146	153
6	Sockelleiste ausbauen/lagern, Naturwerkstein	m	16	19	**21**	26	28
			13	16	**18**	22	23
7	Sockelleiste abbrechen, Naturwerkstein	m	11	14	**16**	20	21
			9	12	**14**	17	17
8	Natursteinbekleidung abbrechen	m²	59	74	**84**	103	109
			49	62	**71**	87	91
9	Fensterbank abbrechen, Naturstein außen	m	34	43	**46**	57	60
			29	36	**39**	48	50
10	Fensterbank abbrechen, Naturstein, innen	St	23	39	**45**	53	69
			19	32	**38**	44	58
11	Natursteinblockstufen, ausbauen/lagern	St	82	98	**115**	142	149
			69	82	**97**	119	125
12	Betonwerksteinplatten abbrechen	m²	24	30	**35**	43	44
			20	25	**29**	36	37
13	Betonwerksteinbelag abbrechen	m²	39	61	**66**	81	84
			33	51	**55**	68	71
14	Betonwerksteinplatten aufnehmen, lagern	m²	23	36	**42**	51	53
			19	30	**35**	43	44
15	Sockelbekleidung abbrechen, Betonwerkstein	m²	135	162	**182**	229	233
			113	136	**153**	193	196
16	Treppenbelag abbrechen, Betonwerkstein	m	79	95	**108**	134	142
			66	80	**91**	113	119
17	Außenbelag, Naturstein, kleinteiliges Pflaster	m²	217	277	**310**	345	427
			182	233	**260**	290	359
18	Terrassenbelag aufnehmen, Betonwerksein	m²	28	42	**48**	59	61
			24	35	**40**	50	51
19	Podestbelag abbrechen, Betonwerkstein	m²	44	54	**60**	75	80
			37	45	**51**	63	67
20	Fensterbank abbrechen, Betonwerkstein, innen	m	28	33	**40**	46	46
			24	28	**33**	39	39
21	Naturwerksteinbelag reinigen	m²	18	21	**24**	30	32
			15	18	**20**	25	27
22	Naturwerksteinflächen ausbessern	m²	48	60	**64**	80	85
			41	50	**53**	67	71
23	Naturwerksteinoberflächen schleifen	m²	88	101	**120**	148	159
			74	85	**101**	124	133
24	Naturwerksteinflächen festigen	m²	22	27	**31**	38	41
			19	23	**26**	32	34

Nr.	Positionen	Einheit	▶	▷	ø brutto € / ø netto €	◁	◀
25	Sandsteinoberfläche scharrieren	m²	158	193	**217**	269	289
			133	162	**182**	226	243
26	Betonwerkstein schleifen	m²	43	53	**60**	74	80
			36	44	**50**	63	67
27	Außenbelag, Betonwerksteinplatten	m²	120	150	**165**	180	208
			101	126	**138**	151	175
28	Außenbelag, Naturwerksteinpflaster	m²	168	211	**243**	258	285
			141	178	**204**	216	240
29	Außenbelag, Pflasterstreifen	m	67	78	**80**	83	92
			56	66	**68**	70	77
30	Mauerabdeckung, Naturwerksteinplatten	m	186	214	**227**	241	281
			156	180	**191**	203	236
31	Fensterbank, Betonwerkstein, innen	m	74	100	**105**	123	154
			63	84	**89**	103	129
32	Treppe, Blockstufe, Naturwerkstein	m	234	303	**337**	387	509
			197	255	**283**	325	428
33	Treppe, Blockstufe, Betonwerkstein	m	228	274	**301**	323	368
			191	230	**253**	272	309
34	Treppe, Winkelstufe, Naturwerkstein, 1,00m	St	275	304	**318**	331	364
			231	256	**267**	278	306
35	Treppenbelag, Naturwerkstein, Tritt-/Setzstufe	m	189	220	**248**	254	313
			159	185	**208**	213	263
36	Aufmerksamkeitsstreifen, Stufenkante	m	–	97	**107**	135	–
			–	81	**90**	114	–
37	Voranstrich, Natursteinbelag	m²	3	6	**7**	10	15
			3	5	**6**	8	13
38	Innenbelag, Naturwerkstein	m²	259	322	**352**	387	452
			218	270	**296**	325	380
39	Innenbelag, Naturwerkstein, Granit	m²	143	263	**346**	374	452
			120	221	**291**	314	380
40	Innenbelag, Naturwerkstein, Kalkstein	m²	145	264	**311**	416	672
			122	222	**261**	349	565
41	Innenbelag, Betonwerkstein	m²	139	162	**171**	217	277
			117	136	**144**	182	233
42	Sockel, Naturwerksteinplatten	m	41	48	**51**	56	66
			35	40	**43**	47	55
43	Oberfläche, laserstrukturiert, Mehrpreis	m²	–	62	**78**	98	–
			–	52	**65**	82	–
44	Ausklinkung, Plattenbelag	St	25	30	**32**	33	37
			21	25	**27**	28	32
45	Schrägschnitte, Plattenbelag	m	34	38	**38**	42	46
			29	32	**32**	35	38
46	Fries, Plattenbelag	m	55	105	**107**	112	147
			47	88	**90**	94	123
47	Trenn-/Anschlagschiene, Messing	m	34	45	**51**	55	74
			29	38	**43**	46	62
48	Fugenabdichtung, elastisch, Silikon	m	10	13	**14**	17	22
			9	11	**12**	14	19

Natur-, Betonwerksteinarbeiten — Preise €

Nr.	Positionen	Einheit	▶	▷	ø brutto € / ø netto €	◁	◀
49	Trittschalldämmung, Randstreifen, MW	m^2	21	25	**26**	28	31
			18	21	**22**	23	26
50	Erstreinigung, Ersteinpflege, Natursteinboden	m^2	6	11	**14**	16	18
			5	10	**12**	13	15
51	Stundensatz, Facharbeiter/-in	h	84	97	**103**	108	116
			71	81	**87**	91	98
52	Stundensatz, Helfer/-in	h	76	83	**86**	91	105
			64	70	**72**	77	88

Kosten:
Stand 2. Quartal 2026
Bundesdurchschnitt

Nr. **Kurztext** / Langtext — Kostengruppe
▶ ▷ **ø netto €** ◁ ◀ [Einheit] Ausf.-Dauer Positionsnummer

1 Natursteinbelag abbrechen, Mörtelbett KG **394**

Plattenbelag aus Naturwerkstein, einschl. Mörtelbett abbrechen und entsorgen.
Gesamtaufbau: ca. 6cm

18€ 30€ **33€** 40€ 57€ [m^2] ⏱ 0,20h/m^2 314.000.055

2 Natursteinbelag abbrechen, Unterbeton KG **394**

Plattenbelag aus Naturwerkstein, einschl. Unterbeton abbrechen und entsorgen.
Gesamtaufbau: ca. 15cm

38€ 57€ **64€** 79€ 85€ [m^2] ⏱ 1,00h/m^2 314.000.056

3 Natursteinbelag aufnehmen, lagern KG **395**

Bodenbelag aus Naturwerksteinplatten ausbauen, reinigen und zur Wiederverwendung lagern. Leistung einschl. Entfernen der Mörtelreste und Reinigen der Rückseiten.
Material: .....
Format: .....
Plattendicke: .....
Ausbauort: .....
Lagerweg: .....m

45€ 54€ **61€** 76€ 81€ [m^2] ⏱ 0,60h/m^2 314.000.057

4 Naturstein-Treppenbelag abbrechen KG **394**

Treppenbelag auf Tritt- und Setzstufen mit ganzen Platten aus Naturwerkstein mit Mörtelbett bis auf den Rohbetonkern abbrechen und entsorgen. Der Untergrund ist von Mörtelresten zu reinigen.
Konstruktionsdicke: ca. 6cm
Steigungsverhältnis: .....cm
Laufbreite: bis 1,30m

38€ 46€ **52€** 64€ 68€ [m] ⏱ 0,75h/m 314.000.058

▶ min
▷ von
ø Mittel
◁ bis
◀ max

Nr.	Kurztext / Langtext						Kostengruppe
▶	▷	ø netto €	◁	◀	[Einheit]	Ausf.-Dauer	Positionsnummer

5 Trittstufe abbrechen, Naturstein KG **394**

Trittstufe aus Naturwerkstein abbrechen und entsorgen. Die Auflagerfläche ist zu reinigen.
Stufenlänge: bis 1,30 m
Stufenbreite: bis 30 cm
Plattendicke: .....

87€ 108€ **120€** 146€ 153€ [St] ⏱ 1,20 h/St 314.000.059

6 Sockelleiste ausbauen/lagern, Naturwerkstein KG **394**

Natursteinsockelleisten an Innen- und Außentreppen ausbauen und zur Wiederverwendung lagern. Leistung einschl. Entfernen der Mörtelreste und Reinigen der Rückseiten.
Ausbauort: .....
Höhe: .....
Förderweg: ..... m

13€ 16€ **18€** 22€ 23€ [m] ⏱ 0,15 h/m 314.000.060

7 Sockelleiste abbrechen, Naturwerkstein KG **394**

Natursteinsockelleisten an Innen- und Außentreppen entfernen und entsorgen.
Ausbauort: .....
Höhe: .....

9€ 12€ **14€** 17€ 17€ [m] ⏱ 0,12 h/m 314.000.061

8 Natursteinbekleidung abbrechen KG **394**

Fassadenbekleidung aus Natursteinplatten abbrechen und entsorgen.
Bekleidung: .....
Plattendicke: bis 50 mm
Befestigung: .....

49€ 62€ **71€** 87€ 91€ [m²] ⏱ 0,70 h/m² 314.000.062

9 Fensterbank abbrechen, Naturstein außen KG **394**

Fensterbank aus Naturwerkstein im Außenbereich abbrechen und entsorgen. Auflagefläche für neue Fensterbank vorbereiten.
Material: .....
Dicke: 3 cm
Breite: bis 30 cm
Länge: ..... m

29€ 36€ **39€** 48€ 50€ [m] ⏱ 0,25 h/m 314.000.063

10 Fensterbank abbrechen, Naturstein, innen KG **394**

Fensterbank aus Naturwerkstein im Innenbereich ausbauen und entsorgen. Auflagefläche für neue Fensterbank vorbereiten.
Material: .....
Dicke: ..... cm
Breite: ..... cm
Länge: ..... m

19€ 32€ **38€** 44€ 58€ [St] ⏱ 0,30 h/St 314.000.064

Nr.	Kurztext / Langtext						Kostengruppe
▶	▷	ø netto €	◁	◀	[Einheit]	Ausf.-Dauer	Positionsnummer

11 Natursteinblockstufen, ausbauen/lagern KG **394**

Natursteinblockstufen von Innen- und Außentreppen ausbauen und zur Wiederverwendung lagern. Leistung einschl. Entfernen der Mörtelreste und Reinigen der Rückseiten.
Länge: bis 1,20m
Breite: .....
Höhe: .....
Ausbauort: .....
Förderweg: .....m

▶	▷	ø	◁	◀	Einheit	Ausf.-Dauer	Positionsnummer
69€	82€	**97€**	119€	125€	[St]	⏱ 1,05h/St	314.000.065

12 Betonwerksteinplatten abbrechen KG **394**

Betonwerksteinplatten, im Sand- oder Splittbett, abbrechen und entsorgen.
Plattengröße (L x B x D): bis 50 x 50 x 5cm

▶	▷	ø	◁	◀	Einheit	Ausf.-Dauer	Positionsnummer
20€	25€	**29€**	36€	37€	[m²]	⏱ 0,20h/m²	314.000.066

13 Betonwerksteinbelag abbrechen KG **394**

Bodenbelag aus Betonwerksteinplatten mit Mörtelbett, einschl. Estrich bis auf Rohdecke abbrechen. Untergrund reinigen und Bauschutt entsorgen.
Konstruktionsdicke: bis 12cm
Ausbauort: .....

▶	▷	ø	◁	◀	Einheit	Ausf.-Dauer	Positionsnummer
33€	51€	**55€**	68€	71€	[m²]	⏱ 0,30h/m²	314.000.070

14 Betonwerksteinplatten aufnehmen, lagern KG **394**

Betonwerksteinplatten, Bettung in Sand, aufnehmen, Rückseiten reinigen und zur Wiederverwendung lagern.
Plattengröße (L x B x D): 40 x 40 x 5cm
Förderweg: .....m

▶	▷	ø	◁	◀	Einheit	Ausf.-Dauer	Positionsnummer
19€	30€	**35€**	43€	44€	[m²]	⏱ 0,25h/m²	314.000.067

15 Sockelbekleidung abbrechen, Betonwerkstein KG **394**

Sockelbekleidung aus Betonwerkstein, im Mörtelbett verlegt, abbrechen. Untergrund reinigen und Bauschutt entsorgen.
Gesamtaufbau: bis 60mm
Ausbauort: .....

▶	▷	ø	◁	◀	Einheit	Ausf.-Dauer	Positionsnummer
113€	136€	**153€**	193€	196€	[m²]	⏱ 0,12h/m²	314.000.071

16 Treppenbelag abbrechen, Betonwerkstein KG **394**

Betonwerkstein Treppenbelag aus Tritt- und Setzstufen komplett bis OK Rohdecke abbrechen. Belag im Mörtelbett verlegt, einschl. Estrich, TSD und Trennlagen. Untergrund reinigen und Bauschutt entsorgen.
Gesamtaufbau: bis 8cm
Steigungsverhältnis: **17,5 / 28**cm
Laufbreite: .....m

▶	▷	ø	◁	◀	Einheit	Ausf.-Dauer	Positionsnummer
66€	80€	**91€**	113€	119€	[m]	⏱ 0,60h/m	314.000.068

Kosten:
Stand 2.Quartal 2026
Bundesdurchschnitt

▶ min
▷ von
ø Mittel
◁ bis
◀ max

Nr.	Kurztext / Langtext						Kostengruppe
▶	▷	ø netto €	◁	◀	[Einheit]	Ausf.-Dauer	Positionsnummer

17 Außenbelag, Naturstein, kleinteiliges Pflaster KG **531**

Pflasterbelag aus Naturstein-Pflaster, im Außenbereich, in Zementmörtel, in Reihen verlegt, Fugen versetzt, inkl. Anpassarbeit an begrenzende Bauteile.
Untergrund: **eben / geneigt**
Steinmaterial: **Basalt / Granit**
Nennabmessung: 50 x 50 mm
Fugenbreite: ca. 10 mm
Fugenfüllung: .....
Oberfläche: trittsicher rau
Einbauort: Bereich Gehweg
Angebotener Stein: .....

▶	▷	ø netto €	◁	◀	[Einheit]	Ausf.-Dauer	Positionsnummer
182€	233€	**260€**	290€	359€	[m²]	⏱ 1,60 h/m²	314.000.085

18 Terrassenbelag aufnehmen, Betonwerksein KG **394**

Terrassenbelag aus Betonwerksteinplatten in Splitt verlegt, ausbauen, lagern. Platten reinigen und Bauschutt entsorgen.
Plattengröße: **40 x 40** cm **/ 40 x 80** cm
Plattendicke: 50 mm
Ausbauort: .....
Förderweg: ..... m

▶	▷	ø netto €	◁	◀	[Einheit]	Ausf.-Dauer	Positionsnummer
24€	35€	**40€**	50€	51€	[m²]	⏱ 0,20 h/m²	314.000.072

19 Podestbelag abbrechen, Betonwerkstein KG **394**

Podestbelag aus Betonwerksteinplatten mit Mörtelbett, bis auf Rohdecke abbrechen. Untergrund reinigen und Bauschutt entsorgen.
Konstruktionsdicke: bis 5 cm

▶	▷	ø netto €	◁	◀	[Einheit]	Ausf.-Dauer	Positionsnummer
37€	45€	**51€**	63€	67€	[m²]	⏱ 0,30 h/m²	314.000.069

20 Fensterbank abbrechen, Betonwerkstein, innen KG **394**

Fensterbank aus Betonwerkstein im Innenbereich ausbauen und Bauschutt entsorgen.

▶	▷	ø netto €	◁	◀	[Einheit]	Ausf.-Dauer	Positionsnummer
24€	28€	**33€**	39€	39€	[m]	⏱ 0,20 h/m	314.000.073

21 Naturwerksteinbelag reinigen KG **395**

Vorhandene Wachs- und Schmutzschichten von Natursteinbelägen entfernen.
Belag: .....
Reinigungsart: .....

▶	▷	ø netto €	◁	◀	[Einheit]	Ausf.-Dauer	Positionsnummer
15€	18€	**20€**	25€	27€	[m²]	⏱ 0,20 h/m²	314.000.075

22 Naturwerksteinflächen ausbessern KG **395**

Sandsteinflächen mit Restaurationsgrund unterlegen.
Fehlstellentiefe: größer 20 mm
Flächengrößen: .....

▶	▷	ø netto €	◁	◀	[Einheit]	Ausf.-Dauer	Positionsnummer
41€	50€	**53€**	67€	71€	[m²]	⏱ 0,32 h/m²	314.000.076

Nr.	Kurztext / Langtext						Kostengruppe
►	▷	**ø netto €**	◁	◄	[Einheit]	Ausf.-Dauer	Positionsnummer

23 Naturwerksteinoberflächen schleifen KG **395**

Ausgebesserte Naturwerksteinoberflächen schleifen und den bestehenden Oberflächen angleichen.
Art des Werkstücks: .....
Material: .....

74€	85€	**101€**	124€	133€	[m²]	⏱ 0,84h/m²	314.000.077

24 Naturwerksteinflächen festigen KG **395**

Steinfestigung trockener Natursteinflächen.
Bauteil: .....
Natursteinart: .....
Flächengröße: .....
Festiger: Kieselsäureester

19€	23€	**26€**	32€	34€	[m²]	⏱ 0,19h/m²	314.000.078

25 Sandsteinoberfläche scharrieren KG **395**

Sandsteinoberflächen durch Scharrieren bearbeiten und an Bestandsflächen anpassen.

133€	162€	**182€**	226€	243€	[m²]	⏱ 2,00h/m²	314.000.079

26 Betonwerkstein schleifen KG **395**

Betonwerksteinfläche zum Glätten schleifen.
Bauteil: .....

36€	44€	**50€**	63€	67€	[m²]	⏱ 0,30h/m²	314.000.081

27 Außenbelag, Betonwerksteinplatten KG **530**

Plattenbelag aus Betonwerkstein, im Außenbereich, in ungebundene Bauweise, inkl. Unterbau, auf Abdichtung, mit Kreuzfuge.
Untergrund: eben
Unterbau: Splittbett
Plattenmaterial: Betonwerkstein
Plattenabmessung: .....mm
Plattendicke: .....
Oberfläche: .....
Fugenbreite: ca. 15mm
Fuge: Splitt

101€	126€	**138€**	151€	175€	[m²]	⏱ 0,70h/m²	314.000.098

Kosten:
Stand 2. Quartal 2026
Bundesdurchschnitt

► min
▷ von
ø Mittel
◁ bis
◄ max

28 Außenbelag, Naturwerksteinpflaster KG **530**

Bodenbelag aus kleinformatigen Natursteinpflaster im Außenbereich, in ungebundener Bauweise, mit Unterbau, mit versetzten Fugen in Reihen verlegt.
Einbauort: Stellplätze
TL-Pflaster StB Kategorie: GN
Untergrund: geneigt
Unterbau: Splittbett
Steinmaterial: Granit
Steinmaße: ..... mm
Nenndickenabweichung: Klasse .....
Fugenfüllung: Splitt
Oberfläche: naturrau

141€	178€	**204€**	216€	240€	[m²]	⏱ 0,80 h/m²	314.000.086

29 Außenbelag, Pflasterstreifen KG **530**

Pflasterstreifen aus Naturstein-Pflaster, im Außenbereich, in Beton, mit einseitiger Rückenstütze, streifenförmig verlegt, Fugen versetzt, inkl. Anpassarbeit an begrenzende Bauteile.
Untergrund: **eben / geneigt**
Steinmaterial: Granit
Steinabmessung: ..... mm
Fugenbreite: ca. 20 mm
Fugenfüllung: Zementmörtel
Oberfläche: naturrau
Einbauort: .....

56€	66€	**68€**	70€	77€	[m]	⏱ 0,35 h/m	314.000.087

30 Mauerabdeckung, Naturwerksteinplatten KG **543**

Mauerabdeckung aus Naturwerkstein mit einseitiger Wassernase, im Außenbereich mit Neigung im Mörtelbett verlegt, inkl. Verfugung.
Einbauort: .....
Untergrund: .....
Plattenmaterial: .....
Plattendicke: ca. 30 mm
Oberfläche: .....
Kanten: .....

156€	180€	**191€**	203€	236€	[m]	⏱ 0,20 h/m	314.000.099

31 Fensterbank, Betonwerkstein, innen KG **334**

Fensterbank aus Betonwerkstein, einschichtig, innen, einteilig, vordere Kantenfläche voll und 2 Seitenflächen teilweise sichtbar, mit stumpfem Anschluss an Fensterrahmen, mit leichtem Gefälle in Mörtelbett verlegen und verfugen.
Dicke: 5 cm
Breite: bis 250 mm
Auskragung: ..... cm
Oberfläche: .....
Sichtbare Kanten: gefast

63€	84€	**89€**	103€	129€	[m]	⏱ 0,42 h/m	314.000.100

Kosten:
Stand 2. Quartal 2026
Bundesdurchschnitt

Nr.	Kurztext / Langtext					Kostengruppe
▶	▷	ø netto €	◁	◀	[Einheit]	Ausf.-Dauer	Positionsnummer

32 Treppe, Blockstufe, Naturwerkstein KG **544**

Blockstufe aus Naturwerkstein, im Außenbereich, auf Untergrund aus Stahlbeton in Zementmörtel.
Einbauort: .....
Gesteinsart: .....
Farbe/Textur: .....
Stufenabmessung (L x B x H): 1200 x 350 x 160mm
Oberfläche: .....
Rutschgefahr: R9
Kantenausbildung: .....

197€ | 255€ | **283€** | 325€ | 428€ | [m] | ⏱ 0,60h/m | 314.000.089

33 Treppe, Blockstufe, Betonwerkstein KG **544**

Blockstufe aus Betonwerkstein, 2-schichtig, im Außenbereich, auf Untergrund aus Stahlbeton in Zementmörtel.
Einbauort: .....
Steinart: .....
Farbe/Textur: .....
Stufenabmessung (L x T x H): 1.200 x 350 x 160mm
Oberfläche: .....
Rutschgefahr: R9
Kantenausbildung: .....

191€ | 230€ | **253€** | 272€ | 309€ | [m] | ⏱ 0,60h/m | 314.000.090

34 Treppe, Winkelstufe, Naturwerkstein, 1,00m KG **544**

Treppenstufe als Winkelstufe aus Naturwerkstein, auf Betonuntergrund, in Zementmörtel und mit Verfugung.
Einbauort: .....
Gesteinsart: .....
Farbe/Textur: .....
Stufenabmessung (L x B x H): 1.000 x 290 x 175mm
Materialdicke: 40mm
Oberfläche: .....
Kantenausbildung: .....

231€ | 256€ | **267€** | 278€ | 306€ | [St] | ⏱ 0,55h/St | 314.000.091

35 Treppenbelag, Naturwerkstein, Tritt-/Setzstufe KG **353**

Treppenstufe als Tritt- und Setzstufe aus Naturwerkstein, auf Betonuntergrund, in Zementmörtel und mit Verfugung. Trittstufe überkragend und Setzstufe stumpf gestoßen.
Einbauort: .....
Gesteinsart: .....
Farbe/Textur: .....
Stufenabmessung (L x B x H): 1.000 x 290 x 175mm
Materialdicke: Trittstufe 30mm, Setzstufe 20mm
Sichtbare Köpfe: .....
Oberfläche: .....
Kantenausbildung: .....

159€ | 185€ | **208€** | 213€ | 263€ | [m] | ⏱ 0,60h/m | 314.000.101

▶ min
▷ von
ø Mittel
◁ bis
◀ max

Nr.	Kurztext / Langtext						Kostengruppe
▶	▷	ø netto €	◁	◀	[Einheit]	Ausf.-Dauer	Positionsnummer

36 Aufmerksamkeitsstreifen, Stufenkante KG **353**

Rutschsicherer Aufmerksamkeitsstreifen als taktiles Erkennungsmerkmal gemäß DIN 18040 und DIN 32984, auf Natursteinbelag mit geklebten Einzelrippen, im Kontrast zu Belag.
Anwendungsbereich: Treppen
Ausführungsort: .....
Ausführung: dreireihig
Untergrund: .....
Material: Kunststoffrippen, Polyurethan
Höhe: ..... mm
Format: ..... mm
Abstand von Vorderkante: ..... mm
Farbe: .....

▶	▷	ø netto €	◁	◀	[Einheit]	Ausf.-Dauer	Positionsnummer
–	81€	**90€**	114€	–	[m]	⏱ 0,35h/m	314.000.092

37 Voranstrich, Natursteinbelag KG **353**

Voranstrich für Natursteinbelag.
Bauteil: **Wand- / Bodenflächen**
Untergrund: .....
Voranstrichmittel: .....

▶	▷	ø netto €	◁	◀	[Einheit]	Ausf.-Dauer	Positionsnummer
3€	5€	**6€**	8€	13€	[m²]	⏱ 0,05h/m²	314.000.114

38 Innenbelag, Naturwerkstein KG **353**

Bodenbelag aus Naturwerkstein im Innenbereich, im Verband auf Dünnbett, mit Fugenmörtel.
Einbauort: .....
Untergrund: waagerecht
Gesteinsart: .....
Handelsname: .....
Farbe/Textur: .....
Verlegeart: .....
Mörtel: .....
Fugenanordnung: .....
Fugenmörtel: .....
Plattenabmessung: ..... mm
Plattendicke: bis 20mm
Oberfläche: gebürstet

▶	▷	ø netto €	◁	◀	[Einheit]	Ausf.-Dauer	Positionsnummer
218€	270€	**296€**	325€	380€	[m²]	⏱ 1,10h/m²	314.000.103

Nr.	Kurztext / Langtext						Kostengruppe
►	▷	ø netto €	◁	◄	[Einheit]	Ausf.-Dauer	Positionsnummer

39 Innenbelag, Naturwerkstein, Granit KG **353**

Bodenbelag aus Naturwerkstein im Innenbereich, im Verband auf Dünnbett mit Fugenmörtel.
Einbauort: .....
Untergrund: waagerecht
Gesteinsart: Granit
Handelsname: .....
Farbe/Textur: .....
Verlegeart: .....
Mörtel: .....
Fugenanordnung: .....
Fugenmörtel: .....
Plattenformat (B x L): ..... x .....
Plattendicke: bis 30mm
Oberfläche: poliert
Angeb. Stein: .....
Steinbruch: .....

120€	221€	**291€**	314€	380€	[m2]	⏱ 1,10h/m2	314.000.115

40 Innenbelag, Naturwerkstein, Kalkstein KG **353**

Bodenbelag aus Naturwerkstein im Innenbereich, im Verband auf Dünnbett mit Fugenmörtel.
Einbauort: .....
Untergrund: waagerecht
Gesteinsart: Kalksandstein
Handelsname: .....
Farbe/Textur: .....
Verlegeart: .....
Mörtel: .....
Fugenanordnung: .....
Fugenmörtel: .....
Plattenformat (B x L): ..... x .....
Plattendicke: bis 20mm
Oberfläche: gebürstet
Angeb. Stein: .....
Steinbruch: .....

122€	222€	**261€**	349€	565€	[m2]	⏱ 1,10h/m2	314.000.116

Kosten:
Stand 2.Quartal 2026
Bundesdurchschnitt

► min
▷ von
ø Mittel
◁ bis
◄ max

41 Innenbelag, Betonwerkstein KG **353**

Bodenbelag aus Betonwerksteinplatten im Innenbereich, einschichtig, als kalibrierte Platte, im Verband auf Dickbett mit Verfugung mit Fugenmörtel.
Einbauort: .....
Untergrund: .....
Mörtel: 30 mm
Verlegeart: .....
Fugenanordnung: .....
Fugenbreite: 3 mm
Plattenabmessung: ..... mm
Plattendicke: ..... mm
Farbe/Textur: .....
Oberfläche: feingeschliffen

117€ 136€ **144€** 182€ 233€ [m2] ⏱ 1,10 h/m2 314.000.104

42 Sockel, Naturwerksteinplatten KG **353**

Sockelleiste aus Naturwerkstein, vorstehend an Wänden im Innenbereich, auf Dünnbett, mit Verfugung auf Flächenbelag abgestimmt.
Querschnitt: 8,0 x 15 mm
Steinart: Magmatisches Gestein - .....
Oberfläche: feingeschliffen
Kanten: .....

35€ 40€ **43€** 47€ 55€ [m] ⏱ 0,25 h/m 314.000.102

43 Oberfläche, laserstrukturiert, Mehrpreis KG **353**

Mehrkosten bei Natursteinbelägen für Oberflächenstrukturgestaltung mit Laser.
Anforderung: R10

– 52€ **65€** 82€ – [m2] ⏱ 0,10 h/m2 314.000.093

44 Ausklinkung, Plattenbelag KG **353**

Ausklinkung in Naturstein- oder Betonwerksteinbelag.
Plattenbelag: **Boden / Wand**
Größe Ausklinkung: .....
Steinart: .....
Belagdicke: .....

21€ 25€ **27€** 28€ 32€ [St] ⏱ 0,18 h/St 314.000.105

45 Schrägschnitte, Plattenbelag KG **353**

Gehrungsschnitte an Platte mit Bearbeitung.
Plattenbelag: **Boden / Wand**
Steinart: .....
Plattendicke: .....
Schnittwinkel: .....

29€ 32€ **32€** 35€ 38€ [m] ⏱ 0,40 h/m 314.000.106

300 389 301 302 306 308 309 310 312 313 **314** 316 317 318 320 321 322

Kosten:
Stand 2.Quartal 2026
Bundesdurchschnitt

Nr.	Kurztext / Langtext						Kostengruppe
▶	▷	**ø netto €**	◁	◀	[Einheit]	Ausf.-Dauer	Positionsnummer

46 Fries, Plattenbelag — KG 353

Fries in Bodenbelag aus Naturstein, im Innenbereich, im Dünnbettmörtel verlegt, inkl. Verfugung.
Platten: Breite 280mm, Länge 500mm
Plattendicke: 20mm
Steinart: .....
Oberfläche: .....
Einbauort: .....

▶	▷	ø	◁	◀	Einheit	Ausf.-Dauer	Positionsnummer
47€	88€	**90€**	94€	123€	[m]	⏱ 0,40h/m	314.000.107

47 Trenn-/Anschlagschiene, Messing — KG 353

Trennschiene aus Metall, in Werkstein-Bodenbelag, im Innenbereich.
Einbauort: .....
Untergrund: .....
Material: Messing
Oberfläche: .....

▶	▷	ø	◁	◀	Einheit	Ausf.-Dauer	Positionsnummer
29€	38€	**43€**	46€	62€	[m]	⏱ 0,12h/m	314.000.108

48 Fugenabdichtung, elastisch, Silikon — KG 353

Fuge in Bodenbelag mit elastischem Fugendichtstoff schließen.
Volumenschwund: bis 5%
Fugenbreite: über 5 bis 10mm
Fugentiefe bis 10mm

▶	▷	ø	◁	◀	Einheit	Ausf.-Dauer	Positionsnummer
9€	11€	**12€**	14€	19€	[m]	⏱ 0,05h/m	314.000.109

49 Trittschalldämmung, Randstreifen, MW — KG 353

Trittschalldämmung für lotrechte Nutzlasten aus Mineralwolle.
Untergrund: .....
Dämmstoff: MW DES-sh
Lieferdicke: 25mm
Zusammendrückbarkeit: .....
Steifigkeit: .....MN/m²

▶	▷	ø	◁	◀	Einheit	Ausf.-Dauer	Positionsnummer
18€	21€	**22€**	23€	26€	[m²]	⏱ 0,60h/m²	314.000.110

50 Erstreinigung, Ersteinpflege, Natursteinboden — KG 353

Reinigen von Böden im Innenbereich, Belag aus Naturwerksteinplatten.
Steinart: .....
Oberfläche: .....

▶	▷	ø	◁	◀	Einheit	Ausf.-Dauer	Positionsnummer
5€	10€	**12€**	13€	15€	[m²]	⏱ 0,25h/m²	314.000.111

51 Stundensatz, Facharbeiter/-in

Stundenlohnarbeiten für Vorarbeiter/-in, Facharbeiter/-in und Gleichgestellte. Der Verrechnungssatz für die jeweilige Arbeitskraft umfasst sämtliche Aufwendungen wie Lohn- und Gehaltskosten, Lohn- und Gehaltsnebenkosten, Zuschläge, lohngebundene und lohnabhängige Kosten, sonstige Sozialkosten, Gemeinkosten, Wagnis und Gewinn. Leistung nach besonderer Anordnung der Bauüberwachung. Anmeldung und Nachweis gemäß VOB/B.

▶	▷	ø	◁	◀	Einheit	Ausf.-Dauer	Positionsnummer
71€	81€	**87€**	91€	98€	[h]	⏱ 1,00h/h	314.000.112

▶ min
▷ von
ø Mittel
◁ bis
◀ max

52 Stundensatz, Helfer/-in

Stundenlohnarbeiten für Werker/-in, Helfer/-in und Gleichgestellte. Der Verrechnungssatz für die jeweilige Arbeitskraft umfasst sämtliche Aufwendungen wie Lohn- und Gehaltskosten, Lohn- und Gehaltsnebenkosten, Zuschläge, lohngebundene und lohnabhängige Kosten, sonstige Sozialkosten, Gemeinkosten, Wagnis und Gewinn. Leistung nach besonderer Anordnung der Bauüberwachung. Anmeldung und Nachweis gemäß VOB/B.

64€ 70€ **72€** 77€ 88€ [h] ⏱ 1,00h/h 314.000.113

316

Kosten:
Stand 2. Quartal 2026
Bundesdurchschnitt

Nr.	Positionen	Einheit	►	▷	ø brutto € / ø netto €	◁	◀
1	Schutzabdeckung, armierte Baufolie	m²	8	11	**11**	12	16
			7	9	**9**	10	13
2	Wandbekleidung entfernen, Holz	m²	19	24	**28**	32	45
			16	21	**24**	27	38
3	Deckenbekleidung entfernen, Holz	m²	21	27	**30**	40	55
			18	23	**25**	34	46
4	Außenwandbekleidung entfernen, Holz	m²	29	33	**39**	49	52
			24	28	**33**	41	44
5	Wanddämmung entfernen, MW	m²	10	15	**18**	22	29
			9	12	**15**	19	24
6	Zwischensparrendämmung entfernen, MW	m²	8	13	**15**	16	20
			7	11	**13**	13	17
7	Lattentrennwand demontieren	m²	13	23	**29**	35	49
			11	20	**24**	29	41
8	Dachflächenfenster entfernen	St	52	108	**134**	167	236
			43	91	**112**	141	199
9	Holzständerwand abbauen	m²	34	40	**45**	56	60
			29	34	**38**	47	50
10	Holztreppe abbauen	St	309	508	**614**	795	1.103
			259	427	**516**	668	927
11	Bodeneinschubtreppe ausbauen	St	81	94	**107**	134	147
			68	79	**90**	113	123
12	Holztrittstufe entfernen	m²	36	43	**49**	61	66
			30	36	**41**	52	56
13	Holzleiter abbauen	St	20	24	**27**	32	35
			17	20	**23**	27	30
14	Holzhandlauf entfernen	m	17	22	**26**	30	32
			14	18	**22**	25	27
15	Holzfußboden entfernen, Bodenbretter	m²	14	16	**19**	24	42
			11	14	**16**	20	35
16	Holzfußboden entfernen, Bretter/Lagerhölzer	m²	15	22	**25**	32	49
			13	18	**21**	27	42
17	Fußbodenbretter aufnehmen/lagern	m²	17	24	**29**	35	48
			14	20	**24**	29	40
18	Spanplattenboden ausbauen	m²	19	28	**31**	37	48
			16	24	**26**	31	41
19	Schüttung entfernen, Lagerhölzer	m²	14	18	**21**	25	27
			12	15	**18**	21	22
20	Schüttung entfernen, Holzbalkendecke	m²	15	30	**36**	43	50
			13	25	**30**	36	42
21	Fehlboden entfernen, Holz	m²	24	29	**32**	41	46
			20	24	**27**	34	39
22	Deckenbalken ausbauen, Holz	m	14	22	**25**	32	45
			12	18	**21**	26	38
23	Unterzug ausbauen, Holz	m	20	24	**27**	34	42
			17	20	**23**	29	35
24	Holzbalkendecke ausbauen	m²	106	120	**143**	172	196
			89	101	**120**	144	165

► min
▷ von
ø Mittel
◁ bis
◀ max

Nr.	Positionen	Einheit	►	▷	ø brutto € / ø netto €	◁	◄
25	Dachstuhlhölzer ausbauen	m	14	28	**33**	41	52
			12	24	**28**	34	44
26	Dachlattung entfernen	m^2	6	9	**12**	14	18
			5	8	**10**	12	15
27	Dachschalung entfernen	m^2	13	21	**24**	25	32
			11	18	**20**	21	27
28	Giebelgesims entfernen	m	13	15	**17**	21	22
			11	13	**14**	17	19
29	Sparren aufdoppeln	m	12	19	**22**	28	37
			10	16	**19**	24	31
30	Zwischensparrendämmung, MW 035, DZ, 100mm	m^2	30	35	**40**	49	52
			25	29	**34**	41	43
31	Zwischensparrendämmung, MW 035, DZ, 120mm	m^2	34	38	**46**	57	63
			29	32	**39**	48	53
32	Zwischensparrendämmung, MW 035, DZ, 140mm	m^2	40	46	**53**	66	72
			34	39	**45**	55	61
33	Zwischensparrendämmung, MW 032, 100mm	m^2	36	42	**51**	62	68
			31	36	**42**	52	57
34	Zwischensparrendämmung, MW 032, 120mm	m^2	39	46	**54**	68	72
			33	38	**45**	57	61
35	Zwischensparrendämmung, MW 032, 140mm	m^2	45	52	**61**	76	83
			38	44	**51**	64	70
36	Einblasdämmung, Zellulose 040, DZ, bis 140mm	m^2	22	32	**34**	38	48
			19	27	**29**	32	40
37	Einblasdämmung, Zellulose 040, DZ, bis 240mm	m^2	40	49	**50**	52	56
			33	41	**42**	44	47
38	MW-Dämmung, Spitzboden, 160mm	m^2	32	36	**41**	50	53
			27	30	**34**	42	45
39	MW/Spanplatte P3, Holzdecke, 240mm	m^2	140	171	**182**	213	232
			118	144	**153**	179	195
40	MW-Dämmung, Holzbalkendecke, 120mm	m^2	31	38	**42**	51	55
			26	32	**35**	43	46
41	Bauschnittholz C24, Nadelholz, trocken	m^3	606	824	**897**	996	1.200
			510	692	**753**	837	1.008
42	Konstruktionsvollholz KVH®, MH®, Nadelholz, sichtbar	m^3	928	1.145	**1.188**	1.326	1.603
			780	962	**999**	1.115	1.347
43	Brettschichtholz, GL24h, Nadelholz, gehobelt	m^3	1.131	1.418	**1.534**	1.675	1.942
			950	1.191	**1.289**	1.407	1.632
44	Abbinden, Bauschnittholz, Dach	m	15	23	**26**	31	40
			13	20	**22**	26	34
45	Abbund/Aufstellen, Stütze BSH	m	13	18	**20**	23	27
			11	15	**17**	19	23
46	Abbinden, Konstruktionsvollholz, Decken	m	19	29	**32**	37	48
			16	24	**27**	31	41
47	Abbund, Kehl-/Gratsparren	m	16	25	**30**	34	43
			14	21	**25**	29	36
48	Hobeln, Bauschnittholz	m	7	10	**12**	13	18
			6	8	**10**	11	15

Kosten:
Stand 2. Quartal 2026
Bundesdurchschnitt

► min
▷ von
ø Mittel
◁ bis
◄ max

Nr.	Positionen	Einheit	►	▷	ø brutto € / ø netto €	◁	◄
49	Schrägschnitte, Bauschnittholz	m	9	12	**13**	14	19
			8	10	**11**	12	16
50	Schalung, Nadelholz, gehobelt	m²	44	59	**67**	75	95
			37	50	**56**	63	80
51	Schalung, Rauspund, genagelt	m²	32	41	**44**	50	61
			27	35	**37**	42	51
52	Schalung, OSB/3, Feuchtebereich	m²	36	41	**43**	51	58
			30	35	**36**	43	49
53	Schalung, OSB/4, Feuchtebereich	m²	36	44	**49**	53	58
			30	37	**41**	44	49
54	Schalung, Sperrholz, Feuchtebereich	m²	62	82	**91**	98	113
			52	69	**76**	82	95
55	Schalung, Massivholzplatte	m²	110	128	**138**	140	148
			93	107	**116**	118	125
56	Blindboden, Nadelholz, einseitig gehobelt	m²	48	60	**68**	74	86
			40	50	**57**	62	72
57	Kantholz, Nadelholz, S10	m	9	13	**17**	18	20
			7	11	**14**	15	17
58	Dampfbremse, feuchteadaptiv, sd-variabel	m²	14	19	**20**	25	33
			12	16	**17**	21	28
59	Anschlüsse und Fügungen luftdicht verkleben	m	7	11	**13**	16	22
			6	9	**11**	13	18
60	Traglattung, Nadelholz, 30x50, Dachdeckung	m	5	6	**8**	8	10
			4	5	**6**	7	9
61	Traglattung, Nadelholz, 40x60, Dachdeckung	m	6	9	**9**	10	12
			5	7	**8**	9	11
62	Dachlattung, Nadelholz, 30x50, Dachdeckung	m²	9	11	**11**	12	15
			7	9	**10**	10	12
63	Dachlattung, Nadelholz, 40x60, Dachdeckung	m²	8	11	**13**	15	21
			6	10	**11**	13	17
64	Holztreppe, Wangentreppe	St	7.567	10.051	**10.677**	11.132	13.567
			6.359	8.446	**8.972**	9.355	11.401
65	Holztreppe, Einschubtreppe, gedämmt	St	1.226	1.477	**1.610**	1.794	2.264
			1.031	1.241	**1.353**	1.508	1.902
66	Windrispenband, 40x2	m	5	8	**9**	10	14
			5	7	**8**	9	11
67	Verankerung, Profilanker, Schwelle	St	9	14	**16**	19	25
			8	12	**14**	16	21
68	Befestigung, Stabdübel, Edelstahl	St	20	24	**25**	27	29
			17	20	**21**	22	24
69	Befestigung, Klebeanker, nichtrostender Stahl	St	23	27	**30**	31	33
			19	23	**25**	26	28
70	Befestigung, Gewindestange	St	7	11	**13**	14	17
			6	9	**11**	12	14

Nr.	Positionen	Einheit	▶	▷	ø brutto € / ø netto €	◁	◀
71	Stundensatz, Facharbeiter/-in	h	82	92	**96**	103	113
			69	77	**81**	86	95
72	Stundensatz, Helfer/-in	h	65	73	**79**	82	89
			55	62	**66**	69	75

Nr. **Kurztext** / Langtext — Kostengruppe
▶ ▷ **ø netto €** ◁ ◀ [Einheit] Ausf.-Dauer Positionsnummer

1 Schutzabdeckung, armierte Baufolie KG **397**

Schutzplanen als Wetterschutz auf Anweisung der Bauüberwachung sturmsicher anbringen.
Schutzfunktion für: **Bauteile / Schutzgerüste / offene Dächer**
Aufmaß: nach m² abgedeckter Bauteilfläche
Vorhaltedauer: .....
Planenmaterial: .....
Vorhaltedauer: .....

7€ 9€ **9€** 10€ 13€ [m²] ⏱ 0,05 h/m² 316.001.136

2 Wandbekleidung entfernen, Holz KG **394**

Wandbekleidung aus Holz einschl. der Unterkonstruktion aus Holzwerkstoff entfernen und anfallenden Bauschutt entsorgen.
Bekleidung: .....
Befestigung: .....
Unterkonstruktion: .....
Ausbauort: .....

16€ 21€ **24€** 27€ 38€ [m²] ⏱ 0,18 h/m² 316.001.095

3 Deckenbekleidung entfernen, Holz KG **394**

Deckenbekleidung aus Holz und Holzwerkstoff einschl. Unterkonstruktion entfernen und anfallenden Bauschutt entsorgen.
Bekleidung: .....
Unterkonstruktion: .....
Ausbauort: .....

18€ 23€ **25€** 34€ 46€ [m²] ⏱ 0,30 h/m² 316.001.096

4 Außenwandbekleidung entfernen, Holz KG **394**

Bekleidung auf Außenwand aus Holz einschl. Unterkonstruktion entfernen und anfallenden Bauschutt entsorgen.
Bekleidung: .....
Unterkonstruktion: .....

24€ 28€ **33€** 41€ 44€ [m²] ⏱ 0,25 h/m² 316.001.137

300 389 301 302 306 308 309 310 312 313 314 316 317 318 320 321 322

Nr.	Kurztext / Langtext						Kostengruppe
▶	▷	ø netto €	◁	◀	[Einheit]	Ausf.-Dauer	Positionsnummer

5 Wanddämmung entfernen, MW KG **394**

Wärmedämmung an Außenwand entfernen und auf Baustelle sammeln. Der Abfall ist nicht gefährlich und nicht schadstoffbelastet. Die Entsorgung wird gesondert vergütet.
Einbauart: .....
Dämmung: Mineralwolle
Dämmdicke: .....

9€	12€	**15€**	19€	24€	[m2]	⏱ 0,10h/m2	316.001.138

6 Zwischensparrendämmung entfernen, MW KG **394**

Dämmung zwischen Sparren entfernen und auf Baustelle sammeln. Der Abfall ist nicht gefährlich und nicht schadstoffbelastet. Die Entsorgung wird gesondert vergütet.
Dämmmaterial: Mineralwolle
Dämmdicke: bis 100mm

7€	11€	**13€**	13€	17€	[m2]	⏱ 0,15h/m2	316.001.099

Kosten:
Stand 2.Quartal 2026
Bundesdurchschnitt

7 Lattentrennwand demontieren KG **394**

Lattentrennwand aus Holz in Keller/Speicher demontieren und anfallenden Bauschutt entsorgen.
Ausbauort: .....

11€	20€	**24€**	29€	41€	[m2]	⏱ 0,20h/m2	316.001.101

8 Dachflächenfenster entfernen KG **394**

Dachflächenfenster mit Rahmen ausbauen und anfallenden Bauschutt entsorgen.
Material: .....
Größe: bis 2m2

43€	91€	**112€**	141€	199€	[St]	⏱ 1,40h/St	316.001.100

9 Holzständerwand abbauen KG **394**

Holzständerwand ohne Beplankung abbauen und anfallenden Bauschutt entsorgen.
Ausbauort: .....
Wanddicke: .....

29€	34€	**38€**	47€	50€	[m2]	⏱ 0,38h/m2	316.001.102

10 Holztreppe abbauen KG **394**

Holztreppe einschl. Geländer und Handlauf abbauen und anfallenden Bauschutt entsorgen.
Geschosshöhe: bis 3,00m
Laufbreite: bis 1,20m
Steigung: .....
Treppenlänge: .....
Form: **einläufig / zweiläufig mit Podest**

259€	427€	**516€**	668€	927€	[St]	⏱ 3,30h/St	316.001.103

11 Bodeneinschubtreppe ausbauen KG **394**

Bodeneinschubtreppe inkl. Deckenklappe und Zarge aus Holz ausbauen und anfallenden Bauschutt entsorgen.
Treppenlänge: .....

68€	79€	**90€**	113€	123€	[St]	⏱ 1,20h/St	316.001.104

▶ min
▷ von
ø Mittel
◁ bis
◀ max

Nr.	Kurztext / Langtext						Kostengruppe
▶	▷	**ø netto €**	◁	◀	[Einheit]	Ausf.-Dauer	Positionsnummer

12 Holztrittstufe entfernen KG **394**

Trittstufe aus Holz entfernen und anfallenden Bauschutt entsorgen.
Ausbauort: .....
Unterkonstruktion: .....
Stufenbreite: .....

30€ | 36€ | **41€** | 52€ | 56€ | [m2] | ⏱ 0,25h/m2 | 316.001.105

13 Holzleiter abbauen KG **394**

Holzleiter im Dachraum abbauen und anfallenden Bauschutt entsorgen.
Bauart: .....
Befestigung: .....
Länge: .....

17€ | 20€ | **23€** | 27€ | 30€ | [St] | ⏱ 0,15h/St | 316.001.106

14 Holzhandlauf entfernen KG **394**

Handlauf aus Holz einschl. Halterung und Befestigung entfernen und anfallenden Bauschutt entsorgen.
Befestigung: .....

14€ | 18€ | **22€** | 25€ | 27€ | [m] | ⏱ 0,18h/m | 316.001.107

15 Holzfußboden entfernen, Bodenbretter KG **394**

Fußbodenbretter als Dielen, einschl. Sockelleisten entfernen und anfallenden Bauschutt entsorgen.
Ausbauort: .....
Belagsdicke: .....

11€ | 14€ | **16€** | 20€ | 35€ | [m2] | ⏱ 0,18h/m2 | 316.001.108

16 Holzfußboden entfernen, Bretter/Lagerhölzer KG **394**

Fußbodenbretter auf Lagerhölzer einschl. Sockelleisten ausbauen und anfallenden Bauschutt entsorgen.
Ausbauort: .....
Belagsdicke: .....
Befestigungsart: .....

13€ | 18€ | **21€** | 27€ | 42€ | [m2] | ⏱ 0,22h/m2 | 316.001.109

17 Fußbodenbretter aufnehmen/lagern KG **394**

Fußbodenbretter aufnehmen und zur Wiederverwendung seitlich lagern, einschl. entnageln und reinigen.
Ausbauort: .....
Belagsdicke: .....
Befestigungsart: .....

14€ | 20€ | **24€** | 29€ | 40€ | [m2] | ⏱ 0,30h/m2 | 316.001.110

18 Spanplattenboden ausbauen KG **394**

Spanplattenboden einschl. Unterkonstruktion ausbauen, Untergrund reinigen und anfallenden Bauschutt entsorgen.
Ausbauort: .....
Plattenboden: bis 25mm
Unterkonstruktion: .....

16€ | 24€ | **26€** | 31€ | 41€ | [m2] | ⏱ 0,30h/m2 | 316.001.111

300
389
301
302
306
308
309
310
312
313
314
316
317
318
320
321
322

Nr.	Kurztext / Langtext						Kostengruppe
▶	▷	**ø netto €**	◁	◀	[Einheit]	Ausf.-Dauer	Positionsnummer

19 Schüttung entfernen, Lagerhölzer KG **394**

Schüttung zwischen Lagerhölzern entfernen und anfallenden Bauschutt entsorgen.
Ausbauort: .....
Schütthöhe: bis 7cm
Material: .....

12€	15€	**18€**	21€	22€	[m²]	⏱ 0,10h/m²	316.001.112

20 Schüttung entfernen, Holzbalkendecke KG **394**

Schüttung aus Holzbalkendecke entfernen und anfallenden Bauschutt entsorgen.
Ausbauort: .....
Schütthöhe: bis 15cm
Material: .....

13€	25€	**30€**	36€	42€	[m²]	⏱ 0,35h/m²	316.001.113

21 Fehlboden entfernen, Holz KG **394**

Fehlboden entfernen und anfallenden Bauschutt entsorgen.
Ausbauort: .....
Belagsdicke: .....
Balkenabstand: .....

20€	24€	**27€**	34€	39€	[m²]	⏱ 0,22h/m²	316.001.114

22 Deckenbalken ausbauen, Holz KG **394**

Deckenbalken ausbauen und anfallenden Bauschutt entsorgen.
Ausbauort: .....
Material: **Eiche / Nadelholz / .....**
Abmessungen: .....
Hinweis: Abstütz- und Sicherungsmaßnahmen sind gesondert auszuschreiben.

12€	18€	**21€**	26€	38€	[m]	⏱ 0,15h/m	316.001.115

23 Unterzug ausbauen, Holz KG **394**

Unterzug aus Holz ausbauen und anfallenden Bauschutt entsorgen.
Ausbauort: .....
Material: .....
Abmessungen: .....
Hinweis: Abstütz- und Sicherungsmaßnahmen sind gesondert auszuschreiben.

17€	20€	**23€**	29€	35€	[m]	⏱ 0,17h/m	316.001.116

Kosten:
Stand 2. Quartal 2026
Bundesdurchschnitt

▶ min
▷ von
ø Mittel
◁ bis
◀ max

Nr.	Kurztext / Langtext						Kostengruppe
▶	▷	ø netto €	◁	◀	[Einheit]	Ausf.-Dauer	Positionsnummer

24 Holzbalkendecke ausbauen KG **394**

Holzbalkendecke in allen Teilen ausbauen und anfallenden Bauschutt entsorgen. Abrechnung nach m² Raumfläche.
Ausbauort: .....
Material: .....
Balkenquerschnitt: .....
Balkenabstand: .....
Deckenaufbau: .....
Deckendicke: .....
Hinweis: Abstütz- und Sicherungsmaßnahmen sind gesondert auszuschreiben.

89€ | 101€ | **120€** | 144€ | 165€ | [m²] | ⏱ 0,90 h/m² | 316.001.117

25 Dachstuhlhölzer ausbauen KG **394**

Dachstuhlhölzer ausbauen und anfallenden Bauschutt entsorgen.
Bauteil: .....
Firsthöhe: .....
Dachform: .....
Dachneigung: .....
Material: .....
Abmessungen: .....
Hinweis: Abstütz- und Sicherungsmaßnahmen sind gesondert auszuschreiben.

12€ | 24€ | **28€** | 34€ | 44€ | [m] | ⏱ 0,50 h/m | 316.001.118

26 Dachlattung entfernen KG **394**

Dachlattung entfernen und anfallenden Bauschutt entsorgen.
Lattenabstand: 320-340 mm
Querschnitte: .....

5€ | 8€ | **10€** | 12€ | 15€ | [m²] | ⏱ 0,08 h/m² | 316.001.119

27 Dachschalung entfernen KG **394**

Dachschalung auf Sparren entfernen und anfallenden Bauschutt entsorgen.
Dachschalung: .....
Befestigung: .....

11€ | 18€ | **20€** | 21€ | 27€ | [m²] | ⏱ 0,20 h/m² | 316.001.120

28 Giebelgesims entfernen KG **394**

Giebelgesims einschl. Ortgangbrett und Blechabdeckung entfernen und anfallenden Bauschutt entsorgen.
Form/Ausführung: .....

11€ | 13€ | **14€** | 17€ | 19€ | [m] | ⏱ 0,10 h/m | 316.001.121

29 Sparren aufdoppeln KG **395**

Sparren aufdoppeln mit Latte/Bohle.
Querschnitt: bis ..... x ..... cm
Holzart: .....
Sanierungsort: .....

10€ | 16€ | **19€** | 24€ | 31€ | [m] | ⏱ 0,10 h/m | 316.001.122

Nr.	Kurztext / Langtext						Kostengruppe
▶	▷	ø netto €	◁	◀	[Einheit]	Ausf.-Dauer	Positionsnummer

A 1 Zwischensparrendämmung, MW 035, DZ — Beschreibung für Pos. **30-32**

Zwischensparrendämmung mit Mineralwolle, einlagig, als nachträgliche Dämmmaßnahme von außen einbauen.
Dämmstoff: Mineralwolle (MW) nach DIN EN 13162
Anwendungsgebiet nach DIN 4108-10: DZ
Bemessungswert Wärmeleitfähigkeit: max. 0,034W/(m·K)
Nennwert Wärmeleitfähigkeit: 0,035W/(m·K)
Brandverhalten: Baustoffklasse A1
Sparrenabstand e: ..... mm

30 Zwischensparrendämmung, MW 035, DZ, 100mm — KG **363**

Wie Ausführungsbeschreibung A 1
Dämmschichtdicke: 100mm

25€	29€	**34€**	41€	43€	[m²]	⏱ 0,20h/m²	316.001.123

31 Zwischensparrendämmung, MW 035, DZ, 120mm — KG **363**

Wie Ausführungsbeschreibung A 1
Dämmschichtdicke: 120mm

29€	32€	**39€**	48€	53€	[m²]	⏱ 0,20h/m²	316.001.124

32 Zwischensparrendämmung, MW 035, DZ, 140mm — KG **363**

Wie Ausführungsbeschreibung A 1
Dämmschichtdicke: 140mm

34€	39€	**45€**	55€	61€	[m²]	⏱ 0,22h/m²	316.001.125

A 2 Zwischensparrendämmung, MW 032, DZ — Beschreibung für Pos. **33-35**

Wärmedämmung zwischen Holzbalken / Sparren, aus Mineralwolle, als nachträgliche Dämmmaßnahme von außen einbauen.
Dämmstoff: Mineralwolle, MW
Anwendungsgebiet: DZ
Nennwert der Wärmeleitfähigkeit: 0,032W/(m·K)
Bemessungswert der Wärmeleitfähigkeit: .....
Brandverhalten: nicht brennbar, A1-DIN EN13501-1
Zwischensparrendämmung mit Mineralwolle, einlagig, als nachträgliche Dämmmaßnahme von außen einbauen.
Dämmstoff: Mineralwolle (MW) nach DIN EN 13162
Anwendungsgebiet nach DIN 4108-10: DZ
Bemessungswert Wärmeleitfähigkeit: max. 0,032W/(m·K)
Nennwert Wärmeleitfähigkeit: .....W/(m·K)
Brandverhalten: Baustoffklasse A1
Sparrenabstand e: .....mm

33 Zwischensparrendämmung, MW 032, 100mm — KG **363**

Wie Ausführungsbeschreibung A 2
Sparrenabstand: .....mm
Lagen: einlagig
Dämmschichtdicke: 100mm

31€	36€	**42€**	52€	57€	[m²]	⏱ 0,20h/m²	316.001.126

Kosten:
Stand 2. Quartal 2026
Bundesdurchschnitt

▶ min
▷ von
ø Mittel
◁ bis
◀ max

34 Zwischensparrendämmung, MW 032, 120mm KG **363**

Wie Ausführungsbeschreibung A 2
Sparrenabstand: .....mm
Lagen: einlagig
Dämmschichtdicke: 120mm

33€	38€	**45€**	57€	61€	[m²]	⏱ 0,20h/m²	316.001.127

35 Zwischensparrendämmung, MW 032, 140mm KG **363**

Wie Ausführungsbeschreibung A 2
Sparrenabstand: .....mm
Lagen: einlagig
Dämmschichtdicke: 140mm

38€	44€	**51€**	64€	70€	[m²]	⏱ 0,22h/m²	316.001.128

A 3 Einblasdämmung, Zellulose 040, DZ Beschreibung für Pos. **36-37**

Wärmedämmung zwischen Sparren und Konstruktionshölzern, aus Zellulose, als Einblasdämmung, inkl. Verdichten; Abrechnung nach Fläche.
Dämmung: Zellulosefasern
Anwendung: DZ
Nennwert der Wärmeleitfähigkeit: 0,040W/(m·K)
Bemessungswert der Wärmeleitfähigkeit: max. 0,038W/(m·K)
Brandverhalten: normal entflammbar, Klasse E
Ständer-/Sparrenabstand: 60-90cm

36 Einblasdämmung, Zellulose 040, DZ, bis 140mm KG **363**

Wie Ausführungsbeschreibung A 3
Dämmschichtdicke: bis 140mm

19€	27€	**29€**	32€	40€	[m²]	⏱ 0,10h/m²	316.001.139

37 Einblasdämmung, Zellulose 040, DZ, bis 240mm KG **363**

Wie Ausführungsbeschreibung A 3
Dämmschichtdicke: bis 240mm

33€	41€	**42€**	44€	47€	[m²]	⏱ 0,16h/m²	316.001.141

38 MW-Dämmung, Spitzboden, 160mm KG **363**

Wärmedämmung aus Mineralwolle, nicht begehbar, auf der Spitzbodenfläche einbauen.
Dämmstoff: Mineralwolle, MW
Anwendungsgebiet: DZ
Brandverhalten: nicht brennbar, A1-DIN EN 13501-1
Nennwert der Wärmeleitfähigkeit: 0,035W/(m·K)
Bemessungswert der Wärmeleitfähigkeit: .....
Dämmschichtdicke: 160mm

27€	30€	**34€**	42€	45€	[m²]	⏱ 0,10h/m²	316.001.129

Nr.	Kurztext / Langtext						Kostengruppe
▶	▷	ø netto €	◁	◀	[Einheit]	Ausf.-Dauer	Positionsnummer

39 MW/Spanplatte P3, Holzdecke, 240mm KG **363**

Wärmedämmung aus Mineralwolle und Abdeckung aus Holzspanplatten auf Holzbalkendecke einbauen.
Dämmstoff: Mineralwolle, MW
Anwendungsgebiet: DEO-dh (hohe Druckbelastbarkeit)
Brandverhalten: nicht brennbar, A1-DIN EN 13501-1
Nennwert der Wärmeleitfähigkeit: 0,035W/(m·K)
Bemessungswert der Wärmeleitfähigkeit: .....
Dämmschichtdicke: 240mm
Abdeckung: Holzspanplatte P3
Dicke: 22mm
Emission: E1
Gesamtaufbau: 261mm
Angeb. Fabrikat: .....

▶	▷	ø	◁	◀	Einheit	Ausf.-Dauer	Positionsnummer
118€	144€	**153€**	179€	195€	[m²]	⏱ 0,22h/m²	316.001.131

40 MW-Dämmung, Holzbalkendecke, 120mm KG **363**

Wärmedämmung aus Mineralwolle zwischen Balken der Holzbalkendecke einbauen.
Balkenabstand: .....
Dämmstoff: Mineralwolle, MW
Anwendungsgebiet: DI
Brandverhalten: nicht brennbar, A1-DIN EN 13501-1
Nennwert der Wärmeleitfähigkeit: 0,035W/(m·K)
Bemessungswert der Wärmeleitfähigkeit: .....
Dämmschichtdicke: 120mm

▶	▷	ø	◁	◀	Einheit	Ausf.-Dauer	Positionsnummer
26€	32€	**35€**	43€	46€	[m²]	⏱ 0,10h/m²	316.001.130

41 Bauschnittholz C24, Nadelholz, trocken KG **361**

Liefern von Bauschnittholz, Nadelholz, Holzfeuchte bis 20%.
Verwendungsbereich: .....
Holzart: **Fichte / Tanne**
Gebrauchsklasse: GK0Festigkeitsklasse: C24
Sortierklasse: S10
Güteklasse: 2, scharfkantig, ...
Oberfläche: .....
Querschnitt (B x H): 6 x 12cm
Einzellänge: bis 8,00m, gemäß Holzliste des AG

▶	▷	ø	◁	◀	Einheit	Ausf.-Dauer	Positionsnummer
510€	692€	**753€**	837€	1.008€	[m³]	–	316.001.142

Kosten:
Stand 2.Quartal 2026
Bundesdurchschnitt

▶ min
▷ von
ø Mittel
◁ bis
◀ max

42 Konstruktionsvollholz KVH®, MH®, Nadelholz, sichtbar KG **361**

Liefern von Konstruktionsvollholz, Nadelholz, sichtbar.
Festigkeitsklasse: C24
Sortierklasse: S10
Qualität: herzfrei, scharfkantig, Ästigkeit bis 2/5, Rissbreite bis 3 % der Querschnittsseite, Harzgallen bis 5 mm, Verfärbungen und Insektenbefall nicht zulässig
Maßtoleranz: Klasse 2
Holzfeuchte: 15 % +/-3 %
Oberfläche: .....
Breite: 6-10 cm
Höhe: 6-30 cm
Einzellänge: bis 6,00 m, gemäß Holzliste des AG

780€	962€	**999€**	1.115€	1.347€	[m³]	–	316.001.143

43 Brettschichtholz, GL24h, Nadelholz, gehobelt KG **361**

Liefern von Brettschichtholz aus Nadelholz, gehobelt, Bläue und Rotstreifigkeit auf 10 % der Oberfläche und fest verwachsene Äste zulässig, ohne extreme klimatische Wechselbeanspruchung.
Verklebung: Resorcinharz
Festigkeitsklasse: GL 24h
Lamellendicke: max. 42 mm
Nutzungsklasse DIN EN 1995-1-1: NK .....
Gebrauchsklasse DIN EN 355: GK .....
Breite: 6-20 cm
Höhe: 16-40 cm
Einzellänge: bis 12,00 m, gemäß Holzliste des AG

950€	1.191€	**1.289€**	1.407€	1.632€	[m³]	–	316.001.144

44 Abbinden, Bauschnittholz, Dach KG **361**

Abbinden und Aufstellen von Bauschnittholz, für Dachkonstruktionen, Anschlüsse lt. statischer Berechnung und Konstruktionszeichnungen/zimmermannsmäßig.
Holzart: .....
Querschnitt (B x H): ..... x .....
Einzellängen: bis 8,00 m

13€	20€	**22€**	26€	34€	[m]	⏱ 0,22 h/m	316.001.145

45 Abbund/Aufstellen, Stütze BSH KG **361**

Abbinden und Aufstellen von Stützen aus Brettschichtholz. Anschlüsse nach statischer Berechnung und Konstruktionszeichnungen.
Holzart: .....
Material: Brettschichtholz nach DIN EN 14080
Querschnitt (B x H): bis 240 x 240 mm
Einzellänge: bis ..... m

11€	15€	**17€**	19€	23€	[m]	⏱ 0,25 h/m	316.001.178

Kosten:
Stand 2. Quartal 2026
Bundesdurchschnitt

► min
▷ von
ø Mittel
◁ bis
◀ max

Nr.	**Kurztext** / Langtext						Kostengruppe
►	▷	**ø netto €**	◁	◀	[Einheit]	Ausf.-Dauer	Positionsnummer

46 Abbinden, Konstruktionsvollholz, Decken KG **361**

Abbinden und Aufstellen von Konstruktionsvollholz, für Deckenkonstruktionen, Anschlüsse lt. statischer Berechnung und Konstruktionszeichnungen/zimmermannsmäßig.
Holzart: .....
Querschnitt (B x H): bis 14 x 24cm
Einzellänge: bis 8,00m

16€	24€	**27€**	31€	41€	[m]	⏱ 0,20h/m	316.001.146

47 Abbund, Kehl-/Gratsparren KG **361**

Abbinden und Aufstellen von Bauschnittholz als Kehl- und Gratsparren, Anschlüsse lt. statischer Berechnung und Konstruktionszeichnung/zimmermannsmäßig.
Funktion: **Kehlsparren / Gratsparren**
Holzart: .....
Querschnitt (B x H): 10 x 20 bis 16 x 34cm
Einzellänge: bis 6,00m

14€	21€	**25€**	29€	36€	[m]	⏱ 0,30h/m	316.001.147

48 Hobeln, Bauschnittholz KG **361**

Hobeln von Bauschnittholz, allseitig.
Profilquerschnitt: .....
Maßtoleranzklasse: 2
Bauteil: .....

6€	8€	**10€**	11€	15€	[m]	⏱ 0,08h/m	316.001.148

49 Schrägschnitte, Bauschnittholz KG **361**

Schrägschnitte von Bauschnittholz.
Schnitttiefe: bis 20cm

8€	10€	**11€**	12€	16€	[m]	⏱ 0,20h/m	316.001.149

50 Schalung, Nadelholz, gehobelt KG **361**

Schalung aus gefasten Brettern, Nadelholz, Befestigung mit Nägeln.
Oberfläche: einseitig gehobelt
Sortierklasse: S10
Profil: Nut-Feder
Brettdicke: .....
Breite: bis 160mm
Einbauort: unter Dachdeckung

37€	50€	**56€**	63€	80€	[m²]	⏱ 0,28h/m²	316.001.151

51 Schalung, Rauspund, genagelt KG **363**

Dachschalung aus Rauspund, Nadelholz, Unterseite sichtbar, Befestigung mit Nägeln.
Sortierklasse: S10
Brettdicke: bis 28mm
Einbauort: unter Dachdeckung

27€	35€	**37€**	42€	51€	[m²]	⏱ 0,25h/m²	316.001.152

Nr.	Kurztext / Langtext						Kostengruppe
▶	▷	ø netto €	◁	◀	[Einheit]	Ausf.-Dauer	Positionsnummer

52 Schalung, OSB/3, Feuchtebereich KG **353**

Schalung für tragende Anwendung, im Feuchtebereich, aus hochbelastbaren OSB-Platten, mit feuerverzinkten Nägeln auf Holzuntergrund nach statischer Berechnung und Konstruktionszeichnungen befestigen.
Plattentyp: OSB/3
Dicke: .....
Oberfläche: ungeschliffen
Einbauort: .....

30€ 35€ **36€** 43€ 49€ [m²] ⏱ 0,25h/m² 316.001.179

53 Schalung, OSB/4, Feuchtebereich KG **353**

Schalung für tragende Anwendung, im Feuchtebereich, aus hochbelastbaren OSB-Platten, mit feuerverzinkten Nägeln auf Holzuntergrund nach statischer Berechnung und Konstruktionszeichnungen befestigen.
Plattentyp: OSB/4
Dicke: .....
Oberfläche: ungeschliffen
Einbauort: .....

30€ 37€ **41€** 44€ 49€ [m²] ⏱ 0,25h/m² 316.001.153

54 Schalung, Sperrholz, Feuchtebereich KG **364**

Schalung für tragende Zwecke, im Feuchtebereich, aus Sperrholzplatten.
Dicke: .....
Nutzungsklasse: 2
Oberflächengüte: .....
Erscheinungsklasse: .....
Befestigung: mit Schrauben
Untergrund: .....
Einbauort: .....

52€ 69€ **76€** 82€ 95€ [m²] ⏱ 0,25h/m² 316.001.154

55 Schalung, Massivholzplatte KG **335**

Schalung oder Bekleidung, innen, aus Massivholzplatte.
Platte: **SWP/2 / SWP/3**
Holzart: .....
Einbau: .....
Verwendungsbereich: .....
Nutzungsklasse: .....
Dicke: .....mm
Qualität: .....
Oberflächengüte: .....
Erscheinungsklasse: .....
Befestigung: mit Schrauben
Untergrund: .....

93€ 107€ **116€** 118€ 125€ [m²] ⏱ 0,38h/m² 316.001.156

300 389 301 302 306 308 309 310 312 313 314 **316** 317 318 320 321 322

Nr.	Kurztext / Langtext						Kostengruppe
▶	▷	ø netto €	◁	◀	[Einheit]	Ausf.-Dauer	Positionsnummer

56 Blindboden, Nadelholz, einseitig gehobelt — KG **353**

Blindboden, eingebaut zwischen Deckenbalken, aus gespundeter Schalung aus Nadelholz, einseitig gehobelt, von unten sichtbar bleibend, Befestigung mit gehobelten Leisten 30x50mm, an Deckenbalken genagelt, chem. Holzschutz in gesonderter Position.
Holzart: **Fichte / Kiefer**
Sortierklasse: S10TS
Schalungsdicke 19mm
Breite: 100mm
Gebrauchsklasse: .....

40€	50€	**57€**	62€	72€	[m²]	⏱ 0,40h/m²	316.001.157

57 Kantholz, Nadelholz, S10 — KG **335**

Liefern von Kantholz, Nadelholz .
Holzart: **Fichte / Kiefer**
Gebrauchsklasse: GK 0
Festigkeitsklasse: C24
Oberfläche allseitig gehobelt
Querschnitt: 40 x 120mm
Einzellänge: bis .....m, gemäß Holzliste des AG
Holzfeuchte: trocken

7€	11€	**14€**	15€	17€	[m]	⏱ 0,10h/m	316.001.158

58 Dampfbremse, feuchteadaptiv, sd-variabel — KG **364**

Dampfbremsbahn, feuchteadaptiv, Seitenüberdeckung und Überlappungen nach Herstellervorgabe. Herstellen der wind- und luftdichten Anschlüsse an aufgehende und begrenzende Bauteile in gesonderter Position.
Dampfsperrbahn: .....
sd-Wert: variabel
Brandverhalten: Klasse E
Angeb. Fabrikat: .....

12€	16€	**17€**	21€	28€	[m²]	⏱ 0,08h/m²	316.001.159

59 Anschlüsse und Fügungen luftdicht verkleben — KG **363**

Luftdichten Anschluss herstellen.
Bauteile: .....
Art: **Dampfbremsbahn / Dampfsperrbahn**
Luftdichte Ausbildung der Fugen durch: .....

6€	9€	**11€**	13€	18€	[m]	⏱ 0,10h/m	316.001.176

Kosten:
Stand 2. Quartal 2026
Bundesdurchschnitt

▶ min
▷ von
ø Mittel
◁ bis
◀ max

60 Traglattung, Nadelholz, 30x50, Dachdeckung KG **363**

Trag-/Konterlattung aus Nadelholz, für Dachziegel- oder Betondachsteindeckung, auf Holzunterkonstruktion, Befestigung mit korrosionsgeschützten Nägeln oder Schrauben.
Sortierklasse: S10TS
Oberfläche: sägerau
Lattenabstand: ca. 330 mm
Sparrenabstand: ..... mm
Dachdeckung: .....
Dachfläche: eben
Dachneigung: .....°
Lattenquerschnitt: 30 x 50 mm
Holzfeuchte: max. 20 %

4€ 5€ **6€** 7€ 9€ [m] ⏱ 0,10 h/m 316.001.161

61 Traglattung, Nadelholz, 40x60, Dachdeckung KG **363**

Trag-/Konterlattung aus Nadelholz, für Dachziegel- oder Betondachsteindeckung, auf Holzunterkonstruktion, Befestigung mit korrosionsgeschützten Nägeln oder Schrauben.
Sortierklasse: S10TS
Festigkeitsklasse DIN EN 338: C24 M
Oberfläche: sägerau
Lattenabstand: ca. 330 mm
Sparrenabstand: ..... mm
Dachdeckung: .....
Dachfläche: eben
Dachneigung: .....°
Lattenquerschnitt: 40 x 60 mm
Holzfeuchte: max. 20 %

5€ 7€ **8€** 9€ 11€ [m] ⏱ 0,10 h/m 316.001.162

62 Dachlattung, Nadelholz, 30x50, Dachdeckung KG **363**

Dachlattung aus Nadelholz, für Dachziegel- oder Betondachsteindeckung, auf Holzunterkonstruktion, Befestigung mit korrosionsgeschützten Nägeln oder Schrauben.
Sortierklasse: S10TS
Oberfläche: sägerau
Lattenabstand: ca. 330 mm
Sparrenabstand: ..... mm
Dachdeckung: .....
Dachfläche: ..... eben
Dachneigung: .....°
Lattenquerschnitt: 30 x 50 mm
Holzfeuchte: max. 20 %

7€ 9€ **10€** 10€ 12€ [m²] ⏱ 0,10 h/m² 316.001.163

Nr.	Kurztext / Langtext						Kostengruppe
►	▷	ø netto €	◁	◀	[Einheit]	Ausf.-Dauer	Positionsnummer

63 Dachlattung, Nadelholz, 40x60, Dachdeckung KG **363**

Dachlattung aus Nadelholz, für Dachziegel- oder Betondachsteindeckung, auf Holzunterkonstruktion, Befestigung mit korrosionsgeschützten Nägeln oder Schrauben.
Sortierklasse: S10TS
Festigkeitsklasse DIN EN 338: C24 M
Oberfläche: sägerau
Lattenabstand: ca. 330mm
Sparrenabstand: .....mm
Dachdeckung: .....
Dachfläche: eben
Dachneigung: .....°
Lattenquerschnitt: 40 x 60mm
Holzfeuchte: max. 20%

6€	10€	**11€**	13€	17€	[m²]	⏱ 0,10h/m²	316.001.164

Kosten:
Stand 2. Quartal 2026
Bundesdurchschnitt

64 Holztreppe, Wangentreppe KG **351**

Wangentreppe zwischen vorhandene Konstruktion, in bauseitige Auflager, Holztreppe gerade, einläufig, ohne Podest, mit eingestemmten Stufen.
Setzstufen: .....
Material (Wangen und Stufen): .....
Stufen: .....St
Steigungsverhältnis: 175 x 280mm
Laufbreite: 800mm
Untersicht: vorgerichtet für bauseitige Bekleidung
Beschichtung: .....
Einbauort: .....
Eingebaut in: **Gebälk / Betondecke**

6.359€	8.446€	**8.972€**	9.355€	11.401€	[St]	⏱ 20,00h/St	316.001.166

65 Holztreppe, Einschubtreppe, gedämmt KG **351**

Einschubtreppe, zwischen bauseitige Konstruktion, zweiteilig, einschiebbar, von oben und unten zu öffnen, Stufen aus Hartholz, mit einseitigem Handlauf, Deckel wärmegedämmt, luftdicht schließend, vorgerichtet für bauseitige Bekleidung von unten.
Einbauort: .....
Raumhöhe: .....
Treppen-Öffnung (B x L): 700 x 1400mm
Kastenhöhe: .....
Oberfläche: .....
Feuerwiderstand: .....
Vorhandene Konstruktion: .....

1.031€	1.241€	**1.353€**	1.508€	1.902€	[St]	⏱ 5,00h/St	316.001.167

► min
▷ von
ø Mittel
◁ bis
◀ max

66 Windrispenband, 40x2 KG **361**

Windrispenband zur Diagonalaussteifung, auf Dachschalung bzw. Holzsparren, Stahl verzinkt, inkl. Befestigung mit Rillennägel entsprechend Statik inkl. spannen.
Dimension: 40 x 2mm
Rillennägel: 4 x 40 bis 4 x 60mm

5€	7€	**8€**	9€	11€	[m]	⏱ 0,05h/m	316.001.168

67 Verankerung, Profilanker, Schwelle KG **361**

Verankerung von Holzschwellen an Ankerschiene mit Profilanker. Verankerung gemäß Statik.
Mindestlastaufnahme der Verbindung: ..... kN
Ankerschienenprofil: ..... mm
Befestigung an Holz mit: ..... Ankernägeln
Ankernägel: 4 x 40 mm

8€ | 12€ | **14€** | 16€ | 21€ | [St] | ⏱ 0,12 h/St | 316.001.170

68 Befestigung, Stabdübel, Edelstahl KG **361**

Stabdübel, Oberfläche an den Enden gefast, einschl. mehrschnittige Bohrung im Bauteil. Verankerung gemäß Statik.
Material: Edelstahl
Werkstoffnummer: .....
Länge: .....
Durchmesser: ..... mm

17€ | 20€ | **21€** | 22€ | 24€ | [St] | ⏱ 0,05 h/St | 316.001.171

69 Befestigung, Klebeanker, nichtrostender Stahl KG **361**

Klebedübel-Set, bestehend aus Dübel, Gewindestange, Schraube und Unterlegscheibe. Verankerung gemäß Statik.
Material: nichtrostender Stahl
Durchmesser: .....

19€ | 23€ | **25€** | 26€ | 28€ | [St] | ⏱ 0,10 h/St | 316.001.172

70 Befestigung, Gewindestange KG **361**

Gewindestange, in Holzbauteil, einschl. Bohrung im Bauteil, zwei Unterlegscheiben und Muttern.
Oberfläche: feuerverzinkt
Größe: M12
Länge: 1.000 mm

6€ | 9€ | **11€** | 12€ | 14€ | [St] | ⏱ 0,10 h/St | 316.001.173

71 Stundensatz, Facharbeiter/-in

Stundenlohnarbeiten für Vorarbeiter/-in, Facharbeiter/-in und Gleichgestellte. Verrechnungssatz für die jeweilige Arbeitskraft inkl. aller Aufwendungen wie Lohn- und Gehaltskosten, Lohn- und Gehaltsnebenkosten, Zuschläge, lohngebundene und lohnabhängige Kosten, sonstige Sozialkosten, Gemeinkosten, Wagnis und Gewinn. Leistung nach besonderer Anordnung der Bauüberwachung. Anmeldung und Nachweis gemäß VOB/B.

69€ | 77€ | **81€** | 86€ | 95€ | [h] | ⏱ 1,00 h/h | 316.001.174

72 Stundensatz, Helfer/-in

Stundenlohnarbeiten für Werker/-in, Fachwerker/-in und jeweils Gleichgestellte. Der Verrechnungssatz für die jeweilige Arbeitskraft umfasst sämtliche Aufwendungen wie Lohn- und Gehaltskosten, lohn- und gehaltsgebundene Kosten, Lohn- und Gehaltsnebenkosten, Gemeinkosten, Wagnis und Gewinn. Leistung nach besonderer Anordnung der Bauüberwachung. Nachweis und Anmeldung gemäß VOB/B.

55€ | 62€ | **66€** | 69€ | 75€ | [h] | ⏱ 1,00 h/h | 316.001.175

317

Kosten:
Stand 2. Quartal 2026
Bundesdurchschnitt

► min
▷ von
ø Mittel
◁ bis
◀ max

Nr.	Positionen	Einheit	►	▷	ø brutto € / ø netto €	◁	◀
1	Abbruch Treppe, Stahl	St	163	231	**273**	295	353
			137	194	**230**	248	296
2	Abbruch Handlauf Stahl	m	9	14	**17**	20	27
			7	12	**14**	17	23
3	Abbruch Stahlkonstruktion Doppel-T Träger	St	–	57	**70**	83	–
			–	48	**59**	70	–
4	Handlauf, Rohrprofil, verzinkt	m	93	125	**141**	148	185
			78	105	**119**	124	155
5	Profilstahl-Konstruktion, Profile HEA 160, verzinkt	kg	6	7	**7**	8	10
			5	6	**6**	7	9
6	Profilstahl-Konstruktion, Profile IPE, verzinkt	kg	5	8	**8**	10	14
			4	6	**7**	9	11
7	Profilstahl-Konstruktion, Profile UNP/UPE, verzinkt	kg	4	6	**7**	7	9
			3	5	**6**	6	7
8	Rundstahl, Zugstab, D=36mm, verzinkt	kg	6	11	**13**	13	18
			5	9	**11**	11	15
9	Stahlstütze, Rundrohrprofil	kg	8	10	**10**	12	15
			7	8	**9**	10	12
10	Kopf-/Fußplatte, Stahlblech	kg	7	9	**10**	13	18
			5	8	**9**	11	15
11	Trapezblechdach, Stahlblech	m²	50	65	**68**	72	88
			42	54	**57**	60	74
12	Trapezblechdach, gewölbt	m²	–	113	**126**	148	–
			–	95	**106**	124	–
13	Trapezblechdach, Randverstärkung, Übergangsblech	m	41	50	**55**	60	71
			34	42	**47**	51	60
14	Trapezblechdach, Dachausschnitt	St	118	142	**162**	172	196
			99	120	**136**	145	165
15	Bohrungen, Stahl	St	13	24	**29**	35	50
			11	20	**24**	30	42
16	Ramm-/Anfahrschutz	St	433	651	**778**	1.098	1.571
			364	547	**653**	923	1.320
17	Gitterroste, verzinkt, rutschhemmend, verankert	m²	137	176	**198**	220	276
			115	148	**166**	184	232
18	Brandschutzbeschichtung, Stahlbauteile, Decklack	m²	35	54	**64**	70	81
			30	45	**54**	58	68
19	Stundensatz, Facharbeiter/-in	h	91	99	**102**	105	112
			77	83	**86**	88	94
20	Stundensatz, Helfer/-in	h	65	75	**81**	88	104
			54	63	**68**	74	88

1 Abbruch Treppe, Stahl KG **394**

Abbruch der Treppe, aus Stahl. Ausführung innerhalb des Bauwerks, Ausführung in allen Geschossen. Geräteeinsatz ist möglich, aufgenommene Stoffe sammeln, auf Lkw des AN laden. Abfall ist nicht gefährlich, nicht schadstoffbelastet, die Entsorgung wird gesondert vergütet.
Gesamtgewicht: max. bis 5t
Steigungen: 16St
Höhe Steigung: 17,5cm
Tiefe Treppenauftritt: 28cm
Breite Treppenlauf: 100cm

137€ 194€ **230€** 248€ 296€ [St] ⏱ 3,00h/St 317.000.024

2 Abbruch Handlauf Stahl KG **394**

Abbruch Handlauf, aus Stahl, Ausführung innerhalb des Bauwerks, Ausführung in allen Geschossen, aufgenommene Stoffe sammeln, auf Lkw des AN laden, Abfall ist nicht gefährlich, nicht schadstoffbelastet, die Entsorgung wird gesondert vergütet.
Abbruch: **von Hand / mit handgeführten Kleingeräten**
Arbeitshöhe: 2,00m

7€ 12€ **14€** 17€ 23€ [m] ⏱ 0,09h/m 317.000.025

3 Abbruch Stahlkonstruktion Doppel-T Träger KG **394**

Abbruch der Stahlkonstruktion, aus Formstahl, Doppel-T Träger. Ausführung innerhalb des Bauwerks, Ausführung in allen Geschossen, aufgenommene Stoffe sammeln, auf Lkw des AN laden, Abfall ist nicht gefährlich, nicht schadstoffbelastet, die Entsorgung wird gesondert vergütet.
Abbruch: **von Hand / mit handgeführten Kleingeräten**
Profilhöhe: 180mm
Einzellänge: über 2,75 bis 3,00m
Arbeitshöhe: bis 2,0m

– 48€ **59€** 70€ – [St] ⏱ 0,60h/St 317.000.026

4 Handlauf, Rohrprofil, verzinkt KG **359**

Stahlhandlauf aus Rohrprofil, mit Wandhalterung, Handlauf steigend, mit Konsolen befestigt an aufgehenden Bauteilen, Handlaufrohr von unten angeschweißt.
Einbauort: Außenraum
Stahlgüte: S235JR - Werkstoff-Nr. 1.0038
Durchmesser Handlauf: 42,4mm
Wanddicke: 2,0mm
Form: Rundrohr
Durchmesser Konsole: .....m
Abstand zw. Konsolen: .....mm
Abstand aufgehendes Bauteil: .....mm
Oberfläche: feuerverzinkt
Für die Ausführung werden vom AG folgende Unterlagen zur Verfügung gestellt:
- Entwurfszeichnungen, Plannr.: .....
- Übersichtszeichnungen, Plannr.: .....
- statische Berechnung mit Positionsplänen, Plannr.: .....

78€ 105€ **119€** 124€ 155€ [m] ⏱ 0,30h/m 317.000.027

300 389 301 302 306 308 309 310 312 313 314 316 **317** 318 320 321 322

Nr.	Kurztext / Langtext						Kostengruppe
▶	▷	ø netto €	◁	◀	[Einheit]	Ausf.-Dauer	Positionsnummer

5 Profilstahl-Konstruktion, Profile HEA 160, verzinkt KG **351**

Stahlträger aus Walzprofil nach DIN EN 10034, als Träger der Deckenkonstruktion, einschl. aller Kopfplatten, Steifen, Bohrungen, Verbindungsmittel und Schweißnähte, sowie einschl. Bohrungen für die Verschraubung mit den bauseitigen Anschlüssen.
Einbauort: .....
Einbauhöhe: .....
Profil: HEA 160
Konstruktion der Ausführungsklasse DIN EN 1090: EXC .....
Material: Stahl nach DIN EN 10027-1
Güte: S235JR - Werkstoff-Nr. 1.0038
Masse Stahlprofil: 30,4kg/m
Oberfläche: verzinkt
Baustellenverbindungen: geschraubt
Für die Ausführung werden vom AG folgende Unterlagen zur Verfügung gestellt:
- Entwurfszeichnungen, Plannr.: .....
- Übersichtszeichnungen, Plannr.: .....
- statische Berechnung mit Positionsplänen, Plannr.: .....

5€	6€	**6€**	7€	9€	[kg]	⏱ 0,02h/kg	317.000.028

6 Profilstahl-Konstruktion, Profile IPE, verzinkt KG **351**

Stahlträger aus Walzprofil nach DIN EN 10279, als Träger der Deckenkonstruktion, einschl. aller Kopfplatten, Steifen, Bohrungen, Verbindungsmittel und Schweißnähte, sowie einschl. Bohrungen für die Verschraubung mit den bauseitigen Anschlüssen.
Einbauort: .....
Einbauhöhe: .....
Profil: IPE
Konstruktion der Ausführungsklasse DIN EN 1090: EXC .....
Material: Stahl nach DIN EN 10025
Güte: S235JR - Werkstoff-Nr. 1.0038
Masse Stahlprofil: .....kg/m
Oberfläche: verzinkt
Baustellenverbindungen: geschraubt
Für die Ausführung werden vom AG folgende Unterlagen zur Verfügung gestellt:
- Entwurfszeichnungen, Plannr.: .....
- Übersichtszeichnungen, Plannr.: .....
- statische Berechnung mit Positionsplänen, Plannr.: .....

4€	6€	**7€**	9€	11€	[kg]	⏱ 0,02h/kg	317.000.029

Kosten:
Stand 2. Quartal 2026
Bundesdurchschnitt

▶ min
▷ von
ø Mittel
◁ bis
◀ max

7 Profilstahl-Konstruktion, Profile UNP/UPE, verzinkt KG **351**

Stahlträger aus Walzprofil U nach DIN EN 10279, als Träger der Deckenkonstruktion, einschl. aller Kopfplatten, Steifen, Bohrungen, Verbindungsmittel und Schweißnähte, sowie einschl. Bohrungen für die Verschraubung mit den bauseitigen Anschlüssen.
Einbauort: .....
Einbauhöhe: .....
Profile: **UNP / UPE**
Konstruktion der Ausführungsklasse DIN EN 1090: EXC .....
Material: Stahl nach DIN EN 10025-2
Güte: S235JR - Werkstoff Nr. 1.0038
Masse Stahlprofil: ..... kg/m
Oberflächenbeschichtung: wird gesondert vergütet
Baustellenverbindungen: geschraubt
Für die Ausführung werden vom AG folgende Unterlagen zur Verfügung gestellt:

- Entwurfszeichnungen, Plannr.: .....
- Übersichtszeichnungen, Plannr.: .....
- statische Berechnung mit Positionsplänen, Plannr.: .....

3€ 5€ **6€** 6€ 7€ [kg] ⏱ 0,02 h/kg 317.000.030

8 Rundstahl, Zugstab, D=36mm, verzinkt KG **361**

Zugstange aus Rund-Stabstahl nach DIN EN 10060 mit Gewindeschloss, als Diagonalaussteifungssystem, einschl. aller Anschlussbleche, Steifen, Bohrungen, Verbindungsmittel, Schweißnähte, sowie einschl. Bohrungen für die Verschraubung mit den bauseitigen Anschlüssen.
Einbauort: ..... / Einbauhöhe: .....
Durchmesser: .....
Einzellänge: .....
Konstruktion der Ausführungsklasse DIN EN 1090: EXC .....
Material: Stahl nach DIN EN 10025-2
Güte: Stabstahl mit Grenzzugkraft von ..... KN
Masse Stahlprofil: ..... kg/m
Korrosionsbelastung DIN EN 12944: Klasse **C1 / C2 / .....**
Korrosionsschutz für Zeitraum Klasse: **L = 2-5 Jahre / M = 5-15 Jahre / H = über 15 Jahre**
Oberfläche: feuerverzinkt
Baustellenverbindungen: geschraubt
Für die Ausführung werden vom AG folgende Unterlagen zur Verfügung gestellt:

- Entwurfszeichnungen, Plannr.: .....
- Übersichtszeichnungen, Plannr.: .....
- statische Berechnung mit Positionsplänen, Plannr.: .....

5€ 9€ **11€** 11€ 15€ [kg] ⏱ 0,04 h/kg 317.000.046

Nr.	Kurztext / Langtext						Kostengruppe
▶	▷	**ø netto €**	◁	◀	[Einheit]	Ausf.-Dauer	Positionsnummer

9 Stahlstütze, Rundrohrprofil KG **333**

Rundrohrprofil nach DIN EN 10210 / DIN EN 10219, als Stahlstütze der Deckenkonstruktion, einschl. aller Anschlussbleche, Steifen, Bohrungen, Verbindungsmittel, Schweißnähte, sowie einschl. Bohrungen für die Verschraubung mit den bauseitigen Anschlüssen.
Einbauort: .....
Einbauhöhe: .....
Durchmesser: 114,3mm
Wandungsdicke: 6,3mm
Einzellänge: .....
Konstruktion der Ausführungsklasse DIN EN 1090: EXC .....
Material: Stahl DIN 10025-2
Güte: S235 J2 (+N .....) - Werkstoff-Nr. 1.0117
Masse Stahlprofil: 15,0kg/m
Oberfläche: **verzinkt / grundiert**
Baustellenverbindungen: geschraubt und geschweißt

7€	8€	**9€**	10€	12€	[kg]	⏱ 0,35h/kg	317.000.031

10 Kopf-/Fußplatte, Stahlblech KG **351**

Fußplatte aus Stahlblech, einschl. aller Bohrungen, Verbindungsmittel, Schweißnähte, sowie einschl. Bohrungen für die Verschraubung mit den bauseitigen Anschlüssen.
Bauteil: .....
Einbauort: .....
Einbauhöhe: .....
Material: Stahl S235JR DIN EN 10025-2, Werkstoff-Nr. 1.0038
Dicke: .....mm
Oberflächenbehandlung und Korrosionsschutz werden gesondert vergütet.

5€	8€	**9€**	11€	15€	[kg]	⏱ 0,02h/kg	317.000.032

Kosten:
Stand 2.Quartal 2026
Bundesdurchschnitt

▶ min
▷ von
ø Mittel
◁ bis
◀ max

11 Trapezblechdach, Stahlblech KG **363**

Stahltrapezblech für einschaliges, ebenes Flachdach, befestigt auf bauseitigem Untergrund, in den Längsstößen verbunden, mit eingelassenem Flachstahl; einschl. aller Verbindungsmittel sowie Ausbildung der Längs- und Querstöße.
Einbauort: .....
Einbauhöhe: bis 6,00 m
Stat. System: **Einfeld- / Zweifeld-/ Dreifeld- / Fünffeldträger** (mit biegesteifem Stoß) in Positivlage
Stützweite: 3,0 bis 4,0 m
Ständige Last ohne Blecheigengewicht: ..... kN/m²
Verkehrslast: ..... kN/m²
Schneelast: ..... kN/m²
Horizontallast: ..... kN/m²
Durchbiegung: max. l/300
Material: Stahlblech DIN EN 10346 S320GD
Blechstärke: 0,88 mm
Profil: 161,5/250 mm (Höhe/Rippenbreite)
Korrosivitätskategorie DIN EN ISO 12944-2: .....
Oberfläche: **sendzimirverzinkt, beidseitig / Bandbeschichtung**, beidseitig, **RAL .....**
Dachneigung: bis 10°
Für die Ausführung werden vom AG folgende Unterlagen zur Verfügung gestellt:
- Entwurfszeichnungen, Plannr.: .....
- Übersichtszeichnungen, Plannr.: .....
- statische Berechnung mit Positionsplänen, Plannr.: .....

42€ 54€ **57€** 60€ 74€ [m²] ⏱ 0,15 h/m² 317.000.034

12 Trapezblechdach, gewölbt KG **363**

Stahltrapezblech, bombiert, für einschaliges, gewölbtes Bogendach, befestigt auf bauseitigem Untergrund, in den Längsstößen verbunden, mit eingelassenem Flachstahl; einschl. aller Verbindungsmittel sowie Ausbildung der Längs- und Querstöße.
Einbauort: .....
Einbauhöhe: bis 6,00 m
Stat. System: Einfeldträger in Positivlage
Stützweite: bis ca. 5,50 m
Ständige Last ohne Blecheigengewicht: ..... kN/m²
Verkehrslast: ..... kN/m²
Schneelast: ..... kN/m²
Horizontallast: ..... kN/m²
Durchbiegung: max. l/300
Material: Stahlblech DIN EN 10346 S320GD
Blechstärke: 1,0 mm
Profil: 135/310 mm (Höhe/Rippenbreite)
Korrosivitätskategorie DIN EN ISO 12944-2: .....
Oberfläche: **sendzimirverzinkt / Bandbeschichtung** beidseitig, **RAL .....**

– 95€ **106€** 124€ – [m²] ⏱ 0,25 h/m² 317.000.035

300 389 301 302 306 308 309 310 312 313 314 316 **317** 318 320 321 322

Nr.	Kurztext / Langtext						Kostengruppe
▶	▷	ø netto €	◁	◀	[Einheit]	Ausf.-Dauer	Positionsnummer

Kosten:
Stand 2. Quartal 2026
Bundesdurchschnitt

13 Trapezblechdach, Randverstärkung, Übergangsblech — KG **363**

Randverstärkung der Trapezblechdeckung an Attika, aus bandverzinkten Formblechen nach DIN EN 10346:2009-07, inkl. Verbindung mit Trapezblechdeckung mit nichtrostenden Befestigungsmitteln sowie Ausbildung der Längs- und Querstöße. Sonderteile und Ecken in getrennter Position.
Untergrund: Stahlbeton
Material: Stahl-Blech
Blechstärke: 0,88 mm
Zuschnitt: 333 mm
Kantungen: dreifach
Oberfläche: **sendzimirverzinkt / Bandbeschichtung** beidseitig, **RAL .....**
Querneigung: **mit / ohne**
Traufhöhe: bis 6,00 m
Für die Ausführung werden vom AG folgende Unterlagen zur Verfügung gestellt:
- Entwurfszeichnungen, Plannr.: .....
- Übersichtszeichnungen, Plannr.: .....
- statische Berechnung mit Positionsplänen, Plannr.: .....

34€ | 42€ | **47€** | 51€ | 60€ | [m] | ⏱ 0,20 h/m | 317.000.036

14 Trapezblechdach, Dachausschnitt — KG **363**

Dachausschnitt herstellen in Trapezprofil, Werkstoff und Korrosionsschutz wie vor beschriebene Tragschale, oberseitig mit Verstärkungsblech, Ausführung DIN EN 1090-4
Blechdicke: bis 1 mm
Form: rechteckig
Abmessung Ausschnitt: ..... x ..... mm

99€ | 120€ | **136€** | 145€ | 165€ | [St] | ⏱ 0,15 h/St | 317.000.037

15 Bohrungen, Stahl — KG **359**

Bohrungen in Stahlblechen, Stegen oder Flanschen von Stahlträgern oder -stützen, für Installationsleitungen.
Ausführung: **in der Werkstatt / auf der Baustelle**
Durchmesser: bis 30 mm
Materialstärke: ..... mm

11€ | 20€ | **24€** | 30€ | 42€ | [St] | ⏱ 0,20 h/St | 317.000.038

16 Ramm-/Anfahrschutz — KG **569**

Anfahrschutz im Außenbereich, Rundrohr auf Stahlplatte geschweißt, mit Schwerlastdübeln auf bauseitiges Betonfundament montiert.
Höhe: 1.000 mm
Breite: 600 mm
Abmessung: .....
Rundrohr-Konstruktion aus Stahl S235JR - Werkstoff-Nr. 1.0038.
Gestaltung: gemäß DGUV Vorschrift 9 und DIN 4844 - gelb kunststoffbeschichtet mit schwarzen Streifen
Oberflächen: nasslackbeschichtet
Für die Ausführung werden vom AG folgende Unterlagen zur Verfügung gestellt:
- Entwurfszeichnungen, Plannr.: .....
- Übersichtszeichnungen, Plannr.: .....
- statische Berechnung mit Positionsplänen, Plannr.: .....

364€ | 547€ | **653€** | 923€ | 1.320€ | [St] | ⏱ 1,70 h/St | 317.000.039

▶ min
▷ von
ø Mittel
◁ bis
◀ max

17 Gitterroste, verzinkt, rutschhemmend, verankert — KG **339**

Gitterrostbelag als Treppenpodestabdeckung, rutschhemmend und abhebesicher, auf bauseitiger Stahlkonstruktion; inkl. Bohrungen und Verbindungsmitteln zur Verschraubung mit herzustellenden Anschlüssen.
Einbauort: .....
Gitterrost-Außenmaß (B x L): 500 x 1.000 mm
Maschenteilung: 30 x 10 mm
Tragstab: 30 x 3 mm
Randstab/Einfassung: umlaufend, Profil 30 x 3 mm
Oberfläche: verzinkt
Anforderung: R9
Für die Ausführung werden vom AG folgende Unterlagen zur Verfügung gestellt:
- Entwurfszeichnungen, Plannr.: .....
- Übersichtszeichnungen, Plannr.: .....
- statische Berechnung mit Positionsplänen, Plannr.: .....

115€ 148€ **166€** 184€ 232€ [m2] ⏱ 0,45 h/m2 317.000.040

18 Brandschutzbeschichtung, Stahlbauteile, Decklack — KG **333**

Brandschutzbeschichtung auf Stahl, als Decklack.
Einbauort: .....
Stahlkonstruktion: **Stahlträger / Fachwerkbinder / Stützen**
Profile und Abmessungen: .....
Beschichtungsverfahren: **Pinsel / Rolle / Spritzverfahren**
Farbton: **RAL / NCS**
Herstellerfarbkarte: .....
Gef. Feuerwiderstand: **EI 30 / EI 60 - feuerhemmend**
Beschichtungsstoff: .....
Arbeitshöhe: .....
Anwendung: Innenbereich

30€ 45€ **54€** 58€ 68€ [m2] ⏱ 0,20 h/m2 317.000.043

19 Stundensatz, Facharbeiter/-in

Stundenlohnarbeiten für Vorarbeiter/-in, Facharbeiter/-in und Gleichgestellte. Leistung nach besonderer Anordnung der Bauüberwachung. Der Verrechnungssatz für die jeweilige Arbeitskraft umfasst sämtliche Aufwendungen wie Lohn- und Gehaltskosten, Lohn- und Gehaltsnebenkosten, Zuschläge, lohngebundene und lohnabhängige Kosten, sonstige Sozialkosten, Gemeinkosten, Wagnis und Gewinn.

77€ 83€ **86€** 88€ 94€ [h] ⏱ 1,00 h/h 317.000.044

20 Stundensatz, Helfer/-in

Stundenlohnarbeiten für Werker/-in, Helfer/-in und Gleichgestellte. Leistung nach besonderer Anordnung der Bauüberwachung. Der Verrechnungssatz für die jeweilige Arbeitskraft umfasst sämtliche Aufwendungen wie Lohn- und Gehaltskosten, Lohn- und Gehaltsnebenkosten, Zuschläge, lohngebundene und lohnabhängige Kosten, sonstige Sozialkosten, Gemeinkosten, Wagnis und Gewinn.

54€ 63€ **68€** 74€ 88€ [h] ⏱ 1,00 h/h 317.000.045

318

Kosten:
Stand 2. Quartal 2026
Bundesdurchschnitt

Nr.	Positionen	Einheit	▶	▷	ø brutto € / ø netto €	◁	◀
1	Bodenflächen reinigen	m²	6	7	**7**	9	11
			5	6	**6**	8	10
2	Bitumenbeschichtung entfernen, Boden	m²	25	31	**38**	44	45
			21	26	**32**	37	38
3	Bodenabdichtung entfernen, Bitumen, einlagig	m²	31	34	**41**	50	53
			26	28	**35**	42	45
4	Bodenabdichtung entfernen, Bitumen, zweilagig	m²	37	40	**49**	59	64
			31	34	**41**	50	54
5	Bitumenbeschichtung entfernen, Wand	m²	27	33	**40**	47	48
			23	28	**33**	40	40
6	Bitumenbahnen entfernen, Wand	m²	31	42	**50**	58	66
			26	35	**42**	49	55
7	Schutzbahn entfernen, Wand	m²	21	26	**30**	36	38
			18	22	**25**	30	32
8	Egalisierung, 5mm, Boden	m²	31	34	**41**	48	50
			26	29	**34**	40	42
9	Egalisierung, 10mm, Boden	m²	33	43	**50**	62	64
			28	36	**42**	52	53
10	Bodenflächen schleifen	m²	13	14	**16**	20	22
			11	12	**14**	17	18
11	Bodenflächen kugelstrahlen	m²	13	14	**17**	20	22
			11	12	**14**	17	19
12	Voranstrich, Bodenabdichtung	m²	8	11	**12**	14	15
			7	9	**10**	12	13
13	Kontaktschicht, Bodenabdichtung	m²	23	27	**30**	36	38
			20	23	**25**	30	32
14	Verstärkung, Gewebe/Vlies, Bodenfläche	St	12	14	**16**	20	22
			10	12	**14**	17	18
15	Innenecke, Verstärkung, Gewebe/Vlies	St	8	10	**11**	13	14
			7	8	**9**	11	12
16	Innenecke, Verstärkung, Dichtband	St	10	11	**13**	16	17
			8	9	**11**	13	14
17	Abdichtung, Bodenplatte, W1.1-E, PMBC	m²	31	41	**46**	53	67
			26	35	**39**	44	56
18	Abdichtung, Bodenplatte, W1.1-E, MDS, starr	m²	27	31	**34**	37	45
			22	26	**28**	31	38
19	Abdichtung, Bodenplatte, W1.1-E, MDS flexibel	m²	33	38	**42**	46	54
			28	32	**35**	38	45
20	Abdichtung, Bodenplatte, W1.1-E, PV200 DD	m²	42	46	**48**	55	59
			36	38	**40**	46	49
21	Abdichtung, Bodenplatte, W1.1-E, PYE G200S4	m²	18	23	**25**	27	30
			15	19	**21**	23	25
22	Abdichtung, Bodenplatte, W1.2-E, PMBC	m²	44	56	**62**	69	81
			37	47	**52**	58	68
23	Abdichtung, Bodenplatte, W1.2-E, MDS starr	m²	67	71	**75**	86	93
			56	60	**63**	72	78
24	Abdichtung, Bodenplatte, W1.2-E, MDS flexibel	m²	82	86	**92**	106	114
			69	72	**77**	89	96

▶ min
▷ von
ø Mittel
◁ bis
◀ max

Nr.	Positionen	Einheit	▶	▷	ø brutto € / ø netto €	◁	◀
25	Wandflächen reinigen, lose Bestandteile	m²	11	15	**17**	21	22
			9	12	**15**	18	18
26	Wandflächen reinigen, haftungsmind. Stoffe	m²	12	16	**19**	24	31
			10	14	**16**	20	26
27	Druckwasserstrahlen, Kelleraußenwand	m²	29	33	**36**	46	48
			24	28	**30**	38	40
28	Untergrund egalisieren, Kellerwand	m²	29	31	**35**	43	44
			24	26	**29**	36	37
29	Ausgleichsputz, Außenabdichtung	m²	37	45	**48**	51	59
			31	38	**40**	43	50
30	Zwischenschicht, Übergang, MDS	m	26	29	**32**	39	41
			22	24	**27**	33	35
31	Hohlkehle, vorgefertigt	m	26	29	**36**	43	47
			22	24	**30**	37	40
32	Hohlkehle, Mörtel	m	28	31	**38**	41	42
			23	26	**32**	34	35
33	Hohlkehle abdichten, MDS	m	25	29	**30**	36	39
			21	25	**26**	30	33
34	Hohlkehle abdichten, PMBC	m	25	30	**32**	38	40
			21	25	**27**	32	34
35	Kanten fasen, Abdichtung	m	5	6	**6**	8	8
			4	5	**5**	6	7
36	Wandflächen schleifen	m²	12	14	**16**	19	21
			10	11	**13**	16	18
37	Wandflächen reinigen, abbürsten	m²	12	17	**20**	24	26
			10	14	**17**	20	22
38	Wandflächen verfestigen	m²	20	22	**26**	32	35
			16	19	**22**	27	29
39	Voranstrich, Wandabdichtung	m²	6	7	**9**	10	11
			5	6	**7**	9	9
40	Spritzbewurf, Haftvermittler	m²	23	28	**34**	40	43
			20	23	**28**	34	36
41	Sperrputz, Zementmörtel	m²	59	72	**80**	97	104
			49	60	**67**	82	87
42	Kontaktschicht, Wandabdichtung	m²	26	31	**34**	41	43
			22	26	**28**	34	37
43	Zwischenschicht, Rückdurchfeuchtung, MDS	m²	53	57	**60**	73	78
			45	48	**50**	62	66
44	Wandabdichtung, W1.1-E, MDS flexibel	m²	59	63	**66**	77	82
			50	53	**55**	65	69
45	Wandabdichtung, W1.1-E, PMBC	m²	56	62	**66**	75	81
			47	52	**56**	63	68
46	Wandabdichtung, W1.1-E, FPD	m²	65	69	**72**	84	92
			55	58	**61**	71	77
47	Wandabdichtung, W1.2-E, PMBC	m²	62	69	**73**	82	90
			52	58	**62**	69	76
48	Wandabdichtung, W1.2-E, PYE KTG KSP	m²	50	54	**56**	65	71
			42	45	**47**	54	60

300
389
301
302
306
308
309
310
312
313
314
316
317
318
320
321
322

Kosten:
Stand 2.Quartal 2026
Bundesdurchschnitt

Nr.	Positionen	Einheit	►	▷	ø brutto € / ø netto €	◁	◄
49	Wandabdichtung, W1.2-E, KSK	m²	47	49	**52**	62	67
			39	41	**44**	52	56
50	Wandabdichtung, W2.1-E, PMBC	m²	52	59	**61**	70	76
			44	50	**52**	59	64
51	Wandabdichtung, W2.1-E, PV200S5	m²	59	65	**68**	78	85
			50	55	**57**	65	71
52	Wandabdichtung, W2.2-E, 2xPV200S5	m²	78	84	**90**	101	110
			66	71	**75**	85	93
53	Wandabdichtung, W2.2-E, 2xR500N	m²	85	91	**96**	112	121
			71	77	**81**	94	102
54	Deckenabdichtung, W3-E, Bitumenbahnen	m²	65	71	**76**	86	94
			55	60	**64**	72	79
55	Sockelabdichtung, W4-E, MDS flexibel	m²	67	72	**77**	85	95
			56	61	**65**	72	79
56	Sockelabdichtung, W4-E, FLK	m²	84	91	**94**	112	120
			70	77	**79**	94	101
57	Innenabdichtung, Wand, Schlämme	m²	57	62	**65**	74	80
			48	52	**55**	63	67
58	Fugenabdichtung, W1.1-E, Dichtband	m	22	25	**28**	32	35
			19	21	**24**	27	29
59	Fugenabdichtung, W1.1-E, Fugenband	m	46	52	**59**	67	73
			39	44	**50**	56	61
60	Fugenabdichtung, W1.1-E, Kunststoffbahn	m	43	49	**53**	60	65
			36	41	**44**	50	54
61	Fugenabdichtung, W1.1-E, Schweißbahn	m	45	50	**56**	64	70
			37	42	**47**	54	59
62	Fugenabdichtung, W2.1-E, Schweißbahn	m	46	53	**57**	66	71
			38	44	**48**	55	60
63	Bewegungsfuge, W1.1-E, KSP-Streifen	m	43	48	**55**	61	68
			36	40	**46**	51	57
64	Bewegungsfuge, W2.1-E, Kupferband	m	40	45	**51**	57	63
			34	38	**42**	48	53
65	Bewegungsfuge, W2.1-E, Kunststoffbahn	m	38	42	**49**	56	60
			32	36	**41**	47	50
66	Bewegungsfuge, W2.1-E, Kupferband/Bitumen	m	51	56	**65**	73	80
			43	47	**54**	61	67
67	Bewegungsfuge, W2.1-E, vierstegiges Fugenband	m	60	67	**74**	83	92
			50	56	**63**	70	78
68	Bewegungsfuge, W2.2-E, Los-Festflansch	m	68	77	**86**	97	107
			57	65	**72**	81	90
69	Durchdringung andichten, bituminös	m	47	51	**59**	66	74
			39	43	**50**	55	62
70	Rückläufiger Stoß, drückendes Wasser	m	55	61	**70**	78	86
			46	51	**59**	66	73
71	Abschluss, Klebeflansch, Schutzblech	m	27	30	**33**	38	41
			23	25	**28**	32	34
72	Abschluss Klemmprofil	m	40	46	**50**	58	62
			34	38	**42**	49	52

► min
▷ von
ø Mittel
◁ bis
◄ max

Nr.	Positionen	Einheit	►	▷	ø brutto € / ø netto €	◁	◄
73	Abschluss Kunststoffbahn, Schutzblech	m	32	36	**41**	46	51
			27	30	**35**	38	43
74	Perimeterdämmung, XPS 120mm	m²	64	68	**72**	81	89
			54	57	**61**	68	75
75	Perimeterdämmung, XPS 140mm	m²	72	76	**81**	91	100
			61	64	**68**	76	84
76	Perimeterdämmung, XPS 180mm	m²	96	101	**108**	121	132
			81	85	**90**	101	111
77	Perimeterdämmung, XPS 220mm	m²	123	131	**136**	155	169
			103	110	**114**	130	142
78	Perimeterdämmung, CG, 120mm	m²	129	139	**150**	165	186
			108	117	**126**	139	156
79	Perimeterdämmung, CG, 140mm	m²	143	158	**165**	191	206
			120	133	**138**	160	173
80	Perimeterdämmung, CG, 160mm	m²	161	172	**181**	208	226
			135	144	**152**	175	190
81	Perimeterdämmung, CG, 200mm	m²	171	185	**197**	218	246
			144	155	**165**	183	207
82	Sickerschicht, Kunststoffnoppenbahn	m²	19	24	**26**	33	43
			16	20	**22**	28	36
83	Sickerplatten, Kelleraußenwände	m²	44	49	**52**	62	66
			37	41	**44**	52	55
84	Filtervlies, Schutzschicht	m²	8	12	**13**	16	20
			7	10	**11**	13	16
85	Sickerschicht, Kunststoffnoppenbahn/Vlies	m²	31	34	**37**	45	49
			26	28	**31**	37	42
T1	Nachträgliche Querschnittsabdichtung, Mauerwerk				Titel für Pos. **86-146**		
86	Außenputz abschlagen, lose haftend	m²	20	24	**27**	32	35
			17	20	**23**	27	29
87	Außenputz abschlagen, fest haftend	m²	27	31	**39**	47	50
			23	26	**33**	39	42
88	Beschichtungen entfernen, lose haftend	m²	17	18	**19**	23	25
			15	16	**16**	19	21
89	Beschichtungen entfernen, fest haftend	m²	22	23	**24**	29	30
			18	19	**20**	24	26
90	Wandflächen reinigen, absaugen	m²	2	2	**2**	3	3
			1	1	**2**	2	2
91	Trockenstrahlen, Flächenreinigung	m²	21	22	**23**	28	30
			17	18	**19**	23	25
92	Trockenstrahlen, Flächen beschichtet	m²	32	36	**39**	46	50
			27	30	**32**	39	42
93	Feuchtnebel-Strahlen, Flächenreinigung	m²	21	26	**30**	36	39
			18	22	**25**	30	32
94	Flächenreinigung, Schlagbohrhammer	m²	25	27	**30**	36	39
			21	23	**25**	30	33

Nr.	Positionen	Einheit	▶	▷	ø brutto € ø netto €	◁	◀
95	Untergrund aufrauen, Druckluftnadelhammer	m²	14	15	**16**	20	21
			12	12	**14**	17	18
96	Horizontalsperre, Stahlbleche, bis 13cm	m	122	130	**137**	147	158
			103	110	**115**	123	133
97	Horizontalsperre, Stahlbleche, bis 25cm	m	163	174	**183**	196	211
			137	146	**154**	165	177
98	Horizontalsperre, Stahlbleche, bis 38cm	m	214	228	**240**	257	276
			180	192	**202**	216	232
99	Horizontalsperre, Stahlbleche, bis 50cm	m	278	293	**309**	333	358
			233	246	**259**	280	301
100	Horizontalsperre, Stahlbleche, bis 70cm	m	366	391	**411**	440	473
			308	328	**346**	370	398
101	Horizontalsperre, Stahlbleche, bis 100cm	m	507	542	**570**	610	656
			426	455	**479**	513	551
102	Horizontalsperre, Sägen, weich, bis 13cm	m	119	127	**133**	143	153
			100	106	**112**	120	129
103	Horizontalsperre, Sägen, weich, bis 25cm	m	142	152	**160**	171	184
			119	128	**134**	144	154
104	Horizontalsperre, Sägen, weich, bis 38cm	m	157	168	**177**	189	203
			132	141	**149**	159	171
105	Horizontalsperre, Sägen, weich, bis 50cm	m	197	210	**221**	236	254
			165	176	**186**	199	214
106	Horizontalsperre, Sägen, weich, bis 70cm	m	253	264	**284**	304	324
			213	222	**239**	256	272
107	Horizontalsperre, Sägen, weich, bis 100cm	m	371	396	**417**	446	479
			312	333	**350**	375	403
108	Horizontalsperre, Sägen, mittel, bis 13cm	m	146	156	**164**	175	188
			123	131	**138**	147	158
109	Horizontalsperre, Sägen, mittel, bis 25cm	m	179	191	**201**	216	232
			151	161	**169**	181	195
110	Horizontalsperre, Sägen, mittel, bis 38cm	m	194	207	**218**	233	251
			163	174	**183**	196	211
111	Horizontalsperre, Sägen, mittel, bis 50cm	m	269	284	**303**	324	348
			226	239	**254**	272	292
112	Horizontalsperre, Sägen, mittel, bis 70cm	m	338	361	**380**	407	437
			284	304	**320**	342	367
113	Horizontalsperre, Sägen, mittel, bis 100cm	m	469	500	**526**	563	605
			394	420	**442**	473	509
114	Horizontalsperre, Sägen, hart, bis 13cm	m	184	196	**206**	221	237
			154	165	**174**	186	200
115	Horizontalsperre, Sägen, hart, bis 25cm	m	215	230	**242**	259	278
			181	193	**203**	218	234
116	Horizontalsperre, Sägen, hart, bis 38cm	m	297	317	**334**	357	384
			249	266	**280**	300	322
117	Horizontalsperre, Sägen, hart, bis 50cm	m	441	471	**496**	530	570
			371	396	**416**	446	479
118	Horizontalsperre, Sägen, hart, bis 70cm	m	586	619	**658**	704	757
			492	520	**553**	592	636

Kosten:
Stand 2. Quartal 2026
Bundesdurchschnitt

▶ min
▷ von
ø Mittel
◁ bis
◀ max

Nr.	Positionen	Einheit	▶	▷	ø brutto € / ø netto €	◁	◀
119	Horizontalsperre, Sägen, hart, bis 100cm	m	610	651	**685**	733	781
			512	547	**576**	616	656
120	Horizontalsperre, Injektion, bis 25cm	m	134	151	**168**	180	193
			113	127	**141**	151	162
121	Horizontalsperre, Injektion, bis 38cm	m	169	190	**211**	226	243
			142	160	**178**	190	204
122	Horizontalsperre, Injektion, bis 50cm	m	209	235	**261**	280	301
			176	198	**220**	235	253
123	Horizontalsperre, Injektion, bis 70cm	m	254	286	**318**	340	366
			214	240	**267**	286	307
124	Horizontalsperre, Injektion, bis 100cm	m	351	395	**438**	469	504
			295	332	**368**	394	424
125	Horizontalsperre, Tränkung, bis 13cm	m	137	144	**160**	171	183
			115	121	**134**	143	154
126	Horizontalsperre, Tränkung, bis 25cm	m	171	185	**203**	217	233
			143	155	**171**	183	196
127	Horizontalsperre, Tränkung, bis 38cm	m	186	210	**233**	249	268
			157	176	**196**	209	225
128	Horizontalsperre, Tränkung, bis 50cm	m	238	249	**277**	296	318
			200	209	**232**	249	267
129	Horizontalsperre, Tränkung, bis 70cm	m	301	322	**358**	383	411
			253	271	**301**	322	346
130	Horizontalsperre, Tränkung, bis 100cm	m	394	422	**469**	501	539
			331	354	**394**	421	453
131	Vertikalsperre, Querwand, Injektion	m	127	149	**169**	195	211
			107	125	**142**	164	178
132	Vertikalsperre, Querwand, Tränkung	m	119	140	**159**	182	198
			100	117	**133**	153	167
133	Mauerwerksaustausch, Querwand	m	168	179	**193**	206	221
			141	150	**162**	173	186
134	Innenputz abschlagen, Mauerwerk	m²	21	23	**24**	29	32
			17	19	**20**	24	26
135	Bodenflächen abdecken, Folie	m²	4	5	**5**	6	7
			4	4	**4**	5	6
136	Bodenflächen abdecken, OSB, folienkaschierten Vlies	m²	23	24	**25**	30	37
			19	20	**21**	25	31
137	Mauerwerk vorbereiten	m²	5	5	**6**	7	8
			4	5	**5**	6	7
138	Mauerwerksfugen auskratzen	m²	26	27	**29**	35	37
			22	23	**24**	29	31
139	Spritzbewurf, Sanierputz, netzförmig	m²	18	19	**21**	25	27
			15	16	**18**	21	23
140	Spritzbewurf, Sanierputz volldeckend	m²	35	40	**44**	53	57
			30	33	**37**	45	48
141	Spritzbewurf, Laibungen	m	10	10	**12**	14	15
			8	9	**10**	12	13
142	Ausgleichsputz, Porengrundputz	m²	51	55	**61**	73	78
			43	46	**51**	61	66

Nr.	Positionen	Einheit	▶	▷	ø brutto € / ø netto €	◁	◀
143	Porengrundputz, Laibungen	m	22	23	**26**	31	34
			18	20	**22**	26	28
144	Sanierputz, geringe Salzbelastung	m²	71	76	**84**	101	110
			59	64	**71**	85	92
145	Sanierputz, hohe Salzbelastung	m²	103	108	**114**	135	148
			87	90	**96**	114	124
146	Sanierputz, Laibungen	m	48	52	**58**	69	74
			40	44	**49**	58	62
147	Stundensatz, Facharbeiter/-in	h	81	91	**96**	102	112
			68	77	**81**	85	94
148	Stundensatz, Helfer/-in	h	66	77	**82**	86	92
			56	65	**69**	72	77

Kosten:
Stand 2. Quartal 2026
Bundesdurchschnitt

Nr. **Kurztext** / Langtext — Kostengruppe
▶ ▷ **ø netto €** ◁ ◀ [Einheit] Ausf.-Dauer Positionsnummer

1 Bodenflächen reinigen — KG **395**

Bodenflächen als Untergrund für Abdichtungen von haftungsmindernder Verunreinigung bzw. Beschichtung entfernen und reinigen, einschl. Absaugung gegen Staubentwicklung.
Untergrund: Beton
Verfahren: .....

5€ 6€ **6€** 8€ 10€ [m²] ⏱ 0,02 h/m² 318.000.054

2 Bitumenbeschichtung entfernen, Boden — KG **394**

Bodenabdichtung aus Bitumenbeschichtung mechanisch lösen und entsorgen. Abfall ist nicht gefährlich, nicht schadstoffbelastet. Leistung inkl. Entfernung haftungsmindernder Bestandteile, der Bitumenrückstände, Reinigung der Bodenoberfläche.
Untergrund: Bodenplatte .....
Transportweg: .....
Anlage (Bezeichnung/Ort): .....
Abfallschlüssel nach AVV: 170302 Bitumengemische

21€ 26€ **32€** 37€ 38€ [m²] ⏱ 0,18 h/m² 318.000.152

▶ min
▷ von
ø Mittel
◁ bis
◀ max

3 Bodenabdichtung entfernen, Bitumen, einlagig — KG **394**

Bodenabdichtung aus Bitumenbahnen, einlagig, mechanisch lösen und entsorgen. Der Abfall ist nicht gefährlich, nicht schadstoffbelastet. Leistung inkl. Entfernung haftungsmindernder Bestandteile und Schichten, einschl. Reinigung der Bodenfläche.
Untergrund: .....
Transportweg: .....
Anlage (Bezeichnung/Ort): .....
Abfallschlüssel nach AVV: 170302 Bitumengemische

26€ 28€ **35€** 42€ 45€ [m²] ⏱ 0,10 h/m² 318.000.046

Nr.	Kurztext / Langtext						Kostengruppe
▶	▷	ø netto €	◁	◀	[Einheit]	Ausf.-Dauer	Positionsnummer

4 Bodenabdichtung entfernen, Bitumen, zweilagig KG **394**

Bodenabdichtung aus Bitumenbahnen, zweilagig, mechanisch lösen und entsorgen. Der Abfall ist nicht gefährlich, nicht schadstoffbelastet. Leistung inkl. Entfernung haftungsmindernder Bestandteile und Schichten, einschl. Reinigung der Bodenfläche.
Untergrund: .....
Transportweg: .....
Anlage (Bezeichnung/Ort): .....
Abfallschlüssel nach AVV: 170302 Bitumengemische

31€	34€	**41€**	50€	54€	[m²]	⏱ 0,15h/m²	318.000.047

5 Bitumenbeschichtung entfernen, Wand KG **394**

Wandabdichtung aus Bitumenbeschichtung mechanisch lösen und entsorgen. Abfall ist nicht gefährlich, nicht schadstoffbelastet. Leistung inkl. Entfernung haftungsmindernder Bestandteile, der Bitumenrückstände, Reinigung der Wandoberfläche.
Untergrund: Kelleraußenmauerwerk
Transportweg: .....
Anlage (Bezeichnung/Ort): .....
Abfallschlüssel nach AVV: 170302 Bitumengemische

23€	28€	**33€**	40€	40€	[m²]	⏱ 0,20h/m²	318.000.049

6 Bitumenbahnen entfernen, Wand KG **394**

Wandabdichtung aus Bitumenbahnen mechanisch lösen und entsorgen. Abfall ist nicht gefährlich, nicht schadstoffbelastet. Leistung inkl. Entfernung haftungsmindernder Bestandteile, der Bitumenrückstände, Reinigung der Wandoberfläche.
Untergrund: Kelleraußenmauerwerk
Bitumenbahn: .....
Transportweg: .....
Anlage (Bezeichnung/Ort): .....
Abfallschlüssel nach AVV: 170302 Bitumengemische

26€	35€	**42€**	49€	55€	[m²]	⏱ 0,20h/m²	318.000.050

7 Schutzbahn entfernen, Wand KG **394**

Schutzbahn aus Kunststoff auf den erdberührenden Wandflächen entfernen, inkl. haftungsmindernder Bestandteile, Wandoberflächen reinigen.
Schutzbahn: .....
Transportweg: .....
Anlage (Bezeichnung/Ort): .....
Abfallschlüssel nach AVV: 170904 gemischte Bau- und Abbruchabfälle

18€	22€	**25€**	30€	32€	[m²]	⏱ 0,18h/m²	318.000.051

8 Egalisierung, 5mm, Boden KG **395**

Untergrund durch Auftrag von Mörtel egalisieren.
Mörtel: **Ausgleichsmörtel / Verlaufmörtel**
Dicke: **bis / i.M.** 5,0mm

26€	29€	**34€**	40€	42€	[m²]	⏱ 0,07h/m²	318.000.052

300
389
301
302
306
308
309
310
312
313
314
316
317
318
320
321
322

Nr.	Kurztext / Langtext						Kostengruppe
▶	▷	**ø netto €**	◁	◀	[Einheit]	Ausf.-Dauer	Positionsnummer

9 Egalisierung, 10mm, Boden KG **395**

Untergrund durch Auftrag von Mörtel egalisieren.
Mörtel: **Ausgleichsmörtel / Verlaufmörtel**
Dicke: **bis / i.M.** 10,0mm

28€	36€	**42€**	52€	53€	[m²]	⏱ 0,15h/m²	318.000.053

10 Bodenflächen schleifen KG **395**

Bodenflächen als Untergrund für Abdichtungen von haftungsmindernder Verunreinigung bzw. Beschichtung, mechanisch durch schleifen mit Staubabsaugung reinigen.
Untergrund: Beton

11€	12€	**14€**	17€	18€	[m²]	⏱ 0,10h/m²	318.000.055

Kosten:
Stand 2. Quartal 2026
Bundesdurchschnitt

11 Bodenflächen kugelstrahlen KG **395**

Bodenflächen als Untergrund für Abdichtungen von haftungsmindernder Verunreinigung bzw. Beschichtung, mechanisch durch Kugelstrahlen mit Absaugung reinigen.
Untergrund: Beton

11€	12€	**14€**	17€	19€	[m²]	⏱ 0,10h/m²	318.000.153

12 Voranstrich, Bodenabdichtung KG **325**

Voranstrich / Grundierung für Abdichtung auf Bodenflächen.
Abdichtungsmaterial: .....
Untergrund: Beton

7€	9€	**10€**	12€	13€	[m²]	⏱ 0,03h/m²	318.000.056

13 Kontaktschicht, Bodenabdichtung KG **325**

Kunststoffmodifizierte Kontaktschicht auf Zementbasis für Abdichtung, zwischen Alt- und Neuabdichtung.
Bauteil: Bodenfläche
Abdichtung, Bestand: .....

20€	23€	**25€**	30€	32€	[m²]	⏱ 0,03h/m²	318.000.140

14 Verstärkung, Gewebe/Vlies, Bodenfläche KG **325**

Verstärkung der Abdichtung für Bodenflächen, mit Einlage aus **Gewebe / Vlies**.
Bauteil: **Nasszelle / Balkon**

10€	12€	**14€**	17€	18€	[St]	⏱ 0,07h/St	318.000.150

▶ min
▷ von
ø Mittel
◁ bis
◀ max

15 Innenecke, Verstärkung, Gewebe/Vlies KG **325**

Verstärkung der Abdichtung im Bereich der Innenecke für Wand-/Bodenanschluss, mit Einlage aus **Gewebe / Vlies**.
Bauteil: **Nasszelle / Balkon**

7€	8€	**9€**	11€	12€	[St]	⏱ 0,07h/St	318.000.057

16 Innenecke, Verstärkung, Dichtband KG **325**

Verstärkung der Abdichtung im Bereich der Innenecke für Wand-/Bodenanschluss, mit dehnfähigen Dichtband.
Bauteil: **Nasszelle / Balkon**

8€	9€	**11€**	13€	14€	[St]	⏱ 0,07h/St	318.000.144

Nr.	**Kurztext** / Langtext						Kostengruppe
▶	▷	**ø netto €**	◁	◀	[Einheit]	Ausf.-Dauer	Positionsnummer

17 Abdichtung, Bodenplatte, W1.1-E, PMBC KG **325**

Abdichtung von Bodenflächen gegen Bodenfeuchte mit kunststoffmodifizierter Bitumendickbeschichtung als Spachtelmasse in zwei Arbeitsgängen, mit Gewebeeinlage.
Untergrund: Beton
Bauteil: Kellersohle
Wassereinwirkungsklasse: W1.1-E
Rissklasse: R1-E (geringe Anforderung)
Raumnutzungsklasse: **RN1-E / RN2-E**
Trockenschichtdicke: mind. 3 mm

26€ | 35€ | **39€** | 44€ | 56€ | [m²] | ⏱ 0,16 h/m² | 318.000.058

18 Abdichtung, Bodenplatte, W1.1-E, MDS, starr KG **325**

Abdichtung von Bodenflächen gegen Bodenfeuchte mit starrer mineralischer Dichtungsschlämme in zwei Arbeitsgängen, mit Gewebe.
Untergrund: Beton
Bauteil: Kellersohle
Wassereinwirkungsklasse: W1.1-E
Rissklasse: R1-E (geringe Anforderung)
Raumnutzungsklasse: **RN1-E / RN2-E**
Trockenschichtdicke: mind. 3 mm

22€ | 26€ | **28€** | 31€ | 38€ | [m²] | ⏱ 0,16 h/m² | 318.000.059

19 Abdichtung, Bodenplatte, W1.1-E, MDS flexibel KG **325**

Abdichtung von Bodenflächen gegen Bodenfeuchte mit flexibler mineralischer Dichtungsschlämme in zwei Arbeitsgängen, mit Gewebe.
Untergrund: Beton
Bauteil: Kellersohle
Wassereinwirkungsklasse: W1.1-E
Rissklasse: R1-E (geringe Anforderung)
Raumnutzungsklasse: **RN1-E / RN2-E**
Trockenschichtdicke: mind. 3 mm

28€ | 32€ | **35€** | 38€ | 45€ | [m²] | ⏱ 0,16 h/m² | 318.000.060

20 Abdichtung, Bodenplatte, W1.1-E, PV200 DD KG **325**

Abdichtung von Bodenflächen gegen Bodenfeuchte mit Bitumen-Dachdichtungsbahn.
Untergrund: Beton
Bauteil: Kellersohle
Wassereinwirkungsklasse: W1.1-E
Rissklasse: R1-E (geringe Anforderung)
Raumnutzungsklasse: **RN1-E / RN2-E**
Dichtungsbahn: PV 200 DD, einlagig

36€ | 38€ | **40€** | 46€ | 49€ | [m²] | ⏱ 0,17 h/m² | 318.000.062

Nr.	Kurztext / Langtext						Kostengruppe
▶	▷	ø netto €	◁	◀	[Einheit]	Ausf.-Dauer	Positionsnummer

21 Abdichtung, Bodenplatte, W1.1-E, PYE G200S4 KG **325**

Abdichtung von Bodenflächen gegen Bodenfeuchte mit Elastomerbitumen-Schweißbahn.
Untergrund: Beton
Bauteil: Kellersohle
Wassereinwirkungsklasse: W1.1-E
Rissklasse: R1-E (geringe Anforderung)
Raumnutzungsklasse: **RN1-E / RN2-E**
Dichtungsbahn: PYE G200 S4, einlagig

15€	19€	**21€**	23€	25€	[m²]	⏱ 0,17h/m²	318.000.063

22 Abdichtung, Bodenplatte, W1.2-E, PMBC KG **325**

Abdichtung von Bodenflächen gegen nicht drückendes Wasser, mäßige Beanspruchung, mit kunststoffmodifizierter Bitumendickbeschichtung als Spachtelmasse in zwei Arbeitsgängen mit Gewebe.
Untergrund: Beton
Bauteil: Boden, Nassraum
Wassereinwirkungsklasse: W1.2-E
Rissklasse: R1-E (geringe Anforderung)
Raumnutzungsklasse: **RN1-E / RN2-E**
Trockenschichtdicke: mind. 3mm

37€	47€	**52€**	58€	68€	[m²]	⏱ 0,22h/m²	318.000.067

23 Abdichtung, Bodenplatte, W1.2-E, MDS starr KG **325**

Abdichtung von Bodenflächen gegen nicht drückendes Wasser, mäßige Beanspruchung, mit starrer mineralischer Dichtungsschlämme in zwei Arbeitsgängen mit Gewebe.
Untergrund: Beton
Bauteil: Boden, Nassraum
Wassereinwirkungsklasse: W1.2-E
Rissklasse: R1-E (geringe Anforderung)
Raumnutzungsklasse: **RN1-E / RN2-E**
Trockenschichtdicke: mind. 4mm

56€	60€	**63€**	72€	78€	[m²]	⏱ 0,17h/m²	318.000.068

24 Abdichtung, Bodenplatte, W1.2-E, MDS flexibel KG **325**

Abdichtung von Bodenflächen gegen nicht drückendes Wasser, mäßige Beanspruchung, mit flexibler mineralischer Dichtungsschlämme in zwei Arbeitsgängen mit Gewebe.
Untergrund: Beton
Bauteil: Boden, Nassraum
Wassereinwirkungsklasse: W1.2-E
Rissklasse: R1-E (geringe Anforderung)
Raumnutzungsklasse: **RN1-E / RN2-E**
Trockenschichtdicke: mind. 4mm

69€	72€	**77€**	89€	96€	[m²]	⏱ 0,17h/m²	318.000.069

25 Wandflächen reinigen, lose Bestandteile KG **395**

Entfernen loser Bestandteile und hohlliegenden Schichten auf Wandflächen aus Mauerwerk.
Bestandteile: .....

9€	12€	**15€**	18€	18€	[m²]	⏱ 0,22h/m²	318.000.074

Kosten:
Stand 2. Quartal 2026
Bundesdurchschnitt

▶ min
▷ von
ø Mittel
◁ bis
◀ max

Nr.	Kurztext / Langtext						Kostengruppe
▶	▷	ø netto €	◁	◀	[Einheit]	Ausf.-Dauer	Positionsnummer

26 Wandflächen reinigen, haftungsmind. Stoffe KG **395**

Entfernen von haftungsmindernden Stoffen auf Wandflächen.
Stoffart: **Fette / Salze / Trennmittel**

10€	14€	**16€**	20€	26€	[m²]	⏱ 0,22 h/m²	318.000.075

27 Druckwasserstrahlen, Kelleraußenwand KG **395**

Strahlen mit Druckwasser zum Abtragen und Entfernen loser Teile, sowie leicht ablösender Schichten. Das auffangen und entsorgen wird gesondert abgerechnet.
Bauteil: Kelleraußenwand
Arbeitsdruck: bis 300 bar

24€	28€	**30€**	38€	40€	[m²]	⏱ 0,13 h/m²	318.000.077

28 Untergrund egalisieren, Kellerwand KG **395**

Verschließen von Fehlstellen in Wandflächen mit schwindkompensierendem Zementmörtel.
Ausbruchtiefe: bis 10 mm
Bauteil: Kelleraußenwand
Mauerwerksart: .....

24€	26€	**29€**	36€	37€	[m²]	⏱ 0,75 h/m²	318.000.078

29 Ausgleichsputz, Außenabdichtung KG **395**

Ausgleichsputz aus Zementmörtel auf Kelleraußenwänden, als Tragschicht für Abdichtungen.
Ausbruchtiefe: bis 15 mm
Putzdicke: 1,5 cm

31€	38€	**40€**	43€	50€	[m²]	⏱ 0,40 h/m²	318.000.079

30 Zwischenschicht, Übergang, MDS KG **325**

Zwischenschicht gegen Rückdurchfeuchtung mit mineralischer Dichtungsschlämme im Übergangsbereich Wand/Sohle und Fundamentbereich.
Breite: jeweils 30 cm für Wand- und Bodenfläche

22€	24€	**27€**	33€	35€	[m]	⏱ 0,45 h/m	318.000.080

31 Hohlkehle, vorgefertigt KG **325**

Vorgefertigte Hohlkehle aus expandiertem Polystyrol mit Ausrundung zwischen Fundament und Kellerwand.
Untergrund: .....
Lage: .....
Schenkellänge: ca. 5 cm

22€	24€	**30€**	37€	40€	[m]	⏱ 0,08 h/m	318.000.081

32 Hohlkehle, Mörtel KG **325**

Hohlkehle aus Mörtel zwischen Fundament und Kellerwand, inkl. Haftbrücke.
Mörtel: **wasserabweisender Zementputzmörtel / kunststoffmodifiziertem Mörtel**
Schenkellänge: ca. 5 cm

23€	26€	**32€**	34€	35€	[m]	⏱ 0,10 h/m	318.000.082

300
389
301
302
306
308
309
310
312
313
314
316
317
318
320
321
322

Nr.	Kurztext / Langtext						Kostengruppe
▶	▷	ø netto €	◁	◀	[Einheit]	Ausf.-Dauer	Positionsnummer

33 Hohlkehle abdichten, MDS KG **325**

Abdichtung der Hohlkehle mit zementgebundener Dichtungsschlämme. Schlämme über Ausrundung ausbilden und in die zugehörige Flächenabdichtung einbinden.

21€	25€	**26€**	30€	33€	[m]	⏱ 0,13h/m	318.000.083

34 Hohlkehle abdichten, PMBC KG **325**

Abdichtung der Hohlkehle mit bituminöser Dickbeschichtung. Abdichtung über Ausrundung ausbilden und in die zugehörige Flächenabdichtung einbinden.

21€	25€	**27€**	32€	34€	[m]	⏱ 0,11h/m	318.000.084

35 Kanten fasen, Abdichtung KG **325**

Kanten für Abdichtung als Fase ausbilden.
Bauteil: .....
Lage: **horizontal / vertikal**

4€	5€	**5€**	6€	7€	[m]	⏱ 0,07h/m	318.000.085

36 Wandflächen schleifen KG **395**

Wandflächen als Untergrund für Abdichtungen von haftungsmindernder Verunreinigung bzw. Beschichtung, mechanisch durch schleifen mit Staubabsaugung reinigen.
Untergrund: Beton

10€	11€	**13€**	16€	18€	[m²]	⏱ 0,10h/m²	318.000.156

37 Wandflächen reinigen, abbürsten KG **395**

Mauerwerkswände durch kräftiges Abbürsten mit einem Stahlbesen bei gleichzeitiger Absaugung reinigen.

10€	14€	**17€**	20€	22€	[m²]	⏱ 0,22h/m²	318.000.138

38 Wandflächen verfestigen KG **335**

Verfestigen von Wandflächen nass in nass in mindestens zwei Arbeitsgängen.
Untergrund: .....
Verbrauch: .....

16€	19€	**22€**	27€	29€	[m²]	⏱ 0,13h/m²	318.000.087

39 Voranstrich, Wandabdichtung KG **335**

Voranstrich für Abdichtung auf Kellerwänden.
Untergrund: .....

5€	6€	**7€**	9€	9€	[m²]	⏱ 0,03h/m²	318.000.088

40 Spritzbewurf, Haftvermittler KG **335**

Spritzbewurf mit Zementmörtel auf Wandflächen als Haftvermittler.
Untergrund: .....

20€	23€	**28€**	34€	36€	[m²]	⏱ 0,20h/m²	318.000.089

Kosten:
Stand 2. Quartal 2026
Bundesdurchschnitt

▶ min
▷ von
ø Mittel
◁ bis
◀ max

Nr.	Kurztext / Langtext						Kostengruppe
▶	▷	**ø netto €**	◁	◀	[Einheit]	Ausf.-Dauer	Positionsnummer

41 Sperrputz, Zementmörtel KG **335**

Sperrputz mit Zementmörtel auf die vorbereiteten Wandflächen auftragen und oberflächenglatt abreiben.
Untergrund: .....

49€	60€	**67€**	82€	87€	[m²]	⏱ 0,45 h/m²	318.000.090

42 Kontaktschicht, Wandabdichtung KG **325**

Kunststoffmodifizierte Kontaktschicht auf Zementbasis für Abdichtung, zwischen Alt- und Neuabdichtung.
Bauteil: Wandfläche
Abdichtung, Bestand: .....

22€	26€	**28€**	34€	37€	[m²]	⏱ 0,03 h/m²	318.000.157

43 Zwischenschicht, Rückdurchfeuchtung, MDS KG **335**

Zwischenschicht gegen Rückdurchfeuchtung mit mineralischer Dichtungsschlämme, starr, auf Wandflächen.
Untergrund: .....

45€	48€	**50€**	62€	66€	[m²]	⏱ 0,45 h/m²	318.000.091

44 Wandabdichtung, W1.1-E, MDS flexibel KG **335**

Außenabdichtung erdberührter Außenwände gegen Bodenfeuchte mit zementgebundener flexibler Dichtungsschlämme in zwei Arbeitsgängen.
Bauteil: Kellerwand
Untergrund: Mauerwerk
Wassereinwirkungsklasse: W1.1-E
Rissklasse: R1-E (geringe Anforderung)
Raumnutzungsklasse: **RN1-E / RN2-E**
Trockenschichtdicke: mind. 2 mm

50€	53€	**55€**	65€	69€	[m²]	⏱ 0,17 h/m²	318.000.093

45 Wandabdichtung, W1.1-E, PMBC KG **335**

Außenabdichtung erdberührter Außenwände gegen Bodenfeuchte mit kunststoffmodifizierter Bitumendickbeschichtung als Spachtelmasse in zwei Arbeitsgängen.
Bauteil: Kellerwand
Untergrund: Mauerwerk
Wassereinwirkungsklasse: W1.1-E
Rissklasse: R2-E (mäßige Anforderung)
Raumnutzungsklasse: **RN1-E / RN2-E**
Trockenschichtdicke: mind. 3 mm

47€	52€	**56€**	63€	68€	[m²]	⏱ 0,15 h/m²	318.000.094

Nr.	Kurztext / Langtext						Kostengruppe
▶	▷	ø netto €	◁	◀	[Einheit]	Ausf.-Dauer	Positionsnummer

46 Wandabdichtung, W1.1-E, FPD KG **335**

Außenabdichtung erdberührter Außenwände gegen Bodenfeuchte mit flexibler, polymermodifizierten Dickbeschichtung (FPD).
Bauteil: Kellerwand
Untergrund: Mauerwerk
Wassereinwirkungsklasse: W1.1-E
Rissklasse: .....
Raumnutzungsklasse: .....
Trockenschichtdicke: mind. .....mm

55€	58€	**61€**	71€	77€	[m²]	⏱ 0,19h/m²	318.000.154

47 Wandabdichtung, W1.2-E, PMBC KG **335**

Außenabdichtung erdberührter Außenwände mit Dränung gegen nicht drückendes Wasser mit kunststoffmodifizierter Bitumendickbeschichtung als Spachtelmasse in zwei Arbeitsgängen.
Bauteil: Kellerwand
Untergrund: Mauerwerk
Wassereinwirkungsklasse: W1.2-E
Rissklasse: R2-E (mäßige Anforderung)
Raumnutzungsklasse: **RN1-E / RN2-E**
Trockenschichtdicke: mind. 3mm

52€	58€	**62€**	69€	76€	[m²]	⏱ 0,15h/m²	318.000.158

48 Wandabdichtung, W1.2-E, PYE KTG KSP KG **335**

Außenabdichtung erdberührter Außenwände mit Dränung gegen nicht drückendes Wasser mit kaltselbstklebender Polymerbitumenbahnen mit Trägereinlage.
Bauteil: Kellerwand
Untergrund: Beton
Wassereinwirkungsklasse: W1.1-E
Rissklasse: R2-E (mäßige Anforderung)
Raumnutzungsklasse: **RN1-E / RN2-E**
Ausführung: PYE KTG KSP 2,8

42€	45€	**47€**	54€	60€	[m²]	⏱ 0,16h/m²	318.000.098

49 Wandabdichtung, W1.2-E, KSK KG **335**

Außenabdichtung erdberührter Außenwände mit Dränung gegen nicht drückendes Wasser mit kaltselbstklebender Bitumen-Dichtungsbahnen mit HDPE-Trägerfolie.
Bauteil: Kellerwand
Untergrund: Beton
Wassereinwirkungsklasse: W1.2-E
Rissklasse: R2-E (mäßige Anforderung)
Raumnutzungsklasse: **RN1-E / RN2-E**
Ausführung: KSK

39€	41€	**44€**	52€	56€	[m²]	⏱ 0,16h/m²	318.000.151

Kosten:
Stand 2. Quartal 2026
Bundesdurchschnitt

▶ min
▷ von
ø Mittel
◁ bis
◀ max

Nr.	Kurztext / Langtext						Kostengruppe
▶	▷	**ø netto €**	◁	◀	[Einheit]	Ausf.-Dauer	Positionsnummer

50 Wandabdichtung, W2.1-E, PMBC KG **335**

Außenabdichtung erdberührter Außenwände gegen drückendes Wasser bis 3 m Eintauchtiefe, mit kunststoffmodifizierter Bitumendickbeschichtung als Spachtelmasse in zwei Arbeitsgängen mit Gewebeeinlage.
Bauteil: Kellerwand
Untergrund: Mauerwerk
Wassereinwirkungsklasse: W2.1-E bis 3 m
Rissklasse: R2-E (mäßige Anforderung)
Raumnutzungsklasse: **RN1-E / RN2-E**
Trockenschichtdicke: mind. 4 mm

44€ 50€ **52€** 59€ 64€ [m²] ⏱ 0,18 h/m² 318.000.097

51 Wandabdichtung, W2.1-E, PV200S5 KG **335**

Außenabdichtung erdberührter Außenwände gegen von drückendem Wasser bis 3 m Eintauchtiefe, mit Bitumen-Schweißbahnen.
Bauteil: Kellerwand
Untergrund: Mauerwerk
Wassereinwirkungsklasse: W2.1-E
Rissklasse: R1-E (geringe Anforderung)
Raumnutzungsklasse: **RN1-E /RN2-E**
Ausführung: PV 200 S5, einlagig
Abdichtungstyp: BA

50€ 55€ **57€** 65€ 71€ [m²] ⏱ 0,28 h/m² 318.000.147

52 Wandabdichtung, W2.2-E, 2xPV200S5 KG **335**

Außenabdichtung erdberührter Außenwände gegen von außen drückendes Wasser über 3,0 m Eintauchtiefe, mit zwei Lagen Bitumen-Schweißbahnen.
Bauteil: Kellerwand
Untergrund: Mauerwerk
Wassereinwirkungsklasse: W2.2-E über 3 m
Rissklasse: R1-E (geringe Anforderung)
Raumnutzungsklasse: RN1-E
Ausführung: 2x PV 200 S5
Abdichtungstyp: BA

66€ 71€ **75€** 85€ 93€ [m²] ⏱ 0,28 h/m² 318.000.102

53 Wandabdichtung, W2.2-E, 2xR500N KG **335**

Außenabdichtung erdberührter Außenwände gegen von außen drückendes Wasser über 3,0 m Eintauchtiefe, mit zwei Lagen nackten Bitumenbahnen und Metallband aus Kupfer, kalottengeriffelt, Dicke 0,1 mm.
Bauteil: Kellerwand
Untergrund: Mauerwerk
Wassereinwirkungsklasse: W2.2-E, über 3 m
Rissklasse: R1-E (geringe Anforderung)
Raumnutzungsklasse: RN1-E
Ausführung: R 500 N, zweilagig, Metallband
Abdichtungstyp: BA

71€ 77€ **81€** 94€ 102€ [m²] ⏱ 0,34 h/m² 318.000.148

Nr. **Kurztext** / Langtext — Kostengruppe

▶ ▷ **ø netto €** ◁ ◀ [Einheit] Ausf.-Dauer Positionsnummer

54 Deckenabdichtung, W3-E, Bitumenbahnen KG **363**

Abdichtung erdberührter Decke gegen nicht drückendes Wasser, mit Bitumenbahnen, durchwurzelungsfest.
Untergrund: Beton
Bauteil: Decke
Wassereinwirkungsklasse: W3-E
Rissklasse: R1-E (geringe Anforderung)
Abdichtung: .....

▶	▷	ø	◁	◀	[Einheit]	Ausf.-Dauer	Positionsnummer
55€	60€	**64€**	72€	79€	[m²]	⏱ 0,20 h/m²	318.000.155

55 Sockelabdichtung, W4-E, MDS flexibel KG **335**

Abdichtung des Wandsockels gegen Spritzwasser und Bodenfeuchte am Wandsockel mit zementgebundener flexibler Dichtungsschlämme in zwei Arbeitsgängen. Die Abdichtung ist bis = 30 cm über Oberkante Gelände, hochzuführen.
Bauteil: Kellerwand
Untergrund: Beton
Wassereinwirkungsklasse: W4-E
Rissklasse: R1-E (geringe Anforderung)
Raumnutzungsklasse: **RN1-E / RN2-E**
Trockenschichtdicke: mind. 3 mm

▶	▷	ø	◁	◀	[Einheit]	Ausf.-Dauer	Positionsnummer
56€	61€	**65€**	72€	79€	[m²]	⏱ 0,17 h/m²	318.000.096

56 Sockelabdichtung, W4-E, FLK KG **335**

Abdichtung des Wandsockels gegen Spritzwasser und Bodenfeuchte am Wandsockel mit Flüssigkunststoff im Spritzverfahren, mit Verstärkung aus Kunststoffvlies, mind. 110 g/m². Die Abdichtung ist bis = 30 cm über Oberkante Gelände, hochzuführen.
Bauteil: Kellerwand
Untergrund: Beton
Wassereinwirkungsklasse: W4-E
Rissklasse: R1-E (geringe Anforderung)
Raumnutzungsklasse: **RN1-E / RN2-E**
Trockenschichtdicke: mind. 2 mm

▶	▷	ø	◁	◀	[Einheit]	Ausf.-Dauer	Positionsnummer
70€	77€	**79€**	94€	101€	[m²]	⏱ 0,17 h/m²	318.000.149

57 Innenabdichtung, Wand, Schlämme KG **336**

Abdichtung nach WTA-Merkblatt auf der Innenseite von Kellerwänden gegen von außen angreifende Wasserbeanspruchung mit mineralisch gebundener Dichtungsschlämme.
Untergrund: **Beton / Mauerwerk**
Rissüberbrückung: bis 0,2 mm
Raumnutzung: .....
Trockenschichtdicke: 3 mm

▶	▷	ø	◁	◀	[Einheit]	Ausf.-Dauer	Positionsnummer
48€	52€	**55€**	63€	67€	[m²]	⏱ 0,27 h/m²	318.000.105

58 Fugenabdichtung, W1.1-E, Dichtband KG **325**

Abdichtung von Fugen in erdberührten Wänden gegen Bodenfeuchte und nicht drückendes Wasser, mit elastischer Dichtungsmasse, MDS flexibel und Gewebeband. Leistung mit Fugenvorbereitung und Hinterfüllprofil, sowie Einbindung in Flächenabdichtung.
Wassereinwirkungsklasse: W1-E
Fugenbreite: 15 mm

▶	▷	ø	◁	◀	[Einheit]	Ausf.-Dauer	Positionsnummer
19€	21€	**24€**	27€	29€	[m]	⏱ 0,13 h/m	318.000.106

Kosten:
Stand 2. Quartal 2026
Bundesdurchschnitt

▶ min
▷ von
ø Mittel
◁ bis
◀ max

59 Fugenabdichtung, W1.1-E, Fugenband KG **325**

Abdichtung über Fugen auf erdberührten Wänden gegen Bodenfeuchte und nicht drückendes Wasser, mit elastischem Fugenband, sowie Einbindung in Flächenabdichtung.
Wassereinwirkungsklasse: W1-E
Fugenbreite: .....

39€	44€	**50€**	56€	61€	[m]	⏱ 0,17h/m	318.000.107

60 Fugenabdichtung, W1.1-E, Kunststoffbahn KG **325**

Abdichtung über Fugen auf erdberührten Außenwänden gegen Bodenfeuchte und nicht drückendes Wasser, mit bitumenverträglichen Streifen aus Kunststoff-Dichtungsbahnen. Dichtungsbahn mit Vlies-/Gewebekaschierung zum Einbetten in Bitumendickbeschichtung.
Wassereinwirkungsklasse: W1-E
Fugenbreite: .....
Bewegung: bis 5mm

36€	41€	**44€**	50€	54€	[m]	⏱ 0,20h/m	318.000.108

61 Fugenabdichtung, W1.1-E, Schweißbahn KG **325**

Abdichtung über Fugen auf Bodenplatten gegen Bodenfeuchte und nicht drückendes Wasser, mit Polymerbitumen-Schweißbahn. Flächenabdichtung an beiden Seiten der Abdichtung mit Bitumen-Schweißbahnen über der Fuge verstärken.
Wassereinwirkungsklasse: W1-E
Fugenbreite: .....
Fugenbewegung: .....
Schweißbahn: PYE-PV 200 S4
Bahnenbreite: 300mm

37€	42€	**47€**	54€	59€	[m]	⏱ 0,30h/m	318.000.109

62 Fugenabdichtung, W2.1-E, Schweißbahn KG **325**

Abdichtung über Fugen, gegen drückendes Wasser bis 3m Eintauchtiefe, mit Schweißbahn. Flächenabdichtung an beiden Seiten der Abdichtung mit Bitumen-Schweißbahnen über der Fuge verstärken.
Wassereinwirkungsklasse: W2.1-E bis 3m
Fugenbreite: .....
Schweißbahn: PYE PV 200 S5
Bahnenbreite: 300mm

38€	44€	**48€**	55€	60€	[m]	⏱ 0,30h/m	318.000.111

63 Bewegungsfuge, W1.1-E, KSP-Streifen KG **325**

Abdichtung über Bewegungsfugen auf Bodenplatten gegen Bodenfeuchte und nicht drückendes Wasser, mit kaltselbstklebender Polymerbitumenbahn. Flächenabdichtung an beiden Seiten der Abdichtung mit Streifen über der Fuge verstärken.
Wassereinwirkungsklasse: W1-E
Fugenbreite: .....
Bahnenbreite: 300mm

36€	40€	**46€**	51€	57€	[m]	⏱ 0,20h/m	318.000.110

Nr. **Kurztext** / Langtext — Kostengruppe
▶ ▷ **ø netto €** ◁ ◀ [Einheit] Ausf.-Dauer Positionsnummer

64 Bewegungsfuge, W2.1-E, Kupferband KG **325**

Abdichtung über Bewegungsfugen, gegen drückendes Wasser bis 3m Eintauchtiefe, mit geriffeltem Kupferband. Flächenabdichtung an beiden Seiten der Abdichtung mit Streifen über der Fuge verstärken.
Wassereinwirkungsklasse: W2.1-E bis 3m
Fugentyp: I
Fugenbreite: .....
Kupferband: 0,2m, CU-DHP
Bahnenbreite: 300mm

34€ 38€ **42€** 48€ 53€ [m] ⏱ 0,30h/m 318.000.112

65 Bewegungsfuge, W2.1-E, Kunststoffbahn KG **325**

Abdichtung über Bewegungsfugen, gegen drückendes Wasser bis 3m Eintauchtiefe, mit Kunststoffbahn. Flächenabdichtung an beiden Seiten der Abdichtung mit Streifen über der Fuge verstärken.
Wassereinwirkungsklasse: W2.1-E bis 3m
Fugentyp: I
Fugenbreite: .....
Kunststoffbahn: .....
Bahnendicke: 2,0mm
Bahnenbreite: 300mm

32€ 36€ **41€** 47€ 50€ [m] ⏱ 0,30h/m 318.000.113

66 Bewegungsfuge, W2.1-E, Kupferband/Bitumen KG **325**

Abdichtung über Bewegungsfugen, gegen drückendes Wasser bis 3m Eintauchtiefe, mit geriffeltem Kupferband und Schutzlage aus aufgeschweißter Bitumenbahn.
Wassereinwirkungsklasse: W2.1-E bis 3m
Fugentyp: I
Fugenbreite: .....
Kunststoffbahn: .....
Kupferband: CU-DHP, 0,1mm
Bitumenbahn: G 200 S4
Bahnenbreite: 300mm

43€ 47€ **54€** 61€ 67€ [m] ⏱ 0,30h/m 318.000.114

67 Bewegungsfuge, W2.1-E, vierstegiges Fugenband KG **325**

Abdichtung über Bewegungsfugen, gegen drückendes Wasser bis 3m Eintauchtiefe, mit vierstegigen, verschweißten Fugenbändern. Flächenabdichtung mit lose verlegten Kunststoffbahnen auf Terrasse bzw. Tiefgarage.
Wassereinwirkungsklasse: W2.1-E bis 3m
Fugentyp: I
Fugenbreite: .....
Breite Fugenband: .....

50€ 56€ **63€** 70€ 78€ [m] ⏱ 0,30h/m 318.000.115

Kosten:
Stand 2. Quartal 2026
Bundesdurchschnitt

▶ min
▷ von
ø Mittel
◁ bis
◀ max

Nr.	Kurztext / Langtext						Kostengruppe
▶	▷	ø netto €	◁	◀	[Einheit]	Ausf.-Dauer	Positionsnummer

68 Bewegungsfuge, W2.2-E, Los-Festflansch KG **325**

Abdichtung über Bewegungsfugen, gegen drückendes Wasser bis 3 m Eintauchtiefe, mit Los-Festflansch in doppelter Ausführung.
Wassereinwirkungsklasse: W2.2-E über 3 m
Bauteil: .....
Fugentyp: II
Fugenbreite: .....
Flanschbreite: .....

57€ | 65€ | **72€** | 81€ | 90€ | [m] | ⏱ 0,50 h/m | 318.000.116

69 Durchdringung andichten, bituminös KG **325**

Flächenabdichtung mit Bitumendickbeschichtung hohlkehlenartig an Durchdringungen anarbeiten. Untergrund durch **anrauen / Grundierung mit EP Harz und Einstreuung** vorbereiten.
Wassereinwirkungsklasse: W1-E
Bauteil: .....
Untergrund: .....

39€ | 43€ | **50€** | 55€ | 62€ | [m] | ⏱ 0,17 h/m | 318.000.117

70 Rückläufiger Stoß, drückendes Wasser KG **325**

Rückläufiger Stoß der Abdichtung gegen drückendes Wasser auf Sohlenflächen mit 15 % Neigung zur Wand. Abdichtungsenden mit einer Schutzkappe aus Metallriffelband versehen.
Bauteil: **Außenwand / Sohlanschluss**
Abdichtung: .....

46€ | 51€ | **59€** | 66€ | 73€ | [m] | ⏱ 0,45 h/m | 318.000.118

71 Abschluss, Klebeflansch, Schutzblech KG **325**

Abschluss für Bitumenbahnabdichtung mit Schutzblech als Winkelkonstruktion mit Klebeflansch und Kappstreifen herstellen und Oberkante abdichten.
Einbauort: .....
Einbauhöhe: mind. 15 cm
Klebeflansch: .....

23€ | 25€ | **28€** | 32€ | 34€ | [m] | ⏱ 0,14 h/m | 318.000.119

72 Abschluss Klemmprofil KG **325**

Abschluss für Bahnenabdichtung mit Klemmprofil herstellen und Oberkante abdichten.
Einbauort: .....
Einbauhöhe: mind. 15 cm

34€ | 38€ | **42€** | 49€ | 52€ | [m] | ⏱ 0,15 h/m | 318.000.120

73 Abschluss Kunststoffbahn, Schutzblech KG **325**

Abschluss der Kunststoffbahnabdichtung, mit Schutzblech oder Profilblech, kunststoffbeschichtet.
Einbauort: .....
Höhe ü. Boden: mind. 15 cm

27€ | 30€ | **35€** | 38€ | 43€ | [m] | ⏱ 0,13 h/m | 318.000.121

Nr.	Kurztext / Langtext						Kostengruppe
▶	▷	ø netto €	◁	◀	[Einheit]	Ausf.-Dauer	Positionsnummer

A 1 Perimeterdämmung, XPS — Beschreibung für Pos. **74-77**

Perimeterdämmung aus extrudierten Polystyrol-Hartschaumplatten mit umlaufendem Stufenfalz, dicht gestoßen, vollflächig geklebt, als Schutz und Wärmedämmung auf Wänden im Erdreich.
Untergrund: .....
Anwendungstyp: PW
Druckbelastbarkeit: .....
Dämmstoff: XPS
Brandverhalten: Klasse E
Nennwert der Wärmeleitfähigkeit: .....W/(m·K)
Bemessungswert der Wärmeleitfähigkeit: .....

Kosten:
Stand 2. Quartal 2026
Bundesdurchschnitt

74 Perimeterdämmung, XPS 120mm — KG **335**

Wie Ausführungsbeschreibung A 1
Dämmschichtdicke: 120mm

▶	▷	ø	◁	◀	Einheit	Ausf.-Dauer	Positionsnummer
54€	57€	**61€**	68€	75€	[m²]	0,30h/m²	318.000.124

75 Perimeterdämmung, XPS 140mm — KG **335**

Wie Ausführungsbeschreibung A 1
Dämmschichtdicke: 140mm

▶	▷	ø	◁	◀	Einheit	Ausf.-Dauer	Positionsnummer
61€	64€	**68€**	76€	84€	[m²]	0,30h/m²	318.000.125

76 Perimeterdämmung, XPS 180mm — KG **335**

Wie Ausführungsbeschreibung A 1
Dämmschichtdicke: 180mm

▶	▷	ø	◁	◀	Einheit	Ausf.-Dauer	Positionsnummer
81€	85€	**90€**	101€	111€	[m²]	0,35h/m²	318.000.126

77 Perimeterdämmung, XPS 220mm — KG **335**

Wie Ausführungsbeschreibung A 1
Dämmschichtdicke: 220mm

▶	▷	ø	◁	◀	Einheit	Ausf.-Dauer	Positionsnummer
103€	110€	**114€**	130€	142€	[m²]	0,35h/m²	318.000.127

A 2 Perimeterdämmung, CG — Beschreibung für Pos. **78-81**

Perimeterdämmung aus Schaumglas, mit umlaufendem Stufenfalz, vollflächig geklebt, dicht gestoßen, als Schutz und Wärmedämmung vor Wänden im Erdreich.
Untergrund: .....
Dämmstoff: CG
Anwendungstyp: PW
Druckbelastbarkeit: .....
Brandverhalten: Klasse A
Nennwert der Wärmeleitfähigkeit: .....W/(m·K)
Bemessungswert der Wärmeleitfähigkeit: .....

▶ min
▷ von
ø Mittel
◁ bis
◀ max

78 Perimeterdämmung, CG, 120mm — KG **335**

Wie Ausführungsbeschreibung A 2
Dämmschichtdicke: 120mm

▶	▷	ø	◁	◀	Einheit	Ausf.-Dauer	Positionsnummer
108€	117€	**126€**	139€	156€	[m²]	0,25h/m²	318.000.128

Nr.	Kurztext / Langtext						Kostengruppe
▶	▷	**ø netto €**	◁	◀	[Einheit]	Ausf.-Dauer	Positionsnummer

79 Perimeterdämmung, CG, 140mm KG **335**

Wie Ausführungsbeschreibung A 2
Dämmschichtdicke: 140mm

120€	133€	**138€**	160€	173€	[m²]	⏱ 0,25h/m²	318.000.129

80 Perimeterdämmung, CG, 160mm KG **335**

Wie Ausführungsbeschreibung A 2
Dämmschichtdicke: 160mm

135€	144€	**152€**	175€	190€	[m²]	⏱ 0,25h/m²	318.000.130

81 Perimeterdämmung, CG, 200mm KG **335**

Wie Ausführungsbeschreibung A 2
Dämmschichtdicke: 200mm

144€	155€	**165€**	183€	207€	[m²]	⏱ 0,25h/m²	318.000.131

82 Sickerschicht, Kunststoffnoppenbahn KG **335**

Sickerschicht mit Noppenbahnen auf erdberührten Bauteilen. Leistung einschl. Eckausbildung und Herstellen von Randabschlüssen und Durchdringungen.

16€	20€	**22€**	28€	36€	[m²]	⏱ 0,12h/m²	318.000.132

83 Sickerplatten, Kelleraußenwände KG **335**

Sickerplatten aus bitumengebundene EPS-Kugeln an erdberührten Bauteilen. Leistung einschl. Eckausbildung und Herstellen von Randabschlüssen und Durchdringungen.
Plattendicke: .....mm

37€	41€	**44€**	52€	55€	[m²]	⏱ 0,18h/m²	318.000.133

84 Filtervlies, Schutzschicht KG **335**

Filtervliesmatten, als senkrechte Schutzschicht vor Dämmplatten, Schutzplatten und Sickerplatten. Die Matten oben bis über OK/Erdreich führen.

7€	10€	**11€**	13€	16€	[m²]	⏱ 0,10h/m²	318.000.134

85 Sickerschicht, Kunststoffnoppenbahn/Vlies KG **335**

Sickerschicht mit Wurzelschutz mit Noppenbahnen und Vlies auf erdberührten Bauteilen. Leistung einschl. Eckausbildung und Herstellen von Randabschlüssen und Durchdringungen.

26€	28€	**31€**	37€	42€	[m²]	⏱ 0,12h/m²	318.000.139

Kosten:
Stand 2. Quartal 2026
Bundesdurchschnitt

Nr.	Kurztext / Langtext						Kostengruppe
▶	▷	**ø netto €**	◁	◀	[Einheit]	Ausf.-Dauer	Positionsnummer

T 1 Nachträgliche Querschnittsabdichtung, Mauerwerk — Titel für Pos. **86-146**

86 Außenputz abschlagen, lose haftend — KG **395**

Außenputz, lose haftend, abschlagen, einschl. Flächen nachreinigen und anfallenden Bauschutt entsorgen.
Ausführung: im Freien, Kellerwand
Putzart: .....
Putzdicke: bis 3cm

17€ | 20€ | **23€** | 27€ | 29€ | [m²] | ⏱ 0,27 h/m² | 386.000.010

87 Außenputz abschlagen, fest haftend — KG **395**

Außenputz, fest haftend, abschlagen, einschl. Flächen nachreinigen und anfallenden Bauschutt entsorgen.
Ausführung: im Freien, Kellerwand
Putzart: .....
Putzdicke: bis 3cm

23€ | 26€ | **33€** | 39€ | 42€ | [m²] | ⏱ 0,35 h/m² | 386.600.011

88 Beschichtungen entfernen, lose haftend — KG **395**

Beschichtungen, lose haftend, auf Kelleraußenwand entfernen, einschl. anfallenden Bauschutt entsorgen.
Beschichtung: .....
Abtragsart: .....

15€ | 16€ | **16€** | 19€ | 21€ | [m²] | ⏱ 0,60 h/m² | 386.600.012

89 Beschichtungen entfernen, fest haftend — KG **395**

Beschichtungen, festhaftend, auf Kelleraußenwand entfernen, einschl. anfallenden Bauschutt entsorgen.
Beschichtung: .....
Abtragsart: .....

18€ | 19€ | **20€** | 24€ | 26€ | [m²] | ⏱ 0,80 h/m² | 386.600.071

90 Wandflächen reinigen, absaugen — KG **395**

Wandflächen aus Mauerwerk durch absaugen reinigen.
Ausführung: Kelleraußenwand
Mauerverband: .....

1€ | 1€ | **2€** | 2€ | 2€ | [m²] | ⏱ 0,22 h/m² | 386.600.072

91 Trockenstrahlen, Flächenreinigung — KG **395**

Strahlen von Mauerwerkswänden mit festen Strahlmitteln ohne Wasser als Flächenreinigung zum Entfernen aller losen und haftungsmindernden Bestandteile, einschl. Absaugen sowie Strahlgut und anfallenden Bauschutt entsorgen.
Ausführung: Kelleraußenwand
Strahlmittel: .....

17€ | 18€ | **19€** | 23€ | 25€ | [m²] | ⏱ 0,20 h/m² | 386.600.014

▶ min
▷ von
ø Mittel
◁ bis
◀ max

92 **Trockenstrahlen, Flächen beschichtet** KG **395**

Strahlen von beschichteten Mauerwerk mit festen Strahlmitteln ohne Wasser, zum Entfernen von Beschichtungen, inkl. Absaugen sowie Entsorgung des Strahlguts und anfallenden Bauschutts.
Ausführung: Kelleraußenwand
Beschichtung: .....
Strahlmittel: .....

27€ 30€ **32€** 39€ 42€ [m²] ⏱ 0,22h/m² 386.600.015

93 **Feuchtnebel-Strahlen, Flächenreinigung** KG **395**

Feuchtnebelstrahlen von Mauerwerk als Flächenreinigung zur Entfernung aller losen und haftungsmindernder Bestandteile, einschl. Nachwaschen und Entsorgung des anfallenden Bauschutts.
Ausführung: Kelleraußenwand

18€ 22€ **25€** 30€ 32€ [m²] ⏱ 0,20h/m² 386.600.016

94 **Flächenreinigung, Schlagbohrhammer** KG **395**

Mauerwerksflächen mit Schlagbohrhammer von losen und unreinen Oberflächenbestandteilen mit Absaugung reinigen und Entsorgung des anfallenden Bauschutts. Leistung inkl. absaugen.
Ausführung: Kelleraußenwand
Mauerverband: .....

21€ 23€ **25€** 30€ 33€ [m²] ⏱ 0,20h/m² 386.600.017

95 **Untergrund aufrauen, Druckluftnadelhammer** KG **395**

Untergrundflächen aus Mauerwerk mittels Druckluftnadelhammer vorbehandeln, aufrauen inkl. absaugen.
Ausführung: Kelleraußenwand
Mauerverband: .....

12€ 12€ **14€** 17€ 18€ [m²] ⏱ 0,25h/m² 386.600.018

A 3 **Horizontalsperre, Stahlbleche** Beschreibung für Pos. **96-101**

Horizontalsperre in Wand gegen aufsteigende Feuchtigkeit durch Eintreiben von nichtrostenden Edelstahlplatten in die Mörtelfuge des Mauerwerks. Die Platten sind an den Stößen eine Welle überlappend einzubringen und im endgültigen Zustand bündig abzuschließen. Die Fugen sind mit Quellmörtel kraftschlüssig zu schließen.
Bauteil: Wand, **innen / außen**
Min. Eintreibhöhe: .....
Plattendicke: größer 1,5mm
Arbeitsraum/Arbeitsbereich: .....
Hinweis: Für das Einrammen von Stahlblechen muss der Fugenverlauf sichtbar und durchgehend sein. Bei vorhandenen Putz ist dieser vorher zu entfernen und die Leistung gesondert auszuschreiben.

96 **Horizontalsperre, Stahlbleche, bis 13cm** KG **395**

Wie Ausführungsbeschreibung A 3
Mauerdicke: bis 13cm

103€ 110€ **115€** 123€ 133€ [m] ⏱ 0,60h/m 386.600.064

Nr.	Kurztext / Langtext						Kostengruppe
▶	▷	**ø netto €**	◁	◀	[Einheit]	Ausf.-Dauer	Positionsnummer

97 **Horizontalsperre, Stahlbleche, bis 25cm** KG **395**
Wie Ausführungsbeschreibung A 3
Mauerdicke: bis 25cm

137€	146€	**154€**	165€	177€	[m]	⏱ 0,70h/m	386.600.019

98 **Horizontalsperre, Stahlbleche, bis 38cm** KG **395**
Wie Ausführungsbeschreibung A 3
Mauerdicke: bis 38cm

180€	192€	**202€**	216€	232€	[m]	⏱ 0,85h/m	386.600.020

99 **Horizontalsperre, Stahlbleche, bis 50cm** KG **395**
Wie Ausführungsbeschreibung A 3
Mauerdicke: bis 50cm

233€	246€	**259€**	280€	301€	[m]	⏱ 1,15h/m	386.600.021

Kosten:
Stand 2. Quartal 2026
Bundesdurchschnitt

100 **Horizontalsperre, Stahlbleche, bis 70cm** KG **395**
Wie Ausführungsbeschreibung A 3
Mauerdicke: bis 70cm

308€	328€	**346€**	370€	398€	[m]	⏱ 1,30h/m	386.600.022

101 **Horizontalsperre, Stahlbleche, bis 100cm** KG **395**
Wie Ausführungsbeschreibung A 3
Mauerdicke: bis 100cm

426€	455€	**479€**	513€	551€	[m]	⏱ 1,90h/m	386.600.023

A 4 **Horizontalsperre, Sägen, weich** Beschreibung für Pos. **102-107**
Horizontalsperre in Wand gegen aufsteigende Feuchtigkeit im Mauersägeverfahren mit waagrechtem Schnitt und Einbau einer Querschnittsabdichtung. Einbau von statischen Keilen. Fläche abgleichen und Sperre aus Platten- oder Bahnenmaterial einbauen. Restfugen mit hydraulischem, quellfähigem Mörtel auspressen.
Bauteil: Wand, **innen / außen**
Min. Schnitthöhe: .....
Arbeitsraum/Arbeitsbereich: .....
Angeb. Verfahren: Kettensäge
Sperrschicht: .....
Mauerwerksart: weiches Ziegelmauerwerk

▶ min
▷ von
ø Mittel
◁ bis
◀ max

102 **Horizontalsperre, Sägen, weich, bis 13cm** KG **395**
Wie Ausführungsbeschreibung A 4
Mauerdicke: bis 13cm

100€	106€	**112€**	120€	129€	[m]	⏱ 0,65h/m	386.600.065

103 **Horizontalsperre, Sägen, weich, bis 25cm** KG **395**
Wie Ausführungsbeschreibung A 4
Mauerdicke: bis 25cm

119€	128€	**134€**	144€	154€	[m]	⏱ 0,85h/m	386.600.024

Nr.	Kurztext / Langtext						Kostengruppe
▶	▷	**ø netto €**	◁	◀	[Einheit]	Ausf.-Dauer	Positionsnummer

104 Horizontalsperre, Sägen, weich, bis 38cm KG **395**

Wie Ausführungsbeschreibung A 4
Mauerdicke: bis 38cm

132€	141€	**149€**	159€	171€	[m]	⏱ 0,90h/m	386.600.025

105 Horizontalsperre, Sägen, weich, bis 50cm KG **395**

Wie Ausführungsbeschreibung A 4
Mauerdicke: bis 50cm

165€	176€	**186€**	199€	214€	[m]	⏱ 1,50h/m	386.600.026

106 Horizontalsperre, Sägen, weich, bis 70cm KG **395**

Wie Ausführungsbeschreibung A 4
Mauerdicke: bis 70cm

213€	222€	**239€**	256€	272€	[m]	⏱ 2,10h/m	386.600.027

107 Horizontalsperre, Sägen, weich, bis 100cm KG **395**

Wie Ausführungsbeschreibung A 4
Mauerdicke: bis 100cm

312€	333€	**350€**	375€	403€	[m]	⏱ 2,95h/m	386.600.028

A 5 Horizontalsperre, Sägen, mittel Beschreibung für Pos. **108-113**

Horizontalsperre in Wand gegen aufsteigende Feuchtigkeit im Mauersägeverfahren mit waagrechtem Schnitt und Einbau einer Querschnittsabdichtung. Einbau von statischen Keilen. Fläche mit wasserdichtem Mörtel abgleichen und Sperre aus Platten- oder Bahnenmaterial einbauen. Restfugen mit hydraulischem, quellfähigem Mörtel auspressen.
Bauteil: Wand, **innen / außen**
Min. Schnitthöhe: .....
Arbeitsraum: .....
Arbeitsraum/Arbeitsbereich: .....
Angeb. Verfahren: **Kreissäge / Diamantseilsäge**
Sperrschicht: .....
Mauerwerksart: mittelhart, z.B. Sandstein

108 Horizontalsperre, Sägen, mittel, bis 13cm KG **395**

Wie Ausführungsbeschreibung A 5
Mauerdicke: bis 13cm

123€	131€	**138€**	147€	158€	[m]	⏱ 0,80h/m	386.600.066

109 Horizontalsperre, Sägen, mittel, bis 25cm KG **395**

Wie Ausführungsbeschreibung A 5
Mauerdicke: bis 25cm

151€	161€	**169€**	181€	195€	[m]	⏱ 1,00h/m	386.600.029

Nr.	Kurztext / Langtext						Kostengruppe
▶	▷	ø netto €	◁	◀	[Einheit]	Ausf.-Dauer	Positionsnummer

110 **Horizontalsperre, Sägen, mittel, bis 38cm** KG **395**

Wie Ausführungsbeschreibung A 5
Mauerdicke: bis 38cm

▶	▷	ø netto €	◁	◀	[Einheit]	Ausf.-Dauer	Positionsnummer
163€	174€	**183€**	196€	211€	[m]	⏱ 1,30h/m	386.600.030

111 **Horizontalsperre, Sägen, mittel, bis 50cm** KG **395**

Wie Ausführungsbeschreibung A 5
Mauerdicke: bis 50cm

▶	▷	ø netto €	◁	◀	[Einheit]	Ausf.-Dauer	Positionsnummer
226€	239€	**254€**	272€	292€	[m]	⏱ 1,80h/m	386.600.031

112 **Horizontalsperre, Sägen, mittel, bis 70cm** KG **395**

Wie Ausführungsbeschreibung A 5
Mauerdicke: bis 70cm

▶	▷	ø netto €	◁	◀	[Einheit]	Ausf.-Dauer	Positionsnummer
284€	304€	**320€**	342€	367€	[m]	⏱ 2,40h/m	386.600.032

113 **Horizontalsperre, Sägen, mittel, bis 100cm** KG **395**

Wie Ausführungsbeschreibung A 5
Mauerdicke: bis 100cm

▶	▷	ø netto €	◁	◀	[Einheit]	Ausf.-Dauer	Positionsnummer
394€	420€	**442€**	473€	509€	[m]	⏱ 3,50h/m	386.600.033

A 6 **Horizontalsperre, Sägen, hart** Beschreibung für Pos. **114-119**

Horizontalsperre in Wand gegen aufsteigende Feuchtigkeit im Mauersägeverfahren mit waagrechtem Schnitt und Einbau einer Querschnittsabdichtung. Einbau von statischen Keilen. Fläche mit wasserdichtem Mörtel abgleichen und Sperre aus Platten- oder Bahnenmaterial einbauen. Restfugen mit hydraulischem, quellfähigem Mörtel auspressen.
Bauteil: Wand, **innen / außen**
Min. Schnitthöhe: .....
Arbeitsraum/Arbeitsbereich: .....
Angeb. Verfahren: Diamantseilsäge
Sperrschicht: .....
Mauerwerksart: hart, z.B. Basalt-Kalk

114 **Horizontalsperre, Sägen, hart, bis 13cm** KG **395**

Wie Ausführungsbeschreibung A 6
Mauerdicke: bis 13cm

▶	▷	ø netto €	◁	◀	[Einheit]	Ausf.-Dauer	Positionsnummer
154€	165€	**174€**	186€	200€	[m]	⏱ 1,10h/m	386.600.067

115 **Horizontalsperre, Sägen, hart, bis 25cm** KG **395**

Wie Ausführungsbeschreibung A 6
Mauerdicke: bis 25cm

▶	▷	ø netto €	◁	◀	[Einheit]	Ausf.-Dauer	Positionsnummer
181€	193€	**203€**	218€	234€	[m]	⏱ 1,60h/m	386.600.034

116 **Horizontalsperre, Sägen, hart, bis 38cm** KG **395**

Wie Ausführungsbeschreibung A 6
Mauerdicke: bis 38cm

▶	▷	ø netto €	◁	◀	[Einheit]	Ausf.-Dauer	Positionsnummer
249€	266€	**280€**	300€	322€	[m]	⏱ 2,10h/m	386.600.035

Kosten:
Stand 2. Quartal 2026
Bundesdurchschnitt

▶ min
▷ von
ø Mittel
◁ bis
◀ max

Nr.	Kurztext / Langtext						Kostengruppe
▶	▷	**ø netto €**	◁	◀	[Einheit]	Ausf.-Dauer	Positionsnummer

117 Horizontalsperre, Sägen, hart, bis 50cm KG **395**

Wie Ausführungsbeschreibung A 6
Mauerdicke: bis 50cm

371€	396€	**416€**	446€	479€	[m]	⏱ 2,80h/m	386.600.036

118 Horizontalsperre, Sägen, hart, bis 70cm KG **395**

Wie Ausführungsbeschreibung A 6
Mauerdicke: bis 70cm

492€	520€	**553€**	592€	636€	[m]	⏱ 3,70h/m	386.600.037

119 Horizontalsperre, Sägen, hart, bis 100cm KG **395**

Wie Ausführungsbeschreibung A 6
Mauerdicke: bis 100cm

512€	547€	**576€**	616€	656€	[m]	⏱ 4,70h/m	386.600.038

A 7 Horizontalsperre, Injektion Beschreibung für Pos. **120-124**

Horizontalabdichtung in Wand gegen aufsteigende Feuchtigkeit durch Injektion im Niederdruckverfahren über Bohrlöcher und Packer. Die Neigung und Winkel der Bohrlöcher und das Injektionsmittel ist auf Mauerwerksgefüge und -art, sowie die Feuchtebelastung abzustimmen. Der Bohrstaub ist mit Druckluft auszublasen und die Flüssigkeit mittels Druckgerät bis zur Sättigung des Mauerwerks einzupressen. Abschließend sind die Bohrlöcher mit Mörtel zu schließen und die Oberflächen anzugleichen.
Bauteil: Wand, **innen / außen**
Angeb. Verfahren: .....
Arbeitsdruck: ca. 5-10bar
Bohrlochdurchmesser: 12-18mm
Bohrtiefe: MW-Dicke bis 5cm vor Wandende
Bohrlochabstand: 10 bis 12cm, einseitig
Anzahl Bohrlochreihen: .....
Injektionsmittel: .....
Wirkungsprinzip: .....
Materialverbrauch: .....

120 Horizontalsperre, Injektion, bis 25cm KG **395**

Wie Ausführungsbeschreibung A 7
Mauerdicke: bis 25cm

113€	127€	**141€**	151€	162€	[m]	⏱ 1,00h/m	386.600.039

121 Horizontalsperre, Injektion, bis 38cm KG **395**

Wie Ausführungsbeschreibung A 7
Mauerdicke: bis 38cm

142€	160€	**178€**	190€	204€	[m]	⏱ 1,20h/m	386.600.040

122 Horizontalsperre, Injektion, bis 50cm KG **395**

Wie Ausführungsbeschreibung A 7
Mauerdicke: bis 50cm

176€	198€	**220€**	235€	253€	[m]	⏱ 1,60h/m	386.600.041

Nr.	Kurztext / Langtext						Kostengruppe
▶	▷	ø netto €	◁	◀	[Einheit]	Ausf.-Dauer	Positionsnummer

123 Horizontalsperre, Injektion, bis 70cm — KG **395**

Wie Ausführungsbeschreibung A 7
Mauerdicke: bis 70cm

▶	▷	ø	◁	◀	Einheit	Ausf.-Dauer	Positionsnummer
214€	240€	**267€**	286€	307€	[m]	⏱ 2,10h/m	386.600.042

124 Horizontalsperre, Injektion, bis 100cm — KG **395**

Wie Ausführungsbeschreibung A 7
Mauerdicke: bis 100cm

▶	▷	ø	◁	◀	Einheit	Ausf.-Dauer	Positionsnummer
295€	332€	**368€**	394€	424€	[m]	⏱ 3,00h/m	386.600.043

A 8 Horizontalsperre, Tränkung — Beschreibung für Pos. **125-130**

Horizontalabdichtung in Wand gegen aufsteigende Feuchtigkeit als Bohrlochtränkung mit Abdichtungsmittel befüllen. Die Neigung und Winkel der Bohrlöcher und das Abdichtungsmittel ist auf Mauerwerksgefüge und -art, sowie die Feuchtebelastung abzustimmen. Der Bohrstaub ist mit Druckluft ausblasen und die Flüssigkeit bis zur Sättigung des Mauerwerks zu verfüllen. Abschließend sind die Bohrlöcher mit Mörtel zu schließen und die Oberflächen anzugleichen.
Bauteil: Wand, **innen / außen**
Bohrlochdurchmesser: 30mm
Bohrtiefe: MW-Dicke bis 5cm vor Wandende
Bohrlochabstand: 10 bis 12cm, einseitig
Anzahl Bohrlochreihen: .....
Injektionsmittel: .....
Wirkungsprinzip: .....
Angeb. Verfahren: .....
Materialverbrauch: .....

Kosten:
Stand 2.Quartal 2026
Bundesdurchschnitt

125 Horizontalsperre, Tränkung, bis 13cm — KG **395**

Wie Ausführungsbeschreibung A 8
Mauerdicke: bis 13cm

▶	▷	ø	◁	◀	Einheit	Ausf.-Dauer	Positionsnummer
115€	121€	**134€**	143€	154€	[m]	⏱ 0,80h/m	386.600.068

126 Horizontalsperre, Tränkung, bis 25cm — KG **395**

Wie Ausführungsbeschreibung A 8
Mauerdicke: bis 25cm

▶	▷	ø	◁	◀	Einheit	Ausf.-Dauer	Positionsnummer
143€	155€	**171€**	183€	196€	[m]	⏱ 1,20h/m	386.600.044

127 Horizontalsperre, Tränkung, bis 38cm — KG **395**

Wie Ausführungsbeschreibung A 8
Mauerdicke: bis 38cm

▶	▷	ø	◁	◀	Einheit	Ausf.-Dauer	Positionsnummer
157€	176€	**196€**	209€	225€	[m]	⏱ 1,70h/m	386.600.045

128 Horizontalsperre, Tränkung, bis 50cm — KG **395**

Wie Ausführungsbeschreibung A 8
Mauerdicke: bis 50cm

▶	▷	ø	◁	◀	Einheit	Ausf.-Dauer	Positionsnummer
200€	209€	**232€**	249€	267€	[m]	⏱ 2,10h/m	386.600.046

▶ min
▷ von
ø Mittel
◁ bis
◀ max

Nr.	Kurztext / Langtext						Kostengruppe
▶	▷	**ø netto €**	◁	◀	[Einheit]	Ausf.-Dauer	Positionsnummer

129 Horizontalsperre, Tränkung, bis 70cm KG **395**

Wie Ausführungsbeschreibung A 8
Mauerdicke: bis 70cm

253€	271€	**301€**	322€	346€	[m]	⏱ 2,50h/m	386.600.047

130 Horizontalsperre, Tränkung, bis 100cm KG **395**

Wie Ausführungsbeschreibung A 8
Mauerdicke: bis 100cm

331€	354€	**394€**	421€	453€	[m]	⏱ 2,80h/m	386.600.048

131 Vertikalsperre, Querwand, Injektion KG **395**

Vertikalsperre der Querwand, gegen eindringende Feuchtigkeit über Außenwand, durch Injektion über senkrechte Bohrlochreihe. Die Neigung und Winkel der Bohrlöcher und das Der Bohrstaub ist mit Druckluft ausblasen und die Flüssigkeit bis zur Sättigung des Mauerwerks zu verfüllen. Abschließend sind die Bohrlöcher mit Mörtel zu schließen und die Oberflächen anzugleichen.
Bauteil: Innenwand
Mauerwerksdicke: .....cm
Abdichtung: .....
Bohrtiefe: MW-Dicke bis 5cm vor Wandende
Bohrlochabstand: 10 bis 12cm, einseitig
Anzahl Bohrlochreihen: ....., einreihig
Injektionsmittel: .....
Wirkungsprinzip: .....
Angeb. Verfahren: .....
Materialverbrauch: .....

107€	125€	**142€**	164€	178€	[m]	⏱ 0,90h/m	386.600.049

132 Vertikalsperre, Querwand, Tränkung KG **395**

Vertikalsperre der Querwand, gegen eindringende Feuchtigkeit über Außenwand, mit Tränkung über senkrechte Bohrlochreihe. Die Neigung und Winkel der Bohrlöcher und das Der Bohrstaub ist mit Druckluft ausblasen und die Flüssigkeit bis zur Sättigung des Mauerwerks zu verfüllen. Abschließend sind die Bohrlöcher mit Mörtel zu schließen und die Oberflächen anzugleichen.
Bauteil: Innenwand
Mauerwerksdicke: .....cm
Abdichtung: .....
Bohrtiefe: MW-Dicke bis 5cm vor Wandende
Bohrlochabstand: 10 bis 12cm, einseitig
Anzahl Bohrlochreihen: ....., einreihig
Injektionsmittel: .....
Wirkungsprinzip: .....
Angeb. Verfahren: .....
Materialverbrauch: .....

100€	117€	**133€**	153€	167€	[m]	⏱ 0,90h/m	386.600.050

Nr.	Kurztext / Langtext						Kostengruppe
▶	▷	ø netto €	◁	◀	[Einheit]	Ausf.-Dauer	Positionsnummer

133 Mauerwerksaustausch, Querwand KG **395**

Mauertrennung von nicht aussteifender Querwand, durch Austausch von Mauerwerk einschl. Einbau einer senkrechten Dichtungsbahn zwischen Außen- und Innenwand. Fuge mit einem Quellmörtel verfüllen.
Mauerwerksdicke: .....cm
Dichtungsbahn: .....

▶	▷	ø	◁	◀	Einheit	Ausf.-Dauer	Positionsnummer
141€	150€	**162€**	173€	186€	[m]	⏱ 1,70h/m	386.600.051

134 Innenputz abschlagen, Mauerwerk KG **395**

Innenputz bis mind. 80cm über Schadenszone abschlagen. Anfallender Bauschutt entsorgen.
Ausführungsort: .....
Mauerwerksart: .....

▶	▷	ø	◁	◀	Einheit	Ausf.-Dauer	Positionsnummer
17€	19€	**20€**	24€	26€	[m²]	⏱ 0,55h/m²	386.600.052

Kosten:
Stand 2.Quartal 2026
Bundesdurchschnitt

135 Bodenflächen abdecken, Folie KG **395**

Abdecken von Bodenflächen mit Baufolie. Folie an den Rändern verkleben.
Ausführungsort: .....

▶	▷	ø	◁	◀	Einheit	Ausf.-Dauer	Positionsnummer
4€	4€	**4€**	5€	6€	[m²]	⏱ 0,03h/m²	386.600.053

136 Bodenflächen abdecken, OSB, folienkaschierten Vlies KG **395**

Abdecken von Bodenflächen mit OSB-Platten und folienkaschierten Vlies. Platten an Stößen verkleben.
Ausführungsort: .....

▶	▷	ø	◁	◀	Einheit	Ausf.-Dauer	Positionsnummer
19€	20€	**21€**	25€	31€	[m²]	⏱ 0,03h/m²	386.600.054

137 Mauerwerk vorbereiten KG **395**

Feuchte- und salzgeschädigtes Mauerwerk für Sanierputzauftrag vorbereiten und anfallenden Bauschutt entfernen.
Bauteil: .....
Mauerwerk: .....

▶	▷	ø	◁	◀	Einheit	Ausf.-Dauer	Positionsnummer
4€	5€	**5€**	6€	7€	[m²]	⏱ 0,05h/m²	386.600.055

138 Mauerwerksfugen auskratzen KG **395**

Auskratzen von mürben und losen Mauerwerksfugen, sowie Entsorgen des anfallenden Bauschutts.
Fugentiefe: bis 2cm
Mauerwerk: .....

▶	▷	ø	◁	◀	Einheit	Ausf.-Dauer	Positionsnummer
22€	23€	**24€**	29€	31€	[m²]	⏱ 0,20h/m²	386.600.056

139 Spritzbewurf, Sanierputz, netzförmig KG **395**

Spritzbewurf, halbdeckend netzförmig auf gereinigte Wandflächen als Haftbrücke für Sanierputz.
Mörtelgruppe: CS IV
Angeb. Putzsystem: .....

▶	▷	ø	◁	◀	Einheit	Ausf.-Dauer	Positionsnummer
15€	16€	**18€**	21€	23€	[m²]	⏱ 0,10h/m²	386.600.070

▶ min
▷ von
ø Mittel
◁ bis
◀ max

140 Spritzbewurf, Sanierputz volldeckend KG **395**

Spritzbewurf, volldeckend auf Dichtungsschlämme als Haftbrücke für Sanierputz.
Mörtelgruppe: CS IV
Angeb. Putzsystem: .....

30€	33€	**37€**	45€	48€	[m²]	⏱ 0,10h/m²	386.600.057

141 Spritzbewurf, Laibungen KG **395**

Vorbeschriebener Spritzbewurf auf Laibungsflächen.
Laibungstiefe: bis 25cm

8€	9€	**10€**	12€	13€	[m]	⏱ 0,03h/m	386.600.058

142 Ausgleichsputz, Porengrundputz KG **395**

WTA-Porengrundputz als Ausgleichsputz für Sanierputz. Die Unebenheiten sind flächendeckend auszugleichen, sowie die Oberfläche für die Aufnahme von Sanierputz aufzurauen.
Mörtelgruppe: CS II
Mindestschichtdicke: 10mm
Angeb. Putzsystem: .....

43€	46€	**51€**	61€	66€	[m²]	⏱ 0,50h/m²	386.600.059

143 Porengrundputz, Laibungen KG **395**

Vorbeschriebenen Porengrundputz auf Laibungsflächen.
Laibungstiefe: bis 25cm

18€	20€	**22€**	26€	28€	[m]	⏱ 0,03h/m	386.600.060

144 Sanierputz, geringe Salzbelastung KG **395**

WTA-Sanierputz für Mauerwerk mit geringer Salzbelastung auf Spritzwurf.
Mindestschichtdicke: 20mm, einlagig
Mörtelgruppe: CS II
Putzoberfläche: .....
Angeb. Putzsystem: .....

59€	64€	**71€**	85€	92€	[m²]	⏱ 0,50h/m²	386.600.061

145 Sanierputz, hohe Salzbelastung KG **395**

WTA-Sanierputz für Mauerwerk mit hoher Salzbelastung auf Porengrundputz.
Mindestschichtdicke: 30mm, zweilagig 15mm
Mörtelgruppe: CS II
Putzoberfläche: .....
Angeb. Putzsystem: .....

87€	90€	**96€**	114€	124€	[m²]	⏱ 0,50h/m²	386.600.062

146 Sanierputz, Laibungen KG **395**

Vorbeschriebener Sanierputz auf Laibungsflächen.
Laibungstiefe: bis 25cm
Putzoberfläche: .....

40€	44€	**49€**	58€	62€	[m]	⏱ 0,03h/m	386.600.063

Nr.	Kurztext / Langtext						Kostengruppe
▶	▷	**ø netto €**	◁	◀	[Einheit]	Ausf.-Dauer	Positionsnummer

147 Stundensatz, Facharbeiter/-in

Stundenlohnarbeiten für Vorarbeiter/-in, Gesellin/Geselle, Facharbeiter/-in und Gleichgestellte, sowie ähnliche Fachkräfte.
Der Verrechnungssatz für die jeweilige Arbeitskraft umfasst sämtliche Aufwendungen wie Lohn- und Gehaltskosten, lohn- und gehaltsgebundene Kosten, Lohn- und Gehaltsnebenkosten, Gemeinkosten, Wagnis und Gewinn. Leistung nach besonderer Anordnung der Bauüberwachung. Anmeldung und Nachweis gemäß VOB/B.

68€	77€	**81€**	85€	94€	[h]	⏱ 1,00h/h	318.000.146

148 Stundensatz, Helfer/-in

Stundenlohnarbeiten für Werker/-in, Fachwerker/-in und jeweils Gleichgestellte. Der Verrechnungssatz für die jeweilige Arbeitskraft umfasst sämtliche Aufwendungen wie Lohn- und Gehaltskosten, lohn- und gehaltsgebundene Kosten, Lohn- und Gehaltsnebenkosten, Gemeinkosten, Wagnis und Gewinn. Leistung nach besonderer Anordnung der Bauüberwachung. Nachweis und Anmeldung gemäß VOB/B.

56€	65€	**69€**	72€	77€	[h]	⏱ 1,00h/h	318.000.142

Kosten:
Stand 2. Quartal 2026
Bundesdurchschnitt

▶ min
▷ von
ø Mittel
◁ bis
◀ max

320

Kosten:
Stand 2. Quartal 2026
Bundesdurchschnitt

Nr.	Positionen	Einheit	►	▷	ø brutto € / ø netto €	◁	◄
1	Dachdeckung entfernen	m²	13	18	**20**	22	27
			11	15	**17**	19	23
2	Dachdeckung entfernen, lagern	m²	6	8	**10**	12	13
			5	7	**8**	10	11
3	Schieferdeckung, entfernen, lagern	m²	35	42	**50**	62	65
			30	36	**42**	52	55
4	Faserzement-Wellplattendeckung entfernen	m²	15	22	**24**	29	34
			12	19	**20**	25	29
5	Asbestzementdeckung, gebunden, entfernen	m²	23	33	**36**	42	51
			19	27	**30**	35	43
6	Asbestzementdeckung, entsorgen	t	203	317	**325**	353	411
			170	267	**273**	296	346
7	Formziegel abbrechen, gemörtelt	m	7	15	**17**	22	31
			6	13	**15**	18	26
8	Dachlattung entfernen	m²	4	5	**6**	6	7
			3	4	**5**	5	6
9	Bitumenbahn abbrechen, einlagig	m²	9	18	**20**	25	35
			8	15	**17**	21	30
10	Bitumenbahn entfernen, zweilagig	m²	11	22	**25**	32	43
			9	18	**21**	27	37
11	Dachschalung abbrechen	m²	19	28	**31**	39	59
			16	23	**26**	33	50
12	Ortgangbrett abbrechen	m²	10	16	**20**	24	29
			8	14	**16**	20	24
13	Blechteile abbrechen, bis Z 600	m	4	7	**8**	11	14
			3	6	**7**	9	12
14	Schneefanggitter abbrechen	m	2	5	**6**	7	12
			2	4	**5**	6	10
15	Blitzableiter abbrechen	m	2	3	**3**	4	4
			2	2	**3**	3	4
16	Lüftungsrohr abbrechen	St	7	15	**18**	22	37
			6	13	**15**	19	31
17	Laufrost abbrechen	m	4	10	**12**	15	17
			3	8	**10**	12	14
18	Dachfenster abbrechen	St	68	119	**138**	173	179
			57	100	**116**	145	150
19	Dachluke abbrechen	St	23	40	**49**	60	75
			19	34	**41**	51	63
20	Unterspannbahn abbrechen	m²	4	8	**10**	11	12
			3	7	**8**	9	10
21	Betondachsteine umdecken	m²	27	50	**56**	69	75
			23	42	**47**	58	63
22	Biberschwanzdeckung ausbessern	m²	46	54	**64**	77	80
			39	45	**54**	65	67
23	Biberschwanzdeckung umdecken	m²	49	80	**94**	110	112
			41	67	**79**	92	94
24	Flachdachpfannendeckung ausbessern	m²	44	53	**62**	75	78
			37	45	**52**	63	65

► min
▷ von
ø Mittel
◁ bis
◄ max

Nr.	Positionen	Einheit	►	▷	ø brutto € / ø netto €	◁	◄
25	Flachdachpfannendeckung umdecken	m²	25	41	**49**	61	75
			21	35	**41**	51	63
26	Betondachsteindeckung ausbessern	m²	37	44	**48**	61	64
			31	37	**41**	51	54
27	Dachziegelaustausch, einzeln	St	8	9	**11**	14	17
			7	8	**9**	11	14
28	Dachsteinaustausch, einzeln	St	7	8	**10**	12	13
			6	7	**8**	10	11
29	Zwischensparrendämmung, MW, DZ, 100mm	m²	30	34	**42**	51	56
			26	29	**35**	43	47
30	Zwischensparrendämmung, MW, DZ. 120mm	m²	37	42	**48**	61	65
			31	35	**41**	51	55
31	Zwischensparrendämmung, MW, DZ, 140mm	m²	39	44	**52**	65	72
			33	37	**44**	54	61
32	Zwischensparrendämmung, MW 032, 100mm	m²	34	40	**46**	58	63
			28	33	**39**	48	53
33	Zwischensparrendämmung, MW 032, 120mm	m²	40	47	**52**	66	69
			33	39	**44**	55	58
34	Zwischensparrendämmung, MW 032, 140mm	m²	44	52	**60**	75	80
			37	43	**50**	63	68
35	Aufdachdämmung, MW 035, 60mm, kaschiert	m²	57	64	**76**	90	95
			48	54	**64**	75	80
36	Aufdachdämmung, MW 035, 80mm, kaschiert	m²	60	65	**81**	97	103
			50	54	**68**	81	86
37	Aufdachdämmung, MW 035, 100mm, kaschiert	m²	68	83	**94**	114	121
			58	69	**79**	96	102
38	Aufdachdämmung, MW 035, 120mm, kaschiert	m²	73	77	**97**	116	125
			61	65	**82**	97	105
39	Aufdachdämmung, MW 035, 140mm, kaschiert	m²	74	82	**107**	124	135
			62	69	**90**	104	114
40	Aufdachdämmung, MW 035, 160mm, kaschiert	m²	81	93	**116**	136	147
			68	78	**97**	115	123
41	Aufdachdämmung, MW 035, 180mm, kaschiert	m²	89	112	**125**	150	157
			75	94	**105**	126	132
42	Aufdachdämmung, MW 035, 200mm, kaschiert	m²	94	109	**136**	163	169
			79	91	**114**	137	142
43	Aufsparrendämmung PUR 028, 80mm, Vlies kaschiert	m²	63	68	**78**	93	99
			53	57	**66**	78	83
44	Aufsparrendämmung PUR 028, 100mm, Vlies kaschiert	m²	66	72	**83**	98	105
			56	61	**70**	82	88
45	Aufsparrendämmung PUR 027, 120mm, Vlies kaschiert	m²	90	96	**112**	132	141
			75	81	**94**	111	119
46	Aufsparrendämmung PUR 027, 140mm, Vlies kaschiert	m²	103	116	**127**	153	161
			87	97	**107**	128	135
47	Aufsparrendämmung PUR 027, 160mm, Vlies kaschiert	m²	101	116	**132**	152	165
			85	97	**111**	127	138
48	Aufsparrendämmung PUR 027, 180mm, Vlies kaschiert	m²	106	117	**136**	158	172
			89	98	**114**	133	144

300
389
301
302
306
308
309
310
312
313
314
316
317
318
320
321
322

Nr.	Positionen	Einheit	►	▷	ø brutto € / ø netto €	◁	◄
49	Aufsparrendämmung PIR 024, 120mm, Alu kaschiert	m²	93	103	**121**	139	153
			78	86	**102**	117	129
50	Aufsparrendämmung PIR 024, 140mm, Alu kaschiert	m²	111	122	**141**	167	174
			93	103	**118**	141	147
51	Aufsparrendämmung PIR 024, 160mm, Alu kaschiert	m²	123	143	**156**	181	198
			104	121	**131**	152	166
52	Aufdachdämmung, WF, DAD, 60mm, kaschiert	m²	47	53	**60**	71	76
			40	44	**50**	60	64
53	Aufdachdämmung, WF, DAD, 80mm, kaschiert	m²	53	59	**67**	78	85
			44	50	**57**	66	71
54	Aufdachdämmung, WF, DAD, 100mm, kaschiert	m²	58	63	**75**	86	93
			48	53	**63**	72	78
55	Aufdachdämmung, WF, DAD, 120mm, kaschiert	m²	62	69	**81**	93	101
			52	58	**68**	78	85
56	Vordeckung, Stehfalzdeckung	m²	11	11	**12**	12	12
			9	10	**10**	10	10
57	Dampfbremse, unter Dachsparren	m²	9	12	**13**	16	22
			7	10	**11**	14	19
58	Anschluss, Dampfsperre/-bremse, Klebeband	m	8	12	**14**	16	19
			7	10	**12**	13	16
59	Luftdichtheitsschicht, Dampfbremse	m²	12	14	**16**	18	22
			10	12	**13**	15	19
60	Luftdichtheitsschicht, Dampfbremse nachträglich von oben	m²	9	15	**17**	26	39
			8	12	**14**	22	33
61	Unterdach, WF, DAD, 18mm	m²	31	38	**42**	42	47
			26	32	**35**	36	40
62	Unterspannbahn, belüftetes Dach, PUR	m²	12	14	**15**	16	18
			10	12	**13**	14	15
63	Unterspannung, belüftetes Dach, PP	m²	9	11	**12**	15	20
			7	9	**10**	12	17
64	Konterlattung, 30x50mm, Dach	m	4	5	**6**	8	12
			3	4	**5**	7	10
65	Konterlattung, 30x50mm, Dach	m²	4	8	**10**	12	17
			4	7	**8**	10	14
66	Konterlattung, 40x60mm, Dach	m	6	9	**9**	10	12
			5	8	**8**	8	10
67	Konterlattung, 40x60mm, Dach	m²	8	11	**13**	14	19
			7	10	**11**	12	16
68	Dachlattung, 30x50mm, Falzziegel/Beton	m²	8	12	**13**	15	18
			7	10	**11**	12	15
69	Dachlattung, 40x60mm, Falzziegel/Beton	m²	11	14	**16**	18	20
			9	12	**13**	15	17
70	Dachlattung, trocken, 30x50mm, Biberschwanzdeckung	m²	11	17	**19**	21	26
			10	14	**16**	18	22
71	Dachlattung, trocken, 40x60mm, Biberschwanzdeckung	m²	15	19	**23**	24	26
			13	16	**19**	20	22
72	Nagelabdichtung, Konterlattung	m	5	7	**7**	8	10
			4	6	**6**	7	8

Kosten:
Stand 2. Quartal 2026
Bundesdurchschnitt

► min
▷ von
ø Mittel
◁ bis
◄ max

Nr.	Positionen	Einheit	►	▷	ø brutto € / ø netto €	◁	◄
73	Dachschalung, Nadelholz, Rauspund 24mm	m²	36	42	**45**	48	55
			31	35	**38**	40	46
74	Dachschalung, Nadelholz, Rauspund 28mm	m²	53	56	**59**	62	65
			45	47	**50**	52	55
75	Dachschalung, Holzspanplatte P5, 25mm	m²	39	48	**53**	58	76
			33	40	**45**	49	64
76	Schalung, OSB/3 Feuchtbereich, 25mm	m²	33	41	**46**	50	57
			28	35	**39**	42	48
77	Traufbohle, Nadelholz, bis 60x240mm	m	11	15	**17**	21	29
			10	13	**14**	17	24
78	Kantholz, Nadelholz S10 trocken, 60x120mm, scharfkantig	m	15	19	**21**	22	25
			13	16	**18**	18	21
79	Trauf-/Ortgangschalung, NF-Profil, 24mm, gehobelt	m²	40	53	**58**	64	80
			33	44	**49**	54	67
80	Ortgangbrett, Windbrett, bis 28mm, gehobelt	m	24	33	**36**	41	52
			20	27	**30**	35	44
81	Zuluft-/Insektenschutzgitter, Traufe	m	9	13	**14**	18	28
			7	11	**12**	16	23
82	Zahnleiste, Nadelholz, gehobelt	m	44	69	**77**	94	132
			37	58	**64**	79	111
83	Dachdeckung, Falzziegel, Ton	m²	45	54	**57**	60	66
			38	45	**48**	51	56
84	Dachdeckung, Biberschwanz-/Flachziegel	m²	69	82	**88**	93	107
			58	69	**74**	78	90
85	Dachdeckung, Dachsteine	m²	38	46	**48**	53	61
			32	39	**40**	45	52
86	Dachdeckung, Faserzement, Wellplatte	m²	46	61	**67**	75	94
			38	51	**56**	63	79
87	Dachdeckung, Schiefer	m²	121	141	**149**	171	208
			101	119	**125**	144	175
88	Ortgang, Ziegeldeckung, Formziegel	m	42	66	**74**	85	111
			35	55	**62**	72	93
89	Ortgang, Biberschwanzdeckung, Formziegel	m	53	65	**72**	78	87
			45	55	**61**	65	73
90	Ortgang, Dachsteindeckung, Formziegel	m	57	75	**82**	87	101
			48	63	**69**	73	85
91	Firstanschluss, Ziegeldeckung, Formziegel	m	31	40	**46**	52	65
			26	34	**38**	43	55
92	First, Firstziegel, mörtellos	m	66	84	**92**	101	120
			56	71	**78**	85	101
93	First, Firstziegel, vermörtelt	m	76	92	**101**	112	131
			64	78	**85**	94	110
94	First, Firststein, geklammert, Dachstein	m	77	96	**103**	109	124
			65	81	**87**	92	104
95	Pultdachabschluss, Abschlussziegel	m	82	111	**119**	136	173
			69	93	**100**	114	145
96	Pultdachanschluss, Metallblech Z	m	62	74	**81**	84	89
			52	62	**68**	71	75

Kosten:
Stand 2. Quartal 2026
Bundesdurchschnitt

▶ min
▷ von
ø Mittel
◁ bis
◀ max

Dachdeckungsarbeiten **Preise €**

Nr.	Positionen	Einheit	▶	▷	ø brutto € / ø netto €	◁	◀
97	Grateindeckung, Ziegel, mörtellos	m	74	94	**102**	118	160
			62	79	**86**	99	134
98	Grateindeckung, Ziegel, vermörtelt	m	80	109	**122**	137	167
			67	91	**103**	115	141
99	Dunstrohr-Durchgangsziegel, DN100	St	192	245	**278**	303	356
			161	206	**234**	255	299
100	Dunstrohr-Durchgangsformstück, DN100	St	102	137	**152**	167	201
			86	115	**128**	140	169
101	Leitungsdurchgang, Formziegel	St	111	192	**229**	259	319
			93	161	**193**	218	268
102	Durchgangselement, Solarleitung	St	81	187	**224**	292	415
			68	157	**188**	245	348
103	Tonziegel, Reserve	St	4	9	**12**	14	18
			3	8	**10**	12	15
104	Ziegel beidecken, Dachdeckung	m	20	25	**27**	31	40
			16	21	**23**	26	33
105	Verklammerung, Dachdeckung	m²	3	7	**8**	9	12
			3	6	**7**	8	10
106	Schornstein-Einfassung, Blech	St	213	354	**415**	470	575
			179	297	**349**	395	483
107	Dachfenster/Dachausstieg, ESG, bis 0,3m²	St	613	774	**852**	983	1.310
			515	651	**716**	826	1.101
108	Wohndachfenster, bis 1,50m²	St	1.539	2.065	**2.243**	2.626	3.364
			1.293	1.735	**1.885**	2.206	2.827
109	Stundensatz, Facharbeiter/-in	h	84	94	**99**	102	109
			71	79	**83**	85	91

Nr. **Kurztext** / Langtext — Kostengruppe

▶ ▷ **ø netto €** ◁ ◀ [Einheit] Ausf.-Dauer Positionsnummer

1 Dachdeckung entfernen — KG **394**

Dachbelag aus Ziegel- oder Betonsteindeckung entfernen und anfallenden Bauschutt entsorgen.
Dachdeckung: .....
Dachneigung: .....°
Material: .....
Deckungsart: .....

11€ 15€ **17€** 19€ 23€ [m²] ⏱ 0,12 h/m² 320.001.097

Nr.	Kurztext / Langtext						Kostengruppe
▶	▷	**ø netto €**	◁	◀	[Einheit]	Ausf.-Dauer	Positionsnummer

2 Dachdeckung entfernen, lagern KG **395**

Dachdeckung zur Wiederverwendung aufnehmen und seitlich lagern.
Dachdeckung: .....
Dachneigung: .....°
Material: .....
Deckungsart: .....
Lagerweg: .....

▶	▷	ø netto €	◁	◀	[Einheit]	Ausf.-Dauer	Positionsnummer
5€	7€	**8€**	10€	11€	[m2]	⏱ 0,50h/m2	320.001.098

3 Schieferdeckung, entfernen, lagern KG **395**

Schieferdeckung zur Wiederverwendung aufnehmen und seitlich lagern.
Dachneigung: .....°
Format: .....
Lagerweg: .....

▶	▷	ø netto €	◁	◀	[Einheit]	Ausf.-Dauer	Positionsnummer
30€	36€	**42€**	52€	55€	[m2]	⏱ 0,40h/m2	320.001.100

4 Faserzement-Wellplattendeckung entfernen KG **394**

Dachdeckung aus nicht asbesthaltigen Faserzementwellplatten abbrechen und anfallenden Bauschutt entsorgen.
Plattenart: .....
Unterkonstruktion: .....
Dachneigung: .....°

▶	▷	ø netto €	◁	◀	[Einheit]	Ausf.-Dauer	Positionsnummer
12€	19€	**20€**	25€	29€	[m2]	⏱ 0,20h/m2	320.001.101

5 Asbestzementdeckung, gebunden, entfernen KG **394**

Dachdeckung aus asbesthaltigen Faserzementplatten abbrechen und anfallenden Bauschutt sammeln. Fachgerechter Abriss nach TRGS-519.
Plattenart: .....
Unterkonstruktion: .....
Dachneigung: .....°

▶	▷	ø netto €	◁	◀	[Einheit]	Ausf.-Dauer	Positionsnummer
19€	27€	**30€**	35€	43€	[m2]	⏱ 0,30h/m2	320.001.157

6 Asbestzementdeckung, entsorgen KG **394**

Asbesthaltigen Faserzementplatten fachgerecht nach TRGS-519 entsorgen.
Verpackung: .....
Deponie: .....

▶	▷	ø netto €	◁	◀	[Einheit]	Ausf.-Dauer	Positionsnummer
170€	267€	**273€**	296€	346€	[t]	⏱ 0,15h/t	320.001.158

7 Formziegel abbrechen, gemörtelt KG **394**

First- und Grateindeckung aus eingemörtelten Formziegeln abbrechen und anfallenden Bauschutt entsorgen.
Ziegelformat (B x H): ..... x .....

▶	▷	ø netto €	◁	◀	[Einheit]	Ausf.-Dauer	Positionsnummer
6€	13€	**15€**	18€	26€	[m]	⏱ 0,12h/m	320.001.102

Nr.	Kurztext / Langtext						Kostengruppe
▶	▷	**ø netto €**	◁	◀	[Einheit]	Ausf.-Dauer	Positionsnummer
8	**Dachlattung entfernen**						KG **394**
Dachlattung entfernen und anfallenden Bauschutt entsorgen. Lattenweite: .....mm Lattenquerschnitt (B x H): ..... x .....mm							
3€	4€	**5€**	5€	6€	[m²]	⏱ 0,06 h/m²	320.001.103
9	**Bitumenbahn abbrechen, einlagig**						KG **394**
Einlagige Bitumenbahn auf Holzschalung abbrechen und anfallenden Bauschutt fachgerecht entsorgen nach TRGS-551. Bitumenbahn:							
8€	15€	**17€**	21€	30€	[m²]	⏱ 0,20 h/m²	320.001.104
10	**Bitumenbahn entfernen, zweilagig**						KG **394**
Zweilagige Bitumenbahn auf Holzschalung entfernen und anfallenden Bauschutt fachgerecht entsorgen nach TRGS-551. Bitumenbahn:							
9€	18€	**21€**	27€	37€	[m²]	⏱ 0,24 h/m²	320.001.105
11	**Dachschalung abbrechen**						KG **394**
Dachschalung abbrechen und anfallenden Bauschutt fachgerecht entsorgen. Schalung:							
16€	23€	**26€**	33€	50€	[m²]	⏱ 0,35 h/m²	320.001.106
12	**Ortgangbrett abbrechen**						KG **394**
Ortgangbrett abbrechen und anfallenden Bauschutt fachgerecht entsorgen. Abmessung: ..... Befestigung: ..... Oberflächenbeschichtung/Holzschutz:							
8€	14€	**16€**	20€	24€	[m²]	⏱ 0,20 h/m²	320.001.107
13	**Blechteile abbrechen, bis Z 600**						KG **394**
Blechteile an Dachdeckung abbrechen und anfallenden Bauschutt fachgerecht entsorgen. Blechteil: ..... Material: ..... Zuschnitt:							
3€	6€	**7€**	9€	12€	[m]	⏱ 0,05 h/m	320.001.108
14	**Schneefanggitter abbrechen**						KG **394**
Schneefanggitter abbrechen und anfallenden Bauschutt fachgerecht entsorgen. Material:							
2€	4€	**5€**	6€	10€	[m]	⏱ 0,08 h/m	320.001.109
15	**Blitzableiter abbrechen**						KG **394**
Blitzableiter inkl. Befestigung abbrechen und anfallenden Bauschutt fachgerecht entsorgen.							
2€	2€	**3€**	3€	4€	[m]	⏱ 0,01 h/m	320.001.110

Kosten:
Stand 2. Quartal 2026
Bundesdurchschnitt

▶ min
▷ von
ø Mittel
◁ bis
◀ max

16 Lüftungsrohr abbrechen KG **394**

Be- oder Entlüftungsrohr in Dachdeckung abbrechen und anfallenden Bauschutt fachgerecht entsorgen.
Art der Deckung: .....
Material: .....

6€ 13€ **15€** 19€ 31€ [St] ⏱ 0,25h/St 320.001.111

17 Laufrost abbrechen KG **394**

Laufrost auf Dach einschl. Stützen abbrechen und anfallenden Bauschutt entsorgen.
Material: .....
Ausführung: .....
Größe (L x B): ..... x .....

3€ 8€ **10€** 12€ 14€ [m] ⏱ 0,15h/m 320.001.112

18 Dachfenster abbrechen KG **394**

Dachfenster einschl. Blechrahmen und Flügel abbrechen und anfallenden Bauschutt fachgerecht entsorgen.
Größe (B x H): ..... x .....

57€ 100€ **116€** 145€ 150€ [St] ⏱ 0,95h/St 320.001.113

19 Dachluke abbrechen KG **394**

Dachluke als Dachausstiegsfenster abbrechen und anfallenden Bauschutt fachgerecht entsorgen.
Größe (B x H): ..... x .....
Material: .....

19€ 34€ **41€** 51€ 63€ [St] ⏱ 0,50h/St 320.001.114

20 Unterspannbahn abbrechen KG **394**

Unterspannbahn abbrechen und anfallenden Bauschutt fachgerecht entsorgen.
Art der Bahn: .....
Dachneigung: .....°

3€ 7€ **8€** 9€ 10€ [m²] ⏱ 0,07h/m² 320.001.115

21 Betondachsteine umdecken KG **395**

Betondachsteindeckung aufnehmen, zwischenlagern und wieder eindecken. Beschädigte und nicht verwendbare Dachsteine sind zu entsorgen und in gleicher Form und Farbe zu ergänzen.
Ersatzanteil: bis 20%
Form: .....
Farbe: .....
Lagerweg: .....

23€ 42€ **47€** 58€ 63€ [m²] ⏱ 0,40h/m² 320.001.117

22 Biberschwanzdeckung ausbessern KG **395**

Biberschwanzdeckung in Teilflächen mit neuem Material ausbessern und schadhafte Ziegel entsorgen.
Deckung: Doppeldeckung
Flächen: bis 1,00m²
Form: .....
Farbe: .....

39€ 45€ **54€** 65€ 67€ [m²] ⏱ 0,27h/m² 320.001.118

Nr.	Kurztext / Langtext						Kostengruppe
▶	▷	ø netto €	◁	◀	[Einheit]	Ausf.-Dauer	Positionsnummer

23 Biberschwanzdeckung umdecken KG **395**

Biberschwanzdeckung aufnehmen und wieder eindecken. Beschädigte und nicht verwendbare Dachziegel sind zu entsorgen und in gleicher Form und Farbe zu ergänzen.
Deckung: Doppeldeckung
Ersatzanteil: bis 20%
Form: .....
Farbe: .....
Lagerweg: .....

▶	▷	ø	◁	◀	Einheit	Ausf.-Dauer	Positionsnummer
41€	67€	**79€**	92€	94€	[m2]	⏱ 0,80h/m2	320.001.119

24 Flachdachpfannendeckung ausbessern KG **395**

Flachdachpfannendeckung in Teilflächen mit neuem Material in gleicher Farbe und Form ausbessern und schadhafte Ziegel entsorgen.
Flächen: bis 1,00m2
Form: .....
Farbe: .....

▶	▷	ø	◁	◀	Einheit	Ausf.-Dauer	Positionsnummer
37€	45€	**52€**	63€	65€	[m2]	⏱ 0,32h/m2	320.001.120

25 Flachdachpfannendeckung umdecken KG **395**

Flachdachpfannendeckung aufnehmen, zwischenlagern und wieder eindecken. Beschädigte und nicht verwendbare Dachsteine sind zu entsorgen und in gleicher Form und Farbe zu ergänzen.
Ersatzanteil: bis 20%
Form: .....
Farbe: .....
Lagerweg: .....

▶	▷	ø	◁	◀	Einheit	Ausf.-Dauer	Positionsnummer
21€	35€	**41€**	51€	63€	[m2]	⏱ 0,50h/m2	320.001.121

26 Betondachsteindeckung ausbessern KG **395**

Betondachsteindeckung in Teilflächen mit neuem Material ausbessern und schadhafte Steine entsorgen.
Flächen: bis 1,00m2
Form: .....
Farbe: .....

▶	▷	ø	◁	◀	Einheit	Ausf.-Dauer	Positionsnummer
31€	37€	**41€**	51€	54€	[m2]	⏱ 0,32h/m2	320.001.116

27 Dachziegelaustausch, einzeln KG **395**

Austausch einzelner Dachziegel mit neuem Material in gleicher Art und Farbe, einschl. Entsorgung schadhafter Steine.
Form: .....
Farbe: .....

▶	▷	ø	◁	◀	Einheit	Ausf.-Dauer	Positionsnummer
7€	8€	**9€**	11€	14€	[St]	⏱ 0,06h/St	320.001.122

28 Dachsteinaustausch, einzeln KG **395**

Austausch einzelner Dachsteine mit neuem Material in gleicher Art und Farbe, einschl. Entsorgung schadhafter Steine.
Form: .....
Farbe: .....

▶	▷	ø	◁	◀	Einheit	Ausf.-Dauer	Positionsnummer
6€	7€	**8€**	10€	11€	[St]	⏱ 0,06h/St	320.001.123

Kosten:
Stand 2.Quartal 2026
Bundesdurchschnitt

▶ min
▷ von
ø Mittel
◁ bis
◀ max

Nr.	Kurztext / Langtext						Kostengruppe
▶	▷	ø netto €	◁	◀	[Einheit]	Ausf.-Dauer	Positionsnummer

A 1 Zwischensparrendämmung, Mineralwolle 035 Beschreibung für Pos. **29-31**

Wärmedämmung aus Mineralwolle zwischen den Sparren als nachträgliche Dämmmaßnahme von außen einbauen.
Dämmstoff: Mineralwolle, MW
Anwendungsgebiet: DZ

29 Zwischensparrendämmung, MW, DZ, 100mm KG **363**

Wie Ausführungsbeschreibung A 1
Sparrenabstand: .....mm
Anzahl der Lagen: einlagig
Dämmschichtdicke: 100mm
Nennwert der Wärmeleitfähigkeit: .....W/(m·K)
Bemessungswert der Wärmeleitfähigkeit: .....
Brandverhalten: Klasse A1
Angeb. Fabrikat: .....

26€	29€	**35€**	43€	47€	[m²]	⏱ 0,20h/m²	320.001.151

30 Zwischensparrendämmung, MW, DZ. 120mm KG **363**

Wie Ausführungsbeschreibung A 1
Sparrenabstand: .....mm
Anzahl der Lagen: einlagig
Dämmschichtdicke: 120mm
Nennwert der Wärmeleitfähigkeit: .....W/(m·K)
Bemessungswert der Wärmeleitfähigkeit: .....
Brandverhalten: Klasse A1
Angeb. Fabrikat: .....

31€	35€	**41€**	51€	55€	[m²]	⏱ 0,20h/m²	320.001.152

31 Zwischensparrendämmung, MW, DZ, 140mm KG **363**

Wie Ausführungsbeschreibung A 1
Sparrenabstand: .....mm
Anzahl der Lagen: einlagig
Dämmschichtdicke: 140mm
Nennwert der Wärmeleitfähigkeit: .....W/(m·K)
Bemessungswert der Wärmeleitfähigkeit: .....
Brandverhalten: Klasse A1
Angeb. Fabrikat: .....

33€	37€	**44€**	54€	61€	[m²]	⏱ 0,22h/m²	320.001.153

Nr.	Kurztext / Langtext						Kostengruppe
▶	▷	ø netto €	◁	◀	[Einheit]	Ausf.-Dauer	Positionsnummer

A 2 Zwischensparrendämmung, Mineralwolle 032 Beschreibung für Pos. **32-34**

Wärmedämmung aus Mineralwolle zwischen den Sparren als nachträgliche Dämmmaßnahme von außen einbauen.
Dämmstoff: Mineralwolle, MW
Anwendungsgebiet: DZ

32 Zwischensparrendämmung, MW 032, 100mm KG **363**

Wie Ausführungsbeschreibung A 2
Sparrenabstand: .....mm
Anzahl der Lagen: einlagig
Dämmschichtdicke: 100mm
Nennwert der Wärmeleitfähigkeit: 0,032W/(m·K)
Bemessungswert der Wärmeleitfähigkeit: .....
Brandverhalten: Klasse A1
Angeb. Fabrikat: .....

28€	33€	**39€**	48€	53€	[m²]	⏱ 0,20h/m²	320.001.154

33 Zwischensparrendämmung, MW 032, 120mm KG **363**

Wie Ausführungsbeschreibung A 2
Sparrenabstand: .....mm
Anzahl der Lagen: einlagig
Dämmschichtdicke: 120mm
Nennwert der Wärmeleitfähigkeit: 0,032W/(m·K)
Bemessungswert der Wärmeleitfähigkeit: .....
Brandverhalten: Klasse A1
Angeb. Fabrikat: .....

33€	39€	**44€**	55€	58€	[m²]	⏱ 0,20h/m²	320.001.155

34 Zwischensparrendämmung, MW 032, 140mm KG **363**

Wie Ausführungsbeschreibung A 2
Sparrenabstand: .....mm
Anzahl der Lagen: einlagig
Dämmschichtdicke: 140mm
Nennwert der Wärmeleitfähigkeit: 0,032W/(m·K)
Bemessungswert der Wärmeleitfähigkeit: .....
Brandverhalten: Klasse A1
Angeb. Fabrikat: .....

37€	43€	**50€**	63€	68€	[m²]	⏱ 0,22h/m²	320.001.156

Kosten:
Stand 2.Quartal 2026
Bundesdurchschnitt

▶ min
▷ von
ø Mittel
◁ bis
◀ max

A 3 **Aufdachdämmung, Mineralwolle 035, kaschiert** Beschreibung für Pos. **35-42**

Aufdachdämmung aus Mineralwolle-Platten, kaschiert mit diffusionsoffener Unterdeckbahn, als nachträgliche Dämmmaßnahme auf Dachschalung. Verklebung der Unterdeckbahn mit Selbstklebestreifen. Konterlattung, mit selbstklebendem Nageldichtband, über Sparrenlage gegen Schub- und Windsoglasten.

35 **Aufdachdämmung, MW 035, 60mm, kaschiert** KG **363**

Wie Ausführungsbeschreibung A 3
Sparrenabstand: ..... mm
Dachneigung: ..... °
Dämmstoff: Mineralwolle, MW
Anwendungsgebiet: DAD
Druckbelastbarkeit: dk
Dämmschichtdicke: 60 mm
Brandverhalten: Klasse A1
Nennwert der Wärmeleitfähigkeit: 0,035 W/(m·K)
Bemessungswert der Wärmeleitfähigkeit: .....
sd-Wert Unterdeckbahn: .....
Angeb. Fabrikat: .....

48€ 54€ **64€** 75€ 80€ [m2] ⏱ 0,22 h/m2 320.001.124

36 **Aufdachdämmung, MW 035, 80mm, kaschiert** KG **363**

Wie Ausführungsbeschreibung A 3
Sparrenabstand: ..... mm
Dachneigung: ..... °
Dämmstoff: Mineralwolle, MW
Anwendungsgebiet: DAD
Druckbelastbarkeit: dk
Dämmschichtdicke: 80 mm
Brandverhalten: Klasse A1
Nennwert der Wärmeleitfähigkeit: 0,035 W/(m·K)
Bemessungswert der Wärmeleitfähigkeit: .....
sd-Wert Unterdeckbahn: .....
Angeb. Fabrikat: .....

50€ 54€ **68€** 81€ 86€ [m2] ⏱ 0,22 h/m2 320.001.125

300
389
301
302
306
308
309
310
312
313
314
316
317
318
320
321
322

Nr.	Kurztext / Langtext						Kostengruppe
▶	▷	ø netto €	◁	◀	[Einheit]	Ausf.-Dauer	Positionsnummer

37 Aufdachdämmung, MW 035, 100mm, kaschiert KG **363**

Wie Ausführungsbeschreibung A 3
Sparrenabstand: .....mm
Dachneigung: .....°
Dämmstoff: Mineralwolle, MW
Anwendungsgebiet: DAD
Druckbelastbarkeit: dk
Dämmschichtdicke: 100mm
Brandverhalten: Klasse A1
Nennwert der Wärmeleitfähigkeit: 0,035W/(m·K)
Bemessungswert der Wärmeleitfähigkeit: .....
sd-Wert Unterdeckbahn: .....
Angeb. Fabrikat: .....

58€	69€	**79€**	96€	102€	[m²]	⏱ 0,22h/m²	320.001.126

38 Aufdachdämmung, MW 035, 120mm, kaschiert KG **363**

Wie Ausführungsbeschreibung A 3
Sparrenabstand: .....mm
Dachneigung: .....°
Dämmstoff: Mineralwolle, MW
Anwendungsgebiet: DAD
Druckbelastbarkeit: dk
Dämmschichtdicke: 120mm
Brandverhalten: Klasse A1
Nennwert der Wärmeleitfähigkeit: 0,035W/(m·K)
Bemessungswert der Wärmeleitfähigkeit: .....
sd-Wert Unterdeckbahn: .....
Angeb. Fabrikat: .....

61€	65€	**82€**	97€	105€	[m²]	⏱ 0,22h/m²	320.001.127

39 Aufdachdämmung, MW 035, 140mm, kaschiert KG **363**

Wie Ausführungsbeschreibung A 3
Sparrenabstand: .....mm
Dachneigung: .....°
Dämmstoff: Mineralwolle, MW
Anwendungsgebiet: DAD
Druckbelastbarkeit: dk
Dämmschichtdicke: 140mm
Brandverhalten: Klasse A1
Nennwert der Wärmeleitfähigkeit: 0,035W/(m·K)
Bemessungswert der Wärmeleitfähigkeit: .....
sd-Wert Unterdeckbahn: .....
Angeb. Fabrikat: .....

62€	69€	**90€**	104€	114€	[m²]	⏱ 0,22h/m²	320.001.128

Kosten:
Stand 2.Quartal 2026
Bundesdurchschnitt

▶ min
▷ von
ø Mittel
◁ bis
◀ max

40 Aufdachdämmung, MW 035, 160mm, kaschiert KG **363**

Wie Ausführungsbeschreibung A 3
Sparrenabstand: ..... mm
Dachneigung: ..... °
Dämmstoff: Mineralwolle, MW
Anwendungsgebiet: DAD
Druckbelastbarkeit: dk
Dämmschichtdicke: 160 mm
Brandverhalten: Klasse A1
Nennwert der Wärmeleitfähigkeit: 0,035 W/(m·K)
Bemessungswert der Wärmeleitfähigkeit: .....
sd-Wert Unterdeckbahn: .....
Angeb. Fabrikat: .....

68€	78€	**97€**	115€	123€	[m²]	⏱ 0,23 h/m²	320.001.129

41 Aufdachdämmung, MW 035, 180mm, kaschiert KG **363**

Wie Ausführungsbeschreibung A 3
Sparrenabstand: ..... mm
Dachneigung: ..... °
Dämmstoff: Mineralwolle, MW
Anwendungsgebiet: DAD
Druckbelastbarkeit: dk
Dämmschichtdicke: 180 mm
Brandverhalten: Klasse A1
Nennwert der Wärmeleitfähigkeit: 0,035 W/(m·K)
Bemessungswert der Wärmeleitfähigkeit: .....
sd-Wert Unterdeckbahn: .....
Angeb. Fabrikat: .....

75€	94€	**105€**	126€	132€	[m²]	⏱ 0,23 h/m²	320.001.130

42 Aufdachdämmung, MW 035, 200mm, kaschiert KG **363**

Wie Ausführungsbeschreibung A 3
Sparrenabstand: ..... mm
Dachneigung: ..... °
Dämmstoff: Mineralwolle, MW
Anwendungsgebiet: DAD
Druckbelastbarkeit: dk
Dämmschichtdicke: 200 mm
Brandverhalten: Klasse A1
Nennwert der Wärmeleitfähigkeit: 0,035 W/(m·K)
Bemessungswert der Wärmeleitfähigkeit: .....
sd-Wert Unterdeckbahn: .....
Angeb. Fabrikat: .....

79€	91€	**114€**	137€	142€	[m²]	⏱ 0,23 h/m²	320.001.131

300
389
301
302
306
308
309
310
312
313
314
316
317
318
320
321
322

Nr.	Kurztext / Langtext						Kostengruppe
►	▷	ø netto €	◁	◀	[Einheit]	Ausf.-Dauer	Positionsnummer

A 4 Aufsparrendämmung PUR 028, Vlies kaschiert Beschreibung für Pos. **43-44**

Aufdachdämmung aus PUR-Hartschaumplatten, beidseitiger Kaschierung mit Mineralvlies, einschl. Unterdeckbahn, als nachträgliche Dämmmaßnahme auf Dach. Verklebung der Unterdeckbahn mit Selbstklebestreifen. Konterlattung, mit selbstklebendem Nageldichtband, über Sparrenlage gegen Schub- und Windsoglasten.

43 Aufsparrendämmung PUR 028, 80mm, Vlies kaschiert KG **363**

Wie Ausführungsbeschreibung A 4
Unterkonstruktion: .....
Dachneigung: .....°
Ausführung Stöße: Nut-Feder
Dämmstoff: PUR-Hartschaum
Anwendungsgebiet: DAD
Druckbelastbarkeit: .....
Dämmschichtdicke: 80mm
Nennwert der Wärmeleitfähigkeit: 0,028W/(m·K)
Bemessungswert der Wärmeleitfähigkeit: .....
Brandverhalten: Klasse E
Plattengröße: .....
Angeb. Fabrikat: .....

►	▷	ø	◁	◀	Einheit	Ausf.-Dauer	Positionsnummer
53€	57€	**66€**	78€	83€	[m²]	⏱ 0,20h/m²	320.001.132

44 Aufsparrendämmung PUR 028, 100mm, Vlies kaschiert KG **363**

Wie Ausführungsbeschreibung A 4
Unterkonstruktion: .....
Dachneigung: .....°
Ausführung Stöße: Nut-Feder
Dämmstoff: PUR-Hartschaum
Anwendungsgebiet: DAD
Druckbelastbarkeit: .....
Dämmschichtdicke: 100mm
Nennwert der Wärmeleitfähigkeit: 0,028W/(m·K)
Bemessungswert der Wärmeleitfähigkeit: .....
Brandverhalten: Klasse E
Plattengröße: .....
Angeb. Fabrikat: .....

►	▷	ø	◁	◀	Einheit	Ausf.-Dauer	Positionsnummer
56€	61€	**70€**	82€	88€	[m²]	⏱ 0,20h/m²	320.001.133

Kosten:
Stand 2. Quartal 2026
Bundesdurchschnitt

► min
▷ von
ø Mittel
◁ bis
◀ max

Nr.	Kurztext / Langtext						Kostengruppe
▶	▷	**ø netto €**	◁	◀	[Einheit]	Ausf.-Dauer	Positionsnummer

A 5 Aufsparrendämmung PUR 027, Vlies kaschiert — Beschreibung für Pos. **45-48**

Aufdachdämmung aus PUR-Hartschaumplatten, beidseitiger Kaschierung mit Mineralvlies, einschl. Unterdeckbahn, als nachträgliche Dämmmaßnahme auf Dach. Verklebung der Unterdeckbahn mit Selbstklebestreifen. Konterlattung, mit selbstklebendem Nageldichtband, über Sparrenlage gegen Schub- und Windsoglasten.

45 Aufsparrendämmung PUR 027, 120mm, Vlies kaschiert — KG **363**

Wie Ausführungsbeschreibung A 5
Unterkonstruktion: .....
Dachneigung: .....°
Ausführung Stöße: Nut-Feder
Dämmstoff: PUR-Hartschaum
Anwendungsgebiet: DAD
Druckbelastbarkeit: .....
Dämmschichtdicke: 120 mm
Nennwert der Wärmeleitfähigkeit: 0,027 W/(m·K)
Bemessungswert der Wärmeleitfähigkeit: .....
Brandverhalten: Klasse E
Plattengröße: .....
Angeb. Fabrikat: .....

▶	▷	ø netto €	◁	◀	[Einheit]	Ausf.-Dauer	Positionsnummer
75€	81€	**94€**	111€	119€	[m²]	⏱ 0,20 h/m²	320.001.134

46 Aufsparrendämmung PUR 027, 140mm, Vlies kaschiert — KG **363**

Wie Ausführungsbeschreibung A 5
Unterkonstruktion: .....
Dachneigung: .....°
Ausführung Stöße: Nut-Feder
Dämmstoff: PUR-Hartschaum
Anwendungsgebiet: DAD
Druckbelastbarkeit: .....
Dämmschichtdicke: 140 mm
Nennwert der Wärmeleitfähigkeit: 0,027 W/(m·K)
Bemessungswert der Wärmeleitfähigkeit: .....
Brandverhalten: Klasse E
Plattengröße: .....
Angeb. Fabrikat: .....

▶	▷	ø netto €	◁	◀	[Einheit]	Ausf.-Dauer	Positionsnummer
87€	97€	**107€**	128€	135€	[m²]	⏱ 0,20 h/m²	320.001.135

Nr.	Kurztext / Langtext						Kostengruppe
▶	▷	ø netto €	◁	◀	[Einheit]	Ausf.-Dauer	Positionsnummer

47 **Aufsparrendämmung PUR 027, 160mm, Vlies kaschiert** KG **363**

Wie Ausführungsbeschreibung A 5
Unterkonstruktion: .....
Dachneigung: .....°
Ausführung Stöße: Nut-Feder
Dämmstoff: PUR-Hartschaum
Anwendungsgebiet: DAD
Druckbelastbarkeit: .....
Dämmschichtdicke: 160mm
Nennwert der Wärmeleitfähigkeit: 0,027W/(m·K)
Bemessungswert der Wärmeleitfähigkeit: .....
Brandverhalten: Klasse E
Plattengröße: .....
Angeb. Fabrikat: .....

85€	97€	**111€**	127€	138€	[m2]	⏱ 0,20h/m2	320.001.136

48 **Aufsparrendämmung PUR 027, 180mm, Vlies kaschiert** KG **363**

Wie Ausführungsbeschreibung A 5
Unterkonstruktion: .....
Dachneigung: .....°
Ausführung Stöße: Nut-Feder
Dämmstoff: PUR-Hartschaum
Anwendungsgebiet: DAD
Druckbelastbarkeit: .....
Dämmschichtdicke: 180mm
Nennwert der Wärmeleitfähigkeit: 0,027W/(m·K)
Bemessungswert der Wärmeleitfähigkeit: .....
Brandverhalten: Klasse E
Plattengröße: .....
Angeb. Fabrikat: .....

89€	98€	**114€**	133€	144€	[m2]	⏱ 0,20h/m2	320.001.137

Kosten:
Stand 2. Quartal 2026
Bundesdurchschnitt

▶ min
▷ von
ø Mittel
◁ bis
◀ max

A 6 Aufsparrendämmung PIR 024, Alu kaschiert Beschreibung für Pos. **49-51**

Aufdachdämmung aus PIR-Hartschaumplatten, beidseitiger Kaschierung mit Aluminium, einschl. Unterdeckbahn, als nachträgliche Dämmmaßnahme auf Dach.
Ausführung Stöße: Nut-Feder
Verklebung der Unterdeckbahn mit Selbstklebestreifen. Konterlattung, mit selbstklebendem Nageldichtband, über Sparrenlage gegen Schub- und Windsoglasten.

49 Aufsparrendämmung PIR 024, 120mm, Alu kaschiert KG **363**

Wie Ausführungsbeschreibung A 6
Unterkonstruktion: .....
Dachneigung: .....°
Ausführung Stöße: Nut-Feder
Dämmstoff: PIR-Hartschaum
Anwendungsgebiet: DAD
Druckbelastbarkeit: .....
Dämmschichtdicke: 180 mm
Nennwert der Wärmeleitfähigkeit: 0,024 W/(m·K)
Bemessungswert der Wärmeleitfähigkeit: .....
Brandverhalten: Klasse E
Plattengröße: .....
Angeb. Fabrikat: .....

78€	86€	**102€**	117€	129€	[m²]	⏱ 0,20 h/m²	320.001.138

50 Aufsparrendämmung PIR 024, 140mm, Alu kaschiert KG **363**

Wie Ausführungsbeschreibung A 6
Unterkonstruktion: .....
Dachneigung: .....°
Ausführung Stöße: Nut-Feder
Dämmstoff: PIR-Hartschaum
Anwendungsgebiet: DAD
Druckbelastbarkeit: .....
Dämmschichtdicke: 140 mm
Nennwert der Wärmeleitfähigkeit: 0,024 W/(m·K)
Bemessungswert der Wärmeleitfähigkeit: .....
Brandverhalten: Klasse E
Plattengröße: .....
Angeb. Fabrikat: .....

93€	103€	**118€**	141€	147€	[m²]	⏱ 0,20 h/m²	320.001.139

Nr.	Kurztext / Langtext						Kostengruppe
▶	▷	ø netto €	◁	◀	[Einheit]	Ausf.-Dauer	Positionsnummer

51 Aufsparrendämmung PIR 024, 160mm, Alu kaschiert KG **363**

Wie Ausführungsbeschreibung A 6
Unterkonstruktion: .....
Dachneigung: .....°
Ausführung Stöße: Nut-Feder
Dämmstoff: PIR-Hartschaum
Anwendungsgebiet: DAD
Druckbelastbarkeit: .....
Dämmschichtdicke: 160mm
Nennwert der Wärmeleitfähigkeit: 0,024W/(m·K)
Bemessungswert der Wärmeleitfähigkeit: .....
Brandverhalten: Klasse E
Plattengröße: .....
Angeb. Fabrikat: .....

▶	▷	ø	◁	◀	Einheit	Ausf.-Dauer	Positionsnummer
104€	121€	**131€**	152€	166€	[m²]	⏱ 0,20h/m²	320.001.140

Kosten:
Stand 2. Quartal 2026
Bundesdurchschnitt

A 7 Aufdachdämmung, WF 043, kaschiert Beschreibung für Pos. **52-55**

Aufsparrendämmung aus Holzfaserplatten mit integrierter Unterdeckplatte, als nachträgliche Dämmmaßnahme.
Ausführung Stöße: Nut und Feder
Verklebung der versetzten Stöße, sowie Befestigung auf Untergrund.
Unterkonstruktion: Dachschalung

52 Aufdachdämmung, WF, DAD, 60mm, kaschiert KG **363**

Wie Ausführungsbeschreibung A 7
Dachneigung: .....°
Sparrenabstand: .....mm
Dämmstoff: Holzfaserdämmplatte, WF
Anwendungsgebiet: DAD
Druckbelastbarkeit: .....
Nennwert der Wärmeleitfähigkeit: .....W/(m·K)
Bemessungswert der Wärmeleitfähigkeit: .....W/(m·K)
Dämmschichtdicke: 60mm
Lagen: einlagig
Brandverhalten: Klasse .....
sd-Wert Unterdeckbahn: .....
Zulassungsnummer: .....
Angeb. Fabrikat: .....

▶	▷	ø	◁	◀	Einheit	Ausf.-Dauer	Positionsnummer
40€	44€	**50€**	60€	64€	[m²]	⏱ 0,26h/m²	320.001.147

▶ min
▷ von
ø Mittel
◁ bis
◀ max

53 Aufdachdämmung, WF, DAD, 80mm, kaschiert KG **363**

Wie Ausführungsbeschreibung A 7
Dachneigung: .....°
Sparrenabstand: .....mm
Dämmstoff: Holzfaserdämmplatte, WF
Anwendungsgebiet: DAD
Druckbelastbarkeit: .....
Nennwert der Wärmeleitfähigkeit: .....W/(m·K)
Bemessungswert der Wärmeleitfähigkeit: .....W/(m·K)
Dämmschichtdicke: 80mm
Lagen: einlagig
Brandverhalten: Klasse .....
sd-Wert Unterdeckbahn: .....
Zulassungsnummer: .....
Angeb. Fabrikat: .....

44€ 50€ **57€** 66€ 71€ [m²] ⏱ 0,26h/m² 320.001.148

54 Aufdachdämmung, WF, DAD, 100mm, kaschiert KG **363**

Wie Ausführungsbeschreibung A 7
Dachneigung: .....°
Sparrenabstand: .....mm
Dämmstoff: Holzfaserdämmplatte, WF
Anwendungsgebiet: DAD
Druckbelastbarkeit: .....
Nennwert der Wärmeleitfähigkeit: .....W/(m·K)
Bemessungswert der Wärmeleitfähigkeit: .....W/(m·K)
Dämmschichtdicke: 100mm
Lagen: .....lagig
Brandverhalten: Klasse .....
sd-Wert Unterdeckbahn: .....
Zulassungsnummer: .....
Angeb. Fabrikat: .....

48€ 53€ **63€** 72€ 78€ [m²] ⏱ 0,27h/m² 320.001.149

Nr.	Kurztext / Langtext						Kostengruppe
▶	▷	ø netto €	◁	◀	[Einheit]	Ausf.-Dauer	Positionsnummer

55 Aufdachdämmung, WF, DAD, 120mm, kaschiert KG **363**

Wie Ausführungsbeschreibung A 7
Dachneigung: .....°
Sparrenabstand: .....mm
Dämmstoff: Holzfaserdämmplatte, WF
Anwendungsgebiet: DAD
Druckbelastbarkeit: .....
Nennwert der Wärmeleitfähigkeit: .....W/(m·K)
Bemessungswert der Wärmeleitfähigkeit: .....W/(m·K)
Dämmschichtdicke: 120mm
Lagen: .....lagig
Brandverhalten: Klasse .....
sd-Wert Unterdeckbahn: .....
Zulassungsnummer: .....
Angeb. Fabrikat: .....

52€	58€	**68€**	78€	85€	[m²]	⏱ 0,27h/m²	320.001.150

56 Vordeckung, Stehfalzdeckung KG **363**

Vordeckung aus Bitumenbahn mit Glasvlieseinlage, unter Stehfalzdeckungen.
Bahnenart: V13
Verlegung: horizontal
Überdeckung: mind. 80mm (Dachfläche)

9€	10€	**10€**	10€	10€	[m²]	⏱ 0,08h/m²	320.001.160

57 Dampfbremse, unter Dachsparren KG **363**

Luftdichtungs- und Dampfbremsbahn, überlappend verlegt, Nähte und Stöße luftdicht verbinden.
Dampfbremsbahn: Polyethylenfolie, 0,2mm
sd-Wert: .....m
Untergrund: Holzsparren, Montage von unten

7€	10€	**11€**	14€	19€	[m²]	⏱ 0,08h/m²	320.001.161

58 Anschluss, Dampfsperre/-bremse, Klebeband KG **363**

Anschluss der Dampfsperr- und Luftdichtheitsschicht an Durchdringungen und Einbauten, mit geeignetem Klebe-/Dichtmittel, inkl. Nebenarbeiten.
Anschluss an: .....
Dampfsperrbahn: .....
Dichtband: .....
Untergrund: Beton

7€	10€	**12€**	13€	16€	[m]	⏱ 0,06h/m	320.001.162

59 Luftdichtheitsschicht, Dampfbremse KG **363**

Dampfbremse als Luftdichtheits- und diffusionshemmende Schicht für unbelüftetes Dach, unterseitig an Sparren befestigt, Nähte und Stöße verkleben.
Werkstoff: .....
sd-Wert: über 0,5 bis kleiner 100m

10€	12€	**13€**	15€	19€	[m²]	⏱ 0,08h/m²	320.001.163

Kosten:
Stand 2. Quartal 2026
Bundesdurchschnitt

▶ min
▷ von
ø Mittel
◁ bis
◀ max

Nr.	Kurztext / Langtext						Kostengruppe
▶	▷	ø netto €	◁	◀	[Einheit]	Ausf.-Dauer	Positionsnummer

60 Luftdichtheitsschicht, Dampfbremse nachträglich von oben KG **363**

Nachträgliche Dampfbremse als Luftdichtheits- und diffusionshemmende Schicht für unbelüftetes Dach, von oben schlaufenförmig über Sparren verlegt und befestigt, Nähte und Stöße verkleben.
Werkstoff: .....
sd-Wert: über 0,5 bis kleiner 100m

8€	12€	**14€**	22€	33€	[m²]	⏱ 0,08h/m²	320.001.214

61 Unterdach, WF, DAD, 18mm KG **363**

Unterdach aus kaschierten Holzfaserplatten, bedingt regensicher, als äußere, begrenzt bewitterbare Schicht der Dachkonstruktion, Platten dicht stoßen, Kreuzfugen vermeiden.
Plattenart: WF
Anwendung: DAD - ds
Brandverhalten: Klasse E
Nennwert der Wärmeleitfähigkeit: 0,045W/(m·K)
Bemessungswert der Wärmeleitfähigkeit: .....
Ausführung: .....
Ausbildung Stöße: .....
Plattendicke: 18mm
Dachneigung: .....°
Angeb. Fabrikat: .....

26€	32€	**35€**	36€	40€	[m²]	⏱ 0,16h/m²	320.001.164

62 Unterspannbahn, belüftetes Dach, PUR KG **363**

Unterspannung für belüftete Dächer, frei hängend hinterlüftet, als Behelfsdeckung nach ZVDH-Produktdatenblatt, aus Polyurethanfolie (PUR) mit Verstärkung aus Polyestergewebe, auf Sparren, ohne flächige Unterlage und befestigen.
frei bewitterbar: .....Wochen
Unterspannbahn: USB, nach Produktdatenblatt des ZVDH
Brandverhalten: Klasse E
Unterspannbahn Typ: PUR-Folie, gewebeverstärkt
Dachneigung: .....°
Untergrund: Holz

10€	12€	**13€**	14€	15€	[m²]	⏱ 0,08h/m²	320.001.165

63 Unterspannung, belüftetes Dach, PP KG **363**

Unterspannung belüfteter Dächer mit Polypropylenfolie (PP), Klasse nach ZVDH-Produktdatenblatt, nahtgesichert, gespannt auf Sparren befestigt.
Material: Polypropylenfolie (PP) nach DIN EN 13859-1
Klassifizierung: **UDB / USB/ UDB-eA** nach Produktdatenblatt des ZVDH
Zusatzmaßnahmen Klasse: **1 / 2 / 3 / 4 / 5**
Dachneigung: .....°
sd-Wert: < 0,3m
Brandverhalten: Baustoffklasse B1

7€	9€	**10€**	12€	17€	[m²]	⏱ 0,08h/m²	320.001.215

300
389
301
302
306
308
309
310
312
313
314
316
317
318
320
321
322

Nr.	Kurztext / Langtext						Kostengruppe
▶	▷	ø netto €	◁	◀	[Einheit]	Ausf.-Dauer	Positionsnummer

64 Konterlattung, 30x50mm, Dach KG **363**

Hinterlüftungsebene der Dachfläche, aus Nadelholz, Befestigung mit korrosionsgeschützten Schrauben oder Nägeln.
Sortierklasse: S10
Festigkeitsklasse DIN EN 338: C27 M
Querschnitt: 30 x 50mm
Sparrenabstand: .....mm
Untergrund: Holz

3€ | 4€ | **5€** | 7€ | 10€ | [m] | ⏱ 0,04h/m | 320.001.167

65 Konterlattung, 30x50mm, Dach KG **363**

Konterlattung als Hinterlüftungsschicht der Dachfläche, aus Nadelholz, Befestigung mit korrosionsgeschützten Schrauben oder Nägeln.
Sortierklasse: S10
Festigkeitsklasse DIN EN 338: C27 M
Oberfläche: .....
Sparrenabstand: .....mm
Holzquerschnitt: 30 x 50mm
Holzfeuchte: max. 20%

4€ | 7€ | **8€** | 10€ | 14€ | [m²] | ⏱ 0,05h/m² | 320.001.169

66 Konterlattung, 40x60mm, Dach KG **363**

Konterlattung, aus Nadelholz, statisch tragend bei Aufsparrendämmung, Befestigung mit korrosionsgeschützten Schrauben oder Nägeln.
Sortierklasse: S10
Festigkeitsklasse DIN EN 338: C24 M
Querschnitt: 40 x 60mm
Sparrenabstand: .....mm
Untergrund: .....

5€ | 8€ | **8€** | 8€ | 10€ | [m] | ⏱ 0,05h/m | 320.001.168

67 Konterlattung, 40x60mm, Dach KG **363**

Konterlattung als Hinterlüftungsschicht der Dachfläche, aus Nadelholz, Befestigung mit korrosionsgeschützten Schrauben oder Nägeln.
Sortierklasse: S10
Festigkeitsklasse DIN EN 338: C24 M
Oberfläche: .....
Sparrenabstand: .....mm
Holzquerschnitt: 40 x 60mm
Holzfeuchte: trocken

7€ | 10€ | **11€** | 12€ | 16€ | [m²] | ⏱ 0,08h/m² | 320.001.170

Kosten:
Stand 2. Quartal 2026
Bundesdurchschnitt

▶ min
▷ von
ø Mittel
◁ bis
◀ max

68 Dachlattung, 30x50mm, Falzziegel/Beton KG **363**

Dachlattung aus Nadelholz, für Dachziegel- oder Betondachsteindeckung, auf Holzunterkonstruktion, Befestigung mit korrosionsgeschützten Schrauben bzw. Nägeln.
Sortierklasse: S10
Festigkeitsklasse DIN EN 338: C27 M
Oberfläche: sägerau
Lattenabstand: ..... mm
Sparrenabstand: ..... mm
Dachdeckung: .....
Dachfläche: eben
Dachneigung: ..... °
Lattenquerschnitt: 30 x 50 mm
Holzfeuchte: max. 20%
Untergrund: Holz

7€ 10€ **11€** 12€ 15€ [m²] ⏱ 0,06 h/m² 320.001.171

69 Dachlattung, 40x60mm, Falzziegel/Beton KG **363**

Dachlattung aus Nadelholz, für Dachziegel- oder Betondachsteindeckung, auf Holzunterkonstruktion, Befestigung mit korrosionsgeschützten Schrauben bzw. Nägeln.
Sortierklasse: S10
Festigkeitsklasse DIN EN 338: C24 M
Oberfläche: sägerau
Lattenabstand: ..... mm
Sparrenabstand: ..... mm
Dachdeckung: .....
Dachfläche: eben
Dachneigung: ..... °
Lattenquerschnitt: 40 x 60 mm
Holzfeuchte: max. 20%
Untergrund: Holz

9€ 12€ **13€** 15€ 17€ [m²] ⏱ 0,08 h/m² 320.001.172

70 Dachlattung, trocken, 30x50mm, Biberschwanzdeckung KG **363**

Dachlattung aus Nadelholz, für Biberschwanz-Doppeldeckung, auf Holzunterkonstruktion, Befestigung mit korrosionsgeschützten Schrauben bzw. Nägeln.
Sortierklasse: S10
Festigkeitsklasse DIN EN 338: C27 M
Oberfläche: sägerau
Lattenabstand: ..... mm
Sparrenabstand: ..... mm
Dachfläche: eben
Dachneigung: ..... °
Lattenquerschnitt: 30 x 50 mm
Holzfeuchte: max. 20%
Untergrund: Holz

10€ 14€ **16€** 18€ 22€ [m²] ⏱ 0,10 h/m² 320.001.173

Nr.	Kurztext / Langtext						Kostengruppe
▶	▷	ø netto €	◁	◀	[Einheit]	Ausf.-Dauer	Positionsnummer

71 Dachlattung, trocken, 40x60mm, Biberschwanzdeckung KG **363**

Dachlattung aus Nadelholz, für Biberschwanz-Doppeldeckung/-Kronendeckung, auf Holzunterkonstruktion, Befestigung mit korrosionsgeschützten Schrauben bzw. Nägeln.
Sortierklasse: S10
Festigkeitsklasse DIN EN 338: C24 M
Oberfläche: sägerau
Lattenabstand: .....mm
Sparrenabstand: .....mm
Dachfläche: eben
Dachneigung: .....°
Lattenquerschnitt: 40 x 60mm
Holzfeuchte: max. 20%
Untergrund: Holz

13€ | 16€ | **19€** | 20€ | 22€ | [m²] | ⏱ 0,12h/m² | 320.001.174

Kosten:
Stand 2. Quartal 2026
Bundesdurchschnitt

72 Nagelabdichtung, Konterlattung KG **363**

Konterlattung mit zusätzlichem Nageldichtstreifen, auf Unterdeckung bzw. Unterspannung.
Lattenquerschnitt: 40 x 60mm
Dichtmaterial: selbstklebender, elastischer Dichtstreifen, Unterdeckung: .....

4€ | 6€ | **6€** | 7€ | 8€ | [m] | ⏱ 0,01h/m | 320.001.175

73 Dachschalung, Nadelholz, Rauspund 24mm KG **363**

Dachschalung als Rauspund, Unterlage für Deckung, mechanisch befestigt mit korrosionsgeschützten Schrauben bzw. Nägeln.
Holzart: Nadelholz, Sortierklasse: S10
Schalungsdicke: 24mm
Brettbreite: 80-160mm
Gebrauchsklasse: .....
Untergrund: Holz

31€ | 35€ | **38€** | 40€ | 46€ | [m²] | ⏱ 0,25h/m² | 320.001.176

74 Dachschalung, Nadelholz, Rauspund 28mm KG **363**

Dachschalung als Rauspund, Unterlage für Deckung, mechanisch befestigt mit korrosionsgeschützten Schrauben bzw. Nägeln.
Holzart: Nadelholz, Sortierklasse: S10
Schalungsdicke: 28mm
Brettbreite: 80-160mm
Gebrauchsklasse: .....
Untergrund: Holz

45€ | 47€ | **50€** | 52€ | 55€ | [m²] | ⏱ 0,27h/m² | 320.001.177

75 Dachschalung, Holzspanplatte P5, 25mm KG **363**

Dachschalung aus kunstharzgebundenen Spanplatten, Unterlage für Deckung, mechanisch befestigt.
Einsatzbereich: tragende Anwendung im Feuchtbereich
Plattentyp: P5
Plattendicke: 25mm
Kante: .....
Untergrund: Holz

33€ | 40€ | **45€** | 49€ | 64€ | [m²] | ⏱ 0,20h/m² | 320.001.178

▶ min
▷ von
ø Mittel
◁ bis
◀ max

Nr.	**Kurztext** / Langtext						Kostengruppe
▶	▷	**ø netto €**	◁	◀	[Einheit]	Ausf.-Dauer	Positionsnummer

76 Schalung, OSB/3 Feuchtbereich, 25mm — KG **354**

Dachschalung aus OSB-Platten Spanplatten, Unterlage für Deckung, mechanisch befestigt.
Einsatzbereich: tragende Anwendung im Feuchtbereich
Plattentyp: OSB/3
Plattendicke: 25mm
Oberfläche: .....
Kante: .....
Untergrund: Holz

28€	35€	**39€**	42€	48€	[m²]	⏱ 0,20h/m²	320.001.179

77 Traufbohle, Nadelholz, bis 60x240mm — KG **363**

Traufbohle, trapezförmig, auf Holzkonstruktion, einschl. Höhenausgleich bis 30mm, Befestigung mit korrosionsgeschützten Nägeln.
Holzart: Nadelholz
Sortierklasse: S10
Abmessung: Höhe= 20-60mm, Breite= 160-240mm
Oberfläche: .....

10€	13€	**14€**	17€	24€	[m]	⏱ 0,10h/m	320.001.180

78 Kantholz, Nadelholz S10 trocken, 60x120mm, scharfkantig — KG **361**

Kantholz aus Nadelholz.
Holzart: **Fichte / Tanne / Kiefer**
Holzgüte: S10
Oberfläche: scharfkantig, allseitig gehobelt
Querschnitt: 60 x 120mm
Einzellänge: ....., gemäß Holzliste des AG
Einbauort: .....
Holzfeuchte: trocken

13€	16€	**18€**	18€	21€	[m]	⏱ 0,10h/m	320.001.181

79 Trauf-/Ortgangschalung, NF-Profil, 24mm, gehobelt — KG **363**

Dachschalung an Traufe, Nadelholz, gespundet, sichtbar bleibend, Vergütung nach gesonderter Position.
Schalungsdicke: 24mm
Oberfläche: einseitig gehobelt
Gebrauchsklasse: 2
Untergrund: Holz

33€	44€	**49€**	54€	67€	[m²]	⏱ 0,30h/m²	320.001.182

Kosten:
Stand 2. Quartal 2026
Bundesdurchschnitt

Nr.	Kurztext / Langtext						Kostengruppe
▶	▷	ø netto €	◁	◀	[Einheit]	Ausf.-Dauer	Positionsnummer

80 Ortgangbrett, Windbrett, bis 28mm, gehobelt KG **363**

Ortgangbrett aus Nadelholz, Unterseite mit schrägem Anschnitt als Tropfkante.
Holzart: Kiefer
Sortierklasse: S10
Güteklasse: 1
Brettdicke: 28mm
Breite: ca. 120mm
Oberfläche: parallel besäumt, gehobelt
Gebrauchsklasse: .....
Untergrund: Holz

▶	▷	ø	◁	◀	Einheit	Ausf.-Dauer	Positionsnummer
20€	27€	**30€**	35€	44€	[m]	⏱ 0,20h/m	320.001.183

81 Zuluft-/Insektenschutzgitter, Traufe KG **363**

Insektenschutz und Zuluftöffnungen der Traufe, geeignet als Auflager für die erste Ziegelreihe und passend zur Deckung, inkl. erforderliche Befestigungsmittel.
Breite: ca. 150mm
Kantung: .....
Material: .....
Deckung: Biberschwanz-Dachziegel

▶	▷	ø	◁	◀	Einheit	Ausf.-Dauer	Positionsnummer
7€	11€	**12€**	16€	23€	[m]	⏱ 0,05h/m	320.001.184

82 Zahnleiste, Nadelholz, gehobelt KG **363**

Zahnleiste aus Nadelholz, am Ortgang passgenau zur Dachdeckung, Unterseite mit schrägem Anschnitt als Tropfkante, Oberseite profiliert.
Holzart: Fichte
Sortierklasse: S10
Dicke: 30mm
Breite: 120mm
Oberfläche: parallel besäumt, gehobelt
Gebrauchsklasse: .....
Dachdeckung: .....
Deckweite: .....

▶	▷	ø	◁	◀	Einheit	Ausf.-Dauer	Positionsnummer
37€	58€	**64€**	79€	111€	[m]	⏱ 0,30h/m	320.001.185

83 Dachdeckung, Falzziegel, Ton KG **363**

Dachdeckung mit Strangfalzziegeln, auf vorhandene Lattung.
Falzziegel-Form: .....
Oberfläche: .....
Farbton: .....
Verlegung: versetzte Fuge
Dachneigung: ab 35 bis 45°
Dachform: .....
Frostwiderstand: B
Hagelwiderstand: Klasse .....

▶	▷	ø	◁	◀	Einheit	Ausf.-Dauer	Positionsnummer
38€	45€	**48€**	51€	56€	[m²]	⏱ 0,30h/m²	320.001.186

▶ min
▷ von
ø Mittel
◁ bis
◀ max

84 Dachdeckung, Biberschwanz-/Flachziegel KG **363**

Dachdeckung mit Biberschwanzziegeln, auf vorhandene Lattung.
Deckungsart: Doppeldeckung
Form: gerader Schnitt
Format: 180 x 380mm
Oberfläche: .....
Farbton: .....
Verlegung: .....
Dachneigung: ab 30 bis 45°
Dachform: .....
Frostwiderstand: B
Hagelwiderstand: Klasse .....

▶	▷	ø netto €	◁	◀	[Einheit]	Ausf.-Dauer	Positionsnummer
58€	69€	**74€**	78€	90€	[m²]	⏱ 0,35h/m²	320.001.187

85 Dachdeckung, Dachsteine KG **363**

Dachdeckung mit Betondachsteinen, auf vorhandene Lattung.
Dachstein-Form: eben
Format: 330 x 420mm, ...St/m²
Oberfläche: matt
Farbe: .....
Vorderkante: glatte Schnittkante, abgerundete Schnittkante
Profilhöhe: .....
Verlegung: .....
Dachneigung: ab 22 bis 40°
Dachform: .....
Hagelwiderstand: Klasse .....

▶	▷	ø netto €	◁	◀	[Einheit]	Ausf.-Dauer	Positionsnummer
32€	39€	**40€**	45€	52€	[m²]	⏱ 0,25h/m²	320.001.188

86 Dachdeckung, Faserzement, Wellplatte KG **363**

Dachdeckung mit Faserzement-Wellplatten, auf vorhandene Pfetten, Stöße mit Dichtband hinterlegt, dauerplastischem Kitt in der Höhenüberdeckung, mechanisch befestigt mit verzinkten Schrauben, mind. 50mm.
Untergrund: Holz
Pfettenabstand: .....
Profil: 177/51
Zahl der Wellen: .....
Produkttyp: .....
Profilhöhe: 51mm
Bruchlast/Biegemoment: .....
Brandverhalten: A1
Hagelwiderstand: Klasse .....
Farbe: .....
Dachneigung: 9 bis < 15°
Sparrenlänge: 10,0m

▶	▷	ø netto €	◁	◀	[Einheit]	Ausf.-Dauer	Positionsnummer
38€	51€	**56€**	63€	79€	[m²]	⏱ 0,20h/m²	320.001.189

300
389
301
302
306
308
309
310
312
313
314
316
317
318
320
321
322

Nr.	Kurztext / Langtext						Kostengruppe
▶	▷	**ø netto €**	◁	◀	[Einheit]	Ausf.-Dauer	Positionsnummer

87 Dachdeckung, Schiefer KG **363**

Dachdeckung mit Schiefer nach Produktdatenblatt des ZVDH, auf vorhandene Schalung mit Vordeckung verlegen, mit korrosionsgeschützten Befestigungsmitteln.
Deckung als: Rechteck-Doppeldeckung
Format/Hieb: 40 x 40cm
Ursprung Schiefer: .....
Verlegung: **genagelt / geklammert** mit **Schiefernägeln / Schieferstiften / Einschlaghaken / Klammerhaken**
Dachneigung: 30-55°
Dachform: .....

101€	119€	**125€**	144€	175€	[m²]	⏱ 0,80h/m²	320.001.190

Kosten:
Stand 2. Quartal 2026
Bundesdurchschnitt

88 Ortgang, Ziegeldeckung, Formziegel KG **363**

Ortgang der Dachfläche mit Formziegel befestigt, passend zur vorhandener Dachdeckung. Mechanische Befestigung gegen Windsog gemäß der Berechnung.
Dachdeckung: .....
Deckung der Ortgangkanten: Doppelwulstziegel
Oberfläche: .....
Farbe: .....
Verlegung: .....
Dachneigung: .....°

35€	55€	**62€**	72€	93€	[m]	⏱ 0,10h/m	320.001.191

89 Ortgang, Biberschwanzdeckung, Formziegel KG **363**

Ortgang der Dachfläche mit Formziegel, passend zur vorhandener Biberschwanz-Dachdeckung. Mechanische Befestigung gegen Windsog gemäß der Berechnung.
Dachdeckung: .....
Deckung der Ortgangkanten: Beidecken mit halben und ganzen Biberschwanzziegeln
Oberfläche/Form: .....
Verlegung: trocken verlegt
Dachneigung: .....°

45€	55€	**61€**	65€	73€	[m]	⏱ 0,16h/m	320.001.192

90 Ortgang, Dachsteindeckung, Formziegel KG **363**

Ortgang der Dachfläche mit Formsteinen, passend zur vorhandener Betondachsteindeckung. Mechanische Befestigung gegen Windsog gemäß der Berechnung.
Dachdeckung: .....
Oberfläche: .....
Verlegung: trocken verlegt
Dachneigung: .....°

48€	63€	**69€**	73€	85€	[m]	⏱ 0,18h/m	320.001.193

▶ min
▷ von
ø Mittel
◁ bis
◀ max

Nr.	Kurztext / Langtext						Kostengruppe
▶	▷	**ø netto €**	◁	◀	[Einheit]	Ausf.-Dauer	Positionsnummer

91 Firstanschluss, Ziegeldeckung, Formziegel KG **363**

Firstanschluss der Dachdeckung, mit Anschluss Formziegeln, bei Anschlüssen an First und aufgehenden Bauteilen (Kamin, Gaube, Wohnraumfenster und sonstigen Dachdurchbrüchen), inkl. Firstanschluss Ortgangziegel.
Dachdeckung: .....
Firstanschluss Ortgangziegel: .....
Farbe/Oberfläche: wie Flächendeckung
Verlegung: mit korrosionsgeschützten Klammern
Dachneigung: .....°
Art des Anschlusses: .....
Angeb. Fabrikat: .....

26€ 34€ **38€** 43€ 55€ [m] ⏱ 0,10h/m 320.001.194

92 First, Firstziegel, mörtellos KG **363**

Firstdeckung mit konischen Formziegeln befestigt, passend zur Deckung, einschl. Anfängerziegel, Firstlatte und Lattenhalter. Mechanische Befestigung gegen Windsog gemäß der Berechnung.
Dachdeckung: .....
Dachneigung: .....°

56€ 71€ **78€** 85€ 101€ [m] ⏱ 0,35h/m 320.001.195

93 First, Firstziegel, vermörtelt KG **363**

Firstdeckung mit Formziegeln, passend zur Deckung, einschl. Anfängerziegel, Firstlatte und Lattenhalter. Mechanische Befestigung gegen Windsog gemäß der Berechnung.
Dachdeckung: .....
Dachneigung: .....°

64€ 78€ **85€** 94€ 110€ [m] ⏱ 0,32h/m 320.001.196

94 First, Firststein, geklammert, Dachstein KG **363**

Firstdeckung mit konischen Formsteinen gekammert, passend zur Deckung, inkl. Anfängerstein, Lüfterelement, Firstlatte und Lattenhalter.
Dachdeckung: .....
Dachneigung: .....°

65€ 81€ **87€** 92€ 104€ [m] ⏱ 0,36h/m 320.001.197

95 Pultdachabschluss, Abschlussziegel KG **363**

Pultfirstdeckung mit Pultfirstziegeln inkl. notwendiger Klammerung und Befestigung. Einhang durch die Nase in der obersten Traglattung. Bei oberen Abschlüssen von Pultdächern, ohne Verblechung, passend zur Deckung, inkl. Pult-Ortgangziegel, Firstlatte und Lattenhalter.
Dachdeckung: .....
Dachneigung: .....°

69€ 93€ **100€** 114€ 145€ [m] ⏱ 0,15h/m 320.001.198

Nr.	Kurztext / Langtext						Kostengruppe
►	▷	ø netto €	◁	◄	[Einheit]	Ausf.-Dauer	Positionsnummer

96 Pultdachanschluss, Metallblech Z KG **363**

Firstdeckung mit Abdeckblech, passend zur Dachdeckung, mechanisch befestigt, einschl. Holzleiste: S10, 60x60mm.
Metallblech: Titanzink
Blechdicke: 0,7mm
Zuschnitt: .....mm
Kantungen: dreifach
Oberfläche: .....

52€	62€	**68€**	71€	75€	[m]	⏱ 0,25h/m	320.001.199

97 Grateindeckung, Ziegel, mörtellos KG **363**

Gratdeckung mit konischen Formziegeln, passend zur Dachdeckung, mit Gratlatte und Gratlattenhalter, inkl. Anfängerziegel. Mechanische Befestigung gegen Windsog gemäß der Berechnung.
Gratneigung: .....°

62€	79€	**86€**	99€	134€	[m]	⏱ 0,35h/m	320.001.200

Kosten:
Stand 2. Quartal 2026
Bundesdurchschnitt

98 Grateindeckung, Ziegel, vermörtelt KG **363**

Gratdeckung mit Formziegeln mechanisch befestigt, passend zur Dachdeckung, vermörtelt, inkl. Anfängerziegel und Mörtel in Ziegelfarbe. Mechanische Befestigung gegen Windsog gemäß der Berechnung.
Gratneigung: .....°

67€	91€	**103€**	115€	141€	[m]	⏱ 0,32h/m	320.001.201

99 Dunstrohr-Durchgangsziegel, DN100 KG **363**

Dunstrohr-Formziegel, passend zur Dachdeckung, mit schlagregensicherem Dunstrohraufsatz.
Material: Ton
Dunstrohr: DN100
Farbe/Oberfläche: passend zur Dacheindeckung

161€	206€	**234€**	255€	299€	[St]	⏱ 0,45h/St	320.001.202

100 Dunstrohr-Durchgangsformstück, DN100 KG **363**

Dunstrohr-Durchgangsformstück, einstellbar auf Dachneigung, mit schlagregensicherer Abdeckhaube.
Material: Kunststoff
Dunstrohr: DN100
Farbe: passend zur Dachziegel-Deckung

86€	115€	**128€**	140€	169€	[St]	⏱ 0,30h/St	320.001.203

101 Leitungsdurchgang, Formziegel KG **363**

Formziegel für Leitungsdurchgang, in Dachaufbau, geeignet für Durchgang eines Antennenfußes.
Material: .....
Farbe/Oberfläche: wie Flächendeckung
Angeb. Fabrikat: .....

93€	161€	**193€**	218€	268€	[St]	⏱ 0,40h/St	320.001.205

► min
▷ von
ø Mittel
◁ bis
◄ max

102 Durchgangselement, Solarleitung KG **363**

Durchgangselement/Formziegel für Solarleitung.
Material und Farbe: passend zur Dacheindeckung
Typ: .....

68€	157€	**188€**	245€	348€	[St]	⏱ 0,25h/St	320.001.213

103 Tonziegel, Reserve KG **363**

Reserveziegel, liefern und nach Vorgabe durch den Auftraggeber lagern.
Dachdeckung: .....
Angeb. Fabrikat: .....

3€	8€	**10€**	12€	15€	[St]	–	320.001.206

104 Ziegel beidecken, Dachdeckung KG **363**

Beidecken der Ziegel-Dachdeckung, im Bereich von Anschlüssen an Dachflächenfenster und Kehlen, Schornsteine, Dachgauben etc., inkl. erforderlicher Zuschneide- oder Fräsarbeiten. Abrechnung nach zugeschnittener Länge.
Dachdeckung: .....
Bearbeitung: .....

16€	21€	**23€**	26€	33€	[m]	⏱ 0,20h/m	320.001.207

105 Verklammerung, Dachdeckung KG **363**

Dachdeckung im Flächenbereich zusätzlich sturmsicher verklammern. Klammerplan und Anzahl der Klammern objektspezifisch.
Windzone: .....
Gebäudehöhe: .....
Gebäudelage: .....
Verklammerung: .....
Befestigung: .....

3€	6€	**7€**	8€	10€	[m²]	⏱ 0,06h/m²	320.001.208

106 Schornstein-Einfassung, Blech KG **429**

Anarbeiten der Dachdeckung an Kamin, allseitige Verwahrung aus Metall, Ausführung als unterliegender oder aufliegender Anschluss nach den Fachregeln des deutschen Dachdeckerhandwerks. Leistung inkl. anpassen der Dachlattung, Schneide- und Passarbeiten der Flächendeckung, sowie regensicherer Anschluss der Unterspann- oder Unterdeckbahn.
Schornstein Abmessung: ..... x .....mm
Metallblech: .....

179€	297€	**349€**	395€	483€	[St]	⏱ 1,00h/St	320.001.209

107 Dachfenster/Dachausstieg, ESG, bis 0,3m² KG **362**

Dachausstiegs-Fenster mit stufenlosem 180°-Öffnungswinkel, mit Öffnungsgriff unten, Sicherheitsöffnung und Teleskop-Montageschienen inkl. Eindeckrahmen, in ziegelgedeckte Dachfläche. Blend- und Eindeckrahmen aus Polyurethan, wärmegedämmt, inkl. regensicherem Anschluss an Fensterrahmen und ggf. an innenseitiger Luft-/Dampfsperre.
Blendrahmen-Außenmaß: ca. 490 x 760mm
Verglasung: .....
Eindeckrahmen: .....
Angeb. Fabrikat: .....

515€	651€	**716€**	826€	1.101€	[St]	⏱ 1,80h/St	320.001.210

Nr.	Kurztext / Langtext						Kostengruppe
▶	▷	ø netto €	◁	◀	[Einheit]	Ausf.-Dauer	Positionsnummer

108 Wohndachfenster, bis 1,50m² KG **362**

Dachflächenfenster aus Nadelholz, lasiert, als Klapp-Schwing-Fenster, Fenster mit stufenlosem 45°-Öffnungswinkel und stufenloser Schwingfunktion, Öffnungsgriff unten, mit Lüftungsklappe und Luftfilter, inkl. Eindeck- und Dämmrahmen, in ziegelgedeckte Dachfläche. Verglasung mit Spezialgasfüllung, Außenscheibe mit selbstreinigender Beschichtung, innenseitig mit Edelmetallbeschichtung. Außenabdeckung aus Aluminium, einbrennlackiert, Eindeckrahmen für entsprechende Dachdeckung aus Aluminium, Dämmrahmen aus Polyethylen mit integrierter Stahlleiste, zum Anschluss an Dachdämmung. Anschlussschürze aus diffusionsoffenem Polypropylen mit Wasserableitrinne.
Wärmeschutz: Uw .....
Verglasung: 4mm ESG außen, SZR 14mm, 2 x 3mm VSG innen
Schalldämmung: Rw,R .....
Blendrahmen-Außenmaß: **1.340 x 1.400 / 1.140 x 1.600** mm
Farbe Eindeckrahmen: .....
Angeb. Fabrikat: .....

Kosten:
Stand 2. Quartal 2026
Bundesdurchschnitt

1.293€	1.735€	**1.885€**	2.206€	2.827€	[St]	⏱ 6,25h/St	320.001.211

109 Stundensatz, Facharbeiter/-in

Stundenlohnarbeiten für Vorarbeiter/-in, Facharbeiter/-in und Gleichgestellte. Leistung nach besonderer Anordnung der Bauüberwachung. Der Verrechnungssatz für die jeweilige Arbeitskraft umfasst sämtliche Aufwendungen wie Lohn- und Gehaltskosten, Lohn- und Gehaltsnebenkosten, Zuschläge, lohngebundene und lohnabhängige Kosten, sonstige Sozialkosten, Gemeinkosten, Wagnis und Gewinn. Leistung nach besonderer Anordnung der Bauüberwachung. Anmeldung und Nachweis gemäß VOB/B.

71€	79€	**83€**	85€	91€	[h]	⏱ 1,00h/h	320.001.212

▶ min
▷ von
ø Mittel
◁ bis
◀ max

300
389
301
302
306
308
309
310
312
313
314
316
317
318
320
321
322

321

Kosten:
Stand 2. Quartal 2026
Bundesdurchschnitt

▶ min
▷ von
ø Mittel
◁ bis
◀ max

Nr.	Positionen	Einheit	▶	▷	ø brutto € / ø netto €	◁	◀
1	Lüftungsrohr entfernen	St	13	24	**26**	32	54
			11	21	**22**	27	46
2	Kiesschicht säubern	m²	44	59	**68**	82	87
			37	49	**57**	69	73
3	Kiesschüttung entfernen	m²	16	19	**21**	27	30
			13	16	**18**	22	25
4	Kiesschüttung entfernen, wiederaufbringen	m²	30	34	**38**	45	48
			25	29	**32**	38	40
5	Plattenbelag entfernen, Flachdach	m²	26	32	**36**	44	47
			22	27	**30**	37	40
6	Bitumenabdichtung abbrechen, einlagig	m²	17	26	**27**	35	50
			15	22	**23**	29	42
7	Bitumenabdichtung abbrechen, zweilagig	m²	20	28	**34**	40	41
			17	23	**28**	34	34
8	Bitumenabdichtung, inkl. Dämmung, abbrechen	m²	33	39	**45**	55	67
			28	33	**37**	46	56
9	Trennlage entfernen	m²	5	6	**7**	8	9
			4	5	**6**	7	7
10	Schutzlage abbrechen	m²	12	15	**17**	21	21
			10	13	**14**	17	18
11	Dachablauf abbrechen	St	20	31	**37**	45	57
			17	26	**31**	38	48
12	Dachrandabschluss entfernen	m	8	13	**15**	19	22
			7	11	**13**	16	18
13	Attikabdeckung entfernen	m	8	13	**16**	19	27
			7	11	**13**	16	22
14	Lichtkuppel entfernen, Flachdach	St	162	175	**193**	235	243
			136	147	**162**	197	204
15	Antennenhalterung entfernen	St	21	24	**28**	34	37
			18	20	**24**	29	31
16	Blitzableiter entfernen	m	2	6	**7**	9	10
			2	5	**6**	7	8
17	Dachabdichtung ausbessern	m²	29	39	**46**	53	54
			24	32	**39**	45	45
18	Dachfläche reinigen	m²	2	3	**4**	5	9
			1	3	**3**	5	7
19	Voranstrich, Dampfsperre, inkl. Reinigung	m²	3	5	**6**	7	9
			3	4	**5**	6	8
20	Voranstrich, Dampfsperre	m²	2	5	**6**	7	10
			2	4	**5**	6	8
21	Trenn-/Ausgleichsschicht, G200 DD, auf Holz	m²	10	15	**18**	20	24
			8	13	**15**	17	20
22	Dampfsperre, Bitumenschweißbahn, auf Beton	m²	16	23	**26**	31	41
			14	20	**22**	26	34
23	Dampfsperre hochführen, aufgehende Bauteile	m	5	8	**9**	11	15
			5	7	**8**	10	13
24	Wärmedämmung, DAA, PUR 025, bis 120mm, Alu kaschiert	m²	62	78	**88**	112	118
			52	66	**74**	94	99

Nr.	Positionen	Einheit	►	▷	ø brutto € / ø netto €	◁	◄
25	Wärmedämmung, DAA, PUR 025, bis 120mm	m²	37	48	**54**	57	62
			31	41	**46**	48	52
26	Wärmedämmung, DAA, EPS 035, bis 140mm	m²	41	48	**50**	53	60
			35	41	**42**	44	51
27	Wärmedämmung, DAA, CG, bis 140mm	m²	127	151	**160**	170	189
			107	127	**135**	143	159
28	Gefälledämmung DAA, EPS, i.M. bis 160mm	m²	53	63	**68**	78	97
			45	53	**57**	65	82
29	Gefälledämmung DAA, PUR, i.M. bis 160mm	m²	65	87	**91**	102	123
			55	73	**77**	86	103
30	Übergang, Dämmkeile, Hartschaum	m	4	8	**9**	13	19
			3	7	**8**	11	16
31	Unterkonstruktion, Kanthölzer, bis 100x60mm	m	13	18	**18**	19	22
			11	15	**15**	16	19
32	Unterkonstruktion, Holzbohlen, 40x120mm	m	26	31	**34**	39	46
			22	26	**29**	33	38
33	Fugenabdichtung, Silikon	m	9	12	**14**	15	18
			8	10	**12**	13	16
34	Bewegungsfuge, Typ I	m	47	64	**73**	77	94
			40	54	**61**	65	79
35	Dachabdichtung PYE G200, S4/S5, untere Lage	m²	21	29	**31**	35	42
			18	24	**26**	29	35
36	Dachabdichtung einlagig, Polymerbitumenbahn, kaltselbstklebend, untere Lage	m²	15	25	**28**	36	53
			13	21	**24**	31	44
37	Dachabdichtung Polymerbitumen-Schweißbahn, Wurzelschutz, obere Lage	m²	37	48	**53**	62	79
			31	41	**45**	52	66
38	Dachabdichtung zweilagig, Polymerbitumen-Schweißbahnen	m²	34	43	**47**	56	72
			29	36	**40**	47	60
39	Wandanschluss, gedämmt, zweilagige Abdichtung	m	43	52	**57**	63	75
			36	44	**48**	53	63
40	Dachabdichtung, Kunststoffbahn, einlagig, Wurzelschutz	m²	39	48	**53**	58	67
			32	40	**45**	49	57
41	Dachabdichtung, Flüssigkunststoff 2K-PUR BROOF, Einlage	m²	127	148	**176**	213	231
			107	124	**148**	179	194
42	Wandanschluss, Flüssigkunststoff 2K-PUR BROOF, Einlage	m	63	75	**81**	91	103
			53	63	**68**	76	86
43	Stundensatz, Facharbeiter/-in	h	81	93	**99**	103	112
			68	78	**83**	86	94
44	Stundensatz, Helfer/-in	h	69	78	**81**	86	100
			58	65	**68**	72	84

Nr.	Kurztext / Langtext						Kostengruppe
▶	▷	ø netto €	◁	◀	[Einheit]	Ausf.-Dauer	Positionsnummer

1 Lüftungsrohr entfernen — KG **394**

Be- oder Entlüftungs-Dachaufsatz entfernen und anfallenden Abfall entsorgen.
Material: .....

11€	21€	**22€**	27€	46€	[St]	⏱ 0,20h/St	321.000.095

2 Kiesschicht säubern — KG **394**

Kiesschicht auf Dachfläche von Fremdstoffen säubern.
Schichtstärke: bis 30cm
Fremdstoffe: .....

37€	49€	**57€**	69€	73€	[m²]	⏱ 1,80h/m²	321.000.085

3 Kiesschüttung entfernen — KG **394**

Kiesschüttung auf Dachabdichtung entfernen und anfallenden Bauschutt entsorgen.
Schüttungshöhe: bis 30cm
Gebäudehöhe: .....

13€	16€	**18€**	22€	25€	[m²]	⏱ 0,12h/m²	321.000.084

4 Kiesschüttung entfernen, wiederaufbringen — KG **394**

Kiesschüttung abschnittsweise von der Dachfläche aufnehmen, seitlich lagern und nach Beendigung der Abdichtungsarbeiten wieder aufbringen.
Schütthöhe: bis 30cm
Lagerweg: .....

25€	29€	**32€**	38€	40€	[m²]	⏱ 2,30h/m²	321.000.086

5 Plattenbelag entfernen, Flachdach — KG **394**

Plattenbelag auf Flachdach, im Splittbett verlegt, entfernen und anfallenden Bauschutt entsorgen.
Material: .....
Plattengröße: .....

22€	27€	**30€**	37€	40€	[m²]	⏱ 0,20h/m²	321.000.087

6 Bitumenabdichtung abbrechen, einlagig — KG **394**

Einlagige Dachabdichtung aus Bitumenbahn von Untergrund abbrechen und anfallenden Bauschutt entsorgen.
Abdichtung: .....
Gebäudehöhe: .....

15€	22€	**23€**	29€	42€	[m²]	⏱ 0,10h/m²	321.000.088

7 Bitumenabdichtung abbrechen, zweilagig — KG **394**

Zweilagige Dachabdichtung aus Bitumenbahn rückstandsfrei von Untergrund abbrechen und anfallenden Bauschutt entsorgen.
Abdichtung: .....
Gebäudehöhe: .....

17€	23€	**28€**	34€	34€	[m²]	⏱ 0,15h/m²	321.000.089

Kosten:
Stand 2. Quartal 2026
Bundesdurchschnitt

▶ min
▷ von
ø Mittel
◁ bis
◀ max

Nr.	Kurztext / Langtext						Kostengruppe
▶	▷	ø netto €	◁	◀	[Einheit]	Ausf.-Dauer	Positionsnummer

8 Bitumenabdichtung, inkl. Dämmung, abbrechen KG **394**

Zweilagige Dachabdichtung aus Bitumenbahn und Wärmedämmung rückstandsfrei von Untergrund abbrechen und anfallenden Bauschutt entsorgen.
Abdichtung: .....
Dämmung: .....
Dicke: .....
Gebäudehöhe: .....

28€	33€	**37€**	46€	56€	[m2]	⏱ 0,18h/m2	321.000.090

9 Trennlage entfernen KG **394**

Trennlage entfernen und anfallenden Bauschutt entsorgen.
Material: .....

4€	5€	**6€**	7€	7€	[m2]	⏱ 0,06h/m2	321.000.091

10 Schutzlage abbrechen KG **394**

Schutzlage abbrechen und anfallenden Bauschutt entsorgen.
Mattenart: .....

10€	13€	**14€**	17€	18€	[m2]	⏱ 0,12h/m2	321.000.093

11 Dachablauf abbrechen KG **394**

Dachablauf abbrechen und anfallenden Bauschutt entsorgen.
Größe: DN.....

17€	26€	**31€**	38€	48€	[St]	⏱ 0,25h/St	321.000.094

12 Dachrandabschluss entfernen KG **394**

Dachrandabschluss aus Metall entfernen und anfallenden Bauschutt entsorgen.
Größe: bis Zuschnitt 700mm

7€	11€	**13€**	16€	18€	[m]	⏱ 0,10h/m	321.000.096

13 Attikaabdeckung entfernen KG **394**

Attikaabdeckung aus Metall entfernen und anfallenden Bauschutt entsorgen.
Größe: bis Zuschnitt 700mm

7€	11€	**13€**	16€	22€	[m]	⏱ 0,10h/m	321.000.117

14 Lichtkuppel entfernen, Flachdach KG **394**

Lichtkuppel einschl. Bohlenkranz entfernen und anfallenden Bauschutt entsorgen.
Abmessung: bis 1500 x 1500mm
Einbauort: Flachdach
Material: .....

136€	147€	**162€**	197€	204€	[St]	⏱ 2,20h/St	321.000.097

15 Antennenhalterung entfernen KG **494**

Antennenhalterung einschl. Befestigung entfernen und anfallenden Bauschutt entsorgen.

18€	20€	**24€**	29€	31€	[St]	⏱ 0,22h/St	321.000.098

300
389
301
302
306
308
309
310
312
313
314
316
317
318
320
321
322

Nr.	Kurztext / Langtext						Kostengruppe
▶	▷	ø netto €	◁	◀	[Einheit]	Ausf.-Dauer	Positionsnummer

16 Blitzableiter entfernen KG **494**

Blitzableiter einschl. Befestigungen entfernen und anfallenden Bauschutt entsorgen.

▶	▷	ø	◁	◀	Einheit	Ausf.-Dauer	Positionsnummer
2€	5€	**6€**	7€	8€	[m]	⏱ 0,06 h/m	321.000.099

17 Dachabdichtung ausbessern KG **395**

Dachabdichtung aus Bitumenbahn in Teilflächen ausbessern. Schadhafte Stellen reinigen, Beulen und Falten öffnen, Überstände entfernen, geöffnete Stellen ggf. zusätzlich trockne, Risse mit Schleppstreifen abdecken.
Anfallenden Bauschutt entsorgen.

▶	▷	ø	◁	◀	Einheit	Ausf.-Dauer	Positionsnummer
24€	32€	**39€**	45€	45€	[m²]	⏱ 0,22 h/m²	321.000.100

18 Dachfläche reinigen KG **395**

Untergrund von groben Verschmutzungen, festsitzenden Mörtelresten, etc. reinigen: sauber und oberflächentrocken. Anfallenden Bauschutt in Container sammeln.
Untergrund: Beton
Schichtdicke Schmutz: ca. 10 mm
Verschmutzte Fläche: ca. ..... % der Grundfläche

▶	▷	ø	◁	◀	Einheit	Ausf.-Dauer	Positionsnummer
1€	3€	**3€**	5€	7€	[m²]	⏱ 0,02 h/m²	321.000.001

19 Voranstrich, Dampfsperre, inkl. Reinigung KG **363**

Voranstrich bzw. Haftgrund für Dampfsperre aus Bitumenbahnen, vollflächig auf oberflächentrockene Flächen, einschl. Reinigung der grob verschmutzten Bodenflächen.
Ausführung: .....
Untergrund: Beton
Fläche: eben
Angeb. Fabrikat: .....

▶	▷	ø	◁	◀	Einheit	Ausf.-Dauer	Positionsnummer
3€	4€	**5€**	6€	8€	[m²]	⏱ 0,04 h/m²	321.000.002

20 Voranstrich, Dampfsperre KG **363**

Voranstrich bzw. Haftgrund für Dampfsperre aus Bitumenbahnen, vollflächig auf oberflächentrockene Flächen.
Ausführung: streichen, rollen, spritzen
Untergrund: Beton
Fläche: eben
Angeb. Fabrikat: .....

▶	▷	ø	◁	◀	Einheit	Ausf.-Dauer	Positionsnummer
2€	4€	**5€**	6€	8€	[m²]	⏱ 0,04 h/m²	321.000.003

21 Trenn-/Ausgleichsschicht, G200 DD, auf Holz KG **363**

Trenn-/Ausgleichsschicht aus Bitumenbahn, Bitumen-Dachdichtungsbahn mit Glasgewebeeinlage, lose verlegen, mechanisch befestigen, Untergrund Holz.
Bitumendachbahnen: G 200 DD
Einbauort: Dach
Neigung: .....
Angeb. Fabrikat: .....

▶	▷	ø	◁	◀	Einheit	Ausf.-Dauer	Positionsnummer
8€	13€	**15€**	17€	20€	[m²]	⏱ 0,10 h/m²	321.000.054

Kosten:
Stand 2. Quartal 2026
Bundesdurchschnitt

▶ min
▷ von
ø Mittel
◁ bis
◀ max

22 Dampfsperre, Bitumenschweißbahn, auf Beton KG **363**

Dampfsperre als Luftdichtheits- und diffusionsdichte Schicht, für nicht belüftetes Dach, aus Bitumenschweißbahnen mit Aluminiumbandeinlage und Glasvlieseinlage, punkt- oder streifenweise verschweißen, Nähte und Stöße verschweißen.
Untergrund: Betonboden mit Bitumenvoranstrich
Bitumenbahnen: .....
sd-Wert: .....
Angeb. Fabrikat: .....

14€	20€	**22€**	26€	34€	[m²]	⏱ 0,10h/m²	321.000.005

23 Dampfsperre hochführen, aufgehende Bauteile KG **363**

Hochführen der Dampfsperre an aufgehenden Bauteilen, bis OK Wärmedämmung/Dämmkeil, starr anschließen.
Bauteil: .....
Untergrund: .....
Dampfsperre: .....
Angeb. Fabrikat: .....

5€	7€	**8€**	10€	13€	[m]	⏱ 0,10h/m	321.000.055

24 Wärmedämmung, DAA, PUR 025, bis 120mm, Alu kaschiert KG **363**

Wärmedämmung aus Polyurethan-Hartschaumplatten mit beidseitiger Kaschierung aus Aluminium, für nichtbelüftetes Flachdach, einlagig und dicht gestoßen verlegen, streifenweise geklebt, Stöße der Kaschierung überlappend.
Untergrund: Dampfsperre
Dämmstoff: PUR
Plattenrand: umlaufend gefalzt
Anwendungstyp: DAA - dh
Nennwert der Wärmeleitfähigkeit: .....W/(m·K)
Bemessungswert der Wärmeleitfähigkeit: .....
Brandverhalten: Klasse E-d2
Dämmstoffdicke: bis 120mm
Angeb. Fabrikat: .....

52€	66€	**74€**	94€	99€	[m²]	⏱ 0,14h/m²	321.000.104

25 Wärmedämmung, DAA, PUR 025, bis 120mm KG **363**

Wärmedämmung aus Polyurethan-Hartschaumplatten mit beidseitiger Kaschierung aus Aluminium, für nicht belüftetes Flachdach, einlagig und dicht gestoßen verlegen, streifenweise geklebt, Stöße der Kaschierung überlappend.
Untergrund: Dampfsperre
Dämmstoff: PUR
Plattenrand: umlaufend gefalzt
Anwendungstyp: DAA - dh
Nennwert der Wärmeleitfähigkeit: .....W/(m·K)
Bemessungswert der Wärmeleitfähigkeit: .....
Brandverhalten: Klasse E-d2
Dämmstoffdicke: bis 120mm
Angeb. Fabrikat: .....

31€	41€	**46€**	48€	52€	[m²]	⏱ 0,14h/m²	321.000.105

300
389
301
302
306
308
309
310
312
313
314
316
317
318
320
321
322

Nr.	Kurztext / Langtext						Kostengruppe
▶	▷	ø netto €	◁	◀	[Einheit]	Ausf.-Dauer	Positionsnummer

26 Wärmedämmung, DAA, EPS 035, bis 140mm KG **363**

Wärmedämmung aus Polystyrol-Hartschaumplatten, für nicht belüftetes Flachdach, einlagig und dicht gestoßen verlegen, streifenweise geklebt.
Untergrund: Dampfsperre
Dämmstoff: EPS
Plattenrand: umlaufend gefalzt
Anwendungstyp: DAA - dm
Nennwert der Wärmeleitfähigkeit: .....W/(m·K)
Bemessungswert der Wärmeleitfähigkeit: .....
Brandverhalten: Klasse E-d2
Dämmstoffdicke: bis 140mm
Angeb. Fabrikat: .....

▶	▷	ø	◁	◀	Einheit	Ausf.-Dauer	Positionsnummer
35€	41€	**42€**	44€	51€	[m²]	⏱ 0,14h/m²	321.000.106

Kosten:
Stand 2. Quartal 2026
Bundesdurchschnitt

27 Wärmedämmung, DAA, CG, bis 140mm KG **363**

Wärmedämmung aus Schaumglas-Dämmplatten, hoch druckbelastbar, einlagig dicht stoßen, in Heißbitumen vollflächig und vollfugig verkleben, Platten mit versetzten, pressgestoßenen Fugen.
Untergrund: Rohbetondecke
Dämmstoff: CG
Plattenrand: .....
Anwendungstyp: DAA - ds
Nennwert der Wärmeleitfähigkeit: .....W/(m·K)
Bemessungswert der Wärmeleitfähigkeit: .....
Brandverhalten: Klasse A1
Dämmstoffdicke: 140mm
Angeb. Fabrikat: .....

▶	▷	ø	◁	◀	Einheit	Ausf.-Dauer	Positionsnummer
107€	127€	**135€**	143€	159€	[m²]	⏱ 0,25h/m²	321.000.107

28 Gefälledämmung DAA, EPS, i.M. bis 160mm KG **363**

Gefälledämmung aus Polystyrol-Hartschaumplatten, für nicht belüftetes Flachdach, aus vorgefertigten Dämmplatten, einlagig und dicht gestoßen gemäß Verlegeplan verkleben.
Untergrund: Dampfsperre
Dämmstoff: EPS
Plattenrand: .....
Anwendungstyp: DAA - dm
Nennwert der Wärmeleitfähigkeit: .....W/(m·K)
Bemessungswert der Wärmeleitfähigkeit: .....
Brandverhalten: Klasse E-d2
Dämmstoffdicke: i.M. bis 160mm
Gefälle: .....
Angeb. Fabrikat: .....

▶	▷	ø	◁	◀	Einheit	Ausf.-Dauer	Positionsnummer
45€	53€	**57€**	65€	82€	[m²]	⏱ 0,20h/m²	321.000.108

▶ min
▷ von
ø Mittel
◁ bis
◀ max

29 Gefälledämmung DAA, PUR, i.M. bis 160mm KG **363**

Gefälledämmung aus Polyurethan-Hartschaumplatten, für nicht belüftetes Flachdach, aus vorgefertigten Dämmplatten, einlagig und dicht gestoßen gemäß Verlegeplan verkleben.
Untergrund: Dampfsperre
Dämmstoff: PUR
Plattenrand: .....
Anwendungstyp: DAA - ds
Nennwert der Wärmeleitfähigkeit: 0,025 W/(m·K)
Bemessungswert der Wärmeleitfähigkeit: .....
Brandverhalten: Klasse E-d2
Dämmstoffdicke: i.M. 160 mm
Gefälle: .....
Angeb. Fabrikat: .....

▶	▷	ø netto €	◁	◀	[Einheit]	Ausf.-Dauer	Positionsnummer
55€	73€	**77€**	86€	103€	[m²]	⏱ 0,20 h/m²	321.000.109

30 Übergang, Dämmkeile, Hartschaum KG **363**

Dämmkeil aus Hartschaum, am Anschluss der Flachdachdämmung aufgehenden Bauteilen, Ecken mit Gehrungsschnitt.
Dämmstoff: EPS
Zuschnittwinkel: 45°
Abmessung: 50 x 50 / 80 x 80 / 100 x 100 mm
Angeb. Fabrikat: .....

▶	▷	ø netto €	◁	◀	[Einheit]	Ausf.-Dauer	Positionsnummer
3€	7€	**8€**	11€	16€	[m]	⏱ 0,04 h/m	321.000.014

31 Unterkonstruktion, Kanthölzer, bis 100x60mm KG **363**

Unterkonstruktion aus Kanthölzern, für Flachdachbauteile, zur Befestigung von Blechen oder Einbauteilen, mit korrosionsgeschützten Befestigungsmitteln, Dicke der Kanthölzer entsprechend der Wärmedämmung.
Holzart: Nadelholz
Sortierklasse: S10
Bauteil: .....
Funktion: .....
Querschnitt: 60 x 60 bis 100 x 60 mm
Oberfläche: .....
Holzfeuchte: trocken

▶	▷	ø netto €	◁	◀	[Einheit]	Ausf.-Dauer	Positionsnummer
11€	15€	**15€**	16€	19€	[m]	⏱ 0,10 h/m	321.000.015

32 Unterkonstruktion, Holzbohlen, 40x120mm KG **363**

Unterkonstruktion aus Holzbohlen, für Flachdachbauteile, zur Befestigung der Dachabdichtung, mit korrosionsgeschützten Befestigungsmitteln, Bohlendicke entsprechend der Wärmedämmung.
Holzart: Nadelholz
Sortierklasse: S10
Bauteil: .....
Funktion: .....
Querschnitt: ..... mm
Oberfläche: .....
Holzfeuchte: trocken

▶	▷	ø netto €	◁	◀	[Einheit]	Ausf.-Dauer	Positionsnummer
22€	26€	**29€**	33€	38€	[m]	⏱ 0,20 h/m	321.000.016

Nr.	Kurztext / Langtext						Kostengruppe
▶	▷	ø netto €	◁	◀	[Einheit]	Ausf.-Dauer	Positionsnummer

33 Fugenabdichtung, Silikon KG **363**

Dauerelastische Verfugung mit Silikon, inkl. notwendiger Flankenvorbehandlung an den Anschlussflächen und Hinterlegen der Fugenhohlräume mit geeignetem Hinterstopfmaterial.
Fugenbreite: mind. 10mm
Fugendicke: mind. 6mm

8€	10€	**12€**	13€	16€	[m]	⏱ 0,05h/m	321.000.017

34 Bewegungsfuge, Typ I KG **363**

Bewegungsfuge für Flachdachaufbau, Ausbildung mit Schleppstreifen der Dachdichtungsbahnen.
Fugentyp: I
Breite Schleppstreifen: .....
Aufbau Flachdach: .....
Angeb. Lösung: .....

40€	54€	**61€**	65€	79€	[m]	⏱ 0,40h/m	321.000.018

35 Dachabdichtung PYE G200, S4/S5, untere Lage KG **363**

Untere Lage der Dachabdichtung, für nicht genutzte Dächer, aus Polymerbitumen-Schweißbahn, Stöße überlappend, vollflächig verschweißen.
Flachdachgefälle: ..... %
Untergrund: .....
Bahnenart: PYE-G 200 **S4 / S5**
Anwendungstyp: DU

18€	24€	**26€**	29€	35€	[m²]	⏱ 0,14h/m²	321.000.110

36 Dachabdichtung einlagig, Polymerbitumenbahn, kaltselbstklebend, untere Lage KG **363**

Untere Lage der Dachabdichtung, für nicht genutzte Dächer, aus kaltselbstklebender Polymerbitumenbahn, Stöße überlappend, vollflächig verkleben.
Flachdachgefälle: ..... %
Untergrund: .....
Bahnenart: .....
Anwendungstyp: DU
Angeb. Fabrikat: .....

13€	21€	**24€**	31€	44€	[m²]	⏱ 0,25h/m²	321.000.118

37 Dachabdichtung Polymerbitumen-Schweißbahn, Wurzelschutz, obere Lage KG **363**

Obere Lage der Dachabdichtung als Wurzelschutzbahn, aus Polymerbitumen-Schweißbahn, Stöße überlappend, vollflächig verschweißen. Wurzelfeste Abdichtungsbahnen nach FLL oder DIN EN13948
Untergrund: PYE-Schweißbahn
Bahnenart: .....
Anwendungstyp: DO
Brandverhalten: Klasse E
Flachdachgefälle: ..... %
Angeb. Fabrikat: .....

31€	41€	**45€**	52€	66€	[m²]	⏱ 0,20h/m²	321.000.111

Kosten:
Stand 2. Quartal 2026
Bundesdurchschnitt

▶ min
▷ von
ø Mittel
◁ bis
◀ max

Nr.	Kurztext / Langtext						Kostengruppe
▶	▷	**ø netto €**	◁	◀	[Einheit]	Ausf.-Dauer	Positionsnummer

38 Dachabdichtung zweilagig, Polymerbitumen-Schweißbahnen KG **363**

Dachabdichtung auf Flachdach mit Dämmschicht, zweilagig, Anforderungen hinsichtlich Widerstandsfähigkeit gegen Flugfeuer und strahlende Wärme B ROOF.
Gefälle: ..... %
1. Lage
Bahnenart: .....
Anwendungstyp: DU
Verlegart: kaltselbstklebend, Stöße überlappend
2. Lage
Bahnenart: .....
Anwendungstyp: DO
Verlegeart: vollflächig schweißen, Stöße überlappend
Angeb. Fabrikat: .....

29€ | 36€ | **40€** | 47€ | 60€ | [m²] | ⏱ 0,25 h/m² | 321.000.112

39 Wandanschluss, gedämmt, zweilagige Abdichtung KG **363**

Anschluss der Dachabdichtung aus Polymerbitumenbahnen an aufgehende Bauteile, zweilagige Bahnenausführung wie Flächenabdichtung. Hochführen der Wärmedämmung aus Polystyrol mit Dämmstoffkeilen im Übergang, Kantholz als oberer Abschluss der Dämmung und Abdichtungsanschluss mind. 150 mm über Oberkante Abdichtung/Belag. Abdichtung im Keilbereich absetzen. Oberer Abdichtungsabschluss durch mechanische Befestigung mit Klemmprofil aus Aluminium, Schutz aus Überhangstreifen/Abdeckprofil, inkl. elastischer Versiegelung der Anschlussfuge.
Aufgehendes Bauteil: .....
Untergrund: .....
Wärmedämmung: EPS, 80 mm
Nennwert der Wärmeleitfähigkeit: 0,035 W/(m·K)
Bemessungswert der Wärmeleitfähigkeit: .....
Dämmkeil: EPS 50 x 50 / 80 x 80 mm
Kantholz: S10, 60 x 80 mm
Attikahöhe: .....
Angeb. Fabrikat: .....

36€ | 44€ | **48€** | 53€ | 63€ | [m] | ⏱ 0,40 h/m | 321.000.113

40 Dachabdichtung, Kunststoffbahn, einlagig, Wurzelschutz KG **363**

Dachabdichtung auf Flachdach mit Dämmung, aus Kunststoffbahnen lose verlegen und mechanisch befestigen Anforderungen hinsichtlich Widerstandsfähigkeit gegen Flugfeuer und strahlende Wärme B ROOF.
Bahnenart: PVC-P
Bahnendicke: 1,5 mm
Dachneigung: ..... °
Angeb. Fabrikat: .....

32€ | 40€ | **45€** | 49€ | 57€ | [m²] | ⏱ 0,14 h/m² | 321.000.114

Nr.	Kurztext / Langtext						Kostengruppe
▶	▷	ø netto €	◁	◀	[Einheit]	Ausf.-Dauer	Positionsnummer

41 Dachabdichtung, Flüssigkunststoff 2K-PUR BROOF, Einlage KG **363**

Dachabdichtung auf Flachdach mit Flüssigkunststoff mit europäisch technischer Zulassung, nach Zulassungsleitlinie ETAG 005. Zweikomponentig auf PUR-Basis mit Einlage nach Zulassung, mind. 110 g/m², Anforderungen hinsichtlich Widerstandsfähigkeit gegen Flugfeuer und strahlende Wärme B ROOF, durchwurzelungsfest nach FLL-Verfahren.
Dauerhaftigkeit: W3, Nutzlastklasse P4
Temperaturbeständigkeit: **TL4 / TH4**
Mindestdicke: 2,1 mm
Angeb. Fabrikat: .....

107€	124€	**148€**	179€	194€	[m²]	⏱ 0,20 h/m²	321.000.103

42 Wandanschluss, Flüssigkunststoff 2K-PUR BROOF, Einlage KG **363**

Anschluss der beschriebenen Dachabdichtung aus Flüssigkunststoff 2K-PUR BROOF mit Einlage.
Widerstandsfähigkeit Broof: t1
Wandanschluss: .....

53€	63€	**68€**	76€	86€	[m]	⏱ 0,20 h/m	321.000.115

43 Stundensatz, Facharbeiter/-in

Stundenlohnarbeiten für Vorarbeiter/-in, Gesellin/Geselle, Facharbeiter/-in und Gleichgestellte, sowie ähnliche Fachkräfte. Der Verrechnungssatz für die jeweilige Arbeitskraft umfasst sämtliche Aufwendungen wie Lohn- und Gehaltskosten, lohn- und gehaltsgebundene Kosten, Lohn- und Gehaltsnebenkosten, Gemeinkosten, Wagnis und Gewinn. Leistung nach besonderer Anordnung der Bauüberwachung. Anmeldung und Nachweis gemäß VOB/B.

68€	78€	**83€**	86€	94€	[h]	⏱ 1,00 h/h	321.000.116

44 Stundensatz, Helfer/-in

Stundenlohnarbeiten für Werker/-in, Helfer/-in und Gleichgestellte. Der Verrechnungssatz für die jeweilige Arbeitskraft umfasst sämtliche Aufwendungen wie Lohn- und Gehaltskosten, lohn- und gehaltsgebundene Kosten, Lohn- und Gehaltsnebenkosten, Gemeinkosten, Wagnis und Gewinn.Leistung nach besonderer Anordnung der Bauüberwachung. Anmeldung und Nachweis gemäß VOB/B.

58€	65€	**68€**	72€	84€	[h]	⏱ 1,00 h/h	321.000.079

Kosten:
Stand 2. Quartal 2026
Bundesdurchschnitt

▶ min
▷ von
ø Mittel
◁ bis
◀ max

322

Kosten:
Stand 2. Quartal 2026
Bundesdurchschnitt

Nr.	Positionen	Einheit	▶	▷	ø brutto € / ø netto €	◁	◀
1	Schneefanggitter entfernen	m	6	9	**10**	13	21
			5	8	**9**	11	18
2	Dachrinne vorgehängt, entfernen	m	4	6	**7**	9	12
			3	5	**6**	8	10
3	Kastenrinne entfernen	m	7	11	**12**	15	19
			6	9	**10**	13	16
4	Rinneneinhangstutzen entfernen	St	3	3	**4**	5	5
			2	3	**3**	4	4
5	Fallrohr entfernen	m	4	6	**7**	9	12
			3	5	**6**	8	10
6	Standrohr abschneiden	St	8	21	**25**	31	35
			7	18	**21**	26	30
7	Traufblech entfernen	m	4	6	**7**	9	15
			4	5	**6**	8	13
8	Winkelkehle entfernen	m	6	9	**11**	14	16
			5	8	**9**	12	14
9	Verwahrung entfernen	m	6	12	**13**	17	23
			5	10	**11**	14	20
10	Ortgangverblechung entfernen	m	8	11	**12**	16	22
			7	10	**10**	14	19
11	Wandanschlussprofil entfernen	m	16	19	**22**	27	31
			13	16	**19**	23	26
12	Fensterblech entfernen	m	5	10	**12**	15	18
			5	8	**10**	13	15
13	Blechabdeckung entfernen	m	6	12	**14**	19	22
			5	10	**12**	16	19
14	Schornsteinverblechung entfernen	m²	23	38	**45**	56	66
			19	32	**38**	47	56
15	Schornsteinabdeckung entfernen	St	20	24	**28**	34	37
			17	20	**23**	29	31
16	Gaubenverblechung entfernen	m²	13	23	**28**	34	45
			11	19	**23**	29	38
17	Blech-Dachdeckung entfernen	m²	14	33	**38**	48	64
			12	27	**32**	41	54
18	Blechbekleidung entfernen	m²	32	38	**46**	56	61
			27	32	**38**	47	51
19	Trennlage entfernen	m²	6	7	**9**	11	12
			5	6	**7**	9	10
20	Antenne demontieren	St	31	39	**46**	57	62
			26	33	**39**	48	52
21	Blitzableiter entfernen	m	3	4	**5**	7	8
			2	4	**4**	5	7
22	Schneefanggitter, Kupfer	m	65	99	**111**	129	173
			54	83	**93**	108	145
23	Schneefanggitter, Metall	m	51	64	**71**	79	100
			43	54	**60**	66	84
24	Schneefangrohr, Rundprofil	m	63	72	**77**	86	98
			53	61	**65**	72	83

▶ min
▷ von
ø Mittel
◁ bis
◀ max

Nr.	Positionen	Einheit	►	▷	ø brutto € / ø netto €	◁	◄
25	Schneefangrohr, Stehfalzdeckung	m	67	76	**83**	88	96
			56	64	**70**	74	80
26	Dachdeckung, Doppelstehfalz, Kupfer	m²	151	206	**236**	251	289
			127	174	**198**	211	243
27	Dachdeckung, Doppelstehfalz, Titanzink	m²	105	173	**200**	221	262
			88	146	**168**	186	220
28	Trennlage, Blechflächen, V13	m²	9	13	**14**	15	20
			8	11	**12**	13	17
29	Walzbleianschluss, Blechstreifen	m²	84	91	**96**	99	106
			71	77	**80**	84	89
30	Schornsteinbekleidung, Winkel-/Stehfalzdeckung	m²	139	274	**342**	430	545
			117	230	**287**	361	458
31	Schornsteineinfassung, Titanzink	m	94	113	**122**	134	156
			79	95	**102**	112	131
32	Wandanschlussblech, Kupfer, Z 500	m	40	59	**68**	74	86
			34	50	**57**	63	72
33	Wandanschlussblech, Titanzink, Z333	m	38	49	**52**	58	69
			32	41	**44**	48	58
34	Überhang, bis Z 167	m	24	34	**37**	41	56
			20	28	**31**	34	47
35	Überhang, bis Z 333	m	29	41	**49**	54	63
			24	35	**41**	45	53
36	Firstanschlussblech, Titanzink, bis Z 500	m	56	80	**89**	104	147
			47	67	**75**	87	124
37	Attika-/Mauerabdeckung, Kupfer, bis Z 500	m	64	102	**121**	144	193
			54	86	**101**	121	162
38	Attika/Mauerabdeckung, Titanzink, bis Z 500	m	57	92	**108**	122	150
			48	78	**91**	102	126
39	Ortgangblech, Kupfer, Z 333	m	37	54	**67**	86	124
			31	46	**57**	72	105
40	Ortgangblech, Titanzink, Z 333	m	35	56	**64**	80	122
			29	47	**54**	67	102
41	Blechkehle, Kupfer, bis Z 667	m	56	76	**85**	101	124
			47	64	**71**	85	105
42	Blechkehle, Titanzink, bis Z 667	m	42	58	**65**	73	93
			35	49	**54**	61	78
43	Kleintierschutz, Metall	m	27	36	**39**	44	55
			23	30	**33**	37	46
44	Traufstreifen, Tropfblech, Kupfer, Z 333	m	16	30	**37**	41	59
			13	25	**31**	34	50
45	Traufstreifen, Tropfblech, Titanzink, Z 333	m	13	25	**31**	38	57
			11	21	**26**	32	48
46	Notüberlauf, Flachdach	St	156	242	**262**	294	374
			131	203	**221**	247	314
47	Standrohr, Metall	St	101	139	**149**	172	236
			85	117	**125**	145	198
48	Standrohr, Guss/SML	St	83	127	**147**	176	218
			70	107	**123**	148	183

300
389
301
302
306
308
309
310
312
313
314
316
317
318
320
321
322

Nr.	Positionen	Einheit	►	▷	ø brutto € / ø netto €	◁	◄
49	Laubfangkorb, Dachrinnenablauf	St	12	15	**16**	20	27
			10	13	**14**	17	23
50	Fallrohrklappe, Titanzink/Kupfer	St	63	77	**81**	87	100
			53	65	**68**	73	84
51	Standrohrkappen, Titanzink/Kupfer	St	8	14	**16**	20	27
			7	12	**14**	17	23
52	Fallrohrbogen, Kupfer, DN100	St	36	42	**44**	46	51
			30	35	**37**	39	43
53	Fallrohrbogen, Titanzink, DN100	St	18	27	**31**	37	49
			15	23	**26**	31	41
54	Fallrohr, Kupfer, DN100	m	49	64	**71**	81	97
			41	54	**60**	68	81
55	Fallrohr, Titanzink, bis DN100	m	33	47	**51**	58	81
			28	39	**43**	49	68
56	Fallrohr, Titanzink, bis DN150	m	44	55	**61**	69	83
			37	46	**51**	58	69
57	Rinnenendstück, Rinnenboden, Kupfer	St	10	14	**16**	21	33
			8	12	**14**	18	28
58	Rinnenendstück, Rinnenboden, Titanzink	St	8	13	**16**	20	30
			7	11	**13**	17	25
59	Rinnenstutzen, Kupfer	St	35	48	**52**	56	67
			29	40	**44**	47	56
60	Rinnenstutzen, Titanzink	St	30	39	**42**	49	60
			25	33	**36**	41	50
61	Dachrinne, Kupfer, bis Z 333	m	43	62	**73**	84	109
			36	52	**61**	71	91
62	Dachrinne, Titanzink, bis Z 333	m	39	51	**55**	64	83
			33	42	**47**	54	70
63	Dachrinne, Titanzink, Kastenrinne, Z 333	m	49	65	**70**	85	112
			42	54	**59**	71	94
64	Traufstreifen, Rinneneinhang, Kupfer, Z 333	m	34	50	**52**	57	73
			29	42	**44**	48	62
65	Traufstreifen, Rinneneinhang, Titanzink, Z 333	m	25	35	**40**	44	62
			21	30	**34**	37	52
66	Sicherheitsdachhaken, verzinkt	St	28	38	**40**	47	51
			24	32	**34**	39	43
67	Sicherheitsdachhaken, Kupfer	St	31	38	**46**	51	56
			26	32	**38**	43	47
68	Sicherheitstritt, Standgitter	St	124	160	**174**	202	214
			104	134	**146**	170	180
69	Stundensatz, Facharbeiter/-in	h	83	91	**96**	97	100
			70	76	**80**	81	84

Kosten:
Stand 2. Quartal 2026
Bundesdurchschnitt

► min
▷ von
ø Mittel
◁ bis
◄ max

Nr.	Kurztext / Langtext						Kostengruppe
▶	▷	ø netto €	◁	◀	[Einheit]	Ausf.-Dauer	Positionsnummer

1 Schneefanggitter entfernen KG **394**

Schneefanggitter einschl. Befestigung entfernen und anfallenden Bauschutt entsorgen.
Material: .....

5€	8€	**9€**	11€	18€	[m]	⏱ 0,05 h/m	322.000.087

2 Dachrinne vorgehängt, entfernen KG **394**

Vorgehängte Dachrinne einschl. Rinnenhaken demontieren und anfallenden Bauschutt entsorgen.
Material: .....

3€	5€	**6€**	8€	10€	[m]	⏱ 0,07 h/m	322.000.084

3 Kastenrinne entfernen KG **394**

Innenliegende Kastenrinne einschl. Rinnenhaken demontieren und anfallenden Bauschutt entsorgen.
Material: .....

6€	9€	**10€**	13€	16€	[m]	⏱ 0,07 h/m	322.000.085

4 Rinneneinhangstutzen entfernen KG **394**

Rinneneinhangstutzen, bzw. Rinnenablauf entfernen und anfallenden Bauschutt entsorgen.
Rinnengröße: .....
Material: .....

2€	3€	**3€**	4€	4€	[St]	⏱ 0,02 h/St	322.000.086

5 Fallrohr entfernen KG **394**

Fallrohr der Dachentwässerung einschl. Befestigung und Verbindung zu Dachrinne entfernen und anfallenden Bauschutt entsorgen.
Material: .....
Nennweite: bis DN100

3€	5€	**6€**	8€	10€	[m]	⏱ 0,06 h/m	322.000.088

6 Standrohr abschneiden KG **394**

Standrohr der Dachentwässerung abschneiden und anfallenden Bauschutt entsorgen.
Material: Gusseisen
Nennweite: bis DN100
Schnitthöhe: .....

7€	18€	**21€**	26€	30€	[St]	⏱ 0,12 h/St	322.000.089

7 Traufblech entfernen KG **394**

Traufblech entfernen und anfallenden Bauschutt entsorgen.
Material: .....
Zuschnitt: bis 500 mm

4€	5€	**6€**	8€	13€	[m]	⏱ 0,05 h/m	322.000.090

8 Winkelkehle entfernen KG **394**

Winkelkehle aus Blech entfernen und anfallenden Bauschutt entsorgen.
Material: .....
Zuschnitt: .....

5€	8€	**9€**	12€	14€	[m]	⏱ 0,06 h/m	322.000.091

Nr.	Kurztext / Langtext						Kostengruppe
▶	▷	ø netto €	◁	◀	[Einheit]	Ausf.-Dauer	Positionsnummer

9 Verwahrung entfernen KG **394**

Verwahrung entfernen und anfallenden Bauschutt entsorgen.
Material: .....
Abwicklung: .....

5€	10€	**11€**	14€	20€	[m]	⏱ 0,08h/m	322.000.092

10 Ortgangverblechung entfernen KG **394**

Ortgangverblechung einschl. Windleiste und Blechabdeckung entfernen und anfallenden Bauschutt entsorgen.
Material: .....
Abwicklung: .....

7€	10€	**10€**	14€	19€	[m]	⏱ 0,07h/m	322.000.093

Kosten:
Stand 2. Quartal 2026
Bundesdurchschnitt

11 Wandanschlussprofil entfernen KG **394**

Wandanschlussprofil einschl. Befestigungsmaterial entfernen und anfallenden Bauschutt entsorgen.
Material: .....
Befestigung: .....

13€	16€	**19€**	23€	26€	[m]	⏱ 0,20h/m	322.000.094

12 Fensterblech entfernen KG **394**

Fensterblech einschl. Befestigungsmittel entfernen und anfallenden Bauschutt entsorgen.
Material: .....
Breite: .....

5€	8€	**10€**	13€	15€	[m]	⏱ 0,07h/m	322.000.095

13 Blechabdeckung entfernen KG **394**

Blechabdeckung entfernen und anfallenden Bauschutt entsorgen.
Material: .....
Zuschnitt: ca. 600mm

5€	10€	**12€**	16€	19€	[m]	⏱ 0,12h/m	322.000.096

14 Schornsteinverblechung entfernen KG **394**

Schornsteinverblechung entfernen und anfallenden Bauschutt entsorgen.
Material: .....
Schornsteingröße: .....
Abwicklung: .....

19€	32€	**38€**	47€	56€	[m²]	⏱ 0,35h/m²	322.000.097

15 Schornsteinabdeckung entfernen KG **394**

Schornsteinabdeckung aus Blech entfernen und anfallenden Bauschutt entsorgen.
Material: .....
Befestigung: .....

17€	20€	**23€**	29€	31€	[St]	⏱ 0,20h/St	322.000.098

▶ min
▷ von
ø Mittel
◁ bis
◀ max

Nr.	Kurztext / Langtext						Kostengruppe
▶	▷	ø netto €	◁	◀	[Einheit]	Ausf.-Dauer	Positionsnummer

16 Gaubenverblechung entfernen KG **394**

Gaubenverblechung einschl. Anschlüsse entfernen und anfallenden Bauschutt entsorgen.
Material: .....

11€	19€	**23€**	29€	38€	[m²]	⏱ 0,23h/m²	322.000.099

17 Blech-Dachdeckung entfernen KG **394**

Dacheindeckung aus Metallblech auf Holzschalung entfernen und anfallenden Bauschutt entsorgen.
Material: .....
Deckungsart: .....

12€	27€	**32€**	41€	54€	[m²]	⏱ 0,25h/m²	322.000.100

18 Blechbekleidung entfernen KG **394**

Blechbekleidung an Außenwänden entfernen und anfallenden Bauschutt entsorgen.
Material: .....
Bekleidungsart: .....

27€	32€	**38€**	47€	51€	[m²]	⏱ 0,30h/m²	322.000.101

19 Trennlage entfernen KG **394**

Trennlage des Blechdachs entfernen und anfallenden Bauschutt entsorgen.
Material: .....

5€	6€	**7€**	9€	10€	[m²]	⏱ 0,06h/m²	322.000.102

20 Antenne demontieren KG **394**

Antenne einschl. Halterung und Befestigungsmittel demontieren und bauseits lagern.

26€	33€	**39€**	48€	52€	[St]	⏱ 0,27h/St	322.000.103

21 Blitzableiter entfernen KG **394**

Blitzableiter, inkl. Befestigungen auf Dach- und Wandflächen entfernen und anfallenden Bauschutt entsorgen.

2€	4€	**4€**	5€	7€	[m]	⏱ 0,03h/m	322.000.104

22 Schneefanggitter, Kupfer KG **369**

Schneefanggitter, passend zur Dachdeckung, mit verstärkten Stützen, mit zusätzlicher Traglatte, in Holz-Dachkonstruktion befestigen.
Schneelastzone: .....
Gebäudehöhe über NN: ..... m
Dachneigung: ..... °
Länge oberhalb der Schneefangkonstruktion: ..... m
Material: Kupfer
Dachdeckung: .....
Gitterhöhe: bis 200 mm
Befestigungsabstand: ..... cm

54€	83€	**93€**	108€	145€	[m]	⏱ 0,25h/m	322.000.004

Nr.	Kurztext / Langtext						Kostengruppe
▶	▷	ø netto €	◁	◀	[Einheit]	Ausf.-Dauer	Positionsnummer

23 Schneefanggitter, Metall KG **369**

Schneefanggitter, passend zur Dachdeckung, mit verstärkten Stützen, mit zusätzlicher Traglatte, in Holz-Dachkonstruktion befestigen.
Schneelastzone: .....
Gebäudehöhe über NN: .....m
Dachneigung: .....°
Länge oberhalb der Schneefangkonstruktion: .....m
Material: verzinkter Stahl
Dachdeckung: .....
Gitterhöhe: bis 200mm
Befestigungsabstand: .....cm

▶	▷	ø	◁	◀	Einheit	Ausf.-Dauer	Positionsnummer
43€	54€	**60€**	66€	84€	[m]	⏱ 0,25h/m	322.000.003

Kosten:
Stand 2. Quartal 2026
Bundesdurchschnitt

24 Schneefangrohr, Rundprofil KG **369**

Schneefangrohr passend zur Dachdeckung, inkl. Halteprofilen, in Holz-Dachkonstruktion befestigen.
Dachdeckung: .....
Schneelastzone: .....
Gebäudehöhe über NN: .....m
Dachneigung: .....°
Länge oberhalb der Schneefangkonstruktion: .....m
Sparrenabstand: .....cm
Ausführung: .....
Befestigungsabstand: ca. 80cm

▶	▷	ø	◁	◀	Einheit	Ausf.-Dauer	Positionsnummer
53€	61€	**65€**	72€	83€	[m]	⏱ 0,25h/m	322.000.002

25 Schneefangrohr, Stehfalzdeckung KG **369**

Schneefangrohr für Stehfalzdeckung einschl. Halteprofilen, geklemmt, in Holz-Dachkonstruktion befestigen.
Dachdeckung: .....
Schneelastzone: .....
Gebäudehöhe über NN: .....m
Dachneigung: .....°
Länge oberhalb der Schneefangkonstruktion: .....m
Sparrenabstand: .....cm
Ausführung: .....
Befestigungsabstand: ca. 80cm

▶	▷	ø	◁	◀	Einheit	Ausf.-Dauer	Positionsnummer
56€	64€	**70€**	74€	80€	[m]	⏱ 0,25h/m	322.000.068

26 Dachdeckung, Doppelstehfalz, Kupfer KG **363**

Blechdachdeckung als Doppel-Stehfalzdeckung. Falze mit Dichtbändern für flach geneigte Dächer.
Untergrund: Holzschalung mit Trennlage
Material: Kupfer
Blechdicke: 0,6mm
Bandbreite: .....
Oberfläche: .....
Dachneigung: .....°

▶	▷	ø	◁	◀	Einheit	Ausf.-Dauer	Positionsnummer
127€	174€	**198€**	211€	243€	[m²]	⏱ 0,80h/m²	322.000.046

▶ min
▷ von
ø Mittel
◁ bis
◀ max

27 Dachdeckung, Doppelstehfalz, Titanzink KG **363**

Blechdachdeckung als Doppel-Stehfalzdeckung. Falze mit Dichtbändern.
Untergrund: Holzschalung mit Trennlage
Material: Titanzink
Blechdicke: 0,7 mm
Bandbreite: .....
Oberfläche: .....
Oberfläche: .....
Dachneigung: .....°

88€	146€	**168€**	186€	220€	[m²]	⏱ 0,85 h/m²	322.000.045

28 Trennlage, Blechflächen, V13 KG **363**

Trennlage für Metallblechdeckung, aus Bitumen-Dachbahn mit Glasvlieseinlage, auch als Vor- und Notdeckung geeignet, Bahnenstöße überlappt, auf Holzschalung genagelt.
Dachdeckung: Stehfalzdeckung
Dachneigung: .....°
Trennlage: V13
Anmerkung: Bei Titanzinkdeckung ist unter 15° eine Dränagebahn bzw. strukturierte Trennlage einzubauen.

8€	11€	**12€**	13€	17€	[m²]	⏱ 0,06 h/m²	322.000.047

29 Walzbleianschluss, Blechstreifen KG **363**

Anschluss an aufgehendes Bauteil mit Blechstreifen, einschl. verzinktem Überhangstreifen.
Material: Walzblei
Blechdicke: .....
Zuschnitt: **250 / 400** mm
Überhangstreifen: Material: ....., Z....., ...fach gekantet
Dachneigung: .....°
Anschlusshöhe: mind. 150 mm

71€	77€	**80€**	84€	89€	[m²]	⏱ 0,40 h/m²	322.000.056

30 Schornsteinbekleidung, Winkel-/Stehfalzdeckung KG **363**

Metallblechbekleidung des Schornsteins, mit Winkel-Stehfalzdeckung als hinterlüftete Konstruktion, mit UK aus Metallprofilen und Mineralwolle-Dämmung, inkl. Befestigungsmittel.
Schornsteinhöhe: .....
Material: .....
Blechdicke: ..... mm
Bandbreite: .....
Oberfläche: .....
Dachneigung: .....°

117€	230€	**287€**	361€	458€	[m²]	⏱ 1,00 h/m²	322.000.044

Nr.	Kurztext / Langtext						Kostengruppe
▶	▷	ø netto €	◁	◀	[Einheit]	Ausf.-Dauer	Positionsnummer

31 Schornsteineinfassung, Titanzink KG **363**

Einfassung von Dacheinbauten, aus Metallblech, traufseitig mit Brustblech, seitlich mit Winkelblechen, firstseitig mit Nackenblechen, überlappend, inkl. Befestigungsmittel, Überhangblech und elastischer Abdichtung der oben liegenden Fuge zwischen Wandbelag und Einfassung.
Grundrisslänge: .....
Grundrissbreite: .....
Material: Titanzink
Blechdicke: 0,7mm
Zuschnitt: .....
Zuschnitt Überhangblech: .....
Oberfläche: .....
Dachneigung: .....°
Anschlusshöhe: mind. 150mm
Untergrund: Holzkonstruktion

▶	▷	ø	◁	◀	Einheit	Ausf.-Dauer	Positionsnummer
79€	95€	**102€**	112€	131€	[m]	⏱ 0,80h/m	322.000.043

32 Wandanschlussblech, Kupfer, Z 500 KG **363**

Wandanschluss aus Metallblech, als Schutz der Dachabdichtung an aufgehenden Bauteilen, an den Stößen verbunden, inkl. Abdichtung der oben liegenden Fuge zwischen Wandbelag und Blechstreifen.
Material: Kupfer
Blechdicke: 0,7mm
Zuschnitt: 500mm
Kantungen: .....
Oberfläche: .....
Untergrund: .....

▶	▷	ø	◁	◀	Einheit	Ausf.-Dauer	Positionsnummer
34€	50€	**57€**	63€	72€	[m]	⏱ 0,35h/m	322.000.039

33 Wandanschlussblech, Titanzink, Z333 KG **363**

Wandanschluss aus Metallblech, als Schutz der Dachabdichtung an aufgehenden Bauteilen, an den Stößen verbunden, inkl. Abdichtung der oben liegenden Fuge zwischen Wandbelag und Blechstreifen.
Material: Titanzink
Blechdicke: 0,7mm
Zuschnitt: 500mm
Kantungen: .....
Oberfläche: .....
Untergrund: .....

▶	▷	ø	◁	◀	Einheit	Ausf.-Dauer	Positionsnummer
32€	41€	**44€**	48€	58€	[m]	⏱ 0,35h/m	322.000.038

Kosten:
Stand 2. Quartal 2026
Bundesdurchschnitt

▶ min
▷ von
ø Mittel
◁ bis
◀ max

Nr.	Kurztext / Langtext						Kostengruppe
▶	▷	**ø netto €**	◁	◀	[Einheit]	Ausf.-Dauer	Positionsnummer

34 Überhang, bis Z 167 KG **363**

Überhangstreifen für Wandanschluss der Dachabdichtung, aus Metallblech, mit Tropfkante, an den Stößen verbunden, ggf. mit Schiebenähten, inkl. elastischer Abdichtung der oben liegenden Fuge zwischen Wandbelag und Blechstreifen.
Material: **Titanzink / Kupfer**
Blechdicke: 0,7 mm
Zuschnitt: bis 167 mm
Kantungen: .....
Oberfläche: .....
Anschluss an: **Putzprofil / Profilschiene**
Untergrund: **Stahlbeton / Mauerwerk**

▶	▷	ø netto €	◁	◀	[Einheit]	Ausf.-Dauer	Positionsnummer
20€	28€	**31€**	34€	47€	[m]	⏱ 0,15 h/m	322.000.036

35 Überhang, bis Z 333 KG **363**

Überhangstreifen für Wandanschluss der Dachabdichtung, aus Metallblech, mit Tropfkante, an den Stößen verbunden, ggf. mit Schiebenähten, inkl. elastischer Abdichtung der oben liegenden Fuge zwischen Wandbelag und Blechstreifen.
Material: **Titanzink / Kupfer**
Blechdicke: 0,7 mm
Zuschnitt: bis 333 mm
Kantungen: .....
Oberfläche: .....
Anschluss an: **Putzprofil / Profilschiene**
Untergrund: **Stahlbeton / Mauerwerk**

▶	▷	ø netto €	◁	◀	[Einheit]	Ausf.-Dauer	Positionsnummer
24€	35€	**41€**	45€	53€	[m]	⏱ 0,20 h/m	322.000.037

36 Firstanschlussblech, Titanzink, bis Z 500 KG **363**

Firstanschlussblech, auf Holzunterkonstruktion, einschl. Befestigungsmittel.
Material: Titanzink
Blechdicke: 0,6 mm
Zuschnitt: bis 500 mm
Kantungen: .....
Oberfläche: .....
Farbton: .....
Dachneigung: ..... °

▶	▷	ø netto €	◁	◀	[Einheit]	Ausf.-Dauer	Positionsnummer
47€	67€	**75€**	87€	124€	[m]	⏱ 0,30 h/m	322.000.073

300
389
301
302
306
308
309
310
312
313
314
316
317
318
320
321
322

Nr.	Kurztext / Langtext						Kostengruppe
▶	▷	ø netto €	◁	◀	[Einheit]	Ausf.-Dauer	Positionsnummer

37 Attika-/Mauerabdeckung, Kupfer, bis Z 500 KG **363**

Abdeckung aus Metallblech, verdeckt befestigt, inkl. Haftstreifen und Befestigungsmittel, an den Längsstößen verbunden, ggf. mittels Schiebenähten.
Bauteil: **Attika / Mauer**
Länge: .....
Breite: .....
Untergrund: .....
Material: Kupfer
Blechdicke: 0,7mm
Zuschnitt: bis 500mm
Kantungen: .....
Oberfläche: .....
Farbton: .....
Querneigung: .....°
Gebäudehöhe: .....m
Windzone: .....

▶	▷	ø	◁	◀	Einheit	Ausf.-Dauer	Positionsnummer
54€	86€	**101€**	121€	162€	[m]	⏱ 0,45h/m	322.000.035

38 Attika/Mauerabdeckung, Titanzink, bis Z 500 KG **363**

Abdeckung aus Metallblech, verdeckt befestigt, inkl. Haftstreifen und Befestigungsmittel, an den Längsstößen verbunden, ggf. mittels Schiebenähten.
Bauteil: **Attika / Mauer**
Länge: .....
Breite: .....
Untergrund: .....
Material: Titanzink
Blechdicke: 0,7mm
Zuschnitt: bis 500mm
Kantungen: .....
Oberfläche: .....
Farbton: .....
Querneigung: .....°
Gebäudehöhe: .....m
Windzone: .....

▶	▷	ø	◁	◀	Einheit	Ausf.-Dauer	Positionsnummer
48€	78€	**91€**	102€	126€	[m]	⏱ 0,40h/m	322.000.034

39 Ortgangblech, Kupfer, Z 333 KG **363**

Ortgangverblechung, Nahtausbildung überlappt, verdeckt befestigt mit Vorstoßblechen auf Holzunterkonstruktion, inkl. Befestigungsmittel.
Material: Kupfer
Blechdicke: 0,7mm
Ausführung: **gefalzt / glatt / .....**
Zuschnitt: 333mm
Oberfläche: .....
Dachneigung .....°

▶	▷	ø	◁	◀	Einheit	Ausf.-Dauer	Positionsnummer
31€	46€	**57€**	72€	105€	[m]	⏱ 0,20h/m	322.000.033

Kosten:
Stand 2.Quartal 2026
Bundesdurchschnitt

▶ min
▷ von
ø Mittel
◁ bis
◀ max

40 Ortgangblech, Titanzink, Z 333 KG **363**

Ortgangverblechung, Nahtausbildung überlappt, verdeckt befestigt mit Vorstoßblechen auf Holzunterkonstruktion, inkl. Befestigungsmittel.
Material: Titanzink
Blechdicke: 0,7 mm
Ausführung: **gefalzt / glatt / .....**
Zuschnitt: 333 mm
Oberfläche: .....
Dachneigung .....°

29€ 47€ **54€** 67€ 102€ [m] ⏱ 0,20 h/m 322.000.032

41 Blechkehle, Kupfer, bis Z 667 KG **363**

Kehle aus Metallblech, mit seitlichem Wasserfalz, überlappend verlegt, befestigt auf Holzunterkonstruktion, inkl. Befestigungsmittel.
Material: Kupfer
Blechdicke: 0,6 mm
Ausführung: .....
Zuschnitt: 667 mm
Oberfläche: .....
Dachneigung: .....°

47€ 64€ **71€** 85€ 105€ [m] ⏱ 0,20 h/m 322.000.031

42 Blechkehle, Titanzink, bis Z 667 KG **363**

Kehle aus Metallblech, mit seitlichem Wasserfalz, überlappend verlegt, befestigt auf Holzunterkonstruktion, inkl. Befestigungsmittel.
Material: Titanzink
Blechdicke: 0,7 mm
Ausführung: .....
Zuschnitt: bis 667 mm
Oberfläche: .....
Dachneigung: .....°

35€ 49€ **54€** 61€ 78€ [m] ⏱ 0,20 h/m 322.000.030

43 Kleintierschutz, Metall KG **363**

Kleintierschutz an der Traufe, aus Metall, passend zur Dachdeckung, freier Querschnitt gem. Klempnerfachregel des ZVSHK.
Untergrund: Holzunterkonstruktion
Breite: bis 150 mm
Material: .....
Abmessung: .....
Einbauort: Gründach

23€ 30€ **33€** 37€ 46€ [m] ⏱ 0,10 h/m 322.000.053

Nr.	Kurztext / Langtext						Kostengruppe
▶	▷	ø netto €	◁	◀	[Einheit]	Ausf.-Dauer	Positionsnummer

44 Traufstreifen, Tropfblech, Kupfer, Z 333 KG **363**

Traufstreifen als Tropfblech mit Tropfkante, befestigt mit Haftstreifen auf Holzunterkonstruktion, an den Stößen lose überlappt, inkl. Befestigungsmittel.
Einbauort: Traufe
Material: Kupfer
Blechdicke: 0,7mm
Zuschnitt: 333mm
Kantungen: dreifach
Oberfläche: .....

13€ 25€ **31€** 34€ 50€ [m] ⏱ 0,15h/m 322.000.029

45 Traufstreifen, Tropfblech, Titanzink, Z 333 KG **363**

Traufstreifen als Tropfblech mit Tropfkante, befestigt mit Haftstreifen auf Holzunterkonstruktion, an den Stößen lose überlappt, inkl. Befestigungsmittel.
Einbauort: Traufe
Material: Titanzink
Blechdicke: 0,7mm
Zuschnitt: 333mm
Kantungen: dreifach
Oberfläche: .....

11€ 21€ **26€** 32€ 48€ [m] ⏱ 0,15h/m 322.000.028

46 Notüberlauf, Flachdach KG **363**

Notüberlauf in Attika, außenseitig mit Tropfnase, innenseitig mit Kragen, inkl. Anschluss an Dachdichtung.
Anschlussart/Eindichtung: .....
Abdichtung Dachfläche: .....
Einbau: waagrecht
Gefälle: .....%
Material: .....
Materialdicke: .....
Anstauhöhe: .....
Abflussleistung: .....
Form: **rund / rechteckig**
Abmessung: .....
Länge: .....
Oberfläche: .....

131€ 203€ **221€** 247€ 314€ [St] ⏱ 0,80h/St 322.000.069

47 Standrohr, Metall KG **363**

Standrohr abgestimmt auf Fallrohr, vor Gebäudesockel einbauen, mit runder Revisionsöffnung einschl. Deckel und Schrauben, mit Muffe, wasserdicht verbunden mit Fallrohr.
Material: .....
Form: **rund / rechteckig**
Nenngröße: DN.....
Materialstärke: .....mm

85€ 117€ **125€** 145€ 198€ [St] ⏱ 0,36h/St 322.000.024

Kosten:
Stand 2.Quartal 2026
Bundesdurchschnitt

▶ min
▷ von
ø Mittel
◁ bis
◀ max

48 Standrohr, Guss/SML KG **363**

Standrohr, rund, im Sockelbereich der Dachentwässerung, als Übergang zur Grundleitung, Standrohr mit Rohrschellen am Gebäude befestigt, inkl. Anschluss an Rohrleitungsnetz.
Material: **Gussrohr / SML-Rohr**
Form: **rund / rechteckig**
Nenngröße: DN.....
Oberfläche: .....
Revisionsöffnung: **mit / ohne**

70€ 107€ **123€** 148€ 183€ [St] ⏱ 0,36h/St 322.000.023

49 Laubfangkorb, Dachrinnenablauf KG **363**

Laubfangkorb, für Dachrinnenablauf.
Material: **Stahldraht verzinkt / Kupfer / Edelstahl**
Ablaufgröße: .....

10€ 13€ **14€** 17€ 23€ [St] ⏱ 0,06h/St 322.000.027

50 Fallrohrklappe, Titanzink/Kupfer KG **363**

Fallrohrklappe, passend zum Fallrohr.
Material: **Titanzink / Kupfer**
Oberfläche: .....
Laubfang: **mit / ohne**

53€ 65€ **68€** 73€ 84€ [St] ⏱ 0,15h/St 322.000.026

51 Standrohrkappen, Titanzink/Kupfer KG **363**

Standrohrkappe für Standrohre, passend zum angeschlossenen Fallrohr.
Material: **Titanzink / Kupfer**
Oberfläche: .....
Ausführung: **mit / ohne Muffe**

7€ 12€ **14€** 17€ 23€ [St] ⏱ 0,10h/St 322.000.025

52 Fallrohrbogen, Kupfer, DN100 KG **363**

Fallrohrbogen, rund, aus Metallblech, verbunden mit Fallrohr.
Material: Kupfer
Blechdicke: 0,7mm
Nennweite: DN100
Bogenwinkel: .....°
Ausführung: gelötet
Oberfläche: .....

30€ 35€ **37€** 39€ 43€ [St] ⏱ 0,10h/St 322.000.022

Nr.	Kurztext / Langtext						Kostengruppe
▶	▷	**ø netto €**	◁	◀	[Einheit]	Ausf.-Dauer	Positionsnummer

53 Fallrohrbogen, Titanzink, DN100 KG **363**

Fallrohrbogen, rund, aus Metallblech, verbunden mit Fallrohr.
Material: Titanzink
Blechdicke: 0,7mm
Nennweite: DN100
Bogenwinkel: .....°
Ausführung: gelötet
Oberfläche: .....

15€	23€	**26€**	31€	41€	[St]	⏱ 0,10h/St	322.000.021

54 Fallrohr, Kupfer, DN100 KG **363**

Regenfallrohr, rund, aus Metallblech, befestigt mittels Rohrschellen und Schraubstift.
Untergrund: .....
Material: Kupfer
Blechdicke: 0,7mm
Nennweite: DN100
Oberfläche: .....

41€	54€	**60€**	68€	81€	[m]	⏱ 0,20h/m	322.000.020

55 Fallrohr, Titanzink, bis DN100 KG **363**

Regenfallrohr, rund, aus Metallblech, befestigt mittels Rohrschellen und Schraubstift.
Untergrund: .....
Material: Titanzink
Blechdicke: 0,7mm
Nennweite: DN.....
Oberfläche: .....

28€	39€	**43€**	49€	68€	[m]	⏱ 0,21h/m	322.000.018

56 Fallrohr, Titanzink, bis DN150 KG **363**

Regenfallrohr, rund, aus Metallblech, befestigt mittels Rohrschellen und Schraubstift.
Untergrund: .....
Material: Titanzink
Blechdicke: 0,7mm
Nennweite: DN.....
Oberfläche: .....

37€	46€	**51€**	58€	69€	[m]	⏱ 0,24h/m	322.000.019

57 Rinnenendstück, Rinnenboden, Kupfer KG **363**

Rinnenendstück für Dachrinne, passend zur Dachrinne, inkl. Anpass- und Fügearbeiten.
Material: Kupfer
Blechdicke: 0,7mm
Oberfläche: .....
Nennweite Rinne: .....

8€	12€	**14€**	18€	28€	[St]	⏱ 0,10h/St	322.000.017

Kosten:
Stand 2.Quartal 2026
Bundesdurchschnitt

▶ min
▷ von
ø Mittel
◁ bis
◀ max

58 Rinnenendstück, Rinnenboden, Titanzink KG **363**

Rinnenendstück für Dachrinne, passend zur Dachrinne, inkl. Anpass- und Fügearbeiten.
Material: Titanzink
Blechdicke: 0,7 mm
Oberfläche: .....
Nennweite Rinne: .....

▶	▷	ø netto €	◁	◀	[Einheit]	Ausf.-Dauer	Positionsnummer
7€	11€	**13€**	17€	25€	[St]	⏱ 0,10 h/St	322.000.016

59 Rinnenstutzen, Kupfer KG **363**

Rinnenstutzen, in Dachrinne und Fallrohr eingepasst, inkl. Anpass- und Fügearbeiten.
Material: Kupfer
Form: **G / S / zylindrisch**
Nenngröße: .....
Oberfläche: .....
Fallrohr: rund

▶	▷	ø netto €	◁	◀	[Einheit]	Ausf.-Dauer	Positionsnummer
29€	40€	**44€**	47€	56€	[St]	⏱ 0,15 h/St	322.000.014

60 Rinnenstutzen, Titanzink KG **363**

Rinnenstutzen, in Dachrinne und Fallrohr eingepasst, inkl. Anpass- und Fügearbeiten.
Material: Titanzink
Form: **G / S / zylindrisch**
Nenngröße: .....
Oberfläche: .....
Fallrohr: rund

▶	▷	ø netto €	◁	◀	[Einheit]	Ausf.-Dauer	Positionsnummer
25€	33€	**36€**	41€	50€	[St]	⏱ 0,15 h/St	322.000.013

61 Dachrinne, Kupfer, bis Z 333 KG **363**

Dachrinne als Halbrundrinne, vorgehängt, mit Wulst und Falz sowie Stoßverbindung, Rinne verlegt im Gefälle, inkl. Rinnenhalter und Befestigungsmittel.
Untergrund: Holz
Einbauort: Steildach
Material: Kupfer
Blechdicke: 0,7 mm
Zuschnitt: bis 333 mm
Oberfläche: .....
Einhängung: .....

▶	▷	ø netto €	◁	◀	[Einheit]	Ausf.-Dauer	Positionsnummer
36€	52€	**61€**	71€	91€	[m]	⏱ 0,30 h/m	322.000.012

Nr.	Kurztext / Langtext						Kostengruppe
▶	▷	ø netto €	◁	◀	[Einheit]	Ausf.-Dauer	Positionsnummer

62 Dachrinne, Titanzink, bis Z 333 KG **363**

Dachrinne als Halbrundrinne, vorgehängt, mit Wulst und Falz, sowie Stoßverbindung, Rinne verlegt im Gefälle, inkl. Rinnenhalter und Befestigungsmittel.
Untergrund: Holz
Einbauort: Steildach
Material: Titanzink
Blechdicke: 0,7mm
Zuschnitt: bis 333mm
Oberfläche: .....
Einhängung: .....

33€	42€	**47€**	54€	70€	[m]	⏱ 0,30h/m	322.000.009

Kosten:
Stand 2. Quartal 2026
Bundesdurchschnitt

63 Dachrinne, Titanzink, Kastenrinne, Z 333 KG **363**

Dachrinne als Kastenrinne, vorgehängt, mit Wulst und Falz sowie Stoßverbindung, Rinne verlegt im Gefälle, inkl. Rinnenhalter und Befestigungsmittel.
Untergrund: Holz
Einbauort: Steildach
Material: Titanzink
Blechdicke: 0,7mm
Zuschnitt: 333mm
Oberfläche: .....
Farbton: .....
Eingehängung: .....

42€	54€	**59€**	71€	94€	[m]	⏱ 0,34h/m	322.000.011

64 Traufstreifen, Rinneneinhang, Kupfer, Z 333 KG **363**

Traufstreifen als Einhängeblech, am Übergang von Dachfläche zu Dachrinne, mit Tropfkante, an den Stößen lose überlappt, aus Metallblech, verdeckt befestigen mit Haften, auf Holzuntergrund, mit Tropfkante, inkl. Befestigungsmittel.
Untergrund: Holzkonstruktion
Material: Kupfer
Blechdicke: 0,7mm
Zuschnitt: 333mm
Kantungen: .....
Oberfläche: .....
Tropfkante: **gekantet / mit Wulst**

29€	42€	**44€**	48€	62€	[m]	⏱ 0,25h/m	322.000.008

▶ min
▷ von
ø Mittel
◁ bis
◀ max

65 Traufstreifen, Rinneneinhang, Titanzink, Z 333 — KG **363**

Traufstreifen als Einhängeblech, am Übergang von Dachfläche zu Dachrinne, mit Tropfkante, an den Stößen lose überlappt, aus Metallblech, verdeckt befestigen mit Haften, auf Holzuntergrund, mit Tropfkante, inkl. Befestigungsmittel.
Untergrund: Holzkonstruktion
Material: Titanzink
Blechdicke: 0,7 mm
Zuschnitt: 333 mm
Kantungen: .....
Oberfläche: .....
Tropfkante: **gekantet / mit Wulst**

▶	▷	ø netto €	◁	◀	[Einheit]	Ausf.-Dauer	Positionsnummer
21€	30€	**34€**	37€	52€	[m]	⏱ 0,20 h/m	322.000.007

66 Sicherheitsdachhaken, verzinkt — KG **369**

Sicherheitsdachhaken, in Holz-Dachkonstruktion, inkl. Anpassarbeiten der Dachdeckung, Haken mit Einhängelasche.
Material: verzinkter Stahl
Ausführung: Typ B
Abmessung: 25 x 6 mm

▶	▷	ø netto €	◁	◀	[Einheit]	Ausf.-Dauer	Positionsnummer
24€	32€	**34€**	39€	43€	[St]	⏱ 0,15 h/St	322.000.106

67 Sicherheitsdachhaken, Kupfer — KG **369**

Sicherheitsdachhaken, in Holz-Dachkonstruktion, inkl. Anpassarbeiten der Dachdeckung, Haken mit Einhängelasche.
Material: Kupfer
Ausführung: Typ B
Abmessung: 25 x 6 mm

▶	▷	ø netto €	◁	◀	[Einheit]	Ausf.-Dauer	Positionsnummer
26€	32€	**38€**	43€	47€	[St]	⏱ 0,15 h/St	322.000.108

68 Sicherheitstritt, Standgitter — KG **369**

Sicherheitstritt für Schornsteinfeger, aus Standgitter und Auflagerbügeln, an Dachlattung mit zusätzlicher Unterstützung befestigen, passend zur Dachdeckung.
Trittlänge: ca. 41 cm
Dachdeckung: .....

▶	▷	ø netto €	◁	◀	[Einheit]	Ausf.-Dauer	Positionsnummer
104€	134€	**146€**	170€	180€	[St]	⏱ 0,35 h/St	322.000.107

69 Stundensatz, Facharbeiter/-in

Stundenlohnarbeiten für Vorarbeiter/-in, Gesellin/Geselle, Facharbeiter/-in und Gleichgestellte, sowie ähnliche Fachkräfte. Der Verrechnungssatz für die jeweilige Arbeitskraft umfasst sämtliche Aufwendungen wie Lohn- und Gehaltskosten, lohn- und gehaltsgebundene Kosten, Lohn- und Gehaltsnebenkosten, Gemeinkosten, Wagnis und Gewinn.Leistung nach besonderer Anordnung der Bauüberwachung. Anmeldung und Nachweis gemäß VOB/B.

▶	▷	ø netto €	◁	◀	[Einheit]	Ausf.-Dauer	Positionsnummer
70€	76€	**80€**	81€	84€	[h]	⏱ 1,00 h/h	322.000.077

B Ausbau

323

Kosten:
Stand 2. Quartal 2026
Bundesdurchschnitt

Nr.	Positionen	Einheit	▶	▷	ø brutto € / ø netto €	◁	◀
1	Außenputz abschlagen, Mauerwerk	m²	17	24	**27**	33	44
			14	20	**23**	27	37
2	Außenputz abschlagen, Teilflächen	m²	27	39	**42**	46	53
			23	33	**35**	39	45
3	Sockelputz abschlagen	m²	14	21	**23**	28	38
			12	18	**20**	23	32
4	Deckenputz abschlagen	m²	20	38	**43**	50	51
			17	32	**36**	42	43
5	Deckenputz abschlagen, Teilflächen	m²	21	38	**46**	54	72
			18	32	**39**	45	61
6	Putzträger entfernen, Wand	m²	13	20	**23**	27	39
			11	17	**19**	23	33
7	Putzträger entfernen, Decke	m²	14	28	**31**	36	45
			12	23	**26**	31	37
8	Kantenschutzschiene abbrechen	m	8	10	**11**	12	23
			7	8	**9**	10	19
9	Ziegelwand/Fugen reinigen	m²	5	6	**7**	16	23
			4	5	**6**	13	19
10	Untergrund prüfen	m²	0,7	1,4	**1,7**	2,0	2,6
			0,6	1,1	**1,4**	1,7	2,2
11	Untergrund abkehren	m²	0,7	2,0	**2,8**	3,8	5,2
			0,6	1,6	**2,4**	3,2	4,3
12	Sandstrahlen, Altputz	m²	10	20	**22**	26	29
			8	16	**19**	22	25
13	Niederdruckreinigung, Putzuntergrund	m²	12	21	**23**	28	35
			10	18	**20**	23	29
14	Hochdruckreinigung, Rotordüse, Putzuntergrund	m²	8	13	**14**	17	22
			6	11	**12**	14	19
15	Fassadenreinigung, Hochdruckreinigung mit Warmwasser	m²	5	9	**11**	12	20
			4	8	**9**	10	17
16	Hohlstellen prüfen, Innenputz	m²	2	3	**3**	4	7
			2	2	**3**	3	6
17	Hohlstellen abschlagen, Innenputz	St	13	20	**23**	27	34
			11	17	**19**	23	28
18	Pilz-/Algenbefall entfernen, Außenputz	m²	9	10	**11**	13	21
			7	8	**10**	11	18
19	Mauerbewuchs entfernen, Putzflächen	m²	5	10	**11**	13	17
			4	8	**9**	11	14
20	Ausblühungen entfernen, Putzuntergrund	m²	5	7	**8**	9	15
			4	6	**7**	8	13
21	Mauerwerksfugen verfüllen	m²	22	23	**28**	32	47
			19	19	**23**	27	39
22	Putzträger, verzinkt, Innenwand	m²	10	20	**23**	27	32
			8	17	**19**	22	27
23	Putzträger, Drahtziegelgewebe, innen	m²	16	23	**25**	30	36
			14	19	**21**	25	30
24	Spritzbewurf, Innenmauerwerk	m²	12	14	**16**	19	24
			10	12	**13**	16	20

▶ min
▷ von
ø Mittel
◁ bis
◀ max

Nr.	Positionen	Einheit	►	▷	ø brutto € / ø netto €	◁	◄
25	Untergrund verfestigen, Tiefgrund	m²	3	3	**4**	5	7
			3	3	**3**	4	6
26	Haftputz, mineralisch, Beton	m²	9	10	**11**	13	18
			7	8	**9**	11	15
27	Außenputz ausbessern	m²	49	66	**74**	87	122
			41	55	**62**	73	103
28	Außenputz ausbessern, Teilflächen	m²	40	63	**71**	81	119
			33	53	**60**	68	100
29	Öffnungen beiputzen, außen	m	14	16	**18**	21	25
			12	13	**15**	18	21
30	Fensterbank beiputzen, außen	St	23	26	**29**	33	38
			19	22	**24**	28	32
31	Putzträger, Streckmetall, außen	m²	20	25	**28**	33	38
			17	21	**24**	28	32
32	Putzarmierung, Glasfasergewebe, außen	m²	13	14	**16**	19	23
			11	12	**14**	16	19
33	Putzarmierung, Edelstahl, außen	m²	55	61	**69**	80	89
			46	51	**58**	67	75
34	Kantenschutzprofil, verzinkt, Außenputz	m	11	12	**14**	16	19
			9	10	**12**	14	16
35	Kantenprofil, Edelstahl, Außenputz	m	15	17	**20**	23	27
			13	14	**16**	19	23
36	Abschlussprofil, PVC/Stahl, Außenputz	m	9	10	**11**	13	16
			8	8	**9**	11	14
37	Einzelriss starr, Verschlämmen	m	8	9	**11**	13	14
			7	8	**9**	11	12
38	Einzelriss starr, Mörtelverschluss	m	6	10	**13**	15	16
			5	9	**11**	13	13
39	Einzelriss flexibel, Dichtstoff	m	10	14	**16**	18	23
			8	12	**13**	15	19
40	Einzelriss 0,2mm, Trennlage/Putzträger	m	22	27	**32**	39	42
			18	23	**27**	33	35
41	Einzelriss flexibel, Dehnfuge gerade	m	13	22	**25**	29	31
			11	18	**21**	24	26
42	Einzelriss flexibel, Bewegungsprofil	m	53	67	**74**	88	95
			44	56	**62**	74	80
43	Fugenschnitt, Wandputz	m	11	13	**14**	17	19
			10	11	**12**	14	16
44	Innenputz abschlagen, Mauerwerk	m²	10	15	**17**	18	23
			9	12	**14**	15	19
45	Putzschäden ausbessern, Teilflächen	m²	45	50	**57**	66	76
			38	42	**48**	55	64
46	Fehlstellen verputzen, bis 0,1m²	St	5	6	**6**	7	9
			4	5	**5**	6	8
47	Fehlstellen verputzen, bis 0,2m²	St	8	10	**12**	14	16
			7	9	**10**	11	14
48	Fehlstellen verputzen, bis 0,3m²	St	10	12	**14**	16	19
			8	10	**12**	14	16

Kosten:
Stand 2. Quartal 2026
Bundesdurchschnitt

Nr.	Positionen	Einheit	►	▷	ø brutto € / ø netto €	◁	◄
49	Putzflächen spachteln, Fehlstellen innen	m²	13	17	**19**	22	26
			11	14	**16**	18	22
50	Ausgleichsputz, Innenwand	m²	19	30	**32**	39	52
			16	25	**27**	33	43
51	Öffnungen beiputzen, innen	m	20	22	**25**	29	35
			16	19	**21**	25	29
52	Fensterbank beiputzen, innen	St	26	33	**37**	43	52
			22	28	**31**	37	44
53	Trennschnitt, Innenputz	m	5	7	**8**	9	11
			4	6	**6**	7	9
54	Putzträger, Rippenstreckmetall, innen	m²	16	20	**23**	27	32
			13	17	**19**	22	27
55	Putzträger, Rabitzgewebe, innen	m²	16	21	**23**	27	32
			14	17	**19**	22	27
56	Kantenprofil, verzinkt, innen	m	7	9	**10**	12	14
			6	8	**9**	10	12
57	Putzabschlussprofil, verzinkt, Türen, innen	m	8	9	**10**	12	14
			7	8	**9**	10	12
58	Wärmedämmputz, Wand innen, 50mm	m²	89	107	**122**	142	171
			75	90	**103**	119	144
59	Wärmedämmputz, Wand innen, 75mm	m²	148	167	**187**	219	281
			124	140	**157**	184	236
60	Wärmedämmputz, Laibung innen, 50mm	m	37	41	**47**	54	66
			31	35	**39**	46	55
61	Wärmedämmputz, Laibung innen, 75mm	m	45	51	**58**	67	81
			38	43	**49**	57	68
62	Wanddämmung, Mineralplatten 10mm	m²	47	52	**59**	67	78
			39	44	**50**	56	65
63	Wanddämmung, Mineralplatten 30mm	m²	64	74	**83**	95	109
			54	62	**70**	80	92
64	Wanddämmung, Mineralplatten 80mm	m²	78	88	**99**	114	131
			66	74	**83**	96	110
65	Wanddämmung, Mineralplatten 100mm	m²	81	91	**102**	117	133
			68	76	**86**	98	112
66	Laibungen, Mineralplatten	m	36	43	**49**	56	65
			30	36	**41**	47	55
67	Wanddämmung, GK-Bekleidung, 80mm	m²	70	79	**89**	101	117
			59	66	**75**	85	98
68	Wanddämmung, GK-Bekleidung, 100mm	m²	74	85	**93**	107	123
			63	71	**78**	90	103
69	Innenputz, Wand, Kalk-Gipsputz, einlagig, Q2-geglättet	m²	24	29	**32**	35	41
			20	25	**27**	29	34
70	Innenputz, Wand, Kalk-Zementputz, Q2-abgezogen	m²	30	35	**37**	39	46
			25	29	**31**	33	39
71	Innenputz, Wand, Gipsputz, einlagig, Q2-gefilzt	m²	28	33	**34**	35	39
			24	27	**28**	29	33
72	Putzträger, Rippenstreckmetall, Decken	m²	21	24	**27**	31	38
			18	20	**23**	26	32

► min
▷ von
ø Mittel
◁ bis
◄ max

Nr.	Positionen	Einheit	►	▷	ø brutto € / ø netto €	◁	◄
73	Putzträger, Rabitzgewebe, Decken	m²	19	21	**24**	28	35
			16	18	**20**	23	29
74	Trennschnitt, Deckenputz	m	11	13	**15**	18	22
			9	11	**13**	15	18
75	Deckenputz, innen, Kalk-Gipsputz, einlagig, Q2-gefilzt	m²	26	34	**38**	43	52
			22	29	**32**	36	43
76	Außenputz, Wand, Unter-/Oberputz	m²	38	55	**63**	68	81
			32	46	**53**	57	68
77	Untergrundvorbereitung, WDVS	m²	3	4	**4**	5	6
			3	3	**4**	4	5
78	Druckwasserstrahlen, Reinigung	m²	24	27	**31**	36	38
			20	23	**26**	30	32
79	Ausgleichsputz auftragen	m²	20	22	**25**	29	38
			17	19	**21**	25	32
80	Untergrundverfestigung, Grundierung	m²	2	4	**5**	6	8
			2	4	**4**	5	7
81	WDVS bis 20m, WF 100	m²	131	140	**150**	174	195
			110	117	**126**	146	164
82	WDVS bis 20m, WF 120	m²	145	152	**165**	193	215
			122	128	**139**	162	180
83	WDVS bis 20m, WF 140	m²	158	169	**182**	204	239
			133	142	**153**	171	200
84	WDVS bis 20m, WF 160	m²	173	183	**196**	234	257
			145	153	**165**	196	216
85	WDVS bis 20m, WF 180	m²	198	214	**230**	271	301
			166	180	**193**	228	253
86	WDVS bis 20m, WF 200	m²	221	239	**257**	298	332
			186	201	**216**	251	279
87	WDVS bis 20m, WF 240	m²	223	233	**253**	296	326
			187	195	**212**	249	274
88	WDVS bis 20m, MW 100	m²	112	119	**131**	152	170
			94	100	**110**	127	143
89	WDVS bis 20m, MW 120	m²	126	133	**146**	170	190
			106	112	**123**	143	160
90	WDVS bis 20m, MW 140	m²	143	151	**166**	192	216
			120	127	**139**	162	181
91	WDVS bis 20m, MW 160	m²	164	175	**186**	222	246
			138	147	**157**	186	207
92	WDVS bis 20m, MW 180	m²	170	181	**195**	230	259
			143	152	**164**	193	218
93	WDVS bis 20m, MW 200	m²	186	197	**216**	251	279
			156	166	**182**	211	235
94	WDVS bis 20m, MW 240	m²	207	219	**241**	279	305
			174	184	**202**	234	257
95	WDVS bis 20m, PS 100	m²	105	113	**122**	144	152
			88	95	**102**	121	128
96	WDVS bis 20m, PS 120	m²	112	119	**130**	151	164
			94	100	**109**	127	138

Kosten:
Stand 2. Quartal 2026
Bundesdurchschnitt

Nr.	Positionen	Einheit	►	▷	ø brutto € / ø netto €	◁	◄
97	WDVS bis 20m, PS 140	m²	134	143	**155**	180	196
			112	120	**131**	151	164
98	WDVS bis 20m, PS 160	m²	152	160	**176**	204	222
			127	135	**148**	172	187
99	WDVS bis 20m, PS 180	m²	167	175	**188**	224	241
			141	147	**158**	188	202
100	WDVS bis 20m, PS 200	m²	182	194	**206**	241	266
			153	163	**173**	203	224
101	WDVS bis 20m, PS 240	m²	196	207	**227**	264	291
			164	174	**191**	222	245
102	Armierung, stoßgefährdete Bereiche	m²	26	29	**33**	39	45
			22	25	**28**	32	37
103	Organischer Oberputz, WDVS	m²	28	32	**33**	35	40
			23	27	**28**	30	34
104	Mineralischer Oberputz, WDVS	m²	29	32	**33**	36	41
			24	27	**28**	30	35
105	Sockeldämmung, XPS, 50mm	m²	48	54	**60**	71	81
			40	45	**51**	60	68
106	Sockeldämmung, XPS, 100mm	m²	62	70	**79**	92	103
			52	59	**67**	77	87
107	Sockeldämmung, XPS, 160mm	m²	84	95	**108**	125	141
			71	80	**91**	105	118
108	Laibungen dämmen, WDVS	m	26	29	**33**	38	44
			21	24	**28**	32	37
109	Kantenausbildung, Gewebewinkel, WDVS	m	13	15	**16**	19	22
			11	12	**13**	16	19
110	Kantenausbildung, Kunststoffschiene, WDVS	m	14	15	**17**	20	22
			11	13	**14**	17	19
111	Kantenprofil, Edelstahl, WDVS	m	19	22	**24**	28	32
			16	18	**20**	23	27
112	Sockelabschluss, Aluprofil, WDVS	m	17	19	**21**	25	28
			14	16	**18**	21	24
113	Gehrungen, Profile, WDVS	St	2	2	**3**	3	4
			2	2	**2**	2	3
114	Anschluss, Fugendichtband, WDVS	m	7	8	**9**	10	13
			6	7	**8**	9	11
115	Anputzleiste mit Dichtlippe, WDVS	m	14	16	**18**	21	25
			12	13	**15**	17	21
116	Gebäudebewegungsfugen, WDVS	m	41	46	**51**	61	69
			35	39	**43**	51	58
117	Dämmung, Kellerdecke, EPS 040, bis 100mm	m²	51	58	**61**	65	70
			43	49	**52**	55	59
118	Dämmung, Kellerdecke, EPS 040, 100mm	m²	56	59	**64**	70	80
			47	50	**54**	59	67
119	Dämmung, Kellerdecke, EPS 040, 140mm	m²	83	88	**96**	104	124
			70	74	**80**	88	105
120	Dämmung, Kellerdecke, MW 032, bis 140mm	m²	100	106	**115**	125	155
			84	89	**97**	105	130

► min
▷ von
ø Mittel
◁ bis
◄ max

Nr.	Positionen	Einheit	▶	▷	ø brutto € / ø netto €	◁	◀
121	Wärmedämmung, Mehrschichtplatte, 50mm	m²	34	58	**66**	75	89
			29	49	**56**	63	75
122	Wärmedämmung, Mehrschichtplatte, 75mm	m²	45	65	**74**	80	98
			38	54	**62**	67	83
123	WDVS, Brandbarriere, bis 300mm	m	16	22	**24**	27	29
			14	18	**20**	22	24
124	Stundensatz, Facharbeiter/-in	h	69	82	**90**	94	105
			58	69	**75**	79	88
125	Stundensatz, Helfer/-in	h	56	73	**80**	84	97
			47	62	**67**	71	82

Nr. **Kurztext** / Langtext — Kostengruppe
▶ ▷ **ø netto €** ◁ ◀ [Einheit] Ausf.-Dauer Positionsnummer

1 Außenputz abschlagen, Mauerwerk — KG **394**

Außenputz, zweilagig, auf Ziegelmauerwerk abschlagen und Bauschutt entsorgen. Die Wandflächen sind abschließend durch Abkehren zu reinigen.
Putzdicke: bis 30 mm
Haftung: .....
Wandhöhen: .....

14€ 20€ **23€** 27€ 37€ [m²] ⏱ 0,25 h/m² 323.000.165

2 Außenputz abschlagen, Teilflächen — KG **394**

Außenputz, zweilagig, auf Ziegelmauerwerk in Teilflächen abschlagen und Bauschutt entsorgen. Die Wandflächen sind abschließend durch Abkehren zu reinigen.
Einzelgrößen: bis 1,0 m²
Putzdicke: bis 30 mm
Haftung: .....
Wandhöhen: .....

23€ 33€ **35€** 39€ 45€ [m²] ⏱ 0,27 h/m² 323.000.166

3 Sockelputz abschlagen — KG **394**

Sockelputz abschlagen und Bauschutt entsorgen. Die Wandflächen sind abschließend durch Abkehren zu reinigen
Putzdicke: bis 30 mm
Haftung: .....

12€ 18€ **20€** 23€ 32€ [m²] ⏱ 0,23 h/m² 323.000.167

4 Deckenputz abschlagen — KG **394**

Deckenputz abbrechen und Bauschutt entsorgen. Die Wandflächen sind abschließend durch Abkehren zu reinigen.
Putzdicke: bis 20 mm
Untergrund: .....
Haftung: .....
Deckenhöhen: .....

17€ 32€ **36€** 42€ 43€ [m²] ⏱ 0,25 h/m² 323.000.168

323 324 325 326 327 328 329 330 331 332 333 334 336 337 338 339

Nr.	Kurztext / Langtext						Kostengruppe
▶	▷	ø netto €	◁	◀	[Einheit]	Ausf.-Dauer	Positionsnummer

5 Deckenputz abschlagen, Teilflächen KG **394**

Deckenputz in Teilflächen abbrechen und Bauschutt entsorgen. Die Wandflächen sind abschließend durch Abkehren zu reinigen.
Putzdicke: bis 20mm
Untergrund: .....
Haftung: .....
Einzelgröße: bis 1,0m²
Deckenhöhen: .....

▶	▷	ø	◁	◀	Einheit	Ausf.-Dauer	Positionsnummer
18€	32€	**39€**	45€	61€	[m²]	⏱ 0,30h/m²	323.000.169

6 Putzträger entfernen, Wand KG **394**

Putzträger an Wand ausbauen und Bauschutt entsorgen.
Material: Streckmetall

▶	▷	ø	◁	◀	Einheit	Ausf.-Dauer	Positionsnummer
11€	17€	**19€**	23€	33€	[m²]	⏱ 0,20h/m²	323.000.170

7 Putzträger entfernen, Decke KG **394**

Putzträger von Decken ausbauen und Bauschutt entsorgen.
Material: Streckmetall

▶	▷	ø	◁	◀	Einheit	Ausf.-Dauer	Positionsnummer
12€	23€	**26€**	31€	37€	[m²]	⏱ 0,25h/m²	323.000.171

8 Kantenschutzschiene abbrechen KG **394**

Kantenschutzschiene inkl. Befestigungsanker abbrechen und Bauschutt entsorgen.
Material: .....
Länge: bis 1,50m

▶	▷	ø	◁	◀	Einheit	Ausf.-Dauer	Positionsnummer
7€	8€	**9€**	10€	19€	[m]	⏱ 0,10h/m	323.000.172

9 Ziegelwand/Fugen reinigen KG **395**

Wandfläche reinigen, Fugen auskratzen und mit Stahlbesen abbürsten und Bauschutt entsorgen.
Mauerwerksart: Ziegelmauerwerk
Steinformat: .....

▶	▷	ø	◁	◀	Einheit	Ausf.-Dauer	Positionsnummer
4€	5€	**6€**	13€	19€	[m²]	⏱ 0,10h/m²	323.000.173

10 Untergrund prüfen KG **335**

Untergrund von verputzten Wandflächen akustisch (Klopfprobe oder Hohlstellensonde) auf Schad- und Hohlstellen prüfen, Schadstellen und Rissverläufe markieren.
Bauteil: Innenwand
Arbeitshöhe: 1,50m bis 3,50m über der Standfläche des hierfür erforderlichen Gerüstes

▶	▷	ø	◁	◀	Einheit	Ausf.-Dauer	Positionsnummer
0,6€	1,1€	**1,4€**	1,7€	2,2€	[m²]	⏱ 0,01h/m²	323.000.288

11 Untergrund abkehren KG **335**

Reinigen des Untergrunds (Wand- und Deckenflächen) von groben Verschmutzungen und losen Bestandteilen, durch Abkehren, inkl. sammeln und abfahren des Abfalls bis zur Entsorgungsstelle nach Wahl des AN. Entsorgung wird gesondert vergütet.
Arbeitshöhe: 1,50m bis 3,50m über Standfläche des hierfür erforderlichen Gerüsts

▶	▷	ø	◁	◀	Einheit	Ausf.-Dauer	Positionsnummer
0,6€	1,6€	**2,4€**	3,2€	4,3€	[m²]	⏱ 0,04h/m²	323.000.289

Kosten:
Stand 2. Quartal 2026
Bundesdurchschnitt

▶ min
▷ von
ø Mittel
◁ bis
◀ max

Nr.	Kurztext / Langtext						Kostengruppe
▶	▷	**ø netto €**	◁	◀	[Einheit]	Ausf.-Dauer	Positionsnummer

12 Sandstrahlen, Altputz KG **395**

Sandstrahlen ohne Wasser von Wandflächen zum Entfernen von Altputzresten, groben Schmutz und weißlichen Ausblühungen. Verbliebenen Staub abkehren oder abblasen und Schutt entsorgen.
Untergrund: .....

8€	16€	**19€**	22€	25€	[m²]	⏱ 0,18 h/m²	323.000.174

13 Niederdruckreinigung, Putzuntergrund KG **395**

Niederdruckreinigung mit festen Strahlmittel des Putzuntergrundes zum Entfernen von fest haftenden Substanzen. Flächen nachwaschen und Reststoffe entsorgen.
Untergrund: .....

10€	18€	**20€**	23€	29€	[m²]	⏱ 0,18 h/m²	323.000.175

14 Hochdruckreinigung, Rotordüse, Putzuntergrund KG **395**

Hochdruckwasserstrahlen mit Rotordüse des Putzuntergrundes zum Entfernen von fest haftenden Substanzen einschl. Entsorgung der Reststoffe.
Untergrund: .....

6€	11€	**12€**	14€	19€	[m²]	⏱ 0,14 h/m²	323.000.176

15 Fassadenreinigung, Hochdruckreinigung mit Warmwasser KG **395**

Putzuntergrund durch Hochdruckreinigung mit Warmwasser reinigen. Leistung einschl. Entsorgung der Reststoffe und Deponiegebühren.
Untergrund: .....

4€	8€	**9€**	10€	17€	[m²]	⏱ 0,12 h/m²	323.000.177

16 Hohlstellen prüfen, Innenputz KG **394**

Innenputz auf Hohlstellen prüfen und markieren.
Putzart: .....

2€	2€	**3€**	3€	6€	[m²]	⏱ 0,03 h/m²	323.000.178

17 Hohlstellen abschlagen, Innenputz KG **394**

Hohlstellen des Putzes an Innenwandflächen abschlagen und Entsorgung des Bauschutts.
Putz: .....
Größe der Fläche: bis ..... m²

11€	17€	**19€**	23€	28€	[St]	⏱ 0,24 h/St	323.000.179

18 Pilz-/Algenbefall entfernen, Außenputz KG **395**

Verputzte Fassadenflächen mit Algen- und Pilzbefall mit Sanierlösung und Bürste behandeln.
Befall: .....
Angeb. Fabrikat: .....

7€	8€	**10€**	11€	18€	[m²]	⏱ 0,06 h/m²	323.000.180

19 Mauerbewuchs entfernen, Putzflächen KG **395**

Mauerbewuchs auf Putzflächen entfernen und Abfall entsorgen.
Bewuchs: .....

4€	8€	**9€**	11€	14€	[m²]	⏱ 0,13 h/m²	323.000.181

Kosten:
Stand 2. Quartal 2026
Bundesdurchschnitt

Nr.	Kurztext / Langtext						Kostengruppe
▶	▷	**ø netto €**	◁	◀	[Einheit]	Ausf.-Dauer	Positionsnummer

20 Ausblühungen entfernen, Putzuntergrund — KG **395**

Sichtbare Ausblühungen an Putzuntergrund durch trockenes abbürsten entfernen.
Untergrund: .....

▶	▷	ø netto €	◁	◀	[Einheit]	Ausf.-Dauer	Positionsnummer
4€	6€	**7€**	8€	13€	[m²]	⏱ 0,08 h/m²	323.000.182

21 Mauerwerksfugen verfüllen — KG **395**

Mauerwerksfugen bis Vorderkante der Fugen verfüllen.
Mauerwerk: .....
Mörtelart: .....
Steinformat: .....

▶	▷	ø netto €	◁	◀	[Einheit]	Ausf.-Dauer	Positionsnummer
19€	19€	**23€**	27€	39€	[m²]	⏱ 0,23 h/m²	323.000.183

22 Putzträger, verzinkt, Innenwand — KG **395**

Putzträger aus verzinktem Metallgewebe auf Innenwände aus Mauerwerk einbauen.
Bauteil: Innenwand
Maschenweite: .....
Einbauort: .....

▶	▷	ø netto €	◁	◀	[Einheit]	Ausf.-Dauer	Positionsnummer
8€	17€	**19€**	22€	27€	[m²]	⏱ 0,20 h/m²	323.000.184

23 Putzträger, Drahtziegelgewebe, innen — KG **395**

Putzträger aus Drahtziegelgewebe auf Innenwände aus Mauerwerk einbauen.
Bauteil: Innenwand
Maschenweite: bis 12,5mm
Einbauort: .....

▶	▷	ø netto €	◁	◀	[Einheit]	Ausf.-Dauer	Positionsnummer
14€	19€	**21€**	25€	30€	[m²]	⏱ 0,20 h/m²	323.000.185

24 Spritzbewurf, Innenmauerwerk — KG **395**

Spritzbewurf auf Mauerwerk im Innenbereich halbdeckend auftragen mit grobkörnigem Zementvorspritzmörtel.
Art des Mauerwerks: .....
Mörtelgruppe: CS IV

▶	▷	ø netto €	◁	◀	[Einheit]	Ausf.-Dauer	Positionsnummer
10€	12€	**13€**	16€	20€	[m²]	⏱ 0,08 h/m²	323.000.186

25 Untergrund verfestigen, Tiefgrund — KG **395**

Tiefgrund, lösemittelfrei, auf tragfähigen Altputz mit sandender Oberfläche.
Angeb. Fabrikat: .....

▶	▷	ø netto €	◁	◀	[Einheit]	Ausf.-Dauer	Positionsnummer
3€	3€	**3€**	4€	6€	[m²]	⏱ 0,05 h/m²	323.000.187

26 Haftputz, mineralisch, Beton — KG **395**

Mineralische Putzhaftbrücke aus Werkmörtel, kunststoffmodifiziert, auf glatten, schwach saugenden Betonflächen aufziehen und mit der Zahntraufel aufkämmen.
Mörtelgruppe: CS III
Schichtdicke: ca. 5mm

▶	▷	ø netto €	◁	◀	[Einheit]	Ausf.-Dauer	Positionsnummer
7€	8€	**9€**	11€	15€	[m²]	⏱ 0,05 h/m²	323.000.188

▶ min
▷ von
ø Mittel
◁ bis
◀ max

Nr.	Kurztext / Langtext						Kostengruppe
▶	▷	**ø netto €**	◁	◀	[Einheit]	Ausf.-Dauer	Positionsnummer

27 Außenputz ausbessern KG **395**

Außenputz mit Unter- und Oberputz ausbessern. Loser und hohlliegender Putz ist zu entfernen und Mauerwerksfugen bis 15 mm tief auskratzen. Die Wandflächen sind abschießend zu reinigen und der Bauschutt zu entsorgen.
Neuverputz: .....
Oberfläche: .....

41€	55€	**62€**	73€	103€	[m²]	⏱ 0,65 h/m²	323.000.189

28 Außenputz ausbessern, Teilflächen KG **395**

Außenputz in Teilflächen entfernen und mit Unter- und Oberputz ausbessern. Loser und hohlliegender Putz ist zu entfernen und Mauerwerksfugen bis 15 mm tief auskratzen. Die Wandflächen sind abschießend zu reinigen und der Bauschutt zu entsorgen.
Neuverputz: .....
Oberfläche: .....
Flächenanteil/Einzelgrößen: bis ..... m²

33€	53€	**60€**	68€	100€	[m²]	⏱ 0,65 h/m²	323.000.190

29 Öffnungen beiputzen, außen KG **395**

Nachträgliches Beiputzen des Außenputzes an Fenstern und Türen.
Laibungstiefe: bis 20 cm
Mörtelart: .....

12€	13€	**15€**	18€	21€	[m]	⏱ 0,10 h/m	323.000.191

30 Fensterbank beiputzen, außen KG **395**

Nachträglich eingebaute Fensterbank beiputzen.
Länge: bis 1,35 m
Breite: bis 15 cm

19€	22€	**24€**	28€	32€	[St]	⏱ 0,30 h/St	323.000.192

31 Putzträger, Streckmetall, außen KG **395**

Putzträger mit Streckmetall, vollflächig an Wandflächen im Außenbereich.
Material: Stahl, verzinkt

17€	21€	**24€**	28€	32€	[m²]	⏱ 0,23 h/m²	323.000.193

32 Putzarmierung, Glasfasergewebe, außen KG **395**

Putzarmierung mit Glasfasergewebe, vollflächig an Wandflächen im Außenbereich.

11€	12€	**14€**	16€	19€	[m²]	⏱ 0,12 h/m²	323.000.194

33 Putzarmierung, Edelstahl, außen KG **395**

Putzarmierung aus Edelstahlgitter in mineralischen Putzflächen, vollflächig im Außenbereich mit Dübeln befestigt.

46€	51€	**58€**	67€	75€	[m²]	⏱ 0,20 h/m²	323.000.195

34 Kantenschutzprofil, verzinkt, Außenputz KG **395**

Kantenschutzprofil aus verzinktem Stahl für Putz im Außenbereich.
Bauteil: Wand

9€	10€	**12€**	14€	16€	[m]	⏱ 0,10 h/m	323.000.196

Nr.	Kurztext / Langtext						Kostengruppe
▶	▷	ø netto €	◁	◀	[Einheit]	Ausf.-Dauer	Positionsnummer

35 Kantenprofil, Edelstahl, Außenputz KG **395**

Kantenprofil aus Edelstahl für Putz im Außenbereich.
Bauteil: Wand

13€	14€	**16€**	19€	23€	[m]	⏱ 0,10h/m	323.000.197

36 Abschlussprofil, PVC/Stahl, Außenputz KG **395**

Putzabschlussprofil aus verzinktem Stahlblech mit PVC-Überzug für Putz im Außenbereich.
Farbe PVC: weiß

8€	8€	**9€**	11€	14€	[m]	⏱ 0,08h/m	323.000.198

Kosten:
Stand 2. Quartal 2026
Bundesdurchschnitt

37 Einzelriss starr, Verschlämmen KG **395**

Einzelriss ohne Rissbreitenänderung, in Außenputz, durch Verschlämmen mit füllender Beschichtung schließen.
Putzart: .....
Oberfläche: .....
Risstiefe: .....
Füllstoff: .....

7€	8€	**9€**	11€	12€	[m]	⏱ 0,12h/m	323.000.199

38 Einzelriss starr, Mörtelverschluss KG **395**

Einzelriss ohne Rissbreitenänderung, in Außenputz, weiten und mit Spachtelmasse schließen. Die Rissränder und Putzuntergrund sind zu grundieren und an die Oberfläche des vorhandenen Putzes anzupassen.
Putzart: .....
Oberfläche: .....
Risstiefe: .....
Spachtelmasse: .....

5€	9€	**11€**	13€	13€	[m]	⏱ 0,12h/m	323.000.200

39 Einzelriss flexibel, Dichtstoff KG **395**

Einzelriss, mit Rissbreitenänderung in Außenputz, v-förmig weiten und mit überstreichbaren Dichtstoff schließen. Der Riss ist zu grundieren und der frische Dichtstoff mit Sand abzustreuen.
Putzart: .....
Oberfläche: .....
Risstiefe: .....
Dichtstoff: .....

8€	12€	**13€**	15€	19€	[m]	⏱ 0,17h/m	323.000.201

▶ min
▷ von
ø Mittel
◁ bis
◀ max

40 Einzelriss 0,2mm, Trennlage/Putzträger KG **395**

Einzelriss in Außenwandputz mit max. 0,2mm Rissbreitenänderung mit Trennlage und Gewebe überdecken und mit Verputz oberflächengleich schließen. Der Putz ist beidseitig 20cm und der Oberputz zusätzlich 5cm zu entfernen. Die Trennlage ist mit mehrlagigem Glasvlies und Drahtgitter mit Befestigung im Abstand von 25cm auszuführen.
Putzart: .....
Oberfläche: .....
Putzdicke: bis 25mm

18€	23€	**27€**	33€	35€	[m]	⏱ 0,23h/m	323.000.202

Nr.	Kurztext / Langtext						Kostengruppe
▶	▷	**ø netto €**	◁	◀	[Einheit]	Ausf.-Dauer	Positionsnummer

41 Einzelriss flexibel, Dehnfuge gerade KG **395**

Einzelriss, geradlinig mit Rissbreitenänderung in Außenputz, für die Ausbildung einer Dehnfuge weiten, hinterfüllen und mit Dichtstoff schließen. Die Rissflanken sind vor dem Verfüllen zu grundieren.
Putzart: .....
Oberfläche: .....
Putzdicke: bis 25 mm
Fugendimensionierung: .....
Dichtstoff: .....

11€ | 18€ | **21€** | 24€ | 26€ | [m] | ⏱ 0,19 h/m | 323.000.203

42 Einzelriss flexibel, Bewegungsprofil KG **395**

Einzelriss, geradlinig mit Rissbreitenänderung in Außenputz, durch Einbau einer Dehnfuge mit Fugenprofil instand setzen. Putz beidseitig des Risses für Einbau des Profils mind. 10 cm beidseitig und Oberputz zusätzlich 5 cm freilegen und anschließend oberflächengleich beiputzen.
Putzart: .....
Oberfläche: .....
Putzdicke: bis 25 mm
Bewegungsfugenprofil: .....

44€ | 56€ | **62€** | 74€ | 80€ | [m] | ⏱ 0,27 h/m | 323.000.204

43 Fugenschnitt, Wandputz KG **395**

Fugenschnitt zur Begrenzung und zum Schutz des bestehenden Putzes an Wänden für nachträglichen Putzanschluss.
Putz: .....
Putzdicke: bis 15 mm

10€ | 11€ | **12€** | 14€ | 16€ | [m] | ⏱ 0,12 h/m | 323.000.205

44 Innenputz abschlagen, Mauerwerk KG **394**

Innenputz, auf Ziegelmauerwerk abschlagen und Bauschutt entsorgen. Die Wandflächen sind abschließend durch Abkehren zu reinigen.
Putzdicke: bis 20 mm
Haftung: .....
Wandhöhen: .....

9€ | 12€ | **14€** | 15€ | 19€ | [m²] | ⏱ 0,25 h/m² | 323.000.287

45 Putzschäden ausbessern, Teilflächen KG **395**

Putzschäden an geputzten Innenwänden in Teilflächen ausbessern. Geschädigten Putz bis auf das Mauerwerk entfernen und reinigen sowie Bauschutt entsorgen. Fehlflächen mit Mörtel entsprechend des Umgebungsputzes schließen und Oberfläche ansatzfrei angleichen.
Mörtelart: .....
Oberfläche: .....
Flächen bis 1,0 m²
Tiefe: bis 2,0 cm

38€ | 42€ | **48€** | 55€ | 64€ | [m²] | ⏱ 0,30 h/m² | 323.000.206

Nr.	Kurztext / Langtext						Kostengruppe
▶	▷	ø netto €	◁	◀	[Einheit]	Ausf.-Dauer	Positionsnummer

A 1 Fehlstellen verputzen — Beschreibung für Pos. **46-48**

Fehlstellen im Innenwandputz verputzen und Oberfläche ansatzfrei mit Bestand angleichen.
Mörtel: .....
Tiefe: bis 2,0cm

46 Fehlstellen verputzen, bis 0,1m² — KG **395**

Wie Ausführungsbeschreibung A 1
Fehlstelle: 0,01 bis 0,1m²

▶	▷	ø	◁	◀	Einheit	Ausf.-Dauer	Positionsnummer
4€	5€	**5€**	6€	8€	[St]	⏱ 0,06h/St	323.000.207

47 Fehlstellen verputzen, bis 0,2m² — KG **395**

Wie Ausführungsbeschreibung A 1
Größe: 0,1 bis 0,2m²

▶	▷	ø	◁	◀	Einheit	Ausf.-Dauer	Positionsnummer
7€	9€	**10€**	11€	14€	[St]	⏱ 0,10h/St	323.000.208

48 Fehlstellen verputzen, bis 0,3m² — KG **395**

Wie Ausführungsbeschreibung A 1
Größe: 0,2 bis 0,3m²

▶	▷	ø	◁	◀	Einheit	Ausf.-Dauer	Positionsnummer
8€	10€	**12€**	14€	16€	[St]	⏱ 0,12h/St	323.000.209

49 Putzflächen spachteln, Fehlstellen innen — KG **395**

Putz mit kleineren Schlagstellen und Löchern durch Spachtelung an bestehenden Putz angleichen.
Putz: .....
Spachtel: .....
Oberfläche: .....

▶	▷	ø	◁	◀	Einheit	Ausf.-Dauer	Positionsnummer
11€	14€	**16€**	18€	22€	[m²]	⏱ 0,20h/m²	323.000.210

50 Ausgleichsputz, Innenwand — KG **395**

Ausgleichsputz auf Innenwandflächen mit Anpassung an bestehenden Putz.
Dicke: bis 2cm
Mörtelgruppe: .....

▶	▷	ø	◁	◀	Einheit	Ausf.-Dauer	Positionsnummer
16€	25€	**27€**	33€	43€	[m²]	⏱ 0,22h/m²	323.000.211

51 Öffnungen beiputzen, innen — KG **395**

Beiputzen von nachträglich eingebauten Fenstern und Türen.
Mörtel: .....
Oberfläche: .....
Breite: bis 40cm

▶	▷	ø	◁	◀	Einheit	Ausf.-Dauer	Positionsnummer
16€	19€	**21€**	25€	29€	[m]	⏱ 0,16h/m	323.000.212

52 Fensterbank beiputzen, innen — KG **395**

Nachträglich eingebaute Fensterbank im Innenbereich beiputzen.
Länge: bis 1,35m
Breite: bis 25cm

▶	▷	ø	◁	◀	Einheit	Ausf.-Dauer	Positionsnummer
22€	28€	**31€**	37€	44€	[St]	⏱ 0,30h/St	323.000.213

Kosten:
Stand 2.Quartal 2026
Bundesdurchschnitt

▶ min
▷ von
ø Mittel
◁ bis
◀ max

Nr.	Kurztext / Langtext						Kostengruppe
▶	▷	**ø netto €**	◁	◀	[Einheit]	Ausf.-Dauer	Positionsnummer

53 Trennschnitt, Innenputz KG **395**

Trennschnitt als Putzanschluss der Innenwand an benachbarte Bauteile.
Bauteil: .....

4€	6€	**6€**	7€	9€	[m]	⏱ 0,10h/m	323.000.214

54 Putzträger, Rippenstreckmetall, innen KG **395**

Putzträger aus verzinktem Rippenstreckmetall an Wänden im Innenbereich.

13€	17€	**19€**	22€	27€	[m²]	⏱ 0,15h/m²	323.000.215

55 Putzträger, Rabitzgewebe, innen KG **395**

Putzträger mit Rabitzgewebe zur Überspannung rissegefährdeter Putzuntergrundflächen.
Putzuntergrund: .....
Einbauort: .....

14€	17€	**19€**	22€	27€	[m²]	⏱ 0,15h/m²	323.000.216

56 Kantenprofil, verzinkt, innen KG **395**

Kantenprofil aus Metall in verschiedenen Längen an Kanten im Innenbereich.
Putzdicke: bis 15mm
Material: Stahl, verzinkt

6€	8€	**9€**	10€	12€	[m]	⏱ 0,08h/m	323.000.217

57 Putzabschlussprofil, verzinkt, Türen, innen KG **395**

Putzabschlussprofil für Schattenfugen zwischen Türzargen und Putzflächen im Innenbereich.
Material: Stahl, verzinkt

7€	8€	**9€**	10€	12€	[m]	⏱ 0,08h/m	323.000.218

58 Wärmedämmputz, Wand innen, 50mm KG **336**

Wärmedämm-Putzsystem aus Spritzbewurf, Dämmputz und Kratzputz an Wänden als nachträgliche Dämmung auf Innenflächen der Außenwand.
Untergrund: Ziegel
Untergrundvorbereitung: Spritzbewurf, voll deckend
Unterputz: T (Wärmedämmputzmörtel)
Dämmputz 30mm, glatt abgezogen
Nennwert der Wärmeleitfähigkeit: 0,070W/(m K)
Bemessungswert der Wärmeleitfähigkeit: .....
Oberputz: .....
Struktur: Kratzputz, Körnung 3mm
Gesamtdicke: 50mm
Farbton: weiß

75€	90€	**103€**	119€	144€	[m²]	⏱ 0,60h/m²	323.000.219

Nr.	Kurztext / Langtext						Kostengruppe
▶	▷	**ø netto €**	◁	◀	[Einheit]	Ausf.-Dauer	Positionsnummer

59 Wärmedämmputz, Wand innen, 75mm — KG **336**

Wärmedämm-Putzsystem aus Spritzbewurf, Zwischenputzlage als Armierungsputz mit vollflächige Glasfasergewebeeinlage, Dämmputz und Kratzputz an Wänden als nachträgliche Dämmung auf Innenflächen der Außenwand.
Untergrund: Ziegel
Untergrundvorbereitung: Spritzbewurf
Unterputz: T (Wärmedämmputzmörtel)
Dämmputz 50mm, glatt abgezogen
Nennwert der Wärmeleitfähigkeit: 0,070W/(m·K)
Bemessungswert der Wärmeleitfähigkeit: .....
Zwischenputz: ca. 7mm, mit Gewebe
Oberputz: .....
Struktur: glatt abgezogen, Körnung kleiner 4mm
Gesamtdicke: 75mm
Farbton: weiß

124€ | 140€ | **157€** | 184€ | 236€ | [m²] | ⏱ 0,65h/m² | 323.000.220

Kosten:
Stand 2.Quartal 2026
Bundesdurchschnitt

60 Wärmedämmputz, Laibung innen, 50mm — KG **336**

Wärmedämm-Putzsystem an Laibungen auf Innenflächen der Außenwand, zweilagig.
Gesamtdicke: 50mm
Laibungstiefe: bis 250mm
Farbton: weiß

31€ | 35€ | **39€** | 46€ | 55€ | [m] | ⏱ 0,35h/m | 323.000.221

61 Wärmedämmputz, Laibung innen, 75mm — KG **336**

Wärmedämm-Putzsystem an Laibungen auf Innenflächen der Außenwand, zweilagig.
Gesamtdicke: 75mm
Laibungstiefe: bis 250mm
Farbton: weiß

38€ | 43€ | **49€** | 57€ | 68€ | [m] | ⏱ 0,40h/m | 323.000.222

A 2 Wanddämmung, Mineralplatten — Beschreibung für Pos. **62-65**

Innenwandbekleidung aus Mineraldämmplatten mit Kleber aus Leichtmörtel auf Betonwänden.
Nennwert der Wärmeleitfähigkeit: .....W/(m·K)
Bemessungswert der Wärmeleitfähigkeit: 0,045W/(m·K)
Brandverhalten: Klasse A
Rohdichte: 115kg/m³
Sorptionsfeuchte: .....
Wasserdampfdiffusion: .....
Wasseraufnahme: .....

▶ min
▷ von
ø Mittel
◁ bis
◀ max

62 Wanddämmung, Mineralplatten 10mm — KG **336**

Wie Ausführungsbeschreibung A 2
Plattendicke: 10mm

39€ | 44€ | **50€** | 56€ | 65€ | [m²] | ⏱ 0,25h/m² | 313.000.220

Nr.	Kurztext / Langtext						Kostengruppe
▶	▷	ø netto €	◁	◀	[Einheit]	Ausf.-Dauer	Positionsnummer

63 Wanddämmung, Mineralplatten 30mm KG **336**

Wie Ausführungsbeschreibung A 2
Plattendicke: 30mm

54€	62€	**70€**	80€	92€	[m²]	⏱ 0,25h/m²	313.000.221

64 Wanddämmung, Mineralplatten 80mm KG **336**

Wie Ausführungsbeschreibung A 2
Plattendicke: 80mm

66€	74€	**83€**	96€	110€	[m²]	⏱ 0,30h/m²	313.000.223

65 Wanddämmung, Mineralplatten 100mm KG **336**

Wie Ausführungsbeschreibung A 2
Plattendicke: 100mm

68€	76€	**86€**	98€	112€	[m²]	⏱ 0,30h/m²	313.000.224

66 Laibungen, Mineralplatten KG **336**

Laibungsflächen von Betonwänden an Fenster und Türen aus Mineraldämmplatten.
Dämmung: 20mm
Laibungstiefe: bis 250mm

30€	36€	**41€**	47€	55€	[m]	⏱ 0,20h/m	313.000.225

67 Wanddämmung, GK-Bekleidung, 80mm KG **336**

Gipskartonplattenbekleidung mit Wärmedämmlage und Dampfsperre einschl. Unterkonstruktion aus Metallprofilen auf Betonwänden einschl. Randanschlüsse an Bauteile.
Metallprofile: CW/UW 100/50(40)/06
Dämmung: Mineralwolle MW
Typ: WI-zk/zg
Dicke: 80mm
Nennwert der Wärmeleitfähigkeit: 0,032W/(m·K)
Bemessungswert der Wärmeleitfähigkeit: .....
Dampfsperre: .....
Beplankung: Gipskartonplatte Typ A, einlagig
Dicke: 12,5mm
Oberflächenqualität: Q2
Kantenausbildung: .....

59€	66€	**75€**	85€	98€	[m²]	⏱ 0,40h/m²	313.000.226

323
324
325
326
327
328
329
330
331
332
333
334
336
337
338
339

Kosten:
Stand 2. Quartal 2026
Bundesdurchschnitt

Nr.	Kurztext / Langtext						Kostengruppe
▶	▷	ø netto €	◁	◀	[Einheit]	Ausf.-Dauer	Positionsnummer

68 Wanddämmung, GK-Bekleidung, 100mm KG **336**

Gipskartonplattenbekleidung mit Wärmedämmlage und Dampfsperre einschl. Unterkonstruktion aus Metallprofilen auf Betonwänden einschl. Randanschlüsse an Bauteile.
Metallprofile: CW/UW 100/50(40)/06
Dämmung: Mineralwolle MW
Typ: WI-zk/zg
Dicke: 100mm
Nennwert der Wärmeleitfähigkeit: 0,032W/(m·K)
Bemessungswert der Wärmeleitfähigkeit: .....
Dampfsperre: .....
Beplankung: Gipskartonplatte Typ A, einlagig
Dicke: 12,5mm
Oberflächenqualität: Q2
Kantenausbildung: .....

63€	71€	**78€**	90€	103€	[m²]	⏱ 0,40h/m²	313.000.227

69 Innenputz, Wand, Kalk-Gipsputz, einlagig, Q2-geglättet KG **345**

Einlagiger Kalk-Gipsputz, Innenwand für mittel- bis grobstrukturierte Wandbeläge und matte, gefüllte Beschichtungen.
Untergrund: .....
Putzdicke: 15mm
Oberflächenqualität: Q2 - geglättet
Arbeitshöhe: 1,50m bis 3,50m über Standfläche des hierfür erforderlichen Gerüsts

20€	25€	**27€**	29€	34€	[m²]	⏱ 0,20h/m²	323.000.275

70 Innenputz, Wand, Kalk-Zementputz, Q2-abgezogen KG **345**

Innenputz, Wand, Kalk-Zementputz, einlagig, wasserabweisend, als Untergrund für Beläge aus Feinkeramik.
Untergrund: .....
Putzdicke: 15mm
Druckfestigkeitsklasse: CS II
Oberflächenqualität: Q2 - abgezogen
Arbeitshöhe: 1,50m bis 3,50m über Standfläche des hierfür erforderlichen Gerüsts

25€	29€	**31€**	33€	39€	[m²]	⏱ 0,22h/m²	323.000.276

71 Innenputz, Wand, Gipsputz, einlagig, Q2-gefilzt KG **345**

Einlagiger Gipsputz, gefilzt, Innenwand, für matte, gefüllte Beschichtungen und grobstrukturierte Beläge.
Untergrund: KS-Mauerwerk, saugfähig
Putzdicke: 15mm
Oberflächenqualität: Q2 - gefilzt
Putzart: Gipsputz B1
Arbeitshöhe: 1,50m bis 3,50m über Standfläche des hierfür erforderlichen Gerüsts
Ausführung: in allen Geschossen

24€	27€	**28€**	29€	33€	[m²]	⏱ 0,20h/m²	323.000.277

72 Putzträger, Rippenstreckmetall, Decken KG **395**

Putzträger aus verzinktem Rippenstreckmetall an Decken im Innenbereich.

18€	20€	**23€**	26€	32€	[m²]	⏱ 0,17h/m²	323.000.223

▶ min
▷ von
ø Mittel
◁ bis
◀ max

Nr.	Kurztext / Langtext						Kostengruppe
▶	▷	**ø netto €**	◁	◀	[Einheit]	Ausf.-Dauer	Positionsnummer

73 Putzträger, Rabitzgewebe, Decken KG **395**

Putzträger mit Rabitzgewebe zur Überspannung rissegefährdeter Putzgrundflächen an Decken im Innenbereich.
Putzgrund: .....
Einbauort: .....

16€	18€	**20€**	23€	29€	[m2]	⏱ 0,17h/m2	323.000.224

74 Trennschnitt, Deckenputz KG **395**

Trennschnitt zur Begrenzung und zum Schutz des bestehenden Putzes an Decken für nachträglichen Putzanschluss.
Putz: .....
Putzdicke: bis 15mm

9€	11€	**13€**	15€	18€	[m]	⏱ 0,15h/m	323.000.225

75 Deckenputz, innen, Kalk-Gipsputz, einlagig, Q2-gefilzt KG **354**

Einlagiger Kalk-Gipsputz, Decke, für matte, gefüllte Beschichtungen und grobstrukturierte Beläge.
Untergrund: .....
Putzdicke: 15mm
Oberflächenqualität: Q2 - gefilzt
Arbeitshöhe: 1,50m bis 3,50m über Standfläche des hierfür erforderlichen Gerüsts

22€	29€	**32€**	36€	43€	[m2]	⏱ 0,25h/m2	323.000.279

76 Außenputz, Wand, Unter-/Oberputz KG **335**

Putzsystem aus Kalkzement-Putzmörtel auf Außenwänden, mineralisch, bestehend aus Unterputz und Oberputz.
Untergrund: .....
Unterputz: Kalkzement-Putzmörtel, CS II
Unterputzdicke: 15mm
Oberflächenqualität: Q2-abgezogen
Oberputz: Kalkzement-Putzmörtel
Wasseraufnahme: W1, wasserhemmend
Körnung: 3,0mm
Oberflächenqualität: Q2-gerieben
Arbeitshöhe: 1,50m bis 3,50m über Standfläche des hierfür erforderlichen Gerüsts

32€	46€	**53€**	57€	68€	[m2]	⏱ 0,48h/m2	323.000.280

77 Untergrundvorbereitung, WDVS KG **395**

Untergrund von Schmutz und Staub reinigen, WDVS.
Reinigungsmittel: .....

3€	3€	**4€**	4€	5€	[m2]	⏱ 0,04h/m2	323.000.228

78 Druckwasserstrahlen, Reinigung KG **395**

Strahlen mit Druckwasser zum Abtragen und Entfernen loser Teile, sowie leicht ablösender Schichten.
Bauteil: Außenwand

20€	23€	**26€**	30€	32€	[m2]	⏱ 0,13h/m2	323.000.229

Nr.	Kurztext / Langtext						Kostengruppe
▶	▷	ø netto €	◁	◀	[Einheit]	Ausf.-Dauer	Positionsnummer

79 Ausgleichsputz auftragen KG **395**

Ausgleichsputz zur Herstellung eines ebenen Untergrundes für WDVS-Systems.
Unebenheiten: +/-10mm
Mörtel: .....
Erhärtungszeit: .....

▶	▷	ø	◁	◀	Einheit	Ausf.-Dauer	Positionsnummer
17€	19€	**21€**	25€	32€	[m²]	0,22h/m²	323.000.230

80 Untergrundverfestigung, Grundierung KG **395**

Grundierung zur Untergrundverfestigung von oberflächig sandende Flächen.

▶	▷	ø	◁	◀	Einheit	Ausf.-Dauer	Positionsnummer
2€	4€	**4€**	5€	7€	[m²]	0,05h/m²	323.000.231

Kosten:
Stand 2. Quartal 2026
Bundesdurchschnitt

A 3 WDVS bis 20m, WF, Klebeverfahren Beschreibung für Pos. **81-87**

Wärmedämm-Verbundsystem mit Holzfaserplatten im Klebeverfahren, einschl. konstruktiver Dübelung und Armierungsputz mit vollflächiger Gewebeeinlage.
Gebäudehöhe: bis 20m
Dämmmaterial: Holzfaserplatten WF
Anwendung: WAP-h

81 WDVS bis 20m, WF 100 KG **335**

Wie Ausführungsbeschreibung A 3
Untergrund: .....
Dämmplattendicke: 100mm
Plattenkante: .....
Nennwert der Wärmeleitfähigkeit: .....
Bemessungswert der Wärmeleitfähigkeit: .....
Dübelung: .....St/m²
Randbereich: .....St/m²
Zulassung: .....

▶	▷	ø	◁	◀	Einheit	Ausf.-Dauer	Positionsnummer
110€	117€	**126€**	146€	164€	[m²]	1,00h/m²	323.000.260

82 WDVS bis 20m, WF 120 KG **335**

Wie Ausführungsbeschreibung A 3
Untergrund: .....
Dämmplattendicke: 120mm
Plattenkante: .....
Nennwert der Wärmeleitfähigkeit: .....
Bemessungswert der Wärmeleitfähigkeit: .....
Dübelung: .....St/m²
Randbereich: .....St/m²
Zulassung: .....

▶	▷	ø	◁	◀	Einheit	Ausf.-Dauer	Positionsnummer
122€	128€	**139€**	162€	180€	[m²]	1,00h/m²	323.000.261

▶ min
▷ von
ø Mittel
◁ bis
◀ max

Nr.	Kurztext / Langtext						Kostengruppe
▶	▷	**ø netto €**	◁	◀	[Einheit]	Ausf.-Dauer	Positionsnummer

83 WDVS bis 20m, WF 140 — KG **335**

Wie Ausführungsbeschreibung A 3
Untergrund: .....
Dämmplattendicke: 140 mm
Plattenkante: .....
Nennwert der Wärmeleitfähigkeit: .....
Bemessungswert der Wärmeleitfähigkeit: .....
Dübelung: ..... St/m²
Randbereich: ..... St/m²
Zulassung: .....

133€	142€	**153€**	171€	200€	[m²]	⏱ 1,00 h/m²	323.000.262

84 WDVS bis 20m, WF 160 — KG **335**

Wie Ausführungsbeschreibung A 3
Untergrund: .....
Dämmplattendicke: 160 mm
Plattenkante: .....
Nennwert der Wärmeleitfähigkeit: .....
Bemessungswert der Wärmeleitfähigkeit: .....
Dübelung: ..... St/m²
Randbereich: ..... St/m²
Zulassung: .....

145€	153€	**165€**	196€	216€	[m²]	⏱ 1,05 h/m²	323.000.263

85 WDVS bis 20m, WF 180 — KG **335**

Wie Ausführungsbeschreibung A 3
Untergrund: .....
Dämmplattendicke: 180 mm
Plattenkante: .....
Nennwert der Wärmeleitfähigkeit: .....
Bemessungswert der Wärmeleitfähigkeit: .....
Dübelung: ..... St/m²
Randbereich: ..... St/m²
Zulassung: .....

166€	180€	**193€**	228€	253€	[m²]	⏱ 1,05 h/m²	323.000.264

86 WDVS bis 20m, WF 200 — KG **335**

Wie Ausführungsbeschreibung A 3
Untergrund: .....
Dämmplattendicke: 200 mm
Plattenkante: .....
Nennwert der Wärmeleitfähigkeit: .....
Bemessungswert der Wärmeleitfähigkeit: .....
Dübelung: ..... St/m²
Randbereich: ..... St/m²
Zulassung: .....

186€	201€	**216€**	251€	279€	[m²]	⏱ 1,05 h/m²	323.000.265

Nr.	Kurztext / Langtext						Kostengruppe
▶	▷	ø netto €	◁	◀	[Einheit]	Ausf.-Dauer	Positionsnummer

87 WDVS bis 20m, WF 240 KG **335**

Wie Ausführungsbeschreibung A 3
Untergrund: .....
Dämmplattendicke: 240mm
Plattenkante: .....
Nennwert der Wärmeleitfähigkeit: .....
Bemessungswert der Wärmeleitfähigkeit: .....
Dübelung: .....St/m²
Randbereich: .....St/m²
Zulassung: .....

187€	195€	**212€**	249€	274€	[m²]	⏱ 1,10h/m²	323.000.266

Kosten:
Stand 2. Quartal 2026
Bundesdurchschnitt

A 4 WDVS bis 20m, Mineralwolle, Klebeverfahren Beschreibung für Pos. **88-94**

Wärmedämm-Verbundsystem mit Mineralwolleplatten im Klebeverfahren, einschl. konstruktiver Dübelung und Armierungsputz mit vollflächiger Gewebeeinlage.
Gebäudehöhe: bis 20m
Dämmmaterial: Mineralwolleplatten MW
Anwendung: WAP - zh

88 WDVS bis 20m, MW 100 KG **335**

Wie Ausführungsbeschreibung A 4
Untergrund: .....
Dämmplattendicke: 100mm
Plattenkante: .....
Nennwert der Wärmeleitfähigkeit: .....
Bemessungswert der Wärmeleitfähigkeit: .....
Dübelung: .....St/m²
Randbereich: .....St/m²
Zulassung: .....

94€	100€	**110€**	127€	143€	[m²]	⏱ 1,00h/m²	323.000.232

89 WDVS bis 20m, MW 120 KG **335**

Wie Ausführungsbeschreibung A 4
Untergrund: .....
Dämmplattendicke: 120mm
Plattenkante: .....
Nennwert der Wärmeleitfähigkeit: .....
Bemessungswert der Wärmeleitfähigkeit: .....
Dübelung: .....St/m²
Randbereich: .....St/m²
Zulassung: .....

106€	112€	**123€**	143€	160€	[m²]	⏱ 1,00h/m²	323.000.233

▶ min
▷ von
ø Mittel
◁ bis
◀ max

Nr.	Kurztext / Langtext						Kostengruppe
▶	▷	ø netto €	◁	◀	[Einheit]	Ausf.-Dauer	Positionsnummer

90 WDVS bis 20m, MW 140 KG **335**

Wie Ausführungsbeschreibung A 4
Untergrund: .....
Dämmplattendicke: 140 mm
Plattenkante: .....
Nennwert der Wärmeleitfähigkeit: .....
Bemessungswert der Wärmeleitfähigkeit: .....
Dübelung: ..... St/m²
Randbereich: ..... St/m²
Zulassung: .....

▶	▷	ø netto €	◁	◀	[Einheit]	Ausf.-Dauer	Positionsnummer
120€	127€	**139€**	162€	181€	[m²]	⏱ 1,00 h/m²	323.000.234

91 WDVS bis 20m, MW 160 KG **335**

Wie Ausführungsbeschreibung A 4
Untergrund: .....
Dämmplattendicke: 160 mm
Plattenkante: .....
Nennwert der Wärmeleitfähigkeit: .....
Bemessungswert der Wärmeleitfähigkeit: .....
Dübelung: ..... St/m²
Randbereich: ..... St/m²
Zulassung: .....

▶	▷	ø netto €	◁	◀	[Einheit]	Ausf.-Dauer	Positionsnummer
138€	147€	**157€**	186€	207€	[m²]	⏱ 1,05 h/m²	323.000.235

92 WDVS bis 20m, MW 180 KG **335**

Wie Ausführungsbeschreibung A 4
Untergrund: .....
Dämmplattendicke: 180 mm
Plattenkante: .....
Nennwert der Wärmeleitfähigkeit: .....
Bemessungswert der Wärmeleitfähigkeit: .....
Dübelung: ..... St/m²
Randbereich: ..... St/m²
Zulassung: .....

▶	▷	ø netto €	◁	◀	[Einheit]	Ausf.-Dauer	Positionsnummer
143€	152€	**164€**	193€	218€	[m²]	⏱ 1,05 h/m²	323.000.236

93 WDVS bis 20m, MW 200 KG **335**

Wie Ausführungsbeschreibung A 4
Untergrund: .....
Dämmplattendicke: 200 mm
Plattenkante: .....
Nennwert der Wärmeleitfähigkeit: .....
Bemessungswert der Wärmeleitfähigkeit: .....
Dübelung: ..... St/m²
Randbereich: ..... St/m²
Zulassung: .....

▶	▷	ø netto €	◁	◀	[Einheit]	Ausf.-Dauer	Positionsnummer
156€	166€	**182€**	211€	235€	[m²]	⏱ 1,05 h/m²	323.000.237

Nr.	**Kurztext** / Langtext						Kostengruppe
▶	▷	**ø netto €**	◁	◀	[Einheit]	Ausf.-Dauer	Positionsnummer

94 WDVS bis 20m, MW 240 KG **335**

Wie Ausführungsbeschreibung A 4
Untergrund: .....
Dämmplattendicke: 240mm
Plattenkante: .....
Nennwert der Wärmeleitfähigkeit: .....
Bemessungswert der Wärmeleitfähigkeit: .....
Dübelung: .....St/m²
Randbereich: .....St/m²
Zulassung: .....

174€	184€	**202€**	234€	257€	[m²]	⏱ 1,10h/m²	323.000.238

Kosten:
Stand 2. Quartal 2026
Bundesdurchschnitt

A 5 WDVS bis 20m, Polystyrol, Klebeverfahren Beschreibung für Pos. **95-101**

Wärmedämm-Verbundsystem mit Polystyrol-Hartschaumplatten, HBCD-frei, im Klebeverfahren, einschl. konstruktiver Dübelung und Armierungsputz mit vollflächiger Gewebeeinlage.
Gebäudehöhe: bis 20m
Dämmmaterial: Polystyrol-Hartschaum PS
Anwendung: WAP - zh

95 WDVS bis 20m, PS 100 KG **335**

Wie Ausführungsbeschreibung A 5
Untergrund: .....
Dämmplattendicke: 100mm
Nennwert der Wärmeleitfähigkeit: .....
Bemessungswert der Wärmeleitfähigkeit: .....
Dübelung: .....St/m²
Randbereich: .....St/m²
Zulassung: .....

88€	95€	**102€**	121€	128€	[m²]	⏱ 0,95h/m²	323.000.239

96 WDVS bis 20m, PS 120 KG **335**

Wie Ausführungsbeschreibung A 5
Untergrund: .....
Dämmplattendicke: 120mm
Nennwert der Wärmeleitfähigkeit: .....
Bemessungswert der Wärmeleitfähigkeit: .....
Dübelung: .....St/m²
Randbereich: .....St/m²
Zulassung: .....

94€	100€	**109€**	127€	138€	[m²]	⏱ 0,85h/m²	323.000.240

▶ min
▷ von
ø Mittel
◁ bis
◀ max

Nr.	Kurztext / Langtext						Kostengruppe
▶	▷	**ø netto €**	◁	◀	[Einheit]	Ausf.-Dauer	Positionsnummer

97 WDVS bis 20m, PS 140 KG **335**

Wie Ausführungsbeschreibung A 5
Untergrund: .....
Dämmplattendicke: 140 mm
Nennwert der Wärmeleitfähigkeit: .....
Bemessungswert der Wärmeleitfähigkeit: .....
Dübelung: ..... St/m²
Randbereich: ..... St/m²
Zulassung: .....

112€	120€	**131€**	151€	164€	[m²]	⏱ 0,95 h/m²	323.000.241

98 WDVS bis 20m, PS 160 KG **335**

Wie Ausführungsbeschreibung A 5
Untergrund: .....
Dämmplattendicke: 160 mm
Nennwert der Wärmeleitfähigkeit: .....
Bemessungswert der Wärmeleitfähigkeit: .....
Dübelung: ..... St/m²
Randbereich: ..... St/m²
Zulassung: .....

127€	135€	**148€**	172€	187€	[m²]	⏱ 1,00 h/m²	323.000.242

99 WDVS bis 20m, PS 180 KG **335**

Wie Ausführungsbeschreibung A 5
Untergrund: .....
Dämmplattendicke: 180 mm
Nennwert der Wärmeleitfähigkeit: .....
Bemessungswert der Wärmeleitfähigkeit: .....
Dübelung: ..... St/m²
Randbereich: ..... St/m²
Zulassung: .....

141€	147€	**158€**	188€	202€	[m²]	⏱ 1,00 h/m²	323.000.243

100 WDVS bis 20m, PS 200 KG **335**

Wie Ausführungsbeschreibung A 5
Untergrund: .....
Dämmplattendicke: 200 mm
Nennwert der Wärmeleitfähigkeit: .....
Bemessungswert der Wärmeleitfähigkeit: .....
Dübelung: ..... St/m²
Randbereich: ..... St/m²
Zulassung: .....

153€	163€	**173€**	203€	224€	[m²]	⏱ 1,00 h/m²	323.000.244

Nr.	Kurztext / Langtext						Kostengruppe
▶	▷	ø netto €	◁	◀	[Einheit]	Ausf.-Dauer	Positionsnummer

101 WDVS bis 20m, PS 240 KG **335**

Wie Ausführungsbeschreibung A 5
Untergrund: .....
Dämmplattendicke: 240mm
Nennwert der Wärmeleitfähigkeit: .....
Bemessungswert der Wärmeleitfähigkeit: .....
Dübelung: .....St/m²
Randbereich: .....St/m²
Zulassung: .....

▶	▷	ø	◁	◀	Einheit	Ausf.-Dauer	Positionsnummer
164€	174€	**191€**	222€	245€	[m²]	⏱ 1,05h/m²	323.000.245

Kosten:
Stand 2. Quartal 2026
Bundesdurchschnitt

102 Armierung, stoßgefährdete Bereiche KG **335**

Armierung von stoßgefährdeten Bereichen mit Gewebe und Spachtelmasse.
Einbauort: .....

▶	▷	ø	◁	◀	Einheit	Ausf.-Dauer	Positionsnummer
22€	25€	**28€**	32€	37€	[m²]	⏱ 0,22h/m²	323.000.246

103 Organischer Oberputz, WDVS KG **335**

Oberputz, organisch, für Wärmedämm-Verbundsystem, auf Armierungsputz.
Korngröße: 3mm
Struktur: gerieben
Arbeitshöhe: bis 3,50m

▶	▷	ø	◁	◀	Einheit	Ausf.-Dauer	Positionsnummer
23€	27€	**28€**	30€	34€	[m²]	⏱ 0,28h/m²	323.000.282

104 Mineralischer Oberputz, WDVS KG **335**

Oberputz, mineralisch, für Wärmedämm-Verbundsystem, auf Armierungsputz, einschl. Grundierung.
Putzart: .....
Korngröße: 3mm
Struktur: gerieben
Arbeitshöhe: bis 3,50m

▶	▷	ø	◁	◀	Einheit	Ausf.-Dauer	Positionsnummer
24€	27€	**28€**	30€	35€	[m²]	⏱ 0,25h/m²	323.000.283

A 6 Sockeldämmung, XPS Beschreibung für Pos. **105-107**

Perimeterdämmung an Sockel, aus Polystyrol-Hartschaumplatten mit Stufenfalz: Ausführung im Spritzwasserbereich und bis unter die Geländeoberkante.
Dämmstoff: XPS

105 Sockeldämmung, XPS, 50mm KG **335**

Wie Ausführungsbeschreibung A 6
Nennwert der Wärmeleitfähigkeit: .....
Bemessungswert der Wärmeleitfähigkeit: .....
Anwendung: PW - dh
Plattendicke: 50mm
Angeb. Fabrikat: .....

▶	▷	ø	◁	◀	Einheit	Ausf.-Dauer	Positionsnummer
40€	45€	**51€**	60€	68€	[m²]	⏱ 0,30h/m²	323.000.247

▶ min
▷ von
ø Mittel
◁ bis
◀ max

Nr.	Kurztext / Langtext						Kostengruppe
▶	▷	**ø netto €**	◁	◀	[Einheit]	Ausf.-Dauer	Positionsnummer

106 Sockeldämmung, XPS, 100mm KG **335**

Wie Ausführungsbeschreibung A 6
Nennwert der Wärmeleitfähigkeit: .....
Bemessungswert der Wärmeleitfähigkeit: .....
Anwendung: PW - dh
Plattendicke: 100mm
Angeb. Fabrikat: .....

52€	59€	**67€**	77€	87€	[m²]	⏱ 0,30h/m²	323.000.248

107 Sockeldämmung, XPS, 160mm KG **335**

Wie Ausführungsbeschreibung A 6
Nennwert der Wärmeleitfähigkeit: .....
Bemessungswert der Wärmeleitfähigkeit: .....
Anwendung: PW - dh
Plattendicke: 160mm
Angeb. Fabrikat: .....

71€	80€	**91€**	105€	118€	[m²]	⏱ 0,30h/m²	323.000.249

108 Laibungen dämmen, WDVS KG **335**

Laibungen von Türen und Fenstern entsprechend dem Wärmedämm-Verbundsystem dämmen, inkl. Armierungsschicht.
Dämmdicke: 6cm
Laibungstiefe: bis 15cm

21€	24€	**28€**	32€	37€	[m]	⏱ 0,12h/m	323.000.250

109 Kantenausbildung, Gewebewinkel, WDVS KG **335**

Kantenverstärkung des Wärmedämm-Verbundsystems mit vorgeknickter Eckbewehrung aus Gewebe mit Spachtelung.
Gewebewinkel: .....

11€	12€	**13€**	16€	19€	[m]	⏱ 0,05h/m	323.000.251

110 Kantenausbildung, Kunststoffschiene, WDVS KG **335**

Kantenausbildung an Eckkanten mittels Gewebewinkel mit Kunststoff-Kantenschutzschiene.
Gewebewinkel: .....

11€	13€	**14€**	17€	19€	[m]	⏱ 0,10h/m	323.000.252

111 Kantenprofil, Edelstahl, WDVS KG **335**

Kantenprofil für Wärmedämm-Verbundsystem für Wärmedämm-Verbundsystem aus Edelstahl.
Kantenprofil: .....

16€	18€	**20€**	23€	27€	[m]	⏱ 0,10h/m	323.000.253

112 Sockelabschluss, Aluprofil, WDVS KG **335**

Sockelabschluss mit Tropfkante für Wärmedämm-Verbundsystem mit Profilleisten aus eloxiertem Aluminium.
Breite: 80mm
Befestigung: .....St/m
Angeb. Fabrikat: .....

14€	16€	**18€**	21€	24€	[m]	⏱ 0,12h/m	323.000.254

323
324
325
326
327
328
329
330
331
332
333
334
336
337
338
339

Nr.	Kurztext / Langtext						Kostengruppe
▶	▷	ø netto €	◁	◀	[Einheit]	Ausf.-Dauer	Positionsnummer

113 Gehrungen, Profile, WDVS KG **335**

Gehrung für Sockelabschlussprofile bzw. Eckschutzschienen, für Wärmedämm-Verbundsystem, im Bereich von Ecken und Kanten.

2€	2€	**2€**	2€	3€	[St]	⏱ 0,02 h/St	323.000.255

114 Anschluss, Fugendichtband, WDVS KG **335**

Vorkomprimiertes Fugendichtband aus selbstklebendem Weichschaumkunststoff, für Anschlussfuge des WDVS.
Fugenbreite: bis 10 mm

6€	7€	**8€**	9€	11€	[m]	⏱ 0,08 h/m	323.000.256

115 Anputzleiste mit Dichtlippe, WDVS KG **335**

Anschluss von Wärmedämmverbundsystem an Fenster und Türen für Außenanwendung mit Anputzleiste und Dichtlippe aus Kunststoff mit Gewebestreifen. Elastische Dichtlippe mit Schaumklebeband an Fensterrahmen befestigt.
Bauteil: .....

12€	13€	**15€**	17€	21€	[m]	⏱ 0,15 h/m	323.000.257

Kosten:
Stand 2. Quartal 2026
Bundesdurchschnitt

116 Gebäudebewegungsfugen, WDVS KG **335**

Gebäudebewegungsfugen in WDVS mit Kantenschutz, Hinterfüllprofil und elastischer Dichtungsmasse.

35€	39€	**43€**	51€	58€	[m]	⏱ 0,20 h/m	323.000.258

117 Dämmung, Kellerdecke, EPS 040, bis 100mm KG **354**

Wärmedämmung aus HBCD-freien Polystyrol-Hartschaumplatten, als Untersicht der Kellerdecke, dicht gestoßen verklebt und ggf. gedübelt.
Dämmstoff: EPS
Oberfläche: **glatt / geprägt**
Nennwert der Wärmeleitfähigkeit: 0,040 W/(m·K)
Bemessungswert der Wärmeleitfähigkeit: .....
Dämmplattendicke: .....
Anwendung: DI
Brandverhalten: .....
Plattenrand: .....
Deckenhöhen: .....

43€	49€	**52€**	55€	59€	[m²]	⏱ 0,35 h/m²	323.000.267

118 Dämmung, Kellerdecke, EPS 040, 100mm KG **354**

Wärmedämmung aus HBCD-freien Polystyrol-Hartschaumplatten, als Untersicht der Kellerdecke, dicht gestoßen verklebt und ggf. gedübelt.
Dämmstoff: EPS
Oberfläche: **glatt / geprägt**
Nennwert der Wärmeleitfähigkeit: 0,040 W/(m·K)
Bemessungswert der Wärmeleitfähigkeit: .....
Dämmplattendicke: 100 mm
Anwendung: DI
Brandverhalten: .....
Plattenrand: .....
Deckenhöhen: .....

47€	50€	**54€**	59€	67€	[m²]	⏱ 0,30 h/m²	323.000.268

▶ min
▷ von
ø Mittel
◁ bis
◀ max

Nr.	Kurztext / Langtext						Kostengruppe
▶	▷	ø netto €	◁	◀	[Einheit]	Ausf.-Dauer	Positionsnummer

119 Dämmung, Kellerdecke, EPS 040, 140mm KG **354**

Wärmedämmung aus HBCD-freien Polystyrol-Hartschaumplatten, als Untersicht der Kellerdecke, dicht gestoßen verklebt und ggf. gedübelt.
Dämmstoff: EPS
Oberfläche: **glatt / geprägt**
Nennwert der Wärmeleitfähigkeit: 0,040 W/(m·K)
Bemessungswert der Wärmeleitfähigkeit: .....
Dämmplattendicke: **120 / 140** mm
Anwendung: DI
Brandverhalten: .....
Plattenrand: .....
Deckenhöhen: .....

70€ | 74€ | **80€** | 88€ | 105€ | [m²] | ⏱ 0,32 h/m² | 323.000.269

120 Dämmung, Kellerdecke, MW 032, bis 140mm KG **354**

Wärmedämmung aus Mineralwolleplatten, als Untersicht der Kellerdecke, dicht gestoßen verklebt und ggf. gedübelt.
Dämmstoff: MW
Oberfläche: **glatt / geprägt**
Nennwert der Wärmeleitfähigkeit: 0,032 W/(m·K)
Bemessungswert der Wärmeleitfähigkeit: .....
Dämmplattendicke: **120 / 140** mm
Anwendung: DI
Brandverhalten: .....
Plattenrand: .....
Deckenhöhen: .....

84€ | 89€ | **97€** | 105€ | 130€ | [m²] | ⏱ 0,32 h/m² | 323.000.270

121 Wärmedämmung, Mehrschichtplatte, 50mm KG **335**

Wärmedämmung aus Holzwolle-Mehrschichtplatten mit Polystyrol-Dämmkern, auf Stb-Bauteilen, dicht gestoßen verklebt und ggf. gedübelt.
Bauteil: **Wand / Überzug / Unterzug**
Dämmstoff: EPS
Nennwert der Wärmeleitfähigkeit: 0,040 W/(m·K)
Bemessungswert der Wärmeleitfähigkeit: .....
Dämmplattendicke: 50 mm
Anwendung: **WI / DI**
Brandverhalten: E
Plattenrand: .....

29€ | 49€ | **56€** | 63€ | 75€ | [m²] | ⏱ 0,30 h/m² | 323.000.273

Nr.	Kurztext / Langtext						Kostengruppe
►	▷	ø netto €	◁	◀	[Einheit]	Ausf.-Dauer	Positionsnummer

122 Wärmedämmung, Mehrschichtplatte, 75mm KG **335**

Wärmedämmung aus Holzwolle-Mehrschichtplatten mit Polystyrol-Dämmkern, auf Stb-Bauteilen, dicht gestoßen verklebt und ggf. gedübelt.
Bauteil: **Wand / Überzug / Unterzug**
Dämmstoff: EPS
Nennwert der Wärmeleitfähigkeit: 0,040W/(m·K)
Bemessungswert der Wärmeleitfähigkeit: .....
Dämmplattendicke: 75mm
Anwendung: **WI / DI**
Brandverhalten: E
Plattenrand: .....

38€ | 54€ | **62€** | 67€ | 83€ | [m²] | ⏱ 0,33h/m² | 323.000.274

123 WDVS, Brandbarriere, bis 300mm KG **354**

Brandbarriere in Wärmedämmverbundsystem, aus Mineralwolle, linienartig in Flächendämmung eingebaut, auf tragfähigen Untergrund der Außenwand.
Dämmstoff: MW
Nennwert Wärmeleitfähigkeit: .....W/(m·K)
Bemessungswert der Wärmeleitfähigkeit: .....
Anwendung: WAP - zh
Brandverhalten: A1
Plattendicke: .....mm
Breite: .....mm
Angeb. Fabrikat: .....

14€ | 18€ | **20€** | 22€ | 24€ | [m] | ⏱ 0,20h/m | 323.000.286

124 Stundensatz, Facharbeiter/-in

Stundenlohnarbeiten für Vorarbeiter/-in, Facharbeiter/-in und Gleichgestellte. Der Verrechnungssatz für die jeweilige Arbeitskraft umfasst sämtliche Aufwendungen wie Lohn- und Gehaltskosten, Lohn- und Gehaltsnebenkosten, Zuschläge, lohngebundene und lohnabhängige Kosten, sonstige Sozialkosten, Gemeinkosten, Wagnis und Gewinn. Leistung nach besonderer Anordnung der Bauüberwachung. Anmeldung und Nachweis gemäß VOB/B.

58€ | 69€ | **75€** | 79€ | 88€ | [h] | ⏱ 1,00h/h | 323.000.284

125 Stundensatz, Helfer/-in

Stundenlohnarbeiten für Werker/-in, Helfer/-in und Gleichgestellte. Der Verrechnungssatz für die jeweilige Arbeitskraft umfasst sämtliche Aufwendungen wie Lohn- und Gehaltskosten, Lohn- und Gehaltsnebenkosten, Zuschläge, lohngebundene und lohnabhängige Kosten, sonstige Sozialkosten, Gemeinkosten, Wagnis und Gewinn. Leistung nach besonderer Anordnung der Bauüberwachung. Anmeldung und Nachweis gemäß VOB/B.

47€ | 62€ | **67€** | 71€ | 82€ | [h] | ⏱ 1,00h/h | 323.000.285

Kosten:
Stand 2.Quartal 2026
Bundesdurchschnitt

► min
▷ von
ø Mittel
◁ bis
◀ max

324

Kosten:
Stand 2. Quartal 2026
Bundesdurchschnitt

Nr.	Positionen	Einheit	▶	▷	ø brutto € / ø netto €	◁	◀
1	Bodenfliesen entfernen, geklebt	m²	26	31	**35**	43	44
			22	26	**30**	36	37
2	Bodenfliesen entfernen, Mörtelbett	m²	24	38	**43**	49	59
			20	32	**36**	41	50
3	Bodenfliesen/Estrich entfernen	m²	57	67	**77**	94	101
			48	56	**65**	79	85
4	Sockelfliesen entfernen	m	5	9	**10**	12	18
			4	7	**8**	10	15
5	Treppenbelag, Fliesen entfernen	m²	36	48	**50**	63	68
			31	41	**42**	53	57
6	Wandfliesen entfernen. Dickbett	m²	24	36	**42**	49	65
			21	31	**35**	41	54
7	Untergrund reinigen, Boden	m²	3	5	**5**	7	11
			2	4	**5**	6	9
8	Haftbrücke	m²	2	5	**7**	8	11
			1	4	**6**	7	9
9	Voranstrich, Fliesenbelag	m²	2	4	**5**	6	9
			2	3	**4**	5	8
10	Ausgleichsspachtelung, bis 10mm	m²	6	9	**10**	13	18
			5	8	**9**	11	15
11	Verbundabdichtung, streichbar, Wand	m²	16	26	**31**	37	53
			14	22	**26**	31	45
12	Verbundabdichtung, Boden	m²	12	22	**29**	31	39
			10	19	**24**	26	33
13	Entkopplungsmatte, Boden	m²	32	47	**56**	83	114
			26	39	**47**	70	96
14	Anschluss, Ecken, Dichtband	m	8	12	**15**	17	23
			7	10	**12**	14	19
15	Bodenbelag, Fliesen 20x20	m²	90	111	**120**	134	165
			76	93	**101**	113	139
16	Bodenbelag, Fliesen 30x30	m²	81	100	**110**	120	147
			68	84	**92**	100	124
17	Bodenfliesen, 30x60	m²	94	109	**118**	136	156
			79	92	**100**	114	131
18	Bodenbelag, Fliesen 60x60	m²	106	153	**167**	192	240
			89	128	**140**	161	202
19	Wandbelag, Fliesen 10x20	m²	96	110	**121**	133	153
			80	93	**102**	112	128
20	Wandbelag, Fliesen 15x15	m²	90	107	**114**	122	142
			76	90	**96**	103	119
21	Wandbelag, Fliesen 30x30	m²	93	114	**122**	140	171
			78	96	**102**	118	144
22	Wandbelag, Fliesen 30x60	m²	96	121	**135**	148	179
			81	102	**114**	124	151
23	Wandbelag, Fliesen, 60x60	m²	157	180	**185**	198	218
			132	151	**156**	166	183
24	Wandbelag, Fliesen/Platten BIa, 20x20	m²	86	98	**103**	107	117
			72	82	**87**	90	98

▶ min
▷ von
ø Mittel
◁ bis
◀ max

Nr.	Positionen	Einheit	▶	▷	ø brutto € / ø netto €	◁	◀
25	Wandbelag, Fliesen/Platten BIIa, 20x20	m²	90	102	**107**	121	143
			76	86	**90**	102	120
26	Wandbelag, Fliesen/Platten BIII, 20x20	m²	86	107	**113**	128	156
			72	90	**95**	108	131
27	Bodenbelag, Fliesen/Platten AI/AII, 20x20	m²	101	131	**146**	181	228
			85	110	**123**	152	191
28	Elastische Verfugung, Fliesen, Silikon	m	6	9	**10**	12	15
			5	8	**9**	10	13
29	Sockelfliesen, Dünnbett	m	17	27	**30**	33	43
			15	23	**25**	28	36
30	Kehlsockel, Fliesenbelag	m	32	45	**49**	57	74
			27	38	**41**	48	62
31	Trennschiene, Messing	m	19	25	**28**	30	34
			16	21	**24**	25	29
32	Trennschiene, Aluminium	m	17	21	**23**	25	30
			14	18	**19**	21	26
33	Trennschiene, Edelstahl	m	21	26	**29**	34	43
			18	22	**24**	28	36
34	Eckschutzschiene, Aluminium	m	19	22	**24**	27	31
			16	19	**20**	23	26
35	Eckschutzschiene, Edelstahl	m	29	43	**49**	53	64
			24	36	**41**	45	54
36	Eckschutzschiene, Kunststoff	m	10	14	**16**	19	27
			8	12	**13**	16	23
37	Stundensatz, Facharbeiter/-in	h	73	87	**93**	98	110
			61	73	**78**	82	92

Nr.	**Kurztext** / Langtext						Kostengruppe
▶	▷	**ø netto €**	◁	◀	[Einheit]	Ausf.-Dauer	Positionsnummer

1 Bodenfliesen entfernen, geklebt KG **394**

Bodenfliesen, geklebt, ausbauen und Bauschutt entsorgen
Fliesengröße: .....
Dicke: bis 2 cm
Ausbauort: .....

▶	▷	ø netto €	◁	◀	[Einheit]	Ausf.-Dauer	Positionsnummer
22€	26€	**30€**	36€	37€	[m²]	⏱ 0,22 h/m²	324.000.061

2 Bodenfliesen entfernen, Mörtelbett KG **394**

Bodenfliesen in Mörtelbett ausbauen und Bauschutt entsorgen.
Fliesengröße: .....
Mörtelbett: .....
Dicke: bis 5 cm
Ausbauort: .....

▶	▷	ø netto €	◁	◀	[Einheit]	Ausf.-Dauer	Positionsnummer
20€	32€	**36€**	41€	50€	[m²]	⏱ 0,20 h/m²	324.000.062

323 **324** 325 326 327 328 329 330 331 332 333 334 336 337 338 339

Kosten:
Stand 2. Quartal 2026
Bundesdurchschnitt

Nr.	**Kurztext** / Langtext						Kostengruppe
►	▷	**ø netto €**	◁	◄	[Einheit]	Ausf.-Dauer	Positionsnummer

3 Bodenfliesen/Estrich entfernen — KG **394**

Bodenfliesen einschl. Zement-Estrich sowie Trenn- bzw. Dämmschichten bis zur Rohdecke entfernen und Bauschutt entsorgen.
Dicke: bis 7cm
Ausbauort: .....

48€	56€	**65€**	79€	85€	[m²]	⏱ 0,75 h/m²	324.000.075

4 Sockelfliesen entfernen — KG **394**

Sockelfliesen, keramisch, einschl. Mörtelbett entfernen und Bauschutt entsorgen.
Abmessung: .....
Ausbauort: .....

4€	7€	**8€**	10€	15€	[m]	⏱ 0,10 h/m	324.000.063

5 Treppenbelag, Fliesen entfernen — KG **394**

Bodenfliesen als Treppenbelag mit Tritt- und Setzstufen einschl. vorhandener Abschluss- und Anschlussprofile entfernen und entsorgen.
Fliesengröße: .....
Verlegeart: .....
Dicke: bis 5cm
Ausbauort: .....
Treppenbreite: .....

31€	41€	**42€**	53€	57€	[m²]	⏱ 0,40 h/m²	324.000.064

6 Wandfliesen entfernen. Dickbett — KG **394**

Wandfliesen im Dickbett entfernen und Bauschutt entsorgen.
Fliesengröße: .....
Dicke: bis 4cm
Ausbauort: .....

21€	31€	**35€**	41€	54€	[m²]	⏱ 0,22 h/m²	324.000.066

7 Untergrund reinigen, Boden — KG **353**

Reinigen des Untergrunds von Staub, Schmutz und losen Bestandteilen, inkl. Entsorgen des Abfalls sowie Deponiegebühren.

2€	4€	**5€**	6€	9€	[m²]	⏱ 0,04 h/m²	324.000.001

8 Haftbrücke — KG **353**

Haftbrücke für Fliesenbelag/Verbundabdichtung.
Bauteil: **Wand / Boden**
Untergrund: .....
Haftbrücke: .....

1€	4€	**6€**	7€	9€	[m²]	⏱ 0,05 h/m²	324.000.107

9 Voranstrich, Fliesenbelag — KG **353**

Voranstrich für Fliesenbelag.
Bauteil: **Wand / Boden**
Untergrund: .....
Voranstrichmittel: .....

2€	3€	**4€**	5€	8€	[m²]	⏱ 0,05 h/m²	324.000.108

► min
▷ von
ø Mittel
◁ bis
◄ max

Nr.	Kurztext / Langtext						Kostengruppe
▶	▷	**ø netto €**	◁	◀	[Einheit]	Ausf.-Dauer	Positionsnummer

10 Ausgleichsspachtelung, bis 10mm KG **353**

Nivellierspachtel auf Bodenflächen für Fliesenbelag.
Untergrund: .....
Spachteldicke: **5 / 10** mm

5€	8€	**9€**	11€	15€	[m2]	⏱ 0,10 h/m2	324.000.074

11 Verbundabdichtung, streichbar, Wand KG **345**

Innenraum-Abdichtung gegen Feuchtigkeit, in Verbindung mit Fliesenbelag, im Dünnbettverfahren.
Untergrund: .....
Abdichtung: .....
Einwirkungsklasse: W1-I DIN EN 18534
Einbauort: Wohnung, Dusche

14€	22€	**26€**	31€	45€	[m2]	⏱ 0,20 h/m2	324.000.076

12 Verbundabdichtung, Boden KG **353**

Abdichtung im Verbund mit Bodenbelag aus Fliesen, im Dünnbettverfahren.
Untergrund: .....
Abdichtung: .....
Rissklasse: R1-I
Abdichtungsart: AIV-F
Einwirkungsklasse: W1-I DIN EN 18534
Einbauort: .....
Angeb. Fabrikat: .....

10€	19€	**24€**	26€	33€	[m2]	⏱ 0,20 h/m2	324.000.109

13 Entkopplungsmatte, Boden KG **353**

Entkopplungsmatte auf Bodenfläche unter Fliesen- oder Plattenbelägen, spannungsneutralisierend und rissüberbrückend. Inkl. anarbeiten an Anschlüsse und Durchdringungen. Im Dünnbettmörtel fachgerecht nach Herstellerangaben verkleben.
Untergrund: .....
Folgebelag: .....
Material: .....
Dicke: .....

26€	39€	**47€**	70€	96€	[m2]	⏱ 0,15 h/m2	324.000.110

14 Anschluss, Ecken, Dichtband KG **353**

Anschluss der Innenabdichtung in Innenecken an Übergang von Wand und Boden mit elastischer Dichtbandeinlage.
Einwirkungsklasse: .....
Bandbreite: 12 cm

7€	10€	**12€**	14€	19€	[m]	⏱ 0,10 h/m	324.000.082

Nr.	Kurztext / Langtext						Kostengruppe
▶	▷	ø netto €	◁	◀	[Einheit]	Ausf.-Dauer	Positionsnummer

A 1 Bodenbelag, Fliesen — Beschreibung für Pos. **15-18**

Bodenbelag aus frostbeständigen Fliesen in zementhaltigem Dünnbettmörtel inkl. zementhaltigem Fugenmörtel nach Bemusterung.
Einbauort: .....

15 Bodenbelag, Fliesen 20x20 — KG **353**

Wie Ausführungsbeschreibung A 1
Einbauort: .....
Untergrund: .....
Material: **Steinzeug / Feinsteinzeug**
Gruppe: .....
Nennmaß: 20 x 20cm
Fliesendicke: .....
Oberfläche: **glasiert / unglasiert**
Rutschhemmung: .....
Farbton: .....
Verlegung: .....
Angeb. Fabrikat: .....

▶	▷	ø	◁	◀	Einheit	Ausf.-Dauer	Positionsnummer
76€	93€	**101€**	113€	139€	[m²]	⏱ 0,70h/m²	324.000.083

16 Bodenbelag, Fliesen 30x30 — KG **353**

Wie Ausführungsbeschreibung A 1
Einbauort: .....
Untergrund: .....
Material: **Steinzeug / Feinsteinzeug**
Gruppe: .....
Nennmaß: 30 x 30cm
Fliesendicke: .....
Oberfläche: **glasiert / unglasiert**
Rutschhemmung: .....
Farbton: .....
Verlegung: .....
Angeb. Fabrikat: .....

▶	▷	ø	◁	◀	Einheit	Ausf.-Dauer	Positionsnummer
68€	84€	**92€**	100€	124€	[m²]	⏱ 0,75h/m²	324.000.084

17 Bodenfliesen, 30x60 — KG **353**

Wie Ausführungsbeschreibung A 1
Untergrund: .....
Material: **Steinzeug / Feinsteinzeug**
Gruppe: .....
Nennmaß: 30 x 60cm
Fliesendicke: .....
Oberfläche: **glasiert / unglasiert**
Rutschhemmung: .....
Farbton: .....
Verlegung: .....
Angeb. Fabrikat: .....

▶	▷	ø	◁	◀	Einheit	Ausf.-Dauer	Positionsnummer
79€	92€	**100€**	114€	131€	[m²]	⏱ 0,65h/m²	324.000.105

Kosten:
Stand 2. Quartal 2026
Bundesdurchschnitt

▶ min
▷ von
ø Mittel
◁ bis
◀ max

Nr.	Kurztext / Langtext						Kostengruppe
▶	▷	ø netto €	◁	◀	[Einheit]	Ausf.-Dauer	Positionsnummer

18 Bodenbelag, Fliesen 60x60 KG **353**

Wie Ausführungsbeschreibung A 1
Einbauort: .....
Untergrund: .....
Material: **Steinzeug / Feinsteinzeug**
Gruppe: .....
Nennmaß: 60 x 60 cm
Fliesendicke: .....
Oberfläche: **glasiert / unglasiert**
Rutschhemmung: .....
Farbton: .....
Verlegung: .....
Angeb. Fabrikat: .....

89€	128€	**140€**	161€	202€	[m²]	⏱ 0,70 h/m²	324.000.104

A 2 Wandbelag, Fliesen Beschreibung für Pos. **19-23**

Wandbelag aus frostbeständigen Fliesen in zementhaltigem Dünnbettmörtel inkl. zementhaltigem Fugenmörtel nach Bemusterung. Arbeitshöhe der zu bearbeitenden oder zu bekleidenden Fläche bis 3,5 m über der Standfläche des hierfür erforderlichen Gerüstes.

19 Wandbelag, Fliesen 10x20 KG **345**

Wie Ausführungsbeschreibung A 2
Untergrund: .....
Material: **Steinzeug / Feinsteinzeug**
Gruppe: .....
Fliesendicke: .....
Fliesenformat: 10 x 20 cm
Oberfläche: **glasiert / unglasiert**
Farbton: uni, ...
Verlegung: .....

80€	93€	**102€**	112€	128€	[m²]	⏱ 0,90 h/m²	324.000.103

20 Wandbelag, Fliesen 15x15 KG **345**

Wie Ausführungsbeschreibung A 2
Untergrund: .....
Material: **Steinzeug / Feinsteinzeug**
Gruppe: .....
Fliesendicke: .....
Fliesenformat:15 x 15 cm
Oberfläche: **glasiert / unglasiert**
Farbton: uni, ...
Verlegung: .....

76€	90€	**96€**	103€	119€	[m²]	⏱ 0,80 h/m²	324.000.085

Nr.	Kurztext / Langtext						Kostengruppe
▶	▷	ø netto €	◁	◀	[Einheit]	Ausf.-Dauer	Positionsnummer

21 Wandbelag, Fliesen 30x30 KG **345**

Wie Ausführungsbeschreibung A 2
Untergrund: .....
Material: **Steinzeug / Feinsteinzeug**
Gruppe: .....
Fliesendicke: .....
Fliesenformat: 30 x 30cm
Oberfläche: **glasiert / unglasiert**
Farbton: uni, ...
Verlegung: .....

▶	▷	ø	◁	◀	Einheit	Ausf.-Dauer	Positionsnummer
78€	96€	**102€**	118€	144€	[m²]	⏱ 0,90h/m²	324.000.101

Kosten:
Stand 2. Quartal 2026
Bundesdurchschnitt

22 Wandbelag, Fliesen 30x60 KG **345**

Wie Ausführungsbeschreibung A 2
Untergrund: .....
Material: **Steinzeug / Feinsteinzeug**
Gruppe: .....
Fliesendicke: .....
Fliesenformat: 30 x 60cm
Oberfläche: **glasiert / unglasiert**
Farbton: uni, ...
Verlegung: .....

▶	▷	ø	◁	◀	Einheit	Ausf.-Dauer	Positionsnummer
81€	102€	**114€**	124€	151€	[m²]	⏱ 0,90h/m²	324.000.086

23 Wandbelag, Fliesen, 60x60 KG **345**

Wie Ausführungsbeschreibung A 2
Untergrund: .....
Material: **Steinzeug / Feinsteinzeug**
Gruppe: .....
Fliesendicke: .....
Fliesenformat: 60 x 60cm
Oberfläche: **glasiert / unglasiert**
Farbton: uni, ...
Verlegung: .....

▶	▷	ø	◁	◀	Einheit	Ausf.-Dauer	Positionsnummer
132€	151€	**156€**	166€	183€	[m²]	⏱ 1,00h/m²	324.000.102

▶ min
▷ von
ø Mittel
◁ bis
◀ max

24 Wandbelag, Fliesen/Platten BIa, 20x20 KG **345**

Bekleidung aus trockengepressten Fliesen/Platten an Wänden, DIN EN 14411 Gruppe BIa, frostbeständig, unglasiert, im Dünnbett aus zementhaltigem Mörtel Typ C DIN EN 12004-1, verfugen durch Einschlämmen mit Fugenmörtel, zementhaltig (CG) DIN EN 13888.
Untergrund: .....
Nennmaß: 20 x 20cm
Oberfläche: eben
Rutschhemmung: .....
Farbe: uni

▶	▷	ø	◁	◀	Einheit	Ausf.-Dauer	Positionsnummer
72€	82€	**87€**	90€	98€	[m²]	⏱ 0,70h/m²	324.000.087

25 Wandbelag, Fliesen/Platten BIIa, 20x20 KG **345**

Bekleidung aus trockengepressten Fliesen/Platten an Wänden, DIN EN 14411 Gruppe BIIa, frostbeständig, glasiert, glänzend, im Dünnbett aus zementhaltigem Mörtel Typ C DIN EN 12004-1, verfugen durch Einschlämmen mit Fugenmörtel, zementhaltig (CG) DIN EN 13888. Arbeitshöhe der zu bearbeitenden oder zu bekleidenden Fläche bis 3,5m über der Standfläche des hierfür erforderlichen Gerüstes.
Untergrund: .....
Nennmaß: 20 x 20cm
Oberfläche: eben
Farbe: uni

76€	86€	**90€**	102€	120€	[m²]	⏱ 0,70h/m²	324.000.088

26 Wandbelag, Fliesen/Platten BIII, 20x20 KG **345**

Bekleidung aus trockengepressten Fliesen/Platten an Wänden, DIN EN 14411 Gruppe BIII, frostbeständig, glasiert, glänzend, im Dünnbett aus zementhaltigem Mörtel Typ C DIN EN 12004-1, verfugen durch Einschlämmen mit Fugenmörtel, zementhaltig (CG) DIN EN 13888. Arbeitshöhe der zu bearbeitenden oder zu bekleidenden Fläche bis 3,5m über der Standfläche des hierfür erforderlichen Gerüstes.
Untergrund: .....
Nennmaß: 20 x 20cm
Oberfläche: eben
Farbe: uni

72€	90€	**95€**	108€	131€	[m²]	⏱ 0,75h/m²	324.000.089

27 Bodenbelag, Fliesen/Platten AI/AII, 20x20 KG **353**

Bodenbelag aus stranggepressten Fliesen/Platten, DIN EN 14411 Gruppe AIa, unglasiert, frostbeständig, auf Boden, im Dünnbett aus zementhaltigem Mörtel Typ C DIN EN 12004-1, verlegen im Fugenschnitt, verfugen durch Einschlämmen mit Fugenmörtel, zementhaltig (CG) DIN EN 13888.
Untergrund: .....
Nennmaß: 20 x 20cm
Dicke: 8mm
Oberfläche: eben
Rutschhemmung: .....
Farbe: uni

85€	110€	**123€**	152€	191€	[m²]	⏱ 0,90h/m²	324.000.090

28 Elastische Verfugung, Fliesen, Silikon KG **345**

Elastische Verfugung von Fliesen, mit Silikon-Dichtstoff, inkl. Flankenvorbehandlung an den Anschlussflächen und Hinterlegen der Fugenhohlräume mit geeignetem Hinterstopfmaterial, Fuge glatt gestrichen.
Fugenbreite: .....
Fugentiefe: .....
Farbe: nach Bemusterung

5€	8€	**9€**	10€	13€	[m]	⏱ 0,06h/m	324.000.092

323
324
325
326
327
328
329
330
331
332
333
334
336
337
338
339

Nr.	Kurztext / Langtext						Kostengruppe
▶	▷	ø netto €	◁	◀	[Einheit]	Ausf.-Dauer	Positionsnummer

29 Sockelfliesen, Dünnbett KG **353**

Sockel aus frostbeständigen Fliesen in zementhaltigem Dünnbettmörtel mit farblich abgestimmter Verfugung.
Untergrund: .....
Material: **Steinzeug / Feinsteinzeug**
Gruppe: .....
Fliesendicke: .....
Fliesenformat: .....
Verlegung: .....
Oberfläche: **glasiert / unglasiert**
Farbton: .....

15€ 23€ **25€** 28€ 36€ [m] ⏱ 0,14 h/m 324.000.093

Kosten:
Stand 2. Quartal 2026
Bundesdurchschnitt

30 Kehlsockel, Fliesenbelag KG **353**

Kehlsockel aus frostbeständigen Fliesen in zementhaltigem Dünnbettmörtel mit farblich abgestimmter Verfugung.
Untergrund: .....
Material: **Steinzeug / Feinsteinzeug**
Gruppe: .....
Fliesenformat: .....
Oberfläche: **glasiert / unglasiert**
Farbton: .....

27€ 38€ **41€** 48€ 62€ [m] ⏱ 0,18 h/m 324.000.094

A 3 Trennschiene Beschreibung für Pos. **31-33**

Trennschiene in Fliesen-Wandbelag.
Untergrund: .....

31 Trennschiene, Messing KG **353**

Wie Ausführungsbeschreibung A 3
Material: Messing

16€ 21€ **24€** 25€ 29€ [m] ⏱ 0,10 h/m 324.000.095

32 Trennschiene, Aluminium KG **353**

Wie Ausführungsbeschreibung A 3
Material: Aluminium

14€ 18€ **19€** 21€ 26€ [m] ⏱ 0,10 h/m 324.000.096

33 Trennschiene, Edelstahl KG **353**

Wie Ausführungsbeschreibung A 3
Material: nichtrostender Stahl, Werkstoff .....

18€ 22€ **24€** 28€ 36€ [m] ⏱ 0,10 h/m 324.000.097

▶ min
▷ von
ø Mittel
◁ bis
◀ max

Nr.	Kurztext / Langtext						Kostengruppe
▶	▷	ø netto €	◁	◀	[Einheit]	Ausf.-Dauer	Positionsnummer

A 4 Eckprofil, Fliesen-Wandbelag — Beschreibung für Pos. **34-36**

Eckprofil in Fliesen-Wandbelag.
Untergrund: .....

34 Eckschutzschiene, Aluminium — KG **345**

Wie Ausführungsbeschreibung A 4
Material: Aluminium

16€	19€	**20€**	23€	26€	[m]	⏱ 0,12h/m	324.000.098

35 Eckschutzschiene, Edelstahl — KG **345**

Wie Ausführungsbeschreibung A 4
Material: nichtrostender Stahl, Werkstoff .....

24€	36€	**41€**	45€	54€	[m]	⏱ 0,12h/m	324.000.099

36 Eckschutzschiene, Kunststoff — KG **345**

Wie Ausführungsbeschreibung A 4
Material: Hartkunststoff

8€	12€	**13€**	16€	23€	[m]	⏱ 0,12h/m	324.000.100

37 Stundensatz, Facharbeiter/-in

Stundenlohnarbeiten für Vorarbeiter/-in, Facharbeiter/-in, Gleichgestellte. Der Verrechnungssatz für die jeweilige Arbeitskraft umfasst sämtliche Aufwendungen wie Lohn- und Gehaltskosten, Lohn- und Gehaltsnebenkosten, Zuschläge, lohngebundene und lohnabhängige Kosten, sonstige Sozialkosten, Gemeinkosten, Wagnis und Gewinn. Leistung nach besonderer Anordnung der Bauüberwachung. Anmeldung und Nachweis gemäß VOB/B.

61€	73€	**78€**	82€	92€	[h]	⏱ 1,00h/h	324.000.059

323
324
325
326
327
328
329
330
331
332
333
334
336
337
338
339

325

Kosten:
Stand 2. Quartal 2026
Bundesdurchschnitt

► min
▷ von
ø Mittel
◁ bis
◄ max

Nr.	Positionen	Einheit	►	▷	ø brutto € / ø netto €	◁	◄
1	Verbundestrich abbrechen, bis 25mm	m²	27	34	**37**	46	48
			23	28	**31**	38	40
2	Verbundestrich abbrechen, bis 50mm	m²	27	37	**45**	57	57
			23	31	**38**	48	48
3	Verbundestrich abbrechen, bis 70mm	m²	33	47	**57**	72	77
			28	39	**48**	60	65
4	Kunstharzestrich abbrechen, bis 20mm	m²	14	17	**20**	25	27
			12	15	**17**	21	23
5	Estrich, schwimmend, abbrechen	m²	34	42	**52**	62	63
			29	35	**43**	52	53
6	Estrich bewehrt, schwimmend, abbrechen	m²	35	56	**68**	83	84
			29	47	**58**	70	71
7	Heizestrich abbrechen	m²	60	71	**80**	96	105
			51	59	**67**	81	88
8	Heizestrich, bewehrt, abbrechen	m²	74	95	**104**	124	134
			62	80	**87**	104	113
9	Schutzestrich abbrechen	m²	32	48	**55**	67	86
			27	41	**46**	56	72
10	Bauteile schützen, Folie	m²	3	5	**7**	7	10
			3	5	**6**	6	8
11	Öffnungen schützen, Hartfaserplatten	St	14	19	**21**	26	35
			12	16	**18**	22	29
12	Strahlen, Strahlmittel, Betonboden	m²	9	11	**14**	17	21
			8	9	**12**	14	18
13	Druckwasserstrahlen, Estrich	m²	10	11	**13**	16	17
			8	9	**11**	14	14
14	Fehlstellen schließen, Estrich	m²	24	33	**46**	60	75
			20	28	**39**	51	63
15	Netzrisse schließen, Epoxidharz	m	17	21	**24**	32	33
			15	18	**20**	27	27
16	Holzboden prüfen	m²	12	15	**17**	20	21
			10	12	**14**	17	18
17	Holzboden, reinigen/grundieren	m²	9	17	**20**	24	31
			8	15	**16**	20	26
18	Holzboden, Gewebearmierung	m²	7	10	**11**	13	20
			6	8	**9**	11	17
19	Holzbodenausgleich, Kunstharz	m²	38	44	**51**	64	68
			32	37	**43**	54	57
20	Haftbrücke, Estrich	m²	5	7	**7**	9	14
			4	6	**6**	8	12
21	Kratzspachtelung, Betonboden	m²	11	13	**15**	19	21
			9	11	**13**	16	18
22	Nivellierestrich, bis 10mm, Betonboden	m²	29	33	**40**	50	52
			25	28	**34**	42	44
23	Nivellierestrich, bis 20mm, Betonboden	m²	41	48	**59**	69	76
			35	40	**49**	58	64
24	Ausgleichsschüttung gebunden, bis 15mm	m²	7	13	**15**	20	30
			6	11	**12**	17	25

Nr.	Positionen	Einheit	▶	▷	ø brutto € / ø netto €	◁	◀
25	Ausgleichsschüttung gebunden, bis 30mm	m²	12	20	**22**	24	32
			10	17	**19**	20	27
26	Trittschalldämmung MW 20-2mm 045 DES sh	m²	8	13	**15**	19	26
			7	11	**12**	16	22
27	Trittschalldämmung MW 30-3mm 045 DES sh	m²	10	17	**20**	25	36
			9	15	**16**	21	30
28	Trittschalldämmung EPS 20-2mm 045 DES sm	m²	6	8	**9**	11	14
			5	7	**7**	9	12
29	Trittschalldämmung EPS 30-3mm 045 DES sm	m²	6	9	**10**	11	15
			5	8	**8**	10	13
30	Wärmedämmung, Estrich EPS 40mm 040 DEO dm	m²	12	14	**19**	22	25
			10	12	**16**	19	21
31	Wärmedämmung, Estrich EPS 60mm 040 DEO dm	m²	13	15	**20**	23	26
			11	13	**17**	19	22
32	Wärmedämmung, Estrich EPS 80mm 040 DEO dm	m²	14	18	**23**	24	27
			12	15	**19**	20	22
33	Wärmedämmung, Estrich EPS 120mm 040 DEO dm	m²	15	22	**25**	29	38
			13	18	**21**	24	32
34	Wärmedämmung, Estrich PUR 40mm 025 DEO dh	m²	18	24	**27**	29	37
			15	20	**23**	24	31
35	Wärmedämmung, Estrich PUR 80mm 025 DEO dh	m²	–	42	**50**	64	–
			–	35	**42**	54	–
36	Randdämmstreifen	m	0,5	2,1	**2,9**	3,3	5,3
			0,5	1,7	**2,4**	2,8	4,4
37	Trennlage, Estrich, PE-Folie, einlagig	m²	1	2	**2**	3	4
			0,9	1,6	**1,9**	2,1	3,3
38	Trennlage, Gussasphalt	m²	2	2	**3**	3	4
			2	2	**2**	3	3
39	Estrich, CT C25 F4 S45	m²	25	30	**33**	35	41
			21	26	**27**	30	34
40	Heizestrich, CT C25 F4 S65 H45	m²	30	36	**40**	44	54
			25	30	**33**	37	45
41	Schnellestrich, CT C40 F4 S45	m²	67	82	**86**	100	126
			56	69	**72**	84	106
42	Estrich, AS IC10 S25	m²	51	59	**63**	66	73
			43	50	**53**	55	62
43	Nutzestrich, CT C25 F4 S45	m²	30	38	**40**	42	51
			26	32	**33**	35	43
44	Verbundestrich, CT C25 F4 V50	m²	27	33	**36**	42	51
			22	28	**31**	35	43
45	Bewegungsfuge, elastische Dichtmasse	m	9	12	**14**	16	19
			7	10	**12**	13	16
46	Bewegungsfuge, Metallprofil	m	63	94	**96**	115	157
			53	79	**81**	97	132
47	Markierung, Messstellen	St	5	11	**12**	14	19
			4	9	**10**	12	16
48	Messung, Feuchte, Estrich	St	23	59	**75**	78	124
			19	50	**63**	66	105

Estricharbeiten — **Preise €**

Nr.	Positionen	Einheit	▶	▷	ø brutto € / ø netto €	◁	◀
49	Beschichtung, Epoxidharz, Estrich	m²	72	90	**105**	109	123
			60	76	**88**	92	104
50	Stundensatz, Facharbeiter/-in	h	75	87	**93**	97	109
			63	73	**78**	82	92
51	Stundensatz, Helfer/-in	h	62	71	**74**	79	92
			52	59	**62**	67	77

Nr. **Kurztext** / Langtext — Kostengruppe
▶ ▷ **ø netto €** ◁ ◀ [Einheit] Ausf.-Dauer Positionsnummer

Kosten:
Stand 2.Quartal 2026
Bundesdurchschnitt

1 Verbundestrich abbrechen, bis 25mm KG **394**

Verbundestrich als Zementestrich abbrechen und Bauschutt entsorgen.
Estrichdicke: bis 25mm

23€ | 28€ | **31€** | 38€ | 40€ | [m²] | ⏱ 0,20h/m² | 325.000.064

2 Verbundestrich abbrechen, bis 50mm KG **394**

Verbundestrich als Zementestrich abbrechen und Bauschutt entsorgen.
Estrichdicke: bis 50mm

23€ | 31€ | **38€** | 48€ | 48€ | [m²] | ⏱ 0,25h/m² | 325.000.065

3 Verbundestrich abbrechen, bis 70mm KG **394**

Verbundestrich als Zementestrich abbrechen und Bauschutt entsorgen.
Estrichdicke: bis 70mm

28€ | 39€ | **48€** | 60€ | 65€ | [m²] | ⏱ 0,40h/m² | 325.000.066

4 Kunstharzestrich abbrechen, bis 20mm KG **394**

Verbundestrich als Kunstharzestrich abbrechen und Bauschutt entsorgen.
Estrichdicke: bis 20mm

12€ | 15€ | **17€** | 21€ | 23€ | [m²] | ⏱ 0,15h/m² | 325.000.067

5 Estrich, schwimmend, abbrechen KG **394**

Estrich, schwimmend, einschl. Dämmung und Trennschicht abbrechen und Bauschutt sortenrein entsorgen.
Estrichart: .....
Estrichdicke: ca. 40mm
Dämmung: .....
Dämmdicke: ca. 30mm
Trennschicht: .....

29€ | 35€ | **43€** | 52€ | 53€ | [m²] | ⏱ 0,35h/m² | 325.000.068

▶ min
▷ von
ø Mittel
◁ bis
◀ max

Nr.	Kurztext / Langtext						Kostengruppe
▶	▷	**ø netto €**	◁	◀	[Einheit]	Ausf.-Dauer	Positionsnummer

6 Estrich bewehrt, schwimmend, abbrechen KG **394**

Bewehrter Estrich, schwimmend, mit Dämmung und Trennlage abbrechen und Bauschutt sortenrein entsorgen.
Estrichart: .....
Estrichdicke: ca. 50 mm
Dämmung: .....
Dämmdicke: bis 100 mm
Trennlage: .....

▶	▷	ø netto €	◁	◀	[Einheit]	Ausf.-Dauer	Positionsnummer
29€	47€	**58€**	70€	71€	[m²]	⏱ 0,52 h/m²	325.000.069

7 Heizestrich abbrechen KG **394**

Heizestrich mit Dämmschicht und Heizrohren und Trägerplatte abbrechen und sortenrein entsorgen.
Estrichart: .....
Bauart: A
Estrichdicke: bis 70 mm
Dämmung: .....
Dämmdicke: bis 40 mm
Fußbodenheizung: .....

▶	▷	ø netto €	◁	◀	[Einheit]	Ausf.-Dauer	Positionsnummer
51€	59€	**67€**	81€	88€	[m²]	⏱ 0,50 h/m²	325.000.070

8 Heizestrich, bewehrt, abbrechen KG **394**

Heizestrich, bewehrt, mit Dämmschicht und Heizrohren und Trägerplatte abbrechen und sortenrein entsorgen.
Estrichart: .....
Bauart: **A / B / C**
Estrichdicke: bis 70 mm
Dämmung: .....
Dämmdicke: bis 40 mm
Fußbodenheizung: .....

▶	▷	ø netto €	◁	◀	[Einheit]	Ausf.-Dauer	Positionsnummer
62€	80€	**87€**	104€	113€	[m²]	⏱ 0,60 h/m²	325.000.071

9 Schutzestrich abbrechen KG **394**

Schutzestrich auf Abdichtung abbrechen und Bauschutt entsorgen. Es ist darauf zu achten, dass die Abdichtung nicht beschädigt wird.
Estrichart: .....
Estrichdicke: ca. 80 mm

▶	▷	ø netto €	◁	◀	[Einheit]	Ausf.-Dauer	Positionsnummer
27€	41€	**46€**	56€	72€	[m²]	⏱ 0,40 h/m²	325.000.072

10 Bauteile schützen, Folie KG **395**

Schutz von Bauteilen mit Kunststoff-Folie und Hartfaserplatten im Randbereich.
Bauteil: .....
Foliendicke: mind. 0,5 mm

▶	▷	ø netto €	◁	◀	[Einheit]	Ausf.-Dauer	Positionsnummer
3€	5€	**6€**	6€	8€	[m²]	⏱ 0,04 h/m²	325.000.073

11 Öffnungen schützen, Hartfaserplatten KG **395**

Schutz von Fenstern und Türen mit Hartfaserplatten.
Öffnungsgröße: .....

▶	▷	ø netto €	◁	◀	[Einheit]	Ausf.-Dauer	Positionsnummer
12€	16€	**18€**	22€	29€	[St]	⏱ 0,15 h/St	325.000.074

Nr.	Kurztext / Langtext						Kostengruppe
▶	▷	ø netto €	◁	◀	[Einheit]	Ausf.-Dauer	Positionsnummer

12 Strahlen, Strahlmittel, Betonboden KG **395**

Strahlen von Betonboden mit festem Strahlmittel zum Entfernen von Haftverbund mindernden Schichten.
Betongüte: .....
Gef. Oberflächenzugfestigkeit: 1,5N/mm²

8€ | 9€ | **12€** | 14€ | 18€ | [m²] | ⏱ 0,08h/m² | 325.000.075

13 Druckwasserstrahlen, Estrich KG **395**

Druckwasserstrahlen von Estrichflächen zum Reinigen von Haftverbund mindernden Substanzen.
Estrichart: .....
Oberfläche: .....

8€ | 9€ | **11€** | 14€ | 14€ | [m²] | ⏱ 0,10h/m² | 325.000.076

Kosten:
Stand 2. Quartal 2026
Bundesdurchschnitt

14 Fehlstellen schließen, Estrich KG **395**

Fehlstellen in Estrich freilegen und mit Kunstharzmörtel schließen. Das lockere Material ist zu lösen und der anfallende Bauschutt zu entsorgen, die Ausbruchstellen sind aufzurauen und der Untergrund zu reinigen.
Schadensgrad: bis 30%/m²
Angeb. Saniersystem: .....

20€ | 28€ | **39€** | 51€ | 63€ | [m²] | ⏱ 0,20h/m² | 325.000.077

15 Netzrisse schließen, Epoxidharz KG **395**

Verschluss von oberflächennahen Rissen als Netzrisse im Estrich, durch Tränkung mit Epoxidharz. Die Risse sind zu säubern und bis zur Sättigung zu füllen.
Estrichart: Zementestrich C20/C30
Rissweite: .....
Angeb. Fabrikat: .....

15€ | 18€ | **20€** | 27€ | 27€ | [m] | ⏱ 0,12h/m | 325.000.078

16 Holzboden prüfen KG **395**

Holzboden für die Aufnahme eines Estrichbelags auf Stabilität überprüfen und nachnageln.

10€ | 12€ | **14€** | 17€ | 18€ | [m²] | ⏱ 0,16h/m² | 325.000.079

17 Holzboden, reinigen/grundieren KG **395**

Holzboden von nicht fest haftende Beschichtungen und Klebstoffresten entfernen und für Spachtelung grundieren.

8€ | 15€ | **16€** | 20€ | 26€ | [m²] | ⏱ 0,10h/m² | 325.000.080

▶ min
▷ von
ø Mittel
◁ bis
◀ max

18 Holzboden, Gewebearmierung KG **395**

Holzboden mit Glasgewebe armieren.
Holzboden: .....
Gewebe: .....

6€ | 8€ | **9€** | 11€ | 17€ | [m²] | ⏱ 0,08h/m² | 325.000.081

19 Holzbodenausgleich, Kunstharz KG **395**

Kunstharzausgleichschicht auf Holzboden mit Glasgewebearmierung vorbereitet.
Schichtdicke: 3-5mm

32€ | 37€ | **43€** | 54€ | 57€ | [m²] | ⏱ 0,35h/m² | 325.000.082

Nr. **Kurztext** / Langtext — Kostengruppe

▶ ▷ **ø netto €** ◁ ◀ [Einheit] Ausf.-Dauer Positionsnummer

20 Haftbrücke, Estrich KG **395**

Haftbrücke auf gereinigtem, vorbereitetem Untergrund.
Estrich: Zementestrich
Untergrund: Beton

▶	▷	ø netto €	◁	◀	[Einheit]	Ausf.-Dauer	Positionsnummer
4€	6€	**6€**	8€	12€	[m2]	⏱ 0,04 h/m2	325.000.083

21 Kratzspachtelung, Betonboden KG **395**

Schließen von Poren und Lunker als Kratzspachtelung mit Spachtelmasse.
Bauteil: Betonboden

▶	▷	ø netto €	◁	◀	[Einheit]	Ausf.-Dauer	Positionsnummer
9€	11€	**13€**	16€	18€	[m2]	⏱ 0,23 h/m2	325.000.084

22 Nivellierestrich, bis 10mm, Betonboden KG **353**

Selbstverlaufender Nivellier-Verbundestrich auf Betonflächen.
Estrichdicke: 5-10 mm

▶	▷	ø netto €	◁	◀	[Einheit]	Ausf.-Dauer	Positionsnummer
25€	28€	**34€**	42€	44€	[m2]	⏱ 0,15 h/m2	325.000.085

23 Nivellierestrich, bis 20mm, Betonboden KG **353**

Selbstverlaufender Nivellier-Verbundestrich auf Betonflächen.
Estrichdicke: 10-20 mm

▶	▷	ø netto €	◁	◀	[Einheit]	Ausf.-Dauer	Positionsnummer
35€	40€	**49€**	58€	64€	[m2]	⏱ 0,20 h/m2	325.000.086

24 Ausgleichsschüttung gebunden, bis 15mm KG **353**

Ausgleichsschüttung auf Rohdecke, gebundene Form.
Funktion: Flächenausgleich
Nutzlast: kN/m2
Dicke i.M.: 15 mm

▶	▷	ø netto €	◁	◀	[Einheit]	Ausf.-Dauer	Positionsnummer
6€	11€	**12€**	17€	25€	[m2]	⏱ 0,04 h/m2	325.000.089

25 Ausgleichsschüttung gebunden, bis 30mm KG **353**

Ausgleichsschüttung auf Rohdecke, gebundene Form.
Funktion: Flächenausgleich
Nutzlast: kN/m2
Dicke i.M.: 30 mm

▶	▷	ø netto €	◁	◀	[Einheit]	Ausf.-Dauer	Positionsnummer
10€	17€	**19€**	20€	27€	[m2]	⏱ 0,06 h/m2	325.000.090

323
324
325
326
327
328
329
330
331
332
333
334
336
337
338
339

Nr.	Kurztext / Langtext						Kostengruppe
►	▷	ø netto €	◁	◀	[Einheit]	Ausf.-Dauer	Positionsnummer

26 Trittschalldämmung MW 20-2mm 045 DES sh KG **353**

Trittschalldämmschicht aus Mineralwolle unter schwimmendem Estrich.
Untergrund: Rohdecke
Dämmstoff: MW-TSD
Brandverhalten: **A1 / A2-s1-d0**, nicht brennbar
Anwendungstyp: DES - sh
Nennwert der Wärmeleitfähigkeit: 0,045W/(m·K)
Bemessungswert der Wärmeleitfähigkeit: .....W/(m·K)
Dämmstoffdicke: 20-2mm
Nutzlast: .....kN/m²
Dynamische Steifigkeit: .....

7€	11€	**12€**	16€	22€	[m²]	⏱ 0,04h/m²	325.000.091

27 Trittschalldämmung MW 30-3mm 045 DES sh KG **353**

Trittschalldämmschicht aus Mineralwolle unter schwimmendem Estrich.
Untergrund: Rohdecke
Dämmstoff: MW-TSD
Brandverhalten: **A1 / A2-s1-d0**, nicht brennbar
Anwendungstyp: DES - sh
Nennwert der Wärmeleitfähigkeit: 0,045W/(m·K)
Bemessungswert der Wärmeleitfähigkeit: .....W/(m·K)
Dämmstoffdicke: 30-3mm
Nutzlast: .....kN/m²
Dynamische Steifigkeit: .....

9€	15€	**16€**	21€	30€	[m²]	⏱ 0,05h/m²	325.000.092

28 Trittschalldämmung EPS 20-2mm 045 DES sm KG **353**

Trittschalldämmschicht aus Polystyrol-Dämmplatten unter schwimmendem Estrich.
Untergrund: Rohdecke
Dämmstoff: EPS-TSD
Brandverhalten: Klasse E
Anwendungstyp: DES - sm
Nennwert der Wärmeleitfähigkeit: 0,045W/(m·K)
Bemessungswert der Wärmeleitfähigkeit: .....W/(m·K)
Dämmstoffdicke: 20-2mm
Nutzlast: .....kN/m²
Dynamische Steifigkeit: .....

5€	7€	**7€**	9€	12€	[m²]	⏱ 0,04h/m²	325.000.093

Kosten:
Stand 2. Quartal 2026
Bundesdurchschnitt

► min
▷ von
ø Mittel
◁ bis
◀ max

29 Trittschalldämmung EPS 30-3mm 045 DES sm KG **353**

Trittschalldämmschicht aus Polystyrol-Dämmplatten unter schwimmendem Estrich.
Untergrund: Rohdecke
Dämmstoff: EPS-TSD
Brandverhalten: E
Anwendungstyp: DES - sm
Nennwert Wärmeleitfähigkeit: 0,045 W/(m·K)
Bemessungswert der Wärmeleitfähigkeit: ..... W/(m·K)
Dämmstoffdicke: 30-3 mm
Nutzlast: ..... kN/m²
Dynamische Steifigkeit: .....

▶	▷	ø netto €	◁	◀	[Einheit]	Ausf.-Dauer	Positionsnummer
5€	8€	**8€**	10€	13€	[m²]	⏱ 0,04 h/m²	325.000.094

A 1 Wärmedämmung, Estrich EPS 040 DEO dm Beschreibung für Pos. **30-33**

Wärmedämmschicht aus Polystyrol-Dämmplatten unter schwimmendem Estrich.
Untergrund: Rohdecke
Dämmstoff: EPS
Anwendungstyp: DEO
Druckbelastbarkeit: dm
Nennwert Wärmeleitfähigkeit: 0,037 W/(m·K)
Bemessungswert der Wärmeleitfähigkeit: ..... W/(m·K)

30 Wärmedämmung, Estrich EPS 40mm 040 DEO dm KG **353**

Wie Ausführungsbeschreibung A 1
Nutzlast: ..... kN/m²
Dämmstoffdicke: 40 mm

▶	▷	ø netto €	◁	◀	[Einheit]	Ausf.-Dauer	Positionsnummer
10€	12€	**16€**	19€	21€	[m²]	⏱ 0,05 h/m²	325.000.095

31 Wärmedämmung, Estrich EPS 60mm 040 DEO dm KG **353**

Wie Ausführungsbeschreibung A 1
Nutzlast: ..... kN/m²
Dämmstoffdicke: 60 mm

▶	▷	ø netto €	◁	◀	[Einheit]	Ausf.-Dauer	Positionsnummer
11€	13€	**17€**	19€	22€	[m²]	⏱ 0,05 h/m²	325.000.116

32 Wärmedämmung, Estrich EPS 80mm 040 DEO dm KG **353**

Wie Ausführungsbeschreibung A 1
Nutzlast: ..... kN/m²
Dämmstoffdicke: 80 mm

▶	▷	ø netto €	◁	◀	[Einheit]	Ausf.-Dauer	Positionsnummer
12€	15€	**19€**	20€	22€	[m²]	⏱ 0,07 h/m²	325.000.096

33 Wärmedämmung, Estrich EPS 120mm 040 DEO dm KG **353**

Wie Ausführungsbeschreibung A 1
Nutzlast: ..... kN/m²
Dämmstoffdicke: 120 mm

▶	▷	ø netto €	◁	◀	[Einheit]	Ausf.-Dauer	Positionsnummer
13€	18€	**21€**	24€	32€	[m²]	⏱ 0,07 h/m²	325.000.097

Nr.	Kurztext / Langtext						Kostengruppe
▶	▷	ø netto €	◁	◀	[Einheit]	Ausf.-Dauer	Positionsnummer

34 Wärmedämmung, Estrich PUR 40mm 025 DEO dh KG **353**

Wärmedämmschicht aus kaschierten Polyurethan-Dämmplatten unter schwimmendem Estrich.
Untergrund: Rohdecke
Dämmstoff: PUR, Aluminiumkaschierung
Anwendungstyp: DEO - dh
Nennwert der Wärmeleitfähigkeit: 0,024W/(m·K)
Bemessungswert der Wärmeleitfähigkeit: .....W/(m·K)
Dämmstoffdicke: 40mm
Nutzlast: .....kN/m²

▶	▷	ø	◁	◀	Einheit	Ausf.-Dauer	Positionsnummer
15€	20€	**23€**	24€	31€	[m²]	⏱ 0,07h/m²	325.000.098

35 Wärmedämmung, Estrich PUR 80mm 025 DEO dh KG **353**

Wärmedämmschicht aus kaschierten Polyurethan-Dämmplatten unter schwimmendem Estrich.
Untergrund: Rohdecke
Dämmstoff: PUR, Aluminiumkaschierung
Anwendungstyp: DEO - dh
Nennwert der Wärmeleitfähigkeit: 0,024W/(m·K)
Bemessungswert der Wärmeleitfähigkeit: .....W/(m·K)
Dämmstoffdicke: 80mm
Nutzlast: .....kN/m²

▶	▷	ø	◁	◀	Einheit	Ausf.-Dauer	Positionsnummer
–	35€	**42€**	54€	–	[m²]	⏱ 0,07h/m²	325.000.110

36 Randdämmstreifen KG **353**

Randdämmstreifen für schwimmenden Estrich an Wänden und aufgehenden Bauteilen. Ausführung mit Überstand über Estrich und die Lage der Trittschalldämmung einbeziehend.
Material: .....
Einbauhöhe: .....
Form: .....

▶	▷	ø	◁	◀	Einheit	Ausf.-Dauer	Positionsnummer
0,5€	1,7€	**2,4€**	2,8€	4,4€	[m]	⏱ 0,02h/m	325.000.115

37 Trennlage, Estrich, PE-Folie, einlagig KG **353**

Abdeckung auf Dämmschichten, mit Stoßüberlappung, als Unterlage für Estrich.
Estrich: .....
Trennlage: PE-Folie, 0,2mm

▶	▷	ø	◁	◀	Einheit	Ausf.-Dauer	Positionsnummer
0,9€	1,6€	**1,9€**	2,1€	3,3€	[m²]	⏱ 0,03h/m²	325.000.099

38 Trennlage, Gussasphalt KG **353**

Abdeckung auf Dämmschichten, mit Stoßüberlappung, als Unterlage für Gussasphalt.
Trennlage: .....

▶	▷	ø	◁	◀	Einheit	Ausf.-Dauer	Positionsnummer
2€	2€	**2€**	3€	3€	[m²]	⏱ 0,03h/m²	325.000.100

Kosten:
Stand 2. Quartal 2026
Bundesdurchschnitt

▶ min
▷ von
ø Mittel
◁ bis
◀ max

39 Estrich, CT C25 F4 S45 KG **353**

Zementestrich als schwimmender Estrich für Bodenbelag auf Dämmschicht mit Abdeckung.
Einbauort: .....
Untergrund: eben
Nutzlast: .....kN/m²
Estrichart: CT
Druckfestigkeitsklasse: C25
Biegezugfestigkeitsklasse: F4
Estrichdicke: 45mm
Oberfläche: .....

21€	26€	**27€**	30€	34€	[m²]	⏱ 0,20h/m²	325.000.101

40 Heizestrich, CT C25 F4 S65 H45 KG **353**

Zementestrich als Heizestrich in Bauart A, für Bodenbelag auf Dämmschicht mit Abdeckung. Leistung inkl. Aufheizen und Abheizen des Fußbodenaufbaus sowie Protokollieren des Vorgangs und CM-Messung als Nachweis.
Einbauort: .....
Untergrund: eben
Nutzlast: .....kN/m²
Estrichart: CT
Druckfestigkeitsklasse: C25
Biegezugfestigkeitsklasse: F4
Estrichdicke: 65mm
Rohrüberdeckung: 45mm
Rohrdurchmesser: .....

25€	30€	**33€**	37€	45€	[m²]	⏱ 0,25h/m²	325.000.102

41 Schnellestrich, CT C40 F4 S45 KG **353**

Zementestrich als schwimmender Schnellestrich für Bodenbelag auf Dämmschicht mit Abdeckung.
Einbauort: .....
Untergrund: eben
Nutzlast: .....kN/m²
Estrichart: CT, Schnellestrich
Druckfestigkeitsklasse: C40
Biegezugfestigkeitsklasse: F4
Estrichdicke: 45mm

56€	69€	**72€**	84€	106€	[m²]	⏱ 0,30h/m²	325.000.103

42 Estrich, AS IC10 S25 KG **353**

Gussasphaltestrich als schwimmender Estrich für Bodenbelag auf Dämmschicht mit Abdeckung.
Einbauort: .....
Untergrund: eben
Nutzlast: .....kN/m²
Estrichart: AS
Härteklasse: IC 10
Estrichdicke: 25mm

43€	50€	**53€**	55€	62€	[m²]	⏱ 0,35h/m²	325.000.104

Nr.	Kurztext / Langtext						Kostengruppe
▶	▷	ø netto €	◁	◀	[Einheit]	Ausf.-Dauer	Positionsnummer

43 Nutzestrich, CT C25 F4 S45 KG **353**

Zementestrich als schwimmender Estrich für direkte Nutzung mit Oberflächenschutz auf Dämmschicht mit Abdeckung.
Einbauort: .....
Untergrund: eben
Nutzlast: .....kN/m²
Estrichart: CT
Druckfestigkeitsklasse: C25
Biegezugfestigkeitsklasse: F4
Verschleißwiderstand A15
Estrichdicke: 45mm

26€	32€	**33€**	35€	43€	[m²]	⏱ 0,20h/m²	325.000.105

Kosten:
Stand 2. Quartal 2026
Bundesdurchschnitt

44 Verbundestrich, CT C25 F4 V50 KG **353**

Zementestrich als Verbundestrich für direkte Nutzung mit Oberflächenschutz im Verbund mit Untergrund.
Einbauort: .....
Untergrund: eben
Nutzlast: .....kN/m²
Estrichart: CT
Druckfestigkeitsklasse: C25
Biegezugfestigkeitsklasse: F4
Verschleißwiderstand A15
Estrichdicke: 50mm
Oberflächenschutz: .....

22€	28€	**31€**	35€	43€	[m²]	⏱ 0,20h/m²	325.000.106

45 Bewegungsfuge, elastische Dichtmasse KG **353**

Bewegungsfuge nach DIN EN 13318, in Estrich mit elastischen Dichtstoff und Hinterfüllprofil.
Fugentyp: .....
Fugenbreite: .....
Fugentiefe: .....
Farbe: .....

7€	10€	**12€**	13€	16€	[m]	⏱ 0,12h/m	325.000.114

46 Bewegungsfuge, Metallprofil KG **353**

Bewegungsfuge in Estrich nach DIN EN 13318, aus Aluminium und Bewegungsfugenprofil.
Fugenbreite: .....
Profilhöhe: .....
Angeb. Fabrikat: .....

53€	79€	**81€**	97€	132€	[m]	⏱ 0,20h/m	325.000.113

47 Markierung, Messstellen KG **353**

Messstellenmarkierung zur Ermittlung der Restfeuchte eines Heizestrichs anlegen.

4€	9€	**10€**	12€	16€	[St]	⏱ 0,10h/St	325.000.111

▶ min
▷ von
ø Mittel
◁ bis
◀ max

48 Messung, Feuchte, Estrich KG **353**

Feuchtigkeitsmessung nach dem CM-Verfahren, Ausführung auf Anordnung des AG.
Estrich: .....

19€	50€	**63€**	66€	105€	[St]	⏱ 0,50 h/St	325.000.112

49 Beschichtung, Epoxidharz, Estrich KG **353**

Beschichtung von Estrichflächen mit Mehrkomponenten-Epoxidharz mit Grundierung.
Untergrund: .....
Nenndicke: 1 mm
Beanspruchung: mechanisch
Rutschhemmung: R 9
Farbton: grau

60€	76€	**88€**	92€	104€	[m²]	⏱ 0,12 h/m²	325.000.107

50 Stundensatz, Facharbeiter/-in

Stundenlohnarbeiten für Vorarbeiter/-in, Facharbeiter/-in und Gleichgestellte. Der Verrechnungssatz für die jeweilige Arbeitskraft umfasst sämtliche Aufwendungen wie Lohn- und Gehaltskosten, Lohn- und Gehaltsnebenkosten, Zuschläge, lohngebundene und lohnabhängige Kosten, sonstige Sozialkosten, Gemeinkosten, Wagnis und Gewinn. Leistung nach besonderer Anordnung der Bauüberwachung. Anmeldung und Nachweis gemäß VOB/B.

63€	73€	**78€**	82€	92€	[h]	⏱ 1,00 h/h	325.000.108

51 Stundensatz, Helfer/-in

Stundenlohnarbeiten für Werker/-in, Helfer/-in und Gleichgestellte. Der Verrechnungssatz für die jeweilige Arbeitskraft umfasst sämtliche Aufwendungen wie Lohn- und Gehaltskosten, Lohn- und Gehaltsnebenkosten, Zuschläge, lohngebundene und lohnabhängige Kosten, sonstige Sozialkosten, Gemeinkosten, Wagnis und Gewinn. Leistung nach besonderer Anordnung der Bauüberwachung. Anmeldung und Nachweis gemäß VOB/B.

52€	59€	**62€**	67€	77€	[h]	⏱ 1,00 h/h	325.000.109

Nr.	Positionen	Einheit	►	▷	ø brutto € / ø netto €	◁	◄
1	Kellerfenster ausbauen, Holz, bis 0,5m²	St	32	39	**49**	59	101
			27	33	**41**	49	85
2	Fenster ausbauen, Holz, bis 1,5m²	St	58	79	**90**	96	112
			49	67	**75**	81	94
3	Fenster ausbauen, Holz, bis 2,5m²	St	68	89	**100**	103	116
			57	75	**84**	87	97
4	Fenstertür ausbauen, Holz, bis 3,5m²	St	115	120	**150**	181	264
			96	101	**126**	152	222
5	Fenster ausbauen, Kunststoff, bis 1,5m²	St	51	69	**86**	104	123
			43	58	**72**	87	103
6	Fenster ausbauen, Kunststoff, bis 2,5m²	St	59	84	**104**	125	144
			49	70	**88**	105	121
7	Fenstertür ausbauen, Kunststoff, bis 3,5m²	St	108	146	**180**	216	282
			91	123	**151**	182	237
8	Hauseingangstür ausbauen, bis 4m²	St	113	210	**256**	308	312
			95	177	**216**	259	262
9	Kelleraußentür ausbauen, bis 2,5m²	St	74	86	**103**	126	136
			62	72	**87**	106	114
10	Holzfenster, einflüglig, 1.000x1.000, dreischeibig, Ug-Wert 1,1W/(m²·K)	St	682	731	**821**	978	1.084
			573	614	**690**	821	911
11	Holzfenster, einflüglig, 1.000x1.000, dreischeibig, Ug-Wert 0,7W/(m²·K)	St	740	786	**925**	1.072	1.202
			622	660	**777**	901	1.010
12	Holzfenster, zweiflüglig, 1.250x1.000, zweischeibig, Ug-Wert 1,1W/(m²·K)	St	877	931	**1.083**	1.278	1.408
			737	783	**910**	1.074	1.183
13	Holzfenster, zweiflüglig, 1.250x1.000, zweischeibig, Ug-Wert 0,7W/(m²·K)	St	935	994	**1.169**	1.345	1.520
			786	835	**982**	1.130	1.277
14	Holzfenster, zweiflüglig, Setzholz 1.625x1.250, zweischeibig, Ug-Wert 1,1W/(m²·K)	St	1.070	1.149	**1.305**	1.514	1.697
			899	965	**1.097**	1.272	1.426
15	Holzfenstertür, einflüglig, 1.000x2.125, zweischeibig, Ug-Wert 1,1W/(m²·K)	St	1.182	1.284	**1.459**	1.692	1.911
			993	1.079	**1.226**	1.422	1.606
16	Holz-Alufenster, einflüglig, 1.000x1.000, dreischeibig, Ug-Wert 1,1W/(m²·K)	St	1.024	1.110	**1.234**	1.456	1.616
			860	933	**1.037**	1.223	1.358
17	Holz-Alufenster, einflüglig, 1.000x1.000, dreischeibig, Ug-Wert 0,7W/(m²·K)	St	1.108	1.162	**1.351**	1.594	1.757
			931	977	**1.136**	1.340	1.476
18	Holz-Alufenster, zweiflüglig, 1.250x1.000, zweischeibig, Ug-Wert 1,1W/(m²·K)	St	1.331	1.412	**1.623**	1.915	2.143
			1.119	1.187	**1.364**	1.610	1.801
19	Holz-Alufenster, zweiflüglig, 1.250x1.000, zweischeibig, Ug-Wert 0,7W/(m²·K)	St	1.412	1.517	**1.744**	2.022	2.284
			1.187	1.275	**1.465**	1.700	1.919

326

Kosten:
Stand 2.Quartal 2026
Bundesdurchschnitt

► min
▷ von
ø Mittel
◁ bis
◄ max

Nr.	Positionen	Einheit	▶	▷	ø brutto € / ø netto €	◁	◀
20	Holz-Alufenster, zweiflüglig, Setzholz, 1.625x1.250, zweischeibig, Ug-Wert 1,1W/(m²·K)	St	1.475	1.582	**1.777**	2.097	2.328
			1.240	1.329	**1.493**	1.762	1.956
21	Holz-Alufenstertür, einflüglig, 1.000x2.125, zweischeibig, Ug-Wert 1,1W/(m²·K)	St	1.536	1.650	**1.896**	2.219	2.446
			1.291	1.386	**1.594**	1.864	2.056
22	Kunststofffenster, einflüglig, 1.000x1.000, dreischeibig, Ug-Wert 1,1W/(m²·K)	St	597	648	**737**	854	972
			501	545	**619**	718	817
23	Kunststofffenster, einflüglig, 1.000x1.000, dreischeibig, Ug-Wert 0,7W/(m²·K)	St	686	719	**836**	995	1.104
			576	604	**703**	836	928
24	Kunststofffenster, zweiflüglig, 1.250x1.000, zweischeibig, Ug-Wert 1,1W/(m²·K)	St	802	831	**978**	1.124	1.281
			674	698	**822**	945	1.076
25	Kunststofffenster, zweiflüglig, Setzholz, 1.625x1.250, zweischeibig, Ug-Wert 1,1W/(m²·K)	St	996	1.118	**1.215**	1.433	1.616
			837	939	**1.021**	1.205	1.358
26	Kunststofffenstertür, einflüglig, 1.000x2.125, zweischeibig, Ug-Wert 1,1W/(m²·K)	St	961	1.081	**1.201**	1.382	1.562
			808	909	**1.010**	1.161	1.313
27	Haustür, Kunststoff, einflüglig, 1.010x2.013	St	3.041	3.607	**3.959**	5.035	6.113
			2.555	3.031	**3.327**	4.231	5.137
28	Haustür, Aluminium, Glasfüllung, einflüglig, zweischeibig, 1.010x2.013	St	3.146	5.031	**5.828**	7.265	10.124
			2.644	4.228	**4.897**	6.105	8.507
29	Fensterbank, außen, Aluminium, beschichtet	m	30	52	**63**	73	91
			25	44	**53**	61	77
30	Kunststofffenster, einflüglig, 750x500mm, wasserdicht	St	1.931	2.098	**2.384**	2.766	3.147
			1.623	1.763	**2.003**	2.324	2.645
31	Kunststofffenster, einflüglig, 800x600mm, wasserdicht	St	2.379	2.585	**2.937**	3.407	3.877
			1.999	2.172	**2.468**	2.863	3.258
32	Stundensatz, Facharbeiter/-in	h	81	94	**100**	105	124
			68	79	**84**	89	104
33	Stundensatz, Helfer/-in	h	69	81	**87**	94	104
			58	68	**73**	79	87

Nr.	**Kurztext** / Langtext						Kostengruppe
▶	▷	**ø netto €**	◁	◀	[Einheit]	Ausf.-Dauer	Positionsnummer

1 Kellerfenster ausbauen, Holz, bis 0,5m² KG **394**

Kellerfenster aus Holz mit Flügel und Rahmen ausbauen und anfallenden Bauschutt entsorgen.
Größe: bis 0,5m²

27€ 33€ **41€** 49€ 85€ [St] ⏱ 0,37h/St 326.000.048

Nr.	Kurztext / Langtext						Kostengruppe
▶	▷	ø netto €	◁	◀	[Einheit]	Ausf.-Dauer	Positionsnummer

2 Fenster ausbauen, Holz, bis 1,5m² — KG **394**

Fenster aus Holz mit Flügel und Fensterrahmen ausbauen und anfallenden Bauschutt entsorgen.
Größe: bis 1,5m²

▶	▷	ø	◁	◀	Einheit	Ausf.-Dauer	Positionsnummer
49€	67€	**75€**	81€	94€	[St]	⏱ 0,70h/St	326.000.049

3 Fenster ausbauen, Holz, bis 2,5m² — KG **394**

Fenster aus Holz mit Flügel und Fensterrahmen ausbauen und anfallenden Bauschutt entsorgen.
Größe: bis 2,5m²

▶	▷	ø	◁	◀	Einheit	Ausf.-Dauer	Positionsnummer
57€	75€	**84€**	87€	97€	[St]	⏱ 0,80h/St	326.000.050

4 Fenstertür ausbauen, Holz, bis 3,5m² — KG **394**

Fenstertür aus Holz mit Flügel und Rahmen ausbauen und anfallenden Bauschutt entsorgen.
Größe: bis 3,5m²

▶	▷	ø	◁	◀	Einheit	Ausf.-Dauer	Positionsnummer
96€	101€	**126€**	152€	222€	[St]	⏱ 1,00h/St	326.000.051

5 Fenster ausbauen, Kunststoff, bis 1,5m² — KG **394**

Fenster aus Kunststoff mit Flügel, Rahmen, innerer und äußerer Fensterbank ausbauen und anfallenden Bauschutt entsorgen.
Größe: bis 1,5m²

▶	▷	ø	◁	◀	Einheit	Ausf.-Dauer	Positionsnummer
43€	58€	**72€**	87€	103€	[St]	⏱ 0,80h/St	326.000.052

6 Fenster ausbauen, Kunststoff, bis 2,5m² — KG **394**

Fenster aus Kunststoff mit Flügel, Rahmen, innerer und äußerer Fensterbank ausbauen und anfallenden Bauschutt entsorgen.
Größe: bis 2,5m²

▶	▷	ø	◁	◀	Einheit	Ausf.-Dauer	Positionsnummer
49€	70€	**88€**	105€	121€	[St]	⏱ 0,95h/St	326.000.053

7 Fenstertür ausbauen, Kunststoff, bis 3,5m² — KG **394**

Fenstertür aus Kunststoff mit Flügel und Rahmen ausbauen und anfallenden Bauschutt entsorgen.
Größe: bis 3,5m²

▶	▷	ø	◁	◀	Einheit	Ausf.-Dauer	Positionsnummer
91€	123€	**151€**	182€	237€	[St]	⏱ 1,05h/St	326.000.054

8 Hauseingangstür ausbauen, bis 4m² — KG **394**

Hauseingangstür mit Rahmen, Türblatt und Zarge ausbauen und anfallenden Bauschutt entsorgen.
Material: .....
Größe: bis 4m²

▶	▷	ø	◁	◀	Einheit	Ausf.-Dauer	Positionsnummer
95€	177€	**216€**	259€	262€	[St]	⏱ 1,30h/St	326.000.055

9 Kelleraußentür ausbauen, bis 2,5m² — KG **394**

Kelleraußentür mit Türblatt und Zarge ausbauen und anfallenden Bauschutt entsorgen.
Material: .....
Größe: bis 2,5m²

▶	▷	ø	◁	◀	Einheit	Ausf.-Dauer	Positionsnummer
62€	72€	**87€**	106€	114€	[St]	⏱ 0,45h/St	326.000.056

Kosten:
Stand 2. Quartal 2026
Bundesdurchschnitt

▶ min
▷ von
ø Mittel
◁ bis
◀ max

A 1 Holzfenster, einflüglig, dreischeibig Beschreibung für Pos. **10-11**

Einflügliges Fenster aus Holz, ohne Sprossen, mit zum Rahmen versetztem Flügel, Beschlag mit Einhandbedienung, Drehkippfunktion, Aushebelschutz und konstanter Griffstellung in Kippstellung. Einbau in einschalige Wand mit stumpfem Anschlag, einschl. Vorrichten für Außenfensterbank aus Blech. Befestigung mit Rahmendübeln und Fensterbauschraube, einschl. Ausfüllen der Fugen zwischen Rahmen und anschließenden Bauteilen.
Holzart: Fichte
Oberfläche: endbeschichtet
Farbe: .....
Rahmendurchbiegung: .....
Festigkeitsklasse: .....
Rahmenbreite: ..... mm
Rahmendicke: ..... mm
Rahmenprofil: eckig, mit Falzdichtung
Verglasung: Isolierverglasung, dreischeibig
Uw-Wert: ..... W/(m²·K)
Lichtdurchlässigkeit: ..... %
Glasrandverbund: .....
Windlast: .....
Schlagregendichtheit: .....
Luftdurchlässigkeit: .....
Schalldämm-Maß: .....
Einbruchhemmung: .....
Anschlussfugen: .....
Beschläge: LM-eloxiert, verdeckt liegend
Bedienungskräfte: .....
Einbauort: .....

10 Holzfenster, einflüglig, 1.000x1.000, dreischeibig, Ug-Wert 1,1W/(m²·K) KG **334**

Wie Ausführungsbeschreibung A 1
Baurichtmaß (B x H): 1.000 x 1.000 mm
Ug-Wert: 1,1 W/(m²·K)

573€	614€	**690€**	821€	911€	[St]	⏱ 2,02 h/St	326.000.057

11 Holzfenster, einflüglig, 1.000x1.000, dreischeibig, Ug-Wert 0,7W/(m²·K) KG **334**

Wie Ausführungsbeschreibung A 1
Baurichtmaß (B x H): 1.000 x 1.000 mm
Ug-Wert: 0,7 W/(m²·K)

622€	660€	**777€**	901€	1.010€	[St]	⏱ 2,02 h/St	326.000.058

Nr.	Kurztext / Langtext						Kostengruppe
▶	▷	ø netto €	◁	◀	[Einheit]	Ausf.-Dauer	Positionsnummer

A 2 Holzfenster, zweiflüglig, zweischeibig — Beschreibung für Pos. **12-13**

Zweiflügliges Fenster aus Holz, ohne Sprossen, mit zum Rahmen versetzten Flügeln, Beschlag mit Einhandbedienung, Drehkipp- und Drehfunktion, Aushebelschutz und konstanter Griffstellung in Kippstellung. Einbau in einschalige Wand mit stumpfem Anschlag, einschl. Vorrichten für äußere Fensterbank aus Blech. Befestigung mit Rahmendübeln und Fensterbauschrauben, einschl. Ausfüllen der Fugen zwischen Rahmen und anschließenden Bauteilen.
Holzart: Fichte
Oberfläche: endbeschichtet
Farbe: .....
Rahmendurchbiegung: .....
Festigkeitsklasse: .....
Rahmenbreite: .....mm
Rahmendicke: .....mm
Rahmenprofil: eckig, mit Falzdichtung
Verglasung: Isolierverglasung, zweischeibig
Uw-Wert: .....W/(m²·K)
Lichtdurchlässigkeit: .....%
Glasrandverbund: .....
Windlast: .....
Schlagregendichtheit: .....
Luftdurchlässigkeit: .....
Schalldämm-Maß: .....
Einbruchhemmung: .....
Anschlussfugen: .....
Beschläge: LM-eloxiert, verdeckt liegend
Bedienungskräfte: .....
Einbauort: .....

Kosten:
Stand 2. Quartal 2026
Bundesdurchschnitt

12 Holzfenster, zweiflüglig, 1.250x1.000, zweischeibig, Ug-Wert 1,1W/(m²·K) — KG **334**

Wie Ausführungsbeschreibung A 2
Baurichtmaß (B x H): 1.250 x 1.000mm
Ug-Wert: 1,1W/(m²·K)

▶	▷	ø	◁	◀	Einheit	Ausf.-Dauer	Positionsnummer
737€	783€	**910€**	1.074€	1.183€	[St]	⏱ 2,30h/St	326.000.059

13 Holzfenster, zweiflüglig, 1.250x1.000, zweischeibig, Ug-Wert 0,7W/(m²·K) — KG **334**

Wie Ausführungsbeschreibung A 2
Baurichtmaß (B x H): 1.250 x 1.000mm
Ug-Wert: 0,7W/(m²·K)

▶	▷	ø	◁	◀	Einheit	Ausf.-Dauer	Positionsnummer
786€	835€	**982€**	1.130€	1.277€	[St]	⏱ 2,30h/St	326.000.067

▶ min
▷ von
ø Mittel
◁ bis
◀ max

14 **Holzfenster, zweiflüglig, Setzholz 1.625x1.250, zweischeibig, Ug-Wert 1,1W/(m²·K)** KG **334**

Zweiflügliges Fenster aus Holz mit Setzholz, ohne Sprossen, mit zum Rahmen versetzten Flügeln, Beschlag mit Einhandbedienung, Drehkipp- und Drehfunktion, Aushebelschutz und konstanter Griffstellung in Kippstellung. Einbau in einschalige Wand mit stumpfem Anschlag, einschl. Vorrichten für äußere Fensterbank aus Blech. Befestigung mit Rahmendübeln und Fensterbauschrauben, einschl. Ausfüllen der Fugen zwischen Rahmen und anschließenden Bauteilen.

Baurichtmaß (B x H): 1.625 x 1.250 mm
Holzart: Fichte
Oberfläche: endbeschichtet
Farbe: .....
Rahmendurchbiegung: .....
Festigkeitsklasse: .....
Rahmenbreite: ..... mm
Rahmendicke: ..... mm
Rahmenprofil: eckig, mit Falzdichtung
Verglasung: Isolierverglasung, zweischeibig
Ug-Wert: 1,1 W/(m²·K)
Uw-Wert: ..... W/(m²·K)
Lichtdurchlässigkeit: ..... %
Glasrandverbund: .....
Windlast: .....
Schlagregendichtheit: .....
Luftdurchlässigkeit: .....
Schalldämm-Maß: .....
Einbruchhemmung: .....
Anschlussfugen: .....
Beschläge: LM-eloxiert, verdeckt liegend
Bedienungskräfte: .....
Einbauort: .....

899€	965€	**1.097€**	1.272€	1.426€	[St]	⏱ 3,45 h/St	326.000.060

Nr.	Kurztext / Langtext						Kostengruppe
▶	▷	ø netto €	◁	◀	[Einheit]	Ausf.-Dauer	Positionsnummer

15 Holzfenstertür, einflüglig, 1.000x2.125, zweischeibig, Ug-Wert 1,1W/(m²·K) KG **334**

Einflüglige Fenstertüre aus Holz, ohne Sprossen, mit versetzten Flügel zum Rahmen, Beschlag mit Einhandbedienung, Drehkippfunktion, Aushebelschutz und konstanter Griffstellung in Kippstellung. Einbau in einschalige Wand mit stumpfem Anschlag und Vorrichten für äußere Fensterbank aus Blech. Befestigung mit Rahmendübeln und Fensterbauschrauben sowie ausfüllen der Fugen zwischen Rahmen und anschließenden Bauteilen.
Baurichtmaß (B x H): 1.000 x 2.125mm
Holzart: Fichte
Oberfläche: endbeschichtet
Farbe: .....
Rahmendurchbiegung: .....
Festigkeitsklasse: .....
Rahmenbreite: .....mm
Rahmendicke: .....mm
Rahmenprofil: eckig, mit Falzdichtung
Verglasung: Isolierverglasung, zweischeibig
Ug-Wert: 1,1W/(m^2·K)
Uw-Wert: .....W/(m^2·K)
Lichtdurchlässigkeit: .....%
Glasrandverbund: .....
Windlast: .....
Schlagregendichtheit: .....
Luftdurchlässigkeit: .....
Schalldämm-Maß: .....
Einbruchhemmung: .....
Anschlussfugen: .....
Beschläge: LM-eloxiert, verdeckt liegend
Bedienungskräfte: .....
Einbauort: .....

993€	1.079€	**1.226€**	1.422€	1.606€	[St]	⏱ 2,70h/St	326.000.061

Kosten:
Stand 2.Quartal 2026
Bundesdurchschnitt

▶ min
▷ von
ø Mittel
◁ bis
◀ max

A 3 Holz-Alufenster, einflüglig, Dreifach-Isolierglas Beschreibung für Pos. **16-17**

Einflügliges Fenster aus Holz mit hinterlüftetem und thermisch getrenntem Aluminiumprofil, ohne Sprossen, mit zum Rahmen versetztem Flügel, Beschlag mit Einhandbedienung, Drehkippfunktion, Aushebelschutz und konstanter Griffstellung in Kippstellung. Einbau in einschalige Wand mit stumpfem Anschlag, einschl. Vorrichten für Außenfensterbank aus Blech. Befestigung mit Rahmendübeln und Fensterbauschrauben, einschl. Ausfüllen der Fugen zwischen Rahmen und anschließenden Bauteilen.
Holzart: Fichte, mit Aluminiumbekleidung
Oberflächen: endbeschichtet
Farben: .....
Rahmendurchbiegung: .....
Festigkeitsklasse: .....
Rahmenbreite: ..... mm
Rahmendicke: ..... mm
Rahmenprofil: eckig, mit Falzdichtung
Verglasung: Isolierverglasung, dreischeibig
Uw-Wert: ..... W/(m²·K)
Lichtdurchlässigkeit: ..... %
Glasrandverbund: .....
Windlast: .....
Schlagregendichtheit: .....
Luftdurchlässigkeit: .....
Schalldämm-Maß: .....
Einbruchhemmung: .....
Anschlussfugen: .....
Beschläge: LM-eloxiert, verdeckt liegend
Bedienungskräfte: .....
Einbauort: .....

16 Holz-Alufenster, einflüglig, 1.000x1.000, dreischeibig, Ug-Wert 1,1W/(m²·K) KG **334**

Wie Ausführungsbeschreibung A 3
Baurichtmaß (B x H): 1.000 x 1.000 mm
Ug-Wert: 1,1 W/(m²·K)

▶	▷	ø netto €	◁	◀	Einheit	Ausf.-Dauer	Positionsnummer
860€	933€	**1.037€**	1.223€	1.358€	[St]	⏱ 2,02 h/St	326.000.068

17 Holz-Alufenster, einflüglig, 1.000x1.000, dreischeibig, Ug-Wert 0,7W/(m²·K) KG **334**

Wie Ausführungsbeschreibung A 3
Baurichtmaß (B x H): 1.000 x 1.000 mm
Ug-Wert: 0,7 W/(m²·K)

▶	▷	ø netto €	◁	◀	Einheit	Ausf.-Dauer	Positionsnummer
931€	977€	**1.136€**	1.340€	1.476€	[St]	⏱ 2,02 h/St	326.000.069

323 324 325 **326** 327 328 329 330 331 332 333 334 336 337 338 339

Nr.	Kurztext / Langtext						Kostengruppe
▶	▷	ø netto €	◁	◀	[Einheit]	Ausf.-Dauer	Positionsnummer

A 4 Holz-Alufenster, zweiflüglig, zweischeibig Beschreibung für Pos. **18-19**

Zweiflügliges Fenster aus Holz mit Setzholz und hinterlüftetem und thermisch getrenntem Aluminiumprofil, ohne Sprossen, mit zum Rahmen versetzten Flügeln, Beschlag mit Einhandbedienung, Drehkipp- und Drehfunktion, Aushebelschutz und konstanter Griffstellung in Kippstellung. Einbau in einschalige Wand mit stumpfem Anschlag, einschl. Vorrichten für äußere Fensterbank aus Blech. Befestigung mit Rahmendübeln und Fensterbauschrauben, einschl. Ausfüllen der Fugen zwischen Rahmen und anschließenden Bauteilen.
Holzart: Fichte, mit Aluminiumbekleidung
Oberflächen: endbeschichtet
Farben: .....
Rahmendurchbiegung: .....
Festigkeitsklasse: .....
Rahmenbreite: .....mm
Rahmendicke: .....mm
Rahmenprofil: eckig, mit Falzdichtung
Verglasung: Isolierverglasung, zweischeibig
Uw-Wert: .....W/(m²·K)
Lichtdurchlässigkeit: .....%
Glasrandverbund: .....
Windlast: .....
Schlagregendichtheit: .....
Luftdurchlässigkeit: .....
Schalldämm-Maß: .....
Einbruchhemmung: .....
Anschlussfugen: .....
Beschläge: LM-eloxiert, verdeckt liegend
Bedienungskräfte: .....
Einbauort: .....

Kosten:
Stand 2. Quartal 2026
Bundesdurchschnitt

18 Holz-Alufenster, zweiflüglig, 1.250x1.000, zweischeibig, Ug-Wert 1,1W/(m²·K) KG **334**

Wie Ausführungsbeschreibung A 4
Baurichtmaß (B x H): 1.250 x 1.000mm
Ug-Wert: 1,1W/(m²·K)

▶	▷	ø	◁	◀	Einheit	Ausf.-Dauer	Positionsnummer
1.119€	1.187€	**1.364€**	1.610€	1.801€	[St]	⏱ 2,30h/St	326.000.070

19 Holz-Alufenster, zweiflüglig, 1.250x1.000, zweischeibig, Ug-Wert 0,7W/(m²·K) KG **334**

Wie Ausführungsbeschreibung A 4
Baurichtmaß (B x H): 1.250 x 1.000mm
Ug-Wert: 0,7W/(m²·K)

▶	▷	ø	◁	◀	Einheit	Ausf.-Dauer	Positionsnummer
1.187€	1.275€	**1.465€**	1.700€	1.919€	[St]	⏱ 2,30h/St	326.000.071

▶ min
▷ von
ø Mittel
◁ bis
◀ max

20 Holz-Alufenster, zweiflüglig, Setzholz, 1.625x1.250, zweischeibig, Ug-Wert 1,1W/(m²·K) KG **334**

Zweiflügliges Fenster aus Holz mit Setzholz und hinterlüftetem und thermisch getrenntem Aluminiumprofil, ohne Sprossen, mit zum Rahmen versetzten Flügeln, Beschlag mit Einhandbedienung, Drehkipp- und Drehfunktion, Aushebelschutz und konstanter Griffstellung in Kippstellung. Einbau in einschalige Wand mit stumpfem Anschlag, einschl. Vorrichten für äußere Fensterbank aus Blech. Befestigung mit Rahmendübeln und Fensterbauschrauben, einschl. Ausfüllen der Fugen zwischen Rahmen und anschließenden Bauteilen.
Baurichtmaß (B x H): 1.625 x 1.250 mm
Holzart: Fichte, mit Aluminiumbekleidung
Oberflächen: endbeschichtet
Farben: .....
Rahmendurchbiegung: .....
Festigkeitsklasse: .....
Rahmenbreite: ..... mm
Rahmendicke: ..... mm
Rahmenprofil: eckig, mit Falzdichtung
Verglasung: Isolierverglasung, zweischeibig
Ug-Wert: 1,1 W/(m²·K)
Uw-Wert: ..... W/(m²·K)
Lichtdurchlässigkeit: ..... %
Glasrandverbund: .....
Windlast: .....
Schlagregendichtheit: .....
Luftdurchlässigkeit: .....
Schalldämm-Maß: .....
Einbruchhemmung: .....
Anschlussfugen: .....
Beschläge: LM-eloxiert, verdeckt liegend
Bedienungskräfte: .....
Einbauort: .....

1.240€	1.329€	**1.493€**	1.762€	1.956€	[St]	⏱ 3,45h/St	326.000.072

Nr.	Kurztext / Langtext						Kostengruppe
▶	▷	ø netto €	◁	◀	[Einheit]	Ausf.-Dauer	Positionsnummer

21 Holz-Alufenstertür, einflüglig, 1.000x2.125, zweischeibig, Ug-Wert 1,1W/(m²·K) KG **334**

Einflüglige Fenstertür aus Holz mit hinterlüftetem und thermisch getrenntem Aluminiumprofil, ohne Sprossen, mit versetzten Flügel zum Rahmen, Beschlag mit Einhandbedienung, Drehkippfunktion, Aushebelschutz und konstanter Griffstellung in Kippstellung. Einbau in einschalige Wand mit stumpfem Anschlag und Vorrichten für äußere Fensterbank aus Blech. Befestigung mit Rahmendübeln und Fensterbauschrauben sowie Ausfüllen der Fugen zwischen Rahmen und anschließenden Bauteilen.
Baurichtmaß (B x H): 1.000 x 2.125mm
Holzart: Fichte
Oberfläche: endbeschichtet
Farbe: .....
Rahmendurchbiegung: .....
Festigkeitsklasse: .....
Rahmenbreite: .....mm
Rahmendicke: .....mm
Rahmenprofil: eckig, mit Falzdichtung
Verglasung: Isolierverglasung, zweischeibig
Ug-Wert: 1,1W/(m²·K)
Uw-Wert: .....W/(m²·K)
Lichtdurchlässigkeit: .....%
Glasrandverbund: .....
Windlast: .....
Schlagregendichtheit: .....
Luftdurchlässigkeit: .....
Schalldämm-Maß: .....
Einbruchhemmung: .....
Anschlussfugen: .....
Beschläge: LM-eloxiert, verdeckt liegend
Bedienungskräfte: .....
Einbauort: .....

1.291€	1.386€	**1.594€**	1.864€	2.056€	[St]	⏱ 2,70h/St	326.000.073

Kosten:
Stand 2.Quartal 2026
Bundesdurchschnitt

▶ min
▷ von
ø Mittel
◁ bis
◀ max

A 5 Kunststofffenster, einflüglig, dreischeibig Beschreibung für Pos. **22-23**

Einflügliges Kunststofffenster aus Mehrkammerprofilen, ohne Sprossen, mit zum Rahmen versetztem Flügel, Beschlag mit Einhandbedienung, Drehkippfunktion, Aushebelschutz und konstanter Griffstellung in Kippstellung. Einbau in einschalige Wand mit stumpfem Anschlag, einschl. Vorrichten für äußere Fensterbank aus Blech. Befestigung mit Rahmendübeln und Fensterbauschrauben sowie ausfüllen der Fugen zwischen Rahmen und anschließenden Bauteilen.
Farbe: .....
Rahmendurchbiegung: .....
Festigkeitsklasse: .....
Rahmenbreite: ..... mm
Rahmendicke: ..... mm
Rahmenprofil: eckig, mit doppelter Lippendichtung
Verglasung: Isolierverglasung, dreischeibig
Uw-Wert: ..... W/(m²·K)
Lichtdurchlässigkeit: ..... %
Glasrandverbund: .....
Windlast: .....
Schlagregendichtheit: .....
Luftdurchlässigkeit: .....
Schalldämm-Maß: .....
Einbruchhemmung: .....
Anschlussfugen: .....
Beschläge: LM-eloxiert, verdeckt liegend
Bedienungskräfte: .....
Einbauort: .....

22 Kunststofffenster, einflüglig, 1.000x1.000, dreischeibig, Ug-Wert 1,1W/(m²·K) KG **334**

Wie Ausführungsbeschreibung A 5
Baurichtmaß (B x H): 1.000 x 1.000 mm
Ug-Wert: 1,1 W/(m²·K)

501€	545€	**619€**	718€	817€	[St]	⏱ 2,00h/St	326.000.062

23 Kunststofffenster, einflüglig, 1.000x1.000, dreischeibig, Ug-Wert 0,7W/(m²·K) KG **334**

Wie Ausführungsbeschreibung A 5
Baurichtmaß (B x H): 1.000 x 1.000 mm
Ug-Wert: 0,7 W/(m²·K)

576€	604€	**703€**	836€	928€	[St]	⏱ 2,00h/St	326.000.063

Nr.	Kurztext / Langtext						Kostengruppe
▶	▷	ø netto €	◁	◀	[Einheit]	Ausf.-Dauer	Positionsnummer

24 **Kunststofffenster, zweiflüglig, 1.250x1.000, zweischeibig, Ug-Wert 1,1W/(m²·K)** KG **334**

Zweiflügliges Kunststofffenster aus Mehrkammerprofilen, ohne Sprossen, mit zum Rahmen versetzten Flügeln, Beschlag mit Einhandbedienung, Drehkipp- und Drehfunktion, Aushebelschutz und konstanter Griffstellung in Kippstellung. Einbau in einschalige Wand mit stumpfen Anschlag, einschl Vorrichten für äußere Fensterbank aus Blech. Befestigung mit Rahmendübeln und Fensterbauschrauben, einschl. Ausfüllen der Fugen zwischen Rahmen und anschließenden Bauteilen.
Baurichtmaß (B x H): 1.250 x 1.000mm
Farbe: .....
Rahmendurchbiegung: .....
Festigkeitsklasse: .....
Rahmenbreite: .....mm
Rahmendicke: .....mm
Rahmenprofil: eckig, mit doppelter Lippendichtung
Verglasung: Isolierverglasung, zweischeibig
Ug-Wert: 1,1W/(m²·K)
Uw-Wert: .....W/(m²·K)
Lichtdurchlässigkeit: .....%
Glasrandverbund: .....
Windlast: .....
Schlagregendichtheit: .....
Luftdurchlässigkeit: .....
Schalldämm-Maß: .....
Einbruchhemmung: .....
Anschlussfugen: .....
Beschläge: LM-eloxiert, verdeckt liegend
Bedienungskräfte: .....
Einbauort: .....

674€	698€	**822€**	945€	1.076€	[St]	⏱ 3,00h/St	326.000.064

Kosten:
Stand 2. Quartal 2026
Bundesdurchschnitt

▶ min
▷ von
ø Mittel
◁ bis
◀ max

25 Kunststofffenster, zweiflüglig, Setzholz, 1.625x1.250, zweischeibig, Ug-Wert 1,1W/(m²·K) KG **334**

Zweiflügliges Kunststofffenster aus Mehrkammerprofilen mit Setzholz, ohne Sprossen, mit zum Rahmen versetzten Flügeln, Beschlag mit Einhandbedienung, jeweils Drehkippfunktion, Aushebelschutz und konstanter Griffstellung in Kippstellung. Einbau in einschalige Wand mit stumpfem Anschlag, einschl. Vorrichten für äußere Fensterbank aus Blech. Befestigung mit Rahmendübel und Fensterbauschrauben, einschl. Ausfüllen der Fugen zwischen Rahmen und anschließenden Bauteilen.
Baurichtmaß (B x H): 1.625 x 1.250 mm
Farbe: .....
Rahmendurchbiegung: .....
Festigkeitsklasse: .....
Rahmenbreite: ..... mm
Rahmendicke: ..... mm
Rahmenprofil: eckig, mit doppelter Lippendichtung
Verglasung: Isolierverglasung, zweischeibig
Ug-Wert: 1,1 W/(m²·K)
Uw-Wert: ..... W/(m²·K)
Lichtdurchlässigkeit: ..... %
Glasrandverbund: .....
Windlast: .....
Schlagregendichtheit: .....
Luftdurchlässigkeit: .....
Schalldämm-Maß: .....
Einbruchhemmung: .....
Anschlussfugen: .....
Beschläge: LM-eloxiert, verdeckt liegend
Bedienungskräfte: .....
Einbauort: .....

837€	939€	**1.021€**	1.205€	1.358€	[St]	⏱ 3,00 h/St	326.000.065

Nr.	Kurztext / Langtext						Kostengruppe
▶	▷	ø netto €	◁	◀	[Einheit]	Ausf.-Dauer	Positionsnummer

Kosten:
Stand 2. Quartal 2026
Bundesdurchschnitt

26 Kunststofffenstertür, einflüglig, 1.000x2.125, zweischeibig, Ug-Wert 1,1W/(m²·K) KG **334**

Einflüglige Kunststofffenstertür aus Mehrkammerprofilen, ohne Sprossen, mit zum Rahmen versetztem Flügel, Beschlag mit Einhandbedienung, Drehkippfunktion, Aushebelschutz und konstanter Griffstellung in Kippstellung. Einbau in einschalige Wand mit stumpfen Anschlag, einschl. Vorrichten für äußere Fensterbank aus Blech. Befestigung mit Rahmendübeln und Fensterbauschrauben, einschl. Ausfüllen der Fugen zwischen Rahmen und anschließenden Bauteilen.
Baurichtmaß (B x H): 1.000 x 2.125mm
Farbe: .....
Rahmendurchbiegung: .....
Festigkeitsklasse: .....
Rahmenbreite: .....mm
Rahmendicke: .....mm
Rahmenprofil: eckig, mit doppelter Lippendichtung
Verglasung: Isolierverglasung, zweischeibig
Ug-Wert: 1,1W/(m²·K)
Uw-Wert: .....W/(m²·K)
Lichtdurchlässigkeit: .....%
Glasrandverbund: .....
Windlast: .....
Schlagregendichtheit: .....
Luftdurchlässigkeit: .....
Schalldämm-Maß: .....
Einbruchhemmung: .....
Anschlussfugen: .....
Beschläge: LM-eloxiert, verdeckt liegend
Bedienungskräfte: .....
Einbauort: .....

808€	909€	**1.010€**	1.161€	1.313€	[St]	⏱ 2,00h/St	326.000.066

27 Haustür, Kunststoff, einflüglig, 1.010x2.013 KG **334**

Außentürelement als Haustür, einflüglig, aus Kunststoff mit Mehrkammerprofilen. Türe mit dreiseitig umlaufender Falzdichtung und absenkbarer Bodendichtung, Drücker-Knauf-Wechselgarnitur und Rosetten aus Aluminium, Mehrfachverriegelung mit automatischer Verriegelung und unsichtbar montiertem Aufhebelungsschutz auf der Bandseite, vorgerichtet für Profilzylinder mit Aufbohrsicherheit. Einbau in einschalige Massivwand inkl. Befestigung und Ausfüllen der Fugen zwischen Rahmen und anschließenden Bauteilen. Einbau aller Komponenten und Gangbarmachen der Türanlage.
Rohbaurichtmaß (B x H): 1.010 x 2.013mm
Anschlag: .....
Windlastklasse: .....
Rahmendurchbiegung: B (bis 1/200)
Schlagregendichtheitsklasse: .....
bewährtes Schalldämmmaß: Rw .....dB
Wärmedurchgangskoeffizient: Türelement 1,4W/(m²·K)
Einbruchhemmung: RC 2
Bedienungskräfte: Klasse .....
Verriegelung: .....fach
Farbe: .....

2.555€	3.031€	**3.327€**	4.231€	5.137€	[St]	⏱ 8,00h/St	326.000.074

▶ min
▷ von
ø Mittel
◁ bis
◀ max

28 **Haustür, Aluminium, Glasfüllung, einflüglig, zweischeibig, 1.010x2.013** KG **334**

Außentürelement als Haustür, einflüglig, aus Aluminium-Rohrrahmen mit thermisch getrennten Mehrkammerprofilen und Glasfüllung. Tür mit dreiseitig umlaufender Mitteldichtung und absenkbarer Bodendichtung, Drücker-Knauf-Wechselgarnitur und Rosetten aus Aluminium, Mehrfachverriegelung mit automatischer Verriegelung und unsichtbar montiertem Aufhebelungsschutz auf der Bandseite, vorgerichtet für Profilzylinder mit Aufbohrsicherheit. Einbau in einschalige Massivwand inkl. Befestigung und Ausfüllen der Fugen zwischen Rahmen und anschließenden Bauteilen. Einbau aller Komponenten und Gangbarmachen der Türanlage.
Rohbaurichtmaß (B x H): 1.010 x 2.013 mm
Anschlag: .....
Windlastklasse: .....
Rahmendurchbiegung: B (bis 1/200)
Schlagregendichtheitsklasse: .....
bewährtes Schalldämmmaß: Rw ..... dB
Wärmedurchgangskoeffizient: Türelement 1,4 W/(m2·K)
Einbruchhemmung: RC 2
Bedienungskräfte: Klasse .....
Verriegelung: .....fach
Türfarbe: .....
Verglasung: Isolierverglasung mit 2x ESG
Sichtschutz: satiniert
Lichtdurchlässigkeit: ..... %

2.644 € 4.228 € **4.897 €** 6.105 € 8.507 € [St] ⏱ 5,50 h/St 326.000.075

29 **Fensterbank, außen, Aluminium, beschichtet** KG **334**

Fensterbank aus Aluminium-Strangpressprofil, außen, mit Bordstücken für Bewegungsausgleich, eingebaut im Gefälle von mind. 8 %, Profil, entdröhnt, mit Schutz gegen Abheben.
Profilsystem: .....
Ausladung: .....
Fensterbanklänge: .....
Abwicklung: .....
Kantungen: .....
Oberfläche: **farbig beschichtet / E6**
Farbton: .....
Einbauort: .....
Einbauhöhe: .....
Angeb. Fabrikat: .....

25 € 44 € **53 €** 61 € 77 € [m] ⏱ 0,30 h/m 326.000.076

Kosten:
Stand 2. Quartal 2026
Bundesdurchschnitt

▶ min
▷ von
ø Mittel
◁ bis
◀ max

Nr.	**Kurztext** / Langtext						Kostengruppe
▶	▷	**ø netto €**	◁	◀	[Einheit]	Ausf.-Dauer	Positionsnummer

A 6 Kellerfenster, Kunststoff, wasserdicht — Beschreibung für Pos. **30-31**

Einflügliges Kunststofffenster, ohne Sprossen, aus Mehrkammerprofilen, mit Beschlag und Einhandbedienung, Drehkippfunktion, Aushebelschutz und konstanter Griffstellung in Kippstellung. Einbau in einschalige Wand aus Stahlbeton. Hochwasserdicht bis zu einem Wasserpegel von mindestens 130 cm ab Fensterunterkante und hochwasserbeständig bis zu einem Wasserpegel von mindestens 150 cm gemäß Richtlinie FE-07/1, geprüft und bestätigt vom ift Rosenheim, einschl. druckfesten Dichtung und Andichtung an Wand. Leistung ohne Untergrundvorbereitung und Beiputzarbeiten.
Farbe: .....
Rahmendurchbiegung: .....
Festigkeitsklasse: .....
Rahmenbreite: ..... mm
Rahmendicke: ..... mm
Rahmenprofil: .....
Verglasung: Isolierverglasung, dreischeibig
Schallschutz: .....
Einbruchhemmung: RC2 N
Anschlussfugen: .....
Beschläge: LM-eloxiert, verdeckt liegend
Bedienungskräfte: .....
Einbauort: .....

30 Kunststofffenster, einflüglig, 750x500mm, wasserdicht — KG **334**

Wie Ausführungsbeschreibung A 6
Baurichtmaß (B x H): 750 x 500 mm
Ug-Wert: 1,1 W/(m²·K)

▶	▷	ø	◁	◀	Einheit	Ausf.-Dauer	Positionsnummer
1.623€	1.763€	**2.003€**	2.324€	2.645€	[St]	⏱ 3,20 h/St	326.000.079

31 Kunststofffenster, einflüglig, 800x600mm, wasserdicht — KG **334**

Wie Ausführungsbeschreibung A 6
Baurichtmaß (B x H): 750 x 500 mm
Ug-Wert: 1,1 W/(m²·K)

▶	▷	ø	◁	◀	Einheit	Ausf.-Dauer	Positionsnummer
1.999€	2.172€	**2.468€**	2.863€	3.258€	[St]	⏱ 3,30 h/St	326.000.080

32 Stundensatz, Facharbeiter/-in

Stundenlohnarbeiten für Vorarbeiter/-in, Facharbeiter/-in und Gleichgestellte. Der Verrechnungssatz für die jeweilige Arbeitskraft umfasst sämtliche Aufwendungen wie Lohn- und Gehaltskosten, Lohn- und Gehaltsnebenkosten, Zuschläge, lohngebundene und lohnabhängige Kosten, sonstige Sozialkosten, Gemeinkosten, Wagnis und Gewinn. Leistung nach besonderer Anordnung der Bauüberwachung. Anmeldung und Nachweis gemäß VOB/B.

▶	▷	ø	◁	◀	Einheit	Ausf.-Dauer	Positionsnummer
68€	79€	**84€**	89€	104€	[h]	⏱ 1,00 h/h	326.000.077

33 Stundensatz, Helfer/-in

Stundenlohnarbeiten für Werker/-in, Helfer/-in und Gleichgestellte. Der Verrechnungssatz für die jeweilige Arbeitskraft umfasst sämtliche Aufwendungen wie Lohn- und Gehaltskosten, Lohn- und Gehaltsnebenkosten, Zuschläge, lohngebundene und lohnabhängige Kosten, sonstige Sozialkosten, Gemeinkosten, Wagnis und Gewinn. Leistung nach besonderer Anordnung der Bauüberwachung. Anmeldung und Nachweis gemäß VOB/B.

▶	▷	ø	◁	◀	Einheit	Ausf.-Dauer	Positionsnummer
58€	68€	**73€**	79€	87€	[h]	⏱ 1,00 h/h	326.000.078

327

Kosten:
Stand 2. Quartal 2026
Bundesdurchschnitt

▶ min
▷ von
ø Mittel
◁ bis
◀ max

Nr.	Positionen	Einheit	▶	▷	ø brutto € / ø netto €	◁	◀
1	Innentür, einflüglig, entfernen	St	63	86	**104**	129	129
			53	72	**88**	108	108
2	Wandbekleidung entfernen	m²	29	35	**43**	52	67
			24	29	**36**	44	57
3	Deckenbekleidung entfernen	m²	27	42	**51**	61	66
			23	35	**43**	52	56
4	Fensterbank ausbauen, Holz, bis 1,5m	St	19	29	**35**	43	53
			16	24	**30**	36	45
5	Fensterbank ausbauen, Holz, bis 2,5m	St	33	53	**64**	78	83
			27	45	**53**	66	70
6	Laibungsbekleidung entfernen	m	24	30	**34**	41	44
			20	25	**28**	35	37
7	Holz-Türelement, S200C5, einflüglig, 875x2.125	St	1.354	1.639	**1.799**	1.874	2.215
			1.138	1.377	**1.512**	1.575	1.861
8	Holz-Türelement, S200C5, einflüglig, 1.000x2.000/2.125	St	1.319	1.538	**1.852**	1.889	2.861
			1.108	1.293	**1.557**	1.587	2.404
9	Holz-Türelement, S200C5, zweiflüglig	St	5.159	9.477	**10.897**	12.350	15.834
			4.335	7.963	**9.157**	10.378	13.306
10	Innen-Türelement, Röhrenspan, einflüglig, 875x2.125	St	755	1.036	**1.194**	1.320	1.559
			635	871	**1.004**	1.109	1.310
11	Innen-Türelement, Röhrenspan, einflüglig, 1.000x2.125	St	921	1.311	**1.400**	1.494	1.726
			774	1.101	**1.176**	1.256	1.450
12	Innen-Türelement, Röhrenspan, einflüglig, 1.125x2.125	St	1.086	1.429	**1.625**	1.725	2.101
			913	1.201	**1.365**	1.449	1.766
13	Innen-Türelement, Röhrenspan, zweiflüglig	St	2.055	2.823	**3.142**	3.342	3.954
			1.727	2.373	**2.640**	2.808	3.323
14	Holz-Türelement, einflüglig, 875x2.125	St	1.779	2.596	**2.829**	3.422	4.793
			1.495	2.181	**2.378**	2.876	4.028
15	Türblatt, einflüglig, kunststoffbeschichtet, 750x2.000	St	263	413	**481**	538	680
			221	347	**404**	452	572
16	Türblatt, einflüglig, kunststoffbeschichtet, 875x2.000	St	284	433	**491**	547	691
			239	364	**413**	460	581
17	Türblatt, einflüglig, kunststoffbeschichtet, 1.000x2.000/2.125	St	283	438	**603**	632	7.344
			238	368	**506**	531	6.171
18	Türblatt, einflüglig, kunststoffbeschichtet, 1.125x2.000/2.125	St	295	408	**624**	652	965
			248	343	**524**	548	811
19	Türblatt, einflüglige Tür, Vollspan	St	389	576	**753**	957	1.212
			327	484	**633**	804	1.019
20	Türblatt, zweiflüglig, Vollspan	St	1.133	1.571	**1.877**	2.042	2.307
			952	1.320	**1.577**	1.716	1.939
21	Massivholzzarge, innen	St	468	903	**1.110**	1.295	1.738
			393	759	**933**	1.088	1.460
22	Holz-Umfassungszarge, innen, 760x2.000	St	250	337	**374**	423	517
			210	283	**314**	355	434
23	Holz-Umfassungszarge, innen, 875x2.000	St	294	377	**421**	467	600
			247	317	**353**	393	504

Nr.	Positionen	Einheit	►	▷	ø brutto € / ø netto €	◁	◄
24	Schiebetürelement, innen	St	1.062	1.734	**1.970**	2.601	3.579
			892	1.458	**1.655**	2.186	3.007
25	Fensterbank, Holz, innen	m	66	96	**112**	129	154
			55	81	**94**	109	130
26	Holz-/Abdeckleisten	m	18	30	**35**	39	53
			15	25	**29**	33	45
27	Verfugung, elastisch	m	7	9	**10**	10	12
			6	7	**8**	9	10
28	Sockel-/Fußleiste, Holz	m	29	36	**39**	41	46
			25	30	**32**	34	38
29	Treppenstufe, Holz	St	206	298	**332**	389	515
			173	251	**279**	327	433
30	Handlauf, Holz	m	92	118	**130**	141	160
			77	99	**109**	119	134
31	Geländer, gerade, Rundstabholz	m	113	455	**605**	655	753
			95	383	**509**	550	633
32	Stundensatz, Facharbeiter/-in	h	77	93	**98**	103	112
			65	78	**82**	86	94
33	Stundensatz, Helfer/-in	h	64	76	**79**	82	90
			54	63	**66**	69	76

Nr. **Kurztext** / Langtext — Kostengruppe
► ▷ **ø netto €** ◁ ◄ [Einheit] Ausf.-Dauer Positionsnummer

1 Innentür, einflüglig, entfernen KG **394**

Innentür inkl. Türfutter ausbauen und anfallenden Bauschutt entsorgen.
Material: Holz
Wanddicke: .....
Größe: bis 2,00 m²

53€ 72€ **88€** 108€ 108€ [St] ⏱ 0,60 h/St 327.000.081

2 Wandbekleidung entfernen KG **394**

Wandbekleidung aus Holzwerkstoff entfernen und anfallenden Bauschutt entsorgen.
Bekleidung: .....

24€ 29€ **36€** 44€ 57€ [m²] ⏱ 0,55 h/m² 327.000.082

3 Deckenbekleidung entfernen KG **394**

Deckenbekleidung aus Holzbrettern einschl. Sparschalung entfernen und anfallenden Bauschutt entsorgen.

23€ 35€ **43€** 52€ 56€ [m²] ⏱ 0,45 h/m² 327.000.083

Nr.	Kurztext / Langtext						Kostengruppe
▶	▷	**ø netto €**	◁	◀	[Einheit]	Ausf.-Dauer	Positionsnummer

4 Fensterbank ausbauen, Holz, bis 1,5m KG **394**

Fensterbank aus Holz ausbauen und anfallenden Bauschutt entsorgen.
Länge: bis 1,5m
Breite: bis 25cm
Dicke: bis 4cm

▶	▷	ø netto €	◁	◀	[Einheit]	Ausf.-Dauer	Positionsnummer
16€	24€	**30€**	36€	45€	[St]	⏱ 0,30h/St	327.000.084

5 Fensterbank ausbauen, Holz, bis 2,5m KG **394**

Fensterbank aus Holz ausbauen und anfallenden Bauschutt entsorgen.
Länge: bis 2,5m
Breite: bis 25cm
Dicke: bis 4cm

▶	▷	ø netto €	◁	◀	[Einheit]	Ausf.-Dauer	Positionsnummer
27€	45€	**53€**	66€	70€	[St]	⏱ 0,35h/St	327.000.085

6 Laibungsbekleidung entfernen KG **394**

Holzbekleidung an Fensterlaibung einschl. der Befestigungshölzer entfernen und anfallenden Bauschutt entsorgen.
Lage: innen

▶	▷	ø netto €	◁	◀	[Einheit]	Ausf.-Dauer	Positionsnummer
20€	25€	**28€**	35€	37€	[m]	⏱ 0,12h/m	327.000.086

A 1 Holz-Türelement, S200C5, einflüglig Beschreibung für Pos. **7-8**

Rauchschutztür bestehend aus furniertem Türblatt, Drückergarnitur auf Rosetten, Umfassungszarge aus Stahl mit seitlicher Schattennut, Obentürenschließer mit Gleitschiene und Fluchttürfunktion. Anschlüsse mit Hinterfüllung des Zargenhohlraums und Abdichtung mit vorkomprimiertem Dichtband mit überstreichbarem Dichtstoff.
Einbau: Betonwand mit beidseitigem Putz
Wanddicke: .....
Öffnungsrichtung: DIN **rechts / links**
Rauchschutzanforderung: .....
Rauchschutz: S200C5
Klimaklasse: II
Einbruchhemmung: RC 1N
Schallschutz: Schalldämmmaß Rwp: .....dB
Türblattdicke: .....mm, unten 30mm kürzbar, gefälzt
Oberflächen: Furnier 0,8mm, Schichtstoff; Kanten mit verdeckten Anleimern
Umfassungszarge: 1,5mm, verzinkt und grundiert
Bänder: Dreirollenbänder, dreidimensional verstellbar
Drücker: Aluminium, Klasse ES ....., mit Zylinderziehschutz
Schloss: vorgerichtet für Profilzylinder P2BZ
Falzdichtung: dreiseitig umlaufende Brandschutzdichtung
Bodendichtung: automatisch absenkbar
Türstopper: Aluminium mit schwarzer Gummieinlage
Einbauort: .....
Angeb. Fabrikat: .....

7 Holz-Türelement, S200C5, einflüglig, 875x2.125 KG **344**

Wie Ausführungsbeschreibung A 1
Baurichtmaß (B x H): 875 x 2.125mm

▶	▷	ø netto €	◁	◀	[Einheit]	Ausf.-Dauer	Positionsnummer
1.138€	1.377€	**1.512€**	1.575€	1.861€	[St]	⏱ 2,80h/St	327.000.095

Kosten:
Stand 2. Quartal 2026
Bundesdurchschnitt

▶ min
▷ von
ø Mittel
◁ bis
◀ max

Nr.	**Kurztext** / Langtext						Kostengruppe
▶	▷	**ø netto €**	◁	◀	[Einheit]	Ausf.-Dauer	Positionsnummer

8 Holz-Türelement, S200C5, einflüglig, 1.000x2.000/2.125 KG **344**

Wie Ausführungsbeschreibung A 1
Baurichtmaß (B x H): 1.000 x **2.000 / 2.125** mm

1.108€	1.293€	**1.557€**	1.587€	2.404€	[St]	⏱ 2,80h/St	327.000.088

9 Holz-Türelement, S200C5, zweiflüglig KG **344**

Rauchschutztür bestehend aus furniertem Türblatt, Drückergarnitur auf Rosetten, Umfassungszarge aus Stahl mit seitlicher Schattennut, Obentürenschließer. Anschlüsse mit Hinterfüllung des Zargenhohlraums und Abdichtung mit vorkomprimiertem Dichtband mit überstreichbarem Dichtstoff.
Baurichtmaß (B x H): ..... x ..... mm
Einbau: Betonwand mit beidseitigem Putz
Wanddicke: .....
Feststelleinrichtung: **rechts / links**
Rauchschutz: S200C5
Klimaklasse: II
Einbruchhemmung: RC 1N
Einbruchhemmung: Klasse .....
Schallschutz: Schalldämmmaß Rwp= ..... dB
Türblattdicke: ..... mm, unten 30 mm kürzbar, gefälzt
Oberflächen: Furnier 0,8 mm, Schichtstoff; Kanten mit verdeckten Anleimern
Umfassungszarge: 1,5 mm, verzinkt und grundiert
Bänder: Dreirollenbänder, dreidimensional verstellbar
Drücker: Aluminium, Klasse ES ....., mit Zylinderziehschutz
Schloss: vorgerichtet für Profilzylinder P2BZ
Obentürschließer: Gleitschiene mit Schließfolgeregelung und Fluchttürfunktion
Falzdichtung: dreiseitig umlaufende Brandschutzdichtung
Bodendichtung: automatisch absenkbar
Türstopper: Aluminium mit schwarzer Gummieinlage
Einbauort: .....
Angeb. Fabrikat: .....

4.335€	7.963€	**9.157€**	10.378€	13.306€	[St]	⏱ 8,00h/St	327.000.087

Nr.	Kurztext / Langtext						Kostengruppe
▶	▷	**ø netto €**	◁	◀	[Einheit]	Ausf.-Dauer	Positionsnummer

A 2 Innen-Türelement, Röhrenspan, einflüglig — Beschreibung für Pos. **10-12**

Zimmertür für Innenräume, einflüglig, Türblatt aus Röhrenspan mit beschichteten Deckflächen, Drückergarnitur auf Langschild und Umfassungszarge.
Einbauort: Wohnung
Einbau: Mauerwerkswand, beidseitiger Putz
Mauerdicke: .....
Drehtür: DIN **rechts / links**
Klimaklasse: I
Einbruchhemmung: RC 1N
Türblatt: stumpf einschlagend, mit Laibungsfalz
Bodeneinstand: .....mm
Zarge: Aluminium, 1,5mm
Drücker: Aluminium, ...
Bänder: .....
Schloss: Einsteckschloss .....
Falzdichtung: dreiseitig .....
Angeb. Fabrikat: .....

Kosten:
Stand 2.Quartal 2026
Bundesdurchschnitt

10 Innen-Türelement, Röhrenspan, einflüglig, 875x2.125 — KG **344**

Wie Ausführungsbeschreibung A 2
Baurichtmaß (B x H): 875 x 2.125mm

▶	▷	ø	◁	◀	Einheit	Ausf.-Dauer	Positionsnummer
635€	871€	**1.004€**	1.109€	1.310€	[St]	⏱ 1,50h/St	327.000.096

11 Innen-Türelement, Röhrenspan, einflüglig, 1.000x2.125 — KG **344**

Wie Ausführungsbeschreibung A 2
Baurichtmaß (B x H): 1.000 x 2.125mm

▶	▷	ø	◁	◀	Einheit	Ausf.-Dauer	Positionsnummer
774€	1.101€	**1.176€**	1.256€	1.450€	[St]	⏱ 1,50h/St	327.000.097

12 Innen-Türelement, Röhrenspan, einflüglig, 1.125x2.125 — KG **344**

Wie Ausführungsbeschreibung A 2
Baurichtmaß (B x H): 1.125 x 2.125mm

▶	▷	ø	◁	◀	Einheit	Ausf.-Dauer	Positionsnummer
913€	1.201€	**1.365€**	1.449€	1.766€	[St]	⏱ 1,50h/St	327.000.098

▶ min
▷ von
ø Mittel
◁ bis
◀ max

13 Innen-Türelement, Röhrenspan, zweiflüglig KG **344**

Innentür, zweiflüglig, bestehend aus Türblättern als Drehtüren, Röhrenspan mit Grundierfolie für Beschichtung, Drückergarnitur auf Langschild und Umfassungszarge.
Baurichtmaß (B x H): ..... x ..... mm
Einbauort: .....
Mauerdicke: .....
Geltungsbereich: .....
Feststelleinrichtung: **rechts / links**
Klimaklasse: I
Einbruchhemmung: RC 1 N
Schallschutz: Schalldämmmaß Rwp= ..... dB
Türblatt: Dicke 40 mm, unten 30 mm kürzbar, stumpf einschlagend, mit Laibungsfalz
Zarge: .....
Ansichtsbreite: ..... mm
Montageart: .....
Drücker: Aluminium
Bänder: Dreirollenbänder, dreidimensional verstellbar
Schloss: Buntbart-Zimmertür-(BB) Einsteckschloss, Klasse 1
Falzdichtung: dreiseitig umlaufende Dichtung EPDM (APTK)
Angeb. Fabrikat: .....

1.727 € 2.373 € **2.640 €** 2.808 € 3.323 € [St] ⏱ 4,00 h/St 327.000.090

14 Holz-Türelement, einflüglig, 875x2.125 KG **344**

Feuerhemmende Brandschutztür bestehend aus furniertem Türblatt, Drückergarnitur auf Rosetten, Umfassungszarge aus Stahl mit seitlicher Schattennut, Obentürenschließer mit Gleitschiene und Fluchttürfunktion. Anschlüsse mit Hinterfüllung des Zargenhohlraums und Abdichtung mit vorkomprimiertem Dichtband mit überstreichbarem Dichtstoff.
Einbauort: .....
Einbau: Betonwand mit beidseitigem Putz
Wanddicke: .....
Drehtür: DIN **rechts / links**
Feuerwiderstandsklasse EI2 30-S200C5
Klimaklasse: II
Einbruchhemmung: RC 1 N
Schallschutz: Schalldämmmaß Rwp= ..... dB
Türblattdicke: ..... mm, unten 30 mm kürzbar, gefälzt
Oberflächen: Furnier 0,8 mm, Schichtstoff; Kanten mit verdeckten Anleimern
Umfassungszarge: 1,5 mm, verzinkt und grundiert
Bänder: Dreirollenbänder, dreidimensional verstellbar
Drücker: Aluminium, Klasse ES ....., mit Zylinderziehschutz
Schloss: vorgerichtet für Profilzylinder P2BZ
Falzdichtung: dreiseitig umlaufende Brandschutzdichtung
Bodendichtung: automatisch absenkbar
Türstopper: Aluminium mit schwarzer Gummieinlage
Baurichtmaß (B x H): 875 x 2.125 mm
Angeb. Fabrikat: .....

1.495 € 2.181 € **2.378 €** 2.876 € 4.028 € [St] ⏱ 3,00 h/St 327.000.099

Nr.	Kurztext / Langtext						Kostengruppe
▶	▷	ø netto €	◁	◀	[Einheit]	Ausf.-Dauer	Positionsnummer

A 4 Türblatt, einflüglig, kunststoffbeschichtet — Beschreibung für Pos. **15-18**

Türblatt für einflüglige Tür mit Röhrenspaneinlage, dreiseitig gefälzter Rahmen mit verdecktem Massivholz-Anleimer und beidseitiger Hochdruck-Schichtpressstoffplatte, Türdrückergarnitur auf Rosetten, in bauseitige Stahlzarge.
Baurichtmaß (B x H): 1.000 x 2.125mm
Einbauort: .....
Einbau: .....
Wanddicke: .....mm
Drehtüre: DIN **rechts / links**
Klimaklasse: II
Einbruchhemmung: RC 1N
Schalldämmmaß Rw,R= .....dB
Türblattdicke: 42mm
Oberfläche: HPL-Schichtstoff: 0,8mm
Farbe: .....
Bänder: .....St dreiteilig, Unterkonstruktion 3D-verstellbar
PZ-Schloss: Klasse ....., für bauseitigen Profilzylinder
Drücker: Aluminium, mit 9mm Stift

Kosten:
Stand 2.Quartal 2026
Bundesdurchschnitt

15 Türblatt, einflüglig, kunststoffbeschichtet, 750x2.000 — KG **344**

Wie Ausführungsbeschreibung A 4
Türblattgröße (B x H): 750 x 2.000mm

221€	347€	**404€**	452€	572€	[St]	⏱ 0,10h/St	327.000.101

16 Türblatt, einflüglig, kunststoffbeschichtet, 875x2.000 — KG **344**

Wie Ausführungsbeschreibung A 4
Türblattgröße (B x H): 875 x 2.000mm

239€	364€	**413€**	460€	581€	[St]	⏱ 0,10h/St	327.000.102

17 Türblatt, einflüglig, kunststoffbeschichtet, 1.000x2.000/2.125 — KG **344**

Wie Ausführungsbeschreibung A 4
Türblattgröße (B x H): 1.000 x **2.000 / 2.125**mm

238€	368€	**506€**	531€	6.171€	[St]	⏱ 0,15h/St	327.000.091

18 Türblatt, einflüglig, kunststoffbeschichtet, 1.125x2.000/2.125 — KG **344**

Wie Ausführungsbeschreibung A 4
Türblattgröße (B x H): 1.125 x **2.000 / 2.125**mm

248€	343€	**524€**	548€	811€	[St]	⏱ 0,15h/St	327.000.092

▶ min
▷ von
ø Mittel
◁ bis
◀ max

19 Türblatt, einflüglige Tür, Vollspan KG **344**

Zimmertür für Wohnungsabschluss, einflüglig, Türblatt aus Vollspan mit beschichteten Deckfurnier, Drückergarnitur auf Rosetten.
Baurichtmaß (B x H): 1.000 x 2.125 mm
Einbauort: Wohnung/Treppenhaus
Einbau: Zarge .....
Drehtüre: DIN **rechts / links**
Klimaklasse: II
Mechanische Festigkeit: 1
Einbruchhemmung: RC 2
Türblatt: dreiseitig gefalzt
Bodeneinstand: ..... mm
Drücker: Aluminium, ...
Bänder: ..... St, Art: .....
Schloss: Einsteckschloss .....
Angeb. Fabrikat: .....

327€ 484€ **633€** 804€ 1.019€ [St] ⏱ 0,20 h/St 327.000.093

20 Türblatt, zweiflüglig, Vollspan KG **344**

Zimmertür für Wohnungsabschluss, zweiflüglig, Türblatt aus Vollspan mit beschichteten Deckfurnier, Drückergarnitur auf Rosetten.
Baurichtmaß (B x H): ..... x .....
Einbauort: Wohnung/Treppenhaus
Einbau: Zarge .....
Feststelleinrichtung: **rechts / links**
Klimaklasse: III
Mechanische Festigkeit: 1
Einbruchhemmung: RC 2
Türblatt: dreiseitig gefalzt
Bodeneinstand: .....
Drücker: Aluminium, ...
Bänder: ..... St, Art: .....
Schloss: Einsteckschloss .....
Angeb. Fabrikat: .....

952€ 1.320€ **1.577€** 1.716€ 1.939€ [St] ⏱ 0,30 h/St 327.000.094

Nr.	Kurztext / Langtext						Kostengruppe
▶	▷	**ø netto €**	◁	◀	[Einheit]	Ausf.-Dauer	Positionsnummer

21 **Massivholzzarge, innen** KG **344**

Holzstockzarge, massiv, mit dreiseitig umlaufenden Profil, für DIN **rechts / links** angeschlagenes Türblatt, in Mauerwerkswand mit beidseitigem Putz.
Einbauort: .....
Baurichtmaß: .....
Mauerwerkswand: .....
Türblattdicke: 50mm
Holzart: .....
Oberfläche: .....
Zargenprofil: .....
Zargenspiegel: .....
Zargenprofil: stumpf einschlagendes Türblatt
Bänder: vorbereitet für dreiteilige Bänder, dreidimensional verstellbar
Falzdichtung: dreiseitig umlaufende Dichtung EPDM (APTK)
Montage: .....
Angeb. Fabrikat: .....

393€	759€	**933€**	1.088€	1.460€	[St]	⏱ 1,20h/St	327.000.104

Kosten:
Stand 2. Quartal 2026
Bundesdurchschnitt

A 5 **Holz-Umfassungszarge, innen** Beschreibung für Pos. **22-23**

Holz-Umfassungszarge, mit dreiseitig umlaufendem Profil, für DIN **rechts / links** angeschlagenes Türblatt, in Trockenbauwand.
Einbauort: .....
Wandstärke: .....mm
Maulweite: .....mm
Türblattdicke: 42mm
Holzart: .....
Oberfläche: .....
Zargenprofil: .....
Zargenspiegel: .....mm
Zargenprofil: stumpf einschlagendes Türblatt
Bänder: vorbereitet für dreiteilige Bänder, dreidimensional verstellbar
Falzdichtung: dreiseitig umlaufende Dichtung EPDM (APTK)
Montage: Laibungsmontage
Angeb. Fabrikat: .....

22 **Holz-Umfassungszarge, innen, 760x2.000** KG **344**

Wie Ausführungsbeschreibung A 5
Lichtes Rohbaumaß (B x H): 760 x 2.000mm

210€	283€	**314€**	355€	434€	[St]	⏱ 1,10h/St	327.000.105

23 **Holz-Umfassungszarge, innen, 875x2.000** KG **344**

Wie Ausführungsbeschreibung A 5
Lichtes Rohbaumaß (B x H): 875 x 2.000mm

247€	317€	**353€**	393€	504€	[St]	⏱ 1,10h/St	327.000.106

▶ min
▷ von
ø Mittel
◁ bis
◀ max

24 Schiebetürelement, innen KG **344**

Schiebetür mit Röhrenspaneinlage, dreiseitig gefälzter Rahmen und verdecktem Massivholz-Anleimer sowie beidseitiger Hochdruck-Schichtpressstoffplatten in bauseitiges Einbauelement für Montagewand, mit Laufschiene und Laufwagen. Schiebetürblatt einschl. Riegel-Einsteckschloss mit Klappring, Griffmuscheln beidseitig, sowie mit Bodenführung montiert auf Fertigbelag.
Einbauort: .....
Fertigwanddicke: ..... mm
Ständertiefe: ..... mm
Geltungsbereich: .....
Klimaklasse: II
Mechanische Beanspruchungsgruppe: .....
Schalldämmmaß Rw,R= ..... dB
Türblattgröße (B x H): ..... x ..... mm
Türblattdicke: 42 mm
Oberfläche: .....
Farbe: .....
Angeb. Fabrikat: .....

892€ | 1.458€ | **1.655€** | 2.186€ | 3.007€ | [St] | ⏱ 2,40 h/St | 327.000.107

25 Fensterbank, Holz, innen KG **334**

Fensterbank, innen, auf Ausgleichhölzern und befestigt auf Mauerwerk und mit Anschluss an aufgehende Bauteile mit transparenter Silikonfuge.
Material: Multiplexplatten t= ..... mm
Einzellänge bis ca. 3,00 m
Breite: ..... mm
Oberfläche: furniert, Buche hell, DD - lackiert transparent
Kanten: .....
Ausgleich: .....
Abmessung: je 5 mm stark, ca. ..... mm breit

55€ | 81€ | **94€** | 109€ | 130€ | [m] | ⏱ 0,50 h/m | 327.000.108

26 Holz-/Abdeckleisten KG **334**

Deckleisten, sichtbar bleibend, im Innenbereich
Material: .....
Abmessung: 20 x 50 mm
Einzellängen: 2800 mm
Klassensortierung: Klasse J2
Flächenkategorie: Offene Flächen mit durchsichtiger Behandlung
Oberfläche: Sichtseiten gehobelt und feingeschliffen
Kanten: allseitig gefast
Eckstöße: .....
Befestigung: nicht sichtbar, Befestigungslöcher mit Holzstopfen verschlossen
Untergrund: .....

15€ | 25€ | **29€** | 33€ | 45€ | [m] | ⏱ 0,10 h/m | 327.000.109

323 324 325 326 **327** 328 329 330 331 332 333 334 336 337 338 339

Nr.	Kurztext / Langtext						Kostengruppe
▶	▷	ø netto €	◁	◀	[Einheit]	Ausf.-Dauer	Positionsnummer

27 Verfugung, elastisch KG **334**

Elastische Verfugung mit 1-Komponenten-Dichtstoff, Fuge glatt gestrichen, einschl. notwendiger Flankenvorbehandlung an den Anschlussflächen und Hinterlegen der Fugenhohlräume mit geeignetem Hinterstopfmaterial.
Material: .....
Fugenbreite: .....mm

▶	▷	ø	◁	◀	Einheit	Dauer	Position
6€	7€	**8€**	9€	10€	[m]	⏱ 0,05h/m	327.000.110

28 Sockel-/Fußleiste, Holz KG **353**

Sockelleiste an aufgehender Wandfläche, Stöße und Stirnseiten schräg abgeschnitten und Schnittkanten sauber geschliffen, Ecken mit Gehrungsschnitten.
Material: .....
Profil: .....
Profilgröße: ..... x .....mm
Oberfläche: farblos lackbeschichtet
Befestigung: mit nichtrostenden Nägeln

▶	▷	ø	◁	◀	Einheit	Dauer	Position
25€	30€	**32€**	34€	38€	[m]	⏱ 0,10h/m	327.000.111

29 Treppenstufe, Holz KG **353**

Treppenstufe aus Massivholz, feingehobelt und geschliffen, auf bauseitiger Stahlbetonunterkonstruktion, schallentkoppelt verlegt, unsichtbar befestigt, Vorderkante gerundet. Endstufen nach gesonderter Position.
Material: Eiche massiv, d= 42mm
Stufenbreite: .....
Setzstufe: **mit Untertritt .....** mm **/ bündig ohne Untertritt**
Setzstufe Höhe: .....
Trittstufe Tiefe: .....mm
Steigungsverhältnis Treppe: ..... x .....mm
Oberfläche: transparent beschichtet

▶	▷	ø	◁	◀	Einheit	Dauer	Position
173€	251€	**279€**	327€	433€	[St]	⏱ 0,14h/St	327.000.113

30 Handlauf, Holz KG **359**

Handlauf aus Massivholz, steigend, in verschiedenen Längen, Stab unten gefräst, zum Anschluss an bauseitiges Stahl-Tragprofil, Befestigung von unten mit Senkkopfschrauben.
Material: .....
Durchmesser Handlauf: .....mm
Oberfläche: .....
Nutmaß: 20 x 5mm

▶	▷	ø	◁	◀	Einheit	Dauer	Position
77€	99€	**109€**	119€	134€	[m]	⏱ 0,25h/m	327.000.114

Kosten:
Stand 2. Quartal 2026
Bundesdurchschnitt

▶ min
▷ von
ø Mittel
◁ bis
◀ max

31 Geländer, gerade, Rundstabholz KG **359**

Geländer als Holzkonstruktion mit Handlauf aus geformtem Vollholzprofil und Füllung aus senkrechten Vollstäben, auf bauseitige Treppenwangen, Befestigungen des Handlaufs an den Enden an die aufgehenden Wänden mittels Schrauben und Dübeln.
Gesamthöhe: ca. 1,00 m
Länge: ..... m
Geländerform: .....
Material Handlauf und Füllstäbe: .....
Handlauf: Rundstab 42,4 mm
Senkrechte Füllstäbe: Rundstab ..... mm
Oberflächen: .....

95€	383€	**509€**	550€	633€	[m]	⏱ 0,70 h/m	327.000.115

32 Stundensatz, Facharbeiter/-in

Stundenlohnarbeiten für Vorarbeiter/-in, Gesellin/Geselle, Facharbeiter/-in und Gleichgestellte, sowie ähnliche Fachkräfte. Der Verrechnungssatz für die jeweilige Arbeitskraft umfasst sämtliche Aufwendungen wie Lohn- und Gehaltskosten, lohn- und gehaltsgebundene Kosten, Lohn- und Gehaltsnebenkosten, Gemeinkosten, Wagnis und Gewinn. Leistung nach besonderer Anordnung der Bauüberwachung. Anmeldung und Nachweis gemäß VOB/B.

65€	78€	**82€**	86€	94€	[h]	⏱ 1,00 h/h	327.000.116

33 Stundensatz, Helfer/-in

Stundenlohnarbeiten für Werker/-in, Helfer/-in und Gleichgestellte (z.B. Baufachwerker/-innen, Helfer/-innen, Hilfsmonteure, Hilfsmonteurinnen, Ungelernte, Angelernte). Der Verrechnungssatz für die jeweilige Arbeitskraft umfasst sämtliche Aufwendungen wie Lohn- und Gehaltskosten, lohn- und gehaltsgebundene Kosten, Lohn- und Gehaltsnebenkosten, Gemeinkosten, Wagnis und Gewinn. Leistung nach besonderer Anordnung der Bauüberwachung. Anmeldung und Nachweis gemäß VOB/B.

54€	63€	**66€**	69€	76€	[h]	⏱ 1,00 h/h	327.000.117

328

Kosten:
Stand 2. Quartal 2026
Bundesdurchschnitt

▶ min
▷ von
ø Mittel
◁ bis
◀ max

Parkett-, Holzpflasterarbeiten — Preise €

Nr.	Positionen	Einheit	▶	▷	ø brutto € / ø netto €	◁	◀
1	Parkettboden entfernen	m²	10	17	**21**	24	31
			9	15	**18**	20	26
2	Holzsockelleiste ausbauen	m	1	3	**4**	5	5
			1	3	**3**	4	4
3	Parkett abdecken	m²	5	7	**9**	10	17
			4	6	**7**	9	14
4	Parkettboden abdecken, Wellpappe	m²	4	5	**6**	7	7
			3	4	**5**	6	6
5	Parkettboden abdecken, Filz und Folie	m²	4	5	**6**	7	8
			4	5	**5**	6	7
6	Parkettboden abdecken, Holzwerkstoffplatten	m²	11	12	**15**	18	20
			9	10	**13**	15	17
7	Messung, Feuchte, Estrich	St	23	59	**75**	78	124
			19	50	**63**	66	105
8	Estrich spachteln, ausgleichen	m²	7	11	**13**	16	21
			6	9	**11**	14	17
9	Trennlage, Baumwollfilz	m²	3	5	**5**	6	8
			3	4	**5**	5	7
10	Unterboden, Holzspanplatte	m²	35	48	**56**	65	83
			29	41	**47**	54	70
11	Blindboden, Nadelholz	m²	31	55	**66**	85	127
			26	46	**55**	71	106
12	Dielenbodenbelag, massiv, Fichte, geschliffen	m²	235	258	**283**	314	334
			197	217	**238**	264	281
13	Fertigparkettbelag, beschichtet	m²	112	134	**142**	151	178
			94	113	**119**	127	149
14	Parkettbelag, Hochkantlamellen, geschliffen	m²	102	129	**140**	155	185
			86	109	**118**	130	155
15	Stabparkett, geschliffen	m²	150	166	**175**	184	213
			126	140	**147**	155	179
16	Sockelleiste, Viertelstab, Buche	m	14	20	**24**	28	34
			12	17	**20**	23	29
17	Sockelleiste, Rechteckprofil, Eiche	m	17	23	**25**	28	37
			14	19	**21**	24	31
18	Sockelleiste, Ahorn	m	13	19	**22**	25	32
			11	16	**18**	21	27
19	Parkettboden schleifen	m²	17	27	**31**	39	49
			14	23	**26**	33	41
20	Parkettboden wachsen	m²	12	17	**21**	25	35
			10	14	**18**	21	29
21	Parkettboden ölen	m²	11	17	**21**	25	27
			9	14	**18**	21	22
22	Übergangsprofil/Abdeckschiene, nichtrostender Stahl	m	23	31	**34**	39	46
			19	26	**29**	32	39
23	Übergangsprofil/Abdeckschiene, Aluminium	m	25	35	**36**	42	53
			21	30	**30**	35	44

Nr.	Positionen	Einheit	►	▷	ø brutto € / ø netto €	◁	◄
24	Übergangsprofil/Abdeckschiene, Messing	m	27	42	**49**	54	67
			22	35	**41**	45	56
25	Stundensatz, Facharbeiter/-in	h	69	88	**96**	101	112
			58	74	**81**	85	94

Nr. **Kurztext** / Langtext — Kostengruppe

► ▷ **ø netto €** ◁ ◄ [Einheit] Ausf.-Dauer Positionsnummer

1 Parkettboden entfernen KG **394**

Parkettboden, auf Lagerholz vernagelt, einschl. Schüttung ausbauen und anfallenden Bauschutt entsorgen.
Belagdicke: .....
Schüttung: .....
Ausbauort: .....

9€ 15€ **18€** 20€ 26€ [m2] ⏱ 0,35 h/m2 328.000.044

2 Holzsockelleiste ausbauen KG **394**

Holzsockelleiste ausbauen und anfallenden Bauschutt entsorgen.
Abmessung: ..... x ..... mm
Ausbauort: .....

1€ 3€ **3€** 4€ 4€ [m] ⏱ 0,03 h/m 328.000.045

3 Parkett abdecken KG **397**

Parkett gegen Beschädigung und Verschmutzung schützen.
Material: .....

4€ 6€ **7€** 9€ 14€ [m2] ⏱ 0,05 h/m2 328.000.046

4 Parkettboden abdecken, Wellpappe KG **397**

Holzbodenbelag mit Wellpappe abdecken
Ausführungsort: .....

3€ 4€ **5€** 6€ 6€ [m2] ⏱ 0,03 h/m2 328.000.047

5 Parkettboden abdecken, Filz und Folie KG **397**

Holzbodenbelag mit Filz und Folie abdecken.
Ausführungsort: .....

4€ 5€ **5€** 6€ 7€ [m2] ⏱ 0,03 h/m2 328.000.048

6 Parkettboden abdecken, Holzwerkstoffplatten KG **397**

Holzbodenbelag mit Holzwerkstoffplatten abdecken.
Ausführungsort: .....

9€ 10€ **13€** 15€ 17€ [m2] ⏱ 0,06 h/m2 328.000.049

323 324 325 326 327 328 329 330 331 332 333 334 336 337 338 339

Nr.	Kurztext / Langtext						Kostengruppe
▶	▷	ø netto €	◁	◀	[Einheit]	Ausf.-Dauer	Positionsnummer

7 Messung, Feuchte, Estrich KG **353**

Feuchtigkeitsmessung nach dem CM-Verfahren, Ausführung auf Anordnung des AG.
Estrich: .....

▶	▷	ø	◁	◀	Einheit	Ausf.-Dauer	Positionsnummer
19€	50€	**63€**	66€	105€	[St]	⏱ 0,50h/St	328.000.069

8 Estrich spachteln, ausgleichen KG **395**

Vollflächige Spachtelung und Höhenausgleich der Verlegeflächen mit kunstharzvergüteter Spachtelmasse zur Aufnahme von Parkettbelag.
Schichtdicke: 1-5mm

▶	▷	ø	◁	◀	Einheit	Ausf.-Dauer	Positionsnummer
6€	9€	**11€**	14€	17€	[m²]	⏱ 0,07h/m²	328.000.050

Kosten:
Stand 2. Quartal 2026
Bundesdurchschnitt

9 Trennlage, Baumwollfilz KG **353**

Trennlage aus Baumwollfilz, einlagig, auf Estrich und unter Bodenbelag.
Estrich: .....
Dicke: 6mm

▶	▷	ø	◁	◀	Einheit	Ausf.-Dauer	Positionsnummer
3€	4€	**5€**	5€	7€	[m²]	⏱ 0,03h/m²	328.000.055

10 Unterboden, Holzspanplatte KG **353**

Unterboden für Parkettbelag, aus kunstharzgebundenen Holzspanplatten, mit Nut-Feder-Verbindung, für schwimmende Verlegung, Platten verleimen und mechanisch befestigen.
Plattentyp: P2
Emissionsklasse: E1
Plattendicke: 22mm

▶	▷	ø	◁	◀	Einheit	Ausf.-Dauer	Positionsnummer
29€	41€	**47€**	54€	70€	[m²]	⏱ 0,24h/m²	328.000.056

11 Blindboden, Nadelholz KG **353**

Blindboden aus gespundeter, einseitig gehobelter Schalung, auf Deckenbalken geschraubt, als Untergrund für Parkettbelag.
Holzart: .....
Güteklasse: .....
Brettdicke: 24mm
Brettbreite: .....mm

▶	▷	ø	◁	◀	Einheit	Ausf.-Dauer	Positionsnummer
26€	46€	**55€**	71€	106€	[m²]	⏱ 0,45h/m²	328.000.057

12 Dielenbodenbelag, massiv, Fichte, geschliffen KG **353**

Fußbodenbelag aus massiven Nadelholzdielen DIN EN 13990, parallel zur Wand im Verband, mit regelmäßigem Stoß, mit Parkettklebstoff befestigen, unter Beachtung der TRGS 610, Untergrund Zementestrich, Oberfläche nach dem Verlegen schleifen.
Holzart: Fichte PCAB
Sortierung: .....
Feuchtegehalt: .....
Dicke: 24mm
Format (B x L): ..... x .....

▶	▷	ø	◁	◀	Einheit	Ausf.-Dauer	Positionsnummer
197€	217€	**238€**	264€	281€	[m²]	⏱ 0,95h/m²	328.000.058

▶ min
▷ von
ø Mittel
◁ bis
◀ max

13 Fertigparkettbelag, beschichtet KG **353**

Parkett aus Mehrschichtparkettelementen (Fertigparkett) DIN EN 13489, Oberfläche werkseitig matt versiegelt, Verlegung parallel zur Wand, schwimmend.
Untergrund: Zementestrich
Brettform: Dielen
Holzart: .....
Sortierung: .....
Fußboden-Heizung: .....
Anordnung/Optik: .....
Stoßausbildung: .....
Parkettformat (B x L): ..... x .....
Dicke: bis 14 mm
Nutzschichtdicke: 4 mm

94€	113€	**119€**	127€	149€	[m²]	⏱ 0,50 h/m²	328.000.059

14 Parkettbelag, Hochkantlamellen, geschliffen KG **353**

Vollholzparkett mit Hochkantlamellen, mit Parkettklebstoff unter Beachtung der TRGS 610 verlegen. Oberfläche nach dem Verlegen schleifen.
Einbauort: .....
Untergrund: .....
Holzart: Eiche QCXR
Sortierung: .....
Fußboden-Heizung: .....
Anordnung/Optik: .....
Parkettformat (B x L): ..... x .....
Dicke: 22 mm

86€	109€	**118€**	130€	155€	[m²]	⏱ 0,65 h/m²	328.000.060

15 Stabparkett, geschliffen KG **353**

Parkett aus Massivholz-Elementen (Parkettstäben) mit Nut und Feder, mit Parkettklebstoff unter Beachtung der TRGS 617 verlegen. Oberfläche nach dem Verlegen schleifen.
Untergrund: Zementestrich
Holzart: Eiche QCXR
Sortierung: .....
Fußboden-Heizung: .....
Anordnung/Optik: .....
Parkettformat (B x L): ..... x .....
Dicke: bis 22 mm

126€	140€	**147€**	155€	179€	[m²]	⏱ 0,70 h/m²	328.000.061

Nr.	Kurztext / Langtext						Kostengruppe
▶	▷	ø netto €	◁	◀	[Einheit]	Ausf.-Dauer	Positionsnummer

16 Sockelleiste, Viertelstab, Buche KG **353**

Sockelleiste mit gerundetem Viertelstab, Stöße und Stirnseiten schräg abgeschnitten.
Untergrund: .....
Holzart: Buche FASY
Profil: 14/14mm
Oberfläche: farblos matt lackiert
Befestigung: Senkkopf-Schrauben, verdübelt

12€	17€	**20€**	23€	29€	[m]	⏱ 0,08h/m	328.000.062

17 Sockelleiste, Rechteckprofil, Eiche KG **353**

Sockelleiste mit Rechteckprofil, Stöße und Stirnseiten schräg abgeschnitten.
Holzart: Eiche QCXE
Profil: 20/60mm
Oberfläche: farblos matt lackiert
Befestigung: Senkkopf-Schrauben, verdübelt

14€	19€	**21€**	24€	31€	[m]	⏱ 0,08h/m	328.000.063

18 Sockelleiste, Ahorn KG **353**

Sockelleisten mit gerundetem Schmetterlingsprofil, unten angeschrägt, Stöße und Stirnseiten schräg abgeschnitten und Schnittkanten sauber geschliffen. Sockelleiste mit gerundetem Schmetterlings-Profil, Stöße und Stirnseiten schräg abgeschnitten.
Holzart: Ahorn
Profil: 25/25mm
Oberfläche: farblos matt lackiert
Befestigung: Senkkopfschrauben, gedübelt

11€	16€	**18€**	21€	27€	[m]	⏱ 0,08h/m	328.000.064

19 Parkettboden schleifen KG **353**

Parkettböden für Oberflächenbehandlung schleifen und reinigen.
Bodenbelag: .....
Oberfläche: .....
Schleifkörnung: bis Körnung 180
Arbeitsgänge: .....

14€	23€	**26€**	33€	41€	[m²]	⏱ 0,15h/m²	328.000.052

20 Parkettboden wachsen KG **353**

Parkettfußboden unter Beachtung der TRGS 617 wachsen und rückstandsfrei auspolieren.
Bodenbelag: .....

10€	14€	**18€**	21€	29€	[m²]	⏱ 0,20h/m²	328.000.053

21 Parkettboden ölen KG **353**

Parkettfußboden unter Beachtung der TRGS 617 ölen und rückstandsfrei auspolieren, mit farblosem Öl.
Bodenbelag: .....

9€	14€	**18€**	21€	22€	[m²]	⏱ 0,20h/m²	328.000.054

Kosten:
Stand 2. Quartal 2026
Bundesdurchschnitt

▶ min
▷ von
ø Mittel
◁ bis
◀ max

Nr.	Kurztext / Langtext						Kostengruppe
▶	▷	**ø netto €**	◁	◀	[Einheit]	Ausf.-Dauer	Positionsnummer

22 Übergangsprofil/Abdeckschiene, nichtrostender Stahl KG **353**

Übergangsprofil in Holzbodenbelag, aus leicht gerundetem Metallprofil, im Bereich des Belagwechsels unter Türblatt.
Material: nichtrostender Stahl
Oberfläche: .....
Bodenbelag: .....

19€	26€	**29€**	32€	39€	[m]	⏱ 0,12h/m	328.000.065

23 Übergangsprofil/Abdeckschiene, Aluminium KG **353**

Übergangsprofil in Holzbodenbelag, aus leicht gerundetem Metallprofil, im Bereich des Belagwechsels unter Türblatt.
Material: Aluminium, eloxiert
Oberfläche: .....
Bodenbelag: .....

21€	30€	**30€**	35€	44€	[m]	⏱ 0,12h/m	328.000.066

24 Übergangsprofil/Abdeckschiene, Messing KG **353**

Übergangsprofil in Holzbodenbelag, aus leicht gerundetem Metallprofil, im Bereich des Belagwechsels unter Türblatt.
Material: Messing
Oberfläche: .....
Bodenbelag: .....

22€	35€	**41€**	45€	56€	[m]	⏱ 0,12h/m	328.000.067

25 Stundensatz, Facharbeiter/-in

Stundenlohnarbeiten für Vorarbeiter/-in, Facharbeiter/-in und Gleichgestellte. Der Verrechnungssatz für die jeweilige Arbeitskraft umfasst sämtliche Aufwendungen wie Lohn- und Gehaltskosten, Lohn- und Gehaltsnebenkosten, Zuschläge, lohngebundene und lohnabhängige Kosten, sonstige Sozialkosten, Gemeinkosten, Wagnis und Gewinn. Leistung nach besonderer Anordnung der Bauüberwachung. Anmeldung und Nachweis gemäß VOB/B.

58€	74€	**81€**	85€	94€	[h]	⏱ 1,00h/h	328.000.068

323
324
325
326
327
328
329
330
331
332
333
334
336
337
338
339

329

Kosten:
Stand 2. Quartal 2026
Bundesdurchschnitt

▶ min
▷ von
ø Mittel
◁ bis
◀ max

Nr.	Positionen	Einheit	▶	▷	ø brutto € ø netto €	◁	◀
1	Türdrücker ausbauen	St	–	17	**21**	28	–
			–	14	**18**	24	–
2	Fenstergriff, Aluminium	St	39	63	**73**	79	113
			33	53	**61**	66	95
3	Drückergarnitur, Stahl	St	61	86	**98**	109	137
			52	72	**83**	92	115
4	Drückergarnitur, Aluminium	St	68	124	**145**	164	209
			57	104	**122**	138	176
5	Drückergarnitur, Edelstahl	St	164	243	**281**	330	442
			138	205	**236**	278	372
6	Bad-/WC-Garnitur, Aluminium	St	94	145	**167**	195	243
			79	122	**140**	164	204
7	Stoßgriff, Tür, Edelstahl	St	293	373	**397**	474	655
			247	313	**334**	398	550
8	Obentürschließer, einflüglige Tür	St	219	390	**477**	568	770
			184	328	**401**	478	647
9	Obentürschließer, zweiflüglige Tür	St	658	1.164	**1.400**	1.643	2.055
			553	978	**1.176**	1.381	1.727
10	Türantrieb, kraftbetätigte Tür, einflüglig	St	4.360	6.848	**7.604**	8.637	10.273
			3.664	5.755	**6.390**	7.258	8.633
11	Türantrieb, kraftbetätigte Tür, zweiflüglig	St	5.361	7.130	**8.005**	8.815	10.743
			4.505	5.991	**6.727**	7.408	9.027
12	Fluchttürsicherung, elektrische Verriegelung	St	1.261	1.823	**1.940**	2.308	2.803
			1.060	1.532	**1.630**	1.940	2.355
13	Fingerschutz Türkante	St	135	246	**312**	336	413
			113	207	**262**	283	347
14	Türspion, Aluminium	St	25	36	**41**	48	60
			21	30	**34**	41	51
15	Türstopper, Wandmontage	St	31	46	**56**	69	93
			26	39	**47**	58	78
16	Türstopper, Bodenmontage	St	32	49	**55**	85	141
			27	41	**47**	71	119
17	Lüftungsgitter, Türblatt	St	49	63	**65**	70	80
			41	53	**55**	59	67
18	Doppel-Schließzylinder	St	69	116	**139**	210	342
			58	98	**117**	176	287
19	Halb-Schließzylinder	St	43	88	**104**	133	191
			36	74	**88**	111	160
20	Profil-Zylinderverlängerung, je 10mm	St	5	9	**11**	13	20
			4	8	**9**	11	17
21	Profil-Blindzylinder	St	15	26	**29**	38	55
			13	21	**24**	32	47
22	Generalhaupt-, Generalschlüssel	St	12	17	**20**	24	34
			10	14	**17**	20	28
23	Gruppen-, Hauptschlüssel	St	8	12	**14**	17	23
			7	10	**12**	14	19
24	Schlüssel, Buntbart	St	9	11	**11**	13	16
			8	9	**9**	11	14

Nr.	Positionen	Einheit	►	▷	ø brutto € / ø netto €	◁	◄
25	Schlüsselschrank, wandhängend	St	144	279	**348**	385	494
			121	234	**293**	324	415
26	WC-Symbol	St	27	42	**50**	69	100
			23	35	**42**	58	84
27	Riegelschloss, Profil-Halbzylinder	St	83	148	**171**	233	317
			70	125	**144**	196	267
28	Absenkdichtung, Tür	St	131	180	**205**	232	285
			110	151	**172**	195	240

Nr. **Kurztext** / Langtext — Kostengruppe

► ▷ **ø netto €** ◁ ◄ [Einheit] Ausf.-Dauer Positionsnummer

1 Türdrücker ausbauen
KG **394**

Türdrückergarnitur, beidseitig mit Drückern, auf Vierkant mit Stift, inkl. Langschildern und inkl. Schlosskasten ausbauen, inkl. Entsorgung.
Befestigung: verschraubt, sichtbar
Material: .....

– 14€ **18€** 24€ – [St] ⏱ 0,10h/St 329.000.043

2 Fenstergriff, Aluminium
KG **334**

Fenstergriff, als RAL-geprüfte Konstruktion, einschl. Rosette. 4-Punkt-Kugelrastung, spürbare Positionierung.
Ausführung: Dreh-Kipp-Griff
Form/Typ: .....
Benutzerkategorie DIN EN 1906: Klasse 2
Befestigung: unsichtbar
Dauerhaftigkeit DIN EN 1906: **6 / 7** (Stift abhängig von Benutzerkategorie und Dauerhaftigkeit)
Rosette: **oval / eckig**
Material: Aluminium
Oberfläche: naturfarbig
Angeb. Fabrikat: .....

33€ 53€ **61€** 66€ 95€ [St] ⏱ 0,15h/St 329.000.013

3 Drückergarnitur, Stahl
KG **344**

Türdrückergarnitur aus Stahlkern mit Metallrosette:
- festdrehbare Lagerung in wartungsfreiem Stahlgleitlager durch Schenkelfeder zum schnellen und sicheren Einrasten der Türdrücker
- präzise Einhaltung der Montageposition und minimiertes Spiel durch flexibel gelagerten Ausgleichsring

Türart: .....
Türblattdicke: .....
Türdrücker: .....
Material: Stahl
Farbe: .....
Angeb. Fabrikat: .....

52€ 72€ **83€** 92€ 115€ [St] ⏱ 0,30h/St 329.000.014

Nr.	Kurztext / Langtext						Kostengruppe
▶	▷	ø netto €	◁	◀	[Einheit]	Ausf.-Dauer	Positionsnummer

4 Drückergarnitur, Aluminium KG **344**

Türdrückergarnitur aus Aluminium mit Metallrosetten, als RAL-geprüfte Konstruktion, einschl. Rosette. Kugelrastung, spürbarer Positionierung.
Türart: .....
Türblattdicke: .....
Türdrücker: .....
Material: Aluminium
Oberfläche: .....
Angeb. Fabrikat: .....

▶	▷	ø	◁	◀	Einheit	Ausf.-Dauer	Positionsnummer
57€	104€	**122€**	138€	176€	[St]	⏱ 0,30h/St	329.000.007

5 Drückergarnitur, Edelstahl KG **344**

Türdrückergarnitur aus Edelstahl mit Metallrosetten, als RAL-geprüfte Konstruktion, einschl. Rosette. Kugelrastung, spürbarer Positionierung.
Türart: .....
Türblattdicke: .....
Türdrücker: .....
Material: Edelstahl
Oberfläche: .....
Angeb. Fabrikat: .....

▶	▷	ø	◁	◀	Einheit	Ausf.-Dauer	Positionsnummer
138€	205€	**236€**	278€	372€	[St]	⏱ 0,30h/St	329.000.008

6 Bad-/WC-Garnitur, Aluminium KG **344**

Türdrückergarnitur aus Aluminium für Bad-/WC-Tür mit Metallrosette.
Türart: .....
Türblattdicke: .....mm
Türdrücker: Bad-/WC-Garnitur beidseitig mit Drücker
Oberfläche: .....
Farbton: .....
Angeb. Fabrikat: .....

▶	▷	ø	◁	◀	Einheit	Ausf.-Dauer	Positionsnummer
79€	122€	**140€**	164€	204€	[St]	⏱ 0,35h/St	329.000.015

7 Stoßgriff, Tür, Edelstahl KG **344**

Stoßgriff aus Edelstahl für Türen, verdeckt verschraubt.
Türart: .....
Türblattdicke: .....
Grifflänge: .....
Achsmaß: 100mm
Griffdurchmesser: 30mm
Angeb. Fabrikat: .....

▶	▷	ø	◁	◀	Einheit	Ausf.-Dauer	Positionsnummer
247€	313€	**334€**	398€	550€	[St]	⏱ 0,60h/St	329.000.035

Kosten:
Stand 2. Quartal 2026
Bundesdurchschnitt

▶ min
▷ von
ø Mittel
◁ bis
◀ max

8 Obentürschließer, einflüglige Tür KG **344**

Obentürschließer für einflüglige Tür, für Rauch-/Feuerschutztür zugelassen.
Art/Form: Basisschließer und Normalgestänge
Anforderungen:

- Schließergröße EN 2-4
- Schließgeschwindigkeit und Endanschlag von vorn einstellbar über Ventil
- Sicherheitsventil gegen Überlastung
- Normalgestänge, für DIN links und DIN rechts, Normalmontage (Türblatt) auf der Bandseite und Kopfmontage (Sturz) auf der Bandgegenseite

Für Türflügelbreite: max. 1.100 mm
Öffnungswinkel: max. 180°
Feststellbereich ca. 70-150°
Oberfläche: .....
Angeb. Fabrikat: .....

184€ 328€ **401€** 478€ 647€ [St] ⏱ 1,50 h/St 329.000.036

9 Obentürschließer, zweiflüglige Tür KG **344**

Obentürschließer für zweiflüglige Tür, mit mechanischer Feststellung.
Art/Form: Basisschließer und Normalgestänge
Anforderungen:

- mit integrierter mechanischer Schließfolgeregelung
- von vorn einstellbare Schließkraft, Schließergröße EN 2-6
- Schließgeschwindigkeit und Endanschlag mit von vorne regulierbarer Öffnungsdämpfung mit optischer Größenanzeige
- Sicherheitsventil gegen Überlastung
- Normalmontage auf Türblatt oder auf Bandseite, mit Montageplatte

Oberfläche: .....
Angeb. Fabrikat: .....

553€ 978€ **1.176€** 1.381€ 1.727€ [St] ⏱ 2,00 h/St 329.000.037

10 Türantrieb, kraftbetätigte Tür, einflüglig KG **344**

Drehtür-Automatik nach DIN 18650 / EN 16005, für kraftbetätigte, barrierefreie Türanlage, einflüglig, für bauseitige Anschlagtür, als geräuscharmer elektromechanischer Drehtürantrieb für Innen- und Außentür, mit Montageplattensatz. Ausrüstung der Türflügels mit Sensorleiste, Notschalter, Flächentaster, Türöffner, integrierter Öffnungsbegrenzer und Programmschalter in gesonderter Position.
Ausführung:

- drückend oder ziehend
- Montage: **Türblattmontage / Kopfmontage** auf **Bandseite / Bandgegenseite** mit Gleitschiene
- Digitale Steuerung (Kategorie 2 - DIN EN 954-1 und Performance Level "d" - DIN EN ISO 13849-1)

Bauhöhe: 70 mm
Türblattabmessung (B x H): ..... x .....
Angeb. Fabrikat: .....

3.664€ 5.755€ **6.390€** 7.258€ 8.633€ [St] ⏱ 2,50 h/St 329.000.038

323
324
325
326
327
328
329
330
331
332
333
334
336
337
338
339

Nr.	Kurztext / Langtext						Kostengruppe
▶	▷	ø netto €	◁	◀	[Einheit]	Ausf.-Dauer	Positionsnummer

11 **Türantrieb, kraftbetätigte Tür, zweiflüglig** KG **344**

Drehtür-Automatik nach DIN 18650 / EN 16005, für kraftbetätigte, barrierefreie Türanlage, zweiflüglig, für bauseitige Anschlagtür, als geräuscharmer elektromechanischer Drehtürantrieb für Innen- und Außentür, mit Montageplattensatz. Ausrüstung der Türflügels mit Sensorleiste, Notschalter, Flächentaster, Türöffner, integrierter Öffnungsbegrenzer, und Programmschalter in gesonderter Position.

Ausführung:

- drückend oder ziehend
- Montage: **Türblattmontage / Kopfmontage** auf **Bandseite / Bandgegenseite** mit Gleitschiene
- Digitale Steuerung (Kategorie 2 - DIN EN 954-1 und Performance Level "d" - DIN EN ISO 13849-1)

Bauhöhe: .....
Türblattabmessung (B x H): ..... x .....
Angeb. Fabrikat: .....

Kosten:
Stand 2. Quartal 2026
Bundesdurchschnitt

▶	▷	ø	◁	◀	Einheit	Ausf.-Dauer	Positionsnummer
4.505€	5.991€	**6.727€**	7.408€	9.027€	[St]	⏱ 3,00h/St	329.000.039

12 **Fluchttürsicherung, elektrische Verriegelung** KG **344**

Fluchttürsicherung zur Sicherung einer Tür im Verlauf von Flucht- und Rettungswegen mit elektrischer Verriegelung gemäß EltVTR. Geeignet zum Anschluss an Drehtürantriebe, Motorschlösser, Brandmeldeanlagen, Einbruchmeldeanlagen sowie zur Weiterleitung von Meldungen an die Gebäudeleittechnik, u.v.m.

System bestehend aus: Türzentrale in Bus-Technik mit integrierter Steuerung, Nottasten Hinweisschild und Netzteil. Geprüft nach EltVTR.

Ausstattung:
Steuerung mit beleuchteter Nottaste
LED-Anzeigen für die Betriebszustände:

- Tür **verriegelt / entriegelt / kurzzeitentriegelt**
- Tür **offen / geschlossen**
- Alarm, Voralarm, Störung

Farbige Klemmen zur Unterscheidung der Anschlüsse für die Peripherie. Flächig zu betätigende, barrierefreie Schlaghaube mit Sabotageschutz. Integriertes Nottasten-Hinweisschild, unbeleuchtet.

Netzteil:

- Netzspannung 230V AC
- Betriebsspannung 24V DC
- Ausgangsstrom max. 650mA (bei AP-Zentralen)
- Ausgangsstrom max. 600mA (bei UP-Zentralen)

Anschlüsse:

- 3 programmierbare Eingänge zum Anschluss von Zeitschaltuhr, Brandmeldeanlage, Einbruchmeldeanlage, Zutrittskontrolle, Schlösser mit Zylinderkontakt u.v.m.

Funktion: High aktiv, Low aktiv und Inaktiv je Zustand wählbar,

- 2 programmierbare Ausgänge zum Anschluss von Drehtürantrieb, Motorschloss, Drückersperrschloss, zusätzlichem Türöffner, optischer oder akustischer Alarmanzeige u.v.m.

Funktion: Öffner, Schließer und Inaktiv je Zustand wählbar
Eingang für indirekte Freischaltung durch externe Nottasten

- Eingang für Beleuchtung des Nottasten-Hinweisschildes
- Eingang für externen Schlüsseltaster zur Steuerung der Betriebsarten
- Eingang für Rückmeldung des Türzustands
- Eingang für Rückmeldung des Verriegelungszustands

Vorgerichtet zur Vernetzung über BUS mit Visualisierungssoftware
Tableau TE 220/TTE 220 und OPC-Schnittstelle OPC 220

▶ min
▷ von
ø Mittel
◁ bis
◀ max

Funktionen:
- Abbruch und Nachtriggern in Verbindung mit Kurzzeitentriegelung
- Kombination mit Drehtürantrieben ohne zusätzliche Komponenten möglich
- EMA,- BMA Signale sowie der Zeitschaltuhr können über den BUS an alle Teilnehmer einer Buslinie weitergeleitet werden, jeweils 5 Gruppen möglich
- Integrierte Schleusenfunktion (aktiv, passiv und kombiniert), 10 Gruppen möglich
- Weiterleitung von Systemzuständen an GLT über potenzialfreie Ausgänge
- Weiterleitung von Sammelmeldungen wie Türzustand, Alarm und Verriegelt an GLT
- Integrierter Summer zu akustischen Signalisierung bei Alarmen und Voralarm
- Integrierte Wochenzeitschaltuhr
- Alarmspeicher mit Datum und Uhrzeit
- Automatische Speicherung des Betriebszustandes und der Nutzerdaten nach Netzausfällen bis zu 24h

System bestehend aus den Einzelkomponenten:
- TZ 320 UP Steuerungseinheit
- NET 320, Netzteil
- FWS 320, Fluchtwegschild
- dreifach-Rahmen
- Aufputzmontage
- Verwendung für Türen: **einflüglig / zweiflüglig**
- kontaktloser Kartenleser (RFID)
- Leserreichweiten 3cm (Key) bis 8cm (Card)
- Zur Montage in verschiedene Schalterprogramme
- optische und akustische Anzeige, 3 LEDs (rot, grün, orange)
- Signalgeber
- Sabotageerkennung
- Schutzart in Abhängigkeit der Schalterprogramme unterschiedlichster Hersteller
- Spannungsversorgung 8-30V DC
- Stromaufnahme max. 100mA/ 24V
- Umgebungstemperatur -25°C bis +60°C
- B x H x T: ca. 50 x 50 x 43mm
- Zur Integration in dreifach-Rahmen der Türzentrale
- Verkabelung durch AN Elektro

Angeb. Fabrikat: .....

▶	▷	ø netto €	◁	◀	[Einheit]	Ausf.-Dauer	Positionsnummer
1.060€	1.532€	**1.630€**	1.940€	2.355€	[St]	⏱ 1,50h/St	329.000.046

13 **Fingerschutz Türkante** KG **344**

Fingerschutz zur Sicherung der Türkante. Ausführung für **handbetätigte / kraftbetätigte** Türflügel. Sicherung unsichtbar befestigt.
Montage: **Bandseite / Bandgegenseite**
Material: **Aluminium eloxiert / farbbeschichtet**, RAL: .....
Ausführung: feuerhemmend
Länge: bis 2.500mm
Angeb. Fabrikat: .....

▶	▷	ø netto €	◁	◀	[Einheit]	Ausf.-Dauer	Positionsnummer
113€	207€	**262€**	283€	347€	[St]	⏱ 0,30h/St	329.000.040

323 324 325 326 327 328 **329** 330 331 332 333 334 336 337 338 339

Nr.	Kurztext / Langtext						Kostengruppe
▶	▷	ø netto €	◁	◀	[Einheit]	Ausf.-Dauer	Positionsnummer

14 Türspion, Aluminium KG **344**

Türspion mit Linsensystem, einschl. Deckklappe.
Türblattdicke: .....
Rohrdurchmesser: 15mm
Material: Aluminium
Oberfläche: **anodisiert / eloxiert**
Farbton: .....
Angeb. Fabrikat: .....

▶	▷	ø	◁	◀	Einheit	Ausf.-Dauer	Positionsnummer
21€	30€	**34€**	41€	51€	[St]	⏱ 0,15h/St	329.000.041

15 Türstopper, Wandmontage KG **344**

Wand-Türstopper mit schwarzem Gummipuffer, befestigt mit korrosionsgeschützter Schraube.
Untergrund: .....
Einbaubereich .....
Gehäuse: .....
Oberfläche: .....
Form: .....
Angeb. Fabrikat: .....

▶	▷	ø	◁	◀	Einheit	Ausf.-Dauer	Positionsnummer
26€	39€	**47€**	58€	78€	[St]	⏱ 0,10h/St	329.000.010

16 Türstopper, Bodenmontage KG **344**

Boden-Türstopper mit schwarzem Gummipuffer, befestigt mit korrosionsgeschützter Schraube.
Untergrund: .....
Einbaubereich .....
Gehäuse: .....
Oberfläche: .....
Form: .....
Angeb. Fabrikat: .....

▶	▷	ø	◁	◀	Einheit	Ausf.-Dauer	Positionsnummer
27€	41€	**47€**	71€	119€	[St]	⏱ 0,15h/St	329.000.011

17 Lüftungsgitter, Türblatt KG **344**

Lüftungsgitter in Holz-Türblatt, als Überströmöffnung zwischen Wohnräumen, stufenlos regulierbar und verschließbar; Komplettsystem bestehend aus Rahmen und Gitter, inkl. beidseitiger elastischer Verfugung.
Freier Querschnitt: .....cm^2
Rahmengröße: .....
Farbe: .....
Material: PVC
Angeb. Fabrikat: .....

▶	▷	ø	◁	◀	Einheit	Ausf.-Dauer	Positionsnummer
41€	53€	**55€**	59€	67€	[St]	⏱ 0,15h/St	329.000.026

Kosten:
Stand 2. Quartal 2026
Bundesdurchschnitt

▶ min
▷ von
ø Mittel
◁ bis
◀ max

18 Doppel-Schließzylinder KG **344**

Profil-Doppelzylinder, Sicherheitsstufe gemäß beiliegendem Schließkonzept, mit je 6 Stiftzuhaltungen, inkl. vernickelter Stulpschraube und je 3 Schlüsseln.
Länge A: 30,5mm
Länge B: 30,5mm
Schließart: .....
Material: Messing, matt vernickelt, Farbe: .....
Angeb. Fabrikat: .....

58€ 98€ **117€** 176€ 287€ [St] ⏱ 0,15h/St 329.000.001

19 Halb-Schließzylinder KG **344**

Profil-Halbzylinder, Sicherheitsstufe gemäß beiliegendem Schließkonzept, mit je 6 Stiftzuhaltungen, inkl. vernickelter Stulpschraube und je 3 Schlüsseln.
Länge A: 10mm
Länge B: 30,5mm
Schließart: .....
Material: Messing, matt vernickelt, Farbe: .....
Angeb. Fabrikat: .....

36€ 74€ **88€** 111€ 160€ [St] ⏱ 0,13h/St 329.000.002

20 Profil-Zylinderverlängerung, je 10mm KG **344**

Verlängerung des Profilzylinders je Seite und angefangene 10mm.

4€ 8€ **9€** 11€ 17€ [St] – 329.000.012

21 Profil-Blindzylinder KG **344**

Profil-Blindzylinder, inkl. vernickelter Stulpschraube.
Länge A: 30,5mm
Länge B: 30,5mm
Material: Messing, matt vernickelt
Angeb. Fabrikat: .....

13€ 21€ **24€** 32€ 47€ [St] ⏱ 0,10h/St 329.000.003

22 Generalhaupt-, Generalschlüssel KG **344**

Generalhauptschlüssel für Profilzylinder der Schließanlage.

10€ 14€ **17€** 20€ 28€ [St] – 329.000.027

23 Gruppen-, Hauptschlüssel KG **344**

Gruppen-, Hauptschlüssel für Profilzylinder der beschriebenen Schließanlage.

7€ 10€ **12€** 14€ 19€ [St] – 329.000.028

24 Schlüssel, Buntbart KG **344**

Buntbart-BB-Schlüssel für Türschlösser Klasse 1, gleichschließend.
Material: Messing verchromt, poliert

8€ 9€ **9€** 11€ 14€ [St] – 329.000.006

Nr.	Kurztext / Langtext						Kostengruppe
▶	▷	ø netto €	◁	◀	[Einheit]	Ausf.-Dauer	Positionsnummer

25 **Schlüsselschrank, wandhängend** KG **344**

Schlüsselkasten mit Zylinderschloss, Türöffnung: größer 90°, inkl. farbig sortiertem Musterbeutel mit Schlüsselanhängern und Indexblatt zur Selbstbeschriftung, an Wand befestigt.
Material: Stahl
Oberfläche: .....
Schlüsselanzahl: .....
Angeb. Fabrikat: .....

121€	234€	**293€**	324€	415€	[St]	⏱ 0,80h/St	329.000.024

26 **WC-Symbol** KG **344**

WC-Hinweiszeichen, eingefrästes Symbol und Beschriftung.
System .....
Schrift: .....
Abmessung (B x H): ..... x .....
Material: .....
Befestigung: .....

23€	35€	**42€**	58€	84€	[St]	⏱ 0,15h/St	329.000.029

27 **Riegelschloss, Profil-Halbzylinder** KG **344**

Montage von Riegelschloss in Türblatt, einschl. aller Bohr- und Fräsarbeiten, vorgerichtet für Profil-Halbzylinder.

70€	125€	**144€**	196€	267€	[St]	⏱ 0,15h/St	329.000.030

28 **Absenkdichtung, Tür** KG **344**

Absenkdichtung an Innentür, zum Abdichten von Boden-Luftspalten, band- und schlossseitig auslösend, Anschlag mit stirnseitigen Befestigungswinkeln, inkl. Druckplatten für Normfalz und PVC-Dichtprofil.
Spaltweite: bis .....mm
Türart: .....
Nutmaß: .....
Schalldämmwert: Rw .....
Angeb. Fabrikat: .....

110€	151€	**172€**	195€	240€	[St]	⏱ 0,20h/St	329.000.031

Kosten:
Stand 2. Quartal 2026
Bundesdurchschnitt

▶ min
▷ von
ø Mittel
◁ bis
◀ max

Rollladenarbeiten — Preise €

Nr.	Positionen	Einheit	▶	▷	ø brutto € / ø netto €	◁	◀
1	Rollladen entfernen	m²	69	97	**117**	146	169
			58	82	**98**	123	142
2	Markise entfernen	m²	129	151	**179**	215	228
			108	127	**151**	181	191
3	Außenjalousie entfernen	m²	41	49	**55**	66	71
			34	41	**46**	56	60
4	Sonnenschutz, Stoff, innen, entfernen	m²	30	35	**42**	49	53
			25	29	**35**	42	45
5	Rollladen-Gurtwickler ausbauen	St	20	24	**27**	32	34
			17	20	**23**	27	29
6	Baufuge abdichten, Rollladenkasten	m	26	27	**36**	43	45
			22	23	**30**	36	38
7	Rollladenkasten dämmen	m	81	138	**156**	163	203
			68	116	**131**	137	171
8	Klappendeckel abdichten, Rollladenkasten	St	50	59	**72**	87	93
			42	50	**61**	73	78
9	Rollladenkastendeckel auswechseln	m	42	48	**57**	69	74
			35	40	**48**	58	62
10	Rollladengurte auswechseln	St	68	87	**92**	110	122
			57	73	**77**	92	103
11	Rollladenführungsschiene erneuern	St	60	78	**84**	99	105
			51	66	**71**	83	88
12	Rollladenwelle erneuern, bis 1.500mm	St	125	159	**173**	208	222
			105	134	**146**	175	186
13	Rollladenwelle erneuern, bis 2.500mm	St	173	206	**240**	293	310
			145	173	**202**	246	260
14	Vorbaurollladen, Führungsschiene	St	364	532	**588**	692	917
			306	447	**494**	582	770
15	Rollladen, Führungsschiene, Gurt	St	264	490	**590**	645	765
			222	412	**496**	542	643
16	Jalousie/Raffstore, außen	St	958	1.260	**1.410**	1.511	1.822
			805	1.058	**1.185**	1.269	1.531
17	Fensterladen, Holz, zweiflüglig	St	774	942	**1.041**	1.143	1.299
			651	792	**875**	961	1.092
18	Stundensatz, Facharbeiter/-in	h	94	101	**105**	110	121
			79	85	**88**	92	102

330

Kosten:
Stand 2. Quartal 2026
Bundesdurchschnitt

▶ min
▷ von
ø Mittel
◁ bis
◀ max

Nr.	Kurztext / Langtext						Kostengruppe
▶	▷	**ø netto €**	◁	◀	[Einheit]	Ausf.-Dauer	Positionsnummer

1 Rollladen entfernen KG **394**

Rollladen einschl. Deckel, Welle, Gurtband und Wickler ausbauen und anfallenden Bauschutt entsorgen.
Breite: bis 1,50 m
Höhe: bis 2,50 m
Material: .....

▶	▷	ø netto €	◁	◀	[Einheit]	Ausf.-Dauer	Positionsnummer
58€	82€	**98€**	123€	142€	[m²]	⏱ 0,30 h/m²	330.000.017

2 Markise entfernen KG **394**

Markise einschl. Gelenkarm, Welle und Bedienelemente ausbauen und anfallenden Bauschutt entsorgen.
Breite: bis 4,00 m
Ausstelltiefe: bis 3,00 m
Behangmaterial: .....
Befestigung: .....

▶	▷	ø netto €	◁	◀	[Einheit]	Ausf.-Dauer	Positionsnummer
108€	127€	**151€**	181€	191€	[m²]	⏱ 1,10 h/m²	330.000.018

3 Außenjalousie entfernen KG **394**

Außenjalousie einschl. Kurbel und Welle ausbauen und anfallenden Bauschutt entsorgen.
Breite: bis 4,00 m
Höhe: bis 3,00 m
Material: Aluminiumlamellen
Befestigung: .....

▶	▷	ø netto €	◁	◀	[Einheit]	Ausf.-Dauer	Positionsnummer
34€	41€	**46€**	56€	60€	[m²]	⏱ 0,35 h/m²	330.000.019

4 Sonnenschutz, Stoff, innen, entfernen KG **394**

Sonnenschutz aus Stoff in Innenräumen ausbauen und anfallenden Bauschutt entsorgen.
Breite: bis 4,0 m
Höhe: bis 3,0 m
Befestigung: .....

▶	▷	ø netto €	◁	◀	[Einheit]	Ausf.-Dauer	Positionsnummer
25€	29€	**35€**	42€	45€	[m²]	⏱ 0,30 h/m²	330.000.020

5 Rollladen-Gurtwickler ausbauen KG **394**

Rollladen-Gurtwickler aus Ziegelmauerwerk ausbauen und anfallenden Bauschutt entsorgen.
Abmessungen: 19,0 x 11,5 x 23,8 cm
Steinart: HLz 1,0

▶	▷	ø netto €	◁	◀	[Einheit]	Ausf.-Dauer	Positionsnummer
17€	20€	**23€**	27€	29€	[St]	⏱ 0,05 h/St	330.000.021

6 Baufuge abdichten, Rollladenkasten KG **395**

Baufuge zwischen bestehendem Rollladenkasten und neuem Zargenrahmen mit Dichtband abdichten.
Anforderungen: wind-/dampfdicht
Klebebereich: 60 mm

▶	▷	ø netto €	◁	◀	[Einheit]	Ausf.-Dauer	Positionsnummer
22€	23€	**30€**	36€	38€	[m]	⏱ 0,25 h/m	330.000.022

Nr.	Kurztext / Langtext						Kostengruppe
▶	▷	ø netto €	◁	◀	[Einheit]	Ausf.-Dauer	Positionsnummer

7 Rollladenkasten dämmen KG **395**

Nachträgliche Dämmung des Rollladenkastens mit flexiblen Dämmmatten.
Dämmstoff: .....
Dämmdicke: 40mm

68€	116€	**131€**	137€	171€	[m]	⏱ 0,60h/m	330.000.023

8 Klappendeckel abdichten, Rollladenkasten KG **395**

Klappendeckel des Rollladenkastens im aufliegenden Klappenfalz abdichten.
Deckelgröße: 2.000 x 250mm
Dichtung: .....

42€	50€	**61€**	73€	78€	[St]	⏱ 0,60h/St	330.000.024

Kosten:
Stand 2.Quartal 2026
Bundesdurchschnitt

9 Rollladenkastendeckel auswechseln KG **395**

Rollladenkastendeckel durch gedämmten Deckel ersetzen und anfallenden Bauschutt entsorgen.
Länge: bis 1,20m
Höhe: bis 0,30m
Dämmstoff: PUR, Alu kaschiert

35€	40€	**48€**	58€	62€	[m]	⏱ 0,25h/m	330.000.025

10 Rollladengurte auswechseln KG **395**

Rollladengurte auswechseln und ausgebaute Rollladengurte einschl. anfallendem Bauschutt entsorgen.
Länge: bis 4,00m
Breite: .....

57€	73€	**77€**	92€	103€	[St]	⏱ 0,40h/St	330.000.026

11 Rollladenführungsschiene erneuern KG **395**

Rollladenführungsschiene durch neue, eloxierte, geräuscharme Führungsschiene aus Alu-Profilen mit PVC-Führungsleisten ersetzen und anfallenden Bauschutt entsorgen.
Untergrund: .....
Befestigung: .....
Länge: 1000mm
Befestigung: Fensterrahmen
Material: Aluminium
Farbe: weiß

51€	66€	**71€**	83€	88€	[St]	⏱ 0,25h/St	330.000.027

12 Rollladenwelle erneuern, bis 1.500mm KG **395**

Rollladenwelle ausbauen, neue Welle in vorhandenen Rollladen funktionsfähig einbauen und anfallenden Bauschutt entsorgen.
Wellenlänge: bis 1500mm
Material: .....

105€	134€	**146€**	175€	186€	[St]	⏱ 1,00h/St	330.000.028

▶ min
▷ von
ø Mittel
◁ bis
◀ max

13 Rollladenwelle erneuern, bis 2.500mm KG **395**

Rollladenwelle ausbauen, neue Welle in vorhandenen Rollladen funktionsfähig einbauen und anfallenden Bauschutt entsorgen.
Wellenlänge: bis 2500 mm
Material: .....

145€	173€	**202€**	246€	260€	[St]	⏱ 1,20 h/St	330.000.029

14 Vorbaurollladen, Führungsschiene KG **338**

Vorsatz-Rollladenfertigelement DIN EN 13659 und DIN V 18073, als Einzelanlage, Rollraum oberhalb der Öffnung vor der Wand, Rollladenkasten aus gekantetem Aluminium, Farbton nach Standardfächer des AN, Form halbrund, witterungsseitig beschichtet, Rollladenpanzer aus Aluminium, als Hohlkammerstäbe, Deckbreite über 45 bis 50 mm, Farbton nach Standardfächer des AN, Anschlag aus Aluminium, Führungsschienen aus beschichtetem Aluminium, mit Bürstenkeder, Antrieb durch Gurtzug mit Aufschraubwickler, schwenkbar.
Befestigungsuntergrund: Mauerwerk
Breite: 1.250 mm
Höhe: 1.500 mm
Rollraum: 16,5 cm
Einbruchhemmung: RC 2
Windwiderstandsklasse: 2
Einbauhöhe: bis 3 m
Angeb. Fabrikat: .....

306€	447€	**494€**	582€	770€	[St]	⏱ 0,80 h/St	330.000.030

15 Rollladen, Führungsschiene, Gurt KG **338**

Rollladen DIN EN 13659 und DIN V 18073, als Einzelanlage, Rollraum innerhalb der Öffnung, Rollkasten bauseits eingebaut, Schlussstab aus Kunststoff, mit Anschlag und elastischem Profil, punktuell, Anschlag aus Aluminium, Führungsschienen aus beschichtetem Aluminium, mit Bürstenkeder, Antrieb durch Gurtzug mit Aufschraubwickler, schwenkbar, Bedienkraftklasse 1. Alle Farbtöne nach Standardfächer des AN.
Befestigungsuntergrund: Mauerwerk
Rohbaubreite: 1.010 mm
Rohbauhöhe: 1.510 mm
Einbruchhemmung: RC 2
Windwiderstandsklasse: 2
Einbauhöhe: bis 3 m
Angeb. Fabrikat: .....

222€	412€	**496€**	542€	643€	[St]	⏱ 0,60 h/St	330.000.031

Nr.	Kurztext / Langtext						Kostengruppe
▶	▷	ø netto €	◁	◀	[Einheit]	Ausf.-Dauer	Positionsnummer

16 Jalousie/Raffstore, außen KG **338**

Außenjalousie/Raffstore DIN EN 13659 und DIN V 18073, als Einzelanlage, an Fenstern/Türen, Behang aus Aluminiumlamellen, bandbeschichtet, gewölbt, mit Führungsnippel, wechselseitig an jeder Lamelle, für Schienenführung, an Leiterkordel fixiert, Oberschiene als U-Profil, aus Aluminium, stranggepresst, beschichtet, Unterschiene als Hohlprofil, aus Aluminium, stranggepresst, beschichtet, Lamellenführung durch Führungsschiene mit Gleiteinlage, Führungsschiene als Systemschiene, ohne Abstandhalter, Standardmaße des Herstellers, aus Aluminium, stranggepresst, beschichtet, alle Farbtöne nach Standardfächer des AN, Abstand Führungsmitte bis Befestigungsuntergrund bis 50mm, Antrieb durch Elektromotor, Zuleitung und Kupplungsanschluss bauseits, einschl. Anschluss mit Stecker-/Kupplungssystem, Bemessungsbetriebsspannung 230V AC.
Befestigungsuntergrund: Stahlbeton
Lamellenbreite: 80mm
Behangbreite: bis 2.950mm
Höhe: 2.950mm
Einbauhöhe: bis 3m
Angeb. Fabrikat: .....

Kosten:
Stand 2. Quartal 2026
Bundesdurchschnitt

▶	▷	ø	◁	◀	Einheit	Ausf.-Dauer	Positionsnummer
805€	1.058€	**1.185€**	1.269€	1.531€	[St]	⏱ 1,80h/St	330.000.032

17 Fensterladen, Holz, zweiflüglig KG **338**

Klappladen mit Rahmen mit eingeschobener Füllung, zweiflügelig, aus Vollholzlamellen, verleimt und abgeplattet, aus Fichte, Holzgüte DIN EN 942 für deckende Beschichtung, Farbe nach RAL oder NCS-Farbkarte und nach Bemusterung, Laden vor Außenflucht, befestigen an Mauerwerk.
Rohbaumaße: bis 2,5m²
Befestigungsuntergrund: Mauerwerk
Einbauhöhe: bis 3m
Angeb. Fabrikat: .....

▶	▷	ø	◁	◀	Einheit	Ausf.-Dauer	Positionsnummer
651€	792€	**875€**	961€	1.092€	[St]	⏱ 2,50h/St	330.000.033

18 Stundensatz, Facharbeiter/-in

Stundenlohnarbeiten für Vorarbeiter/-in, Facharbeiter/-in und Gleichgestellte. Der Verrechnungssatz für die jeweilige Arbeitskraft umfasst sämtliche Aufwendungen wie Lohn- und Gehaltskosten, Lohn- und Gehaltsnebenkosten, Zuschläge, lohngebundene und lohnabhängige Kosten, sonstige Sozialkosten, Gemeinkosten, Wagnis und Gewinn. Leistung nach besonderer Anordnung der Bauüberwachung. Anmeldung und Nachweis gemäß VOB/B.

▶	▷	ø	◁	◀	Einheit	Ausf.-Dauer	Positionsnummer
79€	85€	**88€**	92€	102€	[h]	⏱ 1,00h/h	330.000.034

▶ min
▷ von
ø Mittel
◁ bis
◀ max

331

Kosten:
Stand 2. Quartal 2026
Bundesdurchschnitt

Nr.	Positionen	Einheit	►	▷	ø brutto € / ø netto €	◁	◄
1	Handlauf, Stahl	m	72	103	**123**	133	154
			61	86	**104**	112	129
2	Handlauf, Stahl, Wandhalterung	St	58	92	**102**	127	170
			49	77	**86**	107	143
3	Handlauf, Enden in diverse Ausführungen	St	55	78	**91**	95	116
			46	66	**76**	80	98
4	Handlauf, Ecken/Gehrungen	St	55	84	**96**	111	130
			46	71	**81**	93	109
5	Brüstungs-/Treppengeländer, Lochblechfüllung	m	424	556	**615**	672	788
			356	468	**516**	565	662
6	Treppengeländer, Flachstahlfüllung	m	414	536	**600**	670	802
			348	451	**504**	563	674
7	Stahl-Umfassungszarge, 875x2.000/2.125	St	312	418	**481**	539	640
			262	351	**404**	453	538
8	Stahl-Umfassungszarge, 1.000x2.000/2.125	St	340	495	**581**	642	802
			286	416	**488**	539	674
9	Stahltür, einflüglig, 1.000x2.125mm	St	1.725	2.001	**2.300**	2.644	2.966
			1.449	1.681	**1.932**	2.222	2.493
10	Stahltür, zweiflüglig	St	2.219	3.325	**3.686**	3.993	4.766
			1.865	2.794	**3.097**	3.355	4.005
11	Stahltür, Brandschutz, EI2 30, zweiflüglig	St	3.562	4.944	**5.813**	6.435	7.427
			2.993	4.155	**4.885**	5.408	6.241
12	Stahltür, Brandschutz, EI2 90, 875x2.000/2.125	St	2.374	3.291	**3.699**	3.997	4.539
			1.995	2.765	**3.108**	3.359	3.814
13	Stahltür, Brandschutz EI2 90, zweiflüglig	St	5.949	7.296	**7.878**	8.195	9.158
			5.000	6.131	**6.621**	6.887	7.695
14	Stahltreppe, gerade, einläufig, Trittbleche	St	6.908	10.379	**10.619**	11.656	14.324
			5.805	8.722	**8.923**	9.795	12.037
15	Brandschutzbeschichtung, feuerhemmend, Stahlbauteile	m²	78	110	**122**	148	223
			66	93	**102**	125	187
16	Brandschutzbeschichtung, Stahlbauteile, Decklack	m²	26	32	**35**	36	42
			22	27	**30**	30	35
17	Brandschutzbeschichtung Rund-/Profilstahl	m	53	71	**76**	91	98
			45	59	**64**	77	82
18	Stundensatz, Facharbeiter/-in	h	83	100	**106**	110	122
			70	84	**89**	92	102
19	Stundensatz, Helfer/-in	h	76	84	**90**	95	102
			64	71	**76**	80	86

► min
▷ von
ø Mittel
◁ bis
◄ max

1 Handlauf, Stahl KG **359**

Handlauf aus Stahlrundrohr, außen, Handlauf steigend, in verschiedenen Längen, befestigt mit Konsolen an aufgehender Wand.
Oberfläche: verzinkt (für nachfolgende Beschichtung)
Einbauort: in allen Geschossen

61€	86€	**104€**	112€	129€	[m]	⏱ 0,30h/m	331.000.071

2 Handlauf, Stahl, Wandhalterung KG **359**

Handlaufhalter, aus Flachstahl-Rosette und an Handlauf mittels abgekröpftem Rundstahl von unten angeschweißt, inkl. Befestigungselemente aus nichtrostendem Stahl.
Einbauort: alle Geschosse
Untergrund: .....
Einbauort: .....
Einbau in: **Normalraum / Feuchtraum / Nassraum**
Material: Stahl nach DIN EN 10025
Güte: S 235 JR + AR
Wandhalter: Rundstahl **12 / 16** mm
Wandabstand: 50 mm
Rosette: Flachstahl 10 mm, rund D =100 mm, zwei Bohrungen
Oberfläche: **grundiert / verzinkt** für nachfolgende Beschichtung

49€	77€	**86€**	107€	143€	[St]	⏱ 0,30h/St	331.000.072

3 Handlauf, Enden in diverse Ausführungen KG **359**

Rohrende Handlauf
Rohrprofil: .....
Wandstärke: 2,0 mm
Ausführung Rohrende: .....

46€	66€	**76€**	80€	98€	[St]	⏱ 0,20h/St	331.000.073

4 Handlauf, Ecken/Gehrungen KG **359**

Eck-/Übergangswinkel des Handlaufs, an Ecken bzw. am Übergang von ansteigendem zu ebenem Handlauf.
Gehrung Winkel: ..... °

46€	71€	**81€**	93€	109€	[St]	⏱ 0,20h/St	331.000.074

Nr. **Kurztext** / Langtext Kostengruppe
▶ ▷ **ø netto €** ◁ ◀ [Einheit] Ausf.-Dauer Positionsnummer

5 Brüstungs-/Treppengeländer, Lochblechfüllung KG **359**

Treppengeländer als Stahlkonstruktion, mit Handlauf und Füllung aus Lochblech, montiert neben den Treppenläufen. Für die Ausführung werden vom AG Zeichnungen und statische Berechnungen zur Verfügung gestellt.
Anforderungen: gem. **Bauordnung / Technische Regeln für Arbeitsstätten (ASR) / Vorgabe des Versicherers**
Abmessungen:
Höhe: .....m über **OKFF / Vorderkante Stufe**
Gesamthöhe: ca. .....m, Abstand zu VK-Bodenbelag max. .....mm
Form:
- Abwicklung: ..... fach im Winkel von .....° abgekantet
- Stützen mit Befestigungen unten: .....St
- Handlaufbefestigungen: .....St an den Enden

Material:
- Handlauf: Rohr D = 33,7mm, Material nichtrostender Stahl
- Rohrenden mit Kappen geschlossen
- Geländerpfosten: T-Stahlprofil .....mm

Befestigungsteile:
- Stegblech (B x L x T): ..... x ..... x .....mm
- Ankerplatte (B x L x T): ..... x ..... x .....mm
- Dübel: .....St Klebedübel M12, je Befestigung

Befestigung:
- im Außenbereich und in Feuchträumen alle Befestigungselemente aus nichtrostendem Stahl
- Geländerrahmen: Ober-, Untergurt aus Flachstahl ..... x ..... x .....mm, Geländerstützen verschweißt
- Geländerfüllung: Lochblech t= 1,5mm, Quadratlockung, Lochung ..... x .....mm, Lochanteil ca. .....%, eingepasst in Flachstahlrahmen

Oberflächen:
- nichtrostender Stahl: fein geschliffen, Korn ca. 240
- Stahlteile: **feuerverzinkt / verzinkt und deckend beschichtet**, Farbe: .....

Einbauort/Montage:
- Gebäudeart: **öffentlich / Gewerbe / Wohnhaus** in allen Geschossen
- Geltungsbereich: **Normalraum / Feuchtraum / Nassraum**
- Befestigungsuntergrund Handlaufenden: HLz-Mauerwerk mit WDVS
- Befestigungsuntergrund Stahlbeton-Balkonplatte: Sichtbeton

356€ 468€ **516€** 565€ 662€ [m] ⏱ 2,30h/m 331.000.068

Kosten:
Stand 2. Quartal 2026
Bundesdurchschnitt

▶ min
▷ von
ø Mittel
◁ bis
◀ max

6 Treppengeländer, Flachstahlfüllung KG **359**

Treppengeländer als Stahlkonstruktion, mit Handlauf aus nichtrostendem Stahl und Füllung aus senkrechten Stäben aus Flachmaterial, montiert neben den Treppenläufen, in allen Geschossen. Für die Ausführung werden vom AG Zeichnungen und statische Berechnungen zur Verfügung gestellt.
Konstruktion der Ausführungsklasse DIN EN 1090: EXC .....
Anforderungen: gem. **Bauordnung / Technische Regeln für Arbeitsstätten (ASR) / Vorgabe des Versicherers**
Abmessungen:
Höhe: .....m über **OKFF / Vorderkante Stufe**
Gesamthöhe: ca. .....m, Abstand zu VK-Bodenbelag max. .....mm
Form:
- Abwicklung: ..... fach im Winkel von .....° abgekantet
- Pfosten: .....St mit Befestigungen unten
- Handlaufbefestigungen: .....St an den Enden

Material:
- Handlauf: Rohr D = 42,4mm, Material nichtrostender Stahl, Werkstoff: .....
- Rohrenden mit Kappen geschlossen
- Geländerpfosten: T-Stahlprofil .....mm

Befestigungsteile:
- Stegblech (B x L x T): ..... x ..... x .....mm
- Ankerplatte (B x L x T): ..... x ..... x .....mm
- Dübel: .....St, je Befestigung, aus nichtrostendem Stahl
- Geländerrahmen: Ober-, Untergurt aus Flachstahl ..... x ..... x .....mm, Geländerstützen verschweißt
- Geländerfüllung: senkrechte Stäbe aus Flachstahl ..... x ..... x .....mm, alle 120mm senkrecht eingeschweißt

Oberflächen:
- nichtrostender Stahl: fein geschliffen, Korn ca. 240
- Stahlteile: **feuerverzinkt / verzinkt und deckend beschichtet**, Farbe: .....

Einbauort/Montage:
- Gebäudeart: **öffentlich / Gewerbe / Wohnhaus** in allen Geschossen
- Raumart: **Normalraum / Feuchtraum / Nassraum**
- Befestigungsuntergrund Handlaufenden: HLz-Mauerwerk mit WDVS
- Befestigungsuntergrund Stahlbeton-Balkonplatte: Sichtbeton

348€	451€	**504€**	563€	674€	[m]	⏱ 2,50h/m	331.000.075

323
324
325
326
327
328
329
330
331
332
333
334
336
337
338
339

Nr.	Kurztext / Langtext						Kostengruppe
▶	▷	ø netto €	◁	◀	[Einheit]	Ausf.-Dauer	Positionsnummer

A 1 Stahl-Umfassungszarge — Beschreibung für Pos. **7-8**

Umfassungszarge nach DIN 18111-1, aus Stahlblech, mit umlaufender Schattennut, zweiseitig.
Stahlblech Nenndicke: S= 1,5mm
Ausführung: **einteilig / zweiteilig**
Drückerhöhe: 1050mm
Zargenspiegel: .....
Türblatt: stumpf gefälzt
Dicke Türblatt: 40mm +/-2mm
Dichtungsprofil DIN EN 12365-1: Lippendichtungsprofil, aus ....., Farbe: .....
Oberfläche: **verzinkt / rostschützend grundiert für Beschichtung**
Hinterfüllung Zargenhohlraum: .....

Kosten:
Stand 2. Quartal 2026
Bundesdurchschnitt

7 Stahl-Umfassungszarge, 875x2.000/2.125 — KG **344**

Wie Ausführungsbeschreibung A 1
Einbauort/Einbauhöhe: .....
Baurichtmaß (B x H): 875 x **2.000 / 2.125** mm
Vorgerichtet für Bänder je Flügel: 2St
Maulweite/Wanddicke: .....
Anschlag: DIN **rechts / links**
Fußbodeneinstand: .....
Untergrund: Mauerwerk

▶	▷	ø	◁	◀	Einheit	Ausf.-Dauer	Positionsnummer
262€	351€	**404€**	453€	538€	[St]	⏱ 1,10h/St	331.000.076

8 Stahl-Umfassungszarge, 1.000x2.000/2.125 — KG **344**

Wie Ausführungsbeschreibung A 1
Einbauort/Einbauhöhe: .....
Baurichtmaß (B x H): 1.000 x **2.000 / 2.125** mm
Vorgerichtet für Bänder je Flügel: 2St
Maulweite/Wanddicke: .....
Anschlag: DIN **rechts / links**
Fußbodeneinstand: .....
Untergrund: Mauerwerk

▶	▷	ø	◁	◀	Einheit	Ausf.-Dauer	Positionsnummer
286€	416€	**488€**	539€	674€	[St]	⏱ 1,10h/St	331.000.077

▶ min
▷ von
ø Mittel
◁ bis
◀ max

9 **Stahltür, einflüglig, 1.000x2.125mm** KG **344**

Außentürelement aus Metallkonstruktion, einflüglig, Türelement aus Türflügel und Zarge eingebaut in Massivwand, inkl. Bohrungen und Verbindungsmittel und Einbau aller Komponenten und Gangbarmachen der Türanlage.
Baurichtmaß (B x H): 1.000 x 2.125mm
Klimaklasse: .....
Mechanische Festigkeit: .....
Einbruchhemmung: Klasse RC ..... DIN EN 1627
Wärmeschutz: Ud= .....W/(m^2·K) DIN EN ISO 10077
Schalldämmmaß: Rw= .....dB DIN 4109 und VDI 2719
Luftdurchlässigkeit: .....
Windklasse: .....
Bodeneinstand: .....
Profilsystem: .....
Öffnungsrichtung: DIN **rechts / links**, nach **außen / innen** aufschlagend
Zarge:
- Z-Zarge: Stahl t= .....mm, **mit / ohne** Gegenzarge
- verdeckte Befestigung, Maueranker
- eingeschweißte Bandtaschen
- Hinterfüllung des Zargenhohlraums
- Abdichtung außenseitig mit vorkomprimiertem Dichtband zwischen Zarge und Bauwerk, raumseitig umlaufend mit überstreichbarem Dichtstoff, Farbton passend zur Türblattfarbe

Türflügel:
- Volltürblatt: d= 50mm, Stahlblech t= .....mm
- Füllung: Mineralwolle Ud= .....W/(m^2·K)
- Kanten: dreiseitig gefälzt / flächenbündig
- Flügelprofil: Tiefe: .....mm, Ansichtsbreite: .....mm

Türflügel Glasausschnitt:
- Glasausschnitt (B x H): ..... x .....mm, 2x ESG
- Ug: .....W/(m^2·K)
- Psi: .....W/(m·K)
- Lichtdurchlässigkeit: 75 bis 80%
- innenseitige Glasleisten, vierseitig

Bänder/Beschläge:
- Federbänder: 2St, aus nichtrostendem Stahl
- Drücker-Knauf-Wechselgarnitur für Hauseingangstüren auf Rosetten, aus nichtrostendem Stahl, Klasse ES2, mit Zylinderziehschutz

Schloss/Zubehör:
- Schloss für Hausabschlusstüren, Klasse 3, vorgerichtet für Profilzylinder, mit 6 Stiftzuhaltungen
- Profilzylinder: ..... x .....mm, mit Aufbohrschutz, aus Messing, matt vernickelt, inkl. .....St Schlüssel, in vorgerichtete Schlösser einbauen, inkl. gangbar machen
- Falzdichtung: elastische **Dämpfungsprofile / Dichtungsprofile** umlaufend, aus **APTK / EPDM**
- Stulp aus nichtrostendem Stahl
- Türstopper: **Wandmontage / Bodenmontage**, Aluminium mit schwarzer Gummieinlage, Türschwelle barrierefrei nach DIN 18040

Oberflächen:
- Stahlblech: **verzinkt grundiert / verzinkt grundiert mit Farbbeschichtung** als **Nasslack / Pulverbeschichtung**, Farbe: .....
- nichtrostende Stahlteile: gebürstet

Nr.	**Kurztext** / Langtext					Kostengruppe
▶	▷	**ø netto €**	◁	◀	[Einheit]	Ausf.-Dauer	Positionsnummer

Montage:
- Wandaufbau im Anschlussbereich: Massivwand, außen WDVS, innen Putz
- Montage Zarge: an Normalbeton, in Wandöffnungen mit stumpfem Anschlag

1.449€	1.681€	**1.932€**	2.222€	2.493€	[St]	⏱ 2,40h/St	331.000.078

10 **Stahltür, zweiflüglig** KG **344**

Außentürelement aus Metallkonstruktion, zweiflüglig, Türelement bestehend aus Zarge, Stand- und Geh-Türflügel, eingebaut in Massivwand, inkl. Bohrungen und Verbindungsmittel und Einbau aller Komponenten und Gangbarmachen der Türanlage.
Einbauort: .....
Baurichtmaß (B x H): ..... x 2.125mm
Klimaklasse: .....
mechanische Festigkeit: .....
Einbruchhemmung: Klasse RC ..... DIN EN 1627 bis 1630
Wärmeschutz: Ud= .....W/(m2·K) DIN EN ISO 10077
Schalldämmmaß: Rw= .....dB DIN 4109 und VDI 2719
Windklasse: .....
Bodeneinstand: .....mm
Profilsystem: .....
Anschlag: nach **außen / innen** aufschlagend
Anforderungen:
- Außentür
- Klimaklasse: .....
- mechanische Festigkeit: .....
- Bedienkräfte: .....
- Einbruchhemmung: Klasse RC .....
- Wärmeschutz: Ud= .....W/(m2·K)
- Schalldämmmaß Rw= .....dB

Zarge:
- Z-Zarge: Stahl t= .....mm, **mit / ohne** Gegenzarge
- verdeckte Befestigung, Maueranker
- eingeschweißte Bandtaschen
- Hinterfüllung des Zargenhohlraums
- Abdichtung außenseitig mit vorkomprimiertem Dichtband zwischen Zarge und Bauwerk, raumseitig umlaufend mit überstreichbarem Dichtstoff, Farbton passend zur Türblattfarbe

Türflügel:
- Gehflügel (B): ....., DIN **links / rechts**
- Volltürblatt, d= 50mm, Stahlblech t= .....mm
- Füllung aus Mineralwolle: Ud = ...W/(m2·K)
- dreiseitig **gefälzt / flächenbündig**
- Flügelprofil: Tiefe: .....mm, Ansichtsbreite: .....mm

Türflügel Glasausschnitt:
- zweifach Isolierverglasung (B x H): ..... x .....
- 2x ESG: Ug= .....W/(m2·K)
- Psi= .....W/(m·K)
- Lichtdurchlässigkeit: 75 bis 80%
- innenseitige Glasleisten, vierseitig

Kosten:
Stand 2.Quartal 2026
Bundesdurchschnitt

▶ min
▷ von
ø Mittel
◁ bis
◀ max

Bänder/Beschläge:
- Federbänder: 2 St, nichtrostender Stahl
- Drücker-Knauf-Wechselgarnitur auf Rosetten für Hauseingangstüren, aus nichtrostendem Stahl, Klasse ES2, mit Zylinderziehschutz

Schloss/Zubehör:
- Schloss für Hausabschlusstüren, Klasse 3, vorgerichtet für Profilzylinder, mit 6 Stiftzuhaltungen,
- Profilzylinder: ..... x ..... mm, mit Aufbohrschutz, aus Messing, matt vernickelt, inkl. ..... St Schlüssel, in vorgerichtete Schlösser einbauen, inkl. gangbar machen
- Falzdichtung: elastische **Dämpfungs- / Dichtungsprofile**, aus **APTK / EPDM**, umlaufend
- Stulp aus nichtrostendem Stahl
- Türstopper: Wandmontage / Türmontage, Aluminium mit schwarzer Gummieinlage
- Türschwelle barrierefrei nach DIN 18040

Oberflächen:
- Stahlblech: **verzinkt grundiert / verzinkt grundiert und Farb-Beschichtung** aus **Nasslack / Pulverbeschichtung**, Farbe: .....
- nichtrostende Stahlteile: gebürstet

Montage:
- Wandaufbau im Anschlussbereich: Massivwand außen WDVS, innen Putz
- Montage Zarge: an Normalbeton, in Wandöffnungen mit stumpfem Anschlag

Geltungsbereich: **Normalraum / Feuchtraum / Nassraum**

▶	▷	ø netto €	◁	◀	[Einheit]	Ausf.-Dauer	Positionsnummer
1.865€	2.794€	**3.097€**	3.355€	4.005€	[St]	⏱ 3,40 h/St	331.000.079

11 Stahltür, Brandschutz, EI2 30, zweiflüglig KG **344**

Feuerhemmende Stahl-Feuerschutztürelement, typengeprüft nach DIN EN 16034, zweiflüglig. Element bestehend aus selbstschließender Drehtür mit Schließfolgeregelung, Einbau in Innenwand, inkl. Bohrungen und Verbindungsmittel für die Verschraubung mit den bauseitigen Anschlüssen. Einbau aller Komponenten und gangbar machen und, Kennzeichnung mit geeignetem Kennzeichnungsschild.

Baurichtmaß (B x H): ..... x ..... mm

Anforderung Brandschutz:
- Feuerwiderstandsklasse: **feuerhemmend + rauchdicht + selbstschließend EI2 30-S200C(...) / feuerhemmend + dicht- + selbstschließend EI2 30-SaC(...)**
- Selbstschließende Eigenschaften: **C1 / ..... / C5 (offen stehend gehalten / ..... / sehr häufige Betätigung)**
- Zulassung: CE-Kennzeichnung
- Feuerwiderstandsklasse DIN EN 13501-2: .....

Anforderungen Innentür:
- Klimaklasse DIN EN 1121: I= Innentür zwischen klimatisierten Räumen.
- mechanische Beanspruchungsgruppe DIN EN 1192: M, mittlere Beanspruchung: Verwaltungsgebäude
- Bedienkräfte: .....
- Einbruchshemmung DIN EN 1627: RC 1N
- Schallschutz: Schalldämmmaß Rwp= ..... dB nach DIN 4109 und VDI 2719
- Geltungsbereich **Normalraum / Feuchtraum / Nassraum**

Türflügel:
- Volltürblatt, d= 50 mm, Stahlblech t=1,5 mm
- Füllung: Mineralwolle Ud= ..... W/(m^2·K) nach DIN EN 13162
- doppelt gefälzt, flächenbündig
- Öffnungsrichtung: DIN **rechts / links**
- Flügelprofil: Tiefe: ..... mm, Ansichtsbreiten: ..... mm
- Schwelle: **schwellenlos mit automatischer Absenkdichtung / mit Halbrundprofil und Auflaufdichtung / mit Schwellenanschlag (Bodenversatz)**

Kosten:
Stand 2. Quartal 2026
Bundesdurchschnitt

Zarge:
- Maulweite: ..... mm
- Ansichtsbreite: ..... mm
- Umfassungszarge aus Stahl t= 2 mm
- verdeckte Befestigung, Maueranker
- eingeschweißte Bandtaschen
- Hinterfüllung des Zargenhohlraums

Bänder/Beschläge:
- Dreirollenbänder: ..... St je Flügel, dreidimensional verstellbar, Bandhöhe ca. **120 / 160** mm, Stahl vernickelt

Drücker:
- FS-/RD Drückergarnitur DIN 18273 für Brandschutz-/Rauchschutztüren
- Benutzungskategorie: Klasse 3
- Dauerhaftigkeit: Klasse 6
- Sicherheit für Personen: Klasse 1 – öffentlicher Bereich
- Einbruchsicherheit: Mäßig einbruchhemmend (Klasse 2)
- Material: **Aluminium mit Stahlkern / Edelstahl Werkstoff 1.4401**

Schloss/Zubehör:
- Einsteckschloss nach DIN 18251 für Wohnungsabschluss, alternativ werkseitiger Einbau eines Blindzylinders
- Falzdichtung: dreiseitig umlaufende Brandschutzdichtung in grau
- Rauchschutz mit Bodendichtung, automatisch absenkbar
- Stulp aus nichtrostendem Stahl
- Schutzbeschlag: **Schild / Rosette**, Klasse ES **2 / 3**, mit Zylinderziehschutz

Türschließung:
- Türschließer mit Schließfolgeregelung
- Gleitschienen-Obentürschließer: **mit Schließfolgeregelung / mit automatischem Türantrieb / Türfeststellanlage mit integriertem Rauchmelder / mit Fluchttürfunktion-Trafo-Wechselfunktion** nach DIN EN 1154
- Montage: **bandseitig / gegenbandseitig**

Oberflächen:
- Stahlprofile: **verzinkt grundiert / chromatiert grundiert und Farbbeschichtung**, als **Nasslack / Pulverbeschichtung**, Farbe: .....
- Aluminiumteile: Pulverbeschichtung
- Farbe: **..... / silber eloxiert E6/C0**
- Edelstahlteile: gebürstet

Montage//Verankerungsgrund:
- Einbauort: **Geschoss: ..... / Raum: .....**
- Wandaufbau im Anschlussbereich: .....
- Montage gemäß Einbauanleitung
- Abdichten und Versiegeln der Anschlussfugen mit Brandschutz-Silikon-Fugendichtstoff, Farbton: .....

Angeb. Fabrikat: .....

▶	▷	ø netto €	◁	◀	[Einheit]	Ausf.-Dauer	Positionsnummer
2.993€	4.155€	**4.885€**	5.408€	6.241€	[St]	⏱ 5,40 h/St	331.000.082

▶ min
▷ von
ø Mittel
◁ bis
◀ max

12 Stahltür, Brandschutz, EI2 90, 875x2.000/2.125 KG **344**

Stahl-Brandschutztür, feuerhemmend, typengeprüft nach DIN EN 16034, einflüglig. Element bestehend aus selbstschließende Drehtür, Einbau in Innenwand, inkl. Bohrungen und Verbindungsmittel für die Verschraubung mit den bauseitigen Anschlüssen. Einbau aller Komponenten und gangbar machen der Türanlage.
Baurichtmaß Türöffnung (B x H): 875 x 2.000 / 2.125 mm
Öffnungsrichtung: DIN **rechts / links**
Anforderung Brandschutz:
- feuerbeständig + dicht- + selbstschließend EI2 90-SaC(...)
- Selbstschließende Eigenschaften: **C1 / ..... / C5 (offen stehend gehalten / ..... / sehr häufige Betätigung)**
- Feuerwiderstandsklasse DIN EN 13501-2: .....

Anforderungen Innentür:
- Klimaklasse DIN EN 1121: I= Innentür zwischen klimatisierten Räumen
- mechanische Beanspruchungsgruppe DIN EN 1192: M, mittlere Beanspruchung = Verwaltungsgebäude
- Bedienkräfte: .....
- Einbruchhemmung DIN EN 1627: RC 1 N
- Schallschutz: Schalldämmmaß Rwp= ..... dB nach DIN 4109 und VDI 2719

Geltungsbereich: **Normalraum / Feuchtraum / Nassraum**
Türflügel:
- Volltürblatt, d= ..... mm, Stahlblech t= 1,5 mm
- Füllung aus Mineralwolle nach DIN EN 13162 Ud= ..... $W/(m^2 \cdot K)$
- doppelt gefälzt, **flächenbündig / .....**
- Öffnungsflügel **rechts / links** angeschlagen
- Flügelprofil: Tiefe = ... mm, Ansichtsbreite = ... mm
- Schwelle: **schwellenlos mit automatischer Absenkdichtung / mit Halbrundprofil und Auflaufdichtung / mit Schwellenanschlag (Bodenversatz)**

Zarge:
- Maulweite: .....
- Ansichtsbreite: ..... mm
- Umfassungszarge aus Stahl t= 2 mm
- verdeckte Befestigung, Maueranker
- eingeschweißte Bandtaschen
- Hinterfüllung des Zargenhohlraums

Bänder/Beschläge:
- Dreirollenbänder: ..... St je Flügel, dreidimensional verstellbar

Drücker:
- FS-/RD Drückergarnitur DIN 18273 für Brandschutz-/Rauchschutztüren
- Benutzungskategorie: Klasse 3
- Dauerhaftigkeit: Klasse 6
- Sicherheit für Personen: Klasse 1 – öffentlicher Bereich
- Einbruchsicherheit: Mäßig einbruchhemmend (Klasse 2)
- Material: **Aluminium mit Stahlkern / nichtrostender Stahl Werkstoff 1.4401**

Schloss/Zubehör:
- Einsteckschloss nach DIN 18251, Typ ....., vorgerichtet für Profilzylinder
- Falzdichtung: dreiseitig umlaufende Brandschutzdichtung in grau
- Türschwelle barrierefrei DIN 18040
- Rauchschutz mit Bodendichtung, automatisch absenkbar
- Stulp aus nichtrostendem Stahl
- Schutzbeschlag: **Schild / Rosette**, Klasse: **ES 2 / 3**, mit Zylinderziehschutz

Nr.	Kurztext / Langtext						Kostengruppe
▶	▷	ø netto €	◁	◀	[Einheit]	Ausf.-Dauer	Positionsnummer

Türschließung:
- Gleitschienen-Obentürschließer DIN EN 1154 **mit automatischem Türantrieb / Türfeststellanlage und integriertem Rauchmelder / mit Fluchttürfunktion-Trafo-Wechselfunktion**
- Montage: **bandseitig / gegenbandseitig**

Oberfläche:
- Stahlprofile: **verzinkt grundiert / chromatiert grundiert und Farbbeschichtung**, als **Nasslack / Pulverbeschichtung**, Farbe: .....
- Aluminiumteile: farblos natur, eloxiert E6 EV1 oder silberfarbig
- nichtrostende Stahlteile: gebürstet

Montage/Einbau:
- Untergrund: Beton
- Wandaufbau im Anschlussbereich: .....
- Abdichten und Versiegeln der Anschlussfugen mit Brandschutz-Silikon-Fugendichtstoff, Farbton: .....
- Einbauort: **Geschoss: ..... / Raum: .....**

Kosten:
Stand 2. Quartal 2026
Bundesdurchschnitt

1.995€	2.765€	**3.108€**	3.359€	3.814€	[St]	⏱ 3,40 h/St	331.000.083

13 Stahltür, Brandschutz EI2 90, zweiflüglig KG **344**

Feuerbeständiges Stahl-Feuerschutztürelement, typengeprüft nach DIN EN 16034, zweiflüglig. Element bestehend aus selbstschließenden zweiflügeligen Drehtüren mit Schließfolgeregelung, Einbau in Innenwand, inkl. Bohrungen und Verbindungsmittel für die Verschraubung mit den bauseitigen Anschlüssen. Einbau aller Komponenten und gangbar machen der Türanlage.
Baurichtmaß (B x H): ..... x ..... mm

Anforderung Brandschutz:
- feuerbeständig + dicht- + selbstschließend EI2 90-SaC(...)
- Selbstschließende Eigenschaften: **C1 / ..... / C5 (offen stehend gehalten / ..... / sehr häufige Betätigung)**
- Zulassung: CE-Kennzeichnung
- Feuerwiderstandsklasse DIN EN 13501-2: .....

Anforderungen Innentür:
- Klimaklasse DIN EN 1121: I= Innentür zwischen klimatisierten Räumen
- mechanische Beanspruchungsgruppe DIN EN 1192: M, mittlere Beanspruchung: Verwaltungsgebäude
- Bedienkräfte: .....
- Einbruchshemmung DIN EN 1627: RC 1 N
- Schallschutz: Schalldämmmaß Rwp= ..... dB nach DIN 4109 und VDI 2719
- Geltungsbereich: **Normalraum / Feuchtraum / Nassraum**

Türflügel:
- Volltürblatt, d= 50 mm, Stahlblech t=1,5 mm
- Füllung: Mineralwolle Ud= ..... W/(m^2·K) nach DIN EN 13162
- doppelt gefälzt, flächenbündig
- Öffnungsflügel **rechts / links** angeschlagen
- Flügelprofil: Tiefe: ..... mm, Ansichtsbreiten: ..... mm
- Türelement barrierefrei DIN 18040, mit automatischer Absenkdichtung

Zarge:
- Maulweite: ..... mm
- Ansichtsbreite: ..... mm
- Umfassungszarge aus Stahl t= 2 mm
- verdeckte Befestigung, Maueranker
- eingeschweißte Bandtaschen
- Hinterfüllung des Zargenhohlraums

Bänder/Beschläge:
- Dreirollenbänder: ..... St je Flügel, dreidimensional verstellbar, Bandhöhe ca. **120 / 160** mm, Stahl vernickelt

▶ min
▷ von
ø Mittel
◁ bis
◀ max

Drücker:
- FS-/RD Drückergarnitur DIN 18273 für Brandschutz-/Rauchschutztüren
- Benutzungskategorie: Klasse 3
- Dauerhaftigkeit: Klasse 6
- Sicherheit für Personen: Klasse 1 – öffentlicher Bereich
- Einbruchsicherheit: Mäßig einbruchhemmend (Klasse 2)
- Material: **Aluminium mit Stahlkern / nichtrostender Stahl Werkstoff 1.4401**

Schloss/Zubehör:
- Einsteckschloss nach DIN 18251 für Wohnungsabschluss, alternativ werkseitiger Einbau eines Blindzylinders
- Falzdichtung: dreiseitig umlaufende Brandschutzdichtung in grau
- Rauchschutz mit Bodendichtung, automatisch absenkbar
- Stulp aus nichtrostendem Stahl
- Schutzbeschlag: **Schild / Rosette**, Klasse: **ES 2 / 3**, mit Zylinderziehschutz

Türschließung:
- Türschließer mit Schließfolgeregelung und Mitnehmerklappe
- Gleitschienen-Obentürschließer: **mit Schließfolgeregelung / mit automatischem Türantrieb / Türfeststellanlage mit integriertem Rauchmelder / mit Fluchttürfunktion-Trafo-Wechselfunktion** nach DIN EN 1154
- Montage: **bandseitig / gegenbandseitig**

Oberflächen:
- Stahlprofile: **verzinkt grundiert / chromatiert grundiert und Farbbeschichtung**, als **Nasslack / Pulverbeschichtung**, Farbe: .....
- Aluminiumteile: farblos natur, eloxiert E6 EV1 oder silberfarbig
- nichtrostende Stahlteile: gebürstet

Montage//Verankerungsgrund:
- Einbauort: **Geschoss: ..... / Raum: .....**
- Wandaufbau im Anschlussbereich: .....
- Montage gemäß Einbauanleitung
- Abdichten und Versiegeln der Anschlussfugen mit Brandschutz-Silikon-Fugendichtstoff, Farbton: .....

5.000€ 6.131€ **6.621€** 6.887€ 7.695€ [St] ⏱ 4,60h/St 331.000.084

Kosten:
Stand 2. Quartal 2026
Bundesdurchschnitt

▶ min
▷ von
ø Mittel
◁ bis
◀ max

Nr.	**Kurztext** / Langtext						Kostengruppe
▶	▷	**ø netto €**	◁	◀	[Einheit]	Ausf.-Dauer	Positionsnummer

14 Stahltreppe, gerade, einläufig, Trittbleche KG **351**

Freitragende Stahlwangentreppe nach DIN 18065, über ein Geschoss führend; einschl. Bohrungen und verzinkten Verbindungsmitteln für die Verschraubung mit den bauseitigen Anschlüssen. Geländer nach gesonderter Position. Für die Ausführung werden vom AG Zeichnungen und statische Berechnungen zur Verfügung gestellt.
Abmessungen:
- Geschosshöhe: 2750 mm
- Stützweite: ..... mm
- Steigungen: 16 St
- Steigungsverhältnis: 172 x 280 mm
- Wangenhöhe: 280 mm
- Treppenbreite: 1,0 m
- nutzbare Treppenlaufbreite: ..... mm
- Fußbodenaufbau unten: H: 100 mm, oben: H: 75 mm

Art/Form:
- Ausführungsklasse nach DIN EN 1090: .....
- Nutzlast: 3 kN/m² DIN EN 1991-1
- Material: Stahl S235JR DIN EN 10025-2, Werkstoff-Nr 1.0038
- Wange aus Breitflachstahl H: 280, t: 18 mm, am oberen Ende abgewinkelt zum Anschluss an Geschossdecke
- Tritt- und Setzstufe als Z-förmig abgewinkeltes Stahlblech

Profil:
- **Tränenblech / Riffelblech** verzinkt, Abwicklung je Stufe ca. 370 mm, an Wangen angeschweißt
- letzte Stufe im Übergang zum Fußboden als Stahlblech, jedoch Abwicklung ca. 600 mm

Anschlüsse/Montage:
- oberer Anschluss an Deckenstirn aus Stahlbeton, Dicke inkl. FB: ....., mittels Stahllasche als Wangenanschluss, geschraubten Verbindung
- unterer Anschluss aufgesetzt auf Stahlbeton, punktförmig gelagert mit Stahllaschen, geschraubte Verbindung, Dübelmontage

Oberflächen: feuerverzinkt
Einbauort:
- Innen, Trockenbereich
- zwischen 1. und 2. Geschoss
- Einbauhöhe: ..... m

5.805€	8.722€	**8.923€**	9.795€	12.037€	[St]	⏱ 7,50 h/St	331.000.085

15 Brandschutzbeschichtung, feuerhemmend, Stahlbauteile KG **333**

Brandschutzbeschichtung von Stahlbauteilen, wasserbasierende Beschichtung, gemäß Zulassung aufbringen, inkl. Vorbehandlung, Grundierung und Deckbeschichtung. Zulassung gem. DIN 4102/DIN EN 13381.
Vorbehandlung: Vorbereitungsgrad Sa 2 **1 / 2**
Stahlkonstruktion: **Stahlträger / Fachwerkbinder / Stützen**
Beschichtungsverfahren: **Pinsel / Rolle / Spritzverfahren**
Farbton: **RAL / NCS**
Herstellerfarbkarte: .....
Gef. Feuerwiderstand: EI 30 feuerhemmend
Arbeitshöhe: .....
Anwendung: Innenbereich
Arbeitshöhe: .....
Angeb. Fabrikat: .....

66€	93€	**102€**	125€	187€	[m²]	⏱ 0,30 h/m²	331.000.088

16 Brandschutzbeschichtung, Stahlbauteile, Decklack KG **333**

Brandschutzbeschichtung auf Stahl, als Decklack.
Stahlkonstruktion: **Stahlträger / Fachwerkbinder / Stützen**
Profile und Abmessungen: .....
Bereich: **innen / außen**
Beschichtungsverfahren: **Pinsel / Rolle / Spritzverfahren**
Farbton: **RAL / NCS**
Herstellerfarbkarte: .....
Gef. Feuerwiderstand: EI .....
Beschichtungsstoff: .....
Arbeitshöhe: .....
Angeb. Fabrikat: .....

22€ 27€ **30€** 30€ 35€ [m²] ⏱ 0,20 h/m² 331.000.089

17 Brandschutzbeschichtung Rund-/Profilstahl KG **345**

Brandschutzbeschichtung von Stahlbauteilen, wasserbasierende Beschichtung für Innenanwendung, gemäß Zulassung aufbringen, inkl. Vorbehandlung, Grundierung und Deckbeschichtung.
Vorbehandlung: Vorbereitungsgrad Sa 2 1/2
Stahlkonstruktion: **Rundstahl / Stabstahl / Rohrstahl**
Profile und Abmessungen: .....
Beschichtungsverfahren: **Pinsel / Rolle / Spritzverfahren**
Farbton: **RAL / NCS**
Herstellerfarbkarte: .....
Gef. Feuerwiderstand: **EI 30 / EI 60 - feuerhemmend**
Arbeitshöhe: .....
Anwendung: Innenbereich
Einbauort: .....
Angeb. Fabrikat: .....

45€ 59€ **64€** 77€ 82€ [m] ⏱ 0,30 h/m 331.000.091

18 Stundensatz, Facharbeiter/-in

Stundenlohnarbeiten für Vorarbeiter/-in, Facharbeiter/-in und Gleichgestellte. Der Verrechnungssatz für die jeweilige Arbeitskraft umfasst sämtliche Aufwendungen wie Lohn- und Gehaltskosten, Lohn- und Gehaltsnebenkosten, Zuschläge, lohngebundene und lohnabhängige Kosten, sonstige Sozialkosten, Gemeinkosten, Wagnis und Gewinn. Leistung nach besonderer Anordnung der Bauüberwachung. Anmeldung und Nachweis gemäß VOB/B.

70€ 84€ **89€** 92€ 102€ [h] ⏱ 1,00 h/h 331.000.086

19 Stundensatz, Helfer/-in

Stundenlohnarbeiten für Werker/-in, Helfer/-in und Gleichgestellte. Der Verrechnungssatz für die jeweilige Arbeitskraft umfasst sämtliche Aufwendungen wie Lohn- und Gehaltskosten, Lohn- und Gehaltsnebenkosten, Zuschläge, lohngebundene und lohnabhängige Kosten, sonstige Sozialkosten, Gemeinkosten, Wagnis und Gewinn. Leistung nach besonderer Anordnung der Bauüberwachung. Anmeldung und Nachweis gemäß VOB/B.

64€ 71€ **76€** 80€ 86€ [h] ⏱ 1,00 h/h 331.000.087

Nr.	Positionen	Einheit	▶	▷	ø brutto € / ø netto €	◁	◀
1	Verglasung, Floatglas, 4mm	m²	78	93	**103**	122	128
			66	78	**87**	102	107
2	Verglasung, Floatglas, 6mm	m²	104	123	**137**	161	171
			87	104	**115**	136	144
3	Verglasung, Floatglas, 8mm	m²	141	167	**188**	219	231
			118	140	**158**	184	194
4	Verglasung, ESG-Glas, 6mm	m²	158	187	**208**	245	258
			133	157	**175**	206	217
5	Verglasung, ESG-Glas, 8mm	m²	191	227	**252**	300	315
			161	190	**212**	252	265
6	Verglasung, ESG-Glas, 10mm	m²	265	317	**348**	414	435
			222	266	**293**	348	366
7	Verglasung, VSG-Glas, 6mm	m²	149	176	**196**	231	245
			125	148	**165**	194	206
8	Verglasung, VSG-Glas, 8mm	m²	159	187	**210**	245	260
			134	157	**176**	206	219
9	Verglasung, VSG-Glas, 10mm	m²	187	225	**250**	295	310
			158	189	**210**	248	260
10	Isolierverglasungen, zweifach, 1,0W/(m²·K), 4/16/4	m²	171	203	**226**	266	282
			144	171	**190**	224	237
11	Isolierverglasungen, zweifach, 1,0W/(m²·K), 6VSG/16/4	m²	315	371	**412**	486	515
			265	312	**346**	409	433
12	Isolierverglasungen, zweifach, 1,1W/(m²·K), 4/16/4ESG	m²	183	222	**241**	287	299
			154	186	**203**	241	251
13	Isolierverglasungen, dreifach, 0,7W/(m²·K), 4/12/4/12/4	m²	218	261	**287**	339	359
			183	220	**241**	285	302
14	Isolierverglasungen, dreifach, 0,6W/(m²·K), 4/14/4/14/4	m²	–	339	**381**	450	–
			–	285	**320**	378	–
15	Brandschutzverglasung, Innenwände	m²	327	624	**732**	734	938
			275	524	**615**	617	788

332

Kosten:
Stand 2. Quartal 2026
Bundesdurchschnitt

▶ min
▷ von
ø Mittel
◁ bis
◀ max

Nr. **Kurztext** / Langtext — Kostengruppe
▶ ▷ **ø netto €** ◁ ◀ [Einheit] Ausf.-Dauer Positionsnummer

A 1 Verglasung, Einfachglas

Beschreibung für Pos. **1-3**

Einscheiben-Verglasung mit Einbau und Glasdichtung.
Verglasungsfläche: Fenster
Rahmenmaterial: .....
Befestigung: .....
Verglasungssystem: .....
Farbwirkung: neutral
Versiegelung: beidseitig
Dichtstoffgruppe: .....
Scheibengröße: .....
Verglasung: Floatglas

Nr.	Kurztext / Langtext						Kostengruppe
▶	▷	ø netto €	◁	◀	[Einheit]	Ausf.-Dauer	Positionsnummer

1 Verglasung, Floatglas, 4mm KG **344**

Wie Ausführungsbeschreibung A 1
Scheibendicke: 4 mm

66€	78€	**87€**	102€	107€	[m²]	0,35 h/m²	332.000.034

2 Verglasung, Floatglas, 6mm KG **344**

Wie Ausführungsbeschreibung A 1
Scheibendicke: 6 mm

87€	104€	**115€**	136€	144€	[m²]	0,50 h/m²	332.000.019

3 Verglasung, Floatglas, 8mm KG **344**

Wie Ausführungsbeschreibung A 1
Scheibendicke: 8 mm

118€	140€	**158€**	184€	194€	[m²]	0,65 h/m²	332.000.018

A 2 Verglasung, Einscheibensicherheitsglas Beschreibung für Pos. **4-6**

Einscheiben-Sicherheitsverglasung einschl. Befestigung mit Glashalteleisten und Dichtstoff.
Ausführung nach Zeichnung: .....
Verglasungsfläche: .....
Rahmen: .....
Material: .....
Befestigungsleisten: .....
Verglasungssystem: .....
Farbwirkung: neutral
Versiegelung: beidseitig
Dichtstoffgruppe: mind. C - elastisch bleibend
Scheibengröße: .....
Verglasung: ESG

4 Verglasung, ESG-Glas, 6mm KG **334**

Wie Ausführungsbeschreibung A 2
Scheibendicke: 6 mm

133€	157€	**175€**	206€	217€	[m²]	0,50 h/m²	332.000.020

5 Verglasung, ESG-Glas, 8mm KG **334**

Wie Ausführungsbeschreibung A 2
Scheibendicke: 8 mm

161€	190€	**212€**	252€	265€	[m²]	0,60 h/m²	332.000.021

6 Verglasung, ESG-Glas, 10mm KG **334**

Wie Ausführungsbeschreibung A 2
Scheibendicke: 10 mm

222€	266€	**293€**	348€	366€	[m²]	0,68 h/m²	332.000.022

Nr.	Kurztext / Langtext						Kostengruppe
▶	▷	ø netto €	◁	◀	[Einheit]	Ausf.-Dauer	Positionsnummer

A 3 Verglasung, Verbundsicherheitsglas — Beschreibung für Pos. **7-9**

Verbund-Sicherheitsverglasung einschl. Befestigung mit Glashalteleisten und Dichtstoff.
Ausführung nach Zeichnung: .....
Verglasungsfläche: .....
Scheibengröße: 1,0-2,0m²
Tragkonstruktion: .....
Material: .....
Befestigungsart: .....
Kantenausbildung: .....
Verglasungssystem: .....
Dichtstoff: .....
Verglasung: VSG
Widerstandsklasse: A 1

Kosten:
Stand 2. Quartal 2026
Bundesdurchschnitt

7 Verglasung, VSG-Glas, 6mm — KG **359**

Wie Ausführungsbeschreibung A 3
Scheibendicke: 6mm

▶	▷	ø netto €	◁	◀	[Einheit]	Ausf.-Dauer	Positionsnummer
125€	148€	**165€**	194€	206€	[m²]	⏱ 0,50h/m²	332.000.035

8 Verglasung, VSG-Glas, 8mm — KG **359**

Wie Ausführungsbeschreibung A 3
Scheibendicke: 8mm

▶	▷	ø netto €	◁	◀	[Einheit]	Ausf.-Dauer	Positionsnummer
134€	157€	**176€**	206€	219€	[m²]	⏱ 0,60h/m²	332.000.023

9 Verglasung, VSG-Glas, 10mm — KG **359**

Wie Ausführungsbeschreibung A 3
Scheibendicke: 10mm

▶	▷	ø netto €	◁	◀	[Einheit]	Ausf.-Dauer	Positionsnummer
158€	189€	**210€**	248€	260€	[m²]	⏱ 0,68h/m²	332.000.024

▶ min
▷ von
ø Mittel
◁ bis
◀ max

A 4 Verglasung, Wärmeschutz Beschreibung für Pos. **10-14**

Isolierverglasung inkl. Befestigung und Verfugung.
Bauteil: .....
Fläche: bis 2,00 m²
- Befestigung: .....
- Abdichtung: .....

10 Isolierverglasungen, zweifach, 1,0W/(m²·K), 4/16/4 KG **334**

Wie Ausführungsbeschreibung A 4
Verglasung: zweifach
- Innenscheibe: Floatglas, 4 mm
- Scheibenzwischenraum: 16 mm
- Außenscheibe: Floatglas, 4 mm

Technische Daten:
- Ug-Wert: 1,0 W/(m²·K)
- g-Wert: ..... %
- Schallschutz: ..... dB
- Lichtdurchlässigkeit TL: ..... %
- Lichtreflexion außen TR: ..... %
- Dichtstoffgruppe: E

Scheibengröße: .....
Angeb. Fabrikat: .....

144€	171€	**190€**	224€	237€	[m²]	⏱ 0,70 h/m²	332.000.027

11 Isolierverglasungen, zweifach, 1,0W/(m²·K), 6VSG/16/4 KG **334**

Wie Ausführungsbeschreibung A 4
Verglasung: zweifach
- Innenscheibe: Verbundsicherheitsglas 6 mm
- Scheibenzwischenraum: 16 mm
- Außenscheibe: Floatglas, 4 mm

Technische Daten:
- Ug-Wert: 1,0 W/(m²·K)
- g-Wert: ..... %
- Schallschutz: ..... dB
- Lichtdurchlässigkeit TL: ..... %
- Lichtreflexion außen TR: ..... %
- Dichtstoffgruppe: E

Scheibengröße: .....
Angeb. Fabrikat: .....

265€	312€	**346€**	409€	433€	[m²]	⏱ 0,90 h/m²	332.000.029

Nr.	Kurztext / Langtext						Kostengruppe
▶	▷	ø netto €	◁	◀	[Einheit]	Ausf.-Dauer	Positionsnummer

12 Isolierverglasungen, zweifach, 1,1W/(m²·K), 4/16/4ESG KG **334**

Wie Ausführungsbeschreibung A 4
Verglasung: zweifach
- Innenscheibe: Floatglas, 4mm
- Scheibenzwischenraum: 16mm
- Außenscheibe: Einscheibensicherheitsglas 4mm

Technische Daten:
- Ug-Wert: 1,1W/(m²·K)
- g-Wert: ..... %
- Schallschutz: ..... dB
- Lichtdurchlässigkeit TL: ..... %
- Lichtreflexion außen TR: ..... %
- Dichtstoffgruppe: E

Scheibengröße: .....
Angeb. Fabrikat: .....

154€	186€	**203€**	241€	251€	[m²]	⏱ 0,90h/m²	332.000.031

13 Isolierverglasungen, dreifach, 0,7W/(m²·K), 4/12/4/12/4 KG **334**

Wie Ausführungsbeschreibung A 4
Verglasung: dreifach
- Innenscheibe: Floatglas, 4mm
- Scheibenzwischenraum: 12mm
- Mittelscheibe: 4mm
- Scheibenzwischenraum: 12mm
- Außenscheibe: Floatglas, 4mm

Technische Daten:
- Ug-Wert: 0,7W/(m²·K)
- g-Wert: ..... %
- Schallschutz: ..... dB
- Lichtdurchlässigkeit TL: ..... %
- Lichtreflexion außen TR: ..... %
- Dichtstoffgruppe: E

Scheibengröße: .....
Angeb. Fabrikat: .....

183€	220€	**241€**	285€	302€	[m²]	⏱ 1,20h/m²	332.000.032

Kosten:
Stand 2. Quartal 2026
Bundesdurchschnitt

▶ min
▷ von
ø Mittel
◁ bis
◀ max

Nr.	Kurztext / Langtext						Kostengruppe
▶	▷	ø netto €	◁	◀	[Einheit]	Ausf.-Dauer	Positionsnummer

14 Isolierverglasungen, dreifach, 0,6W/(m²·K), 4/14/4/14/4 KG **334**

Wie Ausführungsbeschreibung A 4
Verglasung: dreifach
- Innenscheibe: Floatglas, 4mm
- Scheibenzwischenraum: 14mm
- Mittelscheibe: 4mm
- Scheibenzwischenraum: 14mm
- Außenscheibe: Floatglas, 4mm

Technische Daten:
- Ug-Wert: 0,6W/(m²·K)
- g-Wert: ..... %
- Schallschutz: ..... dB
- Lichtdurchlässigkeit TL: ..... %
- Lichtreflexion außen TR: ..... %
- Dichtstoffgruppe: E

Scheibengröße: .....
Angeb. Fabrikat: .....

▶	▷	ø netto €	◁	◀	[Einheit]	Ausf.-Dauer	Positionsnummer
–	285€	**320€**	378€	–	[m²]	⏱ 1,20h/m²	332.000.033

15 Brandschutzverglasung, Innenwände KG **344**

Einscheiben-Brandschutzverglasung, für festverglaste Profilsysteme, inkl. Einbau der Glashalteprofile, Deckschalen, Dichtprofile oder Verfugung.
Feuerwiderstandsklasse: **F30 / F60 / F90**
Zulassung Verglasung: .....
Prüfnummer/Prüfinstitut: .....
Angeb. Fabrikat: .....

▶	▷	ø netto €	◁	◀	[Einheit]	Ausf.-Dauer	Positionsnummer
275€	524€	**615€**	617€	788€	[m²]	⏱ 0,83h/m²	332.000.036

333

Kosten:
Stand 2. Quartal 2026
Bundesdurchschnitt

Nr.	Positionen	Einheit	►	▷	ø brutto € ø netto €	◁	◄
1	Baureinigung, bei Baubetrieb	m²	2	3	**4**	4	5
			2	3	**3**	3	4
2	Treppen/Podeste reinigen	m²	2	3	**3**	4	4
			2	2	**3**	3	4
3	Bodenbelag reinigen, Hartbeläge Lino/Kautschuk	m²	1	2	**3**	3	4
			1	2	**2**	3	4
4	Bodenbelag reinigen, Fliesen/Platten	m²	1	3	**3**	5	9
			1	2	**3**	4	8
5	Bodenbelag reinigen, Teppich	m²	0,8	2,9	**3,6**	4,7	7,1
			0,7	2,4	**3,0**	3,9	6,0
6	Fassade reinigen, Hochdruckreiniger	m²	28	34	**35**	37	46
			24	28	**29**	32	38
7	Glasflächen reinigen, Fassadenelemente	m²	3	5	**6**	7	10
			2	4	**5**	6	8
8	Wandbelag reinigen, Fliesen	m²	1	2	**2**	2	3
			1,0	1,4	**1,5**	1,8	2,4
9	Türen reinigen	St	2	6	**7**	9	13
			2	5	**6**	8	11
10	Heizkörper reinigen	m²	3	4	**5**	7	10
			2	4	**4**	6	8
11	Waschtisch/Duschwanne reinigen	St	4	7	**9**	10	14
			3	6	**7**	9	12
12	WC-Schüssel/Urinal reinigen	St	2	6	**8**	9	12
			2	5	**7**	8	10
13	Geländer reinigen	m	2	3	**3**	3	4
			2	2	**2**	3	4
14	Fenster reinigen	St	5	8	**10**	11	14
			4	7	**9**	10	12
15	Sonnenschutz reinigen	m²	–	5	**5**	6	–
			–	4	**4**	5	–
16	Baureinigung, Außenbereich	m²	0,6	1,0	**1,3**	1,5	2,2
			0,5	0,9	**1,1**	1,3	1,8
17	Stundensatz, Facharbeiter/-in	h	49	56	**58**	62	70
			41	47	**49**	52	58
18	Stundensatz, Helfer/-in	h	33	43	**49**	52	62
			27	36	**42**	44	52

► min
▷ von
ø Mittel
◁ bis
◄ max

323 324 325 326 327 328 329 330 331 332 **333** 334 336 337 338 339

1 Baureinigung, bei Baubetrieb KG **397**

Zwischenreinigung während Bauzeit, zum Entfernen von grober Bauverschmutzung und Verpackungsmaterialien, einschl. Entsorgung.
oder
Reinigen von lose aufliegendem Schmutz wie z.B. Kronkorken, Zigarettenkippen, Sand, Steinchen, Kabelresten, Schutzfolien und Aufklebern an WC-Becken, Urinale, Waschbecken, Türen/Türklinken, Spiegel, Glasscheiben usw.
oder
Reinigen von haftenden Verschmutzungen wie z.B. Zementschleier oder Spritzer von Mörtel und Gips, Bitumen, Asphalt, Lacke, Dispersionsfarben, Tapetenkleister, Kleber usw.
Reinigungsart: saugen

▶	▷	ø netto €	◁	◀	[Einheit]	Ausf.-Dauer	Positionsnummer
2€	3€	**3€**	3€	4€	[m²]	⏱ 0,05h/m²	333.000.018

2 Treppen/Podeste reinigen KG **397**

Treppen und Podeste reinigen, Rückstände von Beton- und Malerarbeiten vorsichtig mit Spatel entfernen, sowie gründliches Absaugen der Treppenläufe. Kratzspuren sind zu vermeiden. Gründliches Schrubben und Wischen sämtlicher Bodenflächen mit einem auf den Belag abgestimmten und vom Hersteller empfohlenen Reinigungs- und Pflegemittel. Entfernen des Zementschleiers auf allen Fliesenbelägen und aller Verunreinigungen sowie Aufkleber. Auf die dauerelastischen Verfugungen ist besondere Rücksicht zu nehmen. Nachreinigung durch nasses Aufwischen und trockenes Nachwischen der Treppengeländer, Brüstungen und Handläufe.

▶	▷	ø netto €	◁	◀	[Einheit]	Ausf.-Dauer	Positionsnummer
2€	2€	**3€**	3€	4€	[m²]	⏱ 0,04h/m²	333.000.019

3 Bodenbelag reinigen, Hartbeläge Lino/Kautschuk KG **397**

Feinreinigung des Bodenbelags, inkl. Sockelleisten, mit einem auf den Belag abgestimmten und vom Hersteller empfohlenen Reinigungs- und Pflegemittel, Reinigen bis zum Erlangen einer vollständig schmutzfreien Oberfläche. Leistung inkl. Entfernen aller Verunreinigungen und Aufkleber. Bodenbeläge verlegt in allen Geschossen.
Belag: .....

▶	▷	ø netto €	◁	◀	[Einheit]	Ausf.-Dauer	Positionsnummer
1€	2€	**2€**	3€	4€	[m²]	⏱ 0,04h/m²	333.000.001

4 Bodenbelag reinigen, Fliesen/Platten KG **397**

Feinreinigung von Fliesen- oder Plattenbelag, inkl. Sockelleisten, durch Wischen mit einem auf den Belag abgestimmten Reinigungsmittel, Reinigen bis zum Erlangen einer vollständig schmutzfreien Oberfläche. Leistung inkl. Entfernen des Zementschleiers und Entfernen aller Verunreinigungen und Aufkleber. Auf die dauerelastischen Verfugungen ist besondere Rücksicht zu nehmen. Bodenbeläge verlegt in allen Geschossen.
Oberfläche: .....

▶	▷	ø netto €	◁	◀	[Einheit]	Ausf.-Dauer	Positionsnummer
1€	2€	**3€**	4€	8€	[m²]	⏱ 0,04h/m²	333.000.004

5 Bodenbelag reinigen, Teppich KG **397**

Feinreinigung von textilem Bodenbelag, inkl. Sockel, Reinigen mittels Vakuum- bzw. Bürstsaugen bis zum Erlangen einer vollständig schmutzfreien Oberfläche. Leistung inkl. Entfernen aller Verunreinigungen. Bodenbeläge verlegt in allen Geschossen.
Faser: .....
Teppichart: .....
Struktur: .....
Sockel: .....

▶	▷	ø netto €	◁	◀	[Einheit]	Ausf.-Dauer	Positionsnummer
0,7€	2,4€	**3,0€**	3,9€	6,0€	[m²]	⏱ 0,03h/m²	333.000.005

Nr.	Kurztext / Langtext						Kostengruppe
▶	▷	ø netto €	◁	◀	[Einheit]	Ausf.-Dauer	Positionsnummer

6 Fassade reinigen, Hochdruckreiniger KG **397**

Reinigung der Fassadenflächen durch Druckstrahlen mit temperiertem Wasser, bis zum Erlangen einer vollständig schmutzfreien Oberfläche. Leistung inkl. aller Schutz- und Abdeckarbeiten von Fenstern, von angrenzenden Bauteilen.
Arbeitshöhe: bis .....
Fensteranteil: .....
Abgrenzung zu anderen Bauteilen: .....

▶	▷	ø netto €	◁	◀	[Einheit]	Ausf.-Dauer	Positionsnummer
24€	28€	**29€**	32€	38€	[m²]	⏱ 0,10 h/m²	333.000.006

7 Glasflächen reinigen, Fassadenelemente KG **397**

Reinigung der verglasten Fassadenelemente durch nasses Wischen mit geeignetem Reinigungsmittel, danach trocken ledern und polieren bis zum Erlangen einer vollständig sauberen und trockenen Oberfläche. Abrechnung der einfachen Ansichtsfläche der zu reinigenden Bauteile.

- Reinigen der Glasflächen ESG, VSG nach Herstellerangaben
- Reinigen der beschichteten Rahmenprofile inkl. aller Falze und Beschläge, Verdunkelungs- und Sonnenschutz-Elemente
- Reinigen der Fensterbänke und inkl. aller Schutz- und Abdeckbleche

Reinigungsbereich: .....
Arbeitshöhe: bis .....
Abgrenzung zu anderen Bauteilen: .....
Reinigungsart: **Erstreinigung / Unterhaltsreinigung**

▶	▷	ø netto €	◁	◀	[Einheit]	Ausf.-Dauer	Positionsnummer
2€	4€	**5€**	6€	8€	[m²]	⏱ 0,10 h/m²	333.000.007

8 Wandbelag reinigen, Fliesen KG **397**

Feinreinigung von Wandbelägen aus Fliesen oder Platten, in allen Geschossen, mit einem geeigneten Reinigungsmittel, Reinigen bis zum Erlangen einer vollständig schmutzfreien Oberfläche. Leistung inkl. Entfernen des Zementschleiers und Entfernen aller Verunreinigungen und Aufkleber. Auf die dauerelastischen Verfugungen ist besondere Rücksicht zu nehmen.
Wandhöhe: bis .....
Oberfläche: .....

▶	▷	ø netto €	◁	◀	[Einheit]	Ausf.-Dauer	Positionsnummer
1,0€	1,4€	**1,5€**	1,8€	2,4€	[m²]	⏱ 0,03 h/m²	333.000.008

9 Türen reinigen KG **397**

Feinreinigung von Türelementen aus Zargen und Türblatt (allseitig), mit einem geeigneten und vom Hersteller empfohlenen Reinigungs- und Pflegemittel, bis zum Erlangen einer vollständig schmutzfreien Oberfläche. Leistung inkl. Reinigen der Beschläge und Entfernen aller Verunreinigungen und Aufkleber.
Türabmessung: .....
Maulweite Zarge: .....
Oberfläche: .....
Materialien: .....

▶	▷	ø netto €	◁	◀	[Einheit]	Ausf.-Dauer	Positionsnummer
2€	5€	**6€**	8€	11€	[St]	⏱ 0,10 h/St	333.000.010

10 Heizkörper reinigen KG **397**

Feinreinigung von Heizkörpern, mit einem geeigneten Reinigungsmittel, bis zum Erlangen einer vollständig schmutzfreien Oberfläche. Leistung inkl. Reinigen der Armatur, Halterung und Zuleitung und Entfernen aller Verunreinigungen und Aufkleber, sowie ggf. Aufnehmen und Entsorgen der bauseitigen Schutzfolien.
Abmessung Heizkörper: .....
Oberfläche: lackbeschichtet
Bauform: .....

▶	▷	ø netto €	◁	◀	[Einheit]	Ausf.-Dauer	Positionsnummer
2€	4€	**4€**	6€	8€	[m²]	⏱ 0,04 h/m²	333.000.011

Kosten:
Stand 2. Quartal 2026
Bundesdurchschnitt

▶ min
▷ von
ø Mittel
◁ bis
◀ max

Nr.	Kurztext / Langtext						Kostengruppe
▶	▷	**ø netto €**	◁	◀	[Einheit]	Ausf.-Dauer	Positionsnummer

11 Waschtisch/Duschwanne reinigen KG **397**

Erstreinigung von Sanitäreinrichtungen, mit einem geeigneten und vom Hersteller empfohlenen Reinigungs- und Pflegemittel, bis zum Erlangen einer vollständig schmutzfreien Oberfläche. Leistung inkl. Reinigen der Armaturen, Zu- und Abläufe und Halterungen, sowie Entfernen aller Verunreinigungen und Aufkleber.
Einbauteil: .....
Material: .....
Oberfläche: .....

3€ | 6€ | **7€** | 9€ | 12€ | [St] | ⏱ 0,10h/St | 333.000.012

12 WC-Schüssel/Urinal reinigen KG **397**

Erstreinigung von wandhängenden Sanitäreinrichtungen, mit einem geeigneten Reinigungsmittel, bis zum Erlangen einer vollständig schmutzfreien Oberfläche. Leistung inkl. Reinigen der Armaturen, Zu- und Abläufe, Deckel und Halterungen, sowie Entfernen aller Verunreinigungen und Aufkleber.
Einbauteil: .....
Material: Keramik
Oberfläche: .....

2€ | 5€ | **7€** | 8€ | 10€ | [St] | ⏱ 0,08h/St | 333.000.013

13 Geländer reinigen KG **397**

Feinreinigung von Geländern, bestehend aus Handlauf, Ober- und Untergurt sowie Füllung, mit einem geeigneten Reinigungsmittel, bis zum Erlangen einer vollständig schmutzfreien Oberfläche. Leistung inkl. Reinigen der Halterungen, sowie Entfernen aller Verunreinigungen und Aufkleber.
Abmessung Geländer: .....
Bauart: .....
Material: .....
Oberflächen: .....

2€ | 2€ | **2€** | 3€ | 4€ | [m] | ⏱ 0,04h/m | 333.000.016

14 Fenster reinigen KG **397**

Reinigung eines mehrteiligen Einzelfensters. Reinigen aller Fensterflügel und Festverglasungen, Innen- und Außenflächen, Paneel-, Glas- und Rahmenflächen, Falze, Beschläge, Fenstersimse, Fugen und Dichtungen durch nass wischen mit einem abgestimmten Reinigungsmittel, danach trocken ledern und polieren bis zum Erlangen einer vollständig schmutzfreien Oberfläche. Leistung inkl. zerstörungsfreier Entfernung aller Aufkleber, sowie inkl. erhöhtem Aufwand für verfestigte Verschmutzungen der Außenseiten.
Rahmenmaterial: .....
Fenstergröße: .....
Arbeitshöhe: bis .....
Arbeit von .....
Abgrenzung zu anderen Bauteilen: .....

4€ | 7€ | **9€** | 10€ | 12€ | [St] | ⏱ 0,12h/St | 333.000.020

323
324
325
326
327
328
329
330
331
332
333
334
336
337
338
339

Nr.	Kurztext / Langtext						Kostengruppe
▶	▷	ø netto €	◁	◀	[Einheit]	Ausf.-Dauer	Positionsnummer

15 Sonnenschutz reinigen KG **397**

Reinigung von außenliegendem Sonnenschutz, mit einem geeigneten Reinigungsmittel, bis zum Erlangen einer vollständig schmutzfreien und trockenen Oberfläche. Leistung inkl. reinigen der Führungsprofile, Schutzabdeckung, Halterung und aller Beschläge.
Behanggröße (B x H): max. ..... x .....
Arbeitshöhe: .....
Arbeitsebene: **vom Flachdach / vom Gerüst / von Hubsteiger**
Art d. Reinigung: **Erstreinigung / Unterhaltsreinigung**

▶	▷	ø	◁	◀	Einheit	Ausf.-Dauer	Positionsnummer
–	4€	**4€**	5€	–	[m²]	⏱ 0,07 h/m²	333.000.030

16 Baureinigung, Außenbereich KG **397**

Beseitigung von Bauschutt aller Art im Außenbereich; z.B. Papierabfälle, Reste von Isolierungen, Bodenbelagsreste, Verpackungsmaterial, Mörtelreste und dergleichen. Schutt sammeln, aufnehmen und im bauseitigen Container deponieren, sortiert nach Art. Entsorgung nach gesonderter Position.
Förderlänge (L): bis .....

▶	▷	ø	◁	◀	Einheit	Ausf.-Dauer	Positionsnummer
0,5€	0,9€	**1,1€**	1,3€	1,8€	[m²]	⏱ 0,02 h/m²	333.000.031

17 Stundensatz, Facharbeiter/-in

Stundenlohnarbeiten für Vorarbeiter/-in, Facharbeiter/-in und Gleichgestellte. Der Verrechnungssatz für die jeweilige Arbeitskraft umfasst sämtliche Aufwendungen wie Lohn- und Gehaltskosten, Lohn- und Gehaltsnebenkosten, Zuschläge, lohngebundene und lohnabhängige Kosten, sonstige Sozialkosten, Gemeinkosten, Wagnis und Gewinn. Leistung nach besonderer Anordnung der Bauüberwachung. Anmeldung und Nachweis gemäß VOB/B.

▶	▷	ø	◁	◀	Einheit	Ausf.-Dauer	Positionsnummer
41€	47€	**49€**	52€	58€	[h]	⏱ 1,00 h/h	333.000.028

18 Stundensatz, Helfer/-in

Stundenlohnarbeiten für Werkerin, Werker, Helferin, Helfer und Gleichgestellte. Der Verrechnungssatz für die jeweilige Arbeitskraft umfasst sämtliche Aufwendungen wie Lohn- und Gehaltskosten, Lohn- und Gehaltsnebenkosten, Zuschläge, lohngebundene und lohnabhängige Kosten, sonstige Sozialkosten, Gemeinkosten, Wagnis und Gewinn. Leistung nach besonderer Anordnung der Bauüberwachung. Anmeldung und Nachweis gemäß VOB/B.

▶	▷	ø	◁	◀	Einheit	Ausf.-Dauer	Positionsnummer
27€	36€	**42€**	44€	52€	[h]	⏱ 1,00 h/h	333.000.029

Kosten:
Stand 2. Quartal 2026
Bundesdurchschnitt

▶ min
▷ von
ø Mittel
◁ bis
◀ max

334

Kosten:
Stand 2. Quartal 2026
Bundesdurchschnitt

▶ min
▷ von
ø Mittel
◁ bis
◀ max

Nr.	Positionen	Einheit	▶	▷	ø brutto € / ø netto €	◁	◀
1	Öffnungen abdecken, Strahlarbeiten	m²	16	26	**32**	37	41
			14	22	**27**	31	35
2	Trockenstrahlen, Fassade	m²	23	26	**29**	34	37
			20	22	**24**	28	31
3	Strahlen mit Strahlmittel, Fassade	m²	23	27	**29**	34	37
			20	23	**24**	29	31
4	Druckwasserstrahlen, Fassade	m²	2	2	**2**	2	6
			1	2	**2**	2	5
5	Druckwasser temperiert, Fassade	m²	3	5	**5**	6	12
			2	4	**4**	5	10
6	Dampfstrahlen temperiert, Fassade	m²	5	6	**7**	8	15
			5	5	**6**	7	12
7	Beschichtung entfernen, Außenputz	m²	19	21	**24**	27	44
			16	18	**20**	23	37
8	Holzflächen reinigen	m²	4	4	**5**	5	6
			3	4	**4**	4	5
9	Holz anschleifen/grundieren	m²	4	9	**10**	12	17
			4	7	**8**	10	14
10	Holzfenster vorbereiten, Beschichtung	St	24	28	**30**	36	40
			20	23	**26**	30	34
11	Fenster abbeizen	St	23	26	**29**	34	45
			19	22	**25**	28	37
12	Hauseingangstür abbeizen	m²	132	148	**165**	193	232
			111	125	**138**	162	195
13	Gartenzaun abbeizen, Holz	m²	47	53	**60**	70	84
			40	45	**50**	58	71
14	Balkonbrett abbeizen, Holz	m	6	9	**11**	12	19
			5	8	**9**	10	16
15	Metallflächen reinigen	m²	4	4	**5**	6	9
			3	4	**4**	5	8
16	Metallflächen entrosten, Strahlen	m²	10	11	**12**	14	20
			8	9	**10**	12	17
17	Metallflächen entrosten, Teilflächen	m²	7	8	**9**	11	14
			6	7	**8**	9	12
18	Metallflächen vorbereiten	m²	19	21	**25**	28	34
			16	18	**21**	24	28
19	Metallflächen schleifen/grundieren, außen	m²	7	8	**10**	11	17
			6	7	**8**	9	15
20	Stahlgeländer abbeizen	m²	14	28	**32**	38	42
			11	24	**27**	32	36
21	Bodenflächen abdecken, Malervlies	m²	2	4	**5**	5	5
			2	4	**4**	4	5
22	Bodenflächen abdecken, Krepppapier	m²	4	4	**5**	6	6
			3	4	**4**	5	5
23	Gegenstände abdecken, Plane	m²	3	4	**4**	5	6
			3	3	**3**	4	5
24	Geländer abdecken, PE-Folie	m²	6	7	**8**	9	10
			5	6	**6**	7	8

Nr.	Positionen	Einheit	►	▷	ø brutto € / ø netto €	◁	◄
25	Beschichtungsflächen reinigen	m²	2	3	**3**	4	5
			2	2	**2**	3	4
26	Altbeschichtung reinigen, innen	m²	2	3	**3**	4	5
			2	2	**3**	3	4
27	Altbeschichtung entfernen, innen	m²	2	3	**3**	3	6
			2	2	**3**	3	5
28	Altbeschichtung ausbessern, innen	m²	9	10	**11**	13	16
			7	8	**9**	11	13
29	Ölfarbe entfernen, Innenputz	m²	14	16	**18**	21	33
			12	14	**15**	18	28
30	Ölfarbbeschichtung anschleifen	m²	2	3	**4**	4	5
			1	3	**3**	3	5
31	Dübel entfernen, schließen	St	2	3	**4**	4	5
			2	3	**3**	4	4
32	Fehlstellen schließen, innen	St	4	4	**5**	6	8
			3	4	**4**	5	6
33	Schadstellen abklopfen, innen	m²	6	7	**8**	9	11
			5	6	**7**	8	9
34	Betonflächen ausbessern, innen	m²	24	27	**31**	36	40
			21	23	**26**	30	33
35	Spachtelung, Dispersion, innen	m²	10	11	**13**	14	22
			8	9	**11**	12	18
36	Spachtelung, Dispersion, 2x innen	m²	18	21	**23**	27	32
			15	17	**19**	22	27
37	Spachtelung faserhaltig, innen	m²	15	18	**19**	23	27
			13	15	**16**	19	23
38	Putzfläche reinigen, innen	m²	2	5	**5**	6	11
			2	4	**4**	5	9
39	Putzschaden ausbessern, außen	m²	14	28	**32**	37	46
			12	24	**27**	31	39
40	Innentür abschleifen	m²	13	19	**22**	26	38
			11	16	**18**	22	32
41	Innentür abbeizen	m²	159	180	**204**	235	269
			134	151	**172**	197	226
42	Metallflächen anschleifen	m²	5	6	**7**	8	12
			4	5	**6**	7	10
43	Metallflächen schleifen/grundieren innen	m²	12	14	**16**	18	25
			10	12	**13**	16	21
44	Heizkörper, abbeizen	m²	19	23	**26**	30	35
			16	19	**22**	25	29
45	Imprägnierung, hydrophob, Außenputz	m²	9	10	**11**	12	17
			7	8	**9**	11	14
46	Beschichtung, Dispersion, gefüllt, Putz außen	m²	22	25	**28**	33	36
			19	21	**24**	27	30
47	Beschichtung, Silikatfarbe, gefüllt, Putz außen	m²	21	23	**27**	31	34
			18	20	**23**	26	29
48	Beschichtung, Silikonharzfarbe, gefüllt, Putz außen	m²	23	25	**29**	33	36
			19	21	**24**	27	30

323
324
325
326
327
328
329
330
331
332
333
334
336
337
338
339

Maler- und Lackierarbeiten - Beschichtungen **Preise €**

Kosten:
Stand 2. Quartal 2026
Bundesdurchschnitt

Nr.	Positionen	Einheit	▶	▷	ø brutto € / ø netto €	◁	◀
49	Beschichtung, Reinacrylatfarbe, gefüllt, Putz außen	m²	27	30	**34**	39	43
			23	25	**29**	33	36
50	Beschichtung, Dispersionssilikat, gefüllt, Putz außen	m²	27	30	**34**	40	44
			23	25	**29**	33	37
51	Zwischenbeschichtung, zusätzlich	m²	13	14	**16**	18	20
			11	12	**13**	16	17
52	Beschichtung, Kunstharzlack, Holz außen	m²	31	34	**39**	45	50
			26	29	**32**	38	42
53	Beschichtung, Kunstharzlack, Holzkonstruktion außen	m²	36	40	**46**	53	59
			30	34	**39**	44	49
54	Beschichtung, Kunstharzlack, Holzfenster außen	m²	23	26	**30**	34	38
			19	22	**25**	28	32
55	Beschichtung, Kunstharzlack, Holz, n. maßhaltig, außen	m²	34	37	**42**	49	54
			28	31	**35**	41	45
56	Lasur, Holz, nicht maßhaltig, außen	m²	35	39	**44**	51	57
			29	33	**37**	43	48
57	Lasur, Holz, fungizid, außen	m²	26	30	**33**	38	42
			22	25	**28**	32	36
58	Beschichtung,Kunstharzlack, Metall außen	m²	33	37	**42**	48	53
			28	31	**35**	40	45
59	Beschichtung, Kunstharzlack, Stahlgitter außen	m²	60	67	**75**	87	97
			50	56	**63**	73	82
60	Beschichtung, Kunstharzlack, Stahlgeländer außen	m²	32	36	**41**	47	50
			27	30	**34**	39	42
61	Beschichtung, Kunstharzlack, Stahlkonstruktion außen	m²	84	94	**106**	122	136
			71	79	**89**	103	114
62	Beschichtung, Kunstharz, Kleineisenteile außen	St	6	6	**7**	8	11
			5	5	**6**	7	9
63	Beschichtung, Dachrinne	m	22	24	**28**	32	38
			18	20	**23**	27	32
64	Beschichtung, Fallrohr	m	15	17	**20**	22	29
			13	14	**17**	19	24
65	Beschichtung, Dispersion, gefüllt, Putz innen	m²	12	15	**17**	19	22
			10	12	**14**	16	19
66	Beschichtung, Dispersion, Raufasertapete	m²	12	15	**16**	19	22
			10	12	**14**	16	18
67	Beschichtung, Dispersion, Glasfasertapete	m²	12	15	**17**	19	22
			10	12	**14**	16	19
68	Beschichtung, Silikatfarbe, gefüllt, Putz innen	m²	14	17	**20**	23	26
			12	14	**17**	19	22
69	Beschichtung, Dispersion, gefüllt, Beton innen	m²	15	18	**20**	23	26
			12	15	**17**	19	22
70	Beschichtung, Acrylharzlack, Boden	m²	16	22	**24**	27	34
			14	19	**21**	23	29
71	Beschichtung, 2-K Epoxidharz, Boden	m²	23	31	**32**	36	44
			20	26	**27**	30	37
72	Lasur, Acryl, Holz innen	m²	13	16	**18**	21	24
			11	14	**15**	18	21

▶ min
▷ von
ø Mittel
◁ bis
◀ max

Nr.	Positionen	Einheit	▶	▷	ø brutto € / ø netto €	◁	◀
73	Beschichtung, Acryl, Holz innen	m²	20	24	**27**	31	36
			17	20	**23**	26	30
74	Beschichtung, Kunstharzlack, Holzfläche innen	m²	22	27	**31**	35	40
			19	22	**26**	29	34
75	Beschichtung, Kunstharzlack, Holzfenster innen	m²	18	21	**25**	28	33
			15	18	**21**	24	27
76	Beschichtung, Kunstharzlack, Holzbekleidung innen	m²	27	32	**37**	42	47
			23	27	**31**	35	39
77	Beschichtung, Kunstharzlack, Holzdecke innen	m²	22	26	**30**	34	39
			18	22	**25**	28	33
78	Beschichtung, Kunstharzlack, Holzbauteile innen	m²	27	32	**36**	42	46
			22	27	**31**	35	39
79	Beschichtung, Kunstharzlack, Holztür innen	m²	24	28	**32**	37	41
			20	24	**27**	31	34
80	Beschichtung, Kunstharzlack, Holztür/Zarge innen	m²	28	31	**35**	40	44
			23	26	**29**	34	37
81	Beschichtung, Kunstharzlack, Holzfußboden innen	m²	27	30	**34**	39	43
			22	25	**28**	33	36
82	Beschichtung, Kunstharzlack, Holztreppen innen	m²	37	42	**47**	55	63
			31	35	**39**	46	53
83	Beschichtung, Kunstharzlack, Holzfußleisten innen	m	7	8	**10**	11	12
			6	7	**8**	9	10
84	Beschichtung, Kunstharzlack, Geländer, Holz innen	m²	58	60	**67**	78	90
			49	51	**56**	65	76
85	Beschichtung, Kunstharzlack, Handlauf, Holz innen	m	19	22	**25**	29	34
			16	18	**21**	24	29
86	Beschichtung, Kunstharzlack, Stahl innen	m²	29	32	**36**	42	46
			24	27	**30**	35	39
87	Beschichtung, Kunstharzlack, Geländer innen	m²	66	74	**84**	97	110
			56	62	**71**	82	92
88	Beschichtung, Kunstharzlack, Stahlzarge innen	m	25	30	**34**	39	44
			21	25	**28**	33	37
89	Beschichtung, Kunstharzlack, Stahltürelement	St	120	133	**152**	174	194
			101	112	**127**	146	163
90	Beschichtung, Kunstharzlack, Metall beschichtet innen	m²	29	32	**37**	42	46
			24	27	**31**	35	39
91	Beschichtung, rissüberbrückend	m²	33	38	**41**	48	54
			28	32	**35**	40	45
92	Grundierung, Riss	m	8	9	**10**	12	14
			6	8	**9**	10	12
93	Rissfüllung, Verschlämmen	m	12	14	**16**	18	21
			10	12	**13**	15	18
94	Beschichtung, rissfüllend, Putz	m²	24	29	**32**	37	43
			20	24	**27**	31	36
95	Oberputz, mineralisch, modifiziert	m²	38	44	**50**	58	67
			32	37	**42**	49	56
96	Oberputz, mineralisch, modifiziert, Gewebe	m²	45	55	**61**	71	81
			38	46	**52**	59	68

Nr.	Positionen	Einheit	▶	▷	ø brutto € / ø netto €	◁	◀
97	Stundensatz, Facharbeiter/-in	h	69	80	**86**	89	96
			58	67	**72**	75	81
98	Stundensatz, Helfer/-in	h	59	73	**74**	78	86
			50	61	**62**	66	72

Nr. **Kurztext** / Langtext — Kostengruppe
▶ ▷ **ø netto €** ◁ ◀ [Einheit] Ausf.-Dauer Positionsnummer

Kosten:
Stand 2. Quartal 2026
Bundesdurchschnitt

1 Öffnungen abdecken, Strahlarbeiten — KG **395**

Schutzabdeckungen für Öffnungen in Fassade mit Plattenware in Öffnungsgröße und Folie, Anschlüsse abgeklebt für Druckwasserreinigung.
Bauteil: .....

14€ 22€ **27€** 31€ 35€ [m²] ⏱ 0,22 h/m² 334.000.080

2 Trockenstrahlen, Fassade — KG **395**

Fassadenreinigung durch Trockenstrahlen mit festem Strahlmittel zur Entfernung alter Beschichtungen und haftungsmindernder Bestandteile. Die Entsorgung des Abrieb- und Strahlmaterials ist einzukalkulieren.
Untergrund: .....
Beschichtung: .....
Strahlmittel: .....

20€ 22€ **24€** 28€ 31€ [m²] ⏱ 0,22 h/m² 334.000.081

3 Strahlen mit Strahlmittel, Fassade — KG **395**

Fassadenreinigung durch Strahlen mit festem Strahlmittel unter Zugabe von Wasser zum Entfernen alter Beschichtungen und haftungsmindernder Bestandteile. Die Entsorgung des Abrieb- und Strahlmaterials ist einzukalkulieren.
Untergrund: .....

20€ 23€ **24€** 29€ 31€ [m²] ⏱ 0,25 h/m² 334.000.082

4 Druckwasserstrahlen, Fassade — KG **395**

Fassadenreinigung durch Druckwasserstrahlen zum Entfernen alter Beschichtungen und haftungsmindernder Bestandteile. Die Entsorgung des Abrieb- und Strahlmaterials ist einzukalkulieren.
Untergrund: .....
Arbeitsdruck: .....

1€ 2€ **2€** 2€ 5€ [m²] ⏱ 0,10 h/m² 334.000.083

5 Druckwasser temperiert, Fassade — KG **395**

Fassadenreinigung durch temperiertes Druckwasserstrahlen zum Entfernen von Verschmutzungen und Verunreinigungen. Die Entsorgung des Abrieb- und Strahlmaterials ist einzukalkulieren.
Untergrund: .....
Arbeitsdruck: .....
Temperatur: .....

2€ 4€ **4€** 5€ 10€ [m²] ⏱ 0,07 h/m² 334.000.084

▶ min
▷ von
ø Mittel
◁ bis
◀ max

Nr. **Kurztext** / Langtext — Kostengruppe

▶	▷	**ø netto €**	◁	◀	[Einheit]	Ausf.-Dauer	Positionsnummer

6 **Dampfstrahlen temperiert, Fassade** — KG **395**

Fassade durch temperiertes Dampfstrahlen reinigen. Die Entsorgung des Abrieb- und Strahlmaterials ist einzukalkulieren.
Untergrund: .....

▶	▷	ø netto €	◁	◀	[Einheit]	Ausf.-Dauer	Positionsnummer
5€	5€	**6€**	7€	12€	[m2]	⏱ 0,08h/m2	334.000.085

7 **Beschichtung entfernen, Außenputz** — KG **395**

Altbeschichtung, abblätternd, vom Außenputz entfernen und entsorgen.
Untergrund: Putz
Beschichtung: .....

▶	▷	ø netto €	◁	◀	[Einheit]	Ausf.-Dauer	Positionsnummer
16€	18€	**20€**	23€	37€	[m2]	⏱ 0,25h/m2	334.000.086

8 **Holzflächen reinigen** — KG **395**

Reinigung von Holzflächen im Außenbereich von Verunreinigungen und leicht zu entfernenden Schmutz.
Bauteil: .....

▶	▷	ø netto €	◁	◀	[Einheit]	Ausf.-Dauer	Positionsnummer
3€	4€	**4€**	4€	5€	[m2]	⏱ 0,06h/m2	334.000.192

9 **Holz anschleifen/grundieren** — KG **395**

Holzflächen im Außenbereich mit zweimaliger Grundierung und Zwischenschleifen für Beschichtung vorbereiten.
Bauteil: .....

▶	▷	ø netto €	◁	◀	[Einheit]	Ausf.-Dauer	Positionsnummer
4€	7€	**8€**	10€	14€	[m2]	⏱ 0,10h/m2	334.000.087

10 **Holzfenster vorbereiten, Beschichtung** — KG **395**

Fenster für Beschichtung im Außenbereich vorbereiten. Lose Farbschichten entfernen und Holzteile anschleifen.
Fenstergröße: .....

▶	▷	ø netto €	◁	◀	[Einheit]	Ausf.-Dauer	Positionsnummer
20€	23€	**26€**	30€	34€	[St]	⏱ 0,46h/St	334.000.088

11 **Fenster abbeizen** — KG **395**

Fenster aus Holz abbeizen, nachwaschen und trocknen.
Fenster: bis 1,35 x 1,35m
Beschichtung: .....

▶	▷	ø netto €	◁	◀	[Einheit]	Ausf.-Dauer	Positionsnummer
19€	22€	**25€**	28€	37€	[St]	⏱ 0,27h/St	334.000.089

12 **Hauseingangstür abbeizen** — KG **395**

Hauseingangstüren aus Holz abbeizen, nachwaschen und trocknen.
Größe: bis 1,20 x 2,50m
Beschichtung: .....

▶	▷	ø netto €	◁	◀	[Einheit]	Ausf.-Dauer	Positionsnummer
111€	125€	**138€**	162€	195€	[m2]	⏱ 1,40h/m2	334.000.090

13 **Gartenzaun abbeizen, Holz** — KG **395**

Gartenzäune Holz, einschl. Türen abbeizen, nachwaschen und trocknen.
Beschichtung: .....

▶	▷	ø netto €	◁	◀	[Einheit]	Ausf.-Dauer	Positionsnummer
40€	45€	**50€**	58€	71€	[m2]	⏱ 0,45h/m2	334.000.091

Nr.	Kurztext / Langtext						Kostengruppe
▶	▷	ø netto €	◁	◀	[Einheit]	Ausf.-Dauer	Positionsnummer

14 Balkonbrett abbeizen, Holz — KG **395**

Balkonbretter aus Holz abbeizen, nachwaschen und trocknen.
Abwicklung: 30 cm
Beschichtung: .....

▶	▷	ø	◁	◀	Einheit	Ausf.-Dauer	Positionsnummer
5€	8€	**9€**	10€	16€	[m]	⏱ 0,10 h/m	334.000.092

15 Metallflächen reinigen — KG **395**

Metallflächen im Außenbereich von leicht zu entfernendem Schmutz und Verunreinigungen reinigen.

▶	▷	ø	◁	◀	Einheit	Ausf.-Dauer	Positionsnummer
3€	4€	**4€**	5€	8€	[m²]	⏱ 0,05 h/m²	334.000.093

16 Metallflächen entrosten, Strahlen — KG **395**

Metallflächen im Außenbereich durch Trockenstrahlen für Neubeschichtung entrosten.
Entrostungsgrad: .....

▶	▷	ø	◁	◀	Einheit	Ausf.-Dauer	Positionsnummer
8€	9€	**10€**	12€	17€	[m²]	⏱ 0,10 h/m²	334.000.094

17 Metallflächen entrosten, Teilflächen — KG **395**

Metallflächen im Außenbereich in Teilflächen für Beschichtung entrosten.
Teilfläche: bis 30 %
Entrostungsgrad: .....

▶	▷	ø	◁	◀	Einheit	Ausf.-Dauer	Positionsnummer
6€	7€	**8€**	9€	12€	[m²]	⏱ 0,12 h/m²	334.000.095

18 Metallflächen vorbereiten — KG **395**

Metallflächen im Außenbereich für Überholungsbeschichtung vorbereiten, durch Entfernen von lose anhaftender Beschichtungen und Ausbessern der Fehlstellen.

▶	▷	ø	◁	◀	Einheit	Ausf.-Dauer	Positionsnummer
16€	18€	**21€**	24€	28€	[m²]	⏱ 0,10 h/m²	334.000.097

19 Metallflächen schleifen/grundieren, außen — KG **395**

Metallflächen im Außenbereich für Überholungsbeschichtung vorbereiten, durch Schleifen und Grundieren.
Bauteil: .....
Grundbeschichtungsstoff: .....

▶	▷	ø	◁	◀	Einheit	Ausf.-Dauer	Positionsnummer
6€	7€	**8€**	9€	15€	[m²]	⏱ 0,10 h/m²	334.000.098

20 Stahlgeländer abbeizen — KG **395**

Stahlgeländer abbeizen, nachwaschen und trocknen.
Geländer: .....
Beschichtung: .....

▶	▷	ø	◁	◀	Einheit	Ausf.-Dauer	Positionsnummer
11€	24€	**27€**	32€	36€	[m²]	⏱ 0,25 h/m²	334.000.099

21 Bodenflächen abdecken, Malervlies — KG **397**

Abdecken und Abkleben von Bodenflächen mit trittsicherem Malerabdeckvlies.
Ausführungsort: .....

▶	▷	ø	◁	◀	Einheit	Ausf.-Dauer	Positionsnummer
2€	4€	**4€**	4€	5€	[m²]	⏱ 0,03 h/m²	334.000.100

Kosten:
Stand 2. Quartal 2026
Bundesdurchschnitt

▶ min
▷ von
ø Mittel
◁ bis
◀ max

Nr.	Kurztext / Langtext						Kostengruppe
▶	▷	ø netto €	◁	◀	[Einheit]	Ausf.-Dauer	Positionsnummer

22 Bodenflächen abdecken, Krepppapier KG **397**

Abdecken und Abkleben von Bodenflächen mit Malerkrepppapier.
Ausführungsort: .....

3€	4€	**4€**	5€	5€	[m2]	⏱ 0,03 h/m2	334.000.101

23 Gegenstände abdecken, Plane KG **397**

Abdecken und Abkleben von Gegenständen mit Malerabdeckplane.
Gegenstand: .....
Ausführungsort: .....

3€	3€	**3€**	4€	5€	[m2]	⏱ 0,03 h/m2	334.000.103

24 Geländer abdecken, PE-Folie KG **397**

Abdecken und Abkleben von Geländer mit Kunststofffolie.
Folienmaterial: Polyethylen (PE)
Ausführungsort: .....

5€	6€	**6€**	7€	8€	[m2]	⏱ 0,06 h/m2	334.000.104

25 Beschichtungsflächen reinigen KG **395**

Reinigen von Beschichtungsflächen zur Aufnahme einer Überholungsbeschichtung.
Bauteil: .....
Beschichtung: .....
Reinigungsmittel: .....

2€	2€	**2€**	3€	4€	[m2]	⏱ 0,03 h/m2	334.000.105

26 Altbeschichtung reinigen, innen KG **395**

Vorhandene Beschichtung im Innenbereich für Überholungsbeschichtung reinigen.
Bauteil: .....
Beschichtung: .....
Reinigungsmittel: .....

2€	2€	**3€**	3€	4€	[m2]	⏱ 0,03 h/m2	334.000.106

27 Altbeschichtung entfernen, innen KG **394**

Entfernen von vorhandener Beschichtung im Innenbereich von losen Bestandteilen durch Abkratzen und Nachwaschen für erneute Beschichtung.
Bauteil: .....
Beschichtung: .....

2€	2€	**3€**	3€	5€	[m2]	⏱ 0,03 h/m2	334.000.107

28 Altbeschichtung ausbessern, innen KG **395**

Vorhandene Beschichtung im Innenbereich ausbessern und zur Aufnahme einer Überholungsbeschichtung vorbereiten. Lose Beschichtungsflächen abkratzen, nachwaschen und kleinere Fehlstellen mit Spachtelmasse egalisieren.
Bauteil: .....
Beschichtung: .....

7€	8€	**9€**	11€	13€	[m2]	⏱ 0,10 h/m2	334.000.108

Nr.	Kurztext / Langtext						Kostengruppe
▶	▷	**ø netto €**	◁	◀	[Einheit]	Ausf.-Dauer	Positionsnummer
29	**Ölfarbe entfernen, Innenputz**						KG **394**
	Ölfarbenbeschichtung auf Innenputz abbeizen und nachwaschen.						
12€	14€	**15€**	18€	28€	[m²]	⏱ 0,15h/m²	334.000.109
30	**Ölfarbbeschichtung anschleifen**						KG **395**
	Ölfarbenbeschichtung auf Innenputz anschleifen und reinigen, für neue Beschichtung.						
1€	3€	**3€**	3€	5€	[m²]	⏱ 0,03h/m²	334.000.110
31	**Dübel entfernen, schließen**						KG **395**
	Dübel entfernen und schließen der Löcher. Bauteil:						
2€	3€	**3€**	4€	4€	[St]	⏱ 0,03h/St	334.000.111
32	**Fehlstellen schließen, innen**						KG **395**
	Punktuelle Fehlstellen in Wand- und Deckenflächen mit Mörtel oder Gips schließen und Oberfläche angleichen. Fehlstelle:						
3€	4€	**4€**	5€	6€	[St]	⏱ 0,03h/St	334.000.112
33	**Schadstellen abklopfen, innen**						KG **395**
	Lose, hohle und schadhafte Teile von Betonflächen entfernen und entsorgen. Bauteil: ..... Schadensgrad:						
5€	6€	**7€**	8€	9€	[m²]	⏱ 0,30h/m²	334.000.113
34	**Betonflächen ausbessern, innen**						KG **395**
	Fehlstellen an Decken und Wänden aus Beton im Innenbereich ausbessern und Oberflächen egalisieren durch Spachtel. Bauteil: ..... Schadensgrad:						
21€	23€	**26€**	30€	33€	[m²]	⏱ 0,27h/m²	334.000.114
35	**Spachtelung, Dispersion, innen**						KG **395**
	Spachtelung von Flächen im Innenbereich mit Kunststoff-Dispersionsspachtelmasse. Bauteil: ..... Untergrund: ..... Auftragsdicke: ..... Mindestschichtdicke:						
8€	9€	**11€**	12€	18€	[m²]	⏱ 0,15h/m²	334.000.115
36	**Spachtelung, Dispersion, 2x innen**						KG **395**
	Spachtelung von Flächen im Innenbereich in zwei Arbeitsgängen mit Kunststoff-Dispersionsspachtelmasse. Bauteil: ..... Untergrund: ..... Auftragsdicke: ..... Mindestschichtdicke:						
15€	17€	**19€**	22€	27€	[m²]	⏱ 0,20h/m²	334.000.116

Kosten:
Stand 2.Quartal 2026
Bundesdurchschnitt

▶ min
▷ von
ø Mittel
◁ bis
◀ max

Nr.	Kurztext / Langtext						Kostengruppe
▶	▷	ø netto €	◁	◀	[Einheit]	Ausf.-Dauer	Positionsnummer

37 Spachtelung faserhaltig, innen KG **395**

Spachtelung von Flächen im Innenbereich zur Aufnahme einer Beschichtung mit faserhaltiger Spachtelmasse.
Bauteil: .....
Untergrund: .....
Auftragsdicke: .....
Mindestschichtdicke: .....
Angeb. Fabrikat: .....

13€ | 15€ | **16€** | 19€ | 23€ | [m²] | ⏱ 0,15 h/m² | 334.000.118

38 Putzfläche reinigen, innen KG **395**

Reinigung von Innenputzflächen an Wänden und Decken mit Wasser und Reinigungsmittel. Die Flächen sind nachzuwaschen.
Putz: .....
Reinigungsmittel: Salmiak

2€ | 4€ | **4€** | 5€ | 9€ | [m²] | ⏱ 0,05 h/m² | 334.000.119

39 Putzschaden ausbessern, außen KG **395**

Putzschäden an Flächen im Außenbereich ausbessern und an Oberflächen angleichen. Lose, hohle und schadhafte Teile entfernen und entsorgen.
Bauteil: .....
Putz: .....

12€ | 24€ | **27€** | 31€ | 39€ | [m²] | ⏱ 0,30 h/m² | 334.000.120

40 Innentür abschleifen KG **395**

Innentür aus Holz abschleifen und für Oberflächenbehandlung deckend, klar vorbereiten.

11€ | 16€ | **18€** | 22€ | 32€ | [m²] | ⏱ 0,27 h/m² | 334.000.121

41 Innentür abbeizen KG **395**

Innentüren aus Holz inkl. Zarge abbeizen, nachwaschen und trocknen.
Größe: 1,00 x 2,00 m

134€ | 151€ | **172€** | 197€ | 226€ | [m²] | ⏱ 1,20 h/m² | 334.000.122

42 Metallflächen anschleifen KG **395**

Beschichtung auf Metallflächen im Innenbereich anschleifen.
Bauteil: .....
vorhandene Beschichtung: .....

4€ | 5€ | **6€** | 7€ | 10€ | [m²] | ⏱ 0,08 h/m² | 334.000.123

43 Metallflächen schleifen/grundieren innen KG **395**

Metallflächen im Innenbereich durch Schleifen und Grundieren für Beschichtung vorbereiten.
Bauteil: .....
Grundbeschichtungsstoff: .....

10€ | 12€ | **13€** | 16€ | 21€ | [m²] | ⏱ 0,18 h/m² | 334.000.124

Nr.	Kurztext / Langtext						Kostengruppe
▶	▷	**ø netto €**	◁	◀	[Einheit]	Ausf.-Dauer	Positionsnummer

44 Heizkörper, abbeizen KG **495**

Heizkörper abbeizen, nachwaschen und trocknen.
Art der Heizkörper: .....
Vorhandene Beschichtung: .....

▶	▷	ø	◁	◀	Einheit	Ausf.-Dauer	Positionsnummer
16€	19€	**22€**	25€	29€	[m²]	⏱ 0,20h/m²	334.000.125

45 Imprägnierung, hydrophob, Außenputz KG **335**

Hydrophobierende Imprägnierung von Außenputzflächen, einschl. Anlegen einer Probefläche nach Maßgabe der Bauleitung.
Bauteil: Fassade
Putzart: .....

▶	▷	ø	◁	◀	Einheit	Ausf.-Dauer	Positionsnummer
7€	8€	**9€**	11€	14€	[m²]	⏱ 0,05h/m²	334.000.126

Kosten:
Stand 2. Quartal 2026
Bundesdurchschnitt

46 Beschichtung, Dispersion, gefüllt, Putz außen KG **335**

Deckende Überholungsbeschichtung mit füllender Dispersionsbeschichtung und Grundierung auf Putz im Außenbereich.
Bauteil: .....
Putz: .....
Farbe: weiß
Glanzgrad: matt

▶	▷	ø	◁	◀	Einheit	Ausf.-Dauer	Positionsnummer
19€	21€	**24€**	27€	30€	[m²]	⏱ 0,26h/m²	334.000.127

47 Beschichtung, Silikatfarbe, gefüllt, Putz außen KG **335**

Deckende Überholungsbeschichtung mit hoch wasserdampfdiffusionsfähigen Silikatfarbe mit Grundbeschichtung, gefüllter Zwischenschicht auf Putz im Außenbereich.
Bauteil: .....
Putz: .....
Farbe: weiß
Glanzgrad: matt

▶	▷	ø	◁	◀	Einheit	Ausf.-Dauer	Positionsnummer
18€	20€	**23€**	26€	29€	[m²]	⏱ 0,24h/m²	334.000.128

48 Beschichtung, Silikonharzfarbe, gefüllt, Putz außen KG **335**

Deckende Überholungsbeschichtung mit diffusionsfähiger Silikonharzfarbe mit Grundfestiger und gefüllter Zwischenschicht auf Putz im Außenbereich.
Bauteil: .....
Putz: .....
Farbe: weiß
Glanzgrad: matt

▶	▷	ø	◁	◀	Einheit	Ausf.-Dauer	Positionsnummer
19€	21€	**24€**	27€	30€	[m²]	⏱ 0,26h/m²	334.000.129

49 Beschichtung, Reinacrylatfarbe, gefüllt, Putz außen KG **335**

Deckende Überholungsbeschichtung mit Reinacrylatfarbe mit Grundierung der Schadstellen, Haftgrund und gefüllter Zwischenschicht auf Putz im Außenbereich.
Bauteil: .....
Putz: .....
Farbe: weiß
Glanzgrad: matt

▶	▷	ø	◁	◀	Einheit	Ausf.-Dauer	Positionsnummer
23€	25€	**29€**	33€	36€	[m²]	⏱ 0,28h/m²	334.000.130

▶ min
▷ von
ø Mittel
◁ bis
◀ max

50 Beschichtung, Dispersionssilikat, gefüllt, Putz außen KG **335**

Deckende Überholungsbeschichtung mit füllender Dispersionssilikatfarbe und Grundierung auf Putz im Außenbereich.
Bauteil: .....
Putz: .....
Farbe: weiß
Glanzgrad: matt

23€	25€	**29€**	33€	37€	[m²]	⏱ 0,28h/m²	334.000.131

51 Zwischenbeschichtung, zusätzlich KG **335**

Zusätzliche Zwischenbeschichtung im Außenbereich für beschriebenes Beschichtungssystem.

11€	12€	**13€**	16€	17€	[m²]	⏱ 0,15h/m²	334.000.132

52 Beschichtung, Kunstharzlack, Holz außen KG **335**

Deckende Überholungsbeschichtung auf Holzflächen im Außenbereich, mit Kunstharzlack und Grundierung.
Bauteil: .....
Glanzgrad: .....
Beschichtungsstoff: .....
Farbe/Oberfläche: .....

26€	29€	**32€**	38€	42€	[m²]	⏱ 0,35h/m²	334.000.135

53 Beschichtung, Kunstharzlack, Holzkonstruktion außen KG **335**

Deckende Überholungsbeschichtung auf Holzkonstruktionen im Außenbereich, mit Kunstharzlack und Grundierung. Abrechnung nach abgewickelter Fläche.
Bauteil: Stützen, Sparren, Fachwerk
Holzart: .....
Glanzgrad: .....
Beschichtungsstoff: .....
Farbe/Oberfläche: .....

30€	34€	**39€**	44€	49€	[m²]	⏱ 0,40h/m²	334.000.136

54 Beschichtung, Kunstharzlack, Holzfenster außen KG **334**

Deckende Überholungsbeschichtung von Holzfenstern im Außenbereich, mit Kunstharzlack und Grundierung.
Bauteil: .....
Glanzgrad: .....
Beschichtungsstoff: .....
Farbe/Oberfläche: .....

19€	22€	**25€**	28€	32€	[m²]	⏱ 0,25h/m²	334.000.137

55 Beschichtung, Kunstharzlack, Holz, n. maßhaltig, außen KG **335**

Überholungsbeschichtung auf nichtmaßhaltigen Holzflächen im Außenbereich, mit Kunstharzlack und Grundierung.
Bauteil: .....
Glanzgrad: .....
Farbeffekt: .....
Beschichtungsstoff: .....

28€	31€	**35€**	41€	45€	[m²]	⏱ 0,45h/m²	334.000.139

Nr.	Kurztext / Langtext						Kostengruppe
▶	▷	ø netto €	◁	◀	[Einheit]	Ausf.-Dauer	Positionsnummer

56 Lasur, Holz, nicht maßhaltig, außen KG **335**

Lasur auf nicht maßhaltigen Holzflächen im Außenbereich, mit zweimaliger Dünnschichtlasur, einschl. Grundierung.
Bauteil: .....
Glanzgrad: .....
Farbeffekt: .....
Beschichtungsstoff: .....

▶	▷	ø	◁	◀	Einheit	Ausf.-Dauer	Positionsnummer
29€	33€	**37€**	43€	48€	[m²]	⏱ 0,48h/m²	334.000.140

57 Lasur, Holz, fungizid, außen KG **335**

Lasur auf nicht maßhaltigen Holzflächen im Außenbereich, mit fungizid eingestellter Dünnschichtlasur, einschl. Grundierung.
Bauteil: .....
Glanzgrad: .....
Farbeffekt: .....
Beschichtungsstoff: .....

▶	▷	ø	◁	◀	Einheit	Ausf.-Dauer	Positionsnummer
22€	25€	**28€**	32€	36€	[m²]	⏱ 0,35h/m²	334.000.141

58 Beschichtung,Kunstharzlack, Metall außen KG **335**

Überholungsbeschichtung auf Metallflächen im Außenbereich mit Kunstharzlack, einschl. Grundierung.
Bauteil: .....
Werkstoff: .....
Glanzgrad: .....
Farbe/Oberfläche: .....

▶	▷	ø	◁	◀	Einheit	Ausf.-Dauer	Positionsnummer
28€	31€	**35€**	40€	45€	[m²]	⏱ 0,35h/m²	334.000.142

59 Beschichtung, Kunstharzlack, Stahlgitter außen KG **339**

Überholungsbeschichtung auf Stahlgitter im Außenbereich mit Kunstharzlack, einschl. Zwischenbeschichtung und Grundierung.
Glanzgrad: .....
Farbe/Oberfläche: .....

▶	▷	ø	◁	◀	Einheit	Ausf.-Dauer	Positionsnummer
50€	56€	**63€**	73€	82€	[m²]	⏱ 0,70h/m²	334.000.143

60 Beschichtung, Kunstharzlack, Stahlgeländer außen KG **339**

Überholungsbeschichtung auf Stahlgeländer als Rohrkonstruktion mit Ober- und Untergurt im Außenbereich, mit Kunstharzlack, einschl. Zwischenbeschichtung und Grundierung.
Glanzgrad: .....
Farbe/Oberfläche: .....

▶	▷	ø	◁	◀	Einheit	Ausf.-Dauer	Positionsnummer
27€	30€	**34€**	39€	42€	[m²]	⏱ 0,40h/m²	334.000.144

61 Beschichtung, Kunstharzlack, Stahlkonstruktion außen KG **339**

Überholungsbeschichtung auf Stahlträgerkonstruktionen im Außenbereich, mit Kunstharzlack, einschl. Zwischenbeschichtung und Grundierung.
Glanzgrad: .....
Farbe/Oberfläche: .....

▶	▷	ø	◁	◀	Einheit	Ausf.-Dauer	Positionsnummer
71€	79€	**89€**	103€	114€	[m²]	⏱ 0,95h/m²	334.000.145

Kosten:
Stand 2. Quartal 2026
Bundesdurchschnitt

▶ min
▷ von
ø Mittel
◁ bis
◀ max

Nr.	Kurztext / Langtext						Kostengruppe
▶	▷	ø netto €	◁	◀	[Einheit]	Ausf.-Dauer	Positionsnummer

62 Beschichtung, Kunstharz, Kleineisenteile außen KG **335**

Überholungsbeschichtung auf Kleineisenteilen mit entrosten, Grund-, Zwischen- und Schlussbeschichtung.
Farbe: .....

5€	5€	**6€**	7€	9€	[St]	⏱ 0,05h/St	334.000.146

63 Beschichtung, Dachrinne KG **363**

Deckende Beschichtung auf Dachrinne aus verzinktem Stahlblech mit reinigen, entrosten, Grund- und Schlussbeschichtung.
Farbe: .....
Nennweite: bis DN150

18€	20€	**23€**	27€	32€	[m]	⏱ 0,25h/m	334.000.147

64 Beschichtung, Fallrohr KG **411**

Deckende Beschichtung auf Regenfallrohren aus verzinktem Stahl, entrosten, Grund- und Schlussbeschichtung.
Farbe: .....
Nenngröße: bis DN100

13€	14€	**17€**	19€	24€	[m]	⏱ 0,18h/m	334.000.148

65 Beschichtung, Dispersion, gefüllt, Putz innen KG **345**

Deckende Überholungsbeschichtung auf Putzflächen im Innenbereich, mit füllender Dispersionsbeschichtung, einschl. Grundierung.
Bauteil: .....
Putz: .....
Glanzgrad: matt
Farbe: weiß

10€	12€	**14€**	16€	19€	[m²]	⏱ 0,20h/m²	334.000.149

66 Beschichtung, Dispersion, Raufasertapete KG **345**

Deckende Überholungsbeschichtung auf Raufasertapete im Innenbereich, mit Dispersionsbeschichtung, einschl. Grundierung.
Bauteil: .....
Glanzgrad: matt
Farbe: weiß

10€	12€	**14€**	16€	18€	[m²]	⏱ 0,20h/m²	334.000.150

67 Beschichtung, Dispersion, Glasfasertapete KG **345**

Deckende Überholungsbeschichtung auf Glasfasertapete im Innenbereich, mit Dispersionsbeschichtung, einschl. Grundierung.
Bauteil: .....
Glanzgrad: matt
Farbe: weiß

10€	12€	**14€**	16€	19€	[m²]	⏱ 0,18h/m²	334.000.151

Kosten:
Stand 2. Quartal 2026
Bundesdurchschnitt

Nr.	Kurztext / Langtext						Kostengruppe
▶	▷	**ø netto €**	◁	◀	[Einheit]	Ausf.-Dauer	Positionsnummer

68 Beschichtung, Silikatfarbe, gefüllt, Putz innen KG **345**

Deckende Überholungsbeschichtung auf Putz im Innenbereich, mit Silikatfarben, einschl. Grundierung und gefüllter Zwischenschicht.
Bauteil: .....
Putz: .....
Glanzgrad: matt
Farbe: weiß

12€ 14€ **17€** 19€ 22€ [m²] ⏱ 0,18 h/m² 334.000.152

69 Beschichtung, Dispersion, gefüllt, Beton innen KG **345**

Deckende Überholungsbeschichtung im Innenbereich, mit füllender Dispersionsbeschichtung, einschl. Grundierung.
Bauteil: .....
Untergrund: Beton
Glanzgrad: matt
Farbe: weiß

12€ 15€ **17€** 19€ 22€ [m²] ⏱ 0,18 h/m² 334.000.153

70 Beschichtung, Acrylharzlack, Boden KG **324**

Erstbeschichtung auf Bodenfläche, aus Acrylharzlack, mit Grundierung, Zwischenbeschichtung und Schlussbeschichtung, inkl. farbloser Versiegelung.
Untergrund: normal saugende Betonflächen
Versiegelung: .....
Farbe: .....

14€ 19€ **21€** 23€ 29€ [m²] ⏱ 0,18 h/m² 334.000.187

71 Beschichtung, 2-K Epoxidharz, Boden KG **324**

Erstbeschichtung auf Bodenfläche, aus 2-K-Beschichtung auf Epoxidharzbasis, mit Grundierung, Zwischenbeschichtung und Schlussbeschichtung, einschl. farbloser Versiegelung.
Untergrund: normal saugende Betonflächen
Versiegelung: .....
Farbe: .....

20€ 26€ **27€** 30€ 37€ [m²] ⏱ 0,18 h/m² 334.000.188

72 Lasur, Acryl, Holz innen KG **345**

Überholungsbeschichtung als Lasur auf gehobelten Holzflächen im Innenbereich mit Acryllasur, einschl. Grundierung.
Bauteil: .....
Glanzgrad: .....
Farbeffekt: .....

11€ 14€ **15€** 18€ 21€ [m²] ⏱ 0,18 h/m² 334.000.189

▶ min
▷ von
ø Mittel
◁ bis
◀ max

73 Beschichtung, Acryl, Holz innen KG **345**

Deckende Überholungsbeschichtung auf Holzflächen im Innenbereich, mit Acrylfarbe und zusätzlicher Zwischenbeschichtung, einschl. Grundierung.
Glanzgrad: .....
Farbe: .....
Oberfläche: .....

17€	20€	**23€**	26€	30€	[m²]	⏱ 0,26 h/m²	334.000.190

74 Beschichtung, Kunstharzlack, Holzfläche innen KG **345**

Deckende Überholungsbeschichtung auf Holzflächen im Innenbereich, mit Kunstharzlack, einschl. Grundierung.
Bauteil: .....
Glanzgrad: .....
Farbe/Oberfläche: .....

19€	22€	**26€**	29€	34€	[m²]	⏱ 0,25 h/m²	334.000.158

75 Beschichtung, Kunstharzlack, Holzfenster innen KG **334**

Deckende Überholungsbeschichtung auf Holzfensterflächen im Innenbereich mit Kunstharzlack, einschl. Grundierung.
Bauteil: .....
Glanzgrad: .....

15€	18€	**21€**	24€	27€	[m²]	⏱ 0,25 h/m²	334.000.159

76 Beschichtung, Kunstharzlack, Holzbekleidung innen KG **345**

Deckende Überholungsbeschichtung mit Kunstharzlack auf Holzbekleidung aus Nut- und Federbrettern, im Innenbereich, einschl. Grundierung. Aufmaß und Abrechnung nach abgewickelter Fläche.
Bauteil: .....
Glanzgrad: .....
Farbeffekt: .....
Beschichtungsstoff: .....

23€	27€	**31€**	35€	39€	[m²]	⏱ 0,25 h/m²	334.000.162

77 Beschichtung, Kunstharzlack, Holzdecke innen KG **354**

Deckende Überholungsbeschichtung mit Kunstharzlack auf Holz-Deckenbekleidung aus Nut- und Federbrettern im Innenbereich, mit einschl. Grundierung. Aufmaß und Abrechnung nach abgewickelter Fläche.
Bauteil: .....
Glanzgrad: .....
Farbeffekt: .....
Beschichtungsstoff: .....

18€	22€	**25€**	28€	33€	[m²]	⏱ 0,30 h/m²	334.000.164

78 Beschichtung, Kunstharzlack, Holzbauteile innen KG **345**

Deckende Überholungsbeschichtung mit Kunstharzlack auf Holzbauteilen im Innenbereich mit Grund-, Zwischen- und Schlussbeschichtung. Leistung inkl. Anschleifen, Reinigen und wiederholten Schleifen zur Untergrundvorbereitung.
Oberfläche: seidenglänzend
Farbe: weiß

22€	27€	**31€**	35€	39€	[m²]	⏱ 0,35 h/m²	334.000.165

323
324
325
326
327
328
329
330
331
332
333
334
336
337
338
339

Nr.	Kurztext / Langtext						Kostengruppe
▶	▷	ø netto €	◁	◀	[Einheit]	Ausf.-Dauer	Positionsnummer

79 Beschichtung, Kunstharzlack, Holztür innen KG **344**

Kunstharzlackbeschichtung auf Innentüren aus Holz mit Grund-, Zwischen- und Schlussbeschichtung erneuern. Leistung inkl. alte Beschichtung anschleifen und blätternde Teile entfernen.
Oberfläche: seidenglänzend
Farbe: weiß

20€	24€	**27€**	31€	34€	[m²]	⏱ 0,35 h/m²	334.000.167

80 Beschichtung, Kunstharzlack, Holztür/Zarge innen KG **344**

Kunstharzlackbeschichtung auf Innentüren aus Holz, einschl. Futter, Bekleidung, bzw. Blendrahmen oder Zarge mit Grund-, Zwischen- und Schlussbeschichtung erneuern. Leistung inkl. alte Beschichtung anschleifen und blätternde Teile entfernen.
Oberfläche: seidenglänzend
Farbe: weiß

23€	26€	**29€**	34€	37€	[m²]	⏱ 0,35 h/m²	334.000.166

Kosten:
Stand 2. Quartal 2026
Bundesdurchschnitt

81 Beschichtung, Kunstharzlack, Holzfußboden innen KG **353**

Kunstharzlackbeschichtung auf Holzdielen-Fußboden mit Grund-, Zwischen- und Schlussbeschichtung erneuern. Leistung inkl. alte Beschichtung anschleifen und blätternde Teile entfernen.
Oberfläche: .....
Farbe: .....

22€	25€	**28€**	33€	36€	[m²]	⏱ 0,35 h/m²	334.000.168

82 Beschichtung, Kunstharzlack, Holztreppen innen KG **353**

Kunstharzlackbeschichtung auf Holztreppenstufen mit Grund-, Zwischen- und Schlussbeschichtung erneuern. Leistung inkl. alte Beschichtung anschleifen und blätternde Teile entfernen.
Oberfläche: .....
Farbe: .....

31€	35€	**39€**	46€	53€	[m²]	⏱ 0,40 h/m²	334.000.169

83 Beschichtung, Kunstharzlack, Holzfußleisten innen KG **353**

Kunstharzlackbeschichtung auf Fußleisten aus Holz mit Grund-, Zwischen- und Schlussbeschichtung erneuern. Leistung inkl. schließen der Nagellöcher, anschleifen und reinigen der Beschichtungsflächen.
Farbe: .....

6€	7€	**8€**	9€	10€	[m]	⏱ 0,10 h/m	334.000.170

▶ min
▷ von
ø Mittel
◁ bis
◀ max

84 Beschichtung, Kunstharzlack, Geländer, Holz innen KG **359**

Kunstharzlackbeschichtung auf Treppengeländern im Innenbereich, bestehend aus senkrechten Holzstäben mit Grund-, Zwischen- und Schlussbeschichtung erneuern. Leistung inkl. Entfernen loser Beschichtung, Fehlstellen spachteln, anschleifen und Reinigen der Beschichtungsflächen.
Stababstand: ca. 15 cm
Stabdurchmesser: ca. 30 mm
Farbe: .....

49€	51€	**56€**	65€	76€	[m²]	⏱ 0,45 h/m²	334.000.171

Nr.	Kurztext / Langtext						Kostengruppe
▶	▷	ø netto €	◁	◀	[Einheit]	Ausf.-Dauer	Positionsnummer

85 Beschichtung, Kunstharzlack, Handlauf, Holz innen KG **359**

Kunstharzlackbeschichtung auf Handlauf im Innenbereich mit Grund- und Schlussbeschichtung erneuern. Leistung inkl. entfernen loser Beschichtung, Fehlstellen spachteln, anschleifen und reinigen der Beschichtungsflächen.
Farbe: .....

16€ | 18€ | **21€** | 24€ | 29€ | [m] | ⏱ 0,20 h/m | 334.000.172

86 Beschichtung, Kunstharzlack, Stahl innen KG **345**

Deckende Überholungsbeschichtung auf vollflächige Stahlkonstruktionen im Innenbereich, mit Kunstharzlack. Leistung einschl. anschleifen, reinigen, Grund- und Schlussbeschichtung.
Bauteil: .....
Beschichtungsstoff: .....
Glanzgrad: glänzend
Farbe: weiß

24€ | 27€ | **30€** | 35€ | 39€ | [m²] | ⏱ 0,34 h/m² | 334.000.173

87 Beschichtung, Kunstharzlack, Geländer innen KG **359**

Überholungsbeschichtung auf Stahlgeländern als einfache Rechteck- oder Rundrohrkonstruktion mit Ober- und Untergurt, im Innenbereich, mit Kunstharzlack. Leistung einschl. anschleifen, reinigen mit Grund-, Zwischen- und Schlussbeschichtung.
Farbe: .....
Material: Kunstharzlack mit Korrosionsschutzpigment

56€ | 62€ | **71€** | 82€ | 92€ | [m²] | ⏱ 0,70 h/m² | 334.000.174

88 Beschichtung, Kunstharzlack, Stahlzarge innen KG **344**

Überholungsbeschichtung auf Stahlzarge im Innenbereich mit Kunstharzlack. Leistung inkl. Beschichtung anschleifen, Grund-, Zwischen- und Schlussbeschichtung.
Oberfläche: .....
Breite: bis 30 cm
Farbe: .....

21€ | 25€ | **28€** | 33€ | 37€ | [m] | ⏱ 0,32 h/m | 334.000.175

89 Beschichtung, Kunstharzlack, Stahltürelement KG **344**

Überholungsbeschichtung auf Stahltürblatt und Zarge im Innenbereich mit Kunstharzlack. Leistung inkl. Beschichtung anschleifen, Grund-, Zwischen- und Schlussbeschichtung
Fläche: bis 5,00 m²
Oberfläche: .....
Farbe: .....

101€ | 112€ | **127€** | 146€ | 163€ | [St] | ⏱ 0,95 h/St | 334.000.176

90 Beschichtung, Kunstharzlack, Metall beschichtet innen KG **345**

Überholungsbeschichtung auf vollflächige, pulverbeschichtete Metallkonstruktionen im Innenbereich, mit Kunstharzlack, einschl. anschleifen.
Bauteil: .....
Beschichtungsstoff: .....
Glanzgrad: glänzend
Farbe: weiß

24€ | 27€ | **31€** | 35€ | 39€ | [m²] | ⏱ 0,34 h/m² | 334.000.177

Nr.	Kurztext / Langtext						Kostengruppe
▶	▷	ø netto €	◁	◀	[Einheit]	Ausf.-Dauer	Positionsnummer

91 Beschichtung, rissüberbrückend KG **395**

Rissüberbrückende Beschichtung mit organischem Beschichtungssystem auf verputzten Außenwänden mit Grundierung, Zwischenbeschichtung und Schlussbeschichtung nach instandsetzen.
Putz: .....
Oberfläche: .....
Rissbreiten: +/-0,1 mm
Beschichtungsstoff: .....

28€ | 32€ | **35€** | 40€ | 45€ | [m²] | ⏱ 0,32 h/m² | 334.000.178

92 Grundierung, Riss KG **395**

Riss mit wasserabweisendem Grundieranstrich für füllendes Beschichtungssystem auf Außenwänden mit Putz vorbereiten.
Putz: .....

6€ | 8€ | **9€** | 10€ | 12€ | [m] | ⏱ 0,12 h/m | 334.000.179

Kosten:
Stand 2. Quartal 2026
Bundesdurchschnitt

93 Rissfüllung, Verschlämmen KG **395**

Riss in Außenputz mit Streichfüller für folgendes Beschichtungssystem vorbereiten.
Putz: .....

10€ | 12€ | **13€** | 15€ | 18€ | [m] | ⏱ 0,12 h/m | 334.000.180

94 Beschichtung, rissfüllend, Putz KG **395**

Rissfüllendes Beschichtungssystem auf verputzten Außenwänden mit Grundierung, Zwischenbeschichtung und Schlussbeschichtung instandsetzen.
Putz: .....
Oberfläche: .....
Beschichtungsstoff: .....

20€ | 24€ | **27€** | 31€ | 36€ | [m²] | ⏱ 0,35 h/m² | 334.000.182

95 Oberputz, mineralisch, modifiziert KG **395**

Mineralischer Oberputz mit Kunststoffzusätzen auf verputzen Außenwänden mit Grundierung und mineralischen Oberputz instandsetzen.
Putz: .....
Oberfläche: .....
Oberputz: .....

32€ | 37€ | **42€** | 49€ | 56€ | [m²] | ⏱ 0,35 h/m² | 334.000.183

96 Oberputz, mineralisch, modifiziert, Gewebe KG **395**

Mineralischer Oberputz mit mineralisch gewebearmierter Spachtelung auf verputzten Außenwänden mit Grundierung und mineralischen Oberputz instandsetzen.
Putz: .....
Oberfläche: .....
Beschichtungsstoff: .....
Gewebe: .....

38€ | 46€ | **52€** | 59€ | 68€ | [m²] | ⏱ 0,40 h/m² | 334.000.184

▶ min
▷ von
ø Mittel
◁ bis
◀ max

97 Stundensatz, Facharbeiter/-in

Stundenlohnarbeiten für Vorarbeiter/-in, Facharbeiter/-in und Gleichgestellte. Der Verrechnungssatz für die jeweilige Arbeitskraft umfasst sämtliche Aufwendungen wie Lohn- und Gehaltskosten, Lohn- und Gehaltsnebenkosten, Zuschläge, lohngebundene und lohnabhängige Kosten, sonstige Sozialkosten, Gemeinkosten, Wagnis und Gewinn. Leistung nach besonderer Anordnung der Bauüberwachung. Anmeldung und Nachweis gemäß VOB/B.

58€	67€	**72€**	75€	81€	[h]	⏱ 1,00h/h	334.000.186

98 Stundensatz, Helfer/-in

Stundenlohnarbeiten für Werker/-in, Helfer/-in und Gleichgestellte. Der Verrechnungssatz für die jeweilige Arbeitskraft umfasst sämtliche Aufwendungen wie Lohn- und Gehaltskosten, Lohn- und Gehaltsnebenkosten, Zuschläge, lohngebundene und lohnabhängige Kosten, sonstige Sozialkosten, Gemeinkosten, Wagnis und Gewinn. Leistung nach besonderer Anordnung der Bauüberwachung. Anmeldung und Nachweis gemäß VOB/B.

50€	61€	**62€**	66€	72€	[h]	⏱ 1,00h/h	334.000.185

336

Kosten:
Stand 2. Quartal 2026
Bundesdurchschnitt

▶ min
▷ von
ø Mittel
◁ bis
◀ max

Nr.	Positionen	Einheit	▶	▷	ø brutto € / ø netto €	◁	◀
1	Sockelleiste entfernen	m	2	5	**6**	8	9
			2	4	**5**	6	7
2	Bodenbelag verklebt, entfernen	m²	10	16	**18**	22	29
			9	13	**15**	18	24
3	PVC-Fliesen verklebt, entfernen	m²	31	38	**44**	52	56
			26	32	**37**	44	47
4	Laminatboden entfernen	m²	19	22	**25**	31	33
			16	18	**21**	26	28
5	Treppenbelag verklebt, entfernen	St	12	14	**17**	20	21
			10	12	**14**	17	18
6	Bodenbelag lose, entfernen	m²	9	13	**15**	18	23
			7	11	**12**	15	19
7	Untergrund reinigen	m²	3	5	**5**	6	7
			2	4	**4**	5	5
8	Klebereste entfernen	m²	3	4	**5**	6	6
			3	3	**4**	5	5
9	Untergrund schleifen	m²	3	7	**8**	10	12
			2	6	**6**	8	10
10	Untergrund grundieren	m²	3	6	**7**	8	11
			3	5	**6**	7	9
11	Untergrund spachteln, bis 2mm	m²	6	7	**8**	10	11
			5	6	**6**	8	9
12	Spachtelung, Gewebe	m²	13	15	**18**	22	23
			11	13	**15**	18	19
13	Ausgleichsspachtelung, bis 10mm	m²	5	8	**9**	12	17
			4	7	**8**	10	15
14	Haftgrund, Bodenbelag	m²	2	3	**4**	5	7
			1	3	**3**	4	6
15	Boden kugelstrahlen	m²	6	9	**10**	10	13
			5	7	**8**	8	11
16	Randstreifen abschneiden	m	0,3	1,3	**1,5**	2,6	4,4
			0,3	1,1	**1,3**	2,2	3,7
17	Textiler Belag, Nadelvlies	m²	43	55	**61**	68	81
			36	46	**51**	57	68
18	Textiler Belag, Tuftingteppich	m²	69	88	**97**	106	124
			58	74	**81**	89	105
19	Textiler Belag, Naturfaser/Wolle/Sisal	m²	103	121	**129**	145	174
			87	101	**108**	122	146
20	Korkunterlage, Linoleum	m²	27	32	**34**	37	43
			23	27	**29**	31	36
21	Linoleumbelag, bis 2,5mm	m²	41	56	**61**	67	84
			35	47	**51**	57	70
22	Linoleumbelag, über 2,5mm	m²	54	67	**74**	80	96
			45	56	**62**	67	81
23	Linoleumbelag verschweißen	m²	4	6	**6**	7	9
			3	5	**5**	6	7
24	Bodenbelag, PVC	m²	47	70	**79**	92	117
			40	59	**66**	77	98

Nr.	Positionen	Einheit	►	▷	ø brutto € / ø netto €	◁	◄
25	PVC-Bahnen verschweißen	m²	3	4	**5**	5	6
			3	4	**4**	4	5
26	Bodenbelag, Kautschuk	m²	73	89	**97**	110	136
			61	75	**82**	92	114
27	Bodenbelag, Laminat	m²	58	82	**95**	104	127
			49	69	**80**	88	106
28	Bodenbelag, PVC-Planken, geklebt, 2,5mm	m²	41	64	**68**	76	94
			35	54	**57**	64	79
29	Bodenbelag, PVC-Planken, schwimmend	m²	42	59	**70**	85	108
			35	49	**59**	71	91
30	Treppenstufe, Elastischer Bodenbelag	St	44	83	**89**	99	138
			37	70	**75**	83	116
31	Treppenstufe, Textiler Belag	St	60	78	**90**	95	108
			50	65	**76**	80	91
32	Treppenkantenprofil, Kunststoff	m	15	25	**29**	31	39
			12	21	**25**	26	33
33	Trennschiene, Metall	m	15	22	**26**	29	35
			12	19	**22**	24	29
34	Übergangsprofil, Metall	m	15	20	**21**	23	27
			12	17	**18**	20	22
35	Verfugung, elastisch, Silikon	m	4	7	**9**	10	14
			3	6	**7**	9	12
36	Sockelausbildung, Holzleisten	m	16	23	**26**	31	47
			14	19	**21**	26	39
37	Sockelausbildung, PVC-Leisten, Belag	m	6	9	**10**	12	17
			5	8	**8**	10	14
38	Sockelausbildung, PVC-Leisten, weich	m	5	8	**10**	13	22
			4	7	**8**	11	19
39	Sockelausbildung, Linoleum	m	8	15	**18**	25	41
			7	12	**15**	21	35
40	Erstpflege PVC/Lino/Kautschuk	m²	2	5	**6**	8	12
			2	4	**5**	7	10
41	Schutzabdeckung, Bodenbelag, Hartfaserplatte	m²	4	9	**12**	18	24
			4	8	**11**	15	20
42	Stundensatz, Facharbeiter/-in	h	76	91	**97**	104	117
			64	77	**81**	87	98
43	Stundensatz, Helfer/-in	h	58	70	**76**	83	97
			49	59	**64**	70	81

Nr.	Kurztext / Langtext						Kostengruppe
▶	▷	ø netto €	◁	◀	[Einheit]	Ausf.-Dauer	Positionsnummer

1 Sockelleiste entfernen KG **394**

Sockelleiste/Sockelprofil entfernen und anfallenden Bauschutt entsorgen.
Sockelleiste: .....
Befestigung: .....

2€	4€	**5€**	6€	7€	[m]	⏱ 0,04 h/m	336.000.052

2 Bodenbelag verklebt, entfernen KG **394**

Bodenbelag, verklebt, einschl. Sockelleiste entfernen und anfallenden Bauschutt entsorgen. Der Untergrund ist von Kleberresten zu reinigen und zur Aufnahme von neuem Bodenbelag vorzubereiten.
Belag: .....
Untergrund: .....
Art der Untergrundvorbereitung: .....

9€	13€	**15€**	18€	24€	[m²]	⏱ 0,13 h/m²	336.000.053

Kosten:
Stand 2. Quartal 2026
Bundesdurchschnitt

3 PVC-Fliesen verklebt, entfernen KG **394**

PVC-Fliesenbelag, verklebt, einschl. Sockelleisten entfernen und anfallenden Bauschutt entsorgen. Der Untergrund ist von Kleberresten zu reinigen und zur Aufnahme von neuem Bodenbelag vorzubereiten.
Untergrund: .....

26€	32€	**37€**	44€	47€	[m²]	⏱ 0,17 h/m²	336.000.054

4 Laminatboden entfernen KG **394**

Bodenbelag aus Laminat einschl. Sockelleiste entfernen und anfallenden Bauschutt entsorgen.

16€	18€	**21€**	26€	28€	[m²]	⏱ 0,15 h/m²	336.000.055

5 Treppenbelag verklebt, entfernen KG **394**

Bodenbelag auf Treppenstufen einschl. Kantenprofil und Sockelleiste entfernen und anfallenden Bauschutt entsorgen. Der Boden ist von Kleberresten zu reinigen und zur Aufnahme von neuem Bodenbelag vorzubereiten.
Belag: .....
Untergrund: .....
Befestigung: .....
Art der Untergrundvorbereitung: .....

10€	12€	**14€**	17€	18€	[St]	⏱ 0,11 h/St	336.000.056

6 Bodenbelag lose, entfernen KG **394**

Bodenbelag aus lose verlegtem Teppichboden entfernen und anfallenden Bauschutt entsorgen.

7€	11€	**12€**	15€	19€	[m²]	⏱ 0,08 h/m²	336.000.057

7 Untergrund reinigen KG **395**

Reinigen des Untergrunds von Verschmutzungen und anfallenden Bauschutt entsorgen.
Verschmutzung: .....

2€	4€	**4€**	5€	5€	[m²]	⏱ 0,04 h/m²	336.000.058

▶ min
▷ von
ø Mittel
◁ bis
◀ max

Nr.	Kurztext / Langtext						Kostengruppe
▶	▷	ø netto €	◁	◀	[Einheit]	Ausf.-Dauer	Positionsnummer

8 Klebereste entfernen KG **395**

Klebereste auf Boden, mineralisch, entfernen und anfallenden Bauschutt entsorgen.
Ausführungsort: .....
Untergrund: .....

3€	3€	**4€**	5€	5€	[m2]	0,04h/m2	336.000.059

9 Untergrund schleifen KG **395**

Untergrund zur Haftungsverbesserung anschleifen und absaugen, anfallende Stoffe sammeln und entsorgen.
Untergrund: .....

2€	6€	**6€**	8€	10€	[m2]	0,06h/m2	336.000.060

10 Untergrund grundieren KG **395**

Untergrund zur Aufnahme von Bodenbelag grundieren.
Ausführungsort: .....
Angeb. Fabrikat: .....

3€	5€	**6€**	7€	9€	[m2]	0,03h/m2	336.000.061

11 Untergrund spachteln, bis 2mm KG **395**

Spachteln des Untergrunds zur Vorbereitung für Bodenbelagsarbeiten.
Untergrund: .....
Spachteldicke: bis 2mm

5€	6€	**6€**	8€	9€	[m2]	0,04h/m2	336.000.063

12 Spachtelung, Gewebe KG **395**

Spachtelung mit Armierungsgewebe zur Vorbereitung für Bodenbelagsarbeiten.
Untergrund: .....

11€	13€	**15€**	18€	19€	[m2]	0,04h/m2	336.000.064

13 Ausgleichsspachtelung, bis 10mm KG **395**

Ausgleichsspachtelung auf Estrich,inkl. Reinigen der Estrichfläche. Leistung ist nur nach schriftlicher Anweisung durch die Bauleitung auszuführen.
Nachfolgender Belag: .....
Estrich: .....
Spachteldicke: .....mm
Angeb. Fabrikat: .....

4€	7€	**8€**	10€	15€	[m2]	0,10h/m2	336.000.065

14 Haftgrund, Bodenbelag KG **353**

Voranstrich/Haftgrund für nachfolgende Bodenbeläge, vollflächig auf oberflächentrockene Flächen, einschl. Reinigung der Bodenflächen.

1€	3€	**3€**	4€	6€	[m2]	0,03h/m2	336.000.066

Nr.	Kurztext / Langtext						Kostengruppe
▶	▷	ø netto €	◁	◀	[Einheit]	Ausf.-Dauer	Positionsnummer

15 Boden kugelstrahlen KG **353**

Verschmutzten Untergrund zur Aufnahme eines neuen Bodenbelags bis auf einen tragfähigen Grund strahlen, anschließend Fläche staubfrei absaugen.
Strahlverfahren: .....
Untergrund: .....
Abtragsdicke: 5mm

5€	7€	**8€**	8€	11€	[m²]	⏱ 0,03h/m²	336.000.067

16 Randstreifen abschneiden KG **353**

Randdämmstreifen oberhalb des verlegten Bodenbelags abschneiden und anfallenden Bauschutt entsorgen.
Randdämmstreifen: .....

0,3€	1,1€	**1,3€**	2,2€	3,7€	[m]	⏱ 0,01h/m	336.000.068

Kosten:
Stand 2. Quartal 2026
Bundesdurchschnitt

17 Textiler Belag, Nadelvlies KG **353**

Textiler Bodenbelag aus Kunstfasern, als Nadelvliesbelag, für gewerblichen Anwendungsbereich mit starker Beanspruchung, vollflächig geklebt. Durchdringungen, elektrisch leitende Verklebung und Metallnetz nach gesonderter Position.
Belagdicke: 3,5mm
Bahnenbreite: 200cm
Untergrund: fertig gespachtelt
Beanspruchungsklasse: 33
Komfortklasse: LC 1, einfach
Trittschallverbesserung: bis 22dB
Wärmedurchlasswiderstand: 0,12m²·K/W
Ableitwiderstand: .....Ohm
Aufladungsspannung: max. 2kV (antistatisch)
Brandverhalten: Bfl-s1
Eignungen Stuhlrollen: Typ H
Eignung Fußbodenheizung: .....
Nutzschicht: Polyamid, vermischt mit anderen Fasern
Oberfläche: grobfaserig, ...
Farbe: .....
Rücken: PAC-Vlies
Verklebung: Dispersionskleber D .....
Emissionen: .....
Einbauort: .....
Angeb. Fabrikat: .....

36€	46€	**51€**	57€	68€	[m²]	⏱ 0,18h/m²	336.000.015

▶ min
▷ von
ø Mittel
◁ bis
◀ max

18 Textiler Belag, Tuftingteppich KG **353**

Textiler Bodenbelag aus Kunstfasergemisch, als Tuftingteppich, für privaten Anwendungsbereich, vollflächig geklebt. Durchdringungen, elektrisch leitende Verklebung und Metallnetz nach gesonderter Position.
Belagdicke: ca. 7 mm
Bahnenbreite: 400 cm
Untergrund: fertig gespachtelt
Beanspruchungsklasse: 23
Komfortklasse: LC3
Trittschallverbesserung: mind. 24 dB
Wärmedurchlasswiderstand: 0,11 m^2·K/W
Ableitwiderstand: 10 hoch 9 Ohm
Aufladungsspannung: .....
Brandverhalten: Cfl-s1
Eignungen Stuhlrollen: Typ H
Eignung Fußbodenheizung: nein
Nutzschicht: 100 % Polyamid
Polmaterial: PA
Oberfläche: Schlinge, 1/10"
Farbe: .....
Lichtechtheit: 5
Wasserechtheit: 4
Rücken: Textilrücken
Verklebung: Dispersionskleber D .....
Emissionen: .....
Einbauort: .....
Angeb. Fabrikat: .....

▶	▷	ø netto €	◁	◀	[Einheit]	Ausf.-Dauer	Positionsnummer
58€	74€	**81€**	89€	105€	[m^2]	⏱ 0,18 h/m^2	336.000.017

Nr.	Kurztext / Langtext						Kostengruppe
▶	▷	ø netto €	◁	◀	[Einheit]	Ausf.-Dauer	Positionsnummer

19 Textiler Belag, Naturfaser/Wolle/Sisal KG **353**

Textiler Bodenbelag als Webteppich, aus Naturfaser, für privaten Anwendungsbereich, vollflächig geklebt. Durchdringungen, elektrisch leitende Verklebung und Metallnetz nach gesonderter Position.
Bahnenbreite: 400 cm
Untergrund: fertig gespachtelt
Beanspruchungsklasse: 23
Komfortklasse: LC2
Belagdicke: .....
Trittschallverbesserung: mind. .....dB
Wärmedurchlasswiderstand: .....m²·K/W
Ableitwiderstand: .....Ohm
Aufladungsspannung: .....
Brandverhalten: Efl-s1
Eignungen Stuhlrollen: Typ H
Eignung Fußbodenheizung: ja
Trägermaterial: .....
Nutzschicht: **Sisal / Wolle / .....**
Oberfläche: gewebt, ...-gemustert
Farbe: .....
Lichtechtheit: 5
Wasserechtheit: 4
Rücken: latexiert
Verklebung: Dispersionskleber D= .....
Emissionen: .....
Einbauort: .....
Angeb. Fabrikat: .....

87€	101€	**108€**	122€	146€	[m²]	⏱ 0,18 h/m²	336.000.069

20 Korkunterlage, Linoleum KG **353**

Unterlage für Bodenbelag aus gepressten Korkbahnen, auf Untergrund verkleben.
Untergrund: fertig gespachtelt
Oberbelag: Linoleum
Korkplattendicke: 2 mm
Brandverhalten: .....
Verklebung: .....
Emissionen: .....
Einbauort: .....

23€	27€	**29€**	31€	36€	[m²]	⏱ 0,12 h/m²	336.000.019

Kosten:
Stand 2. Quartal 2026
Bundesdurchschnitt

▶ min
▷ von
ø Mittel
◁ bis
◀ max

21 Linoleumbelag, bis 2,5mm KG **353**

Bodenbelag aus Linoleum-Bahnen, stuhlrollengeeignet, permanent antistatisch, zigarettenglutbeständig, für öffentlichen/gewerblichen Anwendungsbereich. Herstellen von Durchdringungen und elektrisch leitende Verklebung und Metallnetz nach gesonderter Position.
Belagdicke: 2,5mm
Bahnenbreite: .....cm
Untergrund: fertig gespachtelt
Beanspruchungsklasse: 34
Komfortklasse: LC2
Trittschallverbesserung: mind. 5dB
Ableitwiderstand: .....Ohm, antistatisch
Aufladungsspannung: max. 2kV
Brandverhalten: Cfl-s1
Eignungen Stuhlrollen: Typ W
Eignung Fußbodenheizung: ja
Bewertungsgruppe Rutschgefahr: .....
Oberfläche: marmoriert
Farbe: .....
Lichtechtheit: .....
Emissionen: .....
Einbauort: .....
Angeb. Fabrikat: .....

35€	47€	**51€**	57€	70€	[m²]	⏱ 0,17h/m²	336.000.020

22 Linoleumbelag, über 2,5mm KG **353**

Bodenbelag aus Linoleum-Bahnen, stuhlrollengeeignet, permanent antistatisch, zigarettenglutbeständig, für öffentlichen/gewerblichen Anwendungsbereich. Herstellen von Durchdringungen und elektrisch leitende Verklebung und Metallnetz nach gesonderter Position.
Belagdicke: **3,2 / 4,0**mm
Bahnenbreite: .....cm
Untergrund: fertig gespachtelt
Beanspruchungsklasse: **34 / 42 / 43**
Trittschallverbesserung: mind. 6dB
Ableitwiderstand: .....Ohm, antistatisch
Aufladungsspannung: max. 2kV
Brandverhalten: Cfl-s1
Eignungen Stuhlrollen: Typ W
Eignung Fußbodenheizung: ja
Bewertungsgruppe Rutschgefahr: .....
Oberfläche: .....
Farbe: .....
Lichtechtheit: .....
Emissionen: .....
Einbauort: .....
Angeb. Fabrikat: .....

45€	56€	**62€**	67€	81€	[m²]	⏱ 0,17h/m²	336.000.021

Nr.	Kurztext / Langtext						Kostengruppe
▶	▷	ø netto €	◁	◀	[Einheit]	Ausf.-Dauer	Positionsnummer

23 Linoleumbelag verschweißen KG **353**

Belagsnähte des Linoleumbelags fräsen und thermisch verschweißen, mittels Schweißschnur.
Belagdicke: 2,5mm
Nahtbreite: 4mm
Farbe: .....

▶	▷	ø netto €	◁	◀	[Einheit]	Ausf.-Dauer	Positionsnummer
3€	5€	**5€**	6€	7€	[m²]	⏱ 0,02h/m²	336.000.022

24 Bodenbelag, PVC KG **353**

Bodenbelag aus Kunststoffbahnen aus homogenem PVC, stuhlrollengeeignet, permanent antistatisch, für gewerblichen/industriellen Anwendungsbereich. Herstellen von Durchdringungen, elektrisch leitende Verklebung und Metallnetz, nach gesonderter Position.
Belagdicke: bis 3,0mm
Bahnenbreite: .....cm
Untergrund: fertig gespachtelt
Beanspruchungsklasse: **34 / 43**
Trittschallverbesserung: mind. .....dB
Ableitwiderstand: .....Ohm, antistatisch
Aufladungsspannung: max. 2kV
Brandverhalten: Bfl-s1
Eignung Stuhlrollen: Typ W
Eignung Fußbodenheizung: ja
Rutschhemmung: R10
Oberfläche/Dessin: .....
Farbe: .....
Lichtechtheit: .....
Emissionen: .....
Einbauort: .....
Angeb. Fabrikat: .....

▶	▷	ø netto €	◁	◀	[Einheit]	Ausf.-Dauer	Positionsnummer
40€	59€	**66€**	77€	98€	[m²]	⏱ 0,17h/m²	336.000.023

25 PVC-Bahnen verschweißen KG **353**

Belagsnähte des PVC-Belags fräsen und thermisch verschweißen, mittels Schweißschnur.
Nahtbreite: 4mm
Farbe: .....

▶	▷	ø netto €	◁	◀	[Einheit]	Ausf.-Dauer	Positionsnummer
3€	4€	**4€**	4€	5€	[m²]	⏱ 0,03h/m²	336.000.024

Kosten:
Stand 2. Quartal 2026
Bundesdurchschnitt

▶ min
▷ von
ø Mittel
◁ bis
◀ max

26 Bodenbelag, Kautschuk KG **353**

Bodenbelag aus Kautschuk in Bahnen, für gewerblichen Anwendungsbereich mit sehr starker Beanspruchung, vollflächig geklebt.
Untergrund: fertig gespachtelt
Belagdicke: bis 3,5mm
Bahnenbreite: .....cm
Beanspruchungsklasse: 34
Aufladungsspannung: max. 2kV (antistatisch)
Trittschallverbesserung: 4 bis 6dB
Brandverhalten. CFL-s1
Eignung: Stuhlrollen, Typ W
Eignung Fußbodenheizung: ja
Rutschhemmung: R9
Nutzschicht: homogen
Oberfläche/Dessin: granulatgemustert, strukturiert
Farbe: .....
Lichtechtheit: .....
Verklebung: Dispersionskleber D .....
Emissionen: .....
Einbauort: .....
Angeb. Fabrikat: .....

61€	75€	**82€**	92€	114€	[m²]	⏱ 0,20h/m²	336.000.025

27 Bodenbelag, Laminat KG **353**

Bodenbelag aus mehrschichtigem Laminat, HDF-Trägerplatte, für gewerblichen Anwendungsbereich mit mäßiger Beanspruchung, ohne Verklebung.
Untergrund: fertig gespachtelt
Materialstärken: 8,3mm
Plattenformat: .....cm
Beanspruchungsklasse: 31
Trittschallverbesserung: bis .....dB
Brandverhalten: Dfl-s1
Eignung: Stuhlrollen, Typ W
Eignung Fußbodenheizung: ja
Rutschhemmung: R9
Nutzschicht: homogen
Muster/Farbe/Dessin: .....
Oberfläche: Melaminharzbeschichtung
Lichtechtheit: .....
Verbindung: mechanisch verriegelt
Emissionen: .....
Einbauort: .....
Angeb. Fabrikat: .....

49€	69€	**80€**	88€	106€	[m²]	⏱ 0,30h/m²	336.000.047

323 324 325 326 327 328 329 330 331 332 333 334 **336** 337 338 339

Nr.	Kurztext / Langtext						Kostengruppe
▶	▷	**ø netto €**	◁	◀	[Einheit]	Ausf.-Dauer	Positionsnummer

28 Bodenbelag, PVC-Planken, geklebt, 2,5mm KG **353**

Bodenbelag aus mehrschichtigen PVC-Planken auf Trägerplatte für Wohnbereich vollflächig verklebt. Herstellen von Durchdringungen, elektrisch leitende Verklebung und Metallnetz, nach gesonderter Position.
Belagdicke: 2,5mm
Nutzschicht: .....mm
Plankengröße: ..... x .....cm
Untergrund: fertig gespachtelt
Beanspruchungsklasse: 23
Brandverhalten: Bfl-s1
Eignung Fußbodenheizung: ja
Rutschhemmung: R .....
Oberfläche/Dekor: .....
Farbe: .....
Lichtechtheit: .....
Emissionen: .....
Einbauort: .....
Angeb. Fabrikat: .....

▶	▷	ø	◁	◀	Einheit	Ausf.-Dauer	Positionsnummer
35€	54€	**57€**	64€	79€	[m²]	⏱ 0,25h/m²	336.000.070

29 Bodenbelag, PVC-Planken, schwimmend KG **353**

Bodenbelag aus mehrschichtigen PVC auf HDF-Trägerplatte als Klicksystem für Wohnbereich. Herstellen von Durchdringungen, elektrisch leitende Verklebung und Metallnetz, nach gesonderter Position.
Belagdicke: .....mm
Nutzschicht: 0,4mm
Plankengröße: ..... x .....cm
Untergrund: fertig gespachtelt
Beanspruchungsklasse: 23
Trittschallverbesserung: mind. .....dB
Brandverhalten: Bfl-s1
Eignung Fußbodenheizung: ja
Rutschhemmung: R .....
Oberfläche/Dekor: .....
Farbe: .....
Lichtechtheit: .....
Emissionen: .....
Einbauort: .....
Angeb. Fabrikat: .....

▶	▷	ø	◁	◀	Einheit	Ausf.-Dauer	Positionsnummer
35€	49€	**59€**	71€	91€	[m²]	⏱ 0,30h/m²	336.000.071

Kosten:
Stand 2. Quartal 2026
Bundesdurchschnitt

▶ min
▷ von
ø Mittel
◁ bis
◀ max

30 **Treppenstufe, Elastischer Bodenbelag** KG **353**

Elastischer Belag für gerade Treppe.
Belag aus: Trittstufen-, Setzstufenbelag und Kantenprofil
Untergrund: Stahlbeton, grundiert
Belag: .....
Profil: .....
Steigungsverhältnis: 17,5 x 28,0cm
Stufenbreite: .....
Farbe: .....
Angeb. Fabrikat: .....

37€ 70€ **75€** 83€ 116€ [St] ⏱ 0,35h/St 336.000.027

31 **Treppenstufe, Textiler Belag** KG **353**

Textiler Belag für gerade Treppe.
Belag aus: Trittstufenbelag und Kantenprofil
Untergrund: Stahlbeton, grundiert
Belag: .....
Beanspruchungsklasse: .....
Profil: .....
Steigungsverhältnis: 17,5 x 28,0cm
Stufenbreite: .....
Farbe: .....
Befestigung: verkleben
Angeb. Fabrikat: .....

50€ 65€ **76€** 80€ 91€ [St] ⏱ 0,35h/St 336.000.028

32 **Treppenkantenprofil, Kunststoff** KG **353**

Kantenprofil für Trittstufe.
Untergrund: .....
Profil: .....
Profil: Längsrillen, Schenkellänge bis 45mm
Material: Kunststoff
Belagsdicke: .....
Stufenbreite: .....
Farbe: .....
Befestigung: verkleben

12€ 21€ **25€** 26€ 33€ [m] ⏱ 0,15h/m 336.000.029

33 **Trennschiene, Metall** KG **353**

Profilschiene aus Metall, in Belagshöhe auf bauseitigen Estrich montieren, Bodenbelag oberflächenbündig anarbeiten.
Profil: .....
Profilhöhe: .....mm
Material: .....
Oberfläche: .....
Angeb. Fabrikat: .....

12€ 19€ **22€** 24€ 29€ [m] ⏱ 0,15h/m 336.000.032

Nr.	Kurztext / Langtext						Kostengruppe
▶	▷	ø netto €	◁	◀	[Einheit]	Ausf.-Dauer	Positionsnummer

34 Übergangsprofil, Metall KG **353**

Übergangsprofil aus gerundetem Profil, im Bereich des Belagwechsels, unter Türblatt.
Untergrund: .....
Befestigung: Dübeln und Schrauben
Material: .....
Breite: .....
Oberfläche: .....
Angeb. Fabrikat: .....

12€	17€	**18€**	20€	22€	[m]	⏱ 0,15h/m	336.000.048

35 Verfugung, elastisch, Silikon KG **353**

Elastische Verfugung mit 1-Komponenten-Dichtstoff auf Silikonbasis, Fuge glatt gestrichen, inkl. notwendiger Flankenvorbehandlung an den Anschlussflächen und Hinterlegen der Fugenhohlräume mit geeignetem Hinterstopfmaterial.

3€	6€	**7€**	9€	12€	[m]	⏱ 0,04h/m	336.000.034

Kosten:
Stand 2. Quartal 2026
Bundesdurchschnitt

36 Sockelausbildung, Holzleisten KG **353**

Sockelleisten an aufgehenden Wandflächen, mit Holz-Profil, Stöße und Stirnseiten schräg abgeschnitten und Schnittkanten sauber geschliffen, Ecken mit Gehrungsschnitten.
Material: .....
Profil: ca. 60 x 16mm
Oberfläche: farblos lackiert, matt
Befestigung: verdübelt, mit nichtrostenden Senkkopf-Schrauben

14€	19€	**21€**	26€	39€	[m]	⏱ 0,08h/m	336.000.035

37 Sockelausbildung, PVC-Leisten, Belag KG **353**

Kernsockelleisten an aufgehenden Wandflächen, zum Einkleben von textilem Teppichstreifen. Ecken mit Gehrungsschnitten.
Material: HDF-Kern, ummantelt mit Kunststoff, PP/TPE
Leistenhöhe: ca. 60mm
Belag: .....
Farbe: .....
Befestigung: .....

5€	8€	**8€**	10€	14€	[m]	⏱ 0,04h/m	336.000.036

38 Sockelausbildung, PVC-Leisten, weich KG **353**

Sockelleisten an aufgehenden Wandflächen aus PVC, inkl. Verschweißen der Übergänge und Stöße, Ecken mit Gehrungsschnitten.
Material: PVC, weich
Leistenhöhe: ca. 60mm
Belag: .....
Farbe: .....
Befestigung: .....

4€	7€	**8€**	11€	19€	[m]	⏱ 0,04h/m	336.000.038

▶ min
▷ von
ø Mittel
◁ bis
◀ max

39 Sockelausbildung, Linoleum KG **353**

Sockelleisten, vorgeformt, Anschluss an aufgehende Wandflächen, inkl. Verschweißen der Übergänge und Stöße, Ecken mit Gehrungsschnitten. Außenecke als Formteil in gesonderter Position.
Material: Linoleum
Leistenhöhe: ca. 60 mm
Belag: .....
Farbe: .....
Befestigung: .....

7€	12€	**15€**	21€	35€	[m]	⏱ 0,08 h/m	336.000.039

40 Erstpflege PVC/Lino/Kautschuk KG **353**

Erstpflege des Oberbelags, mit Pflegemitteln abgestimmt auf benötigte Oberflächeneigenschaften. Arbeiten innerhalb einer Woche nach Aufforderung durch die Bauleitung des Architekten ausführen.

2€	4€	**5€**	7€	10€	[m²]	⏱ 0,02 h/m²	336.000.040

41 Schutzabdeckung, Bodenbelag, Hartfaserplatte KG **397**

Bodenbelag mit Hartfaserplatten zum Schutz vor mechanischen Beschädigungen für nachfolgende Arbeiten vollflächig abdecken und abkleben, inkl. Entfernen und Entsorgen nach Abschluss der Arbeiten.

4€	8€	**11€**	15€	20€	[m²]	⏱ 0,10 h/m²	336.000.073

42 Stundensatz, Facharbeiter/-in

Stundenlohnarbeiten für Vorarbeiter/-in, Facharbeiter/-in und Gleichgestellte. Der Verrechnungssatz für die jeweilige Arbeitskraft umfasst sämtliche Aufwendungen wie Lohn- und Gehaltskosten, Lohn- und Gehaltsnebenkosten, Zuschläge, lohngebundene und lohnabhängige Kosten, sonstige Sozialkosten, Gemeinkosten, Wagnis und Gewinn. Leistung nach besonderer Anordnung der Bauüberwachung. Anmeldung und Nachweis gemäß VOB/B.

64€	77€	**81€**	87€	98€	[h]	⏱ 1,00 h/h	336.000.050

43 Stundensatz, Helfer/-in

Stundenlohnarbeiten für Werker/-in, Helfer/-in und Gleichgestellte. Der Verrechnungssatz für die jeweilige Arbeitskraft umfasst sämtliche Aufwendungen wie Lohn- und Gehaltskosten, Lohn- und Gehaltsnebenkosten, Zuschläge, lohngebundene und lohnabhängige Kosten, sonstige Sozialkosten, Gemeinkosten, Wagnis und Gewinn. Leistung nach besonderer Anordnung der Bauüberwachung. Anmeldung und Nachweis gemäß VOB/B.

49€	59€	**64€**	70€	81€	[h]	⏱ 1,00 h/h	336.000.051

337

Kosten:
Stand 2. Quartal 2026
Bundesdurchschnitt

► min
▷ von
ø Mittel
◁ bis
◄ max

Nr.	Positionen	Einheit	►	▷	ø brutto € / ø netto €	◁	◄
1	Tapete, einlagig, entfernen	m^2	3	4	**6**	6	9
			2	4	**5**	5	8
2	Tapete beschichtet, einlagig, entfernen	m^2	3	5	**6**	7	10
			3	4	**5**	6	8
3	Tapete, mehrlagig, entfernen	m^2	4	5	**6**	8	11
			3	4	**5**	7	9
4	Schutzabdeckung, Inneneinrichtung	m^2	2	3	**3**	4	4
			2	2	**3**	3	4
5	Schutzabdeckung, Boden, Schutzvlies	m^2	2	4	**4**	5	6
			2	3	**3**	4	5
6	Schutzabdeckung, Boden, Pappe	m^2	3	5	**5**	5	6
			3	4	**4**	4	5
7	Spachtelung/Armiervlies, Putz	m^2	10	12	**13**	14	16
			9	10	**11**	12	13
8	Vorbehandlung Putz, spachteln/schleifen/grundieren	m^2	1	3	**4**	5	8
			1	3	**4**	4	6
9	Vorbehandeln Gipsplatten, spachteln/schleifen/grundieren	m^2	1	2	**3**	3	4
			1	2	**2**	3	3
10	Untergrund vorbehandeln, teilspachteln/schleifen	m^2	4	5	**6**	6	7
			3	4	**5**	5	6
11	Raufasertapete, Wand	m^2	7	9	**10**	13	16
			6	7	**9**	11	14
12	Raufasertapete, Decke	m^2	8	10	**12**	13	18
			7	9	**10**	11	15
13	Raufasertapete, lineare Bauteile	m	2	4	**5**	9	13
			2	4	**5**	7	11
14	Raufaser, Dispersionsbeschichtung	m^2	11	15	**17**	20	27
			10	13	**14**	17	23
15	Glasfasergewebe, Wand/Decke	m^2	15	17	**19**	22	28
			12	15	**16**	19	24
16	Glasfasergewebe, lineare Bauteile	m	6	7	**9**	10	12
			5	6	**7**	8	10
17	Glasgewebe, Dispersionsbeschichtung	m^2	20	26	**29**	31	37
			17	22	**25**	26	31
18	Stundensatz, Facharbeiter/-in	h	64	77	**85**	87	94
			54	65	**72**	73	79

Nr.	Kurztext / Langtext						Kostengruppe
▶	▷	ø netto €	◁	◀	[Einheit]	Ausf.-Dauer	Positionsnummer

1 Tapete, einlagig, entfernen KG **394**

Tapete, einlagig, einschl. anhaftender Kleberrückstände entfernen und entsorgen.
Bauteil: .....
Raumhöhe: .....
Tapete: .....

2€	4€	**5€**	5€	8€	[m2]	⏱ 0,06h/m2	337.000.035

2 Tapete beschichtet, einlagig, entfernen KG **394**

Beschichtete Tapete, einlagig, einschl. anhaftender Kleberrückstände entfernen und entsorgen.
Bauteil: .....
Raumhöhe: .....
Tapete: .....
Beschichtung: .....

3€	4€	**5€**	6€	8€	[m2]	⏱ 0,07h/m2	337.000.036

3 Tapete, mehrlagig, entfernen KG **394**

Tapete, mehrlagig, einschl. anhaftender Kleberrückstände entfernen und entsorgen.
Bauteil: .....
Raumhöhe: .....
Tapete: .....

3€	4€	**5€**	7€	9€	[m2]	⏱ 0,10h/m2	337.000.037

4 Schutzabdeckung, Inneneinrichtung KG **397**

Schutzabdeckung von Einrichtungsgegenständen, für Tapezierarbeiten, inkl. vorhalten, wieder entfernen und entsorgen, Ränder überlappt und staubdicht verschlossen durch Abkleben.
Abdeckung: **Textil / Folie**
Vorhaltedauer: 4 Wochen

2€	2€	**3€**	3€	4€	[m2]	⏱ 0,05h/m2	337.000.038

5 Schutzabdeckung, Boden, Schutzvlies KG **397**

Schutzabdeckung von Böden, für Tapezierarbeiten, inkl. vorhalten, wieder entfernen und entsorgen, Ränder überlappt und staubdicht verschlossen durch Abkleben.
Abdeckung: Schutzvlies
Vorhaltedauer: 4 Wochen

2€	3€	**3€**	4€	5€	[m2]	⏱ 0,04h/m2	337.000.039

6 Schutzabdeckung, Boden, Pappe KG **397**

Schutzabdeckung von Böden, für Tapezierarbeiten, inkl. vorhalten, wieder entfernen und entsorgen, Ränder überlappt und staubdicht verschlossen durch Abkleben.
Abdeckung: Pappe
Vorhaltedauer: 4 Wochen

3€	4€	**4€**	4€	5€	[m2]	⏱ 0,04h/m2	337.000.040

Nr.	Kurztext / Langtext						Kostengruppe
▶	▷	ø netto €	◁	◀	[Einheit]	Ausf.-Dauer	Positionsnummer

7 Spachtelung/Armiervlies, Putz KG **345**

Untergrund aus Putzflächen mit Grundierung und Armiervlies und Feinspachtel für Tapezierarbeiten vorbereiten.
Einbauort: .....
Raumhöhe: .....
Putz: .....
Angeb. Fabrikat: .....

▶	▷	ø	◁	◀	Einheit	Ausf.-Dauer	Positionsnummer
9€	10€	**11€**	12€	13€	[m²]	⏱ 0,12 h/m²	337.000.041

8 Vorbehandlung Putz, spachteln/schleifen/grundieren KG **345**

Verputzte Wand- und Deckenflächen teilspachteln und schleifen, als Untergrundvorbehandlung für Tapezierung, einschl. Grundierung der Putzflächen.
Flächenanteil: bis 30%
Raumhöhe: .....
Grundierung: .....
Raumhöhe: .....
Putzart: .....

▶	▷	ø	◁	◀	Einheit	Ausf.-Dauer	Positionsnummer
1€	3€	**4€**	4€	6€	[m²]	⏱ 0,06 h/m²	337.000.042

9 Vorbehandeln Gipsplatten, spachteln/schleifen/grundieren KG **345**

Wand- und Deckenflächen aus Gipsplatten spachteln, schleifen und grundieren, als Untergrundvorbehandlung für die Tapezierung.
Oberflächenqualität: .....
Grundierung: .....
Untergrund: Gipsplattenflächen
Raumhöhe: .....

▶	▷	ø	◁	◀	Einheit	Ausf.-Dauer	Positionsnummer
1€	2€	**2€**	3€	3€	[m²]	⏱ 0,02 h/m²	337.000.043

10 Untergrund vorbehandeln, teilspachteln/schleifen KG **345**

Teilspachteln und Schleifen von Wand- und Deckenflächen, als Untergrundvorbereitung für Beschichtung.
Untergrund: .....
Raumhöhe: .....
Flächenanteil: bis .....%

▶	▷	ø	◁	◀	Einheit	Ausf.-Dauer	Positionsnummer
3€	4€	**5€**	5€	6€	[m²]	⏱ 0,06 h/m²	337.000.044

11 Raufasertapete, Wand KG **345**

Raufasertapete, aus Papierlagen mit strukturbildenden Holzspänen, auf vorbehandelte Flächen auf Stoß kleben, zur nachfolgenden Beschichtung mit Dispersionsfarbe.
Einbauort: Wände
Raumhöhe: .....
Untergrund: .....
Körnung: **RF nach BFS-Information 05-01**

▶	▷	ø	◁	◀	Einheit	Ausf.-Dauer	Positionsnummer
6€	7€	**9€**	11€	14€	[m²]	⏱ 0,12 h/m²	337.000.045

Kosten:
Stand 2. Quartal 2026
Bundesdurchschnitt

▶ min
▷ von
ø Mittel
◁ bis
◀ max

12 Raufasertapete, Decke KG **354**

Raufasertapete, aus Papierlagen mit strukturbildenden Holzspänen, auf vorbehandelte Flächen auf Stoß kleben, zur nachfolgenden Beschichtung mit Dispersionsfarbe.
Einbauort: Decken
Raumhöhe: .....
Untergrund: .....
Körnung: RF nach BFS-Information 05-01

7€ 9€ **10€** 11€ 15€ [m2] ⏱ 0,15 h/m2 337.000.046

13 Raufasertapete, lineare Bauteile KG **345**

Raufasertapete, aus Papierlagen mit strukturbildenden Holzspänen, auf vorbehandelte Flächen auf Stoß kleben, zur nachfolgenden Beschichtung mit Dispersionsfarbe.
Bauteile: Stützen, Pfeiler, Lisenen, Laibungen u.dgl.
Höhe: .....
Bauteilbreite: ..... cm
Untergrund: .....
Körnung: **RG / RM / RF** nach BFS-Information 05-01

2€ 4€ **5€** 7€ 11€ [m] ⏱ 0,06 h/m 337.000.047

14 Raufaser, Dispersionsbeschichtung KG **345**

Raufasertapete und nachfolgende Dispersions-Erstbeschichtung, auf Wand- oder Deckenflächen, einschl. Grundierung, Raufasertapete auf Stoß kleben.
Untergrund: .....
Tapete: Raufasertapete
Körnung: **RG / RM / RF** nach BFS-Information 05-01
Dispersionsfarbe: lösemittel- und weichmacherfrei
Nassabriebbeständigkeit: R-Klasse .....
Farbe: .....
Farbcode: .....
Glanzgrad: .....
Raumhöhe: 2,75 m

10€ 13€ **14€** 17€ 23€ [m2] ⏱ 0,24 h/m2 337.000.048

15 Glasfasergewebe, Wand/Decke KG **345**

Glasfasergewebe auf vorbehandelte Flächen auf Stoß kleben, zur nachfolgenden Beschichtung mit Dispersionsfarbe.
Einbauort: .....
Raumhöhe: .....
Belag: Glasgewebe
Untergrund: .....
Oberfläche: .....

12€ 15€ **16€** 19€ 24€ [m2] ⏱ 0,14 h/m2 337.000.049

Nr.	Kurztext / Langtext						Kostengruppe
▶	▷	ø netto €	◁	◀	[Einheit]	Ausf.-Dauer	Positionsnummer

16 Glasfasergewebe, lineare Bauteile KG **345**

Glasfasergewebe auf vorbehandelte Flächen auf Stoß kleben, zur nachfolgenden Beschichtung mit Dispersionsfarbe.
Bauteile: Pfeiler, Stützen, Lisenen, Laibungen u. dgl.
Raumhöhe: .....
Bauteilbreite: .....cm
Untergrund: .....
Belag: Glasgewebe
Oberfläche: .....

5€	6€	**7€**	8€	10€	[m]	⏱ 0,07 h/m	337.000.050

17 Glasgewebe, Dispersionsbeschichtung KG **345**

Glasgewebe und nachfolgende Dispersions-Erstbeschichtung, auf Wand- oder Deckenflächen, einschl. Grundierung, Glasfasertapete auf Stoß kleben.
Untergrund: .....
Bauteil: .....
Belag: Glasgewebe
Oberfläche: .....
Dispersionsfarbe: lösemittel- und weichmacherfrei
Nassabriebbeständigkeit: R-Klasse .....
Beschichtungsgänge: zweimal
Farbcode: .....
Glanzgrad: .....
Raumhöhe: .....

17€	22€	**25€**	26€	31€	[m²]	⏱ 0,20 h/m²	337.000.051

18 Stundensatz, Facharbeiter/-in

Stundenlohnarbeiten für Vorarbeiter/-in, Facharbeiter/-in und Gleichgestellte. Der Verrechnungssatz für die jeweilige Arbeitskraft umfasst sämtliche Aufwendungen wie Lohn- und Gehaltskosten, Lohn- und Gehaltsnebenkosten, Zuschläge, lohngebundene und lohnabhängige Kosten, sonstige Sozialkosten, Gemeinkosten, Wagnis und Gewinn. Leistung nach besonderer Anordnung der Bauüberwachung. Anmeldung und Nachweis gemäß VOB/B.

54€	65€	**72€**	73€	79€	[h]	⏱ 1,00 h/h	337.000.053

Kosten:
Stand 2. Quartal 2026
Bundesdurchschnitt

▶ min
▷ von
ø Mittel
◁ bis
◀ max

Kosten:
Stand 2. Quartal 2026
Bundesdurchschnitt

Nr.	Positionen	Einheit	▶	▷	ø brutto € / ø netto €	◁	◀
1	Wanddämmung entfernen, MW	m²	10	16	**18**	23	25
			8	14	**15**	19	21
2	Außenwandbekleidung entfernen, Holz	m²	25	29	**34**	43	46
			21	25	**29**	36	38
3	Außenwandbekleidung entfernen, Faserzementplatten	m²	21	25	**29**	36	38
			17	21	**24**	30	32
4	Unterkonstruktion, Traglattung	m²	14	20	**21**	25	34
			12	17	**18**	21	28
5	Unterkonstruktion, Holz-UK zweilagig	m²	41	74	**87**	102	126
			34	62	**73**	86	106
6	Fassadendämmung, Mineralwolle, VHF	m²	33	45	**52**	56	66
			28	38	**44**	47	55
7	Fassadendämmung, Brandbarriere	m²	51	59	**62**	63	72
			43	49	**52**	53	60
8	Unterkonstruktion, Leichtmetall	m²	60	88	**102**	122	164
			51	74	**86**	102	138
9	Winddichtung, Polyestervlies	m²	15	19	**21**	23	26
			13	16	**18**	20	22
10	Wandbekleidung Holzschindel	m²	145	220	**252**	298	407
			122	185	**212**	250	342
11	Fassadenbekleidung, Holz, Stülpschalung	m²	124	149	**155**	165	179
			104	125	**130**	139	151
12	Fassadenbekleidung, Faserzement, Stülpdeckung	m²	–	229	**263**	331	–
			–	192	**221**	278	–
13	Fassadenbekleidung, Faserzement-Tafeln	m²	168	225	**254**	281	333
			141	189	**213**	236	280
14	Fassadenbekleidung, Metall, Wellblech	m²	93	119	**129**	145	186
			78	100	**108**	122	157
15	Stundensatz, Facharbeiter/-in	h	78	90	**97**	101	111
			66	76	**82**	85	94

▶ min
▷ von
ø Mittel
◁ bis
◀ max

Nr. **Kurztext** / Langtext — Kostengruppe
▶ ▷ **ø netto €** ◁ ◀ [Einheit] Ausf.-Dauer Positionsnummer

1 Wanddämmung entfernen, MW KG **394**

Wärmedämmung mit Mineralwolle an Außenwand entfernen und anfallenden Bauschutt entsorgen. Der Abfall ist nicht gefährlich, nicht schadstoffbelastet.
Einbauart: .....
Dämmdicke: .....

8€ 14€ **15€** 19€ 21€ [m²] ⏱ 0,05h/m² 316.001.098

Nr.	Kurztext / Langtext						Kostengruppe
▶	▷	ø netto €	◁	◀	[Einheit]	Ausf.-Dauer	Positionsnummer

2 Außenwandbekleidung entfernen, Holz KG **394**

Bekleidung auf Außenwand aus Holz einschl. Unterkonstruktion entfernen und anfallenden Bauschutt entsorgen. Der Abfall ist nicht gefährlich, nicht schadstoffbelastet.
Bekleidung: .....
Unterkonstruktion: .....

21€	25€	**29€**	36€	38€	[m2]	⏱ 0,15h/m2	316.001.097

3 Außenwandbekleidung entfernen, Faserzementplatten KG **394**

Bekleidung auf Außenwand aus kleinformatigen Faserzementplatten, nicht asbesthaltig, einschl. Unterkonstruktion entfernen und anfallenden Bauschutt entsorgen.
Bekleidung: .....
Unterkonstruktion: .....

17€	21€	**24€**	30€	32€	[m2]	⏱ 0,40h/m2	338.000.021

4 Unterkonstruktion, Traglattung KG **335**

Traglattung für Fassadenbekleidung, inkl. Befestigungsmittel.
Art der Bekleidung: .....
Untergrund: .....
Holzart: Nadelholz
Sortierklasse: S10
Festigkeitsklasse DIN EN 338: .....
Lattenquerschnitt: .....mm
Lattenabstand: .....

12€	17€	**18€**	21€	28€	[m2]	⏱ 0,12h/m2	338.000.022

5 Unterkonstruktion, Holz-UK zweilagig KG **335**

Lattung für Fassadenbekleidung, bestehend aus senkrechter sowie waagrechter Lattung, inkl. Befestigungsmittel.
Art der Bekleidung: .....
Untergrund: .....
Holzart: Nadelholz, Sortierklasse: S10
Festigkeitsklasse DIN EN 338: .....
Lattenquerschnitte: .....mm
Lattenabstände: .....

34€	62€	**73€**	86€	106€	[m2]	⏱ 0,16h/m2	338.000.023

6 Fassadendämmung, Mineralwolle, VHF KG **335**

Wärmedämmung der vorgehängten, hinterlüfteten Fassade, aus Mineralwolle, einlagig, durchgehend wasserabweisend, dicht gestoßen zwischen Unterkonstruktion.
Dämmstoff: MW
Anwendung: WAB
Nennwert der Wärmeleitfähigkeit: 0,035W/(m·K)
Bemessungswert der Wärmeleitfähigkeit: .....
Brandverhalten: Klasse **A1 / A2**
Dämmschichtdicke: bis 220mm

28€	38€	**44€**	47€	55€	[m2]	⏱ 0,24h/m2	338.000.024

323 324 325 326 327 328 329 330 331 332 333 334 336 337 338 339

Nr.	Kurztext / Langtext						Kostengruppe
▶	▷	ø netto €	◁	◀	[Einheit]	Ausf.-Dauer	Positionsnummer

7 Fassadendämmung, Brandbarriere KG **335**

Brandbarriere/Brandsperre DIN 18516-1, für vorgehängte hinterlüftete Außenwandbekleidung, vertikal oder horizontal.
Material: Mineralwolle, MW DIN EN 13162, Anwendungsgebiet DIN 4108-10 WAB
Nennwert der Wärmeleitfähigkeit: 0,038W/(m^2·K)
Bemessungswert der Wärmeleitfähigkeit: .....
Brandverhalten: Klasse A - nichtbrennbar
Schmelzpunkt: >=1.000°C
Dämmschichtdicke: .....
Breite: 200mm

43€	49€	**52€**	53€	60€	[m^2]	⏱ 0,15h/m^2	338.000.032

8 Unterkonstruktion, Leichtmetall KG **335**

Aluminium-Unterkonstruktion für hinterlüftete Außenwandbekleidung, justierbar und geeignet für großformatige Wandtafeln, bestehend aus Wandwinkeln und Tragprofilen. Befestigung in bauseitigem Grund mit Dübeln und Schrauben. Profilarten und -abstände, Abmessungen von Fest- und Gleitpunkten sowie alle Verbindungs- und Verankerungsmittel gemäß statischer Berechnung.
Abstand UK bis VK Bekleidung: .....
Untergrund: .....
Fassadenhöhe: .....

51€	74€	**86€**	102€	138€	[m^2]	⏱ 0,24h/m^2	338.000.025

9 Winddichtung, Polyestervlies KG **335**

Winddichtung der vorgehängten Fassadenbekleidung, mit Unterspannbahn aus armiertem Polyestervlies, UV-beständig und diffusionsoffen, inkl. Anschlüsse an durchdringende Bauteile.
Unterspannbahn: .....
sd-Wert: bis 0,10m
Rissfestigkeit: >250N / 50mm
Wassersäule: >200mm
Brandverhalten: Klasse .....
Farbe: schwarz

13€	16€	**18€**	20€	22€	[m^2]	⏱ 0,12h/m^2	338.000.026

Kosten:
Stand 2. Quartal 2026
Bundesdurchschnitt

▶ min
▷ von
ø Mittel
◁ bis
◀ max

Nr.	**Kurztext** / Langtext						Kostengruppe
▶	▷	**ø netto €**	◁	◀	[Einheit]	Ausf.-Dauer	Positionsnummer

10 Wandbekleidung Holzschindel KG **335**

Fassadenbekleidung als vorgehängte, hinterlüftete Fassade aus gespaltenen Holzschindeln nach DIN 18516-1 auf vorhanden Holzschalung, mit nichtrostenden Befestigungsmitteln.
Holzart: Rotzeder
Güteklasse: 1
Spaltung: mit Hand
Form: keilförmig
Reihenabstand: ..... mm
Abmessung (B x H): ..... x .....
Mindestdicke am Fuß: 8 mm
Oberfläche: spaltrau
Unterseite: gefast
Verlegung: im .....-Verband als Dreifachdeckung gem. Verlegeplan
Wandhöhe: über Gelände bis ..... m
Für die Ausführung werden vom AG folgende Unterlagen zur Verfügung gestellt:
- Entwurfszeichnungen, Plannr.: .....
- Übersichtszeichnungen, Plannr.: .....

122€	185€	**212€**	250€	342€	[m2]	⏱ 1,50 h/m2	338.000.033

11 Fassadenbekleidung, Holz, Stülpschalung KG **335**

Fassadenbekleidung mit Stülpschalung aus Holz, als vorgehängte, hinterlüftete Fassade, auf vorhandene Unterkonstruktion, Befestigung sichtbar mit nichtrostenden Schrauben.
Unterkonstruktion: .....
Fassadenbekleidung: .....
Ausführung: Bretter dreiseitig gehobelt, an Unterseite einfach gefalzt
Brettdicke: .....
Brettbreite: .....
Oberfläche: .....
Holzschutz: .....

104€	125€	**130€**	139€	151€	[m2]	⏱ 0,76 h/m2	338.000.027

Nr.	Kurztext / Langtext						Kostengruppe
▶	▷	**ø netto €**	◁	◀	[Einheit]	Ausf.-Dauer	Positionsnummer

12 Fassadenbekleidung, Faserzement, Stülpdeckung KG **335**

Fassadenbekleidung mit großformatigen Faserzement-Tafeln, als vorgehängte, hinterlüftete Fassade, als Stülpdeckung mit senkrechte Fugen und hinterlegen Fugenband, in der Überdeckung befestigt, auf vorhandene Unterkonstruktion; inkl. aller Befestigungsmittel, Schneide- und Bohrarbeiten.
Unterkonstruktion: Holz-UK
Befestigungsuntergrund: .....
Platten: .....
Brandverhalten: A
Tafeldicke: 10mm
Tafelgröße (B x H): ..... x .....
Zuschnitt aus Tafelgröße (B x H): ..... x .....
Fugenbreite: .....
Oberfläche: strukturiert
Oberflächenschutz: deckend beschichtet
Kantenausbildung: .....
Farbe: .....
Befestigung: in der Überdeckung
Angeb. Fabrikat: .....

▶	▷	ø	◁	◀	Einheit	Ausf.-Dauer	Positionsnummer
–	192€	**221€**	278€	–	[m²]	⏱ 0,46h/m²	338.000.031

13 Fassadenbekleidung, Faserzement-Tafeln KG **335**

Fassadenbekleidung mit großformatigen Faserzement-Tafeln, als vorgehängte, hinterlüftete Fassade, auf vorhandene Unterkonstruktion. Tafeln mit vorgebohrten Befestigungspunkten inkl. aller Befestigungsmittel, Schneide- und Bohrarbeiten.
Unterkonstruktion: .....
Plattentyp: .....
Mindestrohdichte: 1,65 g/cm³
Brandverhalten: A
Tafeldicke: .....
Tafelgröße: ..... x .....
Fugenbreite: .....
Oberfläche: .....
Oberflächenschutz: .....
Kantenausbildung: .....
Farbe: .....
Befestigung: .....
Befestigungsart: .....
Angeb. Fabrikat: .....

▶	▷	ø	◁	◀	Einheit	Ausf.-Dauer	Positionsnummer
141€	189€	**213€**	236€	280€	[m²]	⏱ 0,30h/m²	338.000.028

Kosten:
Stand 2. Quartal 2026
Bundesdurchschnitt

▶ min
▷ von
ø Mittel
◁ bis
◀ max

Nr.	Kurztext / Langtext						Kostengruppe
▶	▷	ø netto €	◁	◀	[Einheit]	Ausf.-Dauer	Positionsnummer

14 Fassadenbekleidung, Metall, Wellblech KG **335**

Fassadenbekleidung mit Wellblech-Fassadenplatten, als vorgehängte, hinterlüftete Fassade, vertikal auf vorhandene Metall-Unterkonstruktion, Längs- und Querstöße überlappend, mit sichtbarer Befestigung. Konstruktion mit unterem Einhängeblech und inkl. aller Befestigungsmittel, Schneide- und Bohrarbeiten.
Unterkonstruktion: .....
Plattentyp: Stahl-Wellblech
Profil: 18/76 mm
Blechdicke: .....
Tafelbreite: .....
Oberfläche: .....
Farbton: .....
Hafte: .....
Einhängeblech: .....
Angeb. Fabrikat: .....

78€	100€	**108€**	122€	157€	[m²]	⏱ 0,30 h/m²	338.000.029

15 Stundensatz, Facharbeiter/-in

Stundenlohnarbeiten für Vorarbeiter/-in, Facharbeiter/-in und Gleichgestellte. Der Verrechnungssatz für die jeweilige Arbeitskraft umfasst sämtliche Aufwendungen wie Lohn- und Gehaltskosten, Lohn- und Gehaltsnebenkosten, Zuschläge, lohngebundene und lohnabhängige Kosten, sonstige Sozialkosten, Gemeinkosten, Wagnis und Gewinn. Leistung nach besonderer Anordnung der Bauüberwachung. Anmeldung und Nachweis gemäß VOB/B.

66€	76€	**82€**	85€	94€	[h]	⏱ 1,00 h/h	338.000.030

339

Kosten:
Stand 2. Quartal 2026
Bundesdurchschnitt

Nr.	Positionen	Einheit	►	▷	ø brutto € / ø netto €	◁	◄
1	Montagewand abbrechen	m²	24	33	**41**	50	57
			21	28	**35**	42	48
2	Deckenbekleidung abbrechen	m²	18	32	**39**	47	53
			15	27	**32**	40	44
3	Unterdecke abbrechen	m²	18	27	**33**	41	45
			15	23	**28**	34	38
4	Verkofferung abbrechen	m²	21	36	**46**	57	59
			17	30	**38**	48	50
5	Zwischensparrendämmung, MW 032, 100mm	m²	33	39	**45**	56	62
			28	32	**38**	47	52
6	Zwischensparrendämmung, MW 032, 120mm	m²	36	40	**48**	60	65
			30	34	**40**	50	55
7	Zwischensparrendämmung, MW 032, 140mm	m²	42	48	**56**	68	77
			35	40	**47**	58	65
8	Zwischensparrendämmung, MW 035, 100mm	m²	29	33	**40**	49	55
			25	28	**34**	41	47
9	Zwischensparrendämmung, MW 035, 120mm	m²	30	33	**41**	49	54
			25	28	**34**	42	46
10	Zwischensparrendämmung, MW 035, 140mm	m²	34	41	**47**	58	65
			29	34	**40**	49	54
11	Decke, abgehängt, GK, einlagig	m²	61	78	**85**	92	111
			52	66	**71**	77	93
12	Decke, abgehängt, GK, doppellagig	m²	70	86	**96**	104	121
			59	72	**81**	87	101
13	Bekleidung Dachschräge, GK, einlagig, Holz-UK	m²	64	70	**78**	96	106
			54	59	**66**	80	89
14	Bekleidung Dachschräge, GK, zweilagig, Holz-UK	m²	77	84	**95**	116	125
			65	71	**80**	97	105
15	Bekleidung Dachschräge, GK, MW-Dämmung	m²	90	100	**112**	136	146
			76	84	**94**	114	123
16	Bekleidung Dachschräge, GF, Holz-UK	m²	70	78	**88**	107	116
			59	65	**74**	90	97
17	Bekleidung Dachschräge, Zementplatte, Feuchtraum, Holz-UK	m²	120	131	**148**	177	189
			101	110	**124**	149	159
18	Montagewand, Holz, 100mm, GK einlagig, MW	m²	114	128	**133**	144	160
			96	107	**112**	121	134
19	Montagewand, Metall, 100mm, GK einlagig, MW	m²	80	95	**102**	109	123
			67	80	**86**	92	104
20	Montagewand, Metall, 125mm, GK zweilagig, MW, EI 30	m²	88	112	**121**	135	169
			74	94	**102**	113	142
21	Montagewand, Metall, 150mm, GK zweilagig, MW, EI 30	m²	97	121	**127**	139	163
			82	101	**107**	116	137
22	Montagewand, Metall, 100mm, GKF zweilagig, MW, EI 90	m²	109	132	**140**	151	178
			91	111	**118**	127	149
23	Montagewand, Metall, 200mm, GKF zweilagig, Ständerwerk doppelt, EI 90	m²	113	145	**160**	170	193
			95	122	**134**	143	162

► min
▷ von
ø Mittel
◁ bis
◄ max

Nr.	Positionen	Einheit	▶	▷	ø brutto € / ø netto €	◁	◀
24	Montagewand, Gipsplatten, Brandwand, nichttragend	m²	–	208	**251**	252	–
			–	175	**211**	212	–
25	Montagewand, Gipsplatten, Brandwand	m²	–	229	**278**	306	–
			–	193	**233**	257	–
26	Innenwand, Gipswandbauplatte	m²	92	107	**112**	118	131
			78	90	**94**	99	110
27	Anschluss, Montagewand, Dach-/Wandschräge	m	7	15	**19**	23	31
			6	12	**16**	19	26
28	Anschluss, Montagewand, gleitend	m	13	25	**32**	41	58
			11	21	**27**	34	49
29	Ecken, Kantenprofil, Montagewand	m	8	14	**16**	18	26
			7	12	**13**	16	21
30	Türöffnung, Montagewand	St	55	92	**105**	127	196
			46	77	**88**	107	165
31	Fensteröffnung, Montagewand	St	84	108	**119**	121	137
			70	90	**100**	102	116
32	Vorsatzschale, Nassraum	m²	73	90	**96**	103	124
			61	75	**80**	87	104
33	Vorsatzschale, GK/GF	m²	57	69	**76**	82	95
			48	58	**64**	69	80
34	Verkofferung/Bekleidung, Rohrleitungen	m	72	93	**103**	119	158
			60	78	**86**	100	133
35	Schachtwand, Gipsplatten, EI 90	m²	73	92	**101**	105	116
			61	77	**85**	88	98
36	Installationskanal, GK-Platte, EI 30	m	115	138	**147**	171	207
			97	116	**124**	143	174
37	Installationskanal EI30, einlagig, Feuerschutzplatte GM-F	m²	–	156	**174**	217	–
			–	131	**146**	183	–
38	Installationskanal EI60, Feuerschutzplatte GM-F	m²	–	199	**221**	280	–
			–	167	**185**	236	–
39	Installationskanal EI90, Feuerschutzplatte GM-F	m²	–	217	**241**	308	–
			–	182	**202**	259	
40	Trockenputz, GK-Verbundplatte, Dämmung	m²	52	68	**76**	94	120
			44	57	**64**	79	101
41	Trockenputz, GK-Platte 12,5mm	m²	50	60	**64**	69	82
			42	50	**54**	58	69
42	Bekleidung, einlagig, auf Unterkonstruktion	m²	46	55	**60**	69	87
			39	46	**50**	58	73
43	Bekleidung, doppelt, EI 90, vorh. Unterkonstruktion	m²	110	144	**155**	171	206
			92	121	**130**	144	173
44	Bekleidung, CaSi-Platten	m²	111	154	**172**	199	256
			93	130	**145**	167	215
45	Fensterlaibung, GK	m	32	41	**45**	53	68
			27	34	**38**	44	57
46	GK-Platte imprägniert, Mehrpreis	m²	3	5	**6**	8	11
			2	5	**5**	6	9
47	Trockenestrich, GF-Platten	m²	54	70	**76**	83	102
			45	59	**64**	70	86

Nr.	Positionen	Einheit	►	▷	ø brutto € / ø netto €	◁	◄
48	Spachtelung, GK-Platten, Q3	m²	8	14	**16**	18	21
			7	12	**14**	15	18
49	Stundensatz, Facharbeiter/-in	h	77	91	**96**	101	110
			65	76	**81**	85	93
50	Stundensatz, Helfer/-in	h	61	75	**81**	86	95
			52	63	**68**	72	80

Nr. **Kurztext** / Langtext — Kostengruppe
► ▷ **ø netto €** ◁ ◄ [Einheit] Ausf.-Dauer Positionsnummer

Kosten:
Stand 2. Quartal 2026
Bundesdurchschnitt

1 Montagewand abbrechen — KG **394**

Montagewand aus Metallständerprofilen, beidseitig mit Gipsplatten beplankt, abbrechen und anfallenden Bauschutt getrennt entsorgen. Der Abfall ist nicht gefährlich, nicht schadstoffbelastet.
Wandaufbau: .....
Beplankung: .....
Wandhöhen: .....

21€ 28€ **35€** 42€ 48€ [m²] ⏱ 0,25 h/m² 339.000.088

2 Deckenbekleidung abbrechen — KG **394**

Plattenbekleidung aus Gipsplatten an Decken einschl. Unterkonstruktion abbrechen und anfallenden Bauschutt getrennt entsorgen. Der Abfall ist nicht gefährlich, nicht schadstoffbelastet.
Bekleidung: 12,5 mm, einlagig
Einbauhöhe: .....
Unterkonstruktion: .....

15€ 27€ **32€** 40€ 44€ [m²] ⏱ 0,28 h/m² 339.000.089

3 Unterdecke abbrechen — KG **394**

Abgehängte Unterdecke aus Gipsplatten auf Metallprofilen abbrechen und anfallenden Bauschutt getrennt entsorgen. Der Abfall ist nicht gefährlich, nicht schadstoffbelastet.
Deckenaufbau: .....

15€ 23€ **28€** 34€ 38€ [m²] ⏱ 0,28 h/m² 339.000.090

► min
▷ von
ø Mittel
◁ bis
◄ max

4 Verkofferung abbrechen — KG **394**

Verkofferung von Rohrleitungen einschl. Unterkonstruktion abbrechen und anfallenden Bauschutt getrennt entsorgen. Der Abfall ist nicht gefährlich, nicht schadstoffbelastet.
Beplankung: ..... aus Gipsplatte Typ A, D: ..... mm
Untergrund: .....
Abmessungen: ..... x ..... mm

17€ 30€ **38€** 48€ 50€ [m²] ⏱ 0,30 h/m² 339.000.091

Nr.	Kurztext / Langtext						Kostengruppe
▶	▷	ø netto €	◁	◀	[Einheit]	Ausf.-Dauer	Positionsnummer

A 1 Zwischensparrendämmung, Mineralwolle 032 — Beschreibung für Pos. **5-7**

Wärmedämmung aus Mineralwolle zwischen den Sparren als nachträgliche Dämmmaßnahme von innen einbauen. Der Abfall ist nicht gefährlich, nicht schadstoffbelastet.
Material: Mineralwolle, MW
Brandverhalten: Klasse A1
Anwendungsgebiet: DZ
Wärmeleitfähigkeit: 0,032

5 Zwischensparrendämmung, MW 032, 100mm — KG **363**

Wie Ausführungsbeschreibung A 1
Sparrenabstand: .....mm
Anzahl der Lagen: einlagig
Dämmdicke: 100 mm

▶	▷	ø netto €	◁	◀	[Einheit]	Ausf.-Dauer	Positionsnummer
28€	32€	**38€**	47€	52€	[m²]	0,20 h/m²	339.000.095

6 Zwischensparrendämmung, MW 032, 120mm — KG **363**

Wie Ausführungsbeschreibung A 1
Sparrenabstand: .....mm
Anzahl der Lagen: einlagig
Dämmdicke: 120 mm

▶	▷	ø netto €	◁	◀	[Einheit]	Ausf.-Dauer	Positionsnummer
30€	34€	**40€**	50€	55€	[m²]	0,20 h/m²	339.000.096

7 Zwischensparrendämmung, MW 032, 140mm — KG **363**

Wie Ausführungsbeschreibung A 1
Sparrenabstand: .....mm
Anzahl der Lagen: einlagig
Dämmdicke: 140 mm

▶	▷	ø netto €	◁	◀	[Einheit]	Ausf.-Dauer	Positionsnummer
35€	40€	**47€**	58€	65€	[m²]	0,22 h/m²	339.000.097

A 2 Zwischensparrendämmung, Mineralwolle, 035 — Beschreibung für Pos. **8-10**

Wärmedämmung aus Mineralwolle zwischen den Sparren als nachträgliche Dämmmaßnahme von innen einbauen. Der Abfall ist nicht gefährlich, nicht schadstoffbelastet.
Material: Mineralwolle, MW
Brandverhalten: Klasse A1
Anwendungsgebiet: DZ
Wärmeleitfähigkeit: 0,035

8 Zwischensparrendämmung, MW 035, 100mm — KG **363**

Wie Ausführungsbeschreibung A 2
Sparrenabstand: .....mm
Anzahl der Lagen: einlagig
Dämmdicke: 100 mm

▶	▷	ø netto €	◁	◀	[Einheit]	Ausf.-Dauer	Positionsnummer
25€	28€	**34€**	41€	47€	[m²]	0,20 h/m²	339.000.092

Kosten:
Stand 2. Quartal 2026
Bundesdurchschnitt

▶ min
▷ von
ø Mittel
◁ bis
◀ max

Nr.	**Kurztext** / Langtext						Kostengruppe
▶	▷	**ø netto €**	◁	◀	[Einheit]	Ausf.-Dauer	Positionsnummer

9 Zwischensparrendämmung, MW 035, 120mm — KG **363**

Wie Ausführungsbeschreibung A 2
Sparrenabstand: .....mm
Anzahl der Lagen: einlagig
Dämmdicke: 120mm

25€	28€	**34€**	42€	46€	[m²]	⏱ 0,22h/m²	339.000.093

10 Zwischensparrendämmung, MW 035, 140mm — KG **363**

Wie Ausführungsbeschreibung A 2
Sparrenabstand: .....mm
Anzahl der Lagen: einlagig
Dämmdicke: 140mm

29€	34€	**40€**	49€	54€	[m²]	⏱ 0,22h/m²	339.000.094

11 Decke, abgehängt, GK, einlagig — KG **354**

Unterdecke aus Gipsplatten, als abgehängte Decke, inkl. Unterkonstruktion. Wandanschlussausbildung in gesonderter Position.
Unterkonstruktion: Metallprofile CD 60/27/06, UD 28/27/06
Abhängung: Schnellabhänger
Bekleidung: Gipskartonplatte, Typ A
Plattendicke: 12,5mm
Oberfläche: Qualitätsstufe Q2
Einbauhöhe: .....m
Abhängehöhe: bis .....m

52€	66€	**71€**	77€	93€	[m²]	⏱ 0,52h/m²	339.000.099

12 Decke, abgehängt, GK, doppellagig — KG **354**

Unterdecke aus Gipskartonplatten, als abgehängte Decke, inkl. Unterkonstruktion. Wandanschlussausbildung in gesonderter Position.
Unterkonstruktion: Metallprofile CD 60/27/06, UD 28/27/06
Abhängung: Schnellabhänger
Bekleidung: Gipskartonplatten GK, Typ A
Plattendicke: 2x 12,5mm
Oberfläche: Qualitätsstufe Q2
Einbauhöhe: ca. 2,80m
Abhängehöhe: bis 0,50m

59€	72€	**81€**	87€	101€	[m²]	⏱ 0,60h/m²	339.000.100

13 Bekleidung Dachschräge, GK, einlagig, Holz-UK — KG **354**

Bekleidung aus GK im Dachgeschoss, inkl. Unterkonstruktion aus Holzlatten und Verspachtelung. Anschlussausbildung nach gesonderter Position.
Holzlattung: .....
Achsmaß: .....
Bekleidung: Gipskartonplatte Typ A
Plattendicke: 1x 12,5mm
Oberfläche: Qualitätsstufe Q2
Untergrund: .....

54€	59€	**66€**	80€	89€	[m²]	⏱ 0,06h/m²	339.000.136

Nr.	Kurztext / Langtext						Kostengruppe
▶	▷	**ø netto €**	◁	◀	[Einheit]	Ausf.-Dauer	Positionsnummer

14 Bekleidung Dachschräge, GK, zweilagig, Holz-UK KG **354**

Bekleidung aus GK in Dachschräge, inkl. Unterkonstruktion aus Holzlatten und Verspachtelung. Anschlussausbildung nach gesonderter Position.
Holzlattung: .....
Achsmaß: .....
Bekleidung: Gipskartonplatte Typ A
Plattendicke: 2x 12,5mm
Oberfläche: Qualitätsstufe Q2
Untergrund: .....

65€	71€	**80€**	97€	105€	[m²]	⏱ 0,18h/m²	339.000.137

15 Bekleidung Dachschräge, GK, MW-Dämmung KG **354**

Bekleidung aus GK im Dachgeschoss, Dämmung zwischen Sparren aus Mineralwolleplatten, inkl. Unterkonstruktion aus Holzlatten und Verspachtelung. Anschlussausbildung nach gesonderter Position.
Holzlattung: .....
Bekleidung: Gipskartonplatte Typ A
Plattendicke: 1x 12,5mm
Oberfläche: Qualitätsstufe Q2
Dämmung: MW
Dämmdicke: **120 / 140 / 160 / 180**mm

76€	84€	**94€**	114€	123€	[m²]	⏱ 0,75h/m²	339.000.138

16 Bekleidung Dachschräge, GF, Holz-UK KG **354**

Bekleidung aus GF im Dachgeschoss, inkl. Unterkonstruktion aus Holzlatten und Verspachtelung. Anschlussausbildung nach gesonderter Position.
Holzlattung: .....
Achsmaß: .....
Bekleidung: Gipsfaserplatte Typ A
Plattendicke: 1x 12,5mm
Oberfläche: Qualitätsstufe Q2
Untergrund: .....

59€	65€	**74€**	90€	97€	[m²]	⏱ 0,60h/m²	339.000.139

17 Bekleidung Dachschräge, Zementplatte, Feuchtraum, Holz-UK KG **354**

Bekleidung aus Zement-Bauplatten im Dachgeschoss, inkl. Unterkonstruktion aus Holzlatten, Verklebung der Plattenfugen und Verspachtelung. Anschlussausbildung nach gesonderter Position.
Holzlattung: .....
Achsmaß: .....
Bekleidung: Zement-Bauplatte
Plattendicke: 1x 12,5mm
Oberfläche: Qualitätsstufe Q2
Untergrund: .....

101€	110€	**124€**	149€	159€	[m²]	⏱ 0,80h/m²	339.000.140

Nr.	Kurztext / Langtext						Kostengruppe
▶	▷	ø netto €	◁	◀	[Einheit]	Ausf.-Dauer	Positionsnummer

18 **Montagewand, Holz, 100mm, GK einlagig, MW** KG **342**

Nichttragende Trennwand, als beidseitig beplankte Holzständerwand, mit Dämmschicht aus Mineralwolleplatten, abrutschsicher und dicht gestoßen, einschl. Verspachteln und Schleifen von Fugen und Befestigungsmitteln.
Boden: Estrich
Unterkonstruktion: Einfach-Ständerwerk aus Holzprofilen
Profilquerschnitt: 75 x 75mm
Ständerabstand: 62,5cm
Beplankung: Gipskartonplatte Typ .....
Plattendicken je Seite: 1x 12,5mm
Oberfläche: Qualitätsstufe Q2
Dämmung: Mineralwolle MW
Nennwert der Wärmeleitfähigkeit: 0,040W/(m·K)
Bemessungswert der Wärmeleitfähigkeit: .....
Strömungswiderstand: mind. 5kPa·s/m²
Dämmschichtdicke: 40mm
Anschlüsse: .....
Wanddicke: 85mm
Wandhöhe: .....
Einbaubereich: .....

▶	▷	ø	◁	◀	Einheit	Ausf.-Dauer	Positionsnummer
96€	107€	**112€**	121€	134€	[m²]	⏱ 0,50h/m²	339.000.101

19 **Montagewand, Metall, 100mm, GK einlagig, MW** KG **342**

Nichttragende innere Trennwand, als beidseitig beplankte Montagewand, mit Dämmschicht aus Mineralwolleplatten, abrutschsicher und dicht gestoßen, einschl. Verspachteln und Schleifen von Fugen und Befestigungsmitteln.
Boden: Estrich
Unterkonstruktion: Einfach-Ständerwerk aus verzinkten Stahlblech-Profilen
Profilgröße: 75mm
Beplankung: Gipskartonplatte Typ .....
Plattendicken je Seite: 1x 12,5mm
Oberfläche: Qualitätsstufe Q2
Dämmung: Mineralwolle MW
Nennwert der Wärmeleitfähigkeit: 0,040W/(m·K)
Bemessungswert der Wärmeleitfähigkeit: .....
Strömungswiderstand: mind. 5kPa·s/m²
Dämmdicke: 40mm
Anschlüsse: .....
Wanddicke: .....
Wandhöhe: bis 3,00m
Einbaubereich: .....

▶	▷	ø	◁	◀	Einheit	Ausf.-Dauer	Positionsnummer
67€	80€	**86€**	92€	104€	[m²]	⏱ 0,50h/m²	339.000.102

Kosten:
Stand 2. Quartal 2026
Bundesdurchschnitt

▶ min
▷ von
ø Mittel
◁ bis
◀ max

20 Montagewand, Metall, 125mm, GK zweilagig, MW, EI 30 KG **342**

Nichttragende innere Trennwand, als beidseitig beplankte Metallständerwand, mit Dämmschicht aus Mineralwolleplatten, abrutschsicher und dicht gestoßen, einschl. Verspachteln und Schleifen von Fugen und Befestigungsmitteln.
Boden: .....
Unterkonstruktion: Einfach-Ständerwerk aus verzinkten Stahlblech-Profilen
Profilgröße: 75mm
Beplankung: Gipskartonplatte Typ .....
Plattendicken je Seite: 2x 12,5mm
Oberfläche: gef. Qualitätsstufe Q2
Dämmung: Mineralwolle MW-WI
Brandverhalten: Klasse A
Nennwert der Wärmeleitfähigkeit: 0,040W/(m·K)
Bemessungswert der Wärmeleitfähigkeit: .....
Strömungswiderstand: mind. 5kPa·s/m²
Dämmschichtdicke: 60mm
Anschlüsse: .....
Brandschutz: EI 30
Brandbelastung: beidseitig
Wanddicke: 125mm
Wandhöhe: bis 4,00m
Einbaubereich: .....

74€ 94€ **102€** 113€ 142€ [m²] ⏱ 0,65h/m² 339.000.103

21 Montagewand, Metall, 150mm, GK zweilagig, MW, EI 30 KG **342**

Nichttragende innere Trennwand, als beidseitig beplankte Montagewand mit Dämmschicht aus Mineralwolleplatten, abrutschsicher und dicht gestoßen, einschl. Verspachteln und Schleifen von Fugen und Befestigungsmitteln.
Boden: .....
Unterkonstruktion: Einfach-Ständerwerk aus verzinkten Stahlblech-Profilen
Profilgröße: 100mm
Beplankung: Gipskartonplatte Typ .....
Plattendicken je Seite: 2x 12,5mm
Oberfläche: Qualitätsstufe Q2
Dämmung: Mineralwolle MW-WI
Brandverhalten: Klasse A
Nennwert der Wärmeleitfähigkeit: 0,040W/(m·K)
Bemessungswert der Wärmeleitfähigkeit: .....
Strömungswiderstand: mind. 5kPa·s/m²
Dämmdicke: mind. 80mm
Anschlüsse: .....
Brandschutz: EI 30
Brandbelastung: beidseitig
Wanddicke: 150mm
Wandhöhe: bis 4,00m
Einbaubereich: .....

82€ 101€ **107€** 116€ 137€ [m²] ⏱ 0,65h/m² 339.000.104

323
324
325
326
327
328
329
330
331
332
333
334
336
337
338
339

Nr.	Kurztext / Langtext						Kostengruppe
▶	▷	ø netto €	◁	◀	[Einheit]	Ausf.-Dauer	Positionsnummer

22 **Montagewand, Metall, 100mm, GKF zweilagig, MW, EI 90** KG **342**

Nichttragende innere Trennwand, als beidseitig beplankte Montagewand, mit Dämmschicht aus Mineralwolleplatten, abrutschsicher und dicht gestoßen, einschl. Verspachteln und Schleifen von Fugen und Befestigungsmitteln.
Boden: **Estrich / Rohboden**
Unterkonstruktion: Einfach-Ständerwerk aus verzinkten Stahlblech-Profilen
Profilgröße: 50mm
Beplankung: Gipskartonplatte Typ DF Feuerschutzplatte
Plattendicke je Seite: 2x 12,5mm
Oberfläche: gef. Qualitätsstufe Q2
Dämmung: Mineralwolle MW-WI
Brandverhalten: Klasse A
Nennwert der Wärmeleitfähigkeit: 0,040W/(m·K)
Bemessungswert der Wärmeleitfähigkeit: .....
Strömungswiderstand: mind. 5kPa·s/m²
Dämmschichtdicke: mind. 40mm
Rohdichte Dämmung: .....
Anschlüsse: .....
Brandschutz: EI 90
Brandbelastung: beidseitig
Schalldämmung: Rw, R= 50dB
Wärmedurchgangskoeffizient: 0,61W/(m²·K)
Wanddicke: 100mm
Wandhöhe: bis 4,00m
Einbaubereich: .....

91€	111€	**118€**	127€	149€	[m²]	⏱ 0,65h/m²	339.000.105

Kosten:
Stand 2. Quartal 2026
Bundesdurchschnitt

▶ min
▷ von
ø Mittel
◁ bis
◀ max

Nr.	Kurztext / Langtext						Kostengruppe
▶	▷	ø netto €	◁	◀	[Einheit]	Ausf.-Dauer	Positionsnummer

23 Montagewand, Metall, 200mm, GKF zweilagig, Ständerwerk doppelt, EI 90 KG **342**

Nichttragende innere Trennwand, als beidseitig beplankte Installationswand mit doppeltem Ständerwerk, mit Dämmschicht aus Mineralwolleplatten, abrutschsicher und dicht gestoßen, einschl. Verspachteln und Schleifen von Fugen und Befestigungsmitteln.

Boden: **Estrich / Rohboden**
Unterkonstruktion: Doppelständerwerk aus verzinkten Stahlblech-Profilen
Profilgröße: 75mm
Beplankung: Gipskartonplatte Typ DF Feuerschutzplatte
Plattendicke je Seite: 2x 12,5mm
Oberfläche: gef. Qualitätsstufe Q2
Dämmung: Mineralwolle MW-WI
Brandverhalten: Klasse A
Nennwert der Wärmeleitfähigkeit: 0,040 W/(m·K)
Bemessungswert der Wärmeleitfähigkeit: .....
Strömungswiderstand: mind. 5 kPa·s/m^2
Dämmschichtdicke: 2x 60mm
Anschlüsse: starrer Anschluss
Brandschutz: EI 90
Brandbelastung: beidseitig
Schalldämmung: Rw, R= 52 dB
Wärmedurchgangskoeffizient: 0,60 W/(m^2·K)
Wanddicke: über 200mm
Wandhöhe: bis 3,00m
Einbaubereich: .....

▶	▷	ø netto €	◁	◀	[Einheit]	Ausf.-Dauer	Positionsnummer
95€	122€	**134€**	143€	162€	[m^2]	⏱ 1,00 h/m^2	339.000.106

24 Montagewand, Gipsplatten, Brandwand, nichttragend KG **342**

Nichttragende innere Trennwand, als beidseitig beplankte Montagewand, mit Stahlblecheinlage und Dämmschicht aus Mineralwolleplatten, abrutschsicher und dicht gestoßen, einschl. Verspachtelung von Fugen und Befestigungsmittel.

Boden: **Estrich / Rohboden**
Unterkonstruktion: Einfach-Ständerwerk aus verzinkten Stahlblechprofilen
Profile: CW/UW 50
Profilgröße: 50mm
Profilabstand: 312,5mm
Bekleidung: Gips-Feuerschutzplatte GM-F, vliesarmiert, A1
Beplankung: 2x 12,5mm, je Seite
Stahlblecheinlage je Seite: 0,5mm
Oberfläche: Qualitätsstufe Q2
Dämmung: MW
Strömungswiderstand: mind. 5 kPa·s/m^2
Dämmdicke: 80mm
Rohdichte Dämmung: 40 kg/m^2
Anschlüsse: starrer Anschluss
Feuerwiderstand: EI 90-M Brandwand, nichttragend
Brandbelastung: beidseitig
Wanddicke: 111mm
Wandhöhe: .....
Einbaubereich: **1 / 2**

▶	▷	ø netto €	◁	◀	[Einheit]	Ausf.-Dauer	Positionsnummer
–	175€	**211€**	212€	–	[m^2]	⏱ 1,60 h/m^2	339.000.134

323
324
325
326
327
328
329
330
331
332
333
334
336
337
338
339

Nr.	Kurztext / Langtext						Kostengruppe
▶	▷	**ø netto €**	◁	◀	[Einheit]	Ausf.-Dauer	Positionsnummer

25 Montagewand, Gipsplatten, Brandwand KG **342**

Nichttragende innere Trennwand, als beidseitig beplankte Montagewand, mit Stahlblecheinlage und Dämmschicht aus Mineralwolleplatten, abrutschsicher und dicht gestoßen, einschl. Verspachtelung von Fugen und Befestigungsmittel.
Boden: **Estrich / Rohboden**
Unterkonstruktion: Einfach-Ständerwerk aus verzinkten Stahlblechprofilen
Profile: CW/UW 100
Profilabstand: 312,5mm
Bekleidung: Gipsplatte, Typ DF
Beplankung: 1x 20 und 1x 12,5mm, je Seite
Stahlblecheinlage je Seite: 0,5mm
Oberfläche: Qualitätsstufe Q2
Dämmung: MW
Strömungswiderstand: mind. 5kPa·s/m^2
Dämmdicke: 80mm
Rohdichte Dämmung: 40kg/m^2
Anschlüsse: starrer Anschluss
Feuerwiderstand: EI 90-M Brandwand, nichttragend
Brandbelastung: beidseitig
Wanddicke: 166mm
Wandhöhe: .....
Einbaubereich: **1 / 2**

–	193€	**233€**	257€	–	[m^2]	⏱ 1,70h/m^2	339.000.135

26 Innenwand, Gipswandbauplatte KG **342**

Nichttragende Trennwand aus Gipswandbauplatten, eingebaut auf Rohdecke.
Wanddicke: .....mm
Brandschutz: .....
Brandbelastung: .....
Brandverhalten: Klasse A1
Rohdichte: .....kg/m^3
Geforderte Oberfläche: Q2, für späteren Putzauftrag
Wandanschluss: .....
Einbaubereich: .....
Wandhöhe: .....

78€	90€	**94€**	99€	110€	[m^2]	⏱ 0,60h/m^2	339.000.108

27 Anschluss, Montagewand, Dach-/Wandschräge KG **342**

Anschluss der nichttragenden Montagewand an Dachschräge. Abrechnung nach Länge des Anschlusses, in der Schräge gemessen.
Wanddicke: .....
Wandhöhe: von ..... - .....
Wand beidseitig: ..... beplankt
Gipsplatte: 12,5mm
Dachschrägenneigung: .....°

6€	12€	**16€**	19€	26€	[m]	⏱ 0,20h/m	339.000.109

Kosten:
Stand 2. Quartal 2026
Bundesdurchschnitt

▶ min
▷ von
ø Mittel
◁ bis
◀ max

Nr.	Kurztext / Langtext						Kostengruppe
▶	▷	ø netto €	◁	◀	[Einheit]	Ausf.-Dauer	Positionsnummer

28 Anschluss, Montagewand, gleitend KG **342**

Gleitender Anschluss für Montagewand, bis 20mm, inkl. aller notwendiger Profilschienen.
Beplankung je Wandseite: **einlagig / zweilagig**
Anschluss: **oben / seitlich**
Gipsplatten: Typ .....
Wanddicke: .....

11€	21€	**27€**	34€	49€	[m]	⏱ 0,30h/m	339.000.110

29 Ecken, Kantenprofil, Montagewand KG **342**

Eckausbildung der Montagewand, im Grundriss rechtwinklig, Ausführung mit Eck-/Kantenprofil.

7€	12€	**13€**	16€	21€	[m]	⏱ 0,18h/m	339.000.111

30 Türöffnung, Montagewand KG **342**

Türöffnung in Gipsplatten-Montagewand herstellen, mit Türpfosten aus UA-Profilen, einschl. aller erforderlicher Türpfosten-winkelprofile bzw. verstärkten Profile bei Wandhöhen über 2600mm und schweren Türblättern.
Tür-Baurichtmaß (B x H): 750 x 2.000 bis 1.000 x 2.125mm
Wandhöhe: .....
Wanddicke: .....mm

46€	77€	**88€**	107€	165€	[St]	⏱ 0,50h/St	339.000.112

31 Fensteröffnung, Montagewand KG **342**

Fensteröffnung in Gipsplatten-Montagewänden mit Rand aus UA-Profilen, einschl. aller erforderlicher Spezial-Profile bzw. verstärkten Profilen bei Wandhöhen über 2.600mm.
Baurichtmaß (B x H): 750 x 2.000 bis 1.000 x 2.125mm
Wandhöhe: .....
Wanddicke: .....mm

70€	90€	**100€**	102€	116€	[St]	⏱ 0,50h/St	339.000.113

32 Vorsatzschale, Nassraum KG **345**

Nichttragende innere, freistehende Vorsatzschale, als Installationswand/Schachtwand im Nassbereich, mit Dämmschicht aus Mineralwolle, abrutschsicher und dicht gestoßen, inkl. verspachteln und schleifen von Fugen und Befestigungsmitteln.
Befestigung: frei stehend zwischen Stb-Boden und Stb-Decke
Unterkonstruktion: Einfach-Ständerwerk aus verzinkten Stahlblech-Profilen
Profile: CW/UW .....
Beplankung: .....
Plattendicken einseitig: 12,5mm
Oberfläche: gef. Qualitätsstufe Q2
Dämmung: Mineralwolle MW-WI
Brandverhalten: nicht brennbar
Nennwert der Wärmeleitfähigkeit: 0,040W/(m·K)
Bemessungswert der Wärmeleitfähigkeit: .....
Strömungswiderstand: mind. 5kPa·s/m²
Dämmschichtdicke: .....
Anschluss: starrer Anschluss
Wanddicke: .....
Wandhöhe: bis 2,75m

61€	75€	**80€**	87€	104€	[m²]	⏱ 0,40h/m²	339.000.114

Nr.	Kurztext / Langtext						Kostengruppe
▶	▷	ø netto €	◁	◀	[Einheit]	Ausf.-Dauer	Positionsnummer

33 Vorsatzschale, GK/GF KG **345**

Nichttragende innere, freistehende Vorsatzschale, inkl. Trennwandband und Trennstreifen an Bauteilübergängen, inkl. verspachteln und schleifen von Fugen und Befestigungsmitteln.
Befestigung: .....
Unterkonstruktion: Einfach-Ständerwerk aus verzinkten Stahlblechprofilen
Profilgröße: **50 / 75** mm
Bekleidung: .....
Plattendicke: **1x ..... / 2x .....** mm
Oberfläche: Qualitätsstufe Q2
Anschluss: starrer Anschluss .....
Brandschutz: **EI 0 / EI 30**
Brandbelastung: einseitig
Wanddicke: .....
Wandhöhe: .....
Einbaubereich: **1 / 2**

48€	58€	**64€**	69€	80€	[m²]	⏱ 0,40 h/m²	339.000.116

34 Verkofferung/Bekleidung, Rohrleitungen KG **345**

Verkofferung/Bekleidung von Installationsleitungen, mit Hohlraumdämmung aus Mineralwolle, einschl. Verspachteln und Schleifen. Abrechnung der notwendigen Eck-/Kantenprofile und V-Fräsungen nach getrennter Position.
Unterkonstruktion: .....
Höhe Verkofferung: .....
Abwicklung: .....
Plattenbekleidung: .....
Plattendicke: 12,5 mm
Oberfläche: gef. Qualitätsstufe Q2
Dämmung: Mineralwolle MW
Brandverhalten: Klasse A1, 30 kg/m³, 5 kPa·s/m²

60€	78€	**86€**	100€	133€	[m]	⏱ 0,40 h/m	339.000.117

35 Schachtwand, Gipsplatten, EI 90 KG **342**

Nichttragende innere, freistehende Schachtwand, einschl. Verspachtelung von Fugen und Befestigungsmitteln.
Befestigung: .....
Unterkonstruktion: Einfach-Ständerwerk aus verzinkten Stahlblechprofilen
Profilgröße: **50 / 75** mm
Bekleidung: Gipsplatte Typ DF .....
Plattendicke: 2x ..... mm
Oberfläche: Qualitätsstufe Q2
Anschluss: starrer Anschluss
Feuerwiderstand: EI 90
Brandbelastung: einseitig
Wanddicke: .....
Wandhöhe: .....
Einbaubereich: **1 / 2** DIN 4103-1

61€	77€	**85€**	88€	98€	[m²]	⏱ 0,55 h/m²	339.000.130

Kosten:
Stand 2. Quartal 2026
Bundesdurchschnitt

▶ min
▷ von
ø Mittel
◁ bis
◀ max

Nr.	Kurztext / Langtext						Kostengruppe
▶	▷	**ø netto €**	◁	◀	[Einheit]	Ausf.-Dauer	Positionsnummer

36 Installationskanal, GK-Platte, EI 30 — KG **354**

Kabelkanal aus Gips-Feuerschutzplatten, mit Glasfaservlies ummantelt, eingebaut auf Gipsplattenstreifen unter Rohdecke, inkl. verspachteln und schleifen von Fugen und Befestigungen.
Brandbelastung: .....
Unterkonstruktion: innenliegende Stahlprofile
Beplankung: doppelt
Platten: Gips-Feuerschutzplatte Typ .....
Plattendicke: .....
Brandschutz: EI 30
Querschnitt innen (H x B): ..... x .....
Geforderte Oberfläche: Q2

▶	▷	ø netto €	◁	◀	[Einheit]	Ausf.-Dauer	Positionsnummer
97€	116€	**124€**	143€	174€	[m]	⏱ 0,50 h/m	339.000.118

37 Installationskanal EI30, einlagig, Feuerschutzplatte GM-F — KG **345**

Installationskanal EI30, horizontal, in den Ecken stirnseitig verklammert, Stöße mit Streifen hinterlegen, Auflagerung der Kabelrinne direkt auf Brandschutz-Beplankung.
Bekleidung: **zwei- / dreiseitig / vierseitig**
Einbauhöhe der Unterkante: ..... m
Kanalmaße innen (B x H): ..... x ..... mm
Befestigungsgrund: Stahlbeton.
Beplankung: Feuerschutz-Gipsplatten GM-F DIN EN 15283-1
Feuerwiderstand: feuerhemmend EI 30 DIN EN 13501
Brandbelastung: .....
Einbauort: .....
Untergrund: .....
Angeb. Fabrikat: .....

▶	▷	ø netto €	◁	◀	[Einheit]	Ausf.-Dauer	Positionsnummer
–	131€	**146€**	183€	–	[m²]	⏱ 1,10 h/m²	339.000.131

38 Installationskanal EI60, Feuerschutzplatte GM-F — KG **345**

Installationskanal EI60, horizontal, in den Ecken stirnseitig verklammert, Stöße mit Streifen hinterlegen, Auflagerung der Kabelrinne direkt auf Brandschutz-Beplankung.
Bekleidung: **zwei- / dreiseitig / vierseitig**
Einbauhöhe der Unterkante: ..... m
Kanalmaße innen (B x H): ..... x ..... mm
Befestigungsgrund: Stahlbeton
Bekleidung: Feuerschutz-Gipsplatten GM-F DIN EN 15283-1
Feuerwiderstand: feuerhemmend EI 60 DIN EN 13501
Brandbelastung: .....
Einbauort: .....
Untergrund: .....
Angeb. Fabrikat: .....

▶	▷	ø netto €	◁	◀	[Einheit]	Ausf.-Dauer	Positionsnummer
–	167€	**185€**	236€	–	[m²]	⏱ 1,40 h/m²	339.000.132

Nr.	Kurztext / Langtext						Kostengruppe
▶	▷	ø netto €	◁	◀	[Einheit]	Ausf.-Dauer	Positionsnummer

39 Installationskanal EI90, Feuerschutzplatte GM-F KG **345**

Installationskanal EI90, horizontal, in den Ecken stirnseitig verklammert, Stöße mit Streifen hinterlegen, Auflagerung der Kabelrinne direkt auf Brandschutz-Beplankung.
Bekleidung: **zwei- / dreiseitig / vierseitig**
Einbauhöhe der Unterkante: .....m
Kanalmaße innen (B x H): ..... x .....mm
Befestigungsgrund: Stahlbeton
Bekleidung: Feuerschutz-Gipsplatten GM-F DIN EN 15283-1
Feuerwiderstand: feuerbeständig EI 90 DIN EN 13501
Brandbelastung: .....
Einbauort: .....
Untergrund: .....
Angeb. Fabrikat: .....

▶	▷	ø	◁	◀	Einheit	Ausf.-Dauer	Positionsnummer
–	182€	**202€**	259€	–	[m²]	⏱ 1,40h/m²	339.000.133

Kosten:
Stand 2. Quartal 2026
Bundesdurchschnitt

40 Trockenputz, GK-Verbundplatte, Dämmung KG **345**

Wandbekleidung aus Gips-Verbundplatten mit aufkaschierter Dämmschicht, auf vorbereitete Wandflächen, einschl. Verspachteln und Schleifen.
Wand: .....
Untergrund: .....
Befestigung: .....
Verbundplatte: .....
Gipsplattendicke: 12,5mm
Dämmschicht: .....
Dämmdicke: .....mm
Nennwert der Wärmeleitfähigkeit: .....W/(m·K)
Bemessungswert der Wärmeleitfähigkeit: .....
Oberfläche: Qualitätsstufe Q2
Baustoffklasse: E
Einbauhöhe: bis 3,20m

▶	▷	ø	◁	◀	Einheit	Ausf.-Dauer	Positionsnummer
44€	57€	**64€**	79€	101€	[m²]	⏱ 0,40h/m²	339.000.119

41 Trockenputz, GK-Platte 12,5mm KG **345**

Wandbekleidung als Trockenputz aus Gipsplatten, lot- und fluchtegerecht auf vorbereitete Wandflächen, Anschlüsse ringsum, an Boden und Wände starr, inkl. Verspachteln und Schleifen.
Wand: .....
Untergrund: .....
Befestigung: .....
Trockenputz- Gipsplatten: Typ A, einlagig, 12,5mm
Brandverhalten: Klasse A2-s1
Oberfläche: Qualitätsstufe Q2
Einbauhöhe: bis 3,50m

▶	▷	ø	◁	◀	Einheit	Ausf.-Dauer	Positionsnummer
42€	50€	**54€**	58€	69€	[m²]	⏱ 0,35h/m²	339.000.120

▶ min
▷ von
ø Mittel
◁ bis
◀ max

Nr.	Kurztext / Langtext						Kostengruppe
▶	▷	ø netto €	◁	◀	[Einheit]	Ausf.-Dauer	Positionsnummer

42 Bekleidung, einlagig, auf Unterkonstruktion KG **364**

Einlagige Bekleidung von Wand oder Decke mit Gipskartonplatten, auf vorhandener Unterkonstruktion, inkl. Verspachteln und Schleifen.
Bauteil: .....
Befestigungsuntergrund: .....
Achsmaß: .....
Beplankung: .....
Plattendicke: 1x 12,5mm
Einbauhöhe: bis 3,00m
Oberfläche: Qualitätsstufe Q2

▶	▷	ø netto €	◁	◀	[Einheit]	Ausf.-Dauer	Positionsnummer
39€	46€	**50€**	58€	73€	[m²]	⏱ 0,32h/m²	339.000.121

43 Bekleidung, doppelt, EI 90, vorh. Unterkonstruktion KG **345**

Zweilagige Bekleidung von Wand oder Decke mit Gipsplatten, auf vorhandener Unterkonstruktion, einschl. Verspachteln und Schleifen.
Bauteil: .....
Befestigungsuntergrund: .....
Achsmaß: .....
Beplankung: Gipskarton-Feuerschutzplatten
Plattendicke: 2x 12,5mm
Brandschutz: EI 90
Brandbelastung: von unten, in Verbindung mit der Dachkonstruktion aus Holzsparren und harter Bedachung
Einbauhöhe: bis 3,00m
Oberfläche: Qualitätsstufe Q2
Angeb. Fabrikat: .....

▶	▷	ø netto €	◁	◀	[Einheit]	Ausf.-Dauer	Positionsnummer
92€	121€	**130€**	144€	173€	[m²]	⏱ 0,50h/m²	339.000.122

44 Bekleidung, CaSi-Platten KG **364**

Wandbekleidung zur Innenwandsanierung zur Aufnahme von Kondensationsfeuchtigkeit. Befestigung mit Klebemörtel vollflächig mit Zahnspachtelauftrag, Anschlüsse in starrer Ausführung.
Wand: .....
Untergrund: .....
Befestigung: Klebemörtel, ...
Trockenputz: CaSi-Platten
Oberfläche: Qualitätsstufe Q2
Einbauhöhe: bis 3,50m

▶	▷	ø netto €	◁	◀	[Einheit]	Ausf.-Dauer	Positionsnummer
93€	130€	**145€**	167€	215€	[m²]	⏱ 0,80h/m²	339.000.098

Nr.	Kurztext / Langtext						Kostengruppe
▶	▷	ø netto €	◁	◀	[Einheit]	Ausf.-Dauer	Positionsnummer

45 Fensterlaibung, GK KG **336**

Fensterlaibung mit Gipskartonplatten bekleiden, einschl. Ausbildung der Ecken und Übergänge an Wandbekleidung mit Kantenschutzprofil.
Platte: Gipskartonplatte
Plattendicke: 12,5mm
Untergrund: .....
Laibungstiefe: .....
Abwicklung: .....
Oberfläche: Q2
Angeb. Fabrikat: .....

27€	34€	**38€**	44€	57€	[m]	⏱ 0,20h/m	339.000.123

Kosten:
Stand 2. Quartal 2026
Bundesdurchschnitt

46 GK-Platte imprägniert, Mehrpreis KG **342**

Mehrpreis für die Verwendung von imprägnierten Gipskartonplatten, anstelle normaler Gipskartonplatten.
Plattendicke: 12,5mm
Einbauort: .....
Angeb. Fabrikat: .....

2€	5€	**5€**	6€	9€	[m²]	⏱ 0,08h/m²	339.000.124

47 Trockenestrich, GF-Platten KG **353**

Trockenestrich aus Gipsfaserplatten mit Stufenfalz, Stöße versetzt, Brandbelastung von der Deckenoberseite, Boden geeignet zur Aufnahme von Weich- oder Parkettbelag.
Untergrund: .....
Dämmschicht/Trennlage: .....
Platten: Gipsfaserplatte GF, ...lagig
Plattendicke: 18mm
Baustoffklasse: A2
Randabwicklung: .....
Türdurchgänge: .....
Angeb. Fabrikat: .....

45€	59€	**64€**	70€	86€	[m²]	⏱ 0,30h/m²	339.000.125

48 Spachtelung, GK-Platten, Q3 KG **345**

Spachtelung der Oberfläche zum Erreichen einer höheren Qualitätsstufe, Wandbekleidung aus Gipskartonplatten, geeignet für direkte Beschichtung der Oberfläche.
Qualität: Q3

7€	12€	**14€**	15€	18€	[m²]	⏱ 0,10h/m²	339.000.126

▶ min
▷ von
ø Mittel
◁ bis
◀ max

49 Stundensatz, Facharbeiter/-in

Stundenlohnarbeiten für Vorarbeiter/-in, Facharbeiter/-in und Gleichgestellte. Der Verrechnungssatz für die jeweilige Arbeitskraft umfasst sämtliche Aufwendungen wie Lohn- und Gehaltskosten, Lohn- und Gehaltsnebenkosten, Zuschläge, lohngebundene und lohnabhängige Kosten, sonstige Sozialkosten, Gemeinkosten, Wagnis und Gewinn. Leistung nach besonderer Anordnung der Bauüberwachung. Anmeldung und Nachweis gemäß VOB/B.

65€	76€	**81€**	85€	93€	[h]	⏱ 1,00h/h	339.000.127

Nr.	Kurztext / Langtext						Kostengruppe
▶	▷	**ø netto €**	◁	◀	[Einheit]	Ausf.-Dauer	Positionsnummer

50 Stundensatz, Helfer/-in

Stundenlohnarbeiten für Werker/-in, Helfer/-in und Gleichgestellte. Der Verrechnungssatz für die jeweilige Arbeitskraft umfasst sämtliche Aufwendungen wie Lohn- und Gehaltskosten, Lohn- und Gehaltsnebenkosten, Zuschläge, lohngebundene und lohnabhängige Kosten, sonstige Sozialkosten, Gemeinkosten, Wagnis und Gewinn. Leistung nach besonderer Anordnung der Bauüberwachung. Anmeldung und Nachweis gemäß VOB/B.

52€	63€	**68€**	72€	80€	[h]	⏱ 1,00h/h	339.000.128

C Gebäudetechnik

Titel des Leistungsbereichs	LB-Nr.
Wärmeversorgungsanlagen - Betriebseinrichtungen	340
Wärmeversorgungsanlagen - Leitungen, Armaturen, Heizflächen	341
Gas- und Wasseranlagen - Leitungen, Armaturen	342
Abwasseranlagen - Leitungen, Abläufe, Armaturen	344
Gas-, Wasser-, und Entwässerungsanlagen - Ausstattung, Elemente, Fertigbäder	345
Dämm- und Brandschutzarbeiten an technischen Anlagen	347
Niederspannungsanlagen - Kabel / Leitungen, Verlegesysteme, Installationsgeräte	353
Leuchten und Lampen	358
Gefahrenmeldeanlagen	363
Aufzüge	369
Raumlufttechnische Anlagen	375

LB 340 Wärmeversorgungsanlagen - Betriebseinrichtungen

340

Kosten:
Stand 2.Quartal 2026
Bundesdurchschnitt

► min
▷ von
ø Mittel
◁ bis
◄ max

Nr.	Positionen	Einheit	►	▷	ø brutto € ø netto €	◁	◄
1	Anschluss Heiztherme	St	212	318	**364**	425	604
			178	267	**306**	357	507
2	Demontage Heiztherme	St	181	255	**256**	310	384
			152	214	**215**	260	322
3	Heizkessel ausbauen, Stahl, bis 50kW	St	525	707	**749**	868	1.196
			441	594	**630**	730	1.005
4	Gas-Brennwerttherme, Wand, bis 15kW	St	5.491	6.164	**8.603**	9.415	10.963
			4.615	5.180	**7.229**	7.912	9.213
5	Gas-Brennwerttherme, Wand, 15 bis 25kW	St	5.928	6.978	**8.820**	9.854	11.365
			4.982	5.864	**7.412**	8.281	9.550
6	Gas-Brennwerttherme, Wand, 25 bis 50kW	St	6.442	8.803	**9.814**	10.823	12.460
			5.414	7.397	**8.247**	9.095	10.471
7	Gas-Brennwertkessel, bis 25kW	St	6.599	8.339	**9.893**	10.535	11.883
			5.546	7.007	**8.314**	8.853	9.986
8	Gas-Brennwertkessel, 25 bis 50kW	St	7.141	9.412	**9.840**	10.884	13.155
			6.001	7.909	**8.269**	9.146	11.055
9	Gas-Brennwertkessel, 50 bis 70kW	St	7.575	10.541	**13.427**	15.181	16.167
			6.365	8.858	**11.283**	12.757	13.585
10	Gas-Brennwertkessel, 70 bis 150kW	St	12.393	15.551	**16.843**	20.764	27.542
			10.415	13.068	**14.153**	17.448	23.145
11	Gas-Brennwertkessel, 150 bis 225kW	St	17.414	21.319	**22.050**	25.680	31.362
			14.634	17.915	**18.529**	21.580	26.355
12	Gas-Brennwertkessel, 225 bis 400kW	St	21.265	31.092	**36.462**	40.684	52.292
			17.870	26.128	**30.641**	34.189	43.943
13	Öl-Brennwerttherme, Wand, bis 15kW	St	6.920	8.169	**9.610**	11.533	12.494
			5.815	6.865	**8.076**	9.691	10.499
14	Öl-Brennwerttherme, Wand, 15 bis 25kW	St	7.343	8.669	**10.198**	12.238	12.748
			6.171	7.285	**8.570**	10.284	10.713
15	Öl-Brennwertkessel, bis 25kW	St	11.181	12.102	**13.154**	14.470	17.101
			9.396	10.170	**11.054**	12.160	14.370
16	Heizöltank, stehend, 3.000 Liter	St	3.996	4.384	**5.587**	6.205	7.526
			3.358	3.684	**4.695**	5.214	6.325
17	Heizöltank, stehend, 5.000 Liter	St	4.480	4.954	**6.485**	7.204	10.358
			3.764	4.163	**5.450**	6.054	8.705
18	Holz/Pellet-Heizkessel, bis 25kW	St	17.574	18.952	**19.551**	20.873	23.611
			14.768	15.926	**16.429**	17.540	19.841
19	Holz/Pellet-Heizkessel, 25 bis 50kW	St	18.954	21.137	**21.718**	23.941	26.877
			15.928	17.763	**18.250**	20.118	22.586
20	Holz/Pellet-Heizkessel, 50 bis 120kW	St	29.458	51.070	**55.614**	79.862	111.866
			24.754	42.916	**46.734**	67.111	94.005
21	Pellet-Fördersystem, Förderschnecke	St	3.233	4.373	**4.667**	5.589	6.729
			2.716	3.675	**3.922**	4.696	5.655
22	Brennstofflagerbehälter für Holzpellets	St	4.983	6.163	**6.246**	6.327	7.506
			4.188	5.179	**5.248**	5.316	6.308
23	Neutralisationsanlage, Brennwertgeräte	St	447	755	**869**	1.318	2.192
			376	634	**730**	1.108	1.842
24	Neutralisationsgranulat 5kg	St	151	201	**222**	225	291
			127	169	**187**	189	245

Nr.	Positionen	Einheit	►	▷	ø brutto € / ø netto €	◁	◄
25	Flach-Solarkollektoranlage, thermisch, bis 10m²	St	9.901	14.150	**15.993**	18.559	24.150
			8.320	11.891	**13.439**	15.596	20.294
26	Flach-Solarkollektoranlage, thermisch, 10-20m²	St	13.728	17.923	**19.067**	24.024	25.359
			11.536	15.061	**16.022**	20.188	21.310
27	Flach-Solarkollektoranlage, thermisch, 20-30m²	St	20.406	28.020	**30.457**	37.157	39.594
			17.148	23.546	**25.594**	31.225	33.272
28	Wärmepumpe, bis 15kW, Sole	St	18.388	21.544	**22.671**	25.461	31.130
			15.452	18.104	**19.051**	21.396	26.160
29	Wärmepumpe, 25-35kW, Sole	St	31.183	36.979	**37.832**	41.825	44.465
			26.204	31.075	**31.792**	35.147	37.365
30	Wärmepumpe, 35-50kW, Sole	St	40.438	45.728	**49.084**	51.402	57.678
			33.981	38.426	**41.247**	43.195	48.469
31	Wärmepumpe, bis 15kW, Luft	St	16.429	20.203	**21.465**	23.435	26.964
			13.806	16.978	**18.038**	19.693	22.659
32	Wärmepumpe, 15-25kW, Luft	St	28.324	30.938	**31.635**	32.428	35.042
			23.802	25.999	**26.584**	27.250	29.447
33	Wärmepumpe, 25-35kW, Luft	St	38.994	43.349	**44.353**	48.002	53.666
			32.768	36.428	**37.272**	40.338	45.098
34	Erdsondenanlage, Wärmepumpe	m	104	122	**126**	134	147
			87	102	**106**	112	124
35	Absorptionswärmepumpe, bis 50kW	St	35.532	36.603	**36.762**	37.665	39.322
			29.859	30.759	**30.892**	31.651	33.043
36	Elektro Heizeinsatz, Heizungsanlage	St	411	563	**626**	627	780
			345	473	**526**	527	655
37	Inbetriebnahme Wärmepumpe	psch	967	1.437	**1.607**	1.640	3.453
			813	1.208	**1.350**	1.378	2.901
38	Wartung, Wärmepumpe	psch	382	430	**436**	474	522
			321	361	**366**	399	439
39	Membran-Druckausdehnungsgefäß, bis 50l	St	129	179	**198**	219	316
			109	151	**167**	184	265
40	Trinkwarmwasserspeicher	St	2.797	3.988	**4.181**	5.004	6.194
			2.351	3.351	**3.514**	4.205	5.205
41	Speicher-Wassererwärmer mit Solar, bis 500l	St	4.861	6.091	**6.963**	7.240	8.612
			4.085	5.119	**5.851**	6.084	7.237
42	Wohnungsübergabestation, 50-100kW	St	11.123	14.243	**15.582**	16.994	21.395
			9.347	11.969	**13.094**	14.281	17.979
43	Stundensatz, Obermonteur/-in Heizung	h	81	87	**88**	94	103
			68	73	**74**	79	87
44	Stundensatz, Helfer/-in Heizung	h	56	62	**65**	69	77
			47	52	**55**	58	65

Kosten:
Stand 2. Quartal 2026
Bundesdurchschnitt

Nr.	**Kurztext** / Langtext						Kostengruppe
▶	▷	**ø netto €**	◁	◀	[Einheit]	Ausf.-Dauer	Positionsnummer

1 Anschluss Heiztherme KG **421**

Anschuss der Verteilungsleitungen an die Therme einschl. aller erforderlichen Pass- und Verbindungsstücke und sonstigem Kleinmaterial. Einschließlich Dichtheitsprüfung der gesamten Anlage.

178€ | 267€ | **306€** | 357€ | 507€ | [St] | ⏱ 3,30h/St | 340.000.078

2 Demontage Heiztherme KG **421**

Demontage Heiztherme und Zubehör einschl. Entsorgung.

152€ | 214€ | **215€** | 260€ | 322€ | [St] | ⏱ 2,10h/St | 340.000.079

3 Heizkessel ausbauen, Stahl, bis 50kW KG **494**

Heizkessel ausbauen und entsorgen, sowie eingebundene Leitungen verschließen.
Wärmeleistung: bis 50kW
Betriebsmittel: .....
Gewicht: .....
Abmessung: .....
Aufstellort: .....
Leitungen: .....

441€ | 594€ | **630€** | 730€ | 1.005€ | [St] | ⏱ 3,00h/St | 340.000.053

A 1 Gas-Brennwerttherme, Wand Beschreibung für Pos. **4-6**

Brennwerttherme, für geschlossene Heizungsanlage, wandhängende Montage, einschl. sicherheitstechnischer Einrichtungen, mit MSR in digitaler Ausführung; einschl. interner Verdrahtung.
Betriebsmittel: Erdgas

4 Gas-Brennwerttherme, Wand, bis 15kW KG **421**

Wie Ausführungsbeschreibung A 1
Kesselkörper: **Edelstahl / Aluminium**
Erdgas: **E / L / Flüssiggas / Bioerdgas**
Wärmeleistung: bis 15kW, modulierend 30-100%
Auslegungsvorlauftemperatur: **bis 75 / 85**°C
Max. zulässiger Betriebsdruck: **4 / 6 / 10**bar
Heizmedium: Wasser
Norm-Nutzungsgrad bei **40 / 30**°C: **102 / über 108**% (bezogen auf den unteren Heizwert)

4.615€ | 5.180€ | **7.229€** | 7.912€ | 9.213€ | [St] | ⏱ 3,80h/St | 340.000.054

5 Gas-Brennwerttherme, Wand, 15 bis 25kW KG **421**

Wie Ausführungsbeschreibung A 1
Kesselkörper: **Edelstahl / Aluminium**
Erdgas: **E / L / Flüssiggas / Bioerdgas**
Wärmeleistung: 15-25kW, modulierend 30-100%
Auslegungsvorlauftemperatur: **bis 75 / 85**°C
Max. zulässiger Betriebsdruck: **4 / 6 / 10**bar
Heizmedium: Wasser
Norm-Nutzungsgrad bei **40 / 30**°C: **102 / über 108**% (bezogen auf den unteren Heizwert)

4.982€ | 5.864€ | **7.412€** | 8.281€ | 9.550€ | [St] | ⏱ 3,80h/St | 340.000.055

▶ min
▷ von
ø Mittel
◁ bis
◀ max

Nr.	Kurztext / Langtext						Kostengruppe
▶	▷	ø netto €	◁	◀	[Einheit]	Ausf.-Dauer	Positionsnummer

6 Gas-Brennwerttherme, Wand, 25 bis 50kW — KG **421**

Wie Ausführungsbeschreibung A 1
Kesselkörper: **Edelstahl / Aluminium**
Erdgas: **E / L / Flüssiggas / Bioerdgas**
Wärmeleistung: 25-50 kW, modulierend 30-100 %
Auslegungsvorlauftemperatur: **bis 75 / 85** °C
Max. zulässiger Betriebsdruck: **4 / 6 / 10** bar
Heizmedium: Wasser
Norm-Nutzungsgrad bei **40 / 30** °C: **102 / über 108** % (bezogen auf den unteren Heizwert)

▶	▷	ø netto €	◁	◀	[Einheit]	Ausf.-Dauer	Positionsnummer
5.414 €	7.397 €	**8.247 €**	9.095 €	10.471 €	[St]	⏱ 4,10 h/St	340.000.063

A 2 Gas-Brennwertkessel — Beschreibung für Pos. **7-12**

Gas-Brennwertkessel für geschlossene Heizungsanlagen; für den Betrieb mit gleitend abgesenkter Kesselwasser-Temperatur ohne untere Begrenzung, modulierender Brenner, mit Edelstahl-Heizflächen. Alle abgasberührten Teile, wie Brennkammer, Nachschaltheizflächen und Abgassammelkasten, aus Edelstahl. Kesselkörper allseitig wärmegedämmt, Ummantelung aus Stahlblech, epoxidharzbeschichtet. Kessel mit schwenkbarer Kesseltür, einschl. Erdgas-Unit-Brenner, Reinigungsdeckel am Abgassammelkasten, Gegenflanschen mit Schrauben und Dichtungen an allen Stutzen, Wärmedämmung, Brennkammerschauglas. inkl. elektronischer Kesselkreisregelung, komplett mit allen Fühlern, Thermostaten und dem Sicherheitstemperaturbegrenzer.

7 Gas-Brennwertkessel, bis 25kW — KG **421**

Wie Ausführungsbeschreibung A 2
Kesselkörperabmessung: .....
Gesamtabmessungen: ..... (mit Kesselregulierung)
Gewicht komplett mit Wärmedämmung ..... kg
Kesselkörper: .....
Erdgas: **E / L / Flüssiggas / Bioerdgas**
Max. Nennwärmeleistung: ..... kW
Feuerungst. Wirkungsgrad: bis 108 %
Abgasseitiger Widerstand: ..... mbar
Zul. Vorlauftemperatur: bis **90 / 100** °C
Max. zulässiger Betriebsdruck: **4 / 6 / 10** bar
Wasserinhalt: l
Abgasrohr, lichte Weite: ..... mm

▶	▷	ø netto €	◁	◀	[Einheit]	Ausf.-Dauer	Positionsnummer
5.546 €	7.007 €	**8.314 €**	8.853 €	9.986 €	[St]	⏱ 5,00 h/St	340.000.074

Nr.	Kurztext / Langtext						Kostengruppe
▶	▷	ø netto €	◁	◀	[Einheit]	Ausf.-Dauer	Positionsnummer

8 **Gas-Brennwertkessel, 25 bis 50kW** KG **421**

Wie Ausführungsbeschreibung A 2
Kesselkörperabmessung: .....
Gesamtabmessungen: ..... (mit Kesselregulierung)
Gewicht komplett mit Wärmedämmung ..... kg
Kesselkörper: .....
Erdgas: **E / L / Flüssiggas / Bioerdgas**
Max. Nennwärmeleistung: ..... kW
Feuerungst. Wirkungsgrad: bis 108 %
Abgasseitiger Widerstand: ..... mbar
Zul. Vorlauftemperatur: bis **90 / 100** °C
Max. zulässiger Betriebsdruck: **4 / 6 / 10** bar
Wasserinhalt: l
Abgasrohr, lichte Weite: ..... mm

▶	▷	ø	◁	◀	Einheit	Ausf.-Dauer	Positionsnummer
6.001€	7.909€	**8.269€**	9.146€	11.055€	[St]	⏱ 5,30h/St	340.000.075

9 **Gas-Brennwertkessel, 50 bis 70kW** KG **421**

Wie Ausführungsbeschreibung A 2
Kesselkörperabmessung: .....
Gesamtabmessungen: ..... (mit Kesselregulierung)
Gewicht komplett mit Wärmedämmung ..... kg
Kesselkörper: .....
Erdgas: **E / L / Flüssiggas / Bioerdgas**
Max. Nennwärmeleistung: ..... kW
Feuerungst. Wirkungsgrad: bis 108 %
Abgasseitiger Widerstand: ..... mbar
Zul. Vorlauftemperatur: bis **90 / 100** °C
Max. zulässiger Betriebsdruck: **4 / 6 / 10** bar
Wasserinhalt: l
Abgasrohr, lichte Weite: ..... mm

▶	▷	ø	◁	◀	Einheit	Ausf.-Dauer	Positionsnummer
6.365€	8.858€	**11.283€**	12.757€	13.585€	[St]	⏱ 5,50h/St	340.000.076

10 **Gas-Brennwertkessel, 70 bis 150kW** KG **421**

Wie Ausführungsbeschreibung A 2
Kesselkörperabmessung: .....
Gesamtabmessungen: ..... (mit Kesselregulierung)
Gewicht komplett mit Wärmedämmung ..... kg
Kesselkörper: .....
Erdgas: **E / L / Flüssiggas / Bioerdgas**
Max. Nennwärmeleistung: ..... kW
Feuerungst. Wirkungsgrad: bis 108 %
Abgasseitiger Widerstand: ..... mbar
Zul. Vorlauftemperatur: bis **90 / 100** °C
Max. zulässiger Betriebsdruck: **4 / 6 / 10** bar
Wasserinhalt: l
Abgasrohr, lichte Weite: ..... mm

▶	▷	ø	◁	◀	Einheit	Ausf.-Dauer	Positionsnummer
10.415	13.068€	**14.153€**	17.448€	23.145€	[St]	⏱ 5,80h/St	340.000.066

Kosten:
Stand 2. Quartal 2026
Bundesdurchschnitt

▶ min
▷ von
ø Mittel
◁ bis
◀ max

11 Gas-Brennwertkessel, 150 bis 225kW KG **421**

Wie Ausführungsbeschreibung A 2
Kesselkörperabmessung: .....
Gesamtabmessungen: ..... (mit Kesselregulierung)
Gewicht komplett mit Wärmedämmung ..... kg
Kesselkörper: .....
Erdgas: **E / L / Flüssiggas / Bioerdgas**
Max. Nennwärmeleistung: ..... kW
Feuerungst. Wirkungsgrad: bis 108 %
Abgasseitiger Widerstand: ..... mbar
Zul. Vorlauftemperatur: bis **90 / 100** °C
Max. zulässiger Betriebsdruck: **4 / 6 / 10** bar
Wasserinhalt: l
Abgasrohr, lichte Weite: ..... mm

14.634 17.915€ **18.529€** 21.580€ 26.355€ [St] ⏱ 6,70 h/St 340.000.067

12 Gas-Brennwertkessel, 225 bis 400kW KG **421**

Wie Ausführungsbeschreibung A 2
Kesselkörperabmessung: .....
Gesamtabmessungen: ..... (mit Kesselregulierung)
Gewicht komplett mit Wärmedämmung ..... kg
Kesselkörper: .....
Erdgas: **E / L / Flüssiggas / Bioerdgas**
Max. Nennwärmeleistung: ..... kW
Feuerungst. Wirkungsgrad: bis 108 %
Abgasseitiger Widerstand: ..... mbar
Zul. Vorlauftemperatur: bis **90 / 100** °C
Max. zulässiger Betriebsdruck: **4 / 6 / 10** bar
Wasserinhalt: l
Abgasrohr, lichte Weite: ..... mm

17.870 26.128€ **30.641€** 34.189€ 43.943€ [St] ⏱ 8,00 h/St 340.000.068

13 Öl-Brennwerttherme, Wand, bis 15kW KG **421**

Öl-Brennwerttherme, für geschlossene Heizungsanlage, für Heizöl EL, Kesselkörper aus Metall, wandhängende Montage, mit modulierendem Brenner, einschl. Ummantelung mit Wärmedämmung, einschl. sicherheitstechnischer Einrichtungen, mit MSR in digitaler Ausführung, einschl. interner Verdrahtung.
Kesselkörper: **Edelstahl / Aluminium / Gusseisen**
Heizöl: **EL schwefelarm / A Bio 10**
Wärmeleistung: ..... kW, modulierend 30-100 %
Auslegungsvorlauftemperatur: bis **75 / 85** °C
Max. zulässiger Betriebsdruck: 3 bar
Heizmedium: Wasser
Norm-Nutzungsgrad bei 50 / 30 °C: 98 / über 104 % (bezogen auf den unteren Heizwert)
Ausführung gemäß Einzelbeschreibung: .....

5.815€ 6.865€ **8.076€** 9.691€ 10.499€ [St] ⏱ 4,20 h/St 340.000.080

Nr.	Kurztext / Langtext						Kostengruppe
▶	▷	**ø netto €**	◁	◀	[Einheit]	Ausf.-Dauer	Positionsnummer

Kosten:
Stand 2. Quartal 2026
Bundesdurchschnitt

14 Öl-Brennwerttherme, Wand, 15 bis 25kW — KG **421**

Öl-Brennwerttherme, für geschlossene Heizungsanlage, für Heizöl EL, Kesselkörper aus Metall, wandhängende Montage, mit modulierendem Brenner, einschl. Ummantelung mit Wärmedämmung, einschl. sicherheitstechnischer Einrichtungen, mit MSR in digitaler Ausführung, einschl. interner Verdrahtung.
Kesselkörper: **Edelstahl / Aluminium / Gusseisen**
Heizöl: **EL schwefelarm / A Bio 10**
Wärmeleistung: .....kW, modulierend 30-100%
Auslegungsvorlauftemperatur: bis **75 / 85**°C
Max. zulässiger Betriebsdruck: 3bar
Heizmedium: Wasser
Norm-Nutzungsgrad bei 50 / 30°C: 98 / über 104% (bezogen auf den unteren Heizwert)
Ausführung gemäß Einzelbeschreibung: .....

▶	▷	ø	◁	◀	Einheit	Ausf.-Dauer	Positionsnummer
6.171€	7.285€	**8.570€**	10.284€	10.713€	[St]	⏱ 4,20h/St	340.000.081

15 Öl-Brennwertkessel, bis 25kW — KG **421**

Öl-Brennwertkessel für Heizöl EL, für geschlossene Heizungsanlagen; für den Betrieb mit gleitend abgesenkter Kesselwasser-Temperatur ohne untere Begrenzung, modulierender Brenner, mit Metall-Heizflächen, Brennwert-Wärmetauscher aus Edelstahl. Kesselkörper allseitig wärmegedämmt, Ummantelung aus Stahlblech, epoxidharzbeschichtet. Lieferumfang: Kessel mit schwenkbarer Kesseltür, inkl. Erdöl-Unit-Brenner, Reinigungsdeckel am Abgassammelkasten, Gegenflanschen mit Schrauben und Dichtungen an allen Stutzen, Wärmedämmung, Brennkammerschauglas, inkl. elektronischer Kesselkreisregelung, komplett mit allen Fühlern, Thermostaten und dem Sicherheitstemperaturbegrenzer.
Abmessungen Kesselkörper (L x B x H): ..... x ..... x .....mm
Gesamtabmessungen (L x B x H): ..... x ..... x .....mm
Gewicht komplett mit Wärmedämmung: .....kg
Erdgas: **EL schwefelarm / A Bio 10**
Max. Nennwärmeleistung: .....kW
Feuerungst. Wirkungsgrad: bis 103%
Abgasseitiger Widerstand: .....mbar
Zul. Vorlauftemperatur: bis **90 / 100**°C
Max. zulässiger Betriebsdruck: 3bar
Wasserinhalt: l
Abgasrohr lichte Weite: .....mm
Ausführung gemäß Einzelbeschreibung: .....

▶	▷	ø	◁	◀	Einheit	Ausf.-Dauer	Positionsnummer
9.396€	10.170€	**11.054€**	12.160€	14.370€	[St]	⏱ 6,20h/St	340.000.082

▶ min
▷ von
ø Mittel
◁ bis
◀ max

Nr.	Kurztext / Langtext						Kostengruppe
►	▷	ø netto €	◁	◀	[Einheit]	Ausf.-Dauer	Positionsnummer

A 3 Heizöltank, stehend — Beschreibung für Pos. **16-17**

Heizöllagerbehälter in stehender Ausführung, für oberirdische Lagerung im Gebäude. Leckschutzauskleidung mit Bauartzulassung. Überwachung mit Vakuum. Eventueller Zusatz: Heizölauffangbehälter, Entlüftungsleitung, Füllleitung, Entlüftungshaube, Grenzwertgeber, Tankinhaltsanzeiger, Tankeinbaugarnitur, Sicherheitsrohr, Doppelpumpenaggregat, Absperrkombination, Filterkombination, Schnellschlussventile, Kugelhähne, Motor- und Schutzschalter, Elektroleitungen, Bezeichnungsschilder, Doppelkugel-Fußventil.

16 Heizöltank, stehend, 3.000 Liter — KG **421**

Wie Ausführungsbeschreibung A 3
Material Behälter: **Stahl / GFK**
Brutto-Lagervolumen: 3.000 l
Abmessung: .....
Einbringung: **am Stück / geteilt**, mit Unterstützungskonstruktion

3.358 €	3.684 €	**4.695 €**	5.214 €	6.325 €	[St]	⏱ 2,20 h/St	340.000.058

17 Heizöltank, stehend, 5.000 Liter — KG **421**

Wie Ausführungsbeschreibung A 3
Material Behälter: **Stahl / GFK**
Brutto-Lagervolumen: 5.000 l
Abmessung: .....
Einbringung: **am Stück / geteilt**, mit Unterstützungskonstruktion

3.764 €	4.163 €	**5.450 €**	6.054 €	8.705 €	[St]	⏱ 2,50 h/St	340.000.077

A 4 Holz/Pellet-Heizkessel — Beschreibung für Pos. **18-20**

Heizkessel für geschlossene Warmwasserheizungsanlagen für Festbrennstoff zur Erzeugung von Warmwasser. Kesselkörper aus Metall, für stehende Montage, einschl. sicherheitstechnischer Einrichtungen. Anschlussstutzen für Vor-, Rücklauf, Entlüftung, Füllung, Entleerung. Mit CE-Registrierung und Bauartzulassung.

18 Holz/Pellet-Heizkessel, bis 25kW — KG **421**

Wie Ausführungsbeschreibung A 4
Kesselkörper: **Stahl / Guss**
Brennstoff: **Stückholz / Pellets DIN EN ISO 17225-2**
Wärmeleistung: ..... kW
Auslegungsvorlauftemperatur: bis 110 °C
Max. zulässiger Betriebsdruck: **6 / 10 / 16 / 25** bar
Heizmedium: Wasser
Norm-Nutzungsgrad: bei **75** °C, **92** % **/ 60** °C, **94** % (bezogen auf den unteren Heizwert)
Abmessungen Kesselkörper (L x B x H): ..... x ..... x ..... mm
Gesamtabmessungen (L x B x H): ..... x ..... x ..... mm
Gewicht komplett mit Wärmedämmung: ..... kg
Wasserinhalt: l

14.768	15.926 €	**16.429 €**	17.540 €	19.841 €	[St]	⏱ 5,00 h/St	340.000.059

Nr.	Kurztext / Langtext						Kostengruppe
▶	▷	ø netto €	◁	◀	[Einheit]	Ausf.-Dauer	Positionsnummer

19 Holz/Pellet-Heizkessel, 25 bis 50kW KG **421**

Wie Ausführungsbeschreibung A 4
Kesselkörper: **Stahl / Guss**
Brennstoff: **Stückholz / Pellets DIN EN ISO 17225-2**
Wärmeleistung: .....kW
Auslegungsvorlauftemperatur: bis 110°C
Max. zulässiger Betriebsdruck: **6 / 10 / 16 / 25**bar
Heizmedium: Wasser
Norm-Nutzungsgrad: bei **75**°C, **92**% **/ 60**°C, **94**% (bezogen auf den unteren Heizwert)
Abmessungen Kesselkörper (L x B x H): ..... x ..... x .....mm
Gesamtabmessungen (L x B x H): ..... x ..... x .....mm
Gewicht komplett mit Wärmedämmung: .....kg
Wasserinhalt: l

Kosten:
Stand 2. Quartal 2026
Bundesdurchschnitt

15.928 17.763€ **18.250€** 20.118€ 22.586€ [St] ⏱ 5,20h/St 340.000.071

20 Holz/Pellet-Heizkessel, 50 bis 120kW KG **421**

Wie Ausführungsbeschreibung A 4
Kesselkörper: **Stahl / Guss**
Brennstoff: **Stückholz / Pellets DIN EN ISO 17225-2**
Wärmeleistung: .....kW
Auslegungsvorlauftemperatur: bis 110°C
Max. zulässiger Betriebsdruck: **6 / 10 / 16 / 25**bar
Heizmedium: Wasser
Norm-Nutzungsgrad: bei **75**°C, **92**% **/ 60**°C, **94**% (bezogen auf den unteren Heizwert)
Abmessungen Kesselkörper (L x B x H): ..... x ..... x .....mm
Gesamtabmessungen (L x B x H): ..... x ..... x .....mm
Gewicht komplett mit Wärmedämmung: .....kg
Wasserinhalt: l

24.754 42.916€ **46.734€** 67.111€ 94.005€ [St] ⏱ 6,00h/St 340.000.072

21 Pellet-Fördersystem, Förderschnecke KG **421**

Beschickungssystem für Pelletfeuerungen als Förderschnecke mit Antrieb und Steuerung. Lagerbodenschnecke mit ziehendem Antrieb und Übergabetrichter für Beschickung des Kessels mit Brennstoff. Antriebseinheit mit Stirnradgetriebemotor. Auswurf mit Revisionsdeckel, Sicherheitsendschalter und Fallrohr/Adapter zur nachfolgenden Fördereinrichtung. Schnecke und Kanal aus Stahl geschweißt. Rohrförderschnecke für Pellets, Steigungswinkel bis 65°. Ziehender Antrieb mit Auswurf über einer Fallstrecke. Der Antrieb erfolgt über Stirnradgetriebemotor. Steuerung im Schaltkasten vorverkabelt.
Lagerbodenschnecke: .....m
Schneckendurchmesser: .....mm
Waagerechte Länge: .....m
Durchmesser Förderschnecke: max. 120mm
Länge der Rohrförderschnecke: .....m
Max. Förderkapazität: .....kg/h
Anschluss 230V 50Hz: 0,5kW

2.716€ 3.675€ **3.922€** 4.696€ 5.655€ [St] ⏱ 0,60h/St 340.000.073

▶ min
▷ von
ø Mittel
◁ bis
◀ max

Nr.	Kurztext / Langtext						Kostengruppe
▶	▷	**ø netto €**	◁	◀	[Einheit]	Ausf.-Dauer	Positionsnummer

22 Brennstofflagerbehälter für Holzpellets KG **421**

Brennstofflagerbehälter als **Sacksilo / Betonschacht / Fertig Kunststoffbehälter** mit Stahlgestell und flexiblem Gewebe für Holzpellets inkl. Anschluss
Aufstellort: **innerhalb des Gebäudes / außerhalb des Gebäudes / unterirdisch**
Ausführung Behälter: **luftdurchlässig / luftundurchlässig / wasserdicht**, frostsicher, antistatisch
Inhalt: ..... t
Aufstellraum (L x B): ..... x ..... m
Raumhöhe: ..... m

4.188€ | 5.179€ | **5.248€** | 5.316€ | 6.308€ | [St] | ⏱ 4,50h/St | 340.000.107

23 Neutralisationsanlage, Brennwertgeräte KG **421**

Neutralisationsanlage geeignet für Kondenswasser aus Erdgas/Heizöl. Gehäuse aus durchsichtigem Kunststoff mit Markierung für minimalen und maximalen Füllstand. Komplett mit Neutralisationsgranulat befüllt, Halteschellen und vorbereitetem Abwasseranschluss für HT-Rohr, inkl. Siphon.
Brennwertgeräte: bis ..... kW
Gesamtabmessungen Länge: ..... mm
Durchmesser: ..... mm
Anschluss Fallstrang: ca. 4,00m

376€ | 634€ | **730€** | 1.108€ | 1.842€ | [St] | ⏱ 0,90h/St | 340.000.105

24 Neutralisationsgranulat 5kg KG **421**

Neutralisationsgranulat als **Nachfüllpack / Erstbefüllung** in 5kg.

127€ | 169€ | **187€** | 189€ | 245€ | [St] | ⏱ 0,15h/St | 340.000.106

A 5 Flach-Solarkollektoranlage, thermisch Beschreibung für Pos. **25-27**

Flachkollektor für Heizung in Aufdachmontage mit konstruktiver Verankerung sowie systembedingten Befestigungsmitteln und gedämmter Solarpumpenregelgruppe. Module mit korrosions- und witterungsbeständigem Rahmen und mit hochselektiver Vakuumbeschichtung, rückseitig hochtemperaturbeständige Wärmeschutzdämmung, mit durchgehender Wanne, hochtransparentes, gehärtetes Solarsicherheitsglas, mit Bauartzulassung, 2 Fühlerhülsen für Fühler. Leistung einschl. Anschlussfittinge für Kupferrohr sowie sämtlicher Verbindungs- und Dichtungsmaterialien und ca. 40m fertigisolierter Solaranschlussleitungen mit Dachdurchführungen und Frostschutz-Befüllung.

25 Flach-Solarkollektoranlage, thermisch, bis 10m² KG **421**

Wie Ausführungsbeschreibung A 5
Frostschutz-Befüllung (Menge, Art und Mischungsverhältnis): .....
Kollektor-Neigungswinkel: min./max. 15-75°
Mindest-Ertrag: 500kWh/(m²·a)
Maximaler Betriebsdruck: 10bar
Aperturfläche: bis 10m²
Ausführung gemäß nachfolgender Einzelbeschreibung: .....

8.320€ | 11.891€ | **13.439€** | 15.596€ | 20.294€ | [St] | ⏱ 4,90h/St | 340.000.060

Kosten:
Stand 2. Quartal 2026
Bundesdurchschnitt

Nr.	**Kurztext** / Langtext						Kostengruppe
▶	▷	**ø netto €**	◁	◀	[Einheit]	Ausf.-Dauer	Positionsnummer

26 **Flach-Solarkollektoranlage, thermisch, 10-20m²** KG **421**

Wie Ausführungsbeschreibung A 5
Frostschutz-Befüllung (Menge, Art und Mischungsverhältnis): .....
Kollektor-Neigungswinkel: min./max. 15-75°
Mindest-Ertrag: 500 kWh/(m²·a)
Maximaler Betriebsdruck: 10 bar
Aperturfläche: 10 bis 20 m²
Ausführung gemäß nachfolgender Einzelbeschreibung: .....

▶	▷	ø netto €	◁	◀	[Einheit]	Ausf.-Dauer	Positionsnummer
11.536	15.061€	**16.022€**	20.188€	21.310€	[St]	⏱ 5,80 h/St	340.000.061

27 **Flach-Solarkollektoranlage, thermisch, 20-30m²** KG **421**

Wie Ausführungsbeschreibung A 5
Frostschutz-Befüllung (Menge, Art und Mischungsverhältnis): .....
Kollektor-Neigungswinkel: min./max. 15-75°
Mindest-Ertrag: 500 kWh/(m²·a)
Maximaler Betriebsdruck: 10 bar
Aperturfläche: 20 bis 30 m²
Ausführung gemäß nachfolgender Einzelbeschreibung: .....

▶	▷	ø netto €	◁	◀	[Einheit]	Ausf.-Dauer	Positionsnummer
17.148	23.546€	**25.594€**	31.225€	33.272€	[St]	⏱ 7,00 h/St	340.000.062

A 6 **Wärmepumpe, Sole** Beschreibung für Pos. **28-30**

Elektrisch angetriebene Wärmepumpe für Raumheizung und zur Erwärmung von Trinkwasser DIN EN 14511 für Innenaufstellung, mit Verdichter einschl. Schwingungsdämpfer sowie Regelung für Warmwasserbereitung und einen geregelten Heizkreis. Leistung einschl. Anschlusszubehör und Inbetriebnahme.

28 **Wärmepumpe, bis 15kW, Sole** KG **421**

Wie Ausführungsbeschreibung A 6
Wärmequelle: **Sole / Wasser über Erdsonden / Erdkollektoren**
Solequalität: .....
Minimale Wärmequellentemperatur: 0 °C
Maximale Vorlauftemperatur: **mind. 60** °C **zur Raumheizung / mind. 72** °C **zur WW-Bereitung**
Nennwärmeleistung: bis 15 kW (bei B0W35)
Leistungszahl (COP): mind. 4,5 (bei B0W35)
Maximaler Schallleistungspegel: 55 dB(A)
Maximaler Betriebsdruck: mind. PN 6
Bemessungsbetriebsspannung: 400 V AC
Ausführung gemäß nachfolgender Einzelbeschreibung: .....

▶	▷	ø netto €	◁	◀	[Einheit]	Ausf.-Dauer	Positionsnummer
15.452	18.104€	**19.051€**	21.396€	26.160€	[St]	⏱ 6,00 h/St	340.000.090

▶ min
▷ von
ø Mittel
◁ bis
◀ max

Nr.	Kurztext / Langtext						Kostengruppe
▶	▷	**ø netto €**	◁	◀	[Einheit]	Ausf.-Dauer	Positionsnummer

29 Wärmepumpe, 25-35kW, Sole KG **421**

Wie Ausführungsbeschreibung A 6
Wärmequelle: **Sole / Wasser über Erdsonden / Erdkollektoren**
Solequalität: .....
Minimale Wärmequellentemperatur: 0 °C
Maximale Vorlauftemperatur: **mind. 60** °C **zur Raumheizung / mind. 72** °C **zur WW-Bereitung**
Nennwärmeleistung: 25-35 kW (bei B0W35)
Leistungszahl (COP): mind. 4,5 (bei B0W35)
Maximaler Schallleistungspegel: 55 dB(A)
Maximaler Betriebsdruck: mind. PN 6
Bemessungsbetriebsspannung: 400 V AC
Ausführung gemäß nachfolgender Einzelbeschreibung: .....

26.204 31.075€ **31.792€** 35.147€ 37.365€ [St] ⏱ 6,00 h/St 340.000.092

30 Wärmepumpe, 35-50kW, Sole KG **421**

Wie Ausführungsbeschreibung A 6
Wärmequelle: **Sole / Wasser über Erdsonden / Erdkollektoren**
Solequalität: .....
Minimale Wärmequellentemperatur: 0 °C
Maximale Vorlauftemperatur: **mind. 60** °C **zur Raumheizung / mind. 72** °C **zur WW-Bereitung**
Nennwärmeleistung: 35-50 kW (bei B0W35)
Leistungszahl (COP): mind. 4,5 (bei B0W35)
Maximaler Schallleistungspegel: 55 dB(A)
Maximaler Betriebsdruck: mind. PN 6
Bemessungsbetriebsspannung: 400 V AC
Ausführung gemäß nachfolgender Einzelbeschreibung: .....

33.981 38.426€ **41.247€** 43.195€ 48.469€ [St] ⏱ 7,00 h/St 340.000.093

A 7 Wärmepumpe, Luft Beschreibung für Pos. **31-33**

Elektrisch angetriebene Wärmepumpe für Raumheizung und zur Erwärmung von Trinkwasser DIN EN 14511 für Innen-/Außenaufstellung, mit Verdichter, einschl. Schwingungsdämpfer sowie Regelung für Warmwasserbereitung und einen geregelten Heizkreis. Leistung einschl. Anschlusszubehör und Inbetriebnahme.

31 Wärmepumpe, bis 15kW, Luft KG **421**

Wie Ausführungsbeschreibung A 7
Wärmequelle: Luft
Minimale Wärmequellentemperatur: -18 °C
Vorlauftemperatur: ..... °C zur Raumheizung, ... °C zur WW-Bereitung
Montage/Aufstellung: schallentkoppelt
Nennwärmeleistung bis 15 kW
Leistungszahl (COP): mind. .....
Maximaler Schallleistungspegel: 60 dB(A)
Maximaler Betriebsdruck: mind. PN 6
Bemessungsbetriebsspannung: 400 V AC
Ausführung gemäß nachfolgender Einzelbeschreibung: .....

13.806 16.978€ **18.038€** 19.693€ 22.659€ [St] ⏱ 6,00 h/St 340.000.094

340 341 342 344 345 347 353 358 363 369 375

Nr.	Kurztext / Langtext						Kostengruppe
▶	▷	ø netto €	◁	◀	[Einheit]	Ausf.-Dauer	Positionsnummer

32 **Wärmepumpe, 15-25kW, Luft** KG **421**

Wie Ausführungsbeschreibung A 7
Wärmequelle: Luft
Minimale Wärmequellentemperatur: -18°C
Vorlauftemperatur: .....°C zur Raumheizung, ...°C zur WW-Bereitung
Montage/Aufstellung: schallentkoppelt
Nennwärmeleistung 15-25kW
Leistungszahl (COP): mind. .....
Maximaler Schallleistungspegel: 60dB(A)
Maximaler Betriebsdruck: mind. PN 6
Bemessungsbetriebsspannung: 400V AC
Ausführung gemäß nachfolgender Einzelbeschreibung: .....

▶	▷	ø	◁	◀	Einheit	Ausf.-Dauer	Positionsnummer
23.802	25.999€	**26.584€**	27.250€	29.447€	[St]	⏱ 6,00h/St	340.000.095

Kosten:
Stand 2.Quartal 2026
Bundesdurchschnitt

33 **Wärmepumpe, 25-35kW, Luft** KG **421**

Wie Ausführungsbeschreibung A 7
Wärmequelle: Luft
Minimale Wärmequellentemperatur: -18°C
Vorlauftemperatur: .....°C zur Raumheizung, ...°C zur WW-Bereitung
Montage/Aufstellung: schallentkoppelt
Nennwärmeleistung 25-35kW
Leistungszahl (COP): mind. .....
Maximaler Schallleistungspegel: 60dB(A)
Maximaler Betriebsdruck: mind. PN 6
Bemessungsbetriebsspannung: 400V AC
Ausführung gemäß nachfolgender Einzelbeschreibung: .....

▶	▷	ø	◁	◀	Einheit	Ausf.-Dauer	Positionsnummer
32.768	36.428€	**37.272€**	40.338€	45.098€	[St]	⏱ 6,00h/St	340.000.096

34 **Erdsondenanlage, Wärmepumpe** KG **421**

Erdsondenanlage mit druckgeprüften Doppel-U- Sonden und Füllung des Ringraums mit Zement-Bentonit-Suspension. Ausführung der Erdwärmesondenbohrung(en) einschl. eventuell notwendiger Verrohrung des Bohrlochs. Leistung inkl. Antrag auf wasserrechtliche Genehmigung einschl. Bohrgenehmigung zur Vorlage bei der zuständigen Behörde und Nebenarbeiten und Versicherungen. Graphische Darstellung der Bohrergebnisse, Ausbauzeichnung. Baustelleneinrichtung mit An- und Abtransport Bohrgerät, Mannschaft und Ausrüstung, Auf- und Abbau des Bohrgeräts je Ansatzpunkt einschl. Umsetzen.
Bohrloch: ca. 160mm
Doppel-U-Sonden: 32mm einschl. Fußstück
Durchflussspülung und Befüllung: mit **Wasser / Wasser-Glykol**
Sondentiefe: bis 50m
Überstand Sonden über Gelände: ca. 1,00m
Ausführung gemäß nachfolgender Einzelbeschreibung: .....

▶	▷	ø	◁	◀	Einheit	Ausf.-Dauer	Positionsnummer
87€	102€	**106€**	112€	124€	[m]	⏱ 0,20h/m	340.000.101

▶ min
▷ von
ø Mittel
◁ bis
◀ max

35 Absorptionswärmepumpe, bis 50kW KG **421**

Gasabsorptionswärmepumpe (GAWP) als Luft/Wasser-Gas-Absorptions-Wärmepumpe in schallreduzierter, betriebsfertiger Kompaktbauweise. Betriebsfertige Abgasabführung, optional verlängerbar. Mit integriertem Abgaswärmetauscher zur Brennwertnutzung, Vollautomatische Abtaueinrichtung ohne Betriebsunterbrechung, Frostschutzeinrichtung, integriertem luftgekühltem Wärmetauscher. Wetterfeste Ausführung zur Aufstellung im Freien. Beschichtet mit Einbrenn-Epoxidbeschichtung. Kältemittelkreis aus hochlegiertem Spezialstahl mit niedrigem Kohlenstoffanteil. Kältemittel/Lösemittel: Ammoniak/Wasser
Nennspannung: 230V / 50Hz
Elektr. Leistungsaufnahme: ..... kW
Leistung des Gasbrenners: ..... kW
Nominaler Gasverbrauch G 20: ..... m³/h
Flüssiggas: ..... kg/h
Leistungsdaten im Heizbetrieb:
Heizleistung nominal (A7/W50): ..... kW
Nominaler Warmwasserdurchsatz: ..... m³/h
Max. Vorlauftemperatur Heizbetrieb: 65°C
Max. Rücklauftemperatur Heizbetrieb: 55°C
Schalldruckpegel in 10m Entfernung: .....dB(A)
Gewicht (gefüllt): ..... kg
Abmessungen:
Breite: ..... mm
Tiefe: ..... mm
Höhe: ..... mm
Anschlüsse:
Wasser (VL / RL): 1 1/4"
Gas: 3/4"
Abgasstutzen: DN 80
Abgastemperatur max: ..... °C
Abgasmassenstrom: ..... kg/h
CO_2: ..... %
NOx: ..... ppm

29.859 30.759€ **30.892€** 31.651€ 33.043€ [St] ⏱ 9,50h/St 340.000.103

36 Elektro Heizeinsatz, Heizungsanlage KG **422**

Elektro-Heizeinsatz, Heizleistung von 2,4 oder 6kW wählbar. Einsetzbar bei weichem bis mittelhartem Trinkwasser bis 2,5mol/m³ (14° dH, Härtebereich mittel). Mit Sicherheitstemperaturbegrenzer und Temperaturregler.

345€ 473€ **526€** 527€ 655€ [St] ⏱ 1,00h/St 340.000.111

37 Inbetriebnahme Wärmepumpe KG **421**

Die Erstinbetriebnahme der Wärmepumpe sollte rechtzeitig angemeldet werden. Die Inbetriebnahme hat gemäß der Vorgaben des Wärmepumpenherstellers sowie den gesetzlichen Bestimmungen unter Berücksichtigung der Garantie und Gewährleistung zu erfolgen, einschl. An- und Abreisekosten, inkl. Aushändigung des unterzeichneten Übergabe und Inbetriebnahmeprotokolls. Leistungsumfang: Inbetriebsetzen der Wärmepumpe, Inbetriebnahme der Regelungsanlage, Inbetriebsetzen und Programmieren Fernüberwachung, Überprüfen der Hersteller-Projektierungsrichtlinien, Protokollerstellung mit allen eingestellten Parametern, inkl. Aushändigung des unterzeichneten Übergabe-/Inbetriebnahmeprotokolls.

813€ 1.208€ **1.350€** 1.378€ 2.901€ [psch] ⏱ 4,80h/psch 340.000.108

Nr.	Kurztext / Langtext					Kostengruppe
▶	▷	ø netto €	◁	◀	[Einheit] Ausf.-Dauer	Positionsnummer

38 Wartung, Wärmepumpe KG **421**

Wartung einer Luft, Wasser, Sole Wärmepumpe gemäß der Vorgaben des Wärmepumpenherstellers sowie den gesetzlichen Bestimmungen unter Berücksichtigung der Garantie und Gewährleistung.

321€ 361€ **366€** 399€ 439€ [psch] ⏱ 1,80h/psch 340.000.104

39 Membran-Druckausdehnungsgefäß, bis 50l KG **421**

Membran-Druckausdehnungsgefäß mit Abnahmebescheinigung für Heizungswasser.
Zulässiger Betriebsdruck: **3 / 6 / 10**bar
Vordruck Druckausdehnungsgefäß: .....bar
Nennvolumen Ausdehnungsgefäß: l
Werkstoff: Stahl
Aufstellung: stehend
Oberfläche außen: lackiert

109€ 151€ **167€** 184€ 265€ [St] ⏱ 1,00h/St 340.000.113

40 Trinkwarmwasserspeicher KG **421**

Speicher-Wassererwärmung für Trinkwasser. Mit Einbauheizfläche als Glattrohrwärmetauscher aus geschweißtem nichtrostendem Stahlrohr. Warmwasserdauerleistung bei Erwärmung von 10 auf 60°C und Heizwasser-Vorlauftemperatur von 70°C .....l/h. Behälter mit Korrosionsschutzeinrichtung, mit Anschlussstutzen für Heizmitteleintritt, Mess- und Regeleinrichtung, Kalt-, Warm- und Zirkulationswasser. Mit Wärmedämmung und Ummantelung, abnehmbar.
Bauart: **stehend / liegend**
Speicherinhalt: 300l
Leistungskennzahl Nl: .....
Maximale Speichertemperatur: 95°C
Zulässiger Druck: **4 / 6 / 10**bar
Maximale Heizwassertemperatur: .....°C
Behälter: **Stahl emailliert / Edelstahl**
Durchmesser ohne Wärmedämmung: .....m
Höhe: .....m
Gewicht: .....kg

2.351€ 3.351€ **3.514€** 4.205€ 5.205€ [St] ⏱ 5,80h/St 340.000.112

41 Speicher-Wassererwärmer mit Solar, bis 500l KG **421**

Bivalenter Speicher-Wassererwärmer für Trinkwasser, mit zwei innenliegenden Heizflächen, mit Einbauheizfläche für Solarthermie und weiteren Wärmeerzeuger. Leistung einschl. Anschlüssen für Medien und für Messwertgeber, mit Revisionsöffnung, mit abnehmbarer Wärmedämmung und Ummantelung, mit Anschlussleitungen.
Speicher: Bauart stehend
Material: **nichtrostendem Stahl / Stahl emailliert**
Speicherinhalt: bis 500Liter
DIN 4708-2 bei Erwärmung von 10 auf 45°C
Leistungskennzahl je Heizfläche mindestens NL 2,5
(nach DIN 4708 bei Speicher-/VL-Temperatur 60/70°C)
Ausführung gemäß nachfolgender Einzelbeschreibung: .....

4.085€ 5.119€ **5.851€** 6.084€ 7.237€ [St] ⏱ 2,50h/St 340.000.102

Kosten:
Stand 2. Quartal 2026
Bundesdurchschnitt

▶ min
▷ von
ø Mittel
◁ bis
◀ max

Nr.	Kurztext / Langtext						Kostengruppe
▶	▷	**ø netto €**	◁	◀	[Einheit]	Ausf.-Dauer	Positionsnummer

42 Wohnungsübergabestation, 50-100kW KG **421**

Wohnungsübergabestation für den Anschluss an ein Zweileiter-Wärmeversorgungssystem. Ausführung mit gelötetem Plattenwärmeübertrager aus nichtrostendem Stahl. Wärmeübertrager und Verbindungsbauteile medienberührt korrosionsbeständig aus nichtrostendem Stahl ausgeführt. Wohnungsübergabestation mit thermostatischer Regelung, bestehend aus einem ungemischten Heizkreis, Absperr- und Anschlussarmaturen, Entlüftungs- und Entleerungseinrichtungen, Befestigungsmaterial sowie wärmetechnischer Dämmung. Geeignet zur Wandaufbaumontage, einschl. Aufputzkasten.Mit Passstück zur späteren Aufnahme eines Wärmemengenzählers sowie Passstück zur späteren Aufnahme eines Kaltwasserzählers. Einschließlich aller erforderlichen Anschluss-, Befestigungs- und Kleinmaterialien, Dichtungen, Konsolen, Montagearbeiten, Funktionsprüfung, Einregulierung und betriebsfertiger Übergabe.
Technische Anforderungen:
Wärmeleistung: 35kW
System: Zweileitersystem
Regelung: thermostatisch
Heizkreis: 1 St, ungemischt
Nenndruck: PN 10
Anschlussgewinde: G 3/4
Auslegung Vorlauf: 90°C
Auslegung Rücklauf: 30°C
Bemessungsbetriebsspannung: 230V AC

9.347€	11.969€	**13.094€**	14.281€	17.979€	[St]	⏱ 14,00h/St	340.000.114

43 Stundensatz, Obermonteur/-in Heizung

Verrechnungssatz für die jeweilige Arbeitskraft inkl. aller Aufwendungen wie Lohn- und Gehaltskosten, Lohn- und Gehaltsnebenkosten, Zuschläge, lohngebundene und lohnabhängige Kosten, sonstige Sozialkosten, Gemeinkosten, Wagnis und Gewinn. Leistung nach besonderer Anordnung der Bauüberwachung. Nachweis und Anmeldung gemäß VOB/B.

68€	73€	**74€**	79€	87€	[h]	⏱ 1,00h/h	340.000.109

44 Stundensatz, Helfer/-in Heizung

Verrechnungssatz für die jeweilige Arbeitskraft inkl. aller Aufwendungen wie Lohn- und Gehaltskosten, Lohn- und Gehaltsnebenkosten, Zuschläge, lohngebundene und lohnabhängige Kosten, sonstige Sozialkosten, Gemeinkosten, Wagnis und Gewinn. Leistung nach besonderer Anordnung der Bauüberwachung. Nachweis und Anmeldung gemäß VOB/B.

47€	52€	**55€**	58€	65€	[h]	⏱ 1,00h/h	340.000.110

341

Kosten:
Stand 2. Quartal 2026
Bundesdurchschnitt

Nr.	Positionen	Einheit	►	▷	ø brutto € / ø netto €	◁	◄
1	Röhrenradiator demontieren, bis 50kg	St	56	69	**75**	83	108
			47	58	**63**	69	91
2	Röhrenradiator demontieren, bis 100kg	St	70	95	**113**	122	150
			59	80	**95**	102	126
3	Flachheizkörper demontieren, bis 50kg	St	23	43	**52**	60	71
			20	36	**44**	50	60
4	Gewinderohrleitung, demontieren, bis DN50	m	7	10	**11**	16	23
			6	8	**9**	14	19
5	Gewinderohrleitung, demontieren, bis DN100	m	12	23	**23**	25	31
			10	19	**19**	21	26
6	Kupferrohrleitung, demontieren, bis DN25	m	8	10	**11**	13	15
			7	8	**10**	11	12
7	Heizkörper ausbauen/wieder einbauen	St	47	88	**109**	202	306
			39	74	**92**	170	257
8	Schlamm und Magnetitabscheider 1 1/4"	St	382	465	**491**	531	565
			321	391	**413**	446	475
9	Schlamm und Magnetitabscheider 1 1/2"	St	470	497	**519**	534	560
			395	418	**436**	449	471
10	Hydraulischer Abgleich	St	492	698	**765**	873	1.099
			413	586	**643**	734	923
11	Rohrleitung, C-Stahlrohr, DN10	m	8	16	**20**	23	30
			7	13	**17**	20	25
12	Rohrleitung, C-Stahlrohr, DN12	m	21	24	**26**	29	32
			18	20	**22**	24	27
13	Rohrleitung, C-Stahlrohr, DN15	m	24	28	**31**	34	39
			20	24	**26**	29	32
14	Rohrleitung, C-Stahlrohr, DN20	m	31	34	**35**	39	44
			26	28	**29**	32	37
15	Rohrleitung, C-Stahlrohr, DN25	m	31	43	**47**	62	82
			26	36	**39**	52	69
16	Rohrleitung, C-Stahlrohr, DN32	m	43	50	**53**	56	63
			36	42	**44**	47	53
17	Rohrleitung, C-Stahlrohr, DN40	m	52	61	**66**	70	84
			43	52	**56**	59	71
18	Rohrleitung, C-Stahlrohr, DN50	m	72	85	**86**	90	102
			61	71	**72**	75	86
19	Kompaktheizkörper, Stahl, H=500, L=bis 700	St	197	273	**284**	322	420
			166	229	**238**	270	353
20	Kompaktheizkörper, Stahl, H=500, L=bis 1.400	St	350	471	**521**	612	829
			294	396	**437**	514	696
21	Kompaktheizkörper, Stahl, H=500, L=bis 2.100	St	646	709	**786**	840	1.082
			543	596	**661**	706	909
22	Kompaktheizkörper, Stahl, H=600, L=bis700	St	294	316	**359**	474	610
			247	266	**302**	398	513
23	Kompaktheizkörper, Stahl, H=600, L=bis 1.400	St	533	552	**659**	767	891
			448	464	**554**	645	749
24	Kompaktheizkörper, Stahl, H=600, L=bis 2.100	St	661	734	**814**	958	1.121
			555	617	**684**	805	942

► min
▷ von
ø Mittel
◁ bis
◄ max

Nr.	Positionen	Einheit	►	▷	ø brutto € / ø netto €	◁	◄
25	Kompaktheizkörper, Stahl, H=900, L=bis 700	St	378	416	**459**	562	694
			318	349	**385**	472	584
26	Kompaktheizkörper, Stahl, H=900, L=bis 1.400	St	610	709	**751**	955	1.189
			513	596	**631**	802	999
27	Kompaktheizkörper, Stahl, H=900, L=bis 2.100	St	889	945	**1.048**	1.151	1.381
			747	794	**881**	967	1.161
28	Deckenstrahlplatte	St	4.078	5.666	**5.892**	6.580	8.708
			3.427	4.761	**4.952**	5.530	7.318

Nr. **Kurztext** / Langtext — Kostengruppe
► ▷ **ø netto €** ◁ ◄ [Einheit] Ausf.-Dauer Positionsnummer

1 Röhrenradiator demontieren, bis 50kg KG **494**
Röhrenradiator entleeren, demontieren und anfallenden Bauschutt entsorgen, einschl. Verschließen der Anschlussleitung.
Größe: bis 50kg
47€ 58€ **63€** 69€ 91€ [St] ⏱ 0,55h/St 341.000.060

2 Röhrenradiator demontieren, bis 100kg KG **494**
Röhrenradiator entleeren, demontieren und anfallenden Bauschutt entsorgen, einschl. Verschließen der Anschlussleitung
Größe: 50 bis 100kg
59€ 80€ **95€** 102€ 126€ [St] ⏱ 0,80h/St 341.000.061

3 Flachheizkörper demontieren, bis 50kg KG **494**
Flachheizkörper entleeren, demontieren und anfallenden Bauschutt entsorgen, einschl. Verschließen der Anschlussleitung.
Größe: bis 50kg
20€ 36€ **44€** 50€ 60€ [St] ⏱ 0,50h/St 341.000.062

4 Gewinderohrleitung, demontieren, bis DN50 KG **494**
Entleerte Gewinderohrleitung inkl. Befestigung demontieren einschl. Entsorgung. Anschlussleitung verschließen.
Durchmesser: bis DN50
Material: .....
6€ 8€ **9€** 14€ 19€ [m] ⏱ 0,15h/m 341.000.063

5 Gewinderohrleitung, demontieren, bis DN100 KG **494**
Entleerte Gewinderohrleitung inkl. Befestigung demontieren einschl. Entsorgung. Anschlussleitung verschließen.
Durchmesser: DN65 bis DN100
Material: .....
10€ 19€ **19€** 21€ 26€ [m] ⏱ 0,33h/m 341.000.064

6 Kupferrohrleitung, demontieren, bis DN25 KG **494**
Entleerte Kupferrohrleitung inkl. Befestigung demontieren einschl. Entsorgung. Anschlussleitung verschließen.
Durchmesser: bis DN25
7€ 8€ **10€** 11€ 12€ [m] ⏱ 0,18h/m 341.000.065

Nr.	Kurztext / Langtext						Kostengruppe
▶	▷	ø netto €	◁	◀	[Einheit]	Ausf.-Dauer	Positionsnummer

7 **Heizkörper ausbauen/wieder einbauen** KG **423**

Heizkörper nach Aufforderung der Bauleitung einmal geschlossen ausbauen und wieder geschlossen einbauen.
Heizkörper: **Röhren- / Plattenheizkörper / Konvektor**
Einheit: Stück
Förderweg: .....
Lagerstelle: .....

39€	74€	**92€**	170€	257€	[St]	⏱ 1,00h/St	341.000.078

A 1 **Schlamm und Magnetitabscheider** Beschreibung für Pos. **8-9**

Schlamm und Magnetitabscheider für Heiz- und Kühlwassersysteme bzw. geschlossene flüssigkeitsgefüllte Anlagensysteme, geeignet für die Medien Wasser, Heizungswasser, Klimakaltwasser und Wasser-/Glykolgemisch, als Abscheider zur Entfernung von zirkulierenden Verunreinigungen (Schmutz und Schlamm), Eisenoxide (magnetische Partikel) aus wasserführenden Systemen.

Kosten:
Stand 2. Quartal 2026
Bundesdurchschnitt

8 **Schlamm und Magnetitabscheider 1 1/4"** KG **422**

Wie Ausführungsbeschreibung A 1
Technische Daten:
Abscheidertyp: .....
Gehäuse: .....
Betriebsdruck: .....
Anschluss: .....
Volumenstrom: ..... m³/h
Betriebstemperatur max.: ..... °C
Baulänge: ..... mm
Fabrikat: .....

321€	391€	**413€**	446€	475€	[St]	⏱ 0,65h/St	341.000.092

9 **Schlamm und Magnetitabscheider 1 1/2"** KG **422**

Wie Ausführungsbeschreibung A 1
Technische Daten:
Abscheidertyp: .....
Gehäuse: .....
Betriebsdruck: .....
Anschluss: .....
Volumenstrom: ..... m³/h
Betriebstemperatur max.: ..... °C
Baulänge: ..... mm
Fabrikat: .....

395€	418€	**436€**	449€	471€	[St]	⏱ 0,70h/St	341.000.093

10 **Hydraulischer Abgleich** KG **421**

Hydraulischer Abgleich der gesamten Heizungsanlage gemäß VOB Teil C, Einstellen aller Regulierventile, Heizkörperthermostatventile, Pumpen, inkl. aller hierfür erforderlichen Messgeräte, Einstellwerkzeuge sowie Erstellung eines Protokolls.

413€	586€	**643€**	734€	923€	[St]	⏱ 2,80h/St	341.000.094

▶ min
▷ von
ø Mittel
◁ bis
◀ max

A 2 Rohrleitung, C-Stahlrohr — Beschreibung für Pos. **11-18**

Rohrleitung in Stangen, geschweißte Ausführung, Rohre außen grundiert mit Kunststoffmantel aus Polypropylen, einschl. Fittings, Materialwechsel bei Armaturen etc. bis DN50, falls nicht separat aufgeführt.

11 Rohrleitung, C-Stahlrohr, DN10 — KG **422**

Wie Ausführungsbeschreibung A 2
C-Stahlrohr: .....
Werkstoff: RSt. 34-2
Farbe: **..... / cremeweiß RAL 9001**
Nennweite: 12 x 1,2 mm

▶	▷	ø netto €	◁	◀	[Einheit]	Ausf.-Dauer	Positionsnummer
7€	13€	**17€**	20€	25€	[m]	⏱ 0,13 h/m	341.000.089

12 Rohrleitung, C-Stahlrohr, DN12 — KG **422**

Wie Ausführungsbeschreibung A 2
C-Stahlrohr: .....
Werkstoff: RSt. 34-2
Farbe: **..... / cremeweiß RAL 9001**
Nennweite: 15 x 1,2 mm

▶	▷	ø netto €	◁	◀	[Einheit]	Ausf.-Dauer	Positionsnummer
18€	20€	**22€**	24€	27€	[m]	⏱ 0,15 h/m	341.000.090

13 Rohrleitung, C-Stahlrohr, DN15 — KG **422**

Wie Ausführungsbeschreibung A 2
C-Stahlrohr: .....
Werkstoff: RSt. 34-2
Farbe: **..... / cremeweiß RAL 9001**
Nennweite: 18 x 1,2 mm

▶	▷	ø netto €	◁	◀	[Einheit]	Ausf.-Dauer	Positionsnummer
20€	24€	**26€**	29€	32€	[m]	⏱ 0,18 h/m	341.000.075

14 Rohrleitung, C-Stahlrohr, DN20 — KG **422**

Wie Ausführungsbeschreibung A 2
C-Stahlrohr: .....
Werkstoff: RSt. 34-2
Farbe: **..... / cremeweiß RAL 9001**
Nennweite: 22 x 1,5 mm

▶	▷	ø netto €	◁	◀	[Einheit]	Ausf.-Dauer	Positionsnummer
26€	28€	**29€**	32€	37€	[m]	⏱ 0,22 h/m	341.000.074

15 Rohrleitung, C-Stahlrohr, DN25 — KG **422**

Wie Ausführungsbeschreibung A 2
C-Stahlrohr: .....
Werkstoff: RSt. 34-2
Farbe: **..... / cremeweiß RAL 9001**
Nennweite: 28 x 1,5 mm

▶	▷	ø netto €	◁	◀	[Einheit]	Ausf.-Dauer	Positionsnummer
26€	36€	**39€**	52€	69€	[m]	⏱ 0,25 h/m	341.000.073

Nr.	Kurztext / Langtext						Kostengruppe
▶	▷	ø netto €	◁	◀	[Einheit]	Ausf.-Dauer	Positionsnummer

16 **Rohrleitung, C-Stahlrohr, DN32** KG **422**

Wie Ausführungsbeschreibung A 2
C-Stahlrohr: .....
Werkstoff: RSt. 34-2
Farbe: **..... / cremeweiß RAL 9001**
Nennweite: 35 x 1,5mm

36€	42€	**44€**	47€	53€	[m]	⏱ 0,28h/m	341.000.072

17 **Rohrleitung, C-Stahlrohr, DN40** KG **422**

Wie Ausführungsbeschreibung A 2
C-Stahlrohr: .....
Werkstoff: RSt. 34-2
Farbe: **..... / cremeweiß RAL 9001**
Nennweite: 42 x 1,5mm

43€	52€	**56€**	59€	71€	[m]	⏱ 0,33h/m	341.000.071

18 **Rohrleitung, C-Stahlrohr, DN50** KG **422**

Wie Ausführungsbeschreibung A 2
C-Stahlrohr: .....
Werkstoff: RSt. 34-2
Farbe: **..... / cremeweiß RAL 9001**
Nennweite: 54 x 1,5mm

61€	71€	**72€**	75€	86€	[m]	⏱ 0,36h/m	341.000.070

A 3 **Kompaktheizkörper, Stahl** Beschreibung für Pos. **19-27**

Kompaktheizkörper als Plattenheizkörper, Sickenteilung 33 1/3mm. Übergreifende obere Abdeckung und geschlossene seitliche Blenden. Zweischichtlackierung, lösungsmittelfrei im Heizbetrieb, entfettet, eisenphosphoriert, grundiert mit kathodischem Elektrotauchlack und elektrostatisch pulverbeschichtet, Rückseite mit vier Befestigungslaschen (ab Baulänge 1.800mm = 6St). Einschl. Montageset, bestehend aus Bohrkonsolen, Abstandshalter und Sicherungsbügel zur Befestigung sowie Blind- und Entlüftungsstopfen. Mit Lieferung, Montage sowie Montagezubehör, einschl. Einschraubventil mit Voreinstellung.

19 **Kompaktheizkörper, Stahl, H=500, L=bis 700** KG **423**

Wie Ausführungsbeschreibung A 3
Material: Stahlblech St. 12.03
Blechstärke: 1,25mm
Farbe: weiß
Anschlüsse: G 1/2 **vertikal links / rechts**
Betriebsdruck: max. **4 / 6 / 10**bar
Medium: Heißwasser bis **110 / 120**°C
Bautiefe: .....mm
Bauhöhe: 500mm
Baulänge: bis 700mm
Fabrikat: .....
Typ: .....
Normwärmeabgabe: .....W/m

166€	229€	**238€**	270€	353€	[St]	⏱ 1,00h/St	341.000.080

Kosten:
Stand 2.Quartal 2026
Bundesdurchschnitt

▶ min
▷ von
ø Mittel
◁ bis
◀ max

340
341
342
344
345
347
353
358
363
369
375

Nr.	**Kurztext** / Langtext						Kostengruppe
▶	▷	**ø netto €**	◁	◀	[Einheit]	Ausf.-Dauer	Positionsnummer

20 Kompaktheizkörper, Stahl, H=500, L=bis 1.400 KG **423**

Wie Ausführungsbeschreibung A 3
Material: Stahlblech St. 12.03
Blechstärke: 1,25mm
Farbe: weiß
Anschlüsse: G 1/2 **vertikal links / rechts**
Betriebsdruck: max. **4 / 6 / 10** bar
Medium: Heißwasser bis **110 / 120** °C
Bautiefe: ..... mm
Bauhöhe: 500mm
Baulänge: 701 bis 1.400mm
Fabrikat: .....
Typ: .....
Normwärmeabgabe: ..... W/m

294€	396€	**437€**	514€	696€	[St]	⏱ 1,10h/St	341.000.081

21 Kompaktheizkörper, Stahl, H=500, L=bis 2.100 KG **423**

Wie Ausführungsbeschreibung A 3
Material: Stahlblech St. 12.03
Blechstärke: 1,25mm
Farbe: weiß
Anschlüsse: G 1/2 **vertikal links / rechts**
Betriebsdruck: max. **4 / 6 / 10** bar
Medium: Heißwasser bis **110 / 120** °C
Bautiefe: ..... mm
Bauhöhe: 500mm
Baulänge: 1.401 bis 2.100mm
Fabrikat: .....
Typ: .....
Normwärmeabgabe: ..... W/m

543€	596€	**661€**	706€	909€	[St]	⏱ 1,30h/St	341.000.082

22 Kompaktheizkörper, Stahl, H=600, L=bis700 KG **423**

Wie Ausführungsbeschreibung A 3
Material: Stahlblech St. 12.03
Blechstärke: 1,25mm
Farbe: weiß
Anschlüsse: G 1/2 **vertikal links / rechts**
Betriebsdruck: max. **4 / 6 / 10** bar
Medium: Heißwasser bis **110 / 120** °C
Bautiefe: ..... mm
Bauhöhe: 600mm
Baulänge: bis 700mm
Fabrikat: .....
Typ: .....
Normwärmeabgabe: ..... W/m

247€	266€	**302€**	398€	513€	[St]	⏱ 1,00h/St	341.000.083

Kosten:
Stand 2. Quartal 2026
Bundesdurchschnitt

Nr.	Kurztext / Langtext						Kostengruppe
▶	▷	ø netto €	◁	◀	[Einheit]	Ausf.-Dauer	Positionsnummer

23 Kompaktheizkörper, Stahl, H=600, L=bis 1.400 KG **423**

Wie Ausführungsbeschreibung A 3
Material: Stahlblech St. 12.03
Blechstärke: 1,25mm
Farbe: weiß
Anschlüsse: G 1/2 **vertikal links / rechts**
Betriebsdruck: max. **4 / 6 / 10** bar
Medium: Heißwasser bis **110 / 120** °C
Bautiefe: .....mm
Bauhöhe: 600mm
Baulänge: 701 bis 1.400mm
Fabrikat: .....
Typ: .....
Normwärmeabgabe: .....W/m

▶	▷	ø	◁	◀	Einheit	Ausf.-Dauer	Positionsnummer
448€	464€	**554€**	645€	749€	[St]	⏱ 1,10h/St	341.000.084

24 Kompaktheizkörper, Stahl, H=600, L=bis 2.100 KG **423**

Wie Ausführungsbeschreibung A 3
Material: Stahlblech St. 12.03
Blechstärke: 1,25mm
Farbe: weiß
Anschlüsse: G 1/2 **vertikal links / rechts**
Betriebsdruck: max. **4 / 6 / 10** bar
Medium: Heißwasser bis **110 / 120** °C
Bautiefe: .....mm
Bauhöhe: 600mm
Baulänge: 1.401 bis 2.100mm
Fabrikat: .....
Typ: .....
Normwärmeabgabe: .....W/m

▶	▷	ø	◁	◀	Einheit	Ausf.-Dauer	Positionsnummer
555€	617€	**684€**	805€	942€	[St]	⏱ 1,30h/St	341.000.085

25 Kompaktheizkörper, Stahl, H=900, L=bis 700 KG **423**

Wie Ausführungsbeschreibung A 3
Material: Stahlblech St. 12.03
Blechstärke: 1,25mm
Farbe: weiß
Anschlüsse: G 1/2 **vertikal links / rechts**
Betriebsdruck: max. **4 / 6 / 10** bar
Medium: Heißwasser bis **110 / 120** °C
Bautiefe: .....mm
Bauhöhe: 900mm
Baulänge: bis 700mm
Fabrikat: .....
Typ: .....
Normwärmeabgabe: .....W/m

▶	▷	ø	◁	◀	Einheit	Ausf.-Dauer	Positionsnummer
318€	349€	**385€**	472€	584€	[St]	⏱ 1,00h/St	341.000.086

▶ min
▷ von
ø Mittel
◁ bis
◀ max

Nr.	Kurztext / Langtext						Kostengruppe
▶	▷	ø netto €	◁	◀	[Einheit]	Ausf.-Dauer	Positionsnummer

26 **Kompaktheizkörper, Stahl, H=900, L=bis 1.400** KG **423**

Wie Ausführungsbeschreibung A 3
Material: Stahlblech St. 12.03
Blechstärke: 1,25 mm
Farbe: weiß
Anschlüsse: G 1/2 **vertikal links / rechts**
Betriebsdruck: max. **4 / 6 / 10** bar
Medium: Heißwasser bis **110 / 120** °C
Bautiefe: ..... mm
Bauhöhe: 900 mm
Baulänge: 701 bis 1.400 mm
Fabrikat: .....
Typ: .....
Normwärmeabgabe: ..... W/m

513€	596€	**631€**	802€	999€	[St]	⏱ 1,10 h/St	341.000.087

27 **Kompaktheizkörper, Stahl, H=900, L=bis 2.100** KG **423**

Wie Ausführungsbeschreibung A 3
Material: Stahlblech St. 12.03
Blechstärke: 1,25 mm
Farbe: weiß
Anschlüsse: G 1/2 **vertikal links / rechts**
Betriebsdruck: max. **4 / 6 / 10** bar
Medium: Heißwasser bis **110 / 120** °C
Bautiefe: ..... mm
Bauhöhe: 900 mm
Baulänge: 1.401 bis 2.100 mm
Fabrikat: .....
Typ: .....
Normwärmeabgabe: ..... W/m

747€	794€	**881€**	967€	1.161€	[St]	⏱ 1,30 h/St	341.000.088

Nr.	Kurztext / Langtext						Kostengruppe
▶	▷	ø netto €	◁	◀	[Einheit]	Ausf.-Dauer	Positionsnummer

28 **Deckenstrahlplatte** KG **423**

Deckenstrahlplatte mit Kopfstück, Anschlussmuffen, Aufhängekonstruktion, Abdeckblech, Stirn und Umlenkblechen, zum Heizen und Kühlen, zur Installation an der Decke. Die Temperaturübertragung erfolgt mittels Wärmestrahlung. Wärmeleistung geprüft, mit Registrierung.
Medium: **Wasser / Klimakaltwasser**
Betriebstemperatur: bis 120°C
Max. Betriebsdruck: **6 / 10 / 16** bar
Auslegungs-Wärmeleistung: .....
Wärmedämmung: **als Schallschluckplatte mit 40** mm **Dicke / mineralfaserfreien Stoffen mit 40** mm **Dicke / Baustoffklasse A2 nicht brennbar**
Rohdichte: min. 15 kg/m³
Bemessungswert der Wärmeleitfähigkeit: max. 0,040 W/(m·K)
Ausführung Strahlfläche: **Blech / gelochtes Blech**
Dicke: **1,00 / 1,25** mm
Lage der Leitung: **über Strahlblech eingelegt / unter dem Strahlblech eingelegt**
Rohrleitung: **Stahlgewinderohr mittelschwer / Präzisionsstahlrohr, geschweißt / nahtlos schwarz**
Oberflächenschutz: **Grundbeschichtung / Deckbeschichtung**
Farbton: **weiß / Sonderfarbton**
Länge Strahlplatte: ..... mm
Breite Strahlplatte: ..... mm

▶	▷	ø	◁	◀	[Einheit]	Ausf.-Dauer	Positionsnummer
3.427 €	4.761 €	**4.952 €**	5.530 €	7.318 €	[St]	⏱ 3,80 h/St	341.000.095

Kosten:
Stand 2. Quartal 2026
Bundesdurchschnitt

▶ min
▷ von
ø Mittel
◁ bis
◀ max

342

Kosten:
Stand 2. Quartal 2026
Bundesdurchschnitt

Nr.	Positionen	Einheit	►	▷	ø brutto € / ø netto €	◁	◄
1	Stahlrohrleitung demontieren, bis DN25	m	5	12	**14**	16	28
			4	10	**12**	14	23
2	Stahlrohrleitung demontieren, bis DN50	m	6	16	**19**	21	31
			5	13	**16**	18	26
3	Stahlrohrleitung demontieren, bis DN100	m	8	20	**23**	26	37
			6	16	**19**	22	31
4	Leitung, Metallverbundrohr, DN12	m	12	18	**20**	23	29
			10	15	**17**	19	24
5	Leitung, Metallverbundrohr, DN15	m	16	22	**25**	28	37
			13	19	**21**	24	31
6	Leitung, Metallverbundrohr, DN20	m	19	28	**32**	36	49
			16	23	**27**	31	41
7	Leitung, Metallverbundrohr, DN25	m	21	33	**39**	43	55
			18	28	**33**	36	46
8	Leitung, Metallverbundrohr, DN32	m	39	49	**54**	61	70
			33	41	**46**	52	59
9	Leitung, Metallverbundrohr, DN40	m	70	76	**79**	85	90
			59	64	**67**	71	76
10	Leitung, Kupferrohr, DN/OD15	m	31	35	**36**	38	42
			26	29	**30**	32	35
11	Leitung, Kupferrohr, DN/OD18	m	34	39	**39**	42	46
			28	32	**33**	35	39
12	Leitung, Kupferrohr, DN/OD22	m	35	41	**44**	50	61
			29	34	**37**	42	51
13	Leitung, Kupferrohr, DN/OD28	m	36	46	**51**	57	70
			31	39	**43**	48	59
14	Leitung, Kupferrohr, DN/OD35	m	42	56	**62**	63	83
			35	47	**52**	53	70
15	Leitung, Kupferrohr, DN/OD42	m	62	75	**77**	79	92
			52	63	**65**	66	78
16	Leitung, Kupferrohr, DN/OD54	m	69	83	**90**	96	114
			58	70	**76**	81	96

► min
▷ von
ø Mittel
◁ bis
◄ max

Nr.	**Kurztext** / Langtext						Kostengruppe
►	▷	**ø netto €**	◁	◄	[Einheit]	Ausf.-Dauer	Positionsnummer

1 Stahlrohrleitung demontieren, bis DN25 KG **494**

Entleerte Stahlrohrleitung inkl. Befestigung demontieren einschl. Entsorgung. Anschlussleitung verschließen.
Durchmesser: bis DN25

4€ | 10€ | **12€** | 14€ | 23€ | [m] | ⏱ 0,15h/m | 342.000.069

2 Stahlrohrleitung demontieren, bis DN50 KG **494**

Entleerte Stahlrohrleitung inkl. Befestigung demontieren einschl. Entsorgung. Anschlussleitung verschließen.
Durchmesser: DN25 bis DN50

5€ | 13€ | **16€** | 18€ | 26€ | [m] | ⏱ 0,20h/m | 342.000.070

Nr.	Kurztext / Langtext						Kostengruppe
▶	▷	**ø netto €**	◁	◀	[Einheit]	Ausf.-Dauer	Positionsnummer

3 Stahlrohrleitung demontieren, bis DN100 KG **494**

Entleerte Stahlrohrleitung inkl. Befestigung demontieren einschl. Entsorgung. Anschlussleitung verschließen.
Durchmesser: DN65 bis DN100

6€	16€	**19€**	22€	31€	[m]	⏱ 0,20h/m	342.000.071

A 1 Leitung, Metallverbundrohr Beschreibung für Pos. **4-9**

Metallverbundrohr aus Mehrschichtverbundwerkstoff (PE, Aluminium,PE), für Trinkwasser warm und kalt, einschl. Dichtungs- und Befestigungsmittel. Form- und Verbindungsstücke (Fittings) werden gesondert vergütet.

4 Leitung, Metallverbundrohr, DN12 KG **412**

Wie Ausführungsbeschreibung A 1
Nennweite: DN12
Außendurchmesser: 16mm
Wandstärke: 2,25mm
Lieferung: **Stangen / Ringen**
Verlegehöhe: **3,50 / 5,00 / 7,00**m

10€	15€	**17€**	19€	24€	[m]	⏱ 0,28h/m	342.000.077

5 Leitung, Metallverbundrohr, DN15 KG **412**

Wie Ausführungsbeschreibung A 1
Nennweite: DN15
Außendurchmesser: 20mm
Wandstärke: 2,5mm
Lieferung: **Stangen / Ringen**
Verlegehöhe: **3,50 / 5,00 / 7,00**m

13€	19€	**21€**	24€	31€	[m]	⏱ 0,28h/m	342.000.076

6 Leitung, Metallverbundrohr, DN20 KG **412**

Wie Ausführungsbeschreibung A 1
Nennweite: DN20
Außendurchmesser: 26mm
Wandstärke: 3mm
Lieferung: **Stangen / Ringen**
Verlegehöhe: **3,50 / 5,00 / 7,00**m

16€	23€	**27€**	31€	41€	[m]	⏱ 0,28h/m	342.000.075

7 Leitung, Metallverbundrohr, DN25 KG **412**

Wie Ausführungsbeschreibung A 1
Nennweite: DN25
Außendurchmesser: 32mm
Wandstärke: 3mm
Lieferung: **Stangen / Ringen**
Verlegehöhe: **3,50 / 5,00 / 7,00**m

18€	28€	**33€**	36€	46€	[m]	⏱ 0,28h/m	342.000.074

Nr.	Kurztext / Langtext						Kostengruppe
▶	▷	ø netto €	◁	◀	[Einheit]	Ausf.-Dauer	Positionsnummer

8 Leitung, Metallverbundrohr, DN32 KG **412**

Wie Ausführungsbeschreibung A 1
Nennweite: DN32
Außendurchmesser: 40mm
Wandstärke: 3,5mm
Lieferung: **Stangen / Ringen**
Verlegehöhe: **3,50 / 5,00 / 7,00**m

33€	41€	**46€**	52€	59€	[m]	⏱ 0,28h/m	342.000.073

9 Leitung, Metallverbundrohr, DN40 KG **412**

Wie Ausführungsbeschreibung A 1
Nennweite: DN40
Außendurchmesser: 50mm
Wandstärke: 4mm
Lieferung: **Stangen / Ringen**
Verlegehöhe: **3,50 / 5,00 / 7,00**m

59€	64€	**67€**	71€	76€	[m]	⏱ 0,28h/m	342.000.072

10 Leitung, Kupferrohr, DN/OD15 KG **412**

Kupferrohr, blank, in Stangen, einschl. Rohrverbindung **löten / pressen**, mit Aufhängung.
Nennweite: DN/OD15
Wandstärke: 1,0mm
Verlegehöhe: **3,50 / 5,00 / 7,00**m

26€	29€	**30€**	32€	35€	[m]	⏱ 0,25h/m	342.000.083

11 Leitung, Kupferrohr, DN/OD18 KG **412**

Kupferrohr, blank, in Stangen, einschl. Rohrverbindung **löten / pressen**, mit Aufhängung.
Nennweite: DN/OD18
Wandstärke: 1,0mm
Verlegehöhe: **3,50 / 5,00 / 7,00**m

28€	32€	**33€**	35€	39€	[m]	⏱ 0,25h/m	342.000.082

12 Leitung, Kupferrohr, DN/OD22 KG **412**

Kupferrohr, blank, in Stangen, einschl. Rohrverbindung **löten / pressen**, mit Aufhängung.
Nennweite: DN/OD22
Wandstärke: 1,0mm
Verlegehöhe: **3,50 / 5,00 / 7,00**m

29€	34€	**37€**	42€	51€	[m]	⏱ 0,25h/m	342.000.081

13 Leitung, Kupferrohr, DN/OD28 KG **412**

Kupferrohr, blank, in Stangen, einschl. Rohrverbindung **löten / pressen**, mit Aufhängung.
Nennweite: DN/OD28
Wandstärke: 1,0mm
Verlegehöhe: **3,50 / 5,00 / 7,00**m

31€	39€	**43€**	48€	59€	[m]	⏱ 0,25h/m	342.000.080

Kosten:
Stand 2. Quartal 2026
Bundesdurchschnitt

▶ min
▷ von
ø Mittel
◁ bis
◀ max

Nr.	Kurztext / Langtext						Kostengruppe
▶	▷	**ø netto €**	◁	◀	[Einheit]	Ausf.-Dauer	Positionsnummer

14 Leitung, Kupferrohr, DN/OD35 KG **412**

Kupferrohr, blank, in Stangen, einschl. Rohrverbindung **löten / pressen**, mit Aufhängung.
Nennweite: DN/OD35
Wandstärke: 1,2 mm
Verlegehöhe: **3,50 / 5,00 / 7,00** m

35€	47€	**52€**	53€	70€	[m]	⏱ 0,25 h/m	342.000.078

15 Leitung, Kupferrohr, DN/OD42 KG **412**

Kupferrohr, blank, in Stangen, einschl. Rohrverbindung **löten / pressen**, mit Aufhängung.
Nennweite: DN/OD42
Wandstärke: 1,2 mm
Verlegehöhe: **3,50 / 5,00 / 7,00** m

52€	63€	**65€**	66€	78€	[m]	⏱ 0,25 h/m	342.000.088

16 Leitung, Kupferrohr, DN/OD54 KG **412**

Kupferrohr, blank, in Stangen, einschl. Rohrverbindung **löten / pressen**, mit Aufhängung.
Nennweite: DN/OD54
Wandstärke: 1,5 mm
Verlegehöhe: **3,50 / 5,00 / 7,00** m

58€	70€	**76€**	81€	96€	[m]	⏱ 0,25 h/m	342.000.079

344

Kosten:
Stand 2. Quartal 2026
Bundesdurchschnitt

Nr.	Positionen	Einheit	▶	▷	ø brutto € / ø netto €	◁	◀
1	Gussrohrleitung demontieren, bis DN100	m	15	21	**25**	28	31
			13	18	**21**	24	26
2	Gussrohrleitung demontieren, bis DN200	m	20	30	**35**	41	44
			17	25	**30**	34	37
3	Stahlrohrleitung demontieren, bis DN100	m	15	22	**25**	29	34
			13	18	**21**	25	28
4	Kunststoff-Rohrleitung, demontieren, bis DN100	m	15	20	**23**	27	56
			12	17	**20**	23	47
5	Abwasserleitung, Guss, DN50	m	31	49	**52**	59	69
			26	41	**44**	49	58
6	Abwasserleitung, Guss, DN80	m	61	67	**71**	85	105
			51	56	**59**	71	89
7	Abwasserleitung, Guss, DN100	m	66	81	**88**	100	129
			55	68	**74**	84	108
8	Abwasserleitung, Guss, DN125	m	105	119	**123**	134	149
			88	100	**104**	113	126
9	Abwasserleitung, Guss, DN150	m	93	121	**138**	152	171
			78	101	**116**	128	144
10	Abwasserleitung, HT-Rohr, DN/OD63	m	19	26	**29**	39	56
			16	22	**24**	33	47
11	Abwasserleitung, HT-Rohr, DN/OD75	m	29	35	**37**	41	50
			24	29	**31**	34	42
12	Abwasserleitung, HT-Rohr, DN/OD110	m	36	40	**42**	50	67
			30	34	**36**	42	56
13	Abwasserleitung, PE-Rohr, DN/OD75	m	47	52	**55**	59	64
			39	44	**46**	49	54
14	Abwasserleitung, PE-Rohr, DN/OD110	m	43	56	**60**	66	77
			36	47	**50**	55	65
15	Abflussleitung, PP-Rohr, DN/OD63, schallgedämmt	m	32	39	**53**	56	62
			27	33	**44**	47	52
16	Abflussleitung, PP-Rohr, DN/OD75, schallgedämmt	m	37	43	**52**	58	73
			31	36	**44**	49	61
17	Abflussleitung, PP-Rohr, DN/OD90, schallgedämmt	m	47	55	**62**	72	85
			39	47	**52**	61	72
18	Abflussleitung, PP-Rohr, DN/OD110, schallgedämmt	m	56	65	**76**	89	108
			47	55	**64**	75	91

▶ min
▷ von
ø Mittel
◁ bis
◀ max

Nr. **Kurztext** / Langtext Kostengruppe
▶ ▷ **ø netto €** ◁ ◀ [Einheit] Ausf.-Dauer Positionsnummer

1 Gussrohrleitung demontieren, bis DN100 KG **494**

Gussrohrleitung inkl. Befestigung demontieren einschl. Entsorgung.
Durchmesser: DN40 bis DN100

13€ 18€ **21€** 24€ 26€ [m] ⏱ 0,33 h/m 344.000.065

Nr.	Kurztext / Langtext						Kostengruppe
▶	▷	ø netto €	◁	◀	[Einheit]	Ausf.-Dauer	Positionsnummer

2 Gussrohrleitung demontieren, bis DN200 KG **494**

Gussrohrleitung inkl. Befestigung demontieren einschl. Entsorgung.
Durchmesser: DN125 bis DN200

17€ | 25€ | **30€** | 34€ | 37€ | [m] | ⏱ 0,42h/m | 344.000.066

3 Stahlrohrleitung demontieren, bis DN100 KG **494**

Stahlrohrleitung inkl. Befestigung demontieren einschl. Entsorgung.
Durchmesser: DN40 bis DN100

13€ | 18€ | **21€** | 25€ | 28€ | [m] | ⏱ 0,26h/m | 344.000.067

4 Kunststoff-Rohrleitung, demontieren, bis DN100 KG **494**

Kunststoffrohrleitung inkl. Befestigung demontieren einschl. Entsorgung.
Durchmesser: DN40 bis DN100

12€ | 17€ | **20€** | 23€ | 47€ | [m] | ⏱ 0,27h/m | 344.000.068

5 Abwasserleitung, Guss, DN50 KG **411**

Abwasserleitungen aus Gussrohren zur Entwässerung innerhalb von Gebäuden, einschl. Verbindungen und Befestigungen.
Nennweite: DN50
Schutzschicht: Zweikomponenten-Epoxid-Beschichtung
Schutzfarbe: Grundbeschichtung, rotbraun
Rohrverbindung: .....
Befestigung: .....
Verlegehöhe: bis ..... m

26€ | 41€ | **44€** | 49€ | 58€ | [m] | ⏱ 0,40h/m | 344.000.084

6 Abwasserleitung, Guss, DN80 KG **411**

Abwasserleitungen aus Gussrohren zur Entwässerung innerhalb von Gebäuden, einschl. Verbindungen und Befestigungen.
Nennweite: DN80
Schutzschicht: Zweikomponenten-Epoxid-Beschichtung
Schutzfarbe: Grundbeschichtung, rotbraun
Rohrverbindung: .....
Befestigung: .....
Verlegehöhe: bis ..... m

51€ | 56€ | **59€** | 71€ | 89€ | [m] | ⏱ 0,40h/m | 344.000.069

7 Abwasserleitung, Guss, DN100 KG **411**

Abwasserleitungen aus Gussrohren zur Entwässerung innerhalb von Gebäuden, einschl. Verbindungen und Befestigungen.
Nennweite: DN100
Schutzschicht: Zweikomponenten-Epoxid-Beschichtung
Schutzfarbe: Grundbeschichtung, rotbraun
Rohrverbindung: .....
Befestigung: .....
Verlegehöhe: bis ..... m

55€ | 68€ | **74€** | 84€ | 108€ | [m] | ⏱ 0,50h/m | 344.000.070

340
341
342
344
345
347
353
358
363
369
375

Kosten:
Stand 2. Quartal 2026
Bundesdurchschnitt

Nr.	**Kurztext** / Langtext						Kostengruppe
▶	▷	**ø netto €**	◁	◀	[Einheit]	Ausf.-Dauer	Positionsnummer

8 Abwasserleitung, Guss, DN125 KG **411**

Abwasserleitungen aus Gussrohren zur Entwässerung innerhalb von Gebäuden, einschl. Verbindungen und Befestigungen.
Nennweite: DN125
Schutzschicht: Zweikomponenten-Epoxid-Beschichtung
Schutzfarbe: Grundbeschichtung, rotbraun
Rohrverbindung: .....
Befestigung: .....
Verlegehöhe: bis ..... m

▶	▷	ø	◁	◀	Einheit	Ausf.-Dauer	Positionsnummer
88€	100€	**104€**	113€	126€	[m]	⏱ 0,50 h/m	344.000.071

9 Abwasserleitung, Guss, DN150 KG **411**

Abwasserleitungen aus Gussrohren zur Entwässerung innerhalb von Gebäuden, einschl. Verbindungen und Befestigungen.
Nennweite: DN150
Schutzschicht: Zweikomponenten-Epoxid-Beschichtung
Schutzfarbe: Grundbeschichtung, rotbraun
Rohrverbindung: .....
Befestigung: .....
Verlegehöhe: bis ..... m

▶	▷	ø	◁	◀	Einheit	Ausf.-Dauer	Positionsnummer
78€	101€	**116€**	128€	144€	[m]	⏱ 0,50 h/m	344.000.072

A 1 Abwasserleitung, HT-Rohr Beschreibung für Pos. **10-12**

HT-Abwasserrohre mit Steckmuffensystem und mit werkseitig eingebautem Lippendichtring zur Entwässerung innerhalb von Gebäuden und zur Ableitung von aggressiven Medien. Chemische Beständigkeit: Resistent gegenüber anorganischen Salzen, Laugen und Milchsäuren in Konzentrationen, wie sie zum Beispiel in Laborwässern vorhanden sind. Material heißwasserbeständig, lichtstabilisiert, dauerhaft schwer entflammbar.

10 Abwasserleitung, HT-Rohr, DN/OD63 KG **411**

Wie Ausführungsbeschreibung A 1
Material: Polypropylen (PP)
Nennweite: DN/OD63
Außendurchmesser: 50 mm
Wandstärke: 1,8 mm
Rohrverbindung: mit werkseitig eingebautem Lippendichtring
Befestigung: .....

▶	▷	ø	◁	◀	Einheit	Ausf.-Dauer	Positionsnummer
16€	22€	**24€**	33€	47€	[m]	⏱ 0,30 h/m	344.000.073

11 Abwasserleitung, HT-Rohr, DN/OD75 KG **411**

Wie Ausführungsbeschreibung A 1
Material: Polypropylen (PP)
Nennweite: DN/OD75
Außendurchmesser: 75 mm
Wandstärke: 1,9 mm
Rohrverbindung: mit werkseitig eingebautem Lippendichtring
Befestigung: .....

▶	▷	ø	◁	◀	Einheit	Ausf.-Dauer	Positionsnummer
24€	29€	**31€**	34€	42€	[m]	⏱ 0,30 h/m	344.000.074

▶ min
▷ von
ø Mittel
◁ bis
◀ max

12 Abwasserleitung, HT-Rohr, DN/OD110 KG **411**

Wie Ausführungsbeschreibung A 1
Material: Polypropylen (PP)
Nennweite: DN/OD110
Außendurchmesser: 110 mm
Wandstärke: 2,7 mm
Rohrverbindung: mit werkseitig eingebautem Lippendichtring
Befestigung: .....

▶	▷	ø netto €	◁	◀	[Einheit]	Ausf.-Dauer	Positionsnummer
30€	34€	**36€**	42€	56€	[m]	⏱ 0,35 h/m	344.000.075

13 Abwasserleitung, PE-Rohr, DN/OD75 KG **411**

Abwasserleitung aus PE-Rohr, heißwasserbeständig und schallgedämmt, Verlegung in Gebäuden, Form- und Verbindungsstücke werden gesondert vergütet, einschl. Rohrbefestigungen, körperschallgedämmt.
Nennweite: DN/OD75

▶	▷	ø netto €	◁	◀	[Einheit]	Ausf.-Dauer	Positionsnummer
39€	44€	**46€**	49€	54€	[m]	⏱ 0,30 h/m	344.000.076

14 Abwasserleitung, PE-Rohr, DN/OD110 KG **411**

Abwasserleitung aus PE-Rohr, heißwasserbeständig und schallgedämmt, Verlegung in Gebäuden, Form- und Verbindungsstücke werden gesondert vergütet, einschl. Rohrbefestigungen, körperschallgedämmt.
Nennweite: DN/OD110

▶	▷	ø netto €	◁	◀	[Einheit]	Ausf.-Dauer	Positionsnummer
36€	47€	**50€**	55€	65€	[m]	⏱ 0,34 h/m	344.000.077

A 2 Abflussleitung, PP-Rohre, schallgedämmt Beschreibung für Pos. **15-18**

Schallgedämmte Abflussleitung aus mineralverstärktes Polypropylen (PP)-Rohr für Entwässerungsanlagen innerhalb von Gebäuden. Einsetzbar bis 95 °C (kurzzeitig); geeignet zur Ableitung chemisch aggressiver Abwässer mit einem pH-Wert von 2 bis 12. Rohrverbindungen sind bis zu einem Wasserüberdruck von 0,5 bar dicht.
Material Lippendichtring: Styrol-Butadien-Kautschuk (SBR)

15 Abflussleitung, PP-Rohr, DN/OD63, schallgedämmt KG **411**

Wie Ausführungsbeschreibung A 2
Nennweite: DN/OD63

▶	▷	ø netto €	◁	◀	[Einheit]	Ausf.-Dauer	Positionsnummer
27€	33€	**44€**	47€	52€	[m]	⏱ 0,28 h/m	344.000.078

16 Abflussleitung, PP-Rohr, DN/OD75, schallgedämmt KG **411**

Wie Ausführungsbeschreibung A 2
Nennweite: DN/OD75

▶	▷	ø netto €	◁	◀	[Einheit]	Ausf.-Dauer	Positionsnummer
31€	36€	**44€**	49€	61€	[m]	⏱ 0,28 h/m	344.000.079

17 Abflussleitung, PP-Rohr, DN/OD90, schallgedämmt KG **411**

Wie Ausführungsbeschreibung A 2
Nennweite: DN/OD90

▶	▷	ø netto €	◁	◀	[Einheit]	Ausf.-Dauer	Positionsnummer
39€	47€	**52€**	61€	72€	[m]	⏱ 0,28 h/m	344.000.080

18 Abflussleitung, PP-Rohr, DN/OD110, schallgedämmt KG **411**

Wie Ausführungsbeschreibung A 2
Nennweite: DN/OD110

▶	▷	ø netto €	◁	◀	[Einheit]	Ausf.-Dauer	Positionsnummer
47€	55€	**64€**	75€	91€	[m]	⏱ 0,32 h/m	344.000.081

345

Kosten:
Stand 2. Quartal 2026
Bundesdurchschnitt

Nr.	Positionen	Einheit	►	▷	ø brutto € / ø netto €	◁	◄
1	Montageelement demontieren	St	71	90	**106**	122	132
			60	76	**89**	102	111
2	Badewanne demontieren	St	126	169	**196**	204	247
			106	142	**165**	172	208
3	Duschwanne demontieren	St	86	105	**123**	141	148
			73	88	**104**	118	124
4	Waschtisch demontieren	St	38	55	**64**	74	75
			32	46	**54**	62	63
5	WC-Anlage demontieren	St	29	46	**60**	70	85
			24	39	**50**	59	72
6	Waschtischbatterie demontieren	St	19	26	**29**	33	35
			16	22	**24**	28	29
7	Spülkasten Stahl demontieren	St	26	36	**39**	47	57
			22	31	**33**	40	48
8	Urinal demontieren	St	29	52	**52**	63	78
			24	44	**44**	53	65
9	Handwaschbecken, Sanitärporzellan	St	163	251	**275**	334	470
			137	211	**231**	281	395
10	Waschtisch, Sanitärporzellan 550x450	St	135	288	**328**	524	737
			113	242	**275**	440	619
11	Waschtisch, Sanitärporzellan 600x500	St	210	368	**452**	739	1.158
			176	309	**380**	621	973
12	Einhand-Waschtischarmatur	St	305	471	**577**	649	870
			256	396	**485**	545	731
13	Handtuchspender, Stahlblech	St	101	147	**163**	250	414
			85	124	**137**	210	348
14	Badewanne, Stahl, 170cm	St	518	646	**708**	723	1.008
			435	543	**595**	608	847
15	Badewanne, Stahl 180cm	St	712	938	**980**	1.185	1.510
			598	788	**823**	996	1.269
16	Badewanne, Stahl 200cm	St	1.239	1.420	**1.570**	1.586	1.768
			1.041	1.194	**1.319**	1.333	1.486
17	Einhandmischer, Badewanne	St	333	479	**498**	670	879
			280	403	**419**	563	738
18	WC, wandhängend	St	296	490	**561**	690	984
			249	412	**471**	580	827
19	WC-Sitz	St	66	156	**194**	277	445
			55	131	**163**	233	374
20	Duschwanne, Stahl, 80x80	St	318	485	**554**	714	963
			267	407	**465**	600	809
21	Duschwanne, Stahl 90x80	St	457	718	**761**	994	1.362
			384	603	**640**	835	1.144
22	Duschwanne, Stahl 90x90	St	467	760	**861**	1.029	1.417
			392	639	**724**	865	1.191
23	Duschwanne, Stahl 100x80	St	587	829	**1.033**	1.127	1.459
			493	697	**868**	947	1.226
24	Duschwanne, Stahl 100x100	St	730	1.015	**1.135**	1.270	1.587
			614	853	**954**	1.067	1.334

► min
▷ von
ø Mittel
◁ bis
◄ max

Nr.	Positionen	Einheit	►	▷	ø brutto € / ø netto €	◁	◄
25	Einhebelmischarmatur, Dusche	St	788	941	**1.014**	1.051	1.165
			662	790	**852**	883	979
26	Duschabtrennung, Kunststoff	St	1.159	1.528	**1.699**	1.785	2.513
			974	1.284	**1.428**	1.500	2.112
27	Installationselement, Urinal	St	348	430	**471**	604	741
			293	361	**396**	507	623
28	Installationselement, WC	St	326	394	**432**	477	585
			274	331	**363**	401	491
29	Installationselement, Waschtisch	St	271	352	**394**	428	496
			227	296	**331**	359	416
30	Installationselement, Stütz- und Haltegriffe	St	343	382	**414**	429	468
			288	321	**348**	361	393
31	Haltegriff, Edelstahl, 600mm	St	107	162	**188**	199	226
			90	136	**158**	167	190
32	Duschhandlauf, Messing	St	520	718	**769**	908	1.140
			437	604	**646**	763	958
33	Stützklappgriff, Edelstahl, bis 850mm	St	728	815	**841**	903	1.004
			612	685	**707**	759	844
34	Waschbecken, barrierefrei	St	387	472	**516**	665	917
			325	397	**433**	559	771
35	WC, barrierefrei	St	566	729	**802**	1.023	1.345
			475	613	**674**	860	1.131
36	Hygiene-Tiefspül-WC, barrierefrei	St	3.604	4.305	**5.006**	6.007	7.259
			3.029	3.618	**4.207**	5.048	6.100
37	WC-Spülkasten, mit Betätigungsplatte	St	310	334	**388**	436	495
			260	281	**326**	366	416
38	WC-Betätigung, berührungslos	St	586	723	**861**	1.033	1.335
			492	608	**724**	868	1.122
39	Nachrüstaufsatz, Hygiene-Tiefspül-WC	St	1.381	1.512	**1.644**	2.104	2.630
			1.160	1.271	**1.381**	1.768	2.210
40	Nachrüstung Türeinstieg Badewanne	St	1.058	1.176	**1.367**	1.586	1.743
			889	988	**1.149**	1.332	1.465
41	Stützgriff, fest, WC	St	359	404	**505**	606	682
			302	340	**425**	510	573
42	Stützgriff, fest, WC mit Spülauslösung	St	844	967	**1.029**	1.142	1.286
			709	813	**864**	960	1.081
43	Stützgriff, klappbar, WC	St	621	763	**942**	1.139	1.290
			522	641	**791**	957	1.084
44	Stützgriff, klappbar, WC mit Spülauslösung	St	893	1.012	**1.088**	1.208	1.361
			750	851	**915**	1.015	1.143
45	Stützgriff, fest, Waschtisch	St	431	535	**653**	803	894
			362	450	**548**	675	751
46	Stützgriff, klappbar, Waschtisch	St	634	725	**764**	863	947
			533	610	**642**	725	796
47	Stundensatz, Obermonteur/-in Sanitär	h	71	82	**86**	89	98
			60	69	**72**	75	82
48	Stundensatz, Helfer/-in Sanitär	h	59	69	**74**	75	80
			50	58	**62**	63	68

Kosten:
Stand 2. Quartal 2026
Bundesdurchschnitt

► min
▷ von
ø Mittel
◁ bis
◄ max

Nr.	Kurztext / Langtext						Kostengruppe
►	▷	**ø netto €**	◁	◄	[Einheit]	Ausf.-Dauer	Positionsnummer

1 Montageelement demontieren — KG **494**

Montageelement für Sanitärausstattung demontieren einschl. Entsorgung.
Ausstattung: .....

►	▷	ø	◁	◄	Einheit	Ausf.-Dauer	Positionsnummer
60€	76€	**89€**	102€	111€	[St]	0,78h/St	345.000.034

2 Badewanne demontieren — KG **494**

Badewanne inkl. Ablaufgarnitur demontieren einschl. Entsorgung.
Abmessung: .....

►	▷	ø	◁	◄	Einheit	Ausf.-Dauer	Positionsnummer
106€	142€	**165€**	172€	208€	[St]	2,00h/St	345.000.035

3 Duschwanne demontieren — KG **494**

Duschwanne inkl. Ablaufgarnitur demontieren einschl. Entsorgung.
Abmessung: .....

►	▷	ø	◁	◄	Einheit	Ausf.-Dauer	Positionsnummer
73€	88€	**104€**	118€	124€	[St]	1,25h/St	345.000.036

4 Waschtisch demontieren — KG **494**

Waschtisch einschl. Zu- und Ablaufgarnitur demontieren einschl. Entsorgung. Anschlussleitungen verschließen.
Abmessung: .....

►	▷	ø	◁	◄	Einheit	Ausf.-Dauer	Positionsnummer
32€	46€	**54€**	62€	63€	[St]	0,66h/St	345.000.037

5 WC-Anlage demontieren — KG **494**

WC-Anlage nach dem Entleeren demontieren einschl. Entsorgung. Anschlussleitungen verschließen.

►	▷	ø	◁	◄	Einheit	Ausf.-Dauer	Positionsnummer
24€	39€	**50€**	59€	72€	[St]	0,70h/St	345.000.038

6 Waschtischbatterie demontieren — KG **494**

Waschtischbatterie demontieren einschl. Entsorgung. Anschlussleitungen verschließen.

►	▷	ø	◁	◄	Einheit	Ausf.-Dauer	Positionsnummer
16€	22€	**24€**	28€	29€	[St]	0,23h/St	345.000.039

7 Spülkasten Stahl demontieren — KG **494**

Spülkasten demontieren, in Gebäuden, inkl. Demontage der Konsolen, Halter, Verschraubungen und Anschlussleitungen, einschl. Entsorgung.
Material: Stahl

►	▷	ø	◁	◄	Einheit	Ausf.-Dauer	Positionsnummer
22€	31€	**33€**	40€	48€	[St]	0,35h/St	345.000.077

8 Urinal demontieren — KG **494**

Urinal in Gebäuden demontieren inkl. Konsolen, Halter, Verschraubungen und Anschlussleitungen, einschl. Entsorgung.
Material: Sanitärporzellan

►	▷	ø	◁	◄	Einheit	Ausf.-Dauer	Positionsnummer
24€	44€	**44€**	53€	65€	[St]	0,49h/St	345.000.078

9 Handwaschbecken, Sanitärporzellan — KG **412**

Handwaschbecken mit Überlauf aus Sanitärporzellan installieren, einschl. Befestigung und Schallschutzset.
Größe: ..... x ..... cm
Farbe: .....

►	▷	ø	◁	◄	Einheit	Ausf.-Dauer	Positionsnummer
137€	211€	**231€**	281€	395€	[St]	0,90h/St	345.000.064

Nr.	Kurztext / Langtext						Kostengruppe
▶	▷	**ø netto €**	◁	◀	[Einheit]	Ausf.-Dauer	Positionsnummer

10 Waschtisch, Sanitärporzellan 550x450 — KG **412**

Waschtisch mit Überlauf aus Sanitärporzellan installieren, einschl. Befestigung und Schallschutzset.
Größe: ca. 550 x 450mm
Farbe: .....
Fabrikat: .....
Typ: .....

113€	242€	**275€**	440€	619€	[St]	⏱ 0,90h/St	345.000.065

11 Waschtisch, Sanitärporzellan 600x500 — KG **412**

Waschtisch mit Überlauf aus Sanitärporzellan installieren, einschl. Befestigung und Schallschutzset.
Größe: ca. 600 x 500mm
Farbe: .....
Fabrikat: .....
Typ: .....

176€	309€	**380€**	621€	973€	[St]	⏱ 1,20h/St	345.000.066

12 Einhand-Waschtischarmatur — KG **412**

Einhand-Waschtischarmatur für Standmontage mit Keramikkartusche und Zugstangen-Ablaufgarnitur, inkl. Temperaturbegrenzer und Schnellmontagesystem.
Farbe: .....
Fabrikat: .....
Typ: .....

256€	396€	**485€**	545€	731€	[St]	⏱ 0,80h/St	345.000.067

13 Handtuchspender, Stahlblech — KG **610**

Handtuchspender für Papierhandtücher, für Wandaufbau, inkl. Befestigungsmaterial.
Größe Papierhandtücher: **250 / 500**mm
Handtücher in: Lagen-Falzung
Gehäuse: Stahlblech
Lackiert: **weiß / Standardfarbe**
Vorratsbehälter: **offen / verschließbar**
Gehäuseabmessungen: 285 x 160 x 150mm

85€	124€	**137€**	210€	348€	[St]	⏱ 0,45h/St	345.000.041

14 Badewanne, Stahl, 170cm — KG **412**

Badewannenanlage bestehend aus: Badewanne Stahl emailliert, 1x Badewannenfüße oder Träger für oben beschriebene Badewanne; 1x Rolle Wannenprofil-Dämmstreifen für Bade- und Duschwannen, aus Polyethylen-Schaumstoff, oberseitig mit Silikonfolie kaschiert, Ab- und Überlaufgarnitur, Grund- und Fertigset für Normalwannen.
Farbe: .....
Größe: 170 x 80cm

435€	543€	**595€**	608€	847€	[St]	⏱ 1,80h/St	345.000.068

Kosten:
Stand 2. Quartal 2026
Bundesdurchschnitt

Nr.	**Kurztext** / Langtext						Kostengruppe
▶	▷	**ø netto €**	◁	◀	[Einheit]	Ausf.-Dauer	Positionsnummer

15 Badewanne, Stahl 180cm — KG **412**

Badewannenanlage bestehend aus: Badewanne Stahl emailliert, 1x Badewannenfüße oder Träger für oben beschriebene Badewanne; 1x Rolle Wannenprofil-Dämmstreifen für Bade- und Duschwannen, aus Polyethylen-Schaumstoff, oberseitig mit Silikonfolie kaschiert, Ab- und Überlaufgarnitur, Grund- und Fertigset für Normalwannen.
Farbe: .....
Größe: 180 x 80cm

▶	▷	ø	◁	◀	Einheit	Ausf.-Dauer	Positionsnummer
598€	788€	**823€**	996€	1.269€	[St]	⏱ 2,00h/St	345.000.048

16 Badewanne, Stahl 200cm — KG **412**

Badewannenanlage bestehend aus: Badewanne Stahl emailliert, 1x Badewannenfüße oder Träger für oben beschriebene Badewanne; 1x Rolle Wannenprofil-Dämmstreifen für Bade- und Duschwannen, aus Polyethylen-Schaumstoff, oberseitig mit Silikonfolie kaschiert, Ab- und Überlaufgarnitur, Grund- und Fertigset für Normalwannen.
Farbe: .....
Größe: 200 x 80cm

▶	▷	ø	◁	◀	Einheit	Ausf.-Dauer	Positionsnummer
1.041€	1.194€	**1.319€**	1.333€	1.486€	[St]	⏱ 2,40h/St	345.000.049

17 Einhandmischer, Badewanne — KG **412**

Einhandmischer für Badewanne in Wandmontage, eigensicher gegen Rückfließen, aus Metall, verchromt, Kugelmischsystem mit Griff, Luftsprudler und Rosetten, inkl. Temperaturbegrenzer, Geräuschverhalten DIN 4109 Gruppe I, mit Prüfzeichen.
Einbau: **Auf- / Unterputz**
Ausführungsoptionen: .....
Fabrikat: .....
Typ: .....

▶	▷	ø	◁	◀	Einheit	Ausf.-Dauer	Positionsnummer
280€	403€	**419€**	563€	738€	[St]	⏱ 0,80h/St	345.000.069

18 WC, wandhängend — KG **412**

WC-Anlage, bestehend aus: 1x Tiefspül-WC aus Sanitärporzellan, wandhängend, inkl. Befestigung und Schallschutzset DIN 4109.
Länge: .....m
Breite: .....m
Farbe: .....
Spülrand: **mit / ohne**

▶	▷	ø	◁	◀	Einheit	Ausf.-Dauer	Positionsnummer
249€	412€	**471€**	580€	827€	[St]	⏱ 1,80h/St	345.000.070

19 WC-Sitz — KG **412**

WC-Sitz einschl. Deckel und Scharniere.
Scharniere: **Edelstahl / Kunststoff**
Farbe: .....
Material: .....

▶	▷	ø	◁	◀	Einheit	Ausf.-Dauer	Positionsnummer
55€	131€	**163€**	233€	374€	[St]	⏱ 0,20h/St	345.000.071

▶ min
▷ von
ø Mittel
◁ bis
◀ max

Nr.	Kurztext / Langtext						Kostengruppe
▶	▷	ø netto €	◁	◀	[Einheit]	Ausf.-Dauer	Positionsnummer

20 Duschwanne, Stahl, 80x80 KG **412**

Duschwannenanlage bestehend aus: 1x Duschwanne Stahlemaille inkl. Füße für Duschwanne, 1x Rolle Wannenprofil-Dämmstreifen für Bade- und Duschwannen, aus Polyethylen-Schaumstoff, oberseitig mit Silikonfolie kaschiert, Schallschutz DIN 4109, 1x Ablaufgarnitur für Duschwannen mit Haube.
Größe: 80 x 80 x 6cm
Farbe: .....
Ablauf: **40 / 50**mm

267€	407€	**465€**	600€	809€	[St]	⏱ 1,40h/St	345.000.072

21 Duschwanne, Stahl 90x80 KG **412**

Duschwannenanlage bestehend aus: 1x Duschwanne Stahlemaille inkl. Füße für Duschwanne, 1x Rolle Wannenprofil-Dämmstreifen für Bade- und Duschwannen, aus Polyethylen-Schaumstoff, oberseitig mit Silikonfolie kaschiert, Schallschutz DIN 4109, 1x Ablaufgarnitur für Duschwannen mit Haube.
Größe: 90 x 80 x 6cm
Farbe: .....
Ablauf: **40 / 50**mm

384€	603€	**640€**	835€	1.144€	[St]	⏱ 1,40h/St	345.000.042

22 Duschwanne, Stahl 90x90 KG **412**

Duschwannenanlage bestehend aus: 1x Duschwanne Stahlemaille inkl. Füße für Duschwanne, 1x Rolle Wannenprofil-Dämmstreifen für Bade- und Duschwannen, aus Polyethylen-Schaumstoff, oberseitig mit Silikonfolie kaschiert, Schallschutz DIN 4109, 1x Ablaufgarnitur für Duschwannen mit Haube.
Größe: 90 x 90 x 6cm
Farbe: .....
Ablauf: **40 / 50**mm

392€	639€	**724€**	865€	1.191€	[St]	⏱ 1,40h/St	345.000.043

23 Duschwanne, Stahl 100x80 KG **412**

Duschwannenanlage bestehend aus: 1x Duschwanne Stahlemaille inkl. Füße für Duschwanne, 1x Rolle Wannenprofil-Dämmstreifen für Bade- und Duschwannen, aus Polyethylen-Schaumstoff, oberseitig mit Silikonfolie kaschiert, Schallschutz DIN 4109, 1x Ablaufgarnitur für Duschwannen mit Haube.
Größe: 100 x 80 x 6cm
Farbe: .....
Ablauf: **40 / 50**mm

493€	697€	**868€**	947€	1.226€	[St]	⏱ 1,40h/St	345.000.044

24 Duschwanne, Stahl 100x100 KG **412**

Duschwannenanlage bestehend aus: 1x Duschwanne Stahlemaille inkl. Füße für Duschwanne, 1x Rolle Wannenprofil-Dämmstreifen für Bade- und Duschwannen, aus Polyethylen-Schaumstoff, oberseitig mit Silikonfolie kaschiert, Schallschutz DIN 4109, 1x Ablaufgarnitur für Duschwannen mit Haube.
Größe: 100 x 100 x 6cm
Farbe: .....
Ablauf: **40 / 50**mm

614€	853€	**954€**	1.067€	1.334€	[St]	⏱ 1,40h/St	345.000.073

Kosten:
Stand 2. Quartal 2026
Bundesdurchschnitt

▶ min
▷ von
ø Mittel
◁ bis
◀ max

Nr.	**Kurztext** / Langtext						Kostengruppe
▶	▷	**ø netto €**	◁	◀	[Einheit]	Ausf.-Dauer	Positionsnummer

25 Einhebelmischarmatur, Dusche KG **412**

Unterputz-Brausearmatur, Einhebelmischer für Dusche in Wandmontage, eigensicher gegen Rückfließen, aus Metall verchromt, Kugelmischsystem mit Griff, Luftsprudler und Rosetten, einschl. Temperaturbegrenzer, Geräuschverhalten DIN 4109 Gruppe I, mit Prüfzeichen.
Anschluss: DN15

662€	790€	**852€**	883€	979€	[St]	⏱ 0,80h/St	345.000.074

26 Duschabtrennung, Kunststoff KG **610**

Duschabtrennung für Duschwanne, als Einzelanlage. Tür mit schmutzabweisender Beschichtung. Rahmen aus Kunststoff, mit Seitenwänden. Befestigung mit Wandanschlussprofil, wassergeschützt angesetzt. Mit Befestigungs- und Dichtmaterial.
Tür: **Drehtür / Schiebefalttür**
Kunststoff: **klar / mit Dekor mit schmutzabweisender Beschichtung**
Rahmen Farbe: **weiß / Standardfarbe**
Seitenwände: **1 / 2**
Breite Eingang: 800mm
Breite Seitenteil: 800mm
Höhe: 2.000mm

974€	1.284€	**1.428€**	1.500€	2.112€	[St]	⏱ 2,00h/St	345.000.050

27 Installationselement, Urinal KG **419**

Urinal-Installationselement mit selbsttragendem Montagerahmen, Oberfläche pulverbeschichtet, mit verstellbaren Fußstützen verzinkt, für einen Fußbodenaufbau 0-20cm, mit zwei kompletten Keramikbefestigungen und vormontiertem Passstück, Absperrventil und Schmutzfänger, mit Einbauspülkasten DIN EN 14055 und Schutzteil, Einlaufbogen und PE-Fertigablaufanschlussbogen, inkl. Anschlussgarnitur für Einlauf und Ablaufsiphon, einschl. Befestigungsmaterial.
Keramikbefestigungen: M8
Absperrventil: R 1/2
Einlaufbogen: DN25
Ablaufbogen: DN40/DN50

293€	361€	**396€**	507€	623€	[St]	⏱ 1,00h/St	345.000.080

28 Installationselement, WC KG **419**

WC-Installationselement für wandhängendes WC, Rahmen aus Stahl, pulverbeschichtet mit verstellbaren Fußstützen verzinkt, für einen Fußbodenaufbau von 0-20cm mit UP-Spülkasten, Betätigungsplatte mit Befestigungsrahmen, umstellbar auf Spül-Stopp-Funktion, für Betätigung von vorn. Vormontierter Wasseranschluss, Eckventil, schallgeschützter **Klemm- / Pressanschluss** aus Rotguss, C-Anschlussbogen, WC-Anschlussgarnitur, Befestigungsmaterial für Element und WC, inkl. Klein- und Befestigungsmaterial.
Wasseranschluss: Rp1/2
Anschlussbogen: **DN90 / DN100**

274€	331€	**363€**	401€	491€	[St]	⏱ 1,00h/St	345.000.075

29 Installationselement, Waschtisch KG **419**

Installationselement für Waschtisch mit Einlocharmatur, Rahmen aus Stahl, pulverbeschichtet, schallgeschützter Befestigung für Wandscheiben, Ablaufbogen, Gumminippel, Befestigungsmaterial für Element (Bodenbefestigung) und Waschtisch, selbstbohrende Schrauben für Befestigung an Ständerwand, inkl. Klein- und Befestigungsmaterial.
Ablaufbogen: **DN40 / DN50**
Gumminippel: **40/30**

227€	296€	**331€**	359€	416€	[St]	⏱ 1,00h/St	345.000.076

30 Installationselement, Stütz- und Haltegriffe KG **419**

Installationselement als Einzelelement, statisch belastbar und höhenverstellbar. Befestigungsmöglichkeit für Stütz- und Haltegriffe. Element für Metallständerwände und Vorwandmontage, zum Beplanken mit Gipskarton / Gipsfaserplatten für Aufbau auf Rohfußboden, zur Wand- und Fußbodenbefestigung.
Verstellbereich: 0 bis 200 mm
Einbauhöhe: über 1.000 bis 1.200 mm
Breite: 850 bis 1.000 mm
Fabrikat: .....
Typ: .....

288€ | 321€ | **348€** | 361€ | 393€ | [St] | ⏱ 1,00 h/St | 345.000.081

31 Haltegriff, Edelstahl, 600mm KG **412**

Haltegriff aus Edelstahl, gebürstet, mit Befestigung.
Grifflänge: 600 mm
Griffdurchmesser: 32 mm
Wandabstand: 50 mm
Belastung max.: 200 kg
Fabrikat: .....
Typ: .....

90€ | 136€ | **158€** | 167€ | 190€ | [St] | ⏱ 0,28 h/St | 345.000.045

32 Duschhandlauf, Messing KG **412**

Duschhandlauf mit 90° Winkel aus verchromtem Messingrohr mit Befestigung.
Höhenverstellbarkeit: ..... mm
Seitenverstellbarkeit: ..... mm
Rohrdurchmesser: 32 mm
Fabrikat: .....
Typ: .....

437€ | 604€ | **646€** | 763€ | 958€ | [St] | ⏱ 0,40 h/St | 345.000.046

33 Stützklappgriff, Edelstahl, bis 850mm KG **412**

Stützklappgriff in u-Form aus Edelstahl, gebürstet, mit Befestigung.
Grifflänge: bis 850 mm
Griffdurchmesser: 32 mm
Tiefe hochgeklappt: ..... mm
Belastung max.: 150 kg
Fabrikat: .....

612€ | 685€ | **707€** | 759€ | 844€ | [St] | ⏱ 0,35 h/St | 345.000.047

34 Waschbecken, barrierefrei KG **412**

Waschbecken, als barrierefreie Ausführung unterfahrbar DIN 18040, aus Sanitärporzellan, glasiert, weiß, mit wasserabweisender Beschichtung, mit Loch für Einlocharmatur, mit Überlauf, für Ablaufventil, inkl. Befestigung und Schallschutzset.
Breite: über 500 bis 550 mm
Ausladung: über 450 bis 500 mm
Fabrikat: .....
Typ: .....

325€ | 397€ | **433€** | 559€ | 771€ | [St] | ⏱ 1,25 h/St | 345.000.051

Kosten:
Stand 2. Quartal 2026
Bundesdurchschnitt

Nr.	**Kurztext** / Langtext					Kostengruppe
▶	▷	**ø netto €**	◁	◀	[Einheit]	Ausf.-Dauer	Positionsnummer

35 WC, barrierefrei — KG **412**

Tiefspül-WC, wandhängend an Installationselement, als barrierefreie Ausführung DIN 18040, aus Sanitärporzellan, spülrandlos, glasiert, weiß, mit wasserabweisender Beschichtung, inkl. WC-Sitz und Rückenstütze und Schallschutzset.
Spülwasserbedarf: 6l
Abgang: waagrecht
Fabrikat: .....
Typ: .....

475€ | 613€ | **674€** | 860€ | 1.131€ | [St] | ⏱ 2,00h/St | 345.000.052

36 Hygiene-Tiefspül-WC, barrierefrei — KG **412**

Tiefspül-WC mit ausfahrbarer Unterdusche und Benutzerkennung, als barrierefreie Ausführung DIN 18040, aus Sanitärporzellan, glasiert, in weiß, spülrandlos, wandhängend. Abgang waagrecht, mit Klosettsitz und Deckel mit Schließdämpfung und Geruchsabsaugung, mit Ventilator und Aktivkohlefilter, mit integriertem Wassererwärmer und Warmluftfön, Temperaturen einstellbar. Befestigung wandhängend, an Installationselement, mit Schallschutz DIN 4109. Inklusive Eckventil und Metallanschlussschlauch, sowie mit Elektroanschluss.
Spülwasserbedarf: 6l
Wasseranschluss: DN 15
Abgang: waagrecht
Zusätzliche Ausführungsoptionen: .....
Fabrikat: .....
Typ: .....

3.029€ | 3.618€ | **4.207€** | 5.048€ | 6.100€ | [St] | ⏱ 2,60h/St | 345.000.053

37 WC-Spülkasten, mit Betätigungsplatte — KG **412**

Unterputz-Spülkasten aus Kunststoff mit wassersparender Zweimengenspültechnik, schwitzwasserisoliert, für Wasseranschluss links, rechts oder hinten mittig, inkl. Betätigungsplatte für Betätigung von vorne, mit 2-Mengenauslösung, Befestigungsrahmen und Befestigung.
Inhalt: **3 / 6**l
Geräuschklasse: I
Größe: ..... x ..... x .....m
Farbe: .....

260€ | 281€ | **326€** | 366€ | 416€ | [St] | ⏱ 0,85h/St | 345.000.054

38 WC-Betätigung, berührungslos — KG **412**

Spülarmatur für Klosetts zur berührungslosen Betätigung, elektronisch gesteuert, mit Spülstromautomatik, mit Vorabsperrung und Eingangsverschraubung, Bemessungsbetriebsspannung 230V AC, Geräuschverhalten DIN 4109 Gruppe I, mit Prüfzeichen, für Spülkasten mit elektrischer Auslösung, Spüldauer einstellbar.
Ausführungsoptionen: .....
Fabrikat: .....
Typ: .....

492€ | 608€ | **724€** | 868€ | 1.122€ | [St] | ⏱ 0,30h/St | 345.000.055

▶ min
▷ von
ø Mittel
◁ bis
◀ max

340
341
342
344
345
347
353
358
363
369
375

39 Nachrüstaufsatz, Hygiene-Tiefspül-WC KG **412**

Nachrüst-Aufsatz für Tiefspül-WC mit ausfahrbarer Unterdusche und Benutzerkennung, mit Klosettsitz und Deckel mit Schließdämpfung und Geruchsabsaugung, mit Ventilator und Aktivkohlefilter, mit integriertem Wassererwärmer und Warmluftfön, Temperaturen einstellbar.
Befestigung: auf bestehender WC-Keramik, mit Elektroanschluss
Wasseranschluss: DN15
Zusätzliche Ausführungsoptionen: .....
Fabrikat: .....
Typ: .....

1.160€ 1.271€ **1.381€** 1.768€ 2.210€ [St] ⏱ 3,00h/St 345.000.056

40 Nachrüstung Türeinstieg Badewanne KG **412**

Einbau einer Wannentür in eine bestehende Badewanne, Türöffnung nach innen, mit mechanischer Verriegelung, bestehende Badewanne aus **Acryl / Stahl**.
Lichte Türbreite: 500 bis 600mm
Lichte Türhöhe: 400 bis 500mm
Türmaterial: **Kunststoff / Sicherheitsglas**
Ausführungsoptionen: .....
Fabrikat: .....
Typ: .....

889€ 988€ **1.149€** 1.332€ 1.465€ [St] ⏱ 8,00h/St 345.000.057

41 Stützgriff, fest, WC KG **412**

Stützgriff, fest, für WC, aus Kunststoff mit Stahlkern, inkl. Befestigung mit Flansch, Schrauben verdeckt.
Farbton: weiß
Ausladung: 850mm
Belastbar: bis 100kg am Griffvorderteil
Zusätzliche Ausführungsoptionen: .....
Fabrikat: .....
Typ: .....

302€ 340€ **425€** 510€ 573€ [St] ⏱ 0,30h/St 345.000.058

42 Stützgriff, fest, WC mit Spülauslösung KG **412**

Stützgriff, fest, für WC, aus Kunststoff mit Stahlkern, mit Spülauslösung, manuell, inkl. Befestigung mit Flansch, Schrauben verdeckt
Farbton: weiß
Ausladung: 850mm
Belastbar: bis 100kg am Griffvorderteil
Zusätzliche Ausführungsoptionen: .....
Fabrikat: .....
Typ: .....

709€ 813€ **864€** 960€ 1.081€ [St] ⏱ 0,50h/St 345.000.059

Nr.	Kurztext / Langtext						Kostengruppe
▶	▷	**ø netto €**	◁	◀	[Einheit]	Ausf.-Dauer	Positionsnummer

43 Stützgriff, klappbar, WC KG **412**

Stützklappgriff, klappbar, für WC, aus Kunststoff mit Stahlkern, mit Arretierung und Fallbremse, inkl. Befestigung mit Flansch, Schrauben verdeckt.
Farbton: weiß
Ausladung: 850mm
Belastbar: bis 100kg am Griffvorderteil
Zusätzliche Ausführungsoptionen: .....
Fabrikat: .....
Typ: .....

522€ | 641€ | **791€** | 957€ | 1.084€ | [St] | ⏱ 0,35h/St | 345.000.060

Kosten:
Stand 2. Quartal 2026
Bundesdurchschnitt

44 Stützgriff, klappbar, WC mit Spülauslösung KG **412**

Stützklappgriff, klappbar, für WC, aus Kunststoff mit Stahlkern, mit Spülauslösung, manuell, mit Arretierung und Fallbremse, inkl. Befestigung.
Farbton: weiß
Ausladung: 850mm
Belastbar: bis 100kg am Griffvorderteil
Zusätzliche Ausführungsoptionen: .....
Fabrikat: .....
Typ: .....

750€ | 851€ | **915€** | 1.015€ | 1.143€ | [St] | ⏱ 0,45h/St | 345.000.061

45 Stützgriff, fest, Waschtisch KG **412**

Stützgriff, fest, für Waschtisch, aus Kunststoff mit Stahlkern, inkl. Befestigung verdeckt.
Farbton: weiß
Ausladung: 600mm
Belastbar bis 100kg am Griffvorderteil
Fabrikat: .....
Typ: .....

362€ | 450€ | **548€** | 675€ | 751€ | [St] | ⏱ 0,35h/St | 345.000.062

46 Stützgriff, klappbar, Waschtisch KG **412**

Stützklappgriff, klappbar, für Waschtisch, aus Kunststoff mit Stahlkern, mit Arretierung und Fallbremse, inkl. Befestigung verdeckt.
Farbton: weiß
Ausladung: 600mm
Belastbar: bis 100kg am Griffvorderteil
Fabrikat: .....
Typ: .....

533€ | 610€ | **642€** | 725€ | 796€ | [St] | ⏱ 0,42h/St | 345.000.063

▶ min
▷ von
ø Mittel
◁ bis
◀ max

47 Stundensatz, Obermonteur/-in Sanitär

Verrechnungssatz für die jeweilige Arbeitskraft inkl. aller Aufwendungen wie Lohn- und Gehaltskosten, Lohn- und Gehaltsnebenkosten, Zuschläge, lohngebundene und lohnabhängige Kosten, sonstige Sozialkosten, Gemeinkosten, Wagnis und Gewinn. Leistung nach besonderer Anordnung der Bauüberwachung. Nachweis und Anmeldung gemäß VOB/B.

60€ | 69€ | **72€** | 75€ | 82€ | [h] | ⏱ 1,00h/h | 345.000.082

Nr.	Kurztext / Langtext						Kostengruppe
▶	▷	ø netto €	◁	◀	[Einheit]	Ausf.-Dauer	Positionsnummer

48 **Stundensatz, Helfer/-in Sanitär**

Verrechnungssatz für die jeweilige Arbeitskraft inkl. aller Aufwendungen wie Lohn- und Gehaltskosten, Lohn- und Gehaltsnebenkosten, Zuschläge, lohngebundene und lohnabhängige Kosten, sonstige Sozialkosten, Gemeinkosten, Wagnis und Gewinn. Leistung nach besonderer Anordnung der Bauüberwachung. Nachweis und Anmeldung gemäß VOB/B.

50€	58€	**62€**	63€	68€	[h]	⏱ 1,00h/h	345.000.083

340
341
342
344
345
347
353
358
363
369
375

347

Kosten:
Stand 2. Quartal 2026
Bundesdurchschnitt

► min
▷ von
ø Mittel
◁ bis
◀ max

Dämm- und Brandschutzarbeiten an technischen Anlagen — Preise €

Nr.	Positionen	Einheit	►	▷	ø brutto € / ø netto €	◁	◀
1	Dämmung Rohrleitung, alukaschiert, demontieren	m	4	4	**5**	5	6
			3	4	**4**	4	5
2	Dämmung Rohrleitung demontieren	m	3	3	**4**	5	5
			2	3	**4**	4	4
3	Kompaktdämmhülse, Rohrleitung, DN12	m	12	17	**18**	19	25
			10	14	**15**	16	21
4	Kompaktdämmhülse, Rohrleitung, DN15	m	13	18	**20**	23	30
			11	15	**17**	20	25
5	Kompaktdämmhülse, Rohrleitung, DN20	m	14	19	**22**	27	33
			12	16	**19**	23	28
6	Kompaktdämmhülse, Rohrleitung, DN25	m	18	27	**29**	38	51
			15	23	**24**	32	43
7	Kompaktdämmhülse, Rohrleitung, DN32	m	21	35	**37**	39	53
			18	29	**31**	33	44
8	Rohrdämmung, MW-alukaschiert, DN12	m	9	17	**22**	26	35
			8	15	**18**	22	29
9	Rohrdämmung, MW-alukaschiert, DN15	m	9	20	**25**	28	39
			8	17	**21**	24	33
10	Rohrdämmung, MW-alukaschiert, DN20	m	10	21	**25**	34	56
			9	18	**21**	29	47
11	Rohrdämmung, MW-alukaschiert, DN25	m	30	38	**41**	52	65
			25	32	**34**	44	55
12	Rohrdämmung, MW-alukaschiert, DN32	m	32	46	**51**	57	70
			27	38	**43**	48	59
13	Rohrdämmung, MW-alukaschiert, DN40	m	33	43	**48**	56	74
			28	36	**41**	47	62
14	Rohrdämmung, MW-alukaschiert, DN50	m	35	50	**59**	61	79
			29	42	**50**	51	66
15	Rohrdämmung, MW-alukaschiert, DN65	m	42	60	**70**	79	108
			36	51	**59**	66	91
16	Brandschutzabschottung, R90, DN12	St	25	28	**30**	35	45
			21	23	**25**	29	38
17	Brandschutzabschottung, R90, DN15	St	27	33	**35**	42	50
			22	28	**30**	35	42
18	Brandschutzabschottung, R90, DN20	St	29	47	**55**	64	82
			24	40	**47**	54	69
19	Brandschutzabschottung, R90, DN25	St	37	56	**64**	74	90
			31	47	**54**	62	76
20	Brandschutzabschottung, R90, DN32	St	46	66	**78**	86	120
			38	56	**65**	72	101
21	Brandschutzabschottung, R90, DN40	St	60	85	**90**	100	119
			51	71	**75**	84	100
22	Brandschutzabschottung, R90, DN50	St	73	102	**111**	124	130
			61	86	**93**	104	109
23	Brandschutzabschottung, R90, DN65	St	92	115	**130**	139	154
			77	97	**109**	117	129
24	Brandschutzabschottung, R90, DN100	St	105	133	**149**	159	185
			89	112	**126**	133	155

Nr.	Positionen	Einheit	▶	▷	ø brutto € / ø netto €	◁	◀
25	Brandschutzabschottung, R90, DN125	St	112	146	**159**	170	203
			94	122	**134**	143	171
26	Wärmedämmschalen für Armaturen und Pumpen, DN12	St	16	19	**23**	27	32
			13	16	**20**	23	27
27	Wärmedämmschalen für Armaturen und Pumpen, DN15	St	22	25	**27**	29	32
			19	21	**23**	25	27
28	Wärmedämmschalen für Armaturen und Pumpen, DN20	St	24	28	**31**	32	35
			20	23	**26**	27	29
29	Wärmedämmschalen für Armaturen und Pumpen, DN25	St	28	33	**43**	44	56
			23	27	**36**	37	47
30	Wärmedämmschalen für Armaturen und Pumpen, DN32	St	32	41	**46**	48	56
			27	34	**38**	41	47
31	Wärmedämmschalen für Armaturen und Pumpen, DN40	St	39	51	**57**	61	73
			33	43	**48**	51	61
32	Wärmedämmschalen für Armaturen und Pumpen, DN50	St	41	52	**61**	63	77
			35	44	**52**	53	64
33	Wärmedämmschalen für Armaturen und Pumpen, DN65	St	44	53	**65**	73	85
			37	44	**55**	62	72
34	Stundensatz, Monteur/-in Dämm- und Brandschutzarbeiten	h	83	92	**93**	98	107
			69	77	**78**	82	90
35	Stundensatz, Helfer/-in Dämm- und Brandschutzarbeiten	h	58	72	**78**	87	100
			49	60	**66**	73	84

Nr. **Kurztext** / Langtext — Kostengruppe

▶ ▷ **ø netto €** ◁ ◀ [Einheit] Ausf.-Dauer Positionsnummer

1 Dämmung Rohrleitung, alukaschiert, demontieren KG **494**

Dämmung der Rohrleitung demontieren, als Schale mit Aluminiumkaschierung, mechanisch befestigt. Abbruch von Hand/mit handgeführten Kleingeräten, aufgenommene Stoffe sammeln, auf Lkw des AN laden, Abfall ist nicht gefährlich, nicht schadstoffbelastet, die Entsorgung wird gesondert vergütet.
Nenndurchmesser: bis DN50
Dämmstoff: Mineralwolle
Dämmschichtdicke: 40 mm
Ausführung: in allen Geschossen
Arbeitshöhe: bis 3,50 m

3€ 4€ **4€** 4€ 5€ [m] ⏱ 0,25 h/m 347.000.047

Nr.	Kurztext / Langtext						Kostengruppe
▶	▷	**ø netto €**	◁	◀	[Einheit]	Ausf.-Dauer	Positionsnummer

2 Dämmung Rohrleitung demontieren KG **494**

Dämmung der Rohrleitung demontieren, als Schale ohne Kaschierung, mechanisch befestigt. Abbruch von Hand/mit handgeführten Kleingeräten, aufgenommene Stoffe sammeln, auf Lkw des AN laden, Abfall ist nicht gefährlich, nicht schadstoffbelastet, die Entsorgung wird gesondert vergütet.
Nenndurchmesser: bis DN50
Dämmstoff: Mineralwolle
Dämmschichtdicke: 40mm
Ausführung: in allen Geschossen
Arbeitshöhe: bis 3,50m

2€	3€	**4€**	4€	4€	[m]	⏱ 0,20h/m	347.000.048

Kosten:
Stand 2. Quartal 2026
Bundesdurchschnitt

A 1 Kompaktdämmhülse, Rohrleitung Beschreibung für Pos. **3-7**

Wärmedämmung für Rohrleitungen haustechnischer Anlagen auf Rohfußboden. Kompaktdämmhülsen in Anti-Körperschall-Ausführung. Zur Verlegung im Dämmbereich des Fußbodenaufbaus. Polsterlage aus miteinander vernadelten Kunststoff-Fasern und geschlossenzelligem Polyethylen mit reißfestem Gittergewebe.

3 Kompaktdämmhülse, Rohrleitung, DN12 KG **422**

Wie Ausführungsbeschreibung A 1
Nennwert der Wärmeleitfähigkeit: .....W/(m·K)
Bemessungswert der Wärmeleitfähigkeit: .....W/(m·K)
Normalentflammbar: B2
Nennweite: DN12
Dämmschichtdicke: .....mm
Bauhöhe: .....mm

10€	14€	**15€**	16€	21€	[m]	⏱ 0,05h/m	347.000.038

4 Kompaktdämmhülse, Rohrleitung, DN15 KG **422**

Wie Ausführungsbeschreibung A 1
Nennwert der Wärmeleitfähigkeit: .....W/(m·K)
Bemessungswert der Wärmeleitfähigkeit: .....W/(m·K)
Normalentflammbar: B2
Nennweite: DN15
Dämmschichtdicke: .....mm
Bauhöhe: .....mm

11€	15€	**17€**	20€	25€	[m]	⏱ 0,05h/m	347.000.005

5 Kompaktdämmhülse, Rohrleitung, DN20 KG **422**

Wie Ausführungsbeschreibung A 1
Nennwert der Wärmeleitfähigkeit: .....W/(m·K)
Bemessungswert der Wärmeleitfähigkeit: .....W/(m·K)
Normalentflammbar: B2
Nennweite: DN20
Dämmschichtdicke: .....mm
Bauhöhe: .....mm

12€	16€	**19€**	23€	28€	[m]	⏱ 0,05h/m	347.000.016

▶ min
▷ von
ø Mittel
◁ bis
◀ max

Nr.	**Kurztext** / Langtext						Kostengruppe
▶	▷	**ø netto €**	◁	◀	[Einheit]	Ausf.-Dauer	Positionsnummer

6 Kompaktdämmhülse, Rohrleitung, DN25 KG **422**

Wie Ausführungsbeschreibung A 1
Nennwert der Wärmeleitfähigkeit: ..... W/(m·K)
Bemessungswert der Wärmeleitfähigkeit: ..... W/(m·K)
Normalentflammbar: B2
Nennweite: DN25
Dämmschichtdicke: ..... mm
Bauhöhe: ..... mm

15€	23€	**24€**	32€	43€	[m]	⏱ 0,05 h/m	347.000.017

7 Kompaktdämmhülse, Rohrleitung, DN32 KG **422**

Wie Ausführungsbeschreibung A 1
Nennwert der Wärmeleitfähigkeit: ..... W/(m·K)
Bemessungswert der Wärmeleitfähigkeit: ..... W/(m·K)
Normalentflammbar: B2
Nennweite: DN32
Dämmschichtdicke: ..... mm
Bauhöhe: ..... mm

18€	29€	**31€**	33€	44€	[m]	⏱ 0,05 h/m	347.000.039

A 2 Rohrdämmung, Mineralwolle, alukaschiert Beschreibung für Pos. **8-15**

Wärmedämmung einschl. Ummantelung an Rohrleitungen für Heizung, Warmwasser und Zirkulation, in Gebäuden. Dämmung aus Mineralwolle, Baustoffklasse 1 A (nichtbrennbar), als Matte, auf verzinktem Drahtgeflecht mit verzinktem Draht versteppt, Befestigen mit Stahlhaken aus dem Werkstoff des Drahtgeflechts. Längs- und Rundstöße mit selbstklebender Aluminiumfolie überklebt.

8 Rohrdämmung, MW-alukaschiert, DN12 KG **422**

Wie Ausführungsbeschreibung A 2
Oberkante Dämmung über **Gelände / Fußboden**: **bis 3,50 / bis 5,00** m
Rohrleitung: .....
Nennweite: DN12
Dämmstärke: ..... mm
Dämmschichtdicke: ..... mm
Bemessungswert der Wärmeleitfähigkeit bei 40 °C: ..... W/(m·K)

8€	15€	**18€**	22€	29€	[m]	⏱ 0,30 h/m	347.000.040

9 Rohrdämmung, MW-alukaschiert, DN15 KG **422**

Wie Ausführungsbeschreibung A 2
Oberkante Dämmung über **Gelände / Fußboden**: **bis 3,50 / bis 5,00** m
Rohrleitung: .....
Nennweite: DN15
Dämmstärke: ..... mm
Dämmschichtdicke: ..... mm
Bemessungswert der Wärmeleitfähigkeit bei 40 °C: ..... W/(m·K)

8€	17€	**21€**	24€	33€	[m]	⏱ 0,30 h/m	347.000.002

Nr.	Kurztext / Langtext						Kostengruppe
▶	▷	ø netto €	◁	◀	[Einheit]	Ausf.-Dauer	Positionsnummer

10 Rohrdämmung, MW-alukaschiert, DN20 KG **422**

Wie Ausführungsbeschreibung A 2
Oberkante Dämmung über **Gelände / Fußboden**: **bis 3,50 / bis 5,00** m
Rohrleitung: .....
Nennweite: DN20
Dämmstärke: .....mm
Dämmschichtdicke: .....mm
Bemessungswert der Wärmeleitfähigkeit bei 40 °C: ..... W/(m·K)

9€ | 18€ | **21€** | 29€ | 47€ | [m] | ⏱ 0,30 h/m | 347.000.015

11 Rohrdämmung, MW-alukaschiert, DN25 KG **422**

Wie Ausführungsbeschreibung A 2
Oberkante Dämmung über **Gelände / Fußboden**: **bis 3,50 / bis 5,00** m
Rohrleitung: .....
Nennweite: DN25
Dämmstärke: .....mm
Dämmschichtdicke: .....mm
Bemessungswert der Wärmeleitfähigkeit bei 40 °C: ..... W/(m·K)

25€ | 32€ | **34€** | 44€ | 55€ | [m] | ⏱ 0,30 h/m | 347.000.008

12 Rohrdämmung, MW-alukaschiert, DN32 KG **422**

Wie Ausführungsbeschreibung A 2
Oberkante Dämmung über **Gelände / Fußboden**: **bis 3,50 / bis 5,00** m
Rohrleitung: .....
Nennweite: DN32
Dämmstärke: .....mm
Dämmschichtdicke: .....mm
Bemessungswert der Wärmeleitfähigkeit bei 40 °C: ..... W/(m·K)

27€ | 38€ | **43€** | 48€ | 59€ | [m] | ⏱ 0,30 h/m | 347.000.009

13 Rohrdämmung, MW-alukaschiert, DN40 KG **422**

Wie Ausführungsbeschreibung A 2
Oberkante Dämmung über **Gelände / Fußboden**: **bis 3,50 / bis 5,00** m
Rohrleitung: .....
Nennweite: DN40
Dämmstärke: .....mm
Dämmschichtdicke: .....mm
Bemessungswert der Wärmeleitfähigkeit bei 40 °C: ..... W/(m·K)

28€ | 36€ | **41€** | 47€ | 62€ | [m] | ⏱ 0,30 h/m | 347.000.041

Kosten:
Stand 2. Quartal 2026
Bundesdurchschnitt

▶ min
▷ von
ø Mittel
◁ bis
◀ max

340
341
342
344
345
347
353
358
363
369
375

Nr.	Kurztext / Langtext						Kostengruppe
▶	▷	**ø netto €**	◁	◀	[Einheit]	Ausf.-Dauer	Positionsnummer

14 Rohrdämmung, MW-alukaschiert, DN50 KG **422**

Wie Ausführungsbeschreibung A 2
Oberkante Dämmung über **Gelände / Fußboden**: **bis 3,50 / bis 5,00** m
Rohrleitung: .....
Nennweite: DN50
Dämmstärke: ..... mm
Dämmschichtdicke: ..... mm
Bemessungswert der Wärmeleitfähigkeit bei 40 °C: ..... W/(m·K)

▶	▷	ø netto €	◁	◀	[Einheit]	Ausf.-Dauer	Positionsnummer
29€	42€	**50€**	51€	66€	[m]	⏱ 0,30 h/m	347.000.011

15 Rohrdämmung, MW-alukaschiert, DN65 KG **422**

Wie Ausführungsbeschreibung A 2
Oberkante Dämmung über **Gelände / Fußboden**: **bis 3,50 / bis 5,00** m
Rohrleitung: .....
Nennweite: DN65
Dämmstärke: ..... mm
Dämmschichtdicke: ..... mm
Bemessungswert der Wärmeleitfähigkeit bei 40 °C: ..... W/(m·K)

▶	▷	ø netto €	◁	◀	[Einheit]	Ausf.-Dauer	Positionsnummer
36€	51€	**59€**	66€	91€	[m]	⏱ 0,30 h/m	347.000.012

A 3 Brandschutzabschottung, R90 Beschreibung für Pos. **16-25**

Brandschutzabschottung von Rohrleitungen haustechnischer Anlagen nach **MLAR / LAR**, zur Montage in **Wand / Decke / leichter Trennwand**. Zur Verlegung in rundem Durchbruch, ohne Hüllrohr, Verfüllung des Ringspalts mit Mörtel M10, beidseitige Weiterführung der Dämmung.

16 Brandschutzabschottung, R90, DN12 KG **422**

Wie Ausführungsbeschreibung A 3
Feuerwiderstandsklasse: R90
Rohrleitung: **nicht brennbar / brennbar**
Montagehöhe: bis **3,50 / 5,00 / 7,00** m über Fußboden
Ringspalt: bis 15 mm
Außendurchmesser der Rohrleitung: 15 mm
Außendurchmesser Schott: 60 mm
Dämmlänge: 1.000 mm
Dämmung: .....

▶	▷	ø netto €	◁	◀	[Einheit]	Ausf.-Dauer	Positionsnummer
21€	23€	**25€**	29€	38€	[St]	⏱ 0,38 h/St	347.000.042

Kosten:
Stand 2. Quartal 2026
Bundesdurchschnitt

▶ min
▷ von
ø Mittel
◁ bis
◀ max

Nr.	Kurztext / Langtext						Kostengruppe
▶	▷	ø netto €	◁	◀	[Einheit]	Ausf.-Dauer	Positionsnummer

17 **Brandschutzabschottung, R90, DN15** KG **422**

Wie Ausführungsbeschreibung A 3
Feuerwiderstandsklasse: R90
Rohrleitung: **nicht brennbar / brennbar**
Montagehöhe: bis **3,50 / 5,00 / 7,00** m über Fußboden
Ringspalt: bis 15 mm
Außendurchmesser der Rohrleitung: 18 mm
Außendurchmesser Schott: 60 mm
Dämmlänge: 1.000 mm
Dämmung: .....

22€ | 28€ | **30€** | 35€ | 42€ | [St] | ⏱ 0,40 h/St | 347.000.031

18 **Brandschutzabschottung, R90, DN20** KG **422**

Wie Ausführungsbeschreibung A 3
Feuerwiderstandsklasse: R90
Rohrleitung: **nicht brennbar / brennbar**
Montagehöhe: bis **3,50 / 5,00 / 7,00** m über Fußboden
Ringspalt: bis 15 mm
Außendurchmesser der Rohrleitung: 22 mm
Außendurchmesser Schott: 60 mm
Dämmlänge: 1.000 mm
Dämmung: .....

24€ | 40€ | **47€** | 54€ | 69€ | [St] | ⏱ 0,40 h/St | 347.000.032

19 **Brandschutzabschottung, R90, DN25** KG **422**

Wie Ausführungsbeschreibung A 3
Feuerwiderstandsklasse: R90
Rohrleitung: **nicht brennbar / brennbar**
Montagehöhe: bis **3,50 / 5,00 / 7,00** m über Fußboden
Ringspalt: bis 15 mm
Außendurchmesser der Rohrleitung: 28 mm
Außendurchmesser Schott: 80 mm
Dämmlänge: 1.000 mm
Dämmung: .....

31€ | 47€ | **54€** | 62€ | 76€ | [St] | ⏱ 0,40 h/St | 347.000.033

20 **Brandschutzabschottung, R90, DN32** KG **422**

Wie Ausführungsbeschreibung A 3
Feuerwiderstandsklasse: R90
Rohrleitung: **nicht brennbar / brennbar**
Montagehöhe: bis **3,50 / 5,00 / 7,00** m über Fußboden
Ringspalt: bis 15 mm
Außendurchmesser der Rohrleitung: 35 mm
Außendurchmesser Schott: 80 mm
Dämmlänge: 1.000 mm
Dämmung: .....

38€ | 56€ | **65€** | 72€ | 101€ | [St] | ⏱ 0,40 h/St | 347.000.034

Nr.	Kurztext / Langtext						Kostengruppe
▶	▷	ø netto €	◁	◀	[Einheit]	Ausf.-Dauer	Positionsnummer

21 Brandschutzabschottung, R90, DN40 KG **422**

Wie Ausführungsbeschreibung A 3
Feuerwiderstandsklasse: R90
Rohrleitung: **nicht brennbar / brennbar**
Montagehöhe: bis **3,50 / 5,00 / 7,00** m über Fußboden
Ringspalt: bis 15 mm
Außendurchmesser der Rohrleitung: 42 mm
Außendurchmesser Schott: 100 mm
Dämmlänge: 1.000 mm
Dämmung: .....

51€	71€	**75€**	84€	100€	[St]	⏱ 0,40 h/St	347.000.035

22 Brandschutzabschottung, R90, DN50 KG **422**

Wie Ausführungsbeschreibung A 3
Feuerwiderstandsklasse: R90
Rohrleitung: **nicht brennbar / brennbar**
Montagehöhe: bis **3,50 / 5,00 / 7,00** m über Fußboden
Ringspalt: bis 15 mm
Außendurchmesser der Rohrleitung: 63 mm
Außendurchmesser Schott: 130 mm
Dämmlänge: 1.000 mm
Dämmung: .....

61€	86€	**93€**	104€	109€	[St]	⏱ 0,40 h/St	347.000.036

23 Brandschutzabschottung, R90, DN65 KG **422**

Wie Ausführungsbeschreibung A 3
Feuerwiderstandsklasse: R90
Rohrleitung: **nicht brennbar / brennbar**
Montagehöhe: bis **3,50 / 5,00 / 7,00** m über Fußboden
Ringspalt: bis 15 mm
Außendurchmesser der Rohrleitung: 76 mm
Außendurchmesser Schott: 180 mm
Dämmlänge: 1.000 mm
Dämmung: .....

77€	97€	**109€**	117€	129€	[St]	⏱ 0,40 h/St	347.000.037

24 Brandschutzabschottung, R90, DN100 KG **422**

Wie Ausführungsbeschreibung A 3
Feuerwiderstandsklasse: R90
Rohrleitung: **nicht brennbar / brennbar**
Montagehöhe: bis **3,50 / 5,00 / 7,00** m über Fußboden
Ringspalt: bis 15 mm
Außendurchmesser der Rohrleitung: 110 mm
Außendurchmesser Schott: 180 mm
Dämmlänge: 1.000 mm
Dämmung: .....

89€	112€	**126€**	133€	155€	[St]	⏱ 0,42 h/St	347.000.043

Kosten:
Stand 2. Quartal 2026
Bundesdurchschnitt

Nr.	Kurztext / Langtext						Kostengruppe
▶	▷	**ø netto €**	◁	◀	[Einheit]	Ausf.-Dauer	Positionsnummer

25 Brandschutzabschottung, R90, DN125 KG **422**

Wie Ausführungsbeschreibung A 3
Feuerwiderstandsklasse: R90
Rohrleitung: **nicht brennbar / brennbar**
Montagehöhe: bis **3,50 / 5,00 / 7,00** m über Fußboden
Ringspalt: bis 15 mm
Außendurchmesser der Rohrleitung: 139 mm
Außendurchmesser Schott: 180 mm
Dämmlänge: 1.000 mm
Dämmung: .....

94€ | 122€ | **134€** | 143€ | 171€ | [St] | ⏱ 0,45 h/St | 347.000.044

A 4 Wärmedämmschalen für Armaturen und Pumpen Beschreibung für Pos. **26-33**

Wärmedämmschalen für Armaturen und Pumpen. Bestehend aus einem zusammenklappbaren Formteil aus Polyethylen mit kratzfester Oberfläche aus PE-Gittergewebe. Entleerungsöffnungen vorgeprägt, Lieferung inkl. Verschlussclipsen, mit handelsüblichen Klebern diffusionsdicht verschließbar.

26 Wärmedämmschalen für Armaturen und Pumpen, DN12 KG **422**

Wie Ausführungsbeschreibung A 4
Baustoffklasse: B1
Wärmeleitwert 0,034 W/(m·K): bei 10 °C und 0,040 W/(m·K) bei 40 °C
Wasserdampfdiffusionsfaktor µ: 5.000
Temperaturbereich: -80 °C bis +100 °C
Abmessungen: Länge: 130 mm, Breite: 70 mm, Höhe: 112 mm
Nennweite: DN12

13€ | 16€ | **20€** | 23€ | 27€ | [St] | ⏱ 0,10 h/St | 347.000.045

27 Wärmedämmschalen für Armaturen und Pumpen, DN15 KG **422**

Wie Ausführungsbeschreibung A 4
Baustoffklasse: B1
Wärmeleitwert 0,034 W/(m·K): bei 10 °C und 0,040 W/(m·K) bei 40 °C
Wasserdampfdiffusionsfaktor µ: 5.000
Temperaturbereich: -80 °C bis +100 °C
Abmessungen: Länge: 130 mm, Breite: 70 mm, Höhe: 112 mm
Nennweite: DN15

19€ | 21€ | **23€** | 25€ | 27€ | [St] | ⏱ 0,10 h/St | 347.000.024

28 Wärmedämmschalen für Armaturen und Pumpen, DN20 KG **422**

Wie Ausführungsbeschreibung A 4
Baustoffklasse: B1
Wärmeleitwert 0,034 W/(m·K): bei 10 °C und 0,040 W/(m·K) bei 40 °C
Wasserdampfdiffusionsfaktor µ: 5.000
Temperaturbereich: -80 °C bis +100 °C
Abmessungen: Länge: 130 mm, Breite: 70 mm, Höhe: 112 mm
Nennweite: DN20

20€ | 23€ | **26€** | 27€ | 29€ | [St] | ⏱ 0,10 h/St | 347.000.025

▶ min
▷ von
ø Mittel
◁ bis
◀ max

Nr.	Kurztext / Langtext						Kostengruppe
▶	▷	ø netto €	◁	◀	[Einheit]	Ausf.-Dauer	Positionsnummer

29 Wärmedämmschalen für Armaturen und Pumpen, DN25 KG **422**

Wie Ausführungsbeschreibung A 4
Baustoffklasse: B1
Wärmeleitwert 0,034 W/(m·K): bei 10 °C und 0,040 W/(m·K) bei 40 °C
Wasserdampfdiffusionsfaktor μ: 5.000
Temperaturbereich: -80 °C bis +100 °C
Abmessungen: Länge: 145 mm, Breite: 80 mm, Höhe: 130 mm
Nennweite: DN25

23€	27€	**36€**	37€	47€	[St]	⏱ 0,10 h/St	347.000.026

30 Wärmedämmschalen für Armaturen und Pumpen, DN32 KG **422**

Wie Ausführungsbeschreibung A 4
Baustoffklasse: B1
Wärmeleitwert 0,034 W/(m·K): bei 10 °C und 0,040 W/(m·K) bei 40 °C
Wasserdampfdiffusionsfaktor μ: 5.000
Temperaturbereich: -80 °C bis +100 °C
Abmessungen: Länge: 195 mm, Breite: 137 mm, Höhe: 203 mm
Nennweite: DN32

27€	34€	**38€**	41€	47€	[St]	⏱ 0,10 h/St	347.000.027

31 Wärmedämmschalen für Armaturen und Pumpen, DN40 KG **422**

Wie Ausführungsbeschreibung A 4
Baustoffklasse: B1
Wärmeleitwert 0,034 W/(m·K): bei 10 °C und 0,040 W/(m·K) bei 40 °C
Wasserdampfdiffusionsfaktor μ: 5.000
Temperaturbereich: -80 °C bis +100 °C
Abmessungen: Länge: 196 mm, Breite: 163 mm, Höhe: 230 mm
Nennweite: DN40

33€	43€	**48€**	51€	61€	[St]	⏱ 0,10 h/St	347.000.028

32 Wärmedämmschalen für Armaturen und Pumpen, DN50 KG **422**

Wie Ausführungsbeschreibung A 4
Baustoffklasse: B1
Wärmeleitwert 0,034 W/(m·K): bei 10 °C und 0,040 W/(m·K) bei 40 °C
Wasserdampfdiffusionsfaktor μ: 5.000
Temperaturbereich: -80° C bis +100 °C
Abmessungen: Länge: 212 mm, Breite: 182 mm, Höhe: 253 mm
Nennweite: DN50

35€	44€	**52€**	53€	64€	[St]	⏱ 0,10 h/St	347.000.029

Nr.	Kurztext / Langtext						Kostengruppe
▶	▷	**ø netto €**	◁	◀	[Einheit]	Ausf.-Dauer	Positionsnummer

33 **Wärmedämmschalen für Armaturen und Pumpen, DN65** KG **422**

Wie Ausführungsbeschreibung A 4
Baustoffklasse: B1
Wärmeleitwert 0,034W/(m·K): bei 10°C und 0,040W/(m·K) bei 40°C
Wasserdampfdiffusionsfaktor µ: 5.000
Temperaturbereich: -80° C bis +100°C
Abmessungen: Länge: 212mm, Breite: 182mm, Höhe: 253mm
Nennweite: DN65

37€	44€	**55€**	62€	72€	[St]	⏱ 0,10h/St	347.000.046

34 **Stundensatz, Monteur/-in Dämm- und Brandschutzarbeiten**

Verrechnungssatz für die jeweilige Arbeitskraft inkl. aller Aufwendungen wie Lohn- und Gehaltskosten, Lohn- und Gehaltsnebenkosten, Zuschläge, lohngebundene und lohnabhängige Kosten, sonstige Sozialkosten, Gemeinkosten, Wagnis und Gewinn. Leistung nach besonderer Anordnung der Bauüberwachung. Nachweis und Anmeldung gemäß VOB/B.

69€	77€	**78€**	82€	90€	[h]	⏱ 1,00h/h	347.000.050

35 **Stundensatz, Helfer/-in Dämm- und Brandschutzarbeiten**

Verrechnungssatz für die jeweilige Arbeitskraft inkl. aller Aufwendungen wie Lohn- und Gehaltskosten, Lohn- und Gehaltsnebenkosten, Zuschläge, lohngebundene und lohnabhängige Kosten, sonstige Sozialkosten, Gemeinkosten, Wagnis und Gewinn. Leistung nach besonderer Anordnung der Bauüberwachung. Nachweis und Anmeldung gemäß VOB/B.

49€	60€	**66€**	73€	84€	[h]	⏱ 1,00h/h	347.000.049

Kosten:
Stand 2.Quartal 2026
Bundesdurchschnitt

▶ min
▷ von
ø Mittel
◁ bis
◀ max

353

Kosten:
Stand 2. Quartal 2026
Bundesdurchschnitt

► min
▷ von
ø Mittel
◁ bis
◀ max

Nr.	Positionen	Einheit	►	▷	ø brutto € / ø netto €	◁	◀
1	Schlitz herstellen, Mauerwerk, 5x3cm	m	26	29	**37**	41	45
			22	25	**31**	34	38
2	Schlitz herstellen, Mauerwerk, 10x5cm	m	55	62	**78**	87	96
			47	52	**66**	73	81
3	Kabelrinne, Stahl, WA,100mm	m	56	63	**79**	89	97
			47	53	**66**	74	82
4	Kabelrinne, Stahl, WA, 200mm	m	60	67	**84**	94	104
			50	57	**71**	79	87
5	Kabelrinne, Stahl, WA, 300mm	m	66	74	**93**	104	114
			56	63	**78**	88	96
6	Kabelrinne, Stahl, WA, 400mm	m	70	78	**98**	110	121
			59	66	**82**	92	101
7	Installationsleitung, NYM-J 1x16mm², uP	m	9	11	**13**	15	16
			8	9	**11**	12	14
8	Installationsleitung, NYM-J 3x2,5mm², uP	m	5	6	**6**	7	8
			4	5	**5**	6	7
9	Installationsleitung, NYM-J 5x2,5mm², uP	m	7	8	**9**	10	12
			6	7	**8**	9	10
10	Installationsleitung, NYM-J 5x6mm², uP	m	16	17	**18**	19	20
			13	14	**15**	16	17
11	Installationsleitung, NYM-J 5x16mm², uP	m	33	34	**36**	39	45
			28	28	**30**	33	38
12	Elektroinstallationsrohr, 16mm	m	6	7	**9**	11	12
			5	6	**8**	9	10
13	Elektroinstallationsrohr, 25mm	m	7	8	**10**	11	12
			6	7	**8**	9	10
14	Elektroinstallationsrohr, 40mm	m	14	16	**18**	20	22
			12	13	**15**	17	18
15	Leitungsführungskanal PVC 15x15mm	m	11	12	**14**	15	16
			9	10	**12**	13	14
16	Leitungsführungskanal PVC 30x30mm	m	14	16	**18**	20	23
			12	13	**15**	17	20
17	Leitungsführungskanal PVC 90x40mm	m	30	32	**35**	39	42
			25	27	**29**	32	35
18	Leitungsführungskanal PVC 110x60mm	m	49	52	**54**	59	61
			41	44	**45**	49	51
19	Leitungsführungskanal PVC 230x60mm	m	101	108	**118**	123	125
			85	91	**100**	104	105
20	Sockelleistenkanal, 50x20mm	m	30	32	**36**	37	41
			26	27	**30**	31	35
21	Geräteeinbaukanal, 130x60mm	m	58	61	**64**	68	71
			48	51	**54**	57	60
22	Geräteeinbaukanal, 170x60mm	m	76	80	**88**	91	95
			64	67	**74**	77	80
23	Geräteeinbaukanal, 210x60mm	m	98	112	**125**	129	132
			82	94	**105**	108	111
24	Fehlerstromschutzschalter 63A, vierpolig	St	140	165	**174**	221	299
			118	138	**146**	185	251

Nr.	Positionen	Einheit	►	▷	ø brutto € / ø netto €	◁	◄
25	Photovoltaikanlage 5kWp	St	8.476	10.360	**11.773**	13.185	15.304
			7.123	8.706	**9.893**	11.080	12.861
26	Photovoltaikanlage 10kWp	St	16.620	19.501	**22.160**	27.035	28.808
			13.967	16.387	**18.622**	22.719	24.209
27	Photovoltaikanlage 15kWp	St	23.684	28.947	**32.894**	36.841	41.447
			19.902	24.325	**27.642**	30.959	34.829
28	Photovoltaikanlage 20kWp	St	27.061	33.074	**37.584**	42.846	46.980
			22.740	27.793	**31.583**	36.005	39.479
29	Photovoltaikanlage 30kWp	St	31.140	38.060	**43.250**	48.440	55.360
			26.168	31.983	**36.345**	40.706	46.521
30	Photovoltaikanlage 50kWp	St	38.030	46.481	**52.819**	59.158	64.440
			31.958	39.060	**44.386**	49.712	54.151
31	Batteriespeicher bis 5kWh	St	2.503	3.102	**3.525**	3.949	4.301
			2.103	2.607	**2.963**	3.318	3.614
32	Batteriespeicher 5-10kWh	St	5.719	6.767	**8.056**	9.183	11.197
			4.806	5.686	**6.769**	7.717	9.409
33	Batteriespeicher 10-20kWh	St	6.780	8.022	**9.550**	10.887	13.274
			5.698	6.741	**8.025**	9.148	11.155
34	Batteriespeicher 20-50kWh	St	10.147	12.005	**14.292**	16.293	19.866
			8.527	10.089	**12.010**	13.692	16.694
35	Batteriespeicher 50-100kWh	St	18.450	21.828	**25.986**	29.623	36.120
			15.504	18.343	**21.837**	24.894	30.353
36	Ladeeinrichtung für Elektroautos 11kW	St	837	1.447	**1.993**	2.600	3.210
			703	1.216	**1.675**	2.185	2.697
37	Ladeeinrichtung für Elektroautos 22kW	St	1.482	2.593	**3.354**	4.027	5.035
			1.245	2.179	**2.818**	3.384	4.231
38	Bewegungsmelder	St	252	309	**327**	368	446
			212	260	**275**	309	375
39	Stundensatz, Monteur/-in Elektro	h	72	85	**92**	99	119
			60	71	**77**	83	100
40	Stundensatz, Helfer/-in Elektro	h	18	48	**62**	68	82
			15	41	**52**	57	69

Kosten:
Stand 2. Quartal 2026
Bundesdurchschnitt

Nr.	Kurztext / Langtext						Kostengruppe
▶	▷	ø netto €	◁	◀	[Einheit]	Ausf.-Dauer	Positionsnummer

A 1 Schlitz herstellen, Mauerwerk — Beschreibung für Pos. **1-2**

Schlitz in verputztem Mauerwerk nachträglich herstellen und Bauschutt entsorgen.
Druckfestigkeitsklasse: bis Mz 12N/mm²
Wanddicke: .....
Lage: .....

1 Schlitz herstellen, Mauerwerk, 5x3cm — KG **394**

Wie Ausführungsbeschreibung A 1
Breite: bis 5cm
Tiefe: bis 3cm

▶	▷	ø	◁	◀	Einheit	Ausf.-Dauer	Positionsnummer
22€	25€	**31€**	34€	38€	[m]	⏱ 0,15h/m	353.000.023

2 Schlitz herstellen, Mauerwerk, 10x5cm — KG **394**

Wie Ausführungsbeschreibung A 1
Breite: bis 10cm
Tiefe: bis 5cm

▶	▷	ø	◁	◀	Einheit	Ausf.-Dauer	Positionsnummer
47€	52€	**66€**	73€	81€	[m]	⏱ 0,15h/m	353.000.024

A 2 Kabelrinne, Stahl, WA — Beschreibung für Pos. **3-6**

Kabelrinne mit Trennsteg und Wandausleger, einschl. systembedingten Verbindungsstücken, Formstücken, Befestigungsmaterial.
Norm: DIN EN 61537 (VDE 0639)
Werkstoff: Stahl, feuerverzinkt, DIN EN ISO 1461
Dicke Metallwerkstoff: 1,5mm
Ausführung: gelocht
Höhe: 60mm

3 Kabelrinne, Stahl, WA,100mm — KG **444**

Wie Ausführungsbeschreibung A 2
Breite: 100mm
Angeb. Fabrikat: .....

▶	▷	ø	◁	◀	Einheit	Ausf.-Dauer	Positionsnummer
47€	53€	**66€**	74€	82€	[m]	⏱ 0,20h/m	353.000.025

4 Kabelrinne, Stahl, WA, 200mm — KG **444**

Wie Ausführungsbeschreibung A 2
Breite: 200mm
Angeb. Fabrikat: .....

▶	▷	ø	◁	◀	Einheit	Ausf.-Dauer	Positionsnummer
50€	57€	**71€**	79€	87€	[m]	⏱ 0,25h/m	353.000.026

5 Kabelrinne, Stahl, WA, 300mm — KG **444**

Wie Ausführungsbeschreibung A 2
Breite: 300mm
Angeb. Fabrikat: .....

▶	▷	ø	◁	◀	Einheit	Ausf.-Dauer	Positionsnummer
56€	63€	**78€**	88€	96€	[m]	⏱ 0,30h/m	353.000.027

▶ min
▷ von
ø Mittel
◁ bis
◀ max

Nr.	**Kurztext** / Langtext						Kostengruppe
▶	▷	**ø netto €**	◁	◀	[Einheit]	Ausf.-Dauer	Positionsnummer

6 Kabelrinne, Stahl, WA, 400mm — KG **444**

Wie Ausführungsbeschreibung A 2
Breite: 400 mm
Angeb. Fabrikat: .....

59€	66€	**82€**	92€	101€	[m]	⏱ 0,40 h/m	353.000.028

A 3 Installationsleitung, NYM-J, UP — Beschreibung für Pos. **7-11**

Installationsleitung für Verlegung unter Putz, mit Befestigung.
Norm: DIN VDE 0250-204 (VDE 0250-204)
Leitungstyp: NYM-J

7 Installationsleitung, NYM-J 1x16mm², uP — KG **444**

Wie Ausführungsbeschreibung A 3
Ader-/Leiterzahl: 1x 16 mm²
Metallzahl: Cu-Zahl 154

8€	9€	**11€**	12€	14€	[m]	⏱ 0,06 h/m	353.000.030

8 Installationsleitung, NYM-J 3x2,5mm², uP — KG **444**

Wie Ausführungsbeschreibung A 3
Ader-/Leiterzahl: 3x 2,5 mm²
Metallzahl: Cu-Zahl 72

4€	5€	**5€**	6€	7€	[m]	⏱ 0,09 h/m	353.000.032

9 Installationsleitung, NYM-J 5x2,5mm², uP — KG **444**

Wie Ausführungsbeschreibung A 3
Ader-/Leiterzahl: 5x 2,5 mm²
Metallzahl: Cu-Zahl 120

6€	7€	**8€**	9€	10€	[m]	⏱ 0,09 h/m	353.000.033

10 Installationsleitung, NYM-J 5x6mm², uP — KG **444**

Wie Ausführungsbeschreibung A 3
Ader-/Leiterzahl: 5x 6 mm²
Metallzahl: Cu-Zahl 288

13€	14€	**15€**	16€	17€	[m]	⏱ 0,09 h/m	353.000.034

11 Installationsleitung, NYM-J 5x16mm², uP — KG **444**

Wie Ausführungsbeschreibung A 3
Ader-/Leiterzahl: 5x 16 mm²
Metallzahl: Cu-Zahl 768

28€	28€	**30€**	33€	38€	[m]	⏱ 0,12 h/m	353.000.035

Kosten:
Stand 2. Quartal 2026
Bundesdurchschnitt

Nr.	**Kurztext** / Langtext						Kostengruppe
►	▷	**ø netto €**	◁	◀	[Einheit]	Ausf.-Dauer	Positionsnummer

A 4 Elektroinstallationsrohr — Beschreibung für Pos. **12-14**

Elektroinstallationsrohr, geschlossen, für Verlegung unter Putz, mit Befestigung.
Norm: DIN EN 61386 (VDE 0605)
Werkstoff: Kunststoff, halogenfrei
Ausführung: einwandig, gewellt, flexibel
Druckfestigkeitsklasse: 3 - mittel (750N)
Klasse Schlagbeanspruchung: 3 - mittel (2kg/100mm)

12 Elektroinstallationsrohr, 16mm — KG **444**

Wie Ausführungsbeschreibung A 4
Außendurchmesser: 16mm

►	▷	ø	◁	◀	Einheit	Ausf.-Dauer	Positionsnummer
5€	6€	**8€**	9€	10€	[m]	⏱ 0,12h/m	353.000.036

13 Elektroinstallationsrohr, 25mm — KG **444**

Wie Ausführungsbeschreibung A 4
Außendurchmesser: 25mm

►	▷	ø	◁	◀	Einheit	Ausf.-Dauer	Positionsnummer
6€	7€	**8€**	9€	10€	[m]	⏱ 0,12h/m	353.000.037

14 Elektroinstallationsrohr, 40mm — KG **444**

Wie Ausführungsbeschreibung A 4
Außendurchmesser: 40mm

►	▷	ø	◁	◀	Einheit	Ausf.-Dauer	Positionsnummer
12€	13€	**15€**	17€	18€	[m]	⏱ 0,12h/m	353.000.038

15 Leitungsführungskanal PVC 15x15mm — KG **444**

Leitungsführungskanal mit Trennsteg, einschl. systembedingter Verbindungsstücke, Formstücke, Befestigungsmaterial.
Norm: DIN EN 50085-2-1 (VDE 0604-2-1)
Werkstoff: PVC-U
Breite: 15mm
Höhe: 15mm
Farbe: **grau / weiß**
Befestigung: auf **Beton / Mauerwerk / Installationswand**

►	▷	ø	◁	◀	Einheit	Ausf.-Dauer	Positionsnummer
9€	10€	**12€**	13€	14€	[m]	⏱ 0,04h/m	353.000.039

16 Leitungsführungskanal PVC 30x30mm — KG **444**

Leitungsführungskanal mit Trennsteg, einschl. systembedingter Verbindungsstücke, Formstücke, Befestigungsmaterial.
Norm: DIN EN 50085-2-1 (VDE 0604-2-1)
Werkstoff: PVC-U
Breite: 30mm
Höhe: 30mm
Farbe: **grau / weiß**
Befestigung: auf **Beton / Mauerwerk / Installationswand**

►	▷	ø	◁	◀	Einheit	Ausf.-Dauer	Positionsnummer
12€	13€	**15€**	17€	20€	[m]	⏱ 0,04h/m	353.000.040

► min
▷ von
ø Mittel
◁ bis
◀ max

Nr.	**Kurztext** / Langtext						Kostengruppe
▶	▷	**ø netto €**	◁	◀	[Einheit]	Ausf.-Dauer	Positionsnummer

17 Leitungsführungskanal PVC 90x40mm KG **444**

Leitungsführungskanal mit Trennsteg, einschl. systembedingter Verbindungsstücke, Formstücke, Befestigungsmaterial.
Norm: DIN EN 50085-2-1 (VDE 0604-2-1)
Werkstoff: PVC-U
Breite: 90 mm
Höhe: 40 mm
Farbe: **grau / weiß**
Befestigung: auf **Beton / Mauerwerk / Installationswand**

▶	▷	ø netto €	◁	◀	[Einheit]	Ausf.-Dauer	Positionsnummer
25€	27€	**29€**	32€	35€	[m]	⏱ 0,05 h/m	353.000.041

18 Leitungsführungskanal PVC 110x60mm KG **444**

Leitungsführungskanal mit Trennsteg, einschl. systembedingter Verbindungsstücke, Formstücke und Befestigungsmaterial.
Norm: DIN EN 50085-2-1 (VDE 0604-2-1)
Werkstoff: PVC-U
Breite: 110 mm
Höhe: 60 mm
Farbe: **grau / weiß**
Befestigung: auf **Beton / Mauerwerk / Installationswand**

▶	▷	ø netto €	◁	◀	[Einheit]	Ausf.-Dauer	Positionsnummer
41€	44€	**45€**	49€	51€	[m]	⏱ 0,05 h/m	353.000.042

19 Leitungsführungskanal PVC 230x60mm KG **444**

Leitungsführungskanal mit Trennsteg, einschl. systembedingter Verbindungsstücke, Formstücke und Befestigungsmaterial.
Norm: DIN EN 50085-2-1 (VDE 0604-2-1)
Werkstoff: PVC-U
Breite: 230 mm
Höhe: 60 mm
Farbe: **grau / weiß**
Befestigung: auf **Beton / Mauerwerk / Installationswand**

▶	▷	ø netto €	◁	◀	[Einheit]	Ausf.-Dauer	Positionsnummer
85€	91€	**100€**	104€	105€	[m]	⏱ 0,10 h/m	353.000.043

20 Sockelleistenkanal, 50x20mm KG **444**

Sockelleistenkanal, einschl. systembedingter Verbindungsstücke, Formstücke, Befestigungsmaterial.
Norm: DIN EN 50085-2-1 (VDE 0604-2-1)
Werkstoff: PVC-U
Breite: 50 mm
Höhe: 20 mm
Farbe: **grau / weiß**
Befestigung: auf **Beton / Mauerwerk / Installationswand**

▶	▷	ø netto €	◁	◀	[Einheit]	Ausf.-Dauer	Positionsnummer
26€	27€	**30€**	31€	35€	[m]	⏱ 0,06 h/m	353.000.044

Kosten:
Stand 2. Quartal 2026
Bundesdurchschnitt

Nr.	Kurztext / Langtext							Kostengruppe
▶	▷	ø netto €	◁	◀	[Einheit]	Ausf.-Dauer		Positionsnummer

21 Geräteeinbaukanal, 130x60mm KG **444**

Geräteeinbaukanal mit Trennsteg, einschl. systembedingter Verbindungsstücke, Kabelhalteklammern, Formstücke, Befestigungsmaterial.
Norm: DIN EN 50085-2-1 (VDE 0604-2-1)
Werkstoff: PVC-U
Breite: 130mm
Höhe: 60mm
Farbe: **grau / weiß**
Befestigung: auf **Beton / Mauerwerk / Installationswand**

48€ | 51€ | **54€** | 57€ | 60€ | [m] | ⏱ 0,08h/m | 353.000.045

22 Geräteeinbaukanal, 170x60mm KG **444**

Geräteeinbaukanal mit Trennsteg, einschl. systembedingter Verbindungsstücke, Kabelhalteklammern, Formstücke, Befestigungsmaterial.
Norm: DIN EN 50085-2-1 (VDE 0604-2-1)
Werkstoff: PVC-U
Breite: 190mm
Höhe: 60mm
Farbe: **grau / weiß**
Befestigung: auf **Beton / Mauerwerk / Installationswand**

64€ | 67€ | **74€** | 77€ | 80€ | [m] | ⏱ 0,10h/m | 353.000.046

23 Geräteeinbaukanal, 210x60mm KG **444**

Geräteeinbaukanal mit Trennsteg, einschl. systembedingter Verbindungsstücke, Kabelhalteklammern, Formstücke, Befestigungsmaterial.
Norm: DIN EN 50085-2-1 (VDE 0604-2-1)
Werkstoff: PVC-U
Breite: 230mm
Höhe: 60mm
Farbe: **grau / weiß**
Befestigung: auf **Beton / Mauerwerk / Installationswand**

82€ | 94€ | **105€** | 108€ | 111€ | [m] | ⏱ 0,12h/m | 353.000.047

24 Fehlerstromschutzschalter 63A, vierpolig KG **444**

Bemessungsstrom: 63A

118€ | 138€ | **146€** | 185€ | 251€ | [St] | ⏱ 0,50h/St | 353.000.062

▶ min
▷ von
ø Mittel
◁ bis
◀ max

A 5 Photovoltaikanlage — Beschreibung für Pos. **25-30**

Solaranlage zur Stromgewinnung als Photovoltaiksystem zur Aufdach-/ Inndach-/Flachdachlösung, mit konstruktiver Verankerung. Leistung einschl. systembedingter Befestigungsmittel und Befestigungskonstruktionsmaterial, Befestigung gemäß statischem Einzelnachweis, mit Wechselrichter mit Datenlogger, Powermanagement, DC-Schalter und dreipoliger Einspeisung, einschl. Elektrokabel, Erdung, komplett verdrahtet, mit Durchführungen, Anschlussarbeiten, Inbetriebnahme und Anmeldung.

25 Photovoltaikanlage 5kWp — KG **442**

Wie Ausführungsbeschreibung A 5
Nennleistung System: 5 kWp
Nennleistung PV-Module: ..... Wp
Auflast (Schneelast): bis ..... kN/m²
Dynamische Last (Windlast): bis ..... kN/m²
Ausführung gemäß Einzelbeschreibung: .....

7.123€ 8.706€ **9.893€** 11.080€ 12.861€ [St] ⏱ 18,00 h/St 353.000.057

26 Photovoltaikanlage 10kWp — KG **442**

Wie Ausführungsbeschreibung A 5
Nennleistung System: 10 kWp
Nennleistung PV-Module: ..... Wp
Auflast (Schneelast): bis ..... kN/m²
Dynamische Last (Windlast): bis ..... kN/m²
Ausführung gemäß Einzelbeschreibung: .....

13.967 16.387€ **18.622€** 22.719€ 24.209€ [St] ⏱ 36,00 h/St 353.000.049

27 Photovoltaikanlage 15kWp — KG **442**

Wie Ausführungsbeschreibung A 5
Nennleistung System: 15 kWp
Nennleistung PV-Module: ..... Wp
Auflast (Schneelast): bis ..... kN/m²
Dynamische Last (Windlast): bis ..... kN/m²
Ausführung gemäß Einzelbeschreibung: .....

19.902 24.325€ **27.642€** 30.959€ 34.829€ [St] ⏱ 40,00 h/St 353.000.058

28 Photovoltaikanlage 20kWp — KG **442**

Wie Ausführungsbeschreibung A 5
Nennleistung System: 20 kWp
Nennleistung PV-Module: ..... Wp
Auflast (Schneelast): bis ..... kN/m²
Dynamische Last (Windlast): bis ..... kN/m²
Ausführung gemäß Einzelbeschreibung: .....

22.740 27.793€ **31.583€** 36.005€ 39.479€ [St] ⏱ 45,00 h/St 353.000.059

Kosten:
Stand 2. Quartal 2026
Bundesdurchschnitt

Nr.	**Kurztext** / Langtext							Kostengruppe
▶	▷	**ø netto €**	◁	◀		[Einheit]	Ausf.-Dauer	Positionsnummer
29	**Photovoltaikanlage 30kWp**							KG **442**
	Wie Ausführungsbeschreibung A 5 Nennleistung System: 30kWp Nennleistung PV-Module: .....Wp Auflast (Schneelast): bis .....kN/m2 Dynamische Last (Windlast): bis .....kN/m2 Ausführung gemäß Einzelbeschreibung:							
26.168	31.983€	**36.345€**	40.706€	46.521€		[St]	⏱ 55,00h/St	353.000.060
30	**Photovoltaikanlage 50kWp**							KG **442**
	Wie Ausführungsbeschreibung A 5 Nennleistung System: 50kWp Nennleistung PV-Module: .....Wp Auflast (Schneelast): bis .....kN/m2 Dynamische Last (Windlast): bis .....kN/m2 Ausführung gemäß Einzelbeschreibung:							
31.958	39.060€	**44.386€**	49.712€	54.151€		[St]	⏱ 65,00h/St	353.000.061
31	**Batteriespeicher bis 5kWh**							KG **442**
	Photovoltaik Batteriespeicher zur Speicherung von erzeugtem Strom zur Eigennutzung.							
2.103€	2.607€	**2.963€**	3.318€	3.614€		[St]	⏱ 2,00h/St	353.000.056
32	**Batteriespeicher 5-10kWh**							KG **442**
	Photovoltaik Batteriespeicher zur Speicherung von erzeugtem Strom zur Eigennutzung.							
4.806€	5.686€	**6.769€**	7.717€	9.409€		[St]	⏱ 2,50h/St	353.000.050
33	**Batteriespeicher 10-20kWh**							KG **442**
	Photovoltaik Batteriespeicher zur Speicherung von erzeugtem Strom zur Eigennutzung.							
5.698€	6.741€	**8.025€**	9.148€	11.155€		[St]	⏱ 3,00h/St	353.000.063
34	**Batteriespeicher 20-50kWh**							KG **442**
	Photovoltaik Batteriespeicher zur Speicherung von erzeugtem Strom zur Eigennutzung.							
8.527€	10.089€	**12.010€**	13.692€	16.694€		[St]	⏱ 3,50h/St	353.000.064
35	**Batteriespeicher 50-100kWh**							KG **442**
	Photovoltaik Batteriespeicher zur Speicherung von erzeugtem Strom zur Eigennutzung.							
15.504	18.343€	**21.837€**	24.894€	30.353€		[St]	⏱ 5,00h/St	353.000.065

▶ min
▷ von
ø Mittel
◁ bis
◀ max

Nr.	**Kurztext** / Langtext						Kostengruppe
▶	▷	**ø netto €**	◁	◀	[Einheit]	Ausf.-Dauer	Positionsnummer

36 Ladeeinrichtung für Elektroautos 11kW KG **444**

Ladeeinrichtung für Elektroautos als Wallbox, als kabelgebundene Ladestromübertragung. Ladeeinrichtungsausgang Wechselstrom 230V AC, mit Lasttrennschalter, Überspannungsschutz, mit einem Ladepunkt und einer Ladeleistung je Ladepunkt 11kW. Ladeeinrichtung mit Kabel.
Kabellänge: .....m
Stromflussrichtung: **unidirektional / bidirektional**
Überspannungsschutz Typ: **1 / 2 / 3**
Schutzart IP: .....
Netzsystem: .....
Befestigung an: **Wand / Pfosten / Stele**
Anzeige: **Display / LED**
Authentifizierung: **Plug and Charge / PIN / RFID / Mobile App / Schlüsselschalter / EVCC ID**
Min. Umgebungstemperatur: .....°C
Max. Umgebungstemperatur: .....°C

703€ | 1.216€ | **1.675€** | 2.185€ | 2.697€ | [St] | ⏱ 2,00h/St | 353.000.054

37 Ladeeinrichtung für Elektroautos 22kW KG **444**

Ladeeinrichtung für Elektroautos als Wallbox, als kabelgebundene Ladestromübertragung. Ladeeinrichtungsausgang Wechselstrom 230V AC, mit Lasttrennschalter, Überspannungsschutz, mit einem Ladepunkt und einer Ladeleistung je Ladepunkt 22kW. Ladeeinrichtung mit Kabel.
Kabellänge: .....m
Stromflussrichtung: **unidirektional / bidirektional**
Überspannungsschutz Typ: **1 / 2 / 3**
Schutzart IP: .....
Netzsystem: .....
Befestigung an: **Wand / Pfosten / Stele**
Anzeige: **Display / LED**
Authentifizierung: **Plug and Charge / PIN / RFID / Mobile App / Schlüsselschalter / EVCC ID**
Min. Umgebungstemperatur: .....°C
Max. Umgebungstemperatur: .....°C

1.245€ | 2.179€ | **2.818€** | 3.384€ | 4.231€ | [St] | ⏱ 2,00h/St | 353.000.055

38 Bewegungsmelder KG **444**

Bewegungsmelder für 230V AC **mit Unterkriechschutz / mit Rückfeldüberwachung** mit integriertem Dämmerungsschalter.
Sensorart: **Ultraschall / Infrarot / Radar / Optisch**
Erfassungsbereich: .....°
Reichweite: .....m
Schnittstelle: **RS232 / KNX-TP / DALI / COM**
Ausschaltverzögerung: .....-.....s
Schutzart IP: **44 / 2X / 24 / 3X / 54 / 55 / 65 / 67**
Einbaubereich: **Wandmontage / Deckenmontage / Eckmontage**
Montaghöhe: **bis 3 / über 3 bis 6 / über 6 bis 9 / über 9 bis 12** m

212€ | 260€ | **275€** | 309€ | 375€ | [St] | ⏱ 1,80h/St | 353.000.051

Nr.	Kurztext / Langtext						Kostengruppe
▶	▷	ø netto €	◁	◀	[Einheit]	Ausf.-Dauer	Positionsnummer

39 Stundensatz, Monteur/-in Elektro

Verrechnungssatz für die jeweilige Arbeitskraft inkl. aller Aufwendungen wie Lohn- und Gehaltskosten, Lohn- und Gehaltsneben-kosten, Zuschläge, lohngebundene und lohnabhängige Kosten, sonstige Sozialkosten, Gemeinkosten, Wagnis und Gewinn. Leistung nach besonderer Anordnung der Bauüberwachung. Nachweis und Anmeldung gemäß VOB/B.

60€	71€	**77€**	83€	100€	[h]	⏱ 1,00h/h	353.000.052

40 Stundensatz, Helfer/-in Elektro

Verrechnungssatz für die jeweilige Arbeitskraft inkl. aller Aufwendungen wie Lohn- und Gehaltskosten, Lohn- und Gehaltsneben-kosten, Zuschläge, lohngebundene und lohnabhängige Kosten, sonstige Sozialkosten, Gemeinkosten, Wagnis und Gewinn. Leistung nach besonderer Anordnung der Bauüberwachung. Nachweis und Anmeldung gemäß VOB/B.

15€	41€	**52€**	57€	69€	[h]	⏱ 1,00h/h	353.000.053

Kosten:
Stand 2. Quartal 2026
Bundesdurchschnitt

▶ min
▷ von
ø Mittel
◁ bis
◀ max

Nr.	Positionen	Einheit	▶	▷	ø brutto € / ø netto €	◁	◀
1	Abbruch Einbauleuchte	St	14	20	**22**	30	39
			12	17	**19**	25	33
2	Wannenleuchte, LED, Feuchtraum	St	130	181	**211**	252	357
			109	152	**177**	212	300
3	Einbauleuchte, LED, 39W	St	190	246	**265**	298	353
			159	207	**223**	250	297
4	Pendelleuchte, LED 47W, bis 598mm	St	502	593	**620**	732	974
			422	499	**521**	615	819
5	Pendelleuchte, LED 47W, bis 1.198mm	St	709	856	**956**	1.034	1.193
			596	719	**803**	869	1.002
6	Einbaudownlight, LED, 9W	St	144	179	**200**	212	254
			121	151	**168**	178	214
7	Einbaudownlight, LED, 17,8W	St	250	287	**309**	331	384
			210	241	**260**	278	323

358

Kosten:
Stand 2. Quartal 2026
Bundesdurchschnitt

Nr. **Kurztext** / Langtext — Kostengruppe
▶ ▷ **ø netto €** ◁ ◀ [Einheit] Ausf.-Dauer Positionsnummer

1 Abbruch Einbauleuchte — KG **494**

Abbruch Einbauleuchte mit Befestigungsmaterial, inkl. Leuchtmittel, im Rahmen einer Teilabbruchmaßnahme, Ausführung innerhalb des Bauwerks. Abbruch von Hand/mit handgeführten Kleingeräten, aufgenommene Stoffe sammeln, in vom AG gestellten Behälter lagern. Abfall ist nicht gefährlich, nicht schadstoffbelastet, Entsorgung wird gesondert vergütet.
Ausführungsort: .....
Einbautiefe 50mm
Arbeitshöhe: bis 3,50m

12€ 17€ **19€** 25€ 33€ [St] ⏱ 0,30h/St 358.000.049

2 Wannenleuchte, LED, Feuchtraum — KG **445**

Wannenleuchte für Feuchtraum, Gehäuse aus Kunststoff (Polycarbonat), innenliegende Halterung, Stahlblech, weiß lackiert, Refraktor Kunststoff (PMMA oder PC), innenprismatisch.
Abmessung: ..... (bis 1278mm)
Leuchtmittel: LED 28W
Lichtfarbe: 840, neutralweiß
Leuchtenlichtstrom: 3.350lm
Elektrische Ausstattung: Betriebsgerät
Schutzart: IP 66
Schutzklasse: I
Spannung: 220-240V / 50-60Hz
Farbe: lichtgrau
Zubehör: Befestigungsmaterial
Arbeitshöhe: bis .....m

109€ 152€ **177€** 212€ 300€ [St] ⏱ 0,35h/St 358.000.043

▶ min
▷ von
ø Mittel
◁ bis
◀ max

Nr.	Kurztext / Langtext						Kostengruppe
▶	▷	ø netto €	◁	◀	[Einheit]	Ausf.-Dauer	Positionsnummer

3 Einbauleuchte, LED, 39W KG **445**

Einbauleuchte in abgehängter Decke, Gehäuse aus Aluminium, Diffusor und Lightguide aus vergilbungsfreiem PMMA (opal), mit LED-Betriebsgerät extern.
Abmessung: ..... (bis 1233 mm)
Abstrahlwinkel: 60°
Leuchtmittel: LED 39W
Lichtfarbe: 830, warmweiß
Leuchtenlichtstrom: 3.600 lm
Lebensdauer: 50.000 h (L70/B10)
Schutzart: IP 20
Schutzklasse: II
Spannung: 220-240 V / 50-60 Hz
Für Deckenstärke: 10-25 mm
Gehäusefarbe: weiß
Zubehör: Befestigungsmaterial
Arbeitshöhe: bis ..... m

159€	207€	**223€**	250€	297€	[St]	⏱ 0,60 h/St	358.000.044

A 1 Pendelleuchte, LED Beschreibung für Pos. **4-5**

Pendelleuchte, Abdeckung aus Stahlblech, pulverbeschichtet, Rahmen aus Aluminium, eloxiert, Diffusor microprismatisch, direkt-/indirekt-Stahlseilabhängung, stufenlos, strahlend, höhenverstellbar, bildschirmarbeitsplatzgerecht, designintegrierte.
Abstrahlwinkel: 80-200°
Leuchtmittel: LED 34W
Lichtfarbe: 830, warmweiß
Leuchtenlichtstrom: 3.944 lm
Schutzart: IP 20
Schutzklasse: I
Spannung: 100-240 V / 50-60 Hz
Gehäusefarbe: Aluminium, eloxiert
Zubehör: Befestigungsmaterial

4 Pendelleuchte, LED 47W, bis 598mm KG **445**

Wie Ausführungsbeschreibung A 1
Abmessung: ..... (bis 598 mm)
Arbeitshöhe: bis ..... m

422€	499€	**521€**	615€	819€	[St]	⏱ 0,50 h/St	358.000.045

5 Pendelleuchte, LED 47W, bis 1.198mm KG **445**

Wie Ausführungsbeschreibung A 1
Abmessung: ..... (bis 1.198 mm)
Arbeitshöhe: bis ..... m

596€	719€	**803€**	869€	1.002€	[St]	⏱ 0,50 h/St	358.000.046

340
341
342
344
345
347
353
358
363
369
375

Nr.	Kurztext / Langtext						Kostengruppe
▶	▷	ø netto €	◁	◀	[Einheit]	Ausf.-Dauer	Positionsnummer

A 2 Einbaudownlight, LED — Beschreibung für Pos. **6-7**

Einbaudownlight mit LED, Gehäuse aus Aluminium-Druckguss, pulverbeschichtet, Lightguide und Kunststoffabdeckung aus vergilbungsfreiem Kunststoff (PMMA), Abdeckung Kunststoff opal matt, Deckenbefestigung mit Federsystem.
Betriebsgerät: extern über Steckverbindung, mit Verbindungsleitung zwischen Leuchte und LED-Betriebsgerät 250mm
Abstrahlwinkel: 110°
Lichtfarbe: 830, warmweiß
Lebensdauer: L70> 50.000h
Spannung: 220-240V / 50-60Hz
für Deckenstärke: 1-20mm
Schutzart: IP20
Schutzklasse: II
Zubehör: Befestigungsmaterial

Kosten:
Stand 2. Quartal 2026
Bundesdurchschnitt

6 Einbaudownlight, LED, 9W — KG **445**

Wie Ausführungsbeschreibung A 2
Deckenausschnitt: 170mm
Einbautiefe: 27-53mm
Lichtleistung: LED 9W
Leuchtenlichtstrom: 780lm
Arbeitshöhe: bis .....m

121€	151€	**168€**	178€	214€	[St]	⏱ 0,30h/St	358.000.047

7 Einbaudownlight, LED, 17,8W — KG **445**

Wie Ausführungsbeschreibung A 2
Deckenausschnitt: 234mm
Einbautiefe: 30-56mm
Lichtleistung: LED 17,8W
Leuchtenlichtstrom: 1.650lm
Arbeitshöhe: bis .....m

210€	241€	**260€**	278€	323€	[St]	⏱ 0,40h/St	358.000.048

▶ min
▷ von
ø Mittel
◁ bis
◀ max

363

Kosten:
Stand 2. Quartal 2026
Bundesdurchschnitt

Nr.	Positionen	Einheit	►	▷	ø brutto € / ø netto €	◁	◄
1	Brandmeldezentrale bis 4 Ringe-/Linien	St	1.798	3.409	**4.139**	5.044	7.287
			1.511	2.865	**3.478**	4.238	6.123
2	Brandmeldezentrale ab 5 Ringe-/Linien	St	6.791	9.734	**10.775**	12.866	16.178
			5.707	8.180	**9.055**	10.812	13.595
3	Feuerwehr - Schlüsseldepot	St	1.525	2.177	**2.480**	3.001	4.249
			1.282	1.829	**2.084**	2.522	3.571
4	Notruf barrierefreies WC	St	664	931	**1.119**	1.310	1.567
			558	783	**940**	1.101	1.317
5	Optischer Rauchmelder	St	102	194	**214**	236	312
			86	163	**180**	198	263
6	Ionisations-Rauchmelder	St	375	413	**479**	510	559
			315	347	**403**	428	470
7	Optischer Rauchwarnmelder	St	38	72	**84**	102	144
			32	61	**71**	86	121
8	Funkvernetzte Rauchwarnmelder	St	147	187	**197**	226	274
			123	157	**166**	190	230
9	Wärme-Differenzialmelder	St	125	145	**151**	175	203
			105	122	**127**	147	171
10	Kombinierter Rauch-/Wärmemelder	St	276	295	**305**	313	332
			232	248	**256**	263	279
11	Handfeuermelder	St	103	143	**163**	187	248
			87	120	**137**	157	209
12	Signalgeber akustisch	St	113	195	**230**	263	323
			95	164	**193**	221	271
13	Signalgeber akustisch/optisch	St	291	363	**385**	430	527
			244	305	**324**	361	443
14	Signalgeber optisch	St	221	245	**271**	300	334
			186	206	**228**	252	281
15	Anzeige-Tableau	St	898	1.402	**1.611**	2.094	2.739
			755	1.179	**1.354**	1.759	2.302
16	Feuerwehr-Bedienfeld	St	554	769	**858**	1.426	2.045
			465	646	**721**	1.198	1.719
17	Überfallmelder	St	109	123	**138**	146	163
			92	104	**116**	123	137
18	Rauchauslöseeinrichtung	St	1.060	1.427	**1.621**	1.897	2.430
			890	1.199	**1.362**	1.594	2.042

► min
▷ von
ø Mittel
◁ bis
◄ max

Nr.	Kurztext / Langtext						Kostengruppe
▶	▷	ø netto €	◁	◀	[Einheit]	Ausf.-Dauer	Positionsnummer

1 Brandmeldezentrale bis 4 Ringe-/Linien KG **456**

Brandmeldezentrale mit **Grenzwert - Linientechnik oder Ringbustechnik**
Ausführung als **Ringleitung / Linien / Zonenleitung**
Anzahl Leitungen: ..... St
Insgesamt ausbaubare Leitungen: ..... St
Ausgebaut mit Stichleitungen für adressierbare Melder: ..... St
Insgesamt ausbaubare Stichleitungen für adressierbare Melder: ..... St
Ausgebaut mit Stichleitungen für Grenzwertmelder: ..... St
Insgesamt ausbaubare Stichleitungen für Grenzwertmelder: ..... St
Ausgebaut mit Meldergruppen: ..... St
Insgesamt ausbaubare Meldergruppen: ..... St
Ausbaubare Koppler: ..... St
Registriereinheit: **mit internem Drucker / digital / digital, mit Schnittstelle zum Drucker**
Brandmeldezentrale mit Ersatzstromversorgung, für eine Überbrückungszeit von: **4 / 12 / 24 / 30 / 48 / 72**h
Alarmierungszeit mindestens 0,5h

1.511€	2.865€	**3.478€**	4.238€	6.123€	[St]	⏱ 6,80h/St	363.000.001

2 Brandmeldezentrale ab 5 Ringe-/Linien KG **456**

Brandmeldezentrale mit **Grenzwert - Linientechnik oder Ringbustechnik**
Ausführung als **Ringleitung / Linien / Zonenleitung**
Anzahl Leitungen: ..... St
Insgesamt ausbaubare Leitungen: ..... St
Ausgebaut mit Stichleitungen für adressierbare Melder: ..... St
Insgesamt ausbaubare Stichleitungen für adressierbare Melder: ..... St
Ausgebaut mit Stichleitungen für Grenzwertmelder: ..... St
Insgesamt ausbaubare Stichleitungen für Grenzwertmelder: ..... St
Ausgebaut mit Meldergruppen: ..... St
Insgesamt ausbaubare Meldergruppen: ..... St
Ausbaubare Koppler: ..... St
Registriereinheit: **mit internem Drucker / digital / digital, mit Schnittstelle zum Drucker**
Brandmeldezentrale mit Ersatzstromversorgung, für eine Überbrückungszeit von: **4 / 12 / 24 / 30 / 48 / 72**h
Alarmierungszeit mindestens 0,5h

5.707€	8.180€	**9.055€**	10.812€	13.595€	[St]	⏱ 7,80h/St	363.000.002

3 Feuerwehr - Schlüsseldepot KG **456**

Feuerwehr - Schlüsseldepot Gehäuse aus Stahl. Die Schließung erfolgt nach den Anschlussbedingungen der zuständigen behördlich benannten hilfeleistenden Stelle.
Einbauort: **Unterputzmontage / in WDVS, mit Einbauschutz / in Montagesäule**
Überwachte Schlüssel: ..... St.
Meldeanlagenbauteilklasse: **FSD1 / FSD2 / FSD3**

1.282€	1.829€	**2.084€**	2.522€	3.571€	[St]	⏱ 1,50h/St	363.000.003

4 Notruf barrierefreies WC KG **452**

Notruf barrierefreies WC als Kompakt-Set, bestehend aus 1-Kammer-Signalleuchte rot, Zugtaster, Abstelltaster, Meldeeinheit und Netzteil, einschl. Stromquelle für Sicherheitszwecke DIN VDE 0100-560 (VDE 0100-560), Weiterleitung Störung an Meldeeinheit, Weiterleitung Notruf an Meldeeinheit.

558€	783€	**940€**	1.101€	1.317€	[St]	⏱ 1,20h/St	363.000.004

Nr.	Kurztext / Langtext						Kostengruppe
▶	▷	ø netto €	◁	◀	[Einheit]	Ausf.-Dauer	Positionsnummer

5 Optischer Rauchmelder KG **456**

Optischer Rauchmelder, nach dem Streulichtprinzip, passend zur überwachten Anschaltung an die Brandmeldezentrale. Einsatz bei einer Betriebsumgebungstemperatur von -10°C bis +60°C. Frühzeitige Erfassung offener Brände mit entsprechender Rauchentwicklung; intelligente Auswerteelektronik und optische Alarmanzeige sowie zusätzlicher Ausgang zur Anschaltung von externen Geräten, mit Meldersockel.
Energieversorgung: **aus Zentrale über Busleitung / aus Zentrale über separate Stichleitung / Batterie**
Schutzart: IP 42
Netzspannung: 24V
Ausführungshöhe über Fußboden: **bis 4 / über 4 / über 6** m
Angeb. Fabrikat: .....

86€	163€	**180€**	198€	263€	[St]	⏱ 0,35h/St	363.000.005

Kosten:
Stand 2. Quartal 2026
Bundesdurchschnitt

6 Ionisations-Rauchmelder KG **456**

Ionisations-Rauchmelder, mit zwei getrennten Ionisations-Messkammern, passend zur überwachten Anschaltung an die Brandmeldezentrale. Einsatz bei einer Betriebsumgebungstemperatur von -10°C bis +60°C frühzeitige Erfassung offener Brände mit entsprechender Rauchentwicklung, intelligente Auswerteelektronik und optische Alarmanzeige sowie zusätzlicher Ausgang zur Anschaltung von externen Geräten, mit Meldersockel.
Schutzart: IP 42
Netzspannung: 24V
Ausführungshöhe über Fußboden: **bis 4 / über 4 / über 6** m
Angeb. Fabrikat: .....

315€	347€	**403€**	428€	470€	[St]	⏱ 0,35h/St	363.000.006

7 Optischer Rauchwarnmelder KG **456**

Optischer Rauchwarnmelder, nach dem Streulichtprinzip, passend zur überwachten Anschaltung an die Brandmeldezentrale. Einsatz bei einer Betriebsumgebungstemperatur von -10°C bis +60°C. Frühzeitige Erfassung offener Brände mit entsprechender Rauchentwicklung; intelligente Auswerteelektronik und optische Alarmanzeige sowie zusätzlicher Ausgang zur Anschaltung von externen Geräten, mit Meldersockel.
Energieversorgung: **mit interner Primärbatterie / mit externer Energieversorgung**
Schutzart: IP 42
Netzspannung: 24V
Ausführungshöhe über Fußboden: **bis 4 / über 4 / über 6** m
Angeb. Fabrikat: .....

32€	61€	**71€**	86€	121€	[St]	⏱ 0,35h/St	363.000.007

▶ min
▷ von
ø Mittel
◁ bis
◀ max

8 Funkvernetzte Rauchwarnmelder KG **456**

Funkvernetzte Rauchwarnmelder, nach dem Streulichtprinzip, passend zur überwachten Anschaltung an die Brandmeldezentrale. Einsatz bei einer Betriebsumgebungstemperatur von -10°C bis +60°C. Frühzeitige Erfassung offener Brände mit entsprechender Rauchentwicklung; intelligente Auswerteelektronik und optische Alarmanzeige sowie zusätzlicher Ausgang zur Anschaltung von externen Geräten, mit Meldersockel.
Energieversorgung: **mit interner Primärbatterie / mit externer Energieversorgung**
Schutzart: IP 42
Netzspannung: 24V
Ausführungshöhe über Fußboden: **bis 4 / über 4 / über 6** m
Angeb. Fabrikat: .....

123€	157€	**166€**	190€	230€	[St]	⏱ 0,35h/St	363.000.008

9 Wärme-Differenzialmelder KG **456**

Wärme-Differenzialmelder mit Maximalwertauslösung. Temperaturerfassung mit Halbleitern, einschl. Sockel. Integriertem Signalgeber im Sockel.
Signalart: **optisch / akustisch / optisch und akustisch**
Signal als: **Notsignal / Warnsignal**
Energieversorgung: **mit interner Primärbatterie / mit externer Energieversorgung**
Schalldruckpegel mind. 80 dB(A)
Gehäuse: **Kunststoff / Metall**
Bezeichnungsschild: .....
Ausführungshöhe über Fußboden: **bis 4 / über 4 / über 6** m

105€	122€	**127€**	147€	171€	[St]	⏱ 0,35h/St	363.000.009

10 Kombinierter Rauch-/Wärmemelder KG **456**

Kombi-Melder mit integriertem Optischen Rauchmelder und Thermodifferenzialmelder, mit gewichteter Verknüpfung der Daten beider Melderfunktionen zur Erkennung von Schwelbränden und Bränden mit hoher Wärmeentwicklung mit Meldersockel und Trenner integriert im Melder. Soundgeber mind. 96 dB(A). Eigenfunktionskontrolle, Notredundanz und automatischer Umweltanpassung. Mit Ferndiagnose und Softadressierung. Ringbus fähig über 2 Adern.
Spezifikation: .....
Gehäuse: ABS weiß ähnlich RAL 9010
Schutzart: IP 40

232€	248€	**256€**	263€	279€	[St]	⏱ 0,50h/St	363.000.010

11 Handfeuermelder KG **456**

Handfeuermelder für Anwendung **in Innenräumen / im freien** für Meldereinzelerkennung, in Aufputzausführung.
Gehäuse: **Isolierstoff / Druckguss**
Bezeichnungsschild: .....

87€	120€	**137€**	157€	209€	[St]	⏱ 0,30h/St	363.000.011

12 Signalgeber akustisch KG **456**

Akustischer Signalgeber als elektronischer Schallgeber mit integriertem punktförmigem Melder/Sockel für die Alarmierungseinrichtung einer Brandmeldeanlage.
Signalgeber als: **Notsignal / Warnsignal**
Gehäuse: **Kunststoff / Stahl / Leichtmetall**
Anwendung Melder: **in Gebäuden (Typ A) / im Freien (Typ B)**
Montageort: **für Deckenmontage Kategorie C / für Wandmontage Kategorie W**
Arbeitshöhe: **bis / ab** 3,5 m

95€	164€	**193€**	221€	271€	[St]	⏱ 0,40h/St	363.000.012

Nr.	Kurztext / Langtext						Kostengruppe
▶	▷	ø netto €	◁	◀	[Einheit]	Ausf.-Dauer	Positionsnummer

13 Signalgeber akustisch/optisch KG **456**

Akustischer und Optischer Signalgeber als elektronischer Schallgeber und Blitzleuchte einschl. Leuchtmittel mit integriertem punktförmigem Melder/Sockel für die Alarmierungseinrichtung einer Brandmeldeanlage.
Signalgeber als: **Notsignal / Warnsignal**
Farbton: rot
Gehäuse: **Kunststoff / Stahl / Leichtmetall**
Anwendung Melder: **in Gebäuden (Typ A) / im Freien (Typ B)**
Montageort: **für Deckenmontage Kategorie C / für Wandmontage Kategorie W**
Arbeitshöhe: **bis / ab** 3,5m

244€	305€	**324€**	361€	443€	[St]	⏱ 0,50h/St	363.000.013

Kosten:
Stand 2. Quartal 2026
Bundesdurchschnitt

14 Signalgeber optisch KG **456**

Optischer Signalgeber als Gefahrensignal mit Blitzleuchte einschl. Leuchtmittel mit integriertem punktförmigem Melder/Sockel für die Alarmierungseinrichtung einer Brandmeldeanlage.
Signalgeber als: **Notsignal / Warnsignal**
Farbton: rot
Gehäuse: **Kunststoff / Stahl / Leichtmetall**
Anwendung Melder: **in Gebäuden (Typ A) / im Freien (Typ B)**
Montageort: **für Deckenmontage Kategorie C / für Wandmontage Kategorie W**
Arbeitshöhe: **bis / ab** 3,5m

186€	206€	**228€**	252€	281€	[St]	⏱ 0,40h/St	363.000.014

15 Anzeige-Tableau KG **456**

Anzeige-Tableau, mit alphanumerischem Anzeigeelement, zur Anzeige aller Meldungen und Zustände der Brandmeldezentrale, mit mind. 3 LED-Anzeigeelementen, zur Anzeige aller Alarmmeldungen und Störungen, für Aufputzmontage.

755€	1.179€	**1.354€**	1.759€	2.302€	[St]	⏱ 1,60h/St	363.000.015

16 Feuerwehr-Bedienfeld KG **456**

Feuerwehr-Bedienfeld einschl. Schließzylinder.
Schutzart: **IP 44 / IP 3X**
Betriebsspannung: V
Einbau: **Aufputz / Unterputz**

465€	646€	**721€**	1.198€	1.719€	[St]	⏱ 1,50h/St	363.000.016

17 Überfallmelder KG **456**

Überfallmelder als Handtaster in Aufputzausführung.
Anschluss: **in Linientechnik / in Bustechnik / direkt an Zentrale**
- Impulsauslösung
- Alarmwiederholung
- Sabotageüberwachung

Schutzart: IP40
Abmessungen (D x T): ..... x .....mm
Gehäuse: Kunststoff
Farbe: .....

92€	104€	**116€**	123€	137€	[St]	⏱ 0,65h/St	363.000.017

▶ min
▷ von
ø Mittel
◁ bis
◀ max

Nr.	Kurztext / Langtext						Kostengruppe
▶	▷	**ø netto €**	◁	◀	[Einheit]	Ausf.-Dauer	Positionsnummer

18 Rauchauslöseeinrichtung KG **456**

Rauchauslöseeinrichtung zur Ansteuerung von Brandschutzklappen und zugehöriger Ventilatoren, Gehäuse mit Staukreuz, optischen Rauchdetektor nach EN 54-7, Auswerteelektronik, potenzialfreien Ausgängen, Rauchdetektor geschützt, zugänglich und überprüfbar, mit Gehäuses, Funktionstest, Rückstellung, LED-Anzeigen für Betrieb, Störungen und Verschmutzungsgrade. Einbau lage- und strömungsrichtungsunabhängig. In Aufputzausführung, Montage an Wand. Anschlussspannung 230V, 50 / 60Hz.

▶	▷	ø netto €	◁	◀	[Einheit]	Ausf.-Dauer	Positionsnummer
890€	1.199€	**1.362€**	1.594€	2.042€	[St]	⏱ 2,15h/St	363.000.018

369

Kosten:
Stand 2. Quartal 2026
Bundesdurchschnitt

► min
▷ von
ø Mittel
◁ bis
◄ max

Aufzüge — Preise €

Nr.	Positionen	Einheit	►	▷	ø brutto € / ø netto €	◁	◄
1	Personenaufzug bis 630kg, barrierefrei, Typ 2	St	69.213	84.266	**89.964**	93.940	105.565
			58.162	70.812	**75.600**	78.941	88.710
2	Personenaufzug bis 1.275kg, barrierefrei, Typ 3	St	103.003	124.792	**133.038**	141.389	158.979
			86.557	104.868	**111.797**	118.815	133.595
3	Bettenaufzug, 2.500kg	St	122.587	143.657	**155.922**	157.903	194.460
			103.014	120.720	**131.027**	132.692	163.412
4	Sitzlift, Treppe innen, gerade	St	6.213	7.490	**13.220**	18.111	18.834
			5.221	6.294	**11.109**	15.219	15.827
5	Sitzlift, Treppe innen, gewendelt	St	13.088	13.379	**19.658**	28.476	28.670
			10.998	11.243	**16.519**	23.929	24.093
6	Plattformlift, Treppe innen, gerade	St	16.549	17.285	**21.802**	31.672	33.183
			13.907	14.525	**18.321**	26.615	27.885
7	Plattformlift, Treppe innen, gewendelt	St	27.017	27.990	**38.429**	41.020	43.388
			22.703	23.521	**32.293**	34.471	36.461
8	Plattformlift, Treppe außen, gerade	St	23.438	26.364	**31.509**	34.825	36.512
			19.696	22.155	**26.478**	29.265	30.682
9	Hublift, Förderplattform, 1,5m	St	10.136	10.659	**21.276**	25.050	25.870
			8.517	8.957	**17.879**	21.051	21.739
10	Hublift, Förderplattform, 3,0m	St	25.492	27.303	**34.930**	36.207	38.653
			21.422	22.944	**29.353**	30.426	32.482
11	Plattformaufzug, barrierefrei, verglast, außen	St	49.003	49.859	**63.698**	79.017	83.223
			41.179	41.898	**53.528**	66.401	69.935
12	Schutzauskleidung Aufzugskabine	St	5.244	5.720	**6.011**	6.131	6.465
			4.407	4.807	**5.051**	5.152	5.433
13	Schachtgerüst, Aufzug	m^2	626	1.007	**1.093**	1.285	1.986
			526	846	**919**	1.080	1.669
14	Fahrkorb-Tableau, Aufzugsanlage	St	1.501	1.618	**1.730**	1.773	1.890
			1.261	1.360	**1.453**	1.490	1.588
15	Fern-/Notrufeinrichtung, Aufzugsanlage	St	1.262	1.410	**1.431**	1.476	1.624
			1.060	1.185	**1.203**	1.241	1.365
16	Schachttür, Aufzugsanlage	St	1.548	2.013	**2.738**	2.792	3.136
			1.301	1.691	**2.301**	2.346	2.635
17	Türlaibung, Aufzugsanlage	St	1.913	2.130	**2.243**	2.384	2.601
			1.608	1.790	**1.885**	2.004	2.186
18	Brandfallsteuerung	St	588	666	**682**	733	811
			494	560	**573**	616	682
19	Inbetriebnahme und Endabnahme Aufzugsanlage	psch	1.598	2.910	**2.992**	4.631	6.613
			1.343	2.445	**2.514**	3.891	5.557
20	Stundensatz, Monteur/-in Aufzüge	h	62	87	**99**	116	147
			52	73	**84**	97	124
21	Stundensatz, Helfer/-in Aufzüge	h	41	63	**77**	103	136
			35	53	**65**	86	114

1 Personenaufzug bis 630kg, barrierefrei, Typ 2 KG **461**

Seilaufzug als **Personenaufzug / Lastenaufzug**, elektrisch betrieben, Ausstattung für Personen mit Behinderung.
Nennlast: **630** kg **/ 8 Personen**
Türbreite: mind. 90 cm
Fahrkorbbreite: mind. 110 cm
Fahrkorbtiefe: mind. 210 cm
Typ: Personenaufzug EN81-70 barrierefrei, Nutzung durch 1 Rollstuhlbenutzer mit Begleitperson nach EN 12183 oder durch elektrisch angetriebenen Rollstuhl der Klassen A oder B DIN EN 12184
Gruppengröße: 8 Personen
Gruppensteuerung: Auf-/Abwärts-Sammelsteuerung
Geschwindigkeit: **1,6 / 1,0** / **0,5** m/s
Nennlast: 630 kg
Anzahl der Fahrten: .....
Fahrzeit je Tag ca.: **1,5 / 3,0 / 6,0** h
Schallwert 1 Meter vom Antrieb entfernt: max. ..... dB(A)
Schallwert in der Kabine während der Fahrt: max. 51 dB(A)
Schallwert 1 Meter vor geschlossener Schachttür: max. ..... dB(A)
Türausbildung: gem. DIN 18091
Brandschutz: Türen **ohne Brandanforderung / E120 nach EN81-58**
Türausbildung gem. DIN 18091
Anzahl Haltestellen: ..... St
Summe Zugänge: ..... St
Korrosionsschutz für Stahlteile:
Korrosivitätsklasse: C .....
Schutzdauer: **L / M / H / VH**
Schachtausführung: Betonschacht nach EN81
Schacht-Abmessung (L x B x T): ..... x ..... x ..... mm
Schachtgrubentiefe: ..... mm
Schachtkopfhöhe: ..... mm
Förderhöhe: ..... mm
Aufzugsantrieb: **im Schacht / im gesonderten Maschinenraum**
Antrieb, Kabinenausstattung, Ausführung Schachtkorb und Türen, gemäß Einzelbeschreibung
Bieterangaben:
Motor: Energieeffizienzklasse .....
Nennstrom: .....
Anlaufstrom: .....
Hersteller/Typ des Antriebes: .....
Hersteller/Typ des Motors: .....
Hersteller/Typ der Steuerung: .....
Hersteller/Typ des Fahrkorbes: .....
Hersteller/Typ der elektronischen Steuerung: .....

58.162 70.812€ **75.600€** 78.941€ 88.710€ [St] ⏱ 220,00h/St 369.000.001

Nr.	Kurztext / Langtext						Kostengruppe
▶	▷	ø netto €	◁	◀	[Einheit]	Ausf.-Dauer	Positionsnummer

2 Personenaufzug bis 1.275kg, barrierefrei, Typ 3 KG **461**

Seilaufzug als **Personenaufzug / Lastenaufzug**, elektrisch betrieben, Ausstattung für Personen mit Behinderung.
Nennlast: **1.275** kg **/ 13 Personen**
Gruppensteuerung: Auf-/Abwärts-Sammelsteuerung
Geschwindigkeit: **1,6 / 1,0 / 0,5** m/s
Nennlast: 1275kg
Anzahl der Fahrten: **.....**
Fahrzeit je Tag ca.: **1,5 / 3,0 / 6,0** h
Schallwert 1 Meter vom Antrieb entfernt: max. .....dB(A)
Schallwert in der Kabine während der Fahrt: max. 51dB(A)
Schallwert 1 Meter vor geschlossener Schachttür max. .....dB(A)
Türausbildung: gem. DIN 18091
Brandschutz: Türen **ohne Brandanforderung / E120 nach EN81-58**
Anzahl Haltestellen: .....St
Summe Zugänge: .....St
Korrosionsschutz für Stahlteile:
Korrosivitätsklasse: C .....
Schutzdauer: **L / M / H / VH**
Schachtausführung: Betonschacht nach EN81
Schacht-Abmessung (L x B x T): ..... x ..... x .....mm
Schachtgrubentiefe: .....mm
Schachtkopfhöhe: .....mm
Förderhöhe: .....mm
Aufzugsantrieb: **im Schacht / im gesonderten Maschinenraum**
Bieterangaben:
Motor: Energieeffizienzklasse .....
Nennstrom: .....
Anlaufstrom: .....
Türbreite: mind. 90cm
Fahrkorbbreite: mind. 200cm
Fahrkorbtiefe: mind. 140cm
Hersteller/Typ des Antriebes: .....
Hersteller/Typ des Motors: .....
Hersteller/Typ der Steuerung: .....
Hersteller/Typ des Fahrkorbes: .....
Hersteller/Typ der elektronischen Steuerung: .....

▶	▷	ø	◁	◀	[Einheit]	Ausf.-Dauer	Positionsnummer
86.557	104.868€	**111.797€**	118.815€	133.595€	[St]	⏱ 240,00h/St	369.000.002

Kosten:
Stand 2. Quartal 2026
Bundesdurchschnitt

▶ min
▷ von
ø Mittel
◁ bis
◀ max

3 Bettenaufzug, 2.500kg KG **461**

Bettenaufzug als Personenaufzug, elektrisch betrieben EN 81-1, liefern und betriebsfertig montieren. Ausführung gemäß anliegender Einzelbeschreibungen. Einsatzempfehlung: in Krankenhäuser und Kliniken, Bettengröße 1,00 x 2,30m, mit Geräten für die medizinische Versorgung und Notbehandlung der Patienten, mit Begleitperson am Kopfende und/oder seitlich stehend. Ausführung barrierefrei EN81-70.
Gruppengröße: 33 Personen
Gruppensteuerung: Auf-/Abwärts-Sammelsteuerung
Geschwindigkeit: **1,0 / 0,5** m/s
Nennlast: 2500kg
Anzahl der Fahrten: **.....**
Fahrzeit je Tag ca.: **1,5 / 3,0 / 6,0** h
Schallwert 1 Meter vom Antrieb entfernt: max. ..... dB(A)
Schallwert in der Kabine während der Fahrt: max. 51 dB(A)
Schallwert 1 Meter vor geschlossener Schachttür: max. ..... dB(A)
Brandschutz: E120 nach EN81-58
Anzahl Haltestellen: ..... St
Zugänge: ..... St
Korrosionsschutz für Stahlteile:
Korrosivitätsklasse: C .....
Schutzdauer: **L / M / H / VH**
Schachtausführung: Betonschacht nach EN81
Schacht-Abmessung (B x T): 2.775 x 3.250 mm
Schachtgrubentiefe: ..... mm
Schachtkopfhöhe: ..... mm
Förderhöhe: ..... mm
Aufzugsantrieb: **im Schacht / im gesonderten Maschinenraum**
Bieterangaben:
Motor: Energieeffizienzklasse .....
Nennstrom: .....
Anlaufstrom: .....
Hersteller/Typ des Antriebes: .....
Hersteller/Typ des Motors: .....
Hersteller/Typ der Steuerung: .....
Hersteller/Typ des Fahrkorbes: .....
Hersteller/Typ der elektronischen Steuerung: .....

103.01	120.720€	**131.027€**	132.692€	163.412€	[St]	⏱ 260,00h/St	369.000.003

Nr.	Kurztext / Langtext						Kostengruppe
▶	▷	ø netto €	◁	◀	[Einheit]	Ausf.-Dauer	Positionsnummer

A 1 Sitzlift, Treppe innen — Beschreibung für Pos. **4-5**

Sitzlift mit Stangenantrieb für Treppen im Innenbereich, mit außenseitiger Stützenmontage auf Treppenstufen, gepolsterten Sitz, klappbar, mit Rücken- und beidseitiger Armlehne, mit Gurt und Fußbrett.
Förderlänge: .....m (1 Wohngeschoss)
Neigungswinkel: .....°
Betrieb: Zahnstangenantrieb, Akkumotor 0,36kW
Tragfähigkeit: 125kg
Fahrgeschwindigkeit: max. 0,11m/s
Stromversorgung: 230V / 50Hz
Steuerung: Totmannsteuerung
Bedienung: Fernbedienung und Taster, Joystick auf Lehne
Fahrschiene: parallele Stahlrohre
Oberfläche: Stahlrohre, pulverbeschichtet, Farbe: RAL .....
Korrosivitätsklasse: C .....
Schutzdauer: **L / M / H / VH**

Kosten:
Stand 2. Quartal 2026
Bundesdurchschnitt

4 Sitzlift, Treppe innen, gerade — KG **461**

Wie Ausführungsbeschreibung A 1
Treppenlauf: gerade

▶	▷	ø netto €	◁	◀	[Einheit]	Ausf.-Dauer	Positionsnummer
5.221€	6.294€	**11.109€**	15.219€	15.827€	[St]	–	369.000.004

5 Sitzlift, Treppe innen, gewendelt — KG **461**

Wie Ausführungsbeschreibung A 1
Treppenlauf: gewendelt

▶	▷	ø netto €	◁	◀	[Einheit]	Ausf.-Dauer	Positionsnummer
10.998	11.243€	**16.519€**	23.929€	24.093€	[St]	–	369.000.005

A 2 Plattformlift, Treppe — Beschreibung für Pos. **6-8**

Plattformlift mit Fahrschiene und Antriebsseil, für Treppen mit Plattformrückwand und äußerer Wandbefestigung, Plattform mit Auffahrrampen, automatischen Sicherheitsbügel und Bedieneinheit.
Nutzgröße: mind. 860mm x 650mm
Förderlänge: .....m (1 Wohngeschoss)
Neigungswinkel: .....°
Betrieb: Seilantrieb, bis 2,2kW
Tragfähigkeit: 250kg
Fahrgeschwindigkeit: max. 0,52m/s
Stromversorgung: 230V / 50Hz
Steuerung: Totmannsteuerung
Bedienung: Außenbefehlsgeber, Bedienpaneel
Schlüsselaktivierung: **ja / nein**
Fahrschiene: parallele Stahlrohre
Oberfläche: Stahlrohre, pulverbeschichtet, Farbe: RAL .....
Korrosivitätsklasse: C .....
Schutzdauer: **L / M / H / VH**

▶ min
▷ von
ø Mittel
◁ bis
◀ max

Nr.	Kurztext / Langtext						Kostengruppe
▶	▷	ø netto €	◁	◀	[Einheit]	Ausf.-Dauer	Positionsnummer

6 Plattformlift, Treppe innen, gerade KG **461**

Wie Ausführungsbeschreibung A 2
Einbauort: innen
Treppenlauf: gerade

13.907	14.525€	**18.321€**	26.615€	27.885€	[St]	–	369.000.006

7 Plattformlift, Treppe innen, gewendelt KG **461**

Wie Ausführungsbeschreibung A 2
Einbauort: innen
Treppenlauf: gewendelt

22.703	23.521€	**32.293€**	34.471€	36.461€	[St]	–	369.000.007

8 Plattformlift, Treppe außen, gerade KG **461**

Wie Ausführungsbeschreibung A 2
Einbauort: außen
Treppenlauf: gerade

19.696	22.155€	**26.478€**	29.265€	30.682€	[St]	–	369.000.008

A 3 Hublift, Förderplattform Beschreibung für Pos. **9-10**

Hublift mit Förderplattform und Fördermast, Konstruktion selbsttragend, mit Wandbefestigung, Geländer mit Ausfachung, Bekleidungen aus Metall, sowie oberer Sicherheitstüre mit Blechbekleidung zur Sturzabsicherung und mitfahrender Sicherheitstüre.
Zugänge: gegenüber, 90° versetzt
Nutzgröße: 1.100mm x 1.400mm
Schachtgrube: .....
Betrieb: Spindelantrieb, 1,5kW
Tragfähigkeit: 340kg
Fahrgeschwindigkeit: max. 0,005m/s
Stromversorgung: 230V / 50Hz
Steuerung: Totmannsteuerung
Bedienung: Wippschalter
Schlüsselaktivierung: **ja / nein**
Rahmen der Antriebseinheit und Türen: Aluminium, eloxiert
Geländer: Edelstahl
Ausfachung: Stahlblech, pulverbeschichtet
Farbe: .....
Bekleidung: .....

9 Hublift, Förderplattform, 1,5m KG **461**

Wie Ausführungsbeschreibung A 3
Einbauort: **innen / außen**
Förderhöhe: bis 1,5m

8.517€	8.957€	**17.879€**	21.051€	21.739€	[St]	–	369.000.009

340
341
342
344
345
347
353
358
363
369
375

Nr.	Kurztext / Langtext						Kostengruppe
▶	▷	ø netto €	◁	◀	[Einheit]	Ausf.-Dauer	Positionsnummer

Kosten:
Stand 2. Quartal 2026
Bundesdurchschnitt

10 Hublift, Förderplattform, 3,0m KG **461**

Wie Ausführungsbeschreibung A 3
Einbauort: **innen / außen**
Förderhöhe: bis 3,0m

21.422	22.944€	**29.353€**	30.426€	32.482€	[St]	–	369.000.010

11 Plattformaufzug, barrierefrei, verglast, außen KG **461**

Aufzugsanlage mit Senkrechtplattform und Seitenschutz, Aufzugstraggerüst aus Stahlprofilen mit Verglasung, Automatiktüren, Bedienelementen, Ausstattungen und Klappsitz. Die Inbetriebnahme mit Schlüsselschalter am Bedientableau an Zugang, Sicherheitseinrichtung mit Not-Stopptaster, Notruf, Notruftonsignal, Notlicht und Notablass bei Stromausfall.
Tragfähigkeit: 400kg
Geschwindigkeit: 0,15m/s
Nutzgröße (B x L): ..... x .....mm
Bedienung: Tableau
Stromversorgung: 230V / 50Hz
Steuerung: Totmann-Steuerung, Selbsterhaltungsteuerung
Schachtkonstruktion: Stahlprofile, lackiert, Farbton: RAL .....
Korrosivitätsklasse: C .....
Schutzdauer: **L / M / H / VH**
Verglasung: Wärmeschutzglas, Sicherheitsverglasung
U-Werte, Hüllflächen: .....
Schachtgrubentiefe: .....
Türen: .....
Haltestellen: 2St
Förderhöhe: bis 15m
Einbauort: außen, ...

41.179	41.898€	**53.528€**	66.401€	69.935€	[St]	–	369.000.011

12 Schutzauskleidung Aufzugskabine KG **461**

Aufzugskabine auskleiden, zum Schutz vor Baubetrieb, während der gesamten Bauzeit vorhalten, danach rückstandsfrei demontieren, inkl. Entsorgung.
Abmessung: ca. ..... x .....m
Auskleidung (H x T): 2,20 x 2,10m
Material: OSB-Platten, d=18mm, Hinterlegung mit Luftpolsterfolie
Stöße: verklebt mit Kunststoffband
Ausschnitte für Bedienelemente: .....St
Vorhaltedauer: .....

4.407€	4.807€	**5.051€**	5.152€	5.433€	[St]	⏱ 18,00h/St	369.000.015

▶ min
▷ von
ø Mittel
◁ bis
◀ max

Nr.	Kurztext / Langtext						Kostengruppe
▶	▷	ø netto €	◁	◀	[Einheit]	Ausf.-Dauer	Positionsnummer

13 Schachtgerüst, Aufzug KG **461**

Aufzugschachtgerüst, als geschweißte Stahlkonstruktion, Aufnahme einer Aufzugsanlage mit Haltestellen und Zugängen.
Tragfähigkeit: ..... kg
Förderhöhe: ..... m
Haltestellen: ..... St
Zugänge: ..... St
Schachtinnenmaße (L x B x H): ..... x ..... x ..... m
Oberfläche: .....
Einbauort: .....

526€	846€	**919€**	1.080€	1.669€	[m²]	⏱ 3,00 h/m²	369.000.016

14 Fahrkorb-Tableau, Aufzugsanlage KG **461**

Tableau für Befehlsgeber im Fahrkorb, Tableaugröße, Beschriftung und Anordnung nach DIN EN 81-70, mit Schlüsselschalter, einschl. Profilhalbzylinder und 3 Schlüsseln. Ausführung mit Tasten für die Funktionen Fahrbefehl, Tür-Auf, Tür-Zu, Notruf.

1.261€	1.360€	**1.453€**	1.490€	1.588€	[St]	⏱ 1,50 h/St	369.000.017

15 Fern-/Notrufeinrichtung, Aufzugsanlage KG **461**

Drahtloses Notrufsystem mit GSM-Modul, als Schnittstelle zwischen Notrufsystem und GSM-Mobilfunknetz. Relais-Ausgang zur Meldung von Netzverlust. Einstellbar von Ferne über DTMF-Codes und SMS. Externe Antenne mit SMA-Anschluss. Bereitstellen eines Telefonanschluss mit folgende Leistungsmerkmale:
Mobilfunk-Netz als Alternative zum analogen Festnetzanschluss
Entfernung zwischen Mobilfunk-Modul und Notrufsystem: bis zu 500 m
Zertifiziert nach EN 81-28 durch: **TÜV / DEKRA / .....**
Aufschaltbar: auf Notrufleitstellen und Standardtelefone
Frequenzstandard: **GSM900 / GSM1800 / UMTS / LTE**
Spannungsversorgung: 230 V AC
Überwachtes Netzteil mit Notstrom-Akku
LED-Anzeigen für Status und Empfangsstärke
Abmessungen: ..... x ..... x ..... mm

1.060€	1.185€	**1.203€**	1.241€	1.365€	[St]	⏱ 5,50 h/St	369.000.018

16 Schachttür, Aufzugsanlage KG **461**

Schachttür, für Personen-/Lastenaufzug, Schiebetür mit **1 / 2** Türblättern horizontal bewegt, **seitlich / mittig** öffnend, entdröhnt. Montage Schachttüren an Innenseite des Aufzugschachts, Befestigung Schachttüren an bauseitigen Ankerschienen.
Türblätter: Stahl, grundiert
Türöffnung (B x H): 0,90 x 2,10 m
Türrahmen als Eckprofil dreiseitig umlaufend, vorgerichtet für Anschluss der Laibungsbekleidungen
Türschwelle: Stahl, nichtrostend, matt

1.301€	1.691€	**2.301€**	2.346€	2.635€	[St]	⏱ 1,50 h/St	369.000.019

17 Türlaibung, Aufzugsanlage KG **461**

Türlaibung, für Personen-/Lastenaufzug, mit Anschluss an umlaufendes Türportal, Tiefe Einfassungen: mit Bauüberwachung des AG mittels Zeichnung und Aufmaß abstimmen, aus Stahl, mit Grundbeschichtung.
Türöffnung (B x H): ..... x ..... m

1.608€	1.790€	**1.885€**	2.004€	2.186€	[St]	⏱ 4,50 h/St	369.000.020

Nr.	Kurztext / Langtext						Kostengruppe
▶	▷	ø netto €	◁	◀	[Einheit]	Ausf.-Dauer	Positionsnummer

18 Brandfallsteuerung KG **461**

Brandfall-Steuerung als Erweiterung der Aufzugsanlagensteuerung, ausgelöst durch vorhandene Brandmeldeanlage über potenzialfreiem Kontakt, mit einer Haupt und einer alternativen Brandfallhaltestelle.
Anforderung: Im Brandfall, löscht die Aufzugssteuerung automatisch alle Außen- und Innenfahrbefehle und sperrt die Eingabe neuer Fahrbefehle. Die optischen Türsicherungs- und Überwachungssysteme werden überbrückt. Der Aufzug fährt in die vorgegebene Evakuierungshaltestelle und wird dort mit offener Tür stillgesetzt. Es ist zu verhindern, dass der Aufzug in eine brennende oder verrauchte Haltestelle fährt. Sofern die Evakuierungsebene nicht brand- und rauchfrei ist, wird automatisch eine alternative Fluchtetage angesteuert. Mit dem Löschen des Signales "Brandfall" geht der Aufzug wieder in den Normalbetrieb über.

494€ 560€ **573€** 616€ 682€ [St] ⏱ 3,00 h/St 369.000.021

19 Inbetriebnahme und Endabnahme Aufzugsanlage KG **461**

Inbetriebnahme und Endabnahme mit Konformitätsbescheinigung durchführen, einschl. Übergabe der Konformitätserklärung mit allen erforderlichen Dokumentationen zur sofortigen Inbetriebnahme des Aufzuges und Verwendung durch die Benutzer (z. B. Prüfbescheinigungen durch eine vom AN frei gewählte benannte Stelle aus der europäischen Nando-Datenbank oder Nachweise eines Qualitätssicherungsverfahrens zur eigenverantwortlichen Endabnahme durch den AN), sämtliche Unterlagen, Bescheinigungen und Dokumentationen jeweils zweifach, geheftet in Ordnern.

1.343€ 2.445€ **2.514€** 3.891€ 5.557€ [psch] ⏱ 2,80 h/psch 369.000.022

20 Stundensatz, Monteur/-in Aufzüge

Verrechnungssatz für die jeweilige Arbeitskraft inkl. aller Aufwendungen wie Lohn- und Gehaltskosten, Lohn- und Gehaltsnebenkosten, Zuschläge, lohngebundene und lohnabhängige Kosten, sonstige Sozialkosten, Gemeinkosten, Wagnis und Gewinn. Leistung nach besonderer Anordnung der Bauüberwachung. Nachweis und Anmeldung gemäß VOB/B.

52€ 73€ **84€** 97€ 124€ [h] ⏱ 1,00 h/h 369.000.012

21 Stundensatz, Helfer/-in Aufzüge

Verrechnungssatz für die jeweilige Arbeitskraft inkl. aller Aufwendungen wie Lohn- und Gehaltskosten, Lohn- und Gehaltsnebenkosten, Zuschläge, lohngebundene und lohnabhängige Kosten, sonstige Sozialkosten, Gemeinkosten, Wagnis und Gewinn. Leistung nach besonderer Anordnung der Bauüberwachung. Nachweis und Anmeldung gemäß VOB/B.

35€ 53€ **65€** 86€ 114€ [h] ⏱ 1,00 h/h 369.000.013

Kosten:
Stand 2. Quartal 2026
Bundesdurchschnitt

▶ min
▷ von
ø Mittel
◁ bis
◀ max

Kosten:
Stand 2. Quartal 2026
Bundesdurchschnitt

▶ min
▷ von
ø Mittel
◁ bis
◀ max

Nr.	Positionen	Einheit	▶	▷	ø brutto € ø netto €	◁	◀
1	Brandschutz Absperrvorrichtung, K90, DN100	St	284	350	**386**	410	476
			239	294	**324**	345	400
2	Be- und Entlüftungsgerät, bis 5.000m³/h	St	7.819	12.502	**13.975**	16.632	25.887
			6.571	10.506	**11.743**	13.977	21.753
3	Be- und Entlüftungsgerät, bis 12.000m³/h	St	20.222	22.785	**28.482**	31.900	35.033
			16.993	19.147	**23.934**	26.806	29.439
4	Dezentrales Fassaden-Lüftungsgerät bis 45 m³/h	St	529	931	**1.030**	1.481	2.042
			445	782	**865**	1.244	1.716
5	Abluftventilator, Einbaugerät	St	3.000	3.380	**4.225**	4.732	5.197
			2.521	2.840	**3.550**	3.976	4.367
6	Kulissenschalldämpfer, rechteckig, Stahlblech, verzinkt	St	620	879	**986**	1.156	1.498
			521	739	**829**	972	1.259
7	Kulissenschalldämpfer, rund, Stahlblech, verzinkt	St	490	550	**552**	562	621
			412	462	**464**	472	522
8	Schalldämpfer, flach, runder Anschluss	St	171	205	**214**	228	252
			143	172	**180**	192	212
9	Wetterschutzgitter, Außenluft-/Fortluft	St	199	372	**444**	529	745
			167	312	**373**	445	626
10	Luftleitung, rechteckig, Stahlblech verzinkt	m²	69	87	**90**	96	113
			58	73	**75**	81	95
11	Luftleitung, rechteckig, Kunststoff	m²	167	218	**291**	329	377
			141	183	**244**	276	317
12	Luftleitung, feuerbeständig L30/L90	m²	247	321	**323**	333	406
			208	270	**271**	280	341
13	Formstücke, verzinkt, Luftleitung	m²	92	114	**133**	157	188
			77	96	**111**	132	158
14	Formteile, Kunststoff, Lüftungskanäle	m²	293	304	**363**	416	438
			246	256	**305**	349	368
15	Luftleitung, Wickelfalz, verzinkt, DN100	m	27	29	**30**	31	33
			22	24	**25**	26	28
16	Luftleitung, Wickelfalz, verzinkt, DN125	m	31	38	**41**	50	65
			26	32	**34**	42	55
17	Luftleitung, Wickelfalz, verzinkt, DN160	m	33	38	**41**	53	66
			28	32	**34**	45	55
18	Luftleitung, Wickelfalz, verzinkt, DN180	m	36	40	**48**	58	61
			30	34	**41**	49	51
19	Luftleitung, Wickelfalz, verzinkt, DN250	m	52	57	**68**	77	87
			44	48	**57**	65	73
20	Luftleitung, Wickelfalz, verzinkt, DN500	St	84	93	**107**	119	129
			71	78	**89**	100	108
21	Luftleitung, Aluminium, flexibel, DN80	m	13	21	**25**	27	31
			11	18	**21**	23	26
22	Luftleitung, Aluminium, flexibel, DN100	m	15	25	**29**	39	52
			13	21	**24**	32	44
23	Rohrbogen, Luftleitung	St	19	29	**34**	41	56
			16	24	**28**	34	47
24	Abzweigstück, Luftleitung	St	24	30	**32**	35	41
			20	26	**27**	29	34

Nr.	Positionen	Einheit	►	▷	ø brutto € / ø netto €	◁	◀
25	Lüftungsgitter, Zu-/Abluft	St	117	175	**186**	224	300
			99	147	**156**	188	252
26	Drallauslass, Decke	St	515	795	**900**	981	1.161
			433	668	**756**	824	976
27	Brandschutzklappen, RLT, eckig	St	751	989	**1.139**	1.209	1.361
			631	831	**957**	1.016	1.143
28	Brandschutzklappen, RLT, rund, Küche	St	4.122	6.286	**9.065**	12.020	17.450
			3.464	5.282	**7.617**	10.101	14.664
29	Tellerventil, Zu-/Abluft	St	59	89	**94**	132	202
			50	75	**79**	111	170
30	Wickelfalzrohr, Reduzierstück, DN100/80	St	18	24	**27**	33	45
			15	20	**23**	28	38
31	Drosselklappe, DN100	St	65	73	**91**	102	112
			54	61	**76**	86	94
32	Drosselklappe, 200x200mm	St	77	86	**108**	121	133
			64	72	**91**	102	111
33	Lüftungsgerät mit WRG, Bypass, Feuerstättenfunktion	St	3.805	4.288	**5.360**	6.003	6.592
			3.198	3.603	**4.504**	5.044	5.540
34	Außenwanddurchlass, DN110	St	154	164	**214**	265	289
			129	138	**180**	223	243
35	Außenwanddurchlass, DN160	St	356	383	**482**	526	546
			299	322	**405**	442	459
36	Lüftungsgerät für Abluft	St	335	376	**391**	448	526
			282	316	**328**	377	442
37	KWL-Lüftungsgerät, in Außenwand, bis 100m³/h mit WRG	St	2.871	3.043	**3.382**	3.855	3.928
			2.413	2.557	**2.842**	3.239	3.301
38	KWL-Lüftungsgerät, Wohngebäude, bis 200m³/h mit WRG	St	5.907	6.655	**7.394**	8.430	8.509
			4.964	5.592	**6.214**	7.084	7.150
39	KWL-Lüftungsgerät, Wohngebäude, bis 350m³/h mit WRG	St	6.687	7.208	**8.009**	9.130	9.170
			5.619	6.057	**6.730**	7.672	7.706
40	KWL-Lüftungsgerät, Wohngebäude, bis 500m³/h mit WRG	St	8.511	9.521	**10.579**	12.060	12.174
			7.152	8.001	**8.890**	10.134	10.230
41	VRF-Außengerät, Heizen/Kühlen, 10kW	St	3.959	4.605	**7.144**	11.197	11.478
			3.327	3.870	**6.004**	9.409	9.645
42	VRF-Außengerät, Heizen/Kühlen, 15kW	St	9.155	9.909	**13.725**	17.778	17.960
			7.693	8.327	**11.534**	14.940	15.092
43	VRF-Außengerät, Heizen/Kühlen, 20kW	St	12.568	12.852	**17.413**	21.022	21.394
			10.561	10.800	**14.633**	17.665	17.978
44	VRF-Innenwandgerät, Heizen/Kühlen, 2,5kW	St	1.449	1.471	**2.345**	2.572	2.747
			1.218	1.236	**1.970**	2.162	2.308
45	VRF-Innenwandgerät, Heizen/Kühlen, 3,5kW	St	1.611	1.659	**2.389**	2.950	3.229
			1.354	1.394	**2.007**	2.479	2.713
46	VRF-Innenwandgerät, Heizen/Kühlen, 5,0kW	St	1.998	2.074	**3.038**	3.618	3.662
			1.679	1.743	**2.553**	3.041	3.078
47	VRF-Verteilereinheit, Innengerät	St	1.248	1.304	**2.029**	2.512	2.613
			1.048	1.096	**1.705**	2.111	2.195
48	Zubehörmontage, VRF-Anlage	psch	1.947	2.186	**2.575**	3.435	3.583
			1.636	1.837	**2.164**	2.886	3.011

Nr.	Positionen	Einheit	▶	▷	ø brutto € / ø netto €	◁	◀
49	Inbetriebnahme, VRF-Anlage	psch	433	527	**734**	1.037	1.651
			364	442	**617**	871	1.388
50	Stundensatz, Monteur/-in Lüftung/Kälte	h	77	93	**100**	109	131
			65	78	**84**	92	110
51	Stundensatz, Helfer/-in Lüftung/Kälte	h	50	66	**73**	76	84
			42	55	**62**	64	70

Nr. **Kurztext** / Langtext — Kostengruppe
▶ ▷ **ø netto €** ◁ ◀ [Einheit] Ausf.-Dauer Positionsnummer

Kosten:
Stand 2. Quartal 2026
Bundesdurchschnitt

1 Brandschutz Absperrvorrichtung, K90, DN100 — KG **431**

Brandschutz-Deckenschott, wartungsfrei, Anschlussstutzen oben und unten, als Absperrvorrichtung für Lüftungsanlagen DIN 18017-3, für Einbau in massive Decke gemäß Herstellerangaben. Verfüllung des Ringspalts mit Mörtel M10. Absperrvorrichtung ohne Querschnittsveränderung, für Anschluss an nicht brennbare Luftleitung.
Anschlüsse DN100
Feuerwiderstandsklasse: K90, DIN 4102-6
Montagehöhe: bis **3,5 / 5,00 / 7,00** m über Fußboden

239€ 294€ **324€** 345€ 400€ [St] ⏱ 1,60h/St 375.000.144

A 1 Be- und Entlüftungsgerät — Beschreibung für Pos. **2-3**

Lüftungsanlage, Konstruktionsart: liegend, Zu- und Abluft übereinander; Gehäuse in doppelschaliger Ausführung aus korrosionsgeschütztem Material mit dazwischenliegender, formstabiler und fest mit den Deckblechen verbundener Schall- und Wärmedämmung (nichtbrennbar A1). Innen- und Außenschale aus verzinktem Stahlblech, Rahmenkonstruktion verzinkt. Türen an der Gerätevorderseite mit nachstellbaren, wartungsfreien Scharnieren und umlaufenden, formschlüssig eingelassenen und alterungsbeständigen Profilgummidichtungen. Die Türen sind mit Vorreibverschlüssen und Türgriffen ausgestattet.
Anlagenbestandteile: Ventilator **Zu- / Abluft**, Filter Zuluft, Heizregister über **Warmwasser / Dampf / elektrisch**, Kühlregister über **Kaltwasser / Direktverdampfer**, Luftbefeuchter über **Dampflanze, elektrisch / Sprühbefeuchter**, Wärmerückgewinner über **Kreuzstrom / Wärmerohr / Kreislaufverbundsystem / Rotor Mischkammer**

2 Be- und Entlüftungsgerät, bis 5.000m³/h — KG **431**

Wie Ausführungsbeschreibung A 1
Zuluftmenge: .....m³/h
Abluftmenge: .....m³/h
Zulufttemperatur: min. / max. ..... / .....°C
Ablufttemperatur: min. / max. ..... / .....°C
Zuluftfeuchte: min./max. .....% relativ
Gerätequerschnitt Zuluft (B x H): ..... x .....m
Abluft (B x H): ..... x .....m
Filter Zuluft: **M5 / F7 / F9**
Mindest-Wirkungsgrad: .....

6.571€ 10.506€ **11.743€** 13.977€ 21.753€ [St] ⏱ 3,50h/St 375.000.145

▶ min
▷ von
ø Mittel
◁ bis
◀ max

Nr.	Kurztext / Langtext						Kostengruppe
►	▷	ø netto €	◁	◄	[Einheit]	Ausf.-Dauer	Positionsnummer

3 Be- und Entlüftungsgerät, bis 12.000m³/h KG **431**

Wie Ausführungsbeschreibung A 1
Zuluftmenge: ..... m³/h
Abluftmenge: ..... m³/h
Zulufttemperatur: min. / max. ..... / ..... °C
Ablufttemperatur: min. / max. ..... / ..... °C
Zuluftfeuchte: min. / max. ..... % relativ
Gerätequerschnitt Zuluft (B x H): ..... x ..... m
Abluft (B x H): ..... x ..... m
Filter Zuluft: **M5/ F7 / F9**
Mindest-Wirkungsgrad: .....

16.993	19.147€	**23.934€**	26.806€	29.439€	[St]	⏱ 6,00h/St	375.000.146

4 Dezentrales Fassaden-Lüftungsgerät bis 45 m³/h KG **431**

Dezentrales Fassaden-Lüftungsgerät zur Be- und Entlüftung von Wohnungen oder Einzelräumen mit Wärmerückgewinnung als Geräteeinheit, bestehend aus: Wärmespeicher, Strömungsgleichrichter, Insektenschutzgitter, EC-Axialventilator mit Schutzgitter, Auszugshilfe mit EPP-Grundkörper. Inkl. verschließbarer Kunststoff-Design-Innenblende mit integriertem Filter.
Maße: 230 x 230 x 40 mm
Wärmebereitstellungsgrad: bis ..... %
Betriebsarten: WRG, Querlüftung, Zuluft
Luftleistung (Stufen): **14 / 24 / 32 / 37 / 45** m³/h
Spannungsversorgung: 12 V DC
Leistungsaufnahme: **1,6 / 2,1 / 2,8 / 3,4 / 4,5** W
Schalldruck LPA in 3 m: ..... dB(A)
Schalldämmung: ..... dB
Wandstärken min.: ..... mm

445€	782€	**865€**	1.244€	1.716€	[St]	⏱ 3,50h/St	375.000.197

5 Abluftventilator, Einbaugerät KG **431**

Abluftventilator als **Radialrohrventilator / Axialrohrventilator** in Unterputzgehäuse ohne Brandschutz für den Unterputzeinbau in Wand und Decke. Luftdichte Rückschlagklappe, Steckverbindung für elektrischen Anschluss und Putzdeckel. Aus schwerentflammbarem Kunststoff. Für Bedarfs- und Grundlüftung. Betriebsbereite Lieferung mit Innenfassade, Lieferung mit Schalldämmplatte, integrierter Steckverbindung für elektrischen Anschluss, Schutzisoliert. Wartungsfreier, Energiesparmotor. Flache Innenfassade, geräuschdämpfend für flüsterleisen Betrieb. Mit Filterwechselanzeige bei verschmutztem Dauerfilter. Filter mit einem Griff herausnehmbar.
Anschlussdurchmesser Luftaustritt: **DN75 / DN80**
Schutzart: IP 55
Energiesparmotor: 230 V, ... Hz, ... W
Geräusch: Schallleistung ..... / ..... dB(A)

2.521€	2.840€	**3.550€**	3.976€	4.367€	[St]	⏱ 2,00h/St	375.000.147

340
341
342
344
345
347
353
358
363
369
375

Nr.	Kurztext / Langtext						Kostengruppe
▶	▷	ø netto €	◁	◀	[Einheit]	Ausf.-Dauer	Positionsnummer

6 Kulissenschalldämpfer, rechteckig, Stahlblech, verzinkt KG **431**

Kulissenschalldämpfer, rechteckig, Gehäuse aus verzinktem Stahlblech mit beidseitigen 4-Loch-Anschlussrahmen als Leichtbauprofil. Aufbau: Rahmen aus sendzimirverzinktem Stahlblech Absorptionsmaterial als Füllung aus Mineralwolle mit aufkaschierter Glasseidenvliesabdeckung, Baustoffklasse A2 (nicht brennbar) Standardkulisse für Einsatz vorwiegend bei mittleren und hohen Frequenzen. Inkl. Gummilippendichtungen und sämtlichen Befestigungs-, Verbindungs- und Abdichtungsmaterialien.
Breite: .....mm
Höhe: .....mm
Länge: .....mm
Dämpfung (250Hz): .....dB

521€ | 739€ | **829€** | 972€ | 1.259€ | [St] | ⏱ 1,00h/St | 375.000.148

7 Kulissenschalldämpfer, rund, Stahlblech, verzinkt KG **431**

Kulissenschalldämpfer, rund, Gehäuse aus Stahlblech verzinkt. Anschluss an die Kanalleitung durch 50mm langen Stutzen aus Stahlblech verzinkt, Dämpfung nach dem Absorptionsprinzip durch ringförmige Kammer mit Mineralwollefüllung, welche zum Luftstrom hin mit verzinktem Lochblech abriebfest abgedeckt ist. Inkl. Gummilippendichtungen und sämtlichen Befestigungs-, Verbindungs- und Abdichtungsmaterialien.
Nennweite: .....mm
Außendurchmesser: .....mm
Dämpfung (250Hz): .....dB
Länge: .....mm

412€ | 462€ | **464€** | 472€ | 522€ | [St] | ⏱ 1,00h/St | 375.000.149

8 Schalldämpfer, flach, runder Anschluss KG **431**

Schalldämpfer, als rechteckiger Flachschalldämpfer mit rundem Anschluss, aus Aluminium, in flexibler Ausführung, Absorbermaterial mineralfaserfrei, nicht brennbar Klasse A2.
Temperaturbeständig: bis 200°C
Nennweite Schalldämpfer: 100mm
Dämpfung (250Hz): mind. 10dB
Länge: ca. 500mm
Abmessungen Außenrohr: Breite: 195mm, Höhe: 120mm

143€ | 172€ | **180€** | 192€ | 212€ | [St] | ⏱ 1,00h/St | 375.000.150

9 Wetterschutzgitter, Außenluft-/Fortluft KG **431**

Wetterschutzgitter für Außen- und Fortluft, rahmenlos, schrauben- und nietenlos zum Einbau in Maueröffnungen oder Fassadenverkleidungen, bestehend aus: Halterprofilen, Halter, Lamellen und Vogelschutzgitter, Gitter mit unterer Abtropflamelle und oberer Ausgleichslamelle nach Maßangabe.
Farbe .....
Montagehöhe: OK Wetterschutzgitter ca. .....m über Gelände
Breite: .....mm
Höhe: .....mm
Lamellenabstand: .....mm
Volumenstrom: .....m³/h
Druckabfall: .....Pa
Schallleistungspegel max.: .....dB(A)

167€ | 312€ | **373€** | 445€ | 626€ | [St] | ⏱ 1,00h/St | 375.000.151

Kosten:
Stand 2.Quartal 2026
Bundesdurchschnitt

▶ min
▷ von
ø Mittel
◁ bis
◀ max

10 Luftleitung, rechteckig, Stahlblech verzinkt KG **431**

Luftleitung, rechteckig, aus verzinktem Stahlblech, inklusive sämtlicher Verbindungsteile und Abdichtungen sowie allen notwendigen Befestigungsteilen und Aufhängekonstruktion.
Medium: Luft
Material: Stahlblech verzinkt
Kantenlänge: bis **500 / 1.000 / 2.000** mm
Temperatur: min. / max. ..... / ..... °C
Montagehöhe: bis **3,50 / 5,00 / 7,00** m

58€	73€	**75€**	81€	95€	[m²]	⏱ 0,40 h/m²	375.000.152

11 Luftleitung, rechteckig, Kunststoff KG **431**

Luftleitung, rechteckig, aus Kunststoff, inklusive sämtlicher Verbindungsteile und Abdichtungen sowie allen notwendigen Befestigungsteilen und Aufhängekonstruktion.
Medium: Luft
Material: **PVC / PE / PP**
Kantenlänge: bis ..... mm
Temperatur: min. / max. ..... / ..... °C
Montagehöhe: bis **3,50 / 5,00 / 7,00** m

141€	183€	**244€**	276€	317€	[m²]	⏱ 0,90 h/m²	375.000.153

12 Luftleitung, feuerbeständig L30/L90 KG **431**

Zweischalige Luftleitung als brandschutztechnische Bekleidung, von Luft führenden Kanälen und Rohrleitungen, für eine Feuerwiderstandsdauer von **30 / 90** Minuten. Fertigung aus Brandschutzplatten (A1), d=45mm, stumpf gestoßen. Die Stoßfugen der beiden Plattenlagen sind fugenversetzt, Versatz 100 mm, auszuführen. Plattenverbindung mit **Schrauben / Klammern**. Die Lüftungsleitungen sind auf Stahlprofile oder Traversen aufzulagern, die mit Gewindestangen abgehängt werden. Die Befestigung an Massivdecken, F90, erfolgt mit bauaufsichtlich zugelassenen Dübeln. Gewindestangen über 1,50 m Länge sind brandschutztechnisch über die gesamte Länge zu bekleiden. Senkrechte Kanäle sind geschossweise, max. 5,00 m, auf die Massivdecken, F90, aufzusetzen.
Brandschutztechnische Bekleidung: **L30 / L90**
Rohrleitungen: .....
Feuerwiderstandsklasse: **F30 / F90**
Montagehöhe: bis **3,50 / 5,00 / 7,00** m

208€	270€	**271€**	280€	341€	[m²]	⏱ 1,00 h/m²	375.000.154

13 Formstücke, verzinkt, Luftleitung KG **431**

Formteile der Luftleitung in Rechteckform und als Übergänge auf rund bzw. oval, aus verzinktem Stahlblech, inkl. sämtlicher Verbindungsteile und Abdichtungen sowie allen notwendigen Befestigungsteilen.
Medium: Luft
Material: Stahlblech verzinkt
Kantenlänge: bis **500 / 1.000 / 2.000** mm
Temperatur: min. / max. ..... / ..... °C
Montagehöhe: bis **3,50 / 5,00 / 7,00** m

77€	96€	**111€**	132€	158€	[m²]	⏱ 0,40 h/m²	375.000.155

Nr.	Kurztext / Langtext						Kostengruppe
▶	▷	ø netto €	◁	◀	[Einheit]	Ausf.-Dauer	Positionsnummer

14 **Formteile, Kunststoff, Lüftungskanäle** KG **431**

Formteile der Luftleitung in Rechteckform und als Übergänge auf rund bzw. oval, aus Kunststoff, inkl. sämtlicher Verbindungsteile und Abdichtungen sowie allen notwendigen Befestigungsteilen.
Medium: Luft
Material: **PVC / PE / PP**
Kantenlänge: bis .....mm
Temperatur: min. / max. ..... / .....°C
Montagehöhe: bis **3,50 / 5,00 / 7,00** m

246€ 256€ **305€** 349€ 368€ [m²] ⏱ 0,60h/m² 375.000.156

A 2 **Luftleitung, Wickelfalz, verzinkt** Beschreibung für Pos. **15-20**

Luftleitung mit Wickelfalzrohren aus verzinktem Stahlblech, inkl. sämtlicher Verbindungsteile (z.B. Muffen, Steckverbindungen und Enddeckel) und Abdichtungen sowie allen notwendigen bauaufsichtlich zugelassenen Befestigungsteilen.

Kosten:
Stand 2. Quartal 2026
Bundesdurchschnitt

15 **Luftleitung, Wickelfalz, verzinkt, DN100** KG **431**

Wie Ausführungsbeschreibung A 2
Material: Stahlblech verzinkt
Nennweite: DN100
Montagehöhe: bis **3,50 / 5,00 / 7,00** m

22€ 24€ **25€** 26€ 28€ [m] ⏱ 0,18h/m 375.000.157

16 **Luftleitung, Wickelfalz, verzinkt, DN125** KG **431**

Wie Ausführungsbeschreibung A 2
Material: Stahlblech verzinkt
Nennweite: DN125
Montagehöhe: bis **3,50 / 5,00 / 7,00** m

26€ 32€ **34€** 42€ 55€ [m] ⏱ 0,20h/m 375.000.158

17 **Luftleitung, Wickelfalz, verzinkt, DN160** KG **431**

Wie Ausführungsbeschreibung A 2
Material: Stahlblech verzinkt
Nennweite: DN160
Montagehöhe: bis **3,50 / 5,00 / 7,00** m

28€ 32€ **34€** 45€ 55€ [m] ⏱ 0,25h/m 375.000.159

18 **Luftleitung, Wickelfalz, verzinkt, DN180** KG **431**

Wie Ausführungsbeschreibung A 2
Material: Stahlblech verzinkt
Nennweite: DN180
Montagehöhe: bis **3,50 / 5,00 / 7,00** m

30€ 34€ **41€** 49€ 51€ [m] ⏱ 0,28h/m 375.000.160

▶ min
▷ von
ø Mittel
◁ bis
◀ max

Nr.	Kurztext / Langtext						Kostengruppe
▶	▷	**ø netto €**	◁	◀	[Einheit]	Ausf.-Dauer	Positionsnummer

19 Luftleitung, Wickelfalz, verzinkt, DN250 KG **431**

Wie Ausführungsbeschreibung A 2
Material: Stahlblech verzinkt
Nennweite: DN250
Montagehöhe: bis **3,50 / 5,00 / 7,00** m

44€	48€	**57€**	65€	73€	[m]	⏱ 0,33 h/m	375.000.162

20 Luftleitung, Wickelfalz, verzinkt, DN500 KG **431**

Wie Ausführungsbeschreibung A 2
Material: Stahlblech verzinkt
Nennweite: DN500
Montagehöhe: bis **3,50 / 5,00 / 7,00** m

71€	78€	**89€**	100€	108€	[St]	⏱ 0,47 h/St	375.000.166

21 Luftleitung, Aluminium, flexibel, DN80 KG **431**

Elastische Luftleitung aus zweilagig gestauchtem Aluminium. Inkl. Befestigungsmaterial an Luftrohrstutzen.
Nennweite: DN80
Länge: 1,25 m, ausziehbar bis 5,00 m
Betriebsdruck: bis 1.000 Pa

11€	18€	**21€**	23€	26€	[m]	⏱ 0,10 h/m	375.000.167

22 Luftleitung, Aluminium, flexibel, DN100 KG **431**

Elastische Luftleitung aus zweilagig gestauchtem Aluminium. Inkl. Befestigungsmaterial an Luftrohrstutzen.
Nennweite: DN100
Länge: 1,25 m, ausziehbar bis 5,00 m
Betriebsdruck: bis 1.000 Pa

13€	21€	**24€**	32€	44€	[m]	⏱ 0,10 h/m	375.000.168

23 Rohrbogen, Luftleitung KG **431**

Rohrbogen der Luftleitung, alle Winkelgrade, für Wickelfalzrohr aus verzinktem Stahlblech, inkl. sämtlicher Verbindungsteile (z.B. Muffen, Steckverbindungen) und Abdichtungen sowie allen notwendigen Befestigungsteilen. Material: Stahlblech verzinkt
Nennweite: DN.....
Montagehöhe bis: **3,50 / 5,00 / 7,00** m
Winkelgrad: .....°

16€	24€	**28€**	34€	47€	[St]	⏱ 0,10 h/St	375.000.169

24 Abzweigstück, Luftleitung KG **431**

Abzweigstück der Luftleitung, als Abzweig 90°, für Wickelfalzrohr aus verzinktem Stahlblech, inkl. sämtlicher Verbindungsteile (z.B. Muffen, Steckverbindungen) und Abdichtungen sowie allen notwendigen Befestigungsteilen.
Material: Stahlblech verzinkt
Nennweite: DN.....
Montagehöhe bis: **3,50 / 5,00 / 7,00** m

20€	26€	**27€**	29€	34€	[St]	⏱ 0,10 h/St	375.000.170

Nr.	Kurztext / Langtext						Kostengruppe
▶	▷	ø netto €	◁	◀	[Einheit]	Ausf.-Dauer	Positionsnummer

25 Lüftungsgitter, Zu-/Abluft KG **431**

Lüftungsgitter, mit Anbauteilen, für Zu- und Abluft, für Einbau in Rundrohr / Rechteckkanal mit frontseitig waagrechten oder senkrechten Tropfenlenklamellen. Rahmen und Lamellen aus Stahlblech mit Epoxidharz-Pulverbeschichtung oder Einbrennlackierung. Anbauteile aus elektrolytisch verzinktem Stahlblech, mit angeklebter Schaumstoffdichtung und Schlitzschieber zur Luftmengenregulierung
Farbe: .....
Volumenstrom max.: .....m³/h
Länge: .....mm
Höhe: .....mm

99€	147€	**156€**	188€	252€	[St]	⏱ 0,30h/St	375.000.171

26 Drallauslass, Decke KG **431**

Decken-Dralluftdurchlass für **Zuluft / Abluft**, **mit / ohne** Strahlverstellung. Luftdurchlass aus verzinktem Stahl, für Einbau in abgehängter Decke.
Luftdurchsatz max.: .....m³/h
Breite: .....mm
Länge: .....mm
Höhe Anschlusskasten: .....mm
Leitungsanschluss seitlich, DN.....

433€	668€	**756€**	824€	976€	[St]	⏱ 0,90h/St	375.000.172

27 Brandschutzklappen, RLT, eckig KG **431**

Brandschutzklappe für Luftleitungen rechteckig DIN EN 15650, aus Stahl verzinkt, für Einbau in massive **Wand / Decke**. Gehäuse mit **1 / 2** Inspektionsöffnungen, Auslösung durch Schmelzlot. Kontrolle Klappenblatt über elektrische Endschalter.
Feuerwiderstandsklasse: **EI30 / EI60 / EI90 / EI120**, DIN EN 13501-3
Höhe: .....mm
Breite: .....mm
Tiefe: .....mm
Einbaulänge: **500 / 600** mm
Einbau in: Wand / Decke
Auslösetemperatur: **72 / 95** °C
Kontrolle Klappenblatt: **0 / 1 / 2**

631€	831€	**957€**	1.016€	1.143€	[St]	⏱ 1,80h/St	375.000.173

28 Brandschutzklappen, RLT, rund, Küche KG **431**

Brandschutzklappe für Luftleitungen rund DIN EN 15650. Zugelassen für fetthaltige Abluft aus Küchen. Gehäuse aus **Stahl verzinkt / andere Materialien**.
Feuerwiderstandsklasse: **EI30 /EI60 / EI90 / EI120**, DIN EN 13501-3
Durchmesser: .....mm
Einbaulänge: **500 / 600** mm
Einbau in: **Wand / Decke**

3.464€	5.282€	**7.617€**	10.101€	14.664€	[St]	⏱ 3,00h/St	375.000.174

Kosten:
Stand 2. Quartal 2026
Bundesdurchschnitt

▶ min
▷ von
ø Mittel
◁ bis
◀ max

Nr.	Kurztext / Langtext						Kostengruppe
▶	▷	**ø netto €**	◁	◀	[Einheit]	Ausf.-Dauer	Positionsnummer

29 Tellerventil, Zu-/Abluft KG **431**

Tellerventil für **Zu- / Abluft**, mit Mengenregulierung. Für Montage in beliebiger Lage in Decke und Wand aus einbrennlackiertem Stahlblech, mit niedrigem Schallleistungspegel auch bei hohem Druckabfall, mit passendem Rohrmontagering (20mm) mit Bajonettverschluss. Inkl. Befestigungs-, Klein- und Dichtmaterial.
Anschlussdimension: DN100

50€	75€	**79€**	111€	170€	[St]	⏱ 0,20h/St	375.000.176

30 Wickelfalzrohr, Reduzierstück, DN100/80 KG **431**

Reduzierstück, zentrisch (symmetrisch), für Wickelfalz-Rundrohr verzinkt, mit werkseitig vormontierter Lippendichtung aus EPDM.
EPDM Anschlüsse**: DN100 / DN80**

15€	20€	**23€**	28€	38€	[St]	⏱ 0,10h/St	375.000.177

31 Drosselklappe, DN100 KG **431**

Drosselklappe aus verzinktem Stahlblech für Wickelfalz-Rundrohr verzinkt, mit Klappenflügel und außenliegender, stufenlos verstellbarer Feststellvorrichtung.
Anschlüsse: DN100

54€	61€	**76€**	86€	94€	[St]	⏱ 0,12h/St	375.000.178

32 Drosselklappe, 200x200mm KG **431**

Drosselklappe aus verzinktem Stahlblech für rechteckigen Lüftungskanal verzinkt, mit Klappenflügel und außenliegender, stufenlos verstellbarer Feststellvorrichtung.
Anschlüsse: 200 x 200mm

64€	72€	**91€**	102€	111€	[St]	⏱ 0,20h/St	375.000.179

Nr.	Kurztext / Langtext						Kostengruppe
▶	▷	**ø netto €**	◁	◀	[Einheit]	Ausf.-Dauer	Positionsnummer

33 Lüftungsgerät mit WRG, Bypass, Feuerstättenfunktion KG **431**

Wohnungslüftungsgerät mit Wärmerückgewinnung und Bypass zur kontrollierten Be- und Entlüftung von Wohnungen und Wohnhäusern mit einem zentralen Luftverteilsystem. Effiziente Konstantvolumenstrom geregelte EC-Ventilatoren mit drei Ventilatorstufen, Luftmengen je Stufe individuell programmierbar. Wärmerückgewinnung aus der Abluft mit Kreuzgegenstrom-Wärmetauscher. Vereisungsschutzfunktion und Abtauautomatik. Integrierter automatischer Sommer-Bypass mit einstellbarer Schalttemperatur zur Unterbrechung der Wärmerückgewinnung im Sommer. Auskühlschutzfunktion zum Frostschutz in der Wohneinheit im Winter. Umfassendes Selbstdiagnosesystem mit Fehlercodes und Meldungen in Klartextanzeige. Sicherheitsabschaltung des Lüftungsgerätes durch optionalen Rauchsensor möglich. TÜV-geprüfte integrierte Feuerstätten-Funktion mit permanenter Überwachung der Volumenstrom-Balance und Sicherheitsabschaltung im Fehlerfall zur sicheren Verhinderung von Unterdruck im Gebäude. Der gleichzeitige Betrieb von Lüftungsanlage und Feuerstätte ist ohne zusätzliche Sicherheitskomponenten möglich. Menügeführte multilinguale Bedienung mit LCD-Klartextanzeige am Gerät und integrierte Echtzeituhr mit Wochentimer zur zeitlichen Steuerung der Betriebsarten ermöglichen den Betrieb des Lüftungsgerätes ohne zusätzliche Steuerelemente. Die Steuerung des Geräts kann optional mit einem drahtgebundenen Bedienelement, einem Funkbedienschalter oder bedarfsgerecht mit automatischer Luftmengenregelung durch Bestimmung der Abluftqualität mit einem Luftqualitätssensor erfolgen. Für eine externe Steuerung sind programmierbare Ein- und Ausgänge integriert. Filterwartungsanzeige mit einstellbarem Intervall. Innenauskleidung des Geräts EPP, Außengehäuse Stahlblech, pulverbeschichtet RAL 9010, Revisionstüre Kunststoff lichtgrau RAL 7035. Luftkanalanschlüsse auf der Geräteoberseite, wandhängende Montage mit beiliegender Wandkonsole. Kondensatwasseranschluss an der Unterseite des Lüftungsgeräts.
Technische Daten:
Luftvolumenstrom Werkseinstellung: **90 / 160 / 250** m³/h
Schalldruckpegel (1 m Abstand): **29 / 34 / 42** dB(A)
Wärmerückgewinnungsgrad: max. 95 %
Wärmebereitstellungsgrad: max. 88 %
Spannungsversorgung: 1~/N/PE 230 V 50 Hz
Leistungsaufnahme, Stufen: **19 / 36 / 95** W
Leistungsaufnahme: max. 136 W
Stromaufnahme: max. 1,2 A
Schutzart: IP 20
Filterklasse Zuluft/Abluft: M5 / M5
Luftkanalanschlüsse: **4x DN150 / 4x DN160**
Kondensatanschluss: 20 mm
Abmessungen (B x H x T): 750 x 725 x 469 mm
Gewicht: 32 kg
Einsatzgrenzen Außentemperatur: -20 °C bis +40 °C
Einsatzgrenzen Raumtemperatur: +15 °C bis +40 °C

3.198 €	3.603 €	**4.504 €**	5.044 €	5.540 €	[St]	⏱ 6,50 h/St	375.000.180

Kosten:
Stand 2. Quartal 2026
Bundesdurchschnitt

▶ min
▷ von
ø Mittel
◁ bis
◀ max

Nr.	Kurztext / Langtext						Kostengruppe
▶	▷	**ø netto €**	◁	◀	[Einheit]	Ausf.-Dauer	Positionsnummer

A 3 Außenwanddurchlass, mit Filter/Schalldämpfer — Beschreibung für Pos. **34-35**

Außenwandluftdurchlass - Rundkanal, variables Teleskoprohr 305-535 mm mit Schalldämpfer, steckbarem weißem Außengitter, Insektenschutz, Winddrucksicherung und Innenblende mit Staubfilter.

34 Außenwanddurchlass, DN110 — KG **431**

Wie Ausführungsbeschreibung A 3
Volumenstrom: V(8 Pa) = 10 m³/h
Nennweite Rundkanal: DN110

129€	138€	**180€**	223€	243€	[St]	⏱ 1,00 h/St	375.000.181

35 Außenwanddurchlass, DN160 — KG **431**

Wie Ausführungsbeschreibung A 3
Volumenstrom: V(8 Pa) = 10 m³/h
Nennweite Rundkanal: DN160

299€	322€	**405€**	442€	459€	[St]	⏱ 1,20 h/St	375.000.182

36 Lüftungsgerät für Abluft — KG **431**

Lüftungsgerät (1, 2 oder 3-stufig) für den Einbau **Wand / Decke** (ohne Brandschutzanforderung). Der Anschlussstutzen ist **seitlich / hinten** am Kasten angebracht. Mit federbelasteter Rückschlagklappe, verhindert Geruchs- und (Kalt) Rauchübertragung. Das Lüftungsgerät kann im Schutzbereich I eingebaut werden.
Leckluftrate: < 0,01 m³/h
Elektroanschluss: 230 V AC / 50 Hz
Nennleistung: 6 / 11 / 23 W bei 30 (40) / 60 /100 m³/h
Eigengeräusch LA: 26 / 30 / 33 / 39 dB(A) bei 30 / 40 / 60 / 100 m³/h
Abmessungen (L x B x T): 242 x 242 x 100 mm
Anschlussstutzen: NW80

282€	316€	**328€**	377€	442€	[St]	⏱ 2,00 h/St	375.000.183

37 KWL-Lüftungsgerät, in Außenwand, bis 100 m³/h mit WRG — KG **431**

Dezentrales Lüftungsgerät mit Wärmerückgewinnung zur kontrollierten Be- und Entlüftung von Wohngebäuden, zur Innenmontage, für Zu-und Abluft, mit Außen- und Fortluftbetrieb. EC-Ventilatoren mit mind. drei Ventilatorstufen, Wärmerückgewinnung mit Wärmetauscher, mit Bedieneinheit am Gerät, mit Ab- und Außenluftfilter, hängende Außenwandmontage, einschl. Befestigungsmaterial und Montageset zur Außenwanddurchführung und Wetterschutzgittereinheit für Außenluftansaugung und Fortluftausblas.
Ausführung: **Aufputzmontage / Unterputzmontage**
Luftvolumenstrom: bis 100 m³/h
Wärmerückgewinnungsgrad: mind. 85 %
Spannungsversorgung: 1~/N/PE 230 V 50 Hz
Ausführung gemäß nachfolgender Einzelbeschreibung: .....

2.413€	2.557€	**2.842€**	3.239€	3.301€	[St]	⏱ 1,35 h/St	375.000.184

Nr.	Kurztext / Langtext						Kostengruppe
▶	▷	ø netto €	◁	◀	[Einheit]	Ausf.-Dauer	Positionsnummer

A 4 KWL-Lüftungsgerät, Wohngebäude, mit WRG — Beschreibung für Pos. **38-40**

Zentrales Lüftungsgerät mit Wärmerückgewinnung zur kontrollierten Be- und Entlüftung von Wohngebäuden, zur Innenmontage, für Zu- und Abluft, mit Außen- und Fortluftbetrieb. EC-Ventilatoren mit mind. drei Ventilatorstufen, Wärmerückgewinnung mit Wärmetauscher, mit Bedieneinheit am Gerät, mit Ab- und Außenluftfilter, einschl. Befestigungsmaterial und Montageset zur Außenwanddurchführung und Wetterschutzgittereinheit für Außenluftansaugung und Fortluftausblas, einschl. 4 Geräteschalldämpfern.

38 KWL-Lüftungsgerät, Wohngebäude, bis 200m³/h mit WRG — KG **431**

Wie Ausführungsbeschreibung A 4
Montageart: **wandhängend / deckenhängend / stehend**
Luftvolumenstrom: bis 200 m³/h
Wärmerückgewinnungsgrad: mind. 85 %
Spannungsversorgung: 1~/N/PE 230 V 50 Hz
Ausführung gemäß nachfolgender Einzelbeschreibung: .....

▶	▷	ø	◁	◀	[Einheit]	Ausf.-Dauer	Positionsnummer
4.964€	5.592€	**6.214€**	7.084€	7.150€	[St]	⏱ 1,40 h/St	375.000.185

39 KWL-Lüftungsgerät, Wohngebäude, bis 350m³/h mit WRG — KG **431**

Wie Ausführungsbeschreibung A 4
Montageart: **wandhängend / deckenhängend / stehend**
Luftvolumenstrom: bis 350 m³/h
Wärmerückgewinnungsgrad: mind. 85 %
Spannungsversorgung: 1~/N/PE 230 V 50 Hz
Ausführung gemäß nachfolgender Einzelbeschreibung: .....

▶	▷	ø	◁	◀	[Einheit]	Ausf.-Dauer	Positionsnummer
5.619€	6.057€	**6.730€**	7.672€	7.706€	[St]	⏱ 1,40 h/St	375.000.186

40 KWL-Lüftungsgerät, Wohngebäude, bis 500m³/h mit WRG — KG **431**

Wie Ausführungsbeschreibung A 4
Montageart: **wandhängend / deckenhängend / stehend**
Luftvolumenstrom: bis 500 m³/h
Wärmerückgewinnungsgrad: mind. 85 %
Spannungsversorgung: 1~/N/PE 230 V 50 Hz
Ausführung gemäß nachfolgender Einzelbeschreibung: .....

▶	▷	ø	◁	◀	[Einheit]	Ausf.-Dauer	Positionsnummer
7.152€	8.001€	**8.890€**	10.134€	10.230€	[St]	⏱ 1,50 h/St	375.000.187

Kosten:
Stand 2. Quartal 2026
Bundesdurchschnitt

▶ min
▷ von
ø Mittel
◁ bis
◀ max

Nr.	Kurztext / Langtext						Kostengruppe
▶	▷	**ø netto €**	◁	◀	[Einheit]	Ausf.-Dauer	Positionsnummer

A 5 VRF-Außengerät Heizen / Kühlen Beschreibung für Pos. **41-43**

VFR-Außengerät für die Klimatisierung von Wohnräumen, Gehäuse und Rahmen aus verzinktem beschichteten Stahl, UV- und witterungsbeständig, mit Schalldämmung, mit Wärmetauscher, Axialventilator, Kompressor drehzahlgeregelt mit Invertertechnologie, Kältekreislauf mit Filtern, Sammler, Ölabscheider und mit Kältemittel vorgefüllt, einschl. komplett verdrahteter Steuerung mit MSR -und Sicherheitsbauteilen sowie Bedieneinheit, inkl. Montagematerial.

Montageart: **bodenstehend / an Wand / auf Dach**
Betriebsart: **Kühlen / Kühlen und Heizen**
Wärmetauscher: **Verdampfer / Verflüssiger aus Kupferrohr mit Aluminiumlamellen**
Luftvolumenstrom: ..... m³/h
Schalldruckpegel in 1 m Abstand - Kühlen: ..... dB(A)
Schalldruckpegel in 1 m Abstand - Heizen: ..... dB(A)
Betriebsspannung: 230 / 400 V
Kältemittel: R410A / R32
Anschluss von Innengeräten max.: .....
Max. Rohrleitungslänge: ..... m
Max. Höhendifferenz: ..... m
Geräteabmessungen (L x B x H): ..... x ..... x ..... mm
Ausführung gemäß Einzelbeschreibung: .....
Angeb. Fabrikat/Typ: .....

41 VRF-Außengerät, Heizen/Kühlen, 10kW KG **434**

Wie Ausführungsbeschreibung A 5
Heizleistung: 10 kW
COP: .....
Kälteleistung: ..... kW
EER: .....

▶	▷	ø netto €	◁	◀	[Einheit]	Ausf.-Dauer	Positionsnummer
3.327 €	3.870 €	**6.004 €**	9.409 €	9.645 €	[St]	⏱ 2,10 h/St	375.000.188

42 VRF-Außengerät, Heizen/Kühlen, 15kW KG **434**

Wie Ausführungsbeschreibung A 5
Heizleistung: 15 kW
COP: .....
Kälteleistung: ..... kW
EER: .....

▶	▷	ø netto €	◁	◀	[Einheit]	Ausf.-Dauer	Positionsnummer
7.693 €	8.327 €	**11.534 €**	14.940 €	15.092 €	[St]	⏱ 2,10 h/St	375.000.189

43 VRF-Außengerät, Heizen/Kühlen, 20kW KG **434**

Wie Ausführungsbeschreibung A 5
Heizleistung: 20 kW
COP: .....
Kälteleistung: ..... kW
EER: .....

▶	▷	ø netto €	◁	◀	[Einheit]	Ausf.-Dauer	Positionsnummer
10.561	10.800 €	**14.633 €**	17.665 €	17.978 €	[St]	⏱ 2,10 h/St	375.000.190

Nr.	Kurztext / Langtext						Kostengruppe
▶	▷	**ø netto €**	◁	◀	[Einheit]	Ausf.-Dauer	Positionsnummer

A 6 VRF-Innenwandgerät, Heizen / Kühlen — Beschreibung für Pos. **44-46**

VRF-Innengerät für die Klimatisierung von Wohnräumen, Kältesystem mit Schutzgas gefüllt, mit Wärmetauscher, Luftansaugung mit Filter und Luftausblas mit motorbetriebenen Luftleitlamellen, Kondensatwanne, Ventilator mit Querstromgebläse, einschl. komplett verdrahteter Steuerung mit allen notwendigen MSR- und Sicherheitsbauteilen sowie mit Fernbedieneinheit, inkl. Montagematerial.
Betriebsart: **Kühlen / Kühlen und Heizen**
Wärmetauscher: **Verdampfer / Verflüssiger aus Kupferrohr mit Aluminiumlamellen**
Luftvolumenstrom von-bis: .....m³/h
Luftansaugung: **vorne / unten / oben**
Luftfilter: .....
Luftausblas: **vorne / unten / oben**
Schalldruckpegel von-bis: .....dB(A)
Betriebsspannung: 230V / 400V / über Außengerät
Kältemittel: R410A / R32
Gehäuse: Kunststoff
Geräteabmessungen (L x B x H): ..... x ..... x .....mm
Farbe: .....
Ausführung gemäß Einzelbeschreibung: .....
Angeb. Fabrikat/Typ: .....

Kosten:
Stand 2. Quartal 2026
Bundesdurchschnitt

44 VRF-Innenwandgerät, Heizen/Kühlen, 2,5kW — KG **434**

Wie Ausführungsbeschreibung A 6
Heizleistung: 2,5kW
SCOP: .....
Kälteleistung: .....kW
SEER: .....

▶	▷	ø	◁	◀	Einheit	Ausf.-Dauer	Positionsnummer
1.218€	1.236€	**1.970€**	2.162€	2.308€	[St]	⏱ 1,80h/St	375.000.191

45 VRF-Innenwandgerät, Heizen/Kühlen, 3,5kW — KG **434**

Wie Ausführungsbeschreibung A 6
Heizleistung: 3,5kW
SCOP: .....
Kälteleistung: .....kW
SEER: .....

▶	▷	ø	◁	◀	Einheit	Ausf.-Dauer	Positionsnummer
1.354€	1.394€	**2.007€**	2.479€	2.713€	[St]	⏱ 1,80h/St	375.000.192

46 VRF-Innenwandgerät, Heizen/Kühlen, 5,0kW — KG **434**

Wie Ausführungsbeschreibung A 6
Heizleistung: 5,0kW
SCOP: .....
Kälteleistung: .....kW
SEER: .....

▶	▷	ø	◁	◀	Einheit	Ausf.-Dauer	Positionsnummer
1.679€	1.743€	**2.553€**	3.041€	3.078€	[St]	⏱ 1,80h/St	375.000.193

▶ min
▷ von
ø Mittel
◁ bis
◀ max

47 VRF-Verteilereinheit, Innengerät KG **434**

VRF-Verteilereinheit als Multi-Split-Regeleinheit, zum Einbau im Gebäudeinneren.
Abmessungen (L x B x T): ..... x ..... x ..... mm
Geräteanzahl: .....
Leistung: .....
Ausführung gemäß Einzelbeschreibung: .....
Angeb. Fabrikat/Typ: .....

1.048€ 1.096€ **1.705€** 2.111€ 2.195€ [St] ⏱ 1,00h/St 375.000.194

48 Zubehörmontage, VRF-Anlage KG **434**

Montage von Zubehör der VRF-Anlage mit Leitungen und Leitungsabzweigungen. Die Kühlleitungen aus nahtlos gezogenem Kupferrohr in Kühlschrankqualität unter Schutzgas gelötet, mit Kälteschellen auf C-Profilen montiert, evakuiert und mit Kältemittel gefüllt. Die Flüssigkeits- und die Gasleitung sind mit diffusionsdichter und bzgl. Brandschutz zugelassenen Dämmung von min. 13 mm Wanddicke umschlossen und mit den Kälteschellen verklebt. Die gesamte Verrohrung ist nach den derzeitig gültigen Regeln für das Kälteanlagenbauhandwerk zu erstellen.
Einbauort: .....
Bei den folgenden Massen handelt es sich um ca. Angaben:
Flüssigkeitsleitung Ø 10 mm: ..... m
Flüssigkeitsleitung Ø 6 mm: ..... m
Gasleitung Ø 10 mm ..... m
Gasleitung Ø 16 mm ..... m
Leitungs-Isolierung Ø 10 mm ..... m
Leitungs-Isolierung Ø 16 mm: ..... m
Leitungs-Isolierung Ø 6 mm: ..... m
Anzahl Brandschutzdurchführung Ø 10 mm: .....
Anzahl Brandschutzdurchführung Ø 16 mm: .....
Anzahl Brandschutzdurchführung Ø 6 mm: .....
Leitungs-Isolierung mit Blechmantel, wetterbeständig
Außen-Ø 10 mm: ..... m
Außen Ø 16 mm: ..... m
Außen Ø 6 mm: ..... m
Bus Kabel LIYCY 2x1,5 mm^2: ..... m
Zusätzliche Kältemittelnachfüllmenge: ..... kg

1.636€ 1.837€ **2.164€** 2.886€ 3.011€ [psch] ⏱ 1,30h/psch 375.000.195

49 Inbetriebnahme, VRF-Anlage KG **434**

Die Inbetriebnahme hat gemäß der Vorgaben des Herstellers sowie den gesetzlichen Bestimmungen unter Berücksichtigung der Garantie und Gewährleistung zu erfolgen, einschl. An- und Abreisekosten, inkl. Aushändigung des unterzeichneten Übergabe und Inbetriebnahmeprotokolls. Leistungsumfang: Inbetriebnahme der Kälteanlage, Inbetriebsetzen und Programmieren, Überprüfen der Hersteller-Projektierungsrichtlinien, Protokollerstellung mit allen eingestellten Parametern, inkl. Aushändigung des unterzeichneten Übergabe-/Inbetriebnahmeprotokolls.
Einbauort: .....

364€ 442€ **617€** 871€ 1.388€ [psch] ⏱ 1,50h/psch 375.000.196

Nr.	Kurztext / Langtext						Kostengruppe
▶	▷	**ø netto €**	◁	◀	[Einheit]	Ausf.-Dauer	Positionsnummer

50 Stundensatz, Monteur/-in Lüftung/Kälte

Verrechnungssatz für die jeweilige Arbeitskraft inkl. aller Aufwendungen wie Lohn- und Gehaltskosten, Lohn- und Gehaltsnebenkosten, Zuschläge, lohngebundene und lohnabhängige Kosten, sonstige Sozialkosten, Gemeinkosten, Wagnis und Gewinn. Leistung nach besonderer Anordnung der Bauüberwachung. Nachweis und Anmeldung gemäß VOB/B.

▶	▷	ø	◁	◀	Einheit	Ausf.-Dauer	Positionsnummer
65€	78€	**84€**	92€	110€	[h]	⏱ 1,00h/h	375.000.200

51 Stundensatz, Helfer/-in Lüftung/Kälte

Verrechnungssatz für die jeweilige Arbeitskraft inkl. aller Aufwendungen wie Lohn- und Gehaltskosten, Lohn- und Gehaltsnebenkosten, Zuschläge, lohngebundene und lohnabhängige Kosten, sonstige Sozialkosten, Gemeinkosten, Wagnis und Gewinn. Leistung nach besonderer Anordnung der Bauüberwachung. Nachweis und Anmeldung gemäß VOB/B.

▶	▷	ø	◁	◀	Einheit	Ausf.-Dauer	Positionsnummer
42€	55€	**62€**	64€	70€	[h]	⏱ 1,00h/h	375.000.199

Kosten:
Stand 2. Quartal 2026
Bundesdurchschnitt

▶ min
▷ von
ø Mittel
◁ bis
◀ max

D Freianlagen

Titel des Leistungsbereichs	LB-Nr.
Landschaftsbauarbeiten	303
Landschaftsbauarbeiten - Pflanzen	304
Straßen, Wege, Plätze	380

303

Kosten:
Stand 2. Quartal 2026
Bundesdurchschnitt

▶ min
▷ von
ø Mittel
◁ bis
◀ max

Nr.	Positionen	Einheit	▶	▷	ø brutto € ø netto €	◁	◀
1	Baugelände abräumen	m²	10	11	**12**	14	17
			8	10	**11**	12	14
2	Bauzaun aufstellen	m	13	17	**19**	21	28
			11	14	**16**	18	24
3	Baum herausnehmen, einschlagen	St	168	220	**220**	242	286
			141	185	**185**	204	240
4	Strauch herausnehmen, einschlagen, 50-100cm	St	20	24	**27**	28	35
			16	20	**23**	24	29
5	Strauch herausnehmen, einschlagen, 100-150cm	St	44	55	**60**	65	78
			37	46	**50**	54	66
6	Maschendrahtzaun, bis 1,5m, abbrechen, entsorgen	m	9	12	**13**	14	18
			8	10	**11**	12	15
7	Maschendrahtzaun, bis 2,5m, abbrechen, entsorgen	m	12	16	**17**	19	29
			10	13	**15**	16	24
8	Metallzaun abbrechen, entsorgen	m	13	20	**24**	25	29
			11	17	**20**	21	25
9	Stahlgitterzaun, 1,5 abbrechen, entsorgen	m	20	31	**33**	38	49
			17	26	**28**	32	41
10	Holzzaun abbrechen, entsorgen	m	14	17	**18**	19	22
			11	14	**15**	16	18
11	Rutsche ausbauen, entsorgen	St	235	313	**326**	388	404
			197	263	**274**	326	340
12	Klettergerüst ausbauen, entsorgen	St	122	157	**165**	203	207
			103	132	**139**	171	174
13	Schaukel ausbauen, entsorgen	St	78	153	**201**	218	261
			66	128	**169**	183	219
14	Sandkasten abbauen, Betonsteineinfassung	m³	73	86	**93**	103	115
			62	72	**78**	86	97
15	Baumschutz, Brettermantel, bis 50cm	St	81	89	**94**	98	107
			68	75	**79**	82	90
16	Baumschutz, Brettermantel, über 50 bis 100cm	St	106	131	**143**	155	189
			89	110	**120**	130	159
17	Wurzelbereichsschutz, Baum	m²	–	89	**94**	117	–
			–	75	**79**	98	–
18	Dränleitung DN100, ausbauen, entsorgen	m	14	16	**21**	25	27
			12	13	**18**	21	23
19	Dränleitung DN100, ausbauen, seitlich lagern	m	–	16	**19**	22	–
			–	14	**16**	19	–
20	Baum fällen, StD bis 15cm, entsorgen	St	80	103	**115**	125	150
			67	87	**97**	105	126
21	Baum fällen, StD bis 30cm, entsorgen	St	176	221	**241**	267	322
			148	186	**202**	224	270
22	Baum fällen, StD bis 50cm, entsorgen	St	179	236	**260**	308	404
			151	198	**218**	259	340
23	Baum fällen StD über 50 bis 100cm entsorgen	St	257	356	**396**	492	655
			216	299	**333**	414	550
24	Baugelände roden	m²	16	20	**21**	22	27
			13	17	**18**	19	22

Nr.	Positionen	Einheit	▶	▷	ø brutto € / ø netto €	◁	◀
25	Baum roden, Durchmesser 25-35cm, entsorgen	St	202	265	**276**	334	351
			170	223	**232**	281	295
26	Gerodete Fläche planieren	m²	4	5	**5**	7	7
			3	4	**5**	6	6
27	Grasnarbe abschälen	m²	3	4	**5**	6	8
			3	4	**4**	5	6
28	Aufwuchs entfernen	m²	3	5	**5**	6	8
			2	4	**4**	5	7
29	Oberboden abtragen, entsorgen	m³	24	32	**37**	40	45
			20	27	**31**	33	38
30	Oberboden lösen, lagern	m³	15	20	**22**	25	32
			12	16	**18**	21	27
31	Oberboden liefern, einbauen, bis 30cm	m³	50	55	**57**	61	70
			42	46	**48**	51	59
32	Oberboden auftragen, lagernd	m³	13	18	**21**	23	27
			11	15	**18**	19	22
33	Füllboden liefern, einbauen	m³	30	38	**44**	47	50
			26	32	**37**	40	42
34	Fundamentaushub, bis 1,25m, lagern, GK1	m³	46	56	**62**	68	81
			39	47	**52**	57	68
35	Fundamentaushub, bis 1,25m, entsorgen, GK1	m³	48	56	**63**	78	90
			41	47	**53**	66	76
36	Feinplanum, Rasenfläche	m²	2	3	**4**	4	6
			2	3	**3**	4	5
37	Rasenansaat	m²	1	2	**2**	3	5
			1	2	**2**	3	4
38	Fertigrasen als Rollrasen liefern, einbauen	m²	14	18	**20**	23	29
			12	15	**17**	19	25
39	Rasenfläche ausbessern	m²	40	57	**60**	71	76
			34	48	**50**	60	64
40	Rasenfläche düngen	m²	1	2	**2**	2	3
			1,0	1,4	**1,7**	1,8	2,7
41	Fertigstellungspflege, Rasenflächen	m²	2	3	**4**	4	5
			2	3	**3**	3	4
42	Feinplanum, Pflanzfläche	m²	2	3	**3**	4	5
			1	2	**3**	3	4
43	Pflanzgrube für Kleingehölz 20x20x20	St	8	8	**8**	10	11
			6	7	**7**	8	9
44	Pflanzgrube ausheben, bis 80x80x80	St	33	45	**47**	55	73
			27	38	**39**	46	62
45	Pflanzgrube ausheben, bis 100x100x80	St	37	51	**57**	65	83
			31	43	**48**	54	69
46	Pflanzgrube ausheben, bis 150x150x80	St	54	81	**94**	110	153
			46	68	**79**	92	129
47	Pflanzgrube ausheben, bis 200x200x100	St	85	105	**118**	129	163
			71	89	**99**	109	137
48	Pflanzgrube verfüllen, Baumsubstrat	St	77	96	**98**	106	117
			64	80	**82**	89	98

Kosten:
Stand 2. Quartal 2026
Bundesdurchschnitt

Landschaftsbauarbeiten							Preise €
Nr.	**Positionen**	**Einheit**	▶	▷	**ø brutto €** ø netto €	◁	◀
49	Vegetationsflächen lockern, fräsen	m²	0,9	1,6	**2,0**	2,4	3,6
			0,8	1,4	**1,6**	2,0	3,0
50	Bodenverbesserung, Rindenhumus	m²	3	4	**4**	4	5
			3	3	**3**	4	4
51	Hochstamm/Solitär, liefern/pflanzen, StU bis 12cm	St	103	121	**130**	146	200
			87	102	**109**	123	168
52	Hochstamm/Solitär, liefern/pflanzen, StU 12-16cm	St	156	195	**230**	288	383
			131	164	**194**	242	322
53	Fertigstellungspflege, Baum	St	65	90	**97**	111	135
			55	76	**82**	93	113
54	Strauch einschlagen	St	4	6	**6**	7	9
			3	5	**5**	6	8
55	Hochstamm einschlagen	St	19	22	**23**	28	29
			16	19	**19**	23	24
56	Heckenpflanzen nach Einschlag pflanzen	St	6	8	**9**	9	12
			5	7	**7**	8	10
57	Strauchpflanzen nach Einschlag pflanzen	St	4	9	**10**	12	14
			4	8	**8**	10	12
58	Solitär/Hochstamm nach Einschlag pflanzen	St	30	39	**41**	45	53
			26	33	**35**	37	44
59	Bodendecker und Stauden nach Einschlag pflanzen	m²	6	7	**7**	9	9
			5	6	**6**	7	8
60	Fertigstellungspflege, Sträucher	St	65	76	**82**	89	104
			54	64	**69**	75	87
61	Pflanzflächen wässern, Wasser liefern	m²	2	4	**4**	5	7
			2	3	**4**	5	6
62	Pflanzenverankerung, Pfahl-Zweibock	St	55	70	**77**	88	110
			46	59	**65**	74	93
63	Pflanzenverankerung, Pfahl-Dreibock	St	78	107	**121**	142	191
			65	90	**102**	120	160
64	Bewässerungssack Neupflanzungen, 60l	St	17	22	**24**	28	29
			14	19	**20**	24	24
65	Bewässerungssack Neupflanzungen, 100l	St	–	34	**36**	42	–
			–	28	**30**	36	–
66	Baumbelüftungs- und Entwässerungs-Set	St	7	10	**10**	12	12
			6	8	**9**	10	10
67	Abdeckelement für Baumbelüftungs- und Entwässerungs-Set	St	52	70	**77**	87	93
			44	59	**65**	73	78
68	Zaun, Viereck-Drahtgeflecht, 0,80m	m	32	45	**47**	53	61
			27	38	**39**	45	52
69	Zaun, Viereck-Drahtgeflecht, 1,25m	m	60	68	**71**	75	87
			50	57	**60**	63	73
70	Zaun, Viereck-Drahtgeflecht, 1,80m	m	69	88	**93**	105	124
			58	74	**78**	88	104
71	Zaun, Viereck-Drahtgeflecht, 2,00m	m	74	118	**128**	140	166
			62	99	**107**	117	139
72	Stabgitterzaun, 0,80m	m	74	87	**111**	127	143
			62	73	**94**	107	120

▶ min
▷ von
ø Mittel
◁ bis
◀ max

Nr.	Positionen	Einheit	▶	▷	**ø brutto €** / ø netto €	◁	◀
73	Stabgitterzaun, 1,40m	m	79	103	**113**	129	160
			66	87	**95**	108	135
74	Stabgitterzaun, 1,80m	m	116	137	**151**	167	188
			97	115	**127**	140	158
75	Holzzaun, Senkrechtzaun, 1,0m	m	225	300	**310**	341	417
			189	252	**261**	287	351
76	Holzzaun, Staketenzaun	m	95	122	**131**	150	191
			80	102	**110**	126	161
77	Holzzauntüre, Senkrechtzaun	St	341	466	**545**	606	711
			286	392	**458**	510	597
78	Drehflügeltor, einflüglig, lichte Weite 1,1m, H 1,2m	St	1.317	1.661	**1.728**	1.776	1.995
			1.107	1.396	**1.452**	1.492	1.677
79	Drehflügeltor, zweiflüglig, lichte Weite 2,5m, H 1,2m	St	2.852	3.590	**3.636**	3.699	4.204
			2.396	3.017	**3.055**	3.108	3.533
80	Zaunpfosten, Stahlrohr	St	56	84	**99**	113	137
			47	70	**83**	95	115
81	Poller, Beton	St	674	698	**713**	736	766
			567	587	**599**	618	643
82	Poller, Stahl, beschichtet	St	443	554	**608**	634	789
			372	466	**511**	532	663
83	Spielgerät, Einfachschaukel	St	2.718	3.862	**4.482**	4.993	6.322
			2.284	3.246	**3.767**	4.196	5.313
84	Spielgerät, Federwipptier	St	1.737	2.007	**2.149**	2.301	2.597
			1.459	1.686	**1.806**	1.934	2.182
85	Fassadenrinne, DN100	m	206	243	**260**	282	336
			173	204	**218**	237	282
86	Entwässerungsrinne, Polymerbeton	St	404	501	**552**	603	740
			339	421	**464**	507	622
87	Entwässerungsrinne, Kl. A, Beton/Gussabdeckung	m	146	205	**221**	245	304
			122	172	**185**	206	256
88	Entwässerungsrinne, Kl. B, Beton/Gussabdeckung	m	159	196	**215**	230	297
			134	165	**181**	194	249
89	Entwässerungsrinne, Klasse A, DN100	m	208	258	**278**	322	344
			175	217	**233**	271	289
90	Abdeckung, Entwässerungsrinne, Guss, Bodenindikator	St	157	185	**205**	220	244
			132	155	**172**	184	205
91	Ablaufkasten, Klasse A, DN100	St	374	455	**479**	570	603
			314	382	**402**	479	507
92	Dachfläche reinigen	m²	2	2	**3**	3	4
			1	2	**2**	3	3
93	Durchwurzelungsschutzschicht, PVC-P 0,8mm	m²	25	32	**34**	40	50
			21	27	**28**	34	42
94	Dachbegrünung, Trenn-, Schutz- u. Speichervlies, 500	m²	4	7	**9**	10	12
			4	6	**7**	8	10
95	Dachbegrünung, Dränschicht, Schüttstoff, Lava, 5cm	m²	5	5	**7**	9	9
			4	5	**6**	7	8
96	Dachbegrünung, Dränschicht, Schüttstoff, Blähschiefer, 5cm	m²	14	17	**20**	21	25
			12	14	**16**	18	21

Nr.	Positionen	Einheit	►	▷	ø brutto € / ø netto €	◁	◄
97	Dränageelement, PE-Platte, 40mm, Dachbegrünung	m²	25	27	**28**	29	30
			21	23	**23**	24	25
98	Retentionselement, Dachbegrünung, 40mm	m²	18	22	**24**	25	31
			15	19	**20**	21	26
99	Retentionselement, Dachbegrünung, 60mm	m²	27	31	**33**	34	38
			23	26	**28**	28	32
100	Filtermatte, Dachbegrünung	m²	2	3	**3**	4	5
			2	3	**3**	3	4
101	Kontrollschacht, extensive Dachbegrünung, Höhe bis 20cm	St	112	132	**141**	175	226
			94	111	**118**	147	190
102	Sicherheitsstreifen, Kies, Dachbegrünung	m²	17	27	**29**	37	51
			15	23	**25**	31	43
103	Kiesfangleiste, L-Profil, Dachbegrünung	m	27	32	**34**	37	46
			23	27	**29**	31	39
104	Einschichtsubstrat, extensive Dachbegrünung	m²	26	31	**34**	37	44
			22	26	**28**	31	37
105	Mehrschichtsubstrat, extensive Dachbegrünung	m²	34	39	**41**	43	48
			29	33	**34**	36	40
106	Trockenansaat, extensive Dachbegrünung, Saatgutmischung	m²	4	5	**5**	5	6
			3	4	**4**	4	5
107	Rankhilfe, Fassadenbegrünung, Edelstahlseil	St	387	423	**433**	465	502
			325	356	**364**	391	422
108	Stundensatz, Facharbeiter/-in	h	89	100	**103**	106	116
			75	84	**87**	89	97
109	Stundensatz, Helfer/-in	h	66	76	**81**	89	103
			56	64	**68**	74	87

Kosten:
Stand 2. Quartal 2026
Bundesdurchschnitt

Nr. **Kurztext** / Langtext — Kostengruppe
► ▷ **ø netto €** ◁ ◄ [Einheit] Ausf.-Dauer Positionsnummer

1 Baugelände abräumen KG **214**

Baugelände abräumen, von Steinen, Mauerresten, Zäunen, Schutt und Unrat, von Aufwuchs, einschl. Wurzelwerk, mit Stämmen Stammdurchmesser bis 10cm, Bewuchshöhe über 50 bis 100cm, anfallende Stoffe trennen und laden, fördern und lagern.

8€ 10€ **11€** 12€ 14€ [m²] ⏱ 0,05h/m² 303.000.217

2 Bauzaun aufstellen KG **591**

Bauzaun als Schutzzaun aufstellen, vorhalten und beseitigen.
Zaunhöhe: 2,00m
Material: Baustahlgewebe
Vorhaltedauer: ..... Wochen

11€ 14€ **16€** 18€ 24€ [m] ⏱ 0,18h/m 303.000.219

► min
▷ von
ø Mittel
◁ bis
◄ max

Nr.	Kurztext / Langtext						Kostengruppe
▶	▷	**ø netto €**	◁	◀	[Einheit]	Ausf.-Dauer	Positionsnummer

3 Baum herausnehmen, einschlagen KG **573**

Baum herausnehmen, mit Ballen, transportieren und bis zur Wiedereinpflanzung einschlagen.
Stammumfang: über 18 bis 20 cm
Kronenbreite: bis 200 cm
Förderweg: ..... m

141€	185€	**185€**	204€	240€	[St]	⏱ 2,55 h/St	303.000.206

4 Strauch herausnehmen, einschlagen, 50-100cm KG **573**

Strauch herausnehmen, mit Ballen, transportieren und bis zur Wiedereinpflanzung einschlagen.
Bewuchshöhe: über 50 bis 100 cm
Förderweg: ..... m

16€	20€	**23€**	24€	29€	[St]	⏱ 0,30 h/St	303.000.267

5 Strauch herausnehmen, einschlagen, 100-150cm KG **573**

Strauch herausnehmen, mit Ballen, transportieren und bis zur Wiedereinpflanzung einschlagen.
Bewuchshöhe: über 100 bis 150 cm
Förderweg: ..... m

37€	46€	**50€**	54€	66€	[St]	⏱ 0,60 h/St	303.000.208

6 Maschendrahtzaun, bis 1,5m, abbrechen, entsorgen KG **594**

Maschendrahtzaun einschl. Stahlpfosten abbrechen, laden, abfahren, entsorgen. Leistung inkl. Führen des Entsorgungsnachweises.
Material: Maschendrahtzaun, kunststoffummantelt, inkl. Stahlpfosten
Zaunhöhe: bis 1,50 m
Zaunlänge: ..... m

8€	10€	**11€**	12€	15€	[m]	⏱ 0,25 h/m	303.000.192

7 Maschendrahtzaun, bis 2,5m, abbrechen, entsorgen KG **594**

Maschendrahtzaun inkl. Stahlpfosten abbrechen, laden, abfahren, entsorgen. Leistung inkl. Führen des Entsorgungsnachweises.
Material: Maschendrahtzaun, kunststoffummantelt, inkl. Stahlpfosten
Zaunhöhe: bis 2,50 m

10€	13€	**15€**	16€	24€	[m]	⏱ 0,27 h/m	303.000.277

8 Metallzaun abbrechen, entsorgen KG **594**

Zaun einschl. Stahlpfosten aufnehmen, laden, abfahren, entsorgen. Leistung inkl. Führen des Entsorgungsnachweises.
Zuordnung Abfall: nicht gefährlich, nicht schadstoffbelastet, Zuordnung RC 1 (nach EBV)
Material: Stahl
Zaunhöhe: ..... m
Zaunlänge: ..... m
Maschineneinsatz: **ja / nein**

11€	17€	**20€**	21€	25€	[m]	⏱ 0,15 h/m	303.000.218

9 Stahlgitterzaun, 1,5 abbrechen, entsorgen KG **594**

Stahlgitterzaun abbauen und entsorgen, inkl. Stahlpfosten und Betonfundamente. Leistung inkl. Führen des Entsorgungsnachweises.
Zaunhöhe: bis 1,50 m

17€	26€	**28€**	32€	41€	[m]	⏱ 0,70 h/m	303.000.278

Kosten:
Stand 2. Quartal 2026
Bundesdurchschnitt

Nr.	**Kurztext** / Langtext						Kostengruppe
▶	▷	**ø netto €**	◁	◀	[Einheit]	Ausf.-Dauer	Positionsnummer

10 Holzzaun abbrechen, entsorgen KG **594**

Holzzaun, aus senkrechten Brettern, Pfosten und zwei Querholmen, abbrechen und entsorgen inkl. Fundamente.
Zaunhöhe: bis 1,20m

11€	14€	**15€**	16€	18€	[m]	⏱ 0,25h/m	303.000.281

11 Rutsche ausbauen, entsorgen KG **594**

Kinderrutsche mit Leiter, Stützen, Verankerungen inkl. Fundamente abbauen Stoffe aufnehmen, laden, abfahren und entsorgen.
Zuordnung Abfall: nicht gefährlich, nicht schadstoffbelastet, Zuordnung RC 1 (nach EBV)
Material: **Blech / Kunststoff**
Höhe: bis 2,00m

197€	263€	**274€**	326€	340€	[St]	⏱ 2,30h/St	303.000.264

12 Klettergerüst ausbauen, entsorgen KG **594**

Klettergerüst, gerade, aus Stahlrohr mit Leiter, Stützen, Verankerungen sowie Fundamenten abbauen. Stoffe aufnehmen, laden, abfahren und entsorgen.
Zuordnung Abfall: nicht gefährlich, nicht schadstoffbelastet, Zuordnung RC 1 (nach EBV)
Höhe: bis 2,00m

103€	132€	**139€**	171€	174€	[St]	⏱ 1,20h/St	303.000.268

13 Schaukel ausbauen, entsorgen KG **594**

Schaukel mit Verankerungen sowie Fundamenten abbauen, aufnehmen, laden, abfahren und entsorgen.
Zuordnung Abfall: nicht gefährlich, nicht schadstoffbelastet, Zuordnung RC 1 (nach EBV)
Material: **Stahl / Holz**
Höhe: bis 2,50m

66€	128€	**169€**	183€	219€	[St]	⏱ 1,20h/St	303.000.265

14 Sandkasten abbauen, Betonsteineinfassung KG **594**

Sandkasten inkl. Einfassung, Sand und evtl. Abdeckung abbrechen, aufnehmen, laden, abfahren und entsorgen.
Einfassung: Betonstein
Zuordnung Abfall: nicht gefährlich, nicht schadstoffbelastet, Zuordnung RC 1 (nach EBV)
Die Deponiegebühr wird auf Nachweis vergütet.

62€	72€	**78€**	86€	97€	[m³]	⏱ 1,40h/m³	303.000.273

15 Baumschutz, Brettermantel, bis 50cm KG **211**

Stammschutz durch Ummantelung gegen den Baum, herstellen.
Stammdurchmesser: bis 50cm
Material: Brettermantel inkl. Polsterung
Höhe: mind. 2,00m

68€	75€	**79€**	82€	90€	[St]	⏱ 1,00h/St	303.000.256

16 Baumschutz, Brettermantel, über 50 bis 100cm KG **211**

Stammschutz durch Ummantelung gegen den Baum, herstellen.
Stammdurchmesser: über 50 bis 100cm
Material: Brettermantel inkl. Polsterung
Höhe: mind. 2,00m

89€	110€	**120€**	130€	159€	[St]	⏱ 0,92h/St	303.000.193

▶ min
▷ von
ø Mittel
◁ bis
◀ max

Nr.	Kurztext / Langtext						Kostengruppe
▶	▷	**ø netto €**	◁	◀	[Einheit]	Ausf.-Dauer	Positionsnummer

17 Wurzelbereichsschutz, Baum KG **397**

Schutz des Wurzelbereiches von Bäumen vor Druckschäden, bei befristeter Belastung durch Baumaschinen, Baustelleneinrichtungen und Materiallager. Vollflächig mit Vlies und Natursand abdecken, Auflage von untereinander fest verbundenen Bohlen.
Abdeckung: Dicke 25 cm
Natursand: 0/2
Bohlen: Dicke 40 mm

▶	▷	ø netto €	◁	◀	[Einheit]	Ausf.-Dauer	Positionsnummer
–	75€	**79€**	98€	–	[m²]	⏱ 0,60 h/m²	303.000.215

18 Dränleitung DN100, ausbauen, entsorgen KG **594**

Dränleitung aus Kunststoff, außer Betrieb, aufnehmen, laden abfahren und entsorgen.
Zuordnung Abfall: Z 0 nicht belastet
Kunststoff: PVC-U
Nennweite: DN100
Tiefe: bis 1,50 m

▶	▷	ø netto €	◁	◀	[Einheit]	Ausf.-Dauer	Positionsnummer
12€	13€	**18€**	21€	23€	[m]	⏱ 0,15 h/m	303.000.275

19 Dränleitung DN100, ausbauen, seitlich lagern KG **594**

Dränleitung aus Kunststoff, außer Betrieb, ausbauen, säubern und seitlich lagern.
Kunststoff: PVC-U
Nennweite: DN100
Tiefe: bis 1,50 m
Förderweg: bis .....

▶	▷	ø netto €	◁	◀	[Einheit]	Ausf.-Dauer	Positionsnummer
–	14€	**16€**	19€	–	[m]	⏱ 0,20 h/m	303.000.276

20 Baum fällen, StD bis 15cm, entsorgen KG **214**

Baum fällen inkl. Wurzelwerk roden und entsorgen. Stammdurchmesser gemessen 1,00 m über Gelände.
Standortbedingung: .....
Baumart: .....
StD: bis 15 cm
Baumhöhe: ..... m
Baum: **frei fallend / stückweise abnehmen**
Maschineneinsatz: **ja / nein**

▶	▷	ø netto €	◁	◀	[Einheit]	Ausf.-Dauer	Positionsnummer
67€	87€	**97€**	105€	126€	[St]	⏱ 1,60 h/St	303.000.220

21 Baum fällen, StD bis 30cm, entsorgen KG **214**

Baum fällen inkl. Wurzelwerk roden und entsorgen. Stammdurchmesser gemessen 1,00 m über Gelände.
Standortbedingung: .....
Baumart: .....
StD: bis 30 cm
Baumhöhe: ..... m
Baum: **frei fallend / stückweise abnehmen**
Maschineneinsatz: **ja / nein**

▶	▷	ø netto €	◁	◀	[Einheit]	Ausf.-Dauer	Positionsnummer
148€	186€	**202€**	224€	270€	[St]	⏱ 2,50 h/St	303.000.221

Nr.	Kurztext / Langtext						Kostengruppe
▶	▷	ø netto €	◁	◀	[Einheit]	Ausf.-Dauer	Positionsnummer

22 Baum fällen, StD bis 50cm, entsorgen KG **214**

Baum fällen inkl. Wurzelwerk roden und entsorgen. Stammdurchmesser gemessen 1,00m über Gelände.
Standortbedingung: .....
Baumart: .....
StD: bis 50cm
Baumhöhe: .....m
Baum: **frei fallend / stückweise abnehmen**
Maschineneinsatz: **ja / nein**

151€	198€	**218€**	259€	340€	[St]	⏱ 3,20h/St	303.000.222

23 Baum fällen StD über 50 bis 100cm entsorgen KG **214**

Baum fällen inkl. Wurzelwerk roden und entsorgen. Stammdurchmesser gemessen 1,00m über Gelände.
Standortbedingung: .....
Baumart: .....
StD: über 50bis 100cm
Baumhöhe: .....m
Baum: **frei fallend / stückweise abnehmen**
Maschineneinsatz: **ja / nein**

216€	299€	**333€**	414€	550€	[St]	⏱ 3,80h/St	303.000.223

24 Baugelände roden KG **214**

Baugelände roden von Büschen, Hecken und Bäumen. Stammdurchmesser gemessen 1,00m über Gelände.
StD: bis 10cm

13€	17€	**18€**	19€	22€	[m²]	⏱ 0,30h/m²	303.000.224

25 Baum roden, Durchmesser 25-35cm, entsorgen KG **214**

Baum fällen inkl. Wurzelstock fräsen und entsorgen. Stammdurchmesser gemessen 1,00m über Gelände.
Standortbedingung: .....
Baumart: .....
Stammdurchmesser: 25-35cm
Baumhöhe: .....m
Baum: **frei fallend / stückweise abnehmen**
Maschineneinsatz: **ja / nein**

170€	223€	**232€**	281€	295€	[St]	⏱ 2,55h/St	303.000.269

26 Gerodete Fläche planieren KG **397**

Gerodete Fläche planieren, inkl. verfüllen der Stubbenlöcher mit vorhandenem Boden mit einer Bodengruppe.
Bodengruppe: .....
Stubbenlöcher: Tiefe bis 0,50m

3€	4€	**5€**	6€	6€	[m²]	⏱ 0,04h/m²	303.000.216

Kosten:
Stand 2.Quartal 2026
Bundesdurchschnitt

▶ min
▷ von
ø Mittel
◁ bis
◀ max

Nr.	Kurztext / Langtext						Kostengruppe
▶	▷	**ø netto €**	◁	◀	[Einheit]	Ausf.-Dauer	Positionsnummer

27 Grasnarbe abschälen KG **214**

Grasnarbe abtragen, auf Miete setzen, alle anfallenden Stoffe sind zu entsorgen.
Abrechnung in der Abwicklung.
Schichtdicke: bis 5cm
Bodengruppe: .....
Maschineneinsatz: **ja / nein**

3€	4€	**4€**	5€	6€	[m²]	⏱ 0,04h/m²	303.000.279

28 Aufwuchs entfernen KG **214**

Aufwuchs, Gräser und Kräuter mähen und Schnittgut entsorgen.
Wuchshöhe: bis 70cm

2€	4€	**4€**	5€	7€	[m²]	⏱ 0,02h/m²	303.000.227

29 Oberboden abtragen, entsorgen KG **511**

Oberboden inkl. Vegetationsdecke, abtragen, laden und entsorgen.
Dicke: bis 30cm

20€	27€	**31€**	33€	38€	[m³]	⏱ 0,15h/m³	303.000.228

30 Oberboden lösen, lagern KG **511**

Oberboden, profilgerecht abtragen, laden, fördern und auf Miete setze, eine Bodengruppe.
Bodengruppe: .....
Abtragsdicke: bis 10cm
Mengenermittlung nach Aufmaß an der Entnahmestelle.

12€	16€	**18€**	21€	27€	[m³]	⏱ 0,10h/m³	303.000.229

31 Oberboden liefern, einbauen, bis 30cm KG **571**

Oberboden, liefern, profilgerecht auftragen, eine Bodengruppe.
Bodengruppe DIN 18915: .....
Bodengruppe DIN 18196: .....
Auftragsdicke: über 20 bis 30cm

42€	46€	**48€**	51€	59€	[m³]	⏱ 0,18h/m³	303.000.230

32 Oberboden auftragen, lagernd KG **571**

Oberboden, zwischengelagert, laden, fördern, profilgerecht auftragen Bodengruppe.
Auftragsdicke: .....
Förderweg: bis 0,5km

11€	15€	**18€**	19€	22€	[m³]	⏱ 0,10h/m³	303.000.231

33 Füllboden liefern, einbauen KG **311**

Erdwälle mit zu lieferndem Füllboden herstellen. Material verdichtungsfähig, unbelastet und für Bepflanzung geeignet. Grobplanie und Gefällemodellierung.
Böschungen: bis 60°
Böschungshöhe: bis 3,00m

26€	32€	**37€**	40€	42€	[m³]	⏱ 0,12h/m³	303.000.257

Nr.	Kurztext / Langtext						Kostengruppe
▶	▷	ø netto €	◁	◀	[Einheit]	Ausf.-Dauer	Positionsnummer

34 Fundamentaushub, bis 1,25m, lagern, GK1 KG **322**

Aushub Einzel- und Streifenfundament, Boden maschinell lösen, laden, fördern und auf Baustelle lagern, für Wiedereinbau; Fundamentsohle durch Handschachtung planieren.
Gesamtbreite: .....m
Gesamtlänge: .....m
Gesamtabtragstiefe: bis 1,25m
Förderweg: .....m
Baumaßnahmen der Geotechnischen Kategorie 1 DIN 4020
Homogenbereich: 1
Homogenbereich 1 oben: .....m
Homogenbereich 1 unten: .....m
Anzahl der Bodengruppen: .....St
Bodengruppen DIN 18196: .....
Massenanteile der Steine DIN EN ISO 14688-1: über .....% bis .....%
Massenanteile der Blöcke DIN EN ISO 14688-1: über .....% bis .....%
Konsistenz DIN EN ISO 14688-1: .....
Lagerungsdichte: .....
Homogenbereiche lt.: .....
Mengenermittlung nach Aufmaß an der Entnahmestelle.

39€	47€	**52€**	57€	68€	[m^3]	⏱ 0,42h/m^3	303.000.258

Kosten:
Stand 2. Quartal 2026
Bundesdurchschnitt

35 Fundamentaushub, bis 1,25m, entsorgen, GK1 KG **322**

Aushub Einzel- und Streifenfundament, lösen, fördern, laden, Aushub mit Lkw des AN zur Verwertungsanlage abfahren.
Gesamtbreite: .....m
Gesamtlänge: .....m
Gesamtabtragstiefe: bis 1,25m
Förderweg: .....m
Baumaßnahmen der Geotechnischen Kategorie 1 DIN 4020
Homogenbereich: 1
Homogenbereich 1 oben: .....m
Homogenbereich 1 unten: .....m
Anzahl der Bodengruppen: .....St
Bodengruppen DIN 18196: .....
Massenanteile der Steine DIN EN ISO 14688-1: über .....% bis .....%
Massenanteile der Blöcke DIN EN ISO 14688-1: über .....% bis .....%
Konsistenz DIN EN ISO 14688-1: .....
Lagerungsdichte: .....
Homogenbereiche lt.: .....
Abrechnung: **nach Verdrängung / auf Nachweisrapport / Wiegescheine der Deponie**

41€	47€	**53€**	66€	76€	[m^3]	⏱ 0,40h/m^3	303.000.259

▶ min
▷ von
ø Mittel
◁ bis
◀ max

36 Feinplanum, Rasenfläche KG **574**

Feinplanum für Rasenfläche. Steine, Unrat ab 3cm und schwer verrottbare Pflanzenteile ablesen, Unkraut ausgraben. Anfallende Stoffe sind zu entsorgen.
Abweichung der Ebenheit: +/-3cm

2€	3€	**3€**	4€	5€	[m^2]	⏱ 0,03h/m^2	303.000.232

Nr.	Kurztext / Langtext						Kostengruppe
▶	▷	**ø netto €**	◁	◀	[Einheit]	Ausf.-Dauer	Positionsnummer

37 Rasenansaat KG **574**

Rasenansaat mit Regel-Saatgutmischung in zwei Arbeitsgängen.
RSM-Mischung: RSM Rasen 2.3 Gebrauchsrasen - Spielrasen
Saatgutmenge: 25 g/m²

1€	2€	**2€**	3€	4€	[m²]	⏱ 0,01 h/m²	303.000.234

38 Fertigrasen als Rollrasen liefern, einbauen KG **574**

Fertigrasen als Rollrasen mit Regel-Saatgutmischung.
RSM-Mischung: .....
Dicke: ..... cm
Bodengruppe: .....

12€	15€	**17€**	19€	25€	[m²]	⏱ 0,28 h/m²	303.000.271

39 Rasenfläche ausbessern KG **595**

Rasenfläche ausbessern. Untergrund an Fehlstellen lockern, mit Rasensaat neu ansäen.
Saatgutmenge: ..... g/m²

34€	48€	**50€**	60€	64€	[m²]	⏱ 0,07 h/m²	303.000.205

40 Rasenfläche düngen KG **574**

Düngung der Rasenfläche mit langsam wirkendem Rasendünger nach dem ersten Schnitt.
Menge: 5 g/m²

1,0€	1,4€	**1,7€**	1,8€	2,7€	[m²]	⏱ 0,02 h/m²	303.000.272

41 Fertigstellungspflege, Rasenflächen KG **574**

Fertigstellungspflege für Rasenflächen in mind. 5 Mähgängen, inkl. Entsorgung des Schnittguts. Die Schnitte müssen bei einer Wuchshöhe von 6-10 cm durchgeführt werden. Der Schnittzeitpunkt ist mit der Bauleitung abzustimmen.

2€	3€	**3€**	3€	4€	[m²]	⏱ 0,01 h/m²	303.000.274

42 Feinplanum, Pflanzfläche KG **573**

Feinplanum für Pflanzfläche herstellen. Steine, Unrat ab Durchmesser 3 cm und schwerverrottbare Pflanzenteile ablesen, Unkraut ausgraben. Anfallende Stoffe sind zu entsorgen.
Abweichung der Ebenheit: +/-3 cm

1€	2€	**3€**	3€	4€	[m²]	⏱ 0,03 h/m²	303.000.235

43 Pflanzgrube für Kleingehölz 20x20x20 KG **571**

Pflanzgrube für Kleingehölz ausheben und verdrängten Boden zu Gießrändern aufhäufeln oder seitlich einplanieren. Grubensohle bis zur Pflanzung sauber halten.
Grubensohle lockern: Tiefe bis 10 cm
Größe: 20 x 20 x 20 cm
Bodengruppe: .....

6€	7€	**7€**	8€	9€	[St]	⏱ 0,20 h/St	303.000.194

Kosten:
Stand 2. Quartal 2026
Bundesdurchschnitt

▶ min
▷ von
ø Mittel
◁ bis
◀ max

Nr.	Kurztext / Langtext						Kostengruppe
▶	▷	ø netto €	◁	◀	[Einheit]	Ausf.-Dauer	Positionsnummer

A 1 Pflanzgrube ausheben — Beschreibung für Pos. **44-47**

Pflanzgrube für Solitärgehölz ausheben, Aushub seitlich planieren.

44 Pflanzgrube ausheben, bis 80x80x80 — KG **571**

Wie Ausführungsbeschreibung A 1
Größe: 80 x 80 x 80cm
Sohle: 20cm tief lockern
Bodengruppe DIN 18915: .....

▶	▷	ø	◁	◀	Einheit	Ausf.-Dauer	Positionsnummer
27€	38€	**39€**	46€	62€	[St]	⏱ 0,28h/St	303.000.236

45 Pflanzgrube ausheben, bis 100x100x80 — KG **571**

Wie Ausführungsbeschreibung A 1
Größe: 100 x 100 x 80cm
Sohle: 20cm tief lockern
Bodengruppe DIN 18915: .....

▶	▷	ø	◁	◀	Einheit	Ausf.-Dauer	Positionsnummer
31€	43€	**48€**	54€	69€	[St]	⏱ 0,32h/St	303.000.237

46 Pflanzgrube ausheben, bis 150x150x80 — KG **571**

Wie Ausführungsbeschreibung A 1
Größe: 150 x 150 x 80cm
Sohle: 20cm tief lockern
Bodengruppe DIN 18915: .....

▶	▷	ø	◁	◀	Einheit	Ausf.-Dauer	Positionsnummer
46€	68€	**79€**	92€	129€	[St]	⏱ 0,50h/St	303.000.238

47 Pflanzgrube ausheben, bis 200x200x100 — KG **571**

Wie Ausführungsbeschreibung A 1
Größe: 200 x 200 x 100cm
Sohle: 20cm tief lockern
Bodengruppe DIN 18915: .....

▶	▷	ø	◁	◀	Einheit	Ausf.-Dauer	Positionsnummer
71€	89€	**99€**	109€	137€	[St]	⏱ 0,80h/St	303.000.239

48 Pflanzgrube verfüllen, Baumsubstrat — KG **573**

Pflanzgrube der Bäume mit Baumsubstrat verfüllen.
Substrat: Humus-Basis Mischung
Körnung: 0/16
Schichtdicke: 30cm

▶	▷	ø	◁	◀	Einheit	Ausf.-Dauer	Positionsnummer
64€	80€	**82€**	89€	98€	[St]	⏱ 0,07h/St	303.000.241

49 Vegetationsflächen lockern, fräsen — KG **571**

Vegetationsflächen kreuzweise lockern durch Fräsen. Steine, Unrat ab Durchmesser 5cm, schwer verrottbare Pflanzenteile ablesen und Unkraut ausgraben. Anfallende Stoffe sind zu entsorgen.
Tiefe: bis 15cm
Bodengruppe: .....

▶	▷	ø	◁	◀	Einheit	Ausf.-Dauer	Positionsnummer
0,8€	1,4€	**1,6€**	2,0€	3,0€	[m²]	⏱ 0,01h/m²	303.000.195

Nr.	Kurztext / Langtext						Kostengruppe
▶	▷	**ø netto €**	◁	◀	[Einheit]	Ausf.-Dauer	Positionsnummer

50 Bodenverbesserung, Rindenhumus KG **571**

Bodenverbesserung der Vegetationsfläche mit Rindenhumus. Material gleichmäßig aufbringen und einarbeiten.
Material: .....
Dicke: 5cm

3€	3€	**3€**	4€	4€	[m²]	⏱ 0,05h/m²	303.000.196

51 Hochstamm/Solitär, liefern/pflanzen, StU bis 12cm KG **573**

Hochstamm in Solitärqualität mit Drahtballen liefern und pflanzen, einschl. Ausheben und Wiederverfüllen der Pflanzgrube sowie Herstellen der Baumscheibe mit Gießrand. Der überschüssige Boden ist im Baustellenbereich einzubauen.
Gehölzart: .....
Stammumfang: bis 12cm
Pflanzgrube: doppelte Ballengröße
Bodengruppe: .....

87€	102€	**109€**	123€	168€	[St]	⏱ 1,60h/St	303.000.242

52 Hochstamm/Solitär, liefern/pflanzen, StU 12-16cm KG **573**

Hochstamm in Solitärqualität mit Drahtballen liefern und pflanzen, einschl. Ausheben und Wiederverfüllen der Pflanzgrube sowie Herstellen der Baumscheibe mit Gießrand. Der überschüssige Boden ist im Baustellenbereich einzubauen.
Gehölzart: .....
Stammumfang: 12 bis 16cm
Bodengruppe: .....

131€	164€	**194€**	242€	322€	[St]	⏱ 1,90h/St	303.000.243

53 Fertigstellungspflege, Baum KG **573**

Fertigstellungspflege gem. DIN 18916 der Hochstamm, Solitär:

- Wässern mit ausreichend Wasser mindestens 100l/St
- Pflanzfläche, Pflanzscheiben lockern hierbei sind die Besonderheiten des Bewuchs zu beachten
- unerwünschter Aufwuchs ist abzutrennen und zu entfernen
- Steine Durchmesser größer 5cm und Unrat aus gelockerten Flächen sind abzulesen
- Verankerungen sind zu überprüfen und gegebenenfalls nachzubessern
- trockene oder beschädigte Pflanzenteile abschneiden und entfernen
- Pflanzenschnitt entsprechend den Besonderheiten der betreffenden Pflanzenart durchführen
- Wunden an Gehölze behandeln

Die Leistung umfasst 5 Arbeitsgänge im Jahr, Fertigstellungspflege für 1 Jahr nach erfolgter Pflanzung.
Zusätzlich erforderlich werdende Pflegegänge werden auf Nachweis vergütet.

55€	76€	**82€**	93€	113€	[St]	⏱ 0,95h/St	303.000.244

54 Strauch einschlagen KG **573**

Strauchpflanze liefern und auf der Baustelle gem. Angaben des AG bis zur Verwendung einschlagen. Lieferung wird gesondert vergütet.
Bodengruppe: .....

3€	5€	**5€**	6€	8€	[St]	⏱ 0,30h/St	303.000.209

Nr.	Kurztext / Langtext						Kostengruppe
▶	▷	ø netto €	◁	◀	[Einheit]	Ausf.-Dauer	Positionsnummer

55 Hochstamm einschlagen KG **573**

Hochstamm liefern und auf der Baustelle gem. Angaben des AG bis zur Verwendung einschlagen. Lieferung wird gesondert vergütet.
Bodengruppe: .....

▶	▷	ø	◁	◀	Einheit	Ausf.-Dauer	Positionsnummer
16€	19€	**19€**	23€	24€	[St]	⏱ 1,15h/St	303.000.210

56 Heckenpflanzen nach Einschlag pflanzen KG **573**

Heckenpflanzen bauseits lagernd, aus Einschlagort entnehmen und gem. Pflanzplan in vorbereiteten Pflanzgraben pflanzen. Die Pflanzgrube ist mit seitlich lagerndem Boden zu verfüllen. Ein Gießrand ist herzustellen. Anwässern nach Bedarf.
Gehölzart: .....

▶	▷	ø	◁	◀	Einheit	Ausf.-Dauer	Positionsnummer
5€	7€	**7€**	8€	10€	[St]	⏱ 0,10h/St	303.000.211

Kosten:
Stand 2. Quartal 2026
Bundesdurchschnitt

57 Strauchpflanzen nach Einschlag pflanzen KG **573**

Strauchpflanzen bauseits lagernd, aus Einschlagort entnehmen und gem. Pflanzplan in vorbereitete Pflanzgrube pflanzen. Die Pflanzgrube ist mit seitlich lagerndem Boden zu verfüllen. Ein Gießrand ist herzustellen. Anwässern nach Bedarf.
Gehölzart: .....

▶	▷	ø	◁	◀	Einheit	Ausf.-Dauer	Positionsnummer
4€	8€	**8€**	10€	12€	[St]	⏱ 1,00h/St	303.000.212

58 Solitär/Hochstamm nach Einschlag pflanzen KG **573**

Solitär/Hochstamm bauseits lagernd, aus Einschlagort entnehmen und gem. Pflanzplan in vorbereitete Pflanzgrube pflanzen. Die Pflanzgrube ist mit seitlich lagerndem Boden zu verfüllen. Ein Gießrand ist herzustellen. Anwässern nach Bedarf.
Gehölzart:

▶	▷	ø	◁	◀	Einheit	Ausf.-Dauer	Positionsnummer
26€	33€	**35€**	37€	44€	[St]	⏱ 1,10h/St	303.000.213

59 Bodendecker und Stauden nach Einschlag pflanzen KG **573**

Bodendecker und Stauden bauseits lagernd, aus Einschlagort entnehmen und gem. Pflanzplan in vorbereitete Pflanzgrube pflanzen. Die Pflanzgrube ist mit seitlich lagerndem Boden zu verfüllen. Ein Gießrand ist herzustellen. Anwässern nach Bedarf.
Gehölzart:

▶	▷	ø	◁	◀	Einheit	Ausf.-Dauer	Positionsnummer
5€	6€	**6€**	7€	8€	[m^2]	⏱ 0,30h/m^2	303.000.214

60 Fertigstellungspflege, Sträucher KG **573**

Fertigstellungspflege gem. DIN 18916 der Sträucher:
- Pflanzfläche Wässern
- Pflanzfläche, lockern hierbei sind die Besonderheiten des Bewuchs zu beachten
- unerwünschter Aufwuchs ist abzutrennen und zu entfernen
- Steine Durchmesser größer 5cm und Unrat aus gelockerten Flächen sind abzulesen
- Verankerungen sind zu überprüfen und gegebenenfalls nachzubessern
- trockene oder beschädigte Pflanzenteile abschneiden und entfernen
- Pflanzenschnitt entsprechend den Besonderheiten der betreffenden Pflanzenart durchführen
- Wunden an Gehölze behandeln

Die Leistung umfasst 5 Arbeitsgänge im Jahr, Fertigstellungspflege für 1 Jahr nach erfolgter Pflanzung.
Zusätzlich erforderlich werdende Pflegegänge werden auf Nachweis vergütet.

▶	▷	ø	◁	◀	Einheit	Ausf.-Dauer	Positionsnummer
54€	64€	**69€**	75€	87€	[St]	⏱ 1,20h/St	303.000.245

▶ min
▷ von
ø Mittel
◁ bis
◀ max

Nr.	Kurztext / Langtext						Kostengruppe
▶	▷	**ø netto €**	◁	◀	[Einheit]	Ausf.-Dauer	Positionsnummer

61 Pflanzflächen wässern, Wasser liefern KG **573**

Pflanzfläche wässern mit zu lieferndem Wasser. Die Anzahl der Arbeitsgänge ist abhängig von den natürlichen Niederschlägen und mit AG abzustimmen.
Menge je Arbeitsgang: 25 l/m²

2€	3€	**4€**	5€	6€	[m²]	⏱ 0,05 h/m²	303.000.190

62 Pflanzenverankerung, Pfahl-Zweibock KG **573**

Pflanzenverankerung von Straßenbäumen im Straßenraum mit zwei senkrechten Baumpfählen, Zopf und Bindegurt.
Pfähle: unbehandelt, weißgeschält
Pfahllänge: 300 cm
Zopfdicke: 4-5 cm
Bindegut: Kokosstrick, mitteldick 12 g/m

46€	59€	**65€**	74€	93€	[St]	⏱ 0,80 h/St	303.000.247

63 Pflanzenverankerung, Pfahl-Dreibock KG **573**

Pflanzenverankerung von Straßenbäumen mit Pfahl-Dreibock mit Rahmen aus Halbrundhölzern, Zopf und Bindegurt. Die drei Baumpfähle sind oben im Dreieck zu versteifen.
Pfähle: unbehandelt, weißgeschält
Pfahllänge: 300 cm
Zopfdicke: 4-5 cm
Bindegut: Kokosstrick, mitteldick 12 g/m

65€	90€	**102€**	120€	160€	[St]	⏱ 1,00 h/St	303.000.248

64 Bewässerungssack Neupflanzungen, 60l KG **573**

Montage eines Baumbewässerungssackes nach erfolgter Pflanzung für die ersten 2-3 Jahren vom Frühjahr bis Spätsommer je nach Bodenfeuchte und natürlicher Niederschlagsmenge. Der Bewässerungssack ist um den Stamm zu legen und wird mit einem Reißverschluss fixiert und anschließend mit Wasser füllen.
Baumbewässerungssack: 60 l
Farbe: grün

14€	19€	**20€**	24€	24€	[St]	–	303.000.376

65 Bewässerungssack Neupflanzungen, 100l KG **573**

Montage eines Baumbewässerungssackes nach erfolgter Pflanzung für die ersten 2-3 Jahren vom Frühjahr bis Spätsommer je nach Bodenfeuchte und natürlicher Niederschlagsmenge. Der Bewässerungssack ist um den Stamm zu legen und wird mit einem Reißverschluss fixiert und anschließend mit Wasser füllen.
Baumbewässerungssack: 100 l
Farbe: grün

–	28€	**30€**	36€	–	[St]	–	303.000.378

66 Baumbelüftungs- und Entwässerungs-Set KG **573**

Material liefern und das Rohr ringförmig um den Wurzelballen nach Planung verlegen, mit dem T-Stück verbinden und bis nach oben mit dem Dränrohr verlängern in geplanter Höhe einbauen.
Material: ca. 5,0 m flexibles Dränrohr, PVC-U, mit erhöhter Luft- und Wassereintrittsfläche > 80 cm²/m
Nenndurchmesser: DN80

6€	8€	**9€**	10€	10€	[St]	–	303.000.296

Nr.	Kurztext / Langtext						Kostengruppe
▶	▷	**ø netto €**	◁	◀	[Einheit]	Ausf.-Dauer	Positionsnummer

67 Abdeckelement für Baumbelüftungs- und Entwässerungs-Set KG **573**

Universelles Abdeckelement verschließbar, geeignet für Bewässerung und Belüftung zum Anschluss an Baumbelüftungs- und Entwässerungsrohr.
Abdeckung: druckfestem Aluminiumguss
Entwässerungsrohr: DN80

44€	59€	**65€**	73€	78€	[St]	–	303.000.297

A 2 Zaun, Viereck-Drahtgeflecht Beschreibung für Pos. **68-71**

Drahtgeflechtbespannung aus kunststoffummanteltem Viereckdrahtgeflecht mit Rundrohrpfosten, Abdeckkappen, End- und Eckstreben. Leistung einschl. Fundament- und Verspannarbeiten, einschl. Erdarbeiten. (Beschreibung der Homogenbereiche nach Unterlagen des AG.)
Korrosionsbelastung DIN EN 12944: Klasse **C1 / C2**
Korrosionsschutz für Zeitraum Klasse: **L = 2-5 Jahre / M = 5-15 Jahre / H = über 15 Jahre**

Kosten:
Stand 2. Quartal 2026
Bundesdurchschnitt

68 Zaun, Viereck-Drahtgeflecht, 0,80m KG **541**

Wie Ausführungsbeschreibung A 2
Anzahl Eckstreben: ..... St
Anzahl Endstreben: 4 St
Betonfundamente: C12/15
Fundamentmaße (L x B x T): ..... x ..... x ..... cm
Zaunhöhe: 0,80 m
Pfostendurchmesser: 60 mm
Farbe: grün
Maschenweite: ..... mm
Pfostenabstand: 2,50 m

27€	38€	**39€**	45€	52€	[m]	⏱ 0,20 h/m	303.000.249

69 Zaun, Viereck-Drahtgeflecht, 1,25m KG **541**

Wie Ausführungsbeschreibung A 2
Anzahl Eckstreben: ..... St
Anzahl Endstreben: 4 St
Betonfundamente: C12/15
Fundamentmaße (L x B x T): ..... x ..... x ..... cm
Zaunhöhe: 1,25 m
Pfostendurchmesser: 60 mm
Farbe: grün
Maschenweite: ..... mm
Pfostenabstand: 2,50 m

50€	57€	**60€**	63€	73€	[m]	⏱ 0,20 h/m	303.000.250

▶ min
▷ von
ø Mittel
◁ bis
◀ max

Nr.	Kurztext / Langtext						Kostengruppe
▶	▷	**ø netto €**	◁	◀	[Einheit]	Ausf.-Dauer	Positionsnummer

70 Zaun, Viereck-Drahtgeflecht, 1,80m KG **541**

Wie Ausführungsbeschreibung A 2
Anzahl Eckstreben: .....St
Anzahl Endstreben: 4St
Betonfundamente: C12/15
Fundamentmaße (L x B x T): ..... x ..... x .....cm
Zaunhöhe: 1,80m
Pfostendurchmesser: 60mm
Farbe: grün
Maschenweite: .....mm
Pfostenabstand: 2,50m

58€	74€	**78€**	88€	104€	[m]	⏱ 0,20h/m	303.000.372

71 Zaun, Viereck-Drahtgeflecht, 2,00m KG **541**

Wie Ausführungsbeschreibung A 2
Anzahl Eckstreben: .....St
Anzahl Endstreben: 4St
Betonfundamente: C12/15
Fundamentmaße (L x B x T): ..... x ..... x .....cm
Zaunhöhe: 2,00m
Pfostendurchmesser: 60mm
Farbe: grün
Maschenweite: .....mm
Pfostenabstand: 2,50m

62€	99€	**107€**	117€	139€	[m]	⏱ 0,30h/m	303.000.251

A 3 Stabgitterzaun Beschreibung für Pos. **72-74**

Stabgitterzaun aus Doppelstabmatte und waagrechten Doppelstäben, an den Kreuzpunkten im Rechteckverbund doppelt verschweißt. Pfosten aus feuerverzinktem, profiliertem Stahlblech mit PVC-U Abdeckkappen. Leistung inkl. Erd- und Fundamentarbeiten. (Beschreibung der Homogenbereiche nach Unterlagen des AG.)
Korrosionsbelastung DIN EN 12944: Klasse **C1 / C2**
Korrosionsschutz für Zeitraum Klasse. **L = 2-5 Jahre / M = 5-15 Jahre / H = über 15 Jahre**

72 Stabgitterzaun, 0,80m KG **541**

Wie Ausführungsbeschreibung A 3
Fundamentmaße (L x B x T): ..... x ..... x .....cm
Zaunhöhe: 1,20m
Feldlänge: 0,80m
Pfostenquerschnitt: 60 x 40 x 2mm
Füllung: senkrecht 6mm, waagrecht 8mm
Maschenweite: 50 x 200mm
Oberfläche: verzinkt

62€	73€	**94€**	107€	120€	[m]	⏱ 0,30h/m	303.000.186

Kosten:
Stand 2. Quartal 2026
Bundesdurchschnitt

Nr.	Kurztext / Langtext						Kostengruppe
▶	▷	ø netto €	◁	◀	[Einheit]	Ausf.-Dauer	Positionsnummer

73 Stabgitterzaun, 1,40m KG **541**

Wie Ausführungsbeschreibung A 3
Fundamentmaße (L x B x T): ..... x ..... x .....cm
Zaunhöhe: 1,40m
Feldlänge: 2,50m
Pfostenquerschnitt: 60 x 40 x 2mm
Füllung: senkrecht 6mm, waagrecht 8mm
Maschenweite: 50 x 200mm
Oberfläche: verzinkt

66€	87€	**95€**	108€	135€	[m]	⏱ 0,34h/m	303.000.187

74 Stabgitterzaun, 1,80m KG **541**

Wie Ausführungsbeschreibung A 3
Fundamentmaße (L x B x T): ..... x ..... x .....cm
Zaunhöhe: 1,80m
Feldlänge: 2,50m
Pfostenquerschnitt: 60 x 40 x 2mm
Füllung: senkrecht 6mm, waagrecht 8mm
Maschenweite: 50 x 200mm
Oberfläche: verzinkt

97€	115€	**127€**	140€	158€	[m]	⏱ 0,37h/m	303.000.188

75 Holzzaun, Senkrechtzaun, 1,0m KG **541**

Holzzaun, einseitig, senkrechter Lattung, aus gefrästen Halbrundhölzer, mit 2 Riegeln und Holzpfosten. Inkl. Erd- und Fundamentarbeiten. Befestigung mit korrosionsbeständigen Schrauben.
Holzart: .....
Holzschutz: .....
Kopfausbildung: konisch zugespitzt
Durchmesser: 60mm
Lattenabstand: 30mm
Querriegel oben und unten: 28 x 90mm
Pfosten: Rundholz
Durchmesser: 10cm
Pfostenlänge: 160cm
Pfostenabstand: ca. 3,00m
Fundamentbeton: C12/15
Fundamentmaße (L x B x T): ..... x ..... x .....cm
Zaunhöhe: 1,00m

189€	252€	**261€**	287€	351€	[m]	⏱ 0,70h/m	303.000.283

▶ min
▷ von
ø Mittel
◁ bis
◀ max

Nr.	Kurztext / Langtext						Kostengruppe
▶	▷	**ø netto €**	◁	◀	[Einheit]	Ausf.-Dauer	Positionsnummer

76 Holzzaun, Staketenzaun KG **541**

Staketenzaun, Vierkantlatten, allseitig gehobelt, Holzpfosten quadratisch, inkl. Erd- und Fundamentarbeiten.
Holzart: .....
Holzschutz: .....
Vierkantlatten: 2 x 10 cm
Kopfausbildung: .....
Holzpfosten: 10 x 10 cm
Pfostenlänge: 1,60 m
Pfostenabstand ca. 3,00 m
Fundamentbeton: C12/15
Fundamentmaße (L x B x T): ..... x ..... x ..... cm
Zaunhöhe: 1,00 m

80€	102€	**110€**	126€	161€	[m]	⏱ 0,75 h/m	303.000.285

77 Holzzauntüre, Senkrechtzaun KG **541**

Zauntür für Senkrechtzaun, einflüglig, Schlagrichtung DIN rechts/links, geschraubt mit Rundholzpfosten, Kastenschloss und Beschläge, inkl. Erd- und Fundamentierungsarbeiten.
Holzart: .....
Holzschutz: .....
Türgröße: 100 x 100 cm
Kopfausbildung: konisch zugespitzt
Durchmesser: 60 mm
Lattenabstand: 30 mm
Pfosten: Rundholz: 120/120 mm
Durchmesser: 10 cm
Pfostenlänge: 160 cm
Betonfundamente: C12/15
Fundamentmaße (L x B x T): ..... x ..... x ..... cm

286€	392€	**458€**	510€	597€	[St]	⏱ 0,60 h/St	303.000.284

78 Drehflügeltor, einflüglig, lichte Weite 1,1m, H 1,2m KG **541**

Drehflügeltor für Stabgitterzaun, einflügelig, feuerverzinkt, mit Drückergarnitur, beidseitig fest, aus nichtrostendem Stahl, gebürstet.
Korrosionsbelastung DIN EN 12944: Klasse **C1 / C2**
Korrosionsschutz für Zeitraum Klasse: **L = 2-5 Jahre / M = 5-15 Jahre / H = über 15 Jahre**
Lichte Weite: 1,10 m
Höhe: 1,20 m
Gesamtpfostenlänge: 1,70 m
Pulverbeschichtung: Farbe RAL nach Wahl des AG
Betonfundamente: C20/25

1.107€	1.396€	**1.452€**	1.492€	1.677€	[St]	⏱ 1,50 h/St	303.000.260

Nr.	Kurztext / Langtext						Kostengruppe
▶	▷	ø netto €	◁	◀	[Einheit]	Ausf.-Dauer	Positionsnummer

79 Drehflügeltor, zweiflüglig, lichte Weite 2,5m, H 1,2m KG **541**

Drehflügeltor für Stabgitterzaun, zweiflügelig, feuerverzinkt, mit Drückergarnitur, beidseitig fest, aus nichtrostendem Stahl, gebürstet.
Korrosionsbelastung DIN EN 12944: Klasse **C1 / C2**
Korrosionsschutz für Zeitraum Klasse: **L = 2-5 Jahre / M = 5-15 Jahre / H = über 15 Jahre**
Lichte Weite: 2,50m
Höhe: 1,20m
Gesamtpfostenlänge: 1,70m
Pulverbeschichtung: Farbe RAL nach Wahl des AG
Betonfundamente: C20/25

2.396€ 3.017€ **3.055€** 3.108€ 3.533€ [St] ⏱ 1,50h/St 303.000.261

Kosten:
Stand 2. Quartal 2026
Bundesdurchschnitt

80 Zaunpfosten, Stahlrohr KG **541**

Zaunpfosten aus Stahlrohr, mit schwarzer Kunststoffkappe.
Korrosionsbelastung DIN EN 12944: Klasse **C1 / C2**
Korrosionsschutz für Zeitraum Klasse: **L = 2-5 Jahre / M = 5-15 Jahre / H = über 15 Jahre**
Durchmesser: 40mm
Länge: 200cm
Fundamenttiefe: 50cm

47€ 70€ **83€** 95€ 115€ [St] ⏱ 0,30h/St 303.000.253

81 Poller, Beton KG **541**

Absperrpfosten aus Beton, Einbau in befestigter Fläche, einschl. Erd- und Fundamentarbeiten. (Beschreibung der Homogenbereiche nach Unterlagen des AG.)
Fundament: .....
Höhe über OK-Gelände: 0,90-1,00m
Pfosten: 40 x 40cm

567€ 587€ **599€** 618€ 643€ [St] ⏱ 1,05h/St 303.000.197

82 Poller, Stahl, beschichtet KG **561**

Absperrpfosten Aluminium mit Sicherheitsschloss zum Herausnehmen des Pfosten inkl. Bodenhülse, Erd- und Fundamentarbeiten. (Beschreibung der Homogenbereiche nach Unterlagen des AG.)
Pfosten: .....cm
Höhe über OK-Gelände: 0,90-1,00m
Fundament: .....cm
Oberfläche: Weiß beschichtet mit rotem Folienring
Angeb. Fabrikat: .....

372€ 466€ **511€** 532€ 663€ [St] ⏱ 0,40h/St 303.000.280

83 Spielgerät, Einfachschaukel KG **562**

Spielgerät als Gerüstschaukel liefern und aufbauen. Fundamente, Ausführung, Maße und Betongüte nach Angeben des Herstellers.
Sicherheitssitz: Gummi mit Aluminiumeinlage
Aufhängung: Einpunktaufhängung, lückenlos
Kettenaufnahme: Klemmadapter, Edelstahl
Liefernachweis: .....

2.284€ 3.246€ **3.767€** 4.196€ 5.313€ [St] ⏱ 3,20h/St 303.000.255

▶ min
▷ von
ø Mittel
◁ bis
◀ max

Nr.	Kurztext / Langtext					Kostengruppe
▶	▷	ø netto €	◁	◀	[Einheit]	Ausf.-Dauer	Positionsnummer

84 Spielgerät, Federwipptier KG **562**

Spielgerät als Federwipptier liefern, nach Angaben des Herstellers aufbauen, inkl. aller Fundament- und Nebenarbeiten.
Liefernachweis: .....

1.459€ | 1.686€ | **1.806€** | 1.934€ | 2.182€ | [St] | ⏱ 2,85h/St | 303.000.254

85 Fassadenrinne, DN100 KG **551**

Flachrinne zur Entwässerung vor Fassaden mit Maschenrostabdeckung verzinkt, inkl. Formstücke und Anschlussarbeiten. Rinne mit bituminösen Abdichtung auf der Bodenplatte.
Nennweite: DN100
Belastungsklasse: A 15
Bauhöhe: 150mm
Baulänge: 1,00m
Bettungsdicke: .....cm
Schlitzweite: .....mm

173€ | 204€ | **218€** | 237€ | 282€ | [m] | ⏱ 0,42h/m | 303.000.198

86 Entwässerungsrinne, Polymerbeton KG **551**

Entwässerungsrinne im Außenbereich aus Polymerbeton mit Kantenschutz aus verzinktem Stahl, schraubloser Arretierung, Rinnensohle mit 0,5% Eigengefälle und Gitterrostabdeckung.
Belastungsklasse: .....
Nenngröße: .....
Baulänge: .....cm
Bauhöhe: .....cm
Bettungsdicke: .....cm
Abgang: .....
Angeb. Fabrikat: .....

339€ | 421€ | **464€** | 507€ | 622€ | [St] | ⏱ 0,46h/St | 303.000.199

87 Entwässerungsrinne, Kl. A, Beton/Gussabdeckung KG **551**

Entwässerungsrinne im Außenbereich als Kastenrinne aus Betonfertigteilen, Brückenklasse 60, mit Abdeckung aus Gusseisen, Rinnensohle mit 0,3 bis 0,5% Eigengefälle. Rinnenversetzung in Beton C8/10 mit beidseitiger Rückenstütze.
Belastungsklasse: mind. D 400
Nennweite: .....
Baulänge: .....cm
Bauhöhe: .....cm
Bettungsdicke: 10cm
Rückenstütze: 15cm
Angeb. Fabrikat: .....

122€ | 172€ | **185€** | 206€ | 256€ | [m] | ⏱ 0,46h/m | 303.000.200

Nr.	Kurztext / Langtext						Kostengruppe
▶	▷	ø netto €	◁	◀	[Einheit]	Ausf.-Dauer	Positionsnummer

88 Entwässerungsrinne, Kl. B, Beton/Gussabdeckung KG **551**

Entwässerungsrinne im Außenbereich als Kastenrinne aus Betonfertigteil, Brückenklasse 60, mit Abdeckung aus Gusseisen, Rinnensohle mit 0,3 bis 0,5% Eigengefälle inkl. Formstücke. Rinnenversetzung in Beton C8/10 mit beidseitiger Rückenstütze.
Belastungsklasse: B 125
Nennweite: .....
Baulänge: .....cm
Bauhöhe: .....cm
Bettungsdicke: 10cm
Rückenstütze: 15cm
Angeb. Fabrikat: .....

134€ 165€ **181€** 194€ 249€ [m] ⏱ 0,46h/m 303.000.201

Kosten:
Stand 2. Quartal 2026
Bundesdurchschnitt

89 Entwässerungsrinne, Klasse A, DN100 KG **551**

Entwässerungsrinne für Niederschlagswasser vor rollstuhlbefahrbaren Hauszugängen.
Belastungsklasse: A 15
Nennweite: 100
Mindesttiefe: 150mm
Bettung: C12/15
OK Rinnenabdeckung 2cm unter OKFF

175€ 217€ **233€** 271€ 289€ [m] ⏱ 0,45h/m 303.000.202

90 Abdeckung, Entwässerungsrinne, Guss, Bodenindikator KG **551**

Abdeckung für Entwässerungsrinne aus Gusseisen, nach DIN 32984 für Bodenindikatoren im öffentlichen Raum, schraublos arretiert. Passend zu System.
Nennweite: DN200
Klasse: A15 bis D400
Profilstruktur: **Leitstreifen / Aufmerksamkeitsfeld**

132€ 155€ **172€** 184€ 205€ [St] ⏱ 0,18h/St 303.000.203

91 Ablaufkasten, Klasse A, DN100 KG **551**

Ablaufkasten zu Entwässerungsrinne für Fußgänger- und Radfahrerverkehr, inkl. Anschluss an Abwasserleitung an KG-Rohr DN100.
Belastungsklasse: A15
Nennweite: 100
Mindesttiefe: 150mm
Bettung: C12/15

314€ 382€ **402€** 479€ 507€ [St] ⏱ 0,40h/St 303.000.204

▶ min
▷ von
ø Mittel
◁ bis
◀ max

92 Dachfläche reinigen KG **363**

Reinigung des Untergrundes der Dachfläche von grober Verschmutzung. Stoffe sammeln und seitlich lagern. Abfall nicht gefährlich und nicht schadstoffbelastet.
Dicke: bis 2cm

1€ 2€ **2€** 3€ 3€ [m²] ⏱ 0,03h/m² 303.000.286

Nr.	Kurztext / Langtext						Kostengruppe
▶	▷	ø netto €	◁	◀	[Einheit]	Ausf.-Dauer	Positionsnummer

93 Durchwurzelungsschutzschicht, PVC-P 0,8mm KG **363**

Durchwurzelungsschutzschicht aus Kunststoffbahnen, als zusätzliche Lage auf der Dachabdichtung, lose verlegen.
Material: Polyvinylchlorid (PVC-P) bitumenverträglich
Dicke: 0,8mm

21€	27€	**28€**	34€	42€	[m2]	⏱ 0,15h/m2	303.000.287

94 Dachbegrünung, Trenn-, Schutz- u. Speichervlies, 500 KG **363**

Schutzlage als Schutz der Dachabdichtung vor mechanischer Beanspruchung und zur Wasserspeicherung lose verlegen.
Material: Chemiefaser
Dicke: .....cm
Gewicht: 500g/m2
Lagen: .....
Festigkeitsklasse: .....
Angeb. Fabrikat: .....

4€	6€	**7€**	8€	10€	[m2]	⏱ 0,04h/m2	303.000.288

95 Dachbegrünung, Dränschicht, Schüttstoff, Lava, 5cm KG **363**

Dränschicht für extensive Dachbegrünungen mit Schüttstoffen trittfest und frostbeständig herstellen.
Schüttstoff: Lava
Körnung: .....
Schichtdicke: 5cm
Masse trocken: kg/m3
Masse bei max. Wasserkapazität: max. kg/m3
Angeb. Fabrikat: .....

4€	5€	**6€**	7€	8€	[m2]	⏱ 0,15h/m2	303.000.377

96 Dachbegrünung, Dränschicht, Schüttstoff, Blähschiefer, 5cm KG **363**

Dränschicht für extensive Dachbegrünungen mit Schüttstoffen trittfest und frostbeständig herstellen.
Material: Blähschiefer, gebrochen
Schichtdicke: 5cm
Körnung: .....
Masse trocken: kg/m3
Masse bei max. Wasserkapazität: max. kg/m3
Angeb. Fabrikat: .....

12€	14€	**16€**	18€	21€	[m2]	⏱ 0,18h/m2	303.000.379

97 Dränageelement, PE-Platte, 40mm, Dachbegrünung KG **363**

Dränschicht für Dachbegrünung aus Kunststoffprofilplatten.
Einsatzbereich: Extensivbegrünung
Material: PE-Kunststoff
Plattendicke: 40mm
Füllmaterial: .....
Druckfestigkeit max.: kg/m2
Füllvolumen: l/m2
Farbe: .....
Angeb. Fabrikat: .....

21€	23€	**23€**	24€	25€	[m2]	⏱ 0,12h/m2	303.000.289

Kosten:
Stand 2. Quartal 2026
Bundesdurchschnitt

Nr.	Kurztext / Langtext						Kostengruppe
▶	▷	ø netto €	◁	◀	[Einheit]	Ausf.-Dauer	Positionsnummer

98 Retentionselement, Dachbegrünung, 40mm — KG **363**

Retentionselement mit abflussverzögernder Wasserspeicherfunktion für Dachbegrünungen.
Material: .....
Flächengewicht: .....
Höhe: 40 mm
Druckfestigkeit: .....
Plattengröße: .....

▶	▷	ø	◁	◀	Einheit	Ausf.-Dauer	Positionsnummer
15€	19€	**20€**	21€	26€	[m²]	–	303.000.370

99 Retentionselement, Dachbegrünung, 60mm — KG **363**

Retentionselement mit abflussverzögernder Wasserspeicherfunktion für Dachbegrünungen.
Material: .....
Flächengewicht: .....
Höhe: 60 mm
Druckfestigkeit: .....
Plattengröße: .....

▶	▷	ø	◁	◀	Einheit	Ausf.-Dauer	Positionsnummer
23€	26€	**28€**	28€	32€	[m²]	–	303.000.371

100 Filtermatte, Dachbegrünung — KG **363**

Filterschicht mit mechanisch befestigter Filtermatte zwischen Dränschicht und Intensivsubstrat.
Material: 100% PP-Endlosfaser, normal entflammbar GRK 2
Flächengewicht: 105 g/m²
Höchstzugkraft: 7,5 kN/m
Angeb. Fabrikat: .....

▶	▷	ø	◁	◀	Einheit	Ausf.-Dauer	Positionsnummer
2€	3€	**3€**	3€	4€	[m²]	⏱ 0,03 h/m²	303.000.290

101 Kontrollschacht, extensive Dachbegrünung, Höhe bis 20cm — KG **363**

Kontrollschacht für Dachflächen geeignet für Extensivbegrünung für Dachablauf inkl. Bodenplatte und Deckel, aufstockbar.
Material: Kunststoff
Schachthöhe: bis 20 cm
Durchmesser: 30 cm
Angeb. Fabrikat: .....

▶	▷	ø	◁	◀	Einheit	Ausf.-Dauer	Positionsnummer
94€	111€	**118€**	147€	190€	[St]	⏱ 0,55 h/St	303.000.291

102 Sicherheitsstreifen, Kies, Dachbegrünung — KG **363**

Sicherheitsstreifen aus gewaschenem Rundkies, im Bereich von Aufkantungen, An- und Abschlussbereiche von Einbauten.
Schüttdicke: 5 cm
Streifenbreite: 30 cm
Körnung: 16/32

▶	▷	ø	◁	◀	Einheit	Ausf.-Dauer	Positionsnummer
15€	23€	**25€**	31€	43€	[m²]	⏱ 0,16 h/m²	303.000.292

▶ min
▷ von
ø Mittel
◁ bis
◀ max

103 Kiesfangleiste, L-Profil, Dachbegrünung KG **363**

Kiesleiste für Dachbegrünung als Winkelprofil, gelocht.
Material: Aluminium
Kantungen: .....
Dicke: bis 2 mm
Höhe: .....
Dachneigung: bis 5°
Angeb. Fabrikat: .....

23€	27€	**29€**	31€	39€	[m]	⏱ 0,04 h/m	303.000.293

104 Einschichtsubstrat, extensive Dachbegrünung KG **363**

Vegetationstragschicht für einschichtige Dachbegrünung als Vegetationssubstrat für Extensivbegrünung.
Schichtdicke: 8 cm
Anteil Organische Substanz bei Trockensubstanz: 0 %
Gewicht wassergesättigt: max. 800 kg/m³
Angeb. Fabrikat: .....

22€	26€	**28€**	31€	37€	[m²]	⏱ 0,09 h/m²	303.000.294

105 Mehrschichtsubstrat, extensive Dachbegrünung KG **363**

Vegetationstragschicht für mehrschichtige Dachbegrünung als Vegetationssubstrat für Intensivbegrünung. Die Eigenschaften haben die Anforderungen der FLL-Richtlinien an Vegetationssubstrate für Extensivbegrünungen und Vorgaben der Düngemittelverordnung zu entsprechen.
Schichtdicke: 10 cm
Anteil Organische Substanz bei Trockensubstanz: 0 %
Gewicht wassergesättigt: max. 800 kg/m³
Angeb. Fabrikat: .....

29€	33€	**34€**	36€	40€	[m²]	⏱ 0,15 h/m²	303.000.295

106 Trockenansaat, extensive Dachbegrünung, Saatgutmischung KG **363**

Ansaat der Dachbegrünung im Trockensaatverfahren mit Sedum-Sprossen in Sorten, inkl. Düngung und durchdringendes Wässern.
Saatgutmenge: ca. 50-80 g/m²
Düngung: ca. 30 g/m²
Angeb. Fabrikat: .....

3€	4€	**4€**	4€	5€	[m²]	⏱ 0,04 h/m²	303.000.373

107 Rankhilfe, Fassadenbegrünung, Edelstahlseil KG **335**

Kletter-/Rankhilfe zur Fassadenbegrünung, Verankerung gemäß beiliegender statischer Berechnung, Halterungen aus nichtrostendem Stahl, Seilkonstruktion, aus verzinktem Stahl,
Befestigungsuntergrund: **Mauerwerk / Beton**
Ausführungshöhe: über 2 bis 4 m
Abmessungen (H x B): ..... x ..... cm
Abstand vertikalen Rankseilen: 20 cm
Abstand horizontalen Rankseilen: 40 cm
Fußpunkt: ca. 0,30 m über OK Gelände

325€	356€	**364€**	391€	422€	[St]	–	303.000.375

Nr.	Kurztext / Langtext						Kostengruppe
▶	▷	**ø netto €**	◁	◀	[Einheit]	Ausf.-Dauer	Positionsnummer

108 Stundensatz, Facharbeiter/-in

Stundenlohnarbeiten für Vorarbeiter/-in, Facharbeiter/-in und Gleichgestellte. Der Verrechnungssatz für die jeweilige Arbeitskraft umfasst sämtliche Aufwendungen wie Lohn- und Gehaltskosten, Lohn- und Gehaltsnebenkosten, Zuschläge, lohngebundene und lohnabhängige Kosten, sonstige Sozialkosten, Gemeinkosten, Wagnis und Gewinn. Leistung nach besonderer Anordnung der Bauüberwachung. Anmeldung und Nachweis gemäß VOB/B.

75€	84€	**87€**	89€	97€	[h]	⏱ 1,00h/h	303.000.262

109 Stundensatz, Helfer/-in

Stundenlohnarbeiten für Werker/-in, Helfer/-in und Gleichgestellte. Der Verrechnungssatz für die jeweilige Arbeitskraft umfasst sämtliche Aufwendungen wie Lohn- und Gehaltskosten, Lohn- und Gehaltsnebenkosten, Zuschläge, lohngebundene und lohnabhängige Kosten, sonstige Sozialkosten, Gemeinkosten, Wagnis und Gewinn. Leistung nach besonderer Anordnung der Bauüberwachung. Anmeldung und Nachweis gemäß VOB/B.

56€	64€	**68€**	74€	87€	[h]	⏱ 1,00h/h	303.000.263

Kosten:
Stand 2. Quartal 2026
Bundesdurchschnitt

▶ min
▷ von
ø Mittel
◁ bis
◀ max

Kosten:
Stand 2. Quartal 2026
Bundesdurchschnitt

► min
▷ von
ø Mittel
◁ bis
◄ max

Nr.	Positionen	Einheit	►	▷	ø brutto € / ø netto €	◁	◄
1	Heckenpflanze, Carpinus betulus	St	19	22	**24**	26	29
			16	18	**20**	21	24
2	Heckenpflanze, Buxus sempervirens	St	10	12	**13**	13	18
			8	10	**11**	11	15
3	Heckenpflanze, Ligustrum vulgare	St	6	9	**9**	12	16
			5	7	**8**	10	13
4	Heckenpflanze, Prunus laurocerasus	St	52	63	**67**	80	97
			44	53	**57**	67	81
5	Solitär, Carpinus betulus Fastigiata	St	177	262	**276**	281	338
			149	220	**232**	236	284
6	Solitär, Aesculus carnea, StU bis 20cm	St	224	497	**625**	669	878
			188	417	**525**	562	737
7	Solitär, Acer platanoides	St	435	571	**615**	680	834
			366	480	**517**	571	701
8	Solitär, Acer campestre	St	389	501	**559**	597	762
			327	421	**470**	502	640
9	Solitär, Prunus avium	St	385	455	**498**	534	610
			324	383	**418**	448	513
10	Solitär, Tilia cordata	St	501	608	**652**	712	801
			421	511	**548**	598	673
11	Solitär, Pinus sylvetris	St	497	732	**899**	957	1.096
			418	615	**755**	804	921
12	Solitär, Betula pendula	St	414	479	**514**	549	610
			348	402	**432**	461	512
13	Solitär, Carpinus betulus	St	426	471	**505**	569	649
			358	396	**424**	478	546
14	Solitär, Fraxinus excelsior	St	347	414	**452**	476	550
			291	348	**380**	400	462
15	Solitär, Sorbus aucuparia	St	269	380	**434**	517	679
			226	319	**365**	434	570
16	Solitär, Corylus colurna	St	316	418	**487**	510	624
			266	352	**409**	428	524
17	Solitär, Aesculus carnea	St	549	652	**726**	765	867
			462	548	**610**	643	729
18	Obstgehölz, Malus	St	255	379	**416**	495	677
			215	318	**350**	416	568
19	Obstgehölz, Malus Evereste	St	340	449	**461**	503	592
			286	378	**387**	423	498
20	Straßenbaum, stadtklimaresistent, Acer platanoides	St	–	724	**787**	858	–
			–	608	**661**	721	–
21	Straßenbaum, stadtklimaresistent, Acer platanoides "Columnare"	St	503	661	**719**	784	877
			423	556	**604**	659	737
22	Straßenbaum, stadtklimaresistent, Prunus x schmittii	St	–	523	**622**	703	–
			–	440	**522**	590	–
23	Straßenbaum, stadtklimaresistent, Tilia x europaea	St	–	751	**816**	947	–
			–	631	**686**	796	–

Nr.	Positionen	Einheit	►	▷	ø brutto € / ø netto €	◁	◄
24	Straßenbaum, stadtklimaresistent, Malus sylvestris	St	338	466	**490**	569	598
			284	392	**412**	478	503
25	Straßenbaum, stadtklimaresistent, Cornus mas	St	349	483	**513**	590	621
			293	406	**431**	496	522
26	Straßenbaum, stadtklimaresistent, Tilia cordata "Greenspire"	St	–	683	**727**	829	–
			–	574	**611**	696	–
27	Straßenbaum, stadtklimaresistent, Robinia pseudoacacia "Nyirsegi"	St	472	634	**675**	756	830
			397	533	**567**	635	697
28	Anlagenbaum, stadtklimaresistent, Prunus avium	St	430	582	**632**	695	746
			361	489	**531**	584	627
29	Anlagenbaum, stadtklimaresistent, Prunus cerasus	St	–	442	**480**	519	–
			–	371	**404**	436	–
30	Anlagenbaum, stadtklimaresistent, Salix caprea	St	398	552	**593**	670	712
			334	464	**499**	563	598
31	Anlagenbaum, stadtklimaresistent, Salix alba	St	–	535	**576**	627	–
			–	450	**484**	527	–
32	Obstgehölz, Malus Eleyi	St	76	103	**107**	120	149
			64	86	**90**	101	125
33	Obstgehölz, Straßenbaum Pyrus calleryana Chanticleer	St	435	558	**619**	630	842
			366	469	**520**	529	708
34	Obstgehölz, Prunus serrulata	St	399	484	**525**	538	589
			335	407	**441**	452	495
35	Weidentunnel, Salix alba	St	5	9	**10**	11	14
			4	7	**8**	10	12
36	Strauch, Salix purpurea	St	3	5	**7**	8	11
			3	5	**5**	7	9
37	Strauch, Amelanchier lamarckii	St	50	68	**73**	78	96
			42	57	**61**	66	81
38	Strauch, Amelanchier laevis	St	92	126	**148**	158	176
			78	106	**124**	132	148
39	Strauch, Corylus avellana	St	34	43	**47**	52	61
			29	36	**39**	44	51
40	Strauch, Rhododendron in Sorten	St	69	80	**83**	88	99
			58	67	**69**	74	83
41	Strauch, Hydrangea	St	22	30	**32**	34	42
			18	25	**27**	29	35
42	Strauch, Syringa vulgaris	St	55	88	**97**	111	145
			46	74	**82**	93	122
43	Strauch, Cornus mas	St	53	64	**66**	82	107
			45	54	**56**	69	90
44	Strauch, Taxus baccata	St	96	138	**161**	184	262
			81	116	**135**	155	220
45	Strauch, Taxus media	St	89	114	**122**	132	157
			75	95	**103**	111	132
46	Strauch, Berberis	St	26	31	**32**	33	35
			21	26	**27**	28	30

Kosten:
Stand 2. Quartal 2026
Bundesdurchschnitt

Nr.	Positionen	Einheit	►	▷	ø brutto € / ø netto €	◁	◄
47	Strauch, Cotoneaster dammeri	St	3	4	**4**	4	5
			2	3	**3**	4	4
48	Strauch, Crataegus monogyna	St	44	58	**67**	79	107
			37	49	**57**	66	90
49	Strauch, Lonicera nitida	St	2	4	**4**	6	9
			2	3	**4**	5	7
50	Strauch, Lonicera xylosteum	St	3	8	**9**	11	15
			2	7	**8**	10	13
51	Staude, Ziergräser in Sorten	St	3	4	**4**	5	6
			2	3	**4**	4	5
52	Staude, Miscanthus sinensis	St	6	7	**7**	8	9
			5	6	**6**	7	7
53	Strauch, Rosa canina	St	4	8	**9**	10	13
			4	6	**7**	8	11
54	Strauch, Wilde Rosen in Sorten	St	5	7	**7**	7	8
			4	5	**6**	6	7
55	Staude, Vinca minor	St	3	3	**3**	3	4
			2	3	**3**	3	3
56	Staude, Alchemilla mollis	St	3	3	**4**	4	5
			2	3	**3**	3	4
57	Staude, Geranium macororrhizum	St	2	3	**3**	3	4
			2	3	**3**	3	3
58	Staude, Geranium sanguineum	St	2	3	**3**	3	4
			2	3	**3**	3	3
59	Staude, Geranium x magnificum	St	3	4	**5**	5	6
			2	3	**4**	4	5

Nr. **Kurztext** / Langtext — Kostengruppe

► ▷ **ø netto €** ◁ ◄ [Einheit] Ausf.-Dauer Positionsnummer

1 Heckenpflanze, Carpinus betulus — KG **573**

Carpinus betulus - Hainbuche, liefern und pflanzen.
Pflanzqualität: Strauch, 2x verpflanzt mit Ballen
Höhe: 100-150cm
Bodengruppe: .....

16€ 18€ **20€** 21€ 24€ [St] ⏱ 0,17h/St 304.000.112

2 Heckenpflanze, Buxus sempervirens — KG **573**

Buxus sempervirens - Buchsbaum, liefern und pflanzen.
Pflanzqualität: Strauch, 2x verpflanzt **mit Ballen / im Container**
Höhe: 20-25cm
Bodengruppe: .....

8€ 10€ **11€** 11€ 15€ [St] ⏱ 0,17h/St 304.000.113

► min
▷ von
ø Mittel
◁ bis
◄ max

Nr.	Kurztext / Langtext						Kostengruppe
▶	▷	ø netto €	◁	◀	[Einheit]	Ausf.-Dauer	Positionsnummer

3 Heckenpflanze, Ligustrum vulgare KG **573**

Ligustrum vulgare - Liguster, liefern und pflanzen.
Pflanzqualität: Strauch, 2x verpflanzt **mit Ballen / im Container**
Höhe: 20-25cm
Bodengruppe: .....

5€	7€	**8€**	10€	13€	[St]	⏱ 0,17h/St	304.000.114

4 Heckenpflanze, Prunus laurocerasus KG **573**

Prunus laurocerasus - Kirschlorbeer, liefern und pflanzen.
Pflanzqualität: Strauch, 2x verpflanzt ohne Ballen mit 5-7 Trieben
Höhe: 80-100cm
Bodengruppe: .....

44€	53€	**57€**	67€	81€	[St]	⏱ 0,17h/St	304.000.115

5 Solitär, Carpinus betulus Fastigiata KG **573**

Carpinus betulus Fastigiata - Säulen Hainbuche, liefern, in herzustellende Pflanzgrube pflanzen, einschl. Pflanzenverankerung.
Pflanzqualität: Hochstamm, 3x verpflanzt mit Drahtballen
Stammumfang: 10-12cm
Bodengruppe: .....
Pflanzenverankerung: Pfahl-Zweibock
Pfähle: unbehandelt
Bindegut: Kokosstrick

149€	220€	**232€**	236€	284€	[St]	⏱ 2,60h/St	304.000.111

6 Solitär, Aesculus carnea, StU bis 20cm KG **573**

Aesculus carnea - Rotblühende Rosskastanie, liefern, in herzustellende und wieder zu verfüllende Pflanzgrube pflanzen.
Pflanzqualität: Hochstamm, 4x verpflanzt mit Drahtballen
Stammumfang: 18-20cm
Bodengruppe: .....

188€	417€	**525€**	562€	737€	[St]	⏱ 2,60h/St	304.000.116

7 Solitär, Acer platanoides KG **573**

Acer platanoides - Spitz-Ahorn, liefern, in herzustellende und wieder zu verfüllende Pflanzgrube pflanzen.
Pflanzqualität: Hochstamm, 4x verpflanzt mit Drahtballen
Stammumfang: 18-20cm
Bodengruppe: .....

366€	480€	**517€**	571€	701€	[St]	⏱ 2,60h/St	304.000.117

8 Solitär, Acer campestre KG **573**

Acer campestre - Feld-Ahorn, liefern, in herzustellende und wieder zu verfüllende Pflanzgrube pflanzen.
Pflanzqualität: Hochstamm, 3x verpflanzt mit Drahtballen
Stammumfang: 18-20cm
Bodengruppe: .....

327€	421€	**470€**	502€	640€	[St]	⏱ 2,60h/St	304.000.118

Nr.	Kurztext / Langtext						Kostengruppe
▶	▷	ø netto €	◁	◀	[Einheit]	Ausf.-Dauer	Positionsnummer

9 Solitär, Prunus avium KG **573**

Prunus avium - Vogelkirsche, liefern, in herzustellende und wieder zu verfüllende Pflanzgrube pflanzen.
Pflanzqualität: Hochstamm, 4x verpflanzt mit Drahtballen
Stammumfang: 20-22cm
Bodengruppe: .....

▶	▷	ø	◁	◀	Einheit	Ausf.-Dauer	Positionsnummer
324€	383€	**418€**	448€	513€	[St]	⏱ 3,40h/St	304.000.119

10 Solitär, Tilia cordata KG **573**

Tilia cordata - Winterlinde, liefern, in herzustellende und wieder zu verfüllende Pflanzgrube pflanzen.
Pflanzqualität: Hochstamm, 4x verpflanzt mit Drahtballen
Stammumfang: 25-30cm
Höhe: 400-500cm
Breite: 200-300cm
Bodengruppe: .....

▶	▷	ø	◁	◀	Einheit	Ausf.-Dauer	Positionsnummer
421€	511€	**548€**	598€	673€	[St]	⏱ 3,40h/St	304.000.120

11 Solitär, Pinus sylvetris KG **573**

Pinus sylvetris - Wald-Kiefer, liefern, in herzustellende und wieder zu verfüllende Pflanzgrube pflanzen.
Pflanzqualität: Hochstamm, 4x verpflanzt mit Drahtballen
Stammumfang: 18-20cm
Höhe: 100-150cm
Bodengruppe: .....

▶	▷	ø	◁	◀	Einheit	Ausf.-Dauer	Positionsnummer
418€	615€	**755€**	804€	921€	[St]	⏱ 2,60h/St	304.000.121

12 Solitär, Betula pendula KG **573**

Betula pendula - Hänge-Birke, liefern, in herzustellende und wieder zu verfüllende Pflanzgrube pflanzen, einschl. Pflanzenverankerung.
Pflanzqualität: Hochstamm, 3x verpflanzt
Stammumfang: 16-18cm
Bodengruppe: .....

▶	▷	ø	◁	◀	Einheit	Ausf.-Dauer	Positionsnummer
348€	402€	**432€**	461€	512€	[St]	⏱ 3,00h/St	304.000.122

13 Solitär, Carpinus betulus KG **573**

Carpinus betulus - Hainbuche, liefern, in herzustellende und wieder zu verfüllende Pflanzgrube pflanzen, einschl. Pflanzenverankerung.
Pflanzqualität: Hochstamm, 3x verpflanzt
Stammumfang: 16-18cm
Bodengruppe: .....

▶	▷	ø	◁	◀	Einheit	Ausf.-Dauer	Positionsnummer
358€	396€	**424€**	478€	546€	[St]	⏱ 3,00h/St	304.000.123

14 Solitär, Fraxinus excelsior KG **573**

Fraxinus excelsior - Gemeine Esche, liefern, in herzustellende und wieder zu verfüllende Pflanzgrube pflanzen.
Pflanzqualität: Hochstamm, 3x verpflanzt mit Drahtballen
Stammumfang: 16-18cm
Bodengruppe: .....

▶	▷	ø	◁	◀	Einheit	Ausf.-Dauer	Positionsnummer
291€	348€	**380€**	400€	462€	[St]	⏱ 2,00h/St	304.000.124

Kosten:
Stand 2. Quartal 2026
Bundesdurchschnitt

▶ min
▷ von
ø Mittel
◁ bis
◀ max

Nr.	Kurztext / Langtext						Kostengruppe
▶	▷	**ø netto €**	◁	◀	[Einheit]	Ausf.-Dauer	Positionsnummer

15 Solitär, Sorbus aucuparia KG **573**

Sorbus aucuparia - Gemeine Eberesche, liefern, in herzustellende und wieder zu verfüllende Pflanzgrube pflanzen.
Pflanzqualität: Hochstamm, 3x verpflanzt mit Drahtballen
Stammumfang: 16-18 cm
Bodengruppe: .....

226€	319€	**365€**	434€	570€	[St]	⏱ 2,00 h/St	304.000.125

16 Solitär, Corylus colurna KG **573**

Corylus colurna - Baumhasel, liefern, in herzustellende und wieder zu verfüllende Pflanzgrube pflanzen.
Pflanzqualität: Hochstamm, 3x verpflanzt mit Drahtballen
Stammumfang: 16-18 cm
Bodengruppe: .....

266€	352€	**409€**	428€	524€	[St]	⏱ 2,00 h/St	304.000.126

17 Solitär, Aesculus carnea KG **573**

Aesculus carnea - Blühende Rosskastanie, liefern, in herzustellende und wieder zu verfüllende Pflanzgrube pflanzen.
Pflanzqualität: Hochstamm, 3x verpflanzt mit Drahtballen
Stammumfang: 16-18 cm
Bodengruppe: .....

462€	548€	**610€**	643€	729€	[St]	⏱ 2,00 h/St	304.000.127

18 Obstgehölz, Malus KG **573**

Malus - Obstgehölze in Sorten, liefern, in herzustellende und wieder zu verfüllende Pflanzgrube pflanzen.
Pflanzqualität: Hochstamm, 3x verpflanzt mit Drahtballen
Stammumfang: 16-18 cm
Bodengruppe: .....

215€	318€	**350€**	416€	568€	[St]	⏱ 2,30 h/St	304.000.128

19 Obstgehölz, Malus Evereste KG **573**

Malus Evereste - Zier-Apfel, liefern, in herzustellende und wieder zu verfüllende Pflanzgrube pflanzen.
Pflanzqualität: Hochstamm, 3x verpflanzt mit Drahtballen
Stammumfang: 16-18 cm
Bodengruppe: .....

286€	378€	**387€**	423€	498€	[St]	⏱ 2,30 h/St	304.000.129

20 Straßenbaum, stadtklimaresistent, Acer platanoides KG **573**

Acer platanoides "Allershausen" - Spitzahorn, liefern und einpflanzen.
Pflanzqualität: Solitär, H 3x verpflanzt mit Drahtballen
Besondere Eigenschaften: stadtklimaresistent, insektenfreundlich
Stammumfang; 16-18 cm

–	608€	**661€**	721€	–	[St]	⏱ 2,30 h/St	304.000.160

Nr.	Kurztext / Langtext						Kostengruppe
▶	▷	**ø netto €**	◁	◀	[Einheit]	Ausf.-Dauer	Positionsnummer

21 Straßenbaum, stadtklimaresistent, Acer platanoides "Columnare" KG **573**

Acer platanoides "Columnare" - Spitzahorn Säulenförmig, liefern und einpflanzen.
Pflanzqualität: Solitär, H 3x verpflanzt mit Drahtballen
Besondere Eigenschaft: stadtklimaresistent, insektenfreundlich
Stammumfang: 16-18cm

▶	▷	ø	◁	◀	Einheit	Ausf.-Dauer	Positionsnummer
423€	556€	**604€**	659€	737€	[St]	⏱ 2,40h/St	304.000.161

22 Straßenbaum, stadtklimaresistent, Prunus x schmittii KG **573**

Prunus x schmittii - Zierkirsche, liefern und einpflanzen.
Pflanzqualität: Solitär, H 3x verpflanzt mit Drahtballen
Besondere Eigenschaften: stadtklimaresistent, insektenfreundlich
Stammumfang: 16-18cm

▶	▷	ø	◁	◀	Einheit	Ausf.-Dauer	Positionsnummer
–	440€	**522€**	590€	–	[St]	⏱ 2,00h/St	304.000.167

Kosten:
Stand 2. Quartal 2026
Bundesdurchschnitt

23 Straßenbaum, stadtklimaresistent, Tilia x europaea KG **573**

Tilia x europaea "Pallida" - Kaiserlinde, liefern und einpflanzen.
Pflanzqualität: Solitär, H 3x verpflanzt mit Drahtballen
Besondere Eigenschaften: stadtklimaresistent, insektenfreundlich
Stammumfang: 16-18cm

▶	▷	ø	◁	◀	Einheit	Ausf.-Dauer	Positionsnummer
–	631€	**686€**	796€	–	[St]	⏱ 2,50h/St	304.000.168

24 Straßenbaum, stadtklimaresistent, Malus sylvestris KG **573**

Malus sylvestris - Holzapfel, liefern und einpflanzen.
Pflanzqualität: Solitär, H 3x verpflanzt mit Drahtballen
Besondere Eigenschaften: stadtklimaresistent, insektenfreundlich
Stammumfang: 10-12cm

▶	▷	ø	◁	◀	Einheit	Ausf.-Dauer	Positionsnummer
284€	392€	**412€**	478€	503€	[St]	⏱ 1,90h/St	304.000.169

25 Straßenbaum, stadtklimaresistent, Cornus mas KG **573**

Kornus mas - Kornelkirsche, liefern und einpflanzen.
Pflanzqualität: Solitär, H 3x verpflanzt mit Drahtballen
Besondere Eigenschaft: stadtklimaresistent, insektenfreundlich
Stammumfang: 10-12cm

▶	▷	ø	◁	◀	Einheit	Ausf.-Dauer	Positionsnummer
293€	406€	**431€**	496€	522€	[St]	⏱ 0,30h/St	304.000.162

▶ min
▷ von
ø Mittel
◁ bis
◀ max

26 Straßenbaum, stadtklimaresistent, Tilia cordata "Greenspire" KG **573**

Tilia cordata "Greenspire" - Stadtlinde, liefern und einpflanzen.
Pflanzqualität: Solitär, H 3x verpflanzt mit Drahtballen
Besondere Eigenschaft: stadtklimaresistent, insektenfreundlich
Stammumfang: 16-18cm

▶	▷	ø	◁	◀	Einheit	Ausf.-Dauer	Positionsnummer
–	574€	**611€**	696€	–	[St]	⏱ 2,50h/St	304.000.163

Nr.	Kurztext / Langtext						Kostengruppe
▶	▷	ø netto €	◁	◀	[Einheit]	Ausf.-Dauer	Positionsnummer

27 Straßenbaum, stadtklimaresistent, Robinia pseudoacacia "Nyirsegi" KG **573**

Robinia pseudoacacia "Nyirsegi" - Robinie, liefern und einpflanzen.
Pflanzqualität: Solitär H 3x verpflanzt mit Drahtballen
Besondere Eigenschaft: stadtklimaresistent, insektenfreundlich
Stammumfang: 16-18cm

397€	533€	**567€**	635€	697€	[St]	⏱ 2,20h/St	304.000.164

28 Anlagenbaum, stadtklimaresistent, Prunus avium KG **573**

Prunus avium - Vogelkirsche, liefern und einpflanzen.
Pflanzqualität: Solitär 3x verpflanzt mit Drahtballen
Besondere Eigenschaft: stadtklimaresistent, insektenfreundlich
Stammumfang: 16-18cm

361€	489€	**531€**	584€	627€	[St]	⏱ 2,20h/St	304.000.165

29 Anlagenbaum, stadtklimaresistent, Prunus cerasus KG **573**

Prunus cerasus - Sauerkirsche, liefern und einpflanze.
Pflanzqualität: Solitär 3x verpflanzt mit Drahtballen
Besondere Eigenschaft: stadtklimaresistent, insektenfreundlich
Stammumfang: 14-16cm

–	371€	**404€**	436€	–	[St]	⏱ 2,00h/St	304.000.166

30 Anlagenbaum, stadtklimaresistent, Salix caprea KG **573**

Salix caprea - Sal-Weide, liefern und einpflanze.
Pflanzqualität: Solitär 3x verpflanzt mit Drahtballen
Besondere Eigenschaft: stadtklimaresistent, insektenfreundlich
Stammumfang: 16-18cm

334€	464€	**499€**	563€	598€	[St]	⏱ 2,00h/St	304.000.170

31 Anlagenbaum, stadtklimaresistent, Salix alba KG **573**

Salix alba - Silberweide, liefern und einpflanze.
Pflanzqualität: Solitär 3x verpflanzt mit Drahtballen
Besondere Eigenschaft: stadtklimaresistent, insektenfreundlich
Stammumfang: 16-18cm

–	450€	**484€**	527€	–	[St]	⏱ 2,00h/St	304.000.171

32 Obstgehölz, Malus Eleyi KG **573**

Malus Eleyi - Zier-Apfel, liefern, in herzustellende und wieder zu verfüllende Pflanzgrube pflanzen.
Pflanzqualität: Hochstamm, 3x verpflanzt mit Drahtballen
Stammumfang: 16-18cm
Bodengruppe: .....

64€	86€	**90€**	101€	125€	[St]	⏱ 2,30h/St	304.000.130

Nr.	Kurztext / Langtext						Kostengruppe
▶	▷	ø netto €	◁	◀	[Einheit]	Ausf.-Dauer	Positionsnummer

33 Obstgehölz, Straßenbaum Pyrus calleryana Chanticleer KG **573**

Pyrus calleryana 'Chanticleer' - Stadt-Birne liefern, in herzustellende und wieder zu verfüllende Pflanzgrube pflanzen.
Pflanzqualität: Hochstamm, 3x verpflanzt mit Drahtballen
Stammumfang: 16-18cm
Bodengruppe: .....

366€ 469€ **520€** 529€ 708€ [St] ⏱ 2,30h/St 304.000.131

34 Obstgehölz, Prunus serrulata KG **573**

Prunus serrulata - Japanische Blütenkirsche, liefern, in herzustellende und wieder zu verfüllende Pflanzgrube pflanzen.
Pflanzqualität: Hochstamm, 3x verpflanzt mit Drahtballen
Stammumfang: 12-14cm
Bodengruppe: .....

335€ 407€ **441€** 452€ 495€ [St] ⏱ 1,80h/St 304.000.132

35 Weidentunnel, Salix alba KG **573**

Salix alba - Silber-Weide, liefern und pflanzen. Pflanzruten als Weidentunnel mit einander verflechten.
Material: geeignet für Einbau als Weidentunnel
Qualität: zweijährig, schlank und gleichmäßig biegsam
Äste: Länge ca. 3,00m

4€ 7€ **8€** 10€ 12€ [St] ⏱ 0,08h/St 304.000.133

36 Strauch, Salix purpurea KG **573**

Salix purpurea - Purpur-Weide, liefern, in herzustellende und wieder zu verfüllende Pflanzgrube pflanzen.
Pflanzqualität: Strauch, 4 Triebe ohne Ballen
Höhe: 100-150cm
Bodengruppe: .....

3€ 5€ **5€** 7€ 9€ [St] ⏱ 0,65h/St 304.000.134

37 Strauch, Amelanchier lamarckii KG **573**

Amelanchier lamarckii - Kupfer-Felsenbirne, liefern, in herzustellende und wieder zu verfüllende Pflanzgrube pflanzen.
Pflanzqualität: Strauch, 3x verpflanzt 3-5 Triebe mit Ballen
Höhe: 100-150cm
Bodengruppe: .....

42€ 57€ **61€** 66€ 81€ [St] ⏱ 0,95h/St 304.000.135

38 Strauch, Amelanchier laevis KG **573**

Amelanchier laevis - Hängende Felsenbirne, liefern, in herzustellende und wieder zu verfüllende Pflanzgrube pflanzen.
Pflanzqualität: Strauch, 3x verpflanzt mit Drahtballen
Höhe: 125-150cm
Bodengruppe: .....

78€ 106€ **124€** 132€ 148€ [St] ⏱ 0,95h/St 304.000.136

Kosten:
Stand 2.Quartal 2026
Bundesdurchschnitt

▶ min
▷ von
ø Mittel
◁ bis
◀ max

39 Strauch, Corylus avellana KG **573**

Corylus avellana - Gewöhnliche Haselnuss, liefern, in herzustellende und wieder zu verfüllende Pflanzgrube pflanzen.
Pflanzqualität: Strauch, 3x verpflanzt mit Ballen
Höhe: 125-150cm
Bodengruppe: .....

▶	▷	ø netto €	◁	◀	[Einheit]	Ausf.-Dauer	Positionsnummer
29€	36€	**39€**	44€	51€	[St]	⏱ 0,95h/St	304.000.137

40 Strauch, Rhododendron in Sorten KG **573**

Rhododendron in Sorten, liefern, in herzustellende und wieder zu verfüllende Pflanzgrube pflanzen.
Pflanzqualität: Strauch, im Container l
Höhe: 40-50cm
Bodengruppe: .....

▶	▷	ø netto €	◁	◀	[Einheit]	Ausf.-Dauer	Positionsnummer
58€	67€	**69€**	74€	83€	[St]	⏱ 0,25h/St	304.000.138

41 Strauch, Hydrangea KG **573**

Hydrangea - Hortensien in Sorten, liefern, in herzustellende und wieder zu verfüllende Pflanzgrube pflanzen.
Pflanzqualität: Strauch, 2x verpflanzt im Container 3l
Höhe: 40-60cm
Bodengruppe: .....

▶	▷	ø netto €	◁	◀	[Einheit]	Ausf.-Dauer	Positionsnummer
18€	25€	**27€**	29€	35€	[St]	⏱ 0,20h/St	304.000.139

42 Strauch, Syringa vulgaris KG **573**

Syringa vulgaris - Gemeiner Flieder, liefern, in herzustellende und wieder zu verfüllende Pflanzgrube pflanzen.
Pflanzqualität: Strauch, 3x verpflanzt mit Ballen
Höhe: 125-150cm
Bodengruppe: .....

▶	▷	ø netto €	◁	◀	[Einheit]	Ausf.-Dauer	Positionsnummer
46€	74€	**82€**	93€	122€	[St]	⏱ 0,25h/St	304.000.140

43 Strauch, Cornus mas KG **573**

Cornus mas - Kornelkirsche, liefern, in herzustellende und wieder zu verfüllende Pflanzgrube pflanzen.
Pflanzqualität: Strauch, 3x verpflanzt mit Ballen
Höhe: 150-175cm
Bodengruppe: .....

▶	▷	ø netto €	◁	◀	[Einheit]	Ausf.-Dauer	Positionsnummer
45€	54€	**56€**	69€	90€	[St]	⏱ 0,25h/St	304.000.141

44 Strauch, Taxus baccata KG **573**

Taxus baccata - Gewöhnliche Eibe, liefern, in herzustellende und wieder zu verfüllende Pflanzgrube pflanzen.
Pflanzqualität: Strauch, 5x verpflanzt mit Drahtballen
Höhe: 80-100cm
Bodengruppe: .....

▶	▷	ø netto €	◁	◀	[Einheit]	Ausf.-Dauer	Positionsnummer
81€	116€	**135€**	155€	220€	[St]	⏱ 0,30h/St	304.000.142

Nr.	Kurztext / Langtext						Kostengruppe
▶	▷	ø netto €	◁	◀	[Einheit]	Ausf.-Dauer	Positionsnummer

45 Strauch, Taxus media KG **573**

Taxus media - Heckeneibe, liefern, in herzustellende und wieder zu verfüllende Pflanzgrube pflanzen.
Pflanzqualität: Strauch, 5x verpflanzt mit Drahtballen
Höhe: 80-100cm
Bodengruppe: .....

75€	95€	**103€**	111€	132€	[St]	⏱ 0,25h/St	304.000.143

46 Strauch, Berberis KG **573**

Berberis - Berberitze in Sorten liefern, in herzustellende und wieder zu verfüllende Pflanzgrube pflanzen.
Pflanzqualität: Strauch, 2x verpflanzt mit Ballen
Höhe: 40-50cm
Bodengruppe: .....

21€	26€	**27€**	28€	30€	[St]	⏱ 0,25h/St	304.000.144

Kosten:
Stand 2. Quartal 2026
Bundesdurchschnitt

47 Strauch, Cotoneaster dammeri KG **573**

Cotoneaster dammeri - Zwergmispel, liefern, in herzustellende und wieder zu verfüllende Pflanzgrube pflanzen.
Pflanzqualität: Strauch, 2x verpflanzt im Container 2l
Höhe: 40-60cm
Bodengruppe: .....

2€	3€	**3€**	4€	4€	[St]	⏱ 0,25h/St	304.000.145

48 Strauch, Crataegus monogyna KG **573**

Crataegus monogyna - Rotdorn, liefern, in herzustellende und wieder zu verfüllende Pflanzgrube pflanzen.
Pflanzqualität: Strauch, 2x verpflanzt mit Drahtballen
Höhe: .....cm
Bodengruppe: .....

37€	49€	**57€**	66€	90€	[St]	⏱ 0,25h/St	304.000.159

49 Strauch, Lonicera nitida KG **573**

Lonicera nitida - Immergrüne Heckenkirsche, liefern, in herzustellende und wieder zu verfüllende Pflanzgrube pflanzen.
Pflanzqualität: Strauch, 2x verpflanzt mit Topfballen
Topfgröße: .....
Höhe: 40-60cm
Bodengruppe: .....

2€	3€	**4€**	5€	7€	[St]	⏱ 0,25h/St	304.000.147

▶ min
▷ von
Ø Mittel
◁ bis
◀ max

50 Strauch, Lonicera xylosteum KG **573**

Lonicera xylosteum - Heckenkirsche, liefern, in herzustellende und wieder zu verfüllende Pflanzgrube pflanzen.
Pflanzqualität: Strauch, 2x verpflanzt, ohne Ballen, 5 Triebe
Höhe: 100-150cm
Bodengruppe: .....

2€	7€	**8€**	10€	13€	[St]	⏱ 0,65h/St	304.000.148

Nr.	Kurztext / Langtext						Kostengruppe
▶	▷	**ø netto €**	◁	◀	[Einheit]	Ausf.-Dauer	Positionsnummer

51 Staude, Ziergräser in Sorten KG **573**

Ziergräser in verschiedenen Sorten liefern und pflanzen.
Pflanzqualität: Staude im Topfballen
Topfgröße: .....
Bodengruppe: .....

2€	3€	**4€**	4€	5€	[St]	⏱ 0,04h/St	304.000.149

52 Staude, Miscanthus sinensis KG **573**

Miscanthus sinensis - Feinhalm-Chinaschilf, liefern und pflanzen.
Pflanzqualität: Staude im Topfballen
Topfgröße: .....
Bodengruppe: .....

5€	6€	**6€**	7€	7€	[St]	⏱ 0,04h/St	304.000.150

53 Strauch, Rosa canina KG **573**

Rosa canina - Heckenrose, liefern und pflanzen.
Pflanzqualität: Strauch, 1x verpflanzt, ohne Ballen, 3-4 Triebe
Höhe: 60-100cm
Bodengruppe: .....

4€	6€	**7€**	8€	11€	[St]	⏱ 0,08h/St	304.000.151

54 Strauch, Wilde Rosen in Sorten KG **573**

Wilde Rosen in Sorten liefern und pflanzen.
Pflanzqualität: Strauch, 1x verpflanzt 3-4 Triebe ohne Ballen
Bodengruppe: .....

4€	5€	**6€**	6€	7€	[St]	⏱ 0,08h/St	304.000.152

55 Staude, Vinca minor KG **573**

Vinca minor - Kleinblättriges Immergrün, liefern und pflanzen.
Pflanzqualität: Staude, 2x verpflanzt 6-10 Triebe mit Ballen
Topfgröße: .....
Bodengruppe: .....

2€	3€	**3€**	3€	3€	[St]	⏱ 0,04h/St	304.000.153

56 Staude, Alchemilla mollis KG **573**

Alchemilla mollis - Frauenmantel, liefern und pflanzen.
Pflanzqualität: Staude mit Topfballen
Topfgröße: .....
Bodengruppe: .....

2€	3€	**3€**	3€	4€	[St]	⏱ 0,04h/St	304.000.154

Nr.	Kurztext / Langtext						Kostengruppe
▶	▷	**ø netto €**	◁	◀	[Einheit]	Ausf.-Dauer	Positionsnummer

57 Staude, Geranium macororrhizum KG **573**

Geranium macororrhizum - Balkan-Storchenschnabel, liefern und pflanzen.
Pflanzqualität: Staude mit Topfballen
Topfgröße: .....
Bodengruppe: .....

▶	▷	ø netto €	◁	◀	[Einheit]	Ausf.-Dauer	Positionsnummer
2€	3€	**3€**	3€	3€	[St]	⏱ 0,04h/St	304.000.155

58 Staude, Geranium sanguineum KG **573**

Geranium sanguineum - Weißer Blut-Storchenschnabel, liefern und pflanzen.
Pflanzqualität: Staude mit Topfballen
Topfgröße: .....
Bodengruppe: .....

▶	▷	ø netto €	◁	◀	[Einheit]	Ausf.-Dauer	Positionsnummer
2€	3€	**3€**	3€	3€	[St]	⏱ 0,04h/St	304.000.156

59 Staude, Geranium x magnificum KG **573**

Geranium x magnificum - Pracht-Storchenschnabel, liefern und pflanzen.
Pflanzqualität: Staude mit Topfballen
Topfgröße: .....
Bodengruppe: .....

▶	▷	ø netto €	◁	◀	[Einheit]	Ausf.-Dauer	Positionsnummer
2€	3€	**4€**	4€	5€	[St]	⏱ 0,04h/St	304.000.157

Kosten:
Stand 2. Quartal 2026
Bundesdurchschnitt

▶ min
▷ von
ø Mittel
◁ bis
◀ max

Nr.	Positionen	Einheit	▶	▷	ø brutto € / ø netto €	◁	◀
1	Betonpflasterdecke ausbauen, fördern, abfahren	m²	10	13	**15**	16	20
			8	11	**12**	14	17
2	Betonpflasterdecke aufnehmen, lagern	m²	7	12	**14**	15	21
			6	10	**11**	13	18
3	Natursteinkleinpflaster, aufnehmen, lagern	m²	15	18	**19**	22	26
			13	15	**16**	18	22
4	Gehwegplatten ausbauen, lagern	m²	8	11	**12**	16	21
			6	9	**10**	13	17
5	Betonbordstein aufnehmen, entsorgen	m	15	18	**19**	22	29
			13	15	**16**	19	24
6	Bordstein, Naturstein, ausbauen, lagern	m	10	11	**12**	13	15
			8	10	**10**	11	13
7	Rasengittersteine ausbauen und entsorgen	m²	13	17	**19**	21	24
			11	14	**16**	18	21
8	Ziegelpflaster aufnehmen, entsorgen	m²	23	30	**31**	33	39
			19	25	**26**	27	33
9	Asphaltbelag aufbrechen, entsorgen	m²	27	35	**37**	41	49
			23	29	**31**	34	41
10	Abbruch Mauerwerk, Ziegel	m³	85	137	**151**	167	200
			72	115	**127**	140	168
11	Bruchsteinmauerwerk abbrechen	m³	–	260	**317**	386	–
			–	218	**266**	325	–
12	Abbruch, unbewehrte Betonteile	m³	94	129	**144**	160	191
			79	108	**121**	134	161
13	Befestigte Flächen aufnehmen, lagern	m²	11	15	**17**	18	21
			10	13	**14**	15	18
14	Treppen/Bordsteine/Kantensteine aufnehmen, entsorgen	m	12	16	**19**	19	24
			10	13	**16**	16	20
15	Außentreppenstufen abbrechen, Beton	St	72	320	**359**	408	449
			60	269	**302**	342	377
16	Terrassenbelag, Holz, abbauen, entsorgen	m²	–	17	**28**	36	–
			–	14	**23**	30	–
17	Entwässerungsrinne, ausbauen, entsorgen	m	12	17	**17**	22	27
			10	14	**14**	18	23
18	Mastleuchte abbrechen, entsorgen	St	–	215	**373**	501	–
			–	181	**313**	421	–
19	Tragschicht, Schotter aufnehmen, entsorgen	m³	35	45	**48**	51	59
			30	37	**40**	43	49
20	Tragschicht, Schotter aufnehmen, lagern	m²	4	5	**6**	7	9
			3	5	**5**	6	7
21	Untergrund verdichten, Wegeflächen	m²	2	2	**3**	3	5
			1	2	**2**	3	4
22	Planum herstellen	m²	1	2	**3**	3	5
			1	2	**2**	3	4
23	Frostschutzschicht, Schotter 0/32, bis 30cm	m²	18	25	**27**	33	44
			15	21	**23**	27	37
24	Frostschutzschicht, Schotter 0/45, bis 30cm	m²	19	26	**29**	34	45
			16	22	**25**	29	38

380

Kosten:
Stand 2. Quartal 2026
Bundesdurchschnitt

▶ min
▷ von
ø Mittel
◁ bis
◀ max

Nr.	Positionen	Einheit	►	▷	ø brutto € / ø netto €	◁	◄
25	Frostschutzschicht, RCL 0/56, bis 30cm	m²	21	23	**24**	26	30
			17	19	**20**	22	25
26	Frostschutzschicht, Kies 0/16, bis 30cm	m²	15	17	**18**	20	22
			12	14	**15**	17	19
27	Frostschutzschicht, Kies 0/32, bis 30cm	m²	22	25	**27**	28	31
			18	21	**22**	23	26
28	Frostschutzschicht, Kies 0/45, bis 30cm	m²	18	21	**23**	24	27
			15	18	**19**	20	23
29	Tragschicht, Schotter 0/16, bis 30cm	m²	13	15	**16**	19	23
			11	13	**14**	16	20
30	Tragschicht, Schotter 0/32, bis 30cm	m²	16	20	**21**	23	27
			13	17	**18**	20	23
31	Tragschicht, Schotter 0/45, bis 30cm	m²	20	23	**24**	28	36
			17	19	**21**	24	31
32	Tragschicht, Kies 0/16, bis 30cm	m²	16	18	**18**	20	22
			14	15	**15**	16	19
33	Tragschicht, Kies 0/32, bis 30cm	m²	16	19	**21**	24	31
			14	16	**18**	20	26
34	Tragschicht, Kies 0/45, bis 30cm	m²	21	26	**28**	30	35
			17	21	**24**	25	30
35	Asphalttragschicht, 10cm	m²	27	31	**34**	37	43
			23	26	**29**	31	36
36	Rasentragschicht 0/32	m²	15	18	**20**	22	25
			12	15	**17**	18	21
37	Rasentragschicht 0/45	m²	18	26	**31**	34	42
			15	22	**26**	29	35
38	Rasenpflaster aus Beton	m²	67	75	**79**	84	94
			56	63	**67**	71	79
39	Frostschutzschicht, Schotter 0/16, bis 30cm	m²	17	22	**23**	26	33
			15	18	**20**	22	28
40	Betonplattenbelag, 40x40	m²	73	89	**95**	100	111
			61	75	**80**	84	93
41	Betonplattenbelag, großformatig	m²	88	106	**112**	141	173
			74	89	**94**	119	145
42	Balkonbelag, Betonwerkstein	m²	119	149	**167**	189	224
			100	125	**140**	159	188
43	Pflasterdecke, Betonpflaster	m²	55	60	**64**	67	71
			46	50	**54**	56	59
44	Pflasterdecke, Granit, 8x8	m²	121	144	**155**	164	182
			102	121	**130**	137	153
45	Pflasterdecke, Granit 9x9	m²	166	182	**191**	207	229
			140	153	**160**	174	192
46	Pflasterdecke, Granit 10x10	m²	185	188	**204**	218	246
			156	158	**171**	184	207
47	Pflasterdecke, Granit, 11x11	m²	199	213	**215**	229	249
			167	179	**181**	192	210
48	Plattenbelag, Granit, 60x60	m²	108	127	**138**	148	173
			90	107	**116**	125	145

Kosten:
Stand 2. Quartal 2026
Bundesdurchschnitt

Nr.	Positionen	Einheit	▶	▷	ø brutto € / ø netto €	◁	◀
49	Plattenbelag, Basalt, 60x60	m²	203	276	**303**	349	373
			171	232	**255**	293	313
50	Plattenbelag, Travertin, 60x60	m²	155	224	**228**	267	294
			130	188	**192**	224	247
51	Plattenbelag, Sandstein, 60x60	m²	181	204	**217**	228	247
			152	171	**182**	191	208
52	Versickerungsfähiges Pflaster, Beton, 15x15	m²	49	67	**70**	82	88
			41	56	**59**	69	74
53	Versickerungsfähiges Pflaster, Beton, 30x15	m²	53	67	**72**	82	92
			44	57	**61**	69	77
54	Versickerungsfähiges Pflaster, Doppel-T-Verbundstein, 20x16,5cm	m²	33	44	**47**	54	57
			28	37	**40**	45	48
55	Pflasterzeile, Großformat, einzeilig	m	42	48	**49**	50	56
			36	41	**41**	42	47
56	Pflasterzeile, Granit, einzeilig, 15x17x17	m	53	63	**68**	79	105
			45	53	**57**	66	88
57	Pflasterzeile, Granit, dreizeilig	m	61	82	**93**	118	153
			51	69	**78**	99	129
58	Bordstein, Beton, 12x15x25, L=100cm	m	49	53	**54**	58	65
			41	45	**46**	49	54
59	Bordstein, Beton, 12x15x30, L=100cm	m	59	66	**69**	75	85
			49	55	**58**	63	71
60	Bordstein, Beton, 8x25, L=100cm	m	37	42	**46**	50	55
			31	35	**38**	42	46
61	Bordstein, Beton, 10x25cm, L=100cm	m	40	42	**43**	44	49
			33	35	**37**	37	41
62	Bordstein, Granit	m	63	86	**99**	113	144
			53	72	**83**	95	121
63	Blockstufe, Beton, 100x35x15	St	229	272	**303**	315	347
			193	228	**254**	264	292
64	Pflastersteine schneiden, Beton	m	23	27	**29**	36	45
			19	23	**25**	30	38
65	Plattenbelag schneiden, Beton	m	24	27	**28**	33	41
			20	23	**24**	28	35
66	Lastplattendruckversuch	St	280	364	**374**	412	477
			235	306	**314**	346	401
67	Wassergebundene Decke	m²	20	25	**26**	27	32
			17	21	**22**	23	27
68	Schotterrasen herstellen	m²	19	25	**27**	34	44
			16	21	**23**	28	37
69	Winkelstützmauerelement, Beton, Höhe 55cm	m	164	205	**222**	259	325
			137	172	**186**	218	273
70	Winkelstützmauerelement, Beton, Höhe 105cm	m	316	370	**382**	397	462
			266	311	**321**	334	388
71	Winkelstützmauerelement, Beton, Höhe 155cm	m	427	504	**553**	613	715
			359	424	**465**	515	601

▶ min
▷ von
ø Mittel
◁ bis
◀ max

Nr.	Positionen	Einheit	▶	▷	ø brutto € / ø netto €	◁	◀
72	Rippenplatten, 30x30x8, Rippenabstand 50x6, o. Fase, weiß	m²	–	207	**216**	270	–
			–	174	**182**	227	–
73	Rippenplatten, 30x30x8, Rippenabstand 50x7, mit Fase, anthrazit	m²	169	224	**249**	299	309
			142	188	**209**	251	260
74	Rippenplatten, 30x30x8, Rippenabstand 40x7, mit Fase, weiß	m²	165	194	**215**	221	266
			138	163	**181**	186	224
75	Rippenplatten, 30x30x8, Rippenabstand 50x6, o. Fase, anthrazit	m²	–	223	**235**	291	–
			–	187	**197**	244	–
76	Rippenplatte, 20x10x8, Rippenabstand 40x2, mit Fase, weiß	m	–	172	**180**	210	–
			–	145	**151**	177	–
77	Noppenplatten, 30x30x8, 32 Noppen, mit Fase, Kegel, anthrazit	m²	–	211	**220**	272	–
			–	177	**185**	229	–
78	Noppenplatten, 30x30x8, 32 Noppen, mit Fase, Kegel, weiß	m²	153	208	**221**	255	266
			128	175	**186**	214	223
79	Noppenplatten, 30x30x8, 32 Noppen, mit Fase, Kugel, weiß	m²	152	206	**217**	273	282
			127	173	**182**	229	237
80	Noppenplatten, 30x30x8, 32 Noppen, mit Fase, Kugel, anthrazit	m²	–	213	**227**	276	–
			–	179	**190**	232	–
81	Leitstreifen Rippenplatte, einreihig	m	484	563	**569**	617	685
			406	473	**478**	518	575
82	Aufmerksamkeitsfeld, 90x90cm, Noppenplatte	m²	170	201	**216**	240	271
			142	169	**182**	202	228
83	Einstiegsfeld, 90x90cm, Noppenplatte	m²	192	250	**274**	335	349
			161	210	**231**	281	293
84	Rollstuhl-Überfahrtstein, 18x22, L=100cm	m	128	172	**192**	207	222
			108	145	**161**	174	187
85	Tastbordstein, Beton, 25x20, L=50cm	m	111	150	**158**	183	193
			93	126	**133**	154	162
86	Rollbordstein, Beton, 25x20, L=100cm	m	–	154	**161**	195	–
			–	130	**135**	163	–
87	Übergangsbordstein, Beton, dreiteilig, 12x18x30, L=100cm	m	–	211	**225**	258	–
			–	177	**189**	217	–
88	Übergangsbordstein, Beton, dreiteilig, 18x22, L=100cm	m	128	180	**186**	227	234
			108	151	**156**	190	197
89	L-Stufe, Kontraststreifen Beton,15x38, L=120cm	m	189	256	**270**	324	337
			159	215	**227**	272	283
90	L-Stufe, Kontraststreifen PVC,15x38, L=120cm	m	162	210	**229**	270	283
			136	177	**192**	227	238

Kosten:
Stand 2. Quartal 2026
Bundesdurchschnitt

Nr.	Positionen	Einheit	▶	▷	ø brutto € / ø netto €	◁	◀
91	Legestufe, Kontraststreifen PVC, 8x40x120	m	181	235	**245**	281	308
			152	197	**206**	236	259
92	Legestufe, Kontraststreifen Beton, 8x40x120	m	198	265	**279**	324	346
			166	223	**234**	272	291
93	Winkelstufe, Kontraststreifen PVC, 20x36x120	m	42	52	**54**	63	67
			36	43	**46**	53	57
94	Winkelstufe, Kontraststreifen Beton, 20x36x120	m	201	258	**271**	317	339
			169	216	**228**	267	285
95	Blockstufe, Kontraststreifen PVC, 20x40x120	m	–	253	**263**	308	–
			–	212	**221**	259	–
96	Blockstufe, Kontraststreifen Beton, 20x40x120	m	273	286	**291**	309	335
			230	240	**244**	259	281
97	Taktiles Bodenleitsystem Fräsen, 7 Rillen	m	–	181	**199**	237	–
			–	152	**167**	199	–
98	Rampenstufen, Betonfertigteil	St	83	115	**124**	142	148
			70	97	**104**	119	125
99	Taktiles Bodenleitsystem Fräsen, 1 Rille	m	–	67	**71**	83	–
			–	56	**60**	70	–
100	Fräsen eines Aufmerksamkeitsfeldes	St	135	178	**195**	223	230
			113	149	**164**	187	194
101	Richtungsänderung fräsen	St	–	256	**269**	318	–
			–	215	**226**	267	–
102	Maschinenumstellung	St	40	51	**61**	70	72
			34	43	**51**	59	61
103	Überfahrrampe Balkon-/Terrassentüren Höhe bis 125mm	St	904	1.244	**1.309**	1.506	1.545
			759	1.045	**1.100**	1.265	1.298
104	Weg-/Beetbegrenzung, Aluminium, gerade	m	48	63	**73**	77	95
			40	53	**61**	64	80
105	Weg-/Beetbegrenzung, Aluminium, Bogen	m	118	152	**160**	180	198
			99	127	**134**	152	166
106	Weg-/Beetbegrenzung, Aluminium, Stoßverbinder	St	101	131	**138**	157	168
			84	110	**116**	132	141
107	Weg-/Beetbegrenzung, Aluminium, Eckverbinder, Außenecke 90°	St	64	69	**72**	76	84
			54	58	**60**	64	71
108	Weg-/Beetbegrenzung, Aluminium, Erdnagel	St	30	39	**41**	47	51
			26	33	**34**	40	43
109	Gabionen, 50x50x50	St	139	184	**196**	226	237
			117	155	**165**	190	199
110	Gabionen, 100x50x50	St	–	258	**278**	322	–
			–	217	**233**	271	–
111	Gabionen, 150x100x50	St	235	336	**346**	412	426
			198	282	**291**	346	358
112	Gabionen, 100x100x100	St	452	607	**646**	743	775
			380	510	**543**	624	651
113	Gabionen, 200x50x50	St	325	450	**478**	564	579
			273	378	**402**	474	486

▶ min
▷ von
ø Mittel
◁ bis
◀ max

Nr.	Positionen	Einheit	►	▷	ø brutto € / ø netto €	◁	◄
114	Gabionen, 200x100x50	St	–	619	**652**	743	–
			–	521	**548**	625	–
115	Gabionen, 300x50x50	St	395	560	**590**	661	690
			332	471	**496**	555	580
116	Trockenmauer als freistehende Mauer-Granitblöcke-Findlinge	m	296	408	**429**	485	511
			249	343	**361**	407	429
117	Trockenmauer als Stützwand - Bruchsteinmauerwerk	m	425	481	**507**	583	608
			358	404	**426**	490	511
118	Natursteinmauerwerk als Außenwand	m	255	298	**304**	328	375
			214	250	**255**	276	315
119	Naturwerksteinmauerwerk als Zyklopenmauerwerk	m³	467	725	**838**	912	1.230
			392	609	**704**	766	1.033
120	Speicherelement, Flachtank Niederschlagswasser, 600l	St	954	1.173	**1.289**	1.380	1.470
			802	986	**1.084**	1.159	1.235
121	Speicherelement, Zisterne Niederschlagswasser, 1.000l	St	–	2.729	**2.903**	3.194	–
			–	2.293	**2.440**	2.684	–
122	Speicherelement, Rigole, Niederschlagswasser, 420l	St	579	783	**851**	927	1.046
			486	658	**715**	779	879
123	Speicherelement, Sickertunnel, Niederschlagswasser, 300l	St	414	529	**576**	627	685
			348	445	**484**	527	576
124	Speicherelement, Box Niederschlagswasser, 400l	St	–	1.137	**1.223**	1.333	–
			–	955	**1.027**	1.120	–

Nr. **Kurztext** / Langtext Kostengruppe

► ▷ **ø netto €** ◁ ◄ [Einheit] Aust.-Dauer Positionsnummer

1 Betonpflasterdecke ausbauen, fördern, abfahren KG **594**

Abbruch Plattenbelag inkl. Bettung. Stoffe sammeln, auf Lkw des AN laden, zur Verwertungsanlage transportieren und entsorgen. Die Entsorgungsgebühren werden vom AN übernommen.
Plattenbelag: Betonplatten
Maße: 50 x 50 x 5cm
Bettung: Kiessand
Dicke: 10cm
Geräteeinsatz möglich: .....
Zuordnung Abfall: nicht gefährlich, nicht schadstoffbelastet, Zuordnung RC 1 (nach EBV)

8€ 11€ **12€** 14€ 17€ [m²] ⏱ 0,10h/m² 380.000.214

2 Betonpflasterdecke aufnehmen, lagern KG **594**

Pflasterbelag einschl. Bettung aufnehmen, reinigen und zur Wiederverwendung seitlich lagern.
Pflasterbelag: Betonpflastersteine
Plattendicke: 8cm
Bettung: Kiessand
Bettungsdicke: 4cm
Förderweg: bis 50m Entfernung auf der Baustelle

6€ 10€ **11€** 13€ 18€ [m²] ⏱ 0,12h/m² 380.000.215

Nr.	Kurztext / Langtext						Kostengruppe
▶	▷	**ø netto €**	◁	◀	[Einheit]	Ausf.-Dauer	Positionsnummer

3 Natursteinkleinpflaster, aufnehmen, lagern KG **594**

Natursteinkleinpflaster aufnehmen Bettung aus Sand/Brechsandgemisch, reinigen, seitlich bis zum Wiedereinbau lagern.
Pflastermaterial: .....
Format: .....
Förderweg: .....m

▶	▷	ø	◁	◀	Einheit	Ausf.-Dauer	Positionsnummer
13€	15€	**16€**	18€	22€	[m²]	⏱ 0,15h/m²	380.000.266

4 Gehwegplatten ausbauen, lagern KG **594**

Gehwegplatten aus Betonwerkstein im Sandbett ausbauen, Platten reinigen, laden, fördern und zur Wiederverwendung bauseitig lagern.
Format: bis 50 x 50cm
Belagdicke: 8cm
Förderweg: bis 50m

▶	▷	ø	◁	◀	Einheit	Ausf.-Dauer	Positionsnummer
6€	9€	**10€**	13€	17€	[m²]	⏱ 0,17h/m²	380.000.289

5 Betonbordstein aufnehmen, entsorgen KG **594**

Abbruch Bordsteine mit beidseitiger Rückenstütze einschl. Fundament aufnehmen, aufgenommen Stoffe laden und entsorgen.
Bordstein: Betonbordstein
Form: HB 15 x 30
Fundamentbeton: C12/15
Bettungsdicke: 30cm
Geräteeinsatz möglich: .....
Zuordnung Abfall: nicht gefährlich, nicht schadstoffbelastet, Zuordnung RC 1 (nach EBV)

▶	▷	ø	◁	◀	Einheit	Ausf.-Dauer	Positionsnummer
13€	15€	**16€**	19€	24€	[m]	⏱ 0,18h/m	380.000.216

6 Bordstein, Naturstein, ausbauen, lagern KG **594**

Bordsteine Naturstein, mit beidseitiger Rückenstütze einschl. Bettung aufnehmen und anfallende Stoffe seitlich lagern.
Bordstein: .....
Maße: 15 x 30cm
Maschineneinsatz: **ja / nein**

▶	▷	ø	◁	◀	Einheit	Ausf.-Dauer	Positionsnummer
8€	10€	**10€**	11€	13€	[m]	⏱ 0,15h/m	380.000.268

7 Rasengittersteine ausbauen und entsorgen KG **594**

Rasengittersteine aus Beton ausbauen und entsorgen.
Zuordnung Abfall: nicht gefährlich, nicht schadstoffbelastet, Zuordnung RC 1 (nach EBV)

▶	▷	ø	◁	◀	Einheit	Ausf.-Dauer	Positionsnummer
11€	14€	**16€**	18€	21€	[m²]	⏱ 0,15h/m²	380.000.291

8 Ziegelpflaster aufnehmen, entsorgen KG **594**

Ziegelpflaster abbrechen, Bauschutt entsorgen.
Bereich: .....
Zuordnung Abfall: nicht gefährlich, nicht schadstoffbelastet, Zuordnung RC 1 (nach EBV)

▶	▷	ø	◁	◀	Einheit	Ausf.-Dauer	Positionsnummer
19€	25€	**26€**	27€	33€	[m²]	⏱ 0,25h/m²	380.000.292

Kosten:
Stand 2. Quartal 2026
Bundesdurchschnitt

▶ min
▷ von
ø Mittel
◁ bis
◀ max

Nr.	Kurztext / Langtext						Kostengruppe
▶	▷	ø netto €	◁	◀	[Einheit]	Ausf.-Dauer	Positionsnummer

9 Asphaltbelag aufbrechen, entsorgen KG **594**

Asphaltbelag streifenförmig aufbrechen, einschl. Unterbau aus Kies-Schotter-Gemisch. Anfallende Stoffe laden, abfahren und entsorgen, einschl. Deponiegebühr.
Material: unbelastetes Bitumen
Asphalt Dicke: bis 15 cm
Breite: 70-100 cm
Unterbau Dicke: ..... cm
Maschineneinsatz: **ja / nein**

▶	▷	ø netto €	◁	◀	[Einheit]	Ausf.-Dauer	Positionsnummer
23€	29€	**31€**	34€	41€	[m²]	⏱ 0,16 h/m²	380.000.217

10 Abbruch Mauerwerk, Ziegel KG **594**

Maschineller Abbruch von Mauerwerk aus Mauersteinen aller Fertigungsklassen als unbelastetes Mauerwerk aller Art. Aufgenommene Stoffe sortenrein getrennt sammeln, ohne Zerkleinerung auf Lkw laden. Die Entsorgung wird gesondert vergütet.
Arbeitshöhe bis ..... m
Abbruchtiefe bis ..... m
Abfallschlüssel nach AVV: 170102 Ziegel
Abfallschlüssel nach AVV: 170107 Gemischter Bauschutt

▶	▷	ø netto €	◁	◀	[Einheit]	Ausf.-Dauer	Positionsnummer
72€	115€	**127€**	140€	168€	[m³]	⏱ 0,92 h/m³	380.000.300

11 Bruchsteinmauerwerk abbrechen KG **594**

Bruchsteinmauerwerk, abbrechen und entsorgen. Die aufgenommenen Stoffe sammeln, auf Lkw des AN laden, zur Verwertungsanlage transportieren und entsorgen. Die Entsorgungsgebühren werden vom AN übernommen.
Wanddicke: bis 80 cm

▶	▷	ø netto €	◁	◀	[Einheit]	Ausf.-Dauer	Positionsnummer
–	218€	**266€**	325€	–	[m³]	⏱ 2,20 h/m³	380.000.301

12 Abbruch, unbewehrte Betonteile KG **594**

Maschineller Abbruch von Betonteilen. Stoffe sortenrein getrennt sammeln und ohne Zerkleinerung auf Lkw des AN laden, zur Verwertungsanlage transportieren und entsorgen.
Material: unbelastetes Mauerwerk
Abbruchtiefe: ..... cm
Stoffe sammeln, auf Lkw des AN laden, zur Verwertungsanlage transportieren und entsorgen.

▶	▷	ø netto €	◁	◀	[Einheit]	Ausf.-Dauer	Positionsnummer
79€	108€	**121€**	134€	161€	[m³]	⏱ 0,90 h/m³	380.000.213

13 Befestigte Flächen aufnehmen, lagern KG **594**

Pflasterbelag aufnehmen, reinigen, laden und bis zur Wiederverwendung auf Europaletten lagenweise im Verband stapeln und bauseitig lagern. Fördern bis 50 m Entfernung auf der Baustelle.
Belag: **Naturstein / Betonwerkstein**
Belagsstärke: bis 8 cm
Bettung: Sand
Dicke: ..... cm
Maschineneinsatz: **ja / nein**

▶	▷	ø netto €	◁	◀	[Einheit]	Ausf.-Dauer	Positionsnummer
10€	13€	**14€**	15€	18€	[m²]	⏱ 0,12 h/m²	380.000.218

Nr.	Kurztext / Langtext						Kostengruppe
▶	▷	ø netto €	◁	◀	[Einheit]	Ausf.-Dauer	Positionsnummer

14 Treppen/Bordsteine/Kantensteine aufnehmen, entsorgen KG **594**

Betonfertigteile einschl. Fundamente aufnehmen und Stoffe sortenrein laden und entsorgen.
Fertigteile: **Treppen / Bordsteine / Einfassungen / Kantensteine**
Fundamenttiefe: bis 30cm
Maschineneinsatz: **ja / nein**

▶	▷	ø	◁	◀	Einheit	Ausf.-Dauer	Positionsnummer
10€	13€	**16€**	16€	20€	[m]	⏱ 0,10h/m	380.000.219

15 Außentreppenstufen abbrechen, Beton KG **594**

Außentreppenstufen aus Beton einschl. Unterbau, ohne Schadstoffbelastung, Zuordnung RC 1 (nach EBV), abbrechen. Leistung inkl. Transport und Entsorgungskosten. Die Entsorgung sämtlicher Abfälle hat unter Erfüllung der abfallrechtlichen Deklarations-, Nachweis- und Dokumentationspflicht zu erfolgen. Treppenbreite: bis 2,0m
Stufenabmessung: .....
Abfallschlüssel nach AVV: 170101 Beton
Ausführung: mit Geräteeinsatz im Freien
Transportweg: bis .....km
Anlage (Bezeichnung/Ort): .....

▶	▷	ø	◁	◀	Einheit	Ausf.-Dauer	Positionsnummer
60€	269€	**302€**	342€	377€	[St]	⏱ 4,00h/St	380.000.293

Kosten:
Stand 2. Quartal 2026
Bundesdurchschnitt

16 Terrassenbelag, Holz, abbauen, entsorgen KG **594**

Terrassenbelag aus Hartholz, einschl. Lagerhölzer abbauen und entsorgen
Holzart: .....

▶	▷	ø	◁	◀	Einheit	Ausf.-Dauer	Positionsnummer
–	14€	**23€**	30€	–	[m²]	⏱ 0,25h/m²	380.000.294

17 Entwässerungsrinne, ausbauen, entsorgen KG **594**

Entwässerungsrinne inklusive Rost und Bettung ausbauen und entsorgen.
Rinne: DN100
Rinnenmaterial: Beton
Bettung: Beton
Rückenstütze: Beton
Bettungsdicke: 10cm

▶	▷	ø	◁	◀	Einheit	Ausf.-Dauer	Positionsnummer
10€	14€	**14€**	18€	23€	[m]	⏱ 0,18h/m	380.000.210

18 Mastleuchte abbrechen, entsorgen KG **594**

Mastleuchte, inkl. Fundament und alle Bestandteilen, abbrechen und entsorgen.
Material: Stahl
Höhe über Gelände: bis 5,00m

▶	▷	ø	◁	◀	Einheit	Ausf.-Dauer	Positionsnummer
–	181€	**313€**	421€	–	[St]	⏱ 3,00h/St	380.000.282

19 Tragschicht, Schotter aufnehmen, entsorgen KG **594**

Schottertragschicht und Frostschutzschicht, zwischengelagert laden und entsorgen.
Dicke: bis 30cm

▶	▷	ø	◁	◀	Einheit	Ausf.-Dauer	Positionsnummer
30€	37€	**40€**	43€	49€	[m³]	⏱ 0,20h/m³	380.000.220

▶ min
▷ von
ø Mittel
◁ bis
◀ max

Nr.	Kurztext / Langtext						Kostengruppe
▶	▷	ø netto €	◁	◀	[Einheit]	Ausf.-Dauer	Positionsnummer

20 Tragschicht, Schotter aufnehmen, lagern KG **594**

Schottertragschicht aufnehmen und lagern Die Oberfläche ist durch abkratzen zu säubern. Position ohne Abfuhr und Entsorgung.
Stärker: bis 30cm
Körnung: 0/56

3€	5€	**5€**	6€	7€	[m²]	⏱ 0,08h/m²	380.000.221

21 Untergrund verdichten, Wegeflächen KG **530**

Untergrund für Wegeflächen verdichten, einschl. Ausgleich von Unebenheiten. Beschreibung der Homogenbereiche nach Unterlagen des AG.
Verdichtungsgrad DPr: 100%
Abweichung von der Sollhöhe: +/-3cm

1€	2€	**2€**	3€	4€	[m²]	⏱ 0,02h/m²	380.000.222

22 Planum herstellen KG **530**

Planum für befestigte Fläche herstellen und überschüssigen Boden entsorgen. Beschreibung der Homogenbereiche nach Unterlagen des AG.
Auf- und Abtrag: bis 5cm
Zulässige Abweichung der Sollhöhe: +/-2cm

1€	2€	**2€**	3€	4€	[m²]	⏱ 0,02h/m²	380.000.224

23 Frostschutzschicht, Schotter 0/32, bis 30cm KG **530**

Frostschutzschicht aus Schotter einbauen und profilgerecht verdichten.
Einbauort: .....
Belastungsklasse RStO 12: .....
Schichtdicke: bis 30cm
Körnung: 0/32
Sieblinie: .....
Verdichtungsgrad DPr: ..... %

15€	21€	**23€**	27€	37€	[m²]	⏱ 0,14h/m²	380.000.226

24 Frostschutzschicht, Schotter 0/45, bis 30cm KG **530**

Frostschutzschicht aus Schotter, einschl. profilgerecht verdichten.
Einbauort: .....
Belastungsklasse RStO 12: .....
Schichtdicke: bis 30cm
Körnung: 0/45
Sieblinie: .....
Verdichtungsgrad DPr: 1

16€	22€	**25€**	29€	38€	[m²]	⏱ 0,14h/m²	380.000.227

Nr.	Kurztext / Langtext						Kostengruppe
▶	▷	ø netto €	◁	◀	[Einheit]	Ausf.-Dauer	Positionsnummer

25 Frostschutzschicht, RCL 0/56, bis 30cm KG **530**

Frostschutzschicht aus Recycling-Baustoff einbauen und profilgerecht verdichten.
Einbauort: Fahr- und Parkbereich
Belastungsklasse RStO 12: .....
Schichtdicke: bis 30cm
Körnung: 0/56
Belastungsklasse RSTO12: .....
Sieblinie: .....
Verdichtungsgrad DPr: 1

▶	▷	ø	◁	◀	Einheit	Ausf.-Dauer	Positionsnummer
17€	19€	**20€**	22€	25€	[m²]	0,14h/m²	380.000.228

26 Frostschutzschicht, Kies 0/16, bis 30cm KG **530**

Frostschutzschicht aus Kies einbauen und profilgerecht verdichten.
Einbauort: .....
Belastungsklasse RStO 12: .....
Schichtdicke: bis 30cm
Körnung: 0/16
Sieblinie: .....
Verdichtungsgrad DPr: ..... %

▶	▷	ø	◁	◀	Einheit	Ausf.-Dauer	Positionsnummer
12€	14€	**15€**	17€	19€	[m²]	0,14h/m²	380.000.229

27 Frostschutzschicht, Kies 0/32, bis 30cm KG **530**

Frostschutzschicht aus Kies einbauen und profilgerecht verdichten.
Einbauort: .....
Belastungsklasse RStO 12: .....
Schichtdicke: bis 30cm
Körnung: 0/32
Verdichtungsgrad DPr: ..... %

▶	▷	ø	◁	◀	Einheit	Ausf.-Dauer	Positionsnummer
18€	21€	**22€**	23€	26€	[m²]	0,14h/m²	380.000.230

28 Frostschutzschicht, Kies 0/45, bis 30cm KG **530**

Frostschutzschicht aus Kies einbauen und profilgerecht verdichten.
Einbauort: .....
Belastungsklasse RStO 12: .....
Schichtdicke: bis 30cm
Körnung: 0/45
Verdichtungsgrad DPr: ..... %

▶	▷	ø	◁	◀	Einheit	Ausf.-Dauer	Positionsnummer
15€	18€	**19€**	20€	23€	[m²]	0,14h/m²	380.000.231

Kosten:
Stand 2. Quartal 2026
Bundesdurchschnitt

▶ min
▷ von
ø Mittel
◁ bis
◀ max

Nr.	**Kurztext** / Langtext						Kostengruppe
▶	▷	**ø netto €**	◁	◀	[Einheit]	Ausf.-Dauer	Positionsnummer

29 Tragschicht, Schotter 0/16, bis 30cm — KG **530**

Tragschicht aus Schotter gemäß ZTV-SoB-STB mit Verdichtungsgrad mind. DPr 95 % herstellen. Nachweis der Frostbeständigkeit ist vorzulegen. Verwendung von Recyclingmaterial ist nicht zulässig.
Einbauort: .....
Belastungsklasse RStO 12: .....
Schichtdicke: bis 30 cm
Körnung: 0/16
Sieblinie: .....
Sollhöhe: zulässige Abweichung +/-2,0 cm

11€	13€	**14€**	16€	20€	[m²]	⏱ 0,12 h/m²	380.000.232

30 Tragschicht, Schotter 0/32, bis 30cm — KG **530**

Tragschicht aus Schotter gemäß ZTV-SoB-STB mit Verdichtungsgrad mind. DPr 95 % herstellen. Nachweis der Frostbeständigkeit ist vorzulegen. Verwendung von Recyclingmaterial ist nicht zulässig.
Einbauort: .....
Belastungsklasse RStO 12: .....
Schichtdicke: bis 30 cm
Körnung: 0/32
Sieblinie: .....
Sollhöhe: zulässige Abweichung +/-2,0 cm

13€	17€	**18€**	20€	23€	[m²]	⏱ 0,12 h/m²	380.000.233

31 Tragschicht, Schotter 0/45, bis 30cm — KG **530**

Tragschicht aus Schotter gemäß ZTV-SoB-STB mit Verdichtungsgrad mind. DPr 95 % herstellen. Nachweis der Frostbeständigkeit ist vorzulegen. Verwendung von Recyclingmaterial ist nicht zulässig.
Einbauort: .....
Belastungsklasse RStO 12:
Schichtdicke: bis 30 cm
Körnung: 0/45
Sieblinie: .....
Sollhöhe: zulässige Abweichung +/-2,0 cm

17€	19€	**21€**	24€	31€	[m²]	⏱ 0,12 h/m²	380.000.234

32 Tragschicht, Kies 0/16, bis 30cm — KG **530**

Tragschicht aus Kies mit Verdichtungsgrad mind. 1 DPr herstellen. Nachweis der Frostbeständigkeit ist vorzulegen.
Einbauort: .....
Belastungsklasse RStO 12: .....
Schichtdicke: bis 30 cm
Körnung: 0/16
Sieblinie: .....
Sollhöhe: zulässige Abweichung +/-2,0 cm

14€	15€	**15€**	16€	19€	[m²]	⏱ 0,12 h/m²	380.000.235

Nr.	Kurztext / Langtext						Kostengruppe
▶	▷	**ø netto €**	◁	◀	[Einheit]	Ausf.-Dauer	Positionsnummer

33 Tragschicht, Kies 0/32, bis 30cm KG **530**

Tragschicht aus Kies mit Verdichtungsgrad mind. 1DPr herstellen. Nachweis der Frostbeständigkeit ist vorzulegen.
Einbauort: .....
Belastungsklasse RStO 12: .....
Schichtdicke: bis 30cm
Körnung: 0/32
Sieblinie: .....
Sollhöhe: zulässige Abweichung +/-2,0cm

14€ | 16€ | **18€** | 20€ | 26€ | [m²] | ⏱ 0,12h/m² | 380.000.236

34 Tragschicht, Kies 0/45, bis 30cm KG **530**

Tragschicht aus Kies mit Verdichtungsgrad mind. 1DPr herstellen. Nachweis der Frostbeständigkeit ist vorzulegen.
Einbauort: .....
Belastungsklasse RStO 12: .....
Schichtdicke: bis 30cm
Körnung: 0/45
Sieblinie: .....
Sollhöhe: zulässige Abweichung +/-2,0cm

17€ | 21€ | **24€** | 25€ | 30€ | [m²] | ⏱ 0,12h/m² | 380.000.237

35 Asphalttragschicht, 10cm KG **530**

Asphalttragschicht herstellen, einschl. verdichten.
Mischgutart: AC 32 T S
Bindemittel: 50/70 TL Bitumen-StB
Mineralstoff: Basalt-Edelsplitte
Einbauort: .....
Einbaudicke: 10cm verdichtet
Verdichtungsgrad: .....DPr

23€ | 26€ | **29€** | 31€ | 36€ | [m²] | ⏱ 0,10h/m² | 380.000.238

36 Rasentragschicht 0/32 KG **530**

Vegetationstragschicht für Schotterrasenfläche.
Material: nach Richtlinie für Schotterrasen FLL
Körnung: 0/32
Schichtdicke: .....cm
Verdichtung: statisch gewalzt
Tragfähigkeit EV2: 45MPa
Ebenflächigkeit unter der 4-m Latte: +/-2cm

12€ | 15€ | **17€** | 18€ | 21€ | [m²] | ⏱ 0,12h/m² | 380.000.270

Kosten:
Stand 2.Quartal 2026
Bundesdurchschnitt

▶ min
▷ von
ø Mittel
◁ bis
◀ max

37 Rasentragschicht 0/45 KG **530**

Vegetationstragschicht für Schotterrasenfläche.
Material: nach Richtlinie für Schotterrasen FLL
Bodengruppe: .....
Körnung: 0/45
Einbaustärke: .....cm
Verdichtung: statisch gewalzt
Tragfähigkeit EV2: 45 MPa
Ebenflächigkeit unter der 4-m Latte: +/-2 cm

15€	22€	**26€**	29€	35€	[m²]	⏱ 0,12 h/m²	380.000.271

38 Rasenpflaster aus Beton KG **534**

Plattenbelag aus Betonpflastersteinen mit Rasenfugen im Splittbett, einschl. Rasenschnittarbeiten. Die Verfüllung ist mit Splitt bis 5 cm unter OK-Belag und die obere Schicht 5 cm mit schwarzen Lavasplitt auszuführen.
Rasensteine: Beton
Splitt: 0/3
Lavasplitt: 3/5
Farbe: grau
Steinmaße: .....cm

56€	63€	**67€**	71€	79€	[m²]	⏱ 0,60 h/m²	380.000.242

39 Frostschutzschicht, Schotter 0/16, bis 30cm KG **530**

Frostschutzschicht aus Schotter einbauen und profilgerecht verdichten.
Einbauort: .....
Belastungsklasse RStO 12: .....
Schichtdicke: bis 30 cm
Körnung: 0/16
Sieblinie: .....
Verdichtungsgrad DPr: ..... %

15€	18€	**20€**	22€	28€	[m²]	⏱ 0,14 h/m²	380.000.225

40 Betonplattenbelag, 40x40 KG **530**

Plattenbelag aus Betonplatten ungebunden im Sandbett verlegen, einschl. Abrütteln. Tragschicht wird gesondert vergütet
Einbauort: .....
Plattenformat (L x B): 40 x 40 cm
Plattendicke: .....cm
Kantenausbildung: .....
Oberfläche: .....
Farbe: .....
Verlegeart: .....
Bettungsdicke: .....cm
Körnung: 0/2
Rasenfuge: 20 mm

61€	75€	**80€**	84€	93€	[m²]	⏱ 0,40 h/m²	380.000.239

Nr.	Kurztext / Langtext						Kostengruppe
▶	▷	ø netto €	◁	◀	[Einheit]	Ausf.-Dauer	Positionsnummer

41 Betonplattenbelag, großformatig KG **530**

Plattenbelag aus Betonplatten ungebunden im Sandbett verlegen, einschl. Abrütteln. Tragschicht wird gesondert vergütet.
Einbauort: .....
Plattenformat (L x B): ..... x .....cm
Plattendicke: 8cm
Kantenausbildung: .....
Oberfläche: .....
Farbe: .....
Verlegeart: .....
Bettungsdicke: .....cm
Körnung: 0/2

▶	▷	ø	◁	◀	Einheit	Dauer	Pos.
74€	89€	**94€**	119€	145€	[m2]	⏱ 0,50h/m2	380.000.240

Kosten:
Stand 2. Quartal 2026
Bundesdurchschnitt

42 Balkonbelag, Betonwerkstein KG **353**

Plattenbelag aus Betonwerkstein, im Außenbereich auf Betondecke, in ungebundener Bauweise auf Splitt, mit Kreuzfuge und eingekehrtem Sand.
Einbauort: Balkon
Gefälle: .....
Plattenmaterial: Betonwerkstein
Plattenabmessung: .....mm
Plattendicke: .....
Fugenbreite: .....mm
Oberfläche: .....
Farbe: .....

▶	▷	ø	◁	◀	Einheit	Dauer	Pos.
100€	125€	**140€**	159€	188€	[m2]	⏱ 1,00h/m2	380.000.272

43 Pflasterdecke, Betonpflaster KG **530**

Pflasterbelag aus Beton, ungebunden im Sandbett verlegen, einschl. Abrütteln. Tragschicht wird gesondert vergütet.
Einbauort: Balkon
Plattenmaterial: Betonwerkstein
Plattenformat (L x B): ..... x .....cm
Plattendicke: .....
Verlegeart: Kreuzfuge
Fugenbreite: .....mm
Oberfläche: .....
Farbe: .....

▶	▷	ø	◁	◀	Einheit	Dauer	Pos.
46€	50€	**54€**	56€	59€	[m2]	⏱ 0,45h/m2	380.000.241

▶ min
▷ von
ø Mittel
◁ bis
◀ max

Nr.	Kurztext / Langtext						Kostengruppe
►	▷	ø netto €	◁	◄	[Einheit]	Ausf.-Dauer	Positionsnummer

44 Pflasterdecke, Granit, 8x8 KG **531**

Pflasterdecke für Fußgängerflächen mit Natursteinpflaster, im Mörtelbett verlegen, Fugen mit Pflasterfugenmörtel.
Pflastermaterial: Granit
Plattenformat (L x B x H): 8 x 8 x 8 cm
Abweichung Nenndicke: .....
Frostbeständigkeitsklasse: .....
Farbe: .....
Verlegeart: im Verband
Bettungsdicke: ..... cm

►	▷	ø netto €	◁	◄	[Einheit]	Ausf.-Dauer	Positionsnummer
102€	121€	**130€**	137€	153€	[m²]	⏱ 1,20 h/m²	380.000.243

45 Pflasterdecke, Granit 9x9 KG **531**

Pflasterdecke für Fußgängerflächen mit Natursteinpflaster im Mörtelbett verlegen, Fugen mit Pflasterfugenmörtel.
Pflastermaterial: Granit
Abmessung: 9 x 9 x 9 cm
Güteklasse: .....
Farbe: .....
Verlegeart: im Verband
Bettungsdicke: ..... cm

►	▷	ø netto €	◁	◄	[Einheit]	Ausf.-Dauer	Positionsnummer
140€	153€	**160€**	174€	192€	[m²]	⏱ 1,15 h/m²	380.000.244

46 Pflasterdecke, Granit 10x10 KG **531**

Pflasterdecke für Fußgängerflächen mit Natursteinpflaster, im Mörtelbett verlegen, Fugen mit Pflasterfugenmörtel.
Pflastermaterial: Granit
Plattenformat (L x B x H): 10 x 10 x 10 cm
Abweichung Nenndicke: .....
Frostbeständigkeitsklasse: .....
Farbe: .....
Verlegeart: im Verband
Bettungsdicke: ..... cm

►	▷	ø netto €	◁	◄	[Einheit]	Ausf.-Dauer	Positionsnummer
156€	158€	**171€**	184€	207€	[m²]	⏱ 1,10 h/m²	380.000.245

47 Pflasterdecke, Granit, 11x11 KG **531**

Pflasterdecke für Fußgängerflächen mit Natursteinpflaster, im Mörtelbett verlegen, Fugen mit Pflasterfugenmörtel.
Pflastermaterial: Granit
Plattenformat (L x B x H): 11 x 11 x 11 cm
Abweichung Nenndicke: .....
Frostbeständigkeitsklasse: .....
Farbe: .....
Verlegeart: im Verband
Bettungsdicke: ..... cm

►	▷	ø netto €	◁	◄	[Einheit]	Ausf.-Dauer	Positionsnummer
167€	179€	**181€**	192€	210€	[m²]	⏱ 0,95 h/m²	380.000.246

Nr.	Kurztext / Langtext						Kostengruppe
▶	▷	ø netto €	◁	◀	[Einheit]	Ausf.-Dauer	Positionsnummer

48 Plattenbelag, Granit, 60x60 KG **533**

Plattenbelag aus Naturstein barrierefrei DIN 18040/3 in ungebundener Bauweise in Brechsand-Splitt-Gemisch verlegen, Fugen mit Bettungsstoff einschlämmen.
Plattenmaterial: Granit
Plattenformat (L x B): bis 60 x 60 cm
Plattendicke: 5 cm
Bruchlastklasse: .....
Oberfläche: .....
Farbe: .....
Kanten: abgeschrägt
Bettung: Körnung 0/2
Bettungsdicke: 3 bis 5 cm
Verlegeart: parallele Reihen

▶	▷	ø	◁	◀	Einheit	Ausf.-Dauer	Positionsnummer
90€	107€	**116€**	125€	145€	[m2]	⏱ 0,80 h/m2	380.000.273

49 Plattenbelag, Basalt, 60x60 KG **533**

Plattenbelag aus Naturstein barrierefrei DIN 18040/3 in ungebundener Bauweise in Brechsand-Splitt-Gemisch verlegen, Fugen mit Bettungsstoff einschlämmen.
Plattenmaterial: Basalt
Plattenformat (L x B): bis 60 x 60 cm
Plattendicke: 5 cm
Bruchlastklasse: .....
Oberfläche: .....
Farbe: .....
Kanten: abgeschrägt
Bettung: Körnung 0/2
Bettungsdicke: 3 bis 5 cm
Verlegeart: parallele Reihen

▶	▷	ø	◁	◀	Einheit	Ausf.-Dauer	Positionsnummer
171€	232€	**255€**	293€	313€	[m2]	⏱ 0,80 h/m2	380.000.274

50 Plattenbelag, Travertin, 60x60 KG **533**

Plattenbelag aus Naturstein barrierefrei DIN 18040/3 in ungebundener Bauweise in Brechsand-Splitt-Gemisch verlegen, Fugen mit Bettungsstoff einschlämmen.
Plattenmaterial: Travertin
Plattenformat (L x B): bis 60 x 60 cm
Plattendicke: 5 cm
Bruchlastklasse: .....
Oberfläche: .....
Farbe: .....
Kanten: abgeschrägt
Bettung: Körnung 0/2
Bettungsdicke: 3 bis 5 cm
Verlegeart: parallele Reihen

▶	▷	ø	◁	◀	Einheit	Ausf.-Dauer	Positionsnummer
130€	188€	**192€**	224€	247€	[m2]	⏱ 0,80 h/m2	380.000.275

Kosten:
Stand 2. Quartal 2026
Bundesdurchschnitt

▶ min
▷ von
ø Mittel
◁ bis
◀ max

Nr.	Kurztext / Langtext						Kostengruppe
▶	▷	ø netto €	◁	◀	[Einheit]	Ausf.-Dauer	Positionsnummer

51 Plattenbelag, Sandstein, 60x60 KG **533**

Plattenbelag aus Naturstein barrierefrei DIN 18040/3 in ungebundener Bauweise in Brechsand-Splitt-Gemisch verlegen, Fugen mit Bettungsstoff einschlämmen. Plattenmaterial: Sandstein
Plattenformat (L x B): bis 60 x 60 cm
Plattendicke: 5 cm
Bruchlastklasse: .....
Oberfläche: .....
Farbe: .....
Kanten: abgeschrägt
Bettung: Körnung 0/2
Bettungsdicke: 3 bis 5 cm
Verlegeart: parallele Reihen

152€	171€	**182€**	191€	208€	[m²]	⏱ 0,80 h/m²	380.000.276

52 Versickerungsfähiges Pflaster, Beton, 15x15 KG **530**

Versickerungsfähiges Pflaster einschl. Bettung und einsanden. Verlegung im Halbsteinverband.
Steinformat: 15 x 15 cm
Dicke: 8 cm
Farben: grau
Bettung: 3-5 cm Splitt 2/5 mm, verdichteter Zustand
Einbauort: .....

41€	56€	**59€**	69€	74€	[m²]	⏱ 0,42 h/m²	380.000.296

53 Versickerungsfähiges Pflaster, Beton, 30x15 KG **530**

Versickerungsfähiges Pflaster einschl. Bettung und einsanden. Verlegung im Halbsteinverband.
Steinformat: 30 x 15 cm
Dicke: 8 cm
Farben: grau
Bettung: 3-5 cm Splitt 2/5 mm, verdichteter Zustand
Einbauort: .....

44€	57€	**61€**	69€	77€	[m²]	⏱ 0,42 h/m²	380.000.297

54 Versickerungsfähiges Pflaster, Doppel-T-Verbundstein, 20x16,5cm KG **532**

Versickerungsfähiges haufenporiges Pflaster einschl. Bettung und einsanden. Verlegung im Halbsteinverband.
Steinformat: Doppel-T-Verbundstein
Steinformat: 20 x 16,5 cm
Dicke: 8 cm
Farben: grau
Bettung: 3-5 cm Splitt 2/5 mm, verdichteter Zustand
Einbauort: .....

28€	37€	**40€**	45€	48€	[m²]	⏱ 0,42 h/m²	380.000.298

Nr.	Kurztext / Langtext						Kostengruppe
▶	▷	ø netto €	◁	◀	[Einheit]	Ausf.-Dauer	Positionsnummer

55 Pflasterzeile, Großformat, einzeilig KG **530**

Randeinfassung einzeilig mit Natursteinpflaster im Mörtelbett und Fugen mit Pflasterfugenmörtel.
Pflastermaterial: Granit
Plattenformat (L x B x H): .....cm
Abweichung Nenndicke: .....
Frostbeständigkeitsklasse: .....
Farbe: .....
Bettungsdicke: .....cm
Fugenbreite: .....

36€	41€	**41€**	42€	47€	[m]	⏱ 0,30h/m	380.000.249

56 Pflasterzeile, Granit, einzeilig, 15x17x17 KG **530**

Randeinfassung einzeilig mit Natursteinpflaster im Mörtelbett und Fugen mit Pflasterfugenmörtel.
Pflastermaterial: Granit
Plattenformat (L x B x H): 15 x 17 x 17cm
Abweichung Nenndicke: .....
Frostbeständigkeitsklasse: .....
Farbe: .....
Bettungsdicke: .....cm
Fugenbreite: .....

45€	53€	**57€**	66€	88€	[m]	⏱ 0,35h/m	380.000.247

57 Pflasterzeile, Granit, dreizeilig KG **531**

Randeinfassung dreizeilig mit Natursteinpflaster im Mörtelbett verlegen und Fugen mit Pflasterfugenmörtel.
Pflastermaterial: Granit
Pflasterformat (L x B x H): ..... x ..... x .....cm
Abweichung Nenndicke: .....
Frostbeständigkeitsklasse: .....
Farbe: .....
Bettungsdicke: .....cm

51€	69€	**78€**	99€	129€	[m]	⏱ 0,40h/m	380.000.248

58 Bordstein, Beton, 12x15x25, L=100cm KG **530**

Bordstein aus Beton in Betonbettung mit einseitiger Rückenstütze setzen. Die Stoßfugen und Bewegungsfugen mit Fugeneinlage aus dauerelastischem Fugenband.
Form: HB 15/25
Bordsteinlänge: 100cm
Witterungs-Widerstandsfähigkeit: .....
Oberflächenstruktur: .....
Kantenausbildung
Farbe: naturgrau
Fundamentbeton: .....
Bettungsdicke: 15cm
Rückenstütze Breite: 15cm

41€	45€	**46€**	49€	54€	[m]	⏱ 0,30h/m	380.000.250

Kosten:
Stand 2. Quartal 2026
Bundesdurchschnitt

▶ min
▷ von
ø Mittel
◁ bis
◀ max

Nr.	Kurztext / Langtext						Kostengruppe
▶	▷	ø netto €	◁	◀	[Einheit]	Ausf.-Dauer	Positionsnummer

59 **Bordstein, Beton, 12x15x30, L=100cm** KG **530**

Bordstein aus Beton in Betonbettung mit einseitiger Rückenstütze setzen. Die Stoßfugen und Bewegungsfugen mit Fugeneinlage aus dauerelastischem Fugenband.
Form: HB 15/30
Bordsteinlänge: 100 cm
Witterungs-Widerstandsfähigkeit: .....
Oberflächenstruktur: .....
Kantenausbildung
Farbe: naturgrau
Fundamentbeton: .....
Bettungsdicke: 15 cm
Rückenstütze Breite: 15 cm

49€	55€	**58€**	63€	71€	[m]	⏱ 0,30 h/m	380.000.251

60 **Bordstein, Beton, 8x25, L=100cm** KG **530**

Bordstein aus Beton als Randeinfassung für Wege-, Pflanz- und Rasenflächen in Betonbettung mit beidseitiger Rückenstütze setzen. Die Stoß-, und Bewegungsfugen mit Fugeneinlage aus dauerelastischem Fugenband.
Form: TB 8/25
Bordsteinlänge: 100 cm
Witterungs-Widerstandsfähigkeit: .....
Oberflächenstruktur: .....
Kantenausbildung: beidseitig gefast
Farbe: grau
Fundamentbeton: ..... cm
Bettungsdicke: ..... cm
Rückenstütze Dicke: ..... cm
Fugenbreite: ..... mm

31€	35€	**38€**	42€	46€	[m]	⏱ 0,32 h/m	380.000.252

61 **Bordstein, Beton, 10x25cm, L=100cm** KG **530**

Bordstein aus Beton als Randeinfassung für Wege-, Pflanz- und Rasenflächen in Betonbettung mit beidseitiger Rückenstütze setzen. Die Stoß-, und Bewegungsfugen mit Fugeneinlage aus dauerelastischem Fugenband.
Form: TB 10/25
Bordsteinlänge: 100 cm
Witterungs-Widerstandsfähigkeit: .....
Oberflächenstruktur: .....
Kantenausbildung: beidseitig gefast
Farbe: grau
Fundamentbeton: ..... cm
Bettungsdicke: ..... cm
Rückenstütze Dicke: ..... cm
Fugenbreite: ..... mm

33€	35€	**37€**	37€	41€	[m]	⏱ 0,32 h/m	380.000.253

Nr.	Kurztext / Langtext						Kostengruppe
▶	▷	ø netto €	◁	◀	[Einheit]	Ausf.-Dauer	Positionsnummer

62 Bordstein, Granit KG **530**

Randeinfassung mit Bordsteinen aus Granit mit beidseitiger Rückenstütze aus Beton und Betonbettung. Leistung einschl. Passstücke herstellen und Fugen schließen mit Kompriband.
Steinmaterial: Granit
Farbe: .....
Form: B7
Bordsteinbreite: 140-150mm
Oberfläche: spaltrau
Zulässige Abweichung der Breite und Höhe: Klasse H1
Frostbeständigkeit: F1
Fundamentdicke: .....cm
Rückenstütze: beidseitig
Rückenstütze Dicke: .....cm
Fugenbreite: .....mm

53€	72€	**83€**	95€	121€	[m]	⏱ 0,32h/m	380.000.254

63 Blockstufe, Beton, 100x35x15 KG **544**

Blockstufe als Betonfertigteil, auf vorhandenes Betonfundament verlegen.
Festigkeitsklasse: C20/25
Stufenlänge: 100cm
Stufenhöhe: 15cm
Stufenbreite: 35cm
Farbe: .....
Sichtflächen: sandgestrahlt
Kantenausbildung: gefast
Fundamentbeton: .....
Fundamentdicke: mind. 20cm

193€	228€	**254€**	264€	292€	[St]	⏱ 0,75h/St	380.000.255

64 Pflastersteine schneiden, Beton KG **530**

Schneiden von Pflastersteinbelag aus Beton, einschl. Schnittgut entsorgen. Arbeiten mit diamantbesetzten Trennscheiben. Abrechnung nach Aufmaß.
Steindicke: .....cm

19€	23€	**25€**	30€	38€	[m]	⏱ 0,17h/m	380.000.256

65 Plattenbelag schneiden, Beton KG **530**

Schneiden von Plattenbelägen aus Betonplatten, einschl. Schnittgut entsorgen. Arbeiten mit Nassschneidegerät.
Steindicke: .....cm
Abrechnung nach Aufmaß

20€	23€	**24€**	28€	35€	[m]	⏱ 0,17h/m	380.000.257

66 Lastplattendruckversuch KG **533**

Lastplattendruckversuch zum Nachweis der geforderten Verdichtung des Bodens. Durchführung und Auswertung sowie Gerätestellung erfolgt durch ein neutrales Prüflabor nach Wahl des Auftragnehmers. Abrechnung je Versuch, inkl. aller Geräte, Honorare und Nebenkosten.

235€	306€	**314€**	346€	401€	[St]	⏱ 2,90h/St	380.000.260

Kosten:
Stand 2. Quartal 2026
Bundesdurchschnitt

▶ min
▷ von
ø Mittel
◁ bis
◀ max

Nr.	Kurztext / Langtext						Kostengruppe
▶	▷	**ø netto €**	◁	◀	[Einheit]	Ausf.-Dauer	Positionsnummer

67 Wassergebundene Decke KG **530**

Wassergebundene Deckschicht auf bauseitiger Tragschicht mit Zugabe von Wasser bis zur vollständigen Bindung.
Oberschicht: Sanddeckschicht
Körnung: 0/3
Dicke: 2cm
Gefälle: max. 3%

▶	▷	ø netto €	◁	◀	[Einheit]	Ausf.-Dauer	Positionsnummer
17€	21€	**22€**	23€	27€	[m²]	⏱ 0,13h/m²	380.000.258

68 Schotterrasen herstellen KG **574**

Schotterrasen aus Schotter-Humus-Gemisch, einschl. Abwalzen und Einsanden nach Einsaat.
Schotter: .....
Bodengruppe: .....
Dicke: 20cm

▶	▷	ø netto €	◁	◀	[Einheit]	Ausf.-Dauer	Positionsnummer
16€	21€	**23€**	28€	37€	[m²]	⏱ 0,13h/m²	380.000.259

69 Winkelstützmauerelement, Beton, Höhe 55cm KG **543**

Einfassung aus Winkelstützmauerelementen als Stahlbetonfertigteil, Sichtflächen in Sichtbeton, in Betonbettung.
Winkelhöhe: 55cm
Fußlänge: 30cm
Winkelbreite: 50cm
Festigkeitsklasse: C30/37
Sichtbeton: glatt
Sichtkanten: gefast
Expositionsklasse: .....
Beton: C12/15
Fundamentdicke: 20cm

▶	▷	ø netto €	◁	◀	[Einheit]	Ausf.-Dauer	Positionsnummer
137€	172€	**186€**	218€	273€	[m]	⏱ 0,55h/m	380.000.174

70 Winkelstützmauerelement, Beton, Höhe 105cm KG **543**

Einfassung aus Winkelstützmauerelementen als Stahlbetonfertigteil, Sichtflächen in Sichtbeton, in Betonbettung.
Winkelhöhe: 105cm
Fußlänge: 40cm
Festigkeitsklasse: C30/37
Sichtbeton: glatt
Sichtkanten: gefast
Expositionsklasse: .....
Beton: C12/15
Fundamentdicke: 20cm

▶	▷	ø netto €	◁	◀	[Einheit]	Ausf.-Dauer	Positionsnummer
266€	311€	**321€**	334€	388€	[m]	⏱ 0,82h/m	380.000.175

Nr.	Kurztext / Langtext						Kostengruppe
▶	▷	ø netto €	◁	◀	[Einheit]	Ausf.-Dauer	Positionsnummer

71 Winkelstützmauerelement, Beton, Höhe 155cm KG **543**

Einfassung aus Winkelstützmauerelementen als Stahlbetonfertigteil, Sichtflächen in Sichtbeton, in Betonbettung.
Winkelhöhe: 155cm
Fußlänge: 80cm
Festigkeitsklasse: C30/37
Sichtbeton: glatt
Sichtkanten: gefast
Expositionsklasse: .....
Beton: C12/15
Fundamentdicke: 20cm

▶	▷	ø	◁	◀	Einheit	Ausf.-Dauer	Positionsnummer
359€	424€	**465€**	515€	601€	[m]	⏱ 1,17h/m	380.000.176

Kosten:
Stand 2. Quartal 2026
Bundesdurchschnitt

72 Rippenplatten, 30x30x8, Rippenabstand 50x6, o. Fase, weiß KG **531**

Bodenindikatoren mit taktilen Rippenplatten nach DIN 18040-3 und DIN 32984, aus Beton, im Außenbereich an Überquerungsstellen.
Format: 30 x 30cm
Steinstärke: 8cm
Fugenbreite: max. 5mm
Farbe: anthrazit
Oberfläche: trapezförmige Rippen, Höhe 4-5mm
Rippenabstand: 50 x 6, 6 Rippen im Abstand 50mm, ohne Fase
Verband: Halbsteinverband ohne Kreuzfugen

▶	▷	ø	◁	◀	Einheit	Ausf.-Dauer	Positionsnummer
–	174€	**182€**	227€	–	[m²]	⏱ 0,10h/m²	380.000.173

73 Rippenplatten, 30x30x8, Rippenabstand 50x7, mit Fase, anthrazit KG **531**

Bodenindikatoren mit taktilen Rippenplatten nach DIN 18040-3 und DIN 32984, aus Beton, im Außenbereich an Überquerungsstellen.
Format: 30 x 30cm
Steinstärke: 8cm
Fugenbreite: max. 5mm
Farbe: anthrazit
Oberfläche: trapezförmige Rippen, Höhe 4-5mm
Rippenabstand: 50 x 7mm, 7 Rippen im Abstand 50mm, mit Fase
Verband: Halbsteinverband ohne Kreuzfugen

▶	▷	ø	◁	◀	Einheit	Ausf.-Dauer	Positionsnummer
142€	188€	**209€**	251€	260€	[m²]	⏱ 0,10h/m²	380.000.211

▶ min
▷ von
ø Mittel
◁ bis
◀ max

74 Rippenplatten, 30x30x8, Rippenabstand 40x7, mit Fase, weiß KG **531**

Bodenindikatoren mit taktilen Rippenplatten nach DIN 18040-3 und DIN 32984, aus Beton, im Außenbereich an Überquerungsstellen.
Format: 30 x 30cm
Steinstärke: 8cm
Fugenbreite: max. 5mm
Farbe: Weißbeton
Oberfläche: trapezförmige Rippen, Höhe 4-5mm
Rippenabstand: 40 x 7mm, 7 Rippen im Abstand 40mm, mit Fase
Verband: Halbsteinverband ohne Kreuzfugen

▶	▷	ø	◁	◀	Einheit	Ausf.-Dauer	Positionsnummer
138€	163€	**181€**	186€	224€	[m²]	⏱ 0,10h/m²	380.000.181

Nr.	Kurztext / Langtext						Kostengruppe
▶	▷	ø netto €	◁	◀	[Einheit]	Ausf.-Dauer	Positionsnummer

75 Rippenplatten, 30x30x8, Rippenabstand 50x6, o. Fase, anthrazit KG **531**

Bodenindikatoren mit taktilen Rippenplatten nach DIN 18040-3 und DIN 32984, aus Beton, im Außenbereich an Überquerungsstellen.
Format: 30 x 30 cm
Steinstärke: 8 cm
Fugenbreite: max. 5 mm
Farbe: anthrazit
Oberfläche: trapezförmige Rippen, Höhe 4-5 mm
Rippenabstand: 50 x 6 mm, 6 Rippen im Abstand 50 mm, ohne Fase
Verband: Halbsteinverband ohne Kreuzfugen

▶	▷	ø netto €	◁	◀	[Einheit]	Ausf.-Dauer	Positionsnummer
–	187€	**197€**	244€	–	[m²]	⏱ 0,10 h/m²	380.000.177

76 Rippenplatte, 20x10x8, Rippenabstand 40x2, mit Fase, weiß KG **531**

Bodenindikatoren mit taktilen Rippenplatten nach DIN 18040-3 und DIN 32984, aus Beton, im Außenbereich an Überquerungsstellen.
Format: 20 x 10 cm
Steinstärke: 8 cm
Fugenbreite: max. 5 mm
Farbe: Weißbeton
Oberfläche: trapezförmige Rippen, Höhe 4-5 mm
Rippenabstand: 40 x 2 mm, 2 Rippen im Abstand 40 mm, mit Fase
Verlegeart: einreihig

▶	▷	ø netto €	◁	◀	[Einheit]	Ausf.-Dauer	Positionsnummer
–	145€	**151€**	177€	–	[m]	⏱ 0,10 h/m	380.000.182

77 Noppenplatten, 30x30x8, 32 Noppen, mit Fase, Kegel, anthrazit KG **531**

Bodenindikatoren mit taktile Noppenplatten nach DIN 18040-3 und DIN 32984, aus Beton, im Außenbereich an Überquerungsstellen.
Format: 30 x 30 cm
Steinstärke: 8 cm
Fugenbreite: max. 5 mm
Farbe: anthrazit
Oberfläche: 32 Noppen diagonal, mit Fasen, Kegelstumpf
Verband: Halbsteinverband ohne Kreuzfugen

▶	▷	ø netto €	◁	◀	[Einheit]	Ausf.-Dauer	Positionsnummer
–	177€	**185€**	229€	–	[m²]	⏱ 0,10 h/m²	380.000.183

78 Noppenplatten, 30x30x8, 32 Noppen, mit Fase, Kegel, weiß KG **531**

Bodenindikatoren mit taktile Noppenplatten nach DIN 18040-3 und DIN 32984, aus Beton, im Außenbereich an Überquerungsstellen.
Format: 30 x 30 cm
Steinstärke: 8 cm
Fugenbreite: max. 5 mm
Farbe: Weißbeton
Oberfläche: 32 Noppen diagonal, mit Fasen, Kegelstumpf
Verband: Halbsteinverband ohne Kreuzfugen

▶	▷	ø netto €	◁	◀	[Einheit]	Ausf.-Dauer	Positionsnummer
128€	175€	**186€**	214€	223€	[m²]	⏱ 0,10 h/m²	380.000.184

Nr.	Kurztext / Langtext						Kostengruppe
▶	▷	ø netto €	◁	◀	[Einheit]	Ausf.-Dauer	Positionsnummer

79 **Noppenplatten, 30x30x8, 32 Noppen, mit Fase, Kugel, weiß** KG **531**

Bodenindikatoren mit taktile Noppenplatten nach DIN 18040-3 und DIN 32984, aus Beton, im Außenbereich an Überquerungsstellen.
Format: 30 x 30cm
Steinstärke: 8cm
Fugenbreite: max. 5mm
Farbe: Weißbeton
Oberfläche: 32 Noppen diagonal, mit Fasen, Kugelkalotte
Verband: Halbsteinverband ohne Kreuzfugen

127€ | 173€ | **182€** | 229€ | 237€ | [m²] | ⏱ 0,10h/m² | 380.000.185

80 **Noppenplatten, 30x30x8, 32 Noppen, mit Fase, Kugel, anthrazit** KG **531**

Bodenindikatoren mit taktile Noppenplatten nach DIN 18040-3 und DIN 32984, aus Beton, im Außenbereich an Überquerungsstellen.
Format: 30 x 30cm
Steinstärke: 8cm
Fugenbreite: max. 5mm
Farbe: anthrazit
Oberfläche: 32 Noppen diagonal, mit Fasen, Kugelkalotte
Verband: Halbsteinverband ohne Kreuzfugen

– | 179€ | **190€** | 232€ | – | [m²] | ⏱ 0,10h/m² | 380.000.186

81 **Leitstreifen Rippenplatte, einreihig** KG **531**

Orientierungspflasterreihe mit taktil erfassbarer Oberfläche, als Blindenleitsystem für Fußgängerbereiche im Straßenraum.
Steinart: Rippenstein
Maße: ..... x ..... x .....cm, **mit / ohne** Fase
Farbe: .....
Verlegeart: einreihig

406€ | 473€ | **478€** | 518€ | 575€ | [m] | ⏱ 0,55h/m | 380.000.187

82 **Aufmerksamkeitsfeld, 90x90cm, Noppenplatte** KG **531**

Aufmerksamkeitsfeld/Abzweigfeld an Querungsstellen zur Anzeige von Richtungsänderungen und Abzweigungen aus taktilen Noppenplatte aus Beton herstellen.
Maße des Aufmerksamkeitsfeld/Abzweigfeldes: 90 x 90cm
Steinart: Noppenplatte
Plattenmaß: ..... x ..... x .....cm, **mit / ohne** Fase
Farbe: .....
Einbauort: .....

142€ | 169€ | **182€** | 202€ | 228€ | [m²] | ⏱ 0,70h/m² | 380.000.188

Kosten:
Stand 2. Quartal 2026
Bundesdurchschnitt

▶ min
▷ von
ø Mittel
◁ bis
◀ max

Nr.	Kurztext / Langtext						Kostengruppe
▶	▷	ø netto €	◁	◀	[Einheit]	Ausf.-Dauer	Positionsnummer

83 Einstiegsfeld, 90x90cm, Noppenplatte KG **531**

Einstiegsfeld zur Anzeige von Bus-/Bahneinstiegen aus taktilen Noppensteinen aus Beton herstellen.
Maße des Einstiegsfeldes: 90 x 90 cm
Steinart: Noppenstein
Plattenmaß: ..... x ..... x ....., **mit / ohne** Fase
Farbe: .....
Einbauort: .....

161€	210€	**231€**	281€	293€	[m²]	⏱ 0,65 h/m²	380.000.189

84 Rollstuhl-Überfahrtstein, 18x22, L=100cm KG **530**

Bordsteinen aus Beton als Rollstuhl-Überfahrstein.
Witterungswiderstand Klasse: D
Festigkeit Klasse: U
Abriebwiderstand Klasse: I
Gleit/Rutschwiderstand: SRT = 55
Betonfundament: C20/25
Format: 18 x 22 x 100 cm, mit 1 cm Fase
Radius: .....
Farbe: Weißbeton

108€	145€	**161€**	174€	187€	[m]	⏱ 0,30 h/m	380.000.190

85 Tastbordstein, Beton, 25x20, L=50cm KG **530**

Tastbordstein Bordstein mit Aussparung bzw. der Anpassung an Straßenabläufe.
Fundament aus Beton C20/25
Format (H x B x L): 25 x 30 x 50 cm
Farbe: Weißbeton

93€	126€	**133€**	154€	162€	[m]	⏱ 0,30 h/m	380.000.191

86 Rollbordstein, Beton, 25x20, L=100cm KG **530**

Rollbordstein mit Absenkung von 3 cm auf 0 cm einschl. der Aussparung bzw. der Anpassung an Straßenabläufe.
Fundament aus Beton C 20/25
Format: 25 x 20 x 100 cm
Farbe: Weißbeton

–	130€	**135€**	163€	–	[m]	⏱ 0,32 h/m	380.000.192

87 Übergangsbordstein, Beton, dreiteilig, 12x18x30, L=100cm KG **530**

Bordstein als dreiteiliger Übergang zwischen Nullabsenkung und Hochbord, einschl. der Aussparung bzw. der Anpassung an Straßenabläufe.
Betonfundament: C 20/25
Übergang: 1. Übergangsstein Einbauhöhe 6 cm auf 2. Übergangsstein Einbauhöhe 3 cm auf Schrägstein mit Nullabsenkung
Format (H x B): 12 x 18 cm
Länge je Stein: 100 cm
Farbe: Weißbeton

–	177€	**189€**	217€	–	[m]	⏱ 0,38 h/m	380.000.193

Kosten:
Stand 2. Quartal 2026
Bundesdurchschnitt

Nr.	Kurztext / Langtext						Kostengruppe
▶	▷	ø netto €	◁	◀	[Einheit]	Ausf.-Dauer	Positionsnummer

88 Übergangsbordstein, Beton, dreiteilig, 18x22, L=100cm KG **530**

Bordstein als dreiteiliger Übergang zwischen Nullabsenkung und Rundbord, einschl. der Aussparung bzw. der Anpassung an Straßenabläufe.
Betonfundament: C20/25
Übergang: 1. Übergangsstein Einbauhöhe 6cm auf 2. Übergangsstein Einbauhöhe 3cm auf Schrägstein mit Nullabsenkung
Format (H x B): 18 x 22cm
Länge je Stein: 100cm
Farbe: Weißbeton

108€ | 151€ | **156€** | 190€ | 197€ | [m] | ⏱ 0,38h/m | 380.000.194

89 L-Stufe, Kontraststreifen Beton,15x38, L=120cm KG **544**

L-Stufe mit Kontraststreifen als Betonfertigteil, Kontraststreifen aus Beton in der Länge der Stufe.
Einbauort: auf bauseitigem Fundament
Festigkeitsklasse: C20/25
Stufengröße (H x B x L): 15 x 38 x 120cm
Kontraststreifengröße (H x B): **8 x 5 / 5 x 5**
Farbe: grau
Oberfläche: .....
Kantenausbildung: gefast
Fundament: Dicke mind. 20cm
Angeb. Fabrikat: .....

159€ | 215€ | **227€** | 272€ | 283€ | [m] | ⏱ 0,60h/m | 380.000.195

90 L-Stufe, Kontraststreifen PVC,15x38, L=120cm KG **544**

L-Stufe mit Kontraststreifen aus PVC als Betonfertigteil, Kontraststreifen aus Beton in der Länge der Stufe.
Einbauort: auf bauseitigem Fundament
Festigkeitsklasse: C20/25
Stufengröße (H x B x L): 15 x 38 x 120cm
Kontraststreifengröße (H x B): 4,3 x 2,2
Farbe: grau
Oberfläche: .....
Kantenausbildung: gefast
Fundament: Dicke mind. 20cm

136€ | 177€ | **192€** | 227€ | 238€ | [m] | ⏱ 0,60h/m | 380.000.196

91 Legestufe, Kontraststreifen PVC, 8x40x120 KG **544**

Legestufe mit Kontraststreifen aus PVC als Betonfertigteil, Kontraststreifen aus Beton in der Länge der Stufe.
Einbauort: auf bauseitigem Fundament
Festigkeitsklasse: C20/25
Stufengröße (H x B x L): 8 x 40 x 120cm
Kontraststreifengröße (H x B): 4,3 x 2,2cm
Farbe: grau
Oberfläche: .....
Kantenausbildung: gefast
Fundament: Dicke mind. 20cm

152€ | 197€ | **206€** | 236€ | 259€ | [m] | ⏱ 0,60h/m | 380.000.197

▶ min
▷ von
ø Mittel
◁ bis
◀ max

92 **Legestufe, Kontraststreifen Beton, 8x40x120** KG **544**

Legestufe mit Kontraststreifen als Betonfertigteil, Kontraststreifen aus Beton in der Länge der Stufe.
Einbauort: auf bauseitigem Fundament
Festigkeitsklasse: C20/25
Stufengröße (H x B x L): 8 x 40 x 120cm
Kontraststreifengröße (H x B): **8 x 5 / 5 x 5**cm
Farbe: grau
Oberfläche: .....
Kantenausbildung: gefast
Fundament: Dicke mind. 20cm

166€ 223€ **234€** 272€ 291€ [m] ⏱ 0,60h/m 380.000.198

93 **Winkelstufe, Kontraststreifen PVC, 20x36x120** KG **544**

Winkelstufe mit Kontraststreifen aus PVC als Betonfertigteil, Kontraststreifen aus Beton in der Länge der Stufe.
Einbauort: auf bauseitigem Fundament
Festigkeitsklasse: C20/25
Stufengröße (H x B x L): 20 x 36 x 120cm
Kontraststreifengröße (H x B): 4,3 x 2,2cm
Farbe: grau
Oberfläche: .....
Kantenausbildung: gefast
Fundament: Dicke mind. 20cm

36€ 43€ **46€** 53€ 57€ [m] ⏱ 0,60h/m 380.000.199

94 **Winkelstufe, Kontraststreifen Beton, 20x36x120** KG **544**

Winkelstufe mit Kontraststreifen als Betonfertigteil, Kontraststreifen aus Beton in der Länge der Stufe.
Einbauort: auf bauseitigem Fundament
Festigkeitsklasse: C20/25
Stufengröße (H x B x L): 20 x 36 x 120cm
Kontraststreifengröße (H x B): **8 x 5 / 5 x 5**cm
Farbe: grau
Oberfläche: .....
Kantenausbildung: gefast
Fundament: Dicke mind. 20cm

169€ 216€ **228€** 267€ 285€ [m] ⏱ 0,60h/m 380.000.200

95 **Blockstufe, Kontraststreifen PVC, 20x40x120** KG **544**

Blockstufe mit Kontraststreifen aus PVC als Betonfertigteil, Kontraststreifen aus PVC in der Länge der Stufe.
Einbauort: auf bauseitigem Fundament
Festigkeitsklasse: C20/25
Stufengröße (H x B x): 20 x 40 x 120cm
Kontraststreifengröße (H x B): 4,3 x 2,2cm
Farbe: grau
Oberfläche: .....
Kantenausbildung: gefast
Fundament: Dicke mind. 20cm

– 212€ **221€** 259€ – [m] ⏱ 0,60h/m 380.000.201

Nr.	Kurztext / Langtext						Kostengruppe
▶	▷	ø netto €	◁	◀	[Einheit]	Ausf.-Dauer	Positionsnummer

96 Blockstufe, Kontraststreifen Beton, 20x40x120 — KG **544**

Blockstufe mit Kontraststreifen als Betonfertigteil, Kontraststreifen aus Beton in der Länge der Stufe.
Einbauort: auf bauseitigem Fundament
Festigkeitsklasse: C20/25
Stufengröße (H x B x L): 20 x 40 x 120cm
Kontraststreifengröße (H x B): **8 x 5 / 5 x 5**cm
Farbe: grau
Oberfläche: .....
Kantenausbildung: gefast
Fundament: Dicke mind. 20cm

▶	▷	ø netto €	◁	◀	[Einheit]	Ausf.-Dauer	Positionsnummer
230€	240€	**244€**	259€	281€	[m]	⏱ 0,60h/m	380.000.202

Kosten:
Stand 2. Quartal 2026
Bundesdurchschnitt

97 Taktiles Bodenleitsystem Fräsen, 7 Rillen — KG **531**

Fräsen eines taktilen Bodenleitsystems als Bodenindikator zur barrierefreien Führung, Rillen abgeschrägt mit 33°.
Rillenanzahl: 7St
Gesamtbreite: 37cm
Rillentiefe: 5mm
Rillenabstand: 2,5cm
Rillenbreite: 3,2cm
Fräsart**: geradlinig / Bögen Radius bis 15**m
Bodenbelag: **Asphalt / Beton**

▶	▷	ø netto €	◁	◀	[Einheit]	Ausf.-Dauer	Positionsnummer
–	152€	**167€**	199€	–	[m]	⏱ 0,22h/m	380.000.203

98 Rampenstufen, Betonfertigteil — KG **544**

Rampenstufen/Fahrstufen als Betonfertigteil nach der Bund Güteschutz Richtlinie für nicht genormte Betonprodukte BGB-RiNGB in frostbeständigen Fliesenkleber versetzen. Rampen passend auf vor beschriebenen Stufen versetzen.
Abmessung (L x B x H): ..... x ..... x .....cm

▶	▷	ø netto €	◁	◀	[Einheit]	Ausf.-Dauer	Positionsnummer
70€	97€	**104€**	119€	125€	[St]	⏱ 0,45h/St	380.000.204

99 Taktiles Bodenleitsystem Fräsen, 1 Rille — KG **531**

Fräsen eines taktilen Bodenindikator vor Treppen und Podeste, Rille abgeschrägt mit 33°.
Rillenanzahl: 1St
Rillenbreite: 3,2cm
Bodenbelag: **Asphalt / Beton**

▶	▷	ø netto €	◁	◀	[Einheit]	Ausf.-Dauer	Positionsnummer
–	56€	**60€**	70€	–	[m]	⏱ 0,20h/m	380.000.205

▶ min
▷ von
ø Mittel
◁ bis
◀ max

100 Fräsen eines Aufmerksamkeitsfeldes — KG **531**

Fräsen eines Aufmerksamkeitsfeldes als taktilen Bodenindikator an Querungen und Abzweigungen. Noppen/Quader abgeschrägt mit 33°.
Rasterfeld: 7 x 7 Rillen
Größe: 37 x 37cm
Bodenbelag**: Asphalt / Beton**

▶	▷	ø netto €	◁	◀	[Einheit]	Ausf.-Dauer	Positionsnummer
113€	149€	**164€**	187€	194€	[St]	⏱ 0,45h/St	380.000.206

Nr.	Kurztext / Langtext						Kostengruppe
▶	▷	**ø netto €**	◁	◀	[Einheit]	Ausf.-Dauer	Positionsnummer

101 Richtungsänderung fräsen KG **531**

Fräsen einer Richtungsänderung wie Gehrung, Abzweig.
Grad: **>90° / <90°**
Bodenbelag: **Asphalt / Beton**

–	215€	**226€**	267€	–	[St]	⏱ 0,20h/St	380.000.207

102 Maschinenumstellung KG **531**

Maschinenumstellung in Gebäuden, auf Podeste oder schwer zugänglichen Stellen.

34€	43€	**51€**	59€	61€	[St]	⏱ 1,00h/St	380.000.208

103 Überfahrrampe Balkon-/Terrassentüren Höhe bis 125mm KG **339**

Überfahrrampe für Balkon oder Terrassentür, zweiteilig aus Innen- und Außenrampe mit rutschsicherer Fahrfläche, Außenrampe höhenverstellbar.
Material: Aluminium
Außenrampe: höhenverstellbar von 70 bis 125 mm
Außenrampe: Länge 800 mm
Innenrampe: Höhe 20 bis 50 mm
Innenrampe: Länge 400 mm
Tragkraft: mind. 300 kg

759€	1.045€	**1.100€**	1.265€	1.298€	[St]	⏱ 0,30h/St	380.000.209

104 Weg-/Beetbegrenzung, Aluminium, gerade KG **530**

Wege- und Beeteinfassung aus Aluminium als gerades Profil liefern und unter Beachtung der Einbauhinweise des Herstellers verlegen. Abgestumpfte Oberkante und keilförmige Unterkante.
Profilhöhe: 100 mm
Profillänge: 2.500 mm

40€	53€	**61€**	64€	80€	[m]	⏱ 0,10h/m	380.000.261

105 Weg-/Beetbegrenzung, Aluminium, Bogen KG **530**

Wege- und Beeteinfassung aus Aluminium als Bogenprofil liefern und unter Beachtung der Einbauhinweise des Herstellers verlegen. Abgestumpfte Oberkante und keilförmige Unterkante.
Profilhöhe: 100 mm
Profillänge: im Durchmesser ca. 500 mm

99€	127€	**134€**	152€	166€	[m]	⏱ 0,07h/m	380.000.262

106 Weg-/Beetbegrenzung, Aluminium, Stoßverbinder KG **530**

Alu-Stoßverbinder als Verbinder der Wege- und Beeteinfassung liefern und unter Beachtung der Einbauhinweise des Herstellers verwenden.
Profilhöhe: 90 mm
Profillänge: 100 mm

84€	110€	**116€**	132€	141€	[St]	⏱ 0,05h/St	380.000.263

Nr.	Kurztext / Langtext						Kostengruppe
▶	▷	ø netto €	◁	◀	[Einheit]	Ausf.-Dauer	Positionsnummer

107 Weg-/Beetbegrenzung, Aluminium, Eckverbinder, Außenecke 90° KG **530**

Eckverbinder für Außenecke 90° aus Aluminium als Verbinder der Wege- und Beeteinfassung liefern und unter Beachtung der Einbauhinweise des Herstellers verwenden.
Profilhöhe: 90mm
Profillänge: je Schenkel 75mm

54€ | 58€ | **60€** | 64€ | 71€ | [St] | ⏱ 0,05h/St | 380.000.264

108 Weg-/Beetbegrenzung, Aluminium, Erdnagel KG **530**

Alu-Erdnagel aus Aluminium als Verbinder der Wege- und Beeteinfassung mit Lochstanzung liefern und unter Beachtung der Einbauhinweise des Herstellers verwenden. Gerundet, Oberkante mit Arretiernase, Unterkante spitz zulaufend.
Länge: 300mm

26€ | 33€ | **34€** | 40€ | 43€ | [St] | ⏱ 0,01h/St | 380.000.265

Kosten:
Stand 2. Quartal 2026
Bundesdurchschnitt

A 1 Gabionen Beschreibung für Pos. **109-115**

Gabionen aus witterungs- und mechanisch beständigem Füllmaterial liefern und einbauen. Befüllung händisch in dichten, lagenweisen Packungen mit frostbeständigem Gestein mit einer Größe größer der Maschenweite. Gabionen sind aus elektrisch punktgeschweißten Gittermatten hergestellt. Die Einzelteile werden vor Ort ausgelegt und mit Spiralschließen zu einem kompletten Behälter zusammengefügt. Alle Komponenten sind verzinkt.

109 Gabionen, 50x50x50 KG **543**

Wie Ausführungsbeschreibung A 1
Gabionenbehälter: 50 x 50 x 50cm
Stahldrahtstärke: 3,5mm
Maschenweite: 10 x 10cm
Füllmaterial: .....
Einbauort: .....

117€ | 155€ | **165€** | 190€ | 199€ | [St] | ⏱ 2,00h/St | 380.000.286

110 Gabionen, 100x50x50 KG **543**

Wie Ausführungsbeschreibung A 1
Gabionenbehälter: 100 x 50 x 50cm
Stahldrahtstärke: 3,5mm
Maschenweite: 10 x 10cm
Füllmaterial: .....
Einbauort: .....

– | 217€ | **233€** | 271€ | – | [St] | ⏱ 2,00h/St | 380.000.278

111 Gabionen, 150x100x50 KG **543**

Wie Ausführungsbeschreibung A 1
Gabionenbehälter: 150 x 100 x 50cm
Stahldrahtstärke: 3,5mm
Maschenweite: 10 x 10cm
Füllmaterial: .....
Einbauort: .....

198€ | 282€ | **291€** | 346€ | 358€ | [St] | ⏱ 2,00h/St | 380.000.280

▶ min
▷ von
ø Mittel
◁ bis
◀ max

Nr.	Kurztext / Langtext						Kostengruppe
▶	▷	**ø netto €**	◁	◀	[Einheit]	Ausf.-Dauer	Positionsnummer

112 Gabionen, 100x100x100 KG **543**

Wie Ausführungsbeschreibung A 1
Gabionenbehälter: 100 x 100 x 100 cm
Stahldrahtstärke: 3,5 mm
Maschenweite: 10 x 10 cm
Füllmaterial: .....
Einbauort: .....

380€	510€	**543€**	624€	651€	[St]	⏱ 2,00 h/St	380.000.279

113 Gabionen, 200x50x50 KG **543**

Wie Ausführungsbeschreibung A 1
Gabionenbehälter: 200 x 50 x 50 cm
Stahldrahtstärke: 3,5 mm
Maschenweite: 10 x 10 cm
Einbauort: .....

273€	378€	**402€**	474€	486€	[St]	⏱ 2,00 h/St	380.000.287

114 Gabionen, 200x100x50 KG **543**

Wie Ausführungsbeschreibung A 1
Gabionenbehälter: 200 x 100 x 50 cm
Stahldrahtstärke: 3,5 mm
Maschenweite: 10 x 10 cm
Füllmaterial: .....
Einbauort: .....

–	521€	**548€**	625€	–	[St]	⏱ 2,00 h/St	380.000.281

115 Gabionen, 300x50x50 KG **543**

Wie Ausführungsbeschreibung A 1
Gabionenbehälter: 300 x 50 x 50 cm
Stahldrahtstärke: 3,5 mm
Maschenweite: 10 x 10 cm
Einbauort: .....

332€	471€	**496€**	555€	580€	[St]	⏱ 2,00 h/St	380.000.285

116 Trockenmauer als freistehende Mauer-Granitblöcke-Findlinge KG **543**

Trockenmauer als freistehende Wand, Zweihäuptig mit Findlingen. Die Sichtflächen sollen unbearbeitet sein.
Steindurchmesser bis 60 cm
Steinlänge mindestens 1,5 bis zweifache der Höhe
Mauerwerksdicke an der Krone über 50 cm
Mauerwerkshöhe: 1,00 m
Gründung, Dimensionierung und Dossierung nach statischem Erfordernis.
Gesteinsart: .....

249€	343€	**361€**	407€	429€	[m]	⏱ 5,00 h/m	380.000.179

Nr.	Kurztext / Langtext						Kostengruppe
▶	▷	**ø netto €**	◁	◀	[Einheit]	Ausf.-Dauer	Positionsnummer

117 Trockenmauer als Stützwand - Bruchsteinmauerwerk KG **543**

Trockenmauer als Stützwand in unregelmäßig und lagerhaften Bruchsteinmauerwerk herstellen. Die Sichtflächen sollen unbearbeitet sein. Aufbau der Mauer, so dass keine Stoßfuge über 2 Schichten geht.
Steinhöhe: 2 bis 20cm
Steinlänge: mind. 1,5 bis 2-fache der Höhe
Mauerwerksdicke an der Krone: über 50cm
Mauerwerkshöhe: 2,50m
Gründung, Dimensionierung und Dossierung nach statischem Erfordernis.
Gesteinsart: .....

358€ | 404€ | **426€** | 490€ | 511€ | [m] | ⏱ 5,00h/m | 380.000.178

118 Natursteinmauerwerk als Außenwand KG **543**

Natursteinmauerwerk als Natursteinmauerwerk Außenwand herstellen. Einseitig sichtbar. Sichtflächen spaltgrau. Mauermörtel M 10, Fugen sind zu glätten.
Mauerwerksdicke mind. 50cm
Mauerwerkshöhe: bis 2,00m
Gründung, Dimensionierung und Dossierung nach statischem Erfordernis.
Gesteinsart:...

214€ | 250€ | **255€** | 276€ | 315€ | [m] | ⏱ 4,00h/m | 380.000.180

119 Naturwerksteinmauerwerk als Zyklopenmauerwerk KG **543**

Natursteinmauerwerk als Zyklopenmauerwerk Außenwand herstellen. Einseitig sichtbar. Sichtflächen spaltrau. Mauermörtel M 10, Fugen sind zu glätten.
Mauerwerksdicke mind. 30cm
Mauerwerkshöhe: bis 2,00m
Gründung, Dimensionierung und Dossierung nach statischem Erfordernis.
Gesteinsart: .....

392€ | 609€ | **704€** | 766€ | 1.033€ | [m³] | ⏱ 3,00h/m³ | 380.000.284

120 Speicherelement, Flachtank Niederschlagswasser, 600l KG **542**

Speicherelement zur Zwischenspeicherung von Niederschlagswasser.
Format: Flachtank
Maße (L x B x H): ..... x ..... x .....cm
Nettospeichervolumen: 600l
Material: Glasfaserverstärktes Polypropylen

802€ | 986€ | **1.084€** | 1.159€ | 1.235€ | [St] | ⏱ 0,50h/St | 380.000.302

121 Speicherelement, Zisterne Niederschlagswasser, 1.000l KG **552**

Format: Zisterne
Maße (L x B x H): ..... x ..... x .....cm
Nettospeichervolumen: 1.000l
Material: glasfaserverstärktes Polypropylen

– | 2.293€ | **2.440€** | 2.684€ | – | [St] | ⏱ 2,00h/St | 380.000.306

Kosten:
Stand 2. Quartal 2026
Bundesdurchschnitt

▶ min
▷ von
ø Mittel
◁ bis
◀ max

Nr.	Kurztext / Langtext						Kostengruppe
►	▷	**ø netto €**	◁	◄	[Einheit]	Ausf.-Dauer	Positionsnummer

122 Speicherelement, Rigole, Niederschlagswasser, 420l KG **552**

Speicherelement zur Zwischenspeicherung von Niederschlagswasser.
Format: Flachtank
Maße (L x B x H): ..... x ..... x ..... cm
Nettospeichervolumen: 420 l
Material: Polypropylen PP (100 % recycelbar)
Befahrbar: SLW 60

►	▷	ø netto €	◁	◄	[Einheit]	Ausf.-Dauer	Positionsnummer
486€	658€	**715€**	779€	879€	[St]	⏱ 0,50 h/St	380.000.303

123 Speicherelement, Sickertunnel, Niederschlagswasser, 300l KG **552**

Speicherelement zur Zwischenspeicherung von Niederschlagswasser.
Format: Sickertunnel
Maße (L x B x H): ..... x ..... x ..... cm
Nettospeichervolumen: 300 l
Material: Polypropylen PP (100 % recycelbar)
Befahrbar: SLW 60S

►	▷	ø netto €	◁	◄	[Einheit]	Ausf.-Dauer	Positionsnummer
348€	445€	**484€**	527€	576€	[St]	⏱ 0,70 h/St	380.000.304

124 Speicherelement, Box Niederschlagswasser, 400l KG **552**

Speicherelement zur Zwischenspeicherung von Niederschlagswasser.
Format: Box
Maße (L x B x H): ..... x ..... x ..... cm
Nettospeichervolumen: 400 l pro Box
Material: HDPE
Befahrbar: SLW 60

►	▷	ø netto €	◁	◄	[Einheit]	Ausf.-Dauer	Positionsnummer
–	955€	**1.027€**	1.120€	–	[St]	⏱ 0,50 h/St	380.000.305

E Abbruch und Instandsetzung

381

Kosten:
Stand 2. Quartal 2026
Bundesdurchschnitt

▶ min
▷ von
ø Mittel
◁ bis
◀ max

Nr.	Positionen	Einheit	▶	▷	ø brutto € / ø netto €	◁	◀
1	Trockenstrahlen, Betonfläche, unbeschichtet	m²	21	23	**24**	25	27
			18	19	**20**	21	23
2	Trockenstrahlen, Betonfläche, beschichtet	m²	31	34	**35**	38	41
			26	28	**30**	32	34
3	Feuchtestrahlen, Betonfläche, unbeschichtet	m²	28	29	**31**	33	36
			23	25	**26**	28	30
4	Feuchtestrahlen, Beton beschichtet	m²	40	42	**44**	47	51
			33	35	**37**	40	43
5	HDWS, Betonflächen, bis Bewehrung	m²	49	53	**56**	60	64
			41	44	**47**	50	54
6	HDWS, Betonflächen, hinter Bewehrung	m²	83	87	**92**	98	106
			69	73	**77**	83	89
7	Kugelstrahlen, Betonflächen, Boden	m²	26	28	**29**	32	34
			22	23	**25**	27	29
8	Betonausbruch, 10x3cm	m	28	30	**32**	35	37
			24	25	**27**	29	31
9	Betonausbruch, 20x5cm	m	46	50	**53**	56	61
			39	42	**44**	47	51
10	Betonausbruch, Mehrtiefe 1cm	m	6	6	**7**	7	7
			5	5	**5**	6	6
11	Stemmarbeiten, Kanten, 15x15cm	m	35	38	**40**	42	46
			29	32	**33**	36	39
12	Stemmarbeiten, Kanten, 5cm Mehrlänge	m	9	9	**10**	11	11
			7	8	**8**	9	10
13	Betonausbruch, bis 0,10m²	St	48	52	**54**	58	62
			40	44	**45**	49	52
14	Betonausbruch, bis 0,25m²	St	75	80	**83**	91	93
			63	67	**70**	76	78
15	Betonausbruch, bis 0,50m²	St	109	119	**126**	135	145
			92	100	**106**	113	122
16	Betonausbruch, bis 3cm	m²	125	136	**143**	153	165
			105	114	**120**	129	139
17	Betonausbruch, bis 5cm	m²	180	194	**204**	220	237
			151	163	**171**	185	199
18	Betonausbruch, Mehrtiefe	m²	25	29	**30**	32	36
			21	24	**26**	27	31
19	Bewehrung abtrennen, bis 16mm	St	9	10	**10**	11	12
			8	8	**8**	9	10
20	Bewehrung abtrennen, über 16mm	St	11	13	**13**	14	16
			10	11	**11**	12	13
21	Bewehrung befestigen, Dübel	St	8	8	**9**	10	11
			7	7	**8**	8	9
22	Bewehrung strahlen, bis 1,00m	St	10	11	**11**	12	13
			8	9	**9**	10	11
23	Bewehrung strahlen, über 1,00m	St	8	8	**9**	9	11
			7	7	**7**	8	9
24	Korrosionsschutz, mineralisch	m	15	16	**17**	18	20
			13	14	**14**	15	17

Nr.	Positionen	Einheit	►	▷	ø brutto € / ø netto €	◁	◄
25	Korrosionsschutz, Epoxidharz	m	20	21	**22**	24	27
			17	18	**19**	20	22
26	Schutzbeschichtung, SPCC	m	22	24	**26**	28	31
			19	20	**22**	24	26
27	Reprofilierung, PCC/RM, bis 0,10m²	St	39	41	**43**	47	50
			33	34	**36**	39	42
28	Reprofilierung, PCC/RM, bis 0,25m²	St	66	70	**73**	79	85
			56	59	**61**	67	71
29	Reprofilierung, PCC/RM, bis 0,50m²	St	142	150	**158**	171	184
			120	126	**133**	144	154
30	Reprofilierung, PCC/RM, bis 3cm, linear	m	34	35	**38**	41	45
			29	30	**32**	34	38
31	Reprofilierung, PCC/RM, bis 5cm, linear	m	57	61	**64**	69	75
			48	51	**54**	58	63
32	Reprofilierung, PCC/RM, Mehrtiefe, linear	m	20	21	**22**	24	29
			17	18	**18**	20	24
33	Reprofilierung, PCC/RM, flächig bis 3cm	m²	156	164	**173**	185	199
			131	138	**145**	155	167
34	Reprofilierung, PCC/RM, flächig bis 5cm	m²	294	314	**327**	356	376
			247	264	**275**	299	316
35	Reprofilierung, PCC/RM, Mehrtiefe, flächig	m²	68	72	**76**	81	90
			57	61	**64**	68	76
36	Reprofilierung, Kante, 15x15cm, PCC/RM	m	72	76	**80**	85	92
			60	64	**67**	72	77
37	Schalung, Kanten	m	19	21	**22**	23	26
			16	17	**18**	19	22
38	Spritzmörtel, SPCC, 5cm	m²	198	206	**217**	237	252
			166	174	**183**	199	212
39	Spritzmörtel, SPCC, 7cm	m²	299	312	**329**	352	382
			252	263	**276**	296	321
40	Spritzmörtel, SPCC, Mehrtiefe	m²	71	75	**79**	85	95
			60	63	**67**	71	80
41	Tropfkante, Dreikantleisten	m	26	29	**30**	32	36
			22	24	**25**	27	30
42	Tropfkante, Profil	m	13	17	**19**	21	26
			11	14	**16**	17	22
43	Füllbeschichtung, Schlämme	m²	33	35	**37**	39	42
			28	30	**31**	33	36
44	Feinspachtelung, 2mm, vollflächig	m²	35	37	**38**	41	46
			29	31	**32**	35	39
45	Feinspachtelung, 3mm, vollflächig	m²	23	25	**26**	28	31
			20	21	**22**	23	26
46	Feinspachtelung, Mehrstärke, vollflächig	m²	8	8	**8**	9	11
			6	7	**7**	8	9
47	Grundierung, Betonfläche	m²	9	11	**11**	12	14
			8	9	**9**	10	11
48	Hydrophobierung OS 1	m²	19	20	**21**	23	25
			16	17	**18**	19	21

Betonerhaltungsarbeiten — Preise €

Nr.	Positionen	Einheit	▶	▷	ø brutto € / ø netto €	◁	◀
49	Beschichtung OS 2	m²	34	36	**38**	40	43
			29	30	**32**	34	36
50	Beschichtung OS 4	m²	29	30	**32**	34	37
			24	25	**26**	29	31
51	Beschichtung OS 5a	m²	39	41	**43**	46	49
			32	34	**36**	39	41
52	Beschichtung OS 5b	m²	51	53	**56**	60	65
			42	45	**47**	50	54
53	Beschichtung OS 8	m²	108	116	**122**	131	141
			91	97	**102**	110	119
54	Beschichtung OS 11a	m²	204	216	**227**	243	261
			172	181	**191**	204	220
55	Beschichtung OS 11b	m²	165	173	**186**	199	214
			139	145	**156**	167	180
56	Spachtelung, Rautiefe über 1mm	m²	27	29	**30**	33	35
			23	24	**26**	28	29
57	Kratzspachtelung, Rautiefe über 5mm	m²	37	39	**41**	44	49
			31	33	**34**	37	41
58	Beschichtung abstreuen, Quarzsand	m²	6	6	**6**	7	8
			5	5	**5**	6	7
59	Deckversiegelung, OS	m²	14	15	**16**	17	19
			12	13	**13**	14	16
60	Deckversiegelung, mit Abstreuung, OS	m²	18	19	**20**	21	24
			15	16	**17**	18	20

Kosten:
Stand 2. Quartal 2026
Bundesdurchschnitt

Nr. **Kurztext** / Langtext — Kostengruppe
▶ ▷ **ø netto €** ◁ ◀ [Einheit] Ausf.-Dauer Positionsnummer

1 Trockenstrahlen, Betonfläche, unbeschichtet — KG **395**

Strahlen mit festen Strahlmittel zum Abtragen und Entfernen loser und mürber Teile. Die Betonoberfläche ist durch Absaugung nachzureinigen und vor erneuter Verschmutzung zu schützen. Das Strahlgut ist von den umgebenden Flächen zu sammeln und einschl. des anfallenden Bauschutts entsprechend der behördlichen Auflagen zu entsorgen.
Bauteil: .....
Lage: .....
Oberfläche: .....

18€ 19€ **20€** 21€ 23€ [m²] ⏱ 0,20h/m² 381.000.001

▶ min
▷ von
ø Mittel
◁ bis
◀ max

2 Trockenstrahlen, Betonfläche, beschichtet KG **395**

Strahlen mit festen Strahlmittel zum Abtragen und Entfernen von Beschichtungen, einschl. loser und mürber Teile und leicht ablösender Schichten. Die Betonoberfläche ist durch Absaugung nachzureinigen und vor erneuter Verschmutzung zu schützen. Das Strahlgut ist von den umgebenden Flächen zu sammeln und einschl. des anfallenden Bauschutts entsprechend der behördlichen Auflagen zu entsorgen.
Bauteil: .....
Lage: .....
Oberfläche: .....
Vorh. Beschichtung: .....

26€ | 28€ | **30€** | 32€ | 34€ | [m²] | ⏱ 0,20 h/m² | 381.000.066

3 Feuchtestrahlen, Betonfläche, unbeschichtet KG **395**

Strahlen mit festen Strahlmittel und Wasser zum Abtragen und Entfernen loser und mürber Teile. Nach dem Strahlvorgang ist die Betonoberfläche nachzureinigen und vor erneuter Verschmutzung zu schützen. Das Strahlgut ist von den umgebenden Flächen zu sammeln und einschl. des anfallenden Bauschutts entsprechend der behördlichen Auflagen zu entsorgen.
Bauteil: .....
Lage: .....
Oberfläche: .....

23€ | 25€ | **26€** | 28€ | 30€ | [m²] | ⏱ 0,20 h/m² | 381.000.002

4 Feuchtestrahlen, Beton beschichtet KG **395**

Strahlen mit festen Strahlmittel und Wasser zum Abtragen und Entfernen von Beschichtungen, einschl. loser und mürber Teile und leicht ablösender Schichten. Die Betonoberfläche ist durch Absaugung nachzureinigen und vor erneuter Verschmutzung zu schützen. Das Strahlgut ist von den umgebenden Flächen zu sammeln und einschl. des anfallenden Bauschutts entsprechend der behördlichen Auflagen zu entsorgen.
Bauteil: .....
Lage: .....
Oberfläche: .....
Vorh. Beschichtung: .....

33€ | 35€ | **37€** | 40€ | 43€ | [m²] | ⏱ 0,25 h/m² | 381.000.003

5 HDWS, Betonflächen, bis Bewehrung KG **395**

Betonflächen mit Bewehrung durch abtragendes Hochdruckwasserstrahlen bis zur oberen Bewehrungslage für Instandsetzungsarbeiten vorbereiten. Nach dem Strahlvorgang ist die Betonoberfläche durch Absaugen nachzureinigen und vor erneuter Verschmutzung zu schützen. Das Strahlgut ist von den umgebenden Flächen zu sammeln und einschl. des anfallenden Bauschutts entsprechend der behördlichen Auflagen zu entsorgen.
Bauteil: .....
Lage: .....
Abtragstiefe: ca. 2 cm
Druckfestigkeitsbereich: bis 30 N/mm²
Hochdruckwasserstrahlen: bis 80 MPa

41€ | 44€ | **47€** | 50€ | 54€ | [m²] | ⏱ 0,39 h/m² | 381.000.004

Nr.	Kurztext / Langtext						Kostengruppe
▶	▷	ø netto €	◁	◀	[Einheit]	Ausf.-Dauer	Positionsnummer

6 HDWS, Betonflächen, hinter Bewehrung KG **395**

Betonflächen mit Bewehrung durch abtragendes Hochdruckwasserstrahlen bis hinter die Bewehrungslage, für Instandsetzungsarbeiten vorbereiten. Nach dem Strahlvorgang ist die Betonoberfläche durch Absaugen nachzureinigen und vor erneuter Verschmutzung zu schützen. Das Strahlgut ist von den umgebenden Flächen zu sammeln und einschl. des anfallenden Bauschutts entsprechend der behördlichen Auflagen zu entsorgen.
Bauteil: .....
Lage: .....
Abtragstiefe: ca. 5cm
Druckfestigkeitsbereich: bis 30N/mm²
Hochdruckwasserstrahlen: bis 80MPa

69€	73€	**77€**	83€	89€	[m²]	⏱ 0,45h/m²	381.000.005

Kosten:
Stand 2.Quartal 2026
Bundesdurchschnitt

7 Kugelstrahlen, Betonflächen, Boden KG **395**

Untergrundvorbehandlung von Betonflächen durch Kugelstrahlen mit gleichzeitigem Absaugen zum Reinigen von allen artfremden, den Haftverbund mindernden Teilen. Die Betonoberfläche ist durch Absaugen nachzureinigen und vor erneuter Verschmutzung zu schützen. Das Strahlgut und der anfallende Bauschutt sind entsprechend der behördlichen Auflagen zu entsorgen
Lage: .....
Oberfläche: .....

22€	23€	**25€**	27€	29€	[m²]	⏱ 0,33h/m²	381.000.006

A 1 Betonausbruch Beschreibung für Pos. **8-10**

Beton ausstemmen, Ränder mit 45° anschrägen, und anfallenden Bauschutt entsorgen.
Bauteil: .....
Lage: .....

8 Betonausbruch, 10x3cm KG **395**

Wie Ausführungsbeschreibung A 1
Ausbruchbreite: bis 10cm
Ausbruchtiefe: bis 3cm

24€	25€	**27€**	29€	31€	[m]	⏱ 0,26h/m	381.000.007

9 Betonausbruch, 20x5cm KG **395**

Wie Ausführungsbeschreibung A 1
Ausbruchbreite: bis 20cm
Ausbruchtiefe: bis 5cm

39€	42€	**44€**	47€	51€	[m]	⏱ 0,40h/m	381.000.008

10 Betonausbruch, Mehrtiefe 1cm KG **395**

Wie Ausführungsbeschreibung A 1
je 1cm Mehrtiefe

5€	5€	**5€**	6€	6€	[m]	⏱ 0,04h/m	381.000.009

▶ min
▷ von
ø Mittel
◁ bis
◀ max

Nr.	**Kurztext** / Langtext						Kostengruppe
▶	▷	**ø netto €**	◁	◀	[Einheit]	Ausf.-Dauer	Positionsnummer

11 Stemmarbeiten, Kanten, 15x15cm KG **395**

Stemmarbeiten im Bereich von Kanten, einschl. anfallenden Bauschutt entsorgen.
Bauteil: .....
Schenkellänge: bis 15 x 15cm

29€	32€	**33€**	36€	39€	[m]	⏱ 0,37h/m	381.000.010

12 Stemmarbeiten, Kanten, 5cm Mehrlänge KG **395**

Stemmarbeiten an Kanten je angefangene 5cm Schenkel-Mehrlänge, einschl. anfallenden Bauschutt entsorgen.

7€	8€	**8€**	9€	10€	[m]	⏱ 0,05h/m	381.000.011

13 Betonausbruch, bis 0,10m² KG **395**

Beton im Bereich der markierten Schadensstellen ausbrechen und freistemmen, Ränder 45° anschrägen, einschl. anfallenden Bauschutt entsorgen.
Bauteil: .....
Lage: .....
Ausbruchtiefe: bis 3cm
Schadstellen: bis 0,10m²
Hinweis: Bei der Ausschreibung sind Differenzierung der Abmessungen in 0,01, 0,1, 0,25, 0,5, 0,75 und 1,0m² vorzunehmen.

40€	44€	**45€**	49€	52€	[St]	⏱ 0,25h/St	381.000.063

14 Betonausbruch, bis 0,25m² KG **395**

Beton im Bereich der markierten Schadensstellen ausbrechen und freistemmen, Ränder 45° anschrägen, einschl. anfallenden Bauschutt entsorgen.
Bauteil: .....
Lage: .....
Ausbruchtiefe: bis 3cm
Schadstellen: bis 0,25m²
Hinweis: Bei der Ausschreibung sind Differenzierung der Abmessungen in 0,01, 0,1, 0,25, 0,5, 0,75 und 1,0m² vorzunehmen.

63€	67€	**70€**	76€	78€	[St]	⏱ 0,25h/St	381.000.012

15 Betonausbruch, bis 0,50m² KG **395**

Beton im Bereich der markierten Schadensstellen ausbrechen und freistemmen, Ränder 45° anschrägen, einschl. anfallenden Bauschutt entsorgen.
Bauteil: .....
Lage: .....
Ausbruchtiefe: bis 3cm
Schadstellen: bis 0,5m²
Hinweis: Bei der Ausschreibung sind Differenzierung der Abmessungen in 0,01, 0,1, 0,25, 0,5, 0,75 und 1,0m² vorzunehmen.

92€	100€	**106€**	113€	122€	[St]	⏱ 0,35h/St	381.000.013

Nr.	Kurztext / Langtext						Kostengruppe
▶	▷	ø netto €	◁	◀	[Einheit]	Ausf.-Dauer	Positionsnummer

A 2 Betonausbruch — Beschreibung für Pos. **16-18**

Beton flächig ausstemmen und anfallenden Bauschutt entsorgen.
Bauteil: .....
Lage: .....

16 Betonausbruch, bis 3cm — KG **395**

Wie Ausführungsbeschreibung A 2
Ausbruchtiefe: bis 3cm

105€	114€	**120€**	129€	139€	[m²]	⏱ 0,85h/m²	381.000.014

17 Betonausbruch, bis 5cm — KG **395**

Wie Ausführungsbeschreibung A 2
Ausbruchtiefe: bis 5cm

151€	163€	**171€**	185€	199€	[m²]	⏱ 0,85h/m²	381.000.015

18 Betonausbruch, Mehrtiefe — KG **395**

Wie Ausführungsbeschreibung A 2
je 1cm Mehrtiefe

21€	24€	**26€**	27€	31€	[m²]	⏱ 0,15h/m²	381.000.016

19 Bewehrung abtrennen, bis 16mm — KG **395**

Freiliegende Bewehrung nach Rücksprache mit Statiker abtrennen und anfallenden Bauschutt entsorgen.
Bauteil: .....
Lage: .....
Bewehrung: bis 16mm

8€	8€	**8€**	9€	10€	[St]	⏱ 0,08h/St	381.000.017

20 Bewehrung abtrennen, über 16mm — KG **395**

Freiliegende Bewehrung, nach Rücksprache mit Statiker, abtrennen und anfallenden Bauschutt entsorgen.
Bauteil: .....
Lage: .....
Bewehrung: über 16mm

10€	11€	**11€**	12€	13€	[St]	⏱ 0,08h/St	381.000.018

21 Bewehrung befestigen, Dübel — KG **395**

Lose Bewehrung schwingungsfrei mit Dübeln bzw. Haken befestigen.
Bauteil: .....
Lage: .....

7€	7€	**8€**	8€	9€	[St]	⏱ 0,07h/St	381.000.019

Kosten:
Stand 2.Quartal 2026
Bundesdurchschnitt

▶ min
▷ von
ø Mittel
◁ bis
◀ max

Nr.	Kurztext / Langtext						Kostengruppe
▶	▷	ø netto €	◁	◀	[Einheit]	Ausf.-Dauer	Positionsnummer

22 Bewehrung strahlen, bis 1,00m KG **395**

Freiliegende Bewehrung durch linienförmiges Strahlen mit festen Strahlmitteln vorbehandeln. Das Strahlgut sammeln und einschl. des anfallenden Bauschutts entsprechend der behördlichen Auflagen entsorgen.
Bauteil: .....
Lage: .....
Bewehrung: ..... mm
Einzellängen: bis 1,00 m
Reinheitsgrad: SA .....

8€	9€	**9€**	10€	11€	[St]	⏱ 0,15 h/St	381.000.020

23 Bewehrung strahlen, über 1,00m KG **395**

Freiliegende Bewehrung durch linienförmiges Strahlen mit festen Strahlmitteln vorbehandeln. Das Strahlgut sammeln und einschl. des anfallenden Bauschutts entsprechend der behördlichen Auflagen entsorgen.
Bauteil: .....
Lage: .....
Bewehrung: ..... mm
Einzellängen: über 1,00 m
Reinheitsgrad: SA .....

7€	7€	**7€**	8€	9€	[St]	⏱ 0,15 h/St	381.000.064

24 Korrosionsschutz, mineralisch KG **395**

Korrosionsschutz auf entrostetem Bewehrungsstahl mit kunststoffmodifizierter Zementschlämme.
Bauteil: .....
Lage: .....
Geforderter Reinheitsgrad: Sa 2,0
Bewehrung: ..... mm
Angeb. Fabrikat: .....

13€	14€	**14€**	15€	17€	[m]	⏱ 0,10 h/m	381.000.023

25 Korrosionsschutz, Epoxidharz KG **395**

Korrosionsschutz auf entrostetem, trockenem Bewehrungsstahl aus reaktionshärtendem Epoxidharz-System, mit Absanden der Zweitschicht. Nach Trocknung ist nicht eingebundener Sand abzublasen.
Bauteil: .....
Lage: .....
Geforderter Reinheitsgrad: Sa 2,0
Bewehrung: ..... mm
Angeb. Fabrikat: .....

17€	18€	**19€**	20€	22€	[m]	⏱ 0,15 h/m	381.000.024

26 Schutzbeschichtung, SPCC KG **395**

Schutzbeschichtung des Korrosionsschutzes der Bewehrung zu Vorbereitung von kunststoffmodifiziertem Spritzmörtelauftrag.
Bauteil: .....
Lage: .....
Angeb. Fabrikat: .....

19€	20€	**22€**	24€	26€	[m]	⏱ 0,08 h/m	381.000.025

Nr.	Kurztext / Langtext						Kostengruppe
▶	▷	**ø netto €**	◁	◀	[Einheit]	Ausf.-Dauer	Positionsnummer

A 3 Reprofilierung, PCC/RM, örtliche Fehlstellen — Beschreibung für Pos. **27-29**

Reprofilieren örtlicher Fehlstellen mit PCC/MR-Instandsetzungsmörtel, einschl. Auftrag einer zementgebundenen, kunststoffmodifizierten Haftbrücke, sowie Schutz gegen Witterungseinflüsse und vorzeitiges Austrocknen.
Bauteil: .....
Lage: .....
Beanspruchungsklasse: .....
Angeb. Fabrikat: .....
Hinweis: Bei der Ausschreibung sind Differenzierung der Abmessungen in 0,01, 0,1, 0,25, 0,5, 0,75 und 1,0 m² und unterschiedlichen Tiefen vorzunehmen.

Kosten:
Stand 2. Quartal 2026
Bundesdurchschnitt

27 Reprofilierung, PCC/RM, bis 0,10m² — KG **395**

Wie Ausführungsbeschreibung A 3
Ausbruchtiefe: bis 3cm
Schadstellen: bis 0,10m²

▶	▷	ø	◁	◀	Einheit	Ausf.-Dauer	Positionsnummer
33€	34€	**36€**	39€	42€	[St]	⏱ 0,20h/St	381.000.060

28 Reprofilierung, PCC/RM, bis 0,25m² — KG **395**

Wie Ausführungsbeschreibung A 3
Ausbruchtiefe: bis 3cm
Schadstellen: bis 0,25m²

▶	▷	ø	◁	◀	Einheit	Ausf.-Dauer	Positionsnummer
56€	59€	**61€**	67€	71€	[St]	⏱ 0,30h/St	381.000.026

29 Reprofilierung, PCC/RM, bis 0,50m² — KG **395**

Wie Ausführungsbeschreibung A 3
Ausbruchtiefe: bis 3cm
Schadstellen: bis 0,50m²

▶	▷	ø	◁	◀	Einheit	Ausf.-Dauer	Positionsnummer
120€	126€	**133€**	144€	154€	[St]	⏱ 0,35h/St	381.000.027

A 4 Reprofilierung, PCC/RM — Beschreibung für Pos. **30-32**

Reprofilieren linearer Fehlstellen in Teilflächen mit PCC-Instandsetzungsmörtel, einschl. Auftrag einer zementgebundenen, kunststoffmodifizierten Haftbrücke, sowie Schutz gegen Witterungseinflüsse und vorzeitiges Austrocknen.
Bauteil: .....
Lage: .....
Beanspruchungsklasse: .....
Angeb. Fabrikat: .....

▶ min
▷ von
ø Mittel
◁ bis
◀ max

30 Reprofilierung, PCC/RM, bis 3cm, linear — KG **395**

Wie Ausführungsbeschreibung A 4
Ausbruchtiefe: bis 3cm
Schadstellen: bis 10cm

▶	▷	ø	◁	◀	Einheit	Ausf.-Dauer	Positionsnummer
29€	30€	**32€**	34€	38€	[m]	⏱ 0,25h/m	381.000.030

Nr.	Kurztext / Langtext						Kostengruppe
▶	▷	ø netto €	◁	◀	[Einheit]	Ausf.-Dauer	Positionsnummer

31 Reprofilierung, PCC/RM, bis 5cm, linear KG **395**

Wie Ausführungsbeschreibung A 4
Ausbruchtiefe: bis 5 cm
Schadstellen: bis 20 cm

48€	51€	**54€**	58€	63€	[m]	⏱ 0,30 h/m	381.000.028

32 Reprofilierung, PCC/RM, Mehrtiefe, linear KG **395**

Wie Ausführungsbeschreibung A 4
je 1 cm Mehrtiefe

17€	18€	**18€**	20€	24€	[m]	⏱ 0,16 h/m	381.000.029

A 5 Reprofilierung, PCC, flächig Beschreibung für Pos. **33-35**

Reprofilieren flächiger Fehlstellen mit PCC-Instandsetzungsmörtel, einschl. Auftrag einer zementgebundenen, kunststoffmodifizierten Haftbrücke, sowie Schutz gegen Witterungseinflüsse und vorzeitiges Austrocknen.
Bauteil: .....
Lage: .....
Ausbruch: flächig
Beanspruchungsklasse: .....
Angeb. Fabrikat: .....

33 Reprofilierung, PCC/RM, flächig bis 3cm KG **395**

Wie Ausführungsbeschreibung A 5
Ausbruchtiefe: bis 3 cm

131€	138€	**145€**	155€	167€	[m²]	⏱ 0,75 h/m²	381.000.032

34 Reprofilierung, PCC/RM, flächig bis 5cm KG **395**

Wie Ausführungsbeschreibung A 5
Ausbruchtiefe: bis 5 cm

247€	264€	**275€**	299€	316€	[m²]	⏱ 0,75 h/m²	381.000.033

35 Reprofilierung, PCC/RM, Mehrtiefe, flächig KG **395**

Wie Ausführungsbeschreibung A 5
Ausbruchtiefe: pro cm Mehrtiefe

57€	61€	**64€**	68€	76€	[m²]	⏱ 0,16 h/m²	381.000.034

36 Reprofilierung, Kante, 15x15cm, PCC/RM KG **395**

Reprofilierung von Kanten mit PCC-Mörtel.
Bauteil: .....
Lage: .....
Schenkellänge: bis 15 x 15 cm

60€	64€	**67€**	72€	77€	[m]	⏱ 0,60 h/m	381.000.035

381
382
384
387

Nr.	Kurztext / Langtext						Kostengruppe
▶	▷	ø netto €	◁	◀	[Einheit]	Ausf.-Dauer	Positionsnummer

37 Schalung, Kanten KG **395**

Schalung im Bereich von Kanten, für Spritzmörtelauftrag. Abrechnung einseitiger Schalung.
Bauteil: .....
Lage: .....

▶	▷	ø	◁	◀	Einheit	Ausf.-Dauer	Positionsnummer
16€	17€	**18€**	19€	22€	[m]	0,25h/m	381.000.036

A 6 Spritzmörtel, SPCC Beschreibung für Pos. **38-40**

Flächige Reprofilierung von Stahlbetonflächen mit kunststoffmodifiziertem Zementmörtel (SPCC) im Spritzverfahren, einschl. Schutz gegen Witterungseinflüsse und dem vorzeitigem Austrocknen, sowie Entsorgung des Rückprallgutes.
Betongüte: mind. C20/25
Korngröße: .....
Bauteil: .....
Lage: .....
Gef. Oberfläche: .....
Angeb. Fabrikat: .....

Kosten:
Stand 2. Quartal 2026
Bundesdurchschnitt

38 Spritzmörtel, SPCC, 5cm KG **395**

Wie Ausführungsbeschreibung A 6
Ausbruchtiefe: bis 5cm

▶	▷	ø	◁	◀	Einheit	Ausf.-Dauer	Positionsnummer
166€	174€	**183€**	199€	212€	[m²]	1,20h/m²	381.000.037

39 Spritzmörtel, SPCC, 7cm KG **395**

Wie Ausführungsbeschreibung A 6
Ausbruchtiefe: bis 7cm

▶	▷	ø	◁	◀	Einheit	Ausf.-Dauer	Positionsnummer
252€	263€	**276€**	296€	321€	[m²]	1,20h/m²	381.000.038

40 Spritzmörtel, SPCC, Mehrtiefe KG **395**

Wie Ausführungsbeschreibung A 6
pro cm Mehrtiefe

▶	▷	ø	◁	◀	Einheit	Ausf.-Dauer	Positionsnummer
60€	63€	**67€**	71€	80€	[m²]	0,23h/m²	381.000.039

41 Tropfkante, Dreikantleisten KG **395**

Tropfkante herstellen mit Dreikantleiste.
Bauteil: .....
Lage: .....

▶	▷	ø	◁	◀	Einheit	Ausf.-Dauer	Positionsnummer
22€	24€	**25€**	27€	30€	[m]	0,32h/m	381.000.040

42 Tropfkante, Profil KG **395**

Tropfkante herstellen mit Tropfkantenprofil aus Kunststoff.
Bauteil: .....
Lage: .....

▶	▷	ø	◁	◀	Einheit	Ausf.-Dauer	Positionsnummer
11€	14€	**16€**	17€	22€	[m]	0,20h/m	381.000.065

▶ min
▷ von
ø Mittel
◁ bis
◀ max

Nr.	Kurztext / Langtext						Kostengruppe
▶	▷	**ø netto €**	◁	◀	[Einheit]	Ausf.-Dauer	Positionsnummer

43 Füllbeschichtung, Schlämme KG **395**

Füllbeschichtung auf Basis einer kunststoffmodifizierten Zementschlämme zum Füllen von Poren und Lunkern in zwei Arbeitsgängen mit Abkratzen auf der Oberfläche, einschl. vornässen des Untergrundes.
Untergrund: .....
Bauteil: .....
Lage: .....
Angeb. Fabrikat: .....

28€	30€	**31€**	33€	36€	[m²]	⏱ 0,20 h/m²	381.000.041

A 7 Feinspachtelung, vollflächig Beschreibung für Pos. **44-46**

Vollflächiges Feinspachteln der Betonflächen mit kunststoffmodifiziertem Zementmörtel zum Füllen von Fehlstellen, Poren und Lunkern, sowie zum Erreichen einer ebenen, gratfreien Oberfläche. Leistung in zwei Arbeitsgängen, mit Kratzspachtelung und Spachtelung, zum Erreichen der geforderten Schichtdicke, einschl. vornässen des Untergrundes.
Untergrund: .....
Bauteil: .....
Lage: .....
Rautiefe: .....
Angeb. Fabrikat: .....

44 Feinspachtelung, 2mm, vollflächig KG **395**

Wie Ausführungsbeschreibung A 7
Schichtdicke: 2 mm über den Spitzen

29€	31€	**32€**	35€	39€	[m²]	⏱ 0,30 h/m²	381.000.042

45 Feinspachtelung, 3mm, vollflächig KG **395**

Wie Ausfuhrungsbeschreibung A 7
Schichtdicke: 3 mm über den Spitzen

20€	21€	**22€**	23€	26€	[m²]	⏱ 0,35 h/m²	381.000.043

46 Feinspachtelung, Mehrstärke, vollflächig KG **395**

Wie Ausfuhrungsbeschreibung A 7
je 1 mm Mehrstärke

6€	7€	**7€**	8€	9€	[m²]	⏱ 0,07 h/m²	381.000.044

47 Grundierung, Betonfläche KG **395**

Grundierung von Betonflächen zur Reduzierung der Saugfähigkeit und zur Verfestigung des Untergrunds.
Bauteil: .....
Lage: .....
Farbe: unpigmentiert
Rautiefe: .....
Auftragsart: **streichen / spritzen**

8€	9€	**9€**	10€	11€	[m²]	⏱ 0,10 h/m²	381.000.045

Nr.	Kurztext / Langtext						Kostengruppe
▶	▷	**ø netto €**	◁	◀	[Einheit]	Ausf.-Dauer	Positionsnummer

48 Hydrophobierung OS 1 KG **395**

Hydrophobierung von frei bewitterten Betonflächen als vorbeugender Oberflächenschutz auf Silan-/Siloxanbasis in zwei Arbeitsgängen bis zur Sättigung.
Bauteil: .....
Lage: .....
Oberflächenschutz: OS 1
Farbe: unpigmentiert
Auftragsart: .....
Angeb. Fabrikat: .....
Auftragsmenge: .....
Prüfzeugnisnummer: .....

▶	▷	ø	◁	◀	Einheit	Ausf.-Dauer	Positionsnummer
16€	17€	**18€**	19€	21€	[m2]	⏱ 0,13h/m2	381.000.046

Kosten:
Stand 2. Quartal 2026
Bundesdurchschnitt

49 Beschichtung OS 2 KG **395**

Beschichtung für nicht begeh-/befahrbare und freibewitterte Betonflächen als vorbeugenden Oberflächenschutz in mind. zwei Schichten.
Bauteil: .....
Lage: .....
Rautiefe: 0,2mm
Versiegelung: OS 2
Hydrophobierungsmittel: Silan-/Siloxanbasis
Mindestschichtdicke: 130µm
Farbe: unpigmentiert
Auftragsart: .....
Farbe: unpigmentiert
Farbe: .....
Angeb. Fabrikat: .....
Auftragsmengen: .....
Prüfzeugnisnummer: .....

▶	▷	ø	◁	◀	Einheit	Ausf.-Dauer	Positionsnummer
29€	30€	**32€**	34€	36€	[m2]	⏱ 0,28h/m2	381.000.047

50 Beschichtung OS 4 KG **395**

Beschichtung mit erhöhter Dichtheit für nicht begeh-/befahrbare und freibewitterte Betonflächen mit Kratzspachtel und Oberflächenschutzschicht.
Bauteil: .....
Lage: .....
Rautiefe: 0,2mm
Beschichtung: OS 4
Mindestschichtdicke: 130µm
Farbe: unpigmentiert
Auftragsart: .....
Farbe: .....
Angeb. Fabrikat: .....
Auftragsmengen: .....
Prüfzeugnisnummer: .....

▶	▷	ø	◁	◀	Einheit	Ausf.-Dauer	Positionsnummer
24€	25€	**26€**	29€	31€	[m2]	⏱ 0,21h/m2	381.000.048

▶ min
▷ von
ø Mittel
◁ bis
◀ max

51 Beschichtung OS 5a KG **395**

Beschichtung für nicht begeh-/befahrbare und freibewitterte Betonflächen mit mindestens geringer Rissüberbrückungsfähigkeit mit Kratzspachtelung und zwei Oberflächenschutzschichten mit Polymerdispersion.
Bauteil: .....
Lage: .....
Rautiefe: 0,2 mm
Beschichtung: OS 5a
Mindestschichtdicke: 370 µm
Rissüberbrückungsklasse: gering, I T
Farbe: unpigmentiert
Auftragsart: .....
Farbe: .....
Angeb. Fabrikat: .....
Auftragsmengen: .....
Prüfzeugnisnummer: .....

32€	34€	**36€**	39€	41€	[m2]	⏱ 0,22 h/m2	381.000.049

52 Beschichtung OS 5b KG **395**

Beschichtung für nicht begeh-/befahrbare und freibewitterte Betonflächen mit mindestens geringer Rissüberbrückungsfähigkeit mit Kratzspachtelung und 2 elastischen Oberflächenschutzschichten aus Polymer/Zementgemisch.
Bauteil: .....
Lage: .....
Rautiefe: 0,2 mm
Beschichtung: OS 5b
Mindestschichtdicke: 2.250 µm
Rissüberbrückungsklasse: gering, I T
Farbe: unpigmentiert
Auftragsart: .....
Farbe: .....
Angeb. Fabrikat: .....
Auftragsmengen: .....
Prüfzeugnisnummer: .....

42€	45€	**47€**	50€	54€	[m2]	⏱ 0,32 h/m2	381.000.050

Nr.	Kurztext / Langtext						Kostengruppe
▶	▷	ø netto €	◁	◀	[Einheit]	Ausf.-Dauer	Positionsnummer

53 Beschichtung OS 8 KG **395**

Beschichtung für begeh-/befahrbare, chemisch widerstandsfähige und mechanisch stark belastete Flächen mit Grundierung, Kratzspachtelung und Deckschicht auf Reaktionsharzbasis.
Bauteil: Fahrbahn
Lage: .....
Rautiefe: 0,5mm
Beschichtung: OS 8
Mindestschichtdicke: 1.750µm
Rutsch-Bewertungsgruppe: .....
Farbe: unpigmentiert
Auftragsart: .....
Angeb. Fabrikat: .....
Auftragsmengen: .....
Prüfzeugnisnummer: .....

91€	97€	**102€**	110€	119€	[m²]	⏱ 0,46h/m²	381.000.051

54 Beschichtung OS 11a KG **395**

Beschichtung für begeh-/befahrbare und freibewitterte Flächen mit erhöhter dynamischer Rissüberbrückung mit Grundierung, Kratzspachtelung und Oberflächenschutzschicht auf Reaktionsharzbasis mit Quarzsand.
Bauteil: Fahrbahn
Lage: .....
Rautiefe: 0,5mm
Beschichtung: OS 11a
Mindestschichtdicke: 3.300µm
Rissüberbrückungsklasse: erhöht, II T+V
Rutsch-Bewertungsgruppe: .....
Farbe: unpigmentiert
Auftragsart: .....
Angeb. Fabrikat: .....
Auftragsmengen: .....
Prüfzeugnisnummer: .....

172€	181€	**191€**	204€	220€	[m²]	⏱ 0,58h/m²	381.000.052

Kosten:
Stand 2. Quartal 2026
Bundesdurchschnitt

▶ min
▷ von
ø Mittel
◁ bis
◀ max

Nr.	Kurztext / Langtext					Kostengruppe
▶	▷	ø netto €	◁	◀	[Einheit]	Ausf.-Dauer	Positionsnummer

55 Beschichtung OS 11b KG **395**

Beschichtung für begeh-/befahrbare und freibewitterte Flächen mit erhöhter dynamischer Rissüberbrückung mit Grundierung, Kratzspachtelung und Deckversiegelung auf Reaktionsharzbasis mit Quarzsand.
Bauteil: Fahrbahn
Lage: .....
Rautiefe: 0,5 mm
Beschichtung: OS 11b
Mindestschichtdicke: 4.750 µm
Rissüberbrückungsklasse: erhöht, II T+V
Rutsch-Bewertungsgruppe: .....
Farbe: unpigmentiert
Auftragsart: .....
Farbe: .....
Angeb. Fabrikat: .....
Auftragsmengen: .....
Prüfzeugnisnummer: .....

139€ 145€ **156€** 167€ 180€ [m²] ⏱ 0,58 h/m² 381.000.053

56 Spachtelung, Rautiefe über 1mm KG **395**

Spachtelung auf Betonflächen mit Reaktionsharzmörtel zum Füllen von Fehlstellen, Poren und Lunkern, sowie zum Ausfüllen von Rautiefen über 1 mm.
Bauteil: .....
Lage: .....
Farbe: unpigmentiert
Angeb. Fabrikat: .....

23€ 24€ **26€** 28€ 29€ [m²] ⏱ 0,20 h/m² 381.000.055

57 Kratzspachtelung, Rautiefe über 5mm KG **395**

Kratzspachtel auf Betonflächen mit Reaktionsharzmörtel bei Vertiefungen über 5 mm.
Bauteil: .....
Lage: .....
Angeb. Fabrikat: .....

31€ 33€ **34€** 37€ 41€ [m²] ⏱ 0,30 h/m² 381.000.056

58 Beschichtung abstreuen, Quarzsand KG **395**

Beschichtung mit Quarzsand abstreuen.
System: .....

5€ 5€ **5€** 6€ 7€ [m²] ⏱ 0,08 h/m² 381.000.057

59 Deckversiegelung, OS KG **395**

Deckversiegelung für Oberflächenschutzsystem.
Beschichtungssystem: .....

12€ 13€ **13€** 14€ 16€ [m²] ⏱ 0,15 h/m² 381.000.058

60 Deckversiegelung, mit Abstreuung, OS KG **395**

Deckversiegelung mit Abstreuung aus Quarzsand für Oberflächenschutzsystem.
Beschichtungssystem: .....

15€ 16€ **17€** 18€ 20€ [m²] ⏱ 0,13 h/m² 381.000.059

382

Kosten:
Stand 2. Quartal 2026
Bundesdurchschnitt

► min
▷ von
ø Mittel
◁ bis
◄ max

Nr.	Positionen	Einheit	►	▷	ø brutto € / ø netto €	◁	◄
T1	Bekämpfung Hausschwamm/Nassfäulepilze						Titel für Pos. **1-24**
1	Bekleidung entfernen/entsorgen	m²	–	30	**37**	49	–
			–	25	**31**	41	–
2	Dielenbelag aufnehmen/entsorgen	m²	–	28	**34**	46	–
			–	24	**29**	39	–
3	Schüttung, Stakung/Einschub, entfernen/entsorgen	m²	–	56	**68**	87	–
			–	47	**57**	73	–
4	Leichte Trennwände entfernen/entsorgen	m²	–	39	**48**	63	–
			–	33	**40**	53	–
5	Wandputz entfernen/entsorgen	m²	19	22	**27**	32	35
			16	19	**23**	27	29
6	Deckenputz entfernen/entsorgen	m²	–	42	**52**	68	–
			–	36	**44**	58	–
7	Holzbauteile ausbauen/entsorgen	St	–	65	**84**	110	–
			–	55	**70**	92	–
8	Abdeckung, staubdicht	m²	–	15	**19**	27	–
			–	13	**16**	22	–
9	Schutzwand, staubdicht	m²	–	28	**35**	47	–
			–	24	**29**	39	–
10	Folientür, staubdicht	St	–	49	**61**	83	–
			–	41	**51**	70	–
11	Bauteiloberfläche absaugen	m²	–	7	**9**	12	–
			–	6	**7**	10	–
12	Myzelentfernung, entsorgen	m²	–	16	**20**	26	–
			–	13	**17**	22	–
13	Mauerwerksflächen abflammen	m²	–	21	**26**	36	–
			–	18	**22**	30	–
14	Bohrlochtränkung, Mauerwerk	m³	–	315	**384**	511	–
			–	265	**323**	429	–
15	Druckinjektion, Mauerwerk	m³	–	234	**285**	379	–
			–	196	**239**	319	–
16	Oberflächenbehandlung, Fluten	m²	–	28	**35**	47	–
			–	24	**29**	40	–
17	Wirkstoffsperre, Balkenkopflager	St	–	31	**38**	52	–
			–	26	**32**	44	–
18	Bohrlöcher verschließen, Zulage	St	–	6	**8**	11	–
			–	5	**6**	9	–
19	Holzbauteile instandsetzen	m³	–	3.237	**3.720**	4.873	–
			–	2.720	**3.126**	4.095	–
20	Mauerwerksabbruch, Hausschwamm	m²	–	313	**391**	508	–
			–	263	**328**	427	–
21	Mauersteine liefern	m³	–	633	**736**	964	–
			–	532	**618**	810	–
22	Balkenkopfauflager herstellen	St	–	62	**77**	104	–
			–	52	**65**	87	–

Nr.	Positionen	Einheit	▶	▷	ø brutto € / ø netto €	◁	◀
23	Injektion, Balkenkopf	St	–	31	**38**	50	–
			–	26	**32**	42	–
24	Hölzer injizieren	m	–	33	**41**	54	–
			–	28	**34**	46	–
T2	Holzschädlingsbekämpfung					Titel für Pos. **25-55**	
25	Beläge/Bekleidungen entfernen/entsorgen	m²	–	33	**40**	53	–
			–	28	**34**	45	–
26	Schüttungen entfernen/entsorgen	m²	–	28	**35**	47	–
			–	24	**30**	39	–
27	Beschichtungen entfernen	m²	–	28	**35**	47	–
			–	23	**29**	39	–
28	Beschichtungen entfernen, lose	m²	–	14	**18**	24	–
			–	12	**15**	20	–
29	Dach öffnen, schließen	m²	–	97	**121**	157	–
			–	81	**102**	132	–
30	Abdeckungen, Boden, Insektenbekämpfung	m²	–	12	**15**	21	–
			–	10	**13**	17	–
31	Raumtrennung, gedämmt	m²	–	37	**46**	62	–
			–	31	**39**	52	–
32	Splintholz entfernen	m	–	30	**37**	49	–
			–	25	**31**	41	–
33	Holzoberfläche reinigen	m²	–	9	**11**	14	–
			–	7	**9**	12	–
34	Schutzabdeckung, staubdicht/saugend	m²	–	9	**11**	15	–
			–	8	**10**	13	–
35	Holzschutzbehandlung, Insekten	m²	–	15	**18**	25	–
			–	13	**15**	21	–
36	Holzschutz, bekämpfend, Mehrmenge 25%	m²	–	8	**9**	13	–
			–	6	**8**	11	–
37	Holzschutzbehandlung, Insekten/Pilze	m²	–	15	**18**	25	–
			–	13	**15**	21	–
38	Holzschutz-Bohrlochtränkung, Insekten	m	–	32	**38**	51	–
			–	27	**32**	43	–
39	Holzschutz-Bohrlochtränkung, Insekten/Pilze	m	–	32	**40**	53	–
			–	27	**33**	44	–
40	Holzschutz-Bohrlochdrucktränkung, Insekten	m	–	29	**35**	48	–
			–	24	**30**	40	–
41	Holzschutz-Bohrlochdrucktränkung, Insekten/Pilze	m	–	37	**45**	61	–
			–	31	**38**	51	–
42	Emissionsschutz, Bauteiloberflächen	m²	–	21	**25**	34	–
			–	17	**21**	29	–
43	Schnittflächen behandeln, Hölzer	St	–	12	**14**	19	–
			–	10	**12**	16	–
44	Niederdruckinjektage, Holzteile, bis 16cm	St	–	26	**31**	41	–
			–	22	**26**	34	–

Kosten:
Stand 2. Quartal 2026
Bundesdurchschnitt

Nr.	Positionen	Einheit	▶	▷	ø brutto € / ø netto €	◁	◀
45	Niederdruckinjektage, Holzteile, 16-25cm	St	–	29	**35**	46	–
			–	24	**29**	38	–
46	Niederdruckinjektage, Holzteile, über 25cm	St	–	34	**40**	53	–
			–	28	**34**	45	–
47	Raumöffnung schließen, Heißluftverfahren	m²	–	32	**39**	51	–
			–	27	**33**	43	–
48	Abströmöffnung, Heißluftverfahren	St	–	49	**61**	77	–
			–	41	**51**	65	–
49	Hitzeschutz, Insektenbekämpfung	m²	–	26	**33**	42	–
			–	22	**27**	35	–
50	Einhausung, Heißluftverfahren	m²	–	47	**58**	74	–
			–	39	**48**	62	–
51	Insektenbekämpfung, Heißluft	m³	–	39	**48**	62	–
			–	33	**40**	52	–
52	Verlängerung, Heizphase, Mehraufwand	m³	–	14	**17**	22	–
			–	11	**14**	18	–
53	Temperaturkontrolle, Beheizung	St	–	23	**28**	36	–
			–	19	**23**	30	–
54	Dokumentation, Heißluftverfahren	St	–	862	**1.051**	1.367	–
			–	724	**883**	1.148	–
55	Vorbeugung chemischer Holzschutz	m	–	31	**38**	52	–
			–	26	**32**	44	–
T3	Instandsetzung Holzbauteile				Titel für Pos. **56-68**		
56	Instandsetzung, Holzbauteile	m³	–	2.974	**3.627**	4.715	–
			–	2.499	**3.048**	3.962	–
57	Begasung, erstickend wirkende Gase	m³	–	45	**54**	74	–
			–	38	**46**	62	–
58	RH-Beton-Ersatz, einseitige Anbindung	St	–	47	**57**	77	–
			–	39	**48**	64	–
59	RH-Beton-Ersatz, auflagernaher Bereich	St	–	1.155	**1.391**	1.823	–
			–	970	**1.169**	1.532	–
60	RH-Beton-Wiederherstellung, Querschnitt	dm³	–	75	**91**	123	–
			–	63	**76**	103	–
61	RH-Beton-Ersatz, beidseitige Anbindung	dm³	–	81	**98**	128	–
			–	68	**83**	108	–
62	Ersatzholz, einseitig	St	–	1.716	**2.043**	2.534	–
			–	1.442	**1.717**	2.129	–
63	Ersatzholz, beidseitige Anbindung	St	–	2.070	**2.435**	2.922	–
			–	1.739	**2.046**	2.455	–
64	Ersatzholz, Bauteile, vertikal, Fachwerk	St	–	1.219	**1.451**	1.814	–
			–	1.024	**1.219**	1.524	–
65	Holzverbindungen herstellen	St	–	42	**51**	67	–
			–	35	**43**	57	–
66	RH-Beton-Querschnittserhöhung	dm³	–	50	**61**	80	–
			–	42	**51**	67	–

▶ min
▷ von
ø Mittel
◁ bis
◀ max

Nr.	Positionen	Einheit	▶	▷	ø brutto € ø netto €	◁	◀
67	Instandsetzung, Holzbauteile, BETA-Verfahren	m^3	–	2.328	**2.739**	3.424	–
			–	1.957	**2.302**	2.877	–
68	Ersatzhölzer, unbehandelt	m^3	–	19	**23**	31	–
			–	16	**19**	26	–
69	Stundensatz, Facharbeiter/-in	h	–	75	**90**	112	–
			–	63	**75**	94	–
70	Stundensatz, Helfer/-in	h	–	70	**82**	103	–
			–	59	**69**	86	–

Nr. **Kurztext** / Langtext — Kostengruppe
▶ ▷ **ø netto €** ◁ ◀ [Einheit] Ausf.-Dauer Positionsnummer

T 1 Bekämpfung Hausschwamm/Nassfäulepilze

Titel für Pos. **1-24**

1 Bekleidung entfernen/entsorgen

KG **394**

Wand- und Deckenbekleidungen bei Feststellung oder Verdacht auf Befall und Schäden von Echtem Hausschwamm bzw. Nassfäulepilze entfernen. Anfallenden Bauschutt unter Beachtung der Verschleppungsgefahr einpacken sofort entsorgen.
Bauteil: .....
Einbauort: .....

– 25€ **31€** 41€ – [m²] ⏱ 0,35 h/m² 382.000.005

2 Dielenbelag aufnehmen/entsorgen

KG **394**

Dielenbelag einschl. Unterkonstruktion auf Decken bei Befall/Schäden von Echtem Hausschwamm bzw. Nassfäulepilze im vom Holzschutzgutachter festgelegten Bereich aufnehmen. Anfallenden Bauschutt unter Beachtung der Verschleppungsgefahr sortengerecht einpacken und sofort entsorgen.
Einbauort: .....

– 24€ **29€** 39€ – [m²] ⏱ 0,28 h/m² 382.000.006

3 Schüttung, Stakung/Einschub, entfernen/entsorgen

KG **394**

Schüttung und Stakung/Einschub im Befalls- und Schadbereich des Echten Hausschwamms oder Nassfäule mit Trennung nach Material entfernen. Anfallenden Bauschutt unter Beachtung der Verschleppungsgefahr einpacken und sofort entsorgen.
Einbauort: .....

– 47€ **57€** 73€ – [m²] ⏱ 0,40 h/m² 382.000.007

4 Leichte Trennwände entfernen/entsorgen

KG **394**

Leichte Trennwände einschl. Unterkonstruktion im Befallsbereich des Echten Hausschwamm oder anderen Pilzen nach Angaben des Holzschutzgutachters oder den Angaben des Untersuchungsberichtes ausbauen. Anfallenden Bauschutt unter Beachtung der Verschleppungsgefahr sortengerecht einpacken und sofort entsorgen.
Einbauort: .....
Konstruktion: .....

– 33€ **40€** 53€ – [m²] ⏱ 0,35 h/m² 382.000.008

Nr.	Kurztext / Langtext						Kostengruppe
▶	▷	**ø netto €**	◁	◀	[Einheit]	Ausf.-Dauer	Positionsnummer

5 Wandputz entfernen/entsorgen KG **394**

Wandputz bei Befall durch den Echten Hausschwamm und anderen Pilzen einschl. lockeren Fugenmaterials nach Angaben des Holzschutzgutachters oder den Angaben des Untersuchungsberichtes entfernen. Reinigung der Wandflächen und Fugen durch Absaugen mit Industriestaubsauger (Mikrofilter). Anfallenden Bauschutt unter Beachtung der Verschleppungsgefahr sofort entsorgen.
Putzart: .....

16€	19€	**23€**	27€	29€	[m²]	⏱ 0,35 h/m²	382.000.010

6 Deckenputz entfernen/entsorgen KG **394**

Deckenputz an Holzbalkendecken einschl. Putzträger nach Angaben des Holzschutzgutachters oder den Angaben des Untersuchungsberichtes entfernen. Bei Gewölben (Naturstein, Mauerwerk, u.ä.) Putz abschlagen bzw. die Fugen mit lockerem Fugenmaterial nach Überprüfung der Standsicherheit auskratzen und reinigen. Deckenflächen mit Industriestaubsauger (Mikrofilter) absaugen. Anfallenden Bauschutt unter Beachtung der Verschleppungsgefahr einpacken und sofort entsorgen.
Putzart: .....
Putzträger: .....
Putzstärke: .....

–	36€	**44€**	58€	–	[m²]	⏱ 0,45 h/m²	382.000.011

7 Holzbauteile ausbauen/entsorgen KG **394**

Befallene und geschädigte Holzbauteile gemäß DIN 68800-4:2012-02 und WTA-Merkblatt 1-2-05/D, 6.3.1 ausbauen, einpacken und entsorgen. Anfallenden Bauschutt unter Beachtung der Verschleppungsgefahr einpacken und sofort entsorgen.
Bauteil: .....

–	55€	**70€**	92€	–	[St]	⏱ 0,50 h/St	382.000.090

8 Abdeckung, staubdicht KG **393**

Staubdichte Abdeckungen mit Folie von Bauteilen und Gegenständen zum Schutz herstellen, vorhalten und beseitigen.
Bauteil: .....
Gegenstände: .....
Besondere Hinweise: .....

–	13€	**16€**	22€	–	[m²]	⏱ 0,20 h/m²	382.000.012

9 Schutzwand, staubdicht KG **393**

Staubschutzwände mit Folie und Unterkonstruktion zum Schutz, aufbauen, vorhalten und beseitigen.
Bauteil: .....
Gebäudebereich: .....

–	24€	**29€**	39€	–	[m²]	⏱ 0,35 h/m²	382.000.013

10 Folientür, staubdicht KG **393**

Staubdichte Folientür in Staubschutzwand, einbauen, vorhalten und beseitigen.

–	41€	**51€**	70€	–	[St]	⏱ 0,60 h/St	382.000.014

Kosten:
Stand 2. Quartal 2026
Bundesdurchschnitt

▶ min
▷ von
ø Mittel
◁ bis
◀ max

Nr.	Kurztext / Langtext						Kostengruppe
▶	▷	ø netto €	◁	◀	[Einheit]	Ausf.-Dauer	Positionsnummer

11 Bauteiloberfläche absaugen KG **395**

Bauteiloberflächen von Böden und Decken vor Beginn der chemischen Mauerwerksbehandlung mit Industriestaubsauger (Mikrofilter) von allen haftungsmindernden Bestandteilen absaugen. Anfallenden Bauschutt unter Beachtung der Verschleppungsgefahr einpacken und sofort entsorgen.
Bauteilflächen: .....

▶	▷	ø netto €	◁	◀	[Einheit]	Ausf.-Dauer	Positionsnummer
–	6€	**7€**	10€	–	[m²]	⏱ 0,10 h/m²	382.000.016

12 Myzelentfernung, entsorgen KG **395**

Anhaftendes Myzel und/oder Fruchtkörper von Mauerwerksflächen entfernen und unter Beachtung der Verschleppungsgefahr einpacken und sofort entsorgen.
Bauteile: .....

▶	▷	ø netto €	◁	◀	[Einheit]	Ausf.-Dauer	Positionsnummer
–	13€	**17€**	22€	–	[m²]	⏱ 0,17 h/m²	382.000.017

13 Mauerwerksflächen abflammen KG **395**

Mauerwerksflächen gemäß Vorgabe Gutachter abflammen. Flächen kräftig absaugen sowie anfallenden Bauschutt aufnehmen, einpacken und entsorgen. Die allgemeinen Brandschutzbestimmungen, insbesondere der Umgang mit offenem Feuer sind unbedingt zu beachten und Brandwache durchzuführen. Notwendige Brandschutzmaßnahmen sind in den Einheitspreis einzurechnen.
Bauteile: .....

▶	▷	ø netto €	◁	◀	[Einheit]	Ausf.-Dauer	Positionsnummer
–	18€	**22€**	30€	–	[m²]	⏱ 0,20 h/m²	382.000.018

14 Bohrlochtränkung, Mauerwerk KG **395**

Chemische Behandlung des Mauerwerks bei Befall durch den Echten Hausschwamm durch Tränkung. Herstellen von Bohrlöchern im Winkel von ca. 30-45° und Raster von waagrecht 30 cm/senkrecht 25 cm, untereinander versetzt, im Einzelfall den speziellen Bedingungen angepasst. Bohrlochdurchmesser entsprechend der Größe der Vorratsbehälter. Tiefe ca. 2/3 der Wandstärke. Chemisches Schutzmittel (Schwammsperrmittel) mit geprüfter Wirksamkeit zur Verhinderung des Durchwachsens von Hausschwamm durch das Mauerwerk. Bei Verarbeitungskonzentration und -menge ist die Ausführungsanweisung des Herstellers zu beachten.
Bauteil: .....
Mauerwerksart: .....
Mauerstärke: ..... cm
Material: .....
Zulassungsnummer: .....
Wirkstoffe: .....
Gefahrstoffangaben: .....
Verarbeitungskonzentration: .....
Verbrauch: .....

▶	▷	ø netto €	◁	◀	[Einheit]	Ausf.-Dauer	Positionsnummer
–	265€	**323€**	429€	–	[m³]	⏱ 3,00 h/m³	382.000.019

Nr.	Kurztext / Langtext						Kostengruppe
▶	▷	ø netto €	◁	◀	[Einheit]	Ausf.-Dauer	Positionsnummer

15 Druckinjektion, Mauerwerk KG **395**

Chemische Behandlung des Mauerwerks bei Befall durch den Echten Hausschwamm durch Bohrlochdrucktränkung. Herstellen von Bohrlöchern im Raster von waagrecht 30cm/senkrecht 25cm untereinander versetzt, im Einzelfall den speziellen Bedingungen angepasst. Bohrlochdurchmesser entsprechend der Injektoren oder Packer. Einbau der Injektoren/Packer entsprechend Typ. Chemisches Schutzmittel (Schwammsperrmittel) mit Zulassung zur Verhinderung des Durchwachsens von Hausschwamm durch das Mauerwerk. Bei Verarbeitungskonzentration und -menge die Ausführungsanweisung des Herstellers beachten.
Bauteil: .....
Mauerwerksart: .....
Mauerstärke: .....cm
Material: .....
Zulassungsnummer: .....
Wirkstoffe: .....
Gefahrstoffangaben: .....
Verarbeitungskonzentration: .....
Verbrauch: .....
Packerart/-größe: .....

▶	▷	ø netto €	◁	◀	[Einheit]	Ausf.-Dauer	Positionsnummer
–	196€	**239€**	319€	–	[m³]	⏱ 2,20h/m³	382.000.020

16 Oberflächenbehandlung, Fluten KG **395**

Oberflächenbehandlung der freigelegten und gereinigten Boden- oder Wandflächen im Flutverfahren. Chemisches Schutzmittel (Schwammsperrmittel) mit geprüfter Wirksamkeit zur Verhinderung des Wachsens von Hausschwamm auf dem Mauerwerk. Bei Verarbeitungskonzentration und -menge die Ausführungsanweisung des Herstellers beachten.
Bauteil: .....
Mauerwerksart: .....
Material: .....
Zulassungsnummer: .....
Wirkstoffe: .....
Gefahrstoffangaben: .....
Verbrauch: .....
Arbeitsgänge: .....

▶	▷	ø netto €	◁	◀	[Einheit]	Ausf.-Dauer	Positionsnummer
–	24€	**29€**	40€	–	[m²]	⏱ 0,30h/m²	382.000.021

Kosten:
Stand 2. Quartal 2026
Bundesdurchschnitt

▶ min
▷ von
ø Mittel
◁ bis
◀ max

Nr.	Kurztext / Langtext						Kostengruppe
▶	▷	ø netto €	◁	◀	[Einheit]	Ausf.-Dauer	Positionsnummer

17 Wirkstoffsperre, Balkenkopflager KG **395**

Chemische Behandlung des Mauerwerks bei Feststellung von Befall und Mauerwerksdurchwachsungen des Echten Hausschwamm durch Druckinjektionsverfahren im Bereich gefährdeter Balkenkopflager. Herstellen von Bohrlöchern im Raster von 12-15 cm senkrecht und waagrecht bzw. den örtlichen Gegebenheiten. Bohrlochdurchmesser entsprechend der Injektoren oder Packer und Einbau entsprechend Typ. Chemisches Schutzmittel (Schwammsperrmittel) zur Verhinderung des Durchwachsens von Hausschwamm durch das Mauerwerk. Bei Verarbeitungskonzentration und -menge die Ausführungsanweisung des Herstellers beachten.
Bauteil: .....
Mauerwerksart: .....
Mauerstärke: ..... cm
Material: .....
Zulassungsnummer: .....
Wirkstoffe: .....
Gefahrstoffangaben: .....
Verarbeitungskonzentration: .....
Verbrauch: .....
Packerart/-anzahl/-größe: .....

–	26€	**32€**	44€	–	[St]	⏱ 0,20 h/St	382.000.022

18 Bohrlöcher verschließen, Zulage KG **395**

Bohrlöcher nach Abschluss der Mauerwerksinjektion und Ausbau oder Abschlagen der Packer/Injektoren mit geeigneter Mörtelsuspension verschließen.
Bauteil: .....

–	5€	**6€**	9€	–	[St]	⏱ 0,08 h/St	382.000.023

19 Holzbauteile instandsetzen KG **395**

Konstruktive Instandsetzung zerstörter und geschädigter Holzbauteile durch zimmermannsmäßige Teil- bzw. Totalauswechslung von Hölzern. Gesundschnitt der Hölzer, Einbau der Hölzer bzw. resistenten Holzarten als Komplettleistung, einschl. der erforderlichen Abstützungsarbeiten und Materiallieferungen. Sämtlichen anfallenden Bauschutt unmittelbar sichern und sortenrein entsorgen. Die erforderlichen Sicherheitsbereiche gemäß DIN 68800-4:2012-02 einschl. Kommentar oder den Angaben des Holzschutzsachverständigen einhalten. Die maximale Holzfeuchte der neuen Hölzer darf 20 % nicht übersteigen.
Bauteil: .....
Querschnitt: ..... x ..... cm
Schadensart: .....
Gefährdungsklasse: .....
Holzart: .....
Resistenzklasse: .....
Holzschutzmittel: .....
Zulassungsnummer: .....
Wirkstoffe: .....
Gefahrstoffangaben: .....

–	2.720€	**3.126€**	4.095€	–	[m³]	⏱ 24,00 h/m³	382.000.024

Nr.	Kurztext / Langtext						Kostengruppe
►	▷	ø netto €	◁	◄	[Einheit]	Ausf.-Dauer	Positionsnummer

20 Mauerwerksabbruch, Hausschwamm KG **395**

Deckenbalkenauflager und Dachfußbereiche nach Angaben des Holzschutzgutachters zur Feststellung des Schadensumfanges freilegen. Bei Befall und Mauerwerksdurchwachsungen des Echten Hausschwamm im Bereich von Holzbauteilen durch Abtragen des Mauerwerks, ggf. Sortieren des befallsfreien Steinmaterials zur Wiederverwendung bei historischen Bauwerken. Anfallenden Bauschutt unter Beachtung der Verschleppungsgefahr einpacken, sichern und umgehend entsorgen.
Bauteil: .....
Mauerwerksart: .....
Mauerstärke: .....cm
Material: .....
Sonstige Angaben: .....

–	263€	**328€**	427€	–	[m²]	⏱ 2,00h/m²	382.000.025

Kosten:
Stand 2. Quartal 2026
Bundesdurchschnitt

21 Mauersteine liefern KG **395**

Mauersteine entsprechend Bestandsmauerwerk liefern.
Steinformat: .....
Steinart: .....
Angeb. Fabrikat: .....

–	532€	**618€**	810€	–	[m³]	–	382.000.026

22 Balkenkopfauflager herstellen KG **395**

Balkenkopfauflager durch trockene Vermauerung von getrennten Hoch- oder Langlochziegeln luftumspült um das Holz. Bei Außenwänden ist das Mauerwerk der Balkenköpfe durch geeignete Wärmedämmmaßnahmen luftumspült auszubilden (z.B. Dämmplatten/Materialstärke gemäß Angaben des Bauphysikers). Der Einbau von Sperrbahnen unter den Balken muss erfolgen und ist bauphysikalisch zu überprüfen, ggf. ist der Balken auf ein grobporiges Mörtelbett (Dränagemörtel) aufzulegen.
Bauteil: .....
Dämmmaterial: .....
Dicke Dämmung: .....
Sonstige Hinweise: .....

–	52€	**65€**	87€	–	[St]	⏱ 0,60h/St	382.000.027

► min
▷ von
ø Mittel
◁ bis
◄ max

23 Injektion, Balkenkopf KG **395**

Balkenkopf im Druckinjektionsverfahren nach Angaben des Holzschutzgutachters behandeln. Je Balkenkopf, 50 cm lang, 4-6 Bohrungen, ca. 10 mm Durchmesser, bis ca. 2/3 der Balkenstärke einbringen. Einbau der Injektionspacker, Verpressen im Niederdruck-Injektionsverfahren (2 bis 4 bar) mit einem geprüften und amtlich zugelassenen Holzschutzmittel mit Prüfzeichen (geforderte Prüfzeichen angeben).Bei der Verarbeitungskonzentration und Einbringmenge sind die Herstellerangaben zu berücksichtigen. Verpressen erfolgt unter ständiger Kontrolle des Bauteils. Größere Risse sind vorher mit geeigneten Materialien zu verschließen und abschließend rückstandsfrei zu entfernen. Im Bedarfsfall sind die Injektionspacker mit geeignetem Werkzeug versenken und abschließend Bohrung mit imprägniertem Hartholzdübel verschließen.
Bauteil: .....
Querschnitt: ..... x ..... cm
Anzahl der Packer: .....
Material: .....
Zulassungsnummer: .....
Wirkstoffe: .....
Verarbeitungskonzentration: .....
Einbringmenge: .....
Sonstige Hinweise: .....

▶	▷	ø netto €	◁	◀	[Einheit]	Ausf.-Dauer	Positionsnummer
–	26€	**32€**	42€	–	[St]	⏱ 0,35h/St	382.000.030

24 Hölzer injizieren KG **395**

Verbleibende Althölzer, die später verbaut und nicht kontrollierbar sind (z.B. Mauerschwellen), im Druckinjektionsverfahren vorbeugend und bekämpfenden nach Angaben des Holzschutzgutachters verpressen. Je m ca. 12-16 Bohrungen bei Balkenbreite bis 16 cm mit einem Randabstand von ca. 2,5 cm und einem Längsabstand von ca. 10 cm wechselseitig versetzt einbringen. Der Lochdurchmesser ist entsprechend Injektor/Packer-Typ zu wählen. Einbauen der Injektoren/Packer. Verpressen im Niederdruckinjektionsverfahren (2 bis 4 bar) mit einem geprüften und amtlich zugelassenen Holzschutzmittel mit Prüfzeichen (geforderte Prüfzeichen angeben). Bei der Verarbeitungskonzentration und Einbringmenge die Herstellerangaben berücksichtigen. Verpressen erfolgt unter ständiger Kontrolle des Bauteils, größere Risse vorher mit geeigneten Materialien verdämmen und abschließend rückstandsfrei entfernen. Im Bedarfsfall Injektionspacker mit geeignetem Werkzeug versenken und anschließend Bohrung mit imprägnierten Hartholzdübeln verschließen.
Bauteil: .....
Querschnitt: ..... x ..... cm
Anzahl der Packer: .....
Material: .....
Zulassungsnummer: .....
Wirkstoffe: .....
Gefahrstoffangaben: .....
Verarbeitungskonzentration: .....
Einbringmenge: .....
Sonstige Hinweise: .....
Hinweis: Breite Balken sind ggf. auch 18 bis 24 Bohrungen notwendig.

▶	▷	ø netto €	◁	◀	[Einheit]	Ausf.-Dauer	Positionsnummer
–	28€	**34€**	46€	–	[m]	⏱ 0,33h/m	382.000.031

Nr.	Kurztext / Langtext						Kostengruppe
▶	▷	**ø netto €**	◁	◀	[Einheit]	Ausf.-Dauer	Positionsnummer

T 2 Holzschädlingsbekämpfung Titel für Pos. **25-55**

25 Beläge/Bekleidungen entfernen/entsorgen KG **394**

Beläge und Bekleidungen aufnehmen und auf Schäden und Befall untersuchen. Befallenes Material aussortieren, einpacken, abtransportieren und entsorgen.
Bereich: .....
Sonstige Hinweise: .....

▶	▷	ø	◁	◀	Einheit	Ausf.-Dauer	Positionsnummer
–	28€	**34€**	45€	–	[m²]	⏱ 0,35h/m²	382.000.035

26 Schüttungen entfernen/entsorgen KG **394**

Schüttungen zur Freilegung von Deckenbalken aufnehmen und entfernen. Anfallenden Schutt einpacken, abtransportieren und entsorgen.
Bereich: .....
Sonstige Hinweise: .....

▶	▷	ø	◁	◀	Einheit	Ausf.-Dauer	Positionsnummer
–	24€	**30€**	39€	–	[m²]	⏱ 0,40h/m²	382.000.036

27 Beschichtungen entfernen KG **394**

Beschichtungen durch schleifen mit Absaugung reinigen, entfernen, einschl. Entsorgung.
Bereich: .....
Beschichtung: .....
Verfahren: .....
Sonstige Hinweise: .....

▶	▷	ø	◁	◀	Einheit	Ausf.-Dauer	Positionsnummer
–	23€	**29€**	39€	–	[m²]	⏱ 0,65h/m²	382.000.037

28 Beschichtungen entfernen, lose KG **394**

Lose anhaftende Bereiche aller Beschichtungen entfernen, einschl. Entsorgung.
Bereich: .....
Beschichtung: .....
Verfahren: .....
Sonstige Hinweise: .....

▶	▷	ø	◁	◀	Einheit	Ausf.-Dauer	Positionsnummer
–	12€	**15€**	20€	–	[m²]	⏱ 0,25h/m²	382.000.038

29 Dach öffnen, schließen KG **395**

Dachöffnung einhausen, Dach öffnen, Zwischenlagerung der Dachziegel für Wiedereinbau und Eindeckung nach Abschluss der Holzschutz- und Holzinstandsetzungsarbeiten. Den Anteil neuer Materialien in der Kalkulation berücksichtigen 10% Abbruch/Neumaterialanteil.
Bereich: .....
Material: .....
Sonstige Hinweise: .....

▶	▷	ø	◁	◀	Einheit	Ausf.-Dauer	Positionsnummer
–	81€	**102€**	132€	–	[m²]	⏱ 1,20h/m²	382.000.039

Kosten:
Stand 2.Quartal 2026
Bundesdurchschnitt

▶ min
▷ von
ø Mittel
◁ bis
◀ max

Nr.	Kurztext / Langtext						Kostengruppe
▶	▷	**ø netto €**	◁	◀	[Einheit]	Ausf.-Dauer	Positionsnummer

30 Abdeckungen, Boden, Insektenbekämpfung KG **393**

Abdeckung der Bodenflächen mit Folie, ggf. aus saugendem Material. Nach Abschluss der Arbeiten im Zuge der Schlussreinigung wieder abbauen und entsorgen.
Bereich: .....
Material: .....
Sonstige Hinweise: .....

–	10€	**13€**	17€	–	[m²]	⏱ 0,15h/m²	382.000.040

31 Raumtrennung, gedämmt KG **395**

Raumabtrennung in großen Behandlungsräumen zur abschnittsweisen Behandlung oder bei lokalen Bekämpfungsmaßnahmen. Leichte Unterkonstruktion mit hitzebeständigen Planen oder Folien bespannen und mit geeigneten Dämmstoffen gegen Wärmeverluste auskleiden.
Bereich: .....
Material: .....
Sonstige Hinweise: .....

–	31€	**39€**	52€	–	[m²]	⏱ 0,60h/m²	382.000.042

32 Splintholz entfernen KG **395**

Vermulmtes Splintholz durch Fräsen, Schälen, Beilen und/oder Stemmen entfernen. Überprüfung und Kontrolle stark im Querschnitt geschwächter Konstruktionsteile, inkl. Sicherungsmaßnahmen bis zur endgültigen konstruktiven Instandsetzung. Ausbürsten und Absaugen der freigelegten Fraßgänge. Anfallenden Schutt aufnehmen, einpacken und entsorgen.
Bereich: .....
Bauteile: .....
Verfahren: .....
Sonstige Hinweise: .....

–	25€	**31€**	41€	–	[m]	⏱ 0,35h/m	382.000.043

33 Holzoberfläche reinigen KG **395**

Intensives reinigen der Holzoberflächen durch Absaugen von Staub und Schmutz mittels Industriestaubsauger mit Mikrofilter. Bei schadstoffbelastetem Staub und Schmutz die Staubsaugerrückstände als Sondermüll entsorgen.
Bereich: .....
Bauteil: .....
Querschnitt: ..... x ..... cm
Schadstoffe: .....
Sonstige Hinweise: .....

–	7€	**9€**	12€	–	[m²]	⏱ 0,11h/m²	382.000.044

34 Schutzabdeckung, staubdicht/saugend KG **393**

Schutzabdeckung, staubdicht und saugend, an bzw. auf nicht zu behandelnden Bauteilen und Gegenständen einbauen. Nach Beendigung der Holzschutzarbeiten wieder entfernen und entsorgen. Sicherheitsangaben des Holzschutzmittelherstellers bei der Entsorgung beachten.
Bereich: .....
Bauteil/Gegenstände: .....
Angaben zum Holzschutzmittel: .....
Sonstige Hinweise: .....

–	8€	**10€**	13€	–	[m²]	⏱ 0,10h/m²	382.000.045

Nr.	Kurztext / Langtext						Kostengruppe
▶	▷	ø netto €	◁	◀	[Einheit]	Ausf.-Dauer	Positionsnummer

35 Holzschutzbehandlung, Insekten KG **395**

Gereinigte und vorbereitet Holzoberflächen bei durch den Holzschutzgutachter festgestellten aktiven Befall mit einem geprüften und bauaufsichtlich zugelassenen insektenbekämpfenden (Ib) Holzschutzmittel mit gleichzeitiger vorbeugender Wirkung gegen Neubefall. Bei Verarbeitungskonzentration, Einbringmenge und Verfahren sind die Herstellerangaben zu berücksichtigen. Aufmaß/Abrechnung nach abgewickelte Holzoberfläche.
Bereich: .....
Bauteil: .....
Querschnitt: ..... x ..... cm
Material: .....
Zulassungsnummer: .....
Wirkstoffe/Wirkungsweise: .....
Gefahrstoffangaben: .....
Verfahren: .....
Sonstige Hinweise: .....
Hinweis: Anwendungseinschränkungen für großflächige Anwendung in Räumen, die dem Aufenthalt von Menschen und Tieren oder der Lagerung von Lebens- oder Futtermitteln dienen, wenn Richtwert Fläche/Rauminhalt >0,2/m.

▶	▷	ø netto €	◁	◀	[Einheit]	Ausf.-Dauer	Positionsnummer
–	13€	**15€**	21€	–	[m²]	⏱ 0,15 h/m²	382.000.046

36 Holzschutz, bekämpfend, Mehrmenge 25% KG **395**

Bekämpfender und vorbeugender chemischer Holzschutz, als Mehrmenge bei festhaftendem bzw. entferntem Kalkanstrich (je nach HSM) bzw. Holz mit größerem Querschnitt, als Mehrpreis.
Mehrmenge: 25 %
Mehrmenge in ml oder g/m²: .....
Holzteile: .....

▶	▷	ø netto €	◁	◀	[Einheit]	Ausf.-Dauer	Positionsnummer
–	6€	**8€**	11€	–	[m²]	⏱ 0,08 h/m²	382.000.047

37 Holzschutzbehandlung, Insekten/Pilze KG **395**

Gereinigte und vorbereitete Holzoberflächen bei durch den Holzschutzgutachter festgestellten aktiven Befall mit einem geprüften und bauaufsichtlich zugelassenen Holzschutzmittel mit vorbeugender Wirkung gegen Neubefall von Insekten und Pilzen (Iv, P) behandeln. Bei Verarbeitungskonzentration, Einbringmenge und Verfahren sind die Herstellerangaben zu berücksichtigen. Aufmaß/Abrechnung nach abgewickelte Holzoberfläche.
Holzoberfläche
Bereich: .....
Bauteil: .....
Querschnitt: ..... x ..... cm
Material: .....
Zulassungsnummer: .....
Wirkstoffe/Wirkungsweise: .....
Gefahrstoffangaben: .....
Verfahren: .....
Sonstige Hinweise: .....
Hinweis: Anwendungseinschränkungen für großflächige Anwendung in Räumen, die dem Aufenthalt von Menschen und Tieren oder der Lagerung von Lebens- oder Futtermitteln dienen, wenn Richtwert Fläche/Rauminhalt >0,2/m.

▶	▷	ø netto €	◁	◀	[Einheit]	Ausf.-Dauer	Positionsnummer
–	13€	**15€**	21€	–	[m²]	⏱ 0,15 h/m²	382.000.048

Kosten:
Stand 2. Quartal 2026
Bundesdurchschnitt

▶ min
▷ von
ø Mittel
◁ bis
◀ max

38 Holzschutz-Bohrlochtränkung, Insekten KG **395**

Bohrlochtränkung von nicht allseitig zugänglichen Konstruktionshölzern mit durch den Holzschutzgutachter festgestellten aktiven Befall nach Angaben des Holzschutzgutachters mit einem geprüften und bauaufsichtlich zugelassenen, insektenbekämpfenden (Ib) Holzschutzmittel bei gleichzeitiger vorbeugender Wirkung gegen Neubefall.Je m ca. 8 Bohrungen bei einer Breite 16 cm, wechselseitig versetzt im Durchmesser von ca. 10 mm bis zu 2/3 der Balkenstärke, ggf. Vorratsbehälter anbringen. Ansonsten mehr Bohrungen. Bohrlöcher in 2 bis 3 Arbeitsgängen befüllen. Bei Verarbeitungskonzentration und Einbringmenge die Herstellerangaben beachten. Bohrungen abschließend mit imprägnierten Hartholzdübeln verschließen.
Bereich: .....
Bauteil: .....
Querschnitt: ..... x ..... cm
Anzahl Bohrlöcher: .....
Material: .....
Zulassungsnummer: .....
Wirkstoffe/Wirkungsweise: .....
Gefahrstoffangaben: .....
Verarbeitungskonzentration: .....
Einbringmenge: .....
Sonstige Hinweise: .....

▶	▷	ø netto €	◁	◀	[Einheit]	Ausf.-Dauer	Positionsnummer
–	27€	**32€**	43€	–	[m]	⏱ 0,20 h/m	382.000.049

39 Holzschutz-Bohrlochtränkung, Insekten/Pilze KG **395**

Bohrlochtränkung von nicht allseitig zugänglichen Konstruktionshölzern bei durch den Holzschutzgutachter festgestellten aktiven Befall nach Angaben des Holzschutzgutachters mit einem geprüften und bauaufsichtlich zugelassenen, bekämpfenden Holzschutzmittel bei gleichzeitiger vorbeugender Wirkung gegen Neubefall von Insekten und Pilzen. Die Hinweise des jeweils gültigen Holzschutzmittelverzeichnisses des BAuA/ DIBt beachten. Je m ca. 8 Bohrungen bei einer Breite 16 cm, wechselseitig versetzt im Durchmesser von ca. 10 mm bis zu 2/3 der Balkenstärke, ggf. Vorratsbehälter anbringen. Ansonsten mehr Bohrungen. Bohrlöcher in 2 bis 3 Arbeitsgängen befüllen. Bei Verarbeitungskonzentration und Einbringmenge die Herstellerangaben beachten. Bohrungen abschließend mit imprägnierten Hartholzdübeln verschließen.
Bereich: .....
Bauteil: .....
Querschnitt: ..... x ..... cm
Anzahl Bohrlöcher: .....
Material: .....
Zulassungsnummer: .....
Wirkstoffe/Wirkungsweise: .....
Gefahrstoffangaben: .....
Verarbeitungskonzentration: .....
Einbringmenge: .....
Hinweis: Das Mittel darf nur am augenscheinlich nicht befallenen Holz vorbeugend gegen Insekten - mittelabhängig auch vorbeugend gegen Pilze und Insekten (Ib, Iv, P) - eingesetzt werden.

▶	▷	ø netto €	◁	◀	[Einheit]	Ausf.-Dauer	Positionsnummer
–	27€	**33€**	44€	–	[m]	⏱ 0,20 h/m	382.000.050

Nr.	Kurztext / Langtext						Kostengruppe
▶	▷	ø netto €	◁	◀	[Einheit]	Ausf.-Dauer	Positionsnummer

40 Holzschutz-Bohrlochdrucktränkung, Insekten KG **395**

Bohrloch-Drucktränkung von nicht allseitig zugängliche Konstruktionshölzern mit durch den Holzschutzgutachter festgestellten aktiven Befall nach Angaben des Holzschutzgutachters mit einem geprüften und bauaufsichtlich zugelassenen, insektenbekämpfenden (Ib) Holzschutzmittel bei gleichzeitiger vorbeugender Wirkung gegen Neubefall von Insekten (Iv) und Zulassung zur Bohrlochdrucktränkung. Je m ca. 8 Bohrungen bis 16cm Breite wechselseitig versetzt im Durchmesser von ca. 10mm bis zu 2/3 der Balkenstärke einbringen. Breitere Hölzer auch mehr Bohrungen Einbau der Injektionspacker, Verpressen im Niederdruckinjektionsverfahren 2 bis 4bar. Bei Verarbeitungskonzentration und Einbringmenge die Herstellerangaben berücksichtigen. Verpressen erfolgt unter ständiger Kontrolle des Bauteils, größere Risse vorher mit geeigneten Materialien verdämmen und abschließend rückstandsfrei entfernen. Im Bedarfsfall Injektionspacker mit geeignetem Werkzeug versenken und abschließend Bohrung mit imprägnierten Hartholzdübeln verschließen.
Bauteil: .....
Querschnitt: ..... x .....cm
Anzahl Packer: .....
Material: .....
Zulassungsnummer: .....
Wirkstoffe/Wirkungsweise: .....
Gefahrstoffangaben: .....
Verarbeitungskonzentration: .....
Einbringmenge: .....
Sonstige Hinweise: .....
Hinweis: Das Mittel kann am augenscheinlich nicht befallenen Holz zugleich auch vorbeugend gegen Insekten eingesetzt werden.

▶	▷	ø	◁	◀	Einheit	Ausf.-Dauer	Positionsnummer
–	24€	**30€**	40€	–	[m]	⏱ 0,26h/m	382.000.051

41 Holzschutz-Bohrlochdrucktränkung, Insekten/Pilze KG **395**

Bohrloch-Drucktränkung von nicht allseitig zugänglichen Konstruktionshölzern bei durch den Holzschutzgutachter festgestellten aktiven Befall nach Angaben des Holzschutzgutachters mit einem geprüften und bauaufsichtlich zugelassenen, bekämpfenden Holzschutzmittel mit vorbeugender Wirkung gegen Neubefall von Insekten und Pilzen (Ib, Iv, P) und Zulassung zur Bohrlochdrucktränkung. Die Hinweise des jeweils gültigen Holzschutzmittelverzeichnisses des DIBt beachten. Je m ca. 8 Bohrungen 16cm breite Hölzer wechselseitig versetzt im Durchmesser von ca. 10mm bis zu 2/3 der Balkenstärke einbringen. Breiteres Holz auch mehr Bohrungen Einbau der Injektionspacker, Verpressen im Niederdruckinjektionsverfahren 2 bis 4bar.Bei Verarbeitungskonzentration und Einbringmenge die Herstellerangaben berücksichtigen. Verpressen erfolgt unter ständiger Kontrolle des Bauteils, größere Risse vorher mit geeigneten Materialien verdämmen und abschließend rückstandsfrei entfernen. Im Bedarfsfall Injektionspacker mit geeignetem Werkzeug versenken und abschließend Bohrung mit imprägnierten Hartholzdübeln verschließen.
Bauteil: .....
Querschnitt: ..... x .....cm
Anzahl Packer: .....
Material: .....
Zulassungsnummer: .....
Wirkstoffe/Wirkungsweise: .....
Gefahrstoffangaben: .....
Verarbeitungskonzentration: .....
Einbringmenge: .....
Sonstige Hinweise: .....
Hinweis: Das Mittel darf nur am augenscheinlich nicht befallenen Holz zugleich auch vorbeugend gegen Insekten - mittelabhängig auch vorbeugend gegen Pilze und Insekten - eingesetzt werden.

▶	▷	ø	◁	◀	Einheit	Ausf.-Dauer	Positionsnummer
–	31€	**38€**	51€	–	[m]	⏱ 0,24h/m	382.000.052

Kosten:
Stand 2.Quartal 2026
Bundesdurchschnitt

▶ min
▷ von
ø Mittel
◁ bis
◀ max

42 Emissionsschutz, Bauteiloberflächen KG **395**

Oberflächenschutz von mit Holzschutzmitteln behandelten Holzbauteilen mit einem systemkonformen Beschichtungssystem. Bei Arbeitsgängen und Aufbringmenge die Herstellerangaben berücksichtigen. Im Bedarfsfall sind weitere Eigenschaften wie Schweiß- und Speichelechtheit nach DIN 53160 zu erfüllen.
Bauteil: .....
Querschnitt: ..... x ..... cm
Material: .....
Prüfzeichen: .....
Umweltzeichen: .....
Gefahrstoffangaben: .....
Arbeitsgänge/Aufbringmenge: .....
Sonstige Hinweise: .....

–	17€	**21€**	29€	–	[m²]	⏱ 0,15h/m²	382.000.053

43 Schnittflächen behandeln, Hölzer KG **395**

Nachträgliche Behandlung der Schnittflächen der imprägnierten neuen Hölzer und vorbereitenden Bestandshölzer (Gesundschnitt) mit einem geprüften und bauaufsichtlich zugelassenen Holzschutzmittel. Bei Verarbeitungskonzentration und Einbringmenge sind die Herstellerangaben zu berücksichtigen.
Gefährdungsklasse: .....
Bauteil: .....
Material: .....
Zulassungsnummer: .....
Wirkstoffe: .....
Gefahrstoffangaben: .....
Verarbeitungskonzentration: .....
Einbringmenge: .....
Verfahren: .....
Sonstige Hinweise: .....

–	10€	**12€**	16€	–	[St]	⏱ 0,15h/St	382.000.055

44 Niederdruckinjektage, Holzteile, bis 16cm KG **395**

Niederdruckinjektageverfahren für befallene und besonders gefährdete sowie nicht allseitig zugängliche Konstruktionshölzer sowie an Schnittstellen zu auszuwechselnden Holzteilen (auch senkrecht nach oben möglich) als zusätzliches Sonderverfahren zum bekämpfenden und vorbeugenden Holzschutz in folgender Ausführung:

- Einbringen der versetzt angeordneten Bohrlöcher und Einbau der Plasteinjektoren (Packer)
- Niederdruckinjektion des Holzschutzmittels
- Ausbohren der Plasteinjektoren und Verschließen der Bohrlöcher mit imprägnierten Hartholzdübeln (**bei sichtbaren Bauteilen / bei nicht sichtbaren Bauteilen können die Plasteinjektoren verbleiben**)
- die Maßnahmen sorgfältig zu überwachen und gegen einen unkontrollierten Austritt des Holzschutzmittels sichern.

Bohrlochtiefe: bis 16cm
Prüfprädikat: Ib + Iv + p
Wirkstoffe: .....
Gefahrstoffangaben: .....
Chemische Basis: .....
Holzteile: siehe Holzschutzgutachten
Prüfzeichen: .....
Prüfzeichen-Nr.: .....

–	22€	**26€**	34€	–	[St]	⏱ 0,20h/St	382.000.056

Nr.	Kurztext / Langtext						Kostengruppe
▶	▷	**ø netto €**	◁	◀	[Einheit]	Ausf.-Dauer	Positionsnummer

45 Niederdruckinjektage, Holzteile, 16-25cm KG **395**

Niederdruckinjektageverfahren für befallene und besonders gefährdete sowie nicht allseitig zugängliche Konstruktionshölzer sowie an Schnittstellen zu auszuwechselnden Holzteilen (auch senkrecht nach oben möglich) als zusätzliches Sonderverfahren zum bekämpfenden und vorbeugenden Holzschutz in folgender Ausführung:

- Einbringen der versetzt angeordneten Bohrlöcher und Einbau der Plasteinjektoren (Packer)
- Niederdruckinjektion des Holzschutzmittels
- Ausbohren der Plasteinjektoren und Verschließen der Bohrlöcher mit imprägnierten Hartholzdübeln (**bei sichtbaren Bauteilen / bei nicht sichtbaren Bauteilen können die Plasteinjektoren verbleiben**)
- die Maßnahmen sorgfältig zu überwachen und gegen einen unkontrollierten

Austritt des Holzschutzmittels sichern
Bohrlochtiefe: 16-25cm
Prüfprädikat: Ib + Iv + p
Wirkstoffe: .....
Gefahrstoffangaben: .....
Chemische Basis: .....
Holzteile: siehe Holzschutzgutachten
Prüfzeichen: .....
Prüfzeichen-Nr.: .....

–	24€	**29€**	38€	–	[St]	⏱ 0,20h/St	382.000.057

Kosten:
Stand 2. Quartal 2026
Bundesdurchschnitt

46 Niederdruckinjektage, Holzteile, über 25cm KG **395**

Niederdruckinjektageverfahren für befallene und besonders gefährdete sowie nicht allseitig zugängliche Konstruktionshölzer sowie an Schnittstellen zu auszuwechselnden Holzteilen (auch senkrecht nach oben möglich) als zusätzliches Sonderverfahren zum bekämpfenden und vorbeugenden Holzschutz in folgender
Ausführung:

- Einbringen der versetzt angeordneten Bohrlöcher und Einbau der Plasteinjektoren (Packer)
- Niederdruckinjektion des Holzschutzmittels
- Ausbohren der Plasteinjektoren und Verschließen der Bohrlöcher mit imprägnierten Hartholzdübeln (**bei sichtbaren Bauteilen / bei nicht sichtbaren Bauteilen können die Plasteinjektoren verbleiben**)
- die Maßnahmen sorgfältig zu überwachen und gegen einen unkontrollierten Austritt des Holzschutzmittels sichern

Bohrlochtiefe: >25cm
Prüfprädikat: Ib + Iv + p
Wirkstoffe: .....
Gefahrstoffangaben: .....
Chemische Basis: .....
Holzteile: siehe Holzschutzgutachten
Prüfzeichen: .....
Prüfzeichen-Nr.: .....

–	28€	**34€**	45€	–	[St]	⏱ 0,24h/St	382.000.058

▶ min
▷ von
ø Mittel
◁ bis
◀ max

47 Raumöffnung schließen, Heißluftverfahren KG **395**

Vorhandene Öffnungen wie Schächte, Auslässe, Kanäle u. dgl. sowie Dach- und sonstige Undichtigkeiten für Heißluftverfahren gegen Insektenbefall im behandelnden Raum schließen und ggf. gegen Wärmeverluste abdämmen. Leistung inkl. Beseitigung aller Maßnahmen nach Beendigung der Arbeiten.
Raumöffnung: .....

–	27€	**33€**	43€	–	[m²]	⏱ 0,20h/m²	382.000.061

Nr.	Kurztext / Langtext					Kostengruppe
▶	▷	ø netto €	◁	◀	[Einheit]	Ausf.-Dauer	Positionsnummer

48 Abströmöffnung, Heißluftverfahren KG **395**

Schaffen notwendiger Abströmöffnungen in einem durch den AN zu ermittelnden Querschnitt (durch Überprüfung des zur Beheizung notwendigen Luftüberdruckes im Probelauf und während der Beheizung) an geeigneter Stelle.
Sonstige Hinweise: .....

–	41€	**51€**	65€	–	[St]	⏱ 0,25h/St	382.000.062

49 Hitzeschutz, Insektenbekämpfung KG **395**

Hitzeschutz für empfindliche Bauteile und Gegenstände, die nicht aus dem Raum entfernt werden können, durch Abdecken mit Dämmmatten oder künstlicher Kühlung, bei Insektenbekämpfungsmaßnahmen mit Heißluft.
Bauteil/Gegenstand: .....

–	22€	**27€**	35€	–	[m²]	⏱ 0,15h/m²	382.000.063

50 Einhausung, Heißluftverfahren KG **395**

Einhausung ganz oder teilweise außerhalb der Innenräume liegender, zu behandelnder Holzbauteile (z.B. Balkone, Außenfachwerk, Dachvorsprünge etc.) zur Einbeziehung in den Beheizungsprozess.
Einhausungsbereich: .....
Einhausungsfläche: ..... m²
Sonstige Hinweise: .....

–	39€	**48€**	62€	–	[m²]	⏱ 0,25h/m²	382.000.064

51 Insektenbekämpfung, Heißluft KG **395**

Insektenbekämpfung mit Heißluft als bekämpfender Holzschutz nach DIN 68800-4:2012-02, 9.3 und WTA-Merkblatt 1-1-08/D "Heißluftverfahren zur Bekämpfung tierischer Holzzerstörer in Bauwerken" mit An- und Abbau der Heißluftgeräte inkl. Warmluftzufuhr und Probelauf wie folgt:

- Durchführung des Durchheizungsprozess im definierten Behandlungsbereiches, für eine ausreichende Zirkulation durch einen Luftüberdruck ist zu sorgen
- Messstellen gemäß DIN 68800-4:2012-02, 9.3.5
- Behandlungsraum bzw. Behandlungsabschnitt mit zugelassenen Heißluftgeräten beheizen
- Laufende Temperaturmessung:
- Temperatur an der Einmündung des Rohres in den Behandlungsraum
- Durchschnittliche Raumlufttemperatur
- Temperatur an den Messstellen

Die Temperatur wird während der Heizphase kontinuierlich, letztmalig eine Stunde nach Abstellen der Heißluftzufuhr gemessen.
Ein Messprotokoll und Raumskizze mit den Eintrittspunkten der Heißluft, den Messstellen sowie den Angaben zu Einbauten, Schutz- und Sicherungsmaßnahmen ist zu erbringen.
Die allgemeinen Brandschutzbestimmungen, insbesondere der Umgang mit offenem Feuer sind unbedingt zu beachten und Brandwache durchzuführen. Notwendige Brandschutzmaßnahmen sind in den Einheitspreis einzurechnen.
Bereich: .....
Behandlungsvolumen: ..... m³
Anzahl Messstellen: .....
Messverfahren: .....
Sonstige Hinweise: .....
Hinweis: Beim Durchheizungsprozess müssen die Beheizungsaggregate entsprechend Heizleistung, Luftfördermenge und Luftpressung ausgestattet sein. Die maximale Einblastemperatur ist 120°.

–	33€	**40€**	52€	–	[m³]	⏱ 0,40h/m³	382.000.065

Nr.	Kurztext / Langtext						Kostengruppe
▶	▷	ø netto €	◁	◀	[Einheit]	Ausf.-Dauer	Positionsnummer

52 Verlängerung, Heizphase, Mehraufwand KG **395**

Verlängerung der Heizphase infolge von nicht ausbaubaren bzw. ausreichend zu schützenden Einbauten, Geräten und Bauteilen (z.B. Bauteile aus Gips) durch Reduzierung der Behandlungstemperaturen (Raumluft/Bauteil) bei der Heißluftbehandlung.
Gegenstand: .....
Sonstige Hinweise: .....
Behandlungsvolumen: ..... m³

▶	▷	ø netto €	◁	◀	[Einheit]	Ausf.-Dauer	Positionsnummer
–	11€	**14€**	18€	–	[m³]	⏱ 0,10 h/m³	382.000.066

53 Temperaturkontrolle, Beheizung KG **395**

Permanente, protokollierte Temperaturkontrolle des Beheizungsvorgangs durch Aufbau und Betrieb einer (vorzugsweisen digitalen) Temperaturmesstechnik. Ergänzend können auch Alkoholthermometer mit handschriftlicher Aufzeichnung eingesetzt werden.

- Messintervall elektronisch min. aller 10 Minuten
- Messintervall ergänzend mit Alkoholthermometer min. aller 60 Minuten

Anzahl und Lage der Messstellen nach den Vorgaben der DIN 68800-4:2012-02 Abschnitt 9.3.5 festzulegen.
Messstellen Lufttemperatur: ..... St
Messstellen Holzkerntemperatur: ..... St
Messverfahren: .....
Hinweis: Die Messstellen sind an den thermisch ungünstigen Stellen zu platzieren (großer Holzquerschnitt, tiefe oder strömungstechnisch ungünstige Lage).

▶	▷	ø netto €	◁	◀	[Einheit]	Ausf.-Dauer	Positionsnummer
–	19€	**23€**	30€	–	[St]	–	382.000.067

54 Dokumentation, Heißluftverfahren KG **749**

Erfassung und Dokumentation des Heißluftverfahrens in Schrift und Bild, inkl. Erfassung der Temperaturentwicklung und der nach DIN 68 800-4:2012-02 zu erreichenden Abtötungstemperatur.
Bekämpfung Insekten: 55 °C über min. 60 Minuten
Bekämpfung Echter Hausschwamm (nach Anhang E der Norm): 16 h bei 50 °C, 8 h bei 55 °C und 2 h bei 60 °C
Übergabe folgender Dokumente:

- Temperaturmessprotokoll
- Raumprotokoll (Lage der Messpunkte, Rohrsysteme etc.)
- Behandlungsnachweis bzw. Kennzeichnung nach Anhang C

Hinweis: Bei Bekämpfung des Echten Hausschwamms gesonderte Nachprüfung und Kennzeichnung nach E.7 und E.8 des Anhangs.

▶	▷	ø netto €	◁	◀	[Einheit]	Ausf.-Dauer	Positionsnummer
–	724€	**883€**	1.148€	–	[St]	–	382.000.068

Kosten:
Stand 2. Quartal 2026
Bundesdurchschnitt

▶ min
▷ von
ø Mittel
◁ bis
◀ max

55 **Vorbeugung chemischer Holzschutz** KG **395**

Befallene Holzbauteile, die nicht ausreichend im Heißluftverfahren erreicht werden können, mit einem geprüften und bauaufsichtlich zugelassenen bekämpfenden Holzschutzmittel mit gleichzeitiger vorbeugender Wirkung gegen Neubefall von Insekten durch Bohrlochtränkung oder Bohrlochdrucktränkung, nach Angaben des Holzschutzgutachters behandeln. Bei Verarbeitungskonzentration und Einbringmenge die Herstellerangaben berücksichtigen. Verpressen erfolgt unter ständiger Kontrolle des Bauteils,

größere Risse vorher mit geeigneten Materialien verschließen und abschließend rückstandsfrei entfernen.
Bauteil: .....
Holz: .....
Querschnitt: ..... x ..... cm
Verfahren: .....
Anzahl Packer/m: .....
Material: .....
Zulassungsnummer: .....
Wirkstoffe/Wirkungsweise: .....
Gefahrstoffangaben: .....
Sonstige Hinweise: .....

▶	▷	ø netto €	◁	◀	[Einheit]	Ausf.-Dauer	Positionsnummer
–	26€	**32€**	44€	–	[m]	⏱ 0,40 h/m	382.000.069

381
382
384
387

T 3 **Instandsetzung Holzbauteile** Titel für Pos. **56-70**

56 **Instandsetzung, Holzbauteile** KG **395**

Konstruktive Instandsetzung statisch gefährdeter Holzbauteile bei Querschnittsunterschreitung mit fehlender Tragfähigkeit durch zimmermannsmäßige Teil- bzw. Totalauswechslung von Hölzern. Die maximale Holzfeuchte der neuen Hölzer darf 20% nicht übersteigen. Gesundschnitt der Hölzer, Einbau imprägnierter Hölzer, Einbau imprägnierter Hölzer. Die Schnittflächen mit einem geprüften und bauaufsichtlich zugelassenen, vorbeugend gegen Neubefall von Insekten wirkenden Holzschutzmittel behandeln. Sämtlich anfallenden Schutt unmittelbar sichern, einpacken und entsorgen.
Bauteil: .....
Gefährdungsklasse: .....
Querschnitt: ..... x ..... cm
Holzart: .....
Holzschutzmittel: .....
Zulassungsnummer: .....
Wirkstoffe: .....
Gefahrstoffangaben: .....
Verfahren: .....
Sonstige Hinweise: .....

▶	▷	ø netto €	◁	◀	[Einheit]	Ausf.-Dauer	Positionsnummer
–	2.499€	**3.048€**	3.962€	–	[m³]	⏱ 28,00 h/m³	382.000.070

Nr.	Kurztext / Langtext						Kostengruppe
▶	▷	**ø netto €**	◁	◀	[Einheit]	Ausf.-Dauer	Positionsnummer

57 Begasung, erstickend wirkende Gase KG **395**

Insektenbekämpfung mit modifizierten Atmosphären, erstickend wirkend, gemäß DIN 68800-4:2012-02, 9.4.3 unter Einhaltung der in der TRGS 512 und der Gefahrstoffverordnung sowie den daraus resultierenden objektspezifischen Handlungsabläufen und Sicherheitsbestimmungen. Das Verfahren ist nur für Teilbegasungen bzw. in stationären Anlagen geeignet:

- Baustelleneinrichtung und -räumung
- Anmeldung der Maßnahme beim zuständigen Gewerbeamt einschl. der anfallenden Gebühren
- Betriebsanweisung einschl. der anfallenden Gebühren
- Einhausungen mit gasdichter Spezialfolie nach DIN 53536-A einschl. aller Nebenleistungen
- Dichtheitsprüfung der Einhausung
- Eingehaustes Volumen fachgerecht mit Mittel bearbeiten
- Konzentrationsmessungen - Sicherstellung der Konzentration im zu behandelnden Volumen, Überwachung des Objektes bis zur endgültigen Freigabe (Freigabebescheinigung)
- messtechnische Überwachung des Klimas im Behandlungsraum
- Entfernen und fachgerechte Entsorgung des Abdichtmaterials
- Wirksamkeitsnachweis, Prüfkörper zum Nachweis der biologischen Wirksamkeit der Bekämpfung (Anzahl und Einbauort nach Vorgabe des Holzschutzsachverständigen, Prüfung in einem zugelassenen Prüflabor
- Dokumentation der Begasungsmaßnahme

Behandlungsraum: .....
Behandlungsvolumen: ..... m³
Begasungsmittel: .....
Begasungsdauer: ..... Wochen
Lüftungsphase: ..... h
Gesamtdauer: ..... h
Luftdruck: .....
Befähigungsscheininhaber: .....
Sonstige Hinweise: .....
Besondere Sicherheitsmaßnahmen: .....

▶	▷	ø	◁	◀	Einheit	Ausf.-Dauer	Positionsnummer
–	38€	**46€**	62€	–	[m³]	⏱ 30,00 h/m³	382.000.072

58 RH-Beton-Ersatz, einseitige Anbindung KG **395**

Querschnittsgleicher Ersatz des zerstörten bzw. geschädigten Balkenkopfes durch RH-Beton als einseitige Anbindung mit innen liegenden GF-UP-Stäben entsprechend dem Standsicherheitsnachweis zur Wiederherstellung der ursprünglichen Tragfähigkeit. Entfernen der zerstörten bzw. geschädigten Holzteile unter Beachtung der DIN 68800-4:2012-02. Komplettleistung einschl. Materiallieferungen, Bohr- und Schalungsarbeiten entsprechend der(n) Konstruktionszeichnung(en).

Bauteil: .....
Querschnitt: ..... x ..... cm
Sanierungslänge: 40-100 cm
Volumen: ..... dm³
Sonstige Hinweise: .....

▶	▷	ø	◁	◀	Einheit	Ausf.-Dauer	Positionsnummer
–	39€	**48€**	64€	–	[St]	⏱ 20,00 h/St	382.000.074

Kosten:
Stand 2. Quartal 2026
Bundesdurchschnitt

▶ min
▷ von
ø Mittel
◁ bis
◀ max

Nr.	Kurztext / Langtext						Kostengruppe
▶	▷	**ø netto €**	◁	◀	[Einheit]	Ausf.-Dauer	Positionsnummer

59 RH-Beton-Ersatz, auflagernaher Bereich KG **395**

Querschnittsgleicher Ersatz des partiell zerstörten bzw. geschädigten Balkenkopfes durch RH-Beton im auflagernahen Bereich mit innen liegenden GF-UP-Stäben entsprechend dem Standsicherheitsnachweis zur Wiederherstellung der ursprünglichen Tragfähigkeit. Vorsichtiges Ausräumen der nicht mehr tragfähigen Holzteile, ggf. Freistemmen des angrenzenden Mauerwerks (Vergütung in gesonderter Position). Aussaugen des Bereiches, anfallenden Bauschutt unter Beachtung einer möglichen Verschleppungsgefahr bei Befall des "Echten" Hausschwammes und Nassfäulepilzen einpacken, sichern und umgehend entsorgen. Komplettleistung einschl. Materiallieferungen; Bohr- und Schalungsarbeiten entsprechend der(n) Konstruktionszeichnung(en).
Bauteil: .....
Querschnitt: ..... x ..... cm
Sanierungslänge: bis 40 cm
Volumen: ..... dm^3
Sonstige Hinweise: .....

–	970€	**1.169€**	1.532€	–	[St]	⏱ 15,00 h/St	382.000.075

60 RH-Beton-Wiederherstellung, Querschnitt KG **395**

RH-Beton-Querschnittserhöhung für partiell geschädigte Holzbauteile/-querschnitte. Entfernen der geschädigten Holzteile, Reinigung der Kontaktflächen. RH-Beton-Ersatz oder-Querschnittserhöhung mit entsprechend dem Standsicherheitsnachweis. Komplettleistung einschl. Materiallieferungen Bohr- und Schalungsarbeiten entsprechend der(n) Konstruktionszeichnung(en).
Bauteil: .....
Querschnitt: ..... x ..... m
Volumen: ..... dm^3
(Reparaturquerschnitt)
Sonstige Hinweise: .....

–	63€	**76€**	103€	–	[dm^3]	⏱ 35,00 h/dm^3	382.000.076

61 RH-Beton-Ersatz, beidseitige Anbindung KG **395**

Querschnittsgleicher RH-Beton-Ersatzzerstörter bzw. geschädigter Holzbauteile innerhalb einer statisch wirksamen Holzkonstruktion mit beidseitiger Anbindung an tragfähige Holzquerschnitte. Ausführung entsprechend dem Standsicherheitsnachweis zur Wiederherstellung der ursprünglichen Tragfähigkeit. Komplettleistung einschl. Entfernen nicht mehr tragfähiger Holzteile, Materiallieferungen; Bohr- und Schalungsarbeiten entsprechend der(n) Konstruktionszeichnung(en).
Bauteil: .....
Querschnitt: ..... x ..... cm
Sanierungslänge: ..... cm
Volumen: ..... dm^3
Sonstige Hinweise: .....

–	68€	**83€**	108€	–	[dm^3]	⏱ 0,35 h/dm^3	382.000.077

Nr.	Kurztext / Langtext						Kostengruppe
▶	▷	**ø netto €**	◁	◀	[Einheit]	Ausf.-Dauer	Positionsnummer

62 Ersatzholz, einseitig KG **395**

Querschnittsgleicher, einseitiger Ersatz des zerstörten bzw. geschädigten Holzes durch Ersatzholz mit innen liegenden GF-UP-Stäben entsprechend dem Standsicherheitsnachweis zur Wiederherstellung der ursprünglichen Tragfähigkeit, einschl. Materiallieferungen, Bohr-, Verschluss- und Vergussarbeiten und Entfernen der zerstörten bzw. geschädigten Holzbauteile. Sicherungs- oder Absprießungsarbeiten in gesonderter Position. Die maximale Einbau-Holzfeuchte der Ersatzhölzer unter 20% ist unbedingt einzuhalten. Im Einzelfall notwendige Arbeiten zur Herrichtung des Balkenkopflagers und zur Mauerwerksbehandlung bei Hausschwammbefall in gesonderter Position.
Bauteil: .....
Holzart: .....
Querschnitt: ..... x .....cm
Sanierungslänge: .....cm
Sicherungsmaßnahme: .....
Sonstige Hinweise: .....

Kosten:
Stand 2. Quartal 2026
Bundesdurchschnitt

–	1.442€	**1.717€**	2.129€	–	[St]	⏱ 30,00h/St	382.000.078

63 Ersatzholz, beidseitige Anbindung KG **395**

Querschnittsgleicher, beidseitiger Ersatz des zerstörten bzw. geschädigten Holzes durch Ersatzholz mit beidseitig innen liegenden GF-UP-Stäben entsprechend dem Standsicherheitsnachweis zur Wiederherstellung der ursprünglichen Tragfähigkeit, einschl. Materiallieferungen, Bohr-, Verschluss- und Vergussarbeiten und Entfernen der zerstörten bzw. geschädigten Holzbauteile. Sicherungs- oder Absprießungsarbeiten in gesonderter Position. Die maximale Einbau-Holzfeuchte der Ersatzhölzer unter 20% ist unbedingt einzuhalten. Im Einzelfall notwendige Arbeiten zur Herrichtung des Balkenkopflagers und zur Mauerwerksbehandlung bei Hausschwammbefall in gesonderter Position.
Bauteil: .....
Holzart: .....
Querschnitt: ..... x .....cm
Sanierungslänge: .....cm
Sicherungsmaßnahme: .....
Sonstige Hinweise: .....

–	1.739€	**2.046€**	2.455€	–	[St]	⏱ 45,00h/St	382.000.079

64 Ersatzholz, Bauteile, vertikal, Fachwerk KG **395**

Querschnittsgleicher Ersatz des zerstörten bzw. geschädigten Holzes durch Ersatzholz für vertikale Holzbauteile, wie Fachwerkstiele, -streben, Säulen, Stützen u. ä. mit innen liegenden GF-UP-Stäben und besonderer Querverdübelung entsprechend dem Standsicherheitsnachweis zur Wiederherstellung der ursprünglichen Tragfähigkeit, einschl. Materiallieferungen, Bohr-, Verschluss- und Vergussarbeiten und Entfernen der zerstörten bzw. geschädigten Holzbauteile. Sicherungs- oder Absprießungsarbeiten, auch angrenzender Bauteile (z.B. Gefache) in gesonderter Position. Die maximale Einbau-Holzfeuchte der Ersatzhölzer unter 18% ist unbedingt einzuhalten.
Bauteil: .....
Holzart: .....
Querschnitt: ..... x .....cm
Sanierungslänge: .....cm
Sicherungsmaßnahme: .....
Sonstige Hinweise: .....

–	1.024€	**1.219€**	1.524€	–	[St]	⏱ 15,00h/St	382.000.080

▶ min
▷ von
ø Mittel
◁ bis
◀ max

Nr.	Kurztext / Langtext						Kostengruppe
▶	▷	**ø netto €**	◁	◀	[Einheit]	Ausf.-Dauer	Positionsnummer

65 Holzverbindungen herstellen KG **395**

Ursprüngliche Holzverbindungen, wie Verblattungen, Verkämmungen, Versätze, Zapfen u.ä. an einseitigen Ersatzhölzern herstellen, insbesondere bei denkmalpflegerischen Instandsetzungs- oder Restaurierungsarbeiten.
Bauteil: .....
Holzart: .....
Holzverbindung: .....
Sonstige Hinweise: .....

▶	▷	ø netto €	◁	◀	[Einheit]	Ausf.-Dauer	Positionsnummer
–	35€	**43€**	57€	–	[St]	⏱ 0,40h/St	382.000.081

66 RH-Beton-Querschnittserhöhung KG **395**

RH-Beton-Querschnittserhöhung (Tragfähigkeitserhöhung) für partiell geschwächte und/oder unterdimensionierte Holzbauteile/-querschnitte als statisch wirksame Maßnahme. Entfernung vermulmter Holzteile, Reinigung der Kontaktflächen, Abfräsen der Balkenoberseite (Druckzone) und Einbau des Reaktionsharzbetons gemäß dem Standsicherheitsnachweis. Für die Ausführung der Querschnitterhöhung durch RH-Beton sind die Allgemeine bauaufsichtliche Zulassung Z-10.7-282 "Bauart zur Verstärkung von Holzbauteilen durch Reaktionsharzbeton" oder eine Zulassung im Einzelfall gemäß MBO/LBO erforderlich/notwendig. Komplettleistung einschl. Materiallieferungen, Reinigungs- und Schalungsarbeiten entsprechend der(n) Konstruktionszeichnung(en).
Bauteil: .....
Querschnittserhöhung: .....
Volumen: .....
RH-Beton: .....
Sonstige Hinweise: .....

▶	▷	ø netto €	◁	◀	[Einheit]	Ausf.-Dauer	Positionsnummer
–	42€	**51€**	67€	–	[dm³]	⏱ 0,35h/dm³	382.000.082

67 Instandsetzung, Holzbauteile, BETA-Verfahren KG **395**

Konstruktive Instandsetzung statisch gefährdeter Holzbauteile im Anschlussbereich an die Ausführung der Sonderverfahren/RH-Verfahren durch zimmermannsmäßige Teil- bzw. Totalauswechslung von Hölzern. Gesundschnitt der Hölzer, Einbau imprägnierter Hölzer (Iv, P) als Komplettleistung (soweit nicht anders beschrieben), einschl. aller erforderlichen Abstützungs- oder Sicherungsarbeiten und Materiallieferungen. Die maximale Holzfeuchte der neuen Hölzer darf 20 % nicht übersteigen. Evtl. erforderliche vorbeugende chemische Holzschutzmaßnahmen gemäß DIN 68800-3:2012-02 in gesonderter Position.
Bauteil: .....
Gefährdungsklasse: .....
Holzart: .....
Querschnitt: ..... x ..... cm
Sicherungsmaßnahme: .....
Sonstige Hinweise: .....

▶	▷	ø netto €	◁	◀	[Einheit]	Ausf.-Dauer	Positionsnummer
–	1.957€	**2.302€**	2.877€	–	[m³]	⏱ 25,00h/m³	382.000.083

Nr.	Kurztext / Langtext						Kostengruppe
▶	▷	ø netto €	◁	◀	[Einheit]	Ausf.-Dauer	Positionsnummer

68 Ersatzhölzer, unbehandelt KG **395**

Ersatzhölzer, unbehandelt, herrichten und mit wieder hergestellter Tragfähigkeit einbauen. Nach ausreichender Aushärtung der RH-Verbindung (Klebefuge) kann der vorbeugende chemische Holzschutz nach DIN 68800-3 im Bedarfsfall ausgeführt werden. Verarbeitungskonzentration, Einbringmenge und Verfahren nach Angaben der Hersteller. Im Einzelfall sind die Hinweise und Festlegungen des Holzschutzgutachters zu beachten. Berechnungsfläche ist die abgewickelte Holzoberfläche.
Bauteil: .....
Gefährdungsklasse: .....
Querschnitt: ..... x ..... cm
Material: .....
Zulassungsnummer: .....
Wirkstoffe: .....
Gefahrstoffangaben: .....
Verfahren: .....
Sonstige Hinweise: .....

–	16€	**19€**	26€	–	[m³]	⏱ 0,18 h/m³	382.000.084

69 Stundensatz, Facharbeiter/-in

Stundenlohnarbeiten für Vorarbeiter/-in, Gesellin/Geselle, Facharbeiter/-in und Gleichgestellte, sowie ähnliche Fachkräfte. Der Verrechnungssatz für die jeweilige Arbeitskraft umfasst sämtliche Aufwendungen wie Lohn- und Gehaltskosten, lohn- und gehaltsgebundene Kosten, Lohn- und Gehaltsnebenkosten, Gemeinkosten, Wagnis und Gewinn. Leistung nach besonderer Anordnung der Bauüberwachung. Anmeldung und Nachweis gemäß VOB/B.

–	63€	**75€**	94€	–	[h]	–	382.000.087

70 Stundensatz, Helfer/-in

Stundenlohnarbeiten für Arbeitnehmer/-innen ohne Facharbeiterqualifikation (Helfer/-innen, Hilfsarbeiter/-innen, Ungelernte, Angelernte). Der Verrechnungssatz für die jeweilige Arbeitskraft umfasst sämtliche Aufwendungen wie Lohn- und Gehaltskosten, lohn- und gehaltsgebundene Kosten, Lohn- und Gehaltsnebenkosten, Gemeinkosten, Wagnis und Gewinn. Leistung nach besonderer Anordnung der Bauüberwachung. Anmeldung und Nachweis gemäß VOB/B.

–	59€	**69€**	86€	–	[h]	–	382.000.088

Kosten:
Stand 2. Quartal 2026
Bundesdurchschnitt

▶ min
▷ von
ø Mittel
◁ bis
◀ max

384

Kosten:
Stand 2. Quartal 2026
Bundesdurchschnitt

▶ min
▷ von
ø Mittel
◁ bis
◀ max

Nr.	Positionen	Einheit	▶	▷	ø brutto € / ø netto €	◁	◀
1	Fundament abbrechen, Stahlbeton inkl. Transport und Entsorgung	m³	134	203	**271**	328	382
			113	171	**228**	275	321
2	Bodenplatte abbrechen, Beton, inkl. Transport und Entsorgung	m³	150	213	**283**	340	392
			126	179	**238**	286	330
3	Bodenplatte abbrechen, Stahlbeton, inkl. Transport und Entsorgung	m³	200	308	**384**	461	496
			168	258	**323**	388	417
4	Kelleraußenwände abbrechen, Beton, inkl. Transport und Entsorgung	m³	314	379	**430**	486	534
			264	318	**362**	409	448
5	Kelleraußenwände abbrechen, Stahlbeton, inkl. Transport und Entsorgung	m³	338	407	**463**	523	574
			284	342	**389**	439	482
6	Außenwände abbrechen, Stahlbeton, inkl. Transport und Entsorgung	m³	331	400	**460**	515	566
			278	336	**387**	433	476
7	Außenmauerwerk abbrechen, Ziegel 36,5cm, inkl. Transport und Entsorgung	m³	209	252	**293**	342	425
			175	211	**246**	288	357
8	Verblendmauerwerk, abbrechen, inkl. Transport und Entsorgung	m²	63	72	**90**	108	119
			53	61	**76**	91	100
9	Ziegelpflaster abbrechen, Gemische, inkl. Transport und Entsorgung	m²	23	26	**32**	39	43
			19	22	**27**	33	36
10	Innenwand abbrechen, Gipsbauplatten, 10cm, inkl. Transport und Entsorgung	m²	45	51	**63**	76	83
			37	43	**53**	64	70
11	Innenwand abbrechen, Porenbeton, 17,5cm, inkl. Transport und Entsorgung	m²	27	53	**66**	79	99
			22	44	**55**	66	84
12	Innenwand abbrechen, Mauerwerk 11,5cm, inkl. Transport und Entsorgung	m²	29	43	**54**	65	81
			24	36	**45**	54	68
13	Innenwand abbrechen, Mauerwerk 24cm, inkl. Transport und Entsorgung	m²	31	58	**72**	87	99
			26	49	**61**	73	83
14	Innenwand abbrechen, Stahlbeton bis 15cm, inkl. Transport und Entsorgung	m³	289	350	**402**	450	494
			243	294	**338**	378	415
15	Innenwand abbrechen, Stahlbeton bis 25cm, inkl. Transport und Entsorgung	m³	322	389	**447**	501	550
			270	327	**376**	421	462
16	Decke abbrechen, Ziegelhohlkörper, 21cm, inkl. Transport und Entsorgung	m²	55	64	**80**	96	108
			46	54	**67**	81	90

Nr.	Positionen	Einheit	►	▷	ø brutto € ø netto €	◁	◄
17	Decke abbrechen, Stb-Hohldielen, 15cm, inkl. Transport und Entsorgung	m²	71	83	**91**	105	122
			59	69	**76**	88	102
18	Stahlbetonstützen, außen, abbrechen, inkl. Transport und Entsorgung	m³	448	546	**613**	699	760
			376	459	**515**	587	639
19	Geschossdecke abbrechen, Stahlbeton 25cm, inkl. Transport und Entsorgung	m³	336	418	**481**	553	625
			283	351	**404**	464	525
20	Geschossdecke abbrechen, Stb-Hohldielen 25cm, inkl. Transport und Entsorgung	m²	60	75	**86**	96	116
			50	63	**72**	81	97
21	Stahlbetontreppe abbrechen, bis 1,50m, inkl. Transport und Entsorgung	St	866	1.047	**1.203**	1.348	1.456
			728	880	**1.011**	1.133	1.224
22	Natursteinbelag abbrechen, Mörtelbett, inkl. Transport und Entsorgung	m²	17	25	**31**	37	62
			14	21	**26**	31	52
23	Natursteinbekleidung abbrechen, außen, inkl. Transport und Entsorgung	m²	52	61	**74**	89	98
			44	51	**63**	75	83
24	Fensterbank abbrechen, Naturstein, außen, inkl. Transport und Entsorgung	m	23	29	**31**	38	40
			19	24	**26**	32	34
25	Fensterbank abbrechen, Naturstein, innen, inkl. Transport und Entsorgung	St	19	24	**29**	33	65
			16	20	**24**	28	55
26	Betonwerksteinplattenbelag aufnehmen, inkl. Transport und Entsorgung	m²	21	26	**31**	38	40
			18	22	**26**	32	33
27	Fensterbank abbrechen, Betonwerkstein, innen, inkl. Transport und Entsorgung	m	22	27	**32**	39	41
			18	22	**27**	33	35
28	Betonwerksteinbelag abbrechen, inkl. Transport und Entsorgung	m²	15	26	**32**	38	40
			13	22	**27**	32	34
29	Gehwegplatten abbrechen, Betonwerkstein, inkl. Transport und Entsorgung	m²	14	18	**20**	25	35
			12	15	**17**	21	29
30	Innenwandbekleidung entfernen, Holz, inkl. Transport und Entsorgung	m²	11	14	**18**	22	35
			9	12	**15**	18	29
31	Deckenbekleidung entfernen, Holz, inkl. Transport und Entsorgung	m²	19	26	**33**	39	53
			16	22	**28**	33	44
32	Außenwandbekleidung entfernen, Holz, inkl. Transport und Entsorgung	m²	19	24	**29**	35	38
			16	20	**24**	29	32

Kosten:
Stand 2. Quartal 2026
Bundesdurchschnitt

Nr.	Positionen	Einheit	►	▷	ø brutto € / ø netto €	◁	◄
33	Wanddämmung entfernen, MW, inkl. Transport und Entsorgung	m²	8	12	**15**	18	22
			6	10	**13**	15	18
34	Dachdämmung entfernen, KMF, inkl. Transport und Entsorgung	m²	7	12	**15**	19	25
			6	10	**13**	16	21
35	Lattentrennwand abbrechen, inkl. Transport und Entsorgung	m²	11	18	**23**	27	41
			9	15	**19**	23	35
36	Holzständerwand abbrechen, inkl. Transport und Entsorgung	m²	25	28	**35**	43	48
			21	24	**30**	36	40
37	Holztreppe abbrechen, inkl. Transport und Entsorgung	St	183	242	**303**	363	589
			154	204	**254**	305	495
38	Holzleiter abbrechen, inkl. Transport und Entsorgung	St	13	16	**20**	23	27
			11	13	**16**	20	23
39	Holzhandlauf entfernen, inkl. Transport und Entsorgung	m	11	13	**16**	20	23
			9	11	**14**	17	19
40	Holzfußboden entfernen, Bodenbretter, inkl. Transport und Entsorgung	m²	10	14	**17**	21	36
			9	12	**14**	17	30
41	Holzfußboden entfernen, Bretter/Lagerhölzer, inkl. Transport und Entsorgung	m²	13	16	**20**	24	41
			11	14	**17**	21	35
42	Spanplattenboden abbrechen, inkl. Transport und Entsorgung	m²	17	27	**33**	40	54
			15	22	**28**	33	45
43	Schüttung entfernen, Lagerhölzer, inkl. Transport und Entsorgung	m²	13	15	**19**	22	36
			11	12	**16**	19	30
44	Schüttung entfernen, Holzbalkendecke, inkl. Transport und Entsorgung	m²	14	26	**33**	40	49
			12	22	**28**	33	41
45	Fehlboden entfernen, Holz, inkl. Transport und Entsorgung	m²	12	17	**22**	26	38
			10	15	**18**	22	32
46	Deckenbalken abbrechen, Holz. inkl. Transport und Entsorgung	m	10	16	**19**	23	34
			9	13	**16**	20	28
47	Holzbalkendecke abbrechen, inkl. Transport und Entsorgung	m²	53	98	**122**	147	158
			44	82	**103**	123	133
48	Dachstuhlhölzer abbrechen, inkl. Transport und Entsorgung	m	12	21	**27**	32	42
			10	18	**23**	27	35
49	Bodenabdichtung entfernen, Bitumen, einlagig, inkl. Transport und Entsorgung	m²	28	30	**37**	45	48
			23	26	**31**	38	40
50	Bodenabdichtung entfernen, Bitumen, zweilagig, inkl. Transport und Entsorgung	m²	31	35	**42**	51	56
			26	29	**35**	43	47

► min
▷ von
ø Mittel
◁ bis
◄ max

Nr.	Positionen	Einheit	►	▷	ø brutto € / ø netto €	◁	◄
51	Bitumenbeschichtung entfernen, Wand, inkl. Transport und Entsorgung	m²	16	24	**29**	35	41
			14	20	**25**	30	35
52	Bitumenbahnen entfernen, Wand, inkl. Transport und Entsorgung	m²	28	36	**45**	51	58
			24	30	**38**	43	48
53	Schutzbahn entfernen, Wand, inkl. Transport und Entsorgung	m²	21	23	**27**	32	35
			17	19	**23**	27	29
54	Dachdeckung entfernen, inkl. Transport und Entsorgung	m²	13	16	**19**	22	26
			11	14	**16**	19	22
55	Faserzement-Wellplattendeckung entfernen, inkl. Transport und Entsorgung	m²	11	15	**17**	20	30
			10	13	**14**	17	26
56	Formziegel entfernen, gemörtelt, inkl. Transport und Entsorgung	m	5	9	**12**	14	23
			4	8	**10**	12	19
57	Dachlattung entfernen, inkl. Transport und Entsorgung	m²	3	4	**5**	6	6
			2	4	**4**	5	5
58	Bitumendachbahn entfernen, einlagig, inkl. Transport und Entsorgung	m²	7	13	**16**	19	31
			6	11	**14**	16	26
59	Bitumendachbahn entfernen, zweilagig, inkl. Transport und Entsorgung	m²	7	17	**22**	26	34
			6	14	**18**	22	29
60	Dachschalung entfernen, einlagig, inkl. Transport und Entsorgung	m²	14	21	**26**	32	44
			11	18	**22**	26	37
61	Ortgangbrett entfernen, einlagig, inkl. Transport und Entsorgung	m²	7	12	**15**	18	21
			6	10	**13**	15	18
62	Blechteile entfernen, einlagig, inkl. Transport und Entsorgung	m	2	5	**6**	8	13
			2	4	**5**	6	11
63	Blitzableiter entfernen, einlagig, inkl. Transport und Entsorgung	m	–	2	**3**	3	–
			–	2	**2**	3	–
64	Entlüftungsrohr entfernen, einlagig, inkl. Transport und Entsorgung	St	3	12	**15**	18	37
			2	10	**13**	15	31
65	Laufrost entfernen, einlagig, inkl. Transport und Entsorgung	m	3	8	**9**	11	16
			3	6	**8**	9	14
66	Dachfenster ausbauen, einlagig, inkl. Transport und Entsorgung	St	47	93	**116**	139	155
			40	78	**97**	117	131
67	Dachluke entfernen, einlagig, inkl. Transport und Entsorgung	St	24	32	**40**	48	68
			20	27	**34**	41	57
68	Unterspannbahn entfernen, einlagig, inkl. Transport und Entsorgung	m²	3	7	**9**	10	10
			3	6	**7**	8	9

Kosten:
Stand 2. Quartal 2026
Bundesdurchschnitt

Nr.	Positionen	Einheit	►	▷	ø brutto € / ø netto €	◁	◄
69	Dachrinne vorgehängt, entfernen, einlagig, inkl. Transport und Entsorgung	m	3	5	**7**	8	11
			2	4	**6**	7	9
70	Kastenrinne entfernen, einlagig, inkl. Transport und Entsorgung	m	5	7	**9**	12	15
			4	6	**8**	10	13
71	Schneefanggitter entfernen, einlagig, inkl. Transport und Entsorgung	m	4	7	**8**	9	16
			4	6	**6**	8	14
72	Fallrohr entfernen, einlagig, inkl. Transport und Entsorgung	m	2	5	**6**	8	11
			2	4	**5**	7	9
73	Standrohr entfernen, einlagig, inkl. Transport und Entsorgung	St	6	14	**18**	22	40
			5	12	**15**	18	34
74	Traufblech entfernen, einlagig, inkl. Transport und Entsorgung	m	3	4	**5**	6	11
			3	3	**4**	5	9
75	Winkelkehle entfernen, einlagig, inkl. Transport und Entsorgung	m	3	6	**7**	9	13
			3	5	**6**	7	11
76	Verwahrung entfernen, einlagig, inkl. Transport und Entsorgung	m	5	7	**9**	11	17
			4	6	**8**	9	15
77	Ortgangverblechung entfernen, einlagig, inkl. Transport und Entsorgung	m	4	7	**8**	10	17
			3	6	**7**	9	14
78	Wandanschlussprofile entfernen, einlagig, inkl. Transport und Entsorgung	m	7	13	**17**	20	26
			6	11	**14**	17	22
79	Fensterblech entfernen, einlagig, inkl. Transport und Entsorgung	m	4	6	**8**	10	15
			3	5	**7**	8	13
80	Blechabdeckung entfernen, einlagig, inkl. Transport und Entsorgung	m	4	9	**11**	14	20
			4	7	**9**	11	16
81	Schornsteinverblechung entfernen, einlagig, inkl. Transport und Entsorgung	m²	17	27	**34**	42	61
			15	23	**29**	35	51
82	Gaubenverblechung entfernen, einlagig, inkl. Transport und Entsorgung	m²	9	16	**21**	26	41
			8	14	**18**	22	34
83	Blech-Dachdeckung entfernen, einlagig, inkl. Transport und Entsorgung	m²	14	22	**28**	35	50
			12	19	**24**	29	42
84	Blechbekleidung entfernen, einlagig, inkl. Transport und Entsorgung	m²	18	25	**31**	39	56
			16	21	**26**	33	47

► min
▷ von
ø Mittel
◁ bis
◄ max

Nr.	Positionen	Einheit	►	▷	ø brutto € / ø netto €	◁	◄
85	Außenputz abschlagen, Mauerwerk, einlagig, inkl. Transport und Entsorgung	m²	12	20	**23**	27	38
			10	17	**19**	23	32
86	Sockelputz abschlagen, einlagig, inkl. Transport und Entsorgung	m²	12	18	**20**	23	33
			10	15	**17**	20	28
87	Deckenputz abschlagen, einlagig, inkl. Transport und Entsorgung	m²	16	26	**29**	34	41
			13	22	**25**	29	34
88	Bodenfliesen entfernen, Mörtelbett, einlagig, inkl. Transport und Entsorgung	m²	16	24	**30**	35	48
			13	20	**25**	30	40
89	Wandfliesen entfernen, Dickbett	m²	13	22	**27**	32	42
			11	18	**23**	27	35
90	Verbundestrich abbrechen, bis 50mm	m²	17	24	**30**	37	46
			15	20	**25**	31	39
91	Verbundestrich abbrechen, bis 70mm	m²	24	33	**41**	51	64
			21	28	**34**	43	54
92	Estrich, schwimmend, abbrechen, einlagig, inkl. Transport und Entsorgung	m²	20	30	**38**	45	56
			17	25	**32**	38	47
93	Kellerfenster ausbauen, Holz, 0,5m², einlagig, inkl. Transport und Entsorgung	St	21	31	**39**	46	92
			18	26	**32**	39	78
94	Fenster ausbauen, Holz, bis 1,5m², einlagig, inkl. Transport und Entsorgung	St	38	69	**86**	103	160
			32	58	**72**	87	135
95	Fenster ausbauen, Holz, bis 2,5m², einlagig, inkl. Transport und Entsorgung	St	42	87	**109**	130	215
			35	73	**91**	109	181
96	Fenstertür ausbauen, Holz, bis 3,5m², einlagig, inkl. Transport und Entsorgung	St	51	110	**138**	165	260
			43	93	**116**	139	218
97	Fenster ausbauen, Kunststoff, bis 1,5m², einlagig, inkl. Transport und Entsorgung	St	34	54	**68**	82	106
			28	46	**57**	69	89
98	Fenster ausbauen, Kunststoff, bis 2,5m², einlagig, inkl. Transport und Entsorgung	St	42	75	**94**	113	132
			35	63	**79**	95	111
99	Fenstertür ausbauen, Kunststoff, bis 3,5m², einlagig, inkl. Transport und Entsorgung	St	75	123	**153**	184	260
			63	103	**129**	155	218
100	Hauseingangstür ausbauen, bis 4,0m², einlagig, inkl. Transport und Entsorgung	St	92	169	**211**	253	277
			78	142	**177**	213	233
101	Kelleraußentür ausbauen, bis 2,5m², einlagig, inkl. Transport und Entsorgung	St	–	69	**86**	104	–
			–	58	**73**	87	–

Nr.	Positionen	Einheit	►	▷	ø brutto € ø netto €	◁	◄
102	Innentür, Holz, einflüglig, entfernen, einlagig, inkl. Transport und Entsorgung	St	40	59	**74**	89	103
			33	50	**62**	74	87
103	Wandbekleidung, Holz, entfernen, einlagig, inkl. Transport und Entsorgung	m²	15	18	**21**	26	49
			13	15	**18**	22	41
104	Deckenbekleidung, Holz, entfernen, einlagig, inkl. Transport und Entsorgung	m²	21	24	**29**	38	85
			18	20	**24**	32	72
105	Fensterbank ausbauen, Holz, bis 1,5m, einlagig, inkl. Transport und Entsorgung	St	13	23	**28**	34	49
			11	19	**24**	29	41
106	Fensterbank ausbauen, Holz, bis 2,5m, einlagig, inkl. Transport und Entsorgung	St	25	36	**45**	54	73
			21	30	**38**	46	61
107	Laibungsbekleidung, Holz, entfernen, einlagig, inkl. Transport und Entsorgung	m	–	19	**23**	28	–
			–	16	**20**	24	–
108	Montagewand abbrechen, GK, einlagig, inkl. Transport und Entsorgung	m²	19	26	**35**	42	53
			16	22	**29**	35	45
109	Deckenbekleidung abbrechen, GK, einlagig, inkl. Transport und Entsorgung	m²	16	26	**33**	40	45
			13	22	**28**	33	38
110	Unterdecke abbrechen, GK, einlagig, inkl. Transport und Entsorgung	m²	14	21	**26**	32	40
			11	18	**22**	27	34
111	Verkofferung abbrechen, GK, einlagig, inkl. Transport und Entsorgung	m²	19	29	**37**	45	51
			16	24	**31**	37	43
112	Stundensatz, Facharbeiter/-in	h	65	83	**91**	97	115
			55	70	**76**	81	97
113	Stundensatz, Helfer/-in	h	58	73	**80**	86	105
			49	61	**67**	73	88

Kosten:
Stand 2. Quartal 2026
Bundesdurchschnitt

► min
▷ von
ø Mittel
◁ bis
◄ max

Nr.	Kurztext / Langtext						Kostengruppe
▶	▷	**ø netto €**	◁	◀	[Einheit]	Ausf.-Dauer	Positionsnummer

1 Fundament abbrechen, Stahlbeton inkl. Transport und Entsorgung KG **394**

Fundamente aus Stahlbeton, ohne Schadstoffbelastung, Zuordnung RC 1 (nach EBV) abbrechen. Leistung inkl. Transport und Entsorgungskosten. Die Entsorgung sämtlicher Abfälle hat unter Erfüllung der abfallrechtlichen Deklarations-, Nachweis- und Dokumentationspflicht zu erfolgen.
Abmessungen: .....
Abfallschlüssel nach AVV: 170101 Beton, 170405 Eisen uns Stahl
Ausführung: mit Geräteeinsatz im Freien
Transportweg: bis ..... km
Anlage (Bezeichnung/Ort): .....

113€	171€	**228€**	275€	321€	[m³]	⏱ 2,80 h/m³	384.001.088

2 Bodenplatte abbrechen, Beton, inkl. Transport und Entsorgung KG **394**

Bodenplatte aus Beton, ohne Schadstoffbelastung, Zuordnung RC 1 (nach EBV), abbrechen. Leistung inkl. Transport und Entsorgungskosten. Die Entsorgung sämtlicher Abfälle hat unter Erfüllung der abfallrechtlichen Deklarations-, Nachweis- und Dokumentationspflicht zu erfolgen.
Bauteildicke: .....
Betonfestigkeitsklasse: nach Bestandsunterlagen
Abfallschlüssel nach AVV: 170101 Beton
Ausführung: mit Geräteeinsatz im Freien
Transportweg: bis ..... km
Anlage (Bezeichnung/Ort): .....

126€	179€	**238€**	286€	330€	[m³]	⏱ 2,60 h/m³	384.001.089

3 Bodenplatte abbrechen, Stahlbeton, inkl. Transport und Entsorgung KG **394**

Bodenplatte aus Stahlbeton, ohne Schadstoffbelastung, Zuordnung RC 1 (nach EBV), abbrechen. Leistung inkl. Transport und Entsorgungskosten. Die Entsorgung sämtlicher Abfälle hat unter Erfüllung der abfallrechtlichen Deklarations-, Nachweis- und Dokumentationspflicht zu erfolgen.
Bauteildicke: .....
Betonfestigkeitsklasse: nach Bestandsunterlagen
Abfallschlüssel nach AVV: 170101 Beton, 170405 Eisen uns Stahl
Ausführung: mit Geräteeinsatz im Freien
Transportweg: bis ..... km
Anlage (Bezeichnung/Ort): .....

168€	258€	**323€**	388€	417€	[m³]	⏱ 3,00 h/m³	384.001.090

4 Kelleraußenwände abbrechen, Beton, inkl. Transport und Entsorgung KG **394**

Kelleraußenwände aus unbewehrtem Beton, ohne Schadstoffbelastung, Zuordnung RC 1 (nach EBV), abbrechen. Leistung inkl. Transport und Entsorgungskosten. Die Entsorgung sämtlicher Abfälle hat unter Erfüllung der abfallrechtlichen Deklarations-, Nachweis- und Dokumentationspflicht zu erfolgen.
Wanddicke: ..... cm
Abfallschlüssel nach AVV: 170101 Beton
Ausführung: mit Geräteeinsatz im Freien
Transportweg: bis ..... km
Anlage (Bezeichnung/Ort): .....

264€	318€	**362€**	409€	448€	[m³]	⏱ 4,00 h/m³	384.001.092

Nr. **Kurztext** / Langtext | Kostengruppe
▶ ▷ **ø netto €** ◁ ◀ [Einheit] Ausf.-Dauer Positionsnummer

5 Kelleraußenwände abbrechen, Stahlbeton, inkl. Transport und Entsorgung KG **394**

Kelleraußenwände aus Stahlbeton, ohne Schadstoffbelastung, Zuordnung RC 1 (nach EBV), abbrechen. Leistung inkl. Transport und Entsorgungskosten. Die Entsorgung sämtlicher Abfälle hat unter Erfüllung der abfallrechtlichen Deklarations-, Nachweis- und Dokumentationspflicht zu erfolgen.
Wanddicke: .....cm
Abfallschlüssel nach AVV: 170101 Beton, 170405 Eisen uns Stahl
Ausführung: mit Geräteeinsatz im Freien
Transportweg: bis .....km
Anlage (Bezeichnung/Ort): .....

284€ 342€ **389€** 439€ 482€ [m³] ⏱ 4,50h/m³ 384.001.093

6 Außenwände abbrechen, Stahlbeton, inkl. Transport und Entsorgung KG **394**

Außenwände aus Stahlbeton, ohne Schadstoffbelastung, Zuordnung RC 1 (nach EBV), abbrechen. Leistung inkl. Transport und Entsorgungskosten. Die Entsorgung sämtlicher Abfälle hat unter Erfüllung der abfallrechtlichen Deklarations-, Nachweis- und Dokumentationspflicht zu erfolgen.
Wanddicke: .....cm
Abfallschlüssel nach AVV: 170101 Beton, 170405 Eisen uns Stahl
Ausführung: mit Geräteeinsatz im Freien
Transportweg: bis .....km
Anlage (Bezeichnung/Ort): .....

278€ 336€ **387€** 433€ 476€ [m³] ⏱ 4,20h/m³ 384.001.094

7 Außenmauerwerk abbrechen, Ziegel 36,5cm, inkl. Transport und Entsorgung KG **394**

Außenwand aus verputztem Ziegelmauerwerk, ohne Schadstoffbelastung, Zuordnung RC 1 (nach EBV), abbrechen. Leistung inkl. Transport und Entsorgungskosten. Die Entsorgung sämtlicher Abfälle hat unter Erfüllung der abfallrechtlichen Deklarations-, Nachweis- und Dokumentationspflicht zu erfolgen.
Wanddicke: 36,5cm, mit beidseitigem Putz
Format: .....
Verfugung: .....
Abfallschlüssel nach AVV: 170107 Gemische aus Beton, Ziegel, Fliesen und Keramik
Ausführung: mit Geräteeinsatz im Freien
Transportweg: bis .....km
Anlage (Bezeichnung/Ort): .....

175€ 211€ **246€** 288€ 357€ [m³] ⏱ 2,15h/m³ 384.001.095

8 Verblendmauerwerk, abbrechen, inkl. Transport und Entsorgung KG **394**

Verblendmauerwerk aus Mauerwerkssteinen, ohne Schadstoffbelastung, Zuordnung RC 1 (nach EBV), abbrechen. Leistung inkl. Transport und Entsorgungskosten. Die Entsorgung sämtlicher Abfälle hat unter Erfüllung der abfallrechtlichen Deklarations-, Nachweis- und Dokumentationspflicht zu erfolgen.
Mauerwerk: .....
Dicke: .....
Abfallschlüssel nach AVV: 170107 Gemische aus Beton, Ziegel, Fliesen und Keramik
Ausführung: mit Geräteeinsatz im Freien
Transportweg: bis .....km
Anlage (Bezeichnung/Ort): .....

53€ 61€ **76€** 91€ 100€ [m²] ⏱ 0,85h/m² 384.001.097

Kosten:
Stand 2. Quartal 2026
Bundesdurchschnitt

▶ min
▷ von
ø Mittel
◁ bis
◀ max

381
382
384
387

9 **Ziegelpflaster abbrechen, Gemische, inkl. Transport und Entsorgung** KG **594**

Ziegelpflaster im Außenbereich, ohne Schadstoffbelastung, Zuordnung RC 1 (nach EBV), abbrechen. Leistung inkl. Transport und Entsorgungskosten. Die Entsorgung sämtlicher Abfälle hat unter Erfüllung der abfallrechtlichen Deklarations-, Nachweis- und Dokumentationspflicht zu erfolgen.
Einbauort: .....
Abfallschlüssel nach AVV: 170102 Ziegel
Ausführung: mit Geräteeinsatz im Freien
Transportweg: bis ..... km
Anlage (Bezeichnung/Ort): .....

19€ 22€ **27€** 33€ 36€ [m²] ⏱ 0,30 h/m² 384.001.098

10 **Innenwand abbrechen, Gipsbauplatten, 10cm, inkl. Transport und Entsorgung** KG **394**

Innenwand aus Gipsbauplatten, ohne Schadstoffbelastung, abbrechen. Leistung inkl. Transport und Entsorgungskosten. Die Entsorgung sämtlicher Abfälle hat unter Erfüllung der abfallrechtlichen Deklarations-, Nachweis- und Dokumentationspflicht zu erfolgen.
Wanddicke: 10 cm
Abfallschlüssel nach AVV: 170802 Baustoffe auf Gipsbasis
Ausführung: in allen Geschossen
Transportweg: bis ..... km
Anlage (Bezeichnung/Ort): .....

37€ 43€ **53€** 64€ 70€ [m²] ⏱ 0,55 h/m² 384.001.100

11 **Innenwand abbrechen, Porenbeton, 17,5cm, inkl. Transport und Entsorgung** KG **394**

Innenwand aus Porenbeton, ohne Schadstoffbelastung, Zuordnung RC 1 (nach EBV), abbrechen. Leistung inkl. Transport und Entsorgungskosten. Die Entsorgung sämtlicher Abfälle hat unter Erfüllung der abfallrechtlichen Deklarations-, Nachweis- und Dokumentationspflicht zu erfolgen.
Wanddicke: bis 17,5 cm
Abfallschlüssel nach AVV: 170101 Beton
Ausführung: in allen Geschossen
Transportweg: bis ..... km
Anlage (Bezeichnung/Ort): .....

22€ 44€ **55€** 66€ 84€ [m²] ⏱ 0,60 h/m² 384.001.101

12 **Innenwand abbrechen, Mauerwerk 11,5cm, inkl. Transport und Entsorgung** KG **394**

Innenwand aus verputztem Mauerwerk, ohne Schadstoffbelastung, Zuordnung RC 1 (nach EBV), abbrechen. Leistung inkl. Transport und Entsorgungskosten. Die Entsorgung sämtlicher Abfälle hat unter Erfüllung der abfallrechtlichen Deklarations-, Nachweis- und Dokumentationspflicht zu erfolgen.
Mauerwerk: 11,5 cm, mit beidseitigem Putz
Abfallschlüssel nach AVV: 170107 Gemische aus Beton, Ziegel, Fliesen und Keramik
Ausführung: in allen Geschossen
Transportweg: bis ..... km
Anlage (Bezeichnung/Ort): .....

24€ 36€ **45€** 54€ 68€ [m²] ⏱ 0,50 h/m² 384.001.102

Nr.	Kurztext / Langtext						Kostengruppe
▶	▷	**ø netto €**	◁	◀	[Einheit]	Ausf.-Dauer	Positionsnummer

13 **Innenwand abbrechen, Mauerwerk 24cm, inkl. Transport und Entsorgung** KG **394**

Innenwand aus verputztem Mauerwerk, ohne Schadstoffbelastung, Zuordnung RC 1 (nach EBV), abbrechen. Leistung inkl. Transport und Entsorgungskosten. Die Entsorgung sämtlicher Abfälle hat unter Erfüllung der abfallrechtlichen Deklarations-, Nachweis- und Dokumentationspflicht zu erfolgen. Leistung einschl. der Abstütz- und Sicherungsmaßnahmen im Bauwerk.
Wanddicke: bis 24cm, mit beidseitigem Putz
Abfallschlüssel nach AVV: 170107 Gemische aus Beton, Ziegel, Fliesen und Keramik
Ausführung: in allen Geschossen
Transportweg: bis ..... km
Anlage (Bezeichnung/Ort): .....

26€ 49€ **61€** 73€ 83€ [m²] ⏱ 0,50h/m² 384.001.103

14 **Innenwand abbrechen, Stahlbeton bis 15cm, inkl. Transport und Entsorgung** KG **394**

Innenwände aus Stahlbeton, nicht tragend, ohne Schadstoffbelastung, Zuordnung RC 1 (nach EBV), abbrechen. Leistung inkl. Transport und Entsorgungskosten. Die Entsorgung sämtlicher Abfälle hat unter Erfüllung der abfallrechtlichen Deklarations-, Nachweis- und Dokumentationspflicht zu erfolgen.
Wanddicke: bis 15cm
Abfallschlüssel nach AVV: 170101 Beton, 170405 Eisen uns Stahl
Ausführung: in allen Geschossen
Transportweg: bis ..... km
Anlage (Bezeichnung/Ort): .....

243€ 294€ **338€** 378€ 415€ [m³] ⏱ 4,80h/m³ 384.001.104

15 **Innenwand abbrechen, Stahlbeton bis 25cm, inkl. Transport und Entsorgung** KG **394**

Innenwände aus Stahlbeton, tragend, ohne Schadstoffbelastung, Zuordnung RC 1 (nach EBV), abbrechen. Leistung inkl. Transport und Entsorgungskosten. Die Entsorgung sämtlicher Abfälle hat unter Erfüllung der abfallrechtlichen Deklarations-, Nachweis- und Dokumentationspflicht zu erfolgen.
Wanddicke: bis 25cm
Abfallschlüssel nach AVV: 170101 Beton, 170405 Eisen uns Stahl
Ausführung: in allen Geschossen
Transportweg: bis ..... km
Anlage (Bezeichnung/Ort): .....

270€ 327€ **376€** 421€ 462€ [m³] ⏱ 4,60h/m³ 384.001.105

16 **Decke abbrechen, Ziegelhohlkörper, 21cm, inkl. Transport und Entsorgung** KG **394**

Ziegelhohlkörperdecke einschl. Aufbeton, ohne Schadstoffbelastung, Zuordnung RC 1 (nach EBV), abbrechen. Leistung inkl. Transport und Entsorgungskosten. Die Entsorgung sämtlicher Abfälle hat unter Erfüllung der abfallrechtlichen Deklarations-, Nachweis- und Dokumentationspflicht zu erfolgen.
Deckendicke: 21cm
Abfallschlüssel nach AVV: 170102 Ziegel
Ausführung: mit Geräteeinsatz im Freien
Transportweg: bis ..... km
Anlage (Bezeichnung/Ort): .....

46€ 54€ **67€** 81€ 90€ [m²] ⏱ 0,70h/m² 384.001.108

Kosten:
Stand 2. Quartal 2026
Bundesdurchschnitt

▶ min
▷ von
ø Mittel
◁ bis
◀ max

17 Decke abbrechen, Stb-Hohldielen, 15cm, inkl. Transport und Entsorgung KG **394**

Stahlbeton-Hohldielen-Decke einschl. Aufbeton, ohne Schadstoffbelastung, Zuordnung RC 1 (nach EBV), abbrechen. Leistung inkl. Transport und Entsorgungskosten. Die Entsorgung sämtlicher Abfälle hat unter Erfüllung der abfallrechtlichen Deklarations-, Nachweis- und Dokumentationspflicht zu erfolgen.
Deckendicke: 15 cm
Abfallschlüssel nach AVV: 170101 Beton, 170405 Eisen uns Stahl
Ausführung: mit Geräteeinsatz im Freien
Transportweg: bis ..... km
Anlage (Bezeichnung/Ort): .....

59€ 69€ **76€** 88€ 102€ [m²] ⏱ 0,70 h/m² 384.001.109

18 Stahlbetonstützen, außen, abbrechen, inkl. Transport und Entsorgung KG **394**

Stahlbetonstützen verschiedener Querschnitte, ohne Schadstoffbelastung, Zuordnung RC 1 (nach EBV), abbrechen. Leistung inkl. Transport und Entsorgungskosten. Die Entsorgung sämtlicher Abfälle hat unter Erfüllung der abfallrechtlichen Deklarations-, Nachweis- und Dokumentationspflicht zu erfolgen.
Abbruchort: .....
Querschnitte: .....
Abfallschlüssel nach AVV: 170101 Beton, 170405 Eisen uns Stahl
Ausführung: mit Geräteeinsatz im Freien
Transportweg: bis ..... km
Anlage (Bezeichnung/Ort): .....

376€ 459€ **515€** 587€ 639€ [m³] ⏱ 5,80 h/m³ 384.001.110

19 Geschossdecke abbrechen, Stahlbeton 25cm, inkl. Transport und Entsorgung KG **394**

Geschossdecken aus Stahlbeton, ohne Schadstoffbelastung,Zuordnung RC 1 (nach EBV), abbrechen. Leistung inkl. Transport und Entsorgungskosten. Die Entsorgung sämtlicher Abfälle hat unter Erfüllung der abfallrechtlichen Deklarations-, Nachweis- und Dokumentationspflicht zu erfolgen.
Deckendicke: bis 25 cm
Abbruchort: .....
Abfallschlüssel nach AVV: 170101 Beton, 170405 Eisen uns Stahl
Ausführung: mit Geräteeinsatz im Freien
Transportweg: bis ..... km
Anlage (Bezeichnung/Ort): .....

283€ 351€ **404€** 464€ 525€ [m³] ⏱ 3,80 h/m³ 384.001.111

20 Geschossdecke abbrechen, Stb-Hohldielen 25cm, inkl. Transport und Entsorgung KG **394**

Geschossdecken aus Stahlbeton-Hohldielen, ohne Schadstoffbelastung, Zuordnung RC 1 (nach EBV), abbrechen. Leistung inkl. Transport und Entsorgungskosten. Die Entsorgung sämtlicher Abfälle hat unter Erfüllung der abfallrechtlichen Deklarations-, Nachweis- und Dokumentationspflicht zu erfolgen.
Deckendicke: bis 25 cm
Abbruchort: .....
Abfallschlüssel nach AVV: 170101 Beton, 170405 Eisen uns Stahl
Ausführung: mit Geräteeinsatz im Freien
Transportweg: bis ..... km
Anlage (Bezeichnung/Ort): .....

50€ 63€ **72€** 81€ 97€ [m²] ⏱ 3,80 h/m² 384.001.112

Nr.	Kurztext / Langtext						Kostengruppe
▶	▷	ø netto €	◁	◀	[Einheit]	Ausf.-Dauer	Positionsnummer

21 Stahlbetontreppe abbrechen, bis 1,50m, inkl. Transport und Entsorgung KG **394**

Stahlbetontreppen, eingeschossig, ohne Schadstoffbelastung, Zuordnung RC 1 (nach EBV), abbrechen. Leistung inkl. Transport und Entsorgungskosten. Die Entsorgung sämtlicher Abfälle hat unter Erfüllung der abfallrechtlichen Deklarations-, Nachweis- und Dokumentationspflicht zu erfolgen.
Stufenanzahl: 14St
Steigungsverhältnis: 27/18cm
Laufbreite: bis 1,50m
Abbruchort: .....
Abfallschlüssel nach AVV: 170101 Beton, 170405 Eisen uns Stahl
Ausführung: mit Geräteeinsatz im Freien
Transportweg: bis .....km
Anlage (Bezeichnung/Ort): .....

Kosten:
Stand 2. Quartal 2026
Bundesdurchschnitt

▶	▷	ø	◁	◀	Einheit	Ausf.-Dauer	Positionsnummer
728€	880€	**1.011€**	1.133€	1.224€	[St]	⏱ 12,00h/St	384.001.114

22 Natursteinbelag abbrechen, Mörtelbett, inkl. Transport und Entsorgung KG **394**

Plattenbelag aus Naturwerkstein in Mörtelbett, ohne Schadstoffbelastung, Zuordnung RC 1 (nach EBV), abbrechen. Leistung inkl. Transport und Entsorgungskosten. Die Entsorgung sämtlicher Abfälle hat unter Erfüllung der abfallrechtlichen Deklarations-, Nachweis- und Dokumentationspflicht zu erfolgen. Konstruktionsdicke: ca. 6cm
Abfallschlüssel nach AVV: 170107 Gemische aus Beton, Ziegel, Fliesen und Keramik
Ausführung: mit Geräteeinsatz **im Freien / im Gebäude**
Transportweg: bis .....km
Anlage (Bezeichnung/Ort): .....

▶	▷	ø	◁	◀	Einheit	Ausf.-Dauer	Positionsnummer
14€	21€	**26€**	31€	52€	[m²]	⏱ 0,20h/m²	384.001.115

23 Natursteinbekleidung abbrechen, außen, inkl. Transport und Entsorgung KG **394**

Fassadenbekleidung aus Natursteinplatten, ohne Schadstoffbelastung, Zuordnung RC 1 (nach EBV), abbrechen. Leistung inkl. Transport und Entsorgungskosten. Die Entsorgung sämtlicher Abfälle hat unter Erfüllung der abfallrechtlichen Deklarations-, Nachweis- und Dokumentationspflicht zu erfolgen.
Bekleidung: .....
Plattendicke: bis 50mm
Befestigung: .....
Abfallschlüssel nach AVV: 170107 Gemische aus Beton, Ziegel, Fliesen und Keramik
Ausführung: mit Geräteeinsatz im Freien, in allen Geschossen
Transportweg: bis .....km
Anlage (Bezeichnung/Ort): .....

▶	▷	ø	◁	◀	Einheit	Ausf.-Dauer	Positionsnummer
44€	51€	**63€**	75€	83€	[m²]	⏱ 0,70h/m²	384.001.119

▶ min
▷ von
ø Mittel
◁ bis
◀ max

24 **Fensterbank abbrechen, Naturstein, außen, inkl. Transport und Entsorgung** KG **394**

Fensterbank aus Naturwerkstein im Außenbereich, ohne Schadstoffbelastung, Zuordnung RC 1 (nach EBV), abbrechen. Leistung inkl. Transport und Entsorgungskosten. Die Entsorgung sämtlicher Abfälle hat unter Erfüllung der abfallrechtlichen Deklarations-, Nachweis- und Dokumentationspflicht zu erfolgen.
Material: .....
Dicke: 3cm
Breite: bis 30cm
Länge: ..... m
Abfallschlüssel nach AVV: 170107 Gemische aus Beton, Ziegel, Fliesen und Keramik
Ausführung: mit Geräteeinsatz im Freien
Transportweg: bis ..... km
Anlage (Bezeichnung/Ort): .....

▶	▷	ø netto €	◁	◀	[Einheit]	Ausf.-Dauer	Positionsnummer
19€	24€	**26€**	32€	34€	[m]	⏱ 0,25h/m	384.001.120

25 **Fensterbank abbrechen, Naturstein, innen, inkl. Transport und Entsorgung** KG **394**

Fensterbank aus Naturwerkstein im Innenbereich, ohne Schadstoffbelastung, Zuordnung RC 1 (nach EBV), abbrechen. Leistung inkl. Transport und Entsorgungskosten. Die Entsorgung sämtlicher Abfälle hat unter Erfüllung der abfallrechtlichen Deklarations-, Nachweis- und Dokumentationspflicht zu erfolgen.
Material: .....
Dicke: ..... cm
Breite: ..... cm
Länge: ..... m
Abfallschlüssel nach AVV: 170107 Gemische aus Beton, Ziegel, Fliesen und Keramik
Ausführung: mit Geräteeinsatz in allen Geschossen
Transportweg: bis ..... km
Anlage (Bezeichnung/Ort): .....

▶	▷	ø netto €	◁	◀	[Einheit]	Ausf.-Dauer	Positionsnummer
16€	20€	**24€**	28€	55€	[St]	⏱ 0,30h/St	384.001.121

26 **Betonwerksteinplattenbelag aufnehmen, inkl. Transport und Entsorgung** KG **394**

Betonwerksteinplattenbelag auf Sand oder Splitt, ohne Schadstoffbelastung, Zuordnung RC 1 (nach EBV), abbrechen. Leistung inkl. Transport und Entsorgungskosten. Die Entsorgung sämtlicher Abfälle hat unter Erfüllung der abfallrechtlichen Deklarations-, Nachweis- und Dokumentationspflicht zu erfolgen. Plattengröße: bis 50 x 50 x 5cm
Abfallschlüssel nach AVV: 170101 Beton
Ausführung: mit Geräteeinsatz im Freien
Transportweg: bis ..... km
Anlage (Bezeichnung/Ort): .....

▶	▷	ø netto €	◁	◀	[Einheit]	Ausf.-Dauer	Positionsnummer
18€	22€	**26€**	32€	33€	[m²]	⏱ 0,25h/m²	384.001.122

27 **Fensterbank abbrechen, Betonwerkstein, innen, inkl. Transport und Entsorgung** KG **394**

Fensterbank aus Betonwerkstein im Innenbereich, ohne Schadstoffbelastung, Zuordnung RC 1 (nach EBV), abbrechen. Leistung inkl. Transport und Entsorgungskosten. Die Entsorgung sämtlicher Abfälle hat unter Erfüllung der abfallrechtlichen Deklarations-, Nachweis- und Dokumentationspflicht zu erfolgen.
Abfallschlüssel nach AVV: 170107 Gemische aus Beton, Ziegel, Fliesen und Keramik
Ausführung: mit Geräteeinsatz in allen Geschossen
Transportweg: bis ..... km
Anlage (Bezeichnung/Ort): .....

▶	▷	ø netto €	◁	◀	[Einheit]	Ausf.-Dauer	Positionsnummer
18€	22€	**27€**	33€	35€	[m]	⏱ 0,20h/m	384.001.126

Nr.	Kurztext / Langtext						Kostengruppe
▶	▷	ø netto €	◁	◀	[Einheit]	Ausf.-Dauer	Positionsnummer

28 Betonwerksteinbelag abbrechen, inkl. Transport und Entsorgung KG **394**

Bodenbelag aus Betonwerksteinplatten mit Mörtelbett, einschl. Estrich bis auf Rohdecke, ohne Schadstoffbelastung, Zuordnung RC 1 (nach EBV), abbrechen. Leistung inkl. Transport und Entsorgungskosten. Die Entsorgung sämtlicher Abfälle hat unter Erfüllung der abfallrechtlichen Deklarations-, Nachweis- und Dokumentationspflicht zu erfolgen.
Konstruktionsdicke: bis 12 cm
Ausbauort: .....
Abfallschlüssel nach AVV: 170107 Gemische aus Beton, Ziegel, Fliesen und Keramik
Ausführung: mit Geräteeinsatz **im Freien / im Gebäude**
Transportweg: bis ..... km
Anlage (Bezeichnung/Ort): .....

13€ | 22€ | **27€** | 32€ | 34€ | [m²] | ⏱ 0,30 h/m² | 384.001.125

Kosten:
Stand 2. Quartal 2026
Bundesdurchschnitt

29 Gehwegplatten abbrechen, Betonwerkstein, inkl. Transport und Entsorgung KG **394**

Gehwegbelag aus Betonwerksteinen in unterschiedlicher Größe mit Einfassungen, ohne Schadstoffbelastung, Zuordnung RC 1 (nach EBV), abbrechen. Leistung inkl. Transport und Entsorgungskosten. Die Entsorgung sämtlicher Abfälle hat unter Erfüllung der abfallrechtlichen Deklarations-, Nachweis- und Dokumentationspflicht zu erfolgen.
Plattengröße: .....
Abfallschlüssel nach AVV: 170101 Beton
Ausführung: mit Geräteeinsatz im Freien
Transportweg: bis ..... km
Anlage (Bezeichnung/Ort): .....

12€ | 15€ | **17€** | 21€ | 29€ | [m²] | ⏱ 0,12 h/m² | 384.001.127

30 Innenwandbekleidung entfernen, Holz, inkl. Transport und Entsorgung KG **394**

Wandbekleidung aus Holz einschl. der Befestigungshölzer, im Innenbereich, ohne Schadstoffbelastung, abbrechen. Leistung inkl. Transport und Entsorgungskosten. Die Entsorgung sämtlicher Abfälle hat unter Erfüllung der abfallrechtlichen Deklarations-, Nachweis- und Dokumentationspflicht zu erfolgen.
Bekleidung: .....
Ausbauort: .....
Altholzkategorie A II
Abfallschlüssel nach AVV: 170201 Holz
Ausführung: in allen Geschossen
Transportweg: bis ..... km
Anlage (Bezeichnung/Ort): .....

9€ | 12€ | **15€** | 18€ | 29€ | [m²] | ⏱ 0,18 h/m² | 384.001.128

▶ min
▷ von
ø Mittel
◁ bis
◀ max

31 Deckenbekleidung entfernen, Holz, inkl. Transport und Entsorgung KG **394**

Deckenbekleidung aus Holz und Holzwerkstoff einschl. Unterkonstruktion, ohne Schadstoffbelastung, abbrechen. Leistung inkl. Transport und Entsorgungskosten. Die Entsorgung sämtlicher Abfälle hat unter Erfüllung der abfallrechtlichen Deklarations-, Nachweis- und Dokumentationspflicht zu erfolgen.
Ausbauort: .....
Altholzkategorie A II
Abfallschlüssel nach AVV: 170201 Holz
Ausführung: in allen Geschossen
Transportweg: bis ..... km
Anlage (Bezeichnung/Ort): .....

16€ | 22€ | **28€** | 33€ | 44€ | [m²] | ⏱ 0,30 h/m² | 384.001.129

32 Außenwandbekleidung entfernen, Holz, inkl. Transport und Entsorgung KG **394**

Wandbekleidung auf Außenwand aus Holz einschl. Unterkonstruktion, gefährlicher Abfall, abbrechen. Leistung inkl. Transport und Entsorgungskosten. Die Entsorgung sämtlicher Abfälle hat unter Erfüllung der abfallrechtlichen Deklarations-, Nachweis- und Dokumentationspflicht zu erfolgen.
Bekleidung: .....
Altholzkategorie A IV
Abfallschlüssel nach AVV: 170204
Ausführung: im Freien, in allen Geschossen
Transportweg: bis ..... km
Anlage (Bezeichnung/Ort): .....

16€	20€	**24€**	29€	32€	[m²]	⏱ 0,25h/m²	384.001.130

33 Wanddämmung entfernen, MW, inkl. Transport und Entsorgung KG **394**

Wärmedämmung aus Mineralwolleplatten mit künstlichen Mineralfasern (KMF), ohne gefährlichen Faseranteil, an Außenwand entfernen. Die Mineralwolle in Plastiksäcken sammeln und lagern. Leistung inkl. Transport und Entsorgungskosten. Die Entsorgung sämtlicher Abfälle hat unter Erfüllung der abfallrechtlichen Deklarations-, Nachweis- und Dokumentationspflicht zu erfolgen.
Einbauart: .....
Dämmung: Mineralwolle
Abfallschlüssel nach AVV: 170604 Dämmstoff
Dämmdicke: .....
Ausführung: im Freien, in allen Geschossen
Transportweg: bis ..... km
Anlage (Bezeichnung/Ort): .....

6€	10€	**13€**	15€	18€	[m²]	⏱ 0,10h/m²	384.001.131

34 Dachdämmung entfernen, KMF, inkl. Transport und Entsorgung KG **394**

Dämmung aus Mineralwolleplatten mit künstlichen Mineralfasern (KMF), ohne gefährlichen Faseranteil, zwischen Sparren entfernen. Die Mineralwolle in Plastiksäcken sammeln und lagern. Leistung inkl. Transport und Entsorgungskosten. Die Entsorgung sämtlicher Abfälle hat unter Erfüllung der abfallrechtlichen Deklarations-, Nachweis- und Dokumentationspflicht zu erfolgen.
Dämmmaterial: Mineralwolle
Abfallschlüssel nach AVV: 170604 Dämmstoff
Dämmdicke: bis 100 mm
Ausführung: im Freien
Transportweg: bis ..... km
Anlage (Bezeichnung/Ort): .....

6€	10€	**13€**	16€	21€	[m²]	⏱ 0,15h/m²	384.001.132

Nr.	Kurztext / Langtext						Kostengruppe
▶	▷	ø netto €	◁	◀	[Einheit]	Ausf.-Dauer	Positionsnummer

35 Lattentrennwand abbrechen, inkl. Transport und Entsorgung KG **394**

Lattentrennwand aus Holz in Keller und Speicher, ohne Schadstoffbelastung, abbrechen. Leistung inkl. Transport und Entsorgungskosten. Die Entsorgung sämtlicher Abfälle hat unter Erfüllung der abfallrechtlichen Deklarations-, Nachweis- und Dokumentationspflicht zu erfolgen.
Ausbauort: .....
Altholzkategorie: A I
Abfallschlüssel nach AVV: 170201 Holz
Ausführung: in allen Geschossen
Transportweg: bis ..... km
Anlage (Bezeichnung/Ort): .....

▶	▷	ø	◁	◀	Einheit	Ausf.-Dauer	Positionsnummer
9€	15€	**19€**	23€	35€	[m2]	⏱ 0,20h/m2	384.001.134

Kosten:
Stand 2. Quartal 2026
Bundesdurchschnitt

36 Holzständerwand abbrechen, inkl. Transport und Entsorgung KG **394**

Holzständerwand ohne Beplankung, ohne Schadstoffbelastung, abbrechen. Leistung inkl. Transport und Entsorgungskosten. Die Entsorgung sämtlicher Abfälle hat unter Erfüllung der abfallrechtlichen Deklarations-, Nachweis- und Dokumentationspflicht zu erfolgen.
Ausbauort: .....
Wanddicke: .....
Altholzkategorie: A I
Abfallschlüssel nach AVV: 170201 Holz
Ausführung: in allen Geschossen
Transportweg: bis ..... km
Anlage (Bezeichnung/Ort): .....

▶	▷	ø	◁	◀	Einheit	Ausf.-Dauer	Positionsnummer
21€	24€	**30€**	36€	40€	[m2]	⏱ 0,38h/m2	384.001.135

37 Holztreppe abbrechen, inkl. Transport und Entsorgung KG **394**

Holztreppe inkl. der Geländer und Handläufe, ohne Schadstoffbelastung, abbrechen. Leistung inkl. Transport und Entsorgungskosten. Die Entsorgung sämtlicher Abfälle hat unter Erfüllung der abfallrechtlichen Deklarations-, Nachweis- und Dokumentationspflicht zu erfolgen.
Geschosshöhe: bis 3,00m
Laufbreite: bis 1,20m
Steigung: .....
Treppenlänge: .....
Altholzkategorie: A II
Abfallschlüssel nach AVV: 170201 Holz
Ausführung: in allen Geschossen
Transportweg: bis ..... km
Anlage (Bezeichnung/Ort): .....

▶	▷	ø	◁	◀	Einheit	Ausf.-Dauer	Positionsnummer
154€	204€	**254€**	305€	495€	[St]	⏱ 3,30h/St	384.001.136

▶ min
▷ von
ø Mittel
◁ bis
◀ max

Nr.	**Kurztext** / Langtext						Kostengruppe
►	▷	**ø netto €**	◁	◄	[Einheit]	Ausf.-Dauer	Positionsnummer

38 Holzleiter abbrechen, inkl. Transport und Entsorgung KG **394**

Holzleiter im Dachraum, ohne Schadstoffbelastung, abbrechen. Leistung inkl. Transport und Entsorgungskosten. Die Entsorgung sämtlicher Abfälle hat unter Erfüllung der abfallrechtlichen Deklarations-, Nachweis- und Dokumentationspflicht zu erfolgen.
Bauart: .....
Befestigung: .....
Länge: .....
Altholzkategorie: A II
Abfallschlüssel nach AVV: 170201 Holz
Ausführung: in allen Geschossen
Transportweg: bis ..... km
Anlage (Bezeichnung/Ort): .....

►	▷	ø netto €	◁	◄	[Einheit]	Ausf.-Dauer	Positionsnummer
11€	13€	**16€**	20€	23€	[St]	⏱ 0,15h/St	384.001.139

39 Holzhandlauf entfernen, inkl. Transport und Entsorgung KG **394**

Handlauf aus Holz, inkl. Halterung und Befestigung, ohne Schadstoffbelastung, abbrechen. Leistung inkl. Transport und Entsorgungskosten. Die Entsorgung sämtlicher Abfälle hat unter Erfüllung der abfallrechtlichen Deklarations-, Nachweis- und Dokumentationspflicht zu erfolgen.
Befestigung: .....
Altholzkategorie: A II
Abfallschlüssel nach AVV: 170201 Holz
Ausführung: in allen Geschossen
Transportweg: bis ..... km
Anlage (Bezeichnung/Ort): .....

►	▷	ø netto €	◁	◄	[Einheit]	Ausf.-Dauer	Positionsnummer
9€	11€	**14€**	17€	19€	[m]	⏱ 0,18h/m	384.001.140

40 Holzfußboden entfernen, Bodenbretter, inkl. Transport und Entsorgung KG **394**

Fußbodenbretter als Dielen mit Sockelleisten, ohne Schadstoffbelastung, abbrechen. Leistung inkl. Transport und Entsorgungskosten. Die Entsorgung sämtlicher Abfälle hat unter Erfüllung der abfallrechtlichen Deklarations-, Nachweis- und Dokumentationspflicht zu erfolgen.
Ausbauort: .....
Belagsdicke: .....
Altholzkategorie: A II
Abfallschlüssel nach AVV: 170201 Holz
Ausführung: in allen Geschossen
Transportweg: bis ..... km
Anlage (Bezeichnung/Ort): .....

►	▷	ø netto €	◁	◄	[Einheit]	Ausf.-Dauer	Positionsnummer
9€	12€	**14€**	17€	30€	[m²]	⏱ 0,18h/m²	384.001.141

Nr.	Kurztext / Langtext						Kostengruppe
▶	▷	ø netto €	◁	◀	[Einheit]	Ausf.-Dauer	Positionsnummer

41 **Holzfußboden entfernen, Bretter/Lagerhölzer, inkl. Transport und Entsorgung** KG **394**

Fußbodenbretter auf Lagerhölzer inkl. Sockelleisten, ohne Schadstoffbelastung, abbrechen. Leistung inkl. Transport und Entsorgungskosten. Die Entsorgung sämtlicher Abfälle hat unter Erfüllung der abfallrechtlichen Deklarations-, Nachweis- und Dokumentationspflicht zu erfolgen.
Ausbauort: .....
Belagsdicke: .....
Befestigungsart: .....
Altholzkategorie: A II
Abfallschlüssel nach AVV: 170201 Holz
Ausführung: in allen Geschossen
Transportweg: bis ..... km
Anlage (Bezeichnung/Ort): .....

▶	▷	ø	◁	◀	Einheit	Ausf.-Dauer	Positionsnummer
11€	14€	**17€**	21€	35€	[m²]	⏱ 0,22 h/m²	384.001.142

Kosten:
Stand 2. Quartal 2026
Bundesdurchschnitt

42 **Spanplattenboden abbrechen, inkl. Transport und Entsorgung** KG **394**

Spanplattenboden einschl. Unterkonstruktion, ohne Schadstoffbelastung, abbrechen. Leistung inkl. Transport und Entsorgungskosten. Die Entsorgung sämtlicher Abfälle hat unter Erfüllung der abfallrechtlichen Deklarations-, Nachweis- und Dokumentationspflicht zu erfolgen.
Ausbauort: .....
Plattenboden: bis 25 mm
Unterkonstruktion: .....
Altholzkategorie: A II
Abfallschlüssel nach AVV: 170201 Holz
Ausführung: in allen Geschossen
Transportweg: bis ..... km
Anlage (Bezeichnung/Ort): .....

▶	▷	ø	◁	◀	Einheit	Ausf.-Dauer	Positionsnummer
15€	22€	**28€**	33€	45€	[m²]	⏱ 0,30 h/m²	384.001.143

43 **Schüttung entfernen, Lagerhölzer, inkl. Transport und Entsorgung** KG **394**

Schüttung aus gebrochenem Mineralstoff zwischen Lagerhölzern, ohne Schadstoffbelastung, entfernen. Zuordnung gemäß Ersatzbaustoffverordnung 2023, gemischter Bauschutt Klasse RC-1 nach EBV 2023. Leistung inkl. Transport und Entsorgungskosten. Die Entsorgung sämtlicher Abfälle hat unter Erfüllung der abfallrechtlichen Deklarations-, Nachweis- und Dokumentationspflicht zu erfolgen.
Ausbauort: .....
Schütthöhe: bis 7 cm
Abfallschlüssel nach AVV: 170107 Gemische aus Beton, Ziegel, Fliesen und Keramik
Ausführung: in allen Geschossen
Transportweg: bis ..... km
Anlage (Bezeichnung/Ort): .....

▶	▷	ø	◁	◀	Einheit	Ausf.-Dauer	Positionsnummer
11€	12€	**16€**	19€	30€	[m²]	⏱ 0,10 h/m²	384.001.144

▶ min
▷ von
ø Mittel
◁ bis
◀ max

Nr.	Kurztext / Langtext						Kostengruppe
▶	▷	ø netto €	◁	◀	[Einheit]	Ausf.-Dauer	Positionsnummer

44 **Schüttung entfernen, Holzbalkendecke, inkl. Transport und Entsorgung** KG **394**

Schüttung aus gebrochenem Mineralstoff in Holzbalkendecke, ohne Schadstoffbelastung, entfernen. Zuordnung gemäß Ersatzbaustoffverordnung 2023, gemischter Bauschutt Klasse RC-1 nach EBV 2023. Leistung inkl. Transport und Entsorgungskosten. Die Entsorgung sämtlicher Abfälle hat unter Erfüllung der abfallrechtlichen Deklarations-, Nachweis- und Dokumentationspflicht zu erfolgen.
Ausbauort: .....
Schütthöhe: bis 15cm
Abfallschlüssel nach AVV: 170107 Gemische aus Beton, Ziegel, Fliesen und Keramik
Ausführung: in allen Geschossen
Transportweg: bis ..... km
Anlage (Bezeichnung/Ort): .....

12€	22€	**28€**	33€	41€	[m2]	⏱ 0,35h/m2	384.001.145

45 **Fehlboden entfernen, Holz, inkl. Transport und Entsorgung** KG **394**

Fehlboden aus Holz, ohne Schadstoffbelastung, entfernen. Leistung inkl. Transport und Entsorgungskosten. Die Entsorgung sämtlicher Abfälle hat unter Erfüllung der abfallrechtlichen Deklarations-, Nachweis- und Dokumentationspflicht zu erfolgen.
Ausbauort: .....
Belagsdicke: .....
Balkenabstand: .....
Altholzkategorie: A II
Abfallschlüssel nach AVV: 170201 Holz
Ausführung: in allen Geschossen
Transportweg: bis ..... km
Anlage (Bezeichnung/Ort): .....

10€	15€	**18€**	22€	32€	[m2]	⏱ 0,22h/m2	384.001.146

46 **Deckenbalken abbrechen, Holz. inkl. Transport und Entsorgung** KG **394**

Deckenbalken, ohne Schadstoffbelastung, mit notwendigen Abstützmaßnahmen ausbauen. Leistung inkl. Transport und Entsorgungskosten. Die Entsorgung sämtlicher Abfälle hat unter Erfüllung der abfallrechtlichen Deklarations-, Nachweis- und Dokumentationspflicht zu erfolgen.
Ausbauort: .....
Abmessungen:
Altholzkategorie: A IV
Abfallschlüssel nach AVV: 170204* Altholz
Ausführung: in allen Geschossen
Transportweg: bis ..... km
Anlage (Bezeichnung/Ort): .....

9€	13€	**16€**	20€	28€	[m]	⏱ 0,15h/m	384.001.147

Nr.	Kurztext / Langtext						Kostengruppe
▶	▷	ø netto €	◁	◀	[Einheit]	Ausf.-Dauer	Positionsnummer

47 **Holzbalkendecke abbrechen, inkl. Transport und Entsorgung** KG **394**

Holzbalkendecke, ohne Schadstoffbelastung, in allen Teilen unter Berücksichtigung der Sicherungsmaßnahmen ausbauen. Leistung inkl. Transport und Entsorgungskosten. Die Entsorgung sämtlicher Abfälle hat unter Erfüllung der abfallrechtlichen Deklarations-, Nachweis- und Dokumentationspflicht zu erfolgen.
Ausbauort: .....
Balkenquerschnitt: .....
Balkenabstand: .....
Deckenaufbau: .....
Deckendicke: .....
Altholzkategorie: A IV
Abfallschlüssel nach AVV: 170204* Altholz
Ausführung: in allen Geschossen
Transportweg: bis ..... km
Anlage (Bezeichnung/Ort): .....

44€ 82€ **103€** 123€ 133€ [m²] ⏱ 0,90 h/m² 384.001.149

Kosten:
Stand 2. Quartal 2026
Bundesdurchschnitt

48 **Dachstuhlhölzer abbrechen, inkl. Transport und Entsorgung** KG **394**

Dachstuhlhölzer, mit Holzschutzmittel, Abfall schadstoffbelastet und gefährlich, unter Berücksichtigung der Sicherungsmaßnahmen ausbauen. Leistung inkl. Transport und Entsorgungskosten. Die Entsorgung sämtlicher Abfälle hat unter Erfüllung der abfallrechtlichen Deklarations-, Nachweis- und Dokumentationspflicht zu erfolgen. Aufgrund der Holzschutzmittel ist Elektronisches Abfall-Nachweisverfahren (eANV) verpflichtend.
Bauteil: .....
Firsthöhe: .....
Dachform: .....
Dachneigung: .....
Altholzkategorie: A IV
Abfallschlüssel nach AVV: 170204* Altholz
Transportweg: bis ..... km
Anlage (Bezeichnung/Ort): .....

10€ 18€ **23€** 27€ 35€ [m] ⏱ 0,50 h/m 384.001.150

49 **Bodenabdichtung entfernen, Bitumen, einlagig,inkl. Transport und Entsorgung** KG **394**

Bodenabdichtung mit Bitumenbahnen, einlagig, ohne Schadstoffbelastung, entfernen. Leistung inkl. Transport und Entsorgungskosten. Die Entsorgung sämtlicher Abfälle hat unter Erfüllung der abfallrechtlichen Deklarations-, Nachweis- und Dokumentationspflicht zu erfolgen.
Untergrund: .....
Abfallschlüssel nach AVV: 170302 Bitumengemische
Ausführung: in allen Geschossen
Transportweg: bis ..... km
Anlage (Bezeichnung/Ort): .....

23€ 26€ **31€** 38€ 40€ [m²] ⏱ 0,10 h/m² 384.001.151

▶ min
▷ von
ø Mittel
◁ bis
◀ max

Nr.	**Kurztext** / Langtext						Kostengruppe
▶	▷	**ø netto €**	◁	◀	[Einheit]	Ausf.-Dauer	Positionsnummer

50 Bodenabdichtung entfernen, Bitumen, zweilagig, inkl. Transport und Entsorgung KG **394**

Bodenabdichtung mit Bitumenbahnen, zweilagig, ohne Schadstoffbelastung, entfernen. Leistung inkl. Transport und Entsorgungskosten. Die Entsorgung sämtlicher Abfälle hat unter Erfüllung der abfallrechtlichen Deklarations-, Nachweis- und Dokumentationspflicht zu erfolgen.
Untergrund: .....
Abfallschlüssel nach AVV: 170302 Bitumengemische
Ausführung: in allen Geschossen
Transportweg: bis ..... km
Anlage (Bezeichnung/Ort): .....

26€ 29€ **35€** 43€ 47€ [m²] ⏱ 0,15h/m² 384.001.152

51 Bitumenbeschichtung entfernen, Wand, inkl. Transport und Entsorgung KG **394**

Bitumenbeschichtung auf erdberührte Wandflächen, ohne Schadstoffbelastung, entfernen. Leistung inkl. Transport und Entsorgungskosten. Die Entsorgung sämtlicher Abfälle hat unter Erfüllung der abfallrechtlichen Deklarations-, Nachweis- und Dokumentationspflicht zu erfolgen.
Beschichtungsart: .....
Abfallschlüssel nach AVV: 170302 Bitumengemische
Ausführung: in allen Geschossen
Transportweg: bis ..... km
Anlage (Bezeichnung/Ort): .....

14€ 20€ **25€** 30€ 35€ [m²] ⏱ 0,20h/m² 384.001.153

52 Bitumenbahnen entfernen, Wand, inkl. Transport und Entsorgung KG **394**

Bitumenbahnenabdichtung auf erdberührte Wandflächen, ohne Schadstoffbelastung, entfernen. Leistung inkl. Transport und Entsorgungskosten. Die Entsorgung sämtlicher Abfälle hat unter Erfüllung der abfallrechtlichen Deklarations-, Nachweis- und Dokumentationspflicht zu erfolgen.
Bitumenbahn: .....
Abfallschlüssel nach AVV: 170302 Bitumengemische
Ausführung: in allen Geschossen
Transportweg: bis ..... km
Anlage (Bezeichnung/Ort): .....

24€ 30€ **38€** 43€ 48€ [m²] ⏱ 0,20h/m² 384.001.154

53 Schutzbahn entfernen, Wand, inkl. Transport und Entsorgung KG **394**

Schutzbahn aus Kunststoff auf den erdberührenden Wandflächen, ohne Schadstoffbelastung, entfernen. Leistung inkl. Transport und Entsorgungskosten. Die Entsorgung sämtlicher Abfälle hat unter Erfüllung der abfallrechtlichen Deklarations-, Nachweis- und Dokumentationspflicht zu erfolgen.
Schutzbahn: .....
Abfallschlüssel nach AVV: **170904 gemischte Bau- und Abbruchabfälle / 170203 Kunststoff**
Transportweg: bis ..... km
Anlage (Bezeichnung/Ort): .....

17€ 19€ **23€** 27€ 29€ [m²] ⏱ 0,18h/m² 384.001.155

Nr.	Kurztext / Langtext						Kostengruppe
►	▷	ø netto €	◁	◄	[Einheit]	Ausf.-Dauer	Positionsnummer

54 Dachdeckung entfernen, inkl. Transport und Entsorgung KG **394**

Dachbelag mit Ziegel- oder Betonsteindeckung, ohne Schadstoffbelastung, Zuordnung RC 1 (nach EBV), abbrechen. Leistung inkl. Transport und Entsorgungskosten. Die Entsorgung sämtlicher Abfälle hat unter Erfüllung der abfallrechtlichen Deklarations-, Nachweis- und Dokumentationspflicht zu erfolgen.
Dachdeckung: .....
Dachneigung: .....
Material: .....
Deckungsart: .....
Abfallschlüssel nach AVV: **170101 Beton / 170102 Ziegel**
Transportweg: bis ..... km
Anlage (Bezeichnung/Ort): .....

11€ 14€ **16€** 19€ 22€ [m²] ⏱ 0,12 h/m² 384.001.156

Kosten:
Stand 2. Quartal 2026
Bundesdurchschnitt

55 Faserzement-Wellplattendeckung entfernen, inkl. Transport und Entsorgung KG **394**

Dachdeckung aus Faserzementwellplatten, nicht asbesthaltig, abbrechen. Leistung inkl. Transport und Entsorgungskosten. Die Entsorgung sämtlicher Abfälle hat unter Erfüllung der abfallrechtlichen Deklarations-, Nachweis- und Dokumentationspflicht zu erfolgen.
Plattenart: .....
Unterkonstruktion: .....
Dachneigung: .....
Abfallschlüssel nach AVV: 170101 Beton
Transportweg: bis ..... km
Anlage (Bezeichnung/Ort): .....

10€ 13€ **14€** 17€ 26€ [m²] ⏱ 0,20 h/m² 384.001.159

56 Formziegel entfernen, gemörtelt, inkl. Transport und Entsorgung KG **394**

First- und Grateindeckung mit eingemörtelten Formziegeln, ohne Schadstoffbelastung, entfernen. Leistung inkl. Transport und Entsorgungskosten. Die Entsorgung sämtlicher Abfälle hat unter Erfüllung der abfallrechtlichen Deklarations-, Nachweis- und Dokumentationspflicht zu erfolgen.
Ziegelformat: .....
Material: .....
Abfallschlüssel nach AVV: 170102 Ziegel
Transportweg: bis ..... km
Anlage (Bezeichnung/Ort): .....

4€ 8€ **10€** 12€ 19€ [m] ⏱ 0,12 h/m 384.001.160

► min
▷ von
ø Mittel
◁ bis
◄ max

57 Dachlattung entfernen, inkl. Transport und Entsorgung KG **394**

Dachlattung, mit Holzschutzmitteln, Abfall schadstoffbelastet und gefährlich, entfernen. Leistung inkl. Transport und Entsorgungskosten. Die Entsorgung sämtlicher Abfälle hat unter Erfüllung der abfallrechtlichen Deklarations-, Nachweis- und Dokumentationspflicht zu erfolgen. Aufgrund der Holzschutzmittel ist Elektronisches Abfall-Nachweisverfahren (eANV) verpflichtend.
Lattenweite: 320-340 mm
Lattenquerschnitt: .....
Altholzkategorie: A IV, Schadstoff Holzschutzmittel
Abfallschlüssel nach AVV: 170204 Altholz
Transportweg: bis ..... km
Anlage (Bezeichnung/Ort): .....

2€ 4€ **4€** 5€ 5€ [m²] ⏱ 0,06 h/m² 384.001.161

58 Bitumendachbahn entfernen, einlagig, inkl. Transport und Entsorgung KG **394**

Einlagige Bitumendachbahn auf Holzschalung, ohne Schadstoffbelastung, entfernen. Leistung inkl. Transport und Entsorgungskosten. Die Entsorgung sämtlicher Abfälle hat unter Erfüllung der abfallrechtlichen Deklarations-, Nachweis- und Dokumentationspflicht zu erfolgen.
Bitumenbahn: .....
Abfallschlüssel nach AVV: 170302 Bitumengemische
Transportweg: bis ..... km
Anlage (Bezeichnung/Ort): .....

6€	11€	**14€**	16€	26€	[m2]	⏱ 0,20 h/m2	384.001.162

59 Bitumendachbahn entfernen, zweilagig, inkl. Transport und Entsorgung KG **394**

Zweilagige Bitumendachbahn auf Holzschalung, ohne Schadstoffbelastung, entfernen. Leistung inkl. Transport und Entsorgungskosten. Die Entsorgung sämtlicher Abfälle hat unter Erfüllung der abfallrechtlichen Deklarations-, Nachweis- und Dokumentationspflicht zu erfolgen.
Bitumenbahn: .....
Abfallschlüssel nach AVV: 170302 Bitumengemische
Transportweg: bis ..... km
Anlage (Bezeichnung/Ort): .....

6€	14€	**18€**	22€	29€	[m2]	⏱ 0,24 h/m2	384.001.163

60 Dachschalung entfernen, einlagig, inkl. Transport und Entsorgung KG **394**

Dachschalung, mit Holzschutzmittel, Abfall schadstoffbelastet und gefährlich, entfernen. Leistung inkl. Transport und Entsorgungskosten. Die Entsorgung sämtlicher Abfälle hat unter Erfüllung der abfallrechtlichen Deklarations-, Nachweis- und Dokumentationspflicht zu erfolgen. Aufgrund der Holzschutzmittel ist Elektronisches Abfall-Nachweisverfahren (eANV) verpflichtend.
Schalung: .....
Altholzkategorie: A IV
Abfallschlüssel nach AVV: 170204* Altholz
Transportweg: bis ..... km
Anlage (Bezeichnung/Ort): .....

11€	18€	**22€**	26€	37€	[m2]	⏱ 0,35 h/m2	384.001.164

61 Ortgangbrett entfernen, einlagig, inkl. Transport und Entsorgung KG **394**

Ortgangbrett, mit Holzschutzmittel, Abfall schadstoffbelastet und gefährlich, entfernen. Leistung inkl. Transport und Entsorgungskosten. Die Entsorgung sämtlicher Abfälle hat unter Erfüllung der abfallrechtlichen Deklarations-, Nachweis- und Dokumentationspflicht zu erfolgen. Aufgrund der Holzschutzmittel ist Elektronisches Abfall-Nachweisverfahren (eANV) verpflichtend.
Abmessung: .....
Befestigung: .....
Altholzkategorie: A IV
Abfallschlüssel nach AVV: 170204* Altholz
Transportweg: bis ..... km
Anlage (Bezeichnung/Ort): .....

6€	10€	**13€**	15€	18€	[m2]	⏱ 0,20 h/m2	384.001.165

Nr. **Kurztext** / Langtext Kostengruppe
▶ ▷ **ø netto €** ◁ ◀ [Einheit] Ausf.-Dauer Positionsnummer

62 Blechteile entfernen, einlagig, inkl. Transport und Entsorgung KG **394**

Blechteile an Dachdeckung, ohne Schadstoffbelastung, entfernen. Leistung inkl. Transport und Entsorgungskosten. Die Entsorgung sämtlicher Abfälle hat unter Erfüllung der abfallrechtlichen Deklarations-, Nachweis- und Dokumentationspflicht zu erfolgen.
Blechteil: .....
Material: .....
Zuschnitt: bis 600mm
Abfallschlüssel nach AVV: 1704.....
Transportweg: bis .....km
Anlage (Bezeichnung/Ort): .....

2€ 4€ **5€** 6€ 11€ [m] ⏱ 0,05h/m 384.001.166

Kosten:
Stand 2. Quartal 2026
Bundesdurchschnitt

63 Blitzableiter entfernen, einlagig, inkl. Transport und Entsorgung KG **394**

Blitzableiter inkl. Befestigungen, ohne Schadstoffbelastung, demontieren. Leistung inkl. Transport und Entsorgungskosten. Die Entsorgung sämtlicher Abfälle hat unter Erfüllung der abfallrechtlichen Deklarations-, Nachweis- und Dokumentationspflicht zu erfolgen.
Abfallschlüssel nach AVV: .....
Transportweg: bis .....km
Anlage (Bezeichnung/Ort): .....

– 2€ **2€** 3€ – [m] ⏱ 0,01h/m 384.001.168

64 Entlüftungsrohr entfernen, einlagig, inkl. Transport und Entsorgung KG **394**

Ent- oder Belüftungsrohr in Dachdeckung, ohne Schadstoffbelastung, entfernen. Leistung inkl. Transport und Entsorgungskosten. Die Entsorgung sämtlicher Abfälle hat unter Erfüllung der abfallrechtlichen Deklarations-, Nachweis- und Dokumentationspflicht zu erfolgen.
Art der Deckung: .....
Material: .....
Abfallschlüssel nach AVV: .....
Transportweg: bis .....km
Anlage (Bezeichnung/Ort): .....

2€ 10€ **13€** 15€ 31€ [St] ⏱ 0,25h/St 384.001.169

65 Laufrost entfernen, einlagig, inkl. Transport und Entsorgung KG **394**

Laufrost auf Dach einschl. Stützen, ohne Schadstoffbelastung, entfernen. Leistung inkl. Transport und Entsorgungskosten. Die Entsorgung sämtlicher Abfälle hat unter Erfüllung der abfallrechtlichen Deklarations-, Nachweis- und Dokumentationspflicht zu erfolgen.
Ausführung: .....
Größe (B x L): ..... x .....
Abfallschlüssel nach AVV: .....
Transportweg: bis .....km
Anlage (Bezeichnung/Ort): .....

3€ 6€ **8€** 9€ 14€ [m] ⏱ 0,15h/m 384.001.170

▶ min
▷ von
ø Mittel
◁ bis
◀ max

66 **Dachfenster ausbauen, einlagig, inkl. Transport und Entsorgung** KG **394**

Dachfenster einschl. Blechrahmen und Flügel, ohne Schadstoffbelastung, ausbauen. Leistung inkl. Transport und Entsorgungskosten. Die Entsorgung sämtlicher Abfälle hat unter Erfüllung der abfallrechtlichen Deklarations-, Nachweis- und Dokumentationspflicht zu erfolgen.
Größe (B x H): ..... x .....
Material: .....
Abfallschlüssel nach AVV: .....
Transportweg: bis ..... km
Anlage (Bezeichnung/Ort): .....
Hinweis: Nach Gewerbeabfallverordnung ist das Glas der Fenster separat von den Rahmen zu sammeln und zu entsorgen => Glas darf nicht zusammen in den Bauschutt!

40€ 78€ **97€** 117€ 131€ [St] ⏱ 0,95h/St 384.001.171

67 **Dachluke entfernen, einlagig, inkl. Transport und Entsorgung** KG **394**

Dachluke als Dachausstiegsfenster, ohne Schadstoffbelastung, ausbauen. Leistung inkl. Transport und Entsorgungskosten. Die Entsorgung sämtlicher Abfälle hat unter Erfüllung der abfallrechtlichen Deklarations-, Nachweis- und Dokumentationspflicht zu erfolgen.
Größe (B x H): ..... x .....
Material: .....
Abfallschlüssel nach AVV: .....
Transportweg: bis ..... km
Anlage (Bezeichnung/Ort): .....
Hinweis: Nach Gewerbeabfallverordnung ist das Glas der Fenster separat von den Rahmen zu sammeln und zu entsorgen => Glas darf nicht zusammen in den Bauschutt!

20€ 27€ **34€** 41€ 57€ [St] ⏱ 0,50h/St 384.001.172

68 **Unterspannbahn entfernen, einlagig, inkl. Transport und Entsorgung** KG **394**

Unterspannbahn, ohne Schadstoffbelastung, entfernen. Leistung inkl. Transport und Entsorgungskosten. Die Entsorgung sämtlicher Abfälle hat unter Erfüllung der abfallrechtlichen Deklarations-, Nachweis- und Dokumentationspflicht zu erfolgen.
Dachneigung: .....
Abfallschlüssel nach AVV: 170203 Bau- und Abbruchabfall, Kunststoff
Transportweg: bis ..... km
Anlage (Bezeichnung/Ort): .....

3€ 6€ **7€** 8€ 9€ [m²] ⏱ 0,07h/m² 384.001.173

69 **Dachrinne vorgehängt, entfernen, einlagig, inkl. Transport und Entsorgung** KG **394**

Vorgehängte Dachrinne einschl. Rinnenhaken, ohne Schadstoffbelastung, demontieren. Leistung inkl. Transport und Entsorgungskosten. Die Entsorgung sämtlicher Abfälle hat unter Erfüllung der abfallrechtlichen Deklarations-, Nachweis- und Dokumentationspflicht zu erfolgen.
Material: .....
Abfallschlüssel nach AVV: .....
Transportweg: bis ..... km
Anlage (Bezeichnung/Ort): .....

2€ 4€ **6€** 7€ 9€ [m] ⏱ 0,07h/m 384.001.174

Nr.	Kurztext / Langtext						Kostengruppe
▶	▷	**ø netto €**	◁	◀	[Einheit]	Ausf.-Dauer	Positionsnummer

70 Kastenrinne entfernen, einlagig, inkl. Transport und Entsorgung KG **394**

Innenliegende Kastenrinne einschl. Rinnenhaken, ohne Schadstoffbelastung, demontieren. Leistung inkl. Transport und Entsorgungskosten. Die Entsorgung sämtlicher Abfälle hat unter Erfüllung der abfallrechtlichen Deklarations-, Nachweis- und Dokumentationspflicht zu erfolgen.
Material: .....
Abfallschlüssel nach AVV: .....
Transportweg: bis .....km
Anlage (Bezeichnung/Ort): .....

4€	6€	**8€**	10€	13€	[m]	⏱ 0,07h/m	384.001.175

71 Schneefanggitter entfernen, einlagig, inkl. Transport und Entsorgung KG **394**

Schneefanggitter mit Befestigung, ohne Schadstoffbelastung, entfernen. Leistung inkl. Transport und Entsorgungskosten. Die Entsorgung sämtlicher Abfälle hat unter Erfüllung der abfallrechtlichen Deklarations-, Nachweis- und Dokumentationspflicht zu erfolgen.
Material: .....
Abfallschlüssel nach AVV: .....
Transportweg: bis .....km
Anlage (Bezeichnung/Ort): .....

4€	6€	**6€**	8€	14€	[m]	⏱ 0,05h/m	384.001.177

72 Fallrohr entfernen, einlagig, inkl. Transport und Entsorgung KG **394**

Fallrohr der Dachentwässerung mit Befestigung und Verbindungen, ohne Schadstoffbelastung, zu den Dachrinnen entfernen. Leistung inkl. Transport und Entsorgungskosten. Die Entsorgung sämtlicher Abfälle hat unter Erfüllung der abfallrechtlichen Deklarations-, Nachweis- und Dokumentationspflicht zu erfolgen.
Material: .....
Nennweite: bis DN100
Abfallschlüssel nach AVV: .....
Transportweg: bis .....km
Anlage (Bezeichnung/Ort): .....

2€	4€	**5€**	7€	9€	[m]	⏱ 0,06h/m	384.001.178

73 Standrohr entfernen, einlagig, inkl. Transport und Entsorgung KG **394**

Standrohr der Dachentwässerung, ohne Schadstoffbelastung, entfernen. Leistung inkl. Transport und Entsorgungskosten. Die Entsorgung sämtlicher Abfälle hat unter Erfüllung der abfallrechtlichen Deklarations-, Nachweis- und Dokumentationspflicht zu erfolgen.
Nennweite: bis DN100
Rohrlänge: .....
Material: .....
Abfallschlüssel nach AVV: .....
Transportweg: bis .....km
Anlage (Bezeichnung/Ort): .....

5€	12€	**15€**	18€	34€	[St]	⏱ 0,12h/St	384.001.179

Kosten:
Stand 2. Quartal 2026
Bundesdurchschnitt

▶ min
▷ von
ø Mittel
◁ bis
◀ max

74 Traufblech entfernen, einlagig, inkl. Transport und Entsorgung KG **394**

Traufblech, ohne Schadstoffbelastung, entfernen. Leistung inkl. Transport und Entsorgungskosten. Die Entsorgung sämtlicher Abfälle hat unter Erfüllung der abfallrechtlichen Deklarations-, Nachweis- und Dokumentationspflicht zu erfolgen.
Zuschnitt: bis 500 mm
Material: .....
Abfallschlüssel nach AVV: 1704.....
Transportweg: bis ..... km
Anlage (Bezeichnung/Ort): .....

3€	3€	**4€**	5€	9€	[m]	⏱ 0,05 h/m	384.001.180

75 Winkelkehle entfernen, einlagig, inkl. Transport und Entsorgung KG **394**

Winkelkehle aus Blech, ohne Schadstoffbelastung, entfernen. Leistung inkl. Transport und Entsorgungskosten. Die Entsorgung sämtlicher Abfälle hat unter Erfüllung der abfallrechtlichen Deklarations-, Nachweis- und Dokumentationspflicht zu erfolgen.
Zuschnitt: .....
Material: .....
Abfallschlüssel nach AVV: 1704.....
Transportweg: bis ..... km
Anlage (Bezeichnung/Ort): .....

3€	5€	**6€**	7€	11€	[m]	⏱ 0,06 h/m	384.001.181

76 Verwahrung entfernen, einlagig, inkl. Transport und Entsorgung KG **394**

Verwahrung aus Blech, ohne Schadstoffbelastung, entfernen. Leistung inkl. Transport und Entsorgungskosten. Die Entsorgung sämtlicher Abfälle hat unter Erfüllung der abfallrechtlichen Deklarations-, Nachweis- und Dokumentationspflicht zu erfolgen.
Abwicklung: .....
Material: .....
Abfallschlüssel nach AVV: 1704.....
Transportweg: bis ..... km
Anlage (Bezeichnung/Ort): .....

4€	6€	**8€**	9€	15€	[m]	⏱ 0,08 h/m	384.001.182

77 Ortgangverblechung entfernen, einlagig, inkl. Transport und Entsorgung KG **394**

Ortgangverblechung, einschl. Windleiste und Blechabdeckung, ohne Schadstoffbelastung, entfernen. Leistung inkl. Transport und Entsorgungskosten. Die Entsorgung sämtlicher Abfälle hat unter Erfüllung der abfallrechtlichen Deklarations-, Nachweis- und Dokumentationspflicht zu erfolgen.
Abwicklung: .....
Material: .....
Abfallschlüssel nach AVV: 1704.....
Transportweg: bis ..... km
Anlage (Bezeichnung/Ort): .....

3€	6€	**7€**	9€	14€	[m]	⏱ 0,07 h/m	384.001.183

Kosten:
Stand 2. Quartal 2026
Bundesdurchschnitt

Nr.	Kurztext / Langtext						Kostengruppe
▶	▷	ø netto €	◁	◀	[Einheit]	Ausf.-Dauer	Positionsnummer

78 Wandanschlussprofile entfernen, einlagig, inkl. Transport und Entsorgung — KG **394**

Wandanschlussprofile einschl. Befestigungsmaterial, ohne Schadstoffbelastung, entfernen. Leistung inkl. Transport und Entsorgungskosten. Die Entsorgung sämtlicher Abfälle hat unter Erfüllung der abfallrechtlichen Deklarations-, Nachweis- und Dokumentationspflicht zu erfolgen.
Befestigung: .....
Material: .....
Abfallschlüssel nach AVV: .....
Transportweg: bis ..... km
Anlage (Bezeichnung/Ort): .....

▶	▷	ø	◁	◀	Einheit	Ausf.-Dauer	Positionsnummer
6€	11€	**14€**	17€	22€	[m]	⏱ 0,20 h/m	384.001.184

79 Fensterblech entfernen, einlagig, inkl. Transport und Entsorgung — KG **394**

Fensterblech inkl. Befestigungsmittel, ohne Schadstoffbelastung, entfernen. Leistung inkl. Transport und Entsorgungskosten. Die Entsorgung sämtlicher Abfälle hat unter Erfüllung der abfallrechtlichen Deklarations-, Nachweis- und Dokumentationspflicht zu erfolgen.
Breite: .....
Material: .....
Abfallschlüssel nach AVV: 1704.....
Transportweg: bis ..... km
Anlage (Bezeichnung/Ort): .....

▶	▷	ø	◁	◀	Einheit	Ausf.-Dauer	Positionsnummer
3€	5€	**7€**	8€	13€	[m]	⏱ 0,07 h/m	384.001.185

80 Blechabdeckung entfernen, einlagig, inkl. Transport und Entsorgung — KG **394**

Blechabdeckung, ohne Schadstoffbelastung, entfernen. Leistung inkl. Transport und Entsorgungskosten. Die Entsorgung sämtlicher Abfälle hat unter Erfüllung der abfallrechtlichen Deklarations-, Nachweis- und Dokumentationspflicht zu erfolgen.
Zuschnitt: ca. 600 mm
Material: .....
Abfallschlüssel nach AVV: 1704.....
Transportweg: bis ..... km
Anlage (Bezeichnung/Ort): .....

▶	▷	ø	◁	◀	Einheit	Ausf.-Dauer	Positionsnummer
4€	7€	**9€**	11€	16€	[m]	⏱ 0,12 h/m	384.001.186

81 Schornsteinverblechung entfernen, einlagig, inkl. Transport und Entsorgung — KG **394**

Schornsteinverblechung, ohne Schadstoffbelastung, entfernen. Leistung inkl. Transport und Entsorgungskosten. Die Entsorgung sämtlicher Abfälle hat unter Erfüllung der abfallrechtlichen Deklarations-, Nachweis- und Dokumentationspflicht zu erfolgen.
Schornsteingröße: .....
Abwicklung: .....
Material: .....
Abfallschlüssel nach AVV: 1704.....
Transportweg: bis ..... km
Anlage (Bezeichnung/Ort): .....

▶	▷	ø	◁	◀	Einheit	Ausf.-Dauer	Positionsnummer
15€	23€	**29€**	35€	51€	[m²]	⏱ 0,35 h/m²	384.001.187

▶ min
▷ von
ø Mittel
◁ bis
◀ max

82 Gaubenverblechung entfernen, einlagig, inkl. Transport und Entsorgung KG **394**

Gaubenverblechung einschl. Anschlüsse, ohne Schadstoffbelastung, entfernen. Leistung inkl. Transport und Entsorgungskosten. Die Entsorgung sämtlicher Abfälle hat unter Erfüllung der abfallrechtlichen Deklarations-, Nachweis- und Dokumentationspflicht zu erfolgen.
Material: .....
Abfallschlüssel nach AVV: 1704.....
Transportweg: bis ..... km
Anlage (Bezeichnung/Ort): .....

8€ 14€ **18€** 22€ 34€ [m2] ⏱ 0,23 h/m2 384.001.188

83 Blech-Dachdeckung entfernen, einlagig, inkl. Transport und Entsorgung KG **394**

Dacheindeckung aus Metallblech auf Holzschalung, ohne Schadstoffbelastung, entfernen. Leistung inkl. Transport und Entsorgungskosten. Die Entsorgung sämtlicher Abfälle hat unter Erfüllung der abfallrechtlichen Deklarations-, Nachweis- und Dokumentationspflicht zu erfolgen.
Deckungsart: .....
Material: .....
Abfallschlüssel nach AVV: 1704.....
Transportweg: bis ..... km
Anlage (Bezeichnung/Ort): .....

12€ 19€ **24€** 29€ 42€ [m2] ⏱ 0,25 h/m2 384.001.189

84 Blechbekleidung entfernen, einlagig, inkl. Transport und Entsorgung KG **394**

Blechbekleidung an Außenwänden, ohne Schadstoffbelastung, entfernen. Leistung inkl. Transport und Entsorgungskosten. Die Entsorgung sämtlicher Abfälle hat unter Erfüllung der abfallrechtlichen Deklarations-, Nachweis- und Dokumentationspflicht zu erfolgen.
Bekleidungsart: .....
Material: .....
Abfallschlüssel nach AVV: 1704.....
Transportweg: bis ..... km
Anlage (Bezeichnung/Ort): .....

16€ 21€ **26€** 33€ 47€ [m2] ⏱ 0,30 h/m2 384.001.190

85 Außenputz abschlagen, Mauerwerk, einlagig, inkl. Transport und Entsorgung KG **394**

Außenputz, zweilagig, auf Ziegelmauerwerk, ohne Schadstoffbelastung, abschlagen. Leistung inkl. Transport und Entsorgungskosten. Die Entsorgung sämtlicher Abfälle hat unter Erfüllung der abfallrechtlichen Deklarations-, Nachweis- und Dokumentationspflicht zu erfolgen.
Putzdicke: bis 30 mm
Haftung: .....
Abfallschlüssel nach AVV: 170904 gemischte Bau- und Abbruchabfälle
Transportweg: bis ..... km
Anlage (Bezeichnung/Ort): .....

10€ 17€ **19€** 23€ 32€ [m2] ⏱ 0,25 h/m2 384.001.191

Nr.	Kurztext / Langtext						Kostengruppe
▶	▷	ø netto €	◁	◀	[Einheit]	Ausf.-Dauer	Positionsnummer

86 **Sockelputz abschlagen, einlagig, inkl. Transport und Entsorgung** KG **394**

Sockelputz, ohne Schadstoffbelastung, abschlagen. Leistung inkl. Transport und Entsorgungskosten. Die Entsorgung sämtlicher Abfälle hat unter Erfüllung der abfallrechtlichen Deklarations-, Nachweis- und Dokumentationspflicht zu erfolgen.
Putzdicke: bis 30mm
Haftung: .....
Abfallschlüssel nach AVV: 170904 gemischte Bau- und Abbruchabfälle
Transportweg: bis .....km
Anlage (Bezeichnung/Ort): .....

10€ 15€ **17€** 20€ 28€ [m2] ⏱ 0,23h/m2 384.001.193

87 **Deckenputz abschlagen, einlagig, inkl. Transport und Entsorgung** KG **394**

Deckenputz, nicht gefährlich, ohne Schadstoffbelastung, abschlagen. Leistung inkl. Transport und Entsorgungskosten. Die Entsorgung sämtlicher Abfälle hat unter Erfüllung der abfallrechtlichen Deklarations-, Nachweis- und Dokumentationspflicht zu erfolgen.
Putzdicke: bis 30mm
Untergrund: .....
Haftung: .....
Ausführung: in allen Geschossen
Geschosshöhe: bis 3,00m
Abfallschlüssel nach AVV: 170904 gemischte Bau- und Abbruchabfälle
Transportweg: bis .....km
Anlage (Bezeichnung/Ort): .....

13€ 22€ **25€** 29€ 34€ [m2] ⏱ 0,25h/m2 384.001.194

88 **Bodenfliesen entfernen, Mörtelbett, einlagig, inkl. Transport und Entsorgung** KG **394**

Bodenfliesen in Mörtelbett, nicht gefährlich, ohne Schadstoffbelastung, abbrechen. Zuordnung gemäß Ersatzbaustoffverordnung 2023, gemischter Bauschutt Klasse RC-1 nach EBV 2023. Leistung inkl. Transport und Entsorgungskosten. Die Entsorgung sämtlicher Abfälle hat unter Erfüllung der abfallrechtlichen Deklarations-, Nachweis- und Dokumentationspflicht zu erfolgen.
Fliesengröße: .....
Mörtelbett: .....
Dicke: bis 5cm
Ausführung: in allen Geschossen
Abfallschlüssel nach AVV: 170107 Gemische aus Beton, Ziegel, Fliesen und Keramik
Transportweg: bis .....km
Anlage (Bezeichnung/Ort): .....

13€ 20€ **25€** 30€ 40€ [m2] ⏱ 0,20h/m2 384.001.200

Kosten:
Stand 2. Quartal 2026
Bundesdurchschnitt

▶ min
▷ von
ø Mittel
◁ bis
◀ max

89 Wandfliesen entfernen, Dickbett KG **394**

Wandfliesen im Dickbett, ohne Schadstoffbelastung, abbrechen. Zuordnung gemäß Ersatzbaustoffverordnung 2023, gemischter Bauschutt Klasse RC-1 nach EBV 2023. Leistung inkl. Transport und Entsorgungskosten. Die Entsorgung sämtlicher Abfälle hat unter Erfüllung der abfallrechtlichen Deklarations-, Nachweis- und Dokumentationspflicht zu erfolgen.
Fliesengröße: .....
Dicke: bis 4cm
Ausführung: in allen Geschossen
Abfallschlüssel nach AVV: 170107 Gemische aus Beton, Ziegel, Fliesen und Keramik
Transportweg: bis ..... km
Anlage (Bezeichnung/Ort): .....

11€ 18€ **23€** 27€ 35€ [m²] ⏱ 0,22h/m² 384.001.204

A 1 Verbundestrich abbrechen, einlagig, inkl. Transport und Entsorgung Beschreibung für Pos. **90-91**

Verbundestrich als Zementestrich, ohne Schadstoffbelastung, abbrechen. Zuordnung gemäß Ersatzbaustoffverordnung 2023, gemischter Bauschutt Klasse RC-1 nach EBV 2023. Leistung inkl. Transport und Entsorgungskosten. Die Entsorgung sämtlicher Abfälle hat unter Erfüllung der abfallrechtlichen Deklarations-, Nachweis- und Dokumentationspflicht zu erfolgen.
Ausführung: in allen Geschossen
Abfallschlüssel nach AVV: 170101 Beton
Transportweg: bis ..... km
Anlage (Bezeichnung/Ort): .....

90 Verbundestrich abbrechen, bis 50mm KG **394**

Wie Ausführungsbeschreibung A 1
Estrichdicke: bis 50mm

15€ 20€ **25€** 31€ 39€ [m²] ⏱ 0,25h/m² 384.001.206

91 Verbundestrich abbrechen, bis 70mm KG **394**

Wie Ausführungsbeschreibung A 1
Estrichdicke: bis 70mm

21€ 28€ **34€** 43€ 54€ [m²] ⏱ 0,40h/m² 384.001.207

92 Estrich, schwimmend, abbrechen, einlagig, inkl. Transport und Entsorgung KG **394**

Zementestrich, schwimmend, ohne Schadstoffbelastung, abbrechen. Zuordnung gemäß Ersatzbaustoffverordnung 2023, gemischter Bauschutt Klasse RC-1 nach EBV 2023. Leistung inkl. Transport und Entsorgungskosten. Die Entsorgung sämtlicher Abfälle hat unter Erfüllung der abfallrechtlichen Deklarations-, Nachweis- und Dokumentationspflicht zu erfolgen.
Ausführung: in allen Geschossen
Abfallschlüssel nach AVV: 170101 Beton
Transportweg: bis ..... km
Anlage (Bezeichnung/Ort): .....

17€ 25€ **32€** 38€ 47€ [m²] ⏱ 0,35h/m² 384.001.209

Nr.	Kurztext / Langtext						Kostengruppe
▶	▷	ø netto €	◁	◀	[Einheit]	Ausf.-Dauer	Positionsnummer

93 Kellerfenster ausbauen, Holz, 0,5m², einlagig, inkl. Transport und Entsorgung KG **394**

Kellerfenster mit Flügel und Rahmen aus Holz, ohne Schadstoffbelastung, ausbauen. Leistung inkl. Transport und Entsorgungskosten. Die Entsorgung sämtlicher Abfälle hat unter Erfüllung der abfallrechtlichen Deklarations-, Nachweis- und Dokumentationspflicht zu erfolgen.
Größe: bis 0,5m²
Material: Holz, deckend beschichtet ....., Isolierverglasung
Altholzkategorie: A II
Abfallschlüssel nach AVV: 170904 Mischabfall
Transportweg: bis ..... km
Anlage (Bezeichnung/Ort): .....
Hinweis: Nach Gewerbeabfallverordnung ist das Glas der Fenster separat von den Rahmen zu sammeln und zu entsorgen => Glas darf nicht zusammen in den Bauschutt!

18€	26€	**32€**	39€	78€	[St]	⏱ 0,37h/St	384.001.214

Kosten:
Stand 2. Quartal 2026
Bundesdurchschnitt

94 Fenster ausbauen, Holz, bis 1,5m², einlagig, inkl. Transport und Entsorgung KG **394**

Fenster mit Flügel und Fensterrahmen aus Holz, ohne Schadstoffbelastung, ausbauen. Leistung inkl. Transport und Entsorgungskosten. Die Entsorgung sämtlicher Abfälle hat unter Erfüllung der abfallrechtlichen Deklarations-, Nachweis- und Dokumentationspflicht zu erfolgen.
Größe: bis 1,5m²
Material: Holz, deckend beschichtet ....., Isolierverglasung
Altholzkategorie: A II
Abfallschlüssel nach AVV: 170201Holz
Transportweg: bis ..... km
Anlage (Bezeichnung/Ort): .....
Hinweis: Nach Gewerbeabfallverordnung ist das Glas der Fenster separat von den Rahmen zu sammeln und zu entsorgen => Glas darf nicht zusammen in den Bauschutt!

32€	58€	**72€**	87€	135€	[St]	⏱ 0,70h/St	384.001.215

95 Fenster ausbauen, Holz, bis 2,5m², einlagig, inkl. Transport und Entsorgung KG **394**

Fenster mit Flügel und Fensterrahmen aus Holz, ohne Schadstoffbelastung, ausbauen. Leistung inkl. Transport und Entsorgungskosten. Die Entsorgung sämtlicher Abfälle hat unter Erfüllung der abfallrechtlichen Deklarations-, Nachweis- und Dokumentationspflicht zu erfolgen.
Größe: bis 2,5m²
Material: Holz, deckend beschichtet ....., Isolierverglasung
Altholzkategorie: A II
Abfallschlüssel nach AVV: 170201 Holz
Transportweg: bis ..... km
Anlage (Bezeichnung/Ort): .....
Hinweis: Nach Gewerbeabfallverordnung ist das Glas der Fenster separat von den Rahmen zu sammeln und zu entsorgen => Glas darf nicht zusammen in den Bauschutt!

35€	73€	**91€**	109€	181€	[St]	⏱ 0,80h/St	384.001.216

▶ min
▷ von
ø Mittel
◁ bis
◀ max

96 Fenstertür ausbauen, Holz, bis 3,5m², einlagig, inkl. Transport und Entsorgung KG **394**

Fenstertür mit Flügel und Rahmen aus Holz, ohne Schadstoffbelastung, ausbauen. Leistung inkl. Transport und Entsorgungskosten. Die Entsorgung sämtlicher Abfälle hat unter Erfüllung der abfallrechtlichen Deklarations-, Nachweis- und Dokumentationspflicht zu erfolgen.
Größe: bis 3,5 m²
Material: Holz, deckend beschichtet ....., Isolierverglasung
Altholzkategorie: A II
Abfallschlüssel nach AVV: 170201 Holz
Transportweg: bis ..... km
Anlage (Bezeichnung/Ort): .....
Hinweis: Nach Gewerbeabfallverordnung ist das Glas der Fenster separat von den Rahmen zu sammeln und zu entsorgen => Glas darf nicht zusammen in den Bauschutt!

43€ 93€ **116€** 139€ 218€ [St] ⏱ 1,00 h/St 384.001.217

97 Fenster ausbauen, Kunststoff, bis 1,5m², einlagig, inkl. Transport und Entsorgung KG **394**

Fenster aus Kunststoff, mit Flügel und Fensterstock, mit innerer sowie äußerer Fensterbank, ohne Schadstoffbelastung, ausbauen. Leistung inkl. Transport und Entsorgungskosten. Die Entsorgung sämtlicher Abfälle hat unter Erfüllung der abfallrechtlichen Deklarations-, Nachweis- und Dokumentationspflicht zu erfolgen.
Größe: bis 1,5 m²
Material: Kunststoff ....., Isolierverglasung
Abfallschlüssel nach AVV: 170203 Kunststofffenster
Transportweg: bis ..... km
Anlage (Bezeichnung/Ort): .....
Hinweis: Nach Gewerbeabfallverordnung ist das Glas der Fenster separat von den Rahmen zu sammeln und zu entsorgen => Glas darf nicht zusammen in den Bauschutt!

28€ 46€ **57€** 69€ 89€ [St] ⏱ 0,80 h/St 384.001.218

98 Fenster ausbauen, Kunststoff, bis 2,5m², einlagig, inkl. Transport und Entsorgung KG **394**

Fenster aus Kunststoff, mit Flügel und Fensterstock, mit innerer sowie äußerer Fensterbank, ohne Schadstoffbelastung,ausbauen. Leistung inkl. Transport und Entsorgungskosten. Die Entsorgung sämtlicher Abfälle hat unter Erfüllung der abfallrechtlichen Deklarations-, Nachweis- und Dokumentationspflicht zu erfolgen.
Größe: bis 2,5 m²
Material: Kunststoff ....., Isolierverglasung
Abfallschlüssel nach AVV: 170203 Kunststofffenster
Transportweg: bis ..... km
Anlage (Bezeichnung/Ort): .....
Hinweis: Nach Gewerbeabfallverordnung ist das Glas der Fenster separat von den Rahmen zu sammeln und zu entsorgen => Glas darf nicht zusammen in den Bauschutt!

35€ 63€ **79€** 95€ 111€ [St] ⏱ 0,95 h/St 384.001.219

Nr.	Kurztext / Langtext						Kostengruppe
▶	▷	ø netto €	◁	◀	[Einheit]	Ausf.-Dauer	Positionsnummer

99 Fenstertür ausbauen, Kunststoff, bis 3,5m², einlagig, inkl. Transport und Entsorgung KG **394**

Fenstertür aus Kunststoff, mit Flügel einschl. Fensterstock, ohne Schadstoffbelastung, ausbauen. Leistung inkl. Transport und Entsorgungskosten. Die Entsorgung sämtlicher Abfälle hat unter Erfüllung der abfallrechtlichen Deklarations-, Nachweis- und Dokumentationspflicht zu erfolgen.
Größe: bis 3,5 m²
Material: Kunststoff ....., Isolierverglasung
Abfallschlüssel nach AVV: 170203 Kunststofffenstertüre
Transportweg: bis ..... km
Anlage (Bezeichnung/Ort): .....
Hinweis: Nach Gewerbeabfallverordnung ist das Glas der Fenster separat von den Rahmen zu sammeln und zu entsorgen => Glas darf nicht zusammen in den Bauschutt!

63€ | 103€ | **129€** | 155€ | 218€ | [St] | ⏱ 1,05h/St | 384.001.220

Kosten:
Stand 2. Quartal 2026
Bundesdurchschnitt

100 Hauseingangstür ausbauen, bis 4,0m², einlagig, inkl. Transport und Entsorgung KG **394**

Hauseingangstür mit Rahmen, Türblatt einschl. Türstock, ohne Schadstoffbelastung, ausbauen. Leistung inkl. Transport und Entsorgungskosten. Die Entsorgung sämtlicher Abfälle hat unter Erfüllung der abfallrechtlichen Deklarations-, Nachweis- und Dokumentationspflicht zu erfolgen.
Größe: bis 4 m²
Material: .....
Transportweg: bis ..... km
Anlage (Bezeichnung/Ort): .....

78€ | 142€ | **177€** | 213€ | 233€ | [St] | ⏱ 1,30h/St | 384.001.221

101 Kelleraußentür ausbauen, bis 2,5m², einlagig, inkl. Transport und Entsorgung KG **394**

Kelleraußentür mit Türblatt einschl. Blendrahmen, ohne Schadstoffbelastung, ausbauen. Leistung inkl. Transport und Entsorgungskosten. Die Entsorgung sämtlicher Abfälle hat unter Erfüllung der abfallrechtlichen Deklarations-, Nachweis- und Dokumentationspflicht zu erfolgen.
Größe: bis 2,5 m²
Material: .....
Transportweg: bis ..... km
Anlage (Bezeichnung/Ort): .....

– | 58€ | **73€** | 87€ | – | [St] | ⏱ 0,45h/St | 384.001.222

102 Innentür, Holz, einflüglig, entfernen, einlagig, inkl. Transport und Entsorgung KG **394**

Innentür mit Türfutter, ohne Schadstoffbelastung, ausbauen. Leistung inkl. Transport und Entsorgungskosten. Die Entsorgung sämtlicher Abfälle hat unter Erfüllung der abfallrechtlichen Deklarations-, Nachweis- und Dokumentationspflicht zu erfolgen.
Material: Holz, **Vollholz / Röhrenspann**
Abfallschlüssel nach AVV: 170201
Altholzkategorie: A II
Wanddicke: .....
Größe: bis 2,00 m²

33€ | 50€ | **62€** | 74€ | 87€ | [St] | ⏱ 0,60h/St | 384.001.223

▶ min
▷ von
ø Mittel
◁ bis
◀ max

Nr.	Kurztext / Langtext					Kostengruppe
▶	▷	ø netto €	◁	◀	[Einheit] Ausf.-Dauer	Positionsnummer

103 Wandbekleidung, Holz, entfernen, einlagig, inkl. Transport und Entsorgung KG **394**

Wandbekleidung aus Holzwerkstoff, ohne Schadstoffbelastung, entfernen. Leistung inkl. Transport und Entsorgungskosten. Die Entsorgung sämtlicher Abfälle hat unter Erfüllung der abfallrechtlichen Deklarations-, Nachweis- und Dokumentationspflicht zu erfolgen.
Material: .....
Abfallschlüssel nach AVV: 170201
Altholzkategorie: A II
Transportweg: bis ..... km
Anlage (Bezeichnung/Ort): .....

13€ 15€ **18€** 22€ 41€ [m²] ⏱ 0,55h/m² 384.001.224

104 Deckenbekleidung, Holz, entfernen, einlagig, inkl. Transport und Entsorgung KG **394**

Deckenbekleidung aus unbehandelten Holzbrettern, einschl. Sparschalung, ohne Schadstoffbelastung, entfernen. Leistung inkl. Transport und Entsorgungskosten. Die Entsorgung sämtlicher Abfälle hat unter Erfüllung der abfallrechtlichen Deklarations-, Nachweis- und Dokumentationspflicht zu erfolgen.
Abfallschlüssel nach AVV: 170201
Altholzkategorie: A I
Transportweg: bis ..... km
Anlage (Bezeichnung/Ort): .....

18€ 20€ **24€** 32€ 72€ [m²] ⏱ 0,45h/m² 384.001.225

105 Fensterbank ausbauen, Holz, bis 1,5m, einlagig, inkl. Transport und Entsorgung KG **394**

Fensterbank aus Holz im Innenbereich, ohne Schadstoffbelastung, ausbauen. Leistung inkl. Transport und Entsorgungskosten. Die Entsorgung sämtlicher Abfälle hat unter Erfüllung der abfallrechtlichen Deklarations-, Nachweis- und Dokumentationspflicht zu erfolgen.
Länge: bis 1,5m
Breite: bis 25cm
Dicke: bis 4cm
Altholzkategorie: A II
Transportweg: bis ..... km
Anlage (Bezeichnung/Ort): .....

11€ 19€ **24€** 29€ 41€ [St] ⏱ 0,30h/St 384.001.226

106 Fensterbank ausbauen, Holz, bis 2,5m, einlagig, inkl. Transport und Entsorgung KG **394**

Fensterbank aus Holz im Innenbereich, ohne Schadstoffbelastung, ausbauen. Leistung inkl. Transport und Entsorgungskosten. Die Entsorgung sämtlicher Abfälle hat unter Erfüllung der abfallrechtlichen Deklarations-, Nachweis- und Dokumentationspflicht zu erfolgen.
Länge: bis 2,5m
Breite: bis 25cm
Dicke: bis 4cm
Altholzkategorie: A II
Transportweg: bis ..... km
Anlage (Bezeichnung/Ort): .....

21€ 30€ **38€** 46€ 61€ [St] ⏱ 0,35h/St 384.001.227

Nr.	Kurztext / Langtext						Kostengruppe
▶	▷	ø netto €	◁	◀	[Einheit]	Ausf.-Dauer	Positionsnummer

107 Laibungsbekleidung, Holz, entfernen, einlagig, inkl. Transport und Entsorgung KG **394**

Holzbekleidung an Fensterlaibung, einschl. der Befestigungshölzer, ohne Schadstoffbelastung, entfernen. Leistung inkl. Transport und Entsorgungskosten. Die Entsorgung sämtlicher Abfälle hat unter Erfüllung der abfallrechtlichen Deklarations-, Nachweis- und Dokumentationspflicht zu erfolgen.
Lage: innen
Altholzkategorie: A I
Transportweg: bis ..... km
Anlage (Bezeichnung/Ort): .....

▶	▷	ø	◁	◀	Einheit	Ausf.-Dauer	Positionsnummer
–	16€	**20€**	24€	–	[m]	⏱ 0,12h/m	384.001.228

108 Montagewand abbrechen, GK, einlagig, inkl. Transport und Entsorgung KG **394**

Montagewand aus Metallständerprofilen, beidseitig mit Gipskartonplatten beplankt, ohne Schadstoffbelastung, abbrechen. Leistung inkl. Transport und Entsorgungskosten, getrennt nach Material. Die Entsorgung sämtlicher Abfälle hat unter Erfüllung der abfallrechtlichen Deklarations-, Nachweis- und Dokumentationspflicht zu erfolgen.
Wandaufbau: .....
Beplankung: .....
Abfallschlüssel nach AVV: 170802 Baustoffe auf Gipsbasis und 1704.....
Transportweg: bis ..... km
Anlage (Bezeichnung/Ort): .....

▶	▷	ø	◁	◀	Einheit	Ausf.-Dauer	Positionsnummer
16€	22€	**29€**	35€	45€	[m²]	⏱ 0,28h/m²	384.001.229

Kosten:
Stand 2. Quartal 2026
Bundesdurchschnitt

109 Deckenbekleidung abbrechen, GK, einlagig, inkl. Transport und Entsorgung KG **394**

Plattenbekleidung aus Gipskarton an Decken mit Unterkonstruktion aus Holz, ohne Schadstoffbelastung, abbrechen. Leistung inkl. Transport und Entsorgungskosten, getrennt nach Material. Die Entsorgung sämtlicher Abfälle hat unter Erfüllung der abfallrechtlichen Deklarations-, Nachweis- und Dokumentationspflicht zu erfolgen.
Bekleidung: 12,5mm, einlagig
Abfallschlüssel nach AVV: 170802 Baustoffe auf Gipsbasis und 170201 Holz
Transportweg: bis ..... km
Anlage (Bezeichnung/Ort): .....

▶	▷	ø	◁	◀	Einheit	Ausf.-Dauer	Positionsnummer
13€	22€	**28€**	33€	38€	[m²]	⏱ 0,27h/m²	384.001.230

110 Unterdecke abbrechen, GK, einlagig, inkl. Transport und Entsorgung KG **394**

Abgehängte Unterdecke aus Gipskartonplatten, auf Metallprofilen, ohne Schadstoffbelastung, abbrechen. Leistung inkl. Transport und Entsorgungskosten, getrennt nach Material. Die Entsorgung sämtlicher Abfälle hat unter Erfüllung der abfallrechtlichen Deklarations-, Nachweis- und Dokumentationspflicht zu erfolgen.
Deckenaufbau: .....
Abfallschlüssel nach AVV: 170802 Baustoffe auf Gipsbasis und 1704.....
Transportweg: bis ..... km
Anlage (Bezeichnung/Ort): .....

▶	▷	ø	◁	◀	Einheit	Ausf.-Dauer	Positionsnummer
11€	18€	**22€**	27€	34€	[m²]	⏱ 0,25h/m²	384.001.231

▶ min
▷ von
ø Mittel
◁ bis
◀ max

111 Verkofferung abbrechen, GK, einlagig, inkl. Transport und Entsorgung KG **394**

Verkofferung von Rohrleitungen mit Unterkonstruktion aus Metall, ohne Schadstoffbelastung, abbrechen. Leistung inkl. Transport und Entsorgungskosten, getrennt nach Material. Die Entsorgung sämtlicher Abfälle hat unter Erfüllung der abfallrechtlichen Deklarations-, Nachweis- und Dokumentationspflicht zu erfolgen.
Beplankung: .....
Untergrund: .....
Abmessungen: .....
Abfallschlüssel nach AVV: 170802 Baustoffe auf Gipsbasis und 170201 Holz
Transportweg: bis ..... km
Anlage (Bezeichnung/Ort): .....

16€ 24€ **31€** 37€ 43€ [m²] ⏱ 0,32 h/m² 384.001.232

112 Stundensatz, Facharbeiter/-in

Stundenlohnarbeiten für Vorarbeiter/-in, Gesellin/Geselle, Facharbeiter/-in und Gleichgestellte, sowie ähnliche Fachkräfte.
Der Verrechnungssatz für die jeweilige Arbeitskraft umfasst sämtliche Aufwendungen wie Lohn- und Gehaltskosten, lohn- und gehaltsgebundene Kosten, Lohn- und Gehaltsnebenkosten, Gemeinkosten, Wagnis und Gewinn. Leistung nach besonderer Anordnung der Bauüberwachung. Anmeldung und Nachweis gemäß VOB/B.

55€ 70€ **76€** 81€ 97€ [h] ⏱ 1,00 h/h 384.001.236

113 Stundensatz, Helfer/-in

Stundenlohnarbeiten für Arbeitnehmer ohne Facharbeiterqualifikation (Helfer, Hilfsarbeiter/-innen, Ungelernte, Angelernte).
Der Verrechnungssatz für die jeweilige Arbeitskraft umfasst sämtliche Aufwendungen wie Lohn- und Gehaltskosten, lohn- und gehaltsgebundene Kosten, Lohn- und Gehaltsnebenkosten, Gemeinkosten, Wagnis und Gewinn. Leistung nach besonderer Anordnung der Bauüberwachung. Anmeldung und Nachweis gemäß VOB/B.

49€ 61€ **67€** 73€ 88€ [h] ⏱ 1,00 h/h 384.001.237

Kosten:
Stand 2. Quartal 2026
Bundesdurchschnitt

Nr.	Positionen	Einheit	▶	▷	ø brutto € / ø netto €	◁	◀
1	Entsorgung, 170101 Beton	t	24	38	**44**	53	70
			20	32	**37**	45	59
2	Entsorgung, 170102 Ziegel	t	15	21	**25**	32	41
			12	18	**21**	27	34
3	Entsorgung, 170107 Gemische	t	28	43	**47**	70	101
			24	36	**40**	59	85
4	Entsorgung, 170802, Gipsbaustoffe	t	–	203	**311**	440	–
			–	171	**262**	369	–
5	Entsorgung, 170407 Metall, gemischt, nicht gefährlich	t	46	75	**86**	107	143
			39	63	**72**	90	120
6	Entsorgung, 170504 Boden/Steine, nicht gefährlich	t	24	35	**40**	42	49
			20	30	**34**	35	41
7	Entsorgung, 170302 Bitumengemisch, nicht gefährlich	t	28	49	**60**	65	111
			23	41	**50**	55	94
8	Entsorgung, 170106* Beton, Ziegel, Fliesen, Keramik, gefährlich	t	78	146	**160**	254	371
			66	123	**135**	213	312
9	Entsorgung, 170603*, KMF, gefährlich	t	–	280	**350**	484	–
			–	236	**294**	406	–
10	Entsorgung, 170605*, Asbestzement, gefährlich	t	171	250	**276**	299	382
			144	210	**232**	252	321
11	Entsorgung, 170901*, Quecksilber, gefährlich	t	435	444	**450**	459	470
			365	373	**378**	386	395
12	Entsorgung, 170201, Altholz AI	t	–	61	**75**	95	–
			–	51	**63**	80	–
13	Entsorgung, 170201, Altholz A II	t	41	72	**91**	103	132
			34	60	**77**	86	111
14	Entsorgung, 170204* Holz, Glas, Kunststoffe, gefährlich	t	108	186	**229**	292	413
			91	156	**192**	246	347
15	Entsorgung, 170904 Bau-/Abbruchabfälle, gemischt	t	191	378	**445**	539	732
			161	317	**374**	453	615
16	Deponierung, 170102 Ziegel	t	14	19	**22**	26	41
			12	16	**19**	22	34
17	Deponierung, 170107 Gemische	t	39	45	**51**	59	71
			33	38	**43**	49	60

▶ min
▷ von
ø Mittel
◁ bis
◀ max

Nr.	Kurztext / Langtext						Kostengruppe
▶	▷	**ø netto €**	◁	◀	[Einheit]	Ausf.-Dauer	Positionsnummer

A 1 Entsorgung Bau-/Abbruchabfälle, nicht gefährlich — Beschreibung für Pos. **1-4**

Entsorgung von Bau- und Abbruchabfällen, nicht gefährlich, nicht schadstoffbelastet, Bauschutt, Zuordnung gemäß Ersatzbaustoffverordnung 2023, gemischter Bauschutt Klasse RC-1 nach EBV 2023, Anlage 1, Tabelle 1, auf Baustelle lagernd, laden, mit Lkw des AN zur Verwertungsanlage transportieren und entsorgen. Die Entsorgungsgebühren werden vom AN übernommen.
Transportweg: bis ..... km
Anlage (Bezeichnung/Ort): .....
Die Abrechnung erfolgt ausschließlich auf Basis vorgelegter Wiegebelege bzw. Entsorgungsnachweise (Begleitscheine) und dazugehöriger Wiegebelege im Original.

1 Entsorgung, 170101 Beton — KG **394**

Wie Ausführungsbeschreibung A 1
Abfallschlüssel (AVV): 170101 Beton

20€	32€	**37€**	45€	59€	[t]	–	387.000.003

2 Entsorgung, 170102 Ziegel — KG **394**

Wie Ausführungsbeschreibung A 1
Abfallschlüssel (AVV): 170102 Ziegel

12€	18€	**21€**	27€	34€	[t]	–	387.000.004

3 Entsorgung, 170107 Gemische — KG **394**

Wie Ausführungsbeschreibung A 1
Abfallschlüssel (AVV): 170107 Gemische aus Beton, Ziegeln, Fliesen und Keramik

24€	36€	**40€**	59€	85€	[t]	–	387.000.005

4 Entsorgung, 170802, Gipsbaustoffe — KG **394**

Wie Ausführungsbeschreibung A 1
Baumaterial: Gipsbauplatten
Abfallschlüssel (AVV): 170802 Baustoffe auf Gipsbasis

–	171€	**262€**	369€	–	[t]	–	387.000.011

5 Entsorgung, 170407 Metall, gemischt, nicht gefährlich — KG **394**

Entsorgung von Bau- und Abbruchabfällen, Metalle, nicht gefährlich, nicht schadstoffbelastet, Abfallschlüssel nach AVV (Abfallverzeichnis-Verordnung), auf Baustelle lagernd, laden, mit Lkw des AN zur Verwertungsanlage transportieren und entsorgen.
Die Entsorgungsgebühren werden vom AN übernommen.
Transportweg: bis .... km
Anlage (Bezeichnung/Ort): .....
Abfallschlüssel (AVV): 170407 Metall, gemischt
Die Abrechnung erfolgt ausschließlich auf Basis vorgelegter Wiegebelege bzw. Entsorgungsnachweise (Begleitscheine) und dazugehöriger Wiegebelege im Original.

39€	63€	**72€**	90€	120€	[t]	–	387.000.008

Nr.	Kurztext / Langtext						Kostengruppe
▶	▷	ø netto €	◁	◀	[Einheit]	Ausf.-Dauer	Positionsnummer

6 **Entsorgung, 170504 Boden/Steine, nicht gefährlich** KG **394**

Boden, Steine und Baggergut, nicht gefährlich, nicht schadstoffbelastet, Zuordnung gemäß Ersatzbaustoffverordnung 2023, auf Baustelle lagernd, laden, mit Lkw des AN zur Verwertungsanlage transportieren und entsorgen. Die Entsorgungsgebühren werden vom AN übernommen.
Transportweg: .....km
Anlage (Bezeichnung/Ort): .....
Bodenmaterial: Klasse BM-0 Sand nach EBV 2023, Anlage 1, Tabelle 3
Abfallschlüssel (AVV): 170504 Boden/Steine
Die Abrechnung erfolgt ausschließlich auf Basis vorgelegter Wiegebelege bzw. Entsorgungsnachweise (Begleitscheine) und dazugehöriger Wiegebelege im Original.

20€	30€	**34€**	35€	41€	[t]	–	387.000.001

Kosten:
Stand 2. Quartal 2026
Bundesdurchschnitt

7 **Entsorgung, 170302 Bitumengemisch, nicht gefährlich** KG **394**

Bau- und Abbruchabfälle, Bitumengemische, nicht gefährlich, nicht schadstoffbelastet, Verwertungsklasse A, RuVA-StB 01, Fassung 2005, auf Baustelle lagernd, laden, mit Lkw des AN zur Verwertungsanlage transportieren und entsorgen. Die Entsorgungsgebühren werden vom AN übernommen.
Transportweg: .....km
Anlage (Bezeichnung/Ort): .....
Abfallschlüssel: nach AVV (Abfallverzeichnis-Verordnung) 170302 Bitumengemische
Die Abrechnung erfolgt ausschließlich auf Basis vorgelegter Wiegebelege bzw. Entsorgungsnachweise (Begleitscheine) und dazugehöriger Wiegebelege im Original.

23€	41€	**50€**	55€	94€	[t]	–	387.000.002

A 2 **Entsorgung Bau-/Abbruchabfälle, gefährlich** Beschreibung für Pos. **8-11**

Entsorgung von Bau- und Abbruchabfällen, gefährlich, schadstoffbelastet, Abfallschlüssel nach AVV (Abfallverzeichnis-Verordnung), laden, mit Lkw des AN zur Verwertungsanlage transportieren und entsorgen. Die Entsorgungsgebühren werden vom AN übernommen.
Transportweg: bis .....km
Anlage (Bezeichnung/Ort): .....
Entsorgungsnachweis: Elektronisches Abfall Nachweisverfahren (eANV)
Die Abrechnung erfolgt ausschließlich auf Basis vorgelegter Wiegebelege bzw. Entsorgungsnachweise (Begleitscheine) und dazugehöriger Wiegebelege im Original.

8 **Entsorgung, 170106* Beton, Ziegel, Fliesen, Keramik, gefährlich** KG **394**

Wie Ausführungsbeschreibung A 2
Baumaterial: .....
Schadstoffe: nach Analyse
Abfallschlüssel (AVV): 170106* Gemische aus oder getrennte Fraktionen von Beton, Ziegeln, Fliesen und Keramik, die gefährliche Stoffe enthalten

66€	123€	**135€**	213€	312€	[t]	–	387.000.018

9 **Entsorgung, 170603*, KMF, gefährlich** KG **394**

Wie Ausführungsbeschreibung A 2
Baumaterial: Mineralfaserdämmung, zu beachtender Arbeitsschutz gemäß TRGS 521
Schadstoffe: alte KMF (produziert vor dem Jahr 2000)
Abfallschlüssel (AVV): 170603* anderes Dämmmaterial, das aus gefährlichen Stoffen besteht oder solche Stoffe enthält

–	236€	**294€**	406€	–	[t]	–	387.000.010

▶ min
▷ von
ø Mittel
◁ bis
◀ max

Nr.	Kurztext / Langtext						Kostengruppe
▶	▷	ø netto €	◁	◀	[Einheit]	Ausf.-Dauer	Positionsnummer

10 Entsorgung, 170605*, Asbestzement, gefährlich KG **394**

Wie Ausführungsbeschreibung A 2
Baumaterial: Faserzementplatten, staubdicht verpackt
Abfallschlüssel (AVV): 170605* asbesthaltige Baustoffe

144€	210€	**232€**	252€	321€	[t]	–	387.000.012

11 Entsorgung, 170901*, Quecksilber, gefährlich KG **394**

Wie Ausführungsbeschreibung A 2
Baumaterial: Bau- und Abbruchabfälle, luftdicht, bruchsicher verpackt
Abfallschlüssel (AVV): 170901*Bau- und Abbruchabfälle, die Quecksilber enthalten

365€	373€	**378€**	386€	395€	[t]	–	387.000.017

A 3 Altholz, Entsorgung Beschreibung für Pos. **12-13**

Entsorgung von Bau- und Abbruchabfällen, Holz, nicht gefährlich, nicht schadstoffbelastet, Abfallschlüssel nach AVV (Abfallverzeichnis-Verordnung), auf Baustelle lagernd, laden, mit Lkw des AN zur Verwertungsanlage transportieren und entsorgen. Die Entsorgungsgebühren werden vom AN übernommen.
Transportweg: bis ..... km
Anlage (Bezeichnung/Ort): .....
Die Abrechnung erfolgt ausschließlich auf Basis vorgelegter Wiegebelege bzw. Entsorgungsnachweise (Begleitscheine) und dazugehöriger Wiegebelege im Original.

12 Entsorgung, 170201, Altholz AI KG **394**

Wie Ausführungsbeschreibung A 3
Altholzkategorie: A I
Abfallschlüssel (AVV): 170201 Holz

–	51€	**63€**	80€	–	[t]	–	387.000.006

13 Entsorgung, 170201, Altholz A II KG **394**

Wie Ausführungsbeschreibung A 3
Altholzkategorie: A II
Abfallschlüssel (AVV): 170201 Bau-/Abbruchabfall Holz

34€	60€	**77€**	86€	111€	[t]	–	387.000.007

14 Entsorgung, 170204* Holz, Glas, Kunststoffe, gefährlich KG **394**

Entsorgung von Bau- und Abbruchabfällen, gefährlich, schadstoffbelastet, Abfallschlüssel nach AVV (Abfallverzeichnis-Verordnung), laden, mit Lkw des AN zur Verwertungsanlage transportieren und entsorgen. Die Entsorgungsgebühren werden vom AN übernommen.
Transportweg: bis ..... km
Anlage (Bezeichnung/Ort): .....
Abfallschlüssel (AVV): 170204* Glas, Kunststoff und Holz, die gefährliche Stoffe enthalten oder durch gefährliche Stoffe verunreinigt sind
Entsorgungsnachweis: Elektronisches Abfall Nachweisverfahren (eANV)
Die Abrechnung erfolgt ausschließlich auf Basis vorgelegter Wiegebelege bzw. Entsorgungsnachweise (Begleitscheine) und dazugehöriger Wiegebelege im Original.

91€	156€	**192€**	246€	347€	[t]	–	387.000.019

Nr.	Kurztext / Langtext						Kostengruppe
▶	▷	**ø netto €**	◁	◀	[Einheit]	Ausf.-Dauer	Positionsnummer

15 Entsorgung, 170904 Bau-/Abbruchabfälle, gemischt KG **394**

Entsorgung von sonstigen Bau- und Abbruchabfällen, nicht gefährlich, nicht schadstoffbelastet, Abfallschlüssel nach AVV (Abfallverzeichnis-Verordnung), auf Baustelle lagernd, laden, mit Lkw des AN zur Verwertungsanlage transportieren und entsorgen. Die Entsorgungsgebühren werden vom AN übernommen.
Transportweg: bis ..... km
Anlage (Bezeichnung/Ort): .....
Abfallschlüssel (AVV): 170904 gemischte Bau- und Abbruchabfälle
Die Abrechnung erfolgt ausschließlich auf Basis vorgelegter Wiegebelege bzw. Entsorgungsnachweise (Begleitscheine) und dazugehöriger Wiegebelege im Original.

161€ 317€ **374€** 453€ 615€ [t] – 387.000.009

A 4 Bau-/Abbruchabfälle, Deponierung Beschreibung für Pos. **16-17**

Deponiegebühren für das geordnete Ablagern von nicht gefährlichem und nicht schadstoffbelastetem Bauschutt. Die Entsorgungsgebühren werden gegen Nachweis vergütet.
Anlage (Bezeichnung/Ort): .....
Deponieklasse: DK0 / DKI / DKII / DKIII
Die Abrechnung erfolgt ausschließlich auf Basis vorgelegter Wiegebelege bzw. Entsorgungsnachweise (Begleitscheine) und dazugehöriger Wiegebelege im Original.

16 Deponierung, 170102 Ziegel KG **394**

Wie Ausführungsbeschreibung A 4
Abfallschlüssel (AVV): 170102 Ziegel

12€ 16€ **19€** 22€ 34€ [t] – 387.000.014

17 Deponierung, 170107 Gemische KG **394**

Wie Ausführungsbeschreibung A 4
Abfallschlüssel (AVV): 170107 Gemische aus Beton, Ziegeln, Fliesen und Keramik

33€ 38€ **43€** 49€ 60€ [t] – 387.000.015

Kosten:
Stand 2. Quartal 2026
Bundesdurchschnitt

▶ min
▷ von
ø Mittel
◁ bis
◀ max

F

Barrierefreies Bauen

Barrierefreies Bauen — Preise €

Nr.	Positionen	Einheit	►	▷	ø brutto € / ø netto €	◁	◄
1	Öffnung überdecken, Ziegelsturz	m	59	68	**75**	77	89
	LB 312, Pos. 100, Seite 133		50	57	**63**	65	75
2	Öffnung überdecken; KS-Sturz, 17,5cm	m	51	68	**75**	89	116
	LB 312, Pos. 101, Seite 133		43	57	**63**	75	97
3	Öffnung überdecken, Betonsturz, 24cm	m	64	75	**117**	124	174
	LB 312, Pos. 102, Seite 134		54	63	**98**	104	147
4	Außenbelag, Betonwerksteinplatten	m²	120	150	**165**	180	208
	LB 314, Pos. 27, Seite 168		101	126	**138**	151	175
5	Außenbelag, Naturwerksteinpflaster	m²	168	211	**243**	258	285
	LB 314, Pos. 28, Seite 169		141	178	**204**	216	240
6	Außenbelag, Pflasterstreifen	m	67	78	**80**	83	92
	LB 314, Pos. 29, Seite 169		56	66	**68**	70	77
7	Treppe, Blockstufe, Naturwerkstein	m	234	303	**337**	387	509
	LB 314, Pos. 32, Seite 170		197	255	**283**	325	428
8	Treppe, Blockstufe, Betonwerkstein	m	228	274	**301**	323	368
	LB 314, Pos. 33, Seite 170		191	230	**253**	272	309
9	Treppe, Winkelstufe, Naturwerkstein, 1,00m	St	275	304	**318**	331	364
	LB 314, Pos. 34, Seite 170		231	256	**267**	278	306
10	Treppenbelag, Naturwerkstein, Tritt-/Setzstufe	m	189	220	**248**	254	313
	LB 314, Pos. 35, Seite 170		159	185	**208**	213	263
11	Aufmerksamkeitsstreifen, Stufenkante	m	–	97	**107**	135	–
	LB 314, Pos. 36, Seite 171		–	81	**90**	114	–
12	Innenbelag, Naturwerkstein, Granit	m²	143	263	**346**	374	452
	LB 314, Pos. 39, Seite 172		120	221	**291**	314	380
13	Innenbelag, Naturwerkstein, Kalkstein	m²	145	264	**311**	416	672
	LB 314, Pos. 40, Seite 172		122	222	**261**	349	565
14	Oberfläche, laserstrukturiert, Mehrpreis	m²	–	62	**78**	98	–
	LB 314, Pos. 43, Seite 173		–	52	**65**	82	–
15	Verbundabdichtung, streichbar, Wand	m²	16	26	**31**	37	53
	LB 324, Pos. 11, Seite 335		14	22	**26**	31	45
16	Verbundabdichtung, Boden	m²	12	22	**29**	31	39
	LB 324, Pos. 12, Seite 335		10	19	**24**	26	33
17	Bodenbelag, Fliesen 20x20	m²	90	111	**120**	134	165
	LB 324, Pos. 15, Seite 336		76	93	**101**	113	139
18	Bodenbelag, Fliesen 30x30	m²	81	100	**110**	120	147
	LB 324, Pos. 16, Seite 336		68	84	**92**	100	124
19	Bodenfliesen, 30x60	m²	94	109	**118**	136	156
	LB 324, Pos. 17, Seite 336		79	92	**100**	114	131
20	Bodenbelag, Fliesen 60x60	m²	106	153	**167**	192	240
	LB 324, Pos. 18, Seite 337		89	128	**140**	161	202
21	Wandbelag, Fliesen 15x15	m²	90	107	**114**	122	142
	LB 324, Pos. 20, Seite 337		76	90	**96**	103	119
22	Wandbelag, Fliesen 30x30	m²	93	114	**122**	140	171
	LB 324, Pos. 21, Seite 338		78	96	**102**	118	144
23	Wandbelag, Fliesen 30x60	m²	96	121	**135**	148	179
	LB 324, Pos. 22, Seite 338		81	102	**114**	124	151
24	Holz-Türelement, S200C5, einflüglig, 1.000x2.000/2.125	St	1.319	1.538	**1.852**	1.889	2.861
	LB 327, Pos. 8, Seite 375		1.108	1.293	**1.557**	1.587	2.404

Kosten:
Stand 2. Quartal 2026
Bundesdurchschnitt

► min
▷ von
ø Mittel
◁ bis
◄ max

Nr.	Positionen	Einheit	▶	▷	ø brutto € / ø netto €	◁	◀
25	Holz-Türelement, S200C5, zweiflüglig	St	5.159	9.477	**10.897**	12.350	15.834
	LB 327, Pos. 9, Seite 375		4.335	7.963	**9.157**	10.378	13.306
26	Innen-Türelement, Röhrenspan, einflüglig, 1.000x2.125	St	921	1.311	**1.400**	1.494	1.726
	LB 327, Pos. 11, Seite 376		774	1.101	**1.176**	1.256	1.450
27	Innen-Türelement, Röhrenspan, einflüglig, 1.125x2.125	St	1.086	1.429	**1.625**	1.725	2.101
	LB 327, Pos. 12, Seite 376		913	1.201	**1.365**	1.449	1.766
28	Innen-Türelement, Röhrenspan, zweiflüglig	St	2.055	2.823	**3.142**	3.342	3.954
	LB 327, Pos. 13, Seite 377		1.727	2.373	**2.640**	2.808	3.323
29	Türblatt, einflüglig, kunststoffbeschichtet, 1.000x2.000/2.125	St	283	438	**603**	632	7.344
	LB 327, Pos. 17, Seite 378		238	368	**506**	531	6.171
30	Türblatt, einflüglig, kunststoffbeschichtet, 1.125x2.000/2.125	St	295	408	**624**	652	965
	LB 327, Pos. 18, Seite 378		248	343	**524**	548	811
31	Türblatt, einflüglige Tür, Vollspan	St	389	576	**753**	957	1.212
	LB 327, Pos. 19, Seite 379		327	484	**633**	804	1.019
32	Türblatt, zweiflüglig, Vollspan	St	1.133	1.571	**1.877**	2.042	2.307
	LB 327, Pos. 20, Seite 379		952	1.320	**1.577**	1.716	1.939
33	Drückergarnitur, Stahl	St	61	86	**98**	109	137
	LB 329, Pos. 3, Seite 391		52	72	**83**	92	115
34	Drückergarnitur, Aluminium	St	68	124	**145**	164	209
	LB 329, Pos. 4, Seite 392		57	104	**122**	138	176
35	Drückergarnitur, Edelstahl	St	164	243	**281**	330	442
	LB 329, Pos. 5, Seite 392		138	205	**236**	278	372
36	Bad-/WC-Garnitur, Aluminium	St	94	145	**167**	195	243
	LB 329, Pos. 6, Seite 392		79	122	**140**	164	204
37	Stoßgriff, Tür, Edelstahl	St	293	373	**397**	474	655
	LB 329, Pos. 7, Seite 392		247	313	**334**	398	550
38	Obentürschließer, einflüglige Tür	St	219	390	**477**	568	770
	LB 329, Pos. 8, Seite 393		184	328	**401**	478	647
39	Obentürschließer, zweiflüglige Tür	St	658	1.164	**1.400**	1.643	2.055
	LB 329, Pos. 9, Seite 393		553	978	**1.176**	1.381	1.727
40	Türantrieb, kraftbetätigte Tür, einflüglig	St	4.360	6.848	**7.604**	8.637	10.273
	LB 329, Pos. 10, Seite 393		3.664	5.755	**6.390**	7.258	8.633
41	Türantrieb, kraftbetätigte Tür, zweiflüglig	St	5.361	7.130	**8.005**	8.815	10.743
	LB 329, Pos. 11, Seite 394		4.505	5.991	**6.727**	7.408	9.027
42	Fluchttürsicherung, elektrische Verriegelung	St	1.261	1.823	**1.940**	2.308	2.803
	LB 329, Pos. 12, Seite 394		1.060	1.532	**1.630**	1.940	2.355
43	Fingerschutz Türkante	St	135	246	**312**	336	413
	LB 329, Pos. 13, Seite 395		113	207	**262**	283	347
44	Türspion, Aluminium	St	25	36	**41**	48	60
	LB 329, Pos. 14, Seite 396		21	30	**34**	41	51
45	Handlauf, Stahl	m	72	103	**123**	133	154
	LB 331, Pos. 1, Seite 407		61	86	**104**	112	129
46	Handlauf, Stahl, Wandhalterung	St	58	92	**102**	127	170
	LB 331, Pos. 2, Seite 407		49	77	**86**	107	143
47	Handlauf, Enden in diverse Ausführungen	St	55	78	**91**	95	116
	LB 331, Pos. 3, Seite 407		46	66	**76**	80	98

Kosten:
Stand 2. Quartal 2026
Bundesdurchschnitt

► min
▷ von
ø Mittel
◁ bis
◀ max

Barrierefreies Bauen **Preise €**

Nr.	Positionen	Einheit	►	▷	ø brutto € / ø netto €	◁	◀
48	Handlauf, Ecken/Gehrungen	St	55	84	**96**	111	130
	LB 331, Pos. 4, Seite 407		46	71	**81**	93	109
49	Brüstungs-/Treppengeländer, Lochblechfüllung	m	424	556	**615**	672	788
	LB 331, Pos. 5, Seite 408		356	468	**516**	565	662
50	Treppengeländer, Flachstahlfüllung	m	414	536	**600**	670	802
	LB 331, Pos. 6, Seite 409		348	451	**504**	563	674
51	Installationselement, Stütz- und Haltegriffe	St	343	382	**414**	429	468
	LB 345, Pos. 30, Seite 539		288	321	**348**	361	393
52	Haltegriff, Edelstahl, 600mm	St	107	162	**188**	199	226
	LB 345, Pos. 31, Seite 539		90	136	**158**	167	190
53	Duschhandlauf, Messing	St	520	718	**769**	908	1.140
	LB 345, Pos. 32, Seite 539		437	604	**646**	763	958
54	Stützklappgriff, Edelstahl, bis 850mm	St	728	815	**841**	903	1.004
	LB 345, Pos. 33, Seite 539		612	685	**707**	759	844
55	Waschbecken, barrierefrei	St	387	472	**516**	665	917
	LB 345, Pos. 34, Seite 539		325	397	**433**	559	771
56	WC, barrierefrei	St	566	729	**802**	1.023	1.345
	LB 345, Pos. 35, Seite 540		475	613	**674**	860	1.131
57	Hygiene-Tiefspül-WC, barrierefrei	St	3.604	4.305	**5.006**	6.007	7.259
	LB 345, Pos. 36, Seite 540		3.029	3.618	**4.207**	5.048	6.100
58	WC-Spülkasten, mit Betätigungsplatte	St	310	334	**388**	436	495
	LB 345, Pos. 37, Seite 540		260	281	**326**	366	416
59	WC-Betätigung, berührungslos	St	586	723	**861**	1.033	1.335
	LB 345, Pos. 38, Seite 540		492	608	**724**	868	1.122
60	Nachrüstaufsatz, Hygiene-Tiefspül-WC	St	1.381	1.512	**1.644**	2.104	2.630
	LB 345, Pos. 39, Seite 541		1.160	1.271	**1.381**	1.768	2.210
61	Nachrüstung Türeinstieg Badewanne	St	1.058	1.176	**1.367**	1.586	1.743
	LB 345, Pos. 40, Seite 541		889	988	**1.149**	1.332	1.465
62	Stützgriff, fest, WC	St	359	404	**505**	606	682
	LB 345, Pos. 41, Seite 541		302	340	**425**	510	573
63	Stützgriff, fest, WC mit Spülauslösung	St	844	967	**1.029**	1.142	1.286
	LB 345, Pos. 42, Seite 541		709	813	**864**	960	1.081
64	Stützgriff, klappbar, WC	St	621	763	**942**	1.139	1.290
	LB 345, Pos. 43, Seite 542		522	641	**791**	957	1.084
65	Stützgriff, klappbar, WC mit Spülauslösung	St	893	1.012	**1.088**	1.208	1.361
	LB 345, Pos. 44, Seite 542		750	851	**915**	1.015	1.143
66	Stützgriff, fest, Waschtisch	St	431	535	**653**	803	894
	LB 345, Pos. 45, Seite 542		362	450	**548**	675	751
67	Stützgriff, klappbar, Waschtisch	St	634	725	**764**	863	947
	LB 345, Pos. 46, Seite 542		533	610	**642**	725	796
68	Notruf barrierefreies WC	St	664	931	**1.119**	1.310	1.567
	LB 363, Pos. 4, Seite 573		558	783	**940**	1.101	1.317
69	Personenaufzug bis 630kg, barrierefrei, Typ 2	St	69.213	84.266	**89.964**	93.940	105.565
	LB 369, Pos. 1, Seite 579		58.162	70.812	**75.600**	78.941	88.710
70	Personenaufzug bis 1275kg, barrierefrei, Typ 3	St	103.003	124.792	**133.038**	141.389	158.979
	LB 369, Pos. 2, Seite 580		86.557	104.868	**111.797**	118.815	133.595
71	Sitzlift, Treppe innen, gerade	St	6.213	7.490	**13.220**	18.111	18.834
	LB 369, Pos. 4, Seite 582		5.221	6.294	**11.109**	15.219	15.827

Nr.	Positionen	Einheit	▶	▷	ø brutto € / ø netto €	◁	◀
72	Sitzlift, Treppe innen, gewendelt	St	13.088	13.379	**19.658**	28.476	28.670
	LB 369, Pos. 5, Seite 582		10.998	11.243	**16.519**	23.929	24.093
73	Plattformlift, Treppe innen, gerade	St	16.549	17.285	**21.802**	31.672	33.183
	LB 369, Pos. 6, Seite 583		13.907	14.525	**18.321**	26.615	27.885
74	Plattformlift, Treppe innen, gewendelt	St	27.017	27.990	**38.429**	41.020	43.388
	LB 369, Pos. 7, Seite 583		22.703	23.521	**32.293**	34.471	36.461
75	Plattformlift, Treppe außen, gerade	St	23.438	26.364	**31.509**	34.825	36.512
	LB 369, Pos. 8, Seite 583		19.696	22.155	**26.478**	29.265	30.682
76	Hublift, Förderplattform, 1,5m	St	10.136	10.659	**21.276**	25.050	25.870
	LB 369, Pos. 9, Seite 583		8.517	8.957	**17.879**	21.051	21.739
77	Hublift, Förderplattform, 3,0m	St	25.492	27.303	**34.930**	36.207	38.653
	LB 369, Pos. 10, Seite 584		21.422	22.944	**29.353**	30.426	32.482
78	Plattformaufzug, barrierefrei, verglast, außen	St	49.003	49.859	**63.698**	79.017	83.223
	LB 369, Pos. 11, Seite 584		41.179	41.898	**53.528**	66.401	69.935
79	Fassadenrinne, DN100	m	206	243	**260**	282	336
	LB 303, Pos. 85, Seite 627		173	204	**218**	237	282
80	Entwässerungsrinne, Polymerbeton	St	404	501	**552**	603	740
	LB 303, Pos. 86, Seite 627		339	421	**464**	507	622
81	Entwässerungsrinne, Kl. A, Beton/Gussabdeckung	m	146	205	**221**	245	304
	LB 303, Pos. 87, Seite 627		122	172	**185**	206	256
82	Entwässerungsrinne, Kl. B, Beton/Gussabdeckung	m	159	196	**215**	230	297
	LB 303, Pos. 88, Seite 628		134	165	**181**	194	249
83	Entwässerungsrinne, Klasse A, DN100	m	208	258	**278**	322	344
	LB 303, Pos. 89, Seite 628		175	217	**233**	271	289
84	Abdeckung, Entwässerungsrinne, Guss, Bodenindikator	St	157	185	**205**	220	244
	LB 303, Pos. 90, Seite 628		132	155	**172**	184	205
85	Ablaufkasten, Klasse A, DN100	St	374	455	**479**	570	603
	LB 303, Pos. 91, Seite 628		314	382	**402**	479	507
86	Betonplattenbelag, 40x40	m²	73	89	**95**	100	111
	LB 380, Pos. 40, Seite 661		61	75	**80**	84	93
87	Betonplattenbelag, großformatig	m²	88	106	**112**	141	173
	LB 380, Pos. 41, Seite 662		74	89	**94**	119	145
88	Balkonbelag, Betonwerkstein	m²	119	149	**167**	189	224
	LB 380, Pos. 42, Seite 662		100	125	**140**	159	188
89	Pflasterdecke, Betonpflaster	m²	55	60	**64**	67	71
	LB 380, Pos. 43, Seite 662		46	50	**54**	56	59
90	Plattenbelag, Granit, 60x60	m²	108	127	**138**	148	173
	LB 380, Pos. 48, Seite 664		90	107	**116**	125	145
91	Plattenbelag, Basalt, 60x60	m²	203	276	**303**	349	373
	LB 380, Pos. 49, Seite 664		171	232	**255**	293	313
92	Plattenbelag, Travertin, 60x60	m²	155	224	**228**	267	294
	LB 380, Pos. 50, Seite 664		130	188	**192**	224	247
93	Plattenbelag, Sandstein, 60x60	m²	181	204	**217**	228	247
	LB 380, Pos. 51, Seite 665		152	171	**182**	191	208
94	Rippenplatten, 30x30x8, Rippenabstand 50x6, o. Fase, weiß	m²	–	207	**216**	270	–
	LB 380, Pos. 72, Seite 670		–	174	**182**	227	–

Kosten:
Stand 2. Quartal 2026
Bundesdurchschnitt

Nr.	Positionen	Einheit	▶	▷	ø brutto € / ø netto €	◁	◀
95	Rippenplatten, 30x30x8, Rippenabstand 50x7, mit Fase, anthrazit	m²	169	224	**249**	299	309
	LB 380, Pos. 73, Seite 670		142	188	**209**	251	260
96	Rippenplatten, 30x30x8, Rippenabstand 40x7, mit Fase, weiß	m²	165	194	**215**	221	266
	LB 380, Pos. 74, Seite 670		138	163	**181**	186	224
97	Rippenplatten, 30x30x8, Rippenabstand 50x6, o. Fase, anthrazit	m²	–	223	**235**	291	–
	LB 380, Pos. 75, Seite 671		–	187	**197**	244	–
98	Rippenplatte, 20x10x8, Rippenabstand 40x2, mit Fase, weiß	m	–	172	**180**	210	–
	LB 380, Pos. 76, Seite 671		–	145	**151**	177	–
99	Noppenplatten, 30x30x8, 32 Noppen, mit Fase, Kegel, anthrazit	m²	–	211	**220**	272	–
	LB 380, Pos. 77, Seite 671		–	177	**185**	229	–
100	Noppenplatten, 30x30x8, 32 Noppen, mit Fase, Kegel, weiß	m²	153	208	**221**	255	266
	LB 380, Pos. 78, Seite 671		128	175	**186**	214	223
101	Noppenplatten, 30x30x8, 32 Noppen, mit Fase, Kugel, weiß	m²	152	206	**217**	273	282
	LB 380, Pos. 79, Seite 672		127	173	**182**	229	237
102	Noppenplatten, 30x30x8, 32 Noppen, mit Fase, Kugel, anthrazit	m²	–	213	**227**	276	–
	LB 380, Pos. 80, Seite 672		–	179	**190**	232	–
103	Leitstreifen Rippenplatte, einreihig	m	484	563	**569**	617	685
	LB 380, Pos. 81, Seite 672		406	473	**478**	518	575
104	Aufmerksamkeitsfeld, 90x90cm, Noppenplatte	m²	170	201	**216**	240	271
	LB 380, Pos. 82, Seite 672		142	169	**182**	202	228
105	Einstiegsfeld, 90x90cm, Noppenplatte	m²	192	250	**274**	335	349
	LB 380, Pos. 83, Seite 673		161	210	**231**	281	293
106	Rollstuhl-Überfahrtstein, 18x22, L=100cm	m	128	172	**192**	207	222
	LB 380, Pos. 84, Seite 673		108	145	**161**	174	187
107	Tastbordstein, Beton, 25x20, L=50cm	m	111	150	**158**	183	193
	LB 380, Pos. 85, Seite 673		93	126	**133**	154	162
108	Rollbordstein, Beton, 25x20, L=100cm	m	–	154	**161**	195	–
	LB 380, Pos. 86, Seite 673		–	130	**135**	163	–
109	Übergangsbordstein, Beton, dreiteilig, 12x18x30, L=100cm	m	–	211	**225**	258	–
	LB 380, Pos. 87, Seite 673		–	177	**189**	217	–
110	Übergangsbordstein, Beton, dreiteilig, 18x22, L=100cm	m	128	180	**186**	227	234
	LB 380, Pos. 88, Seite 674		108	151	**156**	190	197
111	L-Stufe, Kontraststreifen Beton,15x38, L=120cm	m	189	256	**270**	324	337
	LB 380, Pos. 89, Seite 674		159	215	**227**	272	283
112	L-Stufe, Kontraststreifen PVC,15x38, L=120cm	m	162	210	**229**	270	283
	LB 380, Pos. 90, Seite 674		136	177	**192**	227	238
113	Legestufe, Kontraststreifen PVC, 8x40x120	m	181	235	**245**	281	308
	LB 380, Pos. 91, Seite 674		152	197	**206**	236	259

▶ min
▷ von
ø Mittel
◁ bis
◀ max

Nr.	Positionen	Einheit	►	▷	ø brutto € / ø netto €	◁	◄
114	Legestufe, Kontraststreifen Beton, 8x40x120	m	198	265	**279**	324	346
	LB 380, Pos. 92, Seite 675		166	223	**234**	272	291
115	Winkelstufe, Kontraststreifen PVC, 20x36x120	m	42	52	**54**	63	67
	LB 380, Pos. 93, Seite 675		36	43	**46**	53	57
116	Winkelstufe, Kontraststreifen Beton, 20x36x120	m	201	258	**271**	317	339
	LB 380, Pos. 94, Seite 675		169	216	**228**	267	285
117	Blockstufe, Kontraststreifen PVC, 20x40x120	m	–	253	**263**	308	–
	LB 380, Pos. 95, Seite 675		–	212	**221**	259	–
118	Blockstufe, Kontraststreifen Beton, 20x40x120	m	273	286	**291**	309	335
	LB 380, Pos. 96, Seite 676		230	240	**244**	259	281
119	Taktiles Bodenleitsystem Fräsen, 7 Rillen	m	–	181	**199**	237	–
	LB 380, Pos. 97, Seite 676		–	152	**167**	199	–
120	Rampenstufen, Betonfertigteil	St	83	115	**124**	142	148
	LB 380, Pos. 98, Seite 676		70	97	**104**	119	125
121	Taktiles Bodenleitsystem Fräsen, 1 Rille	m	–	67	**71**	83	–
	LB 380, Pos. 99, Seite 676		–	56	**60**	70	–
122	Fräsen eines Aufmerksamkeitsfeldes	St	135	178	**195**	223	230
	LB 380, Pos. 100, Seite 676		113	149	**164**	187	194
123	Richtungsänderung fräsen	St	–	256	**269**	318	–
	LB 380, Pos. 101, Seite 677		–	215	**226**	267	–
124	Überfahrrampe Balkon-/Terrassentüren Höhe bis 125mm	St	904	1.244	**1.309**	1.506	1.545
	LB 380, Pos. 103, Seite 677		759	1.045	**1.100**	1.265	1.298

G Brandschutz

Kosten:
Stand 2. Quartal 2026
Bundesdurchschnitt

Brandschutz							Preise €
Nr.	**Positionen**	**Einheit**	►	▷	**ø brutto €** ø netto €	◁	◄
1	Brandschutzbeschichtung, Stahlbauteile, Decklack	m²	35	54	**64**	70	81
	LB 317, Pos. 18, Seite 201		30	45	**54**	58	68
2	Sicherheitsdachhaken, verzinkt	St	28	38	**40**	47	51
	LB 322, Pos. 66, Seite 299		24	32	**34**	39	43
3	Sicherheitsdachhaken, Kupfer	St	31	38	**46**	51	56
	LB 322, Pos. 67, Seite 299		26	32	**38**	43	47
4	Sicherheitstritt, Standgitter	St	124	160	**174**	202	214
	LB 322, Pos. 68, Seite 299		104	134	**146**	170	180
5	WDVS, Brandbarriere, bis 300mm	m	16	22	**24**	27	29
	LB 323, Pos. 123, Seite 330		14	18	**20**	22	24
6	Holz-Türelement, S200C5, einflüglig, 875x2.125	St	1.354	1.639	**1.799**	1.874	2.215
	LB 327, Pos. 7, Seite 374		1.138	1.377	**1.512**	1.575	1.861
7	Holz-Türelement, S200C5, einflüglig, 1.000x2.000/2.125	St	1.319	1.538	**1.852**	1.889	2.861
	LB 327, Pos. 8, Seite 375		1.108	1.293	**1.557**	1.587	2.404
8	Holz-Türelement, S200C5, zweiflüglig	St	5.159	9.477	**10.897**	12.350	15.834
	LB 327, Pos. 9, Seite 375		4.335	7.963	**9.157**	10.378	13.306
9	Holz-Türelement, einflüglig, 875x2.125	St	1.779	2.596	**2.829**	3.422	4.793
	LB 327, Pos. 14, Seite 377		1.495	2.181	**2.378**	2.876	4.028
10	Fluchttürsicherung, elektrische Verriegelung	St	1.261	1.823	**1.940**	2.308	2.803
	LB 329, Pos. 12, Seite 394		1.060	1.532	**1.630**	1.940	2.355
11	Stahltür, Brandschutz, EI2 30, zweiflüglig	St	3.562	4.944	**5.813**	6.435	7.427
	LB 331, Pos. 11, Seite 413		2.993	4.155	**4.885**	5.408	6.241
12	Stahltür, Brandschutz, EI2 90, 875x2.000/2.125	St	2.374	3.291	**3.699**	3.997	4.539
	LB 331, Pos. 12, Seite 415		1.995	2.765	**3.108**	3.359	3.814
13	Stahltür, Brandschutz EI2 90, zweiflüglig	St	5.949	7.296	**7.878**	8.195	9.158
	LB 331, Pos. 13, Seite 416		5.000	6.131	**6.621**	6.887	7.695
14	Brandschutzbeschichtung, feuerhemmend, Stahlbauteile	m²	78	110	**122**	148	223
	LB 331, Pos. 15, Seite 418		66	93	**102**	125	187
15	Brandschutzbeschichtung, Stahlbauteile, Decklack	m²	26	32	**35**	36	42
	LB 331, Pos. 16, Seite 419		22	27	**30**	30	35
16	Brandschutzbeschichtung Rund-/Profilstahl	m	53	71	**76**	91	98
	LB 331, Pos. 17, Seite 419		45	59	**64**	77	82
17	Brandschutzverglasung, Innenwände	m²	327	624	**732**	734	938
	LB 332, Pos. 15, Seite 425		275	524	**615**	617	788
18	Fassadendämmung, Brandbarriere	m²	51	59	**62**	63	72
	LB 338, Pos. 7, Seite 474		43	49	**52**	53	60
19	Montagewand, Holz, 100mm, GK einlagig, MW	m²	114	128	**133**	144	160
	LB 339, Pos. 18, Seite 484		96	107	**112**	121	134
20	Montagewand, Metall, 125mm, GK zweilagig, MW, EI 30	m²	88	112	**121**	135	169
	LB 339, Pos. 20, Seite 485		74	94	**102**	113	142
21	Montagewand, Metall, 150mm, GK zweilagig, MW, EI 30	m²	97	121	**127**	139	163
	LB 339, Pos. 21, Seite 485		82	101	**107**	116	137
22	Montagewand, Metall, 100mm, GKF zweilagig, MW, EI 90	m²	109	132	**140**	151	178
	LB 339, Pos. 22, Seite 486		91	111	**118**	127	149
23	Montagewand, Metall, 200mm, GKF zweilagig, Ständerwerk doppelt, EI 90	m²	113	145	**160**	170	193
	LB 339, Pos. 23, Seite 487		95	122	**134**	143	162

► min
▷ von
ø Mittel
◁ bis
◄ max

Nr.	Positionen	Einheit	►	▷	ø brutto € / ø netto €	◁	◄
24	Montagewand, Gipsplatten, Brandwand, nichttragend	m²	–	208	**251**	252	–
	LB 339, Pos. 24, Seite 487		–	175	**211**	212	–
25	Montagewand, Gipsplatten, Brandwand	m²	–	229	**278**	306	–
	LB 339, Pos. 25, Seite 488		–	193	**233**	257	–
26	Schachtwand, Gipsplatten, EI 90	m²	73	92	**101**	105	116
	LB 339, Pos. 35, Seite 490		61	77	**85**	88	98
27	Installationskanal, GK-Platte, EI 30	m	115	138	**147**	171	207
	LB 339, Pos. 36, Seite 491		97	116	**124**	143	174
28	Installationskanal EI30, einlagig, Feuerschutzplatte GM-F	m²	–	156	**174**	217	–
	LB 339, Pos. 37, Seite 491		–	131	**146**	183	–
29	Installationskanal EI60, Feuerschutzplatte GM-F	m²	–	199	**221**	280	–
	LB 339, Pos. 38, Seite 491		–	167	**185**	236	–
30	Installationskanal EI90, Feuerschutzplatte GM-F	m²	–	217	**241**	308	–
	LB 339, Pos. 39, Seite 492		–	182	**202**	259	–
31	Bekleidung, doppelt, EI 90, vorh. Unterkonstruktion	m²	110	144	**155**	171	206
	LB 339, Pos. 43, Seite 493		92	121	**130**	144	173
32	Brandschutzabschottung, R90, DN12	St	25	28	**30**	35	45
	LB 347, Pos. 16, Seite 549		21	23	**25**	29	38
33	Brandschutzabschottung, R90, DN15	St	27	33	**35**	42	50
	LB 347, Pos. 17, Seite 550		22	28	**30**	35	42
34	Brandschutzabschottung, R90, DN20	St	29	47	**55**	64	82
	LB 347, Pos. 18, Seite 550		24	40	**47**	54	69
35	Brandschutzabschottung, R90, DN25	St	37	56	**64**	74	90
	LB 347, Pos. 19, Seite 550		31	47	**54**	62	76
36	Brandschutzabschottung, R90, DN32	St	46	66	**78**	86	120
	LB 347, Pos. 20, Seite 550		38	56	**65**	72	101
37	Brandschutzabschottung, R90, DN40	St	60	85	**90**	100	119
	LB 347, Pos. 21, Seite 551		51	71	**75**	84	100
38	Brandschutzabschottung, R90, DN50	St	73	102	**111**	124	130
	LB 347, Pos. 22, Seite 551		61	86	**93**	104	109
39	Brandschutzabschottung, R90, DN65	St	92	115	**130**	139	154
	LB 347, Pos. 23, Seite 551		77	97	**109**	117	129
40	Brandschutzabschottung, R90, DN100	St	105	133	**149**	159	185
	LB 347, Pos. 24, Seite 551		89	112	**126**	133	155
41	Brandschutzabschottung, R90, DN125	St	112	146	**159**	170	203
	LB 347, Pos. 25, Seite 552		94	122	**134**	143	171
42	Brandmeldezentrale bis 4 Ringe-/Linien	St	1.798	3.409	**4.139**	5.044	7.287
	LB 363, Pos. 1, Seite 573		1.511	2.865	**3.478**	4.238	6.123
43	Brandmeldezentrale ab 5 Ringe-/Linien	St	6.791	9.734	**10.775**	12.866	16.178
	LB 363, Pos. 2, Seite 573		5.707	8.180	**9.055**	10.812	13.595
44	Feuerwehr - Schlüsseldepot	St	1.525	2.177	**2.480**	3.001	4.249
	LB 363, Pos. 3, Seite 573		1.282	1.829	**2.084**	2.522	3.571
45	Optischer Rauchmelder	St	102	194	**214**	236	312
	LB 363, Pos. 5, Seite 574		86	163	**180**	198	263
46	Ionisations-Rauchmelder	St	375	413	**479**	510	559
	LB 363, Pos. 6, Seite 574		315	347	**403**	428	470
47	Optischer Rauchwarnmelder	St	38	72	**84**	102	144
	LB 363, Pos. 7, Seite 574		32	61	**71**	86	121

Brandschutz **Preise €**

Nr.	Positionen	Einheit	►	▷	ø brutto € / ø netto €	◁	◄
48	Funkvernetzte Rauchwarnmelder	St	147	187	**197**	226	274
	LB 363, Pos. 8, Seite 574		123	157	**166**	190	230
49	Wärme-Differenzialmelder	St	125	145	**151**	175	203
	LB 363, Pos. 9, Seite 575		105	122	**127**	147	171
50	Kombinierter Rauch-/Wärmemelder	St	276	295	**305**	313	332
	LB 363, Pos. 10, Seite 575		232	248	**256**	263	279
51	Handfeuermelder	St	103	143	**163**	187	248
	LB 363, Pos. 11, Seite 575		87	120	**137**	157	209
52	Signalgeber akustisch	St	113	195	**230**	263	323
	LB 363, Pos. 12, Seite 575		95	164	**193**	221	271
53	Signalgeber akustisch/optisch	St	291	363	**385**	430	527
	LB 363, Pos. 13, Seite 576		244	305	**324**	361	443
54	Signalgeber optisch	St	221	245	**271**	300	334
	LB 363, Pos. 14, Seite 576		186	206	**228**	252	281
55	Anzeige-Tableau	St	898	1.402	**1.611**	2.094	2.739
	LB 363, Pos. 15, Seite 576		755	1.179	**1.354**	1.759	2.302
56	Feuerwehr-Bedienfeld	St	554	769	**858**	1.426	2.045
	LB 363, Pos. 16, Seite 576		465	646	**721**	1.198	1.719
57	Rauchauslöseeinrichtung	St	1.060	1.427	**1.621**	1.897	2.430
	LB 363, Pos. 18, Seite 577		890	1.199	**1.362**	1.594	2.042
58	Brandschutzklappen, RLT, eckig	St	751	989	**1.139**	1.209	1.361
	LB 375, Pos. 27, Seite 596		631	831	**957**	1.016	1.143
59	Brandschutzklappen, RLT, rund, Küche	St	4.122	6.286	**9.065**	12.020	17.450
	LB 375, Pos. 28, Seite 596		3.464	5.282	**7.617**	10.101	14.664

Kosten:
Stand 2. Quartal 2026
Bundesdurchschnitt

► min
▷ von
ø Mittel
◁ bis
◄ max

H

Innenraum

Kosten:
Stand 2. Quartal 2026
Bundesdurchschnitt

▶ min
▷ von
ø Mittel
◁ bis
◀ max

Innenraum							Preise €
Nr.	**Positionen**	**Einheit**	▶	▷	**ø brutto €** ø netto €	◁	◀
1	Ziegelpflaster abbrechen, Außenbereich	m²	33	41	**45**	55	58
	LB 312, Pos. 6, Seite 115		27	35	**38**	46	49
2	Innenwand abbrechen, Gipswandbauplatte, 10cm	m²	57	66	**76**	93	100
	LB 312, Pos. 7, Seite 115		48	56	**64**	78	84
3	Innenmauerwerk abbrechen, Porenbeton, 17,5cm	m²	38	68	**80**	98	107
	LB 312, Pos. 8, Seite 115		32	57	**68**	82	90
4	Innenmauerwerk abbrechen, 11,5cm	m²	38	49	**60**	74	89
	LB 312, Pos. 9, Seite 115		32	42	**51**	62	75
5	Innenmauerwerk abbrechen, 24cm	m²	45	78	**89**	110	112
	LB 312, Pos. 10, Seite 116		38	66	**75**	93	94
6	Fachwerksausfachung abbrechen, Mauerwerk	m²	47	66	**69**	89	114
	LB 312, Pos. 11, Seite 116		39	55	**58**	75	96
7	Deckengewölbe abbrechen, Steine entsorgen	m²	85	98	**103**	131	137
	LB 312, Pos. 12, Seite 116		71	83	**87**	110	116
8	Sandfüllung ausbauen, Gewölbedecke	m²	23	30	**35**	45	47
	LB 312, Pos. 13, Seite 116		20	25	**30**	38	39
9	Decke abbrechen, Kappendecke	m²	114	144	**152**	190	202
	LB 312, Pos. 14, Seite 116		96	121	**128**	160	170
10	Decke abbrechen, Ziegelhohlkörper	m²	78	100	**106**	131	142
	LB 312, Pos. 15, Seite 116		65	84	**89**	110	120
11	Decke abbrechen, Stb-Hohldielen	m²	83	102	**113**	138	146
	LB 312, Pos. 16, Seite 117		69	86	**95**	116	123
12	Schlitz herstellen, Mauerwerk, 5x3cm	m	8	15	**18**	22	25
	LB 312, Pos. 34, Seite 120		6	13	**15**	19	21
13	Schlitz herstellen, Mauerwerk, 10x5cm	m	10	19	**22**	26	29
	LB 312, Pos. 35, Seite 120		8	16	**18**	22	25
14	Schlitz herstellen, Mauerwerk, 30x15cm	m	25	65	**75**	88	93
	LB 312, Pos. 37, Seite 120		21	55	**63**	74	78
15	Schlitz schließen, Mauerwerk, 5x3cm	m	9	12	**15**	17	23
	LB 312, Pos. 38, Seite 121		8	11	**12**	15	19
16	Schlitz schließen, Mauerwerk, 10x5cm	m	12	18	**21**	25	34
	LB 312, Pos. 39, Seite 121		10	15	**18**	21	28
17	Schlitz schließen, Mauerwerk, 30x10cm	m	17	26	**32**	39	60
	LB 312, Pos. 40, Seite 121		14	22	**27**	33	51
18	Schlitz schließen, gedämmt, Mauerwerk, 10x5cm	m	19	28	**34**	40	43
	LB 312, Pos. 41, Seite 121		16	23	**28**	34	36
19	Schlitz schließen, gedämmt, Mauerwerk, 30x15cm	m	40	53	**60**	73	85
	LB 312, Pos. 42, Seite 121		34	45	**51**	61	71
20	Wanddurchbruch, bis 100cm², 20cm	St	22	34	**41**	50	64
	LB 312, Pos. 55, Seite 124		19	29	**34**	42	54
21	Wanddurchbruch, bis 500cm², 20cm	St	35	50	**61**	73	76
	LB 312, Pos. 56, Seite 124		30	42	**51**	62	64
22	Wanddurchbruch, bis 2500cm², 20cm	St	45	88	**108**	131	146
	LB 312, Pos. 58, Seite 125		38	74	**90**	110	123
23	Wanddurchbruch, bis 100cm², 40cm	St	39	52	**60**	114	129
	LB 312, Pos. 59, Seite 125		33	44	**51**	96	108
24	Wanddurchbruch, bis 500cm², 40cm	St	49	69	**83**	100	151
	LB 312, Pos. 60, Seite 125		41	58	**69**	84	127

Nr.	Positionen	Einheit	▶	▷	**ø brutto €** ø netto €	◁	◀
25	Wanddurchbruch, bis 2500cm², 40cm	St	95	132	**160**	189	217
	LB 312, Pos. 62, Seite 125		80	111	**135**	159	182
26	Wanddurchbruch schließen, bis 100cm², 20cm	St	25	38	**46**	57	63
	LB 312, Pos. 63, Seite 126		21	32	**39**	48	53
27	Wanddurchbruch schließen, bis 500cm², 20cm	St	41	51	**59**	72	87
	LB 312, Pos. 64, Seite 126		34	43	**50**	61	73
28	Wanddurchbruch schließen, bis 2.500cm², 20cm	St	73	105	**117**	142	163
	LB 312, Pos. 66, Seite 126		61	88	**99**	119	137
29	Wanddurchbruch schließen, bis 100cm², 40cm	St	40	64	**75**	91	108
	LB 312, Pos. 67, Seite 126		33	53	**63**	77	91
30	Wanddurchbruch schließen, bis 500cm², 40cm	St	55	88	**104**	127	133
	LB 312, Pos. 68, Seite 126		46	74	**87**	106	112
31	Wanddurchbruch schließen, bis 2.500cm², 40cm	St	88	127	**152**	185	196
	LB 312, Pos. 70, Seite 127		74	107	**127**	155	164
32	Deckendurchbruch, bis 100cm², 20cm	St	45	69	**72**	87	100
	LB 312, Pos. 71, Seite 127		38	58	**60**	73	84
33	Deckendurchbruch, bis 500cm², 20cm	St	50	77	**87**	109	120
	LB 312, Pos. 72, Seite 127		42	65	**73**	91	101
34	Deckendurchbruch, bis 500cm², 30cm	St	59	82	**99**	120	124
	LB 312, Pos. 74, Seite 127		50	69	**83**	101	104
35	Deckendurchbruch schließen, bis 100cm², 20cm	St	32	43	**49**	61	65
	LB 312, Pos. 75, Seite 128		27	36	**42**	51	55
36	Deckendurchbruch schließen, bis 500cm², 20cm	St	61	78	**89**	105	107
	LB 312, Pos. 76, Seite 128		51	66	**75**	88	90
37	Deckendurchbruch schließen, bis 1.000cm², 20cm	St	93	110	**130**	158	162
	LB 312, Pos. 77, Seite 128		79	93	**109**	133	136
38	Deckendurchbruch schließen, bis 500cm², 30cm	St	76	108	**125**	152	158
	LB 312, Pos. 78, Seite 128		64	91	**105**	127	133
39	Baustelleneinrichtung, Bohren/Sägen	psch	–	223	**259**	314	–
	LB 312, Pos. 79, Seite 128		–	187	**218**	264	–
40	Bohreinrichtung umsetzen	psch	–	95	**109**	134	–
	LB 312, Pos. 80, Seite 128		–	80	**91**	113	–
41	Mauerwerk schneiden, Wand, Mz bis 36cm	m	48	66	**74**	91	97
	LB 312, Pos. 81, Seite 128		41	55	**63**	76	81
42	Mauerwerk schneiden, Wand, KS bis 17,5cm	m	37	53	**64**	78	80
	LB 312, Pos. 82, Seite 129		31	45	**54**	65	67
43	Mauerwerk schneiden, Wand, KS bis 24cm	m	83	102	**116**	141	153
	LB 312, Pos. 83, Seite 129		70	86	**97**	119	129
44	Kernbohrung, Mauerwerk, 10-50mm	m	145	200	**238**	288	304
	LB 312, Pos. 84, Seite 129		122	168	**200**	242	256
45	Kernbohrung, Mauerwerk, 85-110mm	m	186	249	**301**	370	388
	LB 312, Pos. 86, Seite 129		157	210	**253**	311	326
46	Kernbohrung, Mauerwerk, 115-130mm	m	220	292	**361**	429	444
	LB 312, Pos. 87, Seite 129		185	245	**303**	361	373
47	Kernbohrung, Mauerwerk, 150-200mm	m	323	387	**455**	550	591
	LB 312, Pos. 89, Seite 130		271	325	**382**	462	497
48	Innenwand, HLz 11,5cm, nichttragend	m²	80	93	**99**	108	125
	LB 312, Pos. 90, Seite 130		67	78	**83**	91	105

Kosten:
Stand 2. Quartal 2026
Bundesdurchschnitt

Innenraum							Preise €
Nr.	**Positionen**	**Einheit**	►	▷	**ø brutto €** ø netto €	◁	◀
49	Innenwand, KS 11,5cm, nichttragend	m²	94	107	**112**	117	129
	LB 312, Pos. 91, Seite 130		79	90	**94**	98	108
50	Innenwand, KS 17,5cm, tragend	m²	104	126	**137**	147	175
	LB 312, Pos. 92, Seite 131		87	106	**115**	123	147
51	Innenwand, PP 11,5cm, nichttragend	m²	83	102	**108**	120	144
	LB 312, Pos. 94, Seite 131		70	86	**91**	101	121
52	Ausmauerung, Fachwerk 11,5cm	m²	118	157	**174**	209	270
	LB 312, Pos. 96, Seite 132		99	132	**146**	175	226
53	Innenwände abbrechen, Stahlbeton bis 15cm	m³	297	382	**406**	475	508
	LB 313, Pos. 8, Seite 141		249	321	**342**	400	427
54	Innenwände abbrechen, Stahlbeton bis 25cm	m³	370	444	**493**	562	611
	LB 313, Pos. 9, Seite 141		311	373	**414**	472	514
55	Stahlbetonstützen abbrechen	m³	461	555	**631**	719	782
	LB 313, Pos. 10, Seite 141		387	467	**530**	604	657
56	Geschossdecke abbrechen, Stahlbeton bis 25cm, m³	m³	351	436	**479**	570	632
	LB 313, Pos. 11, Seite 142		295	366	**402**	479	531
57	Stahlbetontreppe abbrechen	St	940	1.184	**1.287**	1.493	1.609
	LB 313, Pos. 12, Seite 142		790	995	**1.082**	1.255	1.352
58	Wandschlitze, Beton, 10x5cm	m	72	90	**96**	117	121
	LB 313, Pos. 13, Seite 142		60	76	**80**	98	101
59	Wanddurchbrüche, Stb, 20x20cm, 24cm	St	127	153	**171**	195	213
	LB 313, Pos. 14, Seite 142		107	128	**144**	164	179
60	Deckendurchbruch, Stb, herstellen 30x10, 20cm	St	73	89	**99**	114	125
	LB 313, Pos. 15, Seite 142		61	75	**83**	96	105
61	Deckendurchbruch, Stb, herstellen 50x20, 20cm	St	122	149	**165**	190	209
	LB 313, Pos. 17, Seite 143		103	125	**139**	160	175
62	Deckendurchbruch, Stb, schließen 30x10, 20cm	St	37	44	**49**	57	68
	LB 313, Pos. 18, Seite 143		31	37	**41**	48	57
63	Deckendurchbruch, Stb, schließen 50x20, 20cm	St	63	76	**86**	99	113
	LB 313, Pos. 20, Seite 143		53	64	**72**	83	95
64	Deckendurchbruch, Stb, schließen 50x50, 24cm	St	103	122	**139**	158	176
	LB 313, Pos. 21, Seite 143		86	102	**116**	133	148
65	Kernbohrung, Stb, Durchmesser 10-50mm	m	194	233	**259**	303	319
	LB 313, Pos. 22, Seite 143		163	196	**218**	255	268
66	Kernbohrung, Stb, Durchmesser 55-80mm	m	233	280	**314**	358	387
	LB 313, Pos. 23, Seite 144		195	235	**264**	301	325
67	Kernbohrung, Stb, Durchmesser 115-130mm	m	261	319	**358**	412	437
	LB 313, Pos. 24, Seite 144		220	268	**301**	346	367
68	Kernbohrung, Stb, Durchmesser 140-160mm	m	300	348	**401**	469	505
	LB 313, Pos. 25, Seite 144		252	293	**337**	394	424
69	Kernbohrung, Stb, Durchmesser 170-180mm	m	326	394	**453**	512	557
	LB 313, Pos. 26, Seite 144		274	331	**381**	430	468
70	Kernbohrung, Stb, Durchmesser 200-220mm	m	377	454	**516**	594	635
	LB 313, Pos. 27, Seite 144		317	382	**434**	499	534
71	Kernbohrung, Stb, Durchmesser 230-250mm	m	435	533	**580**	672	719
	LB 313, Pos. 28, Seite 144		365	448	**487**	565	604
72	Kernbohrung, Stb, Durchmesser 280-300mm	m	471	568	**646**	736	794
	LB 313, Pos. 29, Seite 144		396	478	**543**	619	668

► min
▷ von
ø Mittel
◁ bis
◀ max

Nr.	Positionen	Einheit	▶	▷	**ø brutto €** ø netto €	◁	◀
73	Kernbohrung, schräg, Mehrpreis	St	35	42	**47**	54	59
	LB 313, Pos. 30, Seite 144		29	35	**40**	46	49
74	Kernbohrung, Stahlschnitte	cm^2	7	8	**9**	10	12
	LB 313, Pos. 31, Seite 145		6	7	**8**	9	10
75	Betonschneidearbeiten, bis 43cm	m	204	245	**275**	319	347
	LB 313, Pos. 32, Seite 145		171	206	**231**	268	292
76	Betonschneidearbeiten, bis 90cm	m	404	512	**569**	672	717
	LB 313, Pos. 33, Seite 145		340	431	**478**	564	603
77	Unterzug C20/25, Stb, 20x40cm	m	48	59	**66**	76	87
	LB 313, Pos. 34, Seite 145		40	50	**55**	64	73
78	Überzug C20/25, Stb, 24x40cm	m	58	68	**76**	87	101
	LB 313, Pos. 35, Seite 145		48	57	**64**	73	85
79	Deckendämmung, Mehrschichtplatte, HWL+MW 50	m^2	80	94	**103**	120	129
	LB 313, Pos. 38, Seite 146		67	79	**87**	101	108
80	Deckendämmung, Mehrschichtplatte, HWL+MW 100	m^2	102	119	**136**	154	172
	LB 313, Pos. 39, Seite 146		86	100	**114**	129	144
81	Deckendämmung, XPS 60, geklebt	m^2	43	49	**55**	63	72
	LB 313, Pos. 40, Seite 146		36	42	**46**	53	60
82	Deckendämmung, XPS 100, geklebt	m^2	51	58	**66**	75	86
	LB 313, Pos. 41, Seite 146		43	49	**55**	63	73
83	Deckendämmung, XPS 180, geklebt	m^2	59	67	**77**	86	100
	LB 313, Pos. 43, Seite 147		50	56	**64**	72	84
84	Deckendämmung, Verbundplatte GF+PIR 50	m^2	100	114	**127**	146	160
	LB 313, Pos. 45, Seite 147		84	96	**106**	122	134
85	Deckendämmung, Verbundplatte GF+PIR 70	m^2	111	128	**140**	161	175
	LB 313, Pos. 46, Seite 147		93	107	**118**	135	147
86	Deckendämmung, Verbundplatte GF+PIR 90	m^2	136	151	**174**	195	214
	LB 313, Pos. 47, Seite 147		114	127	**146**	164	180
87	Deckendämmung, PIR 60, Vlies	m^2	69	78	**88**	101	105
	LB 313, Pos. 48, Seite 148		58	66	**74**	85	89
88	Deckendämmung, PIR 100, Vlies	m^2	75	85	**97**	111	117
	LB 313, Pos. 49, Seite 148		63	72	**81**	93	98
89	Dachbodendämmung, MW 035, 100mm	m^2	26	29	**33**	37	45
	LB 313, Pos. 50, Seite 148		22	24	**28**	31	38
90	Dachbodendämmung, MW 035, 200mm	m^2	49	55	**61**	72	81
	LB 313, Pos. 51, Seite 148		41	47	**52**	60	68
91	Dachbodendämmung, MW 035, 100mm, kaschiert	m^2	59	68	**75**	87	98
	LB 313, Pos. 52, Seite 149		50	57	**63**	73	82
92	Dachbodendämmung, MW 035, 200mm, kaschiert	m^2	105	119	**128**	154	165
	LB 313, Pos. 53, Seite 149		88	100	**108**	129	139
93	Dachbodendämmung, WF 045, 80mm	m^2	52	59	**67**	77	87
	LB 313, Pos. 54, Seite 149		44	50	**56**	65	73
94	Dachbodendämmung, EPS 040, 180mm	m^2	40	45	**51**	58	66
	LB 313, Pos. 55, Seite 150		34	38	**42**	49	56
95	Dachbodendämmung, PUR 024, 80mm, kaschiert	m^2	74	85	**96**	109	125
	LB 313, Pos. 56, Seite 150		62	71	**81**	91	105
96	Dachbodendämmung, MW 040, 180mm, Spanplatte	m^2	107	122	**137**	156	178
	LB 313, Pos. 57, Seite 150		90	103	**115**	131	150

Kosten:
Stand 2. Quartal 2026
Bundesdurchschnitt

► min
▷ von
ø Mittel
◁ bis
◀ max

Innenraum **Preise €**

Nr.	Positionen	Einheit	►	▷	ø brutto € / ø netto €	◁	◀
97	Dachbodendämmung, EPS 040, 80mm, Spanplatte	m²	70	79	**89**	101	116
	LB 313, Pos. 58, Seite 151		59	66	**75**	85	98
98	Dachbodendämmung, EPS 035, 100mm, Spanplatte	m²	78	89	**100**	113	131
	LB 313, Pos. 59, Seite 151		65	75	**84**	95	110
99	Dachbodendämmung, EPS 032, 200mm, Spanplatte	m²	94	107	**121**	137	150
	LB 313, Pos. 60, Seite 152		79	90	**102**	115	126
100	Dachbodendämmung, EPS 032, 260mm, Spanplatte	m²	112	128	**143**	166	181
	LB 313, Pos. 62, Seite 152		94	107	**121**	140	152
101	Dachbodendämmung, PUR 024, 80mm, Spanplatte	m²	107	123	**135**	158	169
	LB 313, Pos. 63, Seite 153		90	103	**114**	133	142
102	Dachbodendämmung, EPS 032,160mm, OSB-Platte	m²	92	102	**112**	131	145
	LB 313, Pos. 64, Seite 153		77	86	**94**	110	121
103	Dachbodendämmung, WF 045, 100mm, OSB-Platte	m²	79	89	**102**	115	131
	LB 313, Pos. 65, Seite 153		66	75	**86**	96	110
104	Natursteinbelag abbrechen, Mörtelbett	m²	22	36	**39**	48	68
	LB 314, Pos. 1, Seite 164		18	30	**33**	40	57
105	Natursteinbelag abbrechen, Unterbeton	m²	45	67	**76**	95	101
	LB 314, Pos. 2, Seite 164		38	57	**64**	79	85
106	Natursteinbelag aufnehmen, lagern	m²	53	64	**73**	91	97
	LB 314, Pos. 3, Seite 164		45	54	**61**	76	81
107	Naturstein-Treppenbelag abbrechen	m	45	55	**61**	77	81
	LB 314, Pos. 4, Seite 164		38	46	**52**	64	68
108	Trittstufe abbrechen, Naturstein	St	104	128	**143**	174	183
	LB 314, Pos. 5, Seite 165		87	108	**120**	146	153
109	Sockelleiste ausbauen/lagern, Naturwerkstein	m	16	19	**21**	26	28
	LB 314, Pos. 6, Seite 165		13	16	**18**	22	23
110	Sockelleiste abbrechen, Naturwerkstein	m	11	14	**16**	20	21
	LB 314, Pos. 7, Seite 165		9	12	**14**	17	17
111	Natursteinbekleidung abbrechen	m²	59	74	**84**	103	109
	LB 314, Pos. 8, Seite 165		49	62	**71**	87	91
112	Fensterbank abbrechen, Naturstein außen	m	34	43	**46**	57	60
	LB 314, Pos. 9, Seite 165		29	36	**39**	48	50
113	Fensterbank abbrechen, Naturstein, innen	St	23	39	**45**	53	69
	LB 314, Pos. 10, Seite 165		19	32	**38**	44	58
114	Natursteinblockstufen, ausbauen/lagern	St	82	98	**115**	142	149
	LB 314, Pos. 11, Seite 166		69	82	**97**	119	125
115	Betonwerksteinplatten abbrechen	m²	24	30	**35**	43	44
	LB 314, Pos. 12, Seite 166		20	25	**29**	36	37
116	Betonwerksteinbelag abbrechen	m²	39	61	**66**	81	84
	LB 314, Pos. 13, Seite 166		33	51	**55**	68	71
117	Betonwerksteinplatten aufnehmen, lagern	m²	23	36	**42**	51	53
	LB 314, Pos. 14, Seite 166		19	30	**35**	43	44
118	Sockelbekleidung abbrechen, Betonwerkstein	m²	135	162	**182**	229	233
	LB 314, Pos. 15, Seite 166		113	136	**153**	193	196
119	Treppenbelag abbrechen, Betonwerkstein	m	79	95	**108**	134	142
	LB 314, Pos. 16, Seite 166		66	80	**91**	113	119
120	Podestbelag abbrechen, Betonwerkstein	m²	44	54	**60**	75	80
	LB 314, Pos. 19, Seite 167		37	45	**51**	63	67

Nr.	Positionen	Einheit	▶	▷	ø brutto € / ø netto €	◁	◀
121	Fensterbank abbrechen, Betonwerkstein, innen	m	28	33	**40**	46	46
	LB 314, Pos. 20, Seite 167		24	28	**33**	39	39
122	Naturwerksteinbelag reinigen	m²	18	21	**24**	30	32
	LB 314, Pos. 21, Seite 167		15	18	**20**	25	27
123	Naturwerksteinflächen ausbessern	m²	48	60	**64**	80	85
	LB 314, Pos. 22, Seite 167		41	50	**53**	67	71
124	Naturwerksteinoberflächen schleifen	m²	88	101	**120**	148	159
	LB 314, Pos. 23, Seite 168		74	85	**101**	124	133
125	Naturwerksteinflächen festigen	m²	22	27	**31**	38	41
	LB 314, Pos. 24, Seite 168		19	23	**26**	32	34
126	Sandsteinoberfläche scharrieren	m²	158	193	**217**	269	289
	LB 314, Pos. 25, Seite 168		133	162	**182**	226	243
127	Betonwerkstein schleifen	m²	43	53	**60**	74	80
	LB 314, Pos. 26, Seite 168		36	44	**50**	63	67
128	Voranstrich, Natursteinbelag	m²	3	6	**7**	10	15
	LB 314, Pos. 37, Seite 171		3	5	**6**	8	13
129	Innenbelag, Naturwerkstein	m²	259	322	**352**	387	452
	LB 314, Pos. 38, Seite 171		218	270	**296**	325	380
130	Innenbelag, Naturwerkstein, Kalkstein	m²	145	264	**311**	416	672
	LB 314, Pos. 40, Seite 172		122	222	**261**	349	565
131	Innenbelag, Betonwerkstein	m²	139	162	**171**	217	277
	LB 314, Pos. 41, Seite 173		117	136	**144**	182	233
132	Sockel, Naturwerksteinplatten	m	41	48	**51**	56	66
	LB 314, Pos. 42, Seite 173		35	40	**43**	47	55
133	Oberfläche, laserstrukturiert, Mehrpreis	m²	–	62	**78**	98	–
	LB 314, Pos. 43, Seite 173		–	52	**65**	82	–
134	Ausklinkung, Plattenbelag	St	25	30	**32**	33	37
	LB 314, Pos. 44, Seite 173		21	25	**27**	28	32
135	Schrägschnitte, Plattenbelag	m	34	38	**38**	42	46
	LB 314, Pos. 45, Seite 173		29	32	**32**	35	38
136	Fries, Plattenbelag	m	55	105	**107**	112	147
	LB 314, Pos. 46, Seite 174		47	88	**90**	94	123
137	Trenn-/Anschlagschiene, Messing	m	34	45	**51**	55	74
	LB 314, Pos. 47, Seite 174		29	38	**43**	46	62
138	Trittschalldämmung, Randstreifen, MW	m²	21	25	**26**	28	31
	LB 314, Pos. 49, Seite 174		18	21	**22**	23	26
139	Erstreinigung, Ersteinpflege, Natursteinboden	m²	6	11	**14**	16	18
	LB 314, Pos. 50, Seite 174		5	10	**12**	13	15
140	Wanddämmung entfernen, MW	m²	10	15	**18**	22	29
	LB 316, Pos. 5, Seite 180		9	12	**15**	19	24
141	Zwischensparrendämmung entfernen, MW	m²	8	13	**15**	16	20
	LB 316, Pos. 6, Seite 180		7	11	**13**	13	17
142	Lattentrennwand demontieren	m²	13	23	**29**	35	49
	LB 316, Pos. 7, Seite 180		11	20	**24**	29	41
143	Dachflächenfenster entfernen	St	52	108	**134**	167	236
	LB 316, Pos. 8, Seite 180		43	91	**112**	141	199
144	Holzständerwand abbauen	m²	34	40	**45**	56	60
	LB 316, Pos. 9, Seite 180		29	34	**38**	47	50

Nr.	Positionen	Einheit	▶	▷	ø brutto € / ø netto €	◁	◀
145	Holztreppe abbauen	St	309	508	**614**	795	1.103
	LB 316, Pos. 10, Seite 180		259	427	**516**	668	927
146	Bodeneinschubtreppe ausbauen	St	81	94	**107**	134	147
	LB 316, Pos. 11, Seite 180		68	79	**90**	113	123
147	Holztrittstufe entfernen	m²	36	43	**49**	61	66
	LB 316, Pos. 12, Seite 181		30	36	**41**	52	56
148	Holzleiter abbauen	St	20	24	**27**	32	35
	LB 316, Pos. 13, Seite 181		17	20	**23**	27	30
149	Holzhandlauf entfernen	m	17	22	**26**	30	32
	LB 316, Pos. 14, Seite 181		14	18	**22**	25	27
150	Holzfußboden entfernen, Bodenbretter	m²	14	16	**19**	24	42
	LB 316, Pos. 15, Seite 181		11	14	**16**	20	35
151	Holzfußboden entfernen, Bretter/Lagerhölzer	m²	15	22	**25**	32	49
	LB 316, Pos. 16, Seite 181		13	18	**21**	27	42
152	Fußbodenbretter aufnehmen/lagern	m²	17	24	**29**	35	48
	LB 316, Pos. 17, Seite 181		14	20	**24**	29	40
153	Spanplattenboden ausbauen	m²	19	28	**31**	37	48
	LB 316, Pos. 18, Seite 181		16	24	**26**	31	41
154	Schüttung entfernen, Lagerhölzer	m²	14	18	**21**	25	27
	LB 316, Pos. 19, Seite 182		12	15	**18**	21	22
155	Schüttung entfernen, Holzbalkendecke	m²	15	30	**36**	43	50
	LB 316, Pos. 20, Seite 182		13	25	**30**	36	42
156	Fehlboden entfernen, Holz	m²	24	29	**32**	41	46
	LB 316, Pos. 21, Seite 182		20	24	**27**	34	39
157	Deckenbalken ausbauen, Holz	m	14	22	**25**	32	45
	LB 316, Pos. 22, Seite 182		12	18	**21**	26	38
158	Unterzug ausbauen, Holz	m	20	24	**27**	34	42
	LB 316, Pos. 23, Seite 182		17	20	**23**	29	35
159	Holzbalkendecke ausbauen	m²	106	120	**143**	172	196
	LB 316, Pos. 24, Seite 183		89	101	**120**	144	165
160	Dachstuhlhölzer ausbauen	m	14	28	**33**	41	52
	LB 316, Pos. 25, Seite 183		12	24	**28**	34	44
161	Dachlattung entfernen	m²	6	9	**12**	14	18
	LB 316, Pos. 26, Seite 183		5	8	**10**	12	15
162	Dachschalung entfernen	m²	13	21	**24**	25	32
	LB 316, Pos. 27, Seite 183		11	18	**20**	21	27
163	Giebelgesims entfernen	m	13	15	**17**	21	22
	LB 316, Pos. 28, Seite 183		11	13	**14**	17	19
164	Zwischensparrendämmung, MW 035, DZ, 100mm	m²	30	35	**40**	49	52
	LB 316, Pos. 30, Seite 184		25	29	**34**	41	43
165	Zwischensparrendämmung, MW 035, DZ, 140mm	m²	40	46	**53**	66	72
	LB 316, Pos. 32, Seite 184		34	39	**45**	55	61
166	Zwischensparrendämmung, MW 032, 100mm	m²	36	42	**51**	62	68
	LB 316, Pos. 33, Seite 184		31	36	**42**	52	57
167	Zwischensparrendämmung, MW 032, 140mm	m²	45	52	**61**	76	83
	LB 316, Pos. 35, Seite 185		38	44	**51**	64	70
168	Einblasdämmung, Zellulose 040, DZ, bis 140mm	m²	22	32	**34**	38	48
	LB 316, Pos. 36, Seite 185		19	27	**29**	32	40

Kosten:
Stand 2. Quartal 2026
Bundesdurchschnitt

▶ min
▷ von
ø Mittel
◁ bis
◀ max

Nr.	Positionen	Einheit	▶	▷	ø brutto € / ø netto €	◁	◀
169	MW-Dämmung, Spitzboden, 160mm	m²	32	36	**41**	50	53
	LB 316, Pos. 38, Seite 185		27	30	**34**	42	45
170	MW/Spanplatte P3, Holzdecke, 240mm	m²	140	171	**182**	213	232
	LB 316, Pos. 39, Seite 186		118	144	**153**	179	195
171	MW-Dämmung, Holzbalkendecke, 120mm	m²	31	38	**42**	51	55
	LB 316, Pos. 40, Seite 186		26	32	**35**	43	46
172	Anschlüsse und Fügungen luftdicht verkleben	m	7	11	**13**	16	22
	LB 316, Pos. 59, Seite 190		6	9	**11**	13	18
173	Untergrund prüfen	m²	0,7	1,4	**1,7**	2,0	2,6
	LB 323, Pos. 10, Seite 308		0,6	1,1	**1,4**	1,7	2,2
174	Spritzbewurf, Innenmauerwerk	m²	12	14	**16**	19	24
	LB 323, Pos. 24, Seite 310		10	12	**13**	16	20
175	Putzschäden ausbessern, Teilflächen	m²	45	50	**57**	66	76
	LB 323, Pos. 45, Seite 313		38	42	**48**	55	64
176	Fehlstellen verputzen, bis 0,1m²	St	5	6	**6**	7	9
	LB 323, Pos. 46, Seite 314		4	5	**5**	6	8
177	Fehlstellen verputzen, bis 0,2m²	St	8	10	**12**	14	16
	LB 323, Pos. 47, Seite 314		7	9	**10**	11	14
178	Fehlstellen verputzen, bis 0,3m²	St	10	12	**14**	16	19
	LB 323, Pos. 48, Seite 314		8	10	**12**	14	16
179	Putzflächen spachteln, Fehlstellen innen	m²	13	17	**19**	22	26
	LB 323, Pos. 49, Seite 314		11	14	**16**	18	22
180	Ausgleichsputz, Innenwand	m²	19	30	**32**	39	52
	LB 323, Pos. 50, Seite 314		16	25	**27**	33	43
181	Öffnungen beiputzen, innen	m	20	22	**25**	29	35
	LB 323, Pos. 51, Seite 314		16	19	**21**	25	29
182	Fensterbank beiputzen, innen	St	26	33	**37**	43	52
	LB 323, Pos. 52, Seite 314		22	28	**31**	37	44
183	Trennschnitt, Innenputz	m	5	7	**8**	9	11
	LB 323, Pos. 53, Seite 315		4	6	**6**	7	9
184	Putzträger, Rippenstreckmetall, innen	m²	16	20	**23**	27	32
	LB 323, Pos. 54, Seite 315		13	17	**19**	22	27
185	Putzträger, Rabitzgewebe, innen	m²	16	21	**23**	27	32
	LB 323, Pos. 55, Seite 315		14	17	**19**	22	27
186	Kantenprofil, verzinkt, innen	m	7	9	**10**	12	14
	LB 323, Pos. 56, Seite 315		6	8	**9**	10	12
187	Putzabschlussprofil, verzinkt, Türen, innen	m	8	9	**10**	12	14
	LB 323, Pos. 57, Seite 315		7	8	**9**	10	12
188	Wärmedämmputz, Wand innen, 50mm	m²	89	107	**122**	142	171
	LB 323, Pos. 58, Seite 315		75	90	**103**	119	144
189	Wärmedämmputz, Wand innen, 75mm	m²	148	167	**187**	219	281
	LB 323, Pos. 59, Seite 316		124	140	**157**	184	236
190	Wärmedämmputz, Laibung innen, 50mm	m	37	41	**47**	54	66
	LB 323, Pos. 60, Seite 316		31	35	**39**	46	55
191	Wärmedämmputz, Laibung innen, 75mm	m	45	51	**58**	67	81
	LB 323, Pos. 61, Seite 316		38	43	**49**	57	68
192	Wanddämmung, Mineralplatten 30mm	m²	64	74	**83**	95	109
	LB 323, Pos. 63, Seite 317		54	62	**70**	80	92

Innenraum **Preise €**

Kosten:
Stand 2. Quartal 2026
Bundesdurchschnitt

Nr.	Positionen	Einheit	▶	▷	ø brutto € / ø netto €	◁	◀
193	Wanddämmung, Mineralplatten 80mm	m²	78	88	**99**	114	131
	LB 323, Pos. 64, Seite 317		66	74	**83**	96	110
194	Laibungen, Mineralplatten	m	36	43	**49**	56	65
	LB 323, Pos. 66, Seite 317		30	36	**41**	47	55
195	Wanddämmung, GK-Bekleidung, 80mm	m²	70	79	**89**	101	117
	LB 323, Pos. 67, Seite 317		59	66	**75**	85	98
196	Wanddämmung, GK-Bekleidung, 100mm	m²	74	85	**93**	107	123
	LB 323, Pos. 68, Seite 318		63	71	**78**	90	103
197	Innenputz, Wand, Kalk-Gipsputz, einlagig, Q2-geglättet	m²	24	29	**32**	35	41
	LB 323, Pos. 69, Seite 318		20	25	**27**	29	34
198	Innenputz, Wand, Kalk-Zementputz, Q2-abgezogen	m²	30	35	**37**	39	46
	LB 323, Pos. 70, Seite 318		25	29	**31**	33	39
199	Innenputz, Wand, Gipsputz, einlagig, Q2-gefilzt	m²	28	33	**34**	35	39
	LB 323, Pos. 71, Seite 318		24	27	**28**	29	33
200	Trennschnitt, Deckenputz	m	11	13	**15**	18	22
	LB 323, Pos. 74, Seite 319		9	11	**13**	15	18
201	Deckenputz, innen, Kalk-Gipsputz, einlagig, Q2-gefilzt	m²	26	34	**38**	43	52
	LB 323, Pos. 75, Seite 319		22	29	**32**	36	43
202	Bodenfliesen entfernen, geklebt	m²	26	31	**35**	43	44
	LB 324, Pos. 1, Seite 333		22	26	**30**	36	37
203	Bodenfliesen entfernen, Mörtelbett	m²	24	38	**43**	49	59
	LB 324, Pos. 2, Seite 333		20	32	**36**	41	50
204	Bodenfliesen/Estrich entfernen	m²	57	67	**77**	94	101
	LB 324, Pos. 3, Seite 334		48	56	**65**	79	85
205	Sockelfliesen entfernen	m	5	9	**10**	12	18
	LB 324, Pos. 4, Seite 334		4	7	**8**	10	15
206	Treppenbelag, Fliesen entfernen	m²	36	48	**50**	63	68
	LB 324, Pos. 5, Seite 334		31	41	**42**	53	57
207	Wandfliesen entfernen. Dickbett	m²	24	36	**42**	49	65
	LB 324, Pos. 6, Seite 334		21	31	**35**	41	54
208	Untergrund reinigen, Boden	m²	3	5	**5**	7	11
	LB 324, Pos. 7, Seite 334		2	4	**5**	6	9
209	Haftbrücke	m²	2	5	**7**	8	11
	LB 324, Pos. 8, Seite 334		1	4	**6**	7	9
210	Voranstrich, Fliesenbelag	m²	2	4	**5**	6	9
	LB 324, Pos. 9, Seite 334		2	3	**4**	5	8
211	Ausgleichsspachtelung, bis 10mm	m²	6	9	**10**	13	18
	LB 324, Pos. 10, Seite 335		5	8	**9**	11	15
212	Verbundabdichtung, streichbar, Wand	m²	16	26	**31**	37	53
	LB 324, Pos. 11, Seite 335		14	22	**26**	31	45
213	Verbundabdichtung, Boden	m²	12	22	**29**	31	39
	LB 324, Pos. 12, Seite 335		10	19	**24**	26	33
214	Entkopplungsmatte, Boden	m²	32	47	**56**	83	114
	LB 324, Pos. 13, Seite 335		26	39	**47**	70	96
215	Anschluss, Ecken, Dichtband	m	8	12	**15**	17	23
	LB 324, Pos. 14, Seite 335		7	10	**12**	14	19
216	Bodenbelag, Fliesen 20x20	m²	90	111	**120**	134	165
	LB 324, Pos. 15, Seite 336		76	93	**101**	113	139

▶ min
▷ von
ø Mittel
◁ bis
◀ max

Nr.	Positionen	Einheit	►	▷	ø brutto € / ø netto €	◁	◄
217	Bodenbelag, Fliesen 30x30	m^2	81	100	**110**	120	147
	LB 324, Pos. 16, Seite 336		68	84	**92**	100	124
218	Bodenbelag, Fliesen 60x60	m^2	106	153	**167**	192	240
	LB 324, Pos. 18, Seite 337		89	128	**140**	161	202
219	Wandbelag, Fliesen 10x20	m^2	96	110	**121**	133	153
	LB 324, Pos. 19, Seite 337		80	93	**102**	112	128
220	Wandbelag, Fliesen 15x15	m^2	90	107	**114**	122	142
	LB 324, Pos. 20, Seite 337		76	90	**96**	103	119
221	Wandbelag, Fliesen 30x60	m^2	96	121	**135**	148	179
	LB 324, Pos. 22, Seite 338		81	102	**114**	124	151
222	Wandbelag, Fliesen/Platten BIa, 20x20	m^2	86	98	**103**	107	117
	LB 324, Pos. 24, Seite 338		72	82	**87**	90	98
223	Wandbelag, Fliesen/Platten BIIa, 20x20	m^2	90	102	**107**	121	143
	LB 324, Pos. 25, Seite 339		76	86	**90**	102	120
224	Bodenbelag, Fliesen/Platten AI/AII, 20x20	m^2	101	131	**146**	181	228
	LB 324, Pos. 27, Seite 339		85	110	**123**	152	191
225	Elastische Verfugung, Fliesen, Silikon	m	6	9	**10**	12	15
	LB 324, Pos. 28, Seite 339		5	8	**9**	10	13
226	Sockelfliesen, Dünnbett	m	17	27	**30**	33	43
	LB 324, Pos. 29, Seite 340		15	23	**25**	28	36
227	Kehlsockel, Fliesenbelag	m	32	45	**49**	57	74
	LB 324, Pos. 30, Seite 340		27	38	**41**	48	62
228	Trennschiene, Messing	m	19	25	**28**	30	34
	LB 324, Pos. 31, Seite 340		16	21	**24**	25	29
229	Trennschiene, Aluminium	m	17	21	**23**	25	30
	LB 324, Pos. 32, Seite 340		14	18	**19**	21	26
230	Trennschiene, Edelstahl	m	21	26	**29**	34	43
	LB 324, Pos. 33, Seite 340		18	22	**24**	28	36
231	Eckschutzschiene, Aluminium	m	19	22	**24**	27	31
	LB 324, Pos. 34, Seite 341		16	19	**20**	23	26
232	Eckschutzschiene, Edelstahl	m	29	43	**49**	53	64
	LB 324, Pos. 35, Seite 341		24	36	**41**	45	54
233	Eckschutzschiene, Kunststoff	m	10	14	**16**	19	27
	LB 324, Pos. 36, Seite 341		8	12	**13**	16	23
234	Verbundestrich abbrechen, bis 25mm	m^2	27	34	**37**	46	48
	LB 325, Pos. 1, Seite 344		23	28	**31**	38	40
235	Verbundestrich abbrechen, bis 50mm	m^2	27	37	**45**	57	57
	LB 325, Pos. 2, Seite 344		23	31	**38**	48	48
236	Verbundestrich abbrechen, bis 70mm	m^2	33	47	**57**	72	77
	LB 325, Pos. 3, Seite 344		28	39	**48**	60	65
237	Kunstharzestrich abbrechen, bis 20mm	m^2	14	17	**20**	25	27
	LB 325, Pos. 4, Seite 344		12	15	**17**	21	23
238	Estrich, schwimmend, abbrechen	m^2	34	42	**52**	62	63
	LB 325, Pos. 5, Seite 344		29	35	**43**	52	53
239	Estrich bewehrt, schwimmend, abbrechen	m^2	35	56	**68**	83	84
	LB 325, Pos. 6, Seite 345		29	47	**58**	70	71
240	Heizestrich abbrechen	m^2	60	71	**80**	96	105
	LB 325, Pos. 7, Seite 345		51	59	**67**	81	88

Kosten:
Stand 2. Quartal 2026
Bundesdurchschnitt

Innenraum							Preise €
Nr.	**Positionen**	**Einheit**	►	▷	**ø brutto €** ø netto €	◁	◄
241	Heizestrich, bewehrt, abbrechen	m²	74	95	**104**	124	134
	LB 325, Pos. 8, Seite 345		62	80	**87**	104	113
242	Schutzestrich abbrechen	m²	32	48	**55**	67	86
	LB 325, Pos. 9, Seite 345		27	41	**46**	56	72
243	Strahlen, Strahlmittel, Betonboden	m²	9	11	**14**	17	21
	LB 325, Pos. 12, Seite 346		8	9	**12**	14	18
244	Druckwasserstrahlen, Estrich	m²	10	11	**13**	16	17
	LB 325, Pos. 13, Seite 346		8	9	**11**	14	14
245	Fehlstellen schließen, Estrich	m²	24	33	**46**	60	75
	LB 325, Pos. 14, Seite 346		20	28	**39**	51	63
246	Netzrisse schließen, Epoxidharz	m	17	21	**24**	32	33
	LB 325, Pos. 15, Seite 346		15	18	**20**	27	27
247	Holzboden prüfen	m²	12	15	**17**	20	21
	LB 325, Pos. 16, Seite 346		10	12	**14**	17	18
248	Holzboden, reinigen/grundieren	m²	9	17	**20**	24	31
	LB 325, Pos. 17, Seite 346		8	15	**16**	20	26
249	Holzboden, Gewebearmierung	m²	7	10	**11**	13	20
	LB 325, Pos. 18, Seite 346		6	8	**9**	11	17
250	Holzbodenausgleich, Kunstharz	m²	38	44	**51**	64	68
	LB 325, Pos. 19, Seite 346		32	37	**43**	54	57
251	Haftbrücke, Estrich	m²	5	7	**7**	9	14
	LB 325, Pos. 20, Seite 347		4	6	**6**	8	12
252	Kratzspachtelung, Betonboden	m²	11	13	**15**	19	21
	LB 325, Pos. 21, Seite 347		9	11	**13**	16	18
253	Nivellierestrich, bis 10mm, Betonboden	m²	29	33	**40**	50	52
	LB 325, Pos. 22, Seite 347		25	28	**34**	42	44
254	Nivellierestrich, bis 20mm, Betonboden	m²	41	48	**59**	69	76
	LB 325, Pos. 23, Seite 347		35	40	**49**	58	64
255	Ausgleichsschüttung gebunden, bis 15mm	m²	7	13	**15**	20	30
	LB 325, Pos. 24, Seite 347		6	11	**12**	17	25
256	Ausgleichsschüttung gebunden, bis 30mm	m²	12	20	**22**	24	32
	LB 325, Pos. 25, Seite 347		10	17	**19**	20	27
257	Trittschalldämmung MW 20-2mm 045 DES sh	m²	8	13	**15**	19	26
	LB 325, Pos. 26, Seite 348		7	11	**12**	16	22
258	Trittschalldämmung MW 30-3mm 045 DES sh	m²	10	17	**20**	25	36
	LB 325, Pos. 27, Seite 348		9	15	**16**	21	30
259	Trittschalldämmung EPS 20-2mm 045 DES sm	m²	6	8	**9**	11	14
	LB 325, Pos. 28, Seite 348		5	7	**7**	9	12
260	Trittschalldämmung EPS 30-3mm 045 DES sm	m²	6	9	**10**	11	15
	LB 325, Pos. 29, Seite 349		5	8	**8**	10	13
261	Wärmedämmung, Estrich EPS 40mm 040 DEO dm	m²	12	14	**19**	22	25
	LB 325, Pos. 30, Seite 349		10	12	**16**	19	21
262	Wärmedämmung, Estrich EPS 60mm 040 DEO dm	m²	13	15	**20**	23	26
	LB 325, Pos. 31, Seite 349		11	13	**17**	19	22
263	Wärmedämmung, Estrich EPS 80mm 040 DEO dm	m²	14	18	**23**	24	27
	LB 325, Pos. 32, Seite 349		12	15	**19**	20	22
264	Wärmedämmung, Estrich EPS 120mm 040 DEO dm	m²	15	22	**25**	29	38
	LB 325, Pos. 33, Seite 349		13	18	**21**	24	32

► min
▷ von
ø Mittel
◁ bis
◄ max

Nr.	Positionen	Einheit	►	▷	ø brutto € / ø netto €	◁	◄
265	Wärmedämmung, Estrich PUR 40mm 025 DEO dh	m²	18	24	**27**	29	37
	LB 325, Pos. 34, Seite 350		15	20	**23**	24	31
266	Wärmedämmung, Estrich PUR 80mm 025 DEO dh	m²	–	42	**50**	64	–
	LB 325, Pos. 35, Seite 350		–	35	**42**	54	–
267	Randdämmstreifen	m	0,5	2,1	**2,9**	3,3	5,3
	LB 325, Pos. 36, Seite 350		0,5	1,7	**2,4**	2,8	4,4
268	Trennlage, Estrich, PE-Folie, einlagig	m²	1	2	**2**	3	4
	LB 325, Pos. 37, Seite 350		0,9	1,6	**1,9**	2,1	3,3
269	Trennlage, Gussasphalt	m²	2	2	**3**	3	4
	LB 325, Pos. 38, Seite 350		2	2	**2**	3	3
270	Estrich, CT C25 F4 S45	m²	25	30	**33**	35	41
	LB 325, Pos. 39, Seite 351		21	26	**27**	30	34
271	Heizestrich, CT C25 F4 S65 H45	m²	30	36	**40**	44	54
	LB 325, Pos. 40, Seite 351		25	30	**33**	37	45
272	Schnellestrich, CT C40 F4 S45	m²	67	82	**86**	100	126
	LB 325, Pos. 41, Seite 351		56	69	**72**	84	106
273	Estrich, AS IC10 S25	m²	51	59	**63**	66	73
	LB 325, Pos. 42, Seite 351		43	50	**53**	55	62
274	Nutzestrich, CT C25 F4 S45	m²	30	38	**40**	42	51
	LB 325, Pos. 43, Seite 352		26	32	**33**	35	43
275	Verbundestrich, CT C25 F4 V50	m²	27	33	**36**	42	51
	LB 325, Pos. 44, Seite 352		22	28	**31**	35	43
276	Bewegungsfuge, elastische Dichtmasse	m	9	12	**14**	16	19
	LB 325, Pos. 45, Seite 352		7	10	**12**	13	16
277	Bewegungsfuge, Metallprofil	m	63	94	**96**	115	157
	LB 325, Pos. 46, Seite 352		53	79	**81**	97	132
278	Markierung, Messstellen	St	5	11	**12**	14	19
	LB 325, Pos. 47, Seite 352		4	9	**10**	12	16
279	Messung, Feuchte, Estrich	St	23	59	**75**	78	124
	LB 325, Pos. 48, Seite 353		19	50	**63**	66	105
280	Beschichtung, Epoxidharz, Estrich	m²	72	90	**105**	109	123
	LB 325, Pos. 49, Seite 353		60	76	**88**	92	104
281	Fenster ausbauen, Holz, bis 1,5m²	St	58	79	**90**	96	112
	LB 326, Pos. 2, Seite 356		49	67	**75**	81	94
282	Fenster ausbauen, Holz, bis 2,5m²	St	68	89	**100**	103	116
	LB 326, Pos. 3, Seite 356		57	75	**84**	87	97
283	Fenstertür ausbauen, Holz, bis 3,5m²	St	115	120	**150**	181	264
	LB 326, Pos. 4, Seite 356		96	101	**126**	152	222
284	Fenster ausbauen, Kunststoff, bis 1,5m²	St	51	69	**86**	104	123
	LB 326, Pos. 5, Seite 356		43	58	**72**	87	103
285	Fenster ausbauen, Kunststoff, bis 2,5m²	St	59	84	**104**	125	144
	LB 326, Pos. 6, Seite 356		49	70	**88**	105	121
286	Fenstertür ausbauen, Kunststoff, bis 3,5m²	St	108	146	**180**	216	282
	LB 326, Pos. 7, Seite 356		91	123	**151**	182	237
287	Hauseingangstür ausbauen, bis 4m²	St	113	210	**256**	308	312
	LB 326, Pos. 8, Seite 356		95	177	**216**	259	262

Kosten:
Stand 2. Quartal 2026
Bundesdurchschnitt

Nr.	Positionen	Einheit	►	▷	ø brutto € / ø netto €	◁	◄
288	Holzfenster, einflüglig, 1.000x1.000, dreischeibig, Ug-Wert 1,1W/(m2·K)	St	682	731	**821**	978	1.084
	LB 326, Pos. 10, Seite 357		573	614	**690**	821	911
289	Holzfenster, einflüglig, 1.000x1.000, dreischeibig, Ug-Wert 0,7W/(m2·K)	St	740	786	**925**	1.072	1.202
	LB 326, Pos. 11, Seite 357		622	660	**777**	901	1.010
290	Holzfenster, zweiflüglig, Setzholz 1.625x1.250, zweischeibig, Ug-Wert 1,1W/(m2·K)	St	1.070	1.149	**1.305**	1.514	1.697
	LB 326, Pos. 14, Seite 359		899	965	**1.097**	1.272	1.426
291	Holzfenstertür, einflüglig, 1.000x2.125, zweischeibig, Ug-Wert 1,1W/(m2·K)	St	1.182	1.284	**1.459**	1.692	1.911
	LB 326, Pos. 15, Seite 360		993	1.079	**1.226**	1.422	1.606
292	Holz-Alufenster, einflüglig, 1.000x1.000, dreischeibig, Ug-Wert 1,1W/(m2·K)	St	1.024	1.110	**1.234**	1.456	1.616
	LB 326, Pos. 16, Seite 361		860	933	**1.037**	1.223	1.358
293	Holz-Alufenster, einflüglig, 1.000x1.000, dreischeibig, Ug-Wert 0,7W/(m2·K)	St	1.108	1.162	**1.351**	1.594	1.757
	LB 326, Pos. 17, Seite 361		931	977	**1.136**	1.340	1.476
294	Holz-Alufenster, zweiflüglig, 1.250x1.000, zweischeibig, Ug-Wert 1,1W/(m2·K)	St	1.331	1.412	**1.623**	1.915	2.143
	LB 326, Pos. 18, Seite 362		1.119	1.187	**1.364**	1.610	1.801
295	Holz-Alufenster, zweiflüglig, 1.250x1.000, zweischeibig, Ug-Wert 0,7W/(m2·K)	St	1.412	1.517	**1.744**	2.022	2.284
	LB 326, Pos. 19, Seite 362		1.187	1.275	**1.465**	1.700	1.919
296	Holz-Alufenster, zweiflüglig, Setzholz, 1.625x1.250, zweischeibig, Ug-Wert 1,1W/(m2·K)	St	1.475	1.582	**1.777**	2.097	2.328
	LB 326, Pos. 20, Seite 363		1.240	1.329	**1.493**	1.762	1.956
297	Holz-Alufenstertür, einflüglig, 1.000x2.125, zweischeibig, Ug-Wert 1,1W/(m2·K)	St	1.536	1.650	**1.896**	2.219	2.446
	LB 326, Pos. 21, Seite 364		1.291	1.386	**1.594**	1.864	2.056
298	Kunststofffenster, einflüglig, 1.000x1.000, dreischeibig, Ug-Wert 1,1W/(m2·K)	St	597	648	**737**	854	972
	LB 326, Pos. 22, Seite 365		501	545	**619**	718	817
299	Kunststofffenster, einflüglig, 1.000x1.000, dreischeibig, Ug-Wert 0,7W/(m2·K)	St	686	719	**836**	995	1.104
	LB 326, Pos. 23, Seite 365		576	604	**703**	836	928
300	Kunststofffenster, zweiflüglig, 1.250x1.000, zweischeibig, Ug-Wert 1,1W/(m2·K)	St	802	831	**978**	1.124	1.281
	LB 326, Pos. 24, Seite 366		674	698	**822**	945	1.076
301	Kunststofffenster, zweiflüglig, Setzholz, 1.625x1.250, zweischeibig, Ug-Wert 1,1W/(m2·K)	St	996	1.118	**1.215**	1.433	1.616
	LB 326, Pos. 25, Seite 367		837	939	**1.021**	1.205	1.358
302	Kunststofffenstertür, einflüglig, 1.000x2.125, zweischeibig, Ug-Wert 1,1W/(m2·K)	St	961	1.081	**1.201**	1.382	1.562
	LB 326, Pos. 26, Seite 368		808	909	**1.010**	1.161	1.313
303	Haustür, Kunststoff, einflüglig, 1.010x2.013	St	3.041	3.607	**3.959**	5.035	6.113
	LB 326, Pos. 27, Seite 368		2.555	3.031	**3.327**	4.231	5.137

► min
▷ von
ø Mittel
◁ bis
◄ max

Nr.	Positionen	Einheit	▶	▷	ø brutto € / ø netto €	◁	◀
304	Haustür, Aluminium, Glasfüllung, einflüglig, zweischeibig, 1.010x2.013	St	3.146	5.031	**5.828**	7.265	10.124
	LB 326, Pos. 28, Seite 369		2.644	4.228	**4.897**	6.105	8.507
305	Innentür, einflüglig, entfernen	St	63	86	**104**	129	129
	LB 327, Pos. 1, Seite 373		53	72	**88**	108	108
306	Wandbekleidung entfernen	m²	29	35	**43**	52	67
	LB 327, Pos. 2, Seite 373		24	29	**36**	44	57
307	Deckenbekleidung entfernen	m²	27	42	**51**	61	66
	LB 327, Pos. 3, Seite 373		23	35	**43**	52	56
308	Fensterbank ausbauen, Holz, bis 1,5m	St	19	29	**35**	43	53
	LB 327, Pos. 4, Seite 374		16	24	**30**	36	45
309	Fensterbank ausbauen, Holz, bis 2,5m	St	33	53	**64**	78	83
	LB 327, Pos. 5, Seite 374		27	45	**53**	66	70
310	Laibungsbekleidung entfernen	m	24	30	**34**	41	44
	LB 327, Pos. 6, Seite 374		20	25	**28**	35	37
311	Holz-Türelement, S200C5, einflüglig, 875x2.125	St	1.354	1.639	**1.799**	1.874	2.215
	LB 327, Pos. 7, Seite 374		1.138	1.377	**1.512**	1.575	1.861
312	Holz-Türelement, S200C5, zweiflüglig	St	5.159	9.477	**10.897**	12.350	15.834
	LB 327, Pos. 9, Seite 375		4.335	7.963	**9.157**	10.378	13.306
313	Innen-Türelement, Röhrenspan, einflüglig, 875x2.125	St	755	1.036	**1.194**	1.320	1.559
	LB 327, Pos. 10, Seite 376		635	871	**1.004**	1.109	1.310
314	Innen-Türelement, Röhrenspan, zweiflüglig	St	2.055	2.823	**3.142**	3.342	3.954
	LB 327, Pos. 13, Seite 377		1.727	2.373	**2.640**	2.808	3.323
315	Türblatt, einflüglig, kunststoffbeschichtet, 750x2.000	St	263	413	**481**	538	680
	LB 327, Pos. 15, Seite 378		221	347	**404**	452	572
316	Türblatt, einflüglig, kunststoffbeschichtet, 875x2.000	St	284	433	**491**	547	691
	LB 327, Pos. 16, Seite 378		239	364	**413**	460	581
317	Türblatt, zweiflüglig, Vollspan	St	1.133	1.571	**1.877**	2.042	2.307
	LB 327, Pos. 20, Seite 379		952	1.320	**1.577**	1.716	1.939
318	Massivholzzarge, innen	St	468	903	**1.110**	1.295	1.738
	LB 327, Pos. 21, Seite 380		393	759	**933**	1.088	1.460
319	Holz-Umfassungszarge, innen, 760x2.000	St	250	337	**374**	423	517
	LB 327, Pos. 22, Seite 380		210	283	**314**	355	434
320	Holz-Umfassungszarge, innen, 875x2.000	St	294	377	**421**	467	600
	LB 327, Pos. 23, Seite 380		247	317	**353**	393	504
321	Schiebetürelement, innen	St	1.062	1.734	**1.970**	2.601	3.579
	LB 327, Pos. 24, Seite 381		892	1.458	**1.655**	2.186	3.007
322	Fensterbank, Holz, innen	m	66	96	**112**	129	154
	LB 327, Pos. 25, Seite 381		55	81	**94**	109	130
323	Holz-/Abdeckleisten	m	18	30	**35**	39	53
	LB 327, Pos. 26, Seite 381		15	25	**29**	33	45
324	Verfugung, elastisch	m	7	9	**10**	10	12
	LB 327, Pos. 27, Seite 382		6	7	**8**	9	10
325	Sockel-/Fußleiste, Holz	m	29	36	**39**	41	46
	LB 327, Pos. 28, Seite 382		25	30	**32**	34	38
326	Treppenstufe, Holz	St	206	298	**332**	389	515
	LB 327, Pos. 29, Seite 382		173	251	**279**	327	433

Kosten:
Stand 2. Quartal 2026
Bundesdurchschnitt

Nr.	Positionen	Einheit	▶	▷	ø brutto € / ø netto €	◁	◀
327	Handlauf, Holz	m	92	118	**130**	141	160
	LB 327, Pos. 30, Seite 382		77	99	**109**	119	134
328	Geländer, gerade, Rundstabholz	m	113	455	**605**	655	753
	LB 327, Pos. 31, Seite 383		95	383	**509**	550	633
329	Parkettboden entfernen	m²	10	17	**21**	24	31
	LB 328, Pos. 1, Seite 385		9	15	**18**	20	26
330	Holzsockelleiste ausbauen	m	1	3	**4**	5	5
	LB 328, Pos. 2, Seite 385		1	3	**3**	4	4
331	Parkett abdecken	m²	5	7	**9**	10	17
	LB 328, Pos. 3, Seite 385		4	6	**7**	9	14
332	Parkettboden abdecken, Wellpappe	m²	4	5	**6**	7	7
	LB 328, Pos. 4, Seite 385		3	4	**5**	6	6
333	Parkettboden abdecken, Filz und Folie	m²	4	5	**6**	7	8
	LB 328, Pos. 5, Seite 385		4	5	**5**	6	7
334	Parkettboden abdecken, Holzwerkstoffplatten	m²	11	12	**15**	18	20
	LB 328, Pos. 6, Seite 385		9	10	**13**	15	17
335	Messung, Feuchte, Estrich	St	23	59	**75**	78	124
	LB 328, Pos. 7, Seite 386		19	50	**63**	66	105
336	Estrich spachteln, ausgleichen	m²	7	11	**13**	16	21
	LB 328, Pos. 8, Seite 386		6	9	**11**	14	17
337	Trennlage, Baumwollfilz	m²	3	5	**5**	6	8
	LB 328, Pos. 9, Seite 386		3	4	**5**	5	7
338	Unterboden, Holzspanplatte	m²	35	48	**56**	65	83
	LB 328, Pos. 10, Seite 386		29	41	**47**	54	70
339	Blindboden, Nadelholz	m²	31	55	**66**	85	127
	LB 328, Pos. 11, Seite 386		26	46	**55**	71	106
340	Dielenbodenbelag, massiv, Fichte, geschliffen	m²	235	258	**283**	314	334
	LB 328, Pos. 12, Seite 386		197	217	**238**	264	281
341	Fertigparkettbelag, beschichtet	m²	112	134	**142**	151	178
	LB 328, Pos. 13, Seite 387		94	113	**119**	127	149
342	Parkettbelag, Hochkantlamellen, geschliffen	m²	102	129	**140**	155	185
	LB 328, Pos. 14, Seite 387		86	109	**118**	130	155
343	Stabparkett, geschliffen	m²	150	166	**175**	184	213
	LB 328, Pos. 15, Seite 387		126	140	**147**	155	179
344	Sockelleiste, Viertelstab, Buche	m	14	20	**24**	28	34
	LB 328, Pos. 16, Seite 388		12	17	**20**	23	29
345	Sockelleiste, Rechteckprofil, Eiche	m	17	23	**25**	28	37
	LB 328, Pos. 17, Seite 388		14	19	**21**	24	31
346	Sockelleiste, Ahorn	m	13	19	**22**	25	32
	LB 328, Pos. 18, Seite 388		11	16	**18**	21	27
347	Parkettboden schleifen	m²	17	27	**31**	39	49
	LB 328, Pos. 19, Seite 388		14	23	**26**	33	41
348	Parkettboden wachsen	m²	12	17	**21**	25	35
	LB 328, Pos. 20, Seite 388		10	14	**18**	21	29
349	Parkettboden ölen	m²	11	17	**21**	25	27
	LB 328, Pos. 21, Seite 388		9	14	**18**	21	22
350	Übergangsprofil/Abdeckschiene, nichtrostender Stahl	m	23	31	**34**	39	46
	LB 328, Pos. 22, Seite 389		19	26	**29**	32	39

▶ min
▷ von
ø Mittel
◁ bis
◀ max

Nr.	Positionen	Einheit	▶	▷	ø brutto € / ø netto €	◁	◀
351	Übergangsprofil/Abdeckschiene, Aluminium	m	25	35	**36**	42	53
	LB 328, Pos. 23, Seite 389		21	30	**30**	35	44
352	Übergangsprofil/Abdeckschiene, Messing	m	27	42	**49**	54	67
	LB 328, Pos. 24, Seite 389		22	35	**41**	45	56
353	Türdrücker ausbauen	St	–	17	**21**	28	–
	LB 329, Pos. 1, Seite 391		–	14	**18**	24	–
354	Fenstergriff, Aluminium	St	39	63	**73**	79	113
	LB 329, Pos. 2, Seite 391		33	53	**61**	66	95
355	Drückergarnitur, Stahl	St	61	86	**98**	109	137
	LB 329, Pos. 3, Seite 391		52	72	**83**	92	115
356	Drückergarnitur, Aluminium	St	68	124	**145**	164	209
	LB 329, Pos. 4, Seite 392		57	104	**122**	138	176
357	Drückergarnitur, Edelstahl	St	164	243	**281**	330	442
	LB 329, Pos. 5, Seite 392		138	205	**236**	278	372
358	Bad-/WC-Garnitur, Aluminium	St	94	145	**167**	195	243
	LB 329, Pos. 6, Seite 392		79	122	**140**	164	204
359	Stoßgriff, Tür, Edelstahl	St	293	373	**397**	474	655
	LB 329, Pos. 7, Seite 392		247	313	**334**	398	550
360	Obentürschließer, einflüglige Tür	St	219	390	**477**	568	770
	LB 329, Pos. 8, Seite 393		184	328	**401**	478	647
361	Obentürschließer, zweiflüglige Tür	St	658	1.164	**1.400**	1.643	2.055
	LB 329, Pos. 9, Seite 393		553	978	**1.176**	1.381	1.727
362	Türantrieb, kraftbetätigte Tür, einflüglig	St	4.360	6.848	**7.604**	8.637	10.273
	LB 329, Pos. 10, Seite 393		3.664	5.755	**6.390**	7.258	8.633
363	Türantrieb, kraftbetätigte Tür, zweiflüglig	St	5.361	7.130	**8.005**	8.815	10.743
	LB 329, Pos. 11, Seite 394		4.505	5.991	**6.727**	7.408	9.027
364	Türspion, Aluminium	St	25	36	**41**	48	60
	LB 329, Pos. 14, Seite 396		21	30	**34**	41	51
365	Türstopper, Wandmontage	St	31	46	**56**	69	93
	LB 329, Pos. 15, Seite 396		26	39	**47**	58	78
366	Türstopper, Bodenmontage	St	32	49	**55**	85	141
	LB 329, Pos. 16, Seite 396		27	41	**47**	71	119
367	Lüftungsgitter, Türblatt	St	49	63	**65**	70	80
	LB 329, Pos. 17, Seite 396		41	53	**55**	59	67
368	Doppel-Schließzylinder	St	69	116	**139**	210	342
	LB 329, Pos. 18, Seite 397		58	98	**117**	176	287
369	Halb-Schließzylinder	St	43	88	**104**	133	191
	LB 329, Pos. 19, Seite 397		36	74	**88**	111	160
370	Profil-Zylinderverlängerung, je 10mm	St	5	9	**11**	13	20
	LB 329, Pos. 20, Seite 397		4	8	**9**	11	17
371	Profil-Blindzylinder	St	15	26	**29**	38	55
	LB 329, Pos. 21, Seite 397		13	21	**24**	32	47
372	Schlüssel, Buntbart	St	9	11	**11**	13	16
	LB 329, Pos. 24, Seite 397		8	9	**9**	11	14
373	Schlüsselschrank, wandhängend	St	144	279	**348**	385	494
	LB 329, Pos. 25, Seite 398		121	234	**293**	324	415
374	WC-Symbol	St	27	42	**50**	69	100
	LB 329, Pos. 26, Seite 398		23	35	**42**	58	84

Kosten:
Stand 2. Quartal 2026
Bundesdurchschnitt

Nr.	Positionen	Einheit	►	▷	ø brutto € / ø netto €	◁	◄
375	Rollladen entfernen	m²	69	97	**117**	146	169
	LB 330, Pos. 1, Seite 401		58	82	**98**	123	142
376	Markise entfernen	m²	129	151	**179**	215	228
	LB 330, Pos. 2, Seite 401		108	127	**151**	181	191
377	Außenjalousie entfernen	m²	41	49	**55**	66	71
	LB 330, Pos. 3, Seite 401		34	41	**46**	56	60
378	Sonnenschutz, Stoff, innen, entfernen	m²	30	35	**42**	49	53
	LB 330, Pos. 4, Seite 401		25	29	**35**	42	45
379	Rollladen-Gurtwickler ausbauen	St	20	24	**27**	32	34
	LB 330, Pos. 5, Seite 401		17	20	**23**	27	29
380	Baufuge abdichten, Rollladenkasten	m	26	27	**36**	43	45
	LB 330, Pos. 6, Seite 401		22	23	**30**	36	38
381	Rollladenkasten dämmen	m	81	138	**156**	163	203
	LB 330, Pos. 7, Seite 402		68	116	**131**	137	171
382	Klappendeckel abdichten, Rollladenkasten	St	50	59	**72**	87	93
	LB 330, Pos. 8, Seite 402		42	50	**61**	73	78
383	Rollladenkastendeckel auswechseln	m	42	48	**57**	69	74
	LB 330, Pos. 9, Seite 402		35	40	**48**	58	62
384	Rollladengurte auswechseln	St	68	87	**92**	110	122
	LB 330, Pos. 10, Seite 402		57	73	**77**	92	103
385	Rollladenführungsschiene erneuern	St	60	78	**84**	99	105
	LB 330, Pos. 11, Seite 402		51	66	**71**	83	88
386	Rollladenwelle erneuern, bis 1.500mm	St	125	159	**173**	208	222
	LB 330, Pos. 12, Seite 402		105	134	**146**	175	186
387	Rollladenwelle erneuern, bis 2.500mm	St	173	206	**240**	293	310
	LB 330, Pos. 13, Seite 403		145	173	**202**	246	260
388	Handlauf, Stahl	m	72	103	**123**	133	154
	LB 331, Pos. 1, Seite 407		61	86	**104**	112	129
389	Handlauf, Stahl, Wandhalterung	St	58	92	**102**	127	170
	LB 331, Pos. 2, Seite 407		49	77	**86**	107	143
390	Handlauf, Enden in diverse Ausführungen	St	55	78	**91**	95	116
	LB 331, Pos. 3, Seite 407		46	66	**76**	80	98
391	Handlauf, Ecken/Gehrungen	St	55	84	**96**	111	130
	LB 331, Pos. 4, Seite 407		46	71	**81**	93	109
392	Brüstungs-/Treppengeländer, Lochblechfüllung	m	424	556	**615**	672	788
	LB 331, Pos. 5, Seite 408		356	468	**516**	565	662
393	Treppengeländer, Flachstahlfüllung	m	414	536	**600**	670	802
	LB 331, Pos. 6, Seite 409		348	451	**504**	563	674
394	Stahl-Umfassungszarge, 875x2.000/2.125	St	312	418	**481**	539	640
	LB 331, Pos. 7, Seite 410		262	351	**404**	453	538
395	Stahltür, einflüglig, 1.000x2.125mm	St	1.725	2.001	**2.300**	2.644	2.966
	LB 331, Pos. 9, Seite 411		1.449	1.681	**1.932**	2.222	2.493
396	Stahltür, Brandschutz, EI2 90, 875x2.000/2.125	St	2.374	3.291	**3.699**	3.997	4.539
	LB 331, Pos. 12, Seite 415		1.995	2.765	**3.108**	3.359	3.814
397	Stahltür, Brandschutz EI2 90, zweiflüglig	St	5.949	7.296	**7.878**	8.195	9.158
	LB 331, Pos. 13, Seite 416		5.000	6.131	**6.621**	6.887	7.695
398	Stahltreppe, gerade, einläufig, Trittbleche	St	6.908	10.379	**10.619**	11.656	14.324
	LB 331, Pos. 14, Seite 418		5.805	8.722	**8.923**	9.795	12.037

► min
▷ von
ø Mittel
◁ bis
◄ max

Nr.	Positionen	Einheit	▶	▷	ø brutto € ø netto €	◁	◀
399	Öffnungen abdecken, Strahlarbeiten	m²	16	26	**32**	37	41
	LB 334, Pos. 1, Seite 436		14	22	**27**	31	35
400	Holz anschleifen/grundieren	m²	4	9	**10**	12	17
	LB 334, Pos. 9, Seite 437		4	7	**8**	10	14
401	Stahlgeländer abbeizen	m²	14	28	**32**	38	42
	LB 334, Pos. 20, Seite 438		11	24	**27**	32	36
402	Bodenflächen abdecken, Malervlies	m²	2	4	**5**	5	5
	LB 334, Pos. 21, Seite 438		2	4	**4**	4	5
403	Bodenflächen abdecken, Krepppapier	m²	4	4	**5**	6	6
	LB 334, Pos. 22, Seite 439		3	4	**4**	5	5
404	Gegenstände abdecken, Plane	m²	3	4	**4**	5	6
	LB 334, Pos. 23, Seite 439		3	3	**3**	4	5
405	Geländer abdecken, PE-Folie	m²	6	7	**8**	9	10
	LB 334, Pos. 24, Seite 439		5	6	**6**	7	8
406	Beschichtungsflächen reinigen	m²	2	3	**3**	4	5
	LB 334, Pos. 25, Seite 439		2	2	**2**	3	4
407	Altbeschichtung reinigen, innen	m²	2	3	**3**	4	5
	LB 334, Pos. 26, Seite 439		2	2	**3**	3	4
408	Altbeschichtung entfernen, innen	m²	2	3	**3**	3	6
	LB 334, Pos. 27, Seite 439		2	2	**3**	3	5
409	Altbeschichtung ausbessern, innen	m²	9	10	**11**	13	16
	LB 334, Pos. 28, Seite 439		7	8	**9**	11	13
410	Ölfarbe entfernen, Innenputz	m²	14	16	**18**	21	33
	LB 334, Pos. 29, Seite 440		12	14	**15**	18	28
411	Ölfarbbeschichtung anschleifen	m²	2	3	**4**	4	5
	LB 334, Pos. 30, Seite 440		1	3	**3**	3	5
412	Dübel entfernen, schließen	St	2	3	**4**	4	5
	LB 334, Pos. 31, Seite 440		2	3	**3**	4	4
413	Fehlstellen schließen, innen	St	4	4	**5**	6	8
	LB 334, Pos. 32, Seite 440		3	4	**4**	5	6
414	Schadstellen abklopfen, innen	m²	6	7	**8**	9	11
	LB 334, Pos. 33, Seite 440		5	6	**7**	8	9
415	Betonflächen ausbessern, innen	m²	24	27	**31**	36	40
	LB 334, Pos. 34, Seite 440		21	23	**26**	30	33
416	Spachtelung, Dispersion, innen	m²	10	11	**13**	14	22
	LB 334, Pos. 35, Seite 440		8	9	**11**	12	18
417	Spachtelung, Dispersion, 2x innen	m²	18	21	**23**	27	32
	LB 334, Pos. 36, Seite 440		15	17	**19**	22	27
418	Spachtelung faserhaltig, innen	m²	15	18	**19**	23	27
	LB 334, Pos. 37, Seite 441		13	15	**16**	19	23
419	Putzfläche reinigen, innen	m²	2	5	**5**	6	11
	LB 334, Pos. 38, Seite 441		2	4	**4**	5	9
420	Innentür abschleifen	m²	13	19	**22**	26	38
	LB 334, Pos. 40, Seite 441		11	16	**18**	22	32
421	Innentür abbeizen	m²	159	180	**204**	235	269
	LB 334, Pos. 41, Seite 441		134	151	**172**	197	226
422	Metallflächen anschleifen	m²	5	6	**7**	8	12
	LB 334, Pos. 42, Seite 441		4	5	**6**	7	10

Kosten:
Stand 2. Quartal 2026
Bundesdurchschnitt

Nr.	Positionen	Einheit	►	▷	ø brutto € / ø netto €	◁	◄
423	Metallflächen schleifen/grundieren innen	m²	12	14	**16**	18	25
	LB 334, Pos. 43, Seite 441		10	12	**13**	16	21
424	Heizkörper, abbeizen	m²	19	23	**26**	30	35
	LB 334, Pos. 44, Seite 442		16	19	**22**	25	29
425	Beschichtung, Dispersion, gefüllt, Putz innen	m²	12	15	**17**	19	22
	LB 334, Pos. 65, Seite 445		10	12	**14**	16	19
426	Beschichtung, Dispersion, Raufasertapete	m²	12	15	**16**	19	22
	LB 334, Pos. 66, Seite 445		10	12	**14**	16	18
427	Beschichtung, Dispersion, Glasfasertapete	m²	12	15	**17**	19	22
	LB 334, Pos. 67, Seite 445		10	12	**14**	16	19
428	Beschichtung, Silikatfarbe, gefüllt, Putz innen	m²	14	17	**20**	23	26
	LB 334, Pos. 68, Seite 446		12	14	**17**	19	22
429	Beschichtung, Dispersion, gefüllt, Beton innen	m²	15	18	**20**	23	26
	LB 334, Pos. 69, Seite 446		12	15	**17**	19	22
430	Beschichtung, Acrylharzlack, Boden	m²	16	22	**24**	27	34
	LB 334, Pos. 70, Seite 446		14	19	**21**	23	29
431	Beschichtung, 2-K Epoxidharz, Boden	m²	23	31	**32**	36	44
	LB 334, Pos. 71, Seite 446		20	26	**27**	30	37
432	Lasur, Acryl, Holz innen	m²	13	16	**18**	21	24
	LB 334, Pos. 72, Seite 446		11	14	**15**	18	21
433	Beschichtung, Acryl, Holz innen	m²	20	24	**27**	31	36
	LB 334, Pos. 73, Seite 447		17	20	**23**	26	30
434	Beschichtung, Kunstharzlack, Holzfläche innen	m²	22	27	**31**	35	40
	LB 334, Pos. 74, Seite 447		19	22	**26**	29	34
435	Beschichtung, Kunstharzlack, Holzfenster innen	m²	18	21	**25**	28	33
	LB 334, Pos. 75, Seite 447		15	18	**21**	24	27
436	Beschichtung, Kunstharzlack, Holzbekleidung innen	m²	27	32	**37**	42	47
	LB 334, Pos. 76, Seite 447		23	27	**31**	35	39
437	Beschichtung, Kunstharzlack, Holzdecke innen	m²	22	26	**30**	34	39
	LB 334, Pos. 77, Seite 447		18	22	**25**	28	33
438	Beschichtung, Kunstharzlack, Holzbauteile innen	m²	27	32	**36**	42	46
	LB 334, Pos. 78, Seite 447		22	27	**31**	35	39
439	Beschichtung, Kunstharzlack, Holztür innen	m²	24	28	**32**	37	41
	LB 334, Pos. 79, Seite 448		20	24	**27**	31	34
440	Beschichtung, Kunstharzlack, Holztür/Zarge innen	m²	28	31	**35**	40	44
	LB 334, Pos. 80, Seite 448		23	26	**29**	34	37
441	Beschichtung, Kunstharzlack, Holzfußboden innen	m²	27	30	**34**	39	43
	LB 334, Pos. 81, Seite 448		22	25	**28**	33	36
442	Beschichtung, Kunstharzlack, Holztreppen innen	m²	37	42	**47**	55	63
	LB 334, Pos. 82, Seite 448		31	35	**39**	46	53
443	Beschichtung, Kunstharzlack, Holzfußleisten innen	m	7	8	**10**	11	12
	LB 334, Pos. 83, Seite 448		6	7	**8**	9	10
444	Beschichtung, Kunstharzlack, Geländer, Holz innen	m²	58	60	**67**	78	90
	LB 334, Pos. 84, Seite 448		49	51	**56**	65	76
445	Beschichtung, Kunstharzlack, Handlauf, Holz innen	m	19	22	**25**	29	34
	LB 334, Pos. 85, Seite 449		16	18	**21**	24	29
446	Beschichtung, Kunstharzlack, Stahl innen	m²	29	32	**36**	42	46
	LB 334, Pos. 86, Seite 449		24	27	**30**	35	39

Innenraum — Preise €

► min
▷ von
ø Mittel
◁ bis
◄ max

Nr.	Positionen	Einheit	►	▷	ø brutto € / ø netto €	◁	◄
447	Beschichtung, Kunstharzlack, Geländer innen	m²	66	74	**84**	97	110
	LB 334, Pos. 87, Seite 449		56	62	**71**	82	92
448	Beschichtung, Kunstharzlack, Stahlzarge innen	m	25	30	**34**	39	44
	LB 334, Pos. 88, Seite 449		21	25	**28**	33	37
449	Beschichtung, Kunstharzlack, Stahltürelement	St	120	133	**152**	174	194
	LB 334, Pos. 89, Seite 449		101	112	**127**	146	163
450	Beschichtung, Kunstharzlack, Metall beschichtet innen	m²	29	32	**37**	42	46
	LB 334, Pos. 90, Seite 449		24	27	**31**	35	39
451	Beschichtung, rissüberbrückend	m²	33	38	**41**	48	54
	LB 334, Pos. 91, Seite 450		28	32	**35**	40	45
452	Grundierung, Riss	m	8	9	**10**	12	14
	LB 334, Pos. 92, Seite 450		6	8	**9**	10	12
453	Rissfüllung, Verschlämmen	m	12	14	**16**	18	21
	LB 334, Pos. 93, Seite 450		10	12	**13**	15	18
454	Beschichtung, rissfüllend, Putz	m²	24	29	**32**	37	43
	LB 334, Pos. 94, Seite 450		20	24	**27**	31	36
455	Oberputz, mineralisch, modifiziert	m²	38	44	**50**	58	67
	LB 334, Pos. 95, Seite 450		32	37	**42**	49	56
456	Oberputz, mineralisch, modifiziert, Gewebe	m²	45	55	**61**	71	81
	LB 334, Pos. 96, Seite 450		38	46	**52**	59	68
457	Sockelleiste entfernen	m	2	5	**6**	8	9
	LB 336, Pos. 1, Seite 454		2	4	**5**	6	7
458	Bodenbelag verklebt, entfernen	m²	10	16	**18**	22	29
	LB 336, Pos. 2, Seite 454		9	13	**15**	18	24
459	PVC-Fliesen verklebt, entfernen	m²	31	38	**44**	52	56
	LB 336, Pos. 3, Seite 454		26	32	**37**	44	47
460	Laminatboden entfernen	m²	19	22	**25**	31	33
	LB 336, Pos. 4, Seite 454		16	18	**21**	26	28
461	Treppenbelag verklebt, entfernen	St	12	14	**17**	20	21
	LB 336, Pos. 5, Seite 454		10	12	**14**	17	18
462	Bodenbelag lose, entfernen	m²	9	13	**15**	18	23
	LB 336, Pos. 6, Seite 454		7	11	**12**	15	19
463	Untergrund reinigen	m²	3	5	**5**	6	7
	LB 336, Pos. 7, Seite 454		2	4	**4**	5	5
464	Klebereste entfernen	m²	3	4	**5**	6	6
	LB 336, Pos. 8, Seite 455		3	3	**4**	5	5
465	Untergrund schleifen	m²	3	7	**8**	10	12
	LB 336, Pos. 9, Seite 455		2	6	**6**	8	10
466	Untergrund grundieren	m²	3	6	**7**	8	11
	LB 336, Pos. 10, Seite 455		3	5	**6**	7	9
467	Untergrund spachteln, bis 2mm	m²	6	7	**8**	10	11
	LB 336, Pos. 11, Seite 455		5	6	**6**	8	9
468	Spachtelung, Gewebe	m²	13	15	**18**	22	23
	LB 336, Pos. 12, Seite 455		11	13	**15**	18	19
469	Ausgleichsspachtelung, bis 10mm	m²	5	8	**9**	12	17
	LB 336, Pos. 13, Seite 455		4	7	**8**	10	15
470	Haftgrund, Bodenbelag	m²	2	3	**4**	5	7
	LB 336, Pos. 14, Seite 455		1	3	**3**	4	6

Innenraum — Preise €

Nr.	Positionen	Einheit	►	▷	ø brutto € / ø netto €	◁	◄
471	Boden kugelstrahlen	m²	6	9	**10**	10	13
	LB 336, Pos. 15, Seite 456		5	7	**8**	8	11
472	Randstreifen abschneiden	m	0,3	1,3	**1,5**	2,6	4,4
	LB 336, Pos. 16, Seite 456		0,3	1,1	**1,3**	2,2	3,7
473	Textiler Belag, Nadelvlies	m²	43	55	**61**	68	81
	LB 336, Pos. 17, Seite 456		36	46	**51**	57	68
474	Textiler Belag, Tuftingteppich	m²	69	88	**97**	106	124
	LB 336, Pos. 18, Seite 457		58	74	**81**	89	105
475	Textiler Belag, Naturfaser/Wolle/Sisal	m²	103	121	**129**	145	174
	LB 336, Pos. 19, Seite 458		87	101	**108**	122	146
476	Korkunterlage, Linoleum	m²	27	32	**34**	37	43
	LB 336, Pos. 20, Seite 458		23	27	**29**	31	36
477	Linoleumbelag, bis 2,5mm	m²	41	56	**61**	67	84
	LB 336, Pos. 21, Seite 459		35	47	**51**	57	70
478	Linoleumbelag, über 2,5mm	m²	54	67	**74**	80	96
	LB 336, Pos. 22, Seite 459		45	56	**62**	67	81
479	Linoleumbelag verschweißen	m²	4	6	**6**	7	9
	LB 336, Pos. 23, Seite 460		3	5	**5**	6	7
480	Bodenbelag, PVC	m²	47	70	**79**	92	117
	LB 336, Pos. 24, Seite 460		40	59	**66**	77	98
481	Bodenbelag, Laminat	m²	58	82	**95**	104	127
	LB 336, Pos. 27, Seite 461		49	69	**80**	88	106
482	Treppenstufe, Elastischer Bodenbelag	St	44	83	**89**	99	138
	LB 336, Pos. 30, Seite 463		37	70	**75**	83	116
483	Treppenstufe, Textiler Belag	St	60	78	**90**	95	108
	LB 336, Pos. 31, Seite 463		50	65	**76**	80	91
484	Treppenkantenprofil, Kunststoff	m	15	25	**29**	31	39
	LB 336, Pos. 32, Seite 463		12	21	**25**	26	33
485	Trennschiene, Metall	m	15	22	**26**	29	35
	LB 336, Pos. 33, Seite 463		12	19	**22**	24	29
486	Übergangsprofil, Metall	m	15	20	**21**	23	27
	LB 336, Pos. 34, Seite 464		12	17	**18**	20	22
487	Verfugung, elastisch, Silikon	m	4	7	**9**	10	14
	LB 336, Pos. 35, Seite 464		3	6	**7**	9	12
488	Sockelausbildung, Holzleisten	m	16	23	**26**	31	47
	LB 336, Pos. 36, Seite 464		14	19	**21**	26	39
489	Sockelausbildung, PVC-Leisten, Belag	m	6	9	**10**	12	17
	LB 336, Pos. 37, Seite 464		5	8	**8**	10	14
490	Sockelausbildung, PVC-Leisten, weich	m	5	8	**10**	13	22
	LB 336, Pos. 38, Seite 464		4	7	**8**	11	19
491	Sockelausbildung, Linoleum	m	8	15	**18**	25	41
	LB 336, Pos. 39, Seite 465		7	12	**15**	21	35
492	Erstpflege PVC/Lino/Kautschuk	m²	2	5	**6**	8	12
	LB 336, Pos. 40, Seite 465		2	4	**5**	7	10
493	Schutzabdeckung, Bodenbelag, Hartfaserplatte	m²	4	9	**12**	18	24
	LB 336, Pos. 41, Seite 465		4	8	**11**	15	20
494	Tapete, einlagig, entfernen	m²	3	4	**6**	6	9
	LB 337, Pos. 1, Seite 467		2	4	**5**	5	8

Kosten:
Stand 2. Quartal 2026
Bundesdurchschnitt

► min
▷ von
ø Mittel
◁ bis
◄ max

Nr.	Positionen	Einheit	►	▷	ø brutto € / ø netto €	◁	◄
495	Tapete beschichtet, einlagig, entfernen	m²	3	5	**6**	7	10
	LB 337, Pos. 2, Seite 467		3	4	**5**	6	8
496	Tapete, mehrlagig, entfernen	m²	4	5	**6**	8	11
	LB 337, Pos. 3, Seite 467		3	4	**5**	7	9
497	Schutzabdeckung, Inneneinrichtung	m²	2	3	**3**	4	4
	LB 337, Pos. 4, Seite 467		2	2	**3**	3	4
498	Schutzabdeckung, Boden, Schutzvlies	m²	2	4	**4**	5	6
	LB 337, Pos. 5, Seite 467		2	3	**3**	4	5
499	Schutzabdeckung, Boden, Pappe	m²	3	5	**5**	5	6
	LB 337, Pos. 6, Seite 467		3	4	**4**	4	5
500	Spachtelung/Armiervlies, Putz	m²	10	12	**13**	14	16
	LB 337, Pos. 7, Seite 468		9	10	**11**	12	13
501	Vorbehandlung Putz, spachteln/schleifen/grundieren	m²	1	3	**4**	5	8
	LB 337, Pos. 8, Seite 468		1	3	**4**	4	6
502	Vorbehandeln Gipsplatten, spachteln/schleifen/grundieren	m²	1	2	**3**	3	4
	LB 337, Pos. 9, Seite 468		1	2	**2**	3	3
503	Untergrund vorbehandeln, teilspachteln/schleifen	m²	4	5	**6**	6	7
	LB 337, Pos. 10, Seite 468		3	4	**5**	5	6
504	Raufasertapete, Wand	m²	7	9	**10**	13	16
	LB 337, Pos. 11, Seite 468		6	7	**9**	11	14
505	Raufasertapete, Decke	m²	8	10	**12**	13	18
	LB 337, Pos. 12, Seite 469		7	9	**10**	11	15
506	Raufasertapete, lineare Bauteile	m	2	4	**5**	9	13
	LB 337, Pos. 13, Seite 469		2	4	**5**	7	11
507	Raufaser, Dispersionsbeschichtung	m²	11	15	**17**	20	27
	LB 337, Pos. 14, Seite 469		10	13	**14**	17	23
508	Glasfasergewebe, Wand/Decke	m²	15	17	**19**	22	28
	LB 337, Pos. 15, Seite 469		12	15	**16**	19	24
509	Glasfasergewebe, lineare Bauteile	m	6	7	**9**	10	12
	LB 337, Pos. 16, Seite 470		5	6	**7**	8	10
510	Glasgewebe, Dispersionsbeschichtung	m²	20	26	**29**	31	37
	LB 337, Pos. 17, Seite 470		17	22	**25**	26	31
511	Montagewand abbrechen	m²	24	33	**41**	50	57
	LB 339, Pos. 1, Seite 480		21	28	**35**	42	48
512	Deckenbekleidung abbrechen	m²	18	32	**39**	47	53
	LB 339, Pos. 2, Seite 480		15	27	**32**	40	44
513	Unterdecke abbrechen	m²	18	27	**33**	41	45
	LB 339, Pos. 3, Seite 480		15	23	**28**	34	38
514	Verkofferung abbrechen	m²	21	36	**46**	57	59
	LB 339, Pos. 4, Seite 480		17	30	**38**	48	50
515	Zwischensparrendämmung, MW 032, 100mm	m²	33	39	**45**	56	62
	LB 339, Pos. 5, Seite 481		28	32	**38**	47	52
516	Zwischensparrendämmung, MW 032, 140mm	m²	42	48	**56**	68	77
	LB 339, Pos. 7, Seite 481		35	40	**47**	58	65
517	Zwischensparrendämmung, MW 035, 100mm	m²	29	33	**40**	49	55
	LB 339, Pos. 8, Seite 481		25	28	**34**	41	47
518	Zwischensparrendämmung, MW 035, 140mm	m²	34	41	**47**	58	65
	LB 339, Pos. 10, Seite 482		29	34	**40**	49	54

Kosten:
Stand 2. Quartal 2026
Bundesdurchschnitt

Nr.	Positionen	Einheit	►	▷	ø brutto € / ø netto €	◁	◄
519	Decke, abgehängt, GK, einlagig	m²	61	78	**85**	92	111
	LB 339, Pos. 11, Seite 482		52	66	**71**	77	93
520	Decke, abgehängt, GK, doppellagig	m²	70	86	**96**	104	121
	LB 339, Pos. 12, Seite 482		59	72	**81**	87	101
521	Montagewand, Holz, 100mm, GK einlagig, MW	m²	114	128	**133**	144	160
	LB 339, Pos. 18, Seite 484		96	107	**112**	121	134
522	Montagewand, Metall, 100mm, GK einlagig, MW	m²	80	95	**102**	109	123
	LB 339, Pos. 19, Seite 484		67	80	**86**	92	104
523	Montagewand, Metall, 125mm, GK zweilagig, MW, EI 30	m²	88	112	**121**	135	169
	LB 339, Pos. 20, Seite 485		74	94	**102**	113	142
524	Montagewand, Metall, 150mm, GK zweilagig, MW, EI 30	m²	97	121	**127**	139	163
	LB 339, Pos. 21, Seite 485		82	101	**107**	116	137
525	Montagewand, Metall, 100mm, GKF zweilagig, MW, EI 90	m²	109	132	**140**	151	178
	LB 339, Pos. 22, Seite 486		91	111	**118**	127	149
526	Montagewand, Metall, 200mm, GKF zweilagig, Ständerwerk doppelt, EI 90	m²	113	145	**160**	170	193
	LB 339, Pos. 23, Seite 487		95	122	**134**	143	162
527	Montagewand, Gipsplatten, Brandwand, nichttragend	m²	–	208	**251**	252	–
	LB 339, Pos. 24, Seite 487		–	175	**211**	212	–
528	Innenwand, Gipswandbauplatte	m²	92	107	**112**	118	131
	LB 339, Pos. 26, Seite 488		78	90	**94**	99	110
529	Anschluss, Montagewand, Dach-/Wandschräge	m	7	15	**19**	23	31
	LB 339, Pos. 27, Seite 488		6	12	**16**	19	26
530	Anschluss, Montagewand, gleitend	m	13	25	**32**	41	58
	LB 339, Pos. 28, Seite 489		11	21	**27**	34	49
531	Ecken, Kantenprofil, Montagewand	m	8	14	**16**	18	26
	LB 339, Pos. 29, Seite 489		7	12	**13**	16	21
532	Türöffnung, Montagewand	St	55	92	**105**	127	196
	LB 339, Pos. 30, Seite 489		46	77	**88**	107	165
533	Fensteröffnung, Montagewand	St	84	108	**119**	121	137
	LB 339, Pos. 31, Seite 489		70	90	**100**	102	116
534	Vorsatzschale, Nassraum	m²	73	90	**96**	103	124
	LB 339, Pos. 32, Seite 489		61	75	**80**	87	104
535	Vorsatzschale, GK/GF	m²	57	69	**76**	82	95
	LB 339, Pos. 33, Seite 490		48	58	**64**	69	80
536	Verkofferung/Bekleidung, Rohrleitungen	m	72	93	**103**	119	158
	LB 339, Pos. 34, Seite 490		60	78	**86**	100	133
537	Installationskanal, GK-Platte, EI 30	m	115	138	**147**	171	207
	LB 339, Pos. 36, Seite 491		97	116	**124**	143	174
538	Trockenputz, GK-Verbundplatte, Dämmung	m²	52	68	**76**	94	120
	LB 339, Pos. 40, Seite 492		44	57	**64**	79	101
539	Trockenputz, GK-Platte 12,5mm	m²	50	60	**64**	69	82
	LB 339, Pos. 41, Seite 492		42	50	**54**	58	69
540	Bekleidung, einlagig, auf Unterkonstruktion	m²	46	55	**60**	69	87
	LB 339, Pos. 42, Seite 493		39	46	**50**	58	73
541	Bekleidung, doppelt, EI 90, vorh. Unterkonstruktion	m²	110	144	**155**	171	206
	LB 339, Pos. 43, Seite 493		92	121	**130**	144	173

► min
▷ von
ø Mittel
◁ bis
◄ max

Nr.	Positionen	Einheit	▶	▷	ø brutto € / ø netto €	◁	◀
542	Fensterlaibung, GK	m	32	41	**45**	53	68
	LB 339, Pos. 45, Seite 494		27	34	**38**	44	57
543	GK-Platte imprägniert, Mehrpreis	m^2	3	5	**6**	8	11
	LB 339, Pos. 46, Seite 494		2	5	**5**	6	9
544	Trockenestrich, GF-Platten	m^2	54	70	**76**	83	102
	LB 339, Pos. 47, Seite 494		45	59	**64**	70	86
545	Spachtelung, GK-Platten, Q3	m^2	8	14	**16**	18	21
	LB 339, Pos. 48, Seite 494		7	12	**14**	15	18
546	Montageelement demontieren	St	71	90	**106**	122	132
	LB 345, Pos. 1, Seite 534		60	76	**89**	102	111
547	Badewanne demontieren	St	126	169	**196**	204	247
	LB 345, Pos. 2, Seite 534		106	142	**165**	172	208
548	Duschwanne demontieren	St	86	105	**123**	141	148
	LB 345, Pos. 3, Seite 534		73	88	**104**	118	124
549	Waschtisch demontieren	St	38	55	**64**	74	75
	LB 345, Pos. 4, Seite 534		32	46	**54**	62	63
550	WC-Anlage demontieren	St	29	46	**60**	70	85
	LB 345, Pos. 5, Seite 534		24	39	**50**	59	72
551	Waschtischbatterie demontieren	St	19	26	**29**	33	35
	LB 345, Pos. 6, Seite 534		16	22	**24**	28	29
552	Spülkasten Stahl demontieren	St	26	36	**39**	47	57
	LB 345, Pos. 7, Seite 534		22	31	**33**	40	48
553	Urinal demontieren	St	29	52	**52**	63	78
	LB 345, Pos. 8, Seite 534		24	44	**44**	53	65
554	Handwaschbecken, Sanitärporzellan	St	163	251	**275**	334	470
	LB 345, Pos. 9, Seite 534		137	211	**231**	281	395
555	Waschtisch, Sanitärporzellan 600x500	St	210	368	**452**	739	1.158
	LB 345, Pos. 11, Seite 535		176	309	**380**	621	973
556	Einhand-Waschtischarmatur	St	305	471	**577**	649	870
	LB 345, Pos. 12, Seite 535		256	396	**485**	545	731
557	Handtuchspender, Stahlblech	St	101	147	**163**	250	414
	LB 345, Pos. 13, Seite 535		85	124	**137**	210	348
558	Badewanne, Stahl 180cm	St	712	938	**980**	1.185	1.510
	LB 345, Pos. 15, Seite 536		598	788	**823**	996	1.269
559	Badewanne, Stahl 200cm	St	1.239	1.420	**1.570**	1.586	1.768
	LB 345, Pos. 16, Seite 536		1.041	1.194	**1.319**	1.333	1.486
560	Einhandmischer, Badewanne	St	333	479	**498**	670	879
	LB 345, Pos. 17, Seite 536		280	403	**419**	563	738
561	WC, wandhängend	St	296	490	**561**	690	984
	LB 345, Pos. 18, Seite 536		249	412	**471**	580	827
562	WC-Sitz	St	66	156	**194**	277	445
	LB 345, Pos. 19, Seite 536		55	131	**163**	233	374
563	Duschwanne, Stahl 90x90	St	467	760	**861**	1.029	1.417
	LB 345, Pos. 22, Seite 537		392	639	**724**	865	1.191
564	Duschwanne, Stahl 100x80	St	587	829	**1.033**	1.127	1.459
	LB 345, Pos. 23, Seite 537		493	697	**868**	947	1.226
565	Einhebelmischarmatur, Dusche	St	788	941	**1.014**	1.051	1.165
	LB 345, Pos. 25, Seite 538		662	790	**852**	883	979

Innenraum Preise €

Kosten:
Stand 2. Quartal 2026
Bundesdurchschnitt

Nr.	Positionen	Einheit	►	▷	ø brutto € / ø netto €	◁	◄
566	Duschabtrennung, Kunststoff	St	1.159	1.528	**1.699**	1.785	2.513
	LB 345, Pos. 26, Seite 538		974	1.284	**1.428**	1.500	2.112
567	Installationselement, Urinal	St	348	430	**471**	604	741
	LB 345, Pos. 27, Seite 538		293	361	**396**	507	623
568	Installationselement, WC	St	326	394	**432**	477	585
	LB 345, Pos. 28, Seite 538		274	331	**363**	401	491
569	Installationselement, Waschtisch	St	271	352	**394**	428	496
	LB 345, Pos. 29, Seite 538		227	296	**331**	359	416
570	Installationselement, Stütz- und Haltegriffe	St	343	382	**414**	429	468
	LB 345, Pos. 30, Seite 539		288	321	**348**	361	393
571	Haltegriff, Edelstahl, 600mm	St	107	162	**188**	199	226
	LB 345, Pos. 31, Seite 539		90	136	**158**	167	190
572	Stützklappgriff, Edelstahl, bis 850mm	St	728	815	**841**	903	1.004
	LB 345, Pos. 33, Seite 539		612	685	**707**	759	844
573	Waschbecken, barrierefrei	St	387	472	**516**	665	917
	LB 345, Pos. 34, Seite 539		325	397	**433**	559	771
574	WC, barrierefrei	St	566	729	**802**	1.023	1.345
	LB 345, Pos. 35, Seite 540		475	613	**674**	860	1.131
575	Hygiene-Tiefspül-WC, barrierefrei	St	3.604	4.305	**5.006**	6.007	7.259
	LB 345, Pos. 36, Seite 540		3.029	3.618	**4.207**	5.048	6.100
576	WC-Spülkasten, mit Betätigungsplatte	St	310	334	**388**	436	495
	LB 345, Pos. 37, Seite 540		260	281	**326**	366	416
577	WC-Betätigung, berührungslos	St	586	723	**861**	1.033	1.335
	LB 345, Pos. 38, Seite 540		492	608	**724**	868	1.122
578	Nachrüstaufsatz, Hygiene-Tiefspül-WC	St	1.381	1.512	**1.644**	2.104	2.630
	LB 345, Pos. 39, Seite 541		1.160	1.271	**1.381**	1.768	2.210
579	Nachrüstung Türeinstieg Badewanne	St	1.058	1.176	**1.367**	1.586	1.743
	LB 345, Pos. 40, Seite 541		889	988	**1.149**	1.332	1.465
580	Fehlerstromschutzschalter 63A, vierpolig	St	140	165	**174**	221	299
	LB 353, Pos. 24, Seite 562		118	138	**146**	185	251
581	Brandmeldezentrale ab 5 Ringe-/Linien	St	6.791	9.734	**10.775**	12.866	16.178
	LB 363, Pos. 2, Seite 573		5.707	8.180	**9.055**	10.812	13.595
582	Notruf barrierefreies WC	St	664	931	**1.119**	1.310	1.567
	LB 363, Pos. 4, Seite 573		558	783	**940**	1.101	1.317
583	Kombinierter Rauch-/Wärmemelder	St	276	295	**305**	313	332
	LB 363, Pos. 10, Seite 575		232	248	**256**	263	279
584	Signalgeber akustisch/optisch	St	291	363	**385**	430	527
	LB 363, Pos. 13, Seite 576		244	305	**324**	361	443
585	Rauchauslöseeinrichtung	St	1.060	1.427	**1.621**	1.897	2.430
	LB 363, Pos. 18, Seite 577		890	1.199	**1.362**	1.594	2.042
586	Brandschutz Absperrvorrichtung, K90, DN100	St	284	350	**386**	410	476
	LB 375, Pos. 1, Seite 590		239	294	**324**	345	400
587	Be- und Entlüftungsgerät, bis 5.000m³/h	St	7.819	12.502	**13.975**	16.632	25.887
	LB 375, Pos. 2, Seite 590		6.571	10.506	**11.743**	13.977	21.753
588	Wetterschutzgitter, Außenluft-/Fortluft	St	199	372	**444**	529	745
	LB 375, Pos. 9, Seite 592		167	312	**373**	445	626
589	Lüftungsgitter, Zu-/Abluft	St	117	175	**186**	224	300
	LB 375, Pos. 25, Seite 596		99	147	**156**	188	252

► min
▷ von
ø Mittel
◁ bis
◄ max

Nr.	Positionen	Einheit	►	▷	ø brutto € / ø netto €	◁	◄
590	Brandschutzklappen, RLT, rund, Küche	St	4.122	6.286	**9.065**	12.020	17.450
	LB 375, Pos. 28, Seite 596		3.464	5.282	**7.617**	10.101	14.664
591	Drosselklappe, DN100	St	65	73	**91**	102	112
	LB 375, Pos. 31, Seite 597		54	61	**76**	86	94
592	Lüftungsgerät mit WRG, Bypass, Feuerstättenfunktion	St	3.805	4.288	**5.360**	6.003	6.592
	LB 375, Pos. 33, Seite 598		3.198	3.603	**4.504**	5.044	5.540
593	Außenwanddurchlass, DN110	St	154	164	**214**	265	289
	LB 375, Pos. 34, Seite 599		129	138	**180**	223	243
594	KWL-Lüftungsgerät, Wohngebäude, bis 200m³/h mit WRG	St	5.907	6.655	**7.394**	8.430	8.509
	LB 375, Pos. 38, Seite 600		4.964	5.592	**6.214**	7.084	7.150
595	VRF-Außengerät, Heizen/Kühlen, 10kW	St	3.959	4.605	**7.144**	11.197	11.478
	LB 375, Pos. 41, Seite 601		3.327	3.870	**6.004**	9.409	9.645
596	VRF-Innenwandgerät, Heizen/Kühlen, 2,5kW	St	1.449	1.471	**2.345**	2.572	2.747
	LB 375, Pos. 44, Seite 602		1.218	1.236	**1.970**	2.162	2.308

Anhang

Regionalfaktoren

Regionalfaktoren Deutschland

Diese Faktoren geben Aufschluss darüber, inwieweit die Baukosten in einer bestimmten Region Deutschlands teurer oder günstiger liegen als im Bundesdurchschnitt. Sie können dazu verwendet werden, die BKI Baukosten an das besondere Baupreisniveau einer Region anzupassen.
Hinweis: Alle Angaben wurden durch Untersuchungen des BKI weitgehend verifiziert. Dennoch können Abweichungen zu den angegebenen Werten entstehen. In Grenznähe zu einem Land-/Stadtkreis mit anderen Baupreisfaktoren sollte dessen Baupreisniveau mit berücksichtigt werden, da die Übergänge zwischen den Land-/Stadtkreisen fließend sind. Die Besonderheiten des Einzelfalls können ebenfalls zu Abweichungen führen.
Für die größeren Inseln Deutschlands wurden separate Regionalfaktoren ermittelt. Dazu wurde der zugehörige Landkreis in Festland und Inseln unterteilt. Alle Inseln eines Landkreises erhalten durch dieses Verfahren den gleichen Regionalfaktor. Der Regionalfaktor des Festlandes erhält keine Inseln mehr und ist daher gegenüber früheren Ausgaben verringert.

Land- / Stadtkreis / Insel	Bundeskorrekturfaktor
Aachen, Städteregion	0,926
Ahrweiler	0,982
Aichach-Friedberg	1,077
Alb-Donau-Kreis	1,015
Altenburger Land	0,852
Altenkirchen (Westerwald)	0,985
Altmarkkreis Salzwedel	0,833
Altötting	0,973
Alzey-Worms	0,983
Amberg, Stadt	1,100
Amberg-Sulzbach	1,023
Ammerland	0,794
Amrum, Insel	1,288
Anhalt-Bitterfeld	0,815
Ansbach	1,032
Ansbach, Stadt	1,068
Aschaffenburg	1,124
Aschaffenburg, Stadt	1,093
Augsburg	1,098
Augsburg, Stadt	1,265
Aurich, Festlandanteil	0,735
Aurich, Inselanteil	1,199
Bad Dürkheim	0,983
Bad Kissingen	1,045
Bad Kreuznach	0,963
Bad Tölz-Wolfratshausen	1,216
Baden-Baden, Stadtkreis	1,063
Baltrum, Insel	1,199
Bamberg	1,048
Bamberg, Stadt	1,160
Barnim	0,879
Bautzen	0,894
Bayreuth	1,077
Bayreuth, Stadt	1,042
Berchtesgadener Land	1,131
Bergstraße	1,008
Berlin, Stadt	1,141
Bernkastel-Wittlich	1,022
Biberach	1,020
Bielefeld, Stadt	0,870
Birkenfeld	1,033
Bochum, Stadt	0,912
Bodenseekreis	0,990
Bonn, Stadt	0,920
Borken	0,901
Borkum, Insel	1,100
Bottrop, Stadt	0,794
Brandenburg an der Havel, Stadt	0,969
Braunschweig, Stadt	0,726
Breisgau-Hochschwarzwald	1,117
Bremen, Stadt	0,921
Bremerhaven, Stadt	0,946
Burgenlandkreis	0,930
Böblingen	1,083
Börde	0,877
Calw	1,032
Celle	0,834
Cham	0,887
Chemnitz, Stadt	0,878
Cloppenburg	0,784
Coburg	1,016
Coburg, Stadt	1,155
Cochem-Zell	1,065
Coesfeld	0,943
Cottbus, Stadt	1,030
Cuxhaven	0,758
Dachau	1,228
Dahme-Spreewald	0,925
Darmstadt, Stadt	1,066
Darmstadt-Dieburg	1,017
Deggendorf	0,978

Delmenhorst, Stadt	0,774
Dessau-Roßlau, Stadt	0,860
Diepholz	0,791
Dillingen a.d.Donau	1,054
Dingolfing-Landau	0,942
Dithmarschen	1,033
Donau-Ries	0,993
Donnersbergkreis	0,919
Dortmund, Stadt	0,757
Dresden, Stadt	0,911
Duisburg, Stadt	0,949
Düren	0,950
Düsseldorf, Stadt	0,983
Ebersberg	1,361
Eichsfeld	0,906
Eichstätt	1,065
Eifelkreis Bitburg-Prüm	0,961
Elbe-Elster	0,842
Emden, Stadt	0,703
Emmendingen	1,146
Emsland	0,794
Ennepe-Ruhr-Kreis	0,875
Enzkreis	1,003
Erding	1,118
Erfurt, Stadt	0,926
Erlangen, Stadt	1,101
Erlangen-Höchstadt	1,026
Erzgebirgskreis	0,918
Essen, Stadt	0,839
Esslingen	1,035
Euskirchen	0,859
Fehmarn, Insel	1,164
Flensburg, Stadt	0,808
Forchheim	1,126
Frankenthal (Pfalz), Stadt	0,888
Frankfurt (Oder), Stadt	0,871
Frankfurt am Main, Stadt	1,019
Freiburg im Breisgau, Stadtkreis	1,120
Freising	1,105
Freudenstadt	1,033
Freyung-Grafenau	0,980
Friesland, Festlandanteil	0,775
Friesland, Inselanteil	1,442
Fulda	1,039
Föhr, Insel	1,288
Fürstenfeldbruck	1,216
Fürth	0,993
Fürth, Stadt	1,076
Garmisch-Partenkirchen	1,268
Gelsenkirchen, Stadt	0,891
Gera, Stadt	0,906
Germersheim	1,002
Gießen	1,010
Gifhorn	0,848
Goslar	0,752
Gotha	0,876
Grafschaft Bentheim	0,792
Greiz	0,925
Groß-Gerau	1,058
Göppingen	0,998
Görlitz	0,893
Göttingen	0,856
Günzburg	1,054
Gütersloh	0,872
Hagen, Stadt	0,884
Halle (Saale), Stadt	0,709
Hamburg, Freie und Hansestadt	1,106
Hameln-Pyrmont	0,829
Hamm, Stadt	0,866
Hannover, Region	0,904
Harburg	0,904
Harz	0,819
Havelland	0,999
Haßberge	1,131
Heidekreis	0,862
Heidelberg, Stadtkreis	1,119
Heidenheim	1,032
Heilbronn	1,023
Heilbronn, Stadtkreis	1,011
Heinsberg	0,920
Helgoland, Insel	1,410
Helmstedt	0,834
Herford	0,871
Herne, Stadt	0,922
Hersfeld-Rotenburg	0,985
Herzogtum Lauenburg	0,975
Hiddensee, Insel	1,126
Hildburghausen	0,882
Hildesheim	0,794
Hochsauerlandkreis	0,895
Hochtaunuskreis	1,063
Hof	1,152
Hof, Stadt	1,123
Hohenlohekreis	1,034
Holzminden	0,766
Höxter	0,867
Ilm-Kreis	0,860
Ingolstadt, Stadt	1,093
Jena, Stadt	1,088
Jerichower Land	0,813
Juist, Insel	1,199

Kaiserslautern	0,970
Kaiserslautern, Stadt	0,977
Karlsruhe	0,953
Karlsruhe, Stadtkreis	1,098
Kassel	1,019
Kassel, Stadt	0,933
Kaufbeuren	1,160
Kelheim	0,982
Kempten (Allgäu)	1,140
Kiel, Stadt	1,209
Kitzingen	1,077
Kleve	0,915
Koblenz, Stadt	0,938
Konstanz	1,025
Krefeld, Stadt	0,836
Kronach	1,108
Kulmbach	1,130
Kusel	0,956
Kyffhäuserkreis	0,891
Köln, Stadt	0,936
Lahn-Dill-Kreis	1,014
Landau in der Pfalz, Stadt	1,000
Landsberg am Lech	1,130
Landshut	0,967
Landshut, Stadt	1,039
Langeoog, Insel	1,052
Leer, Festlandanteil	0,743
Leer, Inselanteil	1,100
Leipzig	0,941
Leipzig, Stadt	0,859
Leverkusen, Stadt	0,805
Lichtenfels	1,006
Limburg-Weilburg	0,980
Lindau (Bodensee)	1,071
Lippe	0,903
Ludwigsburg	1,037
Ludwigshafen am Rhein, Stadt	1,033
Ludwigslust-Parchim	0,911
Lörrach	0,992
Lübeck, Hansestadt	0,921
Lüchow-Dannenberg	0,850
Lüneburg	0,851
Magdeburg, Stadt	0,851
Main-Kinzig-Kreis	0,996
Main-Spessart	1,104
Main-Tauber-Kreis	1,027
Main-Taunus-Kreis	1,005
Mainz, Stadt	0,938
Mainz-Bingen	1,032
Mannheim, Stadtkreis	1,049
Mansfeld-Südharz	0,882
Marburg-Biedenkopf	1,031
Mayen-Koblenz	0,972
Mecklenburgische Seenplatte	0,879
Meißen	0,891
Memmingen	1,016
Merzig-Wadern	0,951
Mettmann	0,869
Miesbach	1,306
Miltenberg	1,180
Minden-Lübbecke	0,848
Mittelsachsen	0,902
Märkisch-Oderland	0,890
Märkischer Kreis	0,873
Mönchengladbach, Stadt	0,895
Mühldorf a.Inn	1,047
Mülheim an der Ruhr, Stadt	0,905
München	1,340
München, Stadt	1,546
Münster, Stadt	0,863
Neckar-Odenwald-Kreis	1,074
Neu-Ulm	1,059
Neuburg-Schrobenhausen	1,064
Neumarkt i.d.OPf.	0,944
Neumünster, Stadt	0,906
Neunkirchen	0,975
Neustadt a.d.Aisch-Bad Windsheim	1,037
Neustadt a.d.Waldnaab	1,047
Neustadt an der Weinstraße, Stadt	0,915
Neuwied	0,949
Nienburg (Weser)	0,740
Norderney, Insel	1,199
Nordfriesland, Festlandanteil	1,163
Nordfriesland, Inselanteil	1,288
Nordhausen	0,820
Nordsachsen	0,893
Nordwest-Mecklenburg, Inselanteil	1,224
Nordwestmecklenburg, Festlandanteil	0,947
Northeim	0,874
Nürnberg, Stadt	1,037
Nürnberger Land	1,165
Oberallgäu	1,107
Oberbergischer Kreis	0,898
Oberhausen, Stadt	0,852
Oberhavel	1,024
Oberspreewald-Lausitz	0,889
Odenwaldkreis	0,995
Oder-Spree	0,968
Offenbach	0,958
Offenbach am Main, Stadt	0,970
Oldenburg	0,853
Oldenburg (Oldb), Stadt	0,815
Olpe	0,968
Ortenaukreis	1,024

Osnabrück	0,828
Osnabrück, Stadt	0,760
Ostalbkreis	1,075
Ostallgäu	1,051
Osterholz	0,833
Ostholstein, Festlandanteil	0,957
Ostholstein, Inselanteil	1,164
Ostprignitz-Ruppin	0,939
Paderborn	0,888
Passau	0,971
Passau, Stadt	1,007
Peine	0,815
Pellworm, Insel	1,288
Pfaffenhofen a.d.Ilm	1,082
Pforzheim, Stadtkreis	0,976
Pinneberg, Festlandanteil	0,973
Pinneberg, Inselanteil	1,410
Pirmasens, Stadt	0,961
Plön	1,027
Poel, Insel	1,224
Potsdam, Stadt	1,007
Potsdam-Mittelmark	0,973
Prignitz	0,803
Rastatt	1,024
Ravensburg	0,960
Recklinghausen	0,889
Regen	0,901
Regensburg	1,044
Regensburg, Stadt	1,063
Rems-Murr-Kreis	1,057
Remscheid, Stadt	0,860
Rendsburg-Eckernförde	0,922
Reutlingen	0,984
Rhein-Erft-Kreis	0,914
Rhein-Hunsrück-Kreis	1,023
Rhein-Kreis Neuss	0,924
Rhein-Lahn-Kreis	1,005
Rhein-Neckar-Kreis	1,062
Rhein-Pfalz-Kreis	0,988
Rhein-Sieg-Kreis	0,927
Rheingau-Taunus-Kreis	1,010
Rheinisch-Bergischer Kreis	0,896
Rhön-Grabfeld	1,133
Rosenheim	1,207
Rosenheim, Stadt	1,252
Rostock	0,941
Rostock, Stadt	1,001
Rotenburg (Wümme)	0,744
Roth	1,073
Rottal-Inn	0,960
Rottweil	0,991
Rügen, Insel	1,126

Saale-Holzland-Kreis	0,821
Saale-Orla-Kreis	0,940
Saalekreis	0,874
Saalfeld-Rudolstadt	0,918
Saarbrücken, Regionalverband	0,923
Saarlouis	0,944
Saarpfalz-Kreis	0,945
Salzgitter, Stadt	0,770
Salzlandkreis	0,841
Schaumburg	0,799
Schleswig-Flensburg	0,901
Schmalkalden-Meiningen	0,966
Schwabach, Stadt	1,061
Schwalm-Eder-Kreis	0,962
Schwandorf	0,993
Schwarzwald-Baar-Kreis	0,903
Schweinfurt	1,069
Schweinfurt, Stadt	1,042
Schwerin, Stadt	1,119
Schwäbisch Hall	0,928
Segeberg	0,940
Siegen-Wittgenstein	0,934
Sigmaringen	0,976
Soest	0,847
Solingen, Stadt	0,878
Sonneberg	0,877
Speyer, Stadt	1,049
Spiekeroog, Insel	1,052
Spree-Neiße	0,744
St. Wendel	0,944
Stade	0,808
Starnberg	1,361
Steinburg	0,952
Steinfurt	0,885
Stendal	0,728
Stormarn	0,921
Straubing, Stadt	1,223
Straubing-Bogen	1,051
Stuttgart, Stadtkreis	1,114
Suhl, Stadt	0,880
Sylt, Insel	1,288
Sächsische Schweiz-Osterzgebirge	0,951
Sömmerda	0,875
Südliche Weinstraße	1,041
Südwestpfalz	0,954
Teltow-Fläming	0,961
Tirschenreuth	1,059
Traunstein	1,133
Trier, Stadt	1,066
Trier-Saarburg	1,063
Tuttlingen	1,061
Tübingen	1,029

Uckermark	0,895
Uelzen	0,844
Ulm, Stadtkreis	1,120
Unna	0,898
Unstrut-Hainich-Kreis	0,805
Unterallgäu	0,980
Usedom, Insel	1,060
Vechta	0,855
Verden	0,761
Viersen	0,918
Vogelsbergkreis	0,949
Vogtlandkreis	0,948
Vorpommern-Greifswald, Festlandanteil	0,981
Vorpommern-Greifswald, Inselanteil	1,060
Vorpommern-Rügen, Festlandanteil	0,972
Vorpommern-Rügen, Inselanteil	1,126
Vulkaneifel	0,975
Waldeck-Frankenberg	0,950
Waldshut	1,049
Wangerooge, Insel	1,442
Warendorf	0,890
Wartburgkreis	0,958
Weiden i.d.OPf., Stadt	1,003
Weilheim-Schongau	1,156
Weimar, Stadt	1,187
Weimarer Land	0,902
Weißenburg-Gunzenhausen	1,007
Werra-Meißner-Kreis	0,956
Wesel	0,904
Wesermarsch	0,808
Westerwaldkreis	0,994
Wetteraukreis	0,971
Wiesbaden, Stadt	0,985
Wilhelmshaven, Stadt	0,858
Wittenberg	0,758
Wittmund, Festlandanteil	0,804
Wittmund, Inselanteil	1,052
Wolfenbüttel	0,821
Wolfsburg, Stadt	0,817
Worms, Stadt	1,019
Wunsiedel i.Fichtelgebirge	1,125
Wuppertal, Stadt	0,832
Würzburg	1,095
Würzburg, Stadt	1,158
Zingst, Insel	1,126
Zollernalbkreis	1,000
Zweibrücken, Stadt	1,055
Zwickau	0,918

Regionalfaktoren Österreich

Bundesland	Korrekturfaktor
Burgenland	1,006
Kärnten	1,092
Niederösterreich	0,924
Oberösterreich	1,044
Salzburg	1,091
Steiermark	1,014
Tirol	1,095
Vorarlberg	1,083
Wien	1,153

Regionalfaktoren für den Europa-Raum

Land	Korrekturfaktor
Albanien	0,345
Belgien	0,616
Bosnien und Herzegowina	0,317
Bulgarien	0,446
Dänemark	0,833
Deutschland	1,000
Estland	0,518
Finnland	0,826
Frankreich	0,783
Griechenland	0,477
Irland	0,664
Island	0,785
Italien	0,562
Kroatien	0,368
Lettland	0,544
Litauen	0,500
Luxemburg	0,859
Malta	0,584
Mazedonien	0,359
Montenegro	0,356
Niederlande	0,823
Norwegen	0,838
Österreich	1,081
Polen	0,466
Portugal	0,440
Rumänien	0,385
Schweden	0,937
Schweiz	1,042
Serbien	0,371
Slowakei	0,500
Slowenien	0,473
Spanien	0,540
Tschechien	0,507
Türkei	0,357
Ungarn	0,462
Zypern	0,491

Anhang

Stichwortverzeichnis Positionen

A

B

D

E

F

G

H

I

J

K

L

M

N

O

P

R

S

T

U

V

W

Z